物质的应用热力学函数及其数据手册

——最简便而又准确的创新热力学计算方法体系

王中平　王琛琛　姜乃迁　田秀莲　编著

黄河水利出版社

·郑州·

内容提要

本书定义了物质的应用焓、应用熵和应用吉布斯自由能，利用非线性函数的逼近线性函数计算公式求得物质的应用吉布斯自由能的逼近线性函数。书中按不同的恒压热容适用温度范围列出了2700多种物质的应用热力学函数的常数项和其余各项系数。这些数据与书中得出的一系列重要结论及其计算公式形成了一套创新的热力学计算方法体系。借助于该体系，就像计算反应恒压热容变化那样，只使用多项式的加法和减法即可计算反应标准焓变化、标准熵变化和标准吉布斯自由能变化的温度关系，其结果与采用积分法和吉布斯—亥姆霍兹公式所得结果相同；计算反应标准吉布斯自由能变化温度关系的逼近线性函数，其结果优于线性回归方法所得结果。

本书可供从事物理化学、物理、化学、化工、冶金、环境监测与环境工程、能源、材料、医药卫生、陶瓷、地质矿产以及其他有关领域的科学工作者、工程技术人员和大专院校师生使用。

图书在版编目(CIP)数据

物质的应用热力学函数及其数据手册：最简便而又准确的创新热力学计算方法体系/王中平等编著. —郑州：黄河水利出版社，2016.9

ISBN 978-7-5509-1558-9

Ⅰ.①物… Ⅱ.①王… Ⅲ.①热力学函数-手册
Ⅳ.①O414.12-62

中国版本图书馆CIP数据核字(2016)第233582号

出 版 社：黄河水利出版社

地址：河南省郑州市顺河路黄委会综合楼14层　邮政编码：450003

发行单位：黄河水利出版社

发行部电话：0371-66026940、66020550、66028024、66022620(传真)

E-mail：hhslcbs@126.com

承印单位：河南省瑞光印务股份有限公司

开本：880mm×1230mm　1/16

印张：56.75

字数：1758千字　　印数：1—1000

版次：2016年9月第1版　　印次：2016年9月第1次印刷

定价：298.00元

HANDBOOK OF APPLIED THERMODYNAMIC FUNCTIONS FOR SUBSTANCES AND THEIR DATA

——Easiest and Accurate Innovative System of Thermodynamic Calculation Method

Zhongping WANG, Chenchen WANG, Naiqian JIANG, Xiulian TIAN

前　言

当您看到本书的书名时可能会产生这样的疑问：什么是“物质的应用热力学函数”？它有什么作用？这也正是我想要说明的问题。

我们知道，计算一个过程（化学反应过程或物质的温度变化过程）的标准焓变化、标准熵变化和标准吉布斯自由能变化是热力学计算的基础。从本性上说，物质的焓、熵和吉布斯自由能等热力学函数均为状态函数。计算化学反应或温度变化过程的焓变化、熵变化和吉布斯自由能变化，只须用其在末态的值减去其在始态的值（简称“末态减去始态的方法”）。这被公认为是最便捷的方法。但是，由于物质的焓和吉布斯自由能的绝对值不能测得，所以便无法采用。计算过程标准焓变化、标准熵变化和标准吉布斯自由能变化的传统方法须通过基尔霍夫定律进行积分，计算过程的烦琐，业内人士皆有深感。为了简化热力学计算过程，人们一直在探索，但成效有限。这在一定程度上制约了热力学计算的普及和应用。因此，采用“末态减去始态的方法”便成为人们长期以来的梦想。

为了最大限度地简化热力学计算过程，本书在对传统热力学计算方法进行严密分析和推导的基础上（详细的推导过程附于书后），定义了物质的应用焓、应用熵和应用吉布斯自由能。同时，本书将非线性函数的逼近线性函数计算公式用于计算物质的应用吉布斯自由能的逼近线性函数。进而，我们得出了一系列重要结论和热力学计算公式。我们将物质的应用焓、应用熵和应用吉布斯自由能以及应用吉布斯自由能的逼近线性函数统称为物质的应用热力学函数。它们是专为应用于热力学计算而定义的。这些函数只是温度的函数，因而均为状态函数。其中，物质的应用熵与物质的标准熵等价，它在某一温度时的值就等于物质在该温度时的标准熵。而物质的应用焓和应用吉布斯自由能在某一温度下的值并非物质在该温度时的标准焓和标准吉布斯自由能的值，而是一个相对值，但这丝毫不影响借助它们来计算过程的标准焓变化和标准吉布斯自由能变化。这些函数可以利用现有的热力学基础数据计算出来而不需要专门的测定。本书按不同的恒压热容适用温度范围计算了2700多种物质的应用焓、应用熵、应用吉布斯自由能和应用吉布斯自由能的逼近线性函数的常数项和其余各项系数（当然，书中也保留了物质的热力学基础数据）。这些应用热力学数据与本书得出的一系列重要结论及其热力学计算公式形成了一套创新的热力学计算方法体系。

借助于该体系，在不知道物质的焓和吉布斯自由能绝对值的情况下，实现了人们用“末态减去始态的方法”进行热力学计算的梦想：就像计算化学反应恒压热容变化那样，只使用多项式的加法和减法，就能够求出化学反应的标准焓变化温度关系、标准熵变化温度关系和标准吉布斯自由能变化温度关系，计算的结果与采用不定积分法、定积分法和吉布斯—亥姆霍兹公式所得结果完全相同；只使用线性函数的加法和减法，就能够求出化学反应标准吉布斯自由能变化温度关系的逼近线性函数，其计算结果优于线性回归分析法所得结果，使绘制复杂化学反应体系的埃林汉图成为非常简单的事情；对于物质在恒压下仅发生温度变化而不伴随化学变化的过程，其标准焓变化、标准熵变化和标准吉布斯自由能变化分别等于相应应用热力学函数在其终了温度时的值减去其在初始温度时的值。

我们认为，物质的应用焓、应用熵和应用吉布斯自由能等函数还有重要的应用有待进一步开发。

与同类书籍相比，本书所列物质种类更加齐全，适用温度范围尽可能宽，使用的计算方法最简便，而计算结果完全准确可靠。我相信，本书一定能成为相关领域的科学工作者、工程技术人员、教师和学生的得力工具。

编著数据手册是一件严谨而艰巨的工作，因此我们力求数据来源可靠、录入正确无误、计算准确。对于本书尚存的不足之处，我们诚恳希望和衷心感谢读者给予指正或提出宝贵建议（电子邮箱：wangzhongping89@163.com）。

从该方法的发现到本书的出版，历经十多年时间。这其中的曲折和艰辛恐怕只有亲历者才能知道。

在本书付梓之际,我们由衷地感谢黄河水利委员会和黄河水利出版社的鼎力支持,由衷地感谢出版社的李洪良、高军彦等同志的辛勤工作,由衷地感谢清华大学尉志武教授,北京科技大学邢献然教授、项长祥教授、熊楚强教授、张家芸教授,安徽科技大学陈二保教授,北京大学蔡生民教授,宁夏回族自治区科技厅崔志泓处长等给予的关心和帮助。

王中平

2015 年 12 月于郑州

本书符号表

符号	名称	单位	备注
T	热力学温度	K	
298		K	热力学温度 298.15 K(25 ℃)的缩写
C_p	恒压热容	J/(mol·K)	
$Ha(T)$	物质的应用焓	J/mol	本书定义[注1]
$Sa(T)$	物质的应用熵	J/(mol·K)	本书定义[注1]
$Ga(T)$	物质的应用吉布斯自由能	J/mol	本书定义[注1]
$Ga(l)$	物质的应用吉布斯自由能的逼近线性函数	J/mol	本书定义[注1]
r_0,r_1,r_2,r_3,r_4,r_5	函数的系数(其中,r_0 为常数项)		
$\Delta H^{\ominus}_{f,298}$	物质在温度 298.15 K 时的标准摩尔生成焓	J/mol	
$S^{\ominus}_{298}$	物质在温度 298.15 K 时的标准摩尔熵	J/(mol·K)	
T_{tr}	物质的相变温度	K	
$\Delta H^{\ominus}_{tr}$	物质的标准摩尔相变焓	J/mol	
$\Delta S^{\ominus}_{tr}$	物质的标准摩尔相变熵	J/(mol·K)	
$\Delta H^{\ominus}(T)$	过程标准焓变化	J	[注2]
$\Delta S^{\ominus}(T)$	过程标准熵变化	J/K	[注2]
$\Delta G^{\ominus}(T)$	过程标准吉布斯自由能变化	J	[注2]
$\Delta G^{\ominus}(l)$	过程标准吉布斯自由能变化的逼近线性函数	J	[注2]
K_p	反应平衡常数		
R	通用气体常数	J/(mol·K)	R=8.3144 J/(mol·K)

[注1] 在本书数据表中,物质的应用焓、应用熵、应用吉布斯自由能和应用吉布斯自由能的逼近线性函数的一般形式分别为

$$Ha(T)=r_0+r_1T+r_2\times10^{-3}T^2+r_3\times10^6T^{-1}+r_4\times10^{-6}T^3\quad \mathrm{J/mol}$$

$$Sa(T)=r_0+r_1\ln T+r_2\times10^{-3}T+r_3\times10^6T^{-2}+r_4\times10^{-6}T^2\quad \mathrm{J/(mol\cdot K)}$$

$$Ga(T)=r_0+r_1T+r_2T\ln T+r_3\times10^{-3}T^2+r_4\times10^6T^{-1}+r_5\times10^{-6}T^3\quad \mathrm{J/mol}$$

$$Ga(l)=r_0+r_1T\quad \mathrm{J/mol}$$

[注2] 根据本书推导,化学反应的标准焓变化、标准熵变化、标准吉布斯自由能变化和标准吉布斯自由能变化的线性逼近函数的温度关系分别为

$$\Delta H^{\ominus}(T)_{反应}=\sum Ha(T)_{生成物}-\sum Ha(T)_{反应物}\quad \mathrm{J}$$

$$\Delta S^{\ominus}(T)_{反应}=\sum Sa(T)_{生成物}-\sum Sa(T)_{反应物}\quad \mathrm{J/K}$$

$$\Delta G^{\ominus}(T)_{反应}=\sum Ga(T)_{生成物}-\sum Ga(T)_{反应物}\quad \mathrm{J}$$

$$\Delta G^{\ominus}(l)_{反应}=\sum Ga(l)_{生成物}-\sum Ga(l)_{反应物}\quad \mathrm{J}$$

或者

$$\Delta H^{\ominus}(T)_{反应}=\Delta r_0+\Delta r_1T+\Delta r_2\times10^{-3}T^2+\Delta r_3\times10^6T^{-1}+\Delta r_4\times10^{-6}T^3\quad \mathrm{J}$$

$$\Delta S^{\ominus}(T)_{反应}=\Delta r_0+\Delta r_1\ln T+\Delta r_2\times10^{-3}T+\Delta r_3\times10^6T^{-2}+\Delta r_4\times10^{-6}T^2\quad \mathrm{J/K}$$

$$\Delta G^{\ominus}(T)_{反应}=\Delta r_0+\Delta r_1T+\Delta r_2T\ln T+\Delta r_3\times10^{-3}T^2+\Delta r_4\times10^6T^{-1}+\Delta r_5\times10^{-6}T^3\quad \mathrm{J}$$

$$\Delta G^{\ominus}(l)_{反应}=\Delta r_0+\Delta r_1T\quad \mathrm{J}$$

几点说明

1. 对于物质恒压热容表达式的第3项系数，参考文献[1]须乘以10^6，参考文献[2]则乘以10^5，而本书采用参考文献[1]的表达形式。因此，在引用参考文献[2]的恒压热容时对其第3项的系数进行了相应的处理，请读者注意。

2. 部分物质名称后面有(1)、(2)之分，其区别仅在于该物质在相同温度范围内使用的恒压热容表达式不同。本书将其一并录入，请读者根据个人习惯选用。

3. 考虑到本手册数据对读者来说毕竟是中间结果，因而除了某些常数项，所有计算所得数据(包括物质的标准相变熵)均保留3位小数。

4. 对于$\Delta H^{\ominus}_{f,298}$、物质应用焓的常数项和物质的应用吉布斯自由能的逼近线性函数的常数项的有效数字位数，本书采用了如下取舍方法。

(1)绝对值小于10^4的数值不修约。

(2)绝对值等于大于10^4但小于10^6的数值，修约间隔为10。

(3)绝对值等于大于10^6但小于10^7的数值，修约间隔为100。

(4)绝对值大于10^7的数值，修约间隔为1000。

5. 对于包含估算数据的物质，在其名称后加注符号“ * ”，具体的估算数据在表中用加粗斜体标注出来。

6. 参考文献[1]第82页As_4O_6(Arsenolithe)的俗名Arsenolithe疑为Arsenolite(砷华)之误，本书译为砷华。

7. 参考文献[2]第526页LiCl的熔点833 K疑为笔误，根据参考文献[1]第321~322页订正为883 K。

8. 参考文献[2]第346页Cu_5FeS_4的俗名“斑铜矿”，系根据参考文献[1]第450页的俗名“α，Bornite”标注的。

9. 参考文献[2]第1112页$VOCl_3$在温度范围298~400 K内的相，根据参考文献[1]第369页和参考文献[19]第1125页订正为液体。

目　录

本书用法指南

一、计算方法提要

本书在对传统热力学计算方法进行推导和分析的基础上定义了物质的应用焓 $Ha(T)$、应用熵 $Sa(T)$ 和应用吉布斯自由能 $Ga(T)$。本书还推导了非线性函数的逼近线性函数的计算公式，并成功地将它应用于化学反应标准吉布斯自由能变化的线性函数计算，由此定义了物质的应用吉布斯自由能的逼近线性函数 $Ga(l)$。这些新定义的函数统称为应用热力学函数。我们采用的物质的恒压热容温度关系的形式（本节“计算方法提要”的公式编号见本书附录1和附录2）为

$$C_p = a + b\times10^{-3}T + c\times10^{6}T^{-2} + d\times10^{-6}T^{2}\quad \text{J/(mol·K)} \tag{1-8}$$

在这种情况下，本书数据表中应用热力学函数的形式分别为

$$C_p = r_0 + r_1\times10^{-3}T + r_2\times10^{6}T^{-2} + r_3\times10^{-6}T^{2}\quad \text{J/(mol·K)}$$

$$Ha(T) = r_0 + r_1T + r_2\times10^{-3}T^{2} + r_3\times10^{6}T^{-1} + r_4\times10^{-6}T^{3}\quad \text{J/mol} \tag{3-81}$$

$$Sa(T) = r_0 + r_1\ln T + r_2\times10^{-3}T + r_3\times10^{6}T^{-2} + r_4\times10^{-6}T^{2}\quad \text{J/(mol·K)} \tag{3-86}$$

$$Ga(T) = r_0 + r_1T + r_2T\ln T + r_3\times10^{-3}T^{2} + r_4\times10^{6}T^{-1} + r_5\times10^{-6}T^{3}\quad \text{J/mol} \tag{3-89}$$

$$Ga(l) = r_0 + r_1T\quad \text{J/mol} \tag{9-8}$$

式中 T——热力学温度，K；

r_0——常数项；

r_1, r_2, r_3, r_4, r_5——上述函数的各项系数。

以上函数均仅为温度函数，因而均为状态函数，也是物质的容量性质。本书按不同的相计算了2700多种物质的应用焓 $Ha(T)$、应用熵 $Sa(T)$、应用吉布斯自由能 $Ga(T)$ 和应用吉布斯自由能的逼近线性函数 $Ga(l)$ 的常数项及其余各项系数。

特别地，本书证明了如下重要结论。

结论1：在标准状态下，参加反应各物质对化学反应标准焓变化、标准熵变化和标准吉布斯自由能变化的贡献相互独立、互不影响。

结论2：在标准状态下，化学反应的标准焓变化、标准熵变化和标准吉布斯自由能变化的温度关系分别等于其生成物的应用焓、应用熵和应用吉布斯自由能的和与其反应物的应用焓、应用熵和应用吉布斯自由能的和之差。

结论3：化学反应的标准吉布斯自由能变化温度关系的逼近线性函数等于其生成物应用吉布斯自由能的逼近线性函数的和与反应物应用吉布斯自由能的逼近线性函数的和之差。

结论4：对物质在恒压下只经历温度变化而不伴随化学变化的过程，其标准焓变化、标准熵变化和标准吉布斯自由能变化值分别等于其终了温度时的应用焓、应用熵和应用吉布斯自由能的值与初始温度时的应用焓、应用熵和应用吉布斯自由能的值之差。

设有一般化学反应

$$m\mathrm{M} + n\mathrm{N} + \cdots = u\mathrm{U} + v\mathrm{V} + \cdots \tag{1-1}$$

式中 M，N，U，V 等——参加反应的物质；

m, n, u, v 等——参加反应的物质的化学计量系数。

1.1 根据结论2，有

1.1.1 化学反应标准焓变化的温度关系（非线性）为

$$\Delta H^{\ominus}(T)_{\text{反应}} = [uHa_{\mathrm{U}}(T) + vHa_{\mathrm{V}}(T) + \cdots] - [mHa_{\mathrm{M}}(T) + nHa_{\mathrm{N}}(T) + \cdots]$$

$$= \sum Ha(T)_{生成物} - \sum Ha(T)_{反应物} \tag{4-5}$$

或者

$$\Delta H^{\ominus}(T)_{反应} = \Delta r_0 + \Delta r_1 T + \Delta r_2 \times 10^{-3} T^2 + \Delta r_3 \times 10^6 T^{-1} + \Delta r_4 \times 10^{-6} T^3 \tag{4-6}$$

1.1.2 化学反应标准熵变化的温度关系(非线性)为

$$\Delta S^{\ominus}(T)_{反应} = [uSa_U(T) + vSa_V(T) + \cdots] - [mSa_M(T) + nSa_N(T) + \cdots]$$
$$= \sum Sa(T)_{生成物} - \sum Sa(T)_{反应物} \tag{4-11}$$

或者

$$\Delta S^{\ominus}(T)_{反应} = \Delta r_0 + \Delta r_1 \ln T + \Delta r_2 \times 10^{-3} T + \Delta r_3 \times 10^6 T^{-2} + \Delta r_4 \times 10^{-6} T^2 \tag{4-12}$$

1.1.3 化学反应标准吉布斯自由能变化的温度关系(非线性)为

$$\Delta G^{\ominus}(T)_{反应} = [uGa_U(T) + vGa_V(T) + \cdots] - [mGa_M + nGa_N(T) + \cdots]$$
$$= \sum Ga(T)_{生成物} - \sum Ga(T)_{反应物} \tag{4-17}$$

或者

$$\Delta G^{\ominus}(T)_{反应} = \Delta r_0 + \Delta r_1 T + \Delta r_2 T \ln T + \Delta r_3 \times 10^{-3} T^2 + \Delta r_4 \times 10^6 T^{-1} + \Delta r_5 \times 10^{-6} T^3 \tag{4-18}$$

显然,根据这些关系我们可以很容易计算出化学反应平衡常数的自然对数的温度关系(非线性)。

这意味着,正如计算化学反应恒压热容变化那样,我们只使用多项式的加法和减法就可以计算化学反应的标准焓变化、标准熵变化和标准吉布斯自由能变化,而无须知道物质的焓和吉布斯自由能的绝对值。其计算结果与采用不定积分法、定积分法或吉布斯—亥姆霍兹公式法所得结果完全相同,不存在任何系统误差。

1.2 根据结论 3,化学反应的标准吉布斯自由能变化温度关系的逼近线性函数为

$$\Delta G^{\ominus}(l)_{反应} = [uGa(l)_U + vGa(l)_V + \cdots] - [mGa(l)_M + nGa(l)_N + \cdots]$$
$$= \sum Ga(l)_{生成物} - \sum Ga(l)_{反应物} \tag{9-28}$$

或者

$$\Delta G^{\ominus}(l)_{反应} = \Delta r_0 + \Delta r_1 T \tag{9-29}$$

该计算方法极其简单,无须重新进行线性回归分析,其计算结果优于线性回归分析方法。这使绘制一个复杂化学反应系统的 Ellingham 图(氧势图)等成为十分容易的事情。

1.3 对于纯净物质在恒压下只经历温度变化而不伴随化学变化的过程

若 1 mol 纯净物质 M 从初始温度 T_0 K 变化到终了温度 T_1 K 而没有伴随化学变化,那么,根据结论 4,有

1.3.1 过程的标准焓变化值为

$$\Delta H_M^{\ominus} = Ha_M(T_1) - Ha_M(T_0) \tag{5-43}$$

1.3.2 过程的标准熵变化值为

$$\Delta S_M^{\ominus} = Sa_M(T_1) - Sa_M(T_0) \tag{5-44}$$

1.3.3 过程的标准吉布斯自由能变化值为

$$\Delta G_M^{\ominus} = Ga_M(T_1) - Ga_M(T_0) \tag{5-45}$$

从以上计算公式可以看到,本书建立了一个创新的热力学数据及其计算方法体系。按该方法体系进行的热力学计算最为简单、方便、准确。其详细推导和证明,见本书“物质的应用热力学函数”和“非线性函数的逼近线性函数及其在热力学计算中的应用”。

二、热力学计算举例

【例 1】 对化学反应

$$N_2(g) + 3H_2(g) = 2NH_3(g)$$

(1)求其在温度范围 800 ~ 2000 K 内的标准焓变化温度关系；

(2)求其在温度范围 800 ~ 2000 K 内的标准熵变化温度关系；

(3)求其在温度范围 800 ~ 2000 K 内的标准吉布斯自由能变化温度关系；

(4)求其在温度范围 800 ~ 2000 K 内的标准吉布斯自由能变化温度关系的逼近线性函数；

(5)求其在温度范围 800 ~ 2000 K 内的平衡常数自然对数的温度关系及其在温度 1000 K 时的化学反应平衡常数。

解：在本书中气体 NH_3 有两个应用热力学数据表，来自不同的参考文献，都可以采用。在这里，我们采用数据表 $NH_3(1)$。注意，本问题中 $NH_3(1)$ 的恒压热容适用温度范围为 800 ~ 2000 K。

(1)由数据表 $NH_3(1)$、N_2 和 H_2 知，在温度范围 800 ~ 2000 K 内参加反应各物质的应用焓 $Ha(T)$ 的各项系数如表 0-1 所示。

表 0-1　物质 NH_3、N_2 和 H_2 的应用焓的系数

物质	r_0	r_1	r_2	r_3	r_4	r_5
$NH_3(g)$	-77700	52.723	5.230	6.373		
$N_2(g)$	-9988	30.420	1.270	0.240		
$H_2(g)$	-8111	27.280	1.632	-0.050		
反应的系数变化	-121079	-6.814	4.294	12.656		

因此，在温度范围 800 ~ 2000 K 内化学反应标准焓变化的温度关系为

$$\Delta H^{\ominus}(T)_{反应} = 2Ha(T)_{NH_3(g)} - [Ha(T)_{N_2(g)} + 3Ha(T)_{H_2(g)}]$$
$$= -121079 - 6.814T + 4.294 \times 10^{-3}T^2 + 12.656 \times 10^6 T^{-1} \quad J$$

(2)由数据表 $NH_3(1)$、N_2 和 H_2 知，在温度范围 800 ~ 2000 K 内参加反应各物质的应用熵 $Sa(T)$ 的各项系数如表 0-2 所示。

表 0-2　物质 NH_3、N_2 和 H_2 的应用熵的系数

物质	r_0	r_1	r_2	r_3	r_4	r_5
$NH_3(g)$	-131.612	52.723	10.460	3.187		
$N_2(g)$	16.172	30.420	2.540	0.120		
$H_2(g)$	-25.539	27.280	3.264	-0.025		
反应的系数变化	-202.779	-6.814	8.588	6.329		

由此得出，在温度范围 800 ~ 2000 K 内化学反应标准熵变化的温度关系为

$$\Delta S^{\ominus}(T)_{反应} = 2Sa(T)_{NH_3(g)} - [Sa(T)_{N_2(g)} + 3Sa(T)_{H_2(g)}]$$
$$= -202.779 - 6.814\ln T + 8.588 \times 10^{-3}T + 6.329 \times 10^6 T^{-2} \quad J/K$$

(3)由数据表 $NH_3(1)$、N_2 和 H_2 知，在温度范围 800 ~ 2000 K 内参加反应各物质的应用吉布斯自由能 $Ga(T)$ 的各项系数如表 0-3 所示。

表 0-3　物质 NH_3、N_2 和 H_2 的应用吉布斯自由能的系数

物质	r_0	r_1	r_2	r_3	r_4	r_5
$NH_3(g)$	-77700	184.335	-52.723	-5.230	3.187	
$N_2(g)$	-9988	14.248	-30.420	-1.270	0.120	
$H_2(g)$	-8111	52.819	-27.280	-1.632	-0.025	
反应的系数变化	-121079	195.965	6.814	-4.294	6.329	

通过上述运算得出在温度范围 800 ~ 2000 K 内化学反应标准吉布斯自由能变化的温度关系为

$$\Delta G^{\ominus}(T)_{反应}=2Ga(T)_{NH_3(g)}-[Ga(T)_{N_2(g)}+3Ga(T)_{H_2(g)}]$$
$$=-121079+195.965T+6.814T\ln T-4.294\times10^{-3}T^2+6.329\times10^{6}T^{-1}\quad J$$

(4)由数据表 $NH_3(1)$、N_2 和 H_2 知，在温度范围 800 ~ 2000 K 内参加反应各物质的应用吉布斯自由能的逼近线性函数 $Ga(l)$ 的系数如表 0-4 所示。

表 0-4　物质 NH_3、N_2 和 H_2 的应用吉布斯自由能的逼近线性函数的系数

物质	r_0	r_1	r_2	r_3	r_4	r_5
$NH_3(g)$	7018	-265.793				
$N_2(g)$	32970	-243.345				
$H_2(g)$	31190	-179.722				
反应的系数变化	-112504	250.925				

通过系数运算得出在温度范围 800 ~ 2000 K 内化学反应标准吉布斯自由能变化温度关系的逼近线性函数为

$$\Delta G^{\ominus}(l)_{反应}=3Ga(l)_{NH_3(g)}-[Ga(l)_{N_2(g)}+3Ga(l)_{H_2(g)}]$$
$$=-112504+250.925T\quad J$$

(5)由于

$$\Delta G^{\ominus}(T)=-RT\ln K_p$$

所以

$$\ln K_p=-\frac{1}{RT}\Delta G^{\ominus}(T)$$

取 $R=8.3144$ J/(mol·K)得

$$\ln K_p=-23.569+14562.566T^{-1}-0.820\ln T+0.516\times10^{-3}T-0.761\times10^{6}T^{-2}$$

(6)由上式知，当温度 $T=1000$ K 时，化学反应的化学反应平衡常数自然对数值为

$$\ln K_p(1000)=-23.569+14562.566\times1000^{-1}-0.820\ln1000+$$
$$0.516\times10^{-3}\times1000-0.761\times10^{6}\times1000^{-2}$$
$$=-14.916$$

所以，该化学反应在温度 $T=1000$ K 时的反应平衡常数为

$$K_p(1000)=3.327\times10^{-7}$$

【例 2】　恒压下将 5 mol $Al_2O_3(\alpha)$ 从温度 298.15 K(25 ℃)加热到温度 1000 K，求其标准焓变化、标准熵变化和标准吉布斯自由能变化。

解：物质 $Al_2O_3(\alpha)$ 从温度 298.15 K(25 ℃)加热到温度 1000 K，虽然没有相态的变化，但其初始温度和终了温度却不在同一恒压热容适用温度范围之内。

(1)由 $Al_2O_3(\alpha)$ 的数据表知，其在温度范围 298 ~ 800 K 内的应用焓为

$$Ha_1(T)=-1717200+103.851T+13.134\times10^{-3}T^2+2.909\times10^{6}T^{-1}$$

则 1 mol $Al_2O_3(\alpha)$ 在温度 298.15 K 时应用焓的值为

$$Ha_1(298.15)=-1717200+103.851\times298.15+$$
$$13.134\times10^{-3}\times298.15^2+2.909\times10^{6}\times298.15^{-1}$$
$$=-1675312\quad J/mol$$

由 $Al_2O_3(\alpha)$ 的数据表知，其在温度范围 800 ~ 2327 K 内的应用焓为

$$Ha_2(T)=-1727500+120.516T+4.596\times10^{-3}T^2+4.837\times10^{6}T^{-1}$$

则 1 mol $Al_2O_3(\alpha)$ 在温度 1000 K 时应用焓的值为

$$Ha_2(1000)=-1727500+120.516\times1000+4.596\times10^{-3}\times1000^2+4.837\times10^{6}\times1000^{-1}$$
$$=-1597551\quad J/mol$$

因此，5 mol $Al_2O_3(\alpha)$ 从温度 298.15 K(25 ℃)加热到温度 1000 K，其标准焓变化为

$$\Delta H^{\ominus} = [Ha_2(1000) - Ha_1(298.15)] \times 5 = 388805 \quad \text{J}$$

(2)由 $Al_2O_3(\alpha)$ 的数据表知,其在温度范围 298 ~ 800 K 内的应用熵为

$$Sa_1(T) = -564.959 + 103.851\ln T + 26.267 \times 10^{-3}T + 1.455 \times 10^6 T^{-2}$$

则 1 mol $Al_2O_3(\alpha)$ 在温度 298.15 K 时应用熵的值为

$$Sa_1(298.15) = -564.959 + 103.851\ln 298.15 + 26.267 \times 10^{-3} \times 298.15 + 1.455 \times 10^6 \times 298.15^{-2} = 50.9415 \quad \text{J/(mol·K)}$$

由 $Al_2O_3(\alpha)$ 的数据表知,$Al_2O_3(\alpha)$ 在温度范围 800 ~ 2327 K 内的应用熵为

$$Sa_2(T) = -664.204 + 120.516\ln T + 9.192 \times 10^{-3}T + 2.419 \times 10^6 T^{-2}$$

则 1 mol $Al_2O_3(\alpha)$ 在温度 1000 K 时应用熵的值为

$$Sa_2(1000) = -664.204 + 120.516\ln 1000 + 9.192 \times 10^{-3} \times 1000 + 2.419 \times 10^6 \times 1000^{-2} = 179.9020 \quad \text{J/(mol·K)}$$

因此,5 mol $Al_2O_3(\alpha)$ 从温度 298.15 K(25 ℃)加热到温度 1000 K,其标准熵变化为

$$\Delta S^{\ominus} = [Sa_2(1000) - Sa_1(298.15)] \times 5 = 644.803 \quad \text{J/K}$$

(3)由 $Al_2O_3(\alpha)$ 的数据表知,$Al_2O_3(\alpha)$ 在温度范围 298 ~ 800 K 内的应用吉布斯自由能为

$$Ga_1(T) = -1717200 + 668.810T - 103.851T\ln T - 13.134 \times 10^{-3}T^2 + 1.455 \times 10^6 T^{-1}$$

则 1 mol $Al_2O_3(\alpha)$ 在温度 298.15 K 时应用吉布斯自由能的值为

$$Ga_1(298.15) = -1717200 + 668.810 \times 298.15 - 103.851 \times 298.15\ln 298.15 - 13.134 \times 10^{-3} \times 298.15^2 + 1.455 \times 10^6 \times 298.15^{-1} = -1690497 \quad \text{J/mol}$$

由 $Al_2O_3(\alpha)$ 的数据表知,$Al_2O_3(\alpha)$ 在温度范围 800 ~ 2327 K 内的应用吉布斯自由能为

$$Ga_2(T) = -1727500 + 784.720T - 120.516T\ln T - 4.596 \times 10^{-3}T^2 + 2.419 \times 10^6 T^{-1}$$

则 1 mol $Al_2O_3(\alpha)$ 在温度 1000 K 时应用吉布斯自由能的值为

$$Ga_2(1000) = -1727500 + 784.720 \times 1000 - 120.516 \times 1000\ln 1000 - 4.596 \times 10^{-3} \times 1000^2 + 2.419 \times 10^6 \times 1000^{-1} = -1777452 \quad \text{J/mol}$$

因此,5 mol $Al_2O_3(\alpha)$ 从温度 298.15 K(25 ℃)加热到温度 1000 K,其标准吉布斯自由能变化为

$$\Delta G^{\ominus} = [Ga_2(1000) - Ga_1(298.15)] \times 5 = -434775 \quad \text{J}$$

物质的应用热力学数据表

Ag

温度范围:298 ~ 600　　相:固

$\Delta H^{\ominus}_{f,298}$:0　　$S^{\ominus}_{298}$:42.677

函数	r_0	r_1	r_2	r_3	r_4	r_5
C_p	23.820	5.117				
$Ha(T)$	-7329	23.820	2.559			
$Sa(T)$	-94.565	23.820	5.117			
$Ga(T)$	-7329	118.385	-23.820	-2.559		
$Ga(l)$	3537	-52.930				

温度范围:600 ~ 1234　　相:固

$\Delta H^{\ominus}_{tr}$:—　　$\Delta S^{\ominus}_{tr}$:—

函数	r_0	r_1	r_2	r_3	r_4	r_5
C_p	19.732	9.598	0.533			
$Ha(T)$	-4795	19.732	4.799	-0.533		
$Sa(T)$	-70.363	19.732	9.598	-0.267		
$Ga(T)$	-4795	90.095	-19.732	-4.799	-0.267	
$Ga(l)$	15970	-72.449				

温度范围:1234 ~ 2436　　相:液

$\Delta H^{\ominus}_{tr}$:11300　　$\Delta S^{\ominus}_{tr}$:9.157

函数	r_0	r_1	r_2	r_3	r_4	r_5
C_p	33.472					
$Ha(T)$	-3574	33.472				
$Sa(T)$	-147.338	33.472				
$Ga(T)$	-3574	180.810	-33.472			
$Ga(l)$	56060	-103.829				

温度范围:2436 ~ 2800　　相:气

$\Delta H^{\ominus}_{tr}$:250620　　$\Delta S^{\ominus}_{tr}$:102.882

函数	r_0	r_1	r_2	r_3	r_4	r_5
C_p	20.786					
$Ha(T)$	277950	20.786				
$Sa(T)$	54.470	20.786				
$Ga(T)$	277950	-33.684	-20.786			
$Ga(l)$	332290	-218.047				

AgF

温度范围:298 ~ 708　　相:固

$\Delta H^{\ominus}_{f,298}$: −202920　　$S^{\ominus}_{298}$:83. 680

函数	r_0	r_1	r_2	r_3	r_4	r_5
C_p	45. 522	21. 464				
$Ha(T)$	−217450	45. 522	10. 732			
$Sa(T)$	−182. 085	45. 522	21. 464			
$Ga(T)$	−217450	227. 607	−45. 522	−10. 732		
$Ga(l)$	−193020	−111. 109				

AgCl

温度范围:298 ~ 730　　相:固

$\Delta H^{\ominus}_{f,298}$: −127100　　$S^{\ominus}_{298}$:96. 2

函数	r_0	r_1	r_2	r_3	r_4	r_5
C_p	30. 1	52. 96	0. 63			
$Ha(T)$	−136320	30. 100	26. 480	−0. 630		
$Sa(T)$	−87. 544	30. 100	52. 960	−0. 315		
$Ga(T)$	−136320	117. 644	−30. 100	−26. 480	−0. 315	
$Ga(l)$	−116340	−125. 687				

温度范围:730 ~ 1835　　相:液

$\Delta H^{\ominus}_{tr}$:13200　　$\Delta S^{\ominus}_{tr}$:18. 082

函数	r_0	r_1	r_2	r_3	r_4	r_5
C_p	67. 66	−8. 87				
$Ha(T)$	−134920	67. 660	−4. 435			
$Sa(T)$	−272. 552	67. 660	−8. 870			
$Ga(T)$	−134920	340. 212	−67. 660	4. 435		
$Ga(l)$	−59410	−198. 976				

AgBr

温度范围:298 ~ 700　　相:固

$\Delta H^{\ominus}_{f,298}$: −100600　　$S^{\ominus}_{298}$:107. 1

函数	r_0	r_1	r_2	r_3	r_4	r_5
C_p	33. 18	64. 43				
$Ha(T)$	−113360	33. 180	32. 215			
$Sa(T)$	−101. 156	33. 180	64. 430			
$Ga(T)$	−113360	134. 336	−33. 180	−32. 215		
$Ga(l)$	−89940	−136. 580				

温度范围:700 ~ 1831　　相:液

$\Delta H^{\ominus}_{tr}$:9200　　$\Delta S^{\ominus}_{tr}$:13. 143

函数	r_0	r_1	r_2	r_3	r_4	r_5
C_p	62. 34					
$Ha(T)$	−147790	62. 340				
$Sa(T)$	−496. 408	62. 340				
$Ga(T)$	−147790	558. 748	−62. 340			
$Ga(l)$	−73230	52. 401				

AgBr(气)

温度范围:298 ~ 2000　　相:气

$\Delta H^\ominus_{f,298}$:140500　　$S^\ominus_{298}$:272.2

函数	r_0	r_1	r_2	r_3	r_4	r_5
C_p	37.41		−0.14			
$Ha(T)$	128880	37.410		0.140		
$Sa(T)$	58.265	37.410		0.070		
$Ga(T)$	128880	−20.855	−37.410		0.070	
$Ga(l)$	165140	−319.605				

$AgBrO_3$

温度范围:298 ~ 400　　相:固

$\Delta H^\ominus_{f,298}$: −26360　　$S^\ominus_{298}$:153.971

函数	r_0	r_1	r_2	r_3	r_4	r_5
C_p	66.944	125.520				
$Ha(T)$	−51900	66.944	62.760			
$Sa(T)$	−264.873	66.944	125.520			
$Ga(T)$	−51900	331.817	−66.944	−62.760		
$Ga(l)$	−21070	−170.774				

AgI

温度范围:298 ~ 420　　相:固(γ)

$\Delta H^\ominus_{f,298}$: −61800　　$S^\ominus_{298}$:115.5

函数	r_0	r_1	r_2	r_3	r_4	r_5
C_p	35.77	71.13				
$Ha(T)$	−75630	35.770	35.565			
$Sa(T)$	−109.510	35.770	71.130			
$Ga(T)$	−75630	145.280	−35.770	−35.565		
$Ga(l)$	−58340	−126.379				

温度范围:420 ~ 830　　相:固(α)

$\Delta H^\ominus_{tr}$:6300　　$\Delta S^\ominus_{tr}$:15.000

函数	r_0	r_1	r_2	r_3	r_4	r_5
C_p	43.66	14.83	1.52			
$Ha(T)$	−64060	43.660	7.415	−1.520		
$Sa(T)$	−114.214	43.660	14.830	−0.760		
$Ga(T)$	−64060	157.874	−43.660	−7.415	−0.760	
$Ga(l)$	−37330	−173.565				

温度范围:830 ~ 1773　　相:液

$\Delta H^\ominus_{tr}$:9400　　$\Delta S^\ominus_{tr}$:11.325

函数	r_0	r_1	r_2	r_3	r_4	r_5
C_p	58.58					
$Ha(T)$	−63760	58.580				
$Sa(T)$	−191.966	58.580				
$Ga(T)$	−63760	250.546	−58.580			
$Ga(l)$	9759	−227.335				

AgI(气)

温度范围:298 ~ 2000　　相:气

$\Delta H^{\ominus}_{f,298}$:155900　　$S^{\ominus}_{298}$:275.1

函数	r_0	r_1	r_2	r_3	r_4	r_5
C_p	38.92		-0.13			
$Ha(T)$	143860	38.920		0.130		
$Sa(T)$	52.618	38.920		0.065		
$Ga(T)$	143860	-13.698	-38.920		0.065	
$Ga(l)$	181560	-324.498				

Ag_2O

温度范围:298 ~ 500　　相:固

$\Delta H^{\ominus}_{f,298}$: -30540　　$S^{\ominus}_{298}$:121.754

函数	r_0	r_1	r_2	r_3	r_4	r_5
C_p	59.329	40.794	-0.418			
$Ha(T)$	-51440	59.329	20.397	0.418		
$Sa(T)$	-230.793	59.329	40.794	0.209		
$Ga(T)$	-51440	290.122	-59.329	-20.397	0.209	
$Ga(l)$	-23920	-141.797				

$Ag_2O \cdot WO_3$

温度范围:298 ~ 500　　相:固

$\Delta H^{\ominus}_{f,298}$: -924660　　$S^{\ominus}_{298}$:205.016

函数	r_0	r_1	r_2	r_3	r_4	r_5
C_p	132.465	69.203	-0.418			
$Ha(T)$	-968630	132.465	34.602	0.418		
$Sa(T)$	-572.700	132.465	69.203	0.209		
$Ga(T)$	-968630	705.165	-132.465	-34.602	0.209	
$Ga(l)$	-910210	-248.768				

AgS(气)*

温度范围:298 ~ 2000　　相:气

$\Delta H^{\ominus}_{f,298}$:***393300***　　$S^{\ominus}_{298}$:***261.2***

函数	r_0	r_1	r_2	r_3	r_4	r_5
C_p	***37.36***	***0.03***	***0.12***			
$Ha(T)$	382560	37.360	0.015	-0.120		
$Sa(T)$	49.004	37.360	0.030	-0.060		
$Ga(T)$	382560	-11.644	-37.360	-0.015	-0.060	
$Ga(l)$	418470	-309.875				

Ag_2S

温度范围:298 ~ 449　　相:固(α)

$\Delta H^{\ominus}_{f,298}$: −31800　　$S^{\ominus}_{298}$:143.511

函数	r_0	r_1	r_2	r_3	r_4	r_5
C_p	64.601	39.957				
$Ha(T)$	−52840	64.601	19.979			
$Sa(T)$	−236.473	64.601	39.957			
$Ga(T)$	−52840	301.074	−64.601	−19.979		
$Ga(l)$	−26220	−160.830				

温度范围:449 ~ 859　　相:固(β)

$\Delta H^{\ominus}_{tr}$:3933　　$\Delta S^{\ominus}_{tr}$:8.759

函数	r_0	r_1	r_2	r_3	r_4	r_5
C_p	81.337	2.929				
$Ha(T)$	−52690	81.337	1.465			
$Sa(T)$	−313.295	81.337	2.929			
$Ga(T)$	−52690	394.632	−81.337	−1.465		
$Ga(l)$	−299	−215.121				

温度范围:859 ~ 1103　　相:固(γ)

$\Delta H^{\ominus}_{tr}$:502　　$\Delta S^{\ominus}_{tr}$:0.584

函数	r_0	r_1	r_2	r_3	r_4	r_5
C_p	82.718					
$Ha(T)$	−52290	82.718				
$Sa(T)$	−319.524	82.718				
$Ga(T)$	−52290	402.242	−82.718			
$Ga(l)$	28530	−250.161				

温度范围:1103 ~ 1300　　相:液

$\Delta H^{\ominus}_{tr}$:7866　　$\Delta S^{\ominus}_{tr}$:7.131

函数	r_0	r_1	r_2	r_3	r_4	r_5
C_p	93.094					
$Ha(T)$	−55870	93.094				
$Sa(T)$	−385.085	93.094				
$Ga(T)$	−55870	478.179	−93.094			
$Ga(l)$	55800	−275.023				

Ag_2SO_4

温度范围:298 ~ 703　　相:固(α)

$\Delta H^{\ominus}_{f,298}$: −715880　　$S^{\ominus}_{298}$:200.414

函数	r_0	r_1	r_2	r_3	r_4	r_5
C_p	96.650	116.734				
$Ha(T)$	−749880	96.650	58.367			
$Sa(T)$	−385.063	96.650	116.734			
$Ga(T)$	−749880	481.713	−96.650	−58.367		
$Ga(l)$	−689840	−272.485				

温度范围:703 ~ 933　　相:固(β)

$\Delta H_{tr}^{\ominus}$:15690　　$\Delta S_{tr}^{\ominus}$:22.319

函数	r_0	r_1	r_2	r_3	r_4	r_5
C_p	96.650	116.734				
$Ha(T)$	-734190	96.650	58.367			
$Sa(T)$	-362.744	96.650	116.734			
$Ga(T)$	-734190	459.394	-96.650	-58.367		
$Ga(l)$	-616760	-380.768				

温度范围:933 ~ 1200　　相:液

$\Delta H_{tr}^{\ominus}$:17990　　$\Delta S_{tr}^{\ominus}$:19.282

函数	r_0	r_1	r_2	r_3	r_4	r_5
C_p	205.016					
$Ha(T)$	-766500	205.016				
$Sa(T)$	-975.600	205.016				
$Ga(T)$	-766500	1180.616	-205.016			
$Ga(l)$	-548750	-453.494				

Ag_2Se

温度范围:298 ~ 406　　相:固(α)

$\Delta H_{f,298}^{\ominus}$: -16100　　$S_{298}^{\ominus}$:150.1

函数	r_0	r_1	r_2	r_3	r_4	r_5
C_p	65.15	54.89				
$Ha(T)$	-37960	65.150	27.445			
$Sa(T)$	-237.464	65.150	54.890			
$Ga(T)$	-37960	302.614	-65.150	-27.445		
$Ga(l)$	-11790	-163.736				

温度范围:406 ~ 1170　　相:固(β)

$\Delta H_{tr}^{\ominus}$:7000　　$\Delta S_{tr}^{\ominus}$:17.241

函数	r_0	r_1	r_2	r_3	r_4	r_5
C_p	80.5	9.45				
$Ha(T)$	-33450	80.500	4.725			
$Sa(T)$	-293.971	80.500	9.450			
$Ga(T)$	-33450	374.471	-80.500	-4.725		
$Ga(l)$	28570	-248.373				

$Ag_{1.64}Te$

温度范围:298 ~ 418　　相:固

$\Delta H_{f,298}^{\ominus}$: -31380　　$S_{298}^{\ominus}$:133.888

函数	r_0	r_1	r_2	r_3	r_4	r_5
C_p	40.012	123.805				
$Ha(T)$	-48810	40.012	61.903			
$Sa(T)$	-130.997	40.012	123.805			
$Ga(T)$	-48810	171.009	-40.012	-61.903		
$Ga(l)$	-26730	-148.520				

温度范围:418 ~ 569　　相:固

$\Delta H_{tr}^{\ominus}$:1297　　$\Delta S_{tr}^{\ominus}$:3. 103

函数	r_0	r_1	r_2	r_3	r_4	r_5
C_p	103. 32	-27. 171				
$Ha(T)$	-60790	103. 320	-13. 586			
$Sa(T)$	-446. 880	103. 320	-27. 171			
$Ga(T)$	-60790	550. 200	-103. 320	13. 586		
$Ga(l)$	-13400	-180. 210				

温度范围:569 ~ 625　　相:固

$\Delta H_{tr}^{\ominus}$:205　　$\Delta S_{tr}^{\ominus}$:0. 360

函数	r_0	r_1	r_2	r_3	r_4	r_5
C_p	78. 994					
$Ha(T)$	-51140	78. 994				
$Sa(T)$	-307. 659	78. 994				
$Ga(T)$	-51140	386. 653	-78. 994			
$Ga(l)$	-4039	-197. 196				

温度范围:625 ~ 697　　相:固

$\Delta H_{tr}^{\ominus}$:247　　$\Delta S_{tr}^{\ominus}$:0. 395

函数	r_0	r_1	r_2	r_3	r_4	r_5
C_p	77. 488					
$Ha(T)$	-49950	77. 488				
$Sa(T)$	-297. 568	77. 488				
$Ga(T)$	-49950	375. 056	-77. 488			
$Ga(l)$	1225	-205. 594				

温度范围:697 ~ 737　　相:固

$\Delta H_{tr}^{\ominus}$:2201　　$\Delta S_{tr}^{\ominus}$:3. 158

函数	r_0	r_1	r_2	r_3	r_4	r_5
C_p	78. 492					
$Ha(T)$	-48450	78. 492				
$Sa(T)$	-300. 984	78. 492				
$Ga(T)$	-48450	379. 476	-78. 492			
$Ga(l)$	7756	-215. 018				

温度范围:737 ~ 800　　相:固

$\Delta H_{tr}^{\ominus}$:1201　　$\Delta S_{tr}^{\ominus}$:1. 630

函数	r_0	r_1	r_2	r_3	r_4	r_5
C_p	73. 011					
$Ha(T)$	-43210	73. 011				
$Sa(T)$	-263. 165	73. 011				
$Ga(T)$	-43210	336. 176	-73. 011			
$Ga(l)$	12860	-221. 919				

Ag_2Te

温度范围:298 ~421 相:固(α)

$\Delta H^{\ominus}_{f,298}$: -36000 $S^{\ominus}_{298}$:153.6

函数	r_0	r_1	r_2	r_3	r_4	r_5
C_p	49.2	109.62	0.28			
$Ha(T)$	-54600	49.200	54.810	-0.280		
$Sa(T)$	-157.830	49.200	109.620	-0.140		
$Ga(T)$	-54600	207.030	-49.200	-54.810	-0.140	
$Ga(l)$	-30820	-169.878				

温度范围:421 ~1232 相:固(β)

$\Delta H^{\ominus}_{tr}$:6600 $\Delta S^{\ominus}_{tr}$:15.677

函数	r_0	r_1	r_2	r_3	r_4	r_5
C_p	84.02					
$Ha(T)$	-53610	84.020				
$Sa(T)$	-307.197	84.020				
$Ga(T)$	-53610	391.217	-84.020			
$Ga(l)$	11210	-255.045				

$AgNO_2$

温度范围:298 ~517 相:固

$\Delta H^{\ominus}_{f,298}$: -45100 $S^{\ominus}_{298}$:128.2

函数	r_0	r_1	r_2	r_3	r_4	r_5
C_p	42.89	129.03				
$Ha(T)$	-63620	42.890	64.515			
$Sa(T)$	-154.640	42.890	129.030			
$Ga(T)$	-63620	197.530	-42.890	-64.515		
$Ga(l)$	-36020	-155.413				

$AgNO_3$

温度范围:298 ~433 相:固(α)

$\Delta H^{\ominus}_{f,298}$: -120500 $S^{\ominus}_{298}$:141.001

函数	r_0	r_1	r_2	r_3	r_4	r_5
C_p	36.819	189.117				
$Ha(T)$	-139880	36.819	94.559			
$Sa(T)$	-125.164	36.819	189.117			
$Ga(T)$	-139880	161.983	-36.819	-94.559		
$Ga(l)$	-114050	-161.133				

温度范围:433 ~483 相:固(β)

$\Delta H^{\ominus}_{tr}$:2510 $\Delta S^{\ominus}_{tr}$:5.797

函数	r_0	r_1	r_2	r_3	r_4	r_5
C_p	36.401	189.117				
$Ha(T)$	-137190	36.401	94.559			
$Sa(T)$	-116.830	36.401	189.117			
$Ga(T)$	-137190	153.231	-36.401	-94.559		
$Ga(l)$	-100720	-192.794				

温度范围:483 ~ 600　　相:液

$\Delta H_{tr}^{\ominus}$:11720　　$\Delta S_{tr}^{\ominus}$:24. 265

函数	r_0	r_1	r_2	r_3	r_4	r_5
C_p	128. 030					
$Ha(T)$	-147670	128. 030				
$Sa(T)$	-567. 490	128. 030				
$Ga(T)$	-147670	695. 520	-128. 030			
$Ga(l)$	-78560	-238. 225				

AgP_2

温度范围:298 ~ 900　　相:固

$\Delta H_{f,298}^{\ominus}$: -44770　　$S_{298}^{\ominus}$:87. 864

函数	r_0	r_1	r_2	r_3	r_4	r_5
C_p	65. 689	23. 012				
$Ha(T)$	-65380	65. 689	11. 506			
$Sa(T)$	-293. 266	65. 689	23. 012			
$Ga(T)$	-65380	358. 955	-65. 689	-11. 506		
$Ga(l)$	-25000	-138. 869				

AgP_3

温度范围:298 ~ 900　　相:固

$\Delta H_{f,298}^{\ominus}$: -69040　　$S_{298}^{\ominus}$:105. 437

函数	r_0	r_1	r_2	r_3	r_4	r_5
C_p	94. 558	31. 380				
$Ha(T)$	-98630	94. 558	15. 690			
$Sa(T)$	-442. 672	94. 558	31. 380			
$Ga(T)$	-98630	537. 230	-94. 558	-15. 690		
$Ga(l)$	-40780	-178. 333				

Ag_3Sb

温度范围:298 ~ 700　　相:固

$\Delta H_{f,298}^{\ominus}$: -23010　　$S_{298}^{\ominus}$:171. 544

函数	r_0	r_1	r_2	r_3	r_4	r_5
C_p	81. 714	66. 944				
$Ha(T)$	-50350	81. 714	33. 472			
$Sa(T)$	-313. 989	81. 714	66. 944			
$Ga(T)$	-50350	395. 703	-81. 714	-33. 472		
$Ga(l)$	-3486	-225. 717				

Ag_2CO_3(1)

温度范围:298 ~ 493　　相:固

$\Delta H_{f,298}^{\ominus}$: -505430　　$S_{298}^{\ominus}$:167. 360

函数	r_0	r_1	r_2	r_3	r_4	r_5
C_p	79. 370	108. 156				
$Ha(T)$	-533900	79. 370	54. 078			
$Sa(T)$	-317. 105	79. 370	108. 156			
$Ga(T)$	-533900	396. 475	-79. 370	-54. 078		
$Ga(l)$	-494730	-199. 848				

Ag_2CO_3(2)

温度范围:298 ~457 相:固(α)

$\Delta H^{\ominus}_{f,298}$: −509900 $S^{\ominus}_{298}$:170. 7

函数	r_0	r_1	r_2	r_3	r_4	r_5
C_p	79. 37	108. 16				
$Ha(T)$	−538370	79. 370	54. 080			
$Sa(T)$	−313. 766	79. 370	108. 160			
$Ga(T)$	−538370	393. 136	−79. 370	−54. 080		
$Ga(l)$	−501160	−197. 672				

温度范围:457 ~491 相:固(β)

$\Delta H^{\ominus}_{tr}$:5000 $\Delta S^{\ominus}_{tr}$:10. 941

函数	r_0	r_1	r_2	r_3	r_4	r_5
C_p	79. 37	108. 16				
$Ha(T)$	−533370	79. 370	54. 080			
$Sa(T)$	−302. 825	79. 370	108. 160			
$Ga(T)$	−533370	382. 195	−79. 370	−54. 080		
$Ga(l)$	−483680	−237. 321				

Ag_2CrO_4

温度范围:298 ~500 相:固

$\Delta H^{\ominus}_{f,298}$: −721320 $S^{\ominus}_{298}$:217. 568

函数	r_0	r_1	r_2	r_3	r_4	r_5
C_p	132. 214	66. 944	−0. 891			
$Ha(T)$	−766700	132. 214	33. 472	0. 891		
$Sa(T)$	−560. 705	132. 214	66. 944	0. 446		
$Ga(T)$	−766700	692. 919	−132. 214	−33. 472	0. 446	
$Ga(l)$	−707330	−259. 912				

$AgReO_4$

温度范围:298 ~500 相:固

$\Delta H^{\ominus}_{f,298}$: −736000 $S^{\ominus}_{298}$:153. 1

函数	r_0	r_1	r_2	r_3	r_4	r_5
C_p	90. 65	112. 45	−0. 7			
$Ha(T)$	−770370	90. 650	56. 225	0. 700		
$Sa(T)$	−400. 851	90. 650	112. 450	0. 350		
$Ga(T)$	−770370	491. 501	−90. 650	−56. 225	0. 350	
$Ga(l)$	−724250	−188. 635				

Al

温度范围:298 ~933 相:固

$\Delta H^{\ominus}_{f,298}$:0 $S^{\ominus}_{298}$:28. 321

函数	r_0	r_1	r_2	r_3	r_4	r_5
C_p	31. 376	−16. 393	−0. 3607	20. 753		
$Ha(T)$	−10020	31. 376	−8. 197	0. 361	6. 918	
$Sa(T)$	−148. 510	31. 376	−16. 393	0. 180	10. 377	
$Ga(T)$	−10020	179. 886	−31. 376	8. 197	0. 180	−3. 459
$Ga(l)$	7240	−46. 737				

温度范围:933 ~ 2767 相:液

$\Delta H_{tr}^{\ominus}$:10710 $\Delta S_{tr}^{\ominus}$:11.479

函数	r_0	r_1	r_2	r_3	r_4	r_5
C_p	31.748					
$Ha(T)$	-786	31.748				
$Sa(T)$	-145.630	31.748				
$Ga(T)$	-786	177.378	-31.748			
$Ga(l)$	53950	-92.383				

温度范围:2767 ~ 3200 相:气

$\Delta H_{tr}^{\ominus}$:290780 $\Delta S_{tr}^{\ominus}$:105.089

函数	r_0	r_1	r_2	r_3	r_4	r_5
C_p	20.799					
$Ha(T)$	320290	20.799				
$Sa(T)$	46.235	20.799				
$Ga(T)$	320290	-25.436	-20.799			
$Ga(l)$	382250	-212.631				

Al(气)

温度范围:298 ~ 3000 相:气

$\Delta H_{f,298}^{\ominus}$:329700 $S_{298}^{\ominus}$:164.6

函数	r_0	r_1	r_2	r_3	r_4	r_5
C_p	20.78		0.05			
$Ha(T)$	323670	20.780		-0.050		
$Sa(T)$	46.485	20.780		-0.025		
$Ga(T)$	323670	-25.705	-20.780		-0.025	
$Ga(l)$	350970	-198.735				

AlH(气)

温度范围:298 ~ 2000 相:气

$\Delta H_{f,298}^{\ominus}$:259400 $S_{298}^{\ominus}$:187.9

函数	r_0	r_1	r_2	r_3	r_4	r_5
C_p	29.46	4.52	-0.14			
$Ha(T)$	249950	29.460	2.260	0.140		
$Sa(T)$	17.914	29.460	4.520	0.070		
$Ga(T)$	249950	11.546	-29.460	-2.260	0.070	
$Ga(l)$	280980	-228.928				

AlH_3

温度范围:298 ~ 400 相:固

$\Delta H_{f,298}^{\ominus}$: -11510 $S_{298}^{\ominus}$:29.288

函数	r_0	r_1	r_2	r_3	r_4	r_5
C_p	45.187					
$Ha(T)$	-24980	45.187				
$Sa(T)$	-228.169	45.187				
$Ga(T)$	-24980	273.356	-45.187			
$Ga(l)$	-9298	-36.317				

AlF(气)(1)

温度范围:298 ~ 2000　　相:气

$\Delta H^{\ominus}_{f,298}$: −265700　　$S^{\ominus}_{298}$:215. 2

函数	r_0	r_1	r_2	r_3	r_4	r_5
C_p	37. 28	0. 44	−0. 77			
$Ha(T)$	−279420	37. 280	0. 220	0. 770		
$Sa(T)$	−1. 669	37. 280	0. 440	0. 385		
$Ga(T)$	−279420	38. 949	−37. 280	−0. 220	0. 385	
$Ga(l)$	−242270	−259. 641				

AlF(气)(2)

温度范围:298 ~ 800　　相:气

$\Delta H^{\ominus}_{f,298}$: −265270　　$S^{\ominus}_{298}$:215. 058

函数	r_0	r_1	r_2	r_3	r_4	r_5
C_p	33. 551	4. 079	−0. 253			
$Ha(T)$	−276300	33. 551	2. 040	0. 253		
$Sa(T)$	21. 260	33. 551	4. 079	0. 126		
$Ga(T)$	−276300	12. 291	−33. 551	−2. 040	0. 126	
$Ga(l)$	−257850	−234. 894				

温度范围:800 ~ 2000　　相:气

$\Delta H^{\ominus}_{tr}$:—　　$\Delta S^{\ominus}_{tr}$:—

函数	r_0	r_1	r_2	r_3	r_4	r_5
C_p	37. 267	0. 435	−0. 7661			
$Ha(T)$	−278750	37. 267	0. 218	0. 766		
$Sa(T)$	−1. 065	37. 267	0. 435	0. 383		
$Ga(T)$	−278750	38. 332	−37. 267	−0. 218	0. 383	
$Ga(l)$	−228200	−269. 022				

AlF_2(气)(1)

温度范围:298 ~ 2000　　相:气

$\Delta H^{\ominus}_{f,298}$: −695000　　$S^{\ominus}_{298}$:264. 2

函数	r_0	r_1	r_2	r_3	r_4	r_5
C_p	57. 87	0. 13	−1. 73			
$Ha(T)$	−718060	57. 870	0. 065	1. 730		
$Sa(T)$	−75. 289	57. 870	0. 130	0. 865		
$Ga(T)$	−718060	133. 159	−57. 870	−0. 065	0. 865	
$Ga(l)$	−660030	−330. 024				

AlF_2(气)(2)

温度范围:298 ~ 800　　相:气

$\Delta H^{\ominus}_{f,298}$: −732200　　$S^{\ominus}_{298}$:263. 174

函数	r_0	r_1	r_2	r_3	r_4	r_5
C_p	51. 760	6. 125	−0. 693			
$Ha(T)$	−750230	51. 760	3. 063	0. 693		
$Sa(T)$	−37. 458	51. 760	6. 125	0. 347		
$Ga(T)$	−750230	89. 218	−51. 760	−3. 063	0. 347	
$Ga(l)$	−721180	−292. 605				

温度范围:800 ~ 2000　　相:气

$\Delta H_{tr}^{\ominus}$:—　　$\Delta S_{tr}^{\ominus}$:—

函数	r_0	r_1	r_2	r_3	r_4	r_5
C_p	57.932	0.105	-1.616			
$Ha(T)$	-754390	57.932	0.053	1.616		
$Sa(T)$	-74.620	57.932	0.105	0.808		
$Ga(T)$	-754390	132.552	-57.932	-0.053	0.808	
$Ga(l)$	-676010	-344.555				

AlF_3(1)

温度范围:298 ~ 728　　相:固

$\Delta H_{f,298}^{\ominus}$: -1510400　　$S_{298}^{\ominus}$:66.5

函数	r_0	r_1	r_2	r_3	r_4	r_5
C_p	70.58	51.09	-0.92			
$Ha(T)$	-1536800	70.580	25.545	0.920		
$Sa(T)$	-356.044	70.580	51.090	0.460		
$Ga(T)$	-1536800	426.624	-70.580	-25.545	0.460	
$Ga(l)$	-1494000	-111.289				

AlF_3(2)

温度范围:298 ~ 500　　相:固(α)

$\Delta H_{f,298}^{\ominus}$: -1510400　　$S_{298}^{\ominus}$:66.484

函数	r_0	r_1	r_2	r_3	r_4	r_5
C_p	90.960	17.656	-1.877			
$Ha(T)$	-1544600	90.960	8.828	1.877		
$Sa(T)$	-467.591	90.960	17.656	0.939		
$Ga(T)$	-1544600	558.551	-90.960	-8.828	0.939	
$Ga(l)$	-1502700	-89.770				

温度范围:500 ~ 728　　相:固(α)

$\Delta H_{tr}^{\ominus}$:—　　$\Delta S_{tr}^{\ominus}$:—

函数	r_0	r_1	r_2	r_3	r_4	r_5
C_p	3.795	126.817	6.267			
$Ha(T)$	-1498400	3.795	63.409	-6.267		
$Sa(T)$	35.813	3.795	126.817	-3.134		
$Ga(T)$	-1498400	-32.018	-3.795	-63.409	-3.134	
$Ga(l)$	-1482800	-129.545				

温度范围:728 ~ 1549　　相:固(β)

$\Delta H_{tr}^{\ominus}$:565　　$\Delta S_{tr}^{\ominus}$:0.776

函数	r_0	r_1	r_2	r_3	r_4	r_5
C_p	92.663	9.063	-0.894			
$Ha(T)$	-1541100	92.663	4.532	0.894		
$Sa(T)$	-470.109	92.663	9.063	0.447		
$Ga(T)$	-1541100	562.772	-92.663	-4.532	0.447	
$Ga(l)$	-1432900	-191.457				

AlF_3(气)(1)

温度范围:298 ~ 2000　　相:气

$\Delta H^{\ominus}_{f,298}$: −1209300　　$S^{\ominus}_{298}$:276.7

函数	r_0	r_1	r_2	r_3	r_4	r_5
C_p	79.16	2.26	−1.54			
$Ha(T)$	−1238200	79.160	1.130	1.540		
$Sa(T)$	−183.658	79.160	2.260	0.770		
$Ga(T)$	−1238200	262.818	−79.160	−1.130	0.770	
$Ga(l)$	−1158700	−372.672				

AlF_3(气)(2)

温度范围:298 ~ 800　　相:气

$\Delta H^{\ominus}_{f,298}$: −1208000　　$S^{\ominus}_{298}$:277.876

函数	r_0	r_1	r_2	r_3	r_4	r_5
C_p	69.400	13.046	−0.959			
$Ha(T)$	−1232500	69.400	6.523	0.959		
$Sa(T)$	−126.821	69.400	13.046	0.480		
$Ga(T)$	−1232500	196.221	−69.400	−6.523	0.480	
$Ga(l)$	−1192800	−318.439				

温度范围:800 ~ 2000　　相:气

$\Delta H^{\ominus}_{tr}$:—　　$\Delta S^{\ominus}_{tr}$:—

函数	r_0	r_1	r_2	r_3	r_4	r_5
C_p	82.638	0.184	−2.852			
$Ha(T)$	−1241300	82.638	0.092	2.852		
$Sa(T)$	−206.501	82.638	0.184	1.426		
$Ga(T)$	−1241300	289.139	−82.638	−0.092	1.426	
$Ga(l)$	−1129100	−391.643				

$(AlF_3)_2$(气)

温度范围:298 ~ 2000　　相:气

$\Delta H^{\ominus}_{f,298}$: −2633600　　$S^{\ominus}_{298}$:387.3

函数	r_0	r_1	r_2	r_3	r_4	r_5
C_p	182.05	0.33	−6.56			
$Ha(T)$	−2709900	182.050	0.165	6.560		
$Sa(T)$	−686.944	182.050	0.330	3.280		
$Ga(T)$	−2709900	868.994	−182.050	−0.165	3.280	
$Ga(l)$	−2526000	−588.678				

AlCl(气)(1)

温度范围:298 ~ 2000　　相:气

$\Delta H^{\ominus}_{f,298}$: −51500　　$S^{\ominus}_{298}$:228

函数	r_0	r_1	r_2	r_3	r_4	r_5
C_p	37.38	0.46	−0.31			
$Ha(T)$	−63710	37.380	0.230	0.310		
$Sa(T)$	13.143	37.380	0.460	0.155		
$Ga(T)$	−63710	24.237	−37.380	−0.230	0.155	
$Ga(l)$	−27020	−274.902				

AlCl(气)(2)

温度范围:298 ~ 800 相:气

$\Delta H^{\ominus}_{f,298}$: −51460 $S^{\ominus}_{298}$:227.840

函数	r_0	r_1	r_2	r_3	r_4	r_5
C_p	36.593	1.255	−0.206			
$Ha(T)$	−63120	36.593	0.628	0.206		
$Sa(T)$	17.815	36.593	1.255	0.103		
$Ga(T)$	−63120	18.778	−36.593	−0.628	0.103	
$Ga(l)$	−43590	−248.932				

温度范围:800 ~ 2000 相:气

$\Delta H^{\ominus}_{tr}$:— $\Delta S^{\ominus}_{tr}$:—

函数	r_0	r_1	r_2	r_3	r_4	r_5
C_p	37.384	0.464	−0.306			
$Ha(T)$	−63620	37.384	0.232	0.306		
$Sa(T)$	13.082	37.384	0.464	0.153		
$Ga(T)$	−63620	24.302	−37.384	−0.232	0.153	
$Ga(l)$	−13250	−283.922				

$AlCl_2$(气)

温度范围:298 ~ 2000 相:气

$\Delta H^{\ominus}_{f,298}$: −313800 $S^{\ominus}_{298}$:287.943

函数	r_0	r_1	r_2	r_3	r_4	r_5
C_p	57.697	0.251	−0.552			
$Ha(T)$	−332860	57.697	0.126	0.552		
$Sa(T)$	−43.971	57.697	0.251	0.276		
$Ga(T)$	−332860	101.668	−57.697	−0.126	0.276	
$Ga(l)$	−276390	−359.578				

$AlCl_3$

温度范围:298 ~ 454 相:固

$\Delta H^{\ominus}_{f,298}$: −705630 $S^{\ominus}_{298}$:109.286

函数	r_0	r_1	r_2	r_3	r_4	r_5
C_p	64.936	87.864				
$Ha(T)$	−728900	64.936	43.932			
$Sa(T)$	−286.890	64.936	87.864			
$Ga(T)$	−728900	351.826	−64.936	−43.932		
$Ga(l)$	−698630	−130.920				

$AlCl_3$(气)

温度范围:298 ~ 2000 相:气

$\Delta H^{\ominus}_{f,298}$: −584510 $S^{\ominus}_{298}$:314.294

函数	r_0	r_1	r_2	r_3	r_4	r_5
C_p	81.952	0.623	−0.991			
$Ha(T)$	−612300	81.952	0.312	0.991		
$Sa(T)$	−158.395	81.952	0.623	0.496		
$Ga(T)$	−612300	240.347	−81.952	−0.312	0.496	
$Ga(l)$	−531680	−415.228				

$AlCl_3 \cdot 6H_2O$

温度范围:298 ~ 400　　相:固

$\Delta H^{\ominus}_{f,298}$: −2693200　　$S^{\ominus}_{298}$:318.110

函数	r_0	r_1	r_2	r_3	r_4	r_5
C_p	297.064					
$Ha(T)$	−2781800	297.064				
$Sa(T)$	−1374.441	297.064				
$Ga(T)$	−2781800	1671.505	−297.064			
$Ga(l)$	−2678600	−364.296				

$(AlCl_3)_2$(气)

温度范围:298 ~ 2000　　相:气

$\Delta H^{\ominus}_{f,298}$: −1295700　　$S^{\ominus}_{298}$:475

函数	r_0	r_1	r_2	r_3	r_4	r_5
C_p	180.92	1.05	−2.04			
$Ha(T)$	−1356500	180.920	0.525	2.040		
$Sa(T)$	−567.597	180.920	1.050	1.020		
$Ga(T)$	−1356500	748.517	−180.920	−0.525	1.020	
$Ga(l)$	−1178900	−698.292				

AlBr(气)

温度范围:298 ~ 3000　　相:气

$\Delta H^{\ominus}_{f,298}$:15900　　$S^{\ominus}_{298}$:239.492

函数	r_0	r_1	r_2	r_3	r_4	r_5
C_p	37.259	0.586	−0.163			
$Ha(T)$	4218	37.259	0.293	0.163		
$Sa(T)$	26.114	37.259	0.586	0.082		
$Ga(T)$	4218	11.145	−37.259	−0.293	0.082	
$Ga(l)$	54040	−300.152				

$AlBr_3$

温度范围:298 ~ 371　　相:固

$\Delta H^{\ominus}_{f,298}$: −511120　　$S^{\ominus}_{298}$:180.247

函数	r_0	r_1	r_2	r_3	r_4	r_5
C_p	49.949	169.578				
$Ha(T)$	−533550	49.949	84.789			
$Sa(T)$	−154.902	49.949	169.578			
$Ga(T)$	−533550	204.851	−49.949	−84.789		
$Ga(l)$	−507430	−192.105				

温度范围:371 ~ 527　　相:液

$\Delta H^{\ominus}_{tr}$:11260　　$\Delta S^{\ominus}_{tr}$:30.350

函数	r_0	r_1	r_2	r_3	r_4	r_5
C_p	124.972					
$Ha(T)$	−538450	124.972				
$Sa(T)$	−505.489	124.972				
$Ga(T)$	−538450	630.461	−124.972			
$Ga(l)$	−482790	−257.336				

$AlBr_3$(气)(1)

温度范围:298 ~ 2000 相:气

$\Delta H^\Theta_{f,298}$: -410500 S^Θ_{298}:349.4

函数	r_0	r_1	r_2	r_3	r_4	r_5
C_p	80.71	2.81	-0.55			
$Ha(T)$	-436530	80.710	1.405	0.550		
$Sa(T)$	-114.384	80.710	2.810	0.275		
$Ga(T)$	-436530	195.094	-80.710	-1.405	0.275	
$Ga(l)$	-356480	-452.817				

$AlBr_3$(气)(2)

温度范围:298 ~ 527 相:气

$\Delta H^\Theta_{f,298}$: -410900 S^Θ_{298}:349.071

函数	r_0	r_1	r_2	r_3	r_4	r_5
C_p	80.726	2.812	-0.546			
$Ha(T)$	-436920	80.726	1.406	0.546		
$Sa(T)$	-114.783	80.726	2.812	0.273		
$Ga(T)$	-436920	195.509	-80.726	-1.406	0.273	
$Ga(l)$	-402700	-373.592				

温度范围:527 ~ 2000 相:气

ΔH^Θ_{tr}:— ΔS^Θ_{tr}:—

函数	r_0	r_1	r_2	r_3	r_4	r_5
C_p	82.985	0.071	-0.766			
$Ha(T)$	-438150	82.985	0.036	0.766		
$Sa(T)$	-127.892	82.985	0.071	0.383		
$Ga(T)$	-438150	210.877	-82.985	-0.036	0.383	
$Ga(l)$	-342540	-462.096				

$(AlBr_3)_2$(气)

温度范围:298 ~ 2000 相:气

$\Delta H^\Theta_{f,298}$: -937200 S^Θ_{298}:547.2

函数	r_0	r_1	r_2	r_3	r_4	r_5
C_p	182	0.47	-1.38			
$Ha(T)$	-996110	182.000	0.235	1.380		
$Sa(T)$	-497.665	182.000	0.470	0.690		
$Ga(T)$	-996110	679.665	-182.000	-0.235	0.690	
$Ga(l)$	-818590	-774.709				

AlI(气)

温度范围:298 ~ 2000 相:气

$\Delta H^\Theta_{f,298}$:68000 S^Θ_{298}:247.8

函数	r_0	r_1	r_2	r_3	r_4	r_5
C_p	37.76	0.54	-0.13			
$Ha(T)$	56280	37.760	0.270	0.130		
$Sa(T)$	31.767	37.760	0.540	0.065		
$Ga(T)$	56280	5.993	-37.760	-0.270	0.065	
$Ga(l)$	93160	-296.165				

AlI_3

温度范围:298 ~ 464　　相:固

$\Delta H^{\ominus}_{f,298}$: −309200　　$S^{\ominus}_{298}$:189.535

函数	r_0	r_1	r_2	r_3	r_4	r_5
C_p	70.626	94.809				
$Ha(T)$	−334470	70.626	47.405			
$Sa(T)$	−241.131	70.626	94.809			
$Ga(T)$	−334470	311.757	−70.626	−47.405		
$Ga(l)$	−301120	−214.390				

温度范围:464 ~ 658　　相:液

$\Delta H^{\ominus}_{tr}$:15900　　$\Delta S^{\ominus}_{tr}$:34.267

函数	r_0	r_1	r_2	r_3	r_4	r_5
C_p	121.336					
$Ha(T)$	−331890	121.336				
$Sa(T)$	−474.226	121.336				
$Ga(T)$	−331890	595.562	−121.336			
$Ga(l)$	−264370	−293.434				

AlI_3(气)

温度范围:298 ~ 2000　　相:气

$\Delta H^{\ominus}_{f,298}$: −205020　　$S^{\ominus}_{298}$:363.046

函数	r_0	r_1	r_2	r_3	r_4	r_5
C_p	82.760	0.209	−0.569			
$Ha(T)$	−231610	82.760	0.105	0.569		
$Sa(T)$	−111.750	82.760	0.209	0.285		
$Ga(T)$	−231610	194.510	−82.760	−0.105	0.285	
$Ga(l)$	−150970	−466.791				

$(AlI_3)_2$(气)

温度范围:298 ~ 2000　　相:气

$\Delta H^{\ominus}_{f,298}$: −489500　　$S^{\ominus}_{298}$:597.4

函数	r_0	r_1	r_2	r_3	r_4	r_5
C_p	182.42	0.26	−1.02			
$Ha(T)$	−547320	182.420	0.130	1.020		
$Sa(T)$	−447.770	182.420	0.260	0.510		
$Ga(T)$	−547320	630.190	−182.420	−0.130	0.510	
$Ga(l)$	−369960	−827.083				

AlO(气)

温度范围:298 ~ 2000　　相:气

$\Delta H^{\ominus}_{f,298}$:90370　　$S^{\ominus}_{298}$:218.279

函数	r_0	r_1	r_2	r_3	r_4	r_5
C_p	35.355	1.381	−0.460			
$Ha(T)$	78220	35.355	0.691	0.460		
$Sa(T)$	13.841	35.355	1.381	0.230		
$Ga(T)$	78220	21.514	−35.355	−0.691	0.230	
$Ga(l)$	113640	−262.606				

AlO_2(气)

温度范围:298 ~ 2000　　相:气

$\Delta H^{\Theta}_{f,298}$: −18410　　S^{Θ}_{298}:245.601

函数	r_0	r_1	r_2	r_3	r_4	r_5
C_p	59.300	1.561	−1.053			
$Ha(T)$	−39690	59.300	0.781	1.053		
$Sa(T)$	−98.655	59.300	1.561	0.527		
$Ga(T)$	−39690	157.955	−59.300	−0.781	0.527	
$Ga(l)$	19650	−317.890				

Al_2O(气)

温度范围:298 ~ 2000　　相:气

$\Delta H^{\Theta}_{f,298}$: −145200　　S^{Θ}_{298}:252.3

函数	r_0	r_1	r_2	r_3	r_4	r_5
C_p	59.97	1.24	−0.8			
$Ha(T)$	−165820	59.970	0.620	0.800		
$Sa(T)$	−94.254	59.970	1.240	0.400		
$Ga(T)$	−165820	154.224	−59.970	−0.620	0.400	
$Ga(l)$	−106310	−326.451				

$(AlO)_2$(气)

温度范围:298 ~ 2000　　相:气

$\Delta H^{\Theta}_{f,298}$: −394600　　S^{Θ}_{298}:281

函数	r_0	r_1	r_2	r_3	r_4	r_5
C_p	81.58	0.83	−1.36			
$Ha(T)$	−423520	81.580	0.415	1.360		
$Sa(T)$	−191.707	81.580	0.830	0.680		
$Ga(T)$	−423520	273.287	−81.580	−0.415	0.680	
$Ga(l)$	−342700	−379.774				

Al_2O_3(刚玉)

温度范围:298 ~ 2327　　相:固(α)

$\Delta H^{\Theta}_{f,298}$: −1675700　　S^{Θ}_{298}:51

函数	r_0	r_1	r_2	r_3	r_4	r_5
C_p	117.49	10.38	−3.71			
$Ha(T)$	−1723600	117.490	5.190	3.710		
$Sa(T)$	−642.373	117.490	10.380	1.855		
$Ga(T)$	−1723600	759.863	−117.490	−5.190	1.855	
$Ga(l)$	−1585300	−208.380				

Al_2O_3(α)

温度范围:298 ~ 800　　相:固(α)

$\Delta H^{\Theta}_{f,298}$: −1675300　　S^{Θ}_{298}:50.936

函数	r_0	r_1	r_2	r_3	r_4	r_5
C_p	103.851	26.267	−2.909			
$Ha(T)$	−1717200	103.851	13.134	2.909		
$Sa(T)$	−564.959	103.851	26.267	1.455		
$Ga(T)$	−1717200	668.810	−103.851	−13.134	1.455	
$Ga(l)$	−1653900	−107.842				

温度范围:800 ~ 2327　　相:固(α)

$\Delta H^{\ominus}_{tr}$:—　　$\Delta S^{\ominus}_{tr}$:—

函数	r_0	r_1	r_2	r_3	r_4	r_5
C_p	120.516	9.192	-4.837			
$Ha(T)$	-1727500	120.516	4.596	4.837		
$Sa(T)$	-664.204	120.516	9.192	2.419		
$Ga(T)$	-1727500	784.720	-120.516	-4.596	2.419	
$Ga(l)$	-1537600	-234.649				

温度范围:2327 ~ 3500　　相:液

$\Delta H^{\ominus}_{tr}$:118410　　$\Delta S^{\ominus}_{tr}$:50.885

函数	r_0	r_1	r_2	r_3	r_4	r_5
C_p	144.863					
$Ha(T)$	-1638700	144.863				
$Sa(T)$	-780.229	144.863				
$Ga(T)$	-1638700	925.092	-144.863			
$Ga(l)$	-1221300	-374.769				

$Al_2O_3 \cdot H_2O$

温度范围:298 ~ 500　　相:固(α)

$\Delta H^{\ominus}_{f,298}$: -2004100　　$S^{\ominus}_{298}$:70.417

函数	r_0	r_1	r_2	r_3	r_4	r_5
C_p	120.792	35.146				
$Ha(T)$	-2041700	120.792	17.573			
$Sa(T)$	-628.286	120.792	35.146			
$Ga(T)$	-2041700	749.078	-120.792	-17.573		
$Ga(l)$	-1991600	-108.395				

$Al_2O_3 \cdot 3H_2O$

温度范围:298 ~ 500　　相:固

$\Delta H^{\ominus}_{f,298}$: -2586500　　$S^{\ominus}_{298}$:140.164

函数	r_0	r_1	r_2	r_3	r_4	r_5
C_p	72.383	381.581				
$Ha(T)$	-2625000	72.383	190.791			
$Sa(T)$	-386.014	72.383	381.581			
$Ga(T)$	-2625000	458.397	-72.383	-190.791		
$Ga(l)$	-2566900	-199.297				

$Al_2O_3 \cdot SiO_2$(红柱石)

温度范围:298 ~ 2000　　相:固

$\Delta H^{\ominus}_{f,298}$: -2592100　　$S^{\ominus}_{298}$:93.220

函数	r_0	r_1	r_2	r_3	r_4	r_5
C_p	174.515	24.476	-5.310			
$Ha(T)$	-2663000	174.515	12.238	5.310		
$Sa(T)$	-938.261	174.515	24.476	2.655		
$Ga(T)$	-2663000	1112.776	-174.515	-12.238	2.655	
$Ga(l)$	-2474900	-311.748				

$Al_2O_3 \cdot SiO_2$（蓝晶石）

温度范围:298～2000　　相:固

$\Delta H^{\ominus}_{f,298}$: −2594300　　$S^{\ominus}_{298}$:83.806

函数	r_0	r_1	r_2	r_3	r_4	r_5
C_p	176.607	24.853	−5.653			
$Ha(T)$	−2667000	176.607	12.427	5.653		
$Sa(T)$	−961.636	176.607	24.853	2.827		
$Ga(T)$	−2667000	1138.243	−176.607	−12.427	2.827	
$Ga(l)$	−2476300	−303.618				

$Al_2O_3 \cdot SiO_2$（硅线石）

温度范围:298～2000　　相:固

$\Delta H^{\ominus}_{f,298}$: −2589100　　$S^{\ominus}_{298}$:96.190

函数	r_0	r_1	r_2	r_3	r_4	r_5
C_p	168.866	29.372	−4.996			
$Ha(T)$	−2657500	168.866	14.686	4.996		
$Sa(T)$	−902.799	168.866	29.372	2.498		
$Ga(T)$	−2657500	1071.665	−168.866	−14.686	2.498	
$Ga(l)$	−2472600	−313.199				

$Al_2O_3 \cdot 2SiO_2$

温度范围:298～1800　　相:固

$\Delta H^{\ominus}_{f,298}$: −3211200　　$S^{\ominus}_{298}$:136.440

函数	r_0	r_1	r_2	r_3	r_4	r_5
C_p	229.492	36.819	−1.456			
$Ha(T)$	−3286100	229.492	18.410	1.456		
$Sa(T)$	−1190.280	229.492	36.819	0.728		
$Ga(T)$	−3286100	1419.772	−229.492	−18.410	0.728	
$Ga(l)$	−3062500	−432.227				

$Al_2O_3 \cdot 2SiO_2 \cdot 2H_2O$（高岭石二水合物）

温度范围:298～861　　相:固

$\Delta H^{\ominus}_{f,298}$: −4095800　　$S^{\ominus}_{298}$:202.9

函数	r_0	r_1	r_2	r_3	r_4	r_5
C_p	274.01	138.78	−6.23			
$Ha(T)$	−4204600	274.010	69.390	6.230		
$Sa(T)$	−1434.718	274.010	138.780	3.115		
$Ga(T)$	−4204600	1708.728	−274.010	−69.390	3.115	
$Ga(l)$	−4022500	−393.092				

$Al_2O_3 \cdot TiO_2$

温度范围:298～2133　　相:固

$\Delta H^{\ominus}_{f,298}$: −2628800　　$S^{\ominus}_{298}$:109.6

函数	r_0	r_1	r_2	r_3	r_4	r_5
C_p	182.55	22.18	−4.69			
$Ha(T)$	−2699900	182.550	11.090	4.690		
$Sa(T)$	−963.489	182.550	22.180	2.345		
$Ga(T)$	−2699900	1146.039	−182.550	−11.090	2.345	
$Ga(l)$	−2496300	−350.614				

$2Al_2O_3 \cdot B_2O_3$

温度范围:298 ~ 1308　　相:固

$\Delta H^{\ominus}_{f,298}$: -4690700　　$S^{\ominus}_{298}$:156.063

函数	r_0	r_1	r_2	r_3	r_4	r_5
C_p	270.286	108.575	-7.113			
$Ha(T)$	-4800000	270.286	54.288	7.113		
$Sa(T)$	-1456.298	270.286	108.575	3.557		
$Ga(T)$	-4800000	1726.584	-270.286	-54.288	3.557	
$Ga(l)$	-4565800	-434.299				

$3Al_2O_3 \cdot 2SiO_2$(莫来石)(1)

温度范围:298 ~ 2123　　相:固

$\Delta H^{\ominus}_{f,298}$: -6819200　　$S^{\ominus}_{298}$:274.9

函数	r_0	r_1	r_2	r_3	r_4	r_5
C_p	480.57	43.43	-15.23			
$Ha(T)$	-7015500	480.570	21.715	15.230		
$Sa(T)$	-2561.807	480.570	43.430	7.615		
$Ga(T)$	-7015500	3042.377	-480.570	-21.715	7.615	
$Ga(l)$	-6486900	-878.952				

$3Al_2O_3 \cdot 2SiO_2$(莫来石)(2)

温度范围:298 ~ 600　　相:固

$\Delta H^{\ominus}_{f,298}$: -6819200　　$S^{\ominus}_{298}$:274.889

函数	r_0	r_1	r_2	r_3	r_4	r_5
C_p	233.593	633.876	-5.586	-385.974		
$Ha(T)$	-6932300	233.593	316.938	5.586	-128.658	
$Sa(T)$	-1259.284	233.593	633.876	2.793	-192.987	
$Ga(T)$	-6932300	1492.877	-233.593	-316.938	2.793	64.329
$Ga(l)$	-6767400	-424.321				

温度范围:600 ~ 2023　　相:固

$\Delta H^{\ominus}_{tr}$:—　　$\Delta S^{\ominus}_{tr}$:—

函数	r_0	r_1	r_2	r_3	r_4	r_5
C_p	503.461	35.104	-23.012	-2.510		
$Ha(T)$	-7043100	503.461	17.552	23.012	-0.837	
$Sa(T)$	-2719.574	503.461	35.104	11.506	-1.255	
$Ga(T)$	-7043100	3223.035	-503.461	-17.552	11.506	0.418
$Ga(l)$	-6391100	-930.812				

$9Al_2O_3 \cdot 2B_2O_3$

温度范围:298 ~ 1600　　相:固

$\Delta H^{\ominus}_{f,298}$: -17726000　　$S^{\ominus}_{298}$:653.959

函数	r_0	r_1	r_2	r_3	r_4	r_5
C_p	980.299	613.400	-28.830	-176.598		
$Ha(T)$	-18141000	980.299	306.700	28.830	-58.866	
$Sa(T)$	-5268.586	980.299	613.400	14.415	-88.299	
$Ga(T)$	-18141000	6248.885	-980.299	-306.700	14.415	29.433
$Ga(l)$	-17109000	-1918.122				

$Al(OH)_3$

温度范围:298 ~ 700　　相:固

$\Delta H^{\ominus}_{f,298}$: −1284500　　$S^{\ominus}_{298}$:71.128

函数	r_0	r_1	r_2	r_3	r_4	r_5
C_p	30.585	209.786				
$Ha(T)$	−1302900	30.585	104.893			
$Sa(T)$	−165.681	30.585	209.786			
$Ga(T)$	−1302900	196.266	−30.585	−104.893		
$Ga(l)$	−1263600	−128.521				

AlOF(气)

温度范围:298 ~ 2500　　相:气

$\Delta H^{\ominus}_{f,298}$: −606680　　$S^{\ominus}_{298}$:234.178

函数	r_0	r_1	r_2	r_3	r_4	r_5
C_p	59.664	1.255	−1.368			
$Ha(T)$	−629110	59.664	0.628	1.368		
$Sa(T)$	−113.832	59.664	1.255	0.684		
$Ga(T)$	−629110	173.496	−59.664	−0.628	0.684	
$Ga(l)$	−558540	−316.349				

AlOCl

温度范围:298 ~ 700　　相:固

$\Delta H^{\ominus}_{f,298}$: −793290　　$S^{\ominus}_{298}$:54.392

函数	r_0	r_1	r_2	r_3	r_4	r_5
C_p	55.354	34.351	−0.778			
$Ha(T)$	−813930	55.354	17.176	0.778		
$Sa(T)$	−275.611	55.354	34.351	0.389		
$Ga(T)$	−813930	330.965	−55.354	−17.176	0.389	
$Ga(l)$	−781790	−86.238				

AlOCl(气)

温度范围:298 ~ 2000　　相:气

$\Delta H^{\ominus}_{f,298}$: −353130　　$S^{\ominus}_{298}$:248.827

函数	r_0	r_1	r_2	r_3	r_4	r_5
C_p	58.743	3.473	−0.870	−0.837		
$Ha(T)$	−373710	58.743	1.737	0.870	−0.279	
$Sa(T)$	−91.759	58.743	3.473	0.435	−0.419	
$Ga(T)$	−373710	150.502	−58.743	−1.737	0.435	0.140
$Ga(l)$	−314470	−322.371				

AlS(气)

温度范围:298 ~ 2000　　相:气

$\Delta H^{\ominus}_{f,298}$:238910　　$S^{\ominus}_{298}$:230.538

函数	r_0	r_1	r_2	r_3	r_4	r_5
C_p	36.844	0.695	−0.326			
$Ha(T)$	226800	36.844	0.348	0.326		
$Sa(T)$	18.575	36.844	0.695	0.163		
$Ga(T)$	226800	18.269	−36.844	−0.348	0.163	
$Ga(l)$	263120	−276.871				

Al_2S_3

温度范围:298 ~ 1370　　相:固

$\Delta H^{\ominus}_{f,298}$: −723410　　$S^{\ominus}_{298}$:123. 428

函数	r_0	r_1	r_2	r_3	r_4	r_5
C_p	102. 173	36. 066				
$Ha(T)$	−755480	102. 173	18. 033			
$Sa(T)$	−469. 466	102. 173	36. 066			
$Ga(T)$	−755480	571. 639	−102. 173	−18. 033		
$Ga(l)$	−669470	−243. 202				

温度范围:1370 ~ 1800　　相:液

$\Delta H^{\ominus}_{tr}$:56480　　$\Delta S^{\ominus}_{tr}$:41. 226

函数	r_0	r_1	r_2	r_3	r_4	r_5
C_p	156. 900					
$Ha(T)$	−740130	156. 900				
$Sa(T)$	−774. 098	156. 900				
$Ga(T)$	−740130	930. 998	−156. 900			
$Ga(l)$	−492680	−381. 694				

$Al_2(SO_4)_3$

温度范围:298 ~ 1100　　相:固

$\Delta H^{\ominus}_{f,298}$: −3435100　　$S^{\ominus}_{298}$:239. 325

函数	r_0	r_1	r_2	r_3	r_4	r_5
C_p	366. 309	62. 593	−11. 163			
$Ha(T)$	−3584500	366. 309	31. 297	11. 163		
$Sa(T)$	−1929. 207	366. 309	62. 593	5. 582		
$Ga(T)$	−3584500	2295. 516	−366. 309	−31. 297	5. 582	
$Ga(l)$	−3319300	−515. 155				

AlSe(气)

温度范围:298 ~ 2000　　相:气

$\Delta H^{\ominus}_{f,298}$:221300　　$S^{\ominus}_{298}$:243. 2

函数	r_0	r_1	r_2	r_3	r_4	r_5
C_p	37. 25	0. 08	−0. 21			
$Ha(T)$	209490	37. 250	0. 040	0. 210		
$Sa(T)$	29. 759	37. 250	0. 080	0. 105		
$Ga(T)$	209490	7. 491	−37. 250	−0. 040	0. 105	
$Ga(l)$	245720	−290. 115				

Al_2Se(气)

温度范围:298 ~ 2000　　相:气

$\Delta H^{\ominus}_{f,298}$:100400　　$S^{\ominus}_{298}$:287. 1

函数	r_0	r_1	r_2	r_3	r_4	r_5
C_p	59. 97	1. 24	−0. 8			
$Ha(T)$	79780	59. 970	0. 620	0. 800		
$Sa(T)$	−59. 454	59. 970	1. 240	0. 400		
$Ga(T)$	79780	119. 424	−59. 970	−0. 620	0. 400	
$Ga(l)$	139290	−361. 251				

Al_2Se_3

温度范围:298 ~ 1220　　相:固

$\Delta H^{\ominus}_{f,298}$: −566930　　$S^{\ominus}_{298}$:154.808

函数	r_0	r_1	r_2	r_3	r_4	r_5
C_p	107.738	34.309				
$Ha(T)$	−600580	107.738	17.155			
$Sa(T)$	−469.269	107.738	34.309			
$Ga(T)$	−600580	577.007	−107.738	−17.155		
$Ga(l)$	−518650	−266.965				

AlTe(气)

温度范围:298 ~ 2000　　相:气

$\Delta H^{\ominus}_{f,298}$:267360　　$S^{\ominus}_{298}$:251.333

函数	r_0	r_1	r_2	r_3	r_4	r_5
C_p	37.325	0.054	−0.158			
$Ha(T)$	255700	37.325	0.027	0.158		
$Sa(T)$	37.765	37.325	0.054	0.079		
$Ga(T)$	255700	−0.440	−37.325	−0.027	0.079	
$Ga(l)$	291930	−298.584				

Al_2Te_3

温度范围:298 ~ 1163　　相:固

$\Delta H^{\ominus}_{f,298}$: −318820　　$S^{\ominus}_{298}$:195.811

函数	r_0	r_1	r_2	r_3	r_4	r_5
C_p	110.876	34.727				
$Ha(T)$	−353420	110.876	17.364			
$Sa(T)$	−446.270	110.876	34.727			
$Ga(T)$	−353420	557.146	−110.876	−17.364		
$Ga(l)$	−272230	−305.976				

温度范围:1163 ~ 1200　　相:液

$\Delta H^{\ominus}_{tr}$:50000　　$\Delta S^{\ominus}_{tr}$:42.992

函数	r_0	r_1	r_2	r_3	r_4	r_5
C_p	176.565					
$Ha(T)$	−356330	176.565				
$Sa(T)$	−826.573	176.565				
$Ga(T)$	−356330	1003.138	−176.565			
$Ga(l)$	−147920	−422.380				

AlN(1)

温度范围:298 ~ 2500　　相:固

$\Delta H^{\ominus}_{f,298}$: −318000　　$S^{\ominus}_{298}$:20.1

函数	r_0	r_1	r_2	r_3	r_4	r_5
C_p	47.82	1.85	−1.67			
$Ha(T)$	−337940	47.820	0.925	1.670		
$Sa(T)$	−262.304	47.820	1.850	0.835		
$Ga(T)$	−337940	310.124	−47.820	−0.925	0.835	
$Ga(l)$	−280090	−83.912				

AlN(2)

温度范围:298 ~ 600　　相:固

$\Delta H^{\ominus}_{f,298}$: −317980　　$S^{\ominus}_{298}$:20.150

函数	r_0	r_1	r_2	r_3	r_4	r_5
C_p	32.267	22.686	−0.790			
$Ha(T)$	−331260	32.267	11.343	0.790		
$Sa(T)$	−174.902	32.267	22.686	0.395		
$Ga(T)$	−331260	207.169	−32.267	−11.343	0.395	
$Ga(l)$	−313150	−34.076				

温度范围:600 ~ 1000　　相:固

$\Delta H^{\ominus}_{tr}$:—　　$\Delta S^{\ominus}_{tr}$:—

函数	r_0	r_1	r_2	r_3	r_4	r_5
C_p	50.216	1.172	−2.605			
$Ha(T)$	−341180	50.216	0.586	2.605		
$Sa(T)$	−279.333	50.216	1.172	1.303		
$Ga(T)$	−341180	329.549	−50.216	−0.586	1.303	
$Ga(l)$	−297960	−59.076				

温度范围:1000 ~ 2000　　相:固

$\Delta H^{\ominus}_{tr}$:—　　$\Delta S^{\ominus}_{tr}$:—

函数	r_0	r_1	r_2	r_3	r_4	r_5
C_p	50.141	0.389	−1.740			
$Ha(T)$	−339850	50.141	0.195	1.740		
$Sa(T)$	−277.599	50.141	0.389	0.870		
$Ga(T)$	−339850	327.740	−50.141	−0.195	0.870	
$Ga(l)$	−265260	−89.521				

AlP

温度范围:298 ~ 2000　　相:固

$\Delta H^{\ominus}_{f,298}$: −164430　　$S^{\ominus}_{298}$:47.279

函数	r_0	r_1	r_2	r_3	r_4	r_5
C_p	40.166	6.276				
$Ha(T)$	−176680	40.166	3.138			
$Sa(T)$	−183.442	40.166	6.276			
$Ga(T)$	−176680	223.608	−40.166	−3.138		
$Ga(l)$	−134550	−104.274				

$AlPO_4$

温度范围:298 ~ 853　　相:固(α)

$\Delta H^{\ominus}_{f,298}$: −1733000　　$S^{\ominus}_{298}$:90.793

函数	r_0	r_1	r_2	r_3	r_4	r_5
C_p	51.463	139.327				
$Ha(T)$	−1754500	51.463	69.664			
$Sa(T)$	−243.963	51.463	139.327			
$Ga(T)$	−1754500	295.426	−51.463	−69.664		
$Ga(l)$	−1705500	−162.038				

温度范围:853 ~ 978 相:固(β)

$\Delta H_{tr}^{\ominus}$:1297 $\Delta S_{tr}^{\ominus}$:1.521

函数	r_0	r_1	r_2	r_3	r_4	r_5
C_p	167.36					
$Ha(T)$	-1801400	167.360				
$Sa(T)$	-905.757	167.360				
$Ga(T)$	-1801400	1073.117	-167.360			
$Ga(l)$	-1648300	-235.534				

温度范围:978 ~ 1200 相:固(γ)

$\Delta H_{tr}^{\ominus}$:1088 $\Delta S_{tr}^{\ominus}$:1.112

函数	r_0	r_1	r_2	r_3	r_4	r_5
C_p	163.176					
$Ha(T)$	-1796200	163.176				
$Sa(T)$	-875.836	163.176				
$Ga(T)$	-1796200	1039.012	-163.176			
$Ga(l)$	-1619000	-265.074				

AlAs

温度范围:298 ~ 2013 相:固

$\Delta H_{f,298}^{\ominus}$: -122590 $S_{298}^{\ominus}$:60.250

函数	r_0	r_1	r_2	r_3	r_4	r_5
C_p	43.932	6.276				
$Ha(T)$	-135970	43.932	3.138			
$Sa(T)$	-191.928	43.932	6.276			
$Ga(T)$	-135970	235.860	-43.932	-3.138		
$Ga(l)$	-89970	-122.364				

AlSb

温度范围:298 ~ 1333 相:固

$\Delta H_{f,298}^{\ominus}$: -50350 $S_{298}^{\ominus}$:64.978

函数	r_0	r_1	r_2	r_3	r_4	r_5
C_p	43.514	9.623				
$Ha(T)$	-63750	43.514	4.812			
$Sa(T)$	-185.816	43.514	9.623			
$Ga(T)$	-63750	229.330	-43.514	-4.812		
$Ga(l)$	-29560	-111.815				

温度范围:1333 ~ 1700 相:液

$\Delta H_{tr}^{\ominus}$:82010 $\Delta S_{tr}^{\ominus}$:61.523

函数	r_0	r_1	r_2	r_3	r_4	r_5
C_p	58.994					
$Ha(T)$	6173	58.994				
$Sa(T)$	-222.847	58.994				
$Ga(T)$	6173	281.841	-58.994			
$Ga(l)$	95290	-209.147				

Al_4C_3

温度范围:298 ~ 1800　　相:固

$\Delta H^{\ominus}_{f,298}$: −207280　　$S^{\ominus}_{298}$:104.600

函数	r_0	r_1	r_2	r_3	r_4	r_5
C_p	154.682	28.744	−4.192			
$Ha(T)$	−268740	154.682	14.372	4.192		
$Sa(T)$	−808.865	154.682	28.744	2.096		
$Ga(T)$	−268740	963.547	−154.682	−14.372	2.096	
$Ga(l)$	−112010	−291.042				

AlB_2

温度范围:298 ~ 1300　　相:固

$\Delta H^{\ominus}_{f,298}$: −66940　　$S^{\ominus}_{298}$:34.727

函数	r_0	r_1	r_2	r_3	r_4	r_5
C_p	50.961	28.660	−1.410			
$Ha(T)$	−88140	50.961	14.330	1.410		
$Sa(T)$	−272.104	50.961	28.660	0.705		
$Ga(T)$	−88140	323.065	−50.961	−14.330	0.705	
$Ga(l)$	−41800	−90.662				

AlB_{12}

温度范围:298 ~ 2473　　相:固

$\Delta H^{\ominus}_{f,298}$: −200830　　$S^{\ominus}_{298}$:118.826

函数	r_0	r_1	r_2	r_3	r_4	r_5
C_p	211.292	115.060	−8.535			
$Ha(T)$	−297570	211.292	57.530	8.535		
$Sa(T)$	−1167.343	211.292	115.060	4.268		
$Ga(T)$	−297570	1378.635	−211.292	−57.530	4.268	
$Ga(l)$	38770	−509.003				

As

温度范围:298 ~ 875　　相:固(α)

$\Delta H^{\ominus}_{f,298}$:0　　$S^{\ominus}_{298}$:35.7

函数	r_0	r_1	r_2	r_3	r_4	r_5
C_p	23.03	5.75				
$Ha(T)$	−7122	23.030	2.875			
$Sa(T)$	−97.230	23.030	5.750			
$Ga(T)$	−7122	120.260	−23.030	−2.875		
$Ga(l)$	6393	−52.354				

As(气)

温度范围:298 ~ 2400　　相:气

$\Delta H^{\ominus}_{f,298}$:301800　　$S^{\ominus}_{298}$:174.2

函数	r_0	r_1	r_2	r_3	r_4	r_5
C_p	20.58	0.25	0.01			
$Ha(T)$	295690	20.580	0.125	−0.010		
$Sa(T)$	56.925	20.580	0.250	−0.005		
$Ga(T)$	295690	−36.345	−20.580	−0.125	−0.005	
$Ga(l)$	318630	−204.117				

As_2(气)

温度范围:298 ~ 2100　相:气

$\Delta H^{\ominus}_{f,298}$:190800　$S^{\ominus}_{298}$:240.9

函数	r_0	r_1	r_2	r_3	r_4	r_5
C_p	37.2	0.15	-0.2			
$Ha(T)$	179030	37.200	0.075	0.200		
$Sa(T)$	27.780	37.200	0.150	0.100		
$Ga(T)$	179030	9.420	-37.200	-0.075	0.100	
$Ga(l)$	216570	-289.364				

As_3(气)

温度范围:298 ~ 2000　相:气

$\Delta H^{\ominus}_{f,298}$:261400　$S^{\ominus}_{298}$:310.2

函数	r_0	r_1	r_2	r_3	r_4	r_5
C_p	62.1	0.2	-2.77			
$Ha(T)$	233590	62.100	0.100	2.770		
$Sa(T)$	-59.261	62.100	0.200	1.385		
$Ga(T)$	233590	121.361	-62.100	-0.100	1.385	
$Ga(l)$	297020	-376.288				

As_4(气)

温度范围:298 ~ 2000　相:气

$\Delta H^{\ominus}_{f,298}$:153300　$S^{\ominus}_{298}$:327.4

函数	r_0	r_1	r_2	r_3	r_4	r_5
C_p	82.94	0.13	-0.52			
$Ha(T)$	126820	82.940	0.065	0.520		
$Sa(T)$	-148.122	82.940	0.130	0.260		
$Ga(T)$	126820	231.062	-82.940	-0.065	0.260	
$Ga(l)$	207540	-431.556				

AsH_3(气)

温度范围:298 ~ 2000　相:气

$\Delta H^{\ominus}_{f,298}$:66530　$S^{\ominus}_{298}$:222.589

函数	r_0	r_1	r_2	r_3	r_4	r_5
C_p	42.007	22.803	-0.908			
$Ha(T)$	49950	42.007	11.402	0.908		
$Sa(T)$	-28.656	42.007	22.803	0.454		
$Ga(T)$	49950	70.663	-42.007	-11.402	0.454	
$Ga(l)$	103890	-291.444				

AsF_3

温度范围:298 ~ 330　相:液

$\Delta H^{\ominus}_{f,298}$: -956880　$S^{\ominus}_{298}$:181.167

函数	r_0	r_1	r_2	r_3	r_4	r_5
C_p	126.775					
$Ha(T)$	-994680	126.775				
$Sa(T)$	-541.146	126.775				
$Ga(T)$	-994680	667.921	-126.775			
$Ga(l)$	-954810	-187.631				

温度范围:330 ~ 1000　　相:气

$\Delta H_{tr}^{\ominus}$:33570　　$\Delta S_{tr}^{\ominus}$:101.727

函数	r_0	r_1	r_2	r_3	r_4	r_5
C_p	76.065	6.904	-1.113			
$Ha(T)$	-948120	76.065	3.452	1.113		
$Sa(T)$	-152.735	76.065	6.904	0.557		
$Ga(T)$	-948120	228.800	-76.065	-3.452	0.557	
$Ga(l)$	-897790	-345.710				

AsF_3(气)

温度范围:298 ~ 2000　　相:气

$\Delta H_{f,298}^{\ominus}$: -785800　　$S_{298}^{\ominus}$:289.2

函数	r_0	r_1	r_2	r_3	r_4	r_5
C_p	75.46	7.1	-1.15			
$Ha(T)$	-812470	75.460	3.550	1.150		
$Sa(T)$	-149.326	75.460	7.100	0.575		
$Ga(T)$	-812470	224.786	-75.460	-3.550	0.575	
$Ga(l)$	-734430	-386.496				

AsF_5(气)

温度范围:298 ~ 2500　　相:气

$\Delta H_{f,298}^{\ominus}$: -1236800　　$S_{298}^{\ominus}$:317.3

函数	r_0	r_1	r_2	r_3	r_4	r_5
C_p	130.96		-2.97			
$Ha(T)$	-1285800	130.960		2.970		
$Sa(T)$	-445.563	130.960		1.485		
$Ga(T)$	-1285800	576.523	-130.960		1.485	
$Ga(l)$	-1133100	-494.800				

$AsCl_3$

温度范围:298 ~ 308　　相:液

$\Delta H_{f,298}^{\ominus}$: -305010　　$S_{298}^{\ominus}$:216.313

函数	r_0	r_1	r_2	r_3	r_4	r_5
C_p	133.470					
$Ha(T)$	-344800	133.470				
$Sa(T)$	-544.145	133.470				
$Ga(T)$	-344800	677.615	-133.470			
$Ga(l)$	-304190	-217.506				

温度范围:308 ~ 1000　　相:气

$\Delta H_{tr}^{\ominus}$:33300　　$\Delta S_{tr}^{\ominus}$:108.117

函数	r_0	r_1	r_2	r_3	r_4	r_5
C_p	82.090	1.004	-0.594			
$Ha(T)$	-297660	82.090	0.502	0.594		
$Sa(T)$	-145.056	82.090	1.004	0.297		
$Ga(T)$	-297660	227.146	-82.090	-0.502	0.297	
$Ga(l)$	-246900	-386.188				

$AsCl_3$(气)

温度范围:298 ~ 2000　　相:气

$\Delta H^{\ominus}_{f,298}$: −261500　　$S^{\ominus}_{298}$:327. 3

函数	r_0	r_1	r_2	r_3	r_4	r_5
C_p	82. 1	0. 95	−0. 62			
$Ha(T)$	−288100	82. 100	0. 475	0. 620		
$Sa(T)$	−144. 243	82. 100	0. 950	0. 310		
$Ga(T)$	−288100	226. 343	−82. 100	−0. 475	0. 310	
$Ga(l)$	−207630	−430. 570				

$AsBr_3$(气)

温度范围:298 ~ 1100　　相:气

$\Delta H^{\ominus}_{f,298}$: −132090　　$S^{\ominus}_{298}$:363. 757

函数	r_0	r_1	r_2	r_3	r_4	r_5
C_p	83. 262		−0. 423			
$Ha(T)$	−158330	83. 262		0. 423		
$Sa(T)$	−113. 016	83. 262		0. 212		
$Ga(T)$	−158330	196. 278	−83. 262		0. 212	
$Ga(l)$	−104780	−429. 916				

AsI_3

温度范围:298 ~ 414　　相:固

$\Delta H^{\ominus}_{f,298}$: −64850　　$S^{\ominus}_{298}$:213. 049

函数	r_0	r_1	r_2	r_3	r_4	r_5
C_p	71. 212	116. 315				
$Ha(T)$	−91250	71. 212	58. 158			
$Sa(T)$	−227. 368	71. 212	116. 315			
$Ga(T)$	−91250	298. 580	−71. 212	−58. 158		
$Ga(l)$	−58770	−232. 235				

温度范围:414 ~ 644　　相:液

$\Delta H^{\ominus}_{tr}$:21800　　$\Delta S^{\ominus}_{tr}$:52. 657

函数	r_0	r_1	r_2	r_3	r_4	r_5
C_p	125. 520					
$Ha(T)$	−81970	125. 520				
$Sa(T)$	−453. 809	125. 520				
$Ga(T)$	−81970	579. 329	−125. 520			
$Ga(l)$	−16410	−332. 726				

温度范围:644 ~ 2000　　相:气

$\Delta H^{\ominus}_{tr}$:55800　　$\Delta S^{\ominus}_{tr}$:86. 646

函数	r_0	r_1	r_2	r_3	r_4	r_5
C_p	83	0. 17	−0. 18			
$Ha(T)$	−79930	83. 000	0. 085	0. 180		
$Sa(T)$	−904. 308	83. 000	0. 170	0. 090		
$Ga(T)$	−79930	987. 308	−83. 000	−0. 085	0. 090	
$Ga(l)$	22070	309. 829				

AsO_2

温度范围:298 ~ 1200　　相:固

$\Delta H^{\ominus}_{f,298}$: -367360　　$S^{\ominus}_{298}$:54. 392

函数	r_0	r_1	r_2	r_3	r_4	r_5
C_p	35. 564	39. 330				
$Ha(T)$	-379710	35. 564	19. 665			
$Sa(T)$	-159. 964	35. 564	39. 330			
$Ga(T)$	-379710	195. 528	-35. 564	-19. 665		
$Ga(l)$	-346100	-103. 485				

As_2O_3

温度范围:298 ~ 607　　相:固

$\Delta H^{\ominus}_{f,298}$: -655000　　$S^{\ominus}_{298}$:113. 3

函数	r_0	r_1	r_2	r_3	r_4	r_5
C_p	93. 71	58. 48	-1. 26			
$Ha(T)$	-689760	93. 710	29. 240	1. 260		
$Sa(T)$	-445. 145	93. 710	58. 480	0. 630		
$Ga(T)$	-689760	538. 855	-93. 710	-29. 240	0. 630	
$Ga(l)$	-639990	-156. 544				

As_2O_3(砷华)

温度范围:298 ~ 548　　相:固

$\Delta H^{\ominus}_{f,298}$: -656890　　$S^{\ominus}_{298}$:108. 324

函数	r_0	r_1	r_2	r_3	r_4	r_5
C_p	35. 020	203. 342				
$Ha(T)$	-676370	35. 020	101. 671			
$Sa(T)$	-151. 832	35. 020	203. 342			
$Ga(T)$	-676370	186. 852	-35. 020	-101. 671		
$Ga(l)$	-644230	-145. 668				

As_2O_3(砒霜)

温度范围:298 ~ 582　　相:固

$\Delta H^{\ominus}_{f,298}$: -653370　　$S^{\ominus}_{298}$:122. 717

函数	r_0	r_1	r_2	r_3	r_4	r_5
C_p	59. 831	175. 728				
$Ha(T)$	-679020	59. 831	87. 864			
$Sa(T)$	-270. 569	59. 831	175. 728			
$Ga(T)$	-679020	330. 400	-59. 831	-87. 864		
$Ga(l)$	-637000	-170. 314				

温度范围:582 ~ 734　　相:液

$\Delta H^{\ominus}_{tr}$:18410　　$\Delta S^{\ominus}_{tr}$:31. 632

函数	r_0	r_1	r_2	r_3	r_4	r_5
C_p	152. 716					
$Ha(T)$	-684910	152. 716				
$Sa(T)$	-728. 013	152. 716				
$Ga(T)$	-684910	880. 729	-152. 716			
$Ga(l)$	-584780	-262. 782				

As_2O_5

温度范围:298 ~ 1084　　相:固

$\Delta H^{\ominus}_{f,298}$: -924900　　$S^{\ominus}_{298}$:105.4

函数	r_0	r_1	r_2	r_3	r_4	r_5
C_p	112.21	82.94	-1.81			
$Ha(T)$	-968110	112.210	41.470	1.810		
$Sa(T)$	-568.837	112.210	82.940	0.905		
$Ga(T)$	-968110	681.047	-112.210	-41.470	0.905	
$Ga(l)$	-876800	-220.600				

As_4O_6(砷华)

温度范围:298 ~ 582　　相:固

$\Delta H^{\ominus}_{f,298}$: -1313900　　$S^{\ominus}_{298}$:214.8

函数	r_0	r_1	r_2	r_3	r_4	r_5
C_p	70.04	406.69				
$Ha(T)$	-1352900	70.040	203.345			
$Sa(T)$	-305.514	70.040	406.690			
$Ga(T)$	-1352900	375.554	-70.040	-203.345		
$Ga(l)$	-1284900	-299.041				

As_4O_6(气)

温度范围:298 ~ 2000　　相:气

$\Delta H^{\ominus}_{f,298}$: -1196100　　$S^{\ominus}_{298}$:409.3

函数	r_0	r_1	r_2	r_3	r_4	r_5
C_p	212.81	18.57	-3.98			
$Ha(T)$	-1273700	212.810	9.285	3.980		
$Sa(T)$	-831.129	212.810	18.570	1.990		
$Ga(T)$	-1273700	1043.938	-212.810	-9.285	1.990	
$Ga(l)$	-1053500	-678.745				

AsS(气)

温度范围:298 ~ 1800　　相:气

$\Delta H^{\ominus}_{f,298}$:202920　　$S^{\ominus}_{298}$:232.212

函数	r_0	r_1	r_2	r_3	r_4	r_5
C_p	34.949	1.636				
$Ha(T)$	192430	34.949	0.818			
$Sa(T)$	32.599	34.949	1.636			
$Ga(T)$	192430	2.350	-34.949	-0.818		
$Ga(l)$	224380	-275.371				

As_2S_2

温度范围:298 ~ 580　　相:固

$\Delta H^{\ominus}_{f,298}$: -142260　　$S^{\ominus}_{298}$:126.775

函数	r_0	r_1	r_2	r_3	r_4	r_5
C_p	82.927	37.363				
$Ha(T)$	-168650	82.927	18.682			
$Sa(T)$	-356.849	82.927	37.363			
$Ga(T)$	-168650	439.776	-82.927	-18.682		
$Ga(l)$	-129770	-163.264				

温度范围:580 ~ 700　　相:液

$\Delta H_{tr}^{\ominus}$:6067　　$\Delta S_{tr}^{\ominus}$:10.460

函数	r_0	r_1	r_2	r_3	r_4	r_5
C_p	146.440					
$Ha(T)$	-193130	146.440				
$Sa(T)$	-728.854	146.440				
$Ga(T)$	-193130	875.294	-146.440			
$Ga(l)$	-99620	-217.258				

As_2S_3

温度范围:298 ~ 585　　相:固

$\Delta H_{f,298}^{\ominus}$: -167360　　$S_{298}^{\ominus}$:163.594

函数	r_0	r_1	r_2	r_3	r_4	r_5
C_p	105.646	36.443				
$Ha(T)$	-200480	105.646	18.222			
$Sa(T)$	-449.200	105.646	36.443			
$Ga(T)$	-200480	554.846	-105.646	-18.222		
$Ga(l)$	-151730	-209.172				

温度范围:585 ~ 996　　相:液

$\Delta H_{tr}^{\ominus}$:28660　　$\Delta S_{tr}^{\ominus}$:48.991

函数	r_0	r_1	r_2	r_3	r_4	r_5
C_p	177.862	16.862				
$Ha(T)$	-210710	177.862	8.431			
$Sa(T)$	-848.886	177.862	16.862			
$Ga(T)$	-210710	1026.748	-177.862	-8.431		
$Ga(l)$	-67520	-350.041				

As_4S_4(雄黄)

温度范围:298 ~ 580　　相:固

$\Delta H_{f,298}^{\ominus}$: -284600　　$S_{298}^{\ominus}$:253.6

函数	r_0	r_1	r_2	r_3	r_4	r_5
C_p	165.86	74.72				
$Ha(T)$	-337370	165.860	37.360			
$Sa(T)$	-713.681	165.860	74.720			
$Ga(T)$	-337370	879.541	-165.860	-37.360		
$Ga(l)$	-259620	-326.582				

AsSe(气)

温度范围:298 ~ 1800　　相:气

$\Delta H_{f,298}^{\ominus}$:207110　　$S_{298}^{\ominus}$:247.651

函数	r_0	r_1	r_2	r_3	r_4	r_5
C_p	35.271	1.556				
$Ha(T)$	196520	35.271	0.778			
$Sa(T)$	46.227	35.271	1.556			
$Ga(T)$	196520	-10.956	-35.271	-0.778		
$Ga(l)$	228730	-291.136				

As_2Se_3

温度范围:298 ~ 650　　相:固

$\Delta H^{\ominus}_{f,298}$: −102510　　$S^{\ominus}_{298}$:194.556

函数	r_0	r_1	r_2	r_3	r_4	r_5
C_p	95.814	85.772				
$Ha(T)$	−134890	95.814	42.886			
$Sa(T)$	−376.926	95.814	85.772			
$Ga(T)$	−134890	472.740	−95.814	−42.886		
$Ga(l)$	−81970	−252.720				

温度范围:650 ~ 800　　相:液

$\Delta H^{\ominus}_{tr}$:40790　　$\Delta S^{\ominus}_{tr}$:62.754

函数	r_0	r_1	r_2	r_3	r_4	r_5
C_p	195.393					
$Ha(T)$	−140710	195.393				
$Sa(T)$	−903.391	195.393				
$Ga(T)$	−140710	1098.784	−195.393			
$Ga(l)$	547	−383.288				

AsTe(气)

温度范围:298 ~ 1800　　相:气

$\Delta H^{\ominus}_{f,298}$:228870　　$S^{\ominus}_{298}$:255.601

函数	r_0	r_1	r_2	r_3	r_4	r_5
C_p	36.392	0.711				
$Ha(T)$	217990	36.392	0.356			
$Sa(T)$	48.042	36.392	0.711			
$Ga(T)$	217990	−11.650	−36.392	−0.356		
$Ga(l)$	250810	−299.797				

As_2Te_3

温度范围:298 ~ 648　　相:固

$\Delta H^{\ominus}_{f,298}$: −37660　　$S^{\ominus}_{298}$:226.354

函数	r_0	r_1	r_2	r_3	r_4	r_5
C_p	135.185	44.350	−1.859			
$Ha(T)$	−86170	135.185	22.175	1.859		
$Sa(T)$	−567.555	135.185	44.350	0.930		
$Ga(T)$	−86170	702.740	−135.185	−22.175	0.930	
$Ga(l)$	−15660	−288.690				

温度范围:648 ~ 800　　相:液

$\Delta H^{\ominus}_{tr}$:46020　　$\Delta S^{\ominus}_{tr}$:71.019

函数	r_0	r_1	r_2	r_3	r_4	r_5
C_p	167.360					
$Ha(T)$	−48820	167.360				
$Sa(T)$	−673.881	167.360				
$Ga(T)$	−48820	841.241	−167.360			
$Ga(l)$	71990	−427.969				

Au(1)

温度范围:298 ~ 1338　　相:固

$\Delta H^{\ominus}_{f,298}$:0　　$S^{\ominus}_{298}$:47.5

函数	r_0	r_1	r_2	r_3	r_4	r_5
C_p	31.5	-13.51	-0.29	10.98		
$Ha(T)$	-9861	31.500	-6.755	0.290	3.660	
$Sa(T)$	-130.065	31.500	-13.510	0.145	5.490	
$Ga(T)$	-9861	161.565	-31.500	6.755	0.145	-1.830
$Ga(l)$	11320	-73.011				

温度范围:1338 ~ 3127　　相:液

$\Delta H^{\ominus}_{tr}$:12500　　$\Delta S^{\ominus}_{tr}$:9.342

函数	r_0	r_1	r_2	r_3	r_4	r_5
C_p	30.37					
$Ha(T)$	1042	30.370				
$Sa(T)$	-120.755	30.370				
$Ga(T)$	1042	151.125	-30.370			
$Ga(l)$	65870	-112.918				

Au(2)

温度范围:298 ~ 900　　相:固

$\Delta H^{\ominus}_{f,298}$:0　　$S^{\ominus}_{298}$:47.497

函数	r_0	r_1	r_2	r_3	r_4	r_5
C_p	24.008	4.376				
$Ha(T)$	-7352	24.008	2.188			
$Sa(T)$	-90.596	24.008	4.376			
$Ga(T)$	-7352	114.604	-24.008	-2.188		
$Ga(l)$	6743	-64.924				

温度范围:900 ~ 1200　　相:固

$\Delta H^{\ominus}_{tr}$:—　　$\Delta S^{\ominus}_{tr}$:—

函数	r_0	r_1	r_2	r_3	r_4	r_5
C_p	4.569	18.489	5.477			
$Ha(T)$	10510	4.569	9.245	-5.477		
$Sa(T)$	32.315	4.569	18.489	-2.739		
$Ga(T)$	10510	-27.746	-4.569	-9.245	-2.739	
$Ga(l)$	20140	-80.989				

温度范围:1200 ~ 1336　　相:固

$\Delta H^{\ominus}_{tr}$:—　　$\Delta S^{\ominus}_{tr}$:—

函数	r_0	r_1	r_2	r_3	r_4	r_5
C_p	-211.631	134.788	115.854			
$Ha(T)$	278200	-211.631	67.394	-115.854		
$Sa(T)$	1463.956	-211.631	134.788	-57.927		
$Ga(T)$	278200	-1675.587	211.631	-67.394	-57.927	
$Ga(l)$	26860	-86.726				

温度范围:1336 ~ 3130　　相:液

ΔH_{tr}^{Θ}:12550　　ΔS_{tr}^{Θ}:9.394

函数	r_0	r_1	r_2	r_3	r_4	r_5
C_p	30.962					
$Ha(T)$	218	30.962				
$Sa(T)$	-125.075	30.962				
$Ga(T)$	218	156.037	-30.962			
$Ga(l)$	66310	-113.159				

温度范围:3130 ~ 4000　　相:气

ΔH_{tr}^{Θ}:334380　　ΔS_{tr}^{Θ}:106.831

函数	r_0	r_1	r_2	r_3	r_4	r_5
C_p	11.025	4.887	6.024			
$Ha(T)$	374990	11.025	2.444	-6.024		
$Sa(T)$	127.236	11.025	4.887	-3.012		
$Ga(T)$	374990	-116.211	-11.025	-2.444	-3.012	
$Ga(l)$	443330	-234.575				

Au(气)

温度范围:298 ~ 3127　　相:气

$\Delta H_{f,298}^{\Theta}$:36840　　S_{298}^{Θ}:180.4

函数	r_0	r_1	r_2	r_3	r_4	r_5
C_p	21.64	-2.12	-0.3	1.23		
$Ha(T)$	361030	21.640	-1.060	0.300	0.410	
$Sa(T)$	55.994	21.640	-2.120	0.150	0.615	
$Ga(T)$	361030	-34.354	-21.640	1.060	0.150	-0.205
$Ga(l)$	390130	-213.858				

AuH(气)

温度范围:298 ~ 2000　　相:气

$\Delta H_{f,298}^{\Theta}$:273400　　S_{298}^{Θ}:211.2

函数	r_0	r_1	r_2	r_3	r_4	r_5
C_p	33.87	2	-0.46			
$Ha(T)$	261670	33.870	1.000	0.460		
$Sa(T)$	15.039	33.870	2.000	0.230		
$Ga(T)$	261670	18.831	-33.870	-1.000	0.230	
$Ga(l)$	295990	-254.144				

AuF

温度范围:298 ~ 850　　相:固

$\Delta H_{f,298}^{\Theta}$: -75310　　S_{298}^{Θ}:89.956

函数	r_0	r_1	r_2	r_3	r_4	r_5
C_p	46.024	14.226				
$Ha(T)$	-89660	46.024	7.113			
$Sa(T)$	-176.512	46.024	14.226			
$Ga(T)$	-89660	222.536	-46.024	-7.113		
$Ga(l)$	-62770	-122.913				

温度范围:850 ~ 1475　　相:液

$\Delta H^\ominus_{tr}$:12130　　$\Delta S^\ominus_{tr}$:14. 271

函数	r_0	r_1	r_2	r_3	r_4	r_5
C_p	64. 852					
$Ha(T)$	-88400	64. 852				
$Sa(T)$	-277. 148	64. 852				
$Ga(T)$	-88400	342. 000	-64. 852			
$Ga(l)$	-14480	-180. 122				

温度范围:1475 ~ 2000　　相:气

$\Delta H^\ominus_{tr}$:142260　　$\Delta S^\ominus_{tr}$:96. 447

函数	r_0	r_1	r_2	r_3	r_4	r_5
C_p	37. 238					
$Ha(T)$	94590	37. 238				
$Sa(T)$	20. 782	37. 238				
$Ga(T)$	94590	16. 456	-37. 238			
$Ga(l)$	158900	-298. 499				

AuF_2

温度范围:298 ~ 940　　相:固

$\Delta H^\ominus_{f,298}$: -238490　　$S^\ominus_{298}$:104. 600

函数	r_0	r_1	r_2	r_3	r_4	r_5
C_p	67. 781	19. 246				
$Ha(T)$	-259550	67. 781	9. 623			
$Sa(T)$	-287. 327	67. 781	19. 246			
$Ga(T)$	-259550	355. 108	-67. 781	-9. 623		
$Ga(l)$	-217370	-158. 361				

温度范围:940 ~ 1525　　相:液

$\Delta H^\ominus_{tr}$:14640　　$\Delta S^\ominus_{tr}$:15. 574

函数	r_0	r_1	r_2	r_3	r_4	r_5
C_p	89. 956					
$Ha(T)$	-257260	89. 956				
$Sa(T)$	-405. 469	89. 956				
$Ga(T)$	-257260	495. 425	-89. 956			
$Ga(l)$	-148060	-234. 217				

温度范围:1525 ~ 2000　　相:气

$\Delta H^\ominus_{tr}$:158990　　$\Delta S^\ominus_{tr}$:104. 256

函数	r_0	r_1	r_2	r_3	r_4	r_5
C_p	62. 760					
$Ha(T)$	-56790	62. 760				
$Sa(T)$	-101. 873	62. 760				
$Ga(T)$	-56790	164. 633	-62. 760			
$Ga(l)$	53280	-367. 110				

AuF_3

温度范围:298 ~ 600　　相:固

$\Delta H^{\ominus}_{f,298}$: −348530　　$S^{\ominus}_{298}$:114. 223

函数	r_0	r_1	r_2	r_3	r_4	r_5
C_p	94. 558	7. 950	−0. 502			
$Ha(T)$	−378760	94. 558	3. 975	0. 502		
$Sa(T)$	−429. 724	94. 558	7. 950	0. 251		
$Ga(T)$	−378760	524. 282	−94. 558	−3. 975	0. 251	
$Ga(l)$	−335640	−151. 569				

AuCl

温度范围:298 ~ 550　　相:固

$\Delta H^{\ominus}_{f,298}$: −37500　　$S^{\ominus}_{298}$:89. 9

函数	r_0	r_1	r_2	r_3	r_4	r_5
C_p	48. 53	5. 44	−0. 13			
$Ha(T)$	−52650	48. 530	2. 720	0. 130		
$Sa(T)$	−188. 958	48. 530	5. 440	0. 065		
$Ga(T)$	−52650	237. 488	−48. 530	−2. 720	0. 065	
$Ga(l)$	−31760	−106. 897				

$AuCl_3$

温度范围:298 ~ 527　　相:固

$\Delta H^{\ominus}_{f,298}$: −115060　　$S^{\ominus}_{298}$:148. 114

函数	r_0	r_1	r_2	r_3	r_4	r_5
C_p	97. 906	5. 439	−0. 418			
$Ha(T)$	−145890	97. 906	2. 720	0. 418		
$Sa(T)$	−413. 688	97. 906	5. 439	0. 209		
$Ga(T)$	−145890	511. 594	−97. 906	−2. 720	0. 209	
$Ga(l)$	−104840	−178. 710				

AuBr

温度范围:298 ~ 388　　相:固

$\Delta H^{\ominus}_{f,298}$: −18410　　$S^{\ominus}_{298}$:112. 968

函数	r_0	r_1	r_2	r_3	r_4	r_5
C_p	49. 371	5. 439	−0. 084			
$Ha(T)$	−33650	49. 371	2. 720	0. 084		
$Sa(T)$	−170. 422	49. 371	5. 439	0. 042		
$Ga(T)$	−33650	219. 793	−49. 371	−2. 720	0. 042	
$Ga(l)$	−16230	−119. 946				

AuI

温度范围:298 ~ 650　　相:固

$\Delta H^{\ominus}_{f,298}$:1300　　$S^{\ominus}_{298}$:111. 1

函数	r_0	r_1	r_2	r_3	r_4	r_5
C_p	50. 2	5. 44				
$Ha(T)$	−13910	50. 200	2. 720			
$Sa(T)$	−176. 541	50. 200	5. 440			
$Ga(T)$	−13910	226. 741	−50. 200	−2. 720		
$Ga(l)$	9581	−134. 626				

Au_2O_3

温度范围:298 ~ 500　　相:固(介稳)

$\Delta H^{\ominus}_{f,298}$: -3431　　$S^{\ominus}_{298}$:130.332

函数	r_0	r_1	r_2	r_3	r_4	r_5
C_p	107.529	21.757				
$Ha(T)$	-36460	107.529	10.879			
$Sa(T)$	-488.812	107.529	21.757			
$Ga(T)$	-36460	596.341	-107.529	-10.879		
$Ga(l)$	7412	-163.181				

AuS(气)

温度范围:298 ~ 2000　　相:气

$\Delta H^{\ominus}_{f,298}$:230540　　$S^{\ominus}_{298}$:267.567

函数	r_0	r_1	r_2	r_3	r_4	r_5
C_p	37.321	0.050	-0.162			
$Ha(T)$	218870	37.321	0.025	0.162		
$Sa(T)$	54.001	37.321	0.050	0.081		
$Ga(T)$	218870	-16.680	-37.321	-0.025	0.081	
$Ga(l)$	255090	-314.790				

AuSe(α)

温度范围:298 ~ 698　　相:固(α,包晶)

$\Delta H^{\ominus}_{f,298}$: -7950　　$S^{\ominus}_{298}$:80.751

函数	r_0	r_1	r_2	r_3	r_4	r_5
C_p	41.840	27.907				
$Ha(T)$	-21660	41.840	13.954			
$Sa(T)$	-165.957	41.840	27.907			
$Ga(T)$	-21660	207.797	-41.840	-13.954		
$Ga(l)$	1533	-107.102				

AuSe(β)

温度范围:298 ~ 649　　相:固(β,包晶)

$\Delta H^{\ominus}_{f,298}$: -3766　　$S^{\ominus}_{298}$:86.609

函数	r_0	r_1	r_2	r_3	r_4	r_5
C_p	41.840	27.907				
$Ha(T)$	-17480	41.840	13.954			
$Sa(T)$	-160.099	41.840	27.907			
$Ga(T)$	-17480	201.939	-41.840	-13.954		
$Ga(l)$	4580	-110.273				

$AuTe_2$

温度范围:298 ~ 737　　相:固

$\Delta H^{\ominus}_{f,298}$: -18620　　$S^{\ominus}_{298}$:141.628

函数	r_0	r_1	r_2	r_3	r_4	r_5
C_p	63.597	37.405	0.172			
$Ha(T)$	-38670	63.597	18.703	-0.172		
$Sa(T)$	-230.907	63.597	37.405	-0.086		
$Ga(T)$	-38670	294.504	-63.597	-18.703	-0.086	
$Ga(l)$	-3026	-184.329				

Au_2P_3

温度范围:298 ~ 1000　　　　相:固

$\Delta H^{\ominus}_{f,298}$: -97490　　　　$S^{\ominus}_{298}$:150. 624

函数	r_0	r_1	r_2	r_3	r_4	r_5
C_p	108. 366	37. 656				
$Ha(T)$	-131470	108. 366	18. 828			
$Sa(T)$	-478. 029	108. 366	37. 656			
$Ga(T)$	-131470	586. 395	-108. 366	-18. 828		
$Ga(l)$	-59710	-244. 751				

$AuSb_2$

温度范围:298 ~ 733　　　　相:固

$\Delta H^{\ominus}_{f,298}$: -19500　　　　$S^{\ominus}_{298}$:119. 2

函数	r_0	r_1	r_2	r_3	r_4	r_5
C_p	71. 63	19. 41				
$Ha(T)$	-41720	71. 630	9. 705			
$Sa(T)$	-294. 706	71. 630	19. 410			
$Ga(T)$	-41720	366. 336	-71. 630	-9. 705		
$Ga(l)$	-4160	-161. 325				

AuSn

温度范围:298 ~ 691　　　　相:固

$\Delta H^{\ominus}_{f,298}$: -30460　　　　$S^{\ominus}_{298}$:98. 115

函数	r_0	r_1	r_2	r_3	r_4	r_5
C_p	46. 568	15. 899				
$Ha(T)$	-45050	46. 568	7. 950			
$Sa(T)$	-171. 951	46. 568	15. 899			
$Ga(T)$	-45050	218. 519	-46. 568	-7. 950		
$Ga(l)$	-21170	-124. 045				

温度范围:691 ~ 900　　　　相:液

$\Delta H^{\ominus}_{tr}$:24520　　　　$\Delta S^{\ominus}_{tr}$:35. 485

函数	r_0	r_1	r_2	r_3	r_4	r_5
C_p	72. 802					
$Ha(T)$	-34860	72. 802				
$Sa(T)$	-297. 002	72. 802				
$Ga(T)$	-34860	369. 804	-72. 802			
$Ga(l)$	22780	-189. 110				

$AuPb_2$

温度范围:298 ~ 527　　　　相:固

$\Delta H^{\ominus}_{f,298}$: -6276　　　　$S^{\ominus}_{298}$:175. 310

函数	r_0	r_1	r_2	r_3	r_4	r_5
C_p	61. 923	74. 475				
$Ha(T)$	-28050	61. 923	37. 238			
$Sa(T)$	-199. 707	61. 923	74. 475			
$Ga(T)$	-28050	261. 630	-61. 923	-37. 238		
$Ga(l)$	3145	-203. 461				

温度范围:527 ~800　　相:液

$\Delta H_{tr}^{\ominus}$:23970　　$\Delta S_{tr}^{\ominus}$:45. 484

函数	r_0	r_1	r_2	r_3	r_4	r_5
C_p	96. 650					
$Ha(T)$	-12040	96. 650				
$Sa(T)$	-332. 616	96. 650				
$Ga(T)$	-12040	429. 266	-96. 650			
$Ga(l)$	51360	-294. 955				

B

温度范围:298 ~2350　　相:固(β)

$\Delta H_{f,298}^{\ominus}$:0　　$S_{298}^{\ominus}$:5. 8

函数	r_0	r_1	r_2	r_3	r_4	r_5
C_p	18. 87	8. 17	-0. 93	-1. 36		
$Ha(T)$	-9096	18. 870	4. 085	0. 930	-0. 453	
$Sa(T)$	-109. 320	18. 870	8. 170	0. 465	-0. 680	
$Ga(T)$	-9096	128. 190	-18. 870	-4. 085	0. 465	0. 227
$Ga(l)$	17300	-34. 924				

B(非晶体)

温度范围:298 ~1240　　相:固

$\Delta H_{f,298}^{\ominus}$:3766　　$S_{298}^{\ominus}$:6. 527

函数	r_0	r_1	r_2	r_3	r_4	r_5
C_p	16. 025	10. 000	-0. 628			
$Ha(T)$	-3563	16. 025	5. 000	0. 628		
$Sa(T)$	-91. 291	16. 025	10. 000	0. 314		
$Ga(T)$	-3563	107. 316	-16. 025	-5. 000	0. 314	
$Ga(l)$	11050	-22. 928				

BH(气)

温度范围:298 ~2500　　相:气

$\Delta H_{f,298}^{\ominus}$:442700　　$S_{298}^{\ominus}$:171. 9

函数	r_0	r_1	r_2	r_3	r_4	r_5
C_p	27. 7	4. 94				
$Ha(T)$	434220	27. 700	2. 470			
$Sa(T)$	12. 604	27. 700	4. 940			
$Ga(T)$	434220	15. 096	-27. 700	-2. 470		
$Ga(l)$	469680	-218. 143				

B_2H_6(气)

温度范围:298 ~1500　　相:气

$\Delta H_{f,298}^{\ominus}$:28030　　$S_{298}^{\ominus}$:233. 049

函数	r_0	r_1	r_2	r_3	r_4	r_5
C_p	11. 297	180. 079	-0. 343	-55. 312		
$Ha(T)$	16000	11. 297	90. 040	0. 343	-18. 437	
$Sa(T)$	115. 522	11. 297	180. 079	0. 172	-27. 656	
$Ga(T)$	16000	-104. 225	-11. 297	-90. 040	0. 172	9. 219
$Ga(l)$	75090	-329. 643				

B_5H_9(液)

温度范围:298 ~ 335　　相:液

$\Delta H^{\ominus}_{f,298}$:42800　　$S^{\ominus}_{298}$:184. 3

函数	r_0	r_1	r_2	r_3	r_4	r_5
C_p	328. 99	-191. 34	-10. 74			
$Ha(T)$	-82810	328. 990	-95. 670	10. 740		
$Sa(T)$	-1693. 514	328. 990	-191. 340	5. 370		
$Ga(T)$	-82810	2022. 504	-328. 990	95. 670	5. 370	
$Ga(l)$	45660	-193. 692				

B_5H_9(气)

温度范围:298 ~ 1500　　相:气

$\Delta H^{\ominus}_{f,298}$:62760　　$S^{\ominus}_{298}$:275. 642

函数	r_0	r_1	r_2	r_3	r_4	r_5
C_p	130. 792	134. 641	-6. 448			
$Ha(T)$	-3847	130. 792	67. 321	6. 448		
$Sa(T)$	-545. 969	130. 792	134. 641	3. 224		
$Ga(T)$	-3847	676. 761	-130. 792	-67. 321	3. 224	
$Ga(l)$	154350	-463. 714				

$B_{10}H_{14}$(癸硼烷)

温度范围:298 ~ 372　　相:固

$\Delta H^{\ominus}_{f,298}$: -28900　　$S^{\ominus}_{298}$:176. 6

函数	r_0	r_1	r_2	r_3	r_4	r_5
C_p	782. 3	-694. 837	-31. 87			
$Ha(T)$	-338150	782. 300	-347. 419	31. 870		
$Sa(T)$	-4252. 724	782. 300	-694. 837	15. 935		
$Ga(T)$	-338150	5035. 023	-782. 300	347. 419	15. 935	
$Ga(l)$	-20070	-205. 020				

$B_{10}H_{14}$(气)

温度范围:298 ~ 1500　　相:气

$\Delta H^{\ominus}_{f,298}$:47300　　$S^{\ominus}_{298}$:352. 2

函数	r_0	r_1	r_2	r_3	r_4	r_5
C_p	365. 28	102. 59	-22. 01			
$Ha(T)$	-139990	365. 280	51. 295	22. 010		
$Sa(T)$	-1883. 405	365. 280	102. 590	11. 005		
$Ga(T)$	-139990	2248. 685	-365. 280	-51. 295	11. 005	
$Ga(l)$	213560	-694. 095				

$B_3H_6N_3$(气)

温度范围:298 ~ 1500　　相:气

$\Delta H^{\ominus}_{f,298}$: -510000　　$S^{\ominus}_{298}$:288. 7

函数	r_0	r_1	r_2	r_3	r_4	r_5
C_p	128. 49	89. 62	-5. 18			
$Ha(T)$	-569670	128. 490	44. 810	5. 180		
$Sa(T)$	-499. 240	128. 490	89. 620	2. 590		
$Ga(T)$	-569670	627. 730	-128. 490	-44. 810	2. 590	
$Ga(l)$	-430610	-453. 324				

BF(气)

温度范围:298 ~ 2000　　相:气

$\Delta H^{\ominus}_{f,298}$: -115900　　$S^{\ominus}_{298}$:200. 414

函数	r_0	r_1	r_2	r_3	r_4	r_5
C_p	29. 581	8. 535	-0. 197	-2. 301		
$Ha(T)$	-125740	29. 581	4. 268	0. 197	-0. 767	
$Sa(T)$	28. 323	29. 581	8. 535	0. 099	-1. 151	
$Ga(T)$	-125740	1. 258	-29. 581	-4. 268	0. 099	0. 384
$Ga(l)$	-93390	-243. 143				

BF_2(气)

温度范围:298 ~ 2000　　相:气

$\Delta H^{\ominus}_{f,298}$: -543920　　$S^{\ominus}_{298}$:246. 856

函数	r_0	r_1	r_2	r_3	r_4	r_5
C_p	50. 041	12. 594	-0. 611	-3. 515		
$Ha(T)$	-561420	50. 041	6. 297	0. 611	-1. 172	
$Sa(T)$	-45. 293	50. 041	12. 594	0. 306	-1. 758	
$Ga(T)$	-561420	95. 334	-50. 041	-6. 297	0. 306	0. 586
$Ga(l)$	-507180	-316. 432				

BF_3(气)

温度范围:298 ~ 2000　　相:气

$\Delta H^{\ominus}_{f,298}$: -1136600　　$S^{\ominus}_{298}$:254. 011

函数	r_0	r_1	r_2	r_3	r_4	r_5
C_p	56. 819	27. 489	-1. 272	-7. 740		
$Ha(T)$	-1159000	56. 819	13. 745	1. 272	-2. 580	
$Sa(T)$	-84. 727	56. 819	27. 489	0. 636	-3. 870	
$Ga(T)$	-1159000	141. 546	-56. 819	-13. 745	0. 636	1. 290
$Ga(l)$	-1091200	-338. 743				

B_2F_4(气)

温度范围:298 ~ 2000　　相:气

$\Delta H^{\ominus}_{f,298}$: -1440100　　$S^{\ominus}_{298}$:318. 5

函数	r_0	r_1	r_2	r_3	r_4	r_5
C_p	101. 74	16. 03	-2. 64			
$Ha(T)$	-1480000	101. 740	8. 015	2. 640		
$Sa(T)$	-280. 802	101. 740	16. 030	1. 320		
$Ga(T)$	-1480000	382. 542	-101. 740	-8. 015	1. 320	
$Ga(l)$	-1369900	-449. 691				

BCl(气)

温度范围:298 ~ 2000　　相:气

$\Delta H^{\ominus}_{f,298}$:141420　　$S^{\ominus}_{298}$:213. 133

函数	r_0	r_1	r_2	r_3	r_4	r_5
C_p	36. 024	1. 088	-0. 435			
$Ha(T)$	129170	36. 024	0. 544	0. 435		
$Sa(T)$	5. 112	36. 024	1. 088	0. 218		
$Ga(T)$	129170	30. 912	-36. 024	-0. 544	0. 218	
$Ga(l)$	165050	-258. 197				

BCl_2(气)

温度范围:298 ~ 2000 相:气

$\Delta H^{\ominus}_{f,298}$: −83680 $S^{\ominus}_{298}$:271. 751

函数	r_0	r_1	r_2	r_3	r_4	r_5
C_p	55. 187	1. 506	−0. 925			
$Ha(T)$	−103300	55. 187	0. 753	0. 925		
$Sa(T)$	−48. 334	55. 187	1. 506	0. 463		
$Ga(T)$	−103300	103. 521	−55. 187	−0. 753	0. 463	
$Ga(l)$	−48110	−339. 348				

BCl_3(气)

温度范围:298 ~ 2000 相:气

$\Delta H^{\ominus}_{f,298}$: −402960 $S^{\ominus}_{298}$:290. 035

函数	r_0	r_1	r_2	r_3	r_4	r_5
C_p	78. 408	2. 385	−1. 548			
$Ha(T)$	−431640	78. 408	1. 193	1. 548		
$Sa(T)$	−166. 120	78. 408	2. 385	0. 774		
$Ga(T)$	−431640	244. 528	−78. 408	−1. 193	0. 774	
$Ga(l)$	−352800	−385. 106				

B_2Cl_4(气)

温度范围:298 ~ 2000 相:气

$\Delta H^{\ominus}_{f,298}$: −489100 $S^{\ominus}_{298}$:359

函数	r_0	r_1	r_2	r_3	r_4	r_5
C_p	117. 29	6. 99	−2. 18			
$Ha(T)$	−531690	117. 290	3. 495	2. 180		
$Sa(T)$	−323. 617	117. 290	6. 990	1. 090		
$Ga(T)$	−531690	440. 907	−117. 290	−3. 495	1. 090	
$Ga(l)$	−412080	−504. 812				

BBr(气)

温度范围:298 ~ 2000 相:气

$\Delta H^{\ominus}_{f,298}$:234300 $S^{\ominus}_{298}$:224. 890

函数	r_0	r_1	r_2	r_3	r_4	r_5
C_p	36. 652	0. 795	−0. 372			
$Ha(T)$	222090	36. 652	0. 398	0. 372		
$Sa(T)$	13. 732	36. 652	0. 795	0. 186		
$Ga(T)$	222090	22. 920	−36. 652	−0. 398	0. 186	
$Ga(l)$	258330	−270. 829				

BBr_2(气)

温度范围:298 ~ 2000 相:气

$\Delta H^{\ominus}_{f,298}$:62760 $S^{\ominus}_{298}$:294. 554

函数	r_0	r_1	r_2	r_3	r_4	r_5
C_p	56. 358	0. 920	−0. 787			
$Ha(T)$	43280	56. 358	0. 460	0. 787		
$Sa(T)$	−31. 252	56. 358	0. 920	0. 394		
$Ga(T)$	43280	87. 610	−56. 358	−0. 460	0. 394	
$Ga(l)$	99110	−363. 853				

BBr_3

温度范围:298 ~ 364　　相:液

$\Delta H^{\ominus}_{f,298}$: −238490　　$S^{\ominus}_{298}$:228.865

函数	r_0	r_1	r_2	r_3	r_4	r_5
C_p	128.03					
$Ha(T)$	−276660	128.030				
$Sa(T)$	−500.598	128.030				
$Ga(T)$	−276660	628.628	−128.030			
$Ga(l)$	−234380	−242.160				

温度范围:364 ~ 2000　　相:气

$\Delta H^{\ominus}_{tr}$:30540　　$\Delta S^{\ominus}_{tr}$:83.901

函数	r_0	r_1	r_2	r_3	r_4	r_5
C_p	80.333	1.423	−1.192			
$Ha(T)$	−232130	80.333	0.712	1.192		
$Sa(T)$	−140.437	80.333	1.423	0.596		
$Ga(T)$	−232130	220.770	−80.333	−0.712	0.596	
$Ga(l)$	−148120	−425.881				

BBr_3(气)

温度范围:298 ~ 2000　　相:气

$\Delta H^{\ominus}_{f,298}$: −204200　　$S^{\ominus}_{298}$:324.3

函数	r_0	r_1	r_2	r_3	r_4	r_5
C_p	80.38	1.44	−1.19			
$Ha(T)$	−232220	80.380	0.720	1.190		
$Sa(T)$	−140.796	80.380	1.440	0.595		
$Ga(T)$	−232220	221.176	−80.380	−0.720	0.595	
$Ga(l)$	−152440	−422.905				

BI(气)

温度范围:298 ~ 2000　　相:气

$\Delta H^{\ominus}_{f,298}$:305430　　$S^{\ominus}_{298}$:232.630

函数	r_0	r_1	r_2	r_3	r_4	r_5
C_p	36.903	0.669	−0.322			
$Ha(T)$	293320	36.903	0.335	0.322		
$Sa(T)$	20.361	36.903	0.669	0.161		
$Ga(T)$	293320	16.542	−36.903	−0.335	0.161	
$Ga(l)$	329670	−279.036				

BI_2(气)

温度范围:298 ~ 2000　　相:气

$\Delta H^{\ominus}_{f,298}$:242670　　$S^{\ominus}_{298}$:309.449

函数	r_0	r_1	r_2	r_3	r_4	r_5
C_p	56.735	0.753	−0.724			
$Ha(T)$	223290	56.735	0.377	0.724		
$Sa(T)$	−18.101	56.735	0.753	0.362		
$Ga(T)$	223290	74.836	−56.735	−0.377	0.362	
$Ga(l)$	279320	−379.407				

BI_3(气)

温度范围:298 ~ 2000　　相:气

$\Delta H^{\ominus}_{f,298}$:71130　　$S^{\ominus}_{298}$:348.611

函数	r_0	r_1	r_2	r_3	r_4	r_5
C_p	81.379	0.92	-0.992			
$Ha(T)$	43500	81.379	0.460	0.992		
$Sa(T)$	-120.908	81.379	0.920	0.496		
$Ga(T)$	43500	202.287	-81.379	-0.460	0.496	
$Ga(l)$	123720	-449.055				

BO(气)

温度范围:298 ~ 2329　　相:气

$\Delta H^{\ominus}_{f,298}$:0　　$S^{\ominus}_{298}$:203.5

函数	r_0	r_1	r_2	r_3	r_4	r_5
C_p	30.1	3.64	-0.25			
$Ha(T)$	-9975	30.100	1.820	0.250		
$Sa(T)$	29.511	30.100	3.640	0.125		
$Ga(T)$	-9975	0.589	-30.100	-1.820	0.125	
$Ga(l)$	25370	-248.443				

BO_2(气)

温度范围:298 ~ 2329　　相:气

$\Delta H^{\ominus}_{f,298}$: -284500　　$S^{\ominus}_{298}$:229.8

函数	r_0	r_1	r_2	r_3	r_4	r_5
C_p	55.35	3.57	-1.32			
$Ha(T)$	-305590	55.350	1.785	1.320		
$Sa(T)$	-94.051	55.350	3.570	0.660		
$Ga(T)$	-305590	149.401	-55.350	-1.785	0.660	
$Ga(l)$	-241770	-304.847				

B_2O(气)

温度范围:298 ~ 2329　　相:气

$\Delta H^{\ominus}_{f,298}$:96000　　$S^{\ominus}_{298}$:227.7

函数	r_0	r_1	r_2	r_3	r_4	r_5
C_p	43.32	8.48	-0.66			
$Ha(T)$	80490	43.320	4.240	0.660		
$Sa(T)$	-25.361	43.320	8.480	0.330		
$Ga(T)$	80490	68.681	-43.320	-4.240	0.330	
$Ga(l)$	133950	-294.129				

$(BO)_2$(气)

温度范围:298 ~ 2329　　相:气

$\Delta H^{\ominus}_{f,298}$: -456100　　$S^{\ominus}_{298}$:242.6

函数	r_0	r_1	r_2	r_3	r_4	r_5
C_p	70.54	7.9	-1.56			
$Ha(T)$	-482710	70.540	3.950	1.560		
$Sa(T)$	-170.438	70.540	7.900	0.780		
$Ga(T)$	-482710	240.978	-70.540	-3.950	0.780	
$Ga(l)$	-399210	-342.273				

B_2O_3

温度范围:298 ~ 723　　相:固

$\Delta H^{\ominus}_{f,298}$: −1270400　　$S^{\ominus}_{298}$:53.848

函数	r_0	r_1	r_2	r_3	r_4	r_5
C_p	102.776	−84.902	−2.438	145.331		
$Ha(T)$	−1306700	102.776	−42.451	2.438	48.444	
$Sa(T)$	−526.587	102.776	−84.902	1.219	72.666	
$Ga(T)$	−1306700	629.363	−102.776	42.451	1.219	−24.222
$Ga(l)$	−1255700	−93.907				

温度范围:723 ~ 1400　　相:液

$\Delta H^{\ominus}_{tr}$:22010　　$\Delta S^{\ominus}_{tr}$:30.443

函数	r_0	r_1	r_2	r_3	r_4	r_5
C_p	245.814	−145.511	−17.117	48.166		
$Ha(T)$	−1380400	245.814	−72.756	17.117	16.055	
$Sa(T)$	−1382.647	245.814	−145.511	8.559	24.083	
$Ga(T)$	−1380400	1628.461	−245.814	72.756	8.559	−8.028
$Ga(l)$	−1170000	−208.815				

温度范围:1400 ~ 2316　　相:液

$\Delta H^{\ominus}_{tr}$:—　　$\Delta S^{\ominus}_{tr}$:—

函数	r_0	r_1	r_2	r_3	r_4	r_5
C_p	127.779					
$Ha(T)$	−1301400	127.779				
$Sa(T)$	−679.721	127.779				
$Ga(T)$	−1301400	807.500	−127.779			
$Ga(l)$	−1067900	−281.315				

B_2O_3(非晶体)

温度范围:298 ~ 500　　相:液

$\Delta H^{\ominus}_{f,298}$: −1252200　　$S^{\ominus}_{298}$:78.404

函数	r_0	r_1	r_2	r_3	r_4	r_5
C_p	54.735	74.534	−1.244			
$Ha(T)$	−1276000	54.735	37.267	1.244		
$Sa(T)$	−262.673	54.735	74.534	0.622		
$Ga(T)$	−1276000	317.408	−54.735	−37.267	0.622	
$Ga(l)$	−1245500	−98.591				

温度范围:500 ~ 723　　相:液

$\Delta H^{\ominus}_{tr}$:—　　$\Delta S^{\ominus}_{tr}$:—

函数	r_0	r_1	r_2	r_3	r_4	r_5
C_p	333.595	−168.946	−40.524			
$Ha(T)$	−1463600	333.595	−84.473	40.524		
$Sa(T)$	−1952.499	333.595	−168.946	20.262		
$Ga(T)$	−1463600	2286.094	−333.595	84.473	20.262	
$Ga(l)$	−1225300	−138.685				

温度范围:723 ~ 1400　　相:液

$\Delta H_{tr}^{\ominus}$:—　　$\Delta S_{tr}^{\ominus}$:—

函数	r_0	r_1	r_2	r_3	r_4	r_5
C_p	245.814	-145.511	-17.117	48.166		
$Ha(T)$	-1379900	245.814	-72.756	17.117	16.055	
$Sa(T)$	-1381.744	245.814	-145.511	8.559	24.083	
$Ga(T)$	-1379900	1627.558	-245.814	72.756	8.559	-8.028
$Ga(l)$	-1169600	-209.718				

温度范围:1400 ~ 2316　　相:液

$\Delta H_{tr}^{\ominus}$:—　　$\Delta S_{tr}^{\ominus}$:—

函数	r_0	r_1	r_2	r_3	r_4	r_5
C_p	127.779					
$Ha(T)$	-1301000	127.779				
$Sa(T)$	-678.818	127.779				
$Ga(T)$	-1301000	806.597	-127.779			
$Ga(l)$	-1067500	-282.219				

B_2O_3(气)

温度范围:298 ~ 2329　　相:气

$\Delta H_{f,298}^{\ominus}$: -836000　　$S_{298}^{\ominus}$:283.8

函数	r_0	r_1	r_2	r_3	r_4	r_5
C_p	88.01	8.93	-2.41			
$Ha(T)$	-870720	88.010	4.465	2.410		
$Sa(T)$	-233.864	88.010	8.930	1.205		
$Ga(T)$	-870720	321.874	-88.010	-4.465	1.205	
$Ga(l)$	-766640	-404.832				

$(BOH)_3$

温度范围:298 ~ 356　　相:固

$\Delta H_{f,298}^{\ominus}$: -1262300　　$S_{298}^{\ominus}$:167.4

函数	r_0	r_1	r_2	r_3	r_4	r_5
C_p	30.61	221.17	0.16			
$Ha(T)$	-1280700	30.610	110.585	-0.160		
$Sa(T)$	-72.045	30.610	221.170	-0.080		
$Ga(T)$	-1280700	102.655	-30.610	-110.585	-0.080	
$Ga(l)$	-1259400	-176.763				

$(BOH)_3$(气)

温度范围:298 ~ 2000　　相:气

$\Delta H_{f,298}^{\ominus}$: -1217500　　$S_{298}^{\ominus}$:291.9

函数	r_0	r_1	r_2	r_3	r_4	r_5
C_p	140.79	31.62	-6.4			
$Ha(T)$	-1282300	140.790	15.810	6.400		
$Sa(T)$	-555.690	140.790	31.620	3.200		
$Ga(T)$	-1282300	696.480	-140.790	-15.810	3.200	
$Ga(l)$	-1121600	-467.647				

BOF(气)

温度范围:298 ~ 2000　　相:气

$\Delta H^{\ominus}_{f,298}$: −602500　　$S^{\ominus}_{298}$:224. 8

函数	r_0	r_1	r_2	r_3	r_4	r_5
C_p	51. 98	5. 04	−1. 26			
$Ha(T)$	−622450	51. 980	2. 520	1. 260		
$Sa(T)$	−79. 951	51. 980	5. 040	0. 630		
$Ga(T)$	−622450	131. 931	−51. 980	−2. 520	0. 630	
$Ga(l)$	−568030	−289. 593				

(BOF)$_3$(气)

温度范围:298 ~ 2000　　相:气

$\Delta H^{\ominus}_{f,298}$: −2365200　　$S^{\ominus}_{298}$:342. 4

函数	r_0	r_1	r_2	r_3	r_4	r_5
C_p	173. 68	17. 3	−6. 39			
$Ha(T)$	−2439200	173. 680	8. 650	6. 390		
$Sa(T)$	−688. 258	173. 680	17. 300	3. 195		
$Ga(T)$	−2439200	861. 938	−173. 680	−8. 650	3. 195	
$Ga(l)$	−2254400	−548. 310				

BOCl(气)

温度范围:298 ~ 2000　　相:气

$\Delta H^{\ominus}_{f,298}$: −316310　　$S^{\ominus}_{298}$:237. 316

函数	r_0	r_1	r_2	r_3	r_4	r_5
C_p	47. 614	14. 226	−0. 590	−3. 807		
$Ha(T)$	−333080	47. 614	7. 113	0. 590	−1. 269	
$Sa(T)$	−41. 360	47. 614	14. 226	0. 295	−1. 904	
$Ga(T)$	−333080	88. 974	−47. 614	−7. 113	0. 295	0. 634
$Ga(l)$	−280460	−305. 064				

(BOCl)$_3$(气)

温度范围:298 ~ 2000　　相:气

$\Delta H^{\ominus}_{f,298}$: −1631800　　$S^{\ominus}_{298}$:382. 4

函数	r_0	r_1	r_2	r_3	r_4	r_5
C_p	186. 61	10. 94	−5. 7			
$Ha(T)$	−1707000	186. 610	5. 470	5. 700		
$Sa(T)$	−716. 151	186. 610	10. 940	2. 850		
$Ga(T)$	−1707000	902. 761	−186. 610	−5. 470	2. 850	
$Ga(l)$	−1514100	−603. 000				

BS(气)

温度范围:298 ~ 2000　　相:气

$\Delta H^{\ominus}_{f,298}$:334700　　$S^{\ominus}_{298}$:216. 2

函数	r_0	r_1	r_2	r_3	r_4	r_5
C_p	30. 43	7. 72	−0. 23	−2. 15		
$Ha(T)$	324530	30. 430	3. 860	0. 230	−0. 717	
$Sa(T)$	39. 322	30. 430	7. 720	0. 115	−1. 075	
$Ga(T)$	324530	−8. 892	−30. 430	−3. 860	0. 115	0. 358
$Ga(l)$	357370	−259. 265				

B_2S_3

温度范围:298 ~ 836　　相:固

$\Delta H^{\ominus}_{f,298}$: -252300　　$S^{\ominus}_{298}$:92.048

函数	r_0	r_1	r_2	r_3	r_4	r_5
C_p	98.031	64.015				
$Ha(T)$	-284370	98.031	32.008			
$Sa(T)$	-485.579	98.031	64.015			
$Ga(T)$	-284370	583.610	-98.031	-32.008		
$Ga(l)$	-222710	-169.966				

温度范围:836 ~ 1100　　相:液

$\Delta H^{\ominus}_{tr}$:48120　　$\Delta S^{\ominus}_{tr}$:57.560

函数	r_0	r_1	r_2	r_3	r_4	r_5
C_p	151.670					
$Ha(T)$	-258730	151.670				
$Sa(T)$	-735.420	151.670				
$Ga(T)$	-258730	887.090	-151.670			
$Ga(l)$	-112640	-307.065				

B_2S_3(气)

温度范围:298 ~ 2000　　相:气

$\Delta H^{\ominus}_{f,298}$: -1200　　$S^{\ominus}_{298}$:323.9

函数	r_0	r_1	r_2	r_3	r_4	r_5
C_p	96.65	6.4	-1.7			
$Ha(T)$	-36000	96.650	3.200	1.700		
$Sa(T)$	-238.243	96.650	6.400	0.850		
$Ga(T)$	-36000	334.893	-96.650	-3.200	0.850	
$Ga(l)$	62780	-445.082				

BSe(气)*

温度范围:298 ~ 2000　　相:气

$\Delta H^{\ominus}_{f,298}$:329700　　$S^{\ominus}_{298}$:***228.4***

函数	r_0	r_1	r_2	r_3	r_4	r_5
C_p	***35.97***	***0.75***	***-0.42***			
$Ha(T)$	317530	35.970	0.375	0.420		
$Sa(T)$	20.871	35.970	0.750	0.210		
$Ga(T)$	317530	15.099	-35.970	-0.375	0.210	
$Ga(l)$	353150	-273.182				

BTe(气)*

温度范围:298 ~ 2000　　相:气

$\Delta H^{\ominus}_{f,298}$:***413800***　　$S^{\ominus}_{298}$:***236.7***

函数	r_0	r_1	r_2	r_3	r_4	r_5
C_p	***36.64***	***0.41***	***-0.36***			
$Ha(T)$	401650	36.640	0.205	0.360		
$Sa(T)$	25.793	36.640	0.410	0.180		
$Ga(T)$	401650	10.847	-36.640	-0.205	0.180	
$Ga(l)$	437660	-282.356				

BN

温度范围:298 ~ 2000　　相:固

$\Delta H^{\ominus}_{f,298}$: −250900　　$S^{\ominus}_{298}$:14. 8

函数	r_0	r_1	r_2	r_3	r_4	r_5
C_p	41. 21	9. 41	−2. 18			
$Ha(T)$	−270920	41. 210	4. 705	2. 180		
$Sa(T)$	−235. 065	41. 210	9. 410	1. 090		
$Ga(T)$	−270920	276. 275	−41. 210	−4. 705	1. 090	
$Ga(l)$	−223390	−64. 830				

BN(气)

温度范围:298 ~ 2500　　相:气

$\Delta H^{\ominus}_{f,298}$:477000　　$S^{\ominus}_{298}$:212. 4

函数	r_0	r_1	r_2	r_3	r_4	r_5
C_p	30. 12	4. 44	−0. 18			
$Ha(T)$	467220	30. 120	2. 220	0. 180		
$Sa(T)$	38. 452	30. 120	4. 440	0. 090		
$Ga(T)$	467220	−8. 332	−30. 120	−2. 220	0. 090	
$Ga(l)$	505250	−260. 723				

BP

温度范围:298 ~ 1100　　相:固

$\Delta H^{\ominus}_{f,298}$: −115480　　$S^{\ominus}_{298}$:26. 778

函数	r_0	r_1	r_2	r_3	r_4	r_5
C_p	21. 966	28. 033				
$Ha(T)$	−123280	21. 966	14. 017			
$Sa(T)$	−106. 733	21. 966	28. 033			
$Ga(T)$	−123280	128. 699	−21. 966	−14. 017		
$Ga(l)$	−103240	−55. 955				

B_4C

温度范围:298 ~ 2000　　相:固

$\Delta H^{\ominus}_{f,298}$: −62700　　$S^{\ominus}_{298}$:27. 2

函数	r_0	r_1	r_2	r_3	r_4	r_5
C_p	96. 52	21. 92	−4. 5			
$Ha(T)$	−107540	96. 520	10. 960	4. 500		
$Sa(T)$	−554. 579	96. 520	21. 920	2. 250		
$Ga(T)$	−107540	651. 099	−96. 520	−10. 960	2. 250	
$Ga(l)$	2955	−147. 326				

Ba

温度范围:298 ~ 582　　相:固

$\Delta H^{\ominus}_{f,298}$:0　　$S^{\ominus}_{298}$:62. 417

函数	r_0	r_1	r_2	r_3	r_4	r_5
C_p	−44. 426	158. 385	2. 249			
$Ha(T)$	13750	−44. 426	79. 193	−2. 249		
$Sa(T)$	280. 966	−44. 426	158. 385	−1. 125		
$Ga(T)$	13750	−325. 392	44. 426	−79. 193	−1. 125	
$Ga(l)$	4177	−74. 523				

温度范围:582 ~ 600　　相:固

$\Delta H_{tr}^{\ominus}$:—　　$\Delta S_{tr}^{\ominus}$:—

函数	r_0	r_1	r_2	r_3	r_4	r_5
C_p	653.06	-1028.57				
$Ha(T)$	-195030	653.060	-514.285			
$Sa(T)$	-3472.071	653.060	-1028.570			
$Ga(T)$	-195030	4125.130	-653.060	514.285		
$Ga(l)$	11460	-88.021				

温度范围:600 ~ 700　　相:固

$\Delta H_{tr}^{\ominus}$:—　　$\Delta S_{tr}^{\ominus}$:—

函数	r_0	r_1	r_2	r_3	r_4	r_5
C_p	-72.789	131.424	10.747			
$Ha(T)$	49590	-72.789	65.712	-10.747		
$Sa(T)$	490.064	-72.789	131.424	-5.374		
$Ga(T)$	49590	-562.853	72.789	-65.712	-5.374	
$Ga(l)$	13480	-91.312				

温度范围:700 ~ 800　　相:固

$\Delta H_{tr}^{\ominus}$:—　　$\Delta S_{tr}^{\ominus}$:—

函数	r_0	r_1	r_2	r_3	r_4	r_5
C_p	192.004	-129.926	-29.358			
$Ha(T)$	-129020	192.004	-64.963	29.358		
$Sa(T)$	-1102.594	192.004	-129.926	14.679		
$Ga(T)$	-129020	1294.598	-192.004	64.963	14.679	
$Ga(l)$	17510	-97.073				

温度范围:800 ~ 1002　　相:固

$\Delta H_{tr}^{\ominus}$:—　　$\Delta S_{tr}^{\ominus}$:—

函数	r_0	r_1	r_2	r_3	r_4	r_5
C_p	-53.216	67.785	26.334			
$Ha(T)$	73500	-53.216	33.893	-26.334		
$Sa(T)$	421.947	-53.216	67.785	-13.167		
$Ga(T)$	73500	-475.163	53.216	-33.893	-13.167	
$Ga(l)$	23720	-104.693				

温度范围:1002 ~ 1300　　相:液

$\Delta H_{tr}^{\ominus}$:7749　　$\Delta S_{tr}^{\ominus}$:7.734

函数	r_0	r_1	r_2	r_3	r_4	r_5
C_p	21.665	8.477	13.242			
$Ha(T)$	22930	21.665	4.239	-13.242		
$Sa(T)$	-34.822	21.665	8.477	-6.621		
$Ga(T)$	22930	56.487	-21.665	-4.239	-6.621	
$Ga(l)$	41740	-122.553				

温度范围:1300 ~ 2171　　相:液

$\Delta H^{\ominus}_{tr}$:—　　$\Delta S^{\ominus}_{tr}$:—

函数	r_0	r_1	r_2	r_3	r_4	r_5
C_p	40.585					
$Ha(T)$	-4693	40.585				
$Sa(T)$	-163.379	40.585				
$Ga(T)$	-4693	203.964	-40.585			
$Ga(l)$	64550	-139.088				

温度范围:2171 ~ 3000　　相:气

$\Delta H^{\ominus}_{tr}$:141510　　$\Delta S^{\ominus}_{tr}$:65.182

函数	r_0	r_1	r_2	r_3	r_4	r_5
C_p	-39.313	28.836	41.202			
$Ha(T)$	261300	-39.313	14.418	-41.202		
$Sa(T)$	457.423	-39.313	28.836	-20.601		
$Ga(T)$	261300	-496.736	39.313	-14.418	-20.601	
$Ga(l)$	239780	-220.041				

BaH(气)

温度范围:298 ~ 2000　　相:气

$\Delta H^{\ominus}_{f,298}$:217570　　$S^{\ominus}_{298}$:221.626

函数	r_0	r_1	r_2	r_3	r_4	r_5
C_p	32.970	2.678	-0.322			
$Ha(T)$	206540	32.970	1.339	0.322		
$Sa(T)$	31.167	32.970	2.678	0.161		
$Ga(T)$	206540	1.803	-32.970	-1.339	0.161	
$Ga(l)$	240190	-264.684				

BaH_2

温度范围:298 ~ 1100　　相:固

$\Delta H^{\ominus}_{f,298}$: -178660　　$S^{\ominus}_{298}$:56.484

函数	r_0	r_1	r_2	r_3	r_4	r_5
C_p	37.238	17.154				
$Ha(T)$	-190520	37.238	8.577			
$Sa(T)$	-160.798	37.238	17.154			
$Ga(T)$	-190520	198.036	-37.238	-8.577		
$Ga(l)$	-163170	-93.770				

BaF(气)

温度范围:298 ~ 2000　　相:气

$\Delta H^{\ominus}_{f,298}$: -322200　　$S^{\ominus}_{298}$:246.2

函数	r_0	r_1	r_2	r_3	r_4	r_5
C_p	37.05	0.66	-0.22			
$Ha(T)$	-334010	37.050	0.330	0.220		
$Sa(T)$	33.670	37.050	0.660	0.110		
$Ga(T)$	-334010	3.380	-37.050	-0.330	0.110	
$Ga(l)$	-297650	-293.301				

BaF_2

温度范围:298 ~ 1563 相:固

$\Delta H^{\ominus}_{f,298}$: −1207100 $S^{\ominus}_{298}$:96. 358

函数	r_0	r_1	r_2	r_3	r_4	r_5
C_p	86. 818	3. 766	−1. 506			
$Ha(T)$	−1238200	86. 818	1. 883	1. 506		
$Sa(T)$	−407. 890	86. 818	3. 766	0. 753		
$Ga(T)$	−1238200	494. 708	−86. 818	−1. 883	0. 753	
$Ga(l)$	−1164600	−185. 827				

温度范围:1563 ~ 1900 相:液

$\Delta H^{\ominus}_{tr}$:28450 $\Delta S^{\ominus}_{tr}$:18. 202

函数	r_0	r_1	r_2	r_3	r_4	r_5
C_p	94. 140					
$Ha(T)$	−1215600	94. 140				
$Sa(T)$	−437. 342	94. 140				
$Ga(T)$	−1215600	531. 482	−94. 140			
$Ga(l)$	−1053000	−264. 544				

BaF_2(气)

温度范围:298 ~ 2000 相:气

$\Delta H^{\ominus}_{f,298}$: −812300 $S^{\ominus}_{298}$:301. 3

函数	r_0	r_1	r_2	r_3	r_4	r_5
C_p	57. 8	0. 25	−0. 36			
$Ha(T)$	−830750	57. 800	0. 125	0. 360		
$Sa(T)$	−30. 121	57. 800	0. 250	0. 180		
$Ga(T)$	−830750	87. 921	−57. 800	−0. 125	0. 180	
$Ga(l)$	−774420	−374. 033				

BaCl(气)

温度范围:298 ~ 2000 相:气

$\Delta H^{\ominus}_{f,298}$: −142300 $S^{\ominus}_{298}$:258. 6

函数	r_0	r_1	r_2	r_3	r_4	r_5
C_p	37. 27	0. 7	−0. 09			
$Ha(T)$	−153750	37. 270	0. 350	0. 090		
$Sa(T)$	45. 536	37. 270	0. 700	0. 045		
$Ga(T)$	−153750	−8. 266	−37. 270	−0. 350	0. 045	
$Ga(l)$	−117310	−306. 673				

$BaCl_2$

温度范围:298 ~ 1195 相:固(α)

$\Delta H^{\ominus}_{f,298}$: −859390 $S^{\ominus}_{298}$:123. 637

函数	r_0	r_1	r_2	r_3	r_4	r_5
C_p	71. 128	13. 975				
$Ha(T)$	−881220	71. 128	6. 988			
$Sa(T)$	−285. 788	71. 128	13. 975			
$Ga(T)$	−881220	356. 916	−71. 128	−6. 988		
$Ga(l)$	−830100	−192. 396				

温度范围:1195～1235　　相:固(β)
$\Delta H_{tr}^{\ominus}$:17150　　$\Delta S_{tr}^{\ominus}$:14. 351

函数	r_0	r_1	r_2	r_3	r_4	r_5
C_p	111. 336					
$Ha(T)$	-902140	111. 336				
$Sa(T)$	-539. 647	111. 336				
$Ga(T)$	-902140	650. 983	-111. 336			
$Ga(l)$	-766680	-251. 274				

温度范围:1235～1339　　相:液
$\Delta H_{tr}^{\ominus}$:16740　　$\Delta S_{tr}^{\ominus}$:13. 555

函数	r_0	r_1	r_2	r_3	r_4	r_5
C_p	104. 433					
$Ha(T)$	-876870	104. 433				
$Sa(T)$	-476. 951	104. 433				
$Ga(T)$	-876870	581. 384	-104. 433			
$Ga(l)$	-742460	-270. 827				

$BaCl_2$(气)

温度范围:298～2000　　相:气
$\Delta H_{f,298}^{\ominus}$: -498700　　$S_{298}^{\ominus}$:325. 7

函数	r_0	r_1	r_2	r_3	r_4	r_5
C_p	58. 13	0. 04	-0. 18			
$Ha(T)$	-516640	58. 130	0. 020	0. 180		
$Sa(T)$	-6. 526	58. 130	0. 040	0. 090		
$Ga(T)$	-516640	64. 656	-58. 130	-0. 020	0. 090	
$Ga(l)$	-460320	-399. 585				

BaBr(气)

温度范围:298～2000　　相:气
$\Delta H_{f,298}^{\ominus}$: -110600　　$S_{298}^{\ominus}$:270. 4

函数	r_0	r_1	r_2	r_3	r_4	r_5
C_p	37. 38	0. 57	-0. 5			
$Ha(T)$	-123450	37. 380	0. 285	0. 500		
$Sa(T)$	54. 442	37. 380	0. 570	0. 250		
$Ga(T)$	-123450	-17. 062	-37. 380	-0. 285	0. 250	
$Ga(l)$	-86460	-316. 440				

$BaBr_2$

温度范围:298～1130　　相:固
$\Delta H_{f,298}^{\ominus}$: -757300　　$S_{298}^{\ominus}$:146. 4

函数	r_0	r_1	r_2	r_3	r_4	r_5
C_p	75. 02	16. 18	-0. 26			
$Ha(T)$	-781260	75. 020	8. 090	0. 260		
$Sa(T)$	-287. 320	75. 020	16. 180	0. 130		
$Ga(T)$	-781260	362. 340	-75. 020	-8. 090	0. 130	
$Ga(l)$	-728700	-214. 754				

温度范围:1130 ~ 2108　　相:液

$\Delta H_{tr}^{\ominus}$:32400　　$\Delta S_{tr}^{\ominus}$:28.673

函数	r_0	r_1	r_2	r_3	r_4	r_5
C_p	79.86	17.4	-0.09			
$Ha(T)$	-754960	79.860	8.700	0.090		
$Sa(T)$	-293.985	79.860	17.400	0.045		
$Ga(T)$	-754960	373.845	-79.860	-8.700	0.045	
$Ga(l)$	-606680	-323.592				

$BaBr_2$(气)

温度范围:298 ~ 2108　　相:气

$\Delta H_{f,298}^{\ominus}$: -439300　　$S_{298}^{\ominus}$:342.1

函数	r_0	r_1	r_2	r_3	r_4	r_5
C_p	58.19	0.01	-0.11			
$Ha(T)$	-457020	58.190	0.005	0.110		
$Sa(T)$	9.935	58.190	0.010	0.055		
$Ga(T)$	-457020	48.255	-58.190	-0.005	0.055	
$Ga(l)$	-398510	-418.920				

BaI(气)

温度范围:298 ~ 2000　　相:气

$\Delta H_{f,298}^{\ominus}$: -42400　　$S_{298}^{\ominus}$:278.7

函数	r_0	r_1	r_2	r_3	r_4	r_5
C_p	37.4	0.59	-0.03			
$Ha(T)$	-53680	37.400	0.295	0.030		
$Sa(T)$	65.265	37.400	0.590	0.015		
$Ga(T)$	-53680	-27.865	-37.400	-0.295	0.015	
$Ga(l)$	-17250	-327.148				

BaI_2

温度范围:298 ~ 985　　相:固

$\Delta H_{f,298}^{\ominus}$: -604590　　$S_{298}^{\ominus}$:167.360

函数	r_0	r_1	r_2	r_3	r_4	r_5
C_p	71.128	30.962				
$Ha(T)$	-627170	71.128	15.481			
$Sa(T)$	-247.130	71.128	30.962			
$Ga(T)$	-627170	318.258	-71.128	-15.481		
$Ga(l)$	-579420	-230.322				

温度范围:985 ~ 1300　　相:液

$\Delta H_{tr}^{\ominus}$:28450　　$\Delta S_{tr}^{\ominus}$:28.883

函数	r_0	r_1	r_2	r_3	r_4	r_5
C_p	129.704					
$Ha(T)$	-641400	129.704				
$Sa(T)$	-591.493	129.704				
$Ga(T)$	-641400	721.197	-129.704			
$Ga(l)$	-493980	-321.494				

BaI_2(气)

温度范围:298 ~ 2122　　相:气

$\Delta H^{\ominus}_{f,298}$: −318100　　$S^{\ominus}_{298}$:348.1

函数	r_0	r_1	r_2	r_3	r_4	r_5
C_p	58.19	0.01	−0.6			
$Ha(T)$	−337460	58.190	0.005	0.600		
$Sa(T)$	13.179	58.190	0.010	0.300		
$Ga(T)$	−337460	45.011	−58.190	−0.005	0.300	
$Ga(l)$	−278080	−422.751				

BaO　($BaO_{0.997\sim1.00}$)

温度范围:298 ~ 1270　　相:固

$\Delta H^{\ominus}_{f,298}$: −553540　　$S^{\ominus}_{298}$:70.291

函数	r_0	r_1	r_2	r_3	r_4	r_5
C_p	53.304	4.351	−0.828			
$Ha(T)$	−572400	53.304	2.176	0.828		
$Sa(T)$	−239.368	53.304	4.351	0.414		
$Ga(T)$	−572400	292.672	−53.304	−2.176	0.414	
$Ga(l)$	−532680	−117.932				

BaO

温度范围:298 ~ 2286　　相:固

$\Delta H^{\ominus}_{f,298}$: −548100　　$S^{\ominus}_{298}$:72.1

函数	r_0	r_1	r_2	r_3	r_4	r_5
C_p	50.56	7.02	−0.52			
$Ha(T)$	−565230	50.560	3.510	0.520		
$Sa(T)$	−220.988	50.560	7.020	0.260		
$Ga(T)$	−565230	271.548	−50.560	−3.510	0.260	
$Ga(l)$	−506020	−147.060				

BaO(气)

温度范围:298 ~ 2500　　相:气

$\Delta H^{\ominus}_{f,298}$: −123800　　$S^{\ominus}_{298}$:235.5

函数	r_0	r_1	r_2	r_3	r_4	r_5
C_p	36.32	0.93	−0.33			
$Ha(T)$	−135780	36.320	0.465	0.330		
$Sa(T)$	26.430	36.320	0.930	0.165		
$Ga(T)$	−135780	9.890	−36.320	−0.465	0.165	
$Ga(l)$	−93230	−288.313				

BaO · Al_2O_3

温度范围:298 ~ 1270　相:固

$\Delta H^{\ominus}_{f,298}$: -2327600　$S^{\ominus}_{298}$:148.532

函数	r_0	r_1	r_2	r_3	r_4	r_5
C_p	159.912	22.133	-3.682			
$Ha(T)$	-2388600	159.912	11.067	3.682		
$Sa(T)$	-789.891	159.912	22.133	1.841		
$Ga(T)$	-2388600	949.803	-159.912	-11.067	1.841	
$Ga(l)$	-2265100	-290.417				

BaO · HfO_2

温度范围:298 ~ 1500　相:固

$\Delta H^{\ominus}_{f,298}$: -1795200　$S^{\ominus}_{298}$:122.173

函数	r_0	r_1	r_2	r_3	r_4	r_5
C_p	123.846	13.389	-1.736			
$Ha(T)$	-1838500	123.846	6.695	1.736		
$Sa(T)$	-597.208	123.846	13.389	0.868		
$Ga(T)$	-1838500	721.054	-123.846	-6.695	0.868	
$Ga(l)$	-1734300	-252.480				

BaO · SiO_2

温度范围:298 ~ 1270　相:固

$\Delta H^{\ominus}_{f,298}$: -1620500　$S^{\ominus}_{298}$:112.131

函数	r_0	r_1	r_2	r_3	r_4	r_5
C_p	100.249	38.660	-1.958			
$Ha(T)$	-1658700	100.249	19.330	1.958		
$Sa(T)$	-481.587	100.249	38.660	0.979		
$Ga(T)$	-1658700	581.836	-100.249	-19.330	0.979	
$Ga(l)$	-1575200	-214.717				

BaO · TiO_2(1)

温度范围:298 ~ 1988　相:固

$\Delta H^{\ominus}_{f,298}$: -1647700　$S^{\ominus}_{298}$:110.2

函数	r_0	r_1	r_2	r_3	r_4	r_5
C_p	121.46	8.54	-1.92			
$Ha(T)$	-1690700	121.460	4.270	1.920		
$Sa(T)$	-595.176	121.460	8.540	0.960		
$Ga(T)$	-1690700	716.636	-121.460	-4.270	0.960	
$Ga(l)$	-1567100	-263.357				

BaO · TiO_2(2)

温度范围:298 ~ 393　相:固(α)

$\Delta H^{\ominus}_{f,298}$: -1651800　$S^{\ominus}_{298}$:107.947

函数	r_0	r_1	r_2	r_3	r_4	r_5
C_p	125.855	5.523	-2.649			
$Ha(T)$	-1698500	125.855	2.762	2.649		
$Sa(T)$	-625.671	125.855	5.523	1.325		
$Ga(T)$	-1698500	751.526	-125.855	-2.762	1.325	
$Ga(l)$	-1647100	-122.795				

温度范围:393 ~ 1200 相:固(β)

$\Delta H^{\ominus}_{tr}$:197 $\Delta S^{\ominus}_{tr}$:0.501

函数	r_0	r_1	r_2	r_3	r_4	r_5
C_p	125.855	5.523	-2.649			
$Ha(T)$	-1698300	125.855	2.762	2.649		
$Sa(T)$	-625.169	125.855	5.523	1.325		
$Ga(T)$	-1698300	751.024	-125.855	-2.762	1.325	
$Ga(l)$	-1599700	-219.026				

$BaO \cdot UO_3$

温度范围:298 ~ 1100 相:固

$\Delta H^{\ominus}_{f,298}$: -1988700 $S^{\ominus}_{298}$:168.615

函数	r_0	r_1	r_2	r_3	r_4	r_5
C_p	121.503	40.250				
$Ha(T)$	-2026700	121.503	20.125			
$Sa(T)$	-535.661	121.503	40.250			
$Ga(T)$	-2026700	657.164	-121.503	-20.125		
$Ga(l)$	-1940900	-283.973				

$BaO \cdot V_2O_5$

温度范围:298 ~ 980 相:固

$\Delta H^{\ominus}_{f,298}$: -2282000 $S^{\ominus}_{298}$:193.7

函数	r_0	r_1	r_2	r_3	r_4	r_5
C_p	181.59	81.17	-2.93			
$Ha(T)$	-2349600	181.590	40.585	2.930		
$Sa(T)$	-881.608	181.590	81.170	1.465		
$Ga(T)$	-2349600	1063.198	-181.590	-40.585	1.465	
$Ga(l)$	-2222400	-342.180				

$BaO \cdot WO_3$

温度范围:298 ~ 1300 相:固

$\Delta H^{\ominus}_{f,298}$: -1630800 $S^{\ominus}_{298}$:150.624

函数	r_0	r_1	r_2	r_3	r_4	r_5
C_p	123.47	34.727				
$Ha(T)$	-1669200	123.470	17.364			
$Sa(T)$	-563.212	123.470	34.727			
$Ga(T)$	-1669200	686.682	-123.470	-17.364		
$Ga(l)$	-1571900	-284.410				

$BaO \cdot ZrO_2$

温度范围:298 ~ 2000 相:固

$\Delta H^{\ominus}_{f,298}$: -1770700 $S^{\ominus}_{298}$:110.876

函数	r_0	r_1	r_2	r_3	r_4	r_5
C_p	122.800	8.786	-2.197			
$Ha(T)$	-1815100	122.800	4.393	2.197		
$Sa(T)$	-603.766	122.800	8.786	1.099		
$Ga(T)$	-1815100	726.566	-122.800	-4.393	1.099	
$Ga(l)$	-1689200	-265.216				

$2BaO \cdot SiO_2$

温度范围:298 ~ 1270　　相:固

$\Delta H^{\ominus}_{f,298}$: −2284900　　$S^{\ominus}_{298}$:182. 004

函数	r_0	r_1	r_2	r_3	r_4	r_5
C_p	153. 553	43. 012	−2. 791			
$Ha(T)$	−2342000	153. 553	21. 506	2. 791		
$Sa(T)$	−721. 402	153. 553	43. 012	1. 396		
$Ga(T)$	−2342000	874. 955	−153. 553	−21. 506	1. 396	
$Ga(l)$	−2218700	−332. 209				

$2BaO \cdot TiO_2$

温度范围:298 ~ 1800　　相:固

$\Delta H^{\ominus}_{f,298}$: −2233400　　$S^{\ominus}_{298}$:196. 7

函数	r_0	r_1	r_2	r_3	r_4	r_5
C_p	179. 91	6. 69	−2. 91			
$Ha(T)$	−2297100	179. 910	3. 345	2. 910		
$Sa(T)$	−846. 717	179. 910	6. 690	1. 455		
$Ga(T)$	−2297100	1026. 627	−179. 910	−3. 345	1. 455	
$Ga(l)$	−2129600	−403. 188				

$3BaO \cdot Al_2O_3$

温度范围:298 ~ 2023　　相:固

$\Delta H^{\ominus}_{f,298}$: −3508300　　$S^{\ominus}_{298}$:301. 3

函数	r_0	r_1	r_2	r_3	r_4	r_5
C_p	266. 52	30. 84	−5. 36			
$Ha(T)$	−3607100	266. 520	15. 420	5. 360		
$Sa(T)$	−1256. 567	266. 520	30. 840	2. 680		
$Ga(T)$	−3607100	1523. 087	−266. 520	−15. 420	2. 680	
$Ga(l)$	−3324300	−646. 135				

BaO_2

温度范围:298 ~ 1075　　相:固

$\Delta H^{\ominus}_{f,298}$: −634290　　$S^{\ominus}_{298}$:93. 094

函数	r_0	r_1	r_2	r_3	r_4	r_5
C_p	62. 342	28. 033				
$Ha(T)$	−654120	62. 342	14. 017			
$Sa(T)$	−270. 464	62. 342	28. 033			
$Ga(T)$	−654120	332. 806	−62. 342	−14. 017		
$Ga(l)$	−609260	−153. 832				

Ba_2O

温度范围:298 ~ 880　　相:固

$\Delta H^{\ominus}_{f,298}$: −615050　　$S^{\ominus}_{298}$:98. 324

函数	r_0	r_1	r_2	r_3	r_4	r_5
C_p	83. 680	9. 205				
$Ha(T)$	−640410	83. 680	4. 603			
$Sa(T)$	−381. 195	83. 680	9. 205			
$Ga(T)$	−640410	464. 875	−83. 680	−4. 603		
$Ga(l)$	−592980	−155. 826				

温度范围:880 ~ 1040　　相:液

$\Delta H^{\ominus}_{tr}$:21760　　$\Delta S^{\ominus}_{tr}$:24.727

函数	r_0	r_1	r_2	r_3	r_4	r_5
C_p	92.048					
$Ha(T)$	-622450	92.048				
$Sa(T)$	-405.102	92.048				
$Ga(T)$	-622450	497.150	-92.048			
$Ga(l)$	-534230	-226.936				

温度范围:1040 ~ 1500　　相:气

$\Delta H^{\ominus}_{tr}$:83680　　$\Delta S^{\ominus}_{tr}$:80.462

函数	r_0	r_1	r_2	r_3	r_4	r_5
C_p	62.760					
$Ha(T)$	-508310	62.760				
$Sa(T)$	-121.178	62.760				
$Ga(T)$	-508310	183.938	-62.760			
$Ga(l)$	-429310	-327.145				

$Ba(OH)_2$

温度范围:298 ~ 681　　相:固

$\Delta H^{\ominus}_{f,298}$: -943490　　$S^{\ominus}_{298}$:100.834

函数	r_0	r_1	r_2	r_3	r_4	r_5
C_p	73.22	56.484				
$Ha(T)$	-967830	73.220	28.242			
$Sa(T)$	-333.185	73.220	56.484			
$Ga(T)$	-967830	406.405	-73.220	-28.242		
$Ga(l)$	-927060	-146.799				

$Ba(OH)_2$(气)

温度范围:298 ~ 2000　　相:气

$\Delta H^{\ominus}_{f,298}$: -626600　　$S^{\ominus}_{298}$:315

函数	r_0	r_1	r_2	r_3	r_4	r_5
C_p	85.5	7.96	-0.94			
$Ha(T)$	-655600	85.500	3.980	0.940		
$Sa(T)$	-179.805	85.500	7.960	0.470		
$Ga(T)$	-655600	265.305	-85.500	-3.980	0.470	
$Ga(l)$	-567670	-426.997				

BaS

温度范围:298 ~ 2000　　相:固

$\Delta H^{\ominus}_{f,298}$: -460240　　$S^{\ominus}_{298}$:78.241

函数	r_0	r_1	r_2	r_3	r_4	r_5
C_p	47.698	5.858				
$Ha(T)$	-474720	47.698	2.929			
$Sa(T)$	-195.270	47.698	5.858			
$Ga(T)$	-474720	242.968	-47.698	-2.929		
$Ga(l)$	-425550	-144.566				

$BaSO_4$

温度范围:298 ~ 1623　　相:固

$\Delta H^{\ominus}_{f,298}$: −1473200　　$S^{\ominus}_{298}$:132. 2

函数	r_0	r_1	r_2	r_3	r_4	r_5
C_p	141. 42		−3. 53			
$Ha(T)$	−1527200	141. 420		3. 530		
$Sa(T)$	−693. 409	141. 420		1. 765		
$Ga(T)$	−1527200	834. 829	−141. 420		1. 765	
$Ga(l)$	−1405100	−272. 985				

BaTe

温度范围:298 ~ 1500　　相:固

$\Delta H^{\ominus}_{f,298}$: −269450　　$S^{\ominus}_{298}$:99. 579

函数	r_0	r_1	r_2	r_3	r_4	r_5
C_p	42. 677	8. 368				
$Ha(T)$	−282550	42. 677	4. 184			
$Sa(T)$	−146. 072	42. 677	8. 368			
$Ga(T)$	−282550	188. 749	−42. 677	−4. 184		
$Ga(l)$	−246220	−149. 585				

Ba_3N_2

温度范围:298 ~ 950　　相:固

$\Delta H^{\ominus}_{f,298}$: −341000　　$S^{\ominus}_{298}$:152. 298

函数	r_0	r_1	r_2	r_3	r_4	r_5
C_p	87. 864	98. 324				
$Ha(T)$	−371570	87. 864	49. 162			
$Sa(T)$	−377. 631	87. 864	98. 324			
$Ga(T)$	−371570	465. 495	−87. 864	−49. 162		
$Ga(l)$	−303490	−246. 695				

温度范围:950 ~ 1300　　相:固

$\Delta H^{\ominus}_{tr}$:—　　$\Delta S^{\ominus}_{tr}$:—

函数	r_0	r_1	r_2	r_3	r_4	r_5
C_p	182. 004					
$Ha(T)$	−416630	182. 004				
$Sa(T)$	−929. 690	182. 004				
$Ga(T)$	−416630	1111. 694	−182. 004			
$Ga(l)$	−213190	−348. 555				

$Ba(NO_3)_2$

温度范围:298 ~ 868　　相:固

$\Delta H^{\ominus}_{f,298}$: −992070　　$S^{\ominus}_{298}$:213. 802

函数	r_0	r_1	r_2	r_3	r_4	r_5
C_p	125. 729	149. 369	−1. 678			
$Ha(T)$	−1041800	125. 729	74. 685	1. 678		
$Sa(T)$	−556. 524	125. 729	149. 369	0. 839		
$Ga(T)$	−1041800	682. 253	−125. 729	−74. 685	0. 839	
$Ga(l)$	−946720	−330. 976				

BaC_2

温度范围:298 ~ 1500　　相:固

$\Delta H^{\ominus}_{f,298}$: −74060　　$S^{\ominus}_{298}$:87. 864

函数	r_0	r_1	r_2	r_3	r_4	r_5
C_p	73. 638	3. 766	−0. 967			
$Ha(T)$	−99430	73. 638	1. 883	0. 967		
$Sa(T)$	−338. 258	73. 638	3. 766	0. 484		
$Ga(T)$	−99430	411. 896	−73. 638	−1. 883	0. 484	
$Ga(l)$	−39010	−163. 134				

$BaCO_3$

温度范围:298 ~ 1079　　相:固(α)

$\Delta H^{\ominus}_{f,298}$: −1216300　　$S^{\ominus}_{298}$:112. 131

函数	r_0	r_1	r_2	r_3	r_4	r_5
C_p	86. 902	48. 953	−1. 197			
$Ha(T)$	−1248400	86. 902	24. 477	1. 197		
$Sa(T)$	−404. 330	86. 902	48. 953	0. 599		
$Ga(T)$	−1248400	491. 232	−86. 902	−24. 477	0. 599	
$Ga(l)$	−1181500	−195. 818				

温度范围:1079 ~ 1241　　相:固(β)

$\Delta H^{\ominus}_{tr}$:18830　　$\Delta S^{\ominus}_{tr}$:17. 451

函数	r_0	r_1	r_2	r_3	r_4	r_5
C_p	154. 808					
$Ha(T)$	−1273200	154. 808				
$Sa(T)$	−807. 785	154. 808				
$Ga(T)$	−1273200	962. 593	−154. 808			
$Ga(l)$	−1093900	−284. 520				

温度范围:1241 ~ 1400　　相:固(γ)

$\Delta H^{\ominus}_{tr}$:2929　　$\Delta S^{\ominus}_{tr}$:2. 360

函数	r_0	r_1	r_2	r_3	r_4	r_5
C_p	163. 176					
$Ha(T)$	−1280700	163. 176				
$Sa(T)$	−865. 036	163. 176				
$Ga(T)$	−1280700	1028. 212	−163. 176			
$Ga(l)$	−1065400	−307. 431				

$BaSn_3$

温度范围:298 ~ 973　　相:固

$\Delta H^{\ominus}_{f,298}$: −194560　　$S^{\ominus}_{298}$:188. 280

函数	r_0	r_1	r_2	r_3	r_4	r_5
C_p	84. 726	52. 300				
$Ha(T)$	−222150	84. 726	26. 150			
$Sa(T)$	−310. 048	84. 726	52. 300			
$Ga(T)$	−222150	394. 774	−84. 726	−26. 150		
$Ga(l)$	−162950	−267. 510				

Ba_2Sn

温度范围:298 ~ 1200　相:固

$\Delta H^{\ominus}_{f,298}$: −376560　$S^{\ominus}_{298}$:126.775

函数	r_0	r_1	r_2	r_3	r_4	r_5
C_p	60.668	41.840				
$Ha(T)$	−396510	60.668	20.920			
$Sa(T)$	−231.361	60.668	41.840			
$Ga(T)$	−396510	292.029	−60.668	−20.920		
$Ga(l)$	−345390	−199.135				

$BaPb_3$

温度范围:298 ~ 890　相:固

$\Delta H^{\ominus}_{f,298}$: −175730　$S^{\ominus}_{298}$:225.936

函数	r_0	r_1	r_2	r_3	r_4	r_5
C_p	86.609	53.137				
$Ha(T)$	−203910	86.609	26.569			
$Sa(T)$	−283.370	86.609	53.137			
$Ga(T)$	−203910	369.979	−86.609	−26.569		
$Ga(l)$	−147400	−299.095				

Ba_2Pb

温度范围:298 ~ 1201　相:固

$\Delta H^{\ominus}_{f,298}$: −292880　$S^{\ominus}_{298}$:142.674

函数	r_0	r_1	r_2	r_3	r_4	r_5
C_p	62.760	41.840				
$Ha(T)$	−313450	62.760	20.920			
$Sa(T)$	−227.382	62.760	41.840			
$Ga(T)$	−313450	290.142	−62.760	−20.920		
$Ga(l)$	−260900	−216.939				

$BaMoO_4$

温度范围:298 ~ 1700　相:固

$\Delta H^{\ominus}_{f,298}$: −1501600　$S^{\ominus}_{298}$:146.9

函数	r_0	r_1	r_2	r_3	r_4	r_5
C_p	135.27	28.45	−2.51			
$Ha(T)$	−1551600	135.270	14.225	2.510		
$Sa(T)$	−646.414	135.270	28.450	1.255		
$Ga(T)$	−1551600	781.684	−135.270	−14.225	1.255	
$Ga(l)$	−1420500	−310.610				

Be

温度范围:298 ~ 800　相:固

$\Delta H^{\ominus}_{f,298}$:0　$S^{\ominus}_{298}$:9.540

函数	r_0	r_1	r_2	r_3	r_4	r_5
C_p	20.698	6.945	−0.563			
$Ha(T)$	−8368	20.698	3.473	0.563		
$Sa(T)$	−113.626	20.698	6.945	0.282		
$Ga(T)$	−8368	134.324	−20.698	−3.473	0.282	
$Ga(l)$	4459	−21.373				

温度范围:800 ~ 1556 相:固

$\Delta H_{tr}^{\ominus}$:— $\Delta S_{tr}^{\ominus}$:—

函数	r_0	r_1	r_2	r_3	r_4	r_5
C_p	17.468	9.887				
$Ha(T)$	-6022	17.468	4.944			
$Sa(T)$	-93.949	17.468	9.887			
$Ga(T)$	-6022	111.417	-17.468	-4.944		
$Ga(l)$	20610	-41.040				

温度范围:1556 ~ 2757 相:液

$\Delta H_{tr}^{\ominus}$:11720 $\Delta S_{tr}^{\ominus}$:7.532

函数	r_0	r_1	r_2	r_3	r_4	r_5
C_p	25.501	2.109				
$Ha(T)$	2615	25.501	1.055			
$Sa(T)$	-133.356	25.501	2.109			
$Ga(T)$	2615	158.857	-25.501	-1.055		
$Ga(l)$	61230	-66.743				

温度范围:2757 ~ 3000 相:气

$\Delta H_{tr}^{\ominus}$:297640 $\Delta S_{tr}^{\ominus}$:107.958

函数	r_0	r_1	r_2	r_3	r_4	r_5
C_p	20.878					
$Ha(T)$	321020	20.878				
$Sa(T)$	17.040	20.878				
$Ga(T)$	321020	3.838	-20.878			
$Ga(l)$	381080	-183.328				

Be(α)

温度范围:298 ~ 1527 相:固(α)

$\Delta H_{f,298}^{\ominus}$:0 $S_{298}^{\ominus}$:9.5

函数	r_0	r_1	r_2	r_3	r_4	r_5
C_p	21.21	5.69	-0.59	0.96		
$Ha(T)$	-8564	21.210	2.845	0.590	0.320	
$Sa(T)$	-116.404	21.210	5.690	0.295	0.480	
$Ga(T)$	-8564	137.614	-21.210	-2.845	0.295	-0.160
$Ga(l)$	11350	-33.222				

Be(气)

温度范围:298 ~ 3000 相:气

$\Delta H_{f,298}^{\ominus}$:324000 $S_{298}^{\ominus}$:136.3

函数	r_0	r_1	r_2	r_3	r_4	r_5
C_p	20.79					
$Ha(T)$	317800	20.790				
$Sa(T)$	17.847	20.790				
$Ga(T)$	317800	2.943	-20.790			
$Ga(l)$	345170	-170.187				

BeH(气)

温度范围:298 ~ 2000　　相:气

$\Delta H^{\ominus}_{f,298}$:326770　　$S^{\ominus}_{298}$:170.875

函数	r_0	r_1	r_2	r_3	r_4	r_5
C_p	27.740	5.188	-0.008			
$Ha(T)$	318240	27.740	2.594	0.008		
$Sa(T)$	11.232	27.740	5.188	0.004		
$Ga(T)$	318240	16.508	-27.740	-2.594	0.004	
$Ga(l)$	347810	-210.924				

BeH_2

温度范围:298 ~ 500　　相:固

$\Delta H^{\ominus}_{f,298}$: -19000　　$S^{\ominus}_{298}$:17.6

函数	r_0	r_1	r_2	r_3	r_4	r_5
C_p	20.5	29.29				
$Ha(T)$	-26410	20.500	14.645			
$Sa(T)$	-107.934	20.500	29.290			
$Ga(T)$	-26410	128.434	-20.500	-14.645		
$Ga(l)$	-16090	-26.400				

BeF(气)

温度范围:298 ~ 2000　　相:气

$\Delta H^{\ominus}_{f,298}$: -169900　　$S^{\ominus}_{298}$:205.8

函数	r_0	r_1	r_2	r_3	r_4	r_5
C_p	32.5	3.09	-0.31			
$Ha(T)$	-180770	32.500	1.545	0.310		
$Sa(T)$	17.963	32.500	3.090	0.155		
$Ga(T)$	-180770	14.537	-32.500	-1.545	0.155	
$Ga(l)$	-147370	-248.665				

BeF_2

温度范围:298 ~ 500　　相:固(α)

$\Delta H^{\ominus}_{f,298}$: -1026800　　$S^{\ominus}_{298}$:53.354

函数	r_0	r_1	r_2	r_3	r_4	r_5
C_p	20.631	104.726	-0.003			
$Ha(T)$	-1037600	20.631	52.363	0.003		
$Sa(T)$	-95.434	20.631	104.726	0.002		
$Ga(T)$	-1037600	116.065	-20.631	-52.363	0.002	
$Ga(l)$	-1021400	-69.793				

温度范围:500 ~ 825　　相:固(β)

$\Delta H^{\ominus}_{tr}$:222　　$\Delta S^{\ominus}_{tr}$:0.444

函数	r_0	r_1	r_2	r_3	r_4	r_5
C_p	47.363	33.472				
$Ha(T)$	-1041800	47.363	16.736			
$Sa(T)$	-225.486	47.363	33.472			
$Ga(T)$	-1041800	272.849	-47.363	-16.736		
$Ga(l)$	-1003800	-104.075				

温度范围:825 ~ 1447 相:液

$\Delta H^{\ominus}_{tr}$:4757 $\Delta S^{\ominus}_{tr}$:5.766

函数	r_0	r_1	r_2	r_3	r_4	r_5
C_p	52.543	32.911				
$Ha(T)$	-1041200	52.543	16.456			
$Sa(T)$	-254.043	52.543	32.911			
$Ga(T)$	-1041200	306.586	-52.543	-16.456		
$Ga(l)$	-961990	-152.598				

温度范围:1447 ~ 2000 相:气

$\Delta H^{\ominus}_{tr}$:199350 $\Delta S^{\ominus}_{tr}$:137.768

函数	r_0	r_1	r_2	r_3	r_4	r_5
C_p	60.856	0.565	-2.655			
$Ha(T)$	-821820	60.856	0.283	2.655		
$Sa(T)$	-130.600	60.856	0.565	1.328		
$Ga(T)$	-821820	191.456	-60.856	-0.283	1.328	
$Ga(l)$	-715270	-324.175				

BeF_2(气)

温度范围:298 ~ 2000 相:气

$\Delta H^{\ominus}_{f,298}$: -796000 $S^{\ominus}_{298}$:227.6

函数	r_0	r_1	r_2	r_3	r_4	r_5
C_p	54.39	4.39	-0.83			
$Ha(T)$	-815200	54.390	2.195	0.830		
$Sa(T)$	-88.270	54.390	4.390	0.415		
$Ga(T)$	-815200	142.660	-54.390	-2.195	0.415	
$Ga(l)$	-759340	-297.104				

BeCl(气)

温度范围:298 ~ 2200 相:气

$\Delta H^{\ominus}_{f,298}$:60670 $S^{\ominus}_{298}$:217.484

函数	r_0	r_1	r_2	r_3	r_4	r_5
C_p	36.150	0.962	-0.448			
$Ha(T)$	48350	36.150	0.481	0.448		
$Sa(T)$	8.709	36.150	0.962	0.224		
$Ga(T)$	48350	27.441	-36.150	-0.481	0.224	
$Ga(l)$	86920	-265.464				

$BeCl_2$

温度范围:298 ~ 676 相:固(β)

$\Delta H^{\ominus}_{f,298}$: -496220 $S^{\ominus}_{298}$:75.814

函数	r_0	r_1	r_2	r_3	r_4	r_5
C_p	66.986	18.661	-0.900			
$Ha(T)$	-520040	66.986	9.331	0.900		
$Sa(T)$	-316.471	66.986	18.661	0.450		
$Ga(T)$	-520040	383.457	-66.986	-9.331	0.450	
$Ga(l)$	-484660	-108.201				

温度范围:676 ~ 688　　相:固(α)

$\Delta H_{tr}^{\ominus}$:6820　　$\Delta S_{tr}^{\ominus}$:10.089

函数	r_0	r_1	r_2	r_3	r_4	r_5
C_p	80.291	6.360	-1.548			
$Ha(T)$	-520360	80.291	3.180	1.548		
$Sa(T)$	-385.474	80.291	6.360	0.774		
$Ga(T)$	-520360	465.765	-80.291	-3.180	0.774	
$Ga(l)$	-462660	-143.244				

温度范围:688 ~ 805　　相:液

$\Delta H_{tr}^{\ominus}$:8661　　$\Delta S_{tr}^{\ominus}$:12.589

函数	r_0	r_1	r_2	r_3	r_4	r_5
C_p	121.420					
$Ha(T)$	-536240	121.420				
$Sa(T)$	-635.603	121.420				
$Ga(T)$	-536240	757.023	-121.420			
$Ga(l)$	-445750	-167.568				

$BeCl_2$(气)

温度范围:298 ~ 2000　　相:气

$\Delta H_{f,298}^{\ominus}$: -360240　　$S_{298}^{\ominus}$:251.040

函数	r_0	r_1	r_2	r_3	r_4	r_5
C_p	59.371	1.506	-0.762			
$Ha(T)$	-380560	59.371	0.753	0.762		
$Sa(T)$	-91.967	59.371	1.506	0.381		
$Ga(T)$	-380560	151.338	-59.371	-0.753	0.381	
$Ga(l)$	-321540	-324.838				

$(BeCl_2)_2$(气)

温度范围:298 ~ 2000　　相:气

$\Delta H_{f,298}^{\ominus}$: -823200　　$S_{298}^{\ominus}$:381.5

函数	r_0	r_1	r_2	r_3	r_4	r_5
C_p	129.48	2.18	-1.31			
$Ha(T)$	-866300	129.480	1.090	1.310		
$Sa(T)$	-364.243	129.480	2.180	0.655		
$Ga(T)$	-866300	493.723	-129.480	-1.090	0.655	
$Ga(l)$	-738600	-543.275				

BeBr(气)

温度范围:298 ~ 2000　　相:气

$\Delta H_{f,298}^{\ominus}$:36820　　$S_{298}^{\ominus}$:229.451

函数	r_0	r_1	r_2	r_3	r_4	r_5
C_p	36.401	0.837	-0.402			
$Ha(T)$	24580	36.401	0.419	0.402		
$Sa(T)$	19.542	36.401	0.837	0.201		
$Ga(T)$	24580	16.859	-36.401	-0.419	0.201	
$Ga(l)$	60640	-274.952				

$BeBr_2$

温度范围:298 ~ 761　　相:固

$\Delta H^{\ominus}_{f,298}$: -369870　　$S^{\ominus}_{298}$:106.274

函数	r_0	r_1	r_2	r_3	r_4	r_5
C_p	81.797	4.268	-1.247			
$Ha(T)$	-398630	81.797	2.134	1.247		
$Sa(T)$	-368.059	81.797	4.268	0.624		
$Ga(T)$	-398630	449.856	-81.797	-2.134	0.624	
$Ga(l)$	-354430	-148.126				

温度范围:761 ~ 794　　相:液

$\Delta H^{\ominus}_{tr}$:18830　　$\Delta S^{\ominus}_{tr}$:24.744

函数	r_0	r_1	r_2	r_3	r_4	r_5
C_p	112.968					
$Ha(T)$	-400650	112.968				
$Sa(T)$	-545.799	112.968				
$Ga(T)$	-400650	658.767	-112.968			
$Ga(l)$	-312920	-205.995				

$BeBr_2$(气)

温度范围:298 ~ 2000　　相:气

$\Delta H^{\ominus}_{f,298}$: -239740　　$S^{\ominus}_{298}$:277.818

函数	r_0	r_1	r_2	r_3	r_4	r_5
C_p	60.710	0.837	-0.590			
$Ha(T)$	-259860	60.710	0.419	0.590		
$Sa(T)$	-71.651	60.710	0.837	0.295		
$Ga(T)$	-259860	132.361	-60.710	-0.419	0.295	
$Ga(l)$	-200110	-353.635				

BeI(气)

温度范围:298 ~ 2000　　相:气

$\Delta H^{\ominus}_{f,298}$:103350　　$S^{\ominus}_{298}$:237.233

函数	r_0	r_1	r_2	r_3	r_4	r_5
C_p	36.736	0.753	-0.360			
$Ha(T)$	91160	36.736	0.377	0.360		
$Sa(T)$	25.677	36.736	0.753	0.180		
$Ga(T)$	91160	11.059	-36.736	-0.377	0.180	
$Ga(l)$	127440	-283.305				

BeI_2

温度范围:298 ~ 753　　相:固

$\Delta H^{\ominus}_{f,298}$: -211710　　$S^{\ominus}_{298}$:120.499

函数	r_0	r_1	r_2	r_3	r_4	r_5
C_p	83.303	3.515	-1.176			
$Ha(T)$	-240650	83.303	1.758	1.176		
$Sa(T)$	-361.791	83.303	3.515	0.588		
$Ga(T)$	-240650	445.094	-83.303	-1.758	0.588	
$Ga(l)$	-196200	-162.685				

温度范围:753 ~ 755　　相:液

$\Delta H_{tr}^{\ominus}$:20920　　$\Delta S_{tr}^{\ominus}$:27. 782

函数	r_0	r_1	r_2	r_3	r_4	r_5
C_p	112. 968					
$Ha(T)$	-239510	112. 968				
$Sa(T)$	-526. 827	112. 968				
$Ga(T)$	-239510	639. 795	-112. 968			
$Ga(l)$	-169830	-201. 077				

BeI_2(气)

温度范围:298 ~ 2000　　相:气

$\Delta H_{f,298}^{\ominus}$: -65690　　$S_{298}^{\ominus}$:294. 554

函数	r_0	r_1	r_2	r_3	r_4	r_5
C_p	61. 731	0. 293	-0. 546			
$Ha(T)$	-85940	61. 731	0. 147	0. 546		
$Sa(T)$	-60. 323	61. 731	0. 293	0. 273		
$Ga(T)$	-85940	122. 054	-61. 731	-0. 147	0. 273	
$Ga(l)$	-25560	-371. 442				

BeO

温度范围:298 ~ 1000　　相:固(α_1)

$\Delta H_{f,298}^{\ominus}$: -598730　　$S_{298}^{\ominus}$:14. 142

函数	r_0	r_1	r_2	r_3	r_4	r_5
C_p	21. 213	55. 061	-0. 866	-26. 317		
$Ha(T)$	-610170	21. 213	27. 531	0. 866	-8. 772	
$Sa(T)$	-126. 839	21. 213	55. 061	0. 433	-13. 159	
$Ga(T)$	-610170	148. 052	-21. 213	-27. 531	0. 433	4. 386
$Ga(l)$	-587760	-40. 992				

温度范围:1000 ~ 2325　　相:固(α_1)

$\Delta H_{tr}^{\ominus}$:—　　$\Delta S_{tr}^{\ominus}$:—

函数	r_0	r_1	r_2	r_3	r_4	r_5
C_p	41. 756	7. 280				
$Ha(T)$	-614730	41. 756	3. 640			
$Sa(T)$	-233. 689	41. 756	7. 280			
$Ga(T)$	-614730	275. 445	-41. 756	-3. 640		
$Ga(l)$	-538800	-87. 392				

温度范围:2325 ~ 2820　　相:固(α_2)

$\Delta H_{tr}^{\ominus}$:251　　$\Delta S_{tr}^{\ominus}$:0. 108

函数	r_0	r_1	r_2	r_3	r_4	r_5
C_p	53. 095	3. 305				
$Ha(T)$	-630100	53. 095	1. 653			
$Sa(T)$	-312. 233	53. 095	3. 305			
$Ga(T)$	-630100	365. 328	-53. 095	-1. 653		
$Ga(l)$	-482950	-113. 155				

温度范围:2820~3500 相:液

$\Delta H_{tr}^{\ominus}$:63180 $\Delta S_{tr}^{\ominus}$:22.404

函数	r_0	r_1	r_2	r_3	r_4	r_5
C_p	66.944					
$Ha(T)$	-592830	66.944				
$Sa(T)$	-390.532	66.944				
$Ga(T)$	-592830	457.476	-66.944			
$Ga(l)$	-381970	-148.838				

BeO(α)

温度范围:298~2370 相:固(α)

$\Delta H_{f,298}^{\ominus}$:-608400 $S_{298}^{\ominus}$:13.8

函数	r_0	r_1	r_2	r_3	r_4	r_5
C_p	41.59	10.21	-1.74	-1.34		
$Ha(T)$	-627080	41.590	5.105	1.740	-0.447	
$Sa(T)$	-235.935	41.590	10.210	0.870	-0.670	
$Ga(T)$	-627080	277.525	-41.590	-5.105	0.870	0.223
$Ga(l)$	-573220	-73.509				

$BeO \cdot Al_2O_3$

温度范围:298~2000 相:固

$\Delta H_{f,298}^{\ominus}$:-2300800 $S_{298}^{\ominus}$:66.3

函数	r_0	r_1	r_2	r_3	r_4	r_5
C_p	151.98	25.97	-4.87			
$Ha(T)$	-2363600	151.980	12.985	4.870		
$Sa(T)$	-834.756	151.980	25.970	2.435		
$Ga(T)$	-2363600	986.736	-151.980	-12.985	2.435	
$Ga(l)$	-2197000	-259.333				

$BeO \cdot 3Al_2O_3$

温度范围:298~2000 相:固

$\Delta H_{f,298}^{\ominus}$:-5624100 $S_{298}^{\ominus}$:175.6

函数	r_0	r_1	r_2	r_3	r_4	r_5
C_p	385.86	49.64	-12.33			
$Ha(T)$	-5782700	385.860	24.820	12.330		
$Sa(T)$	-2107.028	385.860	49.640	6.165		
$Ga(T)$	-5782700	2492.888	-385.860	-24.820	6.165	
$Ga(l)$	-5368500	-651.995				

$BeO \cdot WO_3$

温度范围:298~2000 相:固

$\Delta H_{f,298}^{\ominus}$:-1513400 $S_{298}^{\ominus}$:88.366

函数	r_0	r_1	r_2	r_3	r_4	r_5
C_p	112.382	42.844	-2.510			
$Ha(T)$	-1557200	112.382	21.422	2.510		
$Sa(T)$	-578.833	112.382	42.844	1.255		
$Ga(T)$	-1557200	691.215	-112.382	-21.422	1.255	
$Ga(l)$	-1422600	-256.714				

$2BeO \cdot SiO_2$

温度范围:298 ~ 1833　　相:固

$\Delta H^{\ominus}_{f,298}$: −2144300　　$S^{\ominus}_{298}$:64. 434

函数	r_0	r_1	r_2	r_3	r_4	r_5
C_p	124. 056	78. 534	−4. 536	−33. 472		
$Ha(T)$	−2199700	124. 056	39. 267	4. 536	−11. 157	
$Sa(T)$	−689. 828	124. 056	78. 534	2. 268	−16. 736	
$Ga(T)$	−2199700	813. 884	−124. 056	−39. 267	2. 268	5. 579
$Ga(l)$	−2056800	−233. 388				

$3BeO \cdot B_2O_3$

温度范围:298 ~ 1768　　相:固

$\Delta H^{\ominus}_{f,298}$: −3134000　　$S^{\ominus}_{298}$:92. 5

函数	r_0	r_1	r_2	r_3	r_4	r_5
C_p	112. 55	263. 26	−3. 98	−88. 2		
$Ha(T)$	−3191800	112. 550	131. 630	3. 980	−29. 400	
$Sa(T)$	−645. 722	112. 550	263. 260	1. 990	−44. 100	
$Ga(T)$	−3191800	758. 272	−112. 550	−131. 630	1. 990	14. 700
$Ga(l)$	−2999700	−351. 853				

BeOH(气)

温度范围:298 ~ 3000　　相:气

$\Delta H^{\ominus}_{f,298}$: −198740　　$S^{\ominus}_{298}$:222. 924

函数	r_0	r_1	r_2	r_3	r_4	r_5
C_p	34. 016	15. 606	−0. 410	−2. 845		
$Ha(T)$	−210930	34. 016	7. 803	0. 410	−0. 948	
$Sa(T)$	22. 282	34. 016	15. 606	0. 205	−1. 423	
$Ga(T)$	−210930	11. 734	−34. 016	−7. 803	0. 205	0. 474
$Ga(l)$	−152960	−293. 021				

$Be(OH)_2(\alpha)$

温度范围:298 ~ 407　　相:固

$\Delta H^{\ominus}_{f,298}$: −902700　　$S^{\ominus}_{298}$:49. 371

函数	r_0	r_1	r_2	r_3	r_4	r_5
C_p	20. 167	151. 712				
$Ha(T)$	−915460	20. 167	75. 856			
$Sa(T)$	−110. 765	20. 167	151. 712			
$Ga(T)$	−915460	130. 932	−20. 167	−75. 856		
$Ga(l)$	−899030	−60. 952				

$Be(OH)_2(\beta)$

温度范围:298 ~ 496　　相:固(β)

$\Delta H^{\ominus}_{f,298}$: −905800　　$S^{\ominus}_{298}$:50. 2

函数	r_0	r_1	r_2	r_3	r_4	r_5
C_p	82	42. 69	−2. 59			
$Ha(T)$	−940830	82. 000	21. 345	2. 590		
$Sa(T)$	−444. 299	82. 000	42. 690	1. 295		
$Ga(T)$	−940830	526. 299	−82. 000	−21. 345	1. 295	
$Ga(l)$	−898800	−71. 363				

$Be(OH)_2$(气)

温度范围:298 ~ 2000　　相:气

$\Delta H^{\ominus}_{f,298}$: −676600　　$S^{\ominus}_{298}$:234

函数	r_0	r_1	r_2	r_3	r_4	r_5
C_p	82.27	11.68	−2.13			
$Ha(T)$	−708790	82.270	5.840	2.130		
$Sa(T)$	−250.204	82.270	11.680	1.065		
$Ga(T)$	−708790	332.474	−82.270	−5.840	1.065	
$Ga(l)$	−620500	−339.017				

BeS

温度范围:298 ~ 2000　　相:固

$\Delta H^{\ominus}_{f,298}$: −234300　　$S^{\ominus}_{298}$:37

函数	r_0	r_1	r_2	r_3	r_4	r_5
C_p	53.43	6.02	−1.96			
$Ha(T)$	−257070	53.430	3.010	1.960		
$Sa(T)$	−280.242	53.430	6.020	0.980		
$Ga(T)$	−257070	333.672	−53.430	−3.010	0.980	
$Ga(l)$	−199860	−100.968				

BeS(气)

温度范围:298 ~ 2000　　相:气

$\Delta H^{\ominus}_{f,298}$:264000　　$S^{\ominus}_{298}$:210.3

函数	r_0	r_1	r_2	r_3	r_4	r_5
C_p	23.82	13.51	0.38			
$Ha(T)$	257570	23.820	6.755	−0.380		
$Sa(T)$	72.693	23.820	13.510	−0.190		
$Ga(T)$	257570	−48.873	−23.820	−6.755	−0.190	
$Ga(l)$	287370	−254.342				

$BeSO_4$

温度范围:298 ~ 863　　相:固(α)

$\Delta H^{\ominus}_{f,298}$: −1200800　　$S^{\ominus}_{298}$:77.948

函数	r_0	r_1	r_2	r_3	r_4	r_5
C_p	71.756	99.663	−1.377			
$Ha(T)$	−1231200	71.756	49.832	1.377		
$Sa(T)$	−368.349	71.756	99.663	0.689		
$Ga(T)$	−1231200	440.104	−71.756	−49.832	0.689	
$Ga(l)$	−1174100	−146.772				

温度范围:863 ~ 908　　相:固(β)

$\Delta H^{\ominus}_{tr}$:920　　$\Delta S^{\ominus}_{tr}$:1.066

函数	r_0	r_1	r_2	r_3	r_4	r_5
C_p	63.680	110.792	−0.921			
$Ha(T)$	−1227000	63.680	55.396	0.921		
$Sa(T)$	−321.984	63.680	110.792	0.461		
$Ga(T)$	−1227000	385.664	−63.680	−55.396	0.461	
$Ga(l)$	−1126200	−208.808				

温度范围:908 ~ 1800 相:固(γ)

$\Delta H_{tr}^{\ominus}$:19540 $\Delta S_{tr}^{\ominus}$:21.520

函数	r_0	r_1	r_2	r_3	r_4	r_5
C_p	256.396	-20.251	-61.693			
$Ha(T)$	-1395300	256.396	-10.126	61.693		
$Sa(T)$	-1530.968	256.396	-20.251	30.847		
$Ga(T)$	-1395300	1787.364	-256.396	10.126	30.847	
$Ga(l)$	-1028200	-305.599				

$BeSO_4 \cdot 2H_2O$

温度范围:298 ~ 500 相:固

$\Delta H_{f,298}^{\ominus}$: -1823000 $S_{298}^{\ominus}$:163.218

函数	r_0	r_1	r_2	r_3	r_4	r_5
C_p	72.383	269.868				
$Ha(T)$	-1856600	72.383	134.934			
$Sa(T)$	-329.652	72.383	269.868			
$Ga(T)$	-1856600	402.035	-72.383	-134.934		
$Ga(l)$	-1807200	-211.081				

Be_3N_2

温度范围:298 ~ 430 相:固(α)

$\Delta H_{f,298}^{\ominus}$: -589500 $S_{298}^{\ominus}$:34.3

函数	r_0	r_1	r_2	r_3	r_4	r_5
C_p	53.93	103.55	-1.77			
$Ha(T)$	-616120	53.930	51.775	1.770		
$Sa(T)$	-313.801	53.930	103.550	0.885		
$Ga(T)$	-616120	367.731	-53.930	-51.775	0.885	
$Ga(l)$	-584930	-48.578				

温度范围:430 ~ 2000 相:固(β)

$\Delta H_{tr}^{\ominus}$:17800 $\Delta S_{tr}^{\ominus}$:41.395

函数	r_0	r_1	r_2	r_3	r_4	r_5
C_p	114.52	15.06	-5.95			
$Ha(T)$	-625910	114.520	7.530	5.950		
$Sa(T)$	-613.063	114.520	15.060	2.975		
$Ga(T)$	-625910	727.583	-114.520	-7.530	2.975	
$Ga(l)$	-487530	-216.067				

Be_2C

温度范围:298 ~ 2000 相:固

$\Delta H_{f,298}^{\ominus}$: -90800 $S_{298}^{\ominus}$:16.3

函数	r_0	r_1	r_2	r_3	r_4	r_5
C_p	38.37	45.02	-0.84	-9.58		
$Ha(T)$	-106970	38.370	22.510	0.840	-3.193	
$Sa(T)$	-220.038	38.370	45.020	0.420	-4.790	
$Ga(T)$	-106970	258.408	-38.370	-22.510	0.420	1.597
$Ga(l)$	-48950	-93.132				

Bi(1)

温度范围:298 ~ 545　　相:固

$\Delta H^{\ominus}_{f,298}$:0　　$S^{\ominus}_{298}$:56.7

函数	r_0	r_1	r_2	r_3	r_4	r_5
C_p	28.03	-24.27	50.21			
$Ha(T)$	161130	28.030	-12.135	-50.210		
$Sa(T)$	186.649	28.030	-24.270	-25.105		
$Ga(T)$	161130	-158.619	-28.030	12.135	-25.105	
$Ga(l)$	46420	-196.589				

温度范围:545 ~ 1835　　相:液

$\Delta H^{\ominus}_{tr}$:11300　　$\Delta S^{\ominus}_{tr}$:20.734

函数	r_0	r_1	r_2	r_3	r_4	r_5
C_p	23.36	3.14	1.66	-0.72		
$Ha(T)$	81860	23.360	1.570	-1.660	-0.240	
$Sa(T)$	140.249	23.360	3.140	-0.830	-0.360	
$Ga(T)$	81860	-116.889	-23.360	-1.570	-0.830	0.120
$Ga(l)$	107370	-307.422				

Bi(2)

温度范围:298 ~ 544　　相:固

$\Delta H^{\ominus}_{f,298}$:0　　$S^{\ominus}_{298}$:56.735

函数	r_0	r_1	r_2	r_3	r_4	r_5
C_p	11.849	30.468	0.411			
$Ha(T)$	-3508	11.849	15.234	-0.411		
$Sa(T)$	-17.548	11.849	30.468	-0.206		
$Ga(T)$	-3508	29.397	-11.849	-15.234	-0.206	
$Ga(l)$	2973	-65.557				

温度范围:544 ~ 1200　　相:液

$\Delta H^{\ominus}_{tr}$:11300　　$\Delta S^{\ominus}_{tr}$:20.772

函数	r_0	r_1	r_2	r_3	r_4	r_5
C_p	19.016	10.372	2.074	-3.979		
$Ha(T)$	10140	19.016	5.186	-2.074	-1.326	
$Sa(T)$	-27.590	19.016	10.372	-1.037	-1.990	
$Ga(T)$	10140	46.606	-19.016	-5.186	-1.037	0.663
$Ga(l)$	26430	-106.882				

温度范围:1200 ~ 1837　　相:液

$\Delta H^{\ominus}_{tr}$:—　　$\Delta S^{\ominus}_{tr}$:—

函数	r_0	r_1	r_2	r_3	r_4	r_5
C_p	27.196					
$Ha(T)$	3768	27.196				
$Sa(T)$	-76.725	27.196				
$Ga(T)$	3768	103.921	-27.196			
$Ga(l)$	44580	-122.378				

Bi(气)(1)

温度范围:298 ~ 2000　　相:气

$\Delta H^{\ominus}_{f,298}$:209600　　$S^{\ominus}_{298}$:187

函数	r_0	r_1	r_2	r_3	r_4	r_5
C_p	20.64	0.13	0.17			
$Ha(T)$	204010	20.640	0.065	-0.170		
$Sa(T)$	70.319	20.640	0.130	-0.085		
$Ga(T)$	204010	-49.679	-20.640	-0.065	-0.085	
$Ga(l)$	223780	-214.510				

Bi(气)(2)

温度范围:298 ~ 1200　　相:气

$\Delta H^{\ominus}_{f,298}$:209370　　$S^{\ominus}_{298}$:186.899

函数	r_0	r_1	r_2	r_3	r_4	r_5
C_p	20.786					
$Ha(T)$	203170	20.786				
$Sa(T)$	68.469	20.786				
$Ga(T)$	203170	-47.683	-20.786			
$Ga(l)$	217150	-205.227				

温度范围:1200 ~ 1500　　相:气

$\Delta H^{\ominus}_{tr}$:—　　$\Delta S^{\ominus}_{tr}$:—

函数	r_0	r_1	r_2	r_3	r_4	r_5
C_p	20.719	0.054				
$Ha(T)$	203210	20.719	0.027			
$Sa(T)$	68.879	20.719	0.054			
$Ga(T)$	203210	-48.160	-20.719	-0.027		
$Ga(l)$	231140	-218.267				

温度范围:1500 ~ 1837　　相:气

$\Delta H^{\ominus}_{tr}$:—　　$\Delta S^{\ominus}_{tr}$:—

函数	r_0	r_1	r_2	r_3	r_4	r_5
C_p	20.443	0.238				
$Ha(T)$	203420	20.443	0.119			
$Sa(T)$	70.621	20.443	0.238			
$Ga(T)$	203420	-50.178	-20.443	-0.119		
$Ga(l)$	237770	-222.679				

温度范围:1837 ~ 2000　　相:气

$\Delta H^{\ominus}_{tr}$:—　　$\Delta S^{\ominus}_{tr}$:—

函数	r_0	r_1	r_2	r_3	r_4	r_5
C_p	19.983	0.490				
$Ha(T)$	203840	19.983	0.245			
$Sa(T)$	73.616	19.983	0.490			
$Ga(T)$	203840	-53.633	-19.983	-0.245		
$Ga(l)$	243090	-225.623				

Bi_2(气)(1)

温度范围:298 ~ 2000　　相:气

$\Delta H^{\ominus}_{f,298}$:220100　　$S^{\ominus}_{298}$:273.7

函数	r_0	r_1	r_2	r_3	r_4	r_5
C_p	37.4	0.01	-0.04			
$Ha(T)$	208810	37.400	0.005	0.040		
$Sa(T)$	60.382	37.400	0.010	0.020		
$Ga(T)$	208810	-22.982	-37.400	-0.005	0.020	
$Ga(l)$	244950	-321.604				

Bi_2(气)(2)

温度范围:298 ~ 800　　相:气

$\Delta H^{\ominus}_{f,298}$:220080　　$S^{\ominus}_{298}$:273.634

函数	r_0	r_1	r_2	r_3	r_4	r_5
C_p	36.794	0.761				
$Ha(T)$	209080	36.794	0.381			
$Sa(T)$	63.770	36.794	0.761			
$Ga(T)$	209080	-26.976	-36.794	-0.381		
$Ga(l)$	228220	-295.487				

温度范围:800 ~ 1200　　相:气

$\Delta H^{\ominus}_{tr}$:—　　$\Delta S^{\ominus}_{tr}$:—

函数	r_0	r_1	r_2	r_3	r_4	r_5
C_p	37.363					
$Ha(T)$	208860	37.363				
$Sa(T)$	60.575	37.363				
$Ga(T)$	208860	-23.212	-37.363			
$Ga(l)$	245830	-318.518				

温度范围:1200 ~ 2000　　相:气

$\Delta H^{\ominus}_{tr}$:—　　$\Delta S^{\ominus}_{tr}$:—

函数	r_0	r_1	r_2	r_3	r_4	r_5
C_p	37.405					
$Ha(T)$	208810	37.405				
$Sa(T)$	60.277	37.405				
$Ga(T)$	208810	-22.872	-37.405			
$Ga(l)$	267660	-336.007				

BiH_3(气)

温度范围:298 ~ 1000　　相:气

$\Delta H^{\ominus}_{f,298}$:179900　　$S^{\ominus}_{298}$:214.8

函数	r_0	r_1	r_2	r_3	r_4	r_5
C_p	37.78		-0.94			
$Ha(T)$	165480	37.780		0.940		
$Sa(T)$	-5.742	37.780		0.470		
$Ga(T)$	165480	43.522	-37.780		0.470	
$Ga(l)$	189700	-239.086				

BiF

温度范围:298 ~ 650 相:固

$\Delta H^{\ominus}_{f,298}$: −271960 $S^{\ominus}_{298}$:87.864

函数	r_0	r_1	r_2	r_3	r_4	r_5
C_p	43.514	15.062				
$Ha(T)$	−285600	43.514	7.531			
$Sa(T)$	−164.552	43.514	15.062			
$Ga(T)$	−285600	208.066	−43.514	−7.531		
$Ga(l)$	−264130	−110.076				

温度范围:650 ~ 1075 相:液

$\Delta H^{\ominus}_{tr}$:10880 $\Delta S^{\ominus}_{tr}$:16.738

函数	r_0	r_1	r_2	r_3	r_4	r_5
C_p	63.388					
$Ha(T)$	−284460	63.388				
$Sa(T)$	−266.747	63.388				
$Ga(T)$	−284460	330.135	−63.388			
$Ga(l)$	−230680	−161.355				

温度范围:1075 ~ 1500 相:气

$\Delta H^{\ominus}_{tr}$:96230 $\Delta S^{\ominus}_{tr}$:89.516

函数	r_0	r_1	r_2	r_3	r_4	r_5
C_p	37.656					
$Ha(T)$	−160570	37.656				
$Sa(T)$	2.381	37.656				
$Ga(T)$	−160570	35.275	−37.656			
$Ga(l)$	−112440	−271.912				

BiF(气)

温度范围:298 ~ 2000 相:气

$\Delta H^{\ominus}_{f,298}$: −29380 $S^{\ominus}_{298}$:244.011

函数	r_0	r_1	r_2	r_3	r_4	r_5
C_p	37.028	0.837	−0.255			
$Ha(T)$	−41310	37.028	0.419	0.255		
$Sa(T)$	31.357	37.028	0.837	0.128		
$Ga(T)$	−41310	5.671	−37.028	−0.419	0.128	
$Ga(l)$	−4828	−291.059				

BiF_2

温度范围:298 ~ 1075 相:固

$\Delta H^{\ominus}_{f,298}$: −585760 $S^{\ominus}_{298}$:104.600

函数	r_0	r_1	r_2	r_3	r_4	r_5
C_p	66.526	25.941				
$Ha(T)$	−606750	66.526	12.971			
$Sa(T)$	−282.173	66.526	25.941			
$Ga(T)$	−606750	348.699	−66.526	−12.971		
$Ga(l)$	−559710	−167.871				

温度范围:1075 ~ 1650 相:液

$\Delta H^{\ominus}_{tr}$:8786 $\Delta S^{\ominus}_{tr}$:8.173

函数	r_0	r_1	r_2	r_3	r_4	r_5
C_p	87.864					
$Ha(T)$	-605910	87.864				
$Sa(T)$	-395.054	87.864				
$Ga(T)$	-605910	482.918	-87.864			
$Ga(l)$	-487630	-238.673				

温度范围:1650 ~ 2000 相:气

$\Delta H^{\ominus}_{tr}$:175730 $\Delta S^{\ominus}_{tr}$:106.503

函数	r_0	r_1	r_2	r_3	r_4	r_5
C_p	62.760					
$Ha(T)$	-388760	62.760				
$Sa(T)$	-102.567	62.760				
$Ga(T)$	-388760	165.327	-62.760			
$Ga(l)$	-274500	-368.666				

BiF_3

温度范围:298 ~ 922 相:固

$\Delta H^{\ominus}_{f,298}$: -903740 $S^{\ominus}_{298}$:122.591

函数	r_0	r_1	r_2	r_3	r_4	r_5
C_p	104.558	-99.747		180.498		
$Ha(T)$	-932080	104.558	-49.874		60.166	
$Sa(T)$	-451.421	104.558	-99.747		90.249	
$Ga(T)$	-932080	555.979	-104.558	49.874		-30.083
$Ga(l)$	-876910	-190.759				

温度范围:922 ~ 1200 相:液

$\Delta H^{\ominus}_{tr}$:21590 $\Delta S^{\ominus}_{tr}$:23.416

函数	r_0	r_1	r_2	r_3	r_4	r_5
C_p	184.598					
$Ha(T)$	-979520	184.598				
$Sa(T)$	-989.649	184.598				
$Ga(T)$	-979520	1174.247	-184.598			
$Ga(l)$	-784580	-296.104				

温度范围:1200 ~ 1800 相:气

$\Delta H^{\ominus}_{tr}$:125520 $\Delta S^{\ominus}_{tr}$:104.600

函数	r_0	r_1	r_2	r_3	r_4	r_5
C_p	82.488	0.485	-0.887			
$Ha(T)$	-732560	82.488	0.243	0.887		
$Sa(T)$	-161.971	82.488	0.485	0.444		
$Ga(T)$	-732560	244.459	-82.488	-0.243	0.444	
$Ga(l)$	-609010	-441.882				

BiF_3(气)

温度范围:298 ~ 2000　相:气

$\Delta H^{\ominus}_{f,298}$: −707900　$S^{\ominus}_{298}$:317.8

函数	r_0	r_1	r_2	r_3	r_4	r_5
C_p	82.51	0.46	−0.89			
$Ha(T)$	−735510	82.510	0.230	0.890		
$Sa(T)$	−157.452	82.510	0.460	0.445		
$Ga(T)$	−735510	239.962	−82.510	−0.230	0.445	
$Ga(l)$	−654570	−419.821				

BiF_4

温度范围:298 ~ 560　相:固

$\Delta H^{\ominus}_{f,298}$: −1192400　$S^{\ominus}_{298}$:184.096

函数	r_0	r_1	r_2	r_3	r_4	r_5
C_p	105.437	43.514				
$Ha(T)$	−1225800	105.437	21.757			
$Sa(T)$	−429.615	105.437	43.514			
$Ga(T)$	−1225800	535.052	−105.437	−21.757		
$Ga(l)$	−1177800	−227.173				

温度范围:560 ~ 750　相:液

$\Delta H^{\ominus}_{tr}$:28870　$\Delta S^{\ominus}_{tr}$:51.554

函数	r_0	r_1	r_2	r_3	r_4	r_5
C_p	152.716					
$Ha(T)$	−1216600	152.716				
$Sa(T)$	−652.872	152.716				
$Ga(T)$	−1216600	805.588	−152.716			
$Ga(l)$	−1117100	−337.116				

温度范围:750 ~ 1500　相:气

$\Delta H^{\ominus}_{tr}$:66940　$\Delta S^{\ominus}_{tr}$:89.253

函数	r_0	r_1	r_2	r_3	r_4	r_5
C_p	83.680	20.920				
$Ha(T)$	−1103700	83.680	10.460			
$Sa(T)$	−122.286	83.680	20.920			
$Ga(T)$	−1103700	205.966	−83.680	−10.460		
$Ga(l)$	−999670	−488.195				

BiCl

温度范围:298 ~ 593　相:固

$\Delta H^{\ominus}_{f,298}$: −83680　$S^{\ominus}_{298}$:96.232

函数	r_0	r_1	r_2	r_3	r_4	r_5
C_p	47.698	11.715				
$Ha(T)$	−98420	47.698	5.858			
$Sa(T)$	−179.025	47.698	11.715			
$Ga(T)$	−98420	226.723	−47.698	−5.858		
$Ga(l)$	−76680	−116.588				

温度范围:593 ~ 1050　　相:液

$\Delta H^{\ominus}_{tr}$:16740　　$\Delta S^{\ominus}_{tr}$:28.229

函数	r_0	r_1	r_2	r_3	r_4	r_5
C_p	62.760					
$Ha(T)$	-88550	62.760				
$Sa(T)$	-240.022	62.760				
$Ga(T)$	-88550	302.782	-62.760			
$Ga(l)$	-38070	-180.674				

温度范围:1050 ~ 2500　　相:气

$\Delta H^{\ominus}_{tr}$:112970　　$\Delta S^{\ominus}_{tr}$:107.590

函数	r_0	r_1	r_2	r_3	r_4	r_5
C_p	37.656					
$Ha(T)$	50780	37.656				
$Sa(T)$	42.205	37.656				
$Ga(T)$	50780	-4.549	-37.656			
$Ga(l)$	114570	-323.279				

BiCl(气)

温度范围:298 ~ 2000　　相:气

$\Delta H^{\ominus}_{f,298}$:25100　　$S^{\ominus}_{298}$:255.1

函数	r_0	r_1	r_2	r_3	r_4	r_5
C_p	37.32	0.84	-0.12			
$Ha(T)$	13530	37.320	0.420	0.120		
$Sa(T)$	41.540	37.320	0.840	0.060		
$Ga(T)$	13530	-4.220	-37.320	-0.420	0.060	
$Ga(l)$	50130	-303.205				

$BiCl_2$

温度范围:298 ~ 436　　相:固

$\Delta H^{\ominus}_{f,298}$: -209200　　$S^{\ominus}_{298}$:146.440

函数	r_0	r_1	r_2	r_3	r_4	r_5
C_p	70.291	25.941				
$Ha(T)$	-231310	70.291	12.971			
$Sa(T)$	-261.784	70.291	25.941			
$Ga(T)$	-231310	332.075	-70.291	-12.971		
$Ga(l)$	-204020	-162.592				

温度范围:436 ~ 850　　相:液

$\Delta H^{\ominus}_{tr}$:14640　　$\Delta S^{\ominus}_{tr}$:33.578

函数	r_0	r_1	r_2	r_3	r_4	r_5
C_p	108.784					
$Ha(T)$	-230990	108.784				
$Sa(T)$	-450.843	108.784				
$Ga(T)$	-230990	559.627	-108.784			
$Ga(l)$	-163000	-251.418				

温度范围:850 ~ 2500　　相:气

$\Delta H_{tr}^{\ominus}$:83680　　$\Delta S_{tr}^{\ominus}$:98. 447

函数	r_0	r_1	r_2	r_3	r_4	r_5
C_p	62. 760					
$Ha(T)$	−108190	62. 760				
$Sa(T)$	−41. 953	62. 760				
$Ga(T)$	−108190	104. 713	−62. 760			
$Ga(l)$	−10120	−422. 341				

$BiCl_3$

温度范围:298 ~ 507　　相:固

$\Delta H_{f,298}^{\ominus}$: −378650　　$S_{298}^{\ominus}$:171. 544

函数	r_0	r_1	r_2	r_3	r_4	r_5
C_p	68. 827	133. 888				
$Ha(T)$	−405120	68. 827	66. 944			
$Sa(T)$	−260. 523	68. 827	133. 888			
$Ga(T)$	−405120	329. 350	−68. 827	−66. 944		
$Ga(l)$	−367310	−205. 720				

温度范围:507 ~ 712　　相:液

$\Delta H_{tr}^{\ominus}$:23640　　$\Delta S_{tr}^{\ominus}$:46. 627

函数	r_0	r_1	r_2	r_3	r_4	r_5
C_p	127. 612					
$Ha(T)$	−394080	127. 612				
$Sa(T)$	−512. 158	127. 612				
$Ga(T)$	−394080	639. 770	−127. 612			
$Ga(l)$	−316880	−305. 813				

$BiCl_3$(气)

温度范围:298 ~ 2000　　相:气

$\Delta H_{f,298}^{\ominus}$: −265300　　$S_{298}^{\ominus}$:357. 4

函数	r_0	r_1	r_2	r_3	r_4	r_5
C_p	83. 05		−0. 31			
$Ha(T)$	−291100	83. 050		0. 310		
$Sa(T)$	−117. 529	83. 050		0. 155		
$Ga(T)$	−291100	200. 579	−83. 050		0. 155	
$Ga(l)$	−210610	−462. 644				

$BiCl_4$

温度范围:298 ~ 449　　相:固

$\Delta H_{f,298}^{\ominus}$: −502080　　$S_{298}^{\ominus}$:221. 752

函数	r_0	r_1	r_2	r_3	r_4	r_5
C_p	120. 081	44. 350				
$Ha(T)$	−539850	120. 081	22. 175			
$Sa(T)$	−475. 644	120. 081	44. 350			
$Ga(T)$	−539850	595. 725	−120. 081	−22. 175		
$Ga(l)$	−492430	−251. 677				

温度范围:449 ~ 645　　相:液

$\Delta H^{\ominus}_{tr}$:17150　　$\Delta S^{\ominus}_{tr}$:38.196

函数	r_0	r_1	r_2	r_3	r_4	r_5
C_p	146.440					
$Ha(T)$	-530070	146.440				
$Sa(T)$	-578.510	146.440				
$Ga(T)$	-530070	724.950	-146.440			
$Ga(l)$	-450660	-344.235				

温度范围:645 ~ 2500　　相:气

$\Delta H^{\ominus}_{tr}$:62760　　$\Delta S^{\ominus}_{tr}$:97.302

函数	r_0	r_1	r_2	r_3	r_4	r_5
C_p	96.232					
$Ha(T)$	-434920	96.232				
$Sa(T)$	-156.400	96.232				
$Ga(T)$	-434920	252.632	-96.232			
$Ga(l)$	-298430	-548.273				

BiBr(气)

温度范围:298 ~ 2000　　相:气

$\Delta H^{\ominus}_{f,298}$:53140　　$S^{\ominus}_{298}$:257.734

函数	r_0	r_1	r_2	r_3	r_4	r_5
C_p	37.405		-0.059			
$Ha(T)$	41790	37.405		0.059		
$Sa(T)$	44.284	37.405		0.030		
$Ga(T)$	41790	-6.879	-37.405		0.030	
$Ga(l)$	77940	-305.541				

$BiBr_3$

温度范围:298 ~ 492　　相:固

$\Delta H^{\ominus}_{f,298}$: -276140　　$S^{\ominus}_{298}$:181.586

函数	r_0	r_1	r_2	r_3	r_4	r_5
C_p	97.487	25.104				
$Ha(T)$	-306320	97.487	12.552			
$Sa(T)$	-381.340	97.487	25.104			
$Ga(T)$	-306320	478.827	-97.487	-12.552		
$Ga(l)$	-266510	-210.861				

温度范围:492 ~ 734　　相:液

$\Delta H^{\ominus}_{tr}$:21720　　$\Delta S^{\ominus}_{tr}$:44.146

函数	r_0	r_1	r_2	r_3	r_4	r_5
C_p	157.737					
$Ha(T)$	-311210	157.737				
$Sa(T)$	-698.301	157.737				
$Ga(T)$	-311210	856.038	-157.737			
$Ga(l)$	-215520	-313.496				

$BiBr_3$(气)

温度范围:298 ~ 2000 相:气

$\Delta H^{\ominus}_{f,298}$: −156900 $S^{\ominus}_{298}$:384.4

函数	r_0	r_1	r_2	r_3	r_4	r_5
C_p	83.31	−0.15	−0.18			
$Ha(T)$	−182340	83.310	−0.075	0.180		
$Sa(T)$	−91.235	83.310	−0.150	0.090		
$Ga(T)$	−182340	174.544	−83.310	0.075	0.090	
$Ga(l)$	−101830	−490.505				

BiI

温度范围:298 ~ 564 相:固(α)

$\Delta H^{\ominus}_{f,298}$: −55770 $S^{\ominus}_{298}$:123.428

函数	r_0	r_1	r_2	r_3	r_4	r_5
C_p	26.485	51.882				
$Ha(T)$	−65970	26.485	25.941			
$Sa(T)$	−42.941	26.485	51.882			
$Ga(T)$	−65970	69.426	−26.485	−25.941		
$Ga(l)$	−50180	−139.831				

温度范围:564 ~ 600 相:固(β)

$\Delta H^{\ominus}_{tr}$:1297 $\Delta S^{\ominus}_{tr}$:2.300

函数	r_0	r_1	r_2	r_3	r_4	r_5
C_p	54.81					
$Ha(T)$	−72400	54.810				
$Sa(T)$	−190.821	54.810				
$Ga(T)$	−72400	245.631	−54.810			
$Ga(l)$	−40520	−158.095				

BiI(气)

温度范围:298 ~ 2000 相:气

$\Delta H^{\ominus}_{f,298}$:66940 $S^{\ominus}_{298}$:265.266

函数	r_0	r_1	r_2	r_3	r_4	r_5
C_p	37.405		−0.034			
$Ha(T)$	55670	37.405		0.034		
$Sa(T)$	51.956	37.405		0.017		
$Ga(T)$	55670	−14.551	−37.405		0.017	
$Ga(l)$	91800	−313.199				

BiI_3

温度范围:298 ~ 682 相:固

$\Delta H^{\ominus}_{f,298}$: −150620 $S^{\ominus}_{298}$:224.681

函数	r_0	r_1	r_2	r_3	r_4	r_5
C_p	39.957	110.039	0.297			
$Ha(T)$	−166430	39.957	55.020	−0.297		
$Sa(T)$	−34.115	39.957	110.039	−0.149		
$Ga(T)$	−166430	74.072	−39.957	−55.020	−0.149	
$Ga(l)$	−135780	−266.011				

温度范围:682 ~ 815　　相:液

$\Delta H_{tr}^{\ominus}$:39120　　$\Delta S_{tr}^{\ominus}$:57.361

函数	r_0	r_1	r_2	r_3	r_4	r_5
C_p	157.737					
$Ha(T)$	-182480	157.737				
$Sa(T)$	-670.545	157.737				
$Ga(T)$	-182480	828.282	-157.737			
$Ga(l)$	-64670	-373.237				

BiI_3(气)

温度范围:298 ~ 2000　　相:气

$\Delta H_{f,298}^{\ominus}$: -16300　　$S_{298}^{\ominus}$:408.4

函数	r_0	r_1	r_2	r_3	r_4	r_5
C_p	83.16	-0.03	-0.1			
$Ha(T)$	-41430	83.160	-0.015	0.100		
$Sa(T)$	-65.966	83.160	-0.030	0.050		
$Ga(T)$	-41430	149.126	-83.160	0.015	0.050	
$Ga(l)$	38900	-514.817				

BiO

温度范围:298 ~ 1175　　相:固

$\Delta H_{f,298}^{\ominus}$: -209200　　$S_{298}^{\ominus}$:62.760

函数	r_0	r_1	r_2	r_3	r_4	r_5
C_p	40.585	12.552				
$Ha(T)$	-221860	40.585	6.276			
$Sa(T)$	-172.219	40.585	12.552			
$Ga(T)$	-221860	212.804	-40.585	-6.276		
$Ga(l)$	-191950	-103.405				

温度范围:1175 ~ 1920　　相:液

$\Delta H_{tr}^{\ominus}$:15480　　$\Delta S_{tr}^{\ominus}$:13.174

函数	r_0	r_1	r_2	r_3	r_4	r_5
C_p	58.576					
$Ha(T)$	-218850	58.576				
$Sa(T)$	-271.475	58.576				
$Ga(T)$	-218850	330.051	-58.576			
$Ga(l)$	-129620	-158.386				

温度范围:1920 ~ 2500　　相:气

$\Delta H_{tr}^{\ominus}$:225940　　$\Delta S_{tr}^{\ominus}$:117.677

函数	r_0	r_1	r_2	r_3	r_4	r_5
C_p	37.238					
$Ha(T)$	48060	37.238				
$Sa(T)$	7.519	37.238				
$Ga(T)$	48060	29.719	-37.238			
$Ga(l)$	129970	-294.214				

Bi_2O_3

温度范围:298 ~ 978　　相:固(α)

$\Delta H^{\ominus}_{f,298}$: −570700　　$S^{\ominus}_{298}$:151.461

函数	r_0	r_1	r_2	r_3	r_4	r_5
C_p	103.512	33.472				
$Ha(T)$	−603050	103.512	16.736			
$Sa(T)$	−448.288	103.512	33.472			
$Ga(T)$	−603050	551.800	−103.512	−16.736		
$Ga(l)$	−536050	−238.460				

温度范围:978 ~ 1097　　相:固(β)

$\Delta H^{\ominus}_{tr}$:56900　　$\Delta S^{\ominus}_{tr}$:58.180

函数	r_0	r_1	r_2	r_3	r_4	r_5
C_p	146.440					
$Ha(T)$	−572130	146.440				
$Sa(T)$	−652.954	146.440				
$Ga(T)$	−572130	799.394	−146.440			
$Ga(l)$	−420290	−364.001				

温度范围:1097 ~ 1800　　相:液

$\Delta H^{\ominus}_{tr}$:59830　　$\Delta S^{\ominus}_{tr}$:54.540

函数	r_0	r_1	r_2	r_3	r_4	r_5
C_p	152.716					
$Ha(T)$	−519180	152.716				
$Sa(T)$	−642.348	152.716				
$Ga(T)$	−519180	795.064	−152.716			
$Ga(l)$	−301470	−468.251				

$5Bi_2O_3 \cdot 2SeO_2$

温度范围:298 ~ 1000　　相:固

$\Delta H^{\ominus}_{f,298}$: −3571900　　$S^{\ominus}_{298}$:876.1

函数	r_0	r_1	r_2	r_3	r_4	r_5
C_p	886.3	−95.81	−21.34			
$Ha(T)$	−3903500	886.300	−47.905	21.340		
$Sa(T)$	−4265.146	886.300	−95.810	10.670		
$Ga(T)$	−3903500	5151.445	−886.300	47.905	10.670	
$Ga(l)$	−3354800	−1415.190				

$6Bi_2O_3 \cdot SeO_2$

温度范围:298 ~ 1000　　相:固

$\Delta H^{\ominus}_{f,298}$: −3876900　　$S^{\ominus}_{298}$:911.3

函数	r_0	r_1	r_2	r_3	r_4	r_5
C_p	1673.81	−1853.93	−54.6	1171.52		
$Ha(T)$	−4487000	1673.810	−926.965	54.600	390.507	
$Sa(T)$	−8431.824	1673.810	−1853.930	27.300	585.760	
$Ga(T)$	−4487000	10105.640	−1673.810	926.965	27.300	−195.253
$Ga(l)$	−3642600	−1491.753				

BiOCl

温度范围:298 ~ 700 相:固

$\Delta H^{\ominus}_{f,298}$: −371120 $S^{\ominus}_{298}$:102. 508

函数	r_0	r_1	r_2	r_3	r_4	r_5
C_p	57. 446	55. 647				
$Ha(T)$	−390720	57. 446	27. 824			
$Sa(T)$	−241. 387	57. 446	55. 647			
$Ga(T)$	−390720	298. 833	−57. 446	−27. 824		
$Ga(l)$	−356760	−142. 318				

Bi_3O_4Cl

温度范围:298 ~ 723 相:固

$\Delta H^{\ominus}_{f,298}$: −989900 $S^{\ominus}_{298}$:279. 5

函数	r_0	r_1	r_2	r_3	r_4	r_5
C_p	146. 97	129. 88	−0. 69	−50		
$Ha(T)$	−1041400	146. 970	64. 940	0. 690	−16. 667	
$Sa(T)$	−598. 258	146. 970	129. 880	0. 345	−25. 000	
$Ga(T)$	−1041400	745. 228	−146. 970	−64. 940	0. 345	8. 333
$Ga(l)$	−954590	−376. 586				

$Bi_4O_5Cl_2$

温度范围:298 ~ 623 相:固

$\Delta H^{\ominus}_{f,298}$: −1386600 $S^{\ominus}_{298}$:366. 5

函数	r_0	r_1	r_2	r_3	r_4	r_5
C_p	223. 02	142. 68	−1. 09	−50		
$Ha(T)$	−1462600	223. 020	71. 340	1. 090	−16. 667	
$Sa(T)$	−950. 627	223. 020	142. 680	0. 545	−25. 000	
$Ga(T)$	−1462600	1173. 647	−223. 020	−71. 340	0. 545	8. 333
$Ga(l)$	−1348000	−477. 241				

$Bi_{12}O_{17}Cl_2$

温度范围:298 ~ 773 相:固

$\Delta H^{\ominus}_{f,298}$: −3718700 $S^{\ominus}_{298}$:960. 6

函数	r_0	r_1	r_2	r_3	r_4	r_5
C_p	585. 52	527. 39	−3. 17	−230		
$Ha(T)$	−3925300	585. 520	263. 695	3. 170	−76. 667	
$Sa(T)$	−2540. 306	585. 520	527. 390	1. 585	−115. 000	
$Ga(T)$	−3925300	3125. 826	−585. 520	−263. 695	1. 585	38. 333
$Ga(l)$	−3562700	−1381. 142				

$Bi_{24}O_{31}Cl_{10}$

温度范围:298 ~ 723 相:固

$\Delta H^{\ominus}_{f,298}$: −8156300 $S^{\ominus}_{298}$:2165. 2

函数	r_0	r_1	r_2	r_3	r_4	r_5
C_p	1235. 41	977. 93	−6. 09	−340		
$Ha(T)$	−8585500	1235. 410	488. 965	6. 090	−113. 333	
$Sa(T)$	−5184. 380	1235. 410	977. 930	3. 045	−170. 000	
$Ga(T)$	−8585500	6419. 791	−1235. 410	−488. 965	3. 045	56. 667
$Ga(l)$	−7866100	−2963. 331				

BiS(气)

温度范围:298 ~ 2000　　相:气

$\Delta H^{\ominus}_{f,298}$:173600　　$S^{\ominus}_{298}$:257.8

函数	r_0	r_1	r_2	r_3	r_4	r_5
C_p	35.95	1.91				
$Ha(T)$	162800	35.950	0.955			
$Sa(T)$	52.402	35.950	1.910			
$Ga(T)$	162800	-16.452	-35.950	-0.955		
$Ga(l)$	198500	-305.658				

Bi_2S_3

温度范围:298 ~ 1050　　相:固

$\Delta H^{\ominus}_{f,298}$: -155650　　$S^{\ominus}_{298}$:200.414

函数	r_0	r_1	r_2	r_3	r_4	r_5
C_p	109.830	41.003				
$Ha(T)$	-190220	109.830	20.502			
$Sa(T)$	-437.578	109.830	41.003			
$Ga(T)$	-190220	547.408	-109.830	-20.502		
$Ga(l)$	-114280	-301.747				

温度范围:1050 ~ 1100　　相:液

$\Delta H^{\ominus}_{tr}$:78240　　$\Delta S^{\ominus}_{tr}$:74.514

函数	r_0	r_1	r_2	r_3	r_4	r_5
C_p	188.280					
$Ha(T)$	-171750	188.280				
$Sa(T)$	-865.752	188.280				
$Ga(T)$	-171750	1054.032	-188.280			
$Ga(l)$	30530	-448.362				

$Bi_2(SO_4)_3$

温度范围:298 ~ 1148　　相:固

$\Delta H^{\ominus}_{f,298}$: -2543900　　$S^{\ominus}_{298}$:300

函数	r_0	r_1	r_2	r_3	r_4	r_5
C_p	228.45	169.03				
$Ha(T)$	-2619500	228.450	84.515			
$Sa(T)$	-1052.012	228.450	169.030			
$Ga(T)$	-2619500	1280.462	-228.450	-84.515		
$Ga(l)$	-2431300	-565.651				

BiSe(气)

温度范围:298 ~ 2000　　相:气

$\Delta H^{\ominus}_{f,298}$:166500　　$S^{\ominus}_{298}$:269.6

函数	r_0	r_1	r_2	r_3	r_4	r_5
C_p	36.7	0.8				
$Ha(T)$	155520	36.700	0.400			
$Sa(T)$	60.260	36.700	0.800			
$Ga(T)$	155520	-23.560	-36.700	-0.400		
$Ga(l)$	191350	-317.478				

Bi_2Se_3

温度范围:298 ~ 995　　相:固

$\Delta H^{\ominus}_{f,298}$: -139960　　$S^{\ominus}_{298}$:239.743

函数	r_0	r_1	r_2	r_3	r_4	r_5
C_p	86.818	48.953				
$Ha(T)$	-168020	86.818	24.477			
$Sa(T)$	-269.506	86.818	48.953			
$Ga(T)$	-168020	356.324	-86.818	-24.477		
$Ga(l)$	-107190	-321.307				

温度范围:995 ~ 1100　　相:液

$\Delta H^{\ominus}_{tr}$:85770　　$\Delta S^{\ominus}_{tr}$:86.201

函数	r_0	r_1	r_2	r_3	r_4	r_5
C_p	188.28					
$Ha(T)$	-158970	188.280				
$Sa(T)$	-834.963	188.280				
$Ga(T)$	-158970	1023.243	-188.280			
$Ga(l)$	38010	-474.213				

BiTe(气)

温度范围:298 ~ 2000　　相:气

$\Delta H^{\ominus}_{f,298}$:190400　　$S^{\ominus}_{298}$:273

函数	r_0	r_1	r_2	r_3	r_4	r_5
C_p	36.88	0.91				
$Ha(T)$	179360	36.880	0.455			
$Sa(T)$	62.601	36.880	0.910			
$Ga(T)$	179360	-25.721	-36.880	-0.455		
$Ga(l)$	215430	-321.203				

Bi_2Te_3

温度范围:298 ~ 870　　相:固

$\Delta H^{\ominus}_{f,298}$: -78660　　$S^{\ominus}_{298}$:259.826

函数	r_0	r_1	r_2	r_3	r_4	r_5
C_p	107.989	55.229				
$Ha(T)$	-113310	107.989	27.615			
$Sa(T)$	-371.918	107.989	55.229			
$Ga(T)$	-113310	479.907	-107.989	-27.615		
$Ga(l)$	-45750	-345.499				

温度范围:870 ~ 1000　　相:液

$\Delta H^{\ominus}_{tr}$:118830　　$\Delta S^{\ominus}_{tr}$:136.586

函数	r_0	r_1	r_2	r_3	r_4	r_5
C_p	167.360					
$Ha(T)$	-25230	167.360				
$Sa(T)$	-589.135	167.360				
$Ga(T)$	-25230	756.495	-167.360			
$Ga(l)$	131020	-555.587				

Br_2

温度范围:298 ~ 333　　相:液

$\Delta H^{\ominus}_{f,298}$:0　　$S^{\ominus}_{298}$:152.2

函数	r_0	r_1	r_2	r_3	r_4	r_5
C_p	75.5					
$Ha(T)$	-22510	75.500				
$Sa(T)$	-277.969	75.500				
$Ga(T)$	-22510	353.469	-75.500			
$Ga(l)$	1300	-156.462				

温度范围:333 ~ 2000　　相:气

$\Delta H^{\ominus}_{tr}$:29600　　$\Delta S^{\ominus}_{tr}$:88.889

函数	r_0	r_1	r_2	r_3	r_4	r_5
C_p	37.03	0.88	-0.11			
$Ha(T)$	19520	37.030	0.440	0.110		
$Sa(T)$	33.571	37.030	0.880	0.055		
$Ga(T)$	19520	3.459	-37.030	-0.440	0.055	
$Ga(l)$	56940	-294.005				

Br_2(气)

温度范围:298 ~ 2000　　相:气

$\Delta H^{\ominus}_{f,298}$:30880　　$S^{\ominus}_{298}$:245.350

函数	r_0	r_1	r_2	r_3	r_4	r_5
C_p	37.363	0.460	-0.130			
$Ha(T)$	19280	37.363	0.230	0.130		
$Sa(T)$	31.602	37.363	0.460	0.065		
$Ga(T)$	19280	5.761	-37.363	-0.230	0.065	
$Ga(l)$	55730	-293.137				

Br(气)

温度范围:298 ~ 2000　　相:气

$\Delta H^{\ominus}_{f,298}$:111840　　$S^{\ominus}_{298}$:174.891

函数	r_0	r_1	r_2	r_3	r_4	r_5
C_p	19.874	1.464	0.042			
$Ha(T)$	105990	19.874	0.732	-0.042		
$Sa(T)$	61.457	19.874	1.464	-0.021		
$Ga(T)$	105990	-41.583	-19.874	-0.732	-0.021	
$Ga(l)$	125900	-201.907				

BrF(气)

温度范围:298 ~ 2000　　相:气

$\Delta H^{\ominus}_{f,298}$:-58500　　$S^{\ominus}_{298}$:229

函数	r_0	r_1	r_2	r_3	r_4	r_5
C_p	36.32	1	-0.33			
$Ha(T)$	-70480	36.320	0.500	0.330		
$Sa(T)$	19.909	36.320	1.000	0.165		
$Ga(T)$	-70480	16.411	-36.320	-0.500	0.165	
$Ga(l)$	-34500	-274.898				

BrF_3(气)

温度范围:298～1000　　相:气

$\Delta H^{\ominus}_{f,298}$: −255600　　$S^{\ominus}_{298}$:292.4

函数	r_0	r_1	r_2	r_3	r_4	r_5
C_p	78.36	4.44	−1.16			
$Ha(T)$	−283050	78.360	2.220	1.160		
$Sa(T)$	−161.912	78.360	4.440	0.580		
$Ga(T)$	−283050	240.272	−78.360	−2.220	0.580	
$Ga(l)$	−233400	−347.625				

BrF_5(气)

温度范围:298～1500　　相:气

$\Delta H^{\ominus}_{f,298}$: −428700　　$S^{\ominus}_{298}$:323.7

函数	r_0	r_1	r_2	r_3	r_4	r_5
C_p	125.65	5.69	−2.42			
$Ha(T)$	−474530	125.650	2.845	2.420		
$Sa(T)$	−407.511	125.650	5.690	1.210		
$Ga(T)$	−474530	533.161	−125.650	−2.845	1.210	
$Ga(l)$	−370570	−448.028				

BrCl(气)

温度范围:298～2000　　相:气

$\Delta H^{\ominus}_{f,298}$:14600　　$S^{\ominus}_{298}$:240

函数	r_0	r_1	r_2	r_3	r_4	r_5
C_p	37.15	0.59	−0.2			
$Ha(T)$	2827	37.150	0.295	0.200		
$Sa(T)$	27.033	37.150	0.590	0.100		
$Ga(T)$	2827	10.117	−37.150	−0.295	0.100	
$Ga(l)$	39230	−287.271				

BrCN(气)

温度范围:298～2000　　相:气

$\Delta H^{\ominus}_{f,298}$:186200　　$S^{\ominus}_{298}$:248.4

函数	r_0	r_1	r_2	r_3	r_4	r_5
C_p	51.04	5.94	−0.56			
$Ha(T)$	168840	51.040	2.970	0.560		
$Sa(T)$	−47.326	51.040	5.940	0.280		
$Ga(T)$	168840	98.366	−51.040	−2.970	0.280	
$Ga(l)$	221970	−316.274				

C(石墨)

温度范围:298～1100　　相:固

$\Delta H^{\ominus}_{f,298}$:0　　$S^{\ominus}_{298}$:5.732

函数	r_0	r_1	r_2	r_3	r_4	r_5
C_p	0.084	38.911	−0.146	−17.364		
$Ha(T)$	−2091	0.084	19.456	0.146	−5.788	
$Sa(T)$	−6.397	0.084	38.911	0.073	−8.682	
$Ga(T)$	−2091	6.481	−0.084	−19.456	0.073	2.894
$Ga(l)$	4831	−17.018				

温度范围:1100 ~ 4073　　相:固

$\Delta H^{\ominus}_{tr}$:—　　$\Delta S^{\ominus}_{tr}$:—

函数	r_0	r_1	r_2	r_3	r_4	r_5
C_p	24.435	0.418	-3.163			
$Ha(T)$	-16040	24.435	0.209	3.163		
$Sa(T)$	-146.339	24.435	0.418	1.582		
$Ga(T)$	-16040	170.774	-24.435	-0.209	1.582	
$Ga(l)$	44010	-46.180				

C(金刚石)

温度范围:298 ~ 1400　　相:固

$\Delta H^{\ominus}_{f,298}$:1900　　$S^{\ominus}_{298}$:2.4

函数	r_0	r_1	r_2	r_3	r_4	r_5
C_p	9.12	13.22	-0.62			
$Ha(T)$	-3486	9.120	6.610	0.620		
$Sa(T)$	-56.991	9.120	13.220	0.310		
$Ga(T)$	-3486	66.111	-9.120	-6.610	0.310	
$Ga(l)$	8357	-15.903				

C(气)(1)

温度范围:298 ~ 4055　　相:气

$\Delta H^{\ominus}_{f,298}$:716700　　$S^{\ominus}_{298}$:158.1

函数	r_0	r_1	r_2	r_3	r_4	r_5
C_p	20.08	0.54	0.08			
$Ha(T)$	710960	20.080	0.270	-0.080		
$Sa(T)$	43.981	20.080	0.540	-0.040		
$Ga(T)$	710960	-23.901	-20.080	-0.270	-0.040	
$Ga(l)$	745590	-197.622				

C(气)(2)

温度范围:298 ~ 2000　　相:气

$\Delta H^{\ominus}_{f,298}$:716640　　$S^{\ominus}_{298}$:157.988

函数	r_0	r_1	r_2	r_3	r_4	r_5
C_p	20.753	0.042				
$Ha(T)$	710450	20.753	0.021			
$Sa(T)$	39.733	20.753	0.042			
$Ga(T)$	710450	-18.980	-20.753	-0.021		
$Ga(l)$	730490	-184.712				

温度范围:2000 ~ 4500　　相:气

$\Delta H^{\ominus}_{tr}$:—　　$\Delta S^{\ominus}_{tr}$:—

函数	r_0	r_1	r_2	r_3	r_4	r_5
C_p	19.456	0.711				
$Ha(T)$	711710	19.456	0.356			
$Sa(T)$	48.254	19.456	0.711			
$Ga(T)$	711710	-28.798	-19.456	-0.356		
$Ga(l)$	775960	-207.596				

C_2(气)

温度范围:298 ~ 4055　　　　相:气

$\Delta H^{\ominus}_{f,298}$:837700　　　　$S^{\ominus}_{298}$:199.4

函数	r_0	r_1	r_2	r_3	r_4	r_5
C_p	32.88	2.6	0.86			
$Ha(T)$	830670	32.880	1.300	-0.860		
$Sa(T)$	16.125	32.880	2.600	-0.430		
$Ga(T)$	830670	16.755	-32.880	-1.300	-0.430	
$Ga(l)$	889830	-271.280				

C_3(气)

温度范围:298 ~ 4055　　　　相:气

$\Delta H^{\ominus}_{f,298}$:820000　　　　$S^{\ominus}_{298}$:237.2

函数	r_0	r_1	r_2	r_3	r_4	r_5
C_p	42.3	3.7	-0.75			
$Ha(T)$	804710	42.300	1.850	0.750		
$Sa(T)$	-9.130	42.300	3.700	0.375		
$Ga(T)$	804710	51.430	-42.300	-1.850	0.375	
$Ga(l)$	882980	-320.303				

CH_2(气)

温度范围:298 ~ 2000　　　　相:气

$\Delta H^{\ominus}_{f,298}$:397480　　　　$S^{\ominus}_{298}$:181.167

函数	r_0	r_1	r_2	r_3	r_4	r_5
C_p	25.271	27.363	-0.142	-5.983		
$Ha(T)$	388310	25.271	13.682	0.142	-1.994	
$Sa(T)$	28.492	25.271	27.363	0.071	-2.992	
$Ga(T)$	388310	-3.221	-25.271	-13.682	0.071	0.997
$Ga(l)$	424930	-232.118				

CH_3(气)

温度范围:298 ~ 2000　　　　相:气

$\Delta H^{\ominus}_{f,298}$:133640　　　　$S^{\ominus}_{298}$:193.008

函数	r_0	r_1	r_2	r_3	r_4	r_5
C_p	22.928	49.162		-11.632		
$Ha(T)$	124720	22.928	24.581		-3.877	
$Sa(T)$	48.233	22.928	49.162		-5.816	
$Ga(T)$	124720	-25.305	-22.928	-24.581		1.939
$Ga(l)$	168120	-256.323				

CH_4(气)

温度范围:298 ~ 2000　　　　相:气

$\Delta H^{\ominus}_{f,298}$: -74810　　　　$S^{\ominus}_{298}$:186.188

函数	r_0	r_1	r_2	r_3	r_4	r_5
C_p	12.426	76.693	0.142	-17.991		
$Ha(T)$	-81290	12.426	38.347	-0.142	-5.997	
$Sa(T)$	94.122	12.426	76.693	-0.071	-8.996	
$Ga(T)$	-81290	-81.696	-12.426	-38.347	-0.071	2.998
$Ga(l)$	-36200	-255.763				

C_2H_2(气)

温度范围:298 ~ 2000　　相:气

$\Delta H^{\ominus}_{f,298}$:226730　　$S^{\ominus}_{298}$:200.832

函数	r_0	r_1	r_2	r_3	r_4	r_5
C_p	43.597	31.631	-0.749	-6.276		
$Ha(T)$	209870	43.597	15.816	0.749	-2.092	
$Sa(T)$	-60.931	43.597	31.631	0.375	-3.138	
$Ga(T)$	209870	104.528	-43.597	-15.816	0.375	1.046
$Ga(l)$	267090	-275.725				

C_2H_4(气)

温度范围:298 ~ 1200　　相:气

$\Delta H^{\ominus}_{f,298}$:52470　　$S^{\ominus}_{298}$:219.200

函数	r_0	r_1	r_2	r_3	r_4	r_5
C_p	32.635	59.831				
$Ha(T)$	40080	32.635	29.916			
$Sa(T)$	15.420	32.635	59.831			
$Ga(T)$	40080	17.215	-32.635	-29.916		
$Ga(l)$	76780	-274.954				

C_2H_6(气)

温度范围:298 ~ 1000　　相:气

$\Delta H^{\ominus}_{f,298}$: -84700　　$S^{\ominus}_{298}$:229.6

函数	r_0	r_1	r_2	r_3	r_4	r_5
C_p	28.19	122.6	-0.91	-27.84		
$Ha(T)$	-101360	28.190	61.300	0.910	-9.280	
$Sa(T)$	28.550	28.190	122.600	0.455	-13.920	
$Ga(T)$	-101360	-0.360	-28.190	-61.300	0.455	4.640
$Ga(l)$	-61990	-284.904				

C_3H_8(气)

温度范围:298 ~ 1000　　相:气

$\Delta H^{\ominus}_{f,298}$: -103800　　$S^{\ominus}_{298}$:270

函数	r_0	r_1	r_2	r_3	r_4	r_5
C_p	19.01	224.48	-0.58	-66.47		
$Ha(T)$	-120800	19.010	112.240	0.580	-22.157	
$Sa(T)$	94.452	19.010	224.480	0.290	-33.235	
$Ga(T)$	-120800	-75.442	-19.010	-112.240	0.290	11.078
$Ga(l)$	-71450	-348.683				

C_4H_{10}(正丁烷)(气)

温度范围:298 ~ 1000　　相:气

$\Delta H^{\ominus}_{f,298}$: -126100　　$S^{\ominus}_{298}$:310.2

函数	r_0	r_1	r_2	r_3	r_4	r_5
C_p	40.25	265.08	-1.27	-76.36		
$Ha(T)$	-153470	40.250	132.540	1.270	-25.453	
$Sa(T)$	-1.911	40.250	265.080	0.635	-38.180	
$Ga(T)$	-153470	42.161	-40.250	-132.540	0.635	12.727
$Ga(l)$	-83340	-414.345				

C_6H_{14}(正己烷)

温度范围:298 ~ 342　　相:液

$\Delta H^{\ominus}_{f,298}$: −198800　　$S^{\ominus}_{298}$:292. 5

函数	r_0	r_1	r_2	r_3	r_4	r_5
C_p	195. 02					
$Ha(T)$	−256950	195. 020				
$Sa(T)$	−818. 645	195. 020				
$Ga(T)$	−256950	1013. 665	−195. 020			
$Ga(l)$	−194600	−306. 197				

温度范围:342 ~ 1000　　相:气

$\Delta H^{\ominus}_{tr}$:30200　　$\Delta S^{\ominus}_{tr}$:339. 326

函数	r_0	r_1	r_2	r_3	r_4	r_5
C_p	65. 65	377. 59	−2. 01	−109. 54		
$Ha(T)$	−275700	65. 650	188. 795	2. 010	−36. 513	
$Sa(T)$	−993. 697	65. 650	377. 590	1. 005	−54. 770	
$Ga(T)$	−275700	1059. 347	−65. 650	−188. 795	1. 005	18. 257
$Ga(l)$	−163490	337. 924				

CH_2O(甲醛)(气)

温度范围:298 ~ 2000　　相:气

$\Delta H^{\ominus}_{f,298}$: −115900　　$S^{\ominus}_{298}$:219

函数	r_0	r_1	r_2	r_3	r_4	r_5
C_p	21. 08	53. 87	−0. 08	−13. 41		
$Ha(T)$	−124730	21. 080	26. 935	0. 080	−4. 470	
$Sa(T)$	82. 979	21. 080	53. 870	0. 040	−6. 705	
$Ga(T)$	−124730	−61. 899	−21. 080	−26. 935	0. 040	2. 235
$Ga(l)$	−81270	−282. 318				

CF(气)

温度范围:298 ~ 2000　　相:气

$\Delta H^{\ominus}_{f,298}$:246860　　$S^{\ominus}_{298}$:212. 924

函数	r_0	r_1	r_2	r_3	r_4	r_5
C_p	29. 162	8. 954	−0. 151	−2. 427		
$Ha(T)$	237280	29. 162	4. 477	0. 151	−0. 809	
$Sa(T)$	43. 360	29. 162	8. 954	0. 076	−1. 214	
$Ga(T)$	237280	−14. 198	−29. 162	−4. 477	0. 076	0. 405
$Ga(l)$	269340	−255. 616				

CF_2(气)

温度范围:298 ~ 2000　　相:气

$\Delta H^{\ominus}_{f,298}$: −171540　　$S^{\ominus}_{298}$:240. 664

函数	r_0	r_1	r_2	r_3	r_4	r_5
C_p	43. 012	16. 318	−0. 787	−4. 644		
$Ha(T)$	−187690	43. 012	8. 159	0. 787	−1. 548	
$Sa(T)$	−13. 486	43. 012	16. 318	0. 394	−2. 322	
$Ga(T)$	−187690	56. 498	−43. 012	−8. 159	0. 394	0. 774
$Ga(l)$	−138510	−302. 706				

CF_3(气)

温度范围:298 ~ 2000　相:气

$\Delta H^{\ominus}_{f,298}$: −484090　$S^{\ominus}_{298}$:260. 872

函数	r_0	r_1	r_2	r_3	r_4	r_5
C_p	58. 158	26. 317	−1. 326	−7. 448		
$Ha(T)$	−506980	58. 158	13. 159	1. 326	−2. 483	
$Sa(T)$	−85. 463	58. 158	26. 317	0. 663	−3. 724	
$Ga(T)$	−506980	143. 621	−58. 158	−13. 159	0. 663	1. 241
$Ga(l)$	−438400	−346. 258				

CF_4(气)

温度范围:298 ~ 2000　相:气

$\Delta H^{\ominus}_{f,298}$: −933200　$S^{\ominus}_{298}$:261. 4

函数	r_0	r_1	r_2	r_3	r_4	r_5
C_p	74. 65	36. 28	−2. 22	−10. 53		
$Ha(T)$	−964420	74. 650	18. 140	2. 220	−3. 510	
$Sa(T)$	−186. 761	74. 650	36. 280	1. 110	−5. 265	
$Ga(T)$	−964420	261. 411	−74. 650	−18. 140	1. 110	1. 755
$Ga(l)$	−874840	−369. 851				

C_2F_6(气)

温度范围:298 ~ 2000　相:气

$\Delta H^{\ominus}_{f,298}$: −1343900　$S^{\ominus}_{298}$:332. 2

函数	r_0	r_1	r_2	r_3	r_4	r_5
C_p	136. 24	46. 82	−3. 87	−13. 65		
$Ha(T)$	−1399500	136. 240	23. 410	3. 870	−4. 550	
$Sa(T)$	−479. 161	136. 240	46. 820	1. 935	−6. 825	
$Ga(T)$	−1399500	615. 401	−136. 240	−23. 410	1. 935	2. 275
$Ga(l)$	−1244100	−518. 373				

CCl_2(气)

温度范围:298 ~ 2000　相:气

$\Delta H^{\ominus}_{f,298}$:313800　$S^{\ominus}_{298}$:266. 395

函数	r_0	r_1	r_2	r_3	r_4	r_5
C_p	54. 936	1. 632	−0. 946			
$Ha(T)$	294180	54. 936	0. 816	0. 946		
$Sa(T)$	−52. 416	54. 936	1. 632	0. 473		
$Ga(T)$	294180	107. 352	−54. 936	−0. 816	0. 473	
$Ga(l)$	349220	−333. 670				

CCl_3(气)

温度范围:298 ~ 2000　相:气

$\Delta H^{\ominus}_{f,298}$:78240　$S^{\ominus}_{298}$:300. 411

函数	r_0	r_1	r_2	r_3	r_4	r_5
C_p	80. 165	1. 506	−1. 502			
$Ha(T)$	49230	80. 165	0. 753	1. 502		
$Sa(T)$	−165. 234	80. 165	1. 506	0. 751		
$Ga(T)$	49230	245. 399	−80. 165	−0. 753	0. 751	
$Ga(l)$	129230	−397. 225				

CCl_4

温度范围:298 ~ 350　　相:液

$\Delta H^{\ominus}_{f,298}$: −135560　　$S^{\ominus}_{298}$:216. 396

函数	r_0	r_1	r_2	r_3	r_4	r_5
C_p	133. 888					
$Ha(T)$	−175480	133. 888				
$Sa(T)$	−546. 444	133. 888				
$Ga(T)$	−175480	680. 332	−133. 888			
$Ga(l)$	−132160	−227. 462				

温度范围:350 ~ 2000　　相:气

$\Delta H^{\ominus}_{tr}$:30460　　$\Delta S^{\ominus}_{tr}$:87. 029

函数	r_0	r_1	r_2	r_3	r_4	r_5
C_p	104. 182	2. 008	−1. 979			
$Ha(T)$	−140400	104. 182	1. 004	1. 979		
$Sa(T)$	−294. 180	104. 182	2. 008	0. 990		
$Ga(T)$	−140400	398. 362	−104. 182	−1. 004	0. 990	
$Ga(l)$	−32020	−439. 887				

CCl_4(气)

温度范围:298 ~ 2000　　相:气

$\Delta H^{\ominus}_{f,298}$: −103000　　$S^{\ominus}_{298}$:309. 8

函数	r_0	r_1	r_2	r_3	r_4	r_5
C_p	104. 18	2. 01	−1. 98			
$Ha(T)$	−140790	104. 180	1. 005	1. 980		
$Sa(T)$	−295. 512	104. 180	2. 010	0. 990		
$Ga(T)$	−140790	399. 692	−104. 180	−1. 005	0. 990	
$Ga(l)$	−36760	−435. 521				

C_2Cl_4(气)

温度范围:298 ~ 2000　　相:气

$\Delta H^{\ominus}_{f,298}$: −12430　　$S^{\ominus}_{298}$:343. 297

函数	r_0	r_1	r_2	r_3	r_4	r_5
C_p	109. 37	25. 062	−1. 874	−7. 113		
$Ha(T)$	−52380	109. 370	12. 531	1. 874	−2. 371	
$Sa(T)$	−297. 546	109. 370	25. 062	0. 937	−3. 557	
$Ga(T)$	−52380	406. 916	−109. 370	−12. 531	0. 937	1. 185
$Ga(l)$	65760	−490. 947				

C_2Cl_6(气)

温度范围:298 ~ 2000　　相:气

$\Delta H^{\ominus}_{f,298}$: −134220　　$S^{\ominus}_{298}$:397. 773

函数	r_0	r_1	r_2	r_3	r_4	r_5
C_p	176. 816	3. 682	−3. 586			
$Ha(T)$	−199130	176. 816	1. 841	3. 586		
$Sa(T)$	−630. 921	176. 816	3. 682	1. 793		
$Ga(T)$	−199130	807. 737	−176. 816	−1. 841	1. 793	
$Ga(l)$	−22150	−610. 244				

$CClF_3$(气)

温度范围:298 ~ 2000　　相:气

$\Delta H^{\ominus}_{f,298}$: -707900　　$S^{\ominus}_{298}$:285.4

函数	r_0	r_1	r_2	r_3	r_4	r_5
C_p	83.46	20.08	-2.06			
$Ha(T)$	-740590	83.460	10.040	2.060		
$Sa(T)$	-207.695	83.460	20.080	1.030		
$Ga(T)$	-740590	291.155	-83.460	-10.040	1.030	
$Ga(l)$	-646700	-399.448				

CCl_2F_2(气)

温度范围:298 ~ 2000　　相:气

$\Delta H^{\ominus}_{f,298}$: -491600　　$S^{\ominus}_{298}$:300.9

函数	r_0	r_1	r_2	r_3	r_4	r_5
C_p	89.29	15.49	-1.99			
$Ha(T)$	-525580	89.290	7.745	1.990		
$Sa(T)$	-223.650	89.290	15.490	0.995		
$Ga(T)$	-525580	312.940	-89.290	-7.745	0.995	
$Ga(l)$	-428640	-418.892				

CBr(气)

温度范围:298 ~ 2000　　相:气

$\Delta H^{\ominus}_{f,298}$:510450　　$S^{\ominus}_{298}$:233.467

函数	r_0	r_1	r_2	r_3	r_4	r_5
C_p	38.074		-0.176			
$Ha(T)$	498510	38.074		0.176		
$Sa(T)$	15.547	38.074		0.088		
$Ga(T)$	498510	22.527	-38.074		0.088	
$Ga(l)$	535450	-281.545				

CBr_4

温度范围:298 ~ 320　　相:固(α)

$\Delta H^{\ominus}_{f,298}$:18600　　$S^{\ominus}_{298}$:212.5

函数	r_0	r_1	r_2	r_3	r_4	r_5
C_p	114.97	107.48				
$Ha(T)$	-20460	114.970	53.740			
$Sa(T)$	-474.598	114.970	107.480			
$Ga(T)$	-20460	589.568	-114.970	-53.740		
$Ga(l)$	20210	-217.808				

温度范围:320 ~ 363　　相:固(β)

$\Delta H^{\ominus}_{tr}$:5800　　$\Delta S^{\ominus}_{tr}$:18.125

函数	r_0	r_1	r_2	r_3	r_4	r_5
C_p	236.62	-165.65				
$Ha(T)$	-39600	236.620	-82.825			
$Sa(T)$	-1070.787	236.620	-165.650			
$Ga(T)$	-39600	1307.407	-236.620	82.825		
$Ga(l)$	31470	-252.837				

CBr_4(气)

温度范围:298 ~ 2000 相:气

$\Delta H^{\ominus}_{f,298}$:50210 $S^{\ominus}_{298}$:357. 983

函数	r_0	r_1	r_2	r_3	r_4	r_5
C_p	105. 897	1. 130	-1. 368			
$Ha(T)$	14000	105. 897	0. 565	1. 368		
$Sa(T)$	-253. 407	105. 897	1. 130	0. 684		
$Ga(T)$	14000	359. 304	-105. 897	-0. 565	0. 684	
$Ga(l)$	118450	-488. 244				

CO

温度范围:298 ~ 3000 相:气

$\Delta H^{\ominus}_{f,298}$: -110500 $S^{\ominus}_{298}$:197. 7

函数	r_0	r_1	r_2	r_3	r_4	r_5
C_p	30. 96	2. 44	-0. 28			
$Ha(T)$	-120780	30. 960	1. 220	0. 280		
$Sa(T)$	19. 000	30. 960	2. 440	0. 140		
$Ga(T)$	-120780	11. 960	-30. 960	-1. 220	0. 140	
$Ga(l)$	-77180	-249. 979				

CO_2

温度范围:298 ~ 3000 相:气

$\Delta H^{\ominus}_{f,298}$: -393500 $S^{\ominus}_{298}$:213. 8

函数	r_0	r_1	r_2	r_3	r_4	r_5
C_p	51. 13	4. 37	-1. 47			
$Ha(T)$	-413870	51. 130	2. 185	1. 470		
$Sa(T)$	-87. 089	51. 130	4. 370	0. 735		
$Ga(T)$	-413870	138. 219	-51. 130	-2. 185	0. 735	
$Ga(l)$	-340520	-295. 269				

COF(气)

温度范围:298 ~ 2000 相:气

$\Delta H^{\ominus}_{f,298}$: -171540 $S^{\ominus}_{298}$:246. 856

函数	r_0	r_1	r_2	r_3	r_4	r_5
C_p	39. 371	18. 661	-0. 515	-5. 063		
$Ha(T)$	-185790	39. 371	9. 331	0. 515	-1. 688	
$Sa(T)$	14. 300	39. 371	18. 661	0. 258	-2. 532	
$Ga(T)$	-185790	25. 071	-39. 371	-9. 331	0. 258	0. 844
$Ga(l)$	-139390	-307. 290				

COF_2(气)

温度范围:298 ~ 2000 相:气

$\Delta H^{\ominus}_{f,298}$: -634710 $S^{\ominus}_{298}$:258. 780

函数	r_0	r_1	r_2	r_3	r_4	r_5
C_p	53. 220	30. 418	-1. 310	-8. 410		
$Ha(T)$	-656250	53. 220	15. 209	1. 310	-2. 803	
$Sa(T)$	-60. 510	53. 220	30. 418	0. 655	-4. 205	
$Ga(T)$	-656250	113. 730	-53. 220	-15. 209	0. 655	1. 402
$Ga(l)$	-590670	-340. 724				

COCl(气)

温度范围:298 ~ 2000　　相:气

$\Delta H^{\ominus}_{f,298}$: −62760　　$S^{\ominus}_{298}$:267. 776

函数	r_0	r_1	r_2	r_3	r_4	r_5
C_p	50. 543	3. 556	−0. 628			
$Ha(T)$	−80090	50. 543	1. 778	0. 628		
$Sa(T)$	−24. 790	50. 543	3. 556	0. 314		
$Ga(T)$	−80090	75. 333	−50. 543	−1. 778	0. 314	
$Ga(l)$	−28640	−332. 640				

$COCl_2$(光气)

温度范围:298 ~ 2000　　相:气

$\Delta H^{\ominus}_{f,298}$: −220080　　$S^{\ominus}_{298}$:283. 717

函数	r_0	r_1	r_2	r_3	r_4	r_5
C_p	65. 019	18. 159	−1. 113	−4. 979		
$Ha(T)$	−243960	65. 019	9. 080	1. 113	−1. 660	
$Sa(T)$	−98. 188	65. 019	18. 159	0. 557	−2. 490	
$Ga(T)$	−243960	163. 207	−65. 019	−9. 080	0. 557	0. 830
$Ga(l)$	−172310	−373. 756				

COS(气)

温度范围:298 ~ 2000　　相:气

$\Delta H^{\ominus}_{f,298}$: −138400　　$S^{\ominus}_{298}$:231. 6

函数	r_0	r_1	r_2	r_3	r_4	r_5
C_p	52. 08	5. 49	−1. 18			
$Ha(T)$	−158130	52. 080	2. 745	1. 180		
$Sa(T)$	−73. 405	52. 080	5. 490	0. 590		
$Ga(T)$	−158130	125. 485	−52. 080	−2. 745	0. 590	
$Ga(l)$	−103470	−297. 308				

CS(气)

温度范围:298 ~ 2000　　相:气

$\Delta H^{\ominus}_{f,298}$:230120　　$S^{\ominus}_{298}$:210. 455

函数	r_0	r_1	r_2	r_3	r_4	r_5
C_p	29. 372	8. 619	−0. 184	−2. 385		
$Ha(T)$	220380	29. 372	4. 310	0. 184	−0. 795	
$Sa(T)$	39. 606	29. 372	8. 619	0. 092	−1. 193	
$Ga(T)$	220380	−10. 234	−29. 372	−4. 310	0. 092	0. 397
$Ga(l)$	252520	−252. 995				

CS_2

温度范围:298 ~ 319　　相:液

$\Delta H^{\ominus}_{f,298}$:89410　　$S^{\ominus}_{298}$:151. 335

函数	r_0	r_1	r_2	r_3	r_4	r_5
C_p	76. 986					
$Ha(T)$	66460	76. 986				
$Sa(T)$	−287. 300	76. 986				
$Ga(T)$	66460	364. 286	−76. 986			
$Ga(l)$	90200	−153. 988				

温度范围:319~2000　　　相:气

$\Delta H_{tr}^{\ominus}$:27200　　　$\Delta S_{tr}^{\ominus}$:85.266

函数	r_0	r_1	r_2	r_3	r_4	r_5
C_p	49.539	13.263	-0.699	-3.640		
$Ha(T)$	99590	49.539	6.632	0.699	-1.213	
$Sa(T)$	-51.277	49.539	13.263	0.350	-1.820	
$Ga(T)$	99590	100.816	-49.539	-6.632	0.350	0.607
$Ga(l)$	154730	-308.354				

CS_2(气)

温度范围:298~1800　　　相:气

$\Delta H_{f,298}^{\ominus}$:116900　　　$S_{298}^{\ominus}$:238

函数	r_0	r_1	r_2	r_3	r_4	r_5
C_p	52.09	6.69	-0.75			
$Ha(T)$	98560	52.090	3.345	0.750		
$Sa(T)$	-65.001	52.090	6.690	0.375		
$Ga(T)$	98560	117.091	-52.090	-3.345	0.375	
$Ga(l)$	149100	-301.811				

CSe(气)

温度范围:298~2000　　　相:气

$\Delta H_{f,298}^{\ominus}$:366900　　　$S_{298}^{\ominus}$:222.6

函数	r_0	r_1	r_2	r_3	r_4	r_5
C_p	29.66	4.35	-0.15			
$Ha(T)$	357360	29.660	2.175	0.150		
$Sa(T)$	51.469	29.660	4.350	0.075		
$Ga(T)$	357360	-21.809	-29.660	-2.175	0.075	
$Ga(l)$	388500	-263.690				

CSe_2(液)

温度范围:298~328　　　相:液

$\Delta H_{f,298}^{\ominus}$:220900　　　$S_{298}^{\ominus}$:169.5

函数	r_0	r_1	r_2	r_3	r_4	r_5
C_p	68.7	66.53				
$Ha(T)$	197460	68.700	33.265			
$Sa(T)$	-241.761	68.700	66.530			
$Ga(T)$	197460	310.461	-68.700	-33.265		
$Ga(l)$	222200	-173.862				

CSe_2(气)

温度范围:298~2000　　　相:气

$\Delta H_{f,298}^{\ominus}$:258200　　　$S_{298}^{\ominus}$:263.2

函数	r_0	r_1	r_2	r_3	r_4	r_5
C_p	56.99	2.93	-6.95			
$Ha(T)$	217770	56.990	1.465	6.950		
$Sa(T)$	-101.471	56.990	2.930	3.475		
$Ga(T)$	217770	158.461	-56.990	-1.465	3.475	
$Ga(l)$	282920	-303.997				

CN(气)

温度范围:298 ~ 2000　相:气

$\Delta H^{\ominus}_{f,298}$:464420　$S^{\ominus}_{298}$:202.506

函数	r_0	r_1	r_2	r_3	r_4	r_5
C_p	27.782	5.104				
$Ha(T)$	455910	27.782	2.552			
$Sa(T)$	42.694	27.782	5.104			
$Ga(T)$	455910	-14.912	-27.782	-2.552		
$Ga(l)$	485460	-242.577				

$(CN)_2$(气)

温度范围:298 ~ 2000　相:气

$\Delta H^{\ominus}_{f,298}$:309100　$S^{\ominus}_{298}$:241.6

函数	r_0	r_1	r_2	r_3	r_4	r_5
C_p	56.07	27.43	-0.62	-6.85		
$Ha(T)$	289140	56.070	13.715	0.620	-2.283	
$Sa(T)$	-89.225	56.070	27.430	0.310	-3.425	
$Ga(T)$	289140	145.295	-56.070	-13.715	0.310	1.142
$Ga(l)$	355710	-329.213				

CNCl(气)

温度范围:298 ~ 2000　相:气

$\Delta H^{\ominus}_{f,298}$:144350　$S^{\ominus}_{298}$:235.601

函数	r_0	r_1	r_2	r_3	r_4	r_5
C_p	49.706	6.862	-0.623			
$Ha(T)$	127140	49.706	3.431	0.623		
$Sa(T)$	-53.154	49.706	6.862	0.312		
$Ga(T)$	127140	102.860	-49.706	-3.431	0.312	
$Ga(l)$	179560	-302.227				

CNI(气)

温度范围:298 ~ 2000　相:气

$\Delta H^{\ominus}_{f,298}$:225900　$S^{\ominus}_{298}$:257.3

函数	r_0	r_1	r_2	r_3	r_4	r_5
C_p	51.46	5.77	-0.44			
$Ha(T)$	208820	51.460	2.885	0.440		
$Sa(T)$	-40.094	51.460	5.770	0.220		
$Ga(T)$	208820	91.554	-51.460	-2.885	0.220	
$Ga(l)$	262120	-326.174				

CP(气)

温度范围:298 ~ 2000　相:气

$\Delta H^{\ominus}_{f,298}$:449900　$S^{\ominus}_{298}$:216.3

函数	r_0	r_1	r_2	r_3	r_4	r_5
C_p	31.3	4.27	-0.24			
$Ha(T)$	439570	31.300	2.135	0.240		
$Sa(T)$	35.342	31.300	4.270	0.120		
$Ga(T)$	439570	-4.042	-31.300	-2.135	0.120	
$Ga(l)$	472370	-258.978				

Ca

温度范围:298 ~ 720　　相:固(α)

$\Delta H^{\ominus}_{f,298}$:0　　$S^{\ominus}_{298}$:41.422

函数	r_0	r_1	r_2	r_3	r_4	r_5
C_p	24.125	-3.356	0.033	20.414		
$Ha(T)$	-7113	24.125	-1.678	-0.033	6.805	
$Sa(T)$	-95.754	24.125	-3.356	-0.017	10.207	
$Ga(T)$	-7113	119.879	-24.125	1.678	-0.017	-3.402
$Ga(l)$	4978	-55.134				

温度范围:720 ~ 1112　　相:固(β)

$\Delta H^{\ominus}_{tr}$:920　　$\Delta S^{\ominus}_{tr}$:1.278

函数	r_0	r_1	r_2	r_3	r_4	r_5
C_p	-0.377	41.279				
$Ha(T)$	2373	-0.377	20.640			
$Sa(T)$	39.851	-0.377	41.279			
$Ga(T)$	2373	-40.228	0.377	-20.640		
$Ga(l)$	19080	-75.093				

温度范围:1112 ~ 1757　　相:液

$\Delta H^{\ominus}_{tr}$:8535　　$\Delta S^{\ominus}_{tr}$:7.675

函数	r_0	r_1	r_2	r_3	r_4	r_5
C_p	29.288					
$Ha(T)$	3442	29.288				
$Sa(T)$	-114.639	29.288				
$Ga(T)$	3442	143.927	-29.288			
$Ga(l)$	44890	-98.093				

温度范围:1757 ~ 2800　　相:气

$\Delta H^{\ominus}_{tr}$:153640　　$\Delta S^{\ominus}_{tr}$:87.445

函数	r_0	r_1	r_2	r_3	r_4	r_5
C_p	20.832					
$Ha(T)$	171940	20.832				
$Sa(T)$	35.983	20.832				
$Ga(T)$	171940	-15.151	-20.832			
$Ga(l)$	218740	-196.931				

CaH(气)

温度范围:298 ~ 2000　　相:气

$\Delta H^{\ominus}_{f,298}$:228870　　$S^{\ominus}_{298}$:201.627

函数	r_0	r_1	r_2	r_3	r_4	r_5
C_p	32.133	3.096	-0.293			
$Ha(T)$	218170	32.133	1.548	0.293		
$Sa(T)$	15.975	32.133	3.096	0.147		
$Ga(T)$	218170	16.158	-32.133	-1.548	0.147	
$Ga(l)$	251200	-244.110				

CaH_2

温度范围:298 ~ 1053　　相:固

$\Delta H^{\ominus}_{f,298}$: −186190　　$S^{\ominus}_{298}$:41. 840

函数	r_0	r_1	r_2	r_3	r_4	r_5
C_p	29. 706	24. 476				
$Ha(T)$	−196130	29. 706	12. 238			
$Sa(T)$	−134. 710	29. 706	24. 476			
$Ga(T)$	−196130	164. 416	−29. 706	−12. 238		
$Ga(l)$	−172820	−74. 379				

CaF(气)

温度范围:298 ~ 2000　　相:气

$\Delta H^{\ominus}_{f,298}$: −272000　　$S^{\ominus}_{298}$:229. 7

函数	r_0	r_1	r_2	r_3	r_4	r_5
C_p	36. 68	0. 43	−0. 29			
$Ha(T)$	−283930	36. 680	0. 215	0. 290		
$Sa(T)$	18. 953	36. 680	0. 430	0. 145		
$Ga(T)$	−283930	17. 727	−36. 680	−0. 215	0. 145	
$Ga(l)$	−247960	−275. 777				

CaF_2

温度范围:298 ~ 1424　　相:固(α)

$\Delta H^{\ominus}_{f,298}$: −1221300　　$S^{\ominus}_{298}$:68. 827

函数	r_0	r_1	r_2	r_3	r_4	r_5
C_p	59. 831	30. 460	0. 197			
$Ha(T)$	−1239800	59. 831	15. 230	−0. 197		
$Sa(T)$	−280. 039	59. 831	30. 460	−0. 099		
$Ga(T)$	−1239800	339. 870	−59. 831	−15. 230	−0. 099	
$Ga(l)$	−1185200	−147. 516				

温度范围:1424 ~ 1691　　相:固(β)

$\Delta H^{\ominus}_{tr}$:4770　　$\Delta S^{\ominus}_{tr}$:3. 350

函数	r_0	r_1	r_2	r_3	r_4	r_5
C_p	107. 989	10. 460				
$Ha(T)$	−1283500	107. 989	5. 230			
$Sa(T)$	−597. 944	107. 989	10. 460			
$Ga(T)$	−1283500	705. 933	−107. 989	−5. 230		
$Ga(l)$	−1103000	−212. 066				

温度范围:1691 ~ 1800　　相:液

$\Delta H^{\ominus}_{tr}$:29710　　$\Delta S^{\ominus}_{tr}$:17. 569

函数	r_0	r_1	r_2	r_3	r_4	r_5
C_p	99. 998					
$Ha(T)$	−1225300	99. 998				
$Sa(T)$	−503. 289	99. 998				
$Ga(T)$	−1225300	603. 287	−99. 998			
$Ga(l)$	−1050500	−243. 357				

CaF_2(气)

温度范围:298 ~ 2000　　相:气

$\Delta H^{\ominus}_{f,298}$: −791200　　$S^{\ominus}_{298}$:273.8

函数	r_0	r_1	r_2	r_3	r_4	r_5
C_p	57.22	0.61	−0.54			
$Ha(T)$	−810100	57.220	0.305	0.540		
$Sa(T)$	−55.436	57.220	0.610	0.270		
$Ga(T)$	−810100	112.656	−57.220	−0.305	0.270	
$Ga(l)$	−753910	−345.187				

CaCl(气)

温度范围:298 ~ 2000　　相:气

$\Delta H^{\ominus}_{f,298}$: −104600　　$S^{\ominus}_{298}$:241.6

函数	r_0	r_1	r_2	r_3	r_4	r_5
C_p	37.26	0.57	−0.16			
$Ha(T)$	−116270	37.260	0.285	0.160		
$Sa(T)$	28.238	37.260	0.570	0.080		
$Ga(T)$	−116270	9.022	−37.260	−0.285	0.080	
$Ga(l)$	−79820	−289.197				

$CaCl_2$

温度范围:298 ~ 1045　　相:固

$\Delta H^{\ominus}_{f,298}$: −795800　　$S^{\ominus}_{298}$:104.600

函数	r_0	r_1	r_2	r_3	r_4	r_5
C_p	71.881	12.719	−0.272			
$Ha(T)$	−818710	71.881	6.360	0.272		
$Sa(T)$	−310.271	71.881	12.719	0.136		
$Ga(T)$	−818710	382.152	−71.881	−6.360	0.136	
$Ga(l)$	−771560	−164.174				

温度范围:1045 ~ 2273　　相:液

$\Delta H^{\ominus}_{tr}$:28450　　$\Delta S^{\ominus}_{tr}$:27.225

函数	r_0	r_1	r_2	r_3	r_4	r_5
C_p	103.345					
$Ha(T)$	−815930	103.345				
$Sa(T)$	−488.361	103.345				
$Ga(T)$	−815930	591.706	−103.345			
$Ga(l)$	−650870	−276.377				

$CaCl_2$(气)

温度范围:298 ~ 2279　　相:气

$\Delta H^{\ominus}_{f,298}$: −471500　　$S^{\ominus}_{298}$:290.3

函数	r_0	r_1	r_2	r_3	r_4	r_5
C_p	62.13	0.14	−0.25			
$Ha(T)$	−490870	62.130	0.070	0.250		
$Sa(T)$	−65.140	62.130	0.140	0.125		
$Ga(T)$	−490870	127.270	−62.130	−0.070	0.125	
$Ga(l)$	−424400	−375.815				

CaBr(气)

温度范围:298 ~ 2000　　相:气

$\Delta H^{\ominus}_{f,298}$: −49400　　$S^{\ominus}_{298}$:252.9

函数	r_0	r_1	r_2	r_3	r_4	r_5
C_p	37.35	0.57	−0.1			
$Ha(T)$	−60900	37.350	0.285	0.100		
$Sa(T)$	39.362	37.350	0.570	0.050		
$Ga(T)$	−60900	−2.012	−37.350	−0.285	0.050	
$Ga(l)$	−24440	−300.915				

$CaBr_2$

温度范围:298 ~ 1015　　相:固

$\Delta H^{\ominus}_{f,298}$: −683200　　$S^{\ominus}_{298}$:129.7

函数	r_0	r_1	r_2	r_3	r_4	r_5
C_p	77.23	9.58	−0.55			
$Ha(T)$	−708500	77.230	4.790	0.550		
$Sa(T)$	−316.275	77.230	9.580	0.275		
$Ga(T)$	−708500	393.505	−77.230	−4.790	0.275	
$Ga(l)$	−659170	−189.325				

$CaBr_2$(气)

温度范围:298 ~ 2081　　相:气

$\Delta H^{\ominus}_{f,298}$: −384900　　$S^{\ominus}_{298}$:314.8

函数	r_0	r_1	r_2	r_3	r_4	r_5
C_p	62.26	0.06	−0.17			
$Ha(T)$	−404040	62.260	0.030	0.170		
$Sa(T)$	−40.906	62.260	0.060	0.085		
$Ga(T)$	−404040	103.166	−62.260	−0.030	0.085	
$Ga(l)$	−341940	−396.106				

CaI(气)

温度范围:298 ~ 2000　　相:气

$\Delta H^{\ominus}_{f,298}$: −5100　　$S^{\ominus}_{298}$:261.3

函数	r_0	r_1	r_2	r_3	r_4	r_5
C_p	37.37	0.34	−0.08			
$Ha(T)$	−16530	37.370	0.170	0.080		
$Sa(T)$	47.829	37.370	0.340	0.040		
$Ga(T)$	−16530	−10.459	−37.370	−0.170	0.040	
$Ga(l)$	19800	−309.245				

CaI_2

温度范围:298 ~ 1052　　相:固

$\Delta H^{\ominus}_{f,298}$: −536810　　$S^{\ominus}_{298}$:145.268

函数	r_0	r_1	r_2	r_3	r_4	r_5
C_p	71.270	19.748				
$Ha(T)$	−558940	71.270	9.874			
$Sa(T)$	−266.688	71.270	19.748			
$Ga(T)$	−558940	337.958	−71.270	−9.874		
$Ga(l)$	−510990	−208.565				

温度范围:1052～2028　　相:液

$\Delta H_{tr}^{\ominus}$:41840　　$\Delta S_{tr}^{\ominus}$:39.772

函数	r_0	r_1	r_2	r_3	r_4	r_5
C_p	103.345					
$Ha(T)$	-539910	103.345				
$Sa(T)$	-429.333	103.345				
$Ga(T)$	-539910	532.678	-103.345			
$Ga(l)$	-385090	-328.111				

温度范围:2028～2500　　相:气

$\Delta H_{tr}^{\ominus}$:179410　　$\Delta S_{tr}^{\ominus}$:88.466

函数	r_0	r_1	r_2	r_3	r_4	r_5
C_p	62.308	0.025	-0.150			
$Ha(T)$	-277400	62.308	0.013	0.150		
$Sa(T)$	-28.447	62.308	0.025	0.075		
$Ga(T)$	-277400	90.755	-62.308	-0.013	0.075	
$Ga(l)$	-136610	-452.881				

CaI_2(气)

温度范围:298～2033　　相:气

$\Delta H_{f,298}^{\ominus}$: -258200　　$S_{298}^{\ominus}$:327.6

函数	r_0	r_1	r_2	r_3	r_4	r_5
C_p	62.29	0.04	-0.15			
$Ha(T)$	-277280	62.290	0.020	0.150		
$Sa(T)$	-28.159	62.290	0.040	0.075		
$Ga(T)$	-277280	90.449	-62.290	-0.020	0.075	
$Ga(l)$	-216250	-407.827				

CaO_2

温度范围:298～427　　相:固

$\Delta H_{f,298}^{\ominus}$: -658980　　$S_{298}^{\ominus}$:83.680

函数	r_0	r_1	r_2	r_3	r_4	r_5
C_p	82.843					
$Ha(T)$	-683680	82.843				
$Sa(T)$	-388.326	82.843				
$Ga(T)$	-683680	471.169	-82.843			
$Ga(l)$	-653890	-99.621				

CaO

温度范围:298～2888　　相:固

$\Delta H_{f,298}^{\ominus}$: -634290　　$S_{298}^{\ominus}$:39.748

函数	r_0	r_1	r_2	r_3	r_4	r_5
C_p	49.622	4.519	-0.695			
$Ha(T)$	-651620	49.622	2.260	0.695		
$Sa(T)$	-248.235	49.622	4.519	0.348		
$Ga(T)$	-651620	297.857	-49.622	-2.260	0.348	
$Ga(l)$	-583070	-121.180				

温度范围:2888 ~ 3500　　相:液

$\Delta H^{\ominus}_{tr}$:79500　　$\Delta S^{\ominus}_{tr}$:27. 528

函数	r_0	r_1	r_2	r_3	r_4	r_5
C_p	62. 760					
$Ha(T)$	-590970	62. 760				
$Sa(T)$	-312. 302	62. 760				
$Ga(T)$	-590970	375. 062	-62. 760			
$Ga(l)$	-391010	-194. 051				

$CaO \cdot Al_2O_3$

温度范围:298 ~ 1878　　相:固

$\Delta H^{\ominus}_{f,298}$: -2323000　　$S^{\ominus}_{298}$:114. 014

函数	r_0	r_1	r_2	r_3	r_4	r_5
C_p	153. 093	22. 301	-3. 548			
$Ha(T)$	-2381500	153. 093	11. 151	3. 548		
$Sa(T)$	-784. 854	153. 093	22. 301	1. 774		
$Ga(T)$	-2381500	937. 947	-153. 093	-11. 151	1. 774	
$Ga(l)$	-2225100	-302. 923				

$CaO \cdot 2Al_2O_3$

温度范围:298 ~ 2023　　相:固

$\Delta H^{\ominus}_{f,298}$: -3994000　　$S^{\ominus}_{298}$:177. 820

函数	r_0	r_1	r_2	r_3	r_4	r_5
C_p	258. 236	40. 083	-6. 402			
$Ha(T)$	-4094200	258. 236	20. 042	6. 402		
$Sa(T)$	-1341. 465	258. 236	40. 083	3. 201		
$Ga(T)$	-4094200	1599. 701	-258. 236	-20. 042	3. 201	
$Ga(l)$	-3813100	-514. 640				

$CaO \cdot B_2O_3$

温度范围:298 ~ 1433　　相:固

$\Delta H^{\ominus}_{f,298}$: -2022100　　$S^{\ominus}_{298}$:105. 018

函数	r_0	r_1	r_2	r_3	r_4	r_5
C_p	129. 788	40. 836	-3. 377			
$Ha(T)$	-2073900	129. 788	20. 418	3. 377		
$Sa(T)$	-665. 632	129. 788	40. 836	1. 689		
$Ga(T)$	-2073900	795. 420	-129. 788	-20. 418	1. 689	
$Ga(l)$	-1957300	-244. 433				

温度范围:1433 ~ 2000　　相:液

$\Delta H^{\ominus}_{tr}$:74060　　$\Delta S^{\ominus}_{tr}$:51. 682

函数	r_0	r_1	r_2	r_3	r_4	r_5
C_p	258. 153					
$Ha(T)$	-2139500	258. 153				
$Sa(T)$	-1487. 505	258. 153				
$Ga(T)$	-2139500	1745. 658	-258. 153			
$Ga(l)$	-1699700	-434. 524				

$CaO\cdot2B_2O_3$

温度范围:298 ~ 1263 相:固

$\Delta H^{\ominus}_{f,298}$: −3342200 $S^{\ominus}_{298}$:134. 725

函数	r_0	r_1	r_2	r_3	r_4	r_5
C_p	214. 807	80. 165	−7. 180			
$Ha(T)$	−3433900	214. 807	40. 083	7. 180		
$Sa(T)$	−1153. 445	214. 807	80. 165	3. 590		
$Ga(T)$	−3433900	1368. 252	−214. 807	−40. 083	3. 590	
$Ga(l)$	−3251600	−338. 529				

温度范围:1263 ~ 2000 相:液

$\Delta H^{\ominus}_{tr}$:113390 $\Delta S^{\ominus}_{tr}$:89. 778

函数	r_0	r_1	r_2	r_3	r_4	r_5
C_p	444. 759					
$Ha(T)$	−3541300	444. 759				
$Sa(T)$	−2602. 312	444. 759				
$Ga(T)$	−3541300	3047. 071	−444. 759			
$Ga(l)$	−2825600	−685. 395				

$CaO\cdot Cr_2O_3$

温度范围:298 ~ 1918 相:固

$\Delta H^{\ominus}_{f,298}$: −1829700 $S^{\ominus}_{298}$:125. 2

函数	r_0	r_1	r_2	r_3	r_4	r_5
C_p	169. 66	13. 26	−2. 4			
$Ha(T)$	−1888900	169. 660	6. 630	2. 400		
$Sa(T)$	−858. 907	169. 660	13. 260	1. 200		
$Ga(T)$	−1888900	1028. 567	−169. 660	−6. 630	1. 200	
$Ga(l)$	−1720500	−336. 284				

$CaO\cdot Fe_2O_3$

温度范围:298 ~ 1489 相:固

$\Delta H^{\ominus}_{f,298}$: −1476500 $S^{\ominus}_{298}$:145. 185

函数	r_0	r_1	r_2	r_3	r_4	r_5
C_p	138. 700	82. 341	−2. 180			
$Ha(T)$	−1528800	138. 700	41. 171	2. 180		
$Sa(T)$	−681. 883	138. 700	82. 341	1. 090		
$Ga(T)$	−1528800	820. 583	−138. 700	−41. 171	1. 090	
$Ga(l)$	−1389500	−329. 232				

温度范围:1489 ~ 1800 相:液

$\Delta H^{\ominus}_{tr}$:108370 $\Delta S^{\ominus}_{tr}$:72. 780

函数	r_0	r_1	r_2	r_3	r_4	r_5
C_p	229. 702					
$Ha(T)$	−1463200	229. 702				
$Sa(T)$	−1150. 854	229. 702				
$Ga(T)$	−1463200	1380. 556	−229. 702			
$Ga(l)$	−1086300	−549. 942				

$CaO \cdot GeO_2$

温度范围:298 ~ 1693　　相:固

$\Delta H^{\ominus}_{f,298}$: −1285300　　$S^{\ominus}_{298}$:87.4

函数	r_0	r_1	r_2	r_3	r_4	r_5
C_p	120.5	16.11	−2.47			
$Ha(T)$	−1330200	120.500	8.055	2.470		
$Sa(T)$	−617.857	120.500	16.110	1.235		
$Ga(T)$	−1330200	738.357	−120.500	−8.055	1.235	
$Ga(l)$	−1217300	−225.172				

$CaO \cdot HfO_2$

温度范围:298 ~ 2000　　相:固

$\Delta H^{\ominus}_{f,298}$: −1778600　　$S^{\ominus}_{298}$:100.416

函数	r_0	r_1	r_2	r_3	r_4	r_5
C_p	120.918	13.556	1.946			
$Ha(T)$	−1808700	120.918	6.778	−1.946		
$Sa(T)$	−581.622	120.918	13.556	−0.973		
$Ga(T)$	−1808700	702.540	−120.918	−6.778	−0.973	
$Ga(l)$	−1687200	−277.251				

$CaO \cdot Al_2O_3 \cdot SiO_2$(辉石)

温度范围:298 ~ 1700　　相:固

$\Delta H^{\ominus}_{f,298}$: −3293200　　$S^{\ominus}_{298}$:144.8

函数	r_0	r_1	r_2	r_3	r_4	r_5
C_p	233.22	21.13	−7.37			
$Ha(T)$	−3388400	233.220	10.565	7.370		
$Sa(T)$	−1231.748	233.220	21.130	3.685		
$Ga(T)$	−3388400	1464.968	−233.220	−10.565	3.685	
$Ga(l)$	−3169800	−392.607				

$CaO \cdot Al_2O_3 \cdot 2SiO_2$(钙长石)

温度范围:298 ~ 1826　　相:固

$\Delta H^{\ominus}_{f,298}$: −4222500　　$S^{\ominus}_{298}$:202.506

函数	r_0	r_1	r_2	r_3	r_4	r_5
C_p	297.022	43.388	−13.535			
$Ha(T)$	−4358400	297.022	21.694	13.535		
$Sa(T)$	−1578.872	297.022	43.388	6.768		
$Ga(T)$	−4358400	1875.894	−297.022	−21.694	6.768	
$Ga(l)$	−4052500	−528.381				

温度范围:1826 ~ 2100　　相:液

$\Delta H^{\ominus}_{tr}$:166940　　$\Delta S^{\ominus}_{tr}$:91.424

函数	r_0	r_1	r_2	r_3	r_4	r_5
C_p	380.744					
$Ha(T)$	−4264600	380.744				
$Sa(T)$	−2034.935	380.744				
$Ga(T)$	−4264600	2415.678	−380.744			
$Ga(l)$	−3518000	−851.866				

CaO · MgO

温度范围:298 ~ 1800　　相:固

$\Delta H^{\ominus}_{f,298}$: −1243100　　$S^{\ominus}_{298}$:66.316

函数	r_0	r_1	r_2	r_3	r_4	r_5
C_p	97.822	7.657	−1.824			
$Ha(T)$	−1278700	97.822	3.829	1.824		
$Sa(T)$	−503.577	97.822	7.657	0.912		
$Ga(T)$	−1278700	601.399	−97.822	−3.829	0.912	
$Ga(l)$	−1185500	−180.412				

CaO · MgO · SiO_2(钙镁硅酸盐)

温度范围:298 ~ 1500　　相:固

$\Delta H^{\ominus}_{f,298}$: −2263100　　$S^{\ominus}_{298}$:109.6

函数	r_0	r_1	r_2	r_3	r_4	r_5
C_p	150.62	32.01	−3.28			
$Ha(T)$	−2320400	150.620	16.005	3.280		
$Sa(T)$	−776.565	150.620	32.010	1.640		
$Ga(T)$	−2320400	927.185	−150.620	−16.005	1.640	
$Ga(l)$	−2186600	−271.968				

CaO · MgO · $2SiO_2$(透辉石)

温度范围:298 ~ 1665　　相:固

$\Delta H^{\ominus}_{f,298}$: −3202400　　$S^{\ominus}_{298}$:143.093

函数	r_0	r_1	r_2	r_3	r_4	r_5
C_p	186.021	123.763	−5.590	−43.932		
$Ha(T)$	−3281700	186.021	61.882	5.590	−14.644	
$Sa(T)$	−983.169	186.021	123.763	2.795	−21.966	
$Ga(T)$	−3281700	1169.190	−186.021	−61.882	2.795	7.322
$Ga(l)$	−3079600	−390.672				

温度范围:1665 ~ 1900　　相:液

$\Delta H^{\ominus}_{tr}$:128450　　$\Delta S^{\ominus}_{tr}$:77.147

函数	r_0	r_1	r_2	r_3	r_4	r_5
C_p	355.556					
$Ha(T)$	−3328200	355.556				
$Sa(T)$	−2017.382	355.556				
$Ga(T)$	−3328200	2372.938	−355.556			
$Ga(l)$	−2695400	−643.962				

CaO · MoO_3

温度范围:298 ~ 1718　　相:固

$\Delta H^{\ominus}_{f,298}$: −1542200　　$S^{\ominus}_{298}$:122.6

函数	r_0	r_1	r_2	r_3	r_4	r_5
C_p	133.47	29.2	−2.23			
$Ha(T)$	−1590800	133.470	14.600	2.230		
$Sa(T)$	−659.107	133.470	29.200	1.115		
$Ga(T)$	−1590800	792.577	−133.470	−14.600	1.115	
$Ga(l)$	−1460200	−287.500				

$CaO \cdot Nb_2O_5$

温度范围:298 ~ 1833　　相:固

$\Delta H^{\ominus}_{f,298}$: −2675300　　$S^{\ominus}_{298}$:178.5

函数	r_0	r_1	r_2	r_3	r_4	r_5
C_p	214.64	20.92	−3.87			
$Ha(T)$	−2753200	214.640	10.460	3.870		
$Sa(T)$	−1072.437	214.640	20.920	1.935		
$Ga(T)$	−2753200	1287.077	−214.640	−10.460	1.935	
$Ga(l)$	−2544200	−436.048				

$CaO \cdot SiO_2$(伪硅灰石)

温度范围:298 ~ 1817　　相:固

$\Delta H^{\ominus}_{f,298}$: −1627200　　$S^{\ominus}_{298}$:87.446

函数	r_0	r_1	r_2	r_3	r_4	r_5
C_p	108.156	16.485	−2.364			
$Ha(T)$	−1668100	108.156	8.243	2.364		
$Sa(T)$	−546.995	108.156	16.485	1.182		
$Ga(T)$	−1668100	655.151	−108.156	−8.243	1.182	
$Ga(l)$	−1560200	−218.847				

温度范围:1817 ~ 2200　　相:液

$\Delta H^{\ominus}_{tr}$:82840　　$\Delta S^{\ominus}_{tr}$:45.592

函数	r_0	r_1	r_2	r_3	r_4	r_5
C_p	146.440					
$Ha(T)$	−1626300	146.440				
$Sa(T)$	−758.411	146.440				
$Ga(T)$	−1626300	904.851	−146.440			
$Ga(l)$	−1332900	−355.146				

$CaO \cdot SiO_2$(硅灰石)

温度范围:298 ~ 1463　　相:固(α)

$\Delta H^{\ominus}_{f,298}$: −1634300　　$S^{\ominus}_{298}$:82.006

函数	r_0	r_1	r_2	r_3	r_4	r_5
C_p	111.462	15.062	−2.728			
$Ha(T)$	−1677400	111.462	7.531	2.728		
$Sa(T)$	−572.894	111.462	15.062	1.364		
$Ga(T)$	−1677400	684.356	−111.462	−7.531	1.364	
$Ga(l)$	−1582500	−193.159				

温度范围:1463 ~ 1817　　相:固(β)

$\Delta H^{\ominus}_{tr}$:5439　　$\Delta S^{\ominus}_{tr}$:3.718

函数	r_0	r_1	r_2	r_3	r_4	r_5
C_p	133.888					
$Ha(T)$	−1686700	133.888				
$Sa(T)$	−709.950	133.888				
$Ga(T)$	−1686700	843.838	−133.888			
$Ga(l)$	−1467800	−280.997				

温度范围:1817 ~ 2200　　相:液

$\Delta H^{\ominus}_{tr}$:56070　　$\Delta S^{\ominus}_{tr}$:30.859

函数	r_0	r_1	r_2	r_3	r_4	r_5
C_p	150.624					
$Ha(T)$	-1661100	150.624				
$Sa(T)$	-804.694	150.624				
$Ga(T)$	-1661100	955.318	-150.624			
$Ga(l)$	-1359300	-340.671				

$CaO \cdot 2SiO_2 \cdot 2H_2O$

温度范围:298 ~ 1000　　相:固

$\Delta H^{\ominus}_{f,298}$: -3138800　　$S^{\ominus}_{298}$:171.126

函数	r_0	r_1	r_2	r_3	r_4	r_5
C_p	187.485	78.241	-4.330			
$Ha(T)$	-3212700	187.485	39.121	4.330		
$Sa(T)$	-944.771	187.485	78.241	2.165		
$Ga(T)$	-3212700	1132.255	-187.485	-39.121	2.165	
$Ga(l)$	-3078200	-320.502				

$CaO \cdot TiO_2$

温度范围:298 ~ 1530　　相:固(α)

$\Delta H^{\ominus}_{f,298}$: -1658500　　$S^{\ominus}_{298}$:93.722

函数	r_0	r_1	r_2	r_3	r_4	r_5
C_p	127.486	5.690	-2.795			
$Ha(T)$	-1706100	127.486	2.845	2.795		
$Sa(T)$	-650.059	127.486	5.690	1.398		
$Ga(T)$	-1706100	777.545	-127.486	-2.845	1.398	
$Ga(l)$	-1598800	-220.216				

温度范围:1530 ~ 1800　　相:固(β)

$\Delta H^{\ominus}_{tr}$:2301　　$\Delta S^{\ominus}_{tr}$:1.504

函数	r_0	r_1	r_2	r_3	r_4	r_5
C_p	134.014					
$Ha(T)$	-1705300	134.014				
$Sa(T)$	-687.123	134.014				
$Ga(T)$	-1705300	821.137	-134.014			
$Ga(l)$	-1482600	-306.852				

$CaO \cdot TiO_2 \cdot SiO_2$(榍石)

温度范围:298 ~ 1673　　相:固

$\Delta H^{\ominus}_{f,298}$: -2602200　　$S^{\ominus}_{298}$:129.286

函数	r_0	r_1	r_2	r_3	r_4	r_5
C_p	177.36	23.179	-4.029			
$Ha(T)$	-2669600	177.360	11.590	4.029		
$Sa(T)$	-910.813	177.360	23.179	2.015		
$Ga(T)$	-2669600	1088.173	-177.360	-11.590	2.015	
$Ga(l)$	-2504500	-327.895				

温度范围:1673 ~ 2000 相:液

$\Delta H^{\ominus}_{tr}$:123850 $\Delta S^{\ominus}_{tr}$:74.029

函数	r_0	r_1	r_2	r_3	r_4	r_5
C_p	279.491					
$Ha(T)$	-2681800	279.491				
$Sa(T)$	-1555.340	279.491				
$Ga(T)$	-2681800	1834.831	-279.491			
$Ga(l)$	-2169400	-545.065				

CaO · UO_3

温度范围:298 ~ 1025 相:固(α)

$\Delta H^{\ominus}_{f,298}$: -1998300 $S^{\ominus}_{298}$:143.093

函数	r_0	r_1	r_2	r_3	r_4	r_5
C_p	115.604	49.790				
$Ha(T)$	-2035000	115.604	24.895			
$Sa(T)$	-530.417	115.604	49.790			
$Ga(T)$	-2035000	646.021	-115.604	-24.895		
$Ga(l)$	-1955100	-249.586				

温度范围:1025 ~ 1200 相:固(β)

$\Delta H^{\ominus}_{tr}$:920 $\Delta S^{\ominus}_{tr}$:0.898

函数	r_0	r_1	r_2	r_3	r_4	r_5
C_p	113.010	52.635				
$Ha(T)$	-2032900	113.010	26.318			
$Sa(T)$	-514.453	113.010	52.635			
$Ga(T)$	-2032900	627.463	-113.010	-26.318		
$Ga(l)$	-1874900	-336.730				

CaO · V_2O_5

温度范围:298 ~ 1051 相:固

$\Delta H^{\ominus}_{f,298}$: -2335500 $S^{\ominus}_{298}$:179.075

函数	r_0	r_1	r_2	r_3	r_4	r_5
C_p	135.227	119.160				
$Ha(T)$	-2381100	135.227	59.580			
$Sa(T)$	-626.921	135.227	119.160			
$Ga(T)$	-2381100	762.148	-135.227	-59.580		
$Ga(l)$	-2273500	-329.811				

CaO · WO_3

温度范围:298 ~ 1853 相:固

$\Delta H^{\ominus}_{f,298}$: -1624000 $S^{\ominus}_{298}$:126.4

函数	r_0	r_1	r_2	r_3	r_4	r_5
C_p	134.56	20.67	-2.44			
$Ha(T)$	-1673200	134.560	10.335	2.440		
$Sa(T)$	-660.156	134.560	20.670	1.220		
$Ga(T)$	-1673200	794.716	-134.560	-10.335	1.220	
$Ga(l)$	-1537500	-294.962				

$CaO \cdot ZrO_2$

温度范围:298 ~ 2613　　相:固

$\Delta H^{\ominus}_{f,298}$: −1765200　　$S^{\ominus}_{298}$:93.722

函数	r_0	r_1	r_2	r_3	r_4	r_5
C_p	119.244	12.050	−2.100			
$Ha(T)$	−1808300	119.244	6.025	2.100		
$Sa(T)$	−601.087	119.244	12.050	1.050		
$Ga(T)$	−1808300	720.331	−119.244	−6.025	1.050	
$Ga(l)$	−1655200	−276.869				

$2CaO \cdot Al_2O_3 \cdot SiO_2$

温度范围:298 ~ 1600　　相:固

$\Delta H^{\ominus}_{f,298}$: −3904500　　$S^{\ominus}_{298}$:179.912

函数	r_0	r_1	r_2	r_3	r_4	r_5
C_p	224.806	73.973	−0.372			
$Ha(T)$	−3976100	224.806	36.987	0.372		
$Sa(T)$	−1125.089	224.806	73.973	0.186		
$Ga(T)$	−3976100	1349.895	−224.806	−36.987	0.186	
$Ga(l)$	−3763000	−474.685				

$2CaO \cdot Al_2O_3 \cdot SiO_2$(钙铝黄长石)

温度范围:298 ~ 1863　　相:固

$\Delta H^{\ominus}_{f,298}$: −3987400　　$S^{\ominus}_{298}$:198.322

函数	r_0	r_1	r_2	r_3	r_4	r_5
C_p	275.475	27.907	−7.820			
$Ha(T)$	−4097000	275.475	13.954	7.820		
$Sa(T)$	−1423.529	275.475	27.907	3.910		
$Ga(T)$	−4097000	1699.004	−275.475	−13.954	3.910	
$Ga(l)$	−3821300	−519.477				

$2CaO \cdot B_2O_3$

温度范围:298 ~ 804　　相:固(α)

$\Delta H^{\ominus}_{f,298}$: −2726300　　$S^{\ominus}_{298}$:145.185

函数	r_0	r_1	r_2	r_3	r_4	r_5
C_p	183.050	48.116	−4.473			
$Ha(T)$	−2798000	183.050	24.058	4.473		
$Sa(T)$	−937.265	183.050	48.116	2.237		
$Ga(T)$	−2798000	1120.315	−183.050	−24.058	2.237	
$Ga(l)$	−2687100	−249.055				

温度范围:804 ~ 1583　　相:固(β)

$\Delta H^{\ominus}_{tr}$:4602　　$\Delta S^{\ominus}_{tr}$:5.724

函数	r_0	r_1	r_2	r_3	r_4	r_5
C_p	218.781	10.042				
$Ha(T)$	−2804300	218.781	5.021			
$Sa(T)$	−1136.496	218.781	10.042			
$Ga(T)$	−2804300	1355.277	−218.781	−5.021		
$Ga(l)$	−2543800	−423.091				

温度范围:1583 ~2000　　相:液

$\Delta H_{tr}^{\ominus}$:100830　　$\Delta S_{tr}^{\ominus}$:63. 696

函数	r_0	r_1	r_2	r_3	r_4	r_5
C_p	285. 349					
$Ha(T)$	-2796200	285. 349				
$Sa(T)$	-1547. 316	285. 349				
$Ga(T)$	-2796200	1832. 665	-285. 349			
$Ga(l)$	-2286900	-589. 808				

2CaO · Fe_2O_3

温度范围:298 ~1723　　相:固

$\Delta H_{f,298}^{\ominus}$: -2130100　　$S_{298}^{\ominus}$:188. 698

函数	r_0	r_1	r_2	r_3	r_4	r_5
C_p	183. 301	86. 860	-2. 874			
$Ha(T)$	-2198300	183. 301	43. 430	2. 874		
$Sa(T)$	-897. 740	183. 301	86. 860	1. 437		
$Ga(T)$	-2198300	1081. 041	-183. 301	-43. 430	1. 437	
$Ga(l)$	-1998800	-449. 922				

温度范围:1723 ~1850　　相:液

$\Delta H_{tr}^{\ominus}$:151040　　$\Delta S_{tr}^{\ominus}$:87. 661

函数	r_0	r_1	r_2	r_3	r_4	r_5
C_p	310. 453					
$Ha(T)$	-2135700	310. 453				
$Sa(T)$	-1607. 449	310. 453				
$Ga(T)$	-2135700	1917. 902	-310. 453			
$Ga(l)$	-1580800	-717. 436				

2CaO · MgO · $2SiO_2$(镁黄长石)

温度范围:298 ~1727　　相:固

$\Delta H_{f,298}^{\ominus}$: -3875200　　$S_{298}^{\ominus}$:209. 200

函数	r_0	r_1	r_2	r_3	r_4	r_5
C_p	251. 960	47. 237	-4. 803			
$Ha(T)$	-3968500	251. 960	23. 619	4. 803		
$Sa(T)$	-1267. 466	251. 960	47. 237	2. 402		
$Ga(T)$	-3968500	1519. 426	-251. 960	-23. 619	2. 402	
$Ga(l)$	-3723600	-513. 239				

2CaO · 5MgO · $8SiO_2$ · H_2O(透闪石)

温度范围:298 ~1100　　相:固

$\Delta H_{f,298}^{\ominus}$: -12356000　　$S_{298}^{\ominus}$:548. 941

函数	r_0	r_1	r_2	r_3	r_4	r_5
C_p	763. 998	271. 123	-16. 820			
$Ha(T)$	-12652000	763. 998	135. 562	16. 820		
$Sa(T)$	-3979. 455	763. 998	271. 123	8. 410		
$Ga(T)$	-12652000	4743. 453	-763. 998	-135. 562	8. 410	
$Ga(l)$	-12080000	-1208. 611				

$2CaO \cdot P_2O_5$

温度范围:298 ~ 1413　　相:固(β)

$\Delta H^{\ominus}_{f,298}$: -3338800　　$S^{\ominus}_{298}$:189.2

函数	r_0	r_1	r_2	r_3	r_4	r_5
C_p	221.88	61.76	-4.67			
$Ha(T)$	-3423400	221.880	30.880	4.670		
$Sa(T)$	-1119.664	221.880	61.760	2.335		
$Ga(T)$	-3423400	1341.544	-221.880	-30.880	2.335	
$Ga(l)$	-3230100	-425.188				

$2CaO \cdot SiO_2$

温度范围:298 ~ 970　　相:固(β)

$\Delta H^{\ominus}_{f,298}$: -2305800　　$S^{\ominus}_{298}$:127.612

函数	r_0	r_1	r_2	r_3	r_4	r_5
C_p	145.896	40.752	-2.619			
$Ha(T)$	-2359900	145.896	20.376	2.619		
$Sa(T)$	-730.526	145.896	40.752	1.310		
$Ga(T)$	-2359900	876.422	-145.896	-20.376	1.310	
$Ga(l)$	-2262400	-236.235				

温度范围:970 ~ 1710　　相:固(γ)

$\Delta H^{\ominus}_{tr}$:1841　　$\Delta S^{\ominus}_{tr}$:1.898

函数	r_0	r_1	r_2	r_3	r_4	r_5
C_p	134.557	46.108				
$Ha(T)$	-2346900	134.557	23.054			
$Sa(T)$	-654.450	134.557	46.108			
$Ga(T)$	-2346900	789.007	-134.557	-23.054		
$Ga(l)$	-2129900	-375.158				

温度范围:1710 ~ 2403　　相:固(δ)

$\Delta H^{\ominus}_{tr}$:14180　　$\Delta S^{\ominus}_{tr}$:8.292

函数	r_0	r_1	r_2	r_3	r_4	r_5
C_p	205.016					
$Ha(T)$	-2385800	205.016				
$Sa(T)$	-1091.827	205.016				
$Ga(T)$	-2385800	1296.843	-205.016			
$Ga(l)$	-1967400	-471.603				

$2CaO \cdot SiO_2(\gamma)$

温度范围:298 ~ 1100　　相:固(γ)

$\Delta H^{\ominus}_{f,298}$: -2316300　　$S^{\ominus}_{298}$:120.499

函数	r_0	r_1	r_2	r_3	r_4	r_5
C_p	133.302	51.547	-1.941			
$Ha(T)$	-2364800	133.302	25.774	1.941		
$Sa(T)$	-665.288	133.302	51.547	0.971		
$Ga(T)$	-2364800	798.590	-133.302	-25.774	0.971	
$Ga(l)$	-2265700	-241.607				

$2CaO \cdot SiO_2 \cdot 7/6H_2O$

温度范围:298 ~ 900　　相:固

$\Delta H^{\ominus}_{f,298}$: −2665600　　$S^{\ominus}_{298}$:160. 666

函数	r_0	r_1	r_2	r_3	r_4	r_5
C_p	171. 711	93. 722	−3. 096			
$Ha(T)$	−2731300	171. 711	46. 861	3. 096		
$Sa(T)$	−863. 031	171. 711	93. 722	1. 548		
$Ga(T)$	−2731300	1034. 742	−171. 711	−46. 861	1. 548	
$Ga(l)$	−2614400	−291. 796				

$2CaO \cdot 3SiO_2 \cdot 5/2H_2O$

温度范围:298 ~ 1000　　相:固

$\Delta H^{\ominus}_{f,298}$: −4919100　　$S^{\ominus}_{298}$:271. 542

函数	r_0	r_1	r_2	r_3	r_4	r_5
C_p	332. 502	151. 879	−7. 343			
$Ha(T)$	−5049600	332. 502	75. 940	7. 343		
$Sa(T)$	−1709. 505	332. 502	151. 879	3. 672		
$Ga(T)$	−5049600	2042. 007	−332. 502	−75. 940	3. 672	
$Ga(l)$	−4809300	−542. 460				

$2CaO \cdot V_2O_5$

温度范围:298 ~ 1288　　相:固

$\Delta H^{\ominus}_{f,298}$: −3088600　　$S^{\ominus}_{298}$:220. 497

函数	r_0	r_1	r_2	r_3	r_4	r_5
C_p	177. 820	121. 001				
$Ha(T)$	−3147000	177. 820	60. 501			
$Sa(T)$	−828. 726	177. 820	121. 001			
$Ga(T)$	−3147000	1006. 546	−177. 820	−60. 501		
$Ga(l)$	−2988400	−446. 743				

$3CaO \cdot Al_2O_3$

温度范围:298 ~ 1808　　相:固

$\Delta H^{\ominus}_{f,298}$: −3584900　　$S^{\ominus}_{298}$:205. 434

函数	r_0	r_1	r_2	r_3	r_4	r_5
C_p	250. 873	31. 338	−4. 937			
$Ha(T)$	−3677600	250. 873	15. 669	4. 937		
$Sa(T)$	−1261. 052	250. 873	31. 338	2. 469		
$Ga(T)$	−3677600	1511. 925	−250. 873	−15. 669	2. 469	
$Ga(l)$	−3432100	−506. 559				

$3CaO \cdot Al_2O_3 \cdot 6H_2O$

温度范围:298 ~ 700　　相:固

$\Delta H^{\ominus}_{f,298}$: −5512800　　$S^{\ominus}_{298}$:376. 560

函数	r_0	r_1	r_2	r_3	r_4	r_5
C_p	258. 069	585. 342				
$Ha(T)$	−5615800	258. 069	292. 671			
$Sa(T)$	−1268. 333	258. 069	585. 342			
$Ga(T)$	−5615800	1526. 402	−258. 069	−292. 671		
$Ga(l)$	−5423700	−622. 768				

$3CaO \cdot Al_2O_3 \cdot 3SiO_2$(钙铝榴石)

温度范围:298 ~ 1700　　相:固

$\Delta H^{\ominus}_{f,298}$: −6643400　　$S^{\ominus}_{298}$:241.417

函数	r_0	r_1	r_2	r_3	r_4	r_5
C_p	456.307	49.204	−13.142			
$Ha(T)$	−6825700	456.307	24.602	13.142		
$Sa(T)$	−2447.026	456.307	49.204	6.571		
$Ga(T)$	−6825700	2903.333	−456.307	−24.602	6.571	
$Ga(l)$	−6396400	−738.019				

$3CaO \cdot B_2O_3$

温度范围:298 ~ 1763　　相:固

$\Delta H^{\ominus}_{f,298}$: −3421300　　$S^{\ominus}_{298}$:183.678

函数	r_0	r_1	r_2	r_3	r_4	r_5
C_p	236.145	43.597	−5.448			
$Ha(T)$	−3511900	236.145	21.799	5.448		
$Sa(T)$	−1205.423	236.145	43.597	2.724		
$Ga(T)$	−3511900	1441.568	−236.145	−21.799	2.724	
$Ga(l)$	−3277700	−468.123				

温度范围:1763 ~ 2000　　相:液

$\Delta H^{\ominus}_{tr}$:148530　　$\Delta S^{\ominus}_{tr}$:84.248

函数	r_0	r_1	r_2	r_3	r_4	r_5
C_p	393.296					
$Ha(T)$	−3569600	393.296				
$Sa(T)$	−2218.104	393.296				
$Ga(T)$	−3569600	2611.400	−393.296			
$Ga(l)$	−2830400	−747.106				

$3CaO \cdot MgO \cdot 2SiO_2$(镁硅钙石)

温度范围:298 ~ 1700　　相:固

$\Delta H^{\ominus}_{f,298}$: −4564300　　$S^{\ominus}_{298}$:253.132

函数	r_0	r_1	r_2	r_3	r_4	r_5
C_p	305.014	50.375	−6.025			
$Ha(T)$	−4677700	305.014	25.188	6.025		
$Sa(T)$	−1533.623	305.014	50.375	3.013		
$Ga(T)$	−4677700	1838.637	−305.014	−25.188	3.013	
$Ga(l)$	−4387200	−610.832				

$3CaO \cdot P_2O_5$

温度范围:298 ~ 1373　　相:固(β)

$\Delta H^{\ominus}_{f,298}$: −4120800　　$S^{\ominus}_{298}$:236

函数	r_0	r_1	r_2	r_3	r_4	r_5
C_p	201.84	163.51	−2.09			
$Ha(T)$	−4195300	201.840	81.755	2.090		
$Sa(T)$	−974.509	201.840	163.510	1.045		
$Ga(T)$	−4195300	1176.349	−201.840	−81.755	1.045	
$Ga(l)$	−3994100	−512.918				

温度范围:1373 ~ 2000　　相:固(α)

$\Delta H_{tr}^{\ominus}$:15500　　$\Delta S_{tr}^{\ominus}$:11.289

函数	r_0	r_1	r_2	r_3	r_4	r_5
C_p	330.54					
$Ha(T)$	-4200800	330.540				
$Sa(T)$	-1667.992	330.540				
$Ga(T)$	-4200800	1998.532	-330.540			
$Ga(l)$	-3648500	-786.911				

$3CaO \cdot SiO_2$

温度范围:298 ~ 1800　　相:固

$\Delta H_{f,298}^{\ominus}$: -2926700　　$S_{298}^{\ominus}$:168.615

函数	r_0	r_1	r_2	r_3	r_4	r_5
C_p	208.572	36.066	-4.247			
$Ha(T)$	-3004700	208.572	18.033	4.247		
$Sa(T)$	-1054.385	208.572	36.066	2.124		
$Ga(T)$	-3004700	1262.957	-208.572	-18.033	2.124	
$Ga(l)$	-2796500	-424.940				

$3CaO \cdot 2SiO_2$(硅钙石)

温度范围:298 ~ 1700　　相:固

$\Delta H_{f,298}^{\ominus}$: -3940100　　$S_{298}^{\ominus}$:210.874

函数	r_0	r_1	r_2	r_3	r_4	r_5
C_p	257.358	55.815	-5.364			
$Ha(T)$	-4037300	257.358	27.908	5.364		
$Sa(T)$	-1302.260	257.358	55.815	2.682		
$Ga(T)$	-4037300	1559.618	-257.358	-27.908	2.682	
$Ga(l)$	-3786300	-520.646				

$3CaO \cdot 2SiO_2 \cdot 3H_2O$

温度范围:298 ~ 900　　相:固

$\Delta H_{f,298}^{\ominus}$: -4782700　　$S_{298}^{\ominus}$:312.126

函数	r_0	r_1	r_2	r_3	r_4	r_5
C_p	341.163	188.698	-6.138			
$Ha(T)$	-4913400	341.163	94.349	6.138		
$Sa(T)$	-1722.468	341.163	188.698	3.069		
$Ga(T)$	-4913400	2063.631	-341.163	-94.349	3.069	
$Ga(l)$	-4680600	-573.461				

$3CaO \cdot 2TiO_2$

温度范围:298 ~ 2013　　相:固

$\Delta H_{f,298}^{\ominus}$: -4004000　　$S_{298}^{\ominus}$:234.7

函数	r_0	r_1	r_2	r_3	r_4	r_5
C_p	299.24	15.9	-5.72			
$Ha(T)$	-4113100	299.240	7.950	5.720		
$Sa(T)$	-1507.163	299.240	15.900	2.860		
$Ga(T)$	-4113100	1806.403	-299.240	-7.950	2.860	
$Ga(l)$	-3807400	-605.939				

$3CaO \cdot V_2O_5$

温度范围:298 ~ 1653　　相:固

$\Delta H^{\ominus}_{f,298}$: −3782500　　$S^{\ominus}_{298}$:274. 889

函数	r_0	r_1	r_2	r_3	r_4	r_5
C_p	226. 815	101. 336				
$Ha(T)$	−3854600	226. 815	50. 668			
$Sa(T)$	−1047. 625	226. 815	101. 336			
$Ga(T)$	−3854600	1274. 440	−226. 815	−50. 668		
$Ga(l)$	−3623700	−600. 078				

$3CaO \cdot WO_3$

温度范围:298 ~ 2000　　相:固

$\Delta H^{\ominus}_{f,298}$:2933000　　$S^{\ominus}_{298}$:195

函数	r_0	r_1	r_2	r_3	r_4	r_5
C_p	236. 52	29. 71	−3. 83			
$Ha(T)$	−3017700	236. 520	14. 855	3. 830		
$Sa(T)$	−1182. 996	236. 520	29. 710	1. 915		
$Ga(T)$	−3017700	1419. 516	−236. 520	−14. 855	1. 915	
$Ga(l)$	−2768800	−505. 172				

$4CaO \cdot Al_2O_3 \cdot 13H_2O$

温度范围:298 ~ 500　　相:固

$\Delta H^{\ominus}_{f,298}$: −8299000　　$S^{\ominus}_{298}$:686. 176

函数	r_0	r_1	r_2	r_3	r_4	r_5
C_p	279. 659	2487. 388				
$Ha(T)$	−8492900	279. 659	1243. 694			
$Sa(T)$	−1648. 823	279. 659	2487. 388			
$Ga(T)$	−8492900	1928. 482	−279. 659	−1243. 694		
$Ga(l)$	−8189400	−1016. 892				

$4CaO \cdot 3SiO_2 \cdot 3/2H_2O$

温度范围:298 ~ 1000　　相:固

$\Delta H^{\ominus}_{f,298}$: −6024100　　$S^{\ominus}_{298}$:330. 327

函数	r_0	r_1	r_2	r_3	r_4	r_5
C_p	367. 983	165. 268	−5. 640			
$Ha(T)$	−6160100	367. 983	82. 634	5. 640		
$Sa(T)$	−1847. 290	367. 983	165. 268	2. 820		
$Ga(T)$	−6160100	2215. 273	−367. 983	−82. 634	2. 820	
$Ga(l)$	−5899100	−639. 550				

$4CaO \cdot 3TiO_2$

温度范围:298 ~ 2078　　相:固

$\Delta H^{\ominus}_{f,298}$: −5671700　　$S^{\ominus}_{298}$:328. 4

函数	r_0	r_1	r_2	r_3	r_4	r_5
C_p	424. 05	21. 59	−8. 24			
$Ha(T)$	−5826700	424. 050	10. 795	8. 240		
$Sa(T)$	−2140. 451	424. 050	21. 590	4. 120		
$Ga(T)$	−5826700	2564. 501	−424. 050	−10. 795	4. 120	
$Ga(l)$	−5383500	−864. 649				

$5CaO \cdot 6SiO_2 \cdot 3H_2O$

温度范围:298 ~ 900　　相:固

$\Delta H^{\ominus}_{f,298}$: −9935700　　$S^{\ominus}_{298}$:513.168

函数	r_0	r_1	r_2	r_3	r_4	r_5
C_p	600.613	312.545	−8.711			
$Ha(T)$	−10158000	600.613	156.273	8.711		
$Sa(T)$	−3051.065	600.613	312.545	4.356		
$Ga(T)$	−10158000	3651.678	−600.613	−156.273	4.356	
$Ga(l)$	−9755300	−975.647				

$5CaO \cdot 6SiO_2 \cdot 11/2H_2O$

温度范围:298 ~ 700　　相:固

$\Delta H^{\ominus}_{f,298}$: −10694000　　$S^{\ominus}_{298}$:611.492

函数	r_0	r_1	r_2	r_3	r_4	r_5
C_p	462.750	791.194				
$Ha(T)$	−10867000	462.750	395.597			
$Sa(T)$	−2260.965	462.750	791.194			
$Ga(T)$	−10867000	2723.715	−462.750	−395.597		
$Ga(l)$	−10553000	−1001.079				

$5CaO \cdot 6SiO_2 \cdot 21/2H_2O$

温度范围:298 ~ 700　　相:固

$\Delta H^{\ominus}_{f,298}$: −12180000　　$S^{\ominus}_{298}$:808.140

函数	r_0	r_1	r_2	r_3	r_4	r_5
C_p	553.125	1129.680				
$Ha(T)$	−12395000	553.125	564.840			
$Sa(T)$	−2680.157	553.125	1129.680			
$Ga(T)$	−12395000	3233.282	−553.125	−564.840		
$Ga(l)$	−11998000	−1310.740				

$6CaO \cdot 6SiO_2 \cdot H_2O$

温度范围:298 ~ 900　　相:固

$\Delta H^{\ominus}_{f,298}$: −10027000　　$S^{\ominus}_{298}$:507.519

函数	r_0	r_1	r_2	r_3	r_4	r_5
C_p	553.334	272.797	−7.768			
$Ha(T)$	−10230000	553.334	136.399	7.768		
$Sa(T)$	−2770.182	553.334	272.797	3.884		
$Ga(T)$	−10230000	3323.516	−553.334	−136.399	3.884	
$Ga(l)$	−9862200	−930.066				

$12CaO \cdot 7Al_2O_3$

温度范围:298 ~ 1800　　相:固

$\Delta H^{\ominus}_{f,298}$: −19374000　　$S^{\ominus}_{298}$:1044.745

函数	r_0	r_1	r_2	r_3	r_4	r_5
C_p	1263.401	274.052	−23.138			
$Ha(T)$	−19840000	1263.401	137.026	23.138		
$Sa(T)$	−6365.458	1263.401	274.052	11.569		
$Ga(T)$	−19840000	7628.858	−1263.401	−137.026	11.569	
$Ga(l)$	−18557000	−2651.941				

Ca(OH)$_2$

温度范围:298 ~ 1000　　相:固

$\Delta H^{\ominus}_{f,298}$: −986210　　$S^{\ominus}_{298}$:83.387

函数	r_0	r_1	r_2	r_3	r_4	r_5
C_p	105.269	11.924	−1.895			
$Ha(T)$	−1024500	105.269	5.962	1.895		
$Sa(T)$	−530.607	105.269	11.924	0.948		
$Ga(T)$	−1024500	635.876	−105.269	−5.962	0.948	
$Ga(l)$	−956040	−158.264				

CaOCl$_2$

温度范围:298 ~ 500　　相:固

$\Delta H^{\ominus}_{f,298}$: −746430　　$S^{\ominus}_{298}$:112.968

函数	r_0	r_1	r_2	r_3	r_4	r_5
C_p	83.680	55.647				
$Ha(T)$	−773850	83.680	27.824			
$Sa(T)$	−380.398	83.680	55.647			
$Ga(T)$	−773850	464.078	−83.680	−27.824		
$Ga(l)$	−736690	−142.439				

CaS

温度范围:298 ~ 2798　　相:固

$\Delta H^{\ominus}_{f,298}$: −473200　　$S^{\ominus}_{298}$:56.6

函数	r_0	r_1	r_2	r_3	r_4	r_5
C_p	50.63	3.7	−0.39			
$Ha(T)$	−489770	50.630	1.850	0.390		
$Sa(T)$	−235.166	50.630	3.700	0.195		
$Ga(T)$	−489770	285.796	−50.630	−1.850	0.195	
$Ga(l)$	−422820	−138.643				

CaS(气)

温度范围:298 ~ 3000　　相:气

$\Delta H^{\ominus}_{f,298}$:123600　　$S^{\ominus}_{298}$:232.6

函数	r_0	r_1	r_2	r_3	r_4	r_5
C_p	37.2	0.11	−0.23			
$Ha(T)$	111730	37.200	0.055	0.230		
$Sa(T)$	19.323	37.200	0.110	0.115		
$Ga(T)$	111730	17.877	−37.200	−0.055	0.115	
$Ga(l)$	161040	−292.166				

CaSO$_3$

温度范围:298 ~ 1000　　相:固

$\Delta H^{\ominus}_{f,298}$: −1171500　　$S^{\ominus}_{298}$:101.253

函数	r_0	r_1	r_2	r_3	r_4	r_5
C_p	76.986	48.534				
$Ha(T)$	−1196600	76.986	24.267			
$Sa(T)$	−351.853	76.986	48.534			
$Ga(T)$	−1196600	428.839	−76.986	−24.267		
$Ga(l)$	−1141500	−175.768				

$CaSO_4$

温度范围:298 ~ 1723　　相:固

$\Delta H^{\ominus}_{f,298}$: −1434100　　$S^{\ominus}_{298}$:106.7

函数	r_0	r_1	r_2	r_3	r_4	r_5
C_p	70.21	98.74				
$Ha(T)$	−1459400	70.210	49.370			
$Sa(T)$	−322.768	70.210	98.740			
$Ga(T)$	−1459400	392.978	−70.210	−49.370		
$Ga(l)$	−1356600	−258.797				

$CaSO_4 \cdot 1/2H_2O(\alpha)$

温度范围:298 ~ 800　　相:固(α)

$\Delta H^{\ominus}_{f,298}$: −1576700　　$S^{\ominus}_{298}$:130.541

函数	r_0	r_1	r_2	r_3	r_4	r_5
C_p	69.329	163.176				
$Ha(T)$	−1604600	69.329	81.588			
$Sa(T)$	−313.119	69.329	163.176			
$Ga(T)$	−1604600	382.448	−69.329	−81.588		
$Ga(l)$	−1545900	−212.301				

$CaSO_4 \cdot 2H_2O$

温度范围:298 ~ 800　　相:固

$\Delta H^{\ominus}_{f,298}$: −2022600　　$S^{\ominus}_{298}$:194.138

函数	r_0	r_1	r_2	r_3	r_4	r_5
C_p	91.379	317.984				
$Ha(T)$	−2064000	91.379	158.992			
$Sa(T)$	−421.310	91.379	317.984			
$Ga(T)$	−2064000	512.689	−91.379	−158.992		
$Ga(l)$	−1972100	−327.725				

CaSe

温度范围:298 ~ 2000　　相:固

$\Delta H^{\ominus}_{f,298}$: −368190　　$S^{\ominus}_{298}$:69.036

函数	r_0	r_1	r_2	r_3	r_4	r_5
C_p	45.606	8.368				
$Ha(T)$	−382160	45.606	4.184			
$Sa(T)$	−193.304	45.606	8.368			
$Ga(T)$	−382160	238.910	−45.606	−4.184		
$Ga(l)$	−333650	−134.807				

CaTe

温度范围:298 ~ 1500　　相:固

$\Delta H^{\ominus}_{f,298}$: −271960　　$S^{\ominus}_{298}$:80.751

函数	r_0	r_1	r_2	r_3	r_4	r_5
C_p	38.493	10.460				
$Ha(T)$	−283900	38.493	5.230			
$Sa(T)$	−141.685	38.493	10.460			
$Ga(T)$	−283900	180.178	−38.493	−5.230		
$Ga(l)$	−250130	−127.605				

Ca_3N_2

温度范围:298 ~ 1468　　相:固

$\Delta H^{\ominus}_{f,298}$: −439320　　$S^{\ominus}_{298}$:107.947

函数	r_0	r_1	r_2	r_3	r_4	r_5
C_p	138.783	15.481	−2.632			
$Ha(T)$	−490210	138.783	7.741	2.632		
$Sa(T)$	−702.202	138.783	15.481	1.316		
$Ga(T)$	−490210	840.985	−138.783	−7.741	1.316	
$Ga(l)$	−374040	−248.456				

$Ca(NO_3)_2$

温度范围:298 ~ 834　　相:固

$\Delta H^{\ominus}_{f,298}$: −936800　　$S^{\ominus}_{298}$:193.217

函数	r_0	r_1	r_2	r_3	r_4	r_5
C_p	122.884	154.013	−1.728			
$Ha(T)$	−986080	122.884	77.007	1.728		
$Sa(T)$	−562.565	122.884	154.013	0.864		
$Ga(T)$	−986080	685.449	−122.884	−77.007	0.864	
$Ga(l)$	−894550	−303.779				

Ca_3P_2

温度范围:298 ~ 1100　　相:固

$\Delta H^{\ominus}_{f,298}$: −506260　　$S^{\ominus}_{298}$:123.846

函数	r_0	r_1	r_2	r_3	r_4	r_5
C_p	107.947	28.033				
$Ha(T)$	−539690	107.947	14.017			
$Sa(T)$	−499.551	107.947	28.033			
$Ga(T)$	−539690	607.497	−107.947	−14.017		
$Ga(l)$	−465100	−223.236				

$CaHPO_4$

温度范围:298 ~ 1000　　相:固

$\Delta H^{\ominus}_{f,298}$: −1814400　　$S^{\ominus}_{298}$:111.378

函数	r_0	r_1	r_2	r_3	r_4	r_5
C_p	138.407	55.103	−4.038			
$Ha(T)$	−1871700	138.407	27.552	4.038		
$Sa(T)$	−716.351	138.407	55.103	2.019		
$Ga(T)$	−1871700	854.758	−138.407	−27.552	2.019	
$Ga(l)$	−1771400	−217.206				

$Ca_3(PO_4)_2$

温度范围:298 ~ 1373　　相:固(α)

$\Delta H^{\ominus}_{f,298}$: −4117100　　$S^{\ominus}_{298}$:235.978

函数	r_0	r_1	r_2	r_3	r_4	r_5
C_p	201.836	166.021	−2.092			
$Ha(T)$	−4191700	201.836	83.011	2.092		
$Sa(T)$	−975.268	201.836	166.021	1.046		
$Ga(T)$	−4191700	1177.104	−201.836	−83.011	1.046	
$Ga(l)$	−3989800	−514.233				

温度范围:1373 ~ 2003 相:固(β)

$\Delta H_{tr}^{\ominus}$:15480 $\Delta S_{tr}^{\ominus}$:11.275

函数	r_0	r_1	r_2	r_3	r_4	r_5
C_p	330.536					
$Ha(T)$	-4194900	330.536				
$Sa(T)$	-1665.318	330.536				
$Ga(T)$	-4194900	1995.854	-330.536			
$Ga(l)$	-3642200	-789.828				

$Ca_2P_2O_7$

温度范围:298 ~ 1413 相:固(α)

$\Delta H_{f,298}^{\ominus}$: -3336700 $S_{298}^{\ominus}$:189.242

函数	r_0	r_1	r_2	r_3	r_4	r_5
C_p	221.878	61.756	-4.669			
$Ha(T)$	-3421300	221.878	30.878	4.669		
$Sa(T)$	-1119.604	221.878	61.756	2.335		
$Ga(T)$	-3421300	1341.482	-221.878	-30.878	2.335	
$Ga(l)$	-3228000	-425.232				

温度范围:1413 ~ 1626 相:固(β)

$\Delta H_{tr}^{\ominus}$:6694 $\Delta S_{tr}^{\ominus}$:4.737

函数	r_0	r_1	r_2	r_3	r_4	r_5
C_p	318.612					
$Ha(T)$	-3486300	318.612				
$Sa(T)$	-1728.093	318.612				
$Ga(T)$	-3486300	2046.705	-318.612			
$Ga(l)$	-3002800	-605.953				

温度范围:1626 ~ 1700 相:液

$\Delta H_{tr}^{\ominus}$:100830 $\Delta S_{tr}^{\ominus}$:62.011

函数	r_0	r_1	r_2	r_3	r_4	r_5
C_p	405.011					
$Ha(T)$	-3525900	405.011				
$Sa(T)$	-2304.906	405.011				
$Ga(T)$	-3525900	2709.917	-405.011			
$Ga(l)$	-2850700	-699.851				

Ca_3Sb_2

温度范围:298 ~ 1620 相:固

$\Delta H_{f,298}^{\ominus}$: -728020 $S_{298}^{\ominus}$:157.318

函数	r_0	r_1	r_2	r_3	r_4	r_5
C_p	105.018	29.497				
$Ha(T)$	-760640	105.018	14.749			
$Sa(T)$	-449.827	105.018	29.497			
$Ga(T)$	-760640	554.845	-105.018	-14.749		
$Ga(l)$	-662300	-293.902				

Ca_3Bi_2

温度范围:298 ~ 1470　　相:固

$\Delta H^{\ominus}_{f,298}$: −527200　　$S^{\ominus}_{298}$:177.8

函数	r_0	r_1	r_2	r_3	r_4	r_5
C_p	124.27	25.1				
$Ha(T)$	−565370	124.270	12.550			
$Sa(T)$	−537.724	124.270	25.100			
$Ga(T)$	−565370	661.994	−124.270	−12.550		
$Ga(l)$	−460960	−321.502				

CaC_2

温度范围:298 ~ 720　　相:固(α)

$\Delta H^{\ominus}_{f,298}$: −59400　　$S^{\ominus}_{298}$:70.3

函数	r_0	r_1	r_2	r_3	r_4	r_5
C_p	68.62	11.88	−0.87			
$Ha(T)$	−83310	68.620	5.940	0.870		
$Sa(T)$	−329.105	68.620	11.880	0.435		
$Ga(T)$	−83310	397.725	−68.620	−5.940	0.435	
$Ga(l)$	−46700	−105.276				

温度范围:720 ~ 2573　　相:固(β)

$\Delta H^{\ominus}_{tr}$:5500　　$\Delta S^{\ominus}_{tr}$:7.639

函数	r_0	r_1	r_2	r_3	r_4	r_5
C_p	64.43	8.37				
$Ha(T)$	−72670	64.430	4.185			
$Sa(T)$	−290.532	64.430	8.370			
$Ga(T)$	−72670	354.962	−64.430	−4.185		
$Ga(l)$	34150	−198.246				

$CaCO_3$

温度范围:298 ~ 323　　相:固(α)

$\Delta H^{\ominus}_{f,298}$: −1206700　　$S^{\ominus}_{298}$:88.701

函数	r_0	r_1	r_2	r_3	r_4	r_5
C_p	104.516	21.924	−2.594			
$Ha(T)$	−1247500	104.516	10.962	2.594		
$Sa(T)$	−527.916	104.516	21.924	1.297		
$Ga(T)$	−1247500	632.432	−104.516	−10.962	1.297	
$Ga(l)$	−1205600	−91.612				

温度范围:323 ~ 1200　　相:固(β)

$\Delta H^{\ominus}_{tr}$:188　　$\Delta S^{\ominus}_{tr}$:0.582

函数	r_0	r_1	r_2	r_3	r_4	r_5
C_p	104.516	21.924	−2.594			
$Ha(T)$	−1247300	104.516	10.962	2.594		
$Sa(T)$	−527.334	104.516	21.924	1.297		
$Ga(T)$	−1247300	631.850	−104.516	−10.962	1.297	
$Ga(l)$	−1165400	−181.933				

$CaCO_3$(α)

温度范围:298～1200　　相:固(α)

$\Delta H^{\ominus}_{f,298}$: -1206700　　$S^{\ominus}_{298}$:88. 701

函数	r_0	r_1	r_2	r_3	r_4	r_5
C_p	104. 516	21. 924	-2. 594			
$Ha(T)$	-1247500	104. 516	10. 962	2. 594		
$Sa(T)$	-527. 916	104. 516	21. 924	1. 297		
$Ga(T)$	-1247500	632. 432	-104. 516	-10. 962	1. 297	
$Ga(l)$	-1167600	-179. 148				

$CaCO_3$(霰石)

温度范围:298～1127　　相:固

$\Delta H^{\ominus}_{f,298}$: -1207100　　$S^{\ominus}_{298}$:88. 7

函数	r_0	r_1	r_2	r_3	r_4	r_5
C_p	104. 52	21. 92	-2. 59			
$Ha(T)$	-1247900	104. 520	10. 960	2. 590		
$Sa(T)$	-527. 916	104. 520	21. 920	1. 295		
$Ga(T)$	-1247900	632. 436	-104. 520	-10. 960	1. 295	
$Ga(l)$	-1171200	-173. 692				

$CaCO_3$(方解石)

温度范围:298～1170　　相:固

$\Delta H^{\ominus}_{f,298}$: -1208400　　$S^{\ominus}_{298}$:93. 1

函数	r_0	r_1	r_2	r_3	r_4	r_5
C_p	104. 52	21. 92	-2. 59			
$Ha(T)$	-1249200	104. 520	10. 960	2. 590		
$Sa(T)$	-523. 516	104. 520	21. 920	1. 295		
$Ga(T)$	-1249200	628. 036	-104. 520	-10. 960	1. 295	
$Ga(l)$	-1170600	-181. 342				

$CaCO_3 \cdot MgCO_3$(白云石)

温度范围:298～1200　　相:固

$\Delta H^{\ominus}_{f,298}$: -2326300　　$S^{\ominus}_{298}$:117. 989

函数	r_0	r_1	r_2	r_3	r_4	r_5
C_p	156. 189	80. 500	-2. 159			
$Ha(T)$	-2383700	156. 189	40. 250	2. 159		
$Sa(T)$	-808. 058	156. 189	80. 500	1. 080		
$Ga(T)$	-2383700	964. 247	-156. 189	-40. 250	1. 080	
$Ga(l)$	-2255300	-282. 356				

CaSi

温度范围:298～1513　　相:固

$\Delta H^{\ominus}_{f,298}$: -150620　　$S^{\ominus}_{298}$:45. 187

函数	r_0	r_1	r_2	r_3	r_4	r_5
C_p	42. 677	15. 062				
$Ha(T)$	-164010	42. 677	7. 531			
$Sa(T)$	-202. 460	42. 677	15. 062			
$Ga(T)$	-164010	245. 137	-42. 677	-7. 531		
$Ga(l)$	-125110	-99. 604				

$CaSi_2$

温度范围:298 ~ 1300　　相:固

$\Delta H^{\ominus}_{f,298}$: -150620　　$S^{\ominus}_{298}$:50.626

函数	r_0	r_1	r_2	r_3	r_4	r_5
C_p	60.668	27.196				
$Ha(T)$	-169920	60.668	13.598			
$Sa(T)$	-303.144	60.668	27.196			
$Ga(T)$	-169920	363.812	-60.668	-13.598		
$Ga(l)$	-119300	-121.438				

Ca_2Si

温度范围:298 ~ 1200　　相:固

$\Delta H^{\ominus}_{f,298}$: -209200　　$S^{\ominus}_{298}$:81.170

函数	r_0	r_1	r_2	r_3	r_4	r_5
C_p	67.362	17.991				
$Ha(T)$	-230080	67.362	8.996			
$Sa(T)$	-307.996	67.362	17.991			
$Ga(T)$	-230080	375.358	-67.362	-8.996		
$Ga(l)$	-180350	-148.678				

CaSn

温度范围:298 ~ 1260　　相:固

$\Delta H^{\ominus}_{f,298}$: -158990　　$S^{\ominus}_{298}$:70.710

函数	r_0	r_1	r_2	r_3	r_4	r_5
C_p	43.514	15.481				
$Ha(T)$	-172650	43.514	7.741			
$Sa(T)$	-181.831	43.514	15.481			
$Ga(T)$	-172650	225.345	-43.514	-7.741		
$Ga(l)$	-138310	-118.134				

温度范围:1260 ~ 1700　　相:液

$\Delta H^{\ominus}_{tr}$:41840　　$\Delta S^{\ominus}_{tr}$:33.206

函数	r_0	r_1	r_2	r_3	r_4	r_5
C_p	64.015					
$Ha(T)$	-144350	64.015				
$Sa(T)$	-275.472	64.015				
$Ga(T)$	-144350	339.487	-64.015			
$Ga(l)$	-50170	-191.682				

Ca_2Sn

温度范围:298 ~ 1395　　相:固

$\Delta H^{\ominus}_{f,298}$: -313800　　$S^{\ominus}_{298}$:100.416

函数	r_0	r_1	r_2	r_3	r_4	r_5
C_p	66.107	18.410				
$Ha(T)$	-334330	66.107	9.205			
$Sa(T)$	-281.724	66.107	18.410			
$Ga(T)$	-334330	347.831	-66.107	-9.205		
$Ga(l)$	-279390	-176.429				

温度范围:1395 ~ 1700 相:液

$\Delta H_{tr}^{\ominus}$:62760 $\Delta S_{tr}^{\ominus}$:44. 989

函数	r_0	r_1	r_2	r_3	r_4	r_5
C_p	95. 814					
$Ha(T)$	-295100	95. 814				
$Sa(T)$	-426. 151	95. 814				
$Ga(T)$	-295100	521. 965	-95. 814			
$Ga(l)$	-147220	-277. 442				

CaPb

温度范围:298 ~ 1223 相:固

$\Delta H_{f,298}^{\ominus}$: -119660 $S_{298}^{\ominus}$:80. 751

函数	r_0	r_1	r_2	r_3	r_4	r_5
C_p	43. 514	22. 594				
$Ha(T)$	-133640	43. 514	11. 297			
$Sa(T)$	-173. 911	43. 514	22. 594			
$Ga(T)$	-133640	217. 425	-43. 514	-11. 297		
$Ga(l)$	-98270	-130. 192				

Ca_2Pb

温度范围:298 ~ 1383 相:固

$\Delta H_{f,298}^{\ominus}$: -215480 $S_{298}^{\ominus}$:105. 437

函数	r_0	r_1	r_2	r_3	r_4	r_5
C_p	62. 425	22. 008				
$Ha(T)$	-235070	62. 425	11. 004			
$Sa(T)$	-256. 797	62. 425	22. 008			
$Ga(T)$	-235070	319. 222	-62. 425	-11. 004		
$Ga(l)$	-182130	-179. 201				

$CaAl_2$

温度范围:298 ~ 1353 相:固

$\Delta H_{f,298}^{\ominus}$: -216730 $S_{298}^{\ominus}$:85. 354

函数	r_0	r_1	r_2	r_3	r_4	r_5
C_p	82. 843	7. 950	-1. 121			
$Ha(T)$	-245540	82. 843	3. 975	1. 121		
$Sa(T)$	-395. 328	82. 843	7. 950	0. 561		
$Ga(T)$	-245540	478. 171	-82. 843	-3. 975	0. 561	
$Ga(l)$	-181040	-164. 994				

温度范围:1353 ~ 1800 相:液

$\Delta H_{tr}^{\ominus}$:63180 $\Delta S_{tr}^{\ominus}$:46. 696

函数	r_0	r_1	r_2	r_3	r_4	r_5
C_p	94. 140					
$Ha(T)$	-189540	94. 140				
$Sa(T)$	-419. 021	94. 140				
$Ga(T)$	-189540	513. 161	-94. 140			
$Ga(l)$	-41930	-273. 935				

$CaAl_4$

温度范围:298 ~ 1050　　相:固

$\Delta H^{\ominus}_{f,298}$: −218410　　$S^{\ominus}_{298}$:138. 072

函数	r_0	r_1	r_2	r_3	r_4	r_5
C_p	124. 265	32. 635	−1. 130			
$Ha(T)$	−260700	124. 265	16. 318	1. 130		
$Sa(T)$	−586. 026	124. 265	32. 635	0. 565		
$Ga(T)$	−260700	710. 291	−124. 265	−16. 318	0. 565	
$Ga(l)$	−175600	−242. 739				

温度范围:1050 ~ 1700　　相:液

$\Delta H^{\ominus}_{tr}$:78660　　$\Delta S^{\ominus}_{tr}$:74. 914

函数	r_0	r_1	r_2	r_3	r_4	r_5
C_p	152. 716					
$Ha(T)$	−192850	152. 716				
$Sa(T)$	−674. 253	152. 716				
$Ga(T)$	−192850	826. 969	−152. 716			
$Ga(l)$	13980	−428. 442				

$CaMg_2$

温度范围:298 ~ 1003　　相:固

$\Delta H^{\ominus}_{f,298}$: −38910　　$S^{\ominus}_{298}$:103. 847

函数	r_0	r_1	r_2	r_3	r_4	r_5
C_p	66. 944	26. 066	−0. 084			
$Ha(T)$	−60310	66. 944	13. 033	0. 084		
$Sa(T)$	−285. 817	66. 944	26. 066	0. 042		
$Ga(T)$	−60310	352. 761	−66. 944	−13. 033	0. 042	
$Ga(l)$	−15200	−162. 812				

CaZn

温度范围:298 ~ 750　　相:固

$\Delta H^{\ominus}_{f,298}$: −73220　　$S^{\ominus}_{298}$:66. 526

函数	r_0	r_1	r_2	r_3	r_4	r_5
C_p	40. 794	28. 451				
$Ha(T)$	−86650	40. 794	14. 226			
$Sa(T)$	−174. 384	40. 794	28. 451			
$Ga(T)$	−86650	215. 178	−40. 794	−14. 226		
$Ga(l)$	−62690	−95. 172				

温度范围:750 ~ 1000　　相:液

$\Delta H^{\ominus}_{tr}$:22180　　$\Delta S^{\ominus}_{tr}$:29. 573

函数	r_0	r_1	r_2	r_3	r_4	r_5
C_p	63. 597					
$Ha(T)$	−73570	63. 597				
$Sa(T)$	−274. 430	63. 597				
$Ga(T)$	−73570	338. 027	−63. 597			
$Ga(l)$	−18220	−156. 264				

$CaZn_2$

温度范围:298 ~ 963　　相:固

$\Delta H^{\ominus}_{f,298}$: -94140　　$S^{\ominus}_{298}$:101. 671

函数	r_0	r_1	r_2	r_3	r_4	r_5
C_p	66. 526	27. 824				
$Ha(T)$	-115210	66. 526	13. 912			
$Sa(T)$	-285. 663	66. 526	27. 824			
$Ga(T)$	-115210	352. 189	-66. 526	-13. 912		
$Ga(l)$	-71490	-158. 779				

温度范围:963 ~ 1000　　相:液

$\Delta H^{\ominus}_{tr}$:43100　　$\Delta S^{\ominus}_{tr}$:44. 756

函数	r_0	r_1	r_2	r_3	r_4	r_5
C_p	96. 650					
$Ha(T)$	-88220	96. 650				
$Sa(T)$	-421. 066	96. 650				
$Ga(T)$	-88220	517. 716	-96. 650			
$Ga(l)$	6435	-244. 558				

Cd

温度范围:298 ~ 594　　相:固

$\Delta H^{\ominus}_{f,298}$:0　　$S^{\ominus}_{298}$:51. 798

函数	r_0	r_1	r_2	r_3	r_4	r_5
C_p	22. 305	12. 159				
$Ha(T)$	-7191	22. 305	6. 080			
$Sa(T)$	-78. 912	22. 305	12. 159			
$Ga(T)$	-7191	101. 217	-22. 305	-6. 080		
$Ga(l)$	3628	-62. 332				

温度范围:594 ~ 1040　　相:液

$\Delta H^{\ominus}_{tr}$:6192　　$\Delta S^{\ominus}_{tr}$:10. 424

函数	r_0	r_1	r_2	r_3	r_4	r_5
C_p	29. 706					
$Ha(T)$	-3250	29. 706				
$Sa(T)$	-108. 535	29. 706				
$Ga(T)$	-3250	138. 241	-29. 706			
$Ga(l)$	20530	-90. 438				

温度范围:1040 ~ 1200　　相:气

$\Delta H^{\ominus}_{tr}$:97400　　$\Delta S^{\ominus}_{tr}$:93. 654

函数	r_0	r_1	r_2	r_3	r_4	r_5
C_p	20. 786					
$Ha(T)$	103430	20. 786				
$Sa(T)$	47. 086	20. 786				
$Ga(T)$	103430	-26. 300	-20. 786			
$Ga(l)$	126680	-193. 015				

Cd(气)

温度范围:298 ~ 2000　　　　相:气

$\Delta H^{\ominus}_{f,298}$:111800　　　　$S^{\ominus}_{298}$:167.7

函数	r_0	r_1	r_2	r_3	r_4	r_5
C_p	20.79					
$Ha(T)$	105600	20.790				
$Sa(T)$	49.247	20.790				
$Ga(T)$	105600	-28.457	-20.790			
$Ga(l)$	125660	-194.436				

CdF_2

温度范围:298 ~ 1345　　　　相:固

$\Delta H^{\ominus}_{f,298}$: -700400　　　　$S^{\ominus}_{298}$:83.7

函数	r_0	r_1	r_2	r_3	r_4	r_5
C_p	60.04	23.01				
$Ha(T)$	-719320	60.040	11.505			
$Sa(T)$	-265.244	60.040	23.010			
$Ga(T)$	-719320	325.284	-60.040	-11.505		
$Ga(l)$	-668980	-153.913				

温度范围:1345 ~ 2024　　　　相:液

$\Delta H^{\ominus}_{tr}$:22600　　　　$\Delta S^{\ominus}_{tr}$:16.803

函数	r_0	r_1	r_2	r_3	r_4	r_5
C_p	94.14					
$Ha(T)$	-721780	94.140				
$Sa(T)$	-463.154	94.140				
$Ga(T)$	-721780	557.294	-94.140			
$Ga(l)$	-564930	-235.847				

CdF_2(气)

温度范围:298 ~ 2024　　　　相:气

$\Delta H^{\ominus}_{f,298}$: -386700　　　　$S^{\ominus}_{298}$:262.6

函数	r_0	r_1	r_2	r_3	r_4	r_5
C_p	61.3		-0.69			
$Ha(T)$	-407290	61.300		0.690		
$Sa(T)$	-90.544	61.300		0.345		
$Ga(T)$	-407290	151.844	-61.300		0.345	
$Ga(l)$	-346790	-338.557				

$CdCl_2$

温度范围:298 ~ 841　　　　相:固

$\Delta H^{\ominus}_{f,298}$: -391620　　　　$S^{\ominus}_{298}$:115.478

函数	r_0	r_1	r_2	r_3	r_4	r_5
C_p	66.944	32.217				
$Ha(T)$	-413010	66.944	16.109			
$Sa(T)$	-275.547	66.944	32.217			
$Ga(T)$	-413010	342.491	-66.944	-16.109		
$Ga(l)$	-372440	-165.954				

温度范围:841 ~ 1234 相:液

$\Delta H^{\ominus}_{tr}$:30130 $\Delta S^{\ominus}_{tr}$:35.826

函数	r_0	r_1	r_2	r_3	r_4	r_5
C_p	104.600					
$Ha(T)$	-403160	104.600				
$Sa(T)$	-466.224	104.600				
$Ga(T)$	-403160	570.824	-104.600			
$Ga(l)$	-295680	-259.798				

$CdCl_2$(气)

温度范围:298 ~ 2000 相:气

$\Delta H^{\ominus}_{f,298}$: -205200 $S^{\ominus}_{298}$:294.7

函数	r_0	r_1	r_2	r_3	r_4	r_5
C_p	63.3		-0.46			
$Ha(T)$	-225620	63.300		0.460		
$Sa(T)$	-68.545	63.300		0.230		
$Ga(T)$	-225620	131.845	-63.300		0.230	
$Ga(l)$	-163990	-373.789				

$CdBr_2$

温度范围:298 ~ 841 相:固

$\Delta H^{\ominus}_{f,298}$: -316200 $S^{\ominus}_{298}$:137.2

函数	r_0	r_1	r_2	r_3	r_4	r_5
C_p	79.96	21.09	-0.85			
$Ha(T)$	-343830	79.960	10.545	0.850		
$Sa(T)$	-329.449	79.960	21.090	0.425		
$Ga(T)$	-343830	409.409	-79.960	-10.545	0.425	
$Ga(l)$	-296300	-189.512				

温度范围:841 ~ 1137 相:液

$\Delta H^{\ominus}_{tr}$:42400 $\Delta S^{\ominus}_{tr}$:50.416

函数	r_0	r_1	r_2	r_3	r_4	r_5
C_p	101.67					
$Ha(T)$	-311220	101.670				
$Sa(T)$	-406.903	101.670				
$Ga(T)$	-311220	508.573	-101.670			
$Ga(l)$	-211260	-294.060				

$CdBr_2$(气)

温度范围:298 ~ 2000 相:气

$\Delta H^{\ominus}_{f,298}$: -144900 $S^{\ominus}_{298}$:315.5

函数	r_0	r_1	r_2	r_3	r_4	r_5
C_p	65.4		-0.46			
$Ha(T)$	-165940	65.400		0.460		
$Sa(T)$	-59.710	65.400		0.230		
$Ga(T)$	-165940	125.110	-65.400		0.230	
$Ga(l)$	-102290	-397.290				

CdI_2

温度范围:298～595　　相:固(α)

$\Delta H^{\ominus}_{f,298}$: −204180　　$S^{\ominus}_{298}$:158.323

函数	r_0	r_1	r_2	r_3	r_4	r_5
C_p	67.572	37.656				
$Ha(T)$	−226000	67.572	18.828			
$Sa(T)$	−237.902	67.572	37.656			
$Ga(T)$	−226000	305.474	−67.572	−18.828		
$Ga(l)$	−193110	−190.447				

温度范围:595～661.15　　相:固(β)

$\Delta H^{\ominus}_{tr}$:2510　　$\Delta S^{\ominus}_{tr}$:4.218

函数	r_0	r_1	r_2	r_3	r_4	r_5
C_p	89.956					
$Ha(T)$	−230140	89.956				
$Sa(T)$	−354.280	89.956				
$Ga(T)$	−230140	444.236	−89.956			
$Ga(l)$	−173680	−225.261				

温度范围:661.15～1017　　相:液

$\Delta H^{\ominus}_{tr}$:20710　　$\Delta S^{\ominus}_{tr}$:31.324

函数	r_0	r_1	r_2	r_3	r_4	r_5
C_p	102.090					
$Ha(T)$	−217460	102.090				
$Sa(T)$	−401.754	102.090				
$Ga(T)$	−217460	503.844	−102.090			
$Ga(l)$	−132830	−285.081				

CdI_2(气)

温度范围:298～2000　　相:气

$\Delta H^{\ominus}_{f,298}$: −58400　　$S^{\ominus}_{298}$:322.7

函数	r_0	r_1	r_2	r_3	r_4	r_5
C_p	66.23		−0.5			
$Ha(T)$	−79820	66.230		0.500		
$Sa(T)$	−57.464	66.230		0.250		
$Ga(T)$	−79820	123.694	−66.230		0.250	
$Ga(l)$	−15320	−405.356				

CdO

温度范围:298～1755　　相:固

$\Delta H^{\ominus}_{f,298}$: −259000　　$S^{\ominus}_{298}$:54.8

函数	r_0	r_1	r_2	r_3	r_4	r_5
C_p	48.24	6.36	−0.53			
$Ha(T)$	−275440	48.240	3.180	0.530		
$Sa(T)$	−224.929	48.240	6.360	0.265		
$Ga(T)$	−275440	273.169	−48.240	−3.180	0.265	
$Ga(l)$	−229660	−113.712				

$CdO \cdot Al_2O_3$

温度范围:298 ~ 1200　　相:固

$\Delta H^{\ominus}_{f,298}$: −1919600　　$S^{\ominus}_{298}$:125. 102

函数	r_0	r_1	r_2	r_3	r_4	r_5
C_p	160. 038	23. 849	−3. 305			
$Ha(T)$	−1979500	160. 038	11. 925	3. 305		
$Sa(T)$	−812. 430	160. 038	23. 849	1. 653		
$Ga(T)$	−1979500	972. 468	−160. 038	−11. 925	1. 653	
$Ga(l)$	−1860600	−262. 195				

$CdO \cdot Ga_2O_3$

温度范围:298 ~ 1200　　相:固

$\Delta H^{\ominus}_{f,298}$: −1356000　　$S^{\ominus}_{298}$:139. 746

函数	r_0	r_1	r_2	r_3	r_4	r_5
C_p	161. 126	21. 840	−2. 590			
$Ha(T)$	−1413700	161. 126	10. 920	2. 590		
$Sa(T)$	−799. 365	161. 126	21. 840	1. 295		
$Ga(T)$	−1413700	960. 491	−161. 126	−10. 920	1. 295	
$Ga(l)$	−1295700	−280. 088				

$CdO \cdot SiO_2$

温度范围:298 ~ 1785　　相:固

$\Delta H^{\ominus}_{f,298}$: −1189100　　$S^{\ominus}_{298}$:97. 5

函数	r_0	r_1	r_2	r_3	r_4	r_5
C_p	87. 86	42. 68	−1. 05			
$Ha(T)$	−1220700	87. 860	21. 340	1. 050		
$Sa(T)$	−421. 722	87. 860	42. 680	0. 525		
$Ga(T)$	−1220700	509. 582	−87. 860	−21. 340	0. 525	
$Ga(l)$	−1122100	−228. 862				

$CdO \cdot TiO_2$

温度范围:298 ~ 1100　　相:固(α)

$\Delta H^{\ominus}_{f,298}$: −1231900　　$S^{\ominus}_{298}$:105. 018

函数	r_0	r_1	r_2	r_3	r_4	r_5
C_p	116. 106	9. 623	−1. 820			
$Ha(T)$	−1273000	116. 106	4. 812	1. 820		
$Sa(T)$	−569. 613	116. 106	9. 623	0. 910		
$Ga(T)$	−1273000	685. 719	−116. 106	−4. 812	0. 910	
$Ga(l)$	−1194200	−195. 799				

温度范围:1100 ~ 1600　　相:固(β)

$\Delta H^{\ominus}_{tr}$:14980　　$\Delta S^{\ominus}_{tr}$:13. 618

函数	r_0	r_1	r_2	r_3	r_4	r_5
C_p	116. 106	9. 623	−1. 820			
$Ha(T)$	−1258100	116. 106	4. 812	1. 820		
$Sa(T)$	−555. 995	116. 106	9. 623	0. 910		
$Ga(T)$	−1258100	672. 101	−116. 106	−4. 812	0. 910	
$Ga(l)$	−1092700	−293. 981				

$CdO \cdot WO_3$

温度范围:298 ~ 1575　　相:固

$\Delta H^{\ominus}_{f,298}$: −1180200　　$S^{\ominus}_{298}$:154.8

函数	r_0	r_1	r_2	r_3	r_4	r_5
C_p	114.64	33.05				
$Ha(T)$	−1215800	114.640	16.525			
$Sa(T)$	−508.226	114.640	33.050			
$Ga(T)$	−1215800	622.866	−114.640	−16.525		
$Ga(l)$	−1110600	−301.145				

CdS

温度范围:298 ~ 1748　　相:固

$\Delta H^{\ominus}_{f,298}$: −154600　　$S^{\ominus}_{298}$:74.4

函数	r_0	r_1	r_2	r_3	r_4	r_5
C_p	44.56	13.81				
$Ha(T)$	−168500	44.560	6.905			
$Sa(T)$	−183.602	44.560	13.810			
$Ga(T)$	−168500	228.162	−44.560	−6.905		
$Ga(l)$	−123530	−136.815				

CdS(气)

温度范围:298 ~ 1748　　相:气

$\Delta H^{\ominus}_{f,298}$:190400　　$S^{\ominus}_{298}$:246.4

函数	r_0	r_1	r_2	r_3	r_4	r_5
C_p	37.35	0.04	−0.14			
$Ha(T)$	178790	37.350	0.020	0.140		
$Sa(T)$	32.795	37.350	0.040	0.070		
$Ga(T)$	178790	4.555	−37.350	−0.020	0.070	
$Ga(l)$	211640	−289.665				

$CdSO_4$

温度范围:298 ~ 1326　　相:固

$\Delta H^{\ominus}_{f,298}$: −933300　　$S^{\ominus}_{298}$:123

函数	r_0	r_1	r_2	r_3	r_4	r_5
C_p	76.74	77.4				
$Ha(T)$	−959620	76.740	38.700			
$Sa(T)$	−337.310	76.740	77.400			
$Ga(T)$	−959620	414.050	−76.740	−38.700		
$Ga(l)$	−882290	−236.285				

CdSe

温度范围:298 ~ 1537　　相:固

$\Delta H^{\ominus}_{f,298}$: −144770　　$S^{\ominus}_{298}$:83.262

函数	r_0	r_1	r_2	r_3	r_4	r_5
C_p	46.819	9.330				
$Ha(T)$	−159140	46.819	4.665			
$Sa(T)$	−186.276	46.819	9.330			
$Ga(T)$	−159140	233.095	−46.819	−4.665		
$Ga(l)$	−118480	−139.285				

CdSe(气)

温度范围:298 ~ 2000　　相:气

$\Delta H^{\ominus}_{f,298}$:225900　　$S^{\ominus}_{298}$:258.5

函数	r_0	r_1	r_2	r_3	r_4	r_5
C_p	37.4	0.01	-0.08			
$Ha(T)$	214480	37.400	0.005	0.080		
$Sa(T)$	44.957	37.400	0.010	0.040		
$Ga(T)$	214480	-7.557	-37.400	-0.005	0.040	
$Ga(l)$	250660	-306.203				

$CdSeO_3$

温度范围:298 ~ 953　　相:固

$\Delta H^{\ominus}_{f,298}$: -576600　　$S^{\ominus}_{298}$:138.1

函数	r_0	r_1	r_2	r_3	r_4	r_5
C_p	78.45	54.4				
$Ha(T)$	-602410	78.450	27.200			
$Sa(T)$	-325.096	78.450	54.400			
$Ga(T)$	-602410	403.546	-78.450	-27.200		
$Ga(l)$	-547400	-211.760				

温度范围:953 ~ 1200　　相:液

$\Delta H^{\ominus}_{tr}$:58600　　$\Delta S^{\ominus}_{tr}$:61.490

函数	r_0	r_1	r_2	r_3	r_4	r_5
C_p	142.67					
$Ha(T)$	-580310	142.670				
$Sa(T)$	-652.287	142.670				
$Ga(T)$	-580310	794.957	-142.670			
$Ga(l)$	-427270	-343.568				

$CdSeO_4$

温度范围:298 ~ 1006　　相:固

$\Delta H^{\ominus}_{f,298}$: -633000　　$S^{\ominus}_{298}$:164.4

函数	r_0	r_1	r_2	r_3	r_4	r_5
C_p	76.74	77.4				
$Ha(T)$	-659320	76.740	38.700			
$Sa(T)$	-295.910	76.740	77.400			
$Ga(T)$	-659320	372.650	-76.740	-38.700		
$Ga(l)$	-598560	-249.426				

CdTe

温度范围:298 ~ 1372　　相:固

$\Delta H^{\ominus}_{f,298}$: -97900　　$S^{\ominus}_{298}$:93.2

函数	r_0	r_1	r_2	r_3	r_4	r_5
C_p	52.51	19	-0.74			
$Ha(T)$	-116880	52.510	9.500	0.740		
$Sa(T)$	-215.808	52.510	19.000	0.370		
$Ga(T)$	-116880	268.318	-52.510	-9.500	0.370	
$Ga(l)$	-71360	-151.640				

温度范围:1372 ~ 1490　　相:液

$\Delta H_{tr}^{\ominus}$:44000　　$\Delta S_{tr}^{\ominus}$:32.070

函数	r_0	r_1	r_2	r_3	r_4	r_5
C_p	64.85					
$Ha(T)$	-71390	64.850				
$Sa(T)$	-246.618	64.850				
$Ga(T)$	-71390	311.468	-64.850			
$Ga(l)$	21370	-224.579				

CdTe(气)

温度范围:298 ~ 2000　　相:气

$\Delta H_{f,298}^{\ominus}$:242700　　$S_{298}^{\ominus}$:266.3

函数	r_0	r_1	r_2	r_3	r_4	r_5
C_p	37.41		-0.05			
$Ha(T)$	231380	37.410		0.050		
$Sa(T)$	52.872	37.410		0.025		
$Ga(T)$	231380	-15.462	-37.410		0.025	
$Ga(l)$	267530	-314.158				

Cd_3As_2

温度范围:298 ~ 994　　相:固

$\Delta H_{f,298}^{\ominus}$: -38070　　$S_{298}^{\ominus}$:207.108

函数	r_0	r_1	r_2	r_3	r_4	r_5
C_p	136.189	11.924	-1.285			
$Ha(T)$	-83510	136.189	5.962	1.285		
$Sa(T)$	-579.625	136.189	11.924	0.643		
$Ga(T)$	-83510	715.814	-136.189	-5.962	0.643	
$Ga(l)$	1930	-307.000				

CdSb

温度范围:298 ~ 729　　相:固

$\Delta H_{f,298}^{\ominus}$: -13350　　$S_{298}^{\ominus}$:95.604

函数	r_0	r_1	r_2	r_3	r_4	r_5
C_p	44.518	19.414				
$Ha(T)$	-27490	44.518	9.707			
$Sa(T)$	-163.830	44.518	19.414			
$Ga(T)$	-27490	208.348	-44.518	-9.707		
$Ga(l)$	-3314	-123.180				

温度范围:729 ~ 900　　相:液

$\Delta H_{tr}^{\ominus}$:35560　　$\Delta S_{tr}^{\ominus}$:48.779

函数	r_0	r_1	r_2	r_3	r_4	r_5
C_p	143.143	-75.425				
$Ha(T)$	-38620	143.143	-37.713			
$Sa(T)$	-696.017	143.143	-75.425			
$Ga(T)$	-38620	839.160	-143.143	37.713		
$Ga(l)$	52690	-201.812				

$CdCO_3$

温度范围:298 ~ 560　　相:固

$\Delta H^{\ominus}_{f,298}$: −749350　　$S^{\ominus}_{298}$:92.466

函数	r_0	r_1	r_2	r_3	r_4	r_5
C_p	43.095	131.796				
$Ha(T)$	−768060	43.095	65.898			
$Sa(T)$	−192.367	43.095	131.796			
$Ga(T)$	−768060	235.462	−43.095	−65.898		
$Ga(l)$	−738270	−124.998				

$CdGa_2O_4$

温度范围:298 ~ 1200　　相:固

$\Delta H^{\ominus}_{f,298}$: −1356900　　$S^{\ominus}_{298}$:139.7

函数	r_0	r_1	r_2	r_3	r_4	r_5
C_p	161.13	21.84	−2.59			
$Ha(T)$	−1414600	161.130	10.920	2.590		
$Sa(T)$	−799.433	161.130	21.840	1.295		
$Ga(T)$	−1414600	960.563	−161.130	−10.920	1.295	
$Ga(l)$	−1296600	−280.045				

Ce

温度范围:298 ~ 600　　相:固(γ)

$\Delta H^{\ominus}_{f,298}$:0　　$S^{\ominus}_{298}$:69.454

函数	r_0	r_1	r_2	r_3	r_4	r_5
C_p	22.677	14.146				
$Ha(T)$	−7390	22.677	7.073			
$Sa(T)$	−63.968	22.677	14.146			
$Ga(T)$	−7390	86.645	−22.677	−7.073		
$Ga(l)$	3855	−80.615				

温度范围:600 ~ 999　　相:固(γ)

$\Delta H^{\ominus}_{tr}$:—　　$\Delta S^{\ominus}_{tr}$:—

函数	r_0	r_1	r_2	r_3	r_4	r_5
C_p	21.334	16.393				
$Ha(T)$	−6989	21.334	8.197			
$Sa(T)$	−56.725	21.334	16.393			
$Ga(T)$	−6989	78.059	−21.334	−8.197		
$Ga(l)$	14910	−98.842				

温度范围:999 ~ 1071　　相:固(δ)

$\Delta H^{\ominus}_{tr}$:2992　　$\Delta S^{\ominus}_{tr}$:2.995

函数	r_0	r_1	r_2	r_3	r_4	r_5
C_p	37.614					
$Ha(T)$	−12080	37.614				
$Sa(T)$	−149.796	37.614				
$Ga(T)$	−12080	187.410	−37.614			
$Ga(l)$	26830	−111.315				

温度范围:1071 ~ 3000　　相:液

$\Delta H^{\ominus}_{tr}$:5460　　$\Delta S^{\ominus}_{tr}$:5.098

函数	r_0	r_1	r_2	r_3	r_4	r_5
C_p	37.698					
$Ha(T)$	-6710	37.698				
$Sa(T)$	-145.283	37.698				
$Ga(T)$	-6710	182.981	-37.698			
$Ga(l)$	65270	-141.028				

Ce(气)

温度范围:298 ~ 2500　　相:气

$\Delta H^{\ominus}_{f,298}$:424100　　$S^{\ominus}_{298}$:191.8

函数	r_0	r_1	r_2	r_3	r_4	r_5
C_p	24.91	15	-0.67	-3.74		
$Ha(T)$	413790	24.910	7.500	0.670	-1.247	
$Sa(T)$	41.798	24.910	15.000	0.335	-1.870	
$Ga(T)$	413790	-16.888	-24.910	-7.500	0.335	0.623
$Ga(l)$	451620	-237.583				

CeH_2

温度范围:298 ~ 1200　　相:固

$\Delta H^{\ominus}_{f,298}$: -205020　　$S^{\ominus}_{298}$:55.773

函数	r_0	r_1	r_2	r_3	r_4	r_5
C_p	35.146	19.246				
$Ha(T)$	-216350	35.146	9.623			
$Sa(T)$	-150.213	35.146	19.246			
$Ga(T)$	-216350	185.359	-35.146	-9.623		
$Ga(l)$	-187970	-95.441				

CeF_3

温度范围:298 ~ 1710　　相:固

$\Delta H^{\ominus}_{f,298}$: -1778200　　$S^{\ominus}_{298}$:115.269

函数	r_0	r_1	r_2	r_3	r_4	r_5
C_p	80.333	16.736				
$Ha(T)$	-1802900	80.333	8.368			
$Sa(T)$	-347.426	80.333	16.736			
$Ga(T)$	-1802900	427.759	-80.333	-8.368		
$Ga(l)$	-1726700	-220.132				

温度范围:1710 ~ 2400　　相:液

$\Delta H^{\ominus}_{tr}$:56480　　$\Delta S^{\ominus}_{tr}$:33.029

函数	r_0	r_1	r_2	r_3	r_4	r_5
C_p	133.888					
$Ha(T)$	-1813500	133.888				
$Sa(T)$	-684.455	133.888				
$Ga(T)$	-1813500	818.343	-133.888			
$Ga(l)$	-1540500	-336.469				

CeF_3(气)

温度范围:298 ~ 2000　　相:气

$\Delta H^{\ominus}_{f,298}$: −1248500　　$S^{\ominus}_{298}$:337. 1

函数	r_0	r_1	r_2	r_3	r_4	r_5
C_p	82	3. 86	−0. 94			
$Ha(T)$	−1276300	82. 000	1. 930	0. 940		
$Sa(T)$	−136. 541	82. 000	3. 860	0. 470		
$Ga(T)$	−1276300	218. 541	−82. 000	−1. 930	0. 470	
$Ga(l)$	−1193900	−441. 107				

CeF_4

温度范围:298 ~ 1250　　相:固

$\Delta H^{\ominus}_{f,298}$: −1849300　　$S^{\ominus}_{298}$:154. 808

函数	r_0	r_1	r_2	r_3	r_4	r_5
C_p	104. 600	37. 656				
$Ha(T)$	−1882200	104. 600	18. 828			
$Sa(T)$	−452. 388	104. 600	37. 656			
$Ga(T)$	−1882200	556. 988	−104. 600	−18. 828		
$Ga(l)$	−1800000	−268. 196				

温度范围:1250 ~ 2000　　相:液

$\Delta H^{\ominus}_{tr}$:46020　　$\Delta S^{\ominus}_{tr}$:36. 816

函数	r_0	r_1	r_2	r_3	r_4	r_5
C_p	158. 992					
$Ha(T)$	−1874700	158. 992				
$Sa(T)$	−756. 366	158. 992				
$Ga(T)$	−1874700	915. 358	−158. 992			
$Ga(l)$	−1620000	−418. 246				

温度范围:2000 ~ 2500　　相:气

$\Delta H^{\ominus}_{tr}$:200830　　$\Delta S^{\ominus}_{tr}$:100. 415

函数	r_0	r_1	r_2	r_3	r_4	r_5
C_p	83. 680	20. 920				
$Ha(T)$	−1565100	83. 680	10. 460			
$Sa(T)$	−125. 351	83. 680	20. 920			
$Ga(T)$	−1565100	209. 031	−83. 680	−10. 460		
$Ga(l)$	−1324700	−567. 520				

$CeCl_3$

温度范围:298 ~ 1080　　相:固

$\Delta H^{\ominus}_{f,298}$: −1053500　　$S^{\ominus}_{298}$:151

函数	r_0	r_1	r_2	r_3	r_4	r_5
C_p	115. 4	11. 08	−2. 75			
$Ha(T)$	−1097600	115. 400	5. 540	2. 750		
$Sa(T)$	−525. 274	115. 400	11. 080	1. 375		
$Ga(T)$	−1097600	640. 674	−115. 400	−5. 540	1. 375	
$Ga(l)$	−1018200	−236. 161				

温度范围:1080 ~ 1997　　相:液

$\Delta H^{\ominus}_{tr}$:45200　　$\Delta S^{\ominus}_{tr}$:41.852

函数	r_0	r_1	r_2	r_3	r_4	r_5
C_p	159.83					
$Ha(T)$	-1091400	159.830				
$Sa(T)$	-780.608	159.830				
$Ga(T)$	-1091400	940.438	-159.830			
$Ga(l)$	-851400	-390.868				

$CeCl_3$(气)

温度范围:298 ~ 2000　　相:气

$\Delta H^{\ominus}_{f,298}$: -723000　　$S^{\ominus}_{298}$:370.8

函数	r_0	r_1	r_2	r_3	r_4	r_5
C_p	83.17	3.15	-0.51			
$Ha(T)$	-749650	83.170	1.575	0.510		
$Sa(T)$	-106.877	83.170	3.150	0.255		
$Ga(T)$	-749650	190.047	-83.170	-1.575	0.255	
$Ga(l)$	-667090	-477.872				

$CeBr_3$

温度范围:298 ~ 1005　　相:固

$\Delta H^{\ominus}_{f,298}$: -855000　　$S^{\ominus}_{298}$:207.1

函数	r_0	r_1	r_2	r_3	r_4	r_5
C_p	96.34	23	-0.21			
$Ha(T)$	-885450	96.340	11.500	0.210		
$Sa(T)$	-349.845	96.340	23.000	0.105		
$Ga(T)$	-885450	446.185	-96.340	-11.500	0.105	
$Ga(l)$	-823050	-286.633				

温度范围:1005 ~ 1730　　相:液

$\Delta H^{\ominus}_{tr}$:35600　　$\Delta S^{\ominus}_{tr}$:35.423

函数	r_0	r_1	r_2	r_3	r_4	r_5
C_p	146.44					
$Ha(T)$	-888380	146.440				
$Sa(T)$	-637.532	146.440				
$Ga(T)$	-888380	783.972	-146.440			
$Ga(l)$	-691910	-418.828				

$CeBr_3$(气)

温度范围:298 ~ 2000　　相:气

$\Delta H^{\ominus}_{f,298}$: -597100　　$S^{\ominus}_{298}$:398.400

函数	r_0	r_1	r_2	r_3	r_4	r_5
C_p	83.32	3.05	-0.37			
$Ha(T)$	-623320	83.320	1.525	0.370		
$Sa(T)$	-79.314	83.320	3.050	0.185		
$Ga(T)$	-623320	162.634	-83.320	-1.525	0.185	
$Ga(l)$	-540840	-506.284				

CeI_3

温度范围:298 ~ 1033　　相:固

$\Delta H^{\ominus}_{f,298}$: −649800　　$S^{\ominus}_{298}$:227.2

函数	r_0	r_1	r_2	r_3	r_4	r_5
C_p	94.14	26.41	−0.14			
$Ha(T)$	−679510	94.140	13.205	0.140		
$Sa(T)$	−317.833	94.140	26.410	0.070		
$Ga(T)$	−679510	411.973	−94.140	−13.205	0.070	
$Ga(l)$	−616690	−308.830				

温度范围:1033 ~ 1780　　相:液

$\Delta H^{\ominus}_{tr}$:38900　　$\Delta S^{\ominus}_{tr}$:37.657

函数	r_0	r_1	r_2	r_3	r_4	r_5
C_p	152.72					
$Ha(T)$	−686900	152.720				
$Sa(T)$	−659.387	152.720				
$Ga(T)$	−686900	812.107	−152.720			
$Ga(l)$	−476180	−446.562				

CeI_3(气)

温度范围:298 ~ 2000　　相:气

$\Delta H^{\ominus}_{f,298}$: −372000　　$S^{\ominus}_{298}$:427.3

函数	r_0	r_1	r_2	r_3	r_4	r_5
C_p	83.42	3	−0.24			
$Ha(T)$	−397810	83.420	1.500	0.240		
$Sa(T)$	−50.238	83.420	3.000	0.120		
$Ga(T)$	−397810	133.658	−83.420	−1.500	0.120	
$Ga(l)$	−315430	−535.925				

CeO(气)

温度范围:298 ~ 2500　　相:气

$\Delta H^{\ominus}_{f,298}$: −128400　　$S^{\ominus}_{298}$:243.2

函数	r_0	r_1	r_2	r_3	r_4	r_5
C_p	30.34	7.39	−0.13			
$Ha(T)$	−138210	30.340	3.695	0.130		
$Sa(T)$	67.400	30.340	7.390	0.065		
$Ga(T)$	−138210	−37.060	−30.340	−3.695	0.065	
$Ga(l)$	−97690	−295.354				

$CeO_{1.72}$

温度范围:298 ~ 1200　　相:固

$\Delta H^{\ominus}_{f,298}$: −995790　　$S^{\ominus}_{298}$:69.036

函数	r_0	r_1	r_2	r_3	r_4	r_5
C_p	58.367	19.874	−0.753			
$Ha(T)$	−1016600	58.367	9.937	0.753		
$Sa(T)$	−273.676	58.367	19.874	0.377		
$Ga(T)$	−1016600	332.043	−58.367	−9.937	0.377	
$Ga(l)$	−971220	−126.097				

$CeO_{1.83}$

温度范围:298 ~ 1200　　相:固

$\Delta H^{\ominus}_{f,298}$: −1033400　　$S^{\ominus}_{298}$:67.781

函数	r_0	r_1	r_2	r_3	r_4	r_5
C_p	60.752	18.912	−0.636			
$Ha(T)$	−1054500	60.752	9.456	0.636		
$Sa(T)$	−287.575	60.752	18.912	0.318		
$Ga(T)$	−1054500	348.327	−60.752	−9.456	0.318	
$Ga(l)$	−1007900	−127.034				

CeO_2

温度范围:298 ~ 2450　　相:固

$\Delta H^{\ominus}_{f,298}$: −1088700　　$S^{\ominus}_{298}$:62.3

函数	r_0	r_1	r_2	r_3	r_4	r_5
C_p	64.81	17.7	−0.76			
$Ha(T)$	−1111400	64.810	8.850	0.760		
$Sa(T)$	−316.513	64.810	17.700	0.380		
$Ga(T)$	−1111400	381.323	−64.810	−8.850	0.380	
$Ga(l)$	−1024400	−171.766				

Ce_2O_2S

温度范围:298 ~ 1700　　相:固

$\Delta H^{\ominus}_{f,298}$: −1696600　　$S^{\ominus}_{298}$:130.5

函数	r_0	r_1	r_2	r_3	r_4	r_5
C_p	124.89	23.64	−2.09			
$Ha(T)$	−1741900	124.890	11.820	2.090		
$Sa(T)$	−599.877	124.890	23.640	1.045		
$Ga(T)$	−1741900	724.767	−124.890	−11.820	1.045	
$Ga(l)$	−1622200	−280.919				

Ce_2O_3

温度范围:298 ~ 2450　　相:固

$\Delta H^{\ominus}_{f,298}$: −1799700　　$S^{\ominus}_{298}$:148.1

函数	r_0	r_1	r_2	r_3	r_4	r_5
C_p	130.8	13.77	−1.59			
$Ha(T)$	−1844600	130.800	6.885	1.590		
$Sa(T)$	−610.194	130.800	13.770	0.795		
$Ga(T)$	−1844600	740.994	−130.800	−6.885	0.795	
$Ga(l)$	−1685500	−345.115				

$Ce_2O_3 \cdot Al_2O_3$

温度范围:298 ~ 1253　　相:固

$\Delta H^{\ominus}_{f,298}$: −3601600　　$S^{\ominus}_{298}$:190.8

函数	r_0	r_1	r_2	r_3	r_4	r_5
C_p	214.39	59.16	−3.77			
$Ha(T)$	−3680800	214.390	29.580	3.770		
$Sa(T)$	−1069.552	214.390	59.160	1.885		
$Ga(T)$	−3680800	1283.942	−214.390	−29.580	1.885	
$Ga(l)$	−3510800	−398.022				

$Ce_2O_3 \cdot Cr_2O_3$

温度范围:298 ~ 2000 相:固

$\Delta H^{\ominus}_{f,298}$: −3066000 $S^{\ominus}_{298}$:218.4

函数	r_0	r_1	r_2	r_3	r_4	r_5
C_p	227.19	50.63	−2.49			
$Ha(T)$	−3144300	227.190	25.315	2.490		
$Sa(T)$	−1105.138	227.190	50.630	1.245		
$Ga(T)$	−3144300	1332.328	−227.190	−25.315	1.245	
$Ga(l)$	−2894800	−541.119				

CeS

温度范围:298 ~ 2500 相:固

$\Delta H^{\ominus}_{f,298}$: −456500 $S^{\ominus}_{298}$:78.2

函数	r_0	r_1	r_2	r_3	r_4	r_5
C_p	42.01	26.74				
$Ha(T)$	−470210	42.010	13.370			
$Sa(T)$	−169.129	42.010	26.740			
$Ga(T)$	−470210	211.139	−42.010	−13.370		
$Ga(l)$	−401490	−169.523				

CeS(气)

温度范围:298 ~ 2500 相:气

$\Delta H^{\ominus}_{f,298}$:172800 $S^{\ominus}_{298}$:259.5

函数	r_0	r_1	r_2	r_3	r_4	r_5
C_p	37.11	0.16	−0.26			
$Ha(T)$	160860	37.110	0.080	0.260		
$Sa(T)$	46.552	37.110	0.160	0.130		
$Ga(T)$	160860	−9.442	−37.110	−0.080	0.130	
$Ga(l)$	203630	−312.993				

CeS_2

温度范围:298 ~ 1152 相:固

$\Delta H^{\ominus}_{f,298}$: −618200 $S^{\ominus}_{298}$:100.4

函数	r_0	r_1	r_2	r_3	r_4	r_5
C_p	74.81	5.52	−1.28			
$Ha(T)$	−645040	74.810	2.760	1.280		
$Sa(T)$	−334.683	74.810	5.520	0.640		
$Ga(T)$	−645040	409.493	−74.810	−2.760	0.640	
$Ga(l)$	−592670	−160.781				

Ce_2S_3

温度范围:298 ~ 2163 相:固

$\Delta H^{\ominus}_{f,298}$: −1188300 $S^{\ominus}_{298}$:180.3

函数	r_0	r_1	r_2	r_3	r_4	r_5
C_p	124.93	12.72				
$Ha(T)$	−1226100	124.930	6.360			
$Sa(T)$	−535.293	124.930	12.720			
$Ga(T)$	−1226100	660.223	−124.930	−6.360		
$Ga(l)$	−1090600	−360.946				

Ce_3S_4

温度范围:298 ~ 1200 相:固

$\Delta H^{\ominus}_{f,298}$: −1652700 $S^{\ominus}_{298}$:255.224

函数	r_0	r_1	r_2	r_3	r_4	r_5
C_p	167.820	39.664				
$Ha(T)$	−1704500	167.820	19.832			
$Sa(T)$	−712.773	167.820	39.664			
$Ga(T)$	−1704500	880.593	−167.820	−19.832		
$Ga(l)$	−1581900	−421.081				

$Ce_2(SO_4)_3$

温度范围:298 ~ 1000 相:固

$\Delta H^{\ominus}_{f,298}$: −3951800 $S^{\ominus}_{298}$:287.441

函数	r_0	r_1	r_2	r_3	r_4	r_5
C_p	221.752	198.740				
$Ha(T)$	−4026700	221.752	99.370			
$Sa(T)$	−1035.267	221.752	198.740			
$Ga(T)$	−4026700	1257.019	−221.752	−99.370		
$Ga(l)$	−3856800	−522.760				

CeSe(气)*

温度范围:298 ~ 2000 相:气

$\Delta H^{\ominus}_{f,298}$:***225500*** $S^{\ominus}_{298}$:***271***

函数	r_0	r_1	r_2	r_3	r_4	r_5
C_p	***37.33***	***0.04***	***−0.15***			
$Ha(T)$	213870	37.330	0.020	0.150		
$Sa(T)$	57.453	37.330	0.040	0.075		
$Ga(T)$	213870	−20.123	−37.330	−0.020	0.075	
$Ga(l)$	250080	−318.286				

CeTe

温度范围:298 ~ 2090 相:固

$\Delta H^{\ominus}_{f,298}$: −301250 $S^{\ominus}_{298}$:97.906

函数	r_0	r_1	r_2	r_3	r_4	r_5
C_p	37.371	0.025	−0.113			
$Ha(T)$	−312770	37.371	0.013	0.113		
$Sa(T)$	−115.662	37.371	0.025	0.057		
$Ga(T)$	−312770	153.033	−37.371	−0.013	0.057	
$Ga(l)$	−275370	−146.777				

CeN

温度范围:298 ~ 2000 相:固

$\Delta H^{\ominus}_{f,298}$: −326350 $S^{\ominus}_{298}$:44.350

函数	r_0	r_1	r_2	r_3	r_4	r_5
C_p	46.442	6.904	−0.724			
$Ha(T)$	−342930	46.442	3.452	0.724		
$Sa(T)$	−226.389	46.442	6.904	0.362		
$Ga(T)$	−342930	272.831	−46.442	−3.452	0.362	
$Ga(l)$	−293510	−106.306				

CeC_2

温度范围:298 ~ 1500　　相:固

$\Delta H^{\ominus}_{f,298}$: −97070　　$S^{\ominus}_{298}$:89.956

函数	r_0	r_1	r_2	r_3	r_4	r_5
C_p	68.618	9.205	−0.921			
$Ha(T)$	−121030	68.618	4.603	0.921		
$Sa(T)$	−308.927	68.618	9.205	0.461		
$Ga(T)$	−121030	377.544	−68.618	−4.603	0.461	
$Ga(l)$	−62740	−163.422				

Ce_2C_3

温度范围:298 ~ 1500　　相:固

$\Delta H^{\ominus}_{f,298}$: −176570　　$S^{\ominus}_{298}$:173.636

函数	r_0	r_1	r_2	r_3	r_4	r_5
C_p	122.382	11.924	−2.008			
$Ha(T)$	−220320	122.382	5.962	2.008		
$Sa(T)$	−538.497	122.382	11.924	1.004		
$Ga(T)$	−220320	660.879	−122.382	−5.962	1.004	
$Ga(l)$	−117380	−300.227				

$CeSi_2$

温度范围:298 ~ 1500　　相:固

$\Delta H^{\ominus}_{f,298}$: −188280　　$S^{\ominus}_{298}$:100.834

函数	r_0	r_1	r_2	r_3	r_4	r_5
C_p	72.115	11.263	−0.525	2.293		
$Ha(T)$	−212060	72.115	5.632	0.525	0.764	
$Sa(T)$	−316.461	72.115	11.263	0.263	1.147	
$Ga(T)$	−212060	388.576	−72.115	−5.632	0.263	−0.382
$Ga(l)$	−150390	−182.014				

CeB_6

温度范围:298 ~ 2463　　相:固

$\Delta H^{\ominus}_{f,298}$: −351460　　$S^{\ominus}_{298}$:74.057

函数	r_0	r_1	r_2	r_3	r_4	r_5
C_p	140.080	29.790	−4.059			
$Ha(T)$	−408160	140.080	14.895	4.059		
$Sa(T)$	−755.775	140.080	29.790	2.030		
$Ga(T)$	−408160	895.855	−140.080	−14.895	2.030	
$Ga(l)$	−223040	−289.846				

$CeAl_2$

温度范围:298 ~ 1738　　相:固

$\Delta H^{\ominus}_{f,298}$: −175730　　$S^{\ominus}_{298}$:113.386

函数	r_0	r_1	r_2	r_3	r_4	r_5
C_p	85.521	5.732	−1.151			
$Ha(T)$	−205340	85.521	2.866	1.151		
$Sa(T)$	−382.061	85.521	5.732	0.576		
$Ga(T)$	−205340	467.582	−85.521	−2.866	0.576	
$Ga(l)$	−126880	−212.038				

温度范围:1738 ~ 2000　　相:液

$\Delta H_{tr}^{\ominus}$:81590　　$\Delta S_{tr}^{\ominus}$:46.945

函数	r_0	r_1	r_2	r_3	r_4	r_5
C_p	97.069					
$Ha(T)$	-134500	97.069				
$Sa(T)$	-411.117	97.069				
$Ga(T)$	-134500	508.186	-97.069			
$Ga(l)$	46670	-320.065				

$CeAl_4$

温度范围:298 ~ 1278　　相:固

$\Delta H_{f,298}^{\ominus}$: -175730　　$S_{298}^{\ominus}$:161.921

函数	r_0	r_1	r_2	r_3	r_4	r_5
C_p	126.984	30.543	-1.151			
$Ha(T)$	-218810	126.984	15.272	1.151		
$Sa(T)$	-577.163	126.984	30.543	0.576		
$Ga(T)$	-218810	704.147	-126.984	-15.272	0.576	
$Ga(l)$	-119620	-289.680				

$CeAlO_3$

温度范围:298 ~ 1800　　相:固

$\Delta H_{f,298}^{\ominus}$: -1766500　　$S_{298}^{\ominus}$:109.621

函数	r_0	r_1	r_2	r_3	r_4	r_5
C_p	107.236	28.451	-1.883			
$Ha(T)$	-1806100	107.236	14.226	1.883		
$Sa(T)$	-520.440	107.236	28.451	0.942		
$Ga(T)$	-1806100	627.677	-107.236	-14.226	0.942	
$Ga(l)$	-1694900	-250.335				

Cl_2

温度范围:298 ~ 3000　　相:气

$\Delta H_{f,298}^{\ominus}$:0　　$S_{298}^{\ominus}$:223.007

函数	r_0	r_1	r_2	r_3	r_4	r_5
C_p	36.903	0.251	-2.085			
$Ha(T)$	-18010	36.903	0.126	2.085		
$Sa(T)$	0.946	36.903	0.251	1.043		
$Ga(T)$	-18010	35.957	-36.903	-0.126	1.043	
$Ga(l)$	32880	-272.470				

Cl(气)

温度范围:298 ~ 3000　　相:气

$\Delta H_{f,298}^{\ominus}$:121290　　$S_{298}^{\ominus}$:165.059

函数	r_0	r_1	r_2	r_3	r_4	r_5
C_p	23.012	-0.753	-0.067			
$Ha(T)$	114240	23.012	-0.377	0.067		
$Sa(T)$	33.794	23.012	-0.753	0.034		
$Ga(T)$	114240	-10.782	-23.012	0.377	0.034	
$Ga(l)$	143800	-201.196				

Cl_4(气)

温度范围:298 ~ 1500　　相:气

$\Delta H^{\ominus}_{f,298}$:262900　　$S^{\ominus}_{298}$:266.2

函数	r_0	r_1	r_2	r_3	r_4	r_5
C_p	106.07	1.39	-0.95			
$Ha(T)$	228030	106.070	0.695	0.950		
$Sa(T)$	-343.902	106.070	1.390	0.475		
$Ga(T)$	228030	449.972	-106.070	-0.695	0.475	
$Ga(l)$	313030	-374.303				

ClF(气)

温度范围:298 ~ 2000　　相:气

$\Delta H^{\ominus}_{f,298}$: -50790　　$S^{\ominus}_{298}$:217.819

函数	r_0	r_1	r_2	r_3	r_4	r_5
C_p	36.275	1.004	-0.414			
$Ha(T)$	-63040	36.275	0.502	0.414		
$Sa(T)$	8.511	36.275	1.004	0.207		
$Ga(T)$	-63040	27.764	-36.275	-0.502	0.207	
$Ga(l)$	-26990	-263.240				

ClF_3(气)

温度范围:298 ~ 2000　　相:气

$\Delta H^{\ominus}_{f,298}$: -158870　　$S^{\ominus}_{298}$:281.458

函数	r_0	r_1	r_2	r_3	r_4	r_5
C_p	80.793	1.213	-1.464			
$Ha(T)$	-187920	80.793	0.607	1.464		
$Sa(T)$	-187.464	80.793	1.213	0.732		
$Ga(T)$	-187920	268.257	-80.793	-0.607	0.732	
$Ga(l)$	-107520	-379.022				

ClO(气)

温度范围:298 ~ 2000　　相:气

$\Delta H^{\ominus}_{f,298}$:101210　　$S^{\ominus}_{298}$:226.522

函数	r_0	r_1	r_2	r_3	r_4	r_5
C_p	35.899	1.213	-0.439			
$Ha(T)$	88980	35.899	0.607	0.439		
$Sa(T)$	19.153	35.899	1.213	0.220		
$Ga(T)$	88980	16.746	-35.899	-0.607	0.220	
$Ga(l)$	124810	-271.511				

Cl_2O(气)

温度范围:298 ~ 2000　　相:气

$\Delta H^{\ominus}_{f,298}$:87860　　$S^{\ominus}_{298}$:267.860

函数	r_0	r_1	r_2	r_3	r_4	r_5
C_p	56.777	0.711	-0.837			
$Ha(T)$	68090	56.777	0.356	0.837		
$Sa(T)$	-60.552	56.777	0.711	0.419		
$Ga(T)$	68090	117.329	-56.777	-0.356	0.419	
$Ga(l)$	124280	-337.268				

Co

温度范围:298 ~ 700　　相:固(α)

$\Delta H^{\ominus}_{f,298}$:0　　$S^{\ominus}_{298}$:30.041

函数	r_0	r_1	r_2	r_3	r_4	r_5
C_p	21.531	13.866	-0.077			
$Ha(T)$	-7294	21.531	6.933	0.077		
$Sa(T)$	-97.201	21.531	13.866	0.039		
$Ga(T)$	-7294	118.732	-21.531	-6.933	0.039	
$Ga(l)$	4777	-43.296				

温度范围:700 ~ 1000　　相:固(β)

$\Delta H^{\ominus}_{tr}$:452　　$\Delta S^{\ominus}_{tr}$:0.646

函数	r_0	r_1	r_2	r_3	r_4	r_5
C_p	4.443	30.003	2.523			
$Ha(T)$	4880	4.443	15.002	-2.523		
$Sa(T)$	6.747	4.443	30.003	-1.262		
$Ga(T)$	4880	-2.304	-4.443	-15.002	-1.262	
$Ga(l)$	16340	-60.425				

温度范围:1000 ~ 1394　　相:固(β)

$\Delta H^{\ominus}_{tr}$:—　　$\Delta S^{\ominus}_{tr}$:—

函数	r_0	r_1	r_2	r_3	r_4	r_5
C_p	279.311	-336.113	-43.363	137.172		
$Ha(T)$	-178540	279.311	-168.057	43.363	45.724	
$Sa(T)$	-1617.387	279.311	-336.113	21.682	68.586	
$Ga(T)$	-178540	1896.698	-279.311	168.057	21.682	-22.862
$Ga(l)$	29430	-73.339				

温度范围:1394 ~ 1500　　相:固(β)

$\Delta H^{\ominus}_{tr}$:—　　$\Delta S^{\ominus}_{tr}$:—

函数	r_0	r_1	r_2	r_3	r_4	r_5
C_p	-822.093	382.183	649.264			
$Ha(T)$	1279600	-822.093	191.092	-649.264		
$Sa(T)$	5666.893	-822.093	382.183	-324.632		
$Ga(T)$	1279600	-6488.985	822.093	-191.092	-324.632	
$Ga(l)$	40490	-81.619				

温度范围:1500 ~ 1768　　相:固(β)

$\Delta H^{\ominus}_{tr}$:—　　$\Delta S^{\ominus}_{tr}$:—

函数	r_0	r_1	r_2	r_3	r_4	r_5
C_p	-56.158	36.158	93.742			
$Ha(T)$	149660	-56.158	18.079	-93.742		
$Sa(T)$	461.029	-56.158	36.158	-46.871		
$Ga(T)$	149660	-517.187	56.158	-18.079	-46.871	
$Ga(l)$	48660	-87.016				

温度范围:1768 ~ 3201　　相:液

$\Delta H_{tr}^{\ominus}$:16190　　$\Delta S_{tr}^{\ominus}$:9.157

函数	r_0	r_1	r_2	r_3	r_4	r_5
C_p	40.501					
$Ha(T)$	-1554	40.501				
$Sa(T)$	-203.659	40.501				
$Ga(T)$	-1554	244.160	-40.501			
$Ga(l)$	96810	-112.628				

温度范围:3201 ~ 3600　　相:气

$\Delta H_{tr}^{\ominus}$:376600　　$\Delta S_{tr}^{\ominus}$:117.651

函数	r_0	r_1	r_2	r_3	r_4	r_5
C_p	26.234					
$Ha(T)$	420710	26.234				
$Sa(T)$	29.144	26.234				
$Ga(T)$	420710	-2.910	-26.234			
$Ga(l)$	509890	-242.476				

Co(气)

温度范围:298 ~ 5000　　相:气

$\Delta H_{f,298}^{\ominus}$:426700　　$S_{298}^{\ominus}$:179.5

函数	r_0	r_1	r_2	r_3	r_4	r_5
C_p	26.69		-0.33			
$Ha(T)$	417640	26.690		0.330		
$Sa(T)$	25.575	26.690		0.165		
$Ga(T)$	417640	1.115	-26.690		0.165	
$Ga(l)$	471330	-233.363				

CoF_2

温度范围:298 ~ 1400　　相:固

$\Delta H_{f,298}^{\ominus}$: -672400　　$S_{298}^{\ominus}$:82

函数	r_0	r_1	r_2	r_3	r_4	r_5
C_p	80.91	6.15	-1.24			
$Ha(T)$	-700960	80.910	3.075	1.240		
$Sa(T)$	-387.801	80.910	6.150	0.620		
$Ga(T)$	-700960	468.711	-80.910	-3.075	0.620	
$Ga(l)$	-636740	-160.491				

温度范围:1400 ~ 2020　　相:液

$\Delta H_{tr}^{\ominus}$:57300　　$\Delta S_{tr}^{\ominus}$:40.929

函数	r_0	r_1	r_2	r_3	r_4	r_5
C_p	102.51					
$Ha(T)$	-666980	102.510				
$Sa(T)$	-494.421	102.510				
$Ga(T)$	-666980	596.931	-102.510			
$Ga(l)$	-493230	-268.352				

CoF_2(气)

温度范围:298 ~ 2020　　相:气

$\Delta H^{\ominus}_{f,298}$: -356500　　$S^{\ominus}_{298}$:278

函数	r_0	r_1	r_2	r_3	r_4	r_5
C_p	55.41	2.68	-0.44			
$Ha(T)$	-374620	55.410	1.340	0.440		
$Sa(T)$	-40.978	55.410	2.680	0.220		
$Ga(T)$	-374620	96.388	-55.410	-1.340	0.220	
$Ga(l)$	-318760	-349.803				

CoF_3

温度范围:298 ~ 1365　　相:固

$\Delta H^{\ominus}_{f,298}$: -790400　　$S^{\ominus}_{298}$:94.6

函数	r_0	r_1	r_2	r_3	r_4	r_5
C_p	100.28	4.88	-0.88			
$Ha(T)$	-823470	100.280	2.440	0.880		
$Sa(T)$	-483.160	100.280	4.880	0.440		
$Ga(T)$	-823470	583.440	-100.280	-2.440	0.440	
$Ga(l)$	-747060	-191.415				

CoCl(气)

温度范围:298 ~ 2000　　相:气

$\Delta H^{\ominus}_{f,298}$:192880　　$S^{\ominus}_{298}$:245.601

函数	r_0	r_1	r_2	r_3	r_4	r_5
C_p	37.125	0.473	-0.186			
$Ha(T)$	181170	37.125	0.237	0.186		
$Sa(T)$	32.890	37.125	0.473	0.093		
$Ga(T)$	181170	4.235	-37.125	-0.237	0.093	
$Ga(l)$	217460	-292.811				

$CoCl_2$

温度范围:298 ~ 1013　　相:固

$\Delta H^{\ominus}_{f,298}$: -312550　　$S^{\ominus}_{298}$:109.286

函数	r_0	r_1	r_2	r_3	r_4	r_5
C_p	82.069	6.724	-0.495			
$Ha(T)$	-338980	82.069	3.362	0.495		
$Sa(T)$	-363.099	82.069	6.724	0.248		
$Ga(T)$	-338980	445.168	-82.069	-3.362	0.248	
$Ga(l)$	-287450	-171.660				

温度范围:1013 ~ 1342　　相:液

$\Delta H^{\ominus}_{tr}$:44770　　$\Delta S^{\ominus}_{tr}$:44.195

函数	r_0	r_1	r_2	r_3	r_4	r_5
C_p	99.161					
$Ha(T)$	-307580	99.161				
$Sa(T)$	-430.139	99.161				
$Ga(T)$	-307580	529.300	-99.161			
$Ga(l)$	-191430	-270.849				

$CoCl_2$(气)

温度范围:298 ~ 2000　　　　相:气

$\Delta H^{\ominus}_{f,298}$: -94450　　　　$S^{\ominus}_{298}$:298. 319

函数	r_0	r_1	r_2	r_3	r_4	r_5
C_p	58. 413	7. 485	-0. 073	-2. 305		
$Ha(T)$	-112420	58. 413	3. 743	0. 073	-0. 768	
$Sa(T)$	-37. 035	58. 413	7. 485	0. 037	-1. 153	
$Ga(T)$	-112420	95. 448	-58. 413	-3. 743	0. 037	0. 384
$Ga(l)$	-52990	-377. 855				

$(CoCl_2)_2$(气)

温度范围:298 ~ 2000　　　　相:气

$\Delta H^{\ominus}_{f,298}$: -350600　　　　$S^{\ominus}_{298}$:450. 4

函数	r_0	r_1	r_2	r_3	r_4	r_5
C_p	131. 47	2. 78	-0. 43			
$Ha(T)$	-391360	131. 470	1. 390	0. 430		
$Sa(T)$	-301. 911	131. 470	2. 780	0. 215		
$Ga(T)$	-391360	433. 381	-131. 470	-1. 390	0. 215	
$Ga(l)$	-262520	-619. 674				

$CoCl_3$(气)

温度范围:298 ~ 2000　　　　相:气

$\Delta H^{\ominus}_{f,298}$: -163590　　　　$S^{\ominus}_{298}$:333. 883

函数	r_0	r_1	r_2	r_3	r_4	r_5
C_p	89. 780	-6. 439	-1. 046	2. 050		
$Ha(T)$	-193600	89. 780	-3. 220	1. 046	0. 683	
$Sa(T)$	-181. 702	89. 780	-6. 439	0. 523	1. 025	
$Ga(T)$	-193600	271. 482	-89. 780	3. 220	0. 523	-0. 342
$Ga(l)$	-108250	-440. 008				

$CoBr_2$

温度范围:298 ~ 951　　　　相:固

$\Delta H^{\ominus}_{f,298}$: -220920　　　　$S^{\ominus}_{298}$:133. 888

函数	r_0	r_1	r_2	r_3	r_4	r_5
C_p	68. 199	20. 502				
$Ha(T)$	-242160	68. 199	10. 251			
$Sa(T)$	-260. 795	68. 199	20. 502			
$Ga(T)$	-242160	328. 994	-68. 199	-10. 251		
$Ga(l)$	-199170	-189. 027				

CoI_2

温度范围:298 ~ 793　　　　相:固

$\Delta H^{\ominus}_{f,298}$: -88700　　　　$S^{\ominus}_{298}$:153. 134

函数	r_0	r_1	r_2	r_3	r_4	r_5
C_p	66. 107	32. 217				
$Ha(T)$	-109840	66. 107	16. 109			
$Sa(T)$	-233. 123	66. 107	32. 217			
$Ga(T)$	-109840	299. 230	-66. 107	-16. 109		
$Ga(l)$	-71350	-199. 625				

CoI_2（气）

温度范围:298 ~ 2000　　相:气

$\Delta H^{\ominus}_{f,298}$:118400　　$S^{\ominus}_{298}$:343

函数	r_0	r_1	r_2	r_3	r_4	r_5
C_p	62.3	0.03	−0.19			
$Ha(T)$	99190	62.300	0.015	0.190		
$Sa(T)$	−13.038	62.300	0.030	0.095		
$Ga(T)$	99190	75.338	−62.300	−0.015	0.095	
$Ga(l)$	159530	−422.188				

Co_2I_4（气）

温度范围:298 ~ 2000　　相:气

$\Delta H^{\ominus}_{f,298}$:54100　　$S^{\ominus}_{298}$:531

函数	r_0	r_1	r_2	r_3	r_4	r_5
C_p	132.94	0.04	−0.47			
$Ha(T)$	12890	132.940	0.020	0.470		
$Sa(T)$	−229.094	132.940	0.040	0.235		
$Ga(T)$	12890	362.034	−132.940	−0.020	0.235	
$Ga(l)$	141720	−699.632				

CoO

温度范围:298 ~ 2000　　相:固

$\Delta H^{\ominus}_{f,298}$: −237700　　$S^{\ominus}_{298}$:53

函数	r_0	r_1	r_2	r_3	r_4	r_5
C_p	45.26	10.69	0.6			
$Ha(T)$	−249660	45.260	5.345	−0.600		
$Sa(T)$	−204.686	45.260	10.690	−0.300		
$Ga(T)$	−249660	249.946	−45.260	−5.345	−0.300	
$Ga(l)$	−200970	−123.322				

$CoO \cdot Al_2O_3$

温度范围:298 ~ 1200　　相:固

$\Delta H^{\ominus}_{f,298}$: −1947100　　$S^{\ominus}_{298}$:99.6

函数	r_0	r_1	r_2	r_3	r_4	r_5
C_p	165.69	18.83	−3.47			
$Ha(T)$	−2009000	165.690	9.415	3.470		
$Sa(T)$	−869.567	165.690	18.830	1.735		
$Ga(T)$	−2009000	1035.257	−165.690	−9.415	1.735	
$Ga(l)$	−1887200	−238.677				

$CoO \cdot Cr_2O_3$

温度范围:298 ~ 1800　　相:固

$\Delta H^{\ominus}_{f,298}$: −1427200　　$S^{\ominus}_{298}$:126.357

函数	r_0	r_1	r_2	r_3	r_4	r_5
C_p	167.653	17.740	−1.398			
$Ha(T)$	−1482700	167.653	8.870	1.398		
$Sa(T)$	−842.015	167.653	17.740	0.699		
$Ga(T)$	−1482700	1009.668	−167.653	−8.870	0.699	
$Ga(l)$	−1323000	−333.912				

$CoO \cdot Fe_2O_3$

温度范围:298 ~ 773　　相:固(α)

$\Delta H^{\ominus}_{f,298}$: −1087800　　$S^{\ominus}_{298}$:142.674

函数	r_0	r_1	r_2	r_3	r_4	r_5
C_p	131.796	141.419				
$Ha(T)$	−1133400	131.796	70.710			
$Sa(T)$	−650.411	131.796	141.419			
$Ga(T)$	−1133400	782.207	−131.796	−70.710		
$Ga(l)$	−1047700	−250.740				

温度范围:773 ~ 900　　相:固(β)

$\Delta H^{\ominus}_{tr}$:0　　$\Delta S^{\ominus}_{tr}$:0.000

函数	r_0	r_1	r_2	r_3	r_4	r_5
C_p	205.016					
$Ha(T)$	−1147700	205.016				
$Sa(T)$	−1028.027	205.016				
$Ga(T)$	−1147700	1233.043	−205.016			
$Ga(l)$	−976460	−351.502				

$CoO \cdot TiO_2$

温度范围:298 ~ 1700　　相:固

$\Delta H^{\ominus}_{f,298}$: −1219600　　$S^{\ominus}_{298}$:96.860

函数	r_0	r_1	r_2	r_3	r_4	r_5
C_p	123.470	9.707	−1.653			
$Ha(T)$	−1262400	123.470	4.854	1.653		
$Sa(T)$	−618.814	123.470	9.707	0.827		
$Ga(T)$	−1262400	742.284	−123.470	−4.854	0.827	
$Ga(l)$	−1150300	−238.011				

$CoO \cdot WO_3$

温度范围:298 ~ 986　　相:固(α)

$\Delta H^{\ominus}_{f,298}$: −1143700　　$S^{\ominus}_{298}$:126.357

函数	r_0	r_1	r_2	r_3	r_4	r_5
C_p	115.478	48.493				
$Ha(T)$	−1180300	115.478	24.247			
$Sa(T)$	−546.048	115.478	48.493			
$Ga(T)$	−1180300	661.526	−115.478	−24.247		
$Ga(l)$	−1103000	−228.077				

温度范围:986 ~ 1500　　相:固(β)

$\Delta H^{\ominus}_{tr}$:1862　　$\Delta S^{\ominus}_{tr}$:1.888

函数	r_0	r_1	r_2	r_3	r_4	r_5
C_p	122.382	41.924				
$Ha(T)$	−1182000	122.382	20.962			
$Sa(T)$	−585.277	122.382	41.924			
$Ga(T)$	−1182000	707.659	−122.382	−20.962		
$Ga(l)$	−999730	−338.314				

$2CoO \cdot SiO_2$

温度范围:298 ~ 1690 相:固

$\Delta H^{\ominus}_{f,298}$: −1406700 $S^{\ominus}_{298}$:158.574

函数	r_0	r_1	r_2	r_3	r_4	r_5
C_p	157.402	22.050	−2.669			
$Ha(T)$	−1463600	157.402	11.025	2.669		
$Sa(T)$	−759.826	157.402	22.050	1.335		
$Ga(T)$	−1463600	917.228	−157.402	−11.025	1.335	
$Ga(l)$	−1316500	−341.710				

温度范围:1690 ~ 2000 相:液

$\Delta H^{\ominus}_{tr}$:100420 $\Delta S^{\ominus}_{tr}$:59.420

函数	r_0	r_1	r_2	r_3	r_4	r_5
C_p	242.672					
$Ha(T)$	−1474200	242.672				
$Sa(T)$	−1296.442	242.672				
$Ga(T)$	−1474200	1539.114	−242.672			
$Ga(l)$	−1027200	−528.362				

$2CoO \cdot TiO_2$

温度范围:298 ~ 1848 相:固

$\Delta H^{\ominus}_{f,298}$: −1446600 $S^{\ominus}_{298}$:153.971

函数	r_0	r_1	r_2	r_3	r_4	r_5
C_p	171.753	18.242	−1.485			
$Ha(T)$	−1503600	171.753	9.121	1.485		
$Sa(T)$	−838.400	171.753	18.242	0.743		
$Ga(T)$	−1503600	1010.153	−171.753	−9.121	0.743	
$Ga(l)$	−1336700	−370.472				

Co_3O_4

温度范围:298 ~ 1226 相:固

$\Delta H^{\ominus}_{f,298}$: −910000 $S^{\ominus}_{298}$:114.3

函数	r_0	r_1	r_2	r_3	r_4	r_5
C_p	131.65	66.02	−2.48			
$Ha(T)$	−960500	131.650	33.010	2.480		
$Sa(T)$	−669.422	131.650	66.020	1.240		
$Ga(T)$	−960500	801.072	−131.650	−33.010	1.240	
$Ga(l)$	−849880	−251.982				

$Co(OH)_2$

温度范围:298 ~ 500 相:固

$\Delta H^{\ominus}_{f,298}$: −541410 $S^{\ominus}_{298}$:93.303

函数	r_0	r_1	r_2	r_3	r_4	r_5
C_p	82.843	47.698				
$Ha(T)$	−568230	82.843	23.849			
$Sa(T)$	−392.924	82.843	47.698			
$Ga(T)$	−568230	475.767	−82.843	−23.849		
$Ga(l)$	−532020	−121.730				

$CoS_{0.89}$

温度范围:298 ~ 1106　　相:固

$\Delta H^{\ominus}_{f,298}$: −94600　　$S^{\ominus}_{298}$:52. 3

函数	r_0	r_1	r_2	r_3	r_4	r_5
C_p	40. 25	15. 52				
$Ha(T)$	−107290	40. 250	7. 760			
$Sa(T)$	−181. 656	40. 250	15. 520			
$Ga(T)$	−107290	221. 906	−40. 250	−7. 760		
$Ga(l)$	−78260	−91. 600				

$CoS_{1.333}$

温度范围:298 ~ 900　　相:固

$\Delta H^{\ominus}_{f,298}$: −119660　　$S^{\ominus}_{298}$:61. 505

函数	r_0	r_1	r_2	r_3	r_4	r_5
C_p	47. 781	25. 522				
$Ha(T)$	−135040	47. 781	12. 761			
$Sa(T)$	−218. 341	47. 781	25. 522			
$Ga(T)$	−135040	266. 122	−47. 781	−12. 761		
$Ga(l)$	−104220	−101. 249				

CoS_2

温度范围:298 ~ 1100　　相:固

$\Delta H^{\ominus}_{f,298}$: −153100　　$S^{\ominus}_{298}$:69

函数	r_0	r_1	r_2	r_3	r_4	r_5
C_p	60. 67	25. 31				
$Ha(T)$	−172310	60. 670	12. 655			
$Sa(T)$	−284. 219	60. 670	25. 310			
$Ga(T)$	−172310	344. 889	−60. 670	−12. 655		
$Ga(l)$	−128310	−128. 691				

Co_3S_4

温度范围:298 ~ 953　　相:固

$\Delta H^{\ominus}_{f,298}$: −359000　　$S^{\ominus}_{298}$:184. 5

函数	r_0	r_1	r_2	r_3	r_4	r_5
C_p	143. 3	76. 57				
$Ha(T)$	−405130	143. 300	38. 285			
$Sa(T)$	−654. 795	143. 300	76. 570			
$Ga(T)$	−405130	798. 095	−143. 300	−38. 285		
$Ga(l)$	−308700	−311. 584				

$CoSO_4$

温度范围:298 ~ 1000　　相:固

$\Delta H^{\ominus}_{f,298}$: −887010　　$S^{\ominus}_{298}$:113. 386

函数	r_0	r_1	r_2	r_3	r_4	r_5
C_p	125. 897	41. 463				
$Ha(T)$	−926390	125. 897	20. 732			
$Sa(T)$	−616. 286	125. 897	41. 463			
$Ga(T)$	−926390	742. 183	−125. 897	−20. 732		
$Ga(l)$	−843450	−221. 940				

$CoSeO_3$

温度范围:298 ~ 932 相:固

$\Delta H^{\ominus}_{f,298}$: -581990 $S^{\ominus}_{298}$:113.805

函数	r_0	r_1	r_2	r_3	r_4	r_5
C_p	79.914	59.831				
$Ha(T)$	-608480	79.914	29.916			
$Sa(T)$	-359.351	79.914	59.831			
$Ga(T)$	-608480	439.265	-79.914	-29.916		
$Ga(l)$	-552630	-188.381				

温度范围:932 ~ 1100 相:液

$\Delta H^{\ominus}_{tr}$:16320 $\Delta S^{\ominus}_{tr}$:17.511

函数	r_0	r_1	r_2	r_3	r_4	r_5
C_p	144.348					
$Ha(T)$	-626220	144.348				
$Sa(T)$	-726.635	144.348				
$Ga(T)$	-626220	870.983	-144.348			
$Ga(l)$	-479830	-272.682				

CoSb

温度范围:298 ~ 1475 相:固

$\Delta H^{\ominus}_{f,298}$: -42000 $S^{\ominus}_{298}$:70.7

函数	r_0	r_1	r_2	r_3	r_4	r_5
C_p	42.26	25.94				
$Ha(T)$	-55750	42.260	12.970			
$Sa(T)$	-177.814	42.260	25.940			
$Ga(T)$	-55750	220.074	-42.260	-12.970		
$Ga(l)$	-14320	-129.943				

Co_3N

温度范围:298 ~ 600 相:固(介稳)

$\Delta H^{\ominus}_{f,298}$:8368 $S^{\ominus}_{298}$:98.742

函数	r_0	r_1	r_2	r_3	r_4	r_5
C_p	73.220	62.760				
$Ha(T)$	-16250	73.220	31.380			
$Sa(T)$	-337.148	73.220	62.760			
$Ga(T)$	-16250	410.368	-73.220	-31.380		
$Ga(l)$	21710	-137.357				

$Co(NO_3)_2$

温度范围:298 ~ 535 相:固

$\Delta H^{\ominus}_{f,298}$: -421600 $S^{\ominus}_{298}$:177

函数	r_0	r_1	r_2	r_3	r_4	r_5
C_p	131.8	83.68				
$Ha(T)$	-464620	131.800	41.840			
$Sa(T)$	-598.892	131.800	83.680			
$Ga(T)$	-464620	730.692	-131.800	-41.840		
$Ga(l)$	-403840	-229.907				

Co_2P

温度范围:298 ~ 1659　　相:固

$\Delta H^{\ominus}_{f,298}$: −188000　　$S^{\ominus}_{298}$:77.4

函数	r_0	r_1	r_2	r_3	r_4	r_5
C_p	57.95	23.01				
$Ha(T)$	−206300	57.950	11.505			
$Sa(T)$	−259.636	57.950	23.010			
$Ga(T)$	−206300	317.586	−57.950	−11.505		
$Ga(l)$	−148270	−158.770				

CoP

温度范围:298 ~ 1500　　相:固

$\Delta H^{\ominus}_{f,298}$: −125520　　$S^{\ominus}_{298}$:50.208

函数	r_0	r_1	r_2	r_3	r_4	r_5
C_p	40.920	14.644				
$Ha(T)$	−138370	40.920	7.322			
$Sa(T)$	−187.304	40.920	14.644			
$Ga(T)$	−138370	228.224	−40.920	−7.322		
$Ga(l)$	−101260	−102.134				

CoP_3

温度范围:298 ~ 1400　　相:固

$\Delta H^{\ominus}_{f,298}$: −204600　　$S^{\ominus}_{298}$:98.324

函数	r_0	r_1	r_2	r_3	r_4	r_5
C_p	93.722	25.104				
$Ha(T)$	−233660	93.722	12.552			
$Sa(T)$	−443.151	93.722	25.104			
$Ga(T)$	−233660	536.873	−93.722	−12.552		
$Ga(l)$	−155870	−205.867				

$CoSb_{0.98}$

温度范围:298 ~ 1475　　相:固

$\Delta H^{\ominus}_{f,298}$: −41840　　$S^{\ominus}_{298}$:70.710

函数	r_0	r_1	r_2	r_3	r_4	r_5
C_p	42.258	25.941				
$Ha(T)$	−55590	42.258	12.971			
$Sa(T)$	−177.793	42.258	25.941			
$Ga(T)$	−55590	220.051	−42.258	−12.971		
$Ga(l)$	−14160	−129.952				

$CoSb_2$

温度范围:298 ~ 1200　　相:固

$\Delta H^{\ominus}_{f,298}$: −50210　　$S^{\ominus}_{298}$:120.290

函数	r_0	r_1	r_2	r_3	r_4	r_5
C_p	64.852	33.179				
$Ha(T)$	−71020	64.852	16.590			
$Sa(T)$	−259.103	64.852	33.179			
$Ga(T)$	−71020	323.955	−64.852	−16.590		
$Ga(l)$	−19230	−192.433				

$CoSb_3$

温度范围:298 ~ 1132　　相:固

$\Delta H^{\Theta}_{f,298}$: −62760　　S^{Θ}_{298}:161. 921

函数	r_0	r_1	r_2	r_3	r_4	r_5
C_p	87. 864	40. 376				
$Ha(T)$	−90750	87. 864	20. 188			
$Sa(T)$	−350. 731	87. 864	40. 376			
$Ga(T)$	−90750	438. 595	−87. 864	−20. 188		
$Ga(l)$	−24780	−252. 380				

$CoCO_3$

温度范围:298 ~ 800　　相:固

$\Delta H^{\Theta}_{f,298}$: −711280　　S^{Θ}_{298}:88. 701

函数	r_0	r_1	r_2	r_3	r_4	r_5
C_p	92. 048	38. 911	−1. 799			
$Ha(T)$	−746490	92. 048	19. 456	1. 799		
$Sa(T)$	−457. 472	92. 048	38. 911	0. 900		
$Ga(T)$	−746490	549. 520	−92. 048	−19. 456	0. 900	
$Ga(l)$	−689740	−145. 961				

CoSi

温度范围:298 ~ 1733　　相:固

$\Delta H^{\Theta}_{f,298}$: −95100　　S^{Θ}_{298}:42. 7

函数	r_0	r_1	r_2	r_3	r_4	r_5
C_p	49. 16	12. 09	−0. 75			
$Ha(T)$	−112810	49. 160	6. 045	0. 750		
$Sa(T)$	−245. 217	49. 160	12. 090	0. 375		
$Ga(T)$	−112810	294. 377	−49. 160	−6. 045	0. 375	
$Ga(l)$	−63900	−105. 163				

$CoSi_2$

温度范围:298 ~ 1601　　相:固

$\Delta H^{\Theta}_{f,298}$: −98700　　S^{Θ}_{298}:64

函数	r_0	r_1	r_2	r_3	r_4	r_5
C_p	70. 86	18. 66	−0. 99			
$Ha(T)$	−123980	70. 860	9. 330	0. 990		
$Sa(T)$	−350. 864	70. 860	18. 660	0. 495		
$Ga(T)$	−123980	421. 724	−70. 860	−9. 330	0. 495	
$Ga(l)$	−57340	−149. 712				

CoSn

温度范围:298 ~ 1209　　相:固(δ)

$\Delta H^{\Theta}_{f,298}$: −29290　　S^{Θ}_{298}:71. 546

函数	r_0	r_1	r_2	r_3	r_4	r_5
C_p	45. 606	18. 828				
$Ha(T)$	−43720	45. 606	9. 414			
$Sa(T)$	−193. 912	45. 606	18. 828			
$Ga(T)$	−43720	239. 518	−45. 606	−9. 414		
$Ga(l)$	−8209	−120. 590				

CoB

温度范围:298 ~1300 相:固

$\Delta H^{\ominus}_{f,298}$: -94140 $S^{\ominus}_{298}$:30.543

函数	r_0	r_1	r_2	r_3	r_4	r_5
C_p	42.928	14.644	-1.126			
$Ha(T)$	-111370	42.928	7.322	1.126		
$Sa(T)$	-224.743	42.928	14.644	0.563		
$Ga(T)$	-111370	267.671	-42.928	-7.322	0.563	
$Ga(l)$	-75060	-73.186				

Co_2B

温度范围:298 ~1500 相:固

$\Delta H^{\ominus}_{f,298}$: -125520 $S^{\ominus}_{298}$:59.831

函数	r_0	r_1	r_2	r_3	r_4	r_5
C_p	68.367	22.343	-1.427			
$Ha(T)$	-151680	68.367	11.172	1.427		
$Sa(T)$	-344.385	68.367	22.343	0.714		
$Ga(T)$	-151680	412.752	-68.367	-11.172	0.714	
$Ga(l)$	-88340	-138.520				

CoAl

温度范围:298 ~1918 相:固

$\Delta H^{\ominus}_{f,298}$: -110460 $S^{\ominus}_{298}$:54.392

函数	r_0	r_1	r_2	r_3	r_4	r_5
C_p	42.677	12.552				
$Ha(T)$	-123740	42.677	6.276			
$Sa(T)$	-192.507	42.677	12.552			
$Ga(T)$	-123740	235.184	-42.677	-6.276		
$Ga(l)$	-77490	-117.972				

温度范围:1918 ~2100 相:液

$\Delta H^{\ominus}_{tr}$:62760 $\Delta S^{\ominus}_{tr}$:32.722

函数	r_0	r_1	r_2	r_3	r_4	r_5
C_p	71.128					
$Ha(T)$	-92460	71.128				
$Sa(T)$	-350.773	71.128				
$Ga(T)$	-92460	421.901	-71.128			
$Ga(l)$	50350	-190.168				

$CoAl_3$

温度范围:298 ~1200 相:固

$\Delta H^{\ominus}_{f,298}$: -152300 $S^{\ominus}_{298}$:110.876

函数	r_0	r_1	r_2	r_3	r_4	r_5
C_p	83.889	35.564				
$Ha(T)$	-178890	83.889	17.782			
$Sa(T)$	-377.693	83.889	35.564			
$Ga(T)$	-178890	461.582	-83.889	-17.782		
$Ga(l)$	-113710	-200.880				

Co_2Al_5

温度范围:298 ~ 1443　　相:固

$\Delta H^{\ominus}_{f,298}$: −292880　　$S^{\ominus}_{298}$:193.719

函数	r_0	r_1	r_2	r_3	r_4	r_5
C_p	147.277	58.576				
$Ha(T)$	−339390	147.277	29.288			
$Sa(T)$	−662.870	147.277	58.576			
$Ga(T)$	−339390	810.147	−147.277	−29.288		
$Ga(l)$	−208040	−377.988				

Co_2Al_9

温度范围:298 ~ 1216　　相:固

$\Delta H^{\ominus}_{f,298}$: −331370　　$S^{\ominus}_{298}$:305.850

函数	r_0	r_1	r_2	r_3	r_4	r_5
C_p	229.702	107.947				
$Ha(T)$	−404650	229.702	53.974			
$Sa(T)$	−1035.084	229.702	107.947			
$Ga(T)$	−404650	1264.786	−229.702	−53.974		
$Ga(l)$	−221670	−560.225				

Cr

温度范围:298 ~ 1000　　相:固

$\Delta H^{\ominus}_{f,298}$:0　　$S^{\ominus}_{298}$:23.640

函数	r_0	r_1	r_2	r_3	r_4	r_5
C_p	17.715	22.966	−0.038	−9.033		
$Ha(T)$	−6350	17.715	11.483	0.038	−3.011	
$Sa(T)$	−83.952	17.715	22.966	0.019	−4.517	
$Ga(T)$	−6350	101.667	−17.715	−11.483	0.019	1.505
$Ga(l)$	7870	−43.155				

温度范围:1000 ~ 2130　　相:固

$\Delta H^{\ominus}_{tr}$:—　　$\Delta S^{\ominus}_{tr}$:—

函数	r_0	r_1	r_2	r_3	r_4	r_5
C_p	18.067	15.531	−1.670			
$Ha(T)$	−7628	18.067	7.766	1.670		
$Sa(T)$	−84.282	18.067	15.531	0.835		
$Ga(T)$	−7628	102.349	−18.067	−7.766	0.835	
$Ga(l)$	38980	−73.047				

温度范围:2130 ~ 2945　　相:液

$\Delta H^{\ominus}_{tr}$:16930　　$\Delta S^{\ominus}_{tr}$:7.948

函数	r_0	r_1	r_2	r_3	r_4	r_5
C_p	39.330					
$Ha(T)$	28	39.330				
$Sa(T)$	−206.025	39.330				
$Ga(T)$	28	245.355	−39.330			
$Ga(l)$	99150	−102.181				

温度范围:2945 ~ 3100 相:气

$\Delta H^{\ominus}_{tr}$:344260 $\Delta S^{\ominus}_{tr}$:116. 896

函数	r_0	r_1	r_2	r_3	r_4	r_5
C_p	30. 786					
$Ha(T)$	369450	30. 786				
$Sa(T)$	−20. 880	30. 786				
$Ga(T)$	369450	51. 666	−30. 786			
$Ga(l)$	462590	−225. 868				

Cr(气)

温度范围:298 ~ 3000 相:气

$\Delta H^{\ominus}_{f,298}$:397500 $S^{\ominus}_{298}$:174. 3

函数	r_0	r_1	r_2	r_3	r_4	r_5
C_p	20. 98	−1. 99	0. 04	1. 83		
$Ha(T)$	391450	20. 980	−0. 995	−0. 040	0. 610	
$Sa(T)$	55. 501	20. 980	−1. 990	−0. 020	0. 915	
$Ga(T)$	391450	−34. 521	−20. 980	0. 995	−0. 020	−0. 305
$Ga(l)$	419290	−208. 760				

CrF_2

温度范围:298 ~ 1373 相:固

$\Delta H^{\ominus}_{f,298}$: −779480 $S^{\ominus}_{298}$:83. 680

函数	r_0	r_1	r_2	r_3	r_4	r_5
C_p	58. 994	20. 920				
$Ha(T)$	−798000	58. 994	10. 460			
$Sa(T)$	−258. 681	58. 994	20. 920			
$Ga(T)$	−798000	317. 675	−58. 994	−10. 460		
$Ga(l)$	−748220	−153. 019				

CrF_3

温度范围:298 ~ 1680 相:固

$\Delta H^{\ominus}_{f,298}$: −1173200 $S^{\ominus}_{298}$:93. 9

函数	r_0	r_1	r_2	r_3	r_4	r_5
C_p	93. 97	10. 25	−1. 62			
$Ha(T)$	−1207100	93. 970	5. 125	1. 620		
$Sa(T)$	−453. 671	93. 970	10. 250	0. 810		
$Ga(T)$	−1207100	547. 641	−93. 970	−5. 125	0. 810	
$Ga(l)$	−1120900	−200. 586				

CrF_4

温度范围:298 ~ 600 相:固

$\Delta H^{\ominus}_{f,298}$: −1198700 $S^{\ominus}_{298}$:128. 867

函数	r_0	r_1	r_2	r_3	r_4	r_5
C_p	80. 333	66. 944				
$Ha(T)$	−1225600	80. 333	33. 472			
$Sa(T)$	−348. 797	80. 333	66. 944			
$Ga(T)$	−1225600	429. 130	−80. 333	−33. 472		
$Ga(l)$	−1184200	−170. 939				

CrF_5

温度范围:298 ~ 375　　相:固

$\Delta H^{\ominus}_{f,298}$: −1464400　　$S^{\ominus}_{298}$:209. 200

函数	r_0	r_1	r_2	r_3	r_4	r_5
C_p	112. 968	74. 475				
$Ha(T)$	−1501400	112. 968	37. 238			
$Sa(T)$	−456. 651	112. 968	74. 475			
$Ga(T)$	−1501400	569. 619	−112. 968	−37. 238		
$Ga(l)$	−1459300	−225. 588				

温度范围:375 ~ 390　　相:液

$\Delta H^{\ominus}_{tr}$:19250　　$\Delta S^{\ominus}_{tr}$:51. 333

函数	r_0	r_1	r_2	r_3	r_4	r_5
C_p	179. 912					
$Ha(T)$	−1502000	179. 912				
$Sa(T)$	−774. 161	179. 912				
$Ga(T)$	−1502000	954. 073	−179. 912			
$Ga(l)$	−1432600	−297. 350				

温度范围:390 ~ 1000　　相:气

$\Delta H^{\ominus}_{tr}$:35560　　$\Delta S^{\ominus}_{tr}$:91. 179

函数	r_0	r_1	r_2	r_3	r_4	r_5
C_p	83. 680	41. 840				
$Ha(T)$	−1432100	83. 680	20. 920			
$Sa(T)$	−125. 165	83. 680	41. 840			
$Ga(T)$	−1432100	208. 845	−83. 680	−20. 920		
$Ga(l)$	−1367600	−449. 825				

$CrCl_2$

温度范围:298 ~ 1088　　相:固

$\Delta H^{\ominus}_{f,298}$: −395390　　$S^{\ominus}_{298}$:115. 311

函数	r_0	r_1	r_2	r_3	r_4	r_5
C_p	63. 806	24. 937				
$Ha(T)$	−415520	63. 806	12. 469			
$Sa(T)$	−255. 665	63. 806	24. 937			
$Ga(T)$	−415520	319. 471	−63. 806	−12. 469		
$Ga(l)$	−369990	−176. 746				

温度范围:1088 ~ 1573　　相:液

$\Delta H^{\ominus}_{tr}$:32220　　$\Delta S^{\ominus}_{tr}$:29. 614

函数	r_0	r_1	r_2	r_3	r_4	r_5
C_p	100. 416					
$Ha(T)$	−408370	100. 416				
$Sa(T)$	−454. 900	100. 416				
$Ga(T)$	−408370	555. 316	−100. 416			
$Ga(l)$	−275960	−267. 087				

$CrCl_2$(气)

温度范围:298 ~ 2000　　相:气

$\Delta H^{\ominus}_{f,298}$: −136300　　$S^{\ominus}_{298}$:308

函数	r_0	r_1	r_2	r_3	r_4	r_5
C_p	61.12	1.36	−0.34			
$Ha(T)$	−155720	61.120	0.680	0.340		
$Sa(T)$	−42.555	61.120	1.360	0.170		
$Ga(T)$	−155720	103.675	−61.120	−0.680	0.170	
$Ga(l)$	−95610	−386.048				

$CrCl_3$

温度范围:298 ~ 1088　　相:固

$\Delta H^{\ominus}_{f,298}$: −556500　　$S^{\ominus}_{298}$:123

函数	r_0	r_1	r_2	r_3	r_4	r_5
C_p	98.83	13.98	−1			
$Ha(T)$	−589940	98.830	6.990	1.000		
$Sa(T)$	−449.886	98.830	13.980	0.500		
$Ga(T)$	−589940	548.716	−98.830	−6.990	0.500	
$Ga(l)$	−522970	−204.106				

$CrCl_3$(气)

温度范围:298 ~ 2000　　相:气

$\Delta H^{\ominus}_{f,298}$: −325200　　$S^{\ominus}_{298}$:317.7

函数	r_0	r_1	r_2	r_3	r_4	r_5
C_p	83.35	3.16	−0.74			
$Ha(T)$	−352670	83.350	1.580	0.740		
$Sa(T)$	−162.299	83.350	3.160	0.370		
$Ga(T)$	−352670	245.649	−83.350	−1.580	0.370	
$Ga(l)$	−269650	−423.854				

$CrCl_4$

温度范围:298 ~ 435　　相:液

$\Delta H^{\ominus}_{f,298}$: −460240　　$S^{\ominus}_{298}$:255.224

函数	r_0	r_1	r_2	r_3	r_4	r_5
C_p	152.716					
$Ha(T)$	−505770	152.716				
$Sa(T)$	−614.890	152.716				
$Ga(T)$	−505770	767.606	−152.716			
$Ga(l)$	−450310	−286.238				

温度范围:435 ~ 2500　　相:气

$\Delta H^{\ominus}_{tr}$:37660　　$\Delta S^{\ominus}_{tr}$:86.575

函数	r_0	r_1	r_2	r_3	r_4	r_5
C_p	94.140	6.276				
$Ha(T)$	−443230	94.140	3.138			
$Sa(T)$	−175.176	94.140	6.276			
$Ga(T)$	−443230	269.316	−94.140	−3.138		
$Ga(l)$	−319240	−515.163				

$CrCl_4$(气)

温度范围:298 ~ 2000　　相:气

$\Delta H^{\Theta}_{f,298}$: -426800　　S^{Θ}_{298}:364.4

函数	r_0	r_1	r_2	r_3	r_4	r_5
C_p	106.43	1.31	-0.95			
$Ha(T)$	-461780	106.430	0.655	0.950		
$Sa(T)$	-247.729	106.430	1.310	0.475		
$Ga(T)$	-461780	354.159	-106.430	-0.655	0.475	
$Ga(l)$	-357230	-497.604				

$CrBr_2$

温度范围:298 ~ 1115　　相:固

$\Delta H^{\Theta}_{f,298}$: -302090　　S^{Θ}_{298}:134.725

函数	r_0	r_1	r_2	r_3	r_4	r_5
C_p	65.898	22.175				
$Ha(T)$	-322720	65.898	11.088			
$Sa(T)$	-247.347	65.898	22.175			
$Ga(T)$	-322720	313.245	-65.898	-11.088		
$Ga(l)$	-275610	-198.258				

$CrBr_3$

温度范围:298 ~ 1200　　相:固

$\Delta H^{\Theta}_{f,298}$: -432600　　S^{Θ}_{298}:159.7

函数	r_0	r_1	r_2	r_3	r_4	r_5
C_p	99.34	8.71	-0.49			
$Ha(T)$	-464250	99.340	4.355	0.490		
$Sa(T)$	-411.652	99.340	8.710	0.245		
$Ga(T)$	-464250	510.992	-99.340	-4.355	0.245	
$Ga(l)$	-394500	-249.029				

$CrBr_4$(气)

温度范围:298 ~ 2000　　相:气

$\Delta H^{\Theta}_{f,298}$: -258600　　S^{Θ}_{298}:417.4

函数	r_0	r_1	r_2	r_3	r_4	r_5
C_p	107.64	0.34	-0.57			
$Ha(T)$	-292620	107.640	0.170	0.570		
$Sa(T)$	-199.197	107.640	0.340	0.285		
$Ga(T)$	-292620	306.837	-107.640	-0.170	0.285	
$Ga(l)$	-187900	-553.248				

CrI_2

温度范围:298 ~ 1066　　相:固

$\Delta H^{\Theta}_{f,298}$: -158160　　S^{Θ}_{298}:169.034

函数	r_0	r_1	r_2	r_3	r_4	r_5
C_p	66.944	22.594				
$Ha(T)$	-179120	66.944	11.297			
$Sa(T)$	-219.122	66.944	22.594			
$Ga(T)$	-179120	286.066	-66.944	-11.297		
$Ga(l)$	-132820	-230.823				

CrI_3

温度范围:298 ~ 900 相:固

$\Delta H^{\ominus}_{f,298}$: −205020 $S^{\ominus}_{298}$:199.577

函数	r_0	r_1	r_2	r_3	r_4	r_5
C_p	105.437	20.920				
$Ha(T)$	−237390	105.437	10.460			
$Sa(T)$	−407.398	105.437	20.920			
$Ga(T)$	−237390	512.835	−105.437	−10.460		
$Ga(l)$	−175200	−276.626				

Cr_2I_4(气)

温度范围:298 ~ 2000 相:气

$\Delta H^{\ominus}_{f,298}$:15900 $S^{\ominus}_{298}$:532

函数	r_0	r_1	r_2	r_3	r_4	r_5
C_p	132.92	0.06	−0.49			
$Ha(T)$	−25380	132.920	0.030	0.490		
$Sa(T)$	−228.099	132.920	0.060	0.245		
$Ga(T)$	−25380	361.019	−132.920	−0.030	0.245	
$Ga(l)$	103480	−700.523				

CrO(气)

温度范围:298 ~ 2000 相:气

$\Delta H^{\ominus}_{f,298}$:188300 $S^{\ominus}_{298}$:239.3

函数	r_0	r_1	r_2	r_3	r_4	r_5
C_p	35.42	1.41	−0.4			
$Ha(T)$	176340	35.420	0.705	0.400		
$Sa(T)$	34.821	35.420	1.410	0.200		
$Ga(T)$	176340	0.599	−35.420	−0.705	0.200	
$Ga(l)$	211760	−284.037				

CrO_2

温度范围:298 ~ 600 相:固

$\Delta H^{\ominus}_{f,298}$: −581580 $S^{\ominus}_{298}$:51.045

函数	r_0	r_1	r_2	r_3	r_4	r_5
C_p	94.558	17.154				
$Ha(T)$	−610530	94.558	8.577			
$Sa(T)$	−492.823	94.558	17.154			
$Ga(T)$	−610530	587.381	−94.558	−8.577		
$Ga(l)$	−567710	−91.269				

CrO_2(气)

温度范围:298 ~ 2000 相:气

$\Delta H^{\ominus}_{f,298}$: −75300 $S^{\ominus}_{298}$:269.2

函数	r_0	r_1	r_2	r_3	r_4	r_5
C_p	52.84	2.75	−0.91			
$Ha(T)$	−94230	52.840	1.375	0.910		
$Sa(T)$	−37.799	52.840	2.750	0.455		
$Ga(T)$	−94230	90.639	−52.840	−1.375	0.455	
$Ga(l)$	−40650	−334.913				

CrO_3

温度范围:298 ~ 470 相:固

$\Delta H^{\ominus}_{f,298}$: −578230 $S^{\ominus}_{298}$:71.965

函数	r_0	r_1	r_2	r_3	r_4	r_5
C_p	82.550	21.673	−1.749			
$Ha(T)$	−609670	82.550	10.837	1.749		
$Sa(T)$	−414.671	82.550	21.673	0.875		
$Ga(T)$	−609670	497.221	−82.550	−10.837	0.875	
$Ga(l)$	−572160	−90.584				

温度范围:470 ~ 600 相:液

$\Delta H^{\ominus}_{tr}$:14230 $\Delta S^{\ominus}_{tr}$:30.277

函数	r_0	r_1	r_2	r_3	r_4	r_5
C_p	125.520					
$Ha(T)$	−609520	125.520				
$Sa(T)$	−634.632	125.520				
$Ga(T)$	−609520	760.152	−125.520			
$Ga(l)$	−542640	−153.729				

CrO_3(气)

温度范围:298 ~ 2000 相:气

$\Delta H^{\ominus}_{f,298}$: −292900 $S^{\ominus}_{298}$:266.2

函数	r_0	r_1	r_2	r_3	r_4	r_5
C_p	75.71	3.84	−1.85			
$Ha(T)$	−321850	75.710	1.920	1.850		
$Sa(T)$	−176.716	75.710	3.840	0.925		
$Ga(T)$	−321850	252.426	−75.710	−1.920	0.925	
$Ga(l)$	−244460	−357.519				

Cr_2O_3 ($CrO_{1.5\sim1.54}$)

温度范围:298 ~ 1800 相:固

$\Delta H^{\ominus}_{f,298}$: −1129700 $S^{\ominus}_{298}$:81.170

函数	r_0	r_1	r_2	r_3	r_4	r_5
C_p	119.370	9.205	−1.565			
$Ha(T)$	−1170900	119.370	4.603	1.565		
$Sa(T)$	−610.499	119.370	9.205	0.783		
$Ga(T)$	−1170900	729.869	−119.370	−4.603	0.783	
$Ga(l)$	−1058100	−223.562				

Cr_2O_3

温度范围:298 ~ 2000 相:固

$\Delta H^{\ominus}_{f,298}$: −1134700 $S^{\ominus}_{298}$:81.2

函数	r_0	r_1	r_2	r_3	r_4	r_5
C_p	109.65	15.46				
$Ha(T)$	−1168100	109.650	7.730			
$Sa(T)$	−548.151	109.650	15.460			
$Ga(T)$	−1168100	657.801	−109.650	−7.730		
$Ga(l)$	−1054000	−235.368				

Cr_5O_{12}

温度范围:298 ~ 700 相:固

$\Delta H^{\ominus}_{f,298}$: −2935100 $S^{\ominus}_{298}$:297.064

函数	r_0	r_1	r_2	r_3	r_4	r_5
C_p	366.937	74.266	−6.812			
$Ha(T)$	−3070700	366.937	37.133	6.812		
$Sa(T)$	−1854.053	366.937	74.266	3.406		
$Ga(T)$	−3070700	2220.990	−366.937	−37.133	3.406	
$Ga(l)$	−2872100	−471.715				

Cr_8O_{21}

温度范围:298 ~ 700 相:固

$\Delta H^{\ominus}_{f,298}$: −4677700 $S^{\ominus}_{298}$:512.958

函数	r_0	r_1	r_2	r_3	r_4	r_5
C_p	614.630	139.327	−12.050			
$Ha(T)$	−4907600	614.630	69.664	12.050		
$Sa(T)$	−3098.274	614.630	139.327	6.025		
$Ga(T)$	−4907600	3712.904	−614.630	−69.664	6.025	
$Ga(l)$	−4571800	−806.331				

CrO_2Cl_2(气)

温度范围:298 ~ 2000 相:气

$\Delta H^{\ominus}_{f,298}$: −538600 $S^{\ominus}_{298}$:329

函数	r_0	r_1	r_2	r_3	r_4	r_5
C_p	105.31	1.33	−2.21			
$Ha(T)$	−577470	105.310	0.665	2.210		
$Sa(T)$	−283.841	105.310	1.330	1.105		
$Ga(T)$	−577470	389.151	−105.310	−0.665	1.105	
$Ga(l)$	−472430	−454.438				

CrS(1)

温度范围:298 ~ 1838 相:固

$\Delta H^{\ominus}_{f,298}$: −155600 $S^{\ominus}_{298}$:64

函数	r_0	r_1	r_2	r_3	r_4	r_5
C_p	32.84	46.72				
$Ha(T)$	−167470	32.840	23.360			
$Sa(T)$	−137.039	32.840	46.720			
$Ga(T)$	−167470	169.879	−32.840	−23.360		
$Ga(l)$	−115660	−139.929				

CrS(2)

温度范围:298 ~ 450 相:固(α)

$\Delta H^{\ominus}_{f,298}$: −155650 $S^{\ominus}_{298}$:64.015

函数	r_0	r_1	r_2	r_3	r_4	r_5
C_p	32.844	46.723				
$Ha(T)$	−167520	32.844	23.362			
$Sa(T)$	−137.047	32.844	46.723			
$Ga(T)$	−167520	169.891	−32.844	−23.362		
$Ga(l)$	−152140	−74.875				

温度范围:450 ~ 1840　　相:固(β)

$\Delta H_{tr}^{\ominus}$:238　　$\Delta S_{tr}^{\ominus}$:0.529

函数	r_0	r_1	r_2	r_3	r_4	r_5
C_p	51.643	4.904				
$Ha(T)$	-171510	51.643	2.452			
$Sa(T)$	-232.548	51.643	4.904			
$Ga(T)$	-171510	284.191	-51.643	-2.452		
$Ga(l)$	-115720	-134.719				

CrS(气)

温度范围:298 ~ 2000　　相:气

$\Delta H_{f,298}^{\ominus}$:347200　　$S_{298}^{\ominus}$:251.6

函数	r_0	r_1	r_2	r_3	r_4	r_5
C_p	37.06	0.18	-0.29			
$Ha(T)$	335170	37.060	0.090	0.290		
$Sa(T)$	38.762	37.060	0.180	0.145		
$Ga(T)$	335170	-1.702	-37.060	-0.090	0.145	
$Ga(l)$	371370	-297.953				

$CrS_{1.17}$

温度范围:298 ~ 301　　相:固(α)

$\Delta H_{f,298}^{\ominus}$:-165270　　$S_{298}^{\ominus}$:69.873

函数	r_0	r_1	r_2	r_3	r_4	r_5
C_p	60.501					
$Ha(T)$	-183310	60.501				
$Sa(T)$	-274.837	60.501				
$Ga(T)$	-183310	335.338	-60.501			
$Ga(l)$	-164000	-65.795				

温度范围:301 ~ 590　　相:固(β)

$\Delta H_{tr}^{\ominus}$:75　　$\Delta S_{tr}^{\ominus}$:0.249

函数	r_0	r_1	r_2	r_3	r_4	r_5
C_p	52.216	7.531				
$Ha(T)$	-181080	52.216	3.766			
$Sa(T)$	-229.572	52.216	7.531			
$Ga(T)$	-181080	281.788	-52.216	-3.766		
$Ga(l)$	-157760	-91.697				

温度范围:590 ~ 1500　　相:固(γ)

$\Delta H_{tr}^{\ominus}$:272　　$\Delta S_{tr}^{\ominus}$:0.461

函数	r_0	r_1	r_2	r_3	r_4	r_5
C_p	52.216	7.531				
$Ha(T)$	-180810	52.216	3.766			
$Sa(T)$	-229.111	52.216	7.531			
$Ga(T)$	-180810	281.327	-52.216	-3.766		
$Ga(l)$	-125230	-140.720				

$Cr_2(SO_4)_3$

温度范围:298 ~ 1200　相:固

$\Delta H^{\ominus}_{f,298}$: −2910800　$S^{\ominus}_{298}$:258.780

函数	r_0	r_1	r_2	r_3	r_4	r_5
C_p	358.067	79.496	−8.975			
$Ha(T)$	−3051200	358.067	39.748	8.975		
$Sa(T)$	−1855.525	358.067	79.496	4.488		
$Ga(T)$	−3051200	2213.592	−358.067	−39.748	4.488	
$Ga(l)$	−2776100	−570.231				

CrN

温度范围:298 ~ 1373　相:固

$\Delta H^{\ominus}_{f,298}$: −117200　$S^{\ominus}_{298}$:37.7

函数	r_0	r_1	r_2	r_3	r_4	r_5
C_p	44.43	8.1	0.37			
$Ha(T)$	−129570	44.430	4.050	−0.370		
$Sa(T)$	−215.778	44.430	8.100	−0.185		
$Ga(T)$	−129570	260.208	−44.430	−4.050	−0.185	
$Ga(l)$	−94950	−87.528				

Cr_2N　($CrN_{0.38\sim0.5}$)

温度范围:298 ~ 1000　相:固

$\Delta H^{\ominus}_{f,298}$: −114220　$S^{\ominus}_{298}$:73.848

函数	r_0	r_1	r_2	r_3	r_4	r_5
C_p	63.764	28.451				
$Ha(T)$	−134500	63.764	14.226			
$Sa(T)$	−297.936	63.764	28.451			
$Ga(T)$	−134500	361.700	−63.764	−14.226		
$Ga(l)$	−91070	−131.442				

Cr_2N

温度范围:298 ~ 1785　相:固

$\Delta H^{\ominus}_{f,298}$: −125500　$S^{\ominus}_{298}$:64.9

函数	r_0	r_1	r_2	r_3	r_4	r_5
C_p	65.15	26.23	−0.62			
$Ha(T)$	−148170	65.150	13.115	0.620		
$Sa(T)$	−317.606	65.150	26.230	0.310		
$Ga(T)$	−148170	382.756	−65.150	−13.115	0.310	
$Ga(l)$	−77720	−159.062				

Cr_3C_2

温度范围:298 ~ 2168　相:固

$\Delta H^{\ominus}_{f,298}$: −85400　$S^{\ominus}_{298}$:85.4

函数	r_0	r_1	r_2	r_3	r_4	r_5
C_p	123.26	25.9	−2.82			
$Ha(T)$	−132760	123.260	12.950	2.820		
$Sa(T)$	−640.470	123.260	25.900	1.410		
$Ga(T)$	−132760	763.730	−123.260	−12.950	1.410	
$Ga(l)$	12760	−262.012				

Cr_4C

温度范围:298 ~ 1700　　相:固

$\Delta H^{\ominus}_{f,298}$: −98320　　$S^{\ominus}_{298}$:105.855

函数	r_0	r_1	r_2	r_3	r_4	r_5
C_p	122.8	30.962	−2.100			
$Ha(T)$	−143350	122.800	15.481	2.100		
$Sa(T)$	−614.853	122.800	30.962	1.050		
$Ga(T)$	−143350	737.653	−122.800	−15.481	1.050	
$Ga(l)$	−22380	−258.946				

Cr_7C_3

温度范围:298 ~ 2055　　相:固

$\Delta H^{\ominus}_{f,298}$: −160700　　$S^{\ominus}_{298}$:201

函数	r_0	r_1	r_2	r_3	r_4	r_5
C_p	233.89	62.34	−3.81			
$Ha(T)$	−245980	233.890	31.170	3.810		
$Sa(T)$	−1171.628	233.890	62.340	1.905		
$Ga(T)$	−245980	1405.518	−233.890	−31.170	1.905	
$Ga(l)$	23990	−542.534				

$Cr_{23}C_6$

温度范围:298 ~ 1823　　相:固

$\Delta H^{\ominus}_{f,298}$: −396230　　$S^{\ominus}_{298}$:610.027

函数	r_0	r_1	r_2	r_3	r_4	r_5
C_p	707.765	178.448	−12.104			
$Ha(T)$	−655780	707.765	89.224	12.104		
$Sa(T)$	−3543.818	707.765	178.448	6.052		
$Ga(T)$	−655780	4251.583	−707.765	−89.224	6.052	
$Ga(l)$	80880	−1542.557				

$Cr(CO)_6$

温度范围:298 ~ 424　　相:固

$\Delta H^{\ominus}_{f,298}$: −928850　　$S^{\ominus}_{298}$:320.076

函数	r_0	r_1	r_2	r_3	r_4	r_5
C_p	203.761	75.312				
$Ha(T)$	−992950	203.761	37.656			
$Sa(T)$	−863.326	203.761	75.312			
$Ga(T)$	−992950	1067.087	−203.761	−37.656		
$Ga(l)$	−915110	−363.198				

$Cr(CO)_6$(气)

温度范围:298 ~ 800　　相:气

$\Delta H^{\ominus}_{f,298}$: −1008000　　$S^{\ominus}_{298}$:479.8

函数	r_0	r_1	r_2	r_3	r_4	r_5
C_p	169.24	117.15				
$Ha(T)$	−1063700	169.240	58.575			
$Sa(T)$	−519.390	169.240	117.150			
$Ga(T)$	−1063700	688.630	−169.240	−58.575		
$Ga(l)$	−959650	−608.834				

CrB

温度范围:298 ~ 2000　　相:固

$\Delta H^{\ominus}_{f,298}$: −78900　　$S^{\ominus}_{298}$:29

函数	r_0	r_1	r_2	r_3	r_4	r_5
C_p	42.34	16.03	−1			
$Ha(T)$	−95590	42.340	8.015	1.000		
$Sa(T)$	−222.640	42.340	16.030	0.500		
$Ga(T)$	−95590	264.980	−42.340	−8.015	0.500	
$Ga(l)$	−44860	−92.056				

CrB_2

温度范围:298 ~ 2000　　相:固

$\Delta H^{\ominus}_{f,298}$: −125500　　$S^{\ominus}_{298}$:32.9

函数	r_0	r_1	r_2	r_3	r_4	r_5
C_p	60.04	21.88	−1.86			
$Ha(T)$	−150610	60.040	10.940	1.860		
$Sa(T)$	−326.169	60.040	21.880	0.930		
$Ga(T)$	−150610	386.209	−60.040	−10.940	0.930	
$Ga(l)$	−78590	−119.368				

Cr_3B_4

温度范围:298 ~ 2000　　相:固

$\Delta H^{\ominus}_{f,298}$: −281200　　$S^{\ominus}_{298}$:91.8

函数	r_0	r_1	r_2	r_3	r_4	r_5
C_p	134.31	57.74	−3.91			
$Ha(T)$	−336930	134.310	28.870	3.910		
$Sa(T)$	−712.652	134.310	57.740	1.955		
$Ga(T)$	−336930	846.962	−134.310	−28.870	1.955	
$Ga(l)$	−171380	−293.975				

Cr_5B_3

温度范围:298 ~ 2000　　相:固

$\Delta H^{\ominus}_{f,298}$: −248900　　$S^{\ominus}_{298}$:137.7

函数	r_0	r_1	r_2	r_3	r_4	r_5
C_p	153.13	79.08	−3.16			
$Ha(T)$	−308670	153.130	39.540	3.160		
$Sa(T)$	−776.125	153.130	79.080	1.580		
$Ga(T)$	−308670	929.255	−153.130	−39.540	1.580	
$Ga(l)$	−114380	−386.012				

CrSi

温度范围:298 ~ 1700　　相:固

$\Delta H^{\ominus}_{f,298}$: −54810　　$S^{\ominus}_{298}$:43.765

函数	r_0	r_1	r_2	r_3	r_4	r_5
C_p	52.007	8.745	−0.841			
$Ha(T)$	−73530	52.007	4.373	0.841		
$Sa(T)$	−259.888	52.007	8.745	0.421		
$Ga(T)$	−73530	311.895	−52.007	−4.373	0.421	
$Ga(l)$	−24180	−105.776				

$CrSi_2$

温度范围:298 ~ 1730　　相:固

$\Delta H^{\ominus}_{f,298}$: −80080　　$S^{\ominus}_{298}$:58. 409

函数	r_0	r_1	r_2	r_3	r_4	r_5
C_p	65. 605	22. 510	−0. 778			
$Ha(T)$	−103250	65. 605	11. 255	0. 778		
$Sa(T)$	−326. 469	65. 605	22. 510	0. 389		
$Ga(T)$	−103250	392. 074	−65. 605	−11. 255	0. 389	
$Ga(l)$	−35640	−147. 311				

Cr_3Si

温度范围:298 ~ 2043　　相:固

$\Delta H^{\ominus}_{f,298}$: −105440　　$S^{\ominus}_{298}$:87. 697

函数	r_0	r_1	r_2	r_3	r_4	r_5
C_p	82. 216	42. 392	−0. 432			
$Ha(T)$	−133290	82. 216	21. 196	0. 432		
$Sa(T)$	−395. 806	82. 216	42. 392	0. 216		
$Ga(T)$	−133290	478. 022	−82. 216	−21. 196	0. 216	
$Ga(l)$	−28520	−229. 676				

Cr_5Si_3

温度范围:298 ~ 1300　　相:固

$\Delta H^{\ominus}_{f,298}$: −223010　　$S^{\ominus}_{298}$:181. 669

函数	r_0	r_1	r_2	r_3	r_4	r_5
C_p	198. 656	49. 288	−2. 561			
$Ha(T)$	−293020	198. 656	24. 644	2. 561		
$Sa(T)$	−979. 293	198. 656	49. 288	1. 281		
$Ga(T)$	−293020	1177. 949	−198. 656	−24. 644	1. 281	
$Ga(l)$	−134310	−381. 889				

温度范围:1300 ~ 1920　　相:固

$\Delta H^{\ominus}_{tr}$:—　　$\Delta S^{\ominus}_{tr}$:—

函数	r_0	r_1	r_2	r_3	r_4	r_5
C_p	586. 973	−543. 083		225. 518		
$Ha(T)$	−460460	586. 973	−271. 542		75. 173	
$Sa(T)$	−3183. 295	586. 973	−543. 083		112. 759	
$Ga(T)$	−460460	3770. 268	−586. 973	271. 542		−37. 586
$Ga(l)$	91420	−568. 815				

Cs

温度范围:298 ~ 302　　相:固

$\Delta H^{\ominus}_{f,298}$:0　　$S^{\ominus}_{298}$:85. 149

函数	r_0	r_1	r_2	r_3	r_4	r_5
C_p	44. 455	−7. 259	−0. 894			
$Ha(T)$	−15930	44. 455	−3. 630	0. 894		
$Sa(T)$	−171. 002	44. 455	−7. 259	0. 447		
$Ga(T)$	−15930	215. 457	−44. 455	3. 630	0. 447	
$Ga(l)$	703	−86. 832				

温度范围:302 ~ 700　　相:液

$\Delta H_{tr}^{\ominus}$:2088　　$\Delta S_{tr}^{\ominus}$:6.914

函数	r_0	r_1	r_2	r_3	r_4	r_5
C_p	29.890	0.904	0.203			
$Ha(T)$	-6183	29.890	0.452	-0.203		
$Sa(T)$	-77.367	29.890	0.904	-0.102		
$Ga(T)$	-6183	107.257	-29.890	-0.452	-0.102	
$Ga(l)$	7815	-107.964				

温度范围:700 ~ 952　　相:液

$\Delta H_{tr}^{\ominus}$:—　　$\Delta S_{tr}^{\ominus}$:—

函数	r_0	r_1	r_2	r_3	r_4	r_5
C_p	30.945					
$Ha(T)$	-6990	30.945				
$Sa(T)$	-83.853	30.945				
$Ga(T)$	-6990	114.798	-30.945			
$Ga(l)$	18410	-123.919				

Cs(气)

温度范围:298 ~ 1100　　相:气

$\Delta H_{f,298}^{\ominus}$:77470　　$S_{298}^{\ominus}$:175.485

函数	r_0	r_1	r_2	r_3	r_4	r_5
C_p	20.786					
$Ha(T)$	71270	20.786				
$Sa(T)$	57.055	20.786				
$Ga(T)$	71270	-36.269	-20.786			
$Ga(l)$	84460	-192.459				

温度范围:1100 ~ 2000　　相:气

$\Delta H_{tr}^{\ominus}$:—　　$\Delta S_{tr}^{\ominus}$:—

函数	r_0	r_1	r_2	r_3	r_4	r_5
C_p	17.807	1.556	1.563			
$Ha(T)$	75030	17.807	0.778	-1.563		
$Sa(T)$	76.851	17.807	1.556	-0.782		
$Ga(T)$	75030	-59.044	-17.807	-0.778	-0.782	
$Ga(l)$	102770	-209.578				

Cs_2(气)

温度范围:298 ~ 2000　　相:气

$\Delta H_{f,298}^{\ominus}$:106270　　$S_{298}^{\ominus}$:283.968

函数	r_0	r_1	r_2	r_3	r_4	r_5
C_p	37.179	2.816				
$Ha(T)$	95060	37.179	1.408			
$Sa(T)$	71.297	37.179	2.816			
$Ga(T)$	95060	-34.118	-37.179	-1.408		
$Ga(l)$	132440	-334.177				

CsH

温度范围:298 ~ 619　　相:固

$\Delta H^{\ominus}_{f,298}$: −54010　　$S^{\ominus}_{298}$:66.9

函数	r_0	r_1	r_2	r_3	r_4	r_5
C_p	31.17	35.56				
$Ha(T)$	−64880	31.170	17.780			
$Sa(T)$	−121.296	31.170	35.560			
$Ga(T)$	−64880	152.466	−31.170	−17.780		
$Ga(l)$	−47480	−85.632				

CsH(气)

温度范围:298 ~ 2000　　相:气

$\Delta H^{\ominus}_{f,298}$:116900　　$S^{\ominus}_{298}$:215.1

函数	r_0	r_1	r_2	r_3	r_4	r_5
C_p	37.78		0.56			
$Ha(T)$	107510	37.780		−0.560		
$Sa(T)$	2.995	37.780		−0.280		
$Ga(T)$	107510	34.785	−37.780		−0.280	
$Ga(l)$	143260	−266.505				

CsF

温度范围:298 ~ 976　　相:固

$\Delta H^{\ominus}_{f,298}$: −554670　　$S^{\ominus}_{298}$:88.282

函数	r_0	r_1	r_2	r_3	r_4	r_5
C_p	46.652	17.740				
$Ha(T)$	−569370	46.652	8.870			
$Sa(T)$	−182.811	46.652	17.740			
$Ga(T)$	−569370	229.463	−46.652	−8.870		
$Ga(l)$	−538730	−128.307				

温度范围:976 ~ 1504　　相:液

$\Delta H^{\ominus}_{tr}$:21720　　$\Delta S^{\ominus}_{tr}$:22.254

函数	r_0	r_1	r_2	r_3	r_4	r_5
C_p	74.057					
$Ha(T)$	−565950	74.057				
$Sa(T)$	−331.884	74.057				
$Ga(T)$	−565950	405.941	−74.057			
$Ga(l)$	−475230	−195.277				

CsF(气)

温度范围:298 ~ 2000　　相:气

$\Delta H^{\ominus}_{f,298}$: −356480　　$S^{\ominus}_{298}$:243.090

函数	r_0	r_1	r_2	r_3	r_4	r_5
C_p	37.321	0.586	−0.151			
$Ha(T)$	−368140	37.321	0.293	0.151		
$Sa(T)$	29.426	37.321	0.586	0.076		
$Ga(T)$	−368140	7.895	−37.321	−0.293	0.076	
$Ga(l)$	−331640	−290.824				

$(CsF)_2$(气)

温度范围:298 ~ 2000　　相:气

$\Delta H^{\ominus}_{f,298}$: −922200　　$S^{\ominus}_{298}$:352. 3

函数	r_0	r_1	r_2	r_3	r_4	r_5
C_p	83. 08	0. 02	0. 29			
$Ha(T)$	−946000	83. 080	0. 010	−0. 290		
$Sa(T)$	−119. 431	83. 080	0. 020	−0. 145		
$Ga(T)$	−946000	202. 511	−83. 080	−0. 010	−0. 145	
$Ga(l)$	−866210	−460. 620				

CsCl

温度范围:298 ~ 743　　相:固(α)

$\Delta H^{\ominus}_{f,298}$: −442840　　$S^{\ominus}_{298}$:101. 169

函数	r_0	r_1	r_2	r_3	r_4	r_5
C_p	45. 857	22. 092				
$Ha(T)$	−457490	45. 857	11. 046			
$Sa(T)$	−166. 692	45. 857	22. 092			
$Ga(T)$	−457490	212. 549	−45. 857	−11. 046		
$Ga(l)$	−432010	−130. 768				

温度范围:743 ~ 918　　相:固(β)

$\Delta H^{\ominus}_{tr}$:3766　　$\Delta S^{\ominus}_{tr}$:5. 069

函数	r_0	r_1	r_2	r_3	r_4	r_5
C_p	59. 706	4. 937				
$Ha(T)$	−459280	59. 706	2. 469			
$Sa(T)$	−240. 429	59. 706	4. 937			
$Ga(T)$	−459280	300. 135	−59. 706	−2. 469		
$Ga(l)$	−408150	−164. 946				

温度范围:918 ~ 1597　　相:液

$\Delta H^{\ominus}_{tr}$:15900　　$\Delta S^{\ominus}_{tr}$:17. 320

函数	r_0	r_1	r_2	r_3	r_4	r_5
C_p	77. 404					
$Ha(T)$	−457550	77. 404				
$Sa(T)$	−339. 316	77. 404				
$Ga(T)$	−457550	416. 720	−77. 404			
$Ga(l)$	−362130	−212. 534				

CsCl(气)

温度范围:298 ~ 2000　　相:气

$\Delta H^{\ominus}_{f,298}$: −240160　　$S^{\ominus}_{298}$:255. 935

函数	r_0	r_1	r_2	r_3	r_4	r_5
C_p	36. 903	1. 046				
$Ha(T)$	−251210	36. 903	0. 523			
$Sa(T)$	45. 365	36. 903	1. 046			
$Ga(T)$	−251210	−8. 462	−36. 903	−0. 523		
$Ga(l)$	−215050	−304. 283				

$(CsCl)_2$(气)

温度范围:298 ~ 2000　　相:气

$\Delta H^{\ominus}_{f,298}$: -659800　　$S^{\ominus}_{298}$:383.4

函数	r_0	r_1	r_2	r_3	r_4	r_5
C_p	83.12	0.02	-0.13			
$Ha(T)$	-685020	83.120	0.010	0.130		
$Sa(T)$	-90.921	83.120	0.020	0.065		
$Ga(T)$	-685020	174.041	-83.120	-0.010	0.065	
$Ga(l)$	-604670	-489.657				

$CsClO_4$

温度范围:298 ~ 501　　相:固(α)

$\Delta H^{\ominus}_{f,298}$: -437200　　$S^{\ominus}_{298}$:175.3

函数	r_0	r_1	r_2	r_3	r_4	r_5
C_p	30.5	259.4				
$Ha(T)$	-457820	30.500	129.700			
$Sa(T)$	-75.817	30.500	259.400			
$Ga(T)$	-457820	106.317	-30.500	-129.700		
$Ga(l)$	-425580	-210.341				

CsBr

温度范围:298 ~ 908　　相:固

$\Delta H^{\ominus}_{f,298}$: -394550　　$S^{\ominus}_{298}$:113.386

函数	r_0	r_1	r_2	r_3	r_4	r_5
C_p	48.534	10.837				
$Ha(T)$	-409500	48.534	5.419			
$Sa(T)$	-166.372	48.534	10.837			
$Ga(T)$	-409500	214.906	-48.534	-5.419		
$Ga(l)$	-380500	-149.564				

温度范围:908 ~ 1573　　相:液

$\Delta H^{\ominus}_{tr}$:23640　　$\Delta S^{\ominus}_{tr}$:26.035

函数	r_0	r_1	r_2	r_3	r_4	r_5
C_p	77.404					
$Ha(T)$	-407610	77.404				
$Sa(T)$	-327.138	77.404				
$Ga(T)$	-407610	404.542	-77.404			
$Ga(l)$	-313450	-223.668				

CsBr(气)

温度范围:298 ~ 2000　　相:气

$\Delta H^{\ominus}_{f,298}$: -204500　　$S^{\ominus}_{298}$:268.3

函数	r_0	r_1	r_2	r_3	r_4	r_5
C_p	37.41	0.86	-0.06			
$Ha(T)$	-215890	37.410	0.430	0.060		
$Sa(T)$	54.559	37.410	0.860	0.030		
$Ga(T)$	-215890	-17.149	-37.410	-0.430	0.030	
$Ga(l)$	-179270	-316.840				

CsI

温度范围:298 ~ 894 相:固

$\Delta H^{\ominus}_{f,298}$: −336810 $S^{\ominus}_{298}$:125.520

函数	r_0	r_1	r_2	r_3	r_4	r_5
C_p	29.539	43.346	0.808			
$Ha(T)$	−344830	29.539	21.673	−0.808		
$Sa(T)$	−51.160	29.539	43.346	−0.404		
$Ga(T)$	−344830	80.699	−29.539	−21.673	−0.404	
$Ga(l)$	−322930	−161.316				

温度范围:894 ~ 1553 相:液

$\Delta H^{\ominus}_{tr}$:23850 $\Delta S^{\ominus}_{tr}$:26.678

函数	r_0	r_1	r_2	r_3	r_4	r_5
C_p	−17.949	85.772				
$Ha(T)$	−296390	−17.949	42.886			
$Sa(T)$	259.798	−17.949	85.772			
$Ga(T)$	−296390	−277.747	17.949	−42.886		
$Ga(l)$	−255270	−237.265				

温度范围:1553 ~ 2000 相:气

$\Delta H^{\ominus}_{tr}$:150210 $\Delta S^{\ominus}_{tr}$:96.722

函数	r_0	r_1	r_2	r_3	r_4	r_5
C_p	38.911					
$Ha(T)$	−131050	38.911				
$Sa(T)$	71.920	38.911				
$Ga(T)$	−131050	−33.009	−38.911			
$Ga(l)$	−62210	−363.009				

CsI(气)

温度范围:298 ~ 2000 相:气

$\Delta H^{\ominus}_{f,298}$: −152800 $S^{\ominus}_{298}$:275.3

函数	r_0	r_1	r_2	r_3	r_4	r_5
C_p	38.92		−0.13			
$Ha(T)$	−164840	38.920		0.130		
$Sa(T)$	52.818	38.920		0.065		
$Ga(T)$	−164840	−13.898	−38.920		0.065	
$Ga(l)$	−127140	−324.698				

CsO_2

温度范围:298 ~ 830 相:固

$\Delta H^{\ominus}_{f,298}$: −286200 $S^{\ominus}_{298}$:142.3

函数	r_0	r_1	r_2	r_3	r_4	r_5
C_p	72.38	30.96				
$Ha(T)$	−309160	72.380	15.480			
$Sa(T)$	−279.323	72.380	30.960			
$Ga(T)$	−309160	351.703	−72.380	−15.480		
$Ga(l)$	−266270	−194.990				

Cs_2O

温度范围:298 ~763　　相:固

$\Delta H^{\ominus}_{f,298}$: -317570　　$S^{\ominus}_{298}$:127.612

函数	r_0	r_1	r_2	r_3	r_4	r_5
C_p	67.362	33.472				
$Ha(T)$	-339140	67.362	16.736			
$Sa(T)$	-266.169	67.362	33.472			
$Ga(T)$	-339140	333.531	-67.362	-16.736		
$Ga(l)$	-300870	-172.866				

Cs_2O(气)

温度范围:298 ~2000　　相:气

$\Delta H^{\ominus}_{f,298}$: -92000　　$S^{\ominus}_{298}$:318.1

函数	r_0	r_1	r_2	r_3	r_4	r_5
C_p	58.07	0.08	-0.24			
$Ha(T)$	-110120	58.070	0.040	0.240		
$Sa(T)$	-14.133	58.070	0.080	0.120		
$Ga(T)$	-110120	72.203	-58.070	-0.040	0.120	
$Ga(l)$	-53770	-391.639				

$Cs_2O \cdot B_2O_3$

温度范围:298 ~1005　　相:固

$\Delta H^{\ominus}_{f,298}$: -1944800　　$S^{\ominus}_{298}$:208.7

函数	r_0	r_1	r_2	r_3	r_4	r_5
C_p	104.68	132.63	-0.47			
$Ha(T)$	-1983500	104.680	66.315	0.470		
$Sa(T)$	-429.912	104.680	132.630	0.235		
$Ga(T)$	-1983500	534.592	-104.680	-66.315	0.235	
$Ga(l)$	-1894600	-332.148				

$Cs_2O \cdot CrO_3$

温度范围:298 ~1248　　相:固

$\Delta H^{\ominus}_{f,298}$: -1429300　　$S^{\ominus}_{298}$:228.6

函数	r_0	r_1	r_2	r_3	r_4	r_5
C_p	146.06	55.15	-1.75			
$Ha(T)$	-1481200	146.060	27.575	1.750		
$Sa(T)$	-629.877	146.060	55.150	0.875		
$Ga(T)$	-1481200	775.937	-146.060	-27.575	0.875	
$Ga(l)$	-1363100	-380.002				

$Cs_2O \cdot MoO_3$

温度范围:298 ~841　　相:固(α)

$\Delta H^{\ominus}_{f,298}$: -1507100　　$S^{\ominus}_{298}$:248.4

函数	r_0	r_1	r_2	r_3	r_4	r_5
C_p	116.4	108.24				
$Ha(T)$	-1546600	116.400	54.120			
$Sa(T)$	-447.072	116.400	108.240			
$Ga(T)$	-1546600	563.472	-116.400	-54.120		
$Ga(l)$	-1468200	-350.342				

温度范围:841 ~ 1230 相:固(β)

$\Delta H^{\ominus}_{tr}$:4600 $\Delta S^{\ominus}_{tr}$:5.470

函数	r_0	r_1	r_2	r_3	r_4	r_5
C_p	122.17	97.07				
$Ha(T)$	-1542900	122.170	48.535			
$Sa(T)$	-471.067	122.170	97.070			
$Ga(T)$	-1542900	593.237	-122.170	-48.535		
$Ga(l)$	-1366200	-477.209				

$Cs_2O \cdot SiO_2$

温度范围:298 ~ 1100 相:固

$\Delta H^{\ominus}_{f,298}$:-1558100 $S^{\ominus}_{298}$:175.7

函数	r_0	r_1	r_2	r_3	r_4	r_5
C_p	113.72	74.64	-1.22			
$Ha(T)$	-1599400	113.720	37.320	1.220		
$Sa(T)$	-501.347	113.720	74.640	0.610		
$Ga(T)$	-1599400	615.067	-113.720	-37.320	0.610	
$Ga(l)$	-1508900	-293.201				

$Cs_2O \cdot 2SiO_2$

温度范围:298 ~ 1343 相:固

$\Delta H^{\ominus}_{f,298}$:-2489900 $S^{\ominus}_{298}$:209.2

函数	r_0	r_1	r_2	r_3	r_4	r_5
C_p	185.35	65.48	-2.5			
$Ha(T)$	-2556500	185.350	32.740	2.500		
$Sa(T)$	-880.434	185.350	65.480	1.250		
$Ga(T)$	-2556500	1065.784	-185.350	-32.740	1.250	
$Ga(l)$	-2399000	-411.210				

$Cs_2O \cdot 4SiO_2$

温度范围:298 ~ 1223 相:固

$\Delta H^{\ominus}_{f,298}$:-4341300 $S^{\ominus}_{298}$:292.9

函数	r_0	r_1	r_2	r_3	r_4	r_5
C_p	262.09	121.55	-2.26			
$Ha(T)$	-4432400	262.090	60.775	2.260		
$Sa(T)$	-1249.335	262.090	121.550	1.130		
$Ga(T)$	-4432400	1511.425	-262.090	-60.775	1.130	
$Ga(l)$	-4219400	-573.800				

Cs_2O_2

温度范围:298 ~ 867 相:固

$\Delta H^{\ominus}_{f,298}$:-402500 $S^{\ominus}_{298}$:167.360

函数	r_0	r_1	r_2	r_3	r_4	r_5
C_p	89.538	47.698				
$Ha(T)$	-431320	89.538	23.849			
$Sa(T)$	-357.013	89.538	47.698			
$Ga(T)$	-431320	446.551	-89.538	-23.849		
$Ga(l)$	-375140	-238.651				

Cs_2O_3

温度范围:298 ~775　　相:固

$\Delta H^{\ominus}_{f,298}$: -564840　　$S^{\ominus}_{298}$:234. 304

函数	r_0	r_1	r_2	r_3	r_4	r_5
C_p	120. 081	48. 116				
$Ha(T)$	-602780	120. 081	24. 058			
$Sa(T)$	-464. 215	120. 081	48. 116			
$Ga(T)$	-602780	584. 296	-120. 081	-24. 058		
$Ga(l)$	-535370	-313. 857				

CsOH

温度范围:298 ~410　　相:固

$\Delta H^{\ominus}_{f,298}$: -416700　　$S^{\ominus}_{298}$:98. 7

函数	r_0	r_1	r_2	r_3	r_4	r_5
C_p	54. 65	52. 93	-0. 23			
$Ha(T)$	-436120	54. 650	26. 465	0. 230		
$Sa(T)$	-229. 748	54. 650	52. 930	0. 115		
$Ga(T)$	-436120	284. 398	-54. 650	-26. 465	0. 115	
$Ga(l)$	-412950	-110. 547				

CsOH(气)

温度范围:298 ~2000　　相:气

$\Delta H^{\ominus}_{f,298}$: -259400　　$S^{\ominus}_{298}$:254. 8

函数	r_0	r_1	r_2	r_3	r_4	r_5
C_p	51. 05	4. 06	-0. 22			
$Ha(T)$	-275540	51. 050	2. 030	0. 220		
$Sa(T)$	-38. 510	51. 050	4. 060	0. 110		
$Ga(T)$	-275540	89. 560	-51. 050	-2. 030	0. 110	
$Ga(l)$	-223830	-322. 799				

$(CsOH)_2$(气)

温度范围:298 ~2000　　相:气

$\Delta H^{\ominus}_{f,298}$: -687800　　$S^{\ominus}_{298}$:360. 7

函数	r_0	r_1	r_2	r_3	r_4	r_5
C_p	96. 43	14. 95	-1. 87			
$Ha(T)$	-723490	96. 430	7. 475	1. 870		
$Sa(T)$	-203. 695	96. 430	14. 950	0. 935		
$Ga(T)$	-723490	300. 125	-96. 430	-7. 475	0. 935	
$Ga(l)$	-620090	-488. 019				

Cs_2SO_4

温度范围:298 ~933　　相:固(α)

$\Delta H^{\ominus}_{f,298}$: -1420100　　$S^{\ominus}_{298}$:207. 526

函数	r_0	r_1	r_2	r_3	r_4	r_5
C_p	120. 290	87. 864	-1. 423			
$Ha(T)$	-1464600	120. 290	43. 932	1. 423		
$Sa(T)$	-512. 039	120. 290	87. 864	0. 712		
$Ga(T)$	-1464600	632. 328	-120. 290	-43. 932	0. 712	
$Ga(l)$	-1378200	-313. 467				

温度范围:933 ~ 1392 相:固(β)

$\Delta H_{tr}^{\ominus}$:9791 $\Delta S_{tr}^{\ominus}$:10.494

函数	r_0	r_1	r_2	r_3	r_4	r_5
C_p	137.654	56.066				
$Ha(T)$	-1455700	137.654	28.033			
$Sa(T)$	-589.802	137.654	56.066			
$Ga(T)$	-1455700	727.456	-137.654	-28.033		
$Ga(l)$	-1259900	-446.449				

温度范围:1392 ~ 1800 相:液

$\Delta H_{tr}^{\ominus}$:38070 $\Delta S_{tr}^{\ominus}$:27.349

函数	r_0	r_1	r_2	r_3	r_4	r_5
C_p	199.995					
$Ha(T)$	-1450100	199.995				
$Sa(T)$	-935.664	199.995				
$Ga(T)$	-1450100	1135.659	-199.995			
$Ga(l)$	-1132300	-539.026				

Cs_2SO_4(气)

温度范围:298 ~ 2292 相:气

$\Delta H_{f,298}^{\ominus}$: -1122600 $S_{298}^{\ominus}$:406.5

函数	r_0	r_1	r_2	r_3	r_4	r_5
C_p	145.37	6.52	-3.63			
$Ha(T)$	-1178400	145.370	3.260	3.630		
$Sa(T)$	-444.121	145.370	6.520	1.815		
$Ga(T)$	-1178400	589.491	-145.370	-3.260	1.815	
$Ga(l)$	-1014600	-597.820				

$CsNO_3$

温度范围:298 ~ 426 相:固(α)

$\Delta H_{f,298}^{\ominus}$: -505800 $S_{298}^{\ominus}$:153.7

函数	r_0	r_1	r_2	r_3	r_4	r_5
C_p	62.76	110.46				
$Ha(T)$	-529420	62.760	55.230			
$Sa(T)$	-236.815	62.760	110.460			
$Ga(T)$	-529420	299.575	-62.760	-55.230		
$Ga(l)$	-499720	-172.746				

Cs_2CO_3

温度范围:298 ~ 1065 相:固

$\Delta H_{f,298}^{\ominus}$: -1147300 $S_{298}^{\ominus}$:204.472

函数	r_0	r_1	r_2	r_3	r_4	r_5
C_p	115.437	69.329	-1.096			
$Ha(T)$	-1188500	115.437	34.665	1.096		
$Sa(T)$	-480.077	115.437	69.329	0.548		
$Ga(T)$	-1188500	595.514	-115.437	-34.665	0.548	
$Ga(l)$	-1100500	-317.871				

$CsBO_2$(气)

温度范围:298 ~ 2000　　相:气

$\Delta H^{\ominus}_{f,298}$: −708700　　$S^{\ominus}_{298}$:314.4

函数	r_0	r_1	r_2	r_3	r_4	r_5
C_p	74.2	5.41	−1.46			
$Ha(T)$	−735960	74.200	2.705	1.460		
$Sa(T)$	−118.187	74.200	5.410	0.730		
$Ga(T)$	−735960	192.387	−74.200	−2.705	0.730	
$Ga(l)$	−659660	−407.077				

Cu

温度范围:298 ~ 1357　　相:固

$\Delta H^{\ominus}_{f,298}$:0　　$S^{\ominus}_{298}$:33.108

函数	r_0	r_1	r_2	r_3	r_4	r_5
C_p	24.853	3.787	−0.139			
$Ha(T)$	−8044	24.853	1.894	0.139		
$Sa(T)$	−110.405	24.853	3.787	0.070		
$Ga(T)$	−8044	135.258	−24.853	−1.894	0.070	
$Ga(l)$	11460	−58.718				

温度范围:1357 ~ 2848　　相:液

$\Delta H^{\ominus}_{tr}$:13260　　$\Delta S^{\ominus}_{tr}$:9.772

函数	r_0	r_1	r_2	r_3	r_4	r_5
C_p	31.380					
$Ha(T)$	−52	31.380				
$Sa(T)$	−142.536	31.380				
$Ga(T)$	−52	173.917	−31.380			
$Ga(l)$	63670	−97.143				

温度范围:2848 ~ 3400　　相:气

$\Delta H^{\ominus}_{tr}$:304360　　$\Delta S^{\ominus}_{tr}$:106.868

函数	r_0	r_1	r_2	r_3	r_4	r_5
C_p	24.435					
$Ha(T)$	324090	24.435				
$Sa(T)$	19.575	24.435				
$Ga(T)$	324090	4.860	−24.435			
$Ga(l)$	400250	−216.178				

Cu_2(气)

温度范围:298 ~ 2000　　相:气

$\Delta H^{\ominus}_{f,298}$:485300　　$S^{\ominus}_{298}$:241.7

函数	r_0	r_1	r_2	r_3	r_4	r_5
C_p	37.39	0.74	−0.1			
$Ha(T)$	473780	37.390	0.370	0.100		
$Sa(T)$	27.884	37.390	0.740	0.050		
$Ga(T)$	473780	9.506	−37.390	−0.370	0.050	
$Ga(l)$	510370	−289.910				

CuH(气)

温度范围:298 ~ 2000　　相:气

$\Delta H^{\ominus}_{f,298}$:297060　　$S^{\ominus}_{298}$:196.188

函数	r_0	r_1	r_2	r_3	r_4	r_5
C_p	28.242	5.021	-0.046			
$Ha(T)$	288260	28.242	2.511	0.046		
$Sa(T)$	33.521	28.242	5.021	0.023		
$Ga(T)$	288260	-5.279	-28.242	-2.511	0.023	
$Ga(l)$	318270	-236.549				

CuF

温度范围:298 ~ 1344　　相:固

$\Delta H^{\ominus}_{f,298}$: -280300　　$S^{\ominus}_{298}$:64.9

函数	r_0	r_1	r_2	r_3	r_4	r_5
C_p	60.12	4.1	-1.02			
$Ha(T)$	-301830	60.120	2.050	1.020		
$Sa(T)$	-284.599	60.120	4.100	0.510		
$Ga(T)$	-301830	344.719	-60.120	-2.050	0.510	
$Ga(l)$	-255400	-120.538				

CuF(气)

温度范围:298 ~ 2000　　相:气

$\Delta H^{\ominus}_{f,298}$:50210　　$S^{\ominus}_{298}$:226.396

函数	r_0	r_1	r_2	r_3	r_4	r_5
C_p	36.819	0.837	-0.335			
$Ha(T)$	38070	36.819	0.419	0.335		
$Sa(T)$	14.482	36.819	0.837	0.168		
$Ga(T)$	38070	22.337	-36.819	-0.419	0.168	
$Ga(l)$	74450	-272.772				

CuF_2

温度范围:298 ~ 1043　　相:固

$\Delta H^{\ominus}_{f,298}$: -548940　　$S^{\ominus}_{298}$:68.618

函数	r_0	r_1	r_2	r_3	r_4	r_5
C_p	63.053	25.062				
$Ha(T)$	-568850	63.053	12.531			
$Sa(T)$	-298.105	63.053	25.062			
$Ga(T)$	-568850	361.158	-63.053	-12.531		
$Ga(l)$	-525160	-126.968				

温度范围:1043 ~ 1722　　相:液

$\Delta H^{\ominus}_{tr}$:39330　　$\Delta S^{\ominus}_{tr}$:37.709

函数	r_0	r_1	r_2	r_3	r_4	r_5
C_p	94.140					
$Ha(T)$	-548320	94.140				
$Sa(T)$	-450.307	94.140				
$Ga(T)$	-548320	544.447	-94.140			
$Ga(l)$	-420270	-229.908				

温度范围:1722 ~ 2000　　相:气

$\Delta H^{\ominus}_{tr}$:184010　　$\Delta S^{\ominus}_{tr}$:106.858

函数	r_0	r_1	r_2	r_3	r_4	r_5
C_p	59.957	1.590	-0.795			
$Ha(T)$	-308260	59.957	0.795	0.795		
$Sa(T)$	-91.615	59.957	1.590	0.398		
$Ga(T)$	-308260	151.572	-59.957	-0.795	0.398	
$Ga(l)$	-193670	-362.835				

CuF_2(气)

温度范围:298 ~ 2000　　相:气

$\Delta H^{\ominus}_{f,298}$: -266900　　$S^{\ominus}_{298}$:267.1

函数	r_0	r_1	r_2	r_3	r_4	r_5
C_p	54.88	2.28	-0.67			
$Ha(T)$	-285610	54.880	1.140	0.670		
$Sa(T)$	-50.032	54.880	2.280	0.335		
$Ga(T)$	-285610	104.912	-54.880	-1.140	0.335	
$Ga(l)$	-230610	-336.244				

CuCl

温度范围:298 ~ 703　　相:固

$\Delta H^{\ominus}_{f,298}$: -138070　　$S^{\ominus}_{298}$:87.027

函数	r_0	r_1	r_2	r_3	r_4	r_5
C_p	38.242	34.978				
$Ha(T)$	-151030	38.242	17.489			
$Sa(T)$	-141.289	38.242	34.978			
$Ga(T)$	-151030	179.531	-38.242	-17.489		
$Ga(l)$	-128600	-113.274				

温度范围:703 ~ 1485　　相:液

$\Delta H^{\ominus}_{tr}$:10210　　$\Delta S^{\ominus}_{tr}$:14.523

函数	r_0	r_1	r_2	r_3	r_4	r_5
C_p	66.944					
$Ha(T)$	-152350	66.944				
$Sa(T)$	-290.328	66.944				
$Ga(T)$	-152350	357.272	-66.944			
$Ga(l)$	-81660	-177.240				

CuCl(气)

温度范围:298 ~ 2000　　相:气

$\Delta H^{\ominus}_{f,298}$:91090　　$S^{\ominus}_{298}$:237.065

函数	r_0	r_1	r_2	r_3	r_4	r_5
C_p	37.238	0.544	-0.193			
$Ha(T)$	79320	37.238	0.272	0.193		
$Sa(T)$	23.650	37.238	0.544	0.097		
$Ga(T)$	79320	13.588	-37.238	-0.272	0.097	
$Ga(l)$	115770	-284.445				

$(CuCl)_3$(气)

温度范围:298 ~ 2000　　相:气

$\Delta H^{\ominus}_{f,298}$: -263700　　$S^{\ominus}_{298}$:429.5

函数	r_0	r_1	r_2	r_3	r_4	r_5
C_p	132.88	0.08	-0.77			
$Ha(T)$	-305900	132.880	0.040	0.770		
$Sa(T)$	-331.952	132.880	0.080	0.385		
$Ga(T)$	-305900	464.832	-132.880	-0.040	0.385	
$Ga(l)$	-176730	-596.579				

$CuCl_2$

温度范围:298 ~ 862　　相:固

$\Delta H^{\ominus}_{f,298}$: -218000　　$S^{\ominus}_{298}$:108

函数	r_0	r_1	r_2	r_3	r_4	r_5
C_p	78.87	2.93	-0.71			
$Ha(T)$	-244030	78.870	1.465	0.710		
$Sa(T)$	-346.237	78.870	2.930	0.355		
$Ga(T)$	-244030	425.107	-78.870	-1.465	0.355	
$Ga(l)$	-199420	-156.594				

CuBr

温度范围:298 ~ 665　　相:固(α)

$\Delta H^{\ominus}_{f,298}$: -104600　　$S^{\ominus}_{298}$:96.065

函数	r_0	r_1	r_2	r_3	r_4	r_5
C_p	56.735	9.372	-0.418			
$Ha(T)$	-123330	56.735	4.686	0.418		
$Sa(T)$	-232.334	56.735	9.372	0.209		
$Ga(T)$	-123330	289.069	-56.735	-4.686	0.209	
$Ga(l)$	-95120	-122.774				

温度范围:665 ~ 745　　相:固(β)

$\Delta H^{\ominus}_{tr}$:7531　　$\Delta S^{\ominus}_{tr}$:11.325

函数	r_0	r_1	r_2	r_3	r_4	r_5
C_p	58.576					
$Ha(T)$	-114330	58.576				
$Sa(T)$	-226.270	58.576				
$Ga(T)$	-114330	284.846	-58.576			
$Ga(l)$	-73070	-157.862				

温度范围:745 ~ 761　　相:固(γ)

$\Delta H^{\ominus}_{tr}$:1548　　$\Delta S^{\ominus}_{tr}$:2.078

函数	r_0	r_1	r_2	r_3	r_4	r_5
C_p	58.994					
$Ha(T)$	-113090	58.994				
$Sa(T)$	-226.956	58.994				
$Ga(T)$	-113090	285.950	-58.994			
$Ga(l)$	-68620	-163.882				

温度范围:761 ~ 2000　　　　相:液

$\Delta H_{tr}^{\ominus}$:7196　　　　$\Delta S_{tr}^{\ominus}$:9. 456

函数	r_0	r_1	r_2	r_3	r_4	r_5
C_p	64. 852					
$Ha(T)$	-110350	64. 852				
$Sa(T)$	-256. 366	64. 852				
$Ga(T)$	-110350	321. 218	-64. 852			
$Ga(l)$	-25780	-211. 160				

CuBr(气)

温度范围:298 ~ 2000　　　　相:气

$\Delta H_{f,298}^{\ominus}$:158990　　　　$S_{298}^{\ominus}$:247. 818

函数	r_0	r_1	r_2	r_3	r_4	r_5
C_p	37. 363		-0. 117			
$Ha(T)$	147460	37. 363		0. 117		
$Sa(T)$	34. 281	37. 363		0. 059		
$Ga(T)$	147460	3. 082	-37. 363		0. 059	
$Ga(l)$	183640	-295. 279				

(CuBr)$_3$(气)

温度范围:298 ~ 2000　　　　相:气

$\Delta H_{f,298}^{\ominus}$: -151500　　　　$S_{298}^{\ominus}$:452

函数	r_0	r_1	r_2	r_3	r_4	r_5
C_p	132. 88	0. 34	-0. 46			
$Ha(T)$	-192680	132. 880	0. 170	0. 460		
$Sa(T)$	-307. 785	132. 880	0. 340	0. 230		
$Ga(T)$	-192680	440. 665	-132. 880	-0. 170	0. 230	
$Ga(l)$	-63750	-620. 860				

$CuBr_2$

温度范围:298 ~ 600　　　　相:固

$\Delta H_{f,298}^{\ominus}$: -139750　　　　$S_{298}^{\ominus}$:128. 867

函数	r_0	r_1	r_2	r_3	r_4	r_5
C_p	76. 358	5. 188	-0. 193			
$Ha(T)$	-163390	76. 358	2. 594	0. 193		
$Sa(T)$	-308. 822	76. 358	5. 188	0. 097		
$Ga(T)$	-163390	385. 180	-76. 358	-2. 594	0. 097	
$Ga(l)$	-129200	-159. 469				

$CuBr_3$(气)

温度范围:298 ~ 1300　　　　相:气

$\Delta H_{f,298}^{\ominus}$: -151460　　　　$S_{298}^{\ominus}$:451. 872

函数	r_0	r_1	r_2	r_3	r_4	r_5
C_p	132. 884	0. 335	-0. 456			
$Ha(T)$	-192620	132. 884	0. 168	0. 456		
$Sa(T)$	-307. 912	132. 884	0. 335	0. 228		
$Ga(T)$	-192620	440. 796	-132. 884	-0. 168	0. 228	
$Ga(l)$	-97480	-575. 214				

CuI

温度范围:298 ~ 642　　相:固(α)

$\Delta H^{\ominus}_{f,298}$: −68000　　$S^{\ominus}_{298}$: 96. 6

函数	r_0	r_1	r_2	r_3	r_4	r_5
C_p	62. 63	−6. 44	−0. 58			
$Ha(T)$	−88330	62. 630	−3. 220	0. 580		
$Sa(T)$	−261. 583	62. 630	−6. 440	0. 290		
$Ga(T)$	−88330	324. 213	−62. 630	3. 220	0. 290	
$Ga(l)$	−59320	−121. 312				

CuI　($CuI_{1.00\sim1.0045}$)

温度范围:298 ~ 861　　相:固

$\Delta H^{\ominus}_{f,298}$: −67780　　$S^{\ominus}_{298}$: 96. 650

函数	r_0	r_1	r_2	r_3	r_4	r_5
C_p	50. 626	11. 966				
$Ha(T)$	−83410	50. 626	5. 983			
$Sa(T)$	−195. 364	50. 626	11. 966			
$Ga(T)$	−83410	245. 990	−50. 626	−5. 983		
$Ga(l)$	−54130	−132. 409				

温度范围:861 ~ 1480　　相:液

$\Delta H^{\ominus}_{tr}$: 10880　　$\Delta S^{\ominus}_{tr}$: 12. 636

函数	r_0	r_1	r_2	r_3	r_4	r_5
C_p	66. 944					
$Ha(T)$	−82140	66. 944				
$Sa(T)$	−282. 704	66. 944				
$Ga(T)$	−82140	349. 648	−66. 944			
$Ga(l)$	−5257	−189. 794				

CuI(气)

温度范围:298 ~ 2000　　相:气

$\Delta H^{\ominus}_{f,298}$: 258990　　$S^{\ominus}_{298}$: 255. 517

函数	r_0	r_1	r_2	r_3	r_4	r_5
C_p	37. 405		−0. 092			
$Ha(T)$	247530	37. 405		0. 092		
$Sa(T)$	41. 881	37. 405		0. 046		
$Ga(T)$	247530	−4. 476	−37. 405		0. 046	
$Ga(l)$	283720	−303. 158				

$(CuI)_3$(气)

温度范围:298 ~ 2000　　相:气

$\Delta H^{\ominus}_{f,298}$: −16700　　$S^{\ominus}_{298}$: 464. 5

函数	r_0	r_1	r_2	r_3	r_4	r_5
C_p	133. 18	−0. 08	−0. 36			
$Ha(T)$	−57610	133. 180	−0. 040	0. 360		
$Sa(T)$	−296. 307	133. 180	−0. 080	0. 180		
$Ga(T)$	−57610	429. 487	−133. 180	0. 040	0. 180	
$Ga(l)$	71260	−633. 892				

CuO

温度范围:298 ~ 1359　　相:固

$\Delta H^{\ominus}_{f,298}$: −155850　　$S^{\ominus}_{298}$:42. 593

函数	r_0	r_1	r_2	r_3	r_4	r_5
C_p	43. 806	16. 736	−0. 586			
$Ha(T)$	−171620	43. 806	8. 368	0. 586		
$Sa(T)$	−215. 282	43. 806	16. 736	0. 293		
$Ga(T)$	−171620	259. 088	−43. 806	−8. 368	0. 293	
$Ga(l)$	−133700	−91. 543				

CuO(气)

温度范围:298 ~ 2000　　相:气

$\Delta H^{\ominus}_{f,298}$:306300　　$S^{\ominus}_{298}$:234. 6

函数	r_0	r_1	r_2	r_3	r_4	r_5
C_p	34. 73	3. 52	0. 03			
$Ha(T)$	295890	34. 730	1. 760	−0. 030		
$Sa(T)$	35. 842	34. 730	3. 520	−0. 015		
$Ga(T)$	295890	−1. 112	−34. 730	−1. 760	−0. 015	
$Ga(l)$	331250	−282. 410				

$CuO \cdot Al_2O_3$

温度范围:298 ~ 1550　　相:固

$\Delta H^{\ominus}_{f,298}$: −1822500　　$S^{\ominus}_{298}$:102. 5

函数	r_0	r_1	r_2	r_3	r_4	r_5
C_p	155. 65	34. 1	−3. 39			
$Ha(T)$	−1881800	155. 650	17. 050	3. 390		
$Sa(T)$	−813. 566	155. 650	34. 100	1. 695		
$Ga(T)$	−1881800	969. 216	−155. 650	−17. 050	1. 695	
$Ga(l)$	−1739800	−275. 663				

$CuO \cdot Cr_2O_3$

温度范围:298 ~ 1400　　相:固

$\Delta H^{\ominus}_{f,298}$: −1293500　　$S^{\ominus}_{298}$:130. 5

函数	r_0	r_1	r_2	r_3	r_4	r_5
C_p	166. 31	20. 92	−2. 18			
$Ha(T)$	−1351300	166. 310	10. 460	2. 180		
$Sa(T)$	−835. 566	166. 310	20. 920	1. 090		
$Ga(T)$	−1351300	1001. 876	−166. 310	−10. 460	1. 090	
$Ga(l)$	−1217300	−298. 124				

$CuO \cdot CuSO_4$

温度范围:298 ~ 1138　　相:固

$\Delta H^{\ominus}_{f,298}$: −927590　　$S^{\ominus}_{298}$:157. 318

函数	r_0	r_1	r_2	r_3	r_4	r_5
C_p	170. 833	45. 355	−3. 925			
$Ha(T)$	−993700	170. 833	22. 678	3. 925		
$Sa(T)$	−851. 619	170. 833	45. 355	1. 963		
$Ga(T)$	−993700	1022. 452	−170. 833	−22. 678	1. 963	
$Ga(l)$	−865870	−302. 958				

$CuO \cdot Fe_2O_3$

温度范围:298 ~675　　相:固(α)

$\Delta H^{\ominus}_{f,298}$: -967970　　$S^{\ominus}_{298}$:146.758

函数	r_0	r_1	r_2	r_3	r_4	r_5
C_p	139.620	117.780	-2.343			
$Ha(T)$	-1022700	139.620	58.890	2.343		
$Sa(T)$	-697.035	139.620	117.780	1.172		
$Ga(T)$	-1022700	836.655	-139.620	-58.890	1.172	
$Ga(l)$	-939100	-227.438				

温度范围:675 ~795　　相:固(β)

$\Delta H^{\ominus}_{tr}$:753　　$\Delta S^{\ominus}_{tr}$:1.116

函数	r_0	r_1	r_2	r_3	r_4	r_5
C_p	227.191					
$Ha(T)$	-1050700	227.191				
$Sa(T)$	-1184.347	227.191				
$Ga(T)$	-1050700	1411.538	-227.191			
$Ga(l)$	-884010	-315.003				

温度范围:795 ~1338　　相:固(γ)

$\Delta H^{\ominus}_{tr}$:0　　$\Delta S^{\ominus}_{tr}$:0.000

函数	r_0	r_1	r_2	r_3	r_4	r_5
C_p	166.021	41.003				
$Ha(T)$	-1015100	166.021	20.502			
$Sa(T)$	-808.430	166.021	41.003			
$Ga(T)$	-1015100	974.451	-166.021	-20.502		
$Ga(l)$	-818280	-391.730				

温度范围:1338 ~1500　　相:液

$\Delta H^{\ominus}_{tr}$:13050　　$\Delta S^{\ominus}_{tr}$:9.753

函数	r_0	r_1	r_2	r_3	r_4	r_5
C_p	225.936					
$Ha(T)$	-1045500	225.936				
$Sa(T)$	-1175.139	225.936				
$Ga(T)$	-1045500	1401.075	-225.936			
$Ga(l)$	-725040	-464.654				

$CuO \cdot Ga_2O_3$

温度范围:298 ~1000　　相:固

$\Delta H^{\ominus}_{f,298}$: -1228000　　$S^{\ominus}_{298}$:146.4

函数	r_0	r_1	r_2	r_3	r_4	r_5
C_p	161.15	22.91	-2.93			
$Ha(T)$	-1286900	161.150	11.455	2.930		
$Sa(T)$	-795.079	161.150	22.910	1.465		
$Ga(T)$	-1286900	956.229	-161.150	-11.455	1.465	
$Ga(l)$	-1181200	-262.536				

CuO · SeO_2

温度范围:298 ~ 800　　相:固

$\Delta H^{\ominus}_{f,298}$: −429280　　$S^{\ominus}_{298}$:103.345

函数	r_0	r_1	r_2	r_3	r_4	r_5
C_p	79.496	61.505				
$Ha(T)$	−455720	79.496	30.753			
$Sa(T)$	−367.929	79.496	61.505			
$Ga(T)$	−455720	447.425	−79.496	−30.753		
$Ga(l)$	−405950	−165.580				

Cu_2O

温度范围:298 ~ 1509　　相:固

$\Delta H^{\ominus}_{f,298}$: −170290　　$S^{\ominus}_{298}$:92.927

函数	r_0	r_1	r_2	r_3	r_4	r_5
C_p	56.568	29.288				
$Ha(T)$	−188460	56.568	14.644			
$Sa(T)$	−238.107	56.568	29.288			
$Ga(T)$	−188460	294.675	−56.568	−14.644		
$Ga(l)$	−133760	−170.543				

温度范围:1509 ~ 2000　　相:液

$\Delta H^{\ominus}_{tr}$:56820　　$\Delta S^{\ominus}_{tr}$:37.654

函数	r_0	r_1	r_2	r_3	r_4	r_5
C_p	100.416					
$Ha(T)$	−164460	100.416				
$Sa(T)$	−477.190	100.416				
$Ga(T)$	−164460	577.606	−100.416			
$Ga(l)$	10790	−272.708				

Cu_2O · Al_2O_3

温度范围:298 ~ 1400　　相:固

$\Delta H^{\ominus}_{f,298}$: −1870200　　$S^{\ominus}_{298}$:133.9

函数	r_0	r_1	r_2	r_3	r_4	r_5
C_p	175.69	33.69	−3.87			
$Ha(T)$	−1937100	175.690	16.845	3.870		
$Sa(T)$	−898.923	175.690	33.690	1.935		
$Ga(T)$	−1937100	1074.613	−175.690	−16.845	1.935	
$Ga(l)$	−1789500	−310.035				

Cu_2O · Fe_2O_3

温度范围:298 ~ 1091　　相:固(α)

$\Delta H^{\ominus}_{f,298}$: −1025900　　$S^{\ominus}_{298}$:177.736

函数	r_0	r_1	r_2	r_3	r_4	r_5
C_p	195.979	15.062	−3.598			
$Ha(T)$	−1097100	195.979	7.531	3.598		
$Sa(T)$	−963.602	195.979	15.062	1.799		
$Ga(T)$	−1097100	1159.581	−195.979	−7.531	1.799	
$Ga(l)$	−963950	−327.003				

温度范围:1091 ~ 1470　　相:固(β)

$\Delta H^{\ominus}_{tr}$:753　　$\Delta S^{\ominus}_{tr}$:0. 690

函数	r_0	r_1	r_2	r_3	r_4	r_5
C_p	183. 008	30. 125				
$Ha(T)$	-1087800	183. 008	15. 063			
$Sa(T)$	-887. 104	183. 008	30. 125			
$Ga(T)$	-1087800	1070. 112	-183. 008	-15. 063		
$Ga(l)$	-830350	-460. 491				

温度范围:1470 ~ 1600　　相:液

$\Delta H^{\ominus}_{tr}$:128700　　$\Delta S^{\ominus}_{tr}$:87. 551

函数	r_0	r_1	r_2	r_3	r_4	r_5
C_p	253. 417					
$Ha(T)$	-1030100	253. 417				
$Sa(T)$	-1268. 763	253. 417				
$Ga(T)$	-1030100	1522. 180	-253. 417			
$Ga(l)$	-641100	-590. 442				

$Cu_2O \cdot Ga_2O_3$

温度范围:298 ~ 1000　　相:固

$\Delta H^{\ominus}_{f,298}$: -1274000　　$S^{\ominus}_{298}$:166. 5

函数	r_0	r_1	r_2	r_3	r_4	r_5
C_p	170. 75	38. 8	-3. 76			
$Ha(T)$	-1339200	170. 750	19. 400	3. 760		
$Sa(T)$	-839. 082	170. 750	38. 800	1. 880		
$Ga(T)$	-1339200	1009. 832	-170. 750	-19. 400	1. 880	
$Ga(l)$	-1223300	-291. 917				

$Cu(OH)_2$

温度范围:298 ~ 700　　相:固

$\Delta H^{\ominus}_{f,298}$: -443090　　$S^{\ominus}_{298}$:87. 027

函数	r_0	r_1	r_2	r_3	r_4	r_5
C_p	86. 985	23. 263	-0. 540			
$Ha(T)$	-471870	86. 985	11. 632	0. 540		
$Sa(T)$	-418. 552	86. 985	23. 263	0. 270		
$Ga(T)$	-471870	505. 537	-86. 985	-11. 632	0. 270	
$Ga(l)$	-426460	-133. 216				

CuS

温度范围:298 ~ 1273　　相:固

$\Delta H^{\ominus}_{f,298}$: -48530　　$S^{\ominus}_{298}$:66. 526

函数	r_0	r_1	r_2	r_3	r_4	r_5
C_p	44. 350	11. 046				
$Ha(T)$	-62240	44. 350	5. 523			
$Sa(T)$	-189. 456	44. 350	11. 046			
$Ga(T)$	-62240	233. 806	-44. 350	-5. 523		
$Ga(l)$	-28240	-113. 004				

CuS(气)

温度范围:298 ~ 2000　　相:气

$\Delta H^{\ominus}_{f,298}$:320500　　$S^{\ominus}_{298}$:252. 6

函数	r_0	r_1	r_2	r_3	r_4	r_5
C_p	37. 27	0. 08	-0. 19			
$Ha(T)$	308750	37. 270	0. 040	0. 190		
$Sa(T)$	39. 158	37. 270	0. 080	0. 095		
$Ga(T)$	308750	-1. 888	-37. 270	-0. 040	0. 095	
$Ga(l)$	344980	-299. 642				

CuS · FeS(黄铜矿)

温度范围:298 ~ 830　　相:固(α)

$\Delta H^{\ominus}_{f,298}$: -307400　　$S^{\ominus}_{298}$:125

函数	r_0	r_1	r_2	r_3	r_4	r_5
C_p	298. 63	-542. 43	-7. 24	445. 61		
$Ha(T)$	-400550	298. 630	-271. 215	7. 240	148. 537	
$Sa(T)$	-1475. 277	298. 630	-542. 430	3. 620	222. 805	
$Ga(T)$	-400550	1773. 907	-298. 630	271. 215	3. 620	-74. 268
$Ga(l)$	-282450	-190. 875				

温度范围:830 ~ 1000　　相:固(β)

$\Delta H^{\ominus}_{tr}$:10100　　$\Delta S^{\ominus}_{tr}$:12. 169

函数	r_0	r_1	r_2	r_3	r_4	r_5
C_p	-24. 73	221. 36				
$Ha(T)$	-291490	-24. 730	110. 680			
$Sa(T)$	235. 132	-24. 730	221. 360			
$Ga(T)$	-291490	-259. 862	24. 730	-110. 680		
$Ga(l)$	-221670	-269. 069				

$CuSO_4$

温度范围:298 ~ 1078　　相:固

$\Delta H^{\ominus}_{f,298}$: -769980　　$S^{\ominus}_{298}$:109. 244

函数	r_0	r_1	r_2	r_3	r_4	r_5
C_p	73. 387	152. 842	-1. 230	-71. 588		
$Ha(T)$	-802150	73. 387	76. 421	1. 230	-23. 863	
$Sa(T)$	-358. 192	73. 387	152. 842	0. 615	-35. 794	
$Ga(T)$	-802150	431. 579	-73. 387	-76. 421	0. 615	11. 931
$Ga(l)$	-729030	-207. 527				

$CuSO_4 \cdot H_2O$

温度范围:298 ~ 600　　相:固(α)

$\Delta H^{\ominus}_{f,298}$: -1082800　　$S^{\ominus}_{298}$:145. 101

函数	r_0	r_1	r_2	r_3	r_4	r_5
C_p	130. 792	70. 877	-1. 862			
$Ha(T)$	-1131200	130. 792	35. 439	1. 862		
$Sa(T)$	-631. 704	130. 792	70. 877	0. 931		
$Ga(T)$	-1131200	762. 496	-130. 792	-35. 439	0. 931	
$Ga(l)$	-1063000	-202. 337				

$CuSO_4 \cdot 3H_2O$

温度范围:298 ~ 600　　相:固(α)

$\Delta H^{\ominus}_{f,298}$: -1681100　　$S^{\ominus}_{298}$:222.170

函数	r_0	r_1	r_2	r_3	r_4	r_5
C_p	204.305	71.797	-1.841			
$Ha(T)$	-1751400	204.305	35.899	1.841		
$Sa(T)$	-973.639	204.305	71.797	0.921		
$Ga(T)$	-1751400	1177.944	-204.305	-35.899	0.921	
$Ga(l)$	-1651100	-308.861				

$CuSO_4 \cdot 5H_2O$

温度范围:298 ~ 600　　相:固

$\Delta H^{\ominus}_{f,298}$: -2276500　　$S^{\ominus}_{298}$:301.248

函数	r_0	r_1	r_2	r_3	r_4	r_5
C_p	280.956	70.877	-1.858			
$Ha(T)$	-2369600	280.956	35.439	1.858		
$Sa(T)$	-1331.109	280.956	70.877	0.929		
$Ga(T)$	-2369600	1612.065	-280.956	-35.439	0.929	
$Ga(l)$	-2236100	-418.255				

Cu_2S

温度范围:298 ~ 376　　相:固(α)

$\Delta H^{\ominus}_{f,298}$: -79500　　$S^{\ominus}_{298}$:120.918

函数	r_0	r_1	r_2	r_3	r_4	r_5
C_p	81.588					
$IIa(T)$	-103830	81.588				
$Sa(T)$	-343.938	81.588				
$Ga(T)$	-103830	425.526	-81.588			
$Ga(l)$	-76420	-130.818				

温度范围:376 ~ 623　　相:固(β)

$\Delta H^{\ominus}_{tr}$:3849　　$\Delta S^{\ominus}_{tr}$:10.237

函数	r_0	r_1	r_2	r_3	r_4	r_5
C_p	97.278					
$Ha(T)$	-105880	97.278				
$Sa(T)$	-426.736	97.278				
$Ga(T)$	-105880	524.014	-97.278			
$Ga(l)$	-58080	-177.111				

温度范围:623 ~ 1403　　相:固(γ)

$\Delta H^{\ominus}_{tr}$:837　　$\Delta S^{\ominus}_{tr}$:1.343

函数	r_0	r_1	r_2	r_3	r_4	r_5
C_p	85.019					
$Ha(T)$	-97400	85.019				
$Sa(T)$	-346.511	85.019				
$Ga(T)$	-97400	431.530	-85.019			
$Ga(l)$	-14760	-240.575				

温度范围:1403 ~ 2000　　相:液

$\Delta H^\ominus_{tr}$:10880　　$\Delta S^\ominus_{tr}$:7.755

函数	r_0	r_1	r_2	r_3	r_4	r_5
C_p	89.119					
$Ha(T)$	-92270	89.119				
$Sa(T)$	-368.467	89.119				
$Ga(T)$	-92270	457.586	-89.119			
$Ga(l)$	58120	-294.241				

Cu_2SO_4

温度范围:298 ~ 1000　　相:固

$\Delta H^\ominus_{f,298}$: -749770　　$S^\ominus_{298}$:182.422

函数	r_0	r_1	r_2	r_3	r_4	r_5
C_p	99.579	69.454				
$Ha(T)$	-782550	99.579	34.727			
$Sa(T)$	-405.647	99.579	69.454			
$Ga(T)$	-782550	505.226	-99.579	-34.727		
$Ga(l)$	-709980	-281.147				

CuSe

温度范围:298 ~ 326　　相:固(α)

$\Delta H^\ominus_{f,298}$: -41840　　$S^\ominus_{298}$:78.241

函数	r_0	r_1	r_2	r_3	r_4	r_5
C_p	54.810					
$Ha(T)$	-58180	54.810				
$Sa(T)$	-234.044	54.810				
$Ga(T)$	-58180	288.854	-54.810			
$Ga(l)$	-41080	-80.708				

温度范围:326 ~ 655　　相:固(β)

$\Delta H^\ominus_{tr}$:1381　　$\Delta S^\ominus_{tr}$:4.236

函数	r_0	r_1	r_2	r_3	r_4	r_5
C_p	62.760					
$Ha(T)$	-59390	62.760				
$Sa(T)$	-275.814	62.760				
$Ga(T)$	-59390	338.574	-62.760			
$Ga(l)$	-29550	-112.287				

CuSe(气)

温度范围:298 ~ 2000　　相:气

$\Delta H^\ominus_{f,298}$:309600　　$S^\ominus_{298}$:264.7

函数	r_0	r_1	r_2	r_3	r_4	r_5
C_p	37.36	0.03	-0.11			
$Ha(T)$	298090	37.360	0.015	0.110		
$Sa(T)$	51.210	37.360	0.030	0.055		
$Ga(T)$	298090	-13.850	-37.360	-0.015	0.055	
$Ga(l)$	334280	-312.218				

Cu_2Se

温度范围:298 ~ 395　　相:固(β)

$\Delta H^{\ominus}_{f,298}$: −66110　　$S^{\ominus}_{298}$:132.633

函数	r_0	r_1	r_2	r_3	r_4	r_5
C_p	58.576	77.404				
$Ha(T)$	−87010	58.576	38.702			
$Sa(T)$	−224.187	58.576	77.404			
$Ga(T)$	−87010	282.763	−58.576	−38.702		
$Ga(l)$	−62200	−145.076				

温度范围:395 ~ 800　　相:固(α)

$\Delta H^{\ominus}_{tr}$:6820　　$\Delta S^{\ominus}_{tr}$:17.266

函数	r_0	r_1	r_2	r_3	r_4	r_5
C_p	84.098					
$Ha(T)$	−84240	84.098				
$Sa(T)$	−328.940	84.098				
$Ga(T)$	−84240	413.038	−84.098			
$Ga(l)$	−35550	−207.687				

CuTe

温度范围:298 ~ 613　　相:固

$\Delta H^{\ominus}_{f,298}$: −25100　　$S^{\ominus}_{298}$:86.609

函数	r_0	r_1	r_2	r_3	r_4	r_5
C_p	41.338	40.376	0.095			
$Ha(T)$	−38900	41.338	20.188	−0.095		
$Sa(T)$	−160.422	41.338	40.376	−0.048		
$Ga(T)$	−38900	201.760	−41.338	−20.188	−0.048	
$Ga(l)$	−16880	−110.271				

Cu_2Te

温度范围:298 ~ 433　　相:固(ε′)

$\Delta H^{\ominus}_{f,298}$: −41840　　$S^{\ominus}_{298}$:134.725

函数	r_0	r_1	r_2	r_3	r_4	r_5
C_p	59.831	53.555				
$Ha(T)$	−62060	59.831	26.778			
$Sa(T)$	−222.135	59.831	53.555			
$Ga(T)$	−62060	281.966	−59.831	−26.778		
$Ga(l)$	−36850	−150.326				

温度范围:433 ~ 531　　相:固(ε)

$\Delta H^{\ominus}_{tr}$:222　　$\Delta S^{\ominus}_{tr}$:0.513

函数	r_0	r_1	r_2	r_3	r_4	r_5
C_p	60.459	53.555				
$Ha(T)$	−62110	60.459	26.778			
$Sa(T)$	−225.435	60.459	53.555			
$Ga(T)$	−62110	285.894	−60.459	−26.778		
$Ga(l)$	−26840	−173.835				

温度范围:531 ~ 590　　相:固(δ)

$\Delta H^{\ominus}_{tr}$:1904　　$\Delta S^{\ominus}_{tr}$:3. 586

函数	r_0	r_1	r_2	r_3	r_4	r_5
C_p	112. 968					
$Ha(T)$	-80540	112. 968				
$Sa(T)$	-522. 893	112. 968				
$Ga(T)$	-80540	635. 861	-112. 968			
$Ga(l)$	-17260	-192. 044				

温度范围:590 ~ 633　　相:固(γ)

$\Delta H^{\ominus}_{tr}$:962　　$\Delta S^{\ominus}_{tr}$:1. 631

函数	r_0	r_1	r_2	r_3	r_4	r_5
C_p	133. 888					
$Ha(T)$	-91920	133. 888				
$Sa(T)$	-654. 735	133. 888				
$Ga(T)$	-91920	788. 623	-133. 888			
$Ga(l)$	-10030	-204. 340				

温度范围:633 ~ 841　　相:固(β)

$\Delta H^{\ominus}_{tr}$:2448　　$\Delta S^{\ominus}_{tr}$:3. 867

函数	r_0	r_1	r_2	r_3	r_4	r_5
C_p	109. 286	-17. 154				
$Ha(T)$	-70460	109. 286	-8. 577			
$Sa(T)$	-481. 315	109. 286	-17. 154			
$Ga(T)$	-70460	590. 601	-109. 286	8. 577		
$Ga(l)$	5026	-227. 394				

温度范围:841 ~ 1128　　相:固(α)

$\Delta H^{\ominus}_{tr}$:1996　　$\Delta S^{\ominus}_{tr}$:2. 373

函数	r_0	r_1	r_2	r_3	r_4	r_5
C_p	87. 864					
$Ha(T)$	-56510	87. 864				
$Sa(T)$	-349. 099	87. 864				
$Ga(T)$	-56510	436. 963	-87. 864			
$Ga(l)$	29500	-256. 289				

CuTe(气)

温度范围:298 ~ 2000　　相:气

$\Delta H^{\ominus}_{f,298}$:307500　　$S^{\ominus}_{298}$:272. 6

函数	r_0	r_1	r_2	r_3	r_4	r_5
C_p	37. 39	0. 01	-0. 08			
$Ha(T)$	296080	37. 390	0. 005	0. 080		
$Sa(T)$	59. 114	37. 390	0. 010	0. 040		
$Ga(T)$	296080	-21. 724	-37. 390	-0. 005	0. 040	
$Ga(l)$	332250	-320. 290				

CuP_2

温度范围:298 ~ 1100　　相:固

$\Delta H^{\ominus}_{f,298}$: −101770　　$S^{\ominus}_{298}$:81.588

函数	r_0	r_1	r_2	r_3	r_4	r_5
C_p	64.434	22.301				
$Ha(T)$	−121970	64.434	11.151			
$Sa(T)$	−292.180	64.434	22.301			
$Ga(T)$	−121970	356.614	−64.434	−11.151		
$Ga(l)$	−76240	−143.147				

Cu_3P

温度范围:298 ~ 1303　　相:固

$\Delta H^{\ominus}_{f,298}$: −122270　　$S^{\ominus}_{298}$:119.244

函数	r_0	r_1	r_2	r_3	r_4	r_5
C_p	77.822	33.472				
$Ha(T)$	−146960	77.822	16.736			
$Sa(T)$	−334.134	77.822	33.472			
$Ga(T)$	−146960	411.956	−77.822	−16.736		
$Ga(l)$	−82310	−209.558				

Cu_3As

温度范围:298 ~ 1098　　相:固

$\Delta H^{\ominus}_{f,298}$: −107110　　$S^{\ominus}_{298}$:137.235

函数	r_0	r_1	r_2	r_3	r_4	r_5
C_p	84.098	30.125				
$Ha(T)$	−133520	84.098	15.063			
$Sa(T)$	−350.903	84.098	30.125			
$Ga(T)$	−133520	435.001	−84.098	−15.063		
$Ga(l)$	−73690	−217.845				

Cu_2Sb

温度范围:298 ~ 859　　相:固

$\Delta H^{\ominus}_{f,298}$: −11500　　$S^{\ominus}_{298}$:126.5

函数	r_0	r_1	r_2	r_3	r_4	r_5
C_p	68.53	27.61				
$Ha(T)$	−33160	68.530	13.805			
$Sa(T)$	−272.188	68.530	27.610			
$Ga(T)$	−33160	340.718	−68.530	−13.805		
$Ga(l)$	8175	−177.977				

CuCN

温度范围:298 ~ 746　　相:固

$\Delta H^{\ominus}_{f,298}$:95000　　$S^{\ominus}_{298}$:90

函数	r_0	r_1	r_2	r_3	r_4	r_5
C_p	59.66	24.48	−0.44			
$Ha(T)$	74650	59.660	12.240	0.440		
$Sa(T)$	−259.692	59.660	24.480	0.220		
$Ga(T)$	74650	319.352	−59.660	−12.240	0.220	
$Ga(l)$	108280	−126.195				

$CuCO_3$

温度范围:298 ~ 800 相:固

$\Delta H^{\ominus}_{f,298}$: −596220 $S^{\ominus}_{298}$:87. 864

函数	r_0	r_1	r_2	r_3	r_4	r_5
C_p	92. 048	38. 911	−1. 799			
$Ha(T)$	−631430	92. 048	19. 456	1. 799		
$Sa(T)$	−458. 309	92. 048	38. 911	0. 900		
$Ga(T)$	−631430	550. 357	−92. 048	−19. 456	0. 900	
$Ga(l)$	−574680	−145. 126				

$CuMg_2$

温度范围:298 ~ 841 相:固

$\Delta H^{\ominus}_{f,298}$: −29500 $S^{\ominus}_{298}$:92. 3

函数	r_0	r_1	r_2	r_3	r_4	r_5
C_p	61. 09	29. 71				
$Ha(T)$	−49030	61. 090	14. 855			
$Sa(T)$	−264. 624	61. 090	29. 710			
$Ga(T)$	−49030	325. 714	−61. 090	−14. 855		
$Ga(l)$	−11970	−138. 446				

Cu_2Mg

温度范围:298 ~ 1070 相:固

$\Delta H^{\ominus}_{f,298}$: −35100 $S^{\ominus}_{298}$:98. 1

函数	r_0	r_1	r_2	r_3	r_4	r_5
C_p	66. 61	24. 02				
$Ha(T)$	−56030	66. 610	12. 010			
$Sa(T)$	−288. 578	66. 610	24. 020			
$Ga(T)$	−56030	355. 188	−66. 610	−12. 010		
$Ga(l)$	−9502	−160. 403				

$CuFeO_2$

温度范围:298 ~ 1091 相:固(α)

$\Delta H^{\ominus}_{f,298}$: −513000 $S^{\ominus}_{298}$:88. 9

函数	r_0	r_1	r_2	r_3	r_4	r_5
C_p	97. 99	7. 53	−1. 8			
$Ha(T)$	−548590	97. 990	3. 765	1. 800		
$Sa(T)$	−481. 777	97. 990	7. 530	0. 900		
$Ga(T)$	−548590	579. 767	−97. 990	−3. 765	0. 900	
$Ga(l)$	−482030	−163. 529				

$CuFeS_2$

温度范围:298 ~ 830 相:固(α)

$\Delta H^{\ominus}_{f,298}$: −190370 $S^{\ominus}_{298}$:124. 976

函数	r_0	r_1	r_2	r_3	r_4	r_5
C_p	86. 985	53. 555	−0. 561			
$Ha(T)$	−220570	86. 985	26. 778	0. 561		
$Sa(T)$	−389. 752	86. 985	53. 555	0. 281		
$Ga(T)$	−220570	476. 737	−86. 985	−26. 778	0. 281	
$Ga(l)$	−165500	−190. 511				

温度范围:830 ~ 930 相:固(β)

$\Delta H_{tr}^{\ominus}$:10080 $\Delta S_{tr}^{\ominus}$:12.145

函数	r_0	r_1	r_2	r_3	r_4	r_5
C_p	-1441.974	1844.977				
$Ha(T)$	442170	-1441.974	922.489			
$Sa(T)$	8412.704	-1441.974	1844.977			
$Ga(T)$	442170	-9854.678	1441.974	-922.489		
$Ga(l)$	-111610	-260.800				

温度范围:930 ~ 1200 相:固(γ)

$\Delta H_{tr}^{\ominus}$:0 $\Delta S_{tr}^{\ominus}$:0.000

函数	r_0	r_1	r_2	r_3	r_4	r_5
C_p	172.464					
$Ha(T)$	-261400	172.464				
$Sa(T)$	-906.449	172.464				
$Ga(T)$	-261400	1078.913	-172.464			
$Ga(l)$	-78500	-295.483				

Cu_5FeS_4(斑铜矿)

温度范围:298 ~ 485 相:固(α)

$\Delta H_{f,298}^{\ominus}$:-380330 $S_{298}^{\ominus}$:362.334

函数	r_0	r_1	r_2	r_3	r_4	r_5
C_p	208.196	146.775	-0.565			
$Ha(T)$	-450820	208.196	73.388	0.565		
$Sa(T)$	-870.822	208.196	146.775	0.283		
$Ga(T)$	-450820	1079.018	-208.196	-73.388	0.283	
$Ga(l)$	-358020	-430.326				

温度范围:485 ~ 540 相:固(β)

$\Delta H_{tr}^{\ominus}$:0 $\Delta S_{tr}^{\ominus}$:0.000

函数	r_0	r_1	r_2	r_3	r_4	r_5
C_p	-143.553	1033.448				
$Ha(T)$	-383340	-143.553	516.724			
$Sa(T)$	875.611	-143.553	1033.448			
$Ga(T)$	-383340	-1019.164	143.553	-516.724		
$Ga(l)$	-321290	-509.575				

温度范围:540 ~ 1200 相:固(γ)

$\Delta H_{tr}^{\ominus}$:0 $\Delta S_{tr}^{\ominus}$:0.000

函数	r_0	r_1	r_2	r_3	r_4	r_5
C_p	189.033	117.487	26.091			
$Ha(T)$	-381080	189.033	58.744	-26.091		
$Sa(T)$	-677.520	189.033	117.487	-13.046		
$Ga(T)$	-381080	866.553	-189.033	-58.744	-13.046	
$Ga(l)$	-212950	-682.459				

Dy

温度范围:298～400　　相:固(α)

$\Delta H^{\ominus}_{f,298}$:0　　$S^{\ominus}_{298}$:74.894

函数	r_0	r_1	r_2	r_3	r_4	r_5
C_p	28.238	-0.410				
$Ha(T)$	-8401	28.238	-0.205			
$Sa(T)$	-85.872	28.238	-0.410			
$Ga(T)$	-8401	114.110	-28.238	0.205		
$Ga(l)$	1376	-79.267				

温度范围:400～800　　相:固(α)

$\Delta H^{\ominus}_{tr}$:—　　$\Delta S^{\ominus}_{tr}$:—

函数	r_0	r_1	r_2	r_3	r_4	r_5
C_p	22.941	7.577	0.340			
$Ha(T)$	-6071	22.941	3.789	-0.340		
$Sa(T)$	-56.268	22.941	7.577	-0.170		
$Ga(T)$	-6071	79.209	-22.941	-3.789	-0.170	
$Ga(l)$	7994	-94.262				

温度范围:800～1657　　相:固(α)

$\Delta H^{\ominus}_{tr}$:—　　$\Delta S^{\ominus}_{tr}$:—

函数	r_0	r_1	r_2	r_3	r_4	r_5
C_p	18.912	-3.715	3.359	13.205		
$Ha(T)$	2286	18.912	-1.858	-3.359	4.402	
$Sa(T)$	-22.169	18.912	-3.715	-1.680	6.603	
$Ga(T)$	2286	41.081	-18.912	1.858	-1.680	-2.201
$Ga(l)$	27120	-116.567				

温度范围:1657～1682　　相:固(β)

$\Delta H^{\ominus}_{tr}$:4163　　$\Delta S^{\ominus}_{tr}$:2.512

函数	r_0	r_1	r_2	r_3	r_4	r_5
C_p	28.033					
$Ha(T)$	4234	28.033				
$Sa(T)$	-75.908	28.033				
$Ga(T)$	4234	103.941	-28.033			
$Ga(l)$	52150	-132.771				

温度范围:1682～2500　　相:液

$\Delta H^{\ominus}_{tr}$:11060　　$\Delta S^{\ominus}_{tr}$:6.576

函数	r_0	r_1	r_2	r_3	r_4	r_5
C_p	49.915					
$Ha(T)$	-21510	49.915				
$Sa(T)$	-231.866	49.915				
$Ga(T)$	-21510	281.781	-49.915			
$Ga(l)$	81790	-149.561				

Dy(气)

温度范围:298 ~2000　　相:气

$\Delta H^{\ominus}_{f,298}$:290400　　$S^{\ominus}_{298}$:196

函数	r_0	r_1	r_2	r_3	r_4	r_5
C_p	18.6	3.04	0.11			
$Ha(T)$	285090	18.600	1.520	-0.110		
$Sa(T)$	89.737	18.600	3.040	-0.055		
$Ga(T)$	285090	-71.137	-18.600	-1.520	-0.055	
$Ga(l)$	304530	-223.061				

DyF_3

温度范围:298 ~1430　　相:固

$\Delta H^{\ominus}_{f,298}$: -1692000　　$S^{\ominus}_{298}$:118.8

函数	r_0	r_1	r_2	r_3	r_4	r_5
C_p	92.91	21.92	-0.47			
$Ha(T)$	-1722300	92.910	10.960	0.470		
$Sa(T)$	-419.743	92.910	21.920	0.235		
$Ga(T)$	-1722300	512.653	-92.910	-10.960	0.235	
$Ga(l)$	-1644100	-223.432				

DyF_3(气)

温度范围:298 ~2000　　相:气

$\Delta H^{\ominus}_{f,298}$: -1245600　　$S^{\ominus}_{298}$:341.1

函数	r_0	r_1	r_2	r_3	r_4	r_5
C_p	79.68	3.83	-0.85			
$Ha(T)$	-1272400	79.680	1.915	0.850		
$Sa(T)$	-118.807	79.680	3.830	0.425		
$Ga(T)$	-1272400	198.487	-79.680	-1.915	0.425	
$Ga(l)$	-1192400	-442.551				

$DyBr_3$(气)

温度范围:298 ~2000　　相:气

$\Delta H^{\ominus}_{f,298}$: -540200　　$S^{\ominus}_{298}$:404.1

函数	r_0	r_1	r_2	r_3	r_4	r_5
C_p	81.36	2.85	-0.21			
$Ha(T)$	-565290	81.360	1.425	0.210		
$Sa(T)$	-61.487	81.360	2.850	0.105		
$Ga(T)$	-565290	142.847	-81.360	-1.425	0.105	
$Ga(l)$	-485010	-510.099				

$DyCl_3$

温度范围:298 ~924　　相:固

$\Delta H^{\ominus}_{f,298}$: -999980　　$S^{\ominus}_{298}$:146.858

函数	r_0	r_1	r_2	r_3	r_4	r_5
C_p	94.558	17.991	-0.142			
$Ha(T)$	-1029400	94.558	8.996	0.142		
$Sa(T)$	-398.058	94.558	17.991	0.071		
$Ga(T)$	-1029400	492.616	-94.558	-8.996	0.071	
$Ga(l)$	-972540	-217.139				

温度范围:924 ~ 1000 相:液

$\Delta H^{\ominus}_{tr}$:25520 $\Delta S^{\ominus}_{tr}$:27.619

函数	r_0	r_1	r_2	r_3	r_4	r_5
C_p	144.766					
$Ha(T)$	-1042500	144.766				
$Sa(T)$	-696.588	144.766				
$Ga(T)$	-1042500	841.354	-144.766			
$Ga(l)$	-903290	-297.782				

$DyCl_3$(气)

温度范围:298 ~ 2000 相:气

$\Delta H^{\ominus}_{f,298}$: -677400 $S^{\ominus}_{298}$:379.9

函数	r_0	r_1	r_2	r_3	r_4	r_5
C_p	81.25	2.9	-0.35			
$Ha(T)$	-702930	81.250	1.450	0.350		
$Sa(T)$	-85.863	81.250	2.900	0.175		
$Ga(T)$	-702930	167.113	-81.250	-1.450	0.175	
$Ga(l)$	-622560	-485.095				

DyI_3(气)

温度范围:298 ~ 2000 相:气

$\Delta H^{\ominus}_{f,298}$: -332200 $S^{\ominus}_{298}$:432.5

函数	r_0	r_1	r_2	r_3	r_4	r_5
C_p	81.66	2.59	-0.08			
$Ha(T)$	-356930	81.660	1.295	0.080		
$Sa(T)$	-33.988	81.660	2.590	0.040		
$Ga(T)$	-356930	115.648	-81.660	-1.295	0.040	
$Ga(l)$	-276660	-539.318				

Dy_2O_3

温度范围:298 ~ 2000 相:固

$\Delta H^{\ominus}_{f,298}$: -1863100 $S^{\ominus}_{298}$:149.787

函数	r_0	r_1	r_2	r_3	r_4	r_5
C_p	128.449	19.246	-1.674			
$Ha(T)$	-1907900	128.449	9.623	1.674		
$Sa(T)$	-597.218	128.449	19.246	0.837		
$Ga(T)$	-1907900	725.667	-128.449	-9.623	0.837	
$Ga(l)$	-1771500	-322.926				

DyS(气)*

温度范围:298 ~ 2000 相:气

$\Delta H^{\ominus}_{f,298}$:***163200*** $S^{\ominus}_{298}$:***265.8***

函数	r_0	r_1	r_2	r_3	r_4	r_5
C_p	***37.10***	***0.15***	***-0.25***			
$Ha(T)$	151290	37.100	0.075	0.250		
$Sa(T)$	52.968	37.100	0.150	0.125		
$Ga(T)$	151290	-15.868	-37.100	-0.075	0.125	
$Ga(l)$	187470	-312.380				

DySe(气)*

温度范围:298 ~ 2000　　相:气

$\Delta H^{\ominus}_{f,298}$:**210000**　　$S^{\ominus}_{298}$:**276.3**

函数	r_0	r_1	r_2	r_3	r_4	r_5
C_p	**37.29**	**0.07**	**-0.18**			
$Ha(T)$	198280	37.290	0.035	0.180		
$Sa(T)$	62.803	37.290	0.070	0.090		
$Ga(T)$	198280	-25.513	-37.290	-0.035	0.090	
$Ga(l)$	234510	-323.409				

DyTe(气)*

温度范围:298 ~ 2000　　相:气

$\Delta H^{\ominus}_{f,298}$:**274100**　　$S^{\ominus}_{298}$:**285**

函数	r_0	r_1	r_2	r_3	r_4	r_5
C_p	**37.38**	**0.02**	**-0.10**			
$Ha(T)$	262620	37.380	0.010	0.100		
$Sa(T)$	71.455	37.380	0.020	0.050		
$Ga(T)$	262620	-34.075	-37.380	-0.010	0.050	
$Ga(l)$	298810	-332.585				

Er

温度范围:298 ~ 1795　　相:固

$\Delta H^{\ominus}_{f,298}$:0　　$S^{\ominus}_{298}$:73.178

函数	r_0	r_1	r_2	r_3	r_4	r_5
C_p	28.384	-2.000	-0.019	5.724		
$Ha(T)$	-8488	28.384	-1.000	0.019	1.908	
$Sa(T)$	-88.308	28.384	-2.000	0.010	2.862	
$Ga(T)$	-8488	116.692	-28.384	1.000	0.010	-0.954
$Ga(l)$	17880	-108.778				

温度范围:1795 ~ 2500　　相:液

$\Delta H^{\ominus}_{tr}$:19900　　$\Delta S^{\ominus}_{tr}$:11.086

函数	r_0	r_1	r_2	r_3	r_4	r_5
C_p	38.702					
$Ha(T)$	715	38.702				
$Sa(T)$	-148.897	38.702				
$Ga(T)$	715	187.599	-38.702			
$Ga(l)$	83230	-147.922				

Er(气)

温度范围:298 ~ 2000　　相:气

$\Delta H^{\ominus}_{f,298}$:317100　　$S^{\ominus}_{298}$:194

函数	r_0	r_1	r_2	r_3	r_4	r_5
C_p	21.24	-1.75	1.6			
$Ha(T)$	316210	21.240	-0.875	-1.600		
$Sa(T)$	82.504	21.240	-1.750	-0.800		
$Ga(T)$	316210	-61.264	-21.240	0.875	-0.800	
$Ga(l)$	333770	-227.880				

ErF_3

温度范围:298 ~ 1390　　相:固(α)

$\Delta H^{\ominus}_{f,298}$: −1692400　　$S^{\ominus}_{298}$:110

函数	r_0	r_1	r_2	r_3	r_4	r_5
C_p	86.11	24.85	1.6			
$Ha(T)$	−1713800	86.110	12.425	−1.600		
$Sa(T)$	−379.030	86.110	24.850	−0.800		
$Ga(T)$	−1713800	465.140	−86.110	−12.425	−0.800	
$Ga(l)$	−1644600	−216.656				

ErF_3(气)

温度范围:298 ~ 2000　　相:气

$\Delta H^{\ominus}_{f,298}$: −1244700　　$S^{\ominus}_{298}$:340.1

函数	r_0	r_1	r_2	r_3	r_4	r_5
C_p	81.29	1.09	−0.94			
$Ha(T)$	−1272100	81.290	0.545	0.940		
$Sa(T)$	−128.670	81.290	1.090	0.470		
$Ga(T)$	−1272100	209.960	−81.290	−0.545	0.470	
$Ga(l)$	−1192000	−440.836				

$ErCl_3$

温度范围:298 ~ 1049　　相:固

$\Delta H^{\ominus}_{f,298}$: −958550　　$S^{\ominus}_{298}$:146.858

函数	r_0	r_1	r_2	r_3	r_4	r_5
C_p	95.567	17.573	−0.105			
$Ha(T)$	−988180	95.567	8.787	0.105		
$Sa(T)$	−403.474	95.567	17.573	0.053		
$Ga(T)$	−988180	499.041	−95.567	−8.787	0.053	
$Ga(l)$	−925640	−227.703				

温度范围:1049 ~ 1200　　相:液

$\Delta H^{\ominus}_{tr}$:32640　　$\Delta S^{\ominus}_{tr}$:31.115

函数	r_0	r_1	r_2	r_3	r_4	r_5
C_p	148.532					
$Ha(T)$	−1001300	148.532				
$Sa(T)$	−722.280	148.532				
$Ga(T)$	−1001300	870.812	−148.532			
$Ga(l)$	−834560	−321.054				

$ErCl_3$(气)

温度范围:298 ~ 2000　　相:气

$\Delta H^{\ominus}_{f,298}$: −703900　　$S^{\ominus}_{298}$:363.6

函数	r_0	r_1	r_2	r_3	r_4	r_5
C_p	82.87	0.17	−0.43			
$Ha(T)$	−730060	82.870	0.085	0.430		
$Sa(T)$	−111.029	82.870	0.170	0.215		
$Ga(T)$	−730060	193.899	−82.870	−0.085	0.215	
$Ga(l)$	−649500	−468.153				

$ErBr_3$(气)

温度范围:298 ~ 2000 相:气

$\Delta H^{\ominus}_{f,298}$: −546000 $S^{\ominus}_{298}$:403.5

函数	r_0	r_1	r_2	r_3	r_4	r_5
C_p	83.02	0.08	−0.29			
$Ha(T)$	−571730	83.020	0.040	0.290		
$Sa(T)$	−71.169	83.020	0.080	0.145		
$Ga(T)$	−571730	154.189	−83.020	−0.040	0.145	
$Ga(l)$	−491250	−508.874				

ErI_3(气)

温度范围:298 ~ 2000 相:气

$\Delta H^{\ominus}_{f,298}$: −339700 $S^{\ominus}_{298}$:431.6

函数	r_0	r_1	r_2	r_3	r_4	r_5
C_p	83.08	0.05	−0.15			
$Ha(T)$	−364980	83.080	0.025	0.150		
$Sa(T)$	−42.615	83.080	0.050	0.075		
$Ga(T)$	−364980	125.695	−83.080	−0.025	0.075	
$Ga(l)$	−284620	−537.731				

Er_2O_3

温度范围:298 ~ 2000 相:固

$\Delta H^{\ominus}_{f,298}$: −1897900 $S^{\ominus}_{298}$:153.134

函数	r_0	r_1	r_2	r_3	r_4	r_5
C_p	113.177	29.288	−1.464			
$Ha(T)$	−1937900	113.177	14.644	1.464		
$Sa(T)$	−508.670	113.177	29.288	0.732		
$Ga(T)$	−1937900	621.847	−113.177	−14.644	0.732	
$Ga(l)$	−1811100	−316.235				

ErS(气)*

温度范围:298 ~ 2000 相:气

$\Delta H^{\ominus}_{f,298}$:***205000*** $S^{\ominus}_{298}$:***261.8***

函数	r_0	r_1	r_2	r_3	r_4	r_5
C_p	***37.13***	***0.15***	***−0.25***			
$Ha(T)$	193080	37.130	0.075	0.250		
$Sa(T)$	48.797	37.130	0.150	0.125		
$Ga(T)$	193080	−11.667	−37.130	−0.075	0.125	
$Ga(l)$	229290	−308.419				

ErSe(气)*

温度范围:298 ~ 2000 相:气

$\Delta H^{\ominus}_{f,298}$:***251500*** $S^{\ominus}_{298}$:***272.4***

函数	r_0	r_1	r_2	r_3	r_4	r_5
C_p	***37.29***	***0.07***	***−0.25***			
$Ha(T)$	239540	37.290	0.035	0.250		
$Sa(T)$	58.510	37.290	0.070	0.125		
$Ga(T)$	239540	−21.220	−37.290	−0.035	0.125	
$Ga(l)$	275860	−319.157				

ErTe(气)*

温度范围:298～2000　　相:气

$\Delta H^{\ominus}_{f,298}$:***315900***　　$S^{\ominus}_{298}$:***281***

函数	r_0	r_1	r_2	r_3	r_4	r_5
C_p	***37.38***	***0.02***	***-0.10***			
$Ha(T)$	304420	37.380	0.010	0.100		
$Sa(T)$	67.455	37.380	0.020	0.050		
$Ga(T)$	304420	-30.075	-37.380	-0.010	0.050	
$Ga(l)$	340610	-328.585				

Eu

温度范围:298～1090　　相:固

$\Delta H^{\ominus}_{f,298}$:0　　$S^{\ominus}_{298}$:77.8

函数	r_0	r_1	r_2	r_3	r_4	r_5
C_p	17.97	19.08	0.36			
$Ha(T)$	-4998	17.970	9.540	-0.360		
$Sa(T)$	-28.250	17.970	19.080	-0.180		
$Ga(T)$	-4998	46.220	-17.970	-9.540	-0.180	
$Ga(l)$	9812	-101.463				

Eu(气)

温度范围:298～2000　　相:气

$\Delta H^{\ominus}_{f,298}$:175300　　$S^{\ominus}_{298}$:188.7

函数	r_0	r_1	r_2	r_3	r_4	r_5
C_p	20.72	0.09				
$Ha(T)$	169120	20.720	0.045			
$Sa(T)$	70.619	20.720	0.090			
$Ga(T)$	169120	-49.899	-20.720	-0.045		
$Ga(l)$	189150	-215.423				

EuF_3

温度范围:298～920　　相:固(α)

$\Delta H^{\ominus}_{f,298}$:-1584100　　$S^{\ominus}_{298}$:107.1

函数	r_0	r_1	r_2	r_3	r_4	r_5
C_p	93.08	32.47	-0.29			
$Ha(T)$	-1614300	93.080	16.235	0.290		
$Sa(T)$	-434.544	93.080	32.470	0.145		
$Ga(T)$	-1614300	527.624	-93.080	-16.235	0.145	
$Ga(l)$	-1555600	-179.948				

EuF_3(气)

温度范围:298～2000　　相:气

$\Delta H^{\ominus}_{f,298}$:-1147700　　$S^{\ominus}_{298}$:328.4

函数	r_0	r_1	r_2	r_3	r_4	r_5
C_p	93.28	-0.74	-1.03			
$Ha(T)$	-1178900	93.280	-0.370	1.030		
$Sa(T)$	-208.645	93.280	-0.740	0.515		
$Ga(T)$	-1178900	301.925	-93.280	0.370	0.515	
$Ga(l)$	-1088100	-442.546				

$EuCl_3$

温度范围:298 ~ 896 相:固

$\Delta H^{\ominus}_{f,298}$: −922150 $S^{\ominus}_{298}$:125. 520

函数	r_0	r_1	r_2	r_3	r_4	r_5
C_p	90. 500	26. 150				
$Ha(T)$	−950290	90. 500	13. 075			
$Sa(T)$	−397. 909	90. 500	26. 150			
$Ga(T)$	−950290	488. 409	−90. 500	−13. 075		
$Ga(l)$	−895740	−193. 782				

温度范围:896 ~ 1200 相:液

$\Delta H^{\ominus}_{tr}$:33050 $\Delta S^{\ominus}_{tr}$:36. 886

函数	r_0	r_1	r_2	r_3	r_4	r_5
C_p	142. 256					
$Ha(T)$	−953120	142. 256				
$Sa(T)$	−689. 427	142. 256				
$Ga(T)$	−953120	831. 683	−142. 256			
$Ga(l)$	−804880	−299. 606				

$EuCl_3$(气)

温度范围:298 ~ 2000 相:气

$\Delta H^{\ominus}_{f,298}$: −658100 $S^{\ominus}_{298}$:363. 7

函数	r_0	r_1	r_2	r_3	r_4	r_5
C_p	94. 55	−1. 46	−0. 54			
$Ha(T)$	−688040	94. 550	−0. 730	0. 540		
$Sa(T)$	−177. 610	94. 550	−1. 460	0. 270		
$Ga(T)$	−688040	272. 160	−94. 550	0. 730	0. 270	
$Ga(l)$	−596950	−481. 333				

$EuBr_2$

温度范围:298 ~ 956 相:固

$\Delta H^{\ominus}_{f,298}$: −719600 $S^{\ominus}_{298}$:136. 8

函数	r_0	r_1	r_2	r_3	r_4	r_5
C_p	77. 4	16. 74				
$Ha(T)$	−743420	77. 400	8. 370			
$Sa(T)$	−309. 185	77. 400	16. 740			
$Ga(T)$	−743420	386. 585	−77. 400	−8. 370		
$Ga(l)$	−695610	−197. 582				

$EuBr_2$(气)

温度范围:298 ~ 2000 相:气

$\Delta H^{\ominus}_{f,298}$: −372400 $S^{\ominus}_{298}$:337. 3

函数	r_0	r_1	r_2	r_3	r_4	r_5
C_p	60. 88	2. 12	−0. 08			
$Ha(T)$	−390910	60. 880	1. 060	0. 080		
$Sa(T)$	−10. 652	60. 880	2. 120	0. 040		
$Ga(T)$	−390910	71. 532	−60. 880	−1. 060	0. 040	
$Ga(l)$	−330950	−416. 995				

$EuBr_3$

温度范围:298～663　　相:固

$\Delta H^{\ominus}_{f,298}$: −753100　　$S^{\ominus}_{298}$:182.8

函数	r_0	r_1	r_2	r_3	r_4	r_5
C_p	105.18	24.45	−0.16			
$Ha(T)$	−786080	105.180	12.225	0.160		
$Sa(T)$	−424.663	105.180	24.450	0.080		
$Ga(T)$	−786080	529.843	−105.180	−12.225	0.080	
$Ga(l)$	−734470	−235.388				

EuO

温度范围:298～2253　　相:固

$\Delta H^{\ominus}_{f,298}$: −589900　　$S^{\ominus}_{298}$:81.6

函数	r_0	r_1	r_2	r_3	r_4	r_5
C_p	48.85	5.31	−0.15			
$Ha(T)$	−605200	48.850	2.655	0.150		
$Sa(T)$	−199.154	48.850	5.310	0.075		
$Ga(T)$	−605200	248.004	−48.850	−2.655	0.075	
$Ga(l)$	−550040	−153.687				

Eu_2O_3

温度范围:298～895　　相:固(α)

$\Delta H^{\ominus}_{f,298}$: −1725500　　$S^{\ominus}_{298}$:146.440

函数	r_0	r_1	r_2	r_3	r_4	r_5
C_p	123.846	27.112	−0.870			
$Ha(T)$	−1766500	123.846	13.556	0.870		
$Sa(T)$	−572.161	123.846	27.112	0.435		
$Ga(T)$	−1766500	696.008	−123.846	−13.556	0.435	
$Ga(l)$	−1691700	−233.703				

温度范围:895～2000　　相:固(β)

$\Delta H^{\ominus}_{tr}$:544　　$\Delta S^{\ominus}_{tr}$:0.608

函数	r_0	r_1	r_2	r_3	r_4	r_5
C_p	129.955	17.405				
$Ha(T)$	−1766600	129.955	8.703			
$Sa(T)$	−603.845	129.955	17.405			
$Ga(T)$	−1766600	733.800	−129.955	−8.703		
$Ga(l)$	−1568600	−365.152				

Eu_2O_3(立方)

温度范围:298～1350　　相:固(立方)

$\Delta H^{\ominus}_{f,298}$: −1662700　　$S^{\ominus}_{298}$:140.2

函数	r_0	r_1	r_2	r_3	r_4	r_5
C_p	133.31	18.56				
$Ha(T)$	−1703300	133.310	9.280			
$Sa(T)$	−624.880	133.310	18.560			
$Ga(T)$	−1703300	758.190	−133.310	−9.280		
$Ga(l)$	−1600700	−279.500				

$Eu_2O_3(\alpha)$

温度范围:298 ~ 895　　相:固(α)

$\Delta H^{\ominus}_{f,298}$: −1657100　　$S^{\ominus}_{298}$: 146.4

函数	r_0	r_1	r_2	r_3	r_4	r_5
C_p	125.47	25.2	−1			
$Ha(T)$	−1699000	125.470	12.600	1.000		
$Sa(T)$	−581.616	125.470	25.200	0.500		
$Ga(T)$	−1699000	707.086	−125.470	−12.600	0.500	
$Ga(l)$	−1623300	−233.661				

EuS

温度范围:298 ~ 2400　　相:固

$\Delta H^{\ominus}_{f,298}$: −446430　　$S^{\ominus}_{298}$: 98.742

函数	r_0	r_1	r_2	r_3	r_4	r_5
C_p	48.744	4.812				
$Ha(T)$	−461180	48.744	2.406			
$Sa(T)$	−180.416	48.744	4.812			
$Ga(T)$	−461180	229.160	−48.744	−2.406		
$Ga(l)$	−403750	−173.914				

EuS(气)

温度范围:298 ~ 2000　　相:固

$\Delta H^{\ominus}_{f,298}$: 88300　　$S^{\ominus}_{298}$: 272.1

函数	r_0	r_1	r_2	r_3	r_4	r_5
C_p	37.24	0.07	−0.19			
$Ha(T)$	76560	37.240	0.035	0.190		
$Sa(T)$	58.832	37.240	0.070	0.095		
$Ga(T)$	76560	−21.592	−37.240	−0.035	0.095	
$Ga(l)$	112750	−319.095				

EuSe(气)*

温度范围:298 ~ 2000　　相:气

$\Delta H^{\ominus}_{f,298}$: 109200　　$S^{\ominus}_{298}$: 282.2

函数	r_0	r_1	r_2	r_3	r_4	r_5
C_p	***37.33***	***0.04***	***−0.15***			
$Ha(T)$	97570	37.330	0.020	0.150		
$Sa(T)$	68.653	37.330	0.040	0.075		
$Ga(T)$	97570	−31.323	−37.330	−0.020	0.075	
$Ga(l)$	133780	−329.486				

EuTe(气)*

温度范围:298 ~ 2000　　相:气

$\Delta H^{\ominus}_{f,298}$: 146000　　$S^{\ominus}_{298}$: ***290.7***

函数	r_0	r_1	r_2	r_3	r_4	r_5
C_p	***37.39***	***0.11***	***−0.08***			
$Ha(T)$	134580	37.390	0.055	0.080		
$Sa(T)$	77.184	37.390	0.110	0.040		
$Ga(T)$	134580	−39.794	−37.390	−0.055	0.040	
$Ga(l)$	170800	−338.475				

EuN

温度范围:298 ~ 1872　　相:固

$\Delta H^{\ominus}_{f,298}$: −217600　　$S^{\ominus}_{298}$:63.6

函数	r_0	r_1	r_2	r_3	r_4	r_5
C_p	51.88	5.44				
$Ha(T)$	−233310	51.880	2.720			
$Sa(T)$	−233.613	51.880	5.440			
$Ga(T)$	−233310	285.493	−51.880	−2.720		
$Ga(l)$	−183000	−131.782				

F_2

温度范围:298 ~ 2000　　相:气

$\Delta H^{\ominus}_{f,298}$:0　　$S^{\ominus}_{298}$:202.924

函数	r_0	r_1	r_2	r_3	r_4	r_5
C_p	34.685	1.841	−0.335			
$Ha(T)$	−11550	34.685	0.921	0.335		
$Sa(T)$	2.870	34.685	1.841	0.168		
$Ga(T)$	−11550	31.815	−34.685	−0.921	0.168	
$Ga(l)$	23320	−247.410				

F(气)

温度范围:298 ~ 2000　　相:气

$\Delta H^{\ominus}_{f,298}$:78910　　$S^{\ominus}_{298}$:158.615

函数	r_0	r_1	r_2	r_3	r_4	r_5
C_p	21.673	−0.418	0.113			
$Ha(T)$	72850	21.673	−0.209	−0.113		
$Sa(T)$	35.891	21.673	−0.418	−0.057		
$Ga(T)$	72850	−14.218	−21.673	0.209	−0.057	
$Ga(l)$	93390	−186.700				

F_2O(气)

温度范围:298 ~ 2000　　相:气

$\Delta H^{\ominus}_{f,298}$: −18370　　$S^{\ominus}_{298}$:247.358

函数	r_0	r_1	r_2	r_3	r_4	r_5
C_p	50.375	8.661	−0.858	−2.510		
$Ha(T)$	−36630	50.375	4.331	0.858	−0.837	
$Sa(T)$	−46.955	50.375	8.661	0.429	−1.255	
$Ga(T)$	−36630	97.330	−50.375	−4.331	0.429	0.418
$Ga(l)$	16570	−313.465				

FSSF(气)

(Difluorodisulfane)

温度范围:298 ~ 2000　　相:气

$\Delta H^{\ominus}_{f,298}$: −286000　　$S^{\ominus}_{298}$:294.1

函数	r_0	r_1	r_2	r_3	r_4	r_5
C_p	78.91	2.71	−1.49			
$Ha(T)$	−314640	78.910	1.355	1.490		
$Sa(T)$	−164.686	78.910	2.710	0.745		
$Ga(T)$	−314640	243.596	−78.910	−1.355	0.745	
$Ga(l)$	−235220	−390.385				

FCN(气)

温度范围:298 ~ 1000 相:气

$\Delta H^{\ominus}_{f,298}$:36000 $S^{\ominus}_{298}$:225.4

函数	r_0	r_1	r_2	r_3	r_4	r_5
C_p	43.56	13.22	-0.44			
$Ha(T)$	20950	43.560	6.610	0.440		
$Sa(T)$	-29.204	43.560	13.220	0.220		
$Ga(T)$	20950	72.764	-43.560	-6.610	0.220	
$Ga(l)$	50220	-260.728				

Fe

温度范围:298 ~ 800 相:固(α)

$\Delta H^{\ominus}_{f,298}$:0 $S^{\ominus}_{298}$:27.280

函数	r_0	r_1	r_2	r_3	r_4	r_5
C_p	28.175	-7.318	-0.290	25.041		
$Ha(T)$	-9269	28.175	-3.659	0.290	8.347	
$Sa(T)$	-133.812	28.175	-7.318	0.145	12.521	
$Ga(T)$	-9269	161.987	-28.175	3.659	0.145	-4.174
$Ga(l)$	6198	-43.772				

温度范围:800 ~ 1000 相:固(α)

$\Delta H^{\ominus}_{tr}$:— $\Delta S^{\ominus}_{tr}$:—

函数	r_0	r_1	r_2	r_3	r_4	r_5
C_p	-263.454	255.810	61.923			
$Ha(T)$	221870	-263.454	127.905	-61.923		
$Sa(T)$	1661.729	-263.454	255.810	-30.962		
$Ga(T)$	221870	-1925.183	263.454	-127.905	-30.962	
$Ga(l)$	19520	-61.660				

温度范围:1000 ~ 1042 相:固(α)

$\Delta H^{\ominus}_{tr}$:— $\Delta S^{\ominus}_{tr}$:—

函数	r_0	r_1	r_2	r_3	r_4	r_5
C_p	-641.905	696.339				
$Ha(T)$	318140	-641.905	348.170			
$Sa(T)$	3804.485	-641.905	696.339			
$Ga(T)$	318140	-4446.391	641.905	-348.170		
$Ga(l)$	24740	-67.048				

温度范围:1042 ~ 1060 相:固(α)

$\Delta H^{\ominus}_{tr}$:— $\Delta S^{\ominus}_{tr}$:—

函数	r_0	r_1	r_2	r_3	r_4	r_5
C_p	1946.255	-1787.500				
$Ha(T)$	-1030300	1946.255	-893.750			
$Sa(T)$	-11592.210	1946.255	-1787.500			
$Ga(T)$	-1030300	13538.470	-1946.255	893.750		
$Ga(l)$	30560	-72.645				

温度范围:1060 ~ 1184　　相:固(α)

$\Delta H_{tr}^{\ominus}$:—　　$\Delta S_{tr}^{\ominus}$:—

函数	r_0	r_1	r_2	r_3	r_4	r_5
C_p	-561.932	334.143	291.211			
$Ha(T)$	711170	-561.932	167.072	-291.211		
$Sa(T)$	3760.526	-561.932	334.143	-145.606		
$Ga(T)$	711170	-4322.458	561.932	-167.072	-145.606	
$Ga(l)$	31760	-73.688				

温度范围:1184 ~ 1665　　相:固(γ)

$\Delta H_{tr}^{\ominus}$:900　　$\Delta S_{tr}^{\ominus}$:0.760

函数	r_0	r_1	r_2	r_3	r_4	r_5
C_p	23.991	8.360				
$Ha(T)$	734	23.991	4.180			
$Sa(T)$	-103.227	23.991	8.360			
$Ga(T)$	734	127.218	-23.991	-4.180		
$Ga(l)$	43050	-82.825				

温度范围:1665 ~ 1809　　相:固(δ)

$\Delta H_{tr}^{\ominus}$:837　　$\Delta S_{tr}^{\ominus}$:0.503

函数	r_0	r_1	r_2	r_3	r_4	r_5
C_p	24.635	9.904				
$Ha(T)$	-1641	24.635	4.952			
$Sa(T)$	-110.072	24.635	9.904			
$Ga(T)$	-1641	134.707	-24.635	-4.952		
$Ga(l)$	56060	-90.901				

温度范围:1809 ~ 3135　　相:液

$\Delta H_{tr}^{\ominus}$:13810　　$\Delta S_{tr}^{\ominus}$:7.634

函数	r_0	r_1	r_2	r_3	r_4	r_5
C_p	46.024					
$Ha(T)$	-10320	46.024				
$Sa(T)$	-244.950	46.024				
$Ga(T)$	-10320	290.974	-46.024			
$Ga(l)$	101250	-114.290				

温度范围:3135 ~ 3600　　相:气

$\Delta H_{tr}^{\ominus}$:349570　　$\Delta S_{tr}^{\ominus}$:111.506

函数	r_0	r_1	r_2	r_3	r_4	r_5
C_p	27.062					
$Ha(T)$	398700	27.062				
$Sa(T)$	19.207	27.062				
$Ga(T)$	398700	7.855	-27.062			
$Ga(l)$	489710	-238.988				

Fe(气)

温度范围:298 ~3158　相:气

$\Delta H^{\ominus}_{f,298}$:413300　$S^{\ominus}_{298}$:180. 2

函数	r_0	r_1	r_2	r_3	r_4	r_5
C_p	28. 27	-5. 78	-0. 44	1. 18		
$Ha(T)$	403640	28. 270	-2. 890	0. 440	0. 393	
$Sa(T)$	18. 325	28. 270	-5. 780	0. 220	0. 590	
$Ga(T)$	403640	9. 945	-28. 270	2. 890	0. 220	-0. 197
$Ga(l)$	437910	-218. 892				

FeF(气)

温度范围:298 ~2000　相:气

$\Delta H^{\ominus}_{f,298}$:47700　$S^{\ominus}_{298}$:240. 3

函数	r_0	r_1	r_2	r_3	r_4	r_5
C_p	36. 51	0. 9	-0. 31			
$Ha(T)$	35730	36. 510	0. 450	0. 310		
$Sa(T)$	30. 269	36. 510	0. 900	0. 155		
$Ga(T)$	35730	6. 241	-36. 510	-0. 450	0. 155	
$Ga(l)$	71820	-286. 458				

FeF_2

温度范围:298 ~1373　相:固

$\Delta H^{\ominus}_{f,298}$: -705840　$S^{\ominus}_{298}$:86. 985

函数	r_0	r_1	r_2	r_3	r_4	r_5
C_p	74. 559	8. 033	-0. 812			
$Ha(T)$	-731150	74. 559	4. 017	0. 812		
$Sa(T)$	-344. 784	74. 559	8. 033	0. 406		
$Ga(T)$	-731150	419. 343	-74. 559	-4. 017	0. 406	
$Ga(l)$	-672540	-160. 949				

温度范围:1373 ~2110　相:液

$\Delta H^{\ominus}_{tr}$:51880　$\Delta S^{\ominus}_{tr}$:37. 786

函数	r_0	r_1	r_2	r_3	r_4	r_5
C_p	98. 324					
$Ha(T)$	-703740	98. 324				
$Sa(T)$	-467. 450	98. 324				
$Ga(T)$	-703740	565. 774	-98. 324			
$Ga(l)$	-534560	-265. 848				

FeF_2(气)

温度范围:298 ~2000　相:气

$\Delta H^{\ominus}_{f,298}$: -389530　$S^{\ominus}_{298}$:265. 266

函数	r_0	r_1	r_2	r_3	r_4	r_5
C_p	68. 450	-1. 548	-1. 059			
$Ha(T)$	-413420	68. 450	-0. 774	1. 059		
$Sa(T)$	-130. 230	68. 450	-1. 548	0. 530		
$Ga(T)$	-413420	198. 680	-68. 450	0. 774	0. 530	
$Ga(l)$	-346920	-346. 646				

FeF_3

温度范围:298 ~ 1200 相:固

$\Delta H^{\ominus}_{f,298}$: −1041800 $S^{\ominus}_{298}$:98. 324

函数	r_0	r_1	r_2	r_3	r_4	r_5
C_p	104. 140	−15. 690	−0. 824	13. 849		
$Ha(T)$	−1075000	104. 140	−7. 845	0. 824	4. 616	
$Sa(T)$	−495. 596	104. 140	−15. 690	0. 412	6. 925	
$Ga(T)$	−1075000	599. 736	−104. 140	7. 845	0. 412	−2. 308
$Ga(l)$	−1005700	−182. 941				

FeF_3(气)

温度范围:298 ~ 2000 相:气

$\Delta H^{\ominus}_{f,298}$: −820900 $S^{\ominus}_{298}$:304. 177

函数	r_0	r_1	r_2	r_3	r_4	r_5
C_p	80. 165	1. 506	−1. 385			
$Ha(T)$	−849510	80. 165	0. 753	1. 385		
$Sa(T)$	−160. 810	80. 165	1. 506	0. 693		
$Ga(T)$	−849510	240. 975	−80. 165	−0. 753	0. 693	
$Ga(l)$	−769660	−401. 581				

FeCl(气)

温度范围:298 ~ 2000 相:气

$\Delta H^{\ominus}_{f,298}$:251040 $S^{\ominus}_{298}$:257. 442

函数	r_0	r_1	r_2	r_3	r_4	r_5
C_p	39. 957	0. 084	−0. 151			
$Ha(T)$	238620	39. 957	0. 042	0. 151		
$Sa(T)$	28. 909	39. 957	0. 084	0. 076		
$Ga(T)$	238620	11. 048	−39. 957	−0. 042	0. 076	
$Ga(l)$	277390	−308. 139				

$FeCl_2$

温度范围:298 ~ 950 相:固

$\Delta H^{\ominus}_{f,298}$: −342250 $S^{\ominus}_{298}$:120. 081

函数	r_0	r_1	r_2	r_3	r_4	r_5
C_p	79. 245	8. 703	−0. 490			
$Ha(T)$	−367910	79. 245	4. 352	0. 490		
$Sa(T)$	−336. 776	79. 245	8. 703	0. 245		
$Ga(T)$	−367910	416. 021	−79. 245	−4. 352	0. 245	
$Ga(l)$	−319750	−177. 153				

温度范围:950 ~ 1110 相:液

$\Delta H^{\ominus}_{tr}$:43100 $\Delta S^{\ominus}_{tr}$:45. 368

函数	r_0	r_1	r_2	r_3	r_4	r_5
C_p	102. 090					
$Ha(T)$	−342070	102. 090				
$Sa(T)$	−439. 504	102. 090				
$Ga(T)$	−342070	541. 594	−102. 090			
$Ga(l)$	−237090	−268. 661				

$FeCl_2$(气)

温度范围:298 ~ 2000　　相:气

$\Delta H^{\ominus}_{f,298}$: −141000　　$S^{\ominus}_{298}$:299.3

函数	r_0	r_1	r_2	r_3	r_4	r_5
C_p	59.95	2.92	−0.29			
$Ha(T)$	−159980	59.950	1.460	0.290		
$Sa(T)$	−44.773	59.950	2.920	0.145		
$Ga(T)$	−159980	104.723	−59.950	−1.460	0.145	
$Ga(l)$	−100210	−377.422				

$(FeCl_2)_2$(气)

温度范围:298 ~ 2000　　相:气

$\Delta H^{\ominus}_{f,298}$: −431400　　$S^{\ominus}_{298}$:464.4

函数	r_0	r_1	r_2	r_3	r_4	r_5
C_p	130.87	2.7	−0.52			
$Ha(T)$	−472280	130.870	1.350	0.520		
$Sa(T)$	−284.974	130.870	2.700	0.260		
$Ga(T)$	−472280	415.844	−130.870	−1.350	0.260	
$Ga(l)$	−343950	−632.382				

$FeCl_3$

温度范围:298 ~ 577　　相:固

$\Delta H^{\ominus}_{f,298}$: −399410　　$S^{\ominus}_{298}$:142.340

函数	r_0	r_1	r_2	r_3	r_4	r_5
C_p	62.342	115.060				
$Ha(T)$	−423110	62.342	57.530			
$Sa(T)$	−247.165	62.342	115.060			
$Ga(T)$	−423110	309.507	−62.342	−57.530		
$Ga(l)$	−385940	−181.652				

温度范围:577 ~ 605　　相:液

$\Delta H^{\ominus}_{tr}$:43100　　$\Delta S^{\ominus}_{tr}$:74.697

函数	r_0	r_1	r_2	r_3	r_4	r_5
C_p	133.888					
$Ha(T)$	−402140	133.888				
$Sa(T)$	−560.957	133.888				
$Ga(T)$	−402140	694.845	−133.888			
$Ga(l)$	−322890	−293.719				

$FeCl_3$(气)

温度范围:298 ~ 2000　　相:气

$\Delta H^{\ominus}_{f,298}$: −253130　　$S^{\ominus}_{298}$:344.092

函数	r_0	r_1	r_2	r_3	r_4	r_5
C_p	82.969	0.084	−0.473			
$Ha(T)$	−279460	82.969	0.042	0.473		
$Sa(T)$	−131.317	82.969	0.084	0.237		
$Ga(T)$	−279460	214.286	−82.969	−0.042	0.237	
$Ga(l)$	−198800	−448.482				

$(FeCl_3)_2$(气)

温度范围:298 ~ 2000　　相:气

$\Delta H^{\ominus}_{f,298}$: -660500　　$S^{\ominus}_{298}$:537.1

函数	r_0	r_1	r_2	r_3	r_4	r_5
C_p	182.54	0.24	-0.8			
$Ha(T)$	-717620	182.540	0.120	0.800		
$Sa(T)$	-507.511	182.540	0.240	0.400		
$Ga(T)$	-717620	690.051	-182.540	-0.120	0.400	
$Ga(l)$	-540420	-768.028				

$FeBr_2$

温度范围:298 ~ 650　　相:固(α_1)

$\Delta H^{\ominus}_{f,298}$: -248950　　$S^{\ominus}_{298}$:140.666

函数	r_0	r_1	r_2	r_3	r_4	r_5
C_p	73.597	22.259				
$Ha(T)$	-271880	73.597	11.130			
$Sa(T)$	-285.297	73.597	22.259			
$Ga(T)$	-271880	358.894	-73.597	-11.130		
$Ga(l)$	-235910	-177.668				

温度范围:650 ~ 964　　相:固(α_2)

$\Delta H^{\ominus}_{tr}$:418　　$\Delta S^{\ominus}_{tr}$:0.643

函数	r_0	r_1	r_2	r_3	r_4	r_5
C_p	73.597	22.259				
$Ha(T)$	-271460	73.597	11.130			
$Sa(T)$	-284.653	73.597	22.259			
$Ga(T)$	-271460	358.250	-73.597	-11.130		
$Ga(l)$	-205520	-225.636				

温度范围:964 ~ 1207　　相:液

$\Delta H^{\ominus}_{tr}$:50210　　$\Delta S^{\ominus}_{tr}$:52.085

函数	r_0	r_1	r_2	r_3	r_4	r_5
C_p	106.692					
$Ha(T)$	-242820	106.692				
$Sa(T)$	-438.510	106.692				
$Ga(T)$	-242820	545.202	-106.692			
$Ga(l)$	-127400	-307.105				

$FeBr_2$(气)

温度范围:298 ~ 2000　　相:气

$\Delta H^{\ominus}_{f,298}$: -41420　　$S^{\ominus}_{298}$:337.230

函数	r_0	r_1	r_2	r_3	r_4	r_5
C_p	59.873	3.096				
$Ha(T)$	-59410	59.873	1.548			
$Sa(T)$	-4.825	59.873	3.096			
$Ga(T)$	-59410	64.698	-59.873	-1.548		
$Ga(l)$	15	-416.863				

$(FeBr_2)_2$(气)

温度范围:298 ~ 2000　　相:气

$\Delta H^{\ominus}_{f,298}$: −253100　　$S^{\ominus}_{298}$:516

函数	r_0	r_1	r_2	r_3	r_4	r_5
C_p	130.92	2.95	−0.1			
$Ha(T)$	−292600	130.920	1.475	0.100		
$Sa(T)$	−231.371	130.920	2.950	0.050		
$Ga(T)$	−292600	362.291	−130.920	−1.475	0.050	
$Ga(l)$	−164600	−686.373				

$FeBr_3$

温度范围:298 ~ 600　　相:固

$\Delta H^{\ominus}_{f,298}$: −267360　　$S^{\ominus}_{298}$:173.636

函数	r_0	r_1	r_2	r_3	r_4	r_5
C_p	74.475	75.312				
$Ha(T)$	−292910	74.475	37.656			
$Sa(T)$	−273.147	74.475	75.312			
$Ga(T)$	−292910	347.622	−74.475	−37.656		
$Ga(l)$	−253180	−214.644				

FeI_2

温度范围:298 ~ 650　　相:固(α_1)

$\Delta H^{\ominus}_{f,298}$: −104600　　$S^{\ominus}_{298}$:167.360

函数	r_0	r_1	r_2	r_3	r_4	r_5
C_p	82.927	2.469				
$Ha(T)$	−129430	82.927	1.235			
$Sa(T)$	−305.861	82.927	2.469			
$Ga(T)$	−129430	388.788	−82.927	−1.235		
$Ga(l)$	−91330	−205.075				

温度范围:650 ~ 860　　相:固(α_2)

$\Delta H^{\ominus}_{tr}$:837　　$\Delta S^{\ominus}_{tr}$:1.288

函数	r_0	r_1	r_2	r_3	r_4	r_5
C_p	−12.970	154.808				
$Ha(T)$	−98450	−12.970	77.404			
$Sa(T)$	217.529	−12.970	154.808			
$Ga(T)$	−98450	−230.499	12.970	−77.404		
$Ga(l)$	−64350	−248.486				

温度范围:860 ~ 1366　　相:液

$\Delta H^{\ominus}_{tr}$:44770　　$\Delta S^{\ominus}_{tr}$:52.058

函数	r_0	r_1	r_2	r_3	r_4	r_5
C_p	112.968					
$Ha(T)$	−104730	112.968				
$Sa(T)$	−448.233	112.968				
$Ga(T)$	−104730	561.201	−112.968			
$Ga(l)$	19250	−343.628				

FeI_2(气)

温度范围:298 ~ 2000　　相:气

$\Delta H^{\ominus}_{f,298}$:87860　　$S^{\ominus}_{298}$:349.364

函数	r_0	r_1	r_2	r_3	r_4	r_5
C_p	59.873	3.264	0.013			
$Ha(T)$	69910	59.873	1.632	-0.013		
$Sa(T)$	7.332	59.873	3.264	-0.007		
$Ga(T)$	69910	52.541	-59.873	-1.632	-0.007	
$Ga(l)$	129410	-429.205				

$(FeI_2)_2$

温度范围:298 ~ 2000　　相:固

$\Delta H^{\ominus}_{f,298}$:8400　　$S^{\ominus}_{298}$:525

函数	r_0	r_1	r_2	r_3	r_4	r_5
C_p	130.73	3.27	-0.04			
$Ha(T)$	-30860	130.730	1.635	0.040		
$Sa(T)$	-221.047	130.730	3.270	0.020		
$Ga(T)$	-30860	351.777	-130.730	-1.635	0.020	
$Ga(l)$	97060	-695.703				

FeO

温度范围:298 ~ 1650　　相:固

$\Delta H^{\ominus}_{f,298}$: -272040　　$S^{\ominus}_{298}$:60.752

函数	r_0	r_1	r_2	r_3	r_4	r_5
C_p	50.794	8.619	-0.331			
$Ha(T)$	-288680	50.794	4.310	0.331		
$Sa(T)$	-233.083	50.794	8.619	0.166		
$Ga(T)$	-288680	283.877	-50.794	-4.310	0.166	
$Ga(l)$	-242190	-122.346				

温度范围:1650 ~ 3687　　相:液

$\Delta H^{\ominus}_{tr}$:24060　　$\Delta S^{\ominus}_{tr}$:14.582

函数	r_0	r_1	r_2	r_3	r_4	r_5
C_p	68.199					
$Ha(T)$	-281400	68.199				
$Sa(T)$	-333.165	68.199				
$Ga(T)$	-281400	401.364	-68.199			
$Ga(l)$	-106640	-203.850				

FeO(方铁矿)

温度范围:298 ~ 1645　　相:固

$\Delta H^{\ominus}_{f,298}$: -266000　　$S^{\ominus}_{298}$:59.4

函数	r_0	r_1	r_2	r_3	r_4	r_5
C_p	48.79	8.37	-0.29			
$Ha(T)$	-281890	48.790	4.185	0.290		
$Sa(T)$	-222.712	48.790	8.370	0.145		
$Ga(T)$	-281890	271.502	-48.790	-4.185	0.145	
$Ga(l)$	-237350	-118.623				

$FeO \cdot Al_2O_3$

温度范围:298 ~ 2053　　相:固

$\Delta H^{\ominus}_{f,298}$: −1975600　　$S^{\ominus}_{298}$:106.274

函数	r_0	r_1	r_2	r_3	r_4	r_5
C_p	155.394	26.150	−3.134			
$Ha(T)$	−2033600	155.394	13.075	3.134		
$Sa(T)$	−804.523	155.394	26.150	1.567		
$Ga(T)$	−2033600	959.917	−155.394	−13.075	1.567	
$Ga(l)$	−1862200	−316.579				

$FeO \cdot Cr_2O_3$

温度范围:298 ~ 2000　　相:固

$\Delta H^{\ominus}_{f,298}$: −1414600　　$S^{\ominus}_{298}$:146.022

函数	r_0	r_1	r_2	r_3	r_4	r_5
C_p	163.009	22.343	−3.188			
$Ha(T)$	−1474900	163.009	11.172	3.188		
$Sa(T)$	−807.331	163.009	22.343	1.594		
$Ga(T)$	−1474900	970.340	−163.009	−11.172	1.594	
$Ga(l)$	−1301600	−358.619				

$FeO \cdot MoO_3$

温度范围:298 ~ 1500　　相:固

$\Delta H^{\ominus}_{f,298}$: −1072000　　$S^{\ominus}_{298}$:129.286

函数	r_0	r_1	r_2	r_3	r_4	r_5
C_p	124.390	33.054	−1.820			
$Ha(T)$	−1116700	124.390	16.527	1.820		
$Sa(T)$	−599.530	124.390	33.054	0.910		
$Ga(T)$	−1116700	723.920	−124.390	−16.527	0.910	
$Ga(l)$	−1005100	−271.585				

$FeO \cdot SiO_2$

温度范围:298 ~ 1413　　相:固

$\Delta H^{\ominus}_{f,298}$: −1154800　　$S^{\ominus}_{298}$:87.446

函数	r_0	r_1	r_2	r_3	r_4	r_5
C_p	92.592	42.677	−1.410			
$Ha(T)$	−1189000	92.592	21.339	1.410		
$Sa(T)$	−460.761	92.592	42.677	0.705		
$Ga(T)$	−1189000	553.353	−92.592	−21.339	0.705	
$Ga(l)$	−1103900	−197.874				

$FeO \cdot TiO_2$(钛铁矿)

温度范围:298 ~ 1743　　相:固

$\Delta H^{\ominus}_{f,298}$: −1235500　　$S^{\ominus}_{298}$:105.855

函数	r_0	r_1	r_2	r_3	r_4	r_5
C_p	116.608	18.242	−2.004			
$Ha(T)$	−1277800	116.608	9.121	2.004		
$Sa(T)$	−575.241	116.608	18.242	1.002		
$Ga(T)$	−1277800	691.849	−116.608	−9.121	1.002	
$Ga(l)$	−1165500	−246.049				

温度范围:1743 ~ 2000　　相:液

$\Delta H_{tr}^{\ominus}$:90790　　$\Delta S_{tr}^{\ominus}$:52.088

函数	r_0	r_1	r_2	r_3	r_4	r_5
C_p	199.158					
$Ha(T)$	-1302000	199.158				
$Sa(T)$	-1107.128	199.158				
$Ga(T)$	-1302000	1306.286	-199.158			
$Ga(l)$	-929840	-393.299				

$FeO \cdot WO_3$

温度范围:298 ~ 1500　　相:固

$\Delta H_{f,298}^{\ominus}$: -1190000　　$S_{298}^{\ominus}$:131.796

函数	r_0	r_1	r_2	r_3	r_4	r_5
C_p	121.922	36.777	-0.280			
$Ha(T)$	-1228900	121.922	18.389	0.280		
$Sa(T)$	-575.406	121.922	36.777	0.140		
$Ga(T)$	-1228900	697.328	-121.922	-18.389	0.140	
$Ga(l)$	-1120300	-281.059				

$2FeO \cdot SiO_2$

温度范围:298 ~ 1493　　相:固

$\Delta H_{f,298}^{\ominus}$: -1466300　　$S_{298}^{\ominus}$:138.645

函数	r_0	r_1	r_2	r_3	r_4	r_5
C_p	152.758	39.162	-2.803			
$Ha(T)$	-1523000	152.758	19.581	2.803		
$Sa(T)$	-759.151	152.758	39.162	1.402		
$Ga(T)$	-1523000	911.909	-152.758	-19.581	1.402	
$Ga(l)$	-1386200	-309.150				

温度范围:1493 ~ 1700　　相:液

$\Delta H_{tr}^{\ominus}$:92050　　$\Delta S_{tr}^{\ominus}$:61.654

函数	r_0	r_1	r_2	r_3	r_4	r_5
C_p	240.580					
$Ha(T)$	-1516500	240.580				
$Sa(T)$	-1280.250	240.580				
$Ga(T)$	-1516500	1520.829	-240.580			
$Ga(l)$	-1132900	-494.063				

Fe_2O_3(赤铁矿)

温度范围:298 ~ 953　　相:固(α)

$\Delta H_{f,298}^{\ominus}$: -825500　　$S_{298}^{\ominus}$:87.446

函数	r_0	r_1	r_2	r_3	r_4	r_5
C_p	98.282	77.822	-1.485			
$Ha(T)$	-863240	98.282	38.911	1.485		
$Sa(T)$	-504.081	98.282	77.822	0.743		
$Ga(T)$	-863240	602.363	-98.282	-38.911	0.743	
$Ga(l)$	-789860	-176.827				

温度范围:953 ~ 1053 相:固(β)

$\Delta H_{tr}^{\ominus}$:669 $\Delta S_{tr}^{\ominus}$:0.702

函数	r_0	r_1	r_2	r_3	r_4	r_5
C_p	150.624					
$Ha(T)$	-875560	150.624				
$Sa(T)$	-787.443	150.624				
$Ga(T)$	-875560	938.067	-150.624			
$Ga(l)$	-724660	-253.363				

温度范围:1053 ~ 1730 相:固(γ)

$\Delta H_{tr}^{\ominus}$:0 $\Delta S_{tr}^{\ominus}$:0.000

函数	r_0	r_1	r_2	r_3	r_4	r_5
C_p	132.675	7.364				
$Ha(T)$	-860740	132.675	3.682			
$Sa(T)$	-670.283	132.675	7.364			
$Ga(T)$	-860740	802.958	-132.675	-3.682		
$Ga(l)$	-672070	-299.491				

$Fe_2O_3 \cdot H_2O$

温度范围:298 ~ 400 相:固

$\Delta H_{f,298}^{\ominus}$: -1118000 $S_{298}^{\ominus}$:118.826

函数	r_0	r_1	r_2	r_3	r_4	r_5
C_p	175.728					
$Ha(T)$	-1170400	175.728				
$Sa(T)$	-882.401	175.728				
$Ga(T)$	-1170400	1058.129	-175.728			
$Ga(l)$	-1109400	-146.137				

Fe_3O_4

温度范围:298 ~ 866 相:固(α)

$\Delta H_{f,298}^{\ominus}$: -1118400 $S_{298}^{\ominus}$:146.440

函数	r_0	r_1	r_2	r_3	r_4	r_5
C_p	86.232	208.907				
$Ha(T)$	-1153400	86.232	104.454			
$Sa(T)$	-407.161	86.232	208.907			
$Ga(T)$	-1153400	493.393	-86.232	-104.454		
$Ga(l)$	-1073900	-261.278				

温度范围:866 ~ 1870 相:固(β)

$\Delta H_{tr}^{\ominus}$:0 $\Delta S_{tr}^{\ominus}$:0.000

函数	r_0	r_1	r_2	r_3	r_4	r_5
C_p	200.832					
$Ha(T)$	-1174300	200.832				
$Sa(T)$	-1001.389	200.832				
$Ga(T)$	-1174300	1202.221	-200.832			
$Ga(l)$	-909630	-446.055				

温度范围:1870 ~ 2000　　相:液

$\Delta H_{tr}^{\ominus}$:138070　　$\Delta S_{tr}^{\ominus}$:73.834

函数	r_0	r_1	r_2	r_3	r_4	r_5
C_p	213.384					
$Ha(T)$	-1059700	213.384				
$Sa(T)$	-1022.117	213.384				
$Ga(T)$	-1059700	1235.501	-213.384			
$Ga(l)$	-646660	-592.858				

Fe_3O_4(磁铁矿)

温度范围:298 ~ 900　　相:固

$\Delta H_{f,298}^{\ominus}$: -1115500　　$S_{298}^{\ominus}$:146.2

函数	r_0	r_1	r_2	r_3	r_4	r_5
C_p	91.56	201.97				
$Ha(T)$	-1151800	91.560	100.985			
$Sa(T)$	-435.689	91.560	201.970			
$Ga(T)$	-1151800	527.249	-91.560	-100.985		
$Ga(l)$	-1067600	-268.421				

FeO(OH)(针铁矿)

温度范围:298 ~ 400　　相:固

$\Delta H_{f,298}^{\ominus}$: -558100　　$S_{298}^{\ominus}$:60.4

函数	r_0	r_1	r_2	r_3	r_4	r_5
C_p	49.37	83.68				
$Ha(T)$	-576540	49.370	41.840			
$Sa(T)$	-245.840	49.370	83.680			
$Ga(T)$	-576540	295.210	-49.370	-41.840		
$Ga(l)$	-554340	-72.322				

$Fe(OH)_2$

温度范围:298 ~ 1358　　相:固

$\Delta H_{f,298}^{\ominus}$: -574000　　$S_{298}^{\ominus}$:87.9

函数	r_0	r_1	r_2	r_3	r_4	r_5
C_p	116.06	8.65	-2.87			
$Ha(T)$	-618610	116.060	4.325	2.870		
$Sa(T)$	-592.085	116.060	8.650	1.435		
$Ga(T)$	-618610	708.145	-116.060	-4.325	1.435	
$Ga(l)$	-526760	-192.478				

$Fe(OH)_2$(气)

温度范围:298 ~ 2000　　相:气

$\Delta H_{f,298}^{\ominus}$: -330500　　$S_{298}^{\ominus}$:283.1

函数	r_0	r_1	r_2	r_3	r_4	r_5
C_p	91.04	8.7	-2.08			
$Ha(T)$	-365010	91.040	4.350	2.080		
$Sa(T)$	-249.903	91.040	8.700	1.040		
$Ga(T)$	-365010	340.943	-91.040	-4.350	1.040	
$Ga(l)$	-269920	-397.112				

$Fe(OH)_3$

温度范围:298 ~ 1500　　相:固

$\Delta H^{\ominus}_{f,298}$: −832600　　$S^{\ominus}_{298}$:104.6

函数	r_0	r_1	r_2	r_3	r_4	r_5
C_p	127.61	41.64	−4.22			
$Ha(T)$	−886650	127.610	20.820	4.220		
$Sa(T)$	−658.622	127.610	41.640	2.110		
$Ga(T)$	−886650	786.232	−127.610	−20.820	2.110	
$Ga(l)$	−766180	−244.033				

FeOCl

温度范围:298 ~ 801　　相:固

$\Delta H^{\ominus}_{f,298}$: −407100　　$S^{\ominus}_{298}$:80.751

函数	r_0	r_1	r_2	r_3	r_4	r_5
C_p	69.036	26.819				
$Ha(T)$	−428880	69.036	13.410			
$Sa(T)$	−320.584	69.036	26.819			
$Ga(T)$	−428880	389.620	−69.036	−13.410		
$Ga(l)$	−389350	−128.197				

$Fe_{0.877}S$

温度范围:298 ~ 411　　相:固(α)

$\Delta H^{\ominus}_{f,298}$: −105400　　$S^{\ominus}_{298}$:60.8

函数	r_0	r_1	r_2	r_3	r_4	r_5
C_p	21.71	110.46				
$Ha(T)$	−116780	21.710	55.230			
$Sa(T)$	−95.828	21.710	110.460			
$Ga(T)$	−116780	117.538	−21.710	−55.230		
$Ga(l)$	−102250	−70.738				

FeS

温度范围:298 ~ 411　　相:固(α)

$\Delta H^{\ominus}_{f,298}$: −100420　　$S^{\ominus}_{298}$:60.291

函数	r_0	r_1	r_2	r_3	r_4	r_5
C_p	0.502	167.360				
$Ha(T)$	−108010	0.502	83.680			
$Sa(T)$	7.532	0.502	167.360			
$Ga(T)$	−108010	−7.030	−0.502	−83.680		
$Ga(l)$	−97400	−69.819				

温度范围:411 ~ 598　　相:固(β)

$\Delta H^{\ominus}_{tr}$:2385　　$\Delta S^{\ominus}_{tr}$:5.803

函数	r_0	r_1	r_2	r_3	r_4	r_5
C_p	72.802					
$Ha(T)$	−121200	72.802				
$Sa(T)$	−353.024	72.802				
$Ga(T)$	−121200	425.826	−72.802			
$Ga(l)$	−84810	−99.810				

温度范围:598 ~ 1468　　相:固(γ)

$\Delta H^{\ominus}_{tr}$:502　　$\Delta S^{\ominus}_{tr}$:0.839

函数	r_0	r_1	r_2	r_3	r_4	r_5
C_p	51.045	9.958				
$Ha(T)$	-109470	51.045	4.979			
$Sa(T)$	-219.034	51.045	9.958			
$Ga(T)$	-109470	270.079	-51.045	-4.979		
$Ga(l)$	-54300	-144.574				

温度范围:1468 ~ 2000　　相:液

$\Delta H^{\ominus}_{tr}$:32340　　$\Delta S^{\ominus}_{tr}$:22.030

函数	r_0	r_1	r_2	r_3	r_4	r_5
C_p	71.128					
$Ha(T)$	-95880	71.128				
$Sa(T)$	-328.824	71.128				
$Ga(T)$	-95880	399.952	-71.128			
$Ga(l)$	26680	-201.496				

FeS_2(白铁矿)

温度范围:298 ~ 1000　　相:固

$\Delta H^{\ominus}_{f,298}$: -167400　　$S^{\ominus}_{298}$:53.9

函数	r_0	r_1	r_2	r_3	r_4	r_5
C_p	74.81	5.52	-1.28			
$Ha(T)$	-194240	74.810	2.760	1.280		
$Sa(T)$	-381.183	74.810	5.520	0.640		
$Ga(T)$	-194240	455.993	-74.810	-2.760	0.640	
$Ga(l)$	-146290	-106.353				

FeS_2(黄铁矿)

温度范围:298 ~ 1016　　相:固

$\Delta H^{\ominus}_{f,298}$: -171540　　$S^{\ominus}_{298}$:52.928

函数	r_0	r_1	r_2	r_3	r_4	r_5
C_p	74.764	5.577	-1.274			
$Ha(T)$	-198350	74.764	2.789	1.274		
$Sa(T)$	-381.876	74.764	5.577	0.637		
$Ga(T)$	-198350	456.640	-74.764	-2.789	0.637	
$Ga(l)$	-149960	-106.263				

$FeSO_4$

温度范围:298 ~ 944　　相:固

$\Delta H^{\ominus}_{f,298}$: -928900　　$S^{\ominus}_{298}$:121

函数	r_0	r_1	r_2	r_3	r_4	r_5
C_p	122	37.82	-2.93			
$Ha(T)$	-976780	122.000	18.910	2.930		
$Sa(T)$	-601.863	122.000	37.820	1.465		
$Ga(T)$	-976780	723.863	-122.000	-18.910	1.465	
$Ga(l)$	-894620	-207.318				

$Fe_2(SO_4)_3$

温度范围:298 ~ 1451　　相:固

$\Delta H^{\ominus}_{f,298}$: −2583000　　$S^{\ominus}_{298}$:307.524

函数	r_0	r_1	r_2	r_3	r_4	r_5
C_p	270.621	225.267	−5.979	−78.952		
$Ha(T)$	−2693100	270.621	112.634	5.979	−26.317	
$Sa(T)$	−1331.650	270.621	225.267	2.990	−39.476	
$Ga(T)$	−2693100	1602.271	−270.621	−112.634	2.990	13.159
$Ga(l)$	−2419400	−657.997				

$FeSe_{0.96}$

温度范围:298 ~ 731　　相:固(α)

$\Delta H^{\ominus}_{f,298}$: −66940　　$S^{\ominus}_{298}$:69.203

函数	r_0	r_1	r_2	r_3	r_4	r_5
C_p	54.308	21.129	−0.520			
$Ha(T)$	−85820	54.308	10.565	0.520		
$Sa(T)$	−249.447	54.308	21.129	0.260		
$Ga(T)$	−85820	303.755	−54.308	−10.565	0.260	
$Ga(l)$	−55490	−100.591				

温度范围:731 ~ 800　　相:固(β)

$\Delta H^{\ominus}_{tr}$:9581　　$\Delta S^{\ominus}_{tr}$:13.107

函数	r_0	r_1	r_2	r_3	r_4	r_5
C_p	67.860	−12.071				
$Ha(T)$	−76560	67.860	−6.036			
$Sa(T)$	−300.952	67.860	−12.071			
$Ga(T)$	−76560	368.812	−67.860	6.036		
$Ga(l)$	−28190	−140.402				

温度范围:800 ~ 1000　　相:固(β)

$\Delta H^{\ominus}_{tr}$:—　　$\Delta S^{\ominus}_{tr}$:—

函数	r_0	r_1	r_2	r_3	r_4	r_5
C_p	165.142	−275.935		177.820		
$Ha(T)$	−100300	165.142	−137.968		59.273	
$Sa(T)$	−797.055	165.142	−275.935		88.910	
$Ga(T)$	−100300	962.197	−165.142	137.968		−29.637
$Ga(l)$	−20350	−149.951				

$FeSe_2$ *

温度范围:298 ~ 622　　相:固

$\Delta H^{\ominus}_{f,298}$: −104600　　$S^{\ominus}_{298}$:86.8

函数	r_0	r_1	r_2	r_3	r_4	r_5
C_p	***56.23***	***55.90***				
$Ha(T)$	−123850	56.230	27.950			
$Sa(T)$	−250.242	56.230	55.900			
$Ga(T)$	−123850	306.472	−56.230	−27.950		
$Ga(l)$	−93180	−119.528				

$FeTe_{0.9}$

温度范围:298 ~ 1200　　相:固(β)

$\Delta H^{\ominus}_{f,298}$: −23220　　$S^{\ominus}_{298}$:80. 082

函数	r_0	r_1	r_2	r_3	r_4	r_5
C_p	52. 856	4. 230	−0. 396			
$Ha(T)$	−40500	52. 856	2. 115	0. 396		
$Sa(T)$	−224. 559	52. 856	4. 230	0. 198		
$Ga(T)$	−40500	277. 415	−52. 856	−2. 115	0. 198	
$Ga(l)$	−3263	−126. 824				

$FeTe_2$

温度范围:298 ~ 933　　相:固(ε)

$\Delta H^{\ominus}_{f,298}$: −72380　　$S^{\ominus}_{298}$:100. 165

函数	r_0	r_1	r_2	r_3	r_4	r_5
C_p	72. 316	20. 552	−0. 419			
$Ha(T)$	−96260	72. 316	10. 276	0. 419		
$Sa(T)$	−320. 347	72. 316	20. 552	0. 210		
$Ga(T)$	−96260	392. 663	−72. 316	−10. 276	0. 210	
$Ga(l)$	−50700	−155. 376				

Fe_2N

温度范围:298 ~ 1000　　相:固

$\Delta H^{\ominus}_{f,298}$: −3766　　$S^{\ominus}_{298}$:101. 253

函数	r_0	r_1	r_2	r_3	r_4	r_5
C_p	62. 383	25. 481				
$Ha(T)$	−23500	62. 383	12. 741			
$Sa(T)$	−261. 777	62. 383	25. 481			
$Ga(T)$	−23500	324. 160	−62. 383	−12. 741		
$Ga(l)$	18530	−156. 774				

$Fe_4N(1)$

温度范围:298 ~ 923　　相:固

$\Delta H^{\ominus}_{f,298}$: −11100　　$S^{\ominus}_{298}$:155. 7

函数	r_0	r_1	r_2	r_3	r_4	r_5
C_p	112. 3	34. 14				
$Ha(T)$	−46100	112. 300	17. 070			
$Sa(T)$	−494. 319	112. 300	34. 140			
$Ga(T)$	−46100	606. 619	−112. 300	−17. 070		
$Ga(l)$	23290	−243. 740				

$Fe_4N(2)$

温度范围:298 ~ 753　　相:固(α)

$\Delta H^{\ominus}_{f,298}$: −11090　　$S^{\ominus}_{298}$:155. 645

函数	r_0	r_1	r_2	r_3	r_4	r_5
C_p	112. 299	34. 141				
$Ha(T)$	−46090	112. 299	17. 071			
$Sa(T)$	−494. 369	112. 299	34. 141			
$Ga(T)$	−46090	606. 668	−112. 299	−17. 071		
$Ga(l)$	14320	−224. 877				

温度范围:753 ~ 900　　相:固(β)

$\Delta H_{tr}^{\ominus}$:8368　　$\Delta S_{tr}^{\ominus}$:11.113

函数	r_0	r_1	r_2	r_3	r_4	r_5
C_p	112.299	34.141				
$Ha(T)$	-37720	112.299	17.071			
$Sa(T)$	-483.256	112.299	34.141			
$Ga(T)$	-37720	595.555	-112.299	-17.071		
$Ga(l)$	66530	-299.211				

Fe_2P

温度范围:298 ~ 1643　　相:固

$\Delta H_{f,298}^{\ominus}$:-160200　　$S_{298}^{\ominus}$:72.4

函数	r_0	r_1	r_2	r_3	r_4	r_5
C_p	76.78	17.03	-0.61			
$Ha(T)$	-185890	76.780	8.515	0.610		
$Sa(T)$	-373.570	76.780	17.030	0.305		
$Ga(T)$	-185890	450.350	-76.780	-8.515	0.305	
$Ga(l)$	-114120	-167.359				

Fe_3P

温度范围:298 ~ 1439　　相:固

$\Delta H_{f,298}^{\ominus}$:-164000　　$S_{298}^{\ominus}$:101.6

函数	r_0	r_1	r_2	r_3	r_4	r_5
C_p	117.15	12.97	-1.78			
$Ha(T)$	-205470	117.150	6.485	1.780		
$Sa(T)$	-579.752	117.150	12.970	0.890		
$Ga(T)$	-205470	696.902	-117.150	-6.485	0.890	
$Ga(l)$	-109440	-220.263				

Fe_3C

温度范围:298 ~ 463　　相:固(α)

$\Delta H_{f,298}^{\ominus}$:22590　　$S_{298}^{\ominus}$:101.253

函数	r_0	r_1	r_2	r_3	r_4	r_5
C_p	82.174	83.680				
$Ha(T)$	-5629	82.174	41.840			
$Sa(T)$	-391.891	82.174	83.680			
$Ga(T)$	-5629	474.065	-82.174	-41.840		
$Ga(l)$	31220	-127.820				

温度范围:463 ~ 1500　　相:固(β)

$\Delta H_{tr}^{\ominus}$:753　　$\Delta S_{tr}^{\ominus}$:1.626

函数	r_0	r_1	r_2	r_3	r_4	r_5
C_p	107.194	12.552				
$Ha(T)$	-8837	107.194	6.276			
$Sa(T)$	-510.898	107.194	12.552			
$Ga(T)$	-8837	618.092	-107.194	-6.276		
$Ga(l)$	93680	-236.698				

温度范围:1500 ~ 2000　　相:液

$\Delta H_{tr}^{\ominus}$:51460　　$\Delta S_{tr}^{\ominus}$:34. 307

函数	r_0	r_1	r_2	r_3	r_4	r_5
C_p	121. 336					
$Ha(T)$	35530	121. 336				
$Sa(T)$	-561. 187	121. 336				
$Ga(T)$	35530	682. 523	-121. 336			
$Ga(l)$	246710	-344. 623				

$FeCO_3$

温度范围:298 ~ 800　　相:固

$\Delta H_{f,298}^{\ominus}$: -740570　　$S_{298}^{\ominus}$:92. 885

函数	r_0	r_1	r_2	r_3	r_4	r_5
C_p	48. 660	112. 089				
$Ha(T)$	-760060	48. 660	56. 045			
$Sa(T)$	-217. 779	48. 660	112. 089			
$Ga(T)$	-760060	266. 439	-48. 660	-56. 045		
$Ga(l)$	-719160	-149. 658				

$Fe(CO)_5$

温度范围:298 ~ 380　　相:液

$\Delta H_{f,298}^{\ominus}$: -764000　　$S_{298}^{\ominus}$:337. 649

函数	r_0	r_1	r_2	r_3	r_4	r_5
C_p	240. 580					
$Ha(T)$	-835730	240. 580				
$Sa(T)$	-1033. 079	240. 580				
$Ga(T)$	-835730	1273. 659	-240. 580			
$Ga(l)$	-754460	-368. 239				

温度范围:380 ~ 1000　　相:固

$\Delta H_{tr}^{\ominus}$:34960　　$\Delta S_{tr}^{\ominus}$:92. 000

函数	r_0	r_1	r_2	r_3	r_4	r_5
C_p	197. 736	39. 330	-3. 724			
$Ha(T)$	-797130	197. 736	19. 665	3. 724		
$Sa(T)$	-714. 418	197. 736	39. 330	1. 862		
$Ga(T)$	-797130	912. 154	-197. 736	-19. 665	1. 862	
$Ga(l)$	-653540	-605. 546				

$Fe(CO)_5$(气)

温度范围:298 ~ 800　　相:气

$\Delta H_{f,298}^{\ominus}$: -725900　　$S_{298}^{\ominus}$:439. 3

函数	r_0	r_1	r_2	r_3	r_4	r_5
C_p	190. 79	45. 4	-3. 04			
$Ha(T)$	-795000	190. 790	22. 700	3. 040		
$Sa(T)$	-678. 380	190. 790	45. 400	1. 520		
$Ga(T)$	-795000	869. 170	-190. 790	-22. 700	1. 520	
$Ga(l)$	-683730	-551. 704				

FeSi （$FeSi_{0.98\sim1.00}$）

温度范围:298 ~ 900　　相:固

$\Delta H^{\ominus}_{f,298}$: −78660　　$S^{\ominus}_{298}$:62.342

函数	r_0	r_1	r_2	r_3	r_4	r_5
C_p	44.852	17.991				
$Ha(T)$	−92830	44.852	8.996			
$Sa(T)$	−198.571	44.852	17.991			
$Ga(T)$	−92830	243.423	−44.852	−8.996		
$Ga(l)$	−64880	−97.854				

FeSi

温度范围:298 ~ 1683　　相:固

$\Delta H^{\ominus}_{f,298}$: −79400　　$S^{\ominus}_{298}$:40.3

函数	r_0	r_1	r_2	r_3	r_4	r_5
C_p	44.6	14.72	−0.11			
$Ha(T)$	−93720	44.600	7.360	0.110		
$Sa(T)$	−218.820	44.600	14.720	0.055		
$Ga(T)$	−93720	263.420	−44.600	−7.360	0.055	
$Ga(l)$	−49590	−101.044				

FeB

温度范围:298 ~ 1923　　相:固

$\Delta H^{\ominus}_{f,298}$: −71130　　$S^{\ominus}_{298}$:27.698

函数	r_0	r_1	r_2	r_3	r_4	r_5
C_p	48.288	6.439				
$Ha(T)$	−85810	48.288	3.220			
$Sa(T)$	−249.347	48.288	6.439			
$Ga(T)$	−85810	297.635	−48.288	−3.220		
$Ga(l)$	−37300	−93.469				

Fe_2B

温度范围:298 ~ 1662　　相:固

$\Delta H^{\ominus}_{f,298}$: −71130　　$S^{\ominus}_{298}$:56.651

函数	r_0	r_1	r_2	r_3	r_4	r_5
C_p	71.212	13.807				
$Ha(T)$	−92980	71.212	6.904			
$Sa(T)$	−353.203	71.212	13.807			
$Ga(T)$	−92980	424.415	−71.212	−6.904		
$Ga(l)$	−27390	−146.921				

Fe_3Mo_2

温度范围:298 ~ 1600　　相:固

$\Delta H^{\ominus}_{f,298}$: −4184　　$S^{\ominus}_{298}$:146.440

函数	r_0	r_1	r_2	r_3	r_4	r_5
C_p	101.671	49.413	0.607			
$Ha(T)$	−34660	101.671	24.707	−0.607		
$Sa(T)$	−444.159	101.671	49.413	−0.304		
$Ga(T)$	−34660	545.830	−101.671	−24.707	−0.304	
$Ga(l)$	66670	−293.885				

Fe_3W_2

温度范围:298 ~ 1300 相:固

$\Delta H^{\ominus}_{f,298}$: -31380 $S^{\ominus}_{298}$:146.440

函数	r_0	r_1	r_2	r_3	r_4	r_5
C_p	118.365	41.422	-0.669			
$Ha(T)$	-70760	118.365	20.711	0.669		
$Sa(T)$	-544.069	118.365	41.422	0.335		
$Ga(T)$	-70760	662.434	-118.365	-20.711	0.335	
$Ga(l)$	25810	-275.701				

Fe_2Ta

温度范围:298 ~ 1300 相:固

$\Delta H^{\ominus}_{f,298}$: -57700 $S^{\ominus}_{298}$:106.7

函数	r_0	r_1	r_2	r_3	r_4	r_5
C_p	66.94	26.36				
$Ha(T)$	-78830	66.940	13.180			
$Sa(T)$	-282.556	66.940	26.360			
$Ga(T)$	-78830	349.496	-66.940	-13.180		
$Ga(l)$	-24000	-183.005				

FeTi

温度范围:298 ~ 1590 相:固

$\Delta H^{\ominus}_{f,298}$: -40590 $S^{\ominus}_{298}$:52.718

函数	r_0	r_1	r_2	r_3	r_4	r_5
C_p	53.011	9.623	-0.812			
$Ha(T)$	-59550	53.011	4.812	0.812		
$Sa(T)$	-256.754	53.011	9.623	0.406		
$Ga(T)$	-59550	309.765	-53.011	-4.812	0.406	
$Ga(l)$	-11490	-113.332				

Fe_2Ti

温度范围:298 ~ 1803 相:固

$\Delta H^{\ominus}_{f,298}$: -87450 $S^{\ominus}_{298}$:74.475

函数	r_0	r_1	r_2	r_3	r_4	r_5
C_p	80.960	13.807	-1.318			
$Ha(T)$	-116620	80.960	6.904	1.318		
$Sa(T)$	-398.332	80.960	13.807	0.659		
$Ga(T)$	-116620	479.292	-80.960	-6.904	0.659	
$Ga(l)$	-36200	-175.588				

Ga

温度范围:298 ~ 303 相:固

$\Delta H^{\ominus}_{f,298}$:0 $S^{\ominus}_{298}$:40.827

函数	r_0	r_1	r_2	r_3	r_4	r_5
C_p	-51.647	260.939				
$Ha(T)$	3801	-51.647	130.470			
$Sa(T)$	257.292	-51.647	260.939			
$Ga(T)$	3801	-308.939	51.647	-130.470		
$Ga(l)$	45	-40.766				

温度范围:303 ~ 700　　相:液

$\Delta H_{tr}^{\ominus}$:5590　　$\Delta S_{tr}^{\ominus}$:18.449

函数	r_0	r_1	r_2	r_3	r_4	r_5
C_p	24.389	2.289	0.311			
$Ha(T)$	-749	24.389	1.145	-0.311		
$Sa(T)$	-78.644	24.389	2.289	-0.156		
$Ga(T)$	-749	103.033	-24.389	-1.145	-0.156	
$Ga(l)$	10560	-73.065				

温度范围:700 ~ 2478　　相:液

$\Delta H_{tr}^{\ominus}$:—　　$\Delta S_{tr}^{\ominus}$:—

函数	r_0	r_1	r_2	r_3	r_4	r_5
C_p	26.568					
$Ha(T)$	-2157	26.568				
$Sa(T)$	-91.634	26.568				
$Ga(T)$	-2157	118.202	-26.568			
$Ga(l)$	36360	-103.300				

温度范围:2478 ~ 2800　　相:气

$\Delta H_{tr}^{\ominus}$:258720　　$\Delta S_{tr}^{\ominus}$:104.407

函数	r_0	r_1	r_2	r_3	r_4	r_5
C_p	21.259					
$Ha(T)$	269720	21.259				
$Sa(T)$	54.264	21.259				
$Ga(T)$	269720	-33.005	-21.259			
$Ga(l)$	325790	-221.747				

Ga(气)

温度范围:298 ~ 3000　　相:气

$\Delta H_{f,298}^{\ominus}$:272000　　$S_{298}^{\ominus}$:169

函数	r_0	r_1	r_2	r_3	r_4	r_5
C_p	24.87	-1.38	0.25			
$Ha(T)$	265480	24.870	-0.690	-0.250		
$Sa(T)$	29.118	24.870	-1.380	-0.125		
$Ga(T)$	265480	-4.248	-24.870	0.690	-0.125	
$Ga(l)$	296520	-208.994				

GaF

温度范围:298 ~ 660　　相:固

$\Delta H_{f,298}^{\ominus}$:-234300　　$S_{298}^{\ominus}$:71.128

函数	r_0	r_1	r_2	r_3	r_4	r_5
C_p	46.024	17.573				
$Ha(T)$	-248800	46.024	8.787			
$Sa(T)$	-196.338	46.024	17.573			
$Ga(T)$	-248800	242.362	-46.024	-8.787		
$Ga(l)$	-225690	-95.456				

温度范围:660 ~ 1100 相:液

$\Delta H_{tr}^{\ominus}$:14230 $\Delta S_{tr}^{\ominus}$:21.561

函数	r_0	r_1	r_2	r_3	r_4	r_5
C_p	64.852					
$Ha(T)$	-243170	64.852				
$Sa(T)$	-285.415	64.852				
$Ga(T)$	-243170	350.267	-64.852			
$Ga(l)$	-187060	-153.864				

温度范围:1100 ~ 2000 相:气

$\Delta H_{tr}^{\ominus}$:104600 $\Delta S_{tr}^{\ominus}$:95.091

函数	r_0	r_1	r_2	r_3	r_4	r_5
C_p	37.238					
$Ha(T)$	-108200	37.238				
$Sa(T)$	3.059	37.238				
$Ga(T)$	-108200	34.179	-37.238			
$Ga(l)$	-51790	-276.289				

GaF(气)

温度范围:298 ~ 2000 相:气

$\Delta H_{f,298}^{\ominus}$:-232600 $S_{298}^{\ominus}$:227.8

函数	r_0	r_1	r_2	r_3	r_4	r_5
C_p	36.5	1.06	-0.31			
$Ha(T)$	-244570	36.500	0.530	0.310		
$Sa(T)$	17.778	36.500	1.060	0.155		
$Ga(T)$	-244570	18.722	-36.500	-0.530	0.155	
$Ga(l)$	-208410	-274.081				

GaF_2

温度范围:298 ~ 1080 相:固

$\Delta H_{f,298}^{\ominus}$:-669440 $S_{298}^{\ominus}$:83.680

函数	r_0	r_1	r_2	r_3	r_4	r_5
C_p	58.576	30.125				
$Ha(T)$	-688240	58.576	15.063			
$Sa(T)$	-259.044	58.576	30.125			
$Ga(T)$	-688240	317.620	-58.576	-15.063		
$Ga(l)$	-645140	-142.496				

温度范围:1080 ~ 1450 相:液

$\Delta H_{tr}^{\ominus}$:12130 $\Delta S_{tr}^{\ominus}$:11.231

函数	r_0	r_1	r_2	r_3	r_4	r_5
C_p	83.680					
$Ha(T)$	-685660	83.680				
$Sa(T)$	-390.622	83.680				
$Ga(T)$	-685660	474.302	-83.680			
$Ga(l)$	-580410	-206.904				

温度范围:1450～2500 相:气

$\Delta H_{tr}^{\ominus}$:154810 $\Delta S_{tr}^{\ominus}$:106.766

函数	r_0	r_1	r_2	r_3	r_4	r_5
C_p	62.760					
$Ha(T)$	-500510	62.760				
$Sa(T)$	-131.573	62.760				
$Ga(T)$	-500510	194.333	-62.760			
$Ga(l)$	-378920	-344.220				

GaF_2(气)

温度范围:298～2000 相:气

$\Delta H_{f,298}^{\ominus}$:-536800 $S_{298}^{\ominus}$:279.5

函数	r_0	r_1	r_2	r_3	r_4	r_5
C_p	55.22	1.84	-0.74			
$Ha(T)$	-555830	55.220	0.920	0.740		
$Sa(T)$	-39.832	55.220	1.840	0.370		
$Ga(T)$	-555830	95.052	-55.220	-0.920	0.370	
$Ga(l)$	-500650	-348.355				

GaF_3

温度范围:298～1350 相:固

$\Delta H_{f,298}^{\ominus}$:-1174900 $S_{298}^{\ominus}$:96

函数	r_0	r_1	r_2	r_3	r_4	r_5
C_p	77.85	37.43				
$Ha(T)$	-1199800	77.850	18.715			
$Sa(T)$	-358.718	77.850	37.430			
$Ga(T)$	-1199800	436.568	-77.850	-18.715		
$Ga(l)$	-1132100	-191.333				

GaF_3(气)

温度范围:298～2000 相:气

$\Delta H_{f,298}^{\ominus}$:-932800 $S_{298}^{\ominus}$:292.9

函数	r_0	r_1	r_2	r_3	r_4	r_5
C_p	79.09	2.36	-1.23			
$Ha(T)$	-960610	79.090	1.180	1.230		
$Sa(T)$	-165.345	79.090	2.360	0.615		
$Ga(T)$	-960610	244.435	-79.090	-1.180	0.615	
$Ga(l)$	-881530	-390.428				

GaCl

温度范围:298～725 相:固

$\Delta H_{f,298}^{\ominus}$:-158990 $S_{298}^{\ominus}$:87.864

函数	r_0	r_1	r_2	r_3	r_4	r_5
C_p	47.279	16.736				
$Ha(T)$	-173830	47.279	8.368			
$Sa(T)$	-186.503	47.279	16.736			
$Ga(T)$	-173830	233.782	-47.279	-8.368		
$Ga(l)$	-148730	-116.106				

温度范围:725 ~ 1125 相:液

$\Delta H^{\ominus}_{tr}$:17150 $\Delta S^{\ominus}_{tr}$:23.655

函数	r_0	r_1	r_2	r_3	r_4	r_5
C_p	62.760					
$Ha(T)$	-163510	62.760				
$Sa(T)$	-252.674	62.760				
$Ga(T)$	-163510	315.434	-62.760			
$Ga(l)$	-106180	-175.667				

温度范围:1125 ~ 2500 相:气

$\Delta H^{\ominus}_{tr}$:10880 $\Delta S^{\ominus}_{tr}$:9.671

函数	r_0	r_1	r_2	r_3	r_4	r_5
C_p	37.238					
$Ha(T)$	-123910	37.238				
$Sa(T)$	-63.697	37.238				
$Ga(T)$	-123910	100.935	-37.238			
$Ga(l)$	-59060	-215.126				

GaCl(气)

温度范围:298 ~ 2000 相:气

$\Delta H^{\ominus}_{f,298}$: -81760 $S^{\ominus}_{298}$:239.994

函数	r_0	r_1	r_2	r_3	r_4	r_5
C_p	37.999		-0.201			
$Ha(T)$	-93760	37.999		0.201		
$Sa(T)$	22.360	37.999		0.101		
$Ga(T)$	-93760	15.639	-37.999		0.101	
$Ga(l)$	-56860	-287.850				

$GaCl_2$

温度范围:298 ~ 444 相:固

$\Delta H^{\ominus}_{f,298}$: -334720 $S^{\ominus}_{298}$:121.336

函数	r_0	r_1	r_2	r_3	r_4	r_5
C_p	69.454	23.430				
$Ha(T)$	-356470	69.454	11.715			
$Sa(T)$	-281.371	69.454	23.430			
$Ga(T)$	-356470	350.825	-69.454	-11.715		
$Ga(l)$	-329370	-137.967				

温度范围:444 ~ 870 相:液

$\Delta H^{\ominus}_{tr}$:16740 $\Delta S^{\ominus}_{tr}$:37.703

函数	r_0	r_1	r_2	r_3	r_4	r_5
C_p	96.232					
$Ha(T)$	-349310	96.232				
$Sa(T)$	-396.499	96.232				
$Ga(T)$	-349310	492.731	-96.232			
$Ga(l)$	-287880	-226.788				

温度范围:870 ~ 2500 相:气

$\Delta H_{tr}^{\ominus}$:79500 $\Delta S_{tr}^{\ominus}$:91.379

函数	r_0	r_1	r_2	r_3	r_4	r_5
C_p	62.760					
$Ha(T)$	-240690	62.760				
$Sa(T)$	-78.565	62.760				
$Ga(T)$	-240690	141.325	-62.760			
$Ga(l)$	-141780	-386.163				

$GaCl_2$(气)

温度范围:298 ~ 2000 相:气

$\Delta H_{f,298}^{\ominus}$: -130000 $S_{298}^{\ominus}$:301

函数	r_0	r_1	r_2	r_3	r_4	r_5
C_p	57.59	0.44	-0.41			
$Ha(T)$	-148570	57.590	0.220	0.410		
$Sa(T)$	-29.562	57.590	0.440	0.205		
$Ga(T)$	-148570	87.152	-57.590	-0.220	0.205	
$Ga(l)$	-92270	-373.373				

$GaCl_3$

温度范围:298 ~ 351 相:固

$\Delta H_{f,298}^{\ominus}$: -524670 $S_{298}^{\ominus}$:135.143

函数	r_0	r_1	r_2	r_3	r_4	r_5
C_p	118.407					
$Ha(T)$	-559970	118.407				
$Sa(T)$	-539.492	118.407				
$Ga(T)$	-559970	657.899	-118.407			
$Ga(l)$	-521600	-145.077				

温度范围:351 ~ 575 相:液

$\Delta H_{tr}^{\ominus}$:11510 $\Delta S_{tr}^{\ominus}$:32.792

函数	r_0	r_1	r_2	r_3	r_4	r_5
C_p	128.030					
$Ha(T)$	-551840	128.030				
$Sa(T)$	-563.099	128.030				
$Ga(T)$	-551840	691.129	-128.030			
$Ga(l)$	-493500	-221.957				

$GaCl_3$(气)

温度范围:298 ~ 2000 相:气

$\Delta H_{f,298}^{\ominus}$: -422900 $S_{298}^{\ominus}$:325.1

函数	r_0	r_1	r_2	r_3	r_4	r_5
C_p	82.43	0.44	-0.68			
$Ha(T)$	-449780	82.430	0.220	0.680		
$Sa(T)$	-148.509	82.430	0.440	0.340		
$Ga(T)$	-449780	230.939	-82.430	-0.220	0.340	
$Ga(l)$	-369190	-428.058				

$(GaCl_3)_2$(气)

温度范围:298 ~351　　相:气

$\Delta H^{\ominus}_{f,298}$: -951600　　$S^{\ominus}_{298}$:500.5

函数	r_0	r_1	r_2	r_3	r_4	r_5
C_p	181.46	0.9	-1.49			
$Ha(T)$	-1010700	181.460	0.450	1.490		
$Sa(T)$	-542.035	181.460	0.900	0.745		
$Ga(T)$	-1010700	723.495	-181.460	-0.450	0.745	
$Ga(l)$	-947260	-514.500				

$GaBr_3$

温度范围:298 ~396　　相:固

$\Delta H^{\ominus}_{f,298}$: -386600　　$S^{\ominus}_{298}$:179.912

函数	r_0	r_1	r_2	r_3	r_4	r_5
C_p	78.576	77.404				
$Ha(T)$	-413470	78.576	38.702			
$Sa(T)$	-290.860	78.576	77.404			
$Ga(T)$	-413470	369.436	-78.576	-38.702		
$Ga(l)$	-381700	-195.479				

温度范围:396 ~587　　相:液

$\Delta H^{\ominus}_{tr}$:11720　　$\Delta S^{\ominus}_{tr}$:29.596

函数	r_0	r_1	r_2	r_3	r_4	r_5
C_p	125.520					
$Ha(T)$	-414270	125.520				
$Sa(T)$	-511.404	125.520				
$Ga(T)$	-414270	636.924	-125.520			
$Ga(l)$	-353200	-266.032				

GaI(气)

温度范围:298 ~2000　　相:气

$\Delta H^{\ominus}_{f,298}$:17200　　$S^{\ominus}_{298}$:259.6

函数	r_0	r_1	r_2	r_3	r_4	r_5
C_p	37.99	0.66	-0.15			
$Ha(T)$	5341	37.990	0.330	0.150		
$Sa(T)$	42.108	37.990	0.660	0.075		
$Ga(T)$	5341	-4.118	-37.990	-0.330	0.075	
$Ga(l)$	42530	-308.263				

GaI_3

温度范围:298 ~486　　相:固

$\Delta H^{\ominus}_{f,298}$: -239330　　$S^{\ominus}_{298}$:203.761

函数	r_0	r_1	r_2	r_3	r_4	r_5
C_p	117.152					
$Ha(T)$	-274260	117.152				
$Sa(T)$	-463.724	117.152				
$Ga(T)$	-274260	580.876	-117.152			
$Ga(l)$	-229030	-235.160				

温度范围:486 ~ 618 相:液

$\Delta H^{\ominus}_{tr}$:22180 $\Delta S^{\ominus}_{tr}$:45.638

函数	r_0	r_1	r_2	r_3	r_4	r_5
C_p	128.449					
$Ha(T)$	-257570	128.449				
$Sa(T)$	-487.972	128.449				
$Ga(T)$	-257570	616.421	-128.449			
$Ga(l)$	-186940	-322.802				

GaI_3(气)

温度范围:298 ~ 2000 相:气

$\Delta H^{\ominus}_{f,298}$: -137600 $S^{\ominus}_{298}$:386

函数	r_0	r_1	r_2	r_3	r_4	r_5
C_p	82.76	0.21	-0.57			
$Ha(T)$	-164200	82.760	0.105	0.570		
$Sa(T)$	-88.802	82.760	0.210	0.285		
$Ga(T)$	-164200	171.562	-82.760	-0.105	0.285	
$Ga(l)$	-83550	-489.741				

$(GaI_3)_2$(气)

温度范围:298 ~ 2000 相:气

$\Delta H^{\ominus}_{f,298}$: -324100 $S^{\ominus}_{298}$:667.7

函数	r_0	r_1	r_2	r_3	r_4	r_5
C_p	182.42	0.26	-1.02			
$Ha(T)$	-381920	182.420	0.130	1.020		
$Sa(T)$	-377.470	182.420	0.260	0.510		
$Ga(T)$	-381920	559.890	-182.420	-0.130	0.510	
$Ga(l)$	-204560	-897.383				

Ga_2O_3

温度范围:298 ~ 2068 相:固

$\Delta H^{\ominus}_{f,298}$: -1089100 $S^{\ominus}_{298}$:84.977

函数	r_0	r_1	r_2	r_3	r_4	r_5
C_p	112.884	15.439	-2.100			
$Ha(T)$	-1130500	112.884	7.720	2.100		
$Sa(T)$	-574.606	112.884	15.439	1.050		
$Ga(T)$	-1130500	687.490	-112.884	-7.720	1.050	
$Ga(l)$	-1007500	-236.306				

Ga_2S(气)

温度范围:298 ~ 2000 相:气

$\Delta H^{\ominus}_{f,298}$:20920 $S^{\ominus}_{298}$:289.951

函数	r_0	r_1	r_2	r_3	r_4	r_5
C_p	56.003	1.151	-0.925			
$Ha(T)$	1069	56.003	0.576	0.925		
$Sa(T)$	-34.678	56.003	1.151	0.463		
$Ga(T)$	1069	90.681	-56.003	-0.576	0.463	
$Ga(l)$	56860	-358.295				

GaS

温度范围:298 ~ 1233　　相:固

$\Delta H^{\ominus}_{f,298}$: −209200　　$S^{\ominus}_{298}$:57. 739

函数	r_0	r_1	r_2	r_3	r_4	r_5
C_p	41. 338	15. 690				
$Ha(T)$	−222220	41. 338	7. 845			
$Sa(T)$	−182. 466	41. 338	15. 690			
$Ga(T)$	−222220	223. 804	−41. 338	−7. 845		
$Ga(l)$	−189890	−102. 371				

Ga_2S

温度范围:298 ~ 1233　　相:固

$\Delta H^{\ominus}_{f,298}$: −252700　　$S^{\ominus}_{298}$:100. 4

函数	r_0	r_1	r_2	r_3	r_4	r_5
C_p	66. 94	15. 69				
$Ha(T)$	−273360	66. 940	7. 845			
$Sa(T)$	−285. 675	66. 940	15. 690			
$Ga(T)$	−273360	352. 615	−66. 940	−7. 845		
$Ga(l)$	−223490	−168. 132				

Ga_2S_3

温度范围:298 ~ 1363　　相:固

$\Delta H^{\ominus}_{f,298}$: −513800　　$S^{\ominus}_{298}$:139. 746

函数	r_0	r_1	r_2	r_3	r_4	r_5
C_p	90. 500	47. 279				
$Ha(T)$	−542880	90. 500	23. 640			
$Sa(T)$	−389. 983	90. 500	47. 279			
$Ga(T)$	−542880	480. 483	−90. 500	−23. 640		
$Ga(l)$	−462450	−253. 529				

Ga_4S_5

温度范围:298 ~ 1213　　相:固

$\Delta H^{\ominus}_{f,298}$: −985800　　$S^{\ominus}_{298}$:259. 4

函数	r_0	r_1	r_2	r_3	r_4	r_5
C_p	173. 18	78. 66				
$Ha(T)$	−1040900	173. 180	39. 330			
$Sa(T)$	−750. 762	173. 180	78. 660			
$Ga(T)$	−1040900	923. 942	−173. 180	−39. 330		
$Ga(l)$	−903930	−449. 490				

GaSe

温度范围:298 ~ 1233　　相:固

$\Delta H^{\ominus}_{f,298}$: −158990　　$S^{\ominus}_{298}$:70. 291

函数	r_0	r_1	r_2	r_3	r_4	r_5
C_p	44. 643	12. 970				
$Ha(T)$	−172880	44. 643	6. 485			
$Sa(T)$	−187. 934	44. 643	12. 970			
$Ga(T)$	−172880	232. 577	−44. 643	−6. 485		
$Ga(l)$	−138980	−116. 634				

Ga_2Se(气)

温度范围:298 ~ 2000　相:气

$\Delta H^{\Theta}_{f,298}$:96200　S^{Θ}_{298}:315.5

函数	r_0	r_1	r_2	r_3	r_4	r_5
C_p	58.09	0.05	-0.29			
$Ha(T)$	77910	58.090	0.025	0.290		
$Sa(T)$	-17.119	58.090	0.050	0.145		
$Ga(T)$	77910	75.209	-58.090	-0.025	0.145	
$Ga(l)$	134320	-388.788				

Ga_2Se_3

温度范围:298 ~ 1293　相:固

$\Delta H^{\Theta}_{f,298}$: -405850　S^{Θ}_{298}:194.138

函数	r_0	r_1	r_2	r_3	r_4	r_5
C_p	105.730	35.313				
$Ha(T)$	-438940	105.730	17.657			
$Sa(T)$	-418.797	105.730	35.313			
$Ga(T)$	-438940	524.527	-105.730	-17.657		
$Ga(l)$	-354440	-310.932				

$Ga_2(SeO_4)_3$

温度范围:298 ~ 800　相:固

$\Delta H^{\Theta}_{f,298}$: -1978200　S^{Θ}_{298}:303.340

函数	r_0	r_1	r_2	r_3	r_4	r_5
C_p	183.259	313.800				
$Ha(T)$	-2046800	183.259	156.900			
$Sa(T)$	-834.355	183.259	313.800			
$Ga(T)$	-2046800	1017.614	-183.259	-156.900		
$Ga(l)$	-1907900	-489.970				

GaTe

温度范围:298 ~ 1108　相:固

$\Delta H^{\Theta}_{f,298}$: -119660　S^{Θ}_{298}:85.354

函数	r_0	r_1	r_2	r_3	r_4	r_5
C_p	45.271	13.975				
$Ha(T)$	-133780	45.271	6.988			
$Sa(T)$	-176.749	45.271	13.975			
$Ga(T)$	-133780	222.020	-45.271	-6.988		
$Ga(l)$	-101840	-128.226				

GaTe(气)

温度范围:298 ~ 2000　相:气

$\Delta H^{\Theta}_{f,298}$:169500　S^{Θ}_{298}:266.1

函数	r_0	r_1	r_2	r_3	r_4	r_5
C_p	37.39	0.01	-0.08			
$Ha(T)$	158080	37.390	0.005	0.080		
$Sa(T)$	52.614	37.390	0.010	0.040		
$Ga(T)$	158080	-15.224	-37.390	-0.005	0.040	
$Ga(l)$	194250	-313.790				

$GaTe_2$(气)*

温度范围:298 ~ 2000　　　　相:气

$\Delta H^{\ominus}_{f,298}$:158600　　　　$S^{\ominus}_{298}$:***318.3***

函数	r_0	r_1	r_2	r_3	r_4	r_5
C_p	***53.95***	***0.06***	***0.08***			
$Ha(T)$	142780	53.950	0.030	-0.080		
$Sa(T)$	11.347	53.950	0.060	-0.040		
$Ga(T)$	142780	42.603	-53.950	-0.030	-0.040	
$Ga(l)$	194750	-388.135				

Ga_2Te(气)

温度范围:298 ~ 2000　　　　相:气

$\Delta H^{\ominus}_{f,298}$:151500　　　　$S^{\ominus}_{298}$:327.2

函数	r_0	r_1	r_2	r_3	r_4	r_5
C_p	58.08	0.05	-0.29			
$Ha(T)$	133210	58.080	0.025	0.290		
$Sa(T)$	-5.362	58.080	0.050	0.145		
$Ga(T)$	133210	63.442	-58.080	-0.025	0.145	
$Ga(l)$	189620	-400.475				

Ga_2Te_3

温度范围:298 ~ 1063　　　　相:固

$\Delta H^{\ominus}_{f,298}$: -247900　　　　$S^{\ominus}_{298}$:213.4

函数	r_0	r_1	r_2	r_3	r_4	r_5
C_p	105.73	35.31				
$Ha(T)$	-280990	105.730	17.655			
$Sa(T)$	-399.535	105.730	35.310			
$Ga(T)$	-280990	505.265	-105.730	-17.655		
$Ga(l)$	-208080	-310.571				

GaN

温度范围:298 ~ 1773　　　　相:固

$\Delta H^{\ominus}_{f,298}$: -109620　　　　$S^{\ominus}_{298}$:29.706

函数	r_0	r_1	r_2	r_3	r_4	r_5
C_p	38.074	8.996				
$Ha(T)$	-121370	38.074	4.498			
$Sa(T)$	-189.906	38.074	8.996			
$Ga(T)$	-121370	227.980	-38.074	-4.498		
$Ga(l)$	-83740	-81.553				

GaP

温度范围:298 ~ 1790　　　　相:固

$\Delta H^{\ominus}_{f,298}$: -122170　　　　$S^{\ominus}_{298}$:52.300

函数	r_0	r_1	r_2	r_3	r_4	r_5
C_p	41.840	6.820				
$Ha(T)$	-134950	41.840	3.410			
$Sa(T)$	-188.121	41.840	6.820			
$Ga(T)$	-134950	229.961	-41.840	-3.410		
$Ga(l)$	-94660	-107.396				

GaAs

温度范围:298 ~ 1238 相:固

$\Delta H^{\ominus}_{f,298}$: -81590 $S^{\ominus}_{298}$:64.224

函数	r_0	r_1	r_2	r_3	r_4	r_5
C_p	45.187	6.067				
$Ha(T)$	-95330	45.187	3.034			
$Sa(T)$	-195.042	45.187	6.067			
$Ga(T)$	-95330	240.229	-45.187	-3.034		
$Ga(l)$	-62740	-107.985				

温度范围:1238 ~ 1400 相:液

$\Delta H^{\ominus}_{tr}$:87860 $\Delta S^{\ominus}_{tr}$:70.969

函数	r_0	r_1	r_2	r_3	r_4	r_5
C_p	58.994					
$Ha(T)$	-19920	58.994				
$Sa(T)$	-214.885	58.994				
$Ga(T)$	-19920	273.879	-58.994			
$Ga(l)$	57820	-208.941				

GaSb

温度范围:298 ~ 985 相:固

$\Delta H^{\ominus}_{f,298}$: -41840 $S^{\ominus}_{298}$:77.320

函数	r_0	r_1	r_2	r_3	r_4	r_5
C_p	45.606	12.552				
$Ha(T)$	-56000	45.606	6.276			
$Sa(T)$	-186.267	45.606	12.552			
$Ga(T)$	-56000	231.873	-45.606	-6.276		
$Ga(l)$	-26740	-115.183				

Gd

温度范围:298 ~ 500 相:固(α)

$\Delta H^{\ominus}_{f,298}$:0 $S^{\ominus}_{298}$:67.948

函数	r_0	r_1	r_2	r_3	r_4	r_5
C_p	-22.849	75.597	3.323			
$Ha(T)$	14600	-22.849	37.799	-3.323		
$Sa(T)$	194.284	-22.849	75.597	-1.662		
$Ga(T)$	14600	-217.133	22.849	-37.799	-1.662	
$Ga(l)$	2941	-76.903				

温度范围:500 ~ 1100 相:固(α)

$\Delta H^{\ominus}_{tr}$:— $\Delta S^{\ominus}_{tr}$:—

函数	r_0	r_1	r_2	r_3	r_4	r_5
C_p	23.937	8.619				
$Ha(T)$	-7069	23.937	4.310			
$Sa(T)$	-69.630	23.937	8.619			
$Ga(T)$	-7069	93.567	-23.937	-4.310		
$Ga(l)$	13980	-96.928				

温度范围:1100 ~ 1533　　相:固(α)

$\Delta H_{tr}^{\ominus}$:—　　$\Delta S_{tr}^{\ominus}$:—

函数	r_0	r_1	r_2	r_3	r_4	r_5
C_p	19.928	12.196				
$Ha(T)$	-4823	19.928	6.098			
$Sa(T)$	-45.489	19.928	12.196			
$Ga(T)$	-4823	65.417	-19.928	-6.098		
$Ga(l)$	31700	-113.650				

温度范围:1533 ~ 1585　　相:固(β)

$\Delta H_{tr}^{\ominus}$:3912　　$\Delta S_{tr}^{\ominus}$:2.552

函数	r_0	r_1	r_2	r_3	r_4	r_5
C_p	28.284					
$Ha(T)$	610	28.284				
$Sa(T)$	-85.532	28.284				
$Ga(T)$	610	113.816	-28.284			
$Ga(l)$	44730	-122.427				

温度范围:1585 ~ 2400　　相:液

$\Delta H_{tr}^{\ominus}$:10050　　$\Delta S_{tr}^{\ominus}$:6.341

函数	r_0	r_1	r_2	r_3	r_4	r_5
C_p	37.154					
$Ha(T)$	-3399	37.154				
$Sa(T)$	-144.548	37.154				
$Ga(T)$	-3399	181.702	-37.154			
$Ga(l)$	69800	-137.560				

Gd(α)

温度范围:298 ~ 1533　　相:固(α)

$\Delta H_{f,298}^{\ominus}$:0　　$S_{298}^{\ominus}$:67.9

函数	r_0	r_1	r_2	r_3	r_4	r_5
C_p	6.69	32.65	1.84	-8.39		
$Ha(T)$	2800	6.690	16.325	-1.840	-2.797	
$Sa(T)$	30.771	6.690	32.650	-0.920	-4.195	
$Ga(T)$	2800	-24.081	-6.690	-16.325	-0.920	1.398
$Ga(l)$	15150	-100.561				

Gd(气)

温度范围:298 ~ 2000　　相:气

$\Delta H_{f,298}^{\ominus}$:397500　　$S_{298}^{\ominus}$:194.3

函数	r_0	r_1	r_2	r_3	r_4	r_5
C_p	32.71	-12.72	-0.16	4.85		
$Ha(T)$	387730	32.710	-6.360	0.160	1.617	
$Sa(T)$	10.609	32.710	-12.720	0.080	2.425	
$Ga(T)$	387730	22.101	-32.710	6.360	0.080	-0.808
$Ga(l)$	414800	-228.074				

GdF_3

温度范围:298 ~ 1348　　相:固(α)

$\Delta H^{\ominus}_{f,298}$: −1699100　　$S^{\ominus}_{298}$:114. 8

函数	r_0	r_1	r_2	r_3	r_4	r_5
C_p	101. 99	6. 5	−1. 38			
$Ha(T)$	−1734400	101. 990	3. 250	1. 380		
$Sa(T)$	−475. 998	101. 990	6. 500	0. 690		
$Ga(T)$	−1734400	577. 988	−101. 990	−3. 250	0. 690	
$Ga(l)$	−1656200	−210. 812				

GdF_3(气)

温度范围:298 ~ 2000　　相:气

$\Delta H^{\ominus}_{f,298}$: −1246800　　$S^{\ominus}_{298}$:335. 3

函数	r_0	r_1	r_2	r_3	r_4	r_5
C_p	81. 49	0. 96	−0. 91			
$Ha(T)$	−1274200	81. 490	0. 480	0. 910		
$Sa(T)$	−134. 402	81. 490	0. 960	0. 455		
$Ga(T)$	−1274200	215. 892	−81. 490	−0. 480	0. 455	
$Ga(l)$	−1193900	−436. 335				

$GdCl_3$

温度范围:298 ~ 875　　相:固

$\Delta H^{\ominus}_{f,298}$: −1004600　　$S^{\ominus}_{298}$:146. 022

函数	r_0	r_1	r_2	r_3	r_4	r_5
C_p	86. 483	34. 309	0. 142			
$Ha(T)$	−1031400	86. 483	17. 155	−0. 142		
$Sa(T)$	−356. 154	86. 483	34. 309	−0. 071		
$Ga(T)$	−1031400	442. 637	−86. 483	−17. 155	−0. 071	
$Ga(l)$	−978950	−212. 788				

温度范围:875 ~ 1000　　相:液

$\Delta H^{\ominus}_{tr}$:40590　　$\Delta S^{\ominus}_{tr}$:46. 389

函数	r_0	r_1	r_2	r_3	r_4	r_5
C_p	139. 515					
$Ha(T)$	−1024300	139. 515				
$Sa(T)$	−639. 088	139. 515				
$Ga(T)$	−1024300	778. 603	−139. 515			
$Ga(l)$	−893660	−315. 556				

$GdCl_3$(气)

温度范围:298 ~ 2000　　相:气

$\Delta H^{\ominus}_{f,298}$: −696600　　$S^{\ominus}_{298}$:371. 5

函数	r_0	r_1	r_2	r_3	r_4	r_5
C_p	82. 86	0. 18	−0. 42			
$Ha(T)$	−722720	82. 860	0. 090	0. 420		
$Sa(T)$	−103. 019	82. 860	0. 180	0. 210		
$Ga(T)$	−722720	185. 879	−82. 860	−0. 090	0. 210	
$Ga(l)$	−642180	−476. 099				

$GdBr_3$

温度范围:298 ~ 1058　　相:固

$\Delta H^{\ominus}_{f,298}$: -828900　　$S^{\ominus}_{298}$:190

函数	r_0	r_1	r_2	r_3	r_4	r_5
C_p	101. 95	5. 76	-0. 6			
$Ha(T)$	-861560	101. 950	2. 880	0. 600		
$Sa(T)$	-395. 962	101. 950	5. 760	0. 300		
$Ga(T)$	-861560	497. 912	-101. 950	-2. 880	0. 300	
$Ga(l)$	-796280	-269. 948				

$GdBr_3$(气)

温度范围:298 ~ 2000　　相:气

$\Delta H^{\ominus}_{f,298}$: -531400　　$S^{\ominus}_{298}$:398. 9

函数	r_0	r_1	r_2	r_3	r_4	r_5
C_p	83. 04	0. 07	-0. 28			
$Ha(T)$	-557100	83. 040	0. 035	0. 280		
$Sa(T)$	-75. 824	83. 040	0. 070	0. 140		
$Ga(T)$	-557100	158. 864	-83. 040	-0. 035	0. 140	
$Ga(l)$	-476620	-504. 341				

GdI_3

温度范围:298 ~ 1013　　相:固(α)

$\Delta H^{\ominus}_{f,298}$: -594130　　$S^{\ominus}_{298}$:216. 731

函数	r_0	r_1	r_2	r_3	r_4	r_5
C_p	101. 629	7. 531	-0. 418			
$Ha(T)$	-626170	101. 629	3. 766	0. 418		
$Sa(T)$	-366. 907	101. 629	7. 531	0. 209		
$Ga(T)$	-626170	468. 536	-101. 629	-3. 766	0. 209	
$Ga(l)$	-562870	-294. 505				

温度范围:1013 ~ 1203　　相:固(β)

$\Delta H^{\ominus}_{tr}$:586　　$\Delta S^{\ominus}_{tr}$:0. 578

函数	r_0	r_1	r_2	r_3	r_4	r_5
C_p	128. 198					
$Ha(T)$	-648220	128. 198				
$Sa(T)$	-542. 371	128. 198				
$Ga(T)$	-648220	670. 569	-128. 198			
$Ga(l)$	-506470	-356. 232				

温度范围:1203 ~ 1300　　相:液

$\Delta H^{\ominus}_{tr}$:53970　　$\Delta S^{\ominus}_{tr}$:44. 863

函数	r_0	r_1	r_2	r_3	r_4	r_5
C_p	155. 854					
$Ha(T)$	-627520	155. 854				
$Sa(T)$	-693. 660	155. 854				
$Ga(T)$	-627520	849. 514	-155. 854			
$Ga(l)$	-432560	-417. 869				

GdI_3(气)

温度范围:298 ~ 2000　　相:气

$\Delta H^{\ominus}_{f,298}$: −316700　　$S^{\ominus}_{298}$:427.6

函数	r_0	r_1	r_2	r_3	r_4	r_5
C_p	83.12	0.02	−0.15			
$Ha(T)$	−341990	83.120	0.010	0.150		
$Sa(T)$	−46.834	83.120	0.020	0.075		
$Ga(T)$	−341990	129.954	−83.120	−0.010	0.075	
$Ga(l)$	−261610	−533.756				

Gd_2O_3

温度范围:298 ~ 1802　　相:固

$\Delta H^{\ominus}_{f,298}$: −1815900　　$S^{\ominus}_{298}$:150.624

函数	r_0	r_1	r_2	r_3	r_4	r_5
C_p	114.14	14.811	−1.063			
$Ha(T)$	−1854200	114.140	7.406	1.063		
$Sa(T)$	−510.095	114.140	14.811	0.532		
$Ga(T)$	−1854200	624.235	−114.140	−7.406	0.532	
$Ga(l)$	−1744000	−293.549				

GdOCl

温度范围:298 ~ 1000　　相:固

$\Delta H^{\ominus}_{f,298}$: −983660　　$S^{\ominus}_{298}$:95.395

函数	r_0	r_1	r_2	r_3	r_4	r_5
C_p	66.944	16.401	−0.310			
$Ha(T)$	−1005400	66.944	8.201	0.310		
$Sa(T)$	−292.659	66.944	16.401	0.155		
$Ga(T)$	−1005400	359.603	−66.944	−8.201	0.155	
$Ga(l)$	−961800	−149.841				

GdS(气)*

温度范围:298 ~ 2000　　相:气

$\Delta H^{\ominus}_{f,298}$:155600　　$S^{\ominus}_{298}$:***264.5***

函数	r_0	r_1	r_2	r_3	r_4	r_5
C_p	***37.13***	***0.15***	***−0.25***			
$Ha(T)$	143680	37.130	0.075	0.250		
$Sa(T)$	51.497	37.130	0.150	0.125		
$Ga(T)$	143680	−14.367	−37.130	−0.075	0.125	
$Ga(l)$	179890	−311.119				

GdSe(气)*

温度范围:298 ~ 2000　　相:气

$\Delta H^{\ominus}_{f,298}$:206300　　$S^{\ominus}_{298}$:***275.4***

函数	r_0	r_1	r_2	r_3	r_4	r_5
C_p	***37.29***	***0.07***	***−0.18***			
$Ha(T)$	194580	37.290	0.035	0.180		
$Sa(T)$	61.903	37.290	0.070	0.090		
$Ga(T)$	194580	−24.613	−37.290	−0.035	0.090	
$Ga(l)$	230810	−322.509				

GdTe(气)*

温度范围:298 ~ 2000　　相:气

$\Delta H^{\ominus}_{f,298}$:271100　　$S^{\ominus}_{298}$:**284.1**

函数	r_0	r_1	r_2	r_3	r_4	r_5
C_p	**37.38**	**0.02**	**-0.10**			
$Ha(T)$	259620	37.380	0.010	0.100		
$Sa(T)$	70.555	37.380	0.020	0.050		
$Ga(T)$	259620	-33.175	-37.380	-0.010	0.050	
$Ga(l)$	295810	-331.685				

Ge(1)

温度范围:298 ~ 1210　　相:固

$\Delta H^{\ominus}_{f,298}$:0　　$S^{\ominus}_{298}$:31.1

函数	r_0	r_1	r_2	r_3	r_4	r_5
C_p	23.35	3.9	-0.11			
$Ha(T)$	-7504	23.350	1.950	0.110		
$Sa(T)$	-103.720	23.350	3.900	0.055		
$Ga(T)$	-7504	127.070	-23.350	-1.950	0.055	
$Ga(l)$	9437	-53.120				

Ge(2)

温度范围:298 ~ 600　　相:固

$\Delta H^{\ominus}_{f,298}$:0　　$S^{\ominus}_{298}$:31.087

函数	r_0	r_1	r_2	r_3	r_4	r_5
C_p	25.765	0.079	-0.216			
$Ha(T)$	-8410	25.765	0.040	0.216		
$Sa(T)$	-116.950	25.765	0.079	0.108		
$Ga(T)$	-8410	142.715	-25.765	-0.040	0.108	
$Ga(l)$	3322	-40.714				

温度范围:600 ~ 900　　相:固

$\Delta H^{\ominus}_{tr}$:—　　$\Delta S^{\ominus}_{tr}$:—

函数	r_0	r_1	r_2	r_3	r_4	r_5
C_p	22.677	4.142				
$Ha(T)$	-6928	22.677	2.071			
$Sa(T)$	-99.334	22.677	4.142			
$Ga(T)$	-6928	122.011	-22.677	-2.071		
$Ga(l)$	11050	-53.805				

温度范围:900 ~ 1210　　相:固

$\Delta H^{\ominus}_{tr}$:—　　$\Delta S^{\ominus}_{tr}$:—

函数	r_0	r_1	r_2	r_3	r_4	r_5
C_p	19.853	7.355				
$Ha(T)$	-5688	19.853	3.678			
$Sa(T)$	-83.016	19.853	7.355			
$Ga(T)$	-5688	102.869	-19.853	-3.678		
$Ga(l)$	19200	-62.903				

温度范围:1210 ~ 2600　　相:液

$\Delta H^{\ominus}_{tr}$:36950　　$\Delta S^{\ominus}_{tr}$:30.537

函数	r_0	r_1	r_2	r_3	r_4	r_5
C_p	27.614					
$Ha(T)$	27260	27.614				
$Sa(T)$	-98.670	27.614				
$Ga(T)$	27260	126.284	-27.614			
$Ga(l)$	77950	-109.499				

Ge(气)

温度范围:298 ~ 2000　　相:气

$\Delta H^{\ominus}_{f,298}$:374500　　$S^{\ominus}_{298}$:167.9

函数	r_0	r_1	r_2	r_3	r_4	r_5
C_p	29.47	-3.66	0.32			
$Ha(T)$	366950	29.470	-1.830	-0.320		
$Sa(T)$	2.883	29.470	-3.660	-0.160		
$Ga(T)$	366950	26.587	-29.470	1.830	-0.160	
$Ga(l)$	393010	-204.296				

GeH_4(气)

温度范围:298 ~ 2000　　相:气

$\Delta H^{\ominus}_{f,298}$:90790　　$S^{\ominus}_{298}$:217.150

函数	r_0	r_1	r_2	r_3	r_4	r_5
C_p	62.551	22.092	-2.163			
$Ha(T)$	63900	62.551	11.046	2.163		
$Sa(T)$	-157.993	62.551	22.092	1.082		
$Ga(T)$	63900	220.544	-62.551	-11.046	1.082	
$Ga(l)$	138840	-305.502				

GeF(气)

温度范围:298 ~ 2000　　相:气

$\Delta H^{\ominus}_{f,298}$: -66600　　$S^{\ominus}_{298}$:234

函数	r_0	r_1	r_2	r_3	r_4	r_5
C_p	42.28	-1.85	-0.62			
$Ha(T)$	-81200	42.280	-0.925	0.620		
$Sa(T)$	-9.830	42.280	-1.850	0.310		
$Ga(T)$	-81200	52.110	-42.280	0.925	0.310	
$Ga(l)$	-40650	-283.678				

GeF_2

温度范围:298 ~ 385　　相:固

$\Delta H^{\ominus}_{f,298}$: -658350　　$S^{\ominus}_{298}$:84.098

函数	r_0	r_1	r_2	r_3	r_4	r_5
C_p	83.680					
$Ha(T)$	-683300	83.680				
$Sa(T)$	-392.677	83.680				
$Ga(T)$	-683300	476.357	-83.680			
$Ga(l)$	-654840	-95.309				

温度范围:385 ~ 500　　相:液

$\Delta H^{\ominus}_{tr}$:9623　　$\Delta S^{\ominus}_{tr}$:24.995

函数	r_0	r_1	r_2	r_3	r_4	r_5
C_p	91.211					
$Ha(T)$	-676580	91.211				
$Sa(T)$	-412.516	91.211				
$Ga(T)$	-676580	503.727	-91.211			
$Ga(l)$	-636400	-143.011				

GeF_2(气)

温度范围:298 ~ 2000　　相:气

$\Delta H^{\ominus}_{f,298}$: -574000　　$S^{\ominus}_{298}$:270.8

函数	r_0	r_1	r_2	r_3	r_4	r_5
C_p	56.12	1.21	-0.77			
$Ha(T)$	-593370	56.120	0.605	0.770		
$Sa(T)$	-53.641	56.120	1.210	0.385		
$Ga(T)$	-593370	109.761	-56.120	-0.605	0.385	
$Ga(l)$	-537630	-340.125				

GeF_3(气)

温度范围:298 ~ 2000　　相:气

$\Delta H^{\ominus}_{f,298}$: -753000　　$S^{\ominus}_{298}$:297.7

函数	r_0	r_1	r_2	r_3	r_4	r_5
C_p	79.58	2.21	-1.25			
$Ha(T)$	-781020	79.580	1.105	1.250		
$Sa(T)$	-163.405	79.580	2.210	0.625		
$Ga(T)$	-781020	242.985	-79.580	-1.105	0.625	
$Ga(l)$	-701520	-395.630				

GeF_4(气)

温度范围:298 ~ 2000　　相:气

$\Delta H^{\ominus}_{f,298}$: -1190100　　$S^{\ominus}_{298}$:301.9

函数	r_0	r_1	r_2	r_3	r_4	r_5
C_p	101.13	4.15	-1.85			
$Ha(T)$	-1226600	101.130	2.075	1.850		
$Sa(T)$	-285.941	101.130	4.150	0.925		
$Ga(T)$	-1226600	387.071	-101.130	-2.075	0.925	
$Ga(l)$	-1124600	-426.174				

GeCl(气)

温度范围:298 ~ 2000　　相:气

$\Delta H^{\ominus}_{f,298}$:73000　　$S^{\ominus}_{298}$:245.9

函数	r_0	r_1	r_2	r_3	r_4	r_5
C_p	43.18	-2.23	-0.49			
$Ha(T)$	58580	43.180	-1.115	0.490		
$Sa(T)$	-2.213	43.180	-2.230	0.245		
$Ga(T)$	58580	45.393	-43.180	1.115	0.245	
$Ga(l)$	99640	-297.066				

$GeCl_2$

温度范围:298 ~700　　相:固

$\Delta H^{\ominus}_{f,298}$: −376560　　$S^{\ominus}_{298}$:123.428

函数	r_0	r_1	r_2	r_3	r_4	r_5
C_p	66.107	30.125				
$Ha(T)$	−397610	66.107	15.063			
$Sa(T)$	−262.205	66.107	30.125			
$Ga(T)$	−397610	328.312	−66.107	−15.063		
$Ga(l)$	−362530	−162.426				

温度范围:700 ~975　　相:液

$\Delta H^{\ominus}_{tr}$:27200　　$\Delta S^{\ominus}_{tr}$:38.857

函数	r_0	r_1	r_2	r_3	r_4	r_5
C_p	100.416					
$Ha(T)$	−387040	100.416				
$Sa(T)$	−427.021	100.416				
$Ga(T)$	−387040	527.437	−100.416			
$Ga(l)$	−303560	−248.545				

温度范围:975 ~2500　　相:气

$\Delta H^{\ominus}_{tr}$:96230　　$\Delta S^{\ominus}_{tr}$:98.697

函数	r_0	r_1	r_2	r_3	r_4	r_5
C_p	62.760					
$Ha(T)$	−254100	62.760				
$Sa(T)$	−69.159	62.760				
$Ga(T)$	−254100	131.919	−62.760			
$Ga(l)$	−150820	−397.781				

$GeCl_2$(气)

温度范围:298 ~2000　　相:气

$\Delta H^{\ominus}_{f,298}$: −171000　　$S^{\ominus}_{298}$:295.8

函数	r_0	r_1	r_2	r_3	r_4	r_5
C_p	57.85	0.22	−0.37			
$Ha(T)$	−189500	57.850	0.110	0.370		
$Sa(T)$	−35.953	57.850	0.220	0.185		
$Ga(T)$	−189500	93.803	−57.850	−0.110	0.185	
$Ga(l)$	−133120	−368.521				

$GeCl_3$(气)

温度范围:298 ~2000　　相:气

$\Delta H^{\ominus}_{f,298}$: −320800　　$S^{\ominus}_{298}$:335.1

函数	r_0	r_1	r_2	r_3	r_4	r_5
C_p	82.72	0.26	−0.58			
$Ha(T)$	−347420	82.720	0.130	0.580		
$Sa(T)$	−139.545	82.720	0.260	0.290		
$Ga(T)$	−347420	222.265	−82.720	−0.130	0.290	
$Ga(l)$	−266770	−438.781				

$GeCl_4$

温度范围:298 ~ 356　　相:液

$\Delta H^{\ominus}_{f,298}$: −539740　　$S^{\ominus}_{298}$:248. 237

函数	r_0	r_1	r_2	r_3	r_4	r_5
C_p	151. 670					
$Ha(T)$	−584960	151. 670				
$Sa(T)$	−615. 917	151. 670				
$Ga(T)$	−584960	767. 587	−151. 670			
$Ga(l)$	−535430	−262. 169				

温度范围:356 ~ 1000　　相:气

$\Delta H^{\ominus}_{tr}$:32020　　$\Delta S^{\ominus}_{tr}$:89. 944

函数	r_0	r_1	r_2	r_3	r_4	r_5
C_p	106. 985		−0. 954			
$Ha(T)$	−539710	106. 985		0. 954		
$Sa(T)$	−267. 216	106. 985		0. 477		
$Ga(T)$	−539710	374. 201	−106. 985		0. 477	
$Ga(l)$	−470110	−428. 900				

$GeCl_4$(气)

温度范围:298 ~ 2000　　相:气

$\Delta H^{\ominus}_{f,298}$: −495800　　$S^{\ominus}_{298}$:347. 7

函数	r_0	r_1	r_2	r_3	r_4	r_5
C_p	106. 79	0. 83	−0. 99			
$Ha(T)$	−531000	106. 790	0. 415	0. 990		
$Sa(T)$	−266. 562	106. 790	0. 830	0. 495		
$Ga(T)$	−531000	373. 352	−106. 790	−0. 415	0. 495	
$Ga(l)$	−426310	−480. 757				

$GeBr_2$(气)

温度范围:298 ~ 2000　　相:气

$\Delta H^{\ominus}_{f,298}$: −62800　　$S^{\ominus}_{298}$:331. 1

函数	r_0	r_1	r_2	r_3	r_4	r_5
C_p	57. 85	0. 22	−0. 37			
$Ha(T)$	−81300	57. 850	0. 110	0. 370		
$Sa(T)$	−0. 653	57. 850	0. 220	0. 185		
$Ga(T)$	−81300	58. 503	−57. 850	−0. 110	0. 185	
$Ga(l)$	−24920	−403. 821				

$GeBr_4$(气)

温度范围:298 ~ 2000　　相:气

$\Delta H^{\ominus}_{f,298}$: −296300　　$S^{\ominus}_{298}$:396. 2

函数	r_0	r_1	r_2	r_3	r_4	r_5
C_p	108. 28	−0. 74	−0. 55			
$Ha(T)$	−330400	108. 280	−0. 370	0. 550		
$Sa(T)$	−223. 609	108. 280	−0. 740	0. 275		
$Ga(T)$	−330400	331. 889	−108. 280	0. 370	0. 275	
$Ga(l)$	−225670	−532. 052				

GeI_2

温度范围:298 ~ 900　　相:固

$\Delta H^{\ominus}_{f,298}$: -88000　　$S^{\ominus}_{298}$:134

函数	r_0	r_1	r_2	r_3	r_4	r_5
C_p	77.82	12.76				
$Ha(T)$	-111770	77.820	6.380			
$Sa(T)$	-313.191	77.820	12.760			
$Ga(T)$	-111770	391.011	-77.820	-6.380		
$Ga(l)$	-66310	-190.061				

GeI_2(气)

温度范围:298 ~ 2000　　相:气

$\Delta H^{\ominus}_{f,298}$:66700　　$S^{\ominus}_{298}$:318

函数	r_0	r_1	r_2	r_3	r_4	r_5
C_p	57.85	0.22	-0.37			
$Ha(T)$	48200	57.850	0.110	0.370		
$Sa(T)$	-13.753	57.850	0.220	0.185		
$Ga(T)$	48200	71.603	-57.850	-0.110	0.185	
$Ga(l)$	104580	-390.721				

GeI_4

温度范围:298 ~ 419　　相:固

$\Delta H^{\ominus}_{f,298}$: -141800　　$S^{\ominus}_{298}$:271.1

函数	r_0	r_1	r_2	r_3	r_4	r_5
C_p	81.17	150.62				
$Ha(T)$	-172700	81.170	75.310			
$Sa(T)$	-236.281	81.170	150.620			
$Ga(T)$	-172700	317.451	-81.170	-75.310		
$Ga(l)$	-134220	-294.948				

GeI_4(气)

温度范围:298 ~ 2000　　相:气

$\Delta H^{\ominus}_{f,298}$: -54600　　$S^{\ominus}_{298}$:428.9

函数	r_0	r_1	r_2	r_3	r_4	r_5
C_p	106.84	0.65	-0.26			
$Ha(T)$	-87360	106.840	0.325	0.260		
$Sa(T)$	-181.487	106.840	0.650	0.130		
$Ga(T)$	-87360	288.327	-106.840	-0.325	0.130	
$Ga(l)$	16370	-565.543				

GeO

温度范围:298 ~ 983　　相:固

$\Delta H^{\ominus}_{f,298}$: -255220　　$S^{\ominus}_{298}$:52.300

函数	r_0	r_1	r_2	r_3	r_4	r_5
C_p	49.246	105.437				
$Ha(T)$	-274590	49.246	52.719			
$Sa(T)$	-259.720	49.246	105.437			
$Ga(T)$	-274590	308.966	-49.246	-52.719		
$Ga(l)$	-225980	-124.562				

温度范围:983 ~ 2000　　相:气

$\Delta H^{\ominus}_{tr}$:209200　　$\Delta S^{\ominus}_{tr}$:212.818

函数	r_0	r_1	r_2	r_3	r_4	r_5
C_p	148.532					
$Ha(T)$	-112050	148.532				
$Sa(T)$	-627.398	148.532				
$Ga(T)$	-112050	775.930	-148.532			
$Ga(l)$	102510	-456.235				

GeO(气)

温度范围:298 ~ 2000　　相:气

$\Delta H^{\ominus}_{f,298}$: -30670　　$S^{\ominus}_{298}$:223.802

函数	r_0	r_1	r_2	r_3	r_4	r_5
C_p	37.028		-0.565			
$Ha(T)$	-43600	37.028		0.565		
$Sa(T)$	9.653	37.028		0.283		
$Ga(T)$	-43600	27.375	-37.028		0.283	
$Ga(l)$	-7188	-268.577				

GeO_2(六方晶格)

温度范围:298 ~ 1389　　相:固(β)

$\Delta H^{\ominus}_{f,298}$: -558350　　$S^{\ominus}_{298}$:55.271

函数	r_0	r_1	r_2	r_3	r_4	r_5
C_p	68.910	9.832	-1.770			
$Ha(T)$	-585270	68.910	4.916	1.770		
$Sa(T)$	-350.238	68.910	9.832	0.885		
$Ga(T)$	-585270	419.148	-68.910	-4.916	0.885	
$Ga(l)$	-528380	-120.854				

GeO_2(四方晶格)

温度范围:298 ~ 1308　　相:固(α)

$\Delta H^{\ominus}_{f,298}$: -579900　　$S^{\ominus}_{298}$:39.748

函数	r_0	r_1	r_2	r_3	r_4	r_5
C_p	66.609	11.590	-1.774			
$Ha(T)$	-606220	66.609	5.795	1.774		
$Sa(T)$	-353.197	66.609	11.590	0.887		
$Ga(T)$	-606220	419.806	-66.609	-5.795	0.887	
$Ga(l)$	-552720	-100.561				

温度范围:1308 ~ 1389　　相:固(β)

$\Delta H^{\ominus}_{tr}$:22460　　$\Delta S^{\ominus}_{tr}$:17.171

函数	r_0	r_1	r_2	r_3	r_4	r_5
C_p	68.910	9.832	-1.770			
$Ha(T)$	-585270	68.910	4.916	1.770		
$Sa(T)$	-350.238	68.910	9.832	0.885		
$Ga(T)$	-585270	419.148	-68.910	-4.916	0.885	
$Ga(l)$	-482360	-159.939				

GeS

温度范围:298 ~ 938 相:固

$\Delta H^{\ominus}_{f,298}$: −76150 $S^{\ominus}_{298}$:65.982

函数	r_0	r_1	r_2	r_3	r_4	r_5
C_p	41.798	20.125				
$Ha(T)$	−89510	41.798	10.063			
$Sa(T)$	−178.166	41.798	20.125			
$Ga(T)$	−89510	219.964	−41.798	−10.063		
$Ga(l)$	−62100	−101.700				

温度范围:938 ~ 1111 相:液

$\Delta H^{\ominus}_{tr}$:23430 $\Delta S^{\ominus}_{tr}$:24.979

函数	r_0	r_1	r_2	r_3	r_4	r_5
C_p	60.668					
$Ha(T)$	−74920	60.668				
$Sa(T)$	−263.452	60.668				
$Ga(T)$	−74920	324.120	−60.668			
$Ga(l)$	−12910	−157.034				

温度范围:1111 ~ 2000 相:气

$\Delta H^{\ominus}_{tr}$:133980 $\Delta S^{\ominus}_{tr}$:120.594

函数	r_0	r_1	r_2	r_3	r_4	r_5
C_p	36.736	0.418	−0.285			
$Ha(T)$	85130	36.736	0.209	0.285		
$Sa(T)$	24.398	36.736	0.418	0.143		
$Ga(T)$	85130	12.338	−36.736	−0.209	0.143	
$Ga(l)$	141700	−294.797				

GeS(气)

温度范围:298 ~ 2000 相:气

$\Delta H^{\ominus}_{f,298}$:106100 $S^{\ominus}_{298}$:235.5

函数	r_0	r_1	r_2	r_3	r_4	r_5
C_p	36.74	0.42	−0.29			
$Ha(T)$	94150	36.740	0.210	0.290		
$Sa(T)$	24.414	36.740	0.420	0.145		
$Ga(T)$	94150	12.326	−36.740	−0.210	0.145	
$Ga(l)$	130180	−281.646				

GeS_2

温度范围:298 ~ 1113 相:固

$\Delta H^{\ominus}_{f,298}$: −156900 $S^{\ominus}_{298}$:87.446

函数	r_0	r_1	r_2	r_3	r_4	r_5
C_p	56.442	31.045				
$Ha(T)$	−175110	56.442	15.523			
$Sa(T)$	−243.394	56.442	31.045			
$Ga(T)$	−175110	299.836	−56.442	−15.523		
$Ga(l)$	−132150	−146.679				

温度范围:1113 ~ 1200　　相:液

$\Delta H^{\ominus}_{tr}$:41840　　$\Delta S^{\ominus}_{tr}$:37. 592

函数	r_0	r_1	r_2	r_3	r_4	r_5
C_p	93. 722					
$Ha(T)$	-155530	93. 722				
$Sa(T)$	-432. 761	93. 722				
$Ga(T)$	-155530	526. 483	-93. 722			
$Ga(l)$	-47260	-228. 191				

GeSe

温度范围:298 ~ 948　　相:固

$\Delta H^{\ominus}_{f,298}$: -69040　　$S^{\ominus}_{298}$:78. 241

函数	r_0	r_1	r_2	r_3	r_4	r_5
C_p	45. 104	16. 401				
$Ha(T)$	-83220	45. 104	8. 201			
$Sa(T)$	-183. 633	45. 104	16. 401			
$Ga(T)$	-83220	228. 737	-45. 104	-8. 201		
$Ga(l)$	-54340	-115. 509				

温度范围:948 ~ 1125　　相:液

$\Delta H^{\ominus}_{tr}$:24690　　$\Delta S^{\ominus}_{tr}$:26. 044

函数	r_0	r_1	r_2	r_3	r_4	r_5
C_p	63. 597					
$Ha(T)$	-68690	63. 597				
$Sa(T)$	-268. 798	63. 597				
$Ga(T)$	-68690	332. 396	-63. 597			
$Ga(l)$	-2908	-172. 738				

温度范围:1125 ~ 2000　　相:气

$\Delta H^{\ominus}_{tr}$:132820　　$\Delta S^{\ominus}_{tr}$:118. 062

函数	r_0	r_1	r_2	r_3	r_4	r_5
C_p	36. 987	0. 167	-0. 176			
$Ha(T)$	93810	36. 987	0. 084	0. 176		
$Sa(T)$	35. 956	36. 987	0. 167	0. 088		
$Ga(T)$	93810	1. 031	-36. 987	-0. 084	0. 088	
$Ga(l)$	150690	-307. 963				

GeSe(气)

温度范围:298 ~ 2000　　相:气

$\Delta H^{\ominus}_{f,298}$:105400　　$S^{\ominus}_{298}$:247. 8

函数	r_0	r_1	r_2	r_3	r_4	r_5
C_p	36. 99	0. 17	-0. 18			
$Ha(T)$	93760	36. 990	0. 085	0. 180		
$Sa(T)$	35. 983	36. 990	0. 170	0. 090		
$Ga(T)$	93760	1. 007	-36. 990	-0. 085	0. 090	
$Ga(l)$	129760	-294. 609				

$GeSe_2$

温度范围:298 ~ 1013　　相:固

$\Delta H^{\ominus}_{f,298}$: −112970　　$S^{\ominus}_{298}$:112.550

函数	r_0	r_1	r_2	r_3	r_4	r_5
C_p	62.886	27.740				
$Ha(T)$	−132950	62.886	13.870			
$Sa(T)$	−254.020	62.886	27.740			
$Ga(T)$	−132950	316.906	−62.886	−13.870		
$Ga(l)$	−89780	−170.010				

GeTe

温度范围:298 ~ 997　　相:固

$\Delta H^{\ominus}_{f,298}$: −32640　　$S^{\ominus}_{298}$:89.956

函数	r_0	r_1	r_2	r_3	r_4	r_5
C_p	48.116	12.552				
$Ha(T)$	−47540	48.116	6.276			
$Sa(T)$	−187.932	48.116	12.552			
$Ga(T)$	−47540	236.048	−48.116	−6.276		
$Ga(l)$	−16540	−130.163				

GeTe(气)

温度范围:298 ~ 2000　　相:气

$\Delta H^{\ominus}_{f,298}$:183700　　$S^{\ominus}_{298}$:255.8

函数	r_0	r_1	r_2	r_3	r_4	r_5
C_p	37.36	−0.13				
$Ha(T)$	172570	37.360	−0.065			
$Sa(T)$	42.977	37.360	−0.130			
$Ga(T)$	172570	−5.617	−37.360	0.065		
$Ga(l)$	208530	−303.735				

GeP

温度范围:298 ~ 1700　　相:固

$\Delta H^{\ominus}_{f,298}$: −27200　　$S^{\ominus}_{298}$:61.086

函数	r_0	r_1	r_2	r_3	r_4	r_5
C_p	43.304	11.297	−0.523			
$Ha(T)$	−42370	43.304	5.649	0.523		
$Sa(T)$	−191.953	43.304	11.297	0.262		
$Ga(T)$	−42370	235.257	−43.304	−5.649	0.262	
$Ga(l)$	155	−116.401				

H_2

温度范围:298 ~ 3000　　相:气

$\Delta H^{\ominus}_{f,298}$:0　　$S^{\ominus}_{298}$:130.583

函数	r_0	r_1	r_2	r_3	r_4	r_5
C_p	27.280	3.264	0.050			
$Ha(T)$	−8111	27.280	1.632	−0.050		
$Sa(T)$	−25.539	27.280	3.264	−0.025		
$Ga(T)$	−8111	52.819	−27.280	−1.632	−0.025	
$Ga(l)$	31190	−179.722				

H(气)

温度范围:298 ~ 6000　　　相:气

$\Delta H^{\ominus}_{f,298}$:217990　　　$S^{\ominus}_{298}$:114.600

函数	r_0	r_1	r_2	r_3	r_4	r_5
C_p	20.794					
$Ha(T)$	211790	20.794				
$Sa(T)$	-3.876	20.794				
$Ga(T)$	211790	24.670	-20.794			
$Ga(l)$	260500	-161.452				

HF

温度范围:298 ~ 2500　　　相:气

$\Delta H^{\ominus}_{f,298}$: -272550　　　$S^{\ominus}_{298}$:173.669

函数	r_0	r_1	r_2	r_3	r_4	r_5
C_p	26.903	3.431	0.109			
$Ha(T)$	-280360	26.903	1.716	-0.109		
$Sa(T)$	19.977	26.903	3.431	-0.055		
$Ga(T)$	-280360	6.926	-26.903	-1.716	-0.055	
$Ga(l)$	-247100	-217.642				

H_2F_2(气)

温度范围:298 ~ 1000　　　相:气

$\Delta H^{\ominus}_{f,298}$: -572700　　　$S^{\ominus}_{298}$:238.8

函数	r_0	r_1	r_2	r_3	r_4	r_5
C_p	47.57	17.97	-0.75			
$Ha(T)$	-590200	47.570	8.985	0.750		
$Sa(T)$	-41.811	47.570	17.970	0.375		
$Ga(T)$	-590200	89.381	-47.570	-8.985	0.375	
$Ga(l)$	-557070	-277.495				

HCl

温度范围:298 ~ 2000　　　相:气

$\Delta H^{\ominus}_{f,298}$: -92050　　　$S^{\ominus}_{298}$:186.774

函数	r_0	r_1	r_2	r_3	r_4	r_5
C_p	26.527	4.602	0.109			
$Ha(T)$	-99800	26.527	2.301	-0.109		
$Sa(T)$	34.875	26.527	4.602	-0.055		
$Ga(T)$	-99800	-8.348	-26.527	-2.301	-0.055	
$Ga(l)$	-71860	-225.353				

HBr

温度范围:298 ~ 2000　　　相:气

$\Delta H^{\ominus}_{f,298}$: -36400　　　$S^{\ominus}_{298}$:198.7

函数	r_0	r_1	r_2	r_3	r_4	r_5
C_p	27.53	4.59	-0.01			
$Ha(T)$	-44850	27.530	2.295	0.010		
$Sa(T)$	40.420	27.530	4.590	0.005		
$Ga(T)$	-44850	-12.890	-27.530	-2.295	0.005	
$Ga(l)$	-15800	-237.960				

HI

温度范围:298 ~ 2000　　　　相:气

$\Delta H^{\ominus}_{f,298}$:26360　　　　$S^{\ominus}_{298}$:206.480

函数	r_0	r_1	r_2	r_3	r_4	r_5
C_p	26.317	5.941	0.092			
$Ha(T)$	18560	26.317	2.971	-0.092		
$Sa(T)$	55.283	26.317	5.941	-0.046		
$Ga(T)$	18560	-28.966	-26.317	-2.971	-0.046	
$Ga(l)$	47030	-245.843				

H_2O

温度范围:298 ~ 500　　　　相:液

$\Delta H^{\ominus}_{f,298}$: -285800　　　　$S^{\ominus}_{298}$:70

函数	r_0	r_1	r_2	r_3	r_4	r_5
C_p	20.36	109.2	2.03			
$Ha(T)$	-289920	20.360	54.600	-2.030		
$Sa(T)$	-67.143	20.360	109.200	-1.015		
$Ga(T)$	-289920	87.503	-20.360	-54.600	-1.015	
$Ga(l)$	-278660	-91.612				

H_2O(气)

温度范围:298 ~ 3000　　　　相:气

$\Delta H^{\ominus}_{f,298}$: -241800　　　　$S^{\ominus}_{298}$:188.8

函数	r_0	r_1	r_2	r_3	r_4	r_5
C_p	34.38	7.84	-0.42			
$Ha(T)$	-253810	34.380	3.920	0.420		
$Sa(T)$	-11.783	34.380	7.840	0.210		
$Ga(T)$	-253810	46.163	-34.380	-3.920	0.210	
$Ga(l)$	-199870	-253.208				

H_2O_2

温度范围:298 ~ 431　　　　相:液

$\Delta H^{\ominus}_{f,298}$: -187860　　　　$S^{\ominus}_{298}$:109.621

函数	r_0	r_1	r_2	r_3	r_4	r_5
C_p	89.328					
$Ha(T)$	-214490	89.328				
$Sa(T)$	-399.334	89.328				
$Ga(T)$	-214490	488.662	-89.328			
$Ga(l)$	-182220	-127.284				

温度范围:431 ~ 1500　　　　相:气

$\Delta H^{\ominus}_{tr}$:43100　　　　$\Delta S^{\ominus}_{tr}$:100.000

函数	r_0	r_1	r_2	r_3	r_4	r_5
C_p	52.300	11.883	-1.188			
$Ha(T)$	-159290	52.300	5.942	1.188		
$Sa(T)$	-83.037	52.300	11.883	0.594		
$Ga(T)$	-159290	135.337	-52.300	-5.942	0.594	
$Ga(l)$	-106700	-286.941				

H_2O_2(气)

温度范围:298 ~ 1500　　相:气

$\Delta H^{\ominus}_{f,298}$: −135800　　$S^{\ominus}_{298}$:234. 4

函数	r_0	r_1	r_2	r_3	r_4	r_5
C_p	42. 72	19. 1	−0. 54			
$Ha(T)$	−151200	42. 720	9. 550	0. 540		
$Sa(T)$	−17. 733	42. 720	19. 100	0. 270		
$Ga(T)$	−151200	60. 453	−42. 720	−9. 550	0. 270	
$Ga(l)$	−110360	−288. 331				

HOCl(气)

温度范围:298 ~ 2000　　相:气

$\Delta H^{\ominus}_{f,298}$: −74500　　$S^{\ominus}_{298}$:236. 5

函数	r_0	r_1	r_2	r_3	r_4	r_5
C_p	40. 67	7. 78	−0. 52			
$Ha(T)$	−88720	40. 670	3. 890	0. 520		
$Sa(T)$	−0. 466	40. 670	7. 780	0. 260		
$Ga(T)$	−88720	41. 136	−40. 670	−3. 890	0. 260	
$Ga(l)$	−44640	−292. 805				

HS(气)

温度范围:298 ~ 2000　　相:气

$\Delta H^{\ominus}_{f,298}$:139300　　$S^{\ominus}_{298}$:195. 6

函数	r_0	r_1	r_2	r_3	r_4	r_5
C_p	28. 3	3. 6	0. 2			
$Ha(T)$	131370	28. 300	1. 800	−0. 200		
$Sa(T)$	34. 410	28. 300	3. 600	−0. 100		
$Ga(T)$	131370	−6. 110	−28. 300	−1. 800	−0. 100	
$Ga(l)$	160370	−236. 065				

H_2S

温度范围:298 ~ 2000　　相:气

$\Delta H^{\ominus}_{f,298}$: −20500　　$S^{\ominus}_{298}$:205. 8

函数	r_0	r_1	r_2	r_3	r_4	r_5
C_p	34. 91	10. 69	−0. 45			
$Ha(T)$	−32890	34. 910	5. 345	0. 450		
$Sa(T)$	1. 179	34. 910	10. 690	0. 225		
$Ga(T)$	−32890	33. 731	−34. 910	−5. 345	0. 225	
$Ga(l)$	7106	−257. 526				

H_2S_2(气)

温度范围:298 ~ 2000　　相:气

$\Delta H^{\ominus}_{f,298}$:17800　　$S^{\ominus}_{298}$:266. 5

函数	r_0	r_1	r_2	r_3	r_4	r_5
C_p	51. 38	16. 18	−0. 42			
$Ha(T)$	353	51. 380	8. 090	0. 420		
$Sa(T)$	−33. 429	51. 380	16. 180	0. 210		
$Ga(T)$	353	84. 809	−51. 380	−8. 090	0. 210	
$Ga(l)$	59160	−344. 229				

H_2SO_4(液)

温度范围:298 ~ 608 相:液

$\Delta H^{\ominus}_{f,298}$: −814000 $S^{\ominus}_{298}$:156.9

函数	r_0	r_1	r_2	r_3	r_4	r_5
C_p	80.84	193.72				
$Ha(T)$	−846710	80.840	96.860			
$Sa(T)$	−361.451	80.840	193.720			
$Ga(T)$	−846710	442.291	−80.840	−96.860		
$Ga(l)$	−792140	−219.768				

H_2SO_4(气)

温度范围:298 ~ 2000 相:气

$\Delta H^{\ominus}_{f,298}$: −740570 $S^{\ominus}_{298}$:289.114

函数	r_0	r_1	r_2	r_3	r_4	r_5
C_p	94.768	52.551	−2.607	−12.970		
$Ha(T)$	−779790	94.768	26.276	2.607	−4.323	
$Sa(T)$	−280.591	94.768	52.551	1.304	−6.485	
$Ga(T)$	−779790	375.359	−94.768	−26.276	1.304	2.162
$Ga(l)$	−662640	−433.656				

H_2Se(气)

温度范围:298 ~ 2000 相:气

$\Delta H^{\ominus}_{f,298}$:29290 $S^{\ominus}_{298}$:218.823

函数	r_0	r_1	r_2	r_3	r_4	r_5
C_p	31.757	14.644	−0.130			
$Ha(T)$	18730	31.757	7.322	0.130		
$Sa(T)$	32.787	31.757	14.644	0.065		
$Ga(T)$	18730	−1.030	−31.757	−7.322	0.065	
$Ga(l)$	57430	−271.470				

H_2Te(气)

温度范围:298 ~ 2000 相:气

$\Delta H^{\ominus}_{f,298}$:99580 $S^{\ominus}_{298}$:228.865

函数	r_0	r_1	r_2	r_3	r_4	r_5
C_p	35.480	12.050	−0.310			
$Ha(T)$	87430	35.480	6.025	0.310		
$Sa(T)$	21.378	35.480	12.050	0.155		
$Ga(T)$	87430	14.102	−35.480	−6.025	0.155	
$Ga(l)$	128540	−283.186				

HNO_2(顺式)(气)

温度范围:298 ~ 2000 相:气

$\Delta H^{\ominus}_{f,298}$: −76700 $S^{\ominus}_{298}$:249.4

函数	r_0	r_1	r_2	r_3	r_4	r_5
C_p	54.68	14.31	−1.26			
$Ha(T)$	−97860	54.680	7.155	1.260		
$Sa(T)$	−73.498	54.680	14.310	0.630		
$Ga(T)$	−97860	128.178	−54.680	−7.155	0.630	
$Ga(l)$	−35840	−325.554				

HNO_2(反式)(气)

温度范围:298 ~ 2000　　相:气

$\Delta H^{\ominus}_{f,298}$: −78800　　$S^{\ominus}_{298}$:249.3

函数	r_0	r_1	r_2	r_3	r_4	r_5
C_p	55.44	13.64	−1.2			
$Ha(T)$	−99960	55.440	6.820	1.200		
$Sa(T)$	−77.391	55.440	13.640	0.600		
$Ga(T)$	−99960	132.831	−55.440	−6.820	0.600	
$Ga(l)$	−37640	−326.163				

HNO_3(气)

温度范围:298 ~ 500　　相:气

$\Delta H^{\ominus}_{f,298}$: −134300　　$S^{\ominus}_{298}$:266.4

函数	r_0	r_1	r_2	r_3	r_4	r_5
C_p	33.51	80.25	−0.34			
$Ha(T)$	−149000	33.510	40.125	0.340		
$Sa(T)$	49.635	33.510	80.250	0.170		
$Ga(T)$	−149000	−16.125	−33.510	−40.125	0.170	
$Ga(l)$	−128720	−283.248				

H_3PO_4

温度范围:298 ~ 315.51　　相:固

$\Delta H^{\ominus}_{f,298}$: −1278900　　$S^{\ominus}_{298}$:110.541

函数	r_0	r_1	r_2	r_3	r_4	r_5
C_p	106.692					
$Ha(T)$	−1310700	106.692				
$Sa(T)$	−497.347	106.692				
$Ga(T)$	−1310700	604.039	−106.692			
$Ga(l)$	−1277500	−113.365				

温度范围:315.51 ~ 1200　　相:液

$\Delta H^{\ominus}_{tr}$:12970　　$\Delta S^{\ominus}_{tr}$:41.108

函数	r_0	r_1	r_2	r_3	r_4	r_5
C_p	200.832					
$Ha(T)$	−1327400	200.832				
$Sa(T)$	−997.938	200.832				
$Ga(T)$	−1327400	1198.770	−200.832			
$Ga(l)$	−1189800	−326.236				

HCN(1)

温度范围:298 ~ 2000　　相:气

$\Delta H^{\ominus}_{f,298}$:135100　　$S^{\ominus}_{298}$:201.8

函数	r_0	r_1	r_2	r_3	r_4	r_5
C_p	41.49	9.09	−0.82			
$Ha(T)$	119580	41.490	4.545	0.820		
$Sa(T)$	−41.916	41.490	9.090	0.410		
$Ga(T)$	119580	83.406	−41.490	−4.545	0.410	
$Ga(l)$	165520	−258.764				

HCN(2)

温度范围:298 ~ 800　　相:气

$\Delta H^{\ominus}_{f,298}$: −135140　　$S^{\ominus}_{298}$:201.711

函数	r_0	r_1	r_2	r_3	r_4	r_5
C_p	34.936	16.150	−0.347			
$Ha(T)$	−147440	34.936	8.075	0.347		
$Sa(T)$	−4.107	34.936	16.150	0.174		
$Ga(T)$	−147440	39.043	−34.936	−8.075	0.174	
$Ga(l)$	−126390	−225.040				

温度范围:800 ~ 2000　　相:气

$\Delta H^{\ominus}_{tr}$:—　　$\Delta S^{\ominus}_{tr}$:—

函数	r_0	r_1	r_2	r_3	r_4	r_5
C_p	49.254	4.979	−3.795			
$Ha(T)$	−159630	49.254	2.490	3.795		
$Sa(T)$	−93.574	49.254	4.979	1.898		
$Ga(T)$	−159630	142.828	−49.254	−2.490	1.898	
$Ga(l)$	−86590	−270.352				

HCO(气)

温度范围:298 ~ 2000　　相:气

$\Delta H^{\ominus}_{f,298}$: −12130　　$S^{\ominus}_{298}$:224.597

函数	r_0	r_1	r_2	r_3	r_4	r_5
C_p	27.489	25.271		−6.025		
$Ha(T)$	−21400	27.489	12.636		−2.008	
$Sa(T)$	60.709	27.489	25.271		−3.013	
$Ga(T)$	−21400	−33.220	−27.489	−12.636		1.004
$Ga(l)$	16040	−277.306				

HCOOH(单体)

温度范围:298 ~ 374　　相:液

$\Delta H^{\ominus}_{f,298}$: −422790　　$S^{\ominus}_{298}$:128.993

函数	r_0	r_1	r_2	r_3	r_4	r_5
C_p	99.161					
$Ha(T)$	−452350	99.161				
$Sa(T)$	−435.986	99.161				
$Ga(T)$	−452350	535.147	−99.161			
$Ga(l)$	−419140	−140.736				

温度范围:374 ~ 1500　　相:气

$\Delta H^{\ominus}_{tr}$:22260　　$\Delta S^{\ominus}_{tr}$:59.519

函数	r_0	r_1	r_2	r_3	r_4	r_5
C_p	37.238	68.994	−0.661	−20.543		
$Ha(T)$	−413170	37.238	34.497	0.661	−6.848	
$Sa(T)$	−36.350	37.238	68.994	0.331	−10.272	
$Ga(T)$	−413170	73.588	−37.238	−34.497	0.331	3.424
$Ga(l)$	−359560	−272.458				

H_2CS_3

温度范围:298 ~ 331　　相:液

$\Delta H^{\ominus}_{f,298}$:25520　　$S^{\ominus}_{298}$:223.007

函数	r_0	r_1	r_2	r_3	r_4	r_5
C_p	148.532					
$Ha(T)$	-18760	148.532				
$Sa(T)$	-623.268	148.532				
$Ga(T)$	-18760	771.800	-148.532			
$Ga(l)$	27940	-230.957				

HBO_2

温度范围:298 ~ 509　　相:固

$\Delta H^{\ominus}_{f,298}$: -802780　　$S^{\ominus}_{298}$:48.953

函数	r_0	r_1	r_2	r_3	r_4	r_5
C_p	52.091	34.476	-0.695			
$Ha(T)$	-822170	52.091	17.238	0.695		
$Sa(T)$	-262.029	52.091	34.476	0.348		
$Ga(T)$	-822170	314.120	-52.091	-17.238	0.348	
$Ga(l)$	-797010	-66.312				

HBO_2(气)(1)

温度范围:298 ~ 2000　　相:气

$\Delta H^{\ominus}_{f,298}$: -560700　　$S^{\ominus}_{298}$:240.1

函数	r_0	r_1	r_2	r_3	r_4	r_5
C_p	51.76	12.01	-1.17			
$Ha(T)$	-580590	51.760	6.005	1.170		
$Sa(T)$	-64.969	51.760	12.010	0.585		
$Ga(T)$	-580590	116.729	-51.760	-6.005	0.585	
$Ga(l)$	-522730	-310.995				

HBO_2(气)(2)

温度范围:298 ~ 800　　相:气

$\Delta H^{\ominus}_{f,298}$: -560660　　$S^{\ominus}_{298}$:239.630

函数	r_0	r_1	r_2	r_3	r_4	r_5
C_p	40.196	28.556	-0.578			
$Ha(T)$	-575850	40.196	14.278	0.578		
$Sa(T)$	-1.156	40.196	28.556	0.289		
$Ga(T)$	-575850	41.352	-40.196	-14.278	0.289	
$Ga(l)$	-549870	-268.309				

温度范围:800 ~ 2000　　相:气

$\Delta H^{\ominus}_{tr}$:—　　$\Delta S^{\ominus}_{tr}$:—

函数	r_0	r_1	r_2	r_3	r_4	r_5
C_p	67.789	5.272	-6.328			
$Ha(T)$	-597660	67.789	2.636	6.328		
$Sa(T)$	-171.469	67.789	5.272	3.164		
$Ga(T)$	-597660	239.258	-67.789	-2.636	3.164	
$Ga(l)$	-497720	-327.513				

H_3BO_3

温度范围:298 ~444　　　　相:固

$\Delta H^{\ominus}_{f,298}$: -1092000　　　　$S^{\ominus}_{298}$:88. 701

函数	r_0	r_1	r_2	r_3	r_4	r_5
C_p	81. 337					
$Ha(T)$	-1116300	81. 337				
$Sa(T)$	-374. 724	81. 337				
$Ga(T)$	-1116300	456. 061	-81. 337			
$Ga(l)$	-1086400	-106. 161				

H_3BO_3(气)

温度范围:298 ~2000　　　　相:气

$\Delta H^{\ominus}_{f,298}$: -992300　　　　$S^{\ominus}_{298}$:295. 2

函数	r_0	r_1	r_2	r_3	r_4	r_5
C_p	83. 89	30. 6	-2. 54			
$Ha(T)$	-1027200	83. 890	15. 300	2. 540		
$Sa(T)$	-206. 182	83. 890	30. 600	1. 270		
$Ga(T)$	-1027200	290. 072	-83. 890	-15. 300	1. 270	
$Ga(l)$	-926620	-416. 337				

H_2MoO_4(气)

温度范围:298 ~2000　　　　相:气

$\Delta H^{\ominus}_{f,298}$: -851000　　　　$S^{\ominus}_{298}$:355. 6

函数	r_0	r_1	r_2	r_3	r_4	r_5
C_p	131. 29	11. 62	-2. 99			
$Ha(T)$	-900690	131. 290	5. 810	2. 990		
$Sa(T)$	-412. 720	131. 290	11. 620	1. 495		
$Ga(T)$	-900690	544. 010	-131. 290	-5. 810	1. 495	
$Ga(l)$	-764080	-519. 278				

H_2WO_4

温度范围:298 ~500　　　　相:固

$\Delta H^{\ominus}_{f,298}$: -1133000　　　　$S^{\ominus}_{298}$:144. 766

函数	r_0	r_1	r_2	r_3	r_4	r_5
C_p	62. 760	167. 360				
$Ha(T)$	-1159200	62. 760	83. 680			
$Sa(T)$	-262. 714	62. 760	167. 360			
$Ga(T)$	-1159200	325. 474	-62. 760	-83. 680		
$Ga(l)$	-1121500	-179. 547				

H_2WO_4(气)

温度范围:298 ~2400　　　　相:气

$\Delta H^{\ominus}_{f,298}$: -905840　　　　$S^{\ominus}_{298}$:351. 456

函数	r_0	r_1	r_2	r_3	r_4	r_5
C_p	118. 491	33. 012	-2. 293	-7. 573		
$Ha(T)$	-950260	118. 491	16. 506	2. 293	-2. 524	
$Sa(T)$	-346. 061	118. 491	33. 012	1. 147	-3. 787	
$Ga(T)$	-950260	464. 552	-118. 491	-16. 506	1. 147	1. 262
$Ga(l)$	-798080	-537. 356				

Hf

温度范围:298 ~ 2013　　相:固(α)

$\Delta H^{\ominus}_{f,298}$:0　　$S^{\ominus}_{298}$:43.555

函数	r_0	r_1	r_2	r_3	r_4	r_5
C_p	23.460	7.623				
$Ha(T)$	-7333	23.460	3.812			
$Sa(T)$	-92.383	23.460	7.623			
$Ga(T)$	-7333	115.843	-23.460	-3.812		
$Ga(l)$	19560	-80.387				

温度范围:2013 ~ 2500　　相:固(β)

$\Delta H^{\ominus}_{tr}$:6736　　$\Delta S^{\ominus}_{tr}$:3.346

函数	r_0	r_1	r_2	r_3	r_4	r_5
C_p	36.819					
$Ha(T)$	-12040	36.819				
$Sa(T)$	-175.319	36.819				
$Ga(T)$	-12040	212.138	-36.819			
$Ga(l)$	70770	-108.935				

温度范围:2500 ~ 3700　　相:液

$\Delta H^{\ominus}_{tr}$:24060　　$\Delta S^{\ominus}_{tr}$:9.624

函数	r_0	r_1	r_2	r_3	r_4	r_5
C_p	33.472					
$Ha(T)$	20380	33.472				
$Sa(T)$	-139.508	33.472				
$Ga(T)$	20380	172.980	-33.472			
$Ga(l)$	123100	-129.452				

Hf(气)

温度范围:298 ~ 2500　　相:气

$\Delta H^{\ominus}_{f,298}$:618400　　$S^{\ominus}_{298}$:186.9

函数	r_0	r_1	r_2	r_3	r_4	r_5
C_p	12.97	16.32	0.3	-3.69		
$Ha(T)$	614850	12.970	8.160	-0.300	-1.230	
$Sa(T)$	109.988	12.970	16.320	-0.150	-1.845	
$Ga(T)$	614850	-97.018	-12.970	-8.160	-0.150	0.615
$Ga(l)$	639050	-221.635				

HfF_2

温度范围:298 ~ 1650　　相:固

$\Delta H^{\ominus}_{f,298}$: -962320　　$S^{\ominus}_{298}$:94.140

函数	r_0	r_1	r_2	r_3	r_4	r_5
C_p	63.178	30.125				
$Ha(T)$	-982500	63.178	15.063			
$Sa(T)$	-274.805	63.178	30.125			
$Ga(T)$	-982500	337.983	-63.178	-15.063		
$Ga(l)$	-917520	-185.868				

温度范围:1650 ~ 2300 相:液

$\Delta H_{tr}^{\ominus}$:20920 $\Delta S_{tr}^{\ominus}$:12. 679

函数	r_0	r_1	r_2	r_3	r_4	r_5
C_p	98. 324					
$Ha(T)$	- 978560	98. 324				
$Sa(T)$	- 472. 800	98. 324				
$Ga(T)$	- 978560	571. 124	- 98. 324			
$Ga(l)$	- 785770	- 273. 049				

温度范围:2300 ~ 2500 相:气

$\Delta H_{tr}^{\ominus}$:230120 $\Delta S_{tr}^{\ominus}$:100. 052

函数	r_0	r_1	r_2	r_3	r_4	r_5
C_p	62. 760					
$Ha(T)$	- 666640	62. 760				
$Sa(T)$	- 97. 459	62. 760				
$Ga(T)$	- 666640	160. 219	- 62. 760			
$Ga(l)$	- 516040	- 391. 025				

HfF_3

温度范围:298 ~ 1600 相:固

$\Delta H_{f,298}^{\ominus}$: - 1464400 $S_{298}^{\ominus}$:119. 244

函数	r_0	r_1	r_2	r_3	r_4	r_5
C_p	81. 588	50. 208				
$Ha(T)$	- 1491000	81. 588	25. 104			
$Sa(T)$	- 360. 581	81. 588	50. 208			
$Ga(T)$	- 1491000	442. 169	- 81. 588	- 25. 104		
$Ga(l)$	- 1405000	- 242. 083				

温度范围:1600 ~ 2400 相:液

$\Delta H_{tr}^{\ominus}$:54390 $\Delta S_{tr}^{\ominus}$:33. 994

函数	r_0	r_1	r_2	r_3	r_4	r_5
C_p	138. 072					
$Ha(T)$	- 1462700	138. 072				
$Sa(T)$	- 662. 980	138. 072				
$Ga(T)$	- 1462700	801. 052	- 138. 072			
$Ga(l)$	- 1189500	- 385. 935				

温度范围:2400 ~ 2500 相:气

$\Delta H_{tr}^{\ominus}$:242670 $\Delta S_{tr}^{\ominus}$:101. 113

函数	r_0	r_1	r_2	r_3	r_4	r_5
C_p	83. 680					
$Ha(T)$	- 1089500	83. 680				
$Sa(T)$	- 138. 522	83. 680				
$Ga(T)$	- 1089500	222. 202	- 83. 680			
$Ga(l)$	- 884960	- 514. 301				

HfF_4

温度范围:298 ~ 1235　　相:固

$\Delta H^{\ominus}_{f,298}$: −1930500　　$S^{\ominus}_{298}$:113

函数	r_0	r_1	r_2	r_3	r_4	r_5
C_p	120.72	15.79	−2.22			
$Ha(T)$	−1974600	120.720	7.895	2.220		
$Sa(T)$	−592.009	120.720	15.790	1.110		
$Ga(T)$	−1974600	712.729	−120.720	−7.895	1.110	
$Ga(l)$	−1884200	−219.453				

HfF_4(气)

温度范围:298 ~ 2000　　相:气

$\Delta H^{\ominus}_{f,298}$: −1669800　　$S^{\ominus}_{298}$:336.4

函数	r_0	r_1	r_2	r_3	r_4	r_5
C_p	104.83	2.33	−1.29			
$Ha(T)$	−1705500	104.830	1.165	1.290		
$Sa(T)$	−268.830	104.830	2.330	0.645		
$Ga(T)$	−1705500	373.660	−104.830	−1.165	0.645	
$Ga(l)$	−1601500	−466.703				

$HfCl_2$

温度范围:298 ~ 1200　　相:固

$\Delta H^{\ominus}_{f,298}$: −543920　　$S^{\ominus}_{298}$:129.704

函数	r_0	r_1	r_2	r_3	r_4	r_5
C_p	69.538	21.338	0.050			
$Ha(T)$	−565430	69.538	10.669	−0.050		
$Sa(T)$	−272.576	69.538	21.338	−0.025		
$Ga(T)$	−565430	342.114	−69.538	−10.669	−0.025	
$Ga(l)$	−513490	−200.863				

$HfCl_3$

温度范围:298 ~ 900　　相:固

$\Delta H^{\ominus}_{f,298}$: −774040　　$S^{\ominus}_{298}$:151.042

函数	r_0	r_1	r_2	r_3	r_4	r_5
C_p	87.027	42.258				
$Ha(T)$	−801870	87.027	21.129			
$Sa(T)$	−357.402	87.027	42.258			
$Ga(T)$	−801870	444.429	−87.027	−21.129		
$Ga(l)$	−746430	−222.158				

$HfCl_4$

温度范围:298 ~ 589　　相:固

$\Delta H^{\ominus}_{f,298}$: −990400　　$S^{\ominus}_{298}$:190.7

函数	r_0	r_1	r_2	r_3	r_4	r_5
C_p	129.17	3.87	−0.87			
$Ha(T)$	−1032000	129.170	1.935	0.870		
$Sa(T)$	−551.306	129.170	3.870	0.435		
$Ga(T)$	−1032000	680.476	−129.170	−1.935	0.435	
$Ga(l)$	−973940	−238.629				

$HfCl_4$(气)

温度范围:298 ~ 2000　　相:气

$\Delta H^{\ominus}_{f,298}$: −885700　　$S^{\ominus}_{298}$:372.6

函数	r_0	r_1	r_2	r_3	r_4	r_5
C_p	106.82	1.18	−0.73			
$Ha(T)$	−920050	106.820	0.590	0.730		
$Sa(T)$	−240.475	106.820	1.180	0.365		
$Ga(T)$	−920050	347.295	−106.820	−0.590	0.365	
$Ga(l)$	−815470	−507.302				

$HfBr_4$

温度范围:298 ~ 597　　相:固

$\Delta H^{\ominus}_{f,298}$: −766300　　$S^{\ominus}_{298}$:238.5

函数	r_0	r_1	r_2	r_3	r_4	r_5
C_p	108.7	63.43				
$Ha(T)$	−801530	108.700	31.715			
$Sa(T)$	−399.740	108.700	63.430			
$Ga(T)$	−801530	508.440	−108.700	−31.715		
$Ga(l)$	−748230	−290.895				

$HfBr_4$(气)

温度范围:298 ~ 2000　　相:气

$\Delta H^{\ominus}_{f,298}$: −656700　　$S^{\ominus}_{298}$:427.3

函数	r_0	r_1	r_2	r_3	r_4	r_5
C_p	108.99	0.13	−0.49			
$Ha(T)$	−690840	108.990	0.065	0.490		
$Sa(T)$	−196.476	108.990	0.130	0.245		
$Ga(T)$	−690840	305.466	−108.990	−0.065	0.245	
$Ga(l)$	−585040	−565.108				

HfI_2

温度范围:298 ~ 2000　　相:固

$\Delta H^{\ominus}_{f,298}$: −272000　　$S^{\ominus}_{298}$:160.3

函数	r_0	r_1	r_2	r_3	r_4	r_5
C_p	61.84		−0.08			
$Ha(T)$	−290710	61.840		0.080		
$Sa(T)$	−192.489	61.840		0.040		
$Ga(T)$	−290710	254.329	−61.840		0.040	
$Ga(l)$	−230960	−239.425				

HfI_4

温度范围:298 ~ 664　　相:固

$\Delta H^{\ominus}_{f,298}$: −493700　　$S^{\ominus}_{298}$:269.9

函数	r_0	r_1	r_2	r_3	r_4	r_5
C_p	135.02	31.21				
$Ha(T)$	−535340	135.020	15.605			
$Sa(T)$	−508.695	135.020	31.210			
$Ga(T)$	−535340	643.715	−135.020	−15.605		
$Ga(l)$	−469510	−338.189				

HfI_4(气)

温度范围:298 ~ 2000 相:气

$\Delta H^{\ominus}_{f,298}$: -366300 $S^{\ominus}_{298}$:472

函数	r_0	r_1	r_2	r_3	r_4	r_5
C_p	108.45	0.08	-0.27			
$Ha(T)$	-399540	108.450	0.040	0.270		
$Sa(T)$	-147.447	108.450	0.080	0.135		
$Ga(T)$	-399540	255.897	-108.450	-0.040	0.135	
$Ga(l)$	-294560	-610.178				

HfO_2

温度范围:298 ~ 1973 相:固(α)

$\Delta H^{\ominus}_{f,298}$: -1113200 $S^{\ominus}_{298}$:59.329

函数	r_0	r_1	r_2	r_3	r_4	r_5
C_p	72.090	9.037	-1.293			
$Ha(T)$	-1139400	72.090	4.519	1.293		
$Sa(T)$	-361.378	72.090	9.037	0.647		
$Ga(T)$	-1139400	433.468	-72.090	-4.519	0.647	
$Ga(l)$	-1064200	-152.304				

温度范围:1973 ~ 3173 相:固(β)

$\Delta H^{\ominus}_{tr}$:10460 $\Delta S^{\ominus}_{tr}$:5.302

函数	r_0	r_1	r_2	r_3	r_4	r_5
C_p	108.784					
$Ha(T)$	-1183100	108.784				
$Sa(T)$	-616.489	108.784				
$Ga(T)$	-1183100	725.273	-108.784			
$Ga(l)$	-907310	-237.176				

温度范围:3173 ~ 3500 相:液

$\Delta H^{\ominus}_{tr}$:104600 $\Delta S^{\ominus}_{tr}$:32.966

函数	r_0	r_1	r_2	r_3	r_4	r_5
C_p	108.784					
$Ha(T)$	-1078500	108.784				
$Sa(T)$	-583.523	108.784				
$Ga(T)$	-1078500	692.307	-108.784			
$Ga(l)$	-715790	-298.984				

HfN

温度范围:298 ~ 2000 相:固

$\Delta H^{\ominus}_{f,298}$: -373600 $S^{\ominus}_{298}$:48.1

函数	r_0	r_1	r_2	r_3	r_4	r_5
C_p	45.77	9.32	-0.67			
$Ha(T)$	-389910	45.770	4.660	0.670		
$Sa(T)$	-219.226	45.770	9.320	0.335		
$Ga(T)$	-389910	264.996	-45.770	-4.660	0.335	
$Ga(l)$	-339900	-111.519				

HfC

温度范围:298 ~ 3900　　相:固

$\Delta H^{\ominus}_{f,298}$: −230120　　$S^{\ominus}_{298}$:41.212

函数	r_0	r_1	r_2	r_3	r_4	r_5
C_p	47.447	5.439	−1.301			
$Ha(T)$	−248870	47.447	2.720	1.301		
$Sa(T)$	−238.061	47.447	5.439	0.651		
$Ga(T)$	−248870	285.508	−47.447	−2.720	0.651	
$Ga(l)$	−161550	−132.302				

HfB_2

温度范围:298 ~ 2000　　相:固

$\Delta H^{\ominus}_{f,298}$: −328900　　$S^{\ominus}_{298}$:42.9

函数	r_0	r_1	r_2	r_3	r_4	r_5
C_p	73.35	7.82	−2.3			
$Ha(T)$	−358830	73.350	3.910	2.300		
$Sa(T)$	−390.287	73.350	7.820	1.150		
$Ga(T)$	−358830	463.637	−73.350	−3.910	1.150	
$Ga(l)$	−281010	−132.306				

Hg

温度范围:298 ~ 630　　相:液

$\Delta H^{\ominus}_{f,298}$:0　　$S^{\ominus}_{298}$:76.023

函数	r_0	r_1	r_2	r_3	r_4	r_5
C_p	30.376	−11.464		10.125		
$Ha(T)$	−8637	30.376	−5.732		3.375	
$Sa(T)$	−94.079	30.376	−11.464		5.063	
$Ga(T)$	−8637	124.455	−30.376	5.732		−1.688
$Ga(l)$	4117	−87.830				

温度范围:630 ~ 3000　　相:气

$\Delta H^{\ominus}_{tr}$:59120　　$\Delta S^{\ominus}_{tr}$:93.841

函数	r_0	r_1	r_2	r_3	r_4	r_5
C_p	20.794					
$Ha(T)$	55090	20.794				
$Sa(T)$	56.312	20.794				
$Ga(T)$	55090	−35.518	−20.794			
$Ga(l)$	88230	−211.363				

HgH(气)

温度范围:298 ~ 2000　　相:气

$\Delta H^{\ominus}_{f,298}$:238490　　$S^{\ominus}_{298}$:219.576

函数	r_0	r_1	r_2	r_3	r_4	r_5
C_p	28.995	10.669	−0.184	−2.427		
$Ha(T)$	228780	28.995	5.335	0.184	−0.809	
$Sa(T)$	50.266	28.995	10.669	0.092	−1.214	
$Ga(T)$	228780	−21.271	−28.995	−5.335	0.092	0.405
$Ga(l)$	261630	−263.346				

HgF(气)

温度范围:298 ~ 2000　　相:气

$\Delta H^{\ominus}_{f,298}$:2929　　$S^{\ominus}_{298}$:248.279

函数	r_0	r_1	r_2	r_3	r_4	r_5
C_p	37.154	0.837	-0.251			
$Ha(T)$	-9028	37.154	0.419	0.251		
$Sa(T)$	34.929	37.154	0.837	0.126		
$Ga(T)$	-9028	2.225	-37.154	-0.419	0.126	
$Ga(l)$	27570	-295.509				

HgF_2

温度范围:298 ~ 918　　相:固

$\Delta H^{\ominus}_{f,298}$: -422580　　$S^{\ominus}_{298}$:116.315

函数	r_0	r_1	r_2	r_3	r_4	r_5
C_p	68.618	20.920				
$Ha(T)$	-443970	68.618	10.460			
$Sa(T)$	-280.880	68.618	20.920			
$Ga(T)$	-443970	349.498	-68.618	-10.460		
$Ga(l)$	-401720	-169.810				

温度范围:918 ~ 920　　相:液

$\Delta H^{\ominus}_{tr}$:23010　　$\Delta S^{\ominus}_{tr}$:25.065

函数	r_0	r_1	r_2	r_3	r_4	r_5
C_p	102.090					
$Ha(T)$	-442870	102.090				
$Sa(T)$	-464.963	102.090				
$Ga(T)$	-442870	567.053	-102.090			
$Ga(l)$	-335910	-245.928				

温度范围:920 ~ 2000　　相:气

$\Delta H^{\ominus}_{tr}$:92050　　$\Delta S^{\ominus}_{tr}$:100.054

函数	r_0	r_1	r_2	r_3	r_4	r_5
C_p	61.379	0.502	-0.686			
$Ha(T)$	-314320	61.379	0.251	0.686		
$Sa(T)$	-87.948	61.379	0.502	0.343		
$Ga(T)$	-314320	149.327	-61.379	-0.251	0.343	
$Ga(l)$	-227030	-359.314				

HgF_2(气)

温度范围:298 ~ 2000　　相:气

$\Delta H^{\ominus}_{f,298}$: -293700　　$S^{\ominus}_{298}$:271.7

函数	r_0	r_1	r_2	r_3	r_4	r_5
C_p	61.46	0.47	-0.71			
$Ha(T)$	-314430	61.460	0.235	0.710		
$Sa(T)$	-82.608	61.460	0.470	0.355		
$Ga(T)$	-314430	144.068	-61.460	-0.235	0.355	
$Ga(l)$	-254010	-347.565				

Hg_2F_2

温度范围:298 ~ 949　　相:固

$\Delta H^{\ominus}_{f,298}$: -485300　　$S^{\ominus}_{298}$:160.7

函数	r_0	r_1	r_2	r_3	r_4	r_5
C_p	100	21.84	-0.55			
$Ha(T)$	-517930	100.000	10.920	0.550		
$Sa(T)$	-418.665	100.000	21.840	0.275		
$Ga(T)$	-517930	518.665	-100.000	-10.920	0.275	
$Ga(l)$	-455410	-236.452				

HgCl(气)

温度范围:298 ~ 2000　　相:气

$\Delta H^{\ominus}_{f,298}$:78450　　$S^{\ominus}_{298}$:259.826

函数	r_0	r_1	r_2	r_3	r_4	r_5
C_p	37.363	0.837	-0.109			
$Ha(T)$	66910	37.363	0.419	0.109		
$Sa(T)$	46.084	37.363	0.837	0.055		
$Ga(T)$	66910	-8.721	-37.363	-0.419	0.055	
$Ga(l)$	103530	-308.039				

$HgCl_2$

温度范围:298 ~ 550　　相:固

$\Delta H^{\ominus}_{f,298}$: -230120　　$S^{\ominus}_{298}$:144.474

函数	r_0	r_1	r_2	r_3	r_4	r_5
C_p	69.998	20.251	-0.188			
$Ha(T)$	-252520	69.998	10.126	0.188		
$Sa(T)$	-261.442	69.998	20.251	0.094		
$Ga(T)$	-252520	331.440	-69.998	-10.126	0.094	
$Ga(l)$	-221310	-170.550				

温度范围:550 ~ 577　　相:液

$\Delta H^{\ominus}_{tr}$:19410　　$\Delta S^{\ominus}_{tr}$:35.291

函数	r_0	r_1	r_2	r_3	r_4	r_5
C_p	102.090					
$Ha(T)$	-247360	102.090				
$Sa(T)$	-417.200	102.090				
$Ga(T)$	-247360	519.290	-102.090			
$Ga(l)$	-189700	-229.696				

温度范围:577 ~ 2000　　相:气

$\Delta H^{\ominus}_{tr}$:58910　　$\Delta S^{\ominus}_{tr}$:102.097

函数	r_0	r_1	r_2	r_3	r_4	r_5
C_p	62.132	0.126	-0.364			
$Ha(T)$	-166040	62.132	0.063	0.364		
$Sa(T)$	-61.675	62.132	0.126	0.182		
$Ga(T)$	-166040	123.807	-62.132	-0.063	0.182	
$Ga(l)$	-92380	-381.529				

$HgCl_2$(气)

温度范围:298 ~ 2000 相:气

$\Delta H^{\ominus}_{f,298}$: -146300 $S^{\ominus}_{298}$:294.8

函数	r_0	r_1	r_2	r_3	r_4	r_5
C_p	62.13	0.13	-0.36			
$Ha(T)$	-166040	62.130	0.065	0.360		
$Sa(T)$	-61.255	62.130	0.130	0.180		
$Ga(T)$	-166040	123.385	-62.130	-0.065	0.180	
$Ga(l)$	-105590	-372.999				

Hg_2Cl_2

温度范围:298 ~ 655 相:固

$\Delta H^{\ominus}_{f,298}$: -264850 $S^{\ominus}_{298}$:192.464

函数	r_0	r_1	r_2	r_3	r_4	r_5
C_p	99.119	23.221	-0.364			
$Ha(T)$	-296660	99.119	11.611	0.364		
$Sa(T)$	-381.247	99.119	23.221	0.182		
$Ga(T)$	-296660	480.366	-99.119	-11.611	0.182	
$Ga(l)$	-247890	-240.492				

HgBr(气)

温度范围:298 ~ 2000 相:气

$\Delta H^{\ominus}_{f,298}$:104180 $S^{\ominus}_{298}$:271.416

函数	r_0	r_1	r_2	r_3	r_4	r_5
C_p	37.405	1.130	-0.046			
$Ha(T)$	92820	37.405	0.565	0.046		
$Sa(T)$	57.702	37.405	1.130	0.023		
$Ga(T)$	92820	-20.297	-37.405	-0.565	0.023	
$Ga(l)$	129570	-320.250				

$HgBr_2$

温度范围:298 ~ 514 相:固

$\Delta H^{\ominus}_{f,298}$: -169870 $S^{\ominus}_{298}$:170.289

函数	r_0	r_1	r_2	r_3	r_4	r_5
C_p	66.567	29.288				
$Ha(T)$	-191020	66.567	14.644			
$Sa(T)$	-217.715	66.567	29.288			
$Ga(T)$	-191020	284.282	-66.567	-14.644		
$Ga(l)$	-162140	-193.536				

温度范围:514 ~ 592 相:液

$\Delta H^{\ominus}_{tr}$:17910 $\Delta S^{\ominus}_{tr}$:34.844

函数	r_0	r_1	r_2	r_3	r_4	r_5
C_p	102.090					
$Ha(T)$	-187500	102.090				
$Sa(T)$	-389.559	102.090				
$Ga(T)$	-187500	491.649	-102.090			
$Ga(l)$	-131120	-255.120				

温度范围:592 ~ 2000　　相:气

$\Delta H_{tr}^{\ominus}$:58990　　$\Delta S_{tr}^{\ominus}$:99. 645

函数	r_0	r_1	r_2	r_3	r_4	r_5
C_p	62. 300		-0. 180			
$Ha(T)$	-105260	62. 300		0. 180		
$Sa(T)$	-36. 171	62. 300		0. 090		
$Ga(T)$	-105260	98. 471	-62. 300		0. 090	
$Ga(l)$	-31000	-408. 432				

$HgBr_2$(气)

温度范围:298 ~ 2000　　相:气

$\Delta H_{f,298}^{\ominus}$: -87800　　$S_{298}^{\ominus}$:320. 2

函数	r_0	r_1	r_2	r_3	r_4	r_5
C_p	62. 31	0. 03	-0. 18			
$Ha(T)$	-106980	62. 310	0. 015	0. 180		
$Sa(T)$	-35. 839	62. 310	0. 030	0. 090		
$Ga(T)$	-106980	98. 149	-62. 310	-0. 015	0. 090	
$Ga(l)$	-46640	-399. 452				

Hg_2Br_2

温度范围:298 ~ 666　　相:固

$\Delta H_{f,298}^{\ominus}$: -210400　　$S_{298}^{\ominus}$:223. 9

函数	r_0	r_1	r_2	r_3	r_4	r_5
C_p	95. 1	32. 05				
$Ha(T)$	-240180	95. 100	16. 025			
$Sa(T)$	-327. 497	95. 100	32. 050			
$Ga(T)$	-240180	422. 597	-95. 100	-16. 025		
$Ga(l)$	-192610	-274. 060				

HgI

温度范围:298 ~ 563　　相:固

$\Delta H_{f,298}^{\ominus}$: -60460　　$S_{298}^{\ominus}$:119. 662

函数	r_0	r_1	r_2	r_3	r_4	r_5
C_p	47. 698	19. 288				
$Ha(T)$	-75540	47. 698	9. 644			
$Sa(T)$	-157. 853	47. 698	19. 288			
$Ga(T)$	-75540	205. 551	-47. 698	-9. 644		
$Ga(l)$	-53790	-139. 285				

HgI(气)

温度范围:298 ~ 2000　　相:气

$\Delta H_{f,298}^{\ominus}$:133470　　$S_{298}^{\ominus}$:280. 579

函数	r_0	r_1	r_2	r_3	r_4	r_5
C_p	37. 238	2. 510				
$Ha(T)$	122260	37. 238	1. 255			
$Sa(T)$	67. 664	37. 238	2. 510			
$Ga(T)$	122260	-30. 426	-37. 238	-1. 255		
$Ga(l)$	159530	-330. 604				

HgI_2

温度范围:298 ~ 403　　相:固(α)

$\Delta H^{\ominus}_{f,298}$: −105440　　$S^{\ominus}_{298}$:170.707

函数	r_0	r_1	r_2	r_3	r_4	r_5
C_p	77.404					
$Ha(T)$	−128520	77.404				
$Sa(T)$	−270.310	77.404				
$Ga(T)$	−128520	347.714	−77.404			
$Ga(l)$	−101540	−183.068				

温度范围:403 ~ 523　　相:固(β)

$\Delta H^{\ominus}_{tr}$:2720　　$\Delta S^{\ominus}_{tr}$:6.749

函数	r_0	r_1	r_2	r_3	r_4	r_5
C_p	84.517					
$Ha(T)$	−128660	84.517				
$Sa(T)$	−306.231	84.517				
$Ga(T)$	−128660	390.748	−84.517			
$Ga(l)$	−89710	−212.366				

温度范围:523 ~ 627　　相:液

$\Delta H^{\ominus}_{tr}$:18830　　$\Delta S^{\ominus}_{tr}$:36.004

函数	r_0	r_1	r_2	r_3	r_4	r_5
C_p	104.600					
$Ha(T)$	−120340	104.600				
$Sa(T)$	−395.938	104.600				
$Ga(T)$	−120340	500.538	−104.600			
$Ga(l)$	−60320	−268.644				

温度范围:627 ~ 2000　　相:气

$\Delta H^{\ominus}_{tr}$:59830　　$\Delta S^{\ominus}_{tr}$:95.423

函数	r_0	r_1	r_2	r_3	r_4	r_5
C_p	61.588	0.460				
$Ha(T)$	−33630	61.588	0.230			
$Sa(T)$	−23.766	61.588	0.460			
$Ga(T)$	−33630	85.354	−61.588	−0.230		
$Ga(l)$	41480	−417.276				

HgI_2(气)

温度范围:298 ~ 2000　　相:气

$\Delta H^{\ominus}_{f,298}$: −16100　　$S^{\ominus}_{298}$:336.2

函数	r_0	r_1	r_2	r_3	r_4	r_5
C_p	62.34	0.01	−0.11			
$Ha(T)$	−35060	62.340	0.005	0.110		
$Sa(T)$	−19.610	62.340	0.010	0.055		
$Ga(T)$	−35060	81.950	−62.340	−0.005	0.055	
$Ga(l)$	25220	−415.826				

Hg_2I_2

温度范围:298 ~ 563　　相:固

$\Delta H^{\ominus}_{f,298}$: −122000　　$S^{\ominus}_{298}$:245.9

函数	r_0	r_1	r_2	r_3	r_4	r_5
C_p	98.45	33.01	−0.22			
$Ha(T)$	−153560	98.450	16.505	0.220		
$Sa(T)$	−326.108	98.450	33.010	0.110		
$Ga(T)$	−153560	424.558	−98.450	−16.505	0.110	
$Ga(l)$	−108750	−284.895				

HgO

温度范围:298 ~ 800　　相:固

$\Delta H^{\ominus}_{f,298}$: −90790　　$S^{\ominus}_{298}$:70.291

函数	r_0	r_1	r_2	r_3	r_4	r_5
C_p	36.024	29.623				
$Ha(T)$	−102850	36.024	14.812			
$Sa(T)$	−143.791	36.024	29.623			
$Ga(T)$	−102850	179.815	−36.024	−14.812		
$Ga(l)$	−80050	−98.933				

HgO(气)

温度范围:298 ~ 2000　　相:气

$\Delta H^{\ominus}_{f,298}$: −41840　　$S^{\ominus}_{298}$:238.488

函数	r_0	r_1	r_2	r_3	r_4	r_5
C_p	36.652	0.837	−0.368			
$Ha(T)$	−54040	36.652	0.419	0.368		
$Sa(T)$	27.340	36.652	0.837	0.184		
$Ga(T)$	−54040	9.312	−36.652	−0.419	0.184	
$Ga(l)$	−17780	−284.483				

HgS(辰砂)

温度范围:298 ~ 618　　相:固(红色)

$\Delta H^{\ominus}_{f,298}$: −53350　　$S^{\ominus}_{298}$:82.425

函数	r_0	r_1	r_2	r_3	r_4	r_5
C_p	43.765	15.564				
$Ha(T)$	−67090	43.765	7.782			
$Sa(T)$	−171.571	43.765	15.564			
$Ga(T)$	−67090	215.336	−43.765	−7.782		
$Ga(l)$	−46140	−103.161				

温度范围:618 ~ 1098　　相:固(黑色)

$\Delta H^{\ominus}_{tr}$:3975　　$\Delta S^{\ominus}_{tr}$:6.432

函数	r_0	r_1	r_2	r_3	r_4	r_5
C_p	44.016	15.188				
$Ha(T)$	−63200	44.016	7.594			
$Sa(T)$	−166.519	44.016	15.188			
$Ga(T)$	−63200	210.535	−44.016	−7.594		
$Ga(l)$	−20790	−143.472				

HgS(气)

温度范围:298 ~ 2000　　相:气

$\Delta H^{\ominus}_{f,298}$:127200　　$S^{\ominus}_{298}$:254.8

函数	r_0	r_1	r_2	r_3	r_4	r_5
C_p	37.38	0.02	-0.11			
$Ha(T)$	115690	37.380	0.010	0.110		
$Sa(T)$	41.199	37.380	0.020	0.055		
$Ga(T)$	115690	-3.819	-37.380	-0.010	0.055	
$Ga(l)$	151890	-302.335				

$HgSO_4$

温度范围:298 ~ 941　　相:固

$\Delta H^{\ominus}_{f,298}$: -707500　　$S^{\ominus}_{298}$:140.2

函数	r_0	r_1	r_2	r_3	r_4	r_5
C_p	58.58	146.44				
$Ha(T)$	-731470	58.580	73.220			
$Sa(T)$	-237.226	58.580	146.440			
$Ga(T)$	-731470	295.806	-58.580	-73.220		
$Ga(l)$	-672310	-228.439				

Hg_2SO_4

温度范围:298 ~ 400　　相:固

$\Delta H^{\ominus}_{f,298}$: -743120　　$S^{\ominus}_{298}$:200.832

函数	r_0	r_1	r_2	r_3	r_4	r_5
C_p	133.051					
$Ha(T)$	-782790	133.051				
$Sa(T)$	-557.239	133.051				
$Ga(T)$	-782790	690.290	-133.051			
$Ga(l)$	-736610	-221.506				

HgSe

温度范围:298 ~ 1043　　相:固

$\Delta H^{\ominus}_{f,298}$: -43510　　$S^{\ominus}_{298}$:100.834

函数	r_0	r_1	r_2	r_3	r_4	r_5
C_p	48.953	15.481				
$Ha(T)$	-58790	48.953	7.741			
$Sa(T)$	-182.696	48.953	15.481			
$Ga(T)$	-58790	231.649	-48.953	-7.741		
$Ga(l)$	-25680	-144.655				

HgSe(气)

温度范围:298 ~ 969　　相:气

$\Delta H^{\ominus}_{f,298}$:167400　　$S^{\ominus}_{298}$:267.1

函数	r_0	r_1	r_2	r_3	r_4	r_5
C_p	37.41		-0.06			
$Ha(T)$	156040	37.410		0.060		
$Sa(T)$	53.615	37.410		0.030		
$Ga(T)$	156040	-16.205	-37.410		0.030	
$Ga(l)$	178010	-293.933				

$HgSeO_3$

温度范围:298 ~ 738　　相:固

$\Delta H^{\ominus}_{f,298}$: -365300　　$S^{\ominus}_{298}$:162.3

函数	r_0	r_1	r_2	r_3	r_4	r_5
C_p	83.68	61.92				
$Ha(T)$	-393000	83.680	30.960			
$Sa(T)$	-332.936	83.680	61.920			
$Ga(T)$	-393000	416.616	-83.680	-30.960		
$Ga(l)$	-343980	-220.581				

HgTe

温度范围:298 ~ 934　　相:固

$\Delta H^{\ominus}_{f,298}$: -35600　　$S^{\ominus}_{298}$:115.1

函数	r_0	r_1	r_2	r_3	r_4	r_5
C_p	52.1	9.08				
$Ha(T)$	-51540	52.100	4.540			
$Sa(T)$	-184.452	52.100	9.080			
$Ga(T)$	-51540	236.552	-52.100	-4.540		
$Ga(l)$	-20240	-154.324				

HgTe(气)

温度范围:298 ~ 2000　　相:气

$\Delta H^{\ominus}_{f,298}$:184100　　$S^{\ominus}_{298}$:275

函数	r_0	r_1	r_2	r_3	r_4	r_5
C_p	37.41		-0.04			
$Ha(T)$	172810	37.410		0.040		
$Sa(T)$	61.628	37.410		0.020		
$Ga(T)$	172810	-24.218	-37.410		0.020	
$Ga(l)$	208950	-322.909				

Ho

温度范围:298 ~ 700　　相:固(α)

$\Delta H^{\ominus}_{f,298}$:0　　$S^{\ominus}_{298}$:75.019

函数	r_0	r_1	r_2	r_3	r_4	r_5
C_p	28.673	0.063	-0.137			
$Ha(T)$	-9011	28.673	0.032	0.137		
$Sa(T)$	-89.138	28.673	0.063	0.069		
$Ga(T)$	-9011	117.811	-28.673	-0.032	0.069	
$Ga(l)$	4970	-88.855				

温度范围:700 ~ 1701　　相:固(α)

$\Delta H^{\ominus}_{tr}$:—　　$\Delta S^{\ominus}_{tr}$:—

函数	r_0	r_1	r_2	r_3	r_4	r_5
C_p	30.066	-15.171	0.436	16.506		
$Ha(T)$	-7323	30.066	-7.586	-0.436	5.502	
$Sa(T)$	-91.059	30.066	-15.171	-0.218	8.253	
$Ga(T)$	-7323	121.125	-30.066	7.586	-0.218	-2.751
$Ga(l)$	25550	-115.506				

温度范围:1701 ~ 1743　　相:固(β)

$\Delta H_{tr}^{\ominus}$:4690　　$\Delta S_{tr}^{\ominus}$:2.757

函数	r_0	r_1	r_2	r_3	r_4	r_5
C_p	28.033					
$Ha(T)$	5700	28.033				
$Sa(T)$	-75.180	28.033				
$Ga(T)$	5700	103.213	-28.033			
$Ga(l)$	54040	-133.742				

温度范围:1743 ~ 2400　　相:液

$\Delta H_{tr}^{\ominus}$:13980　　$\Delta S_{tr}^{\ominus}$:8.021

函数	r_0	r_1	r_2	r_3	r_4	r_5
C_p	43.932					
$Ha(T)$	-8032	43.932				
$Sa(T)$	-185.819	43.932				
$Ga(T)$	-8032	229.751	-43.932			
$Ga(l)$	82360	-149.535				

Ho(气)

温度范围:298 ~ 2000　　相:气

$\Delta H_{f,298}^{\ominus}$:300800　　$S_{298}^{\ominus}$:195.6

函数	r_0	r_1	r_2	r_3	r_4	r_5
C_p	22.05	-2.95	-0.07	1.95		
$Ha(T)$	294100	22.050	-1.475	0.070	0.650	
$Sa(T)$	70.367	22.050	-2.950	0.035	0.975	
$Ga(T)$	294100	-48.317	-22.050	1.475	0.035	-0.325
$Ga(l)$	314750	-222.436				

HoF_3

温度范围:298 ~ 1343　　相:固(α)

$\Delta H_{f,298}^{\ominus}$: -1707100　　$S_{298}^{\ominus}$:110.876

函数	r_0	r_1	r_2	r_3	r_4	r_5
C_p	106.859	0.481	-2.109			
$Ha(T)$	-1746100	106.859	0.241	2.109		
$Sa(T)$	-509.969	106.859	0.481	1.055		
$Ga(T)$	-1746100	616.828	-106.859	-0.241	1.055	
$Ga(l)$	-1665100	-204.781				

温度范围:1343 ~ 1416　　相:固(β)

$\Delta H_{tr}^{\ominus}$:0　　$\Delta S_{tr}^{\ominus}$:0.000

函数	r_0	r_1	r_2	r_3	r_4	r_5
C_p	163.343	-16.443	-21.397			
$Ha(T)$	-1821000	163.343	-8.222	21.397		
$Sa(T)$	-899.423	163.343	-16.443	10.699		
$Ga(T)$	-1821000	1062.766	-163.343	8.222	10.699	
$Ga(l)$	-1595600	-264.585				

温度范围:1416 ~ 1800　　相:液

$\Delta H_{tr}^{\ominus}$:56320　　$\Delta S_{tr}^{\ominus}$:39.774

函数	r_0	r_1	r_2	r_3	r_4	r_5
C_p	95.604	0.163	0.356			
$Ha(T)$	-1670100	95.604	0.082	-0.356		
$Sa(T)$	-386.252	95.604	0.163	-0.178		
$Ga(T)$	-1670100	481.856	-95.604	-0.082	-0.178	
$Ga(l)$	-1516900	-319.623				

HoF_3(气)

温度范围:298 ~ 2000　　相:气

$\Delta H_{f,298}^{\ominus}$: -1242600　　$S_{298}^{\ominus}$:342.3

函数	r_0	r_1	r_2	r_3	r_4	r_5
C_p	79.99	2.78	-0.85			
$Ha(T)$	-1269400	79.990	1.390	0.850		
$Sa(T)$	-119.061	79.990	2.780	0.425		
$Ga(T)$	-1269400	199.051	-79.990	-1.390	0.425	
$Ga(l)$	-1189700	-443.256				

$HoCl_3$

温度范围:298 ~ 993　　相:固

$\Delta H_{f,298}^{\ominus}$: -1005400　　$S_{298}^{\ominus}$:146.858

函数	r_0	r_1	r_2	r_3	r_4	r_5
C_p	95.563	12.970	-0.096			
$Ha(T)$	-1034800	95.563	6.485	0.096		
$Sa(T)$	-402.028	95.563	12.970	0.048		
$Ga(T)$	-1034800	497.591	-95.563	-6.485	0.048	
$Ga(l)$	-975460	-221.831				

温度范围:993 ~ 1100　　相:液

$\Delta H_{tr}^{\ominus}$:30540　　$\Delta S_{tr}^{\ominus}$:30.755

函数	r_0	r_1	r_2	r_3	r_4	r_5
C_p	143.720					
$Ha(T)$	-1045600	143.720				
$Sa(T)$	-690.664	143.720				
$Ga(T)$	-1045600	834.384	-143.720			
$Ga(l)$	-895290	-308.604				

$HoCl_3$(气)

温度范围:298 ~ 2000　　相:气

$\Delta H_{f,298}^{\ominus}$: -712900　　$S_{298}^{\ominus}$:363.6

函数	r_0	r_1	r_2	r_3	r_4	r_5
C_p	81.68	1.74	-0.36			
$Ha(T)$	-738540	81.680	0.870	0.360		
$Sa(T)$	-104.323	81.680	1.740	0.180		
$Ga(T)$	-738540	186.003	-81.680	-0.870	0.180	
$Ga(l)$	-658370	-468.311				

$HoBr_3$

温度范围:298 ~ 1192　　相:固

$\Delta H^{\ominus}_{f,298}$: −841000　　$S^{\ominus}_{298}$:194.1

函数	r_0	r_1	r_2	r_3	r_4	r_5
C_p	101.08	10.06	−0.47			
$Ha(T)$	−873160	101.080	5.030	0.470		
$Sa(T)$	−387.456	101.080	10.060	0.235		
$Ga(T)$	−873160	488.536	−101.080	−5.030	0.235	
$Ga(l)$	−802270	−285.115				

$HoBr_3$(气)

温度范围:298 ~ 2000　　相:气

$\Delta H^{\ominus}_{f,298}$: −548500　　$S^{\ominus}_{298}$:404.1

函数	r_0	r_1	r_2	r_3	r_4	r_5
C_p	81.79	1.7	−0.22			
$Ha(T)$	−573700	81.790	0.850	0.220		
$Sa(T)$	−63.651	81.790	1.700	0.110		
$Ga(T)$	−573700	145.441	−81.790	−0.850	0.110	
$Ga(l)$	−493620	−509.623				

HoI_3(气)

温度范围:298 ~ 2000　　相:气

$\Delta H^{\ominus}_{f,298}$: −346900　　$S^{\ominus}_{298}$:432.5

函数	r_0	r_1	r_2	r_3	r_4	r_5
C_p	81.89	1.64	−0.08			
$Ha(T)$	−371660	81.890	0.820	0.080		
$Sa(T)$	−35.015	81.890	1.640	0.040		
$Ga(T)$	−371660	116.905	−81.890	−0.820	0.040	
$Ga(l)$	−291680	−538.805				

Ho_2O_3

温度范围:298 ~ 2000　　相:固

$\Delta H^{\ominus}_{f,298}$: −1880700　　$S^{\ominus}_{298}$:158.2

函数	r_0	r_1	r_2	r_3	r_4	r_5
C_p	127.04	5.57	−1.22			
$Ha(T)$	−1922900	127.040	2.785	1.220		
$Sa(T)$	−574.146	127.040	5.570	0.610		
$Ga(T)$	−1922900	701.185	−127.040	−2.785	0.610	
$Ga(l)$	−1795900	−320.175				

HoS(气)*

温度范围:298 ~ 2000　　相:气

$\Delta H^{\ominus}_{f,298}$:148100　　$S^{\ominus}_{298}$:***267.4***

函数	r_0	r_1	r_2	r_3	r_4	r_5
C_p	***37.13***	***0.15***	***−0.25***			
$Ha(T)$	136180	37.130	0.075	0.250		
$Sa(T)$	54.397	37.130	0.150	0.125		
$Ga(T)$	136180	−17.267	−37.130	−0.075	0.125	
$Ga(l)$	172390	−314.019				

HoSe(气)*

温度范围:298 ~ 2000　　相:气

$\Delta H^{\ominus}_{f,298}$:197500　　$S^{\ominus}_{298}$:**278**

函数	r_0	r_1	r_2	r_3	r_4	r_5
C_p	***37.29***	***0.07***	***-0.18***			
$Ha(T)$	185780	37.290	0.035	0.180		
$Sa(T)$	64.503	37.290	0.070	0.090		
$Ga(T)$	185780	-27.213	-37.290	-0.035	0.090	
$Ga(l)$	222010	-325.109				

I_2

温度范围:298 ~ 387　　相:固

$\Delta H^{\ominus}_{f,298}$:0　　$S^{\ominus}_{298}$:116.106

函数	r_0	r_1	r_2	r_3	r_4	r_5
C_p	-50.626	246.898	2.795			
$Ha(T)$	13490	-50.626	123.449	-2.795		
$Sa(T)$	346.661	-50.626	246.898	-1.398		
$Ga(T)$	13490	-397.287	50.626	-123.449	-1.398	
$Ga(l)$	2413	-123.820				

温度范围:387 ~ 458　　相:液

$\Delta H^{\ominus}_{tr}$:15520　　$\Delta S^{\ominus}_{tr}$:40.103

函数	r_0	r_1	r_2	r_3	r_4	r_5
C_p	80.668					
$Ha(T)$	-10530	80.668				
$Sa(T)$	-309.323	80.668				
$Ga(T)$	-10530	389.991	-80.668			
$Ga(l)$	23490	-178.355				

I_2(气)

温度范围:298 ~ 2000　　相:气

$\Delta H^{\ominus}_{f,298}$:62430　　$S^{\ominus}_{298}$:260.538

函数	r_0	r_1	r_2	r_3	r_4	r_5
C_p	37.405	0.544	-0.059			
$Ha(T)$	51060	37.405	0.272	0.059		
$Sa(T)$	46.925	37.405	0.544	0.030		
$Ga(T)$	51060	-9.520	-37.405	-0.272	0.030	
$Ga(l)$	87500	-308.808				

I(气)

温度范围:298 ~ 2000　　相:气

$\Delta H^{\ominus}_{f,298}$:106780　　$S^{\ominus}_{298}$:180.665

函数	r_0	r_1	r_2	r_3	r_4	r_5
C_p	20.376	0.377	0.025			
$Ha(T)$	100770	20.376	0.189	-0.025		
$Sa(T)$	64.599	20.376	0.377	-0.013		
$Ga(T)$	100770	-44.223	-20.376	-0.189	-0.013	
$Ga(l)$	120600	-207.316				

In

温度范围:298 ~430　　相:固

$\Delta H^{\ominus}_{f,298}$:0　　$S^{\ominus}_{298}$:57. 8

函数	r_0	r_1	r_2	r_3	r_4	r_5
C_p	10. 96	39. 85	-0. 35			
$Ha(T)$	-6213	10. 960	19. 925	0. 350		
$Sa(T)$	-18. 496	10. 960	39. 850	0. 175		
$Ga(T)$	-6213	29. 456	-10. 960	-19. 925	0. 175	
$Ga(l)$	1331	-61. 958				

温度范围:430 ~900　　相:液

$\Delta H^{\ominus}_{tr}$:3300　　$\Delta S^{\ominus}_{tr}$:7. 674

函数	r_0	r_1	r_2	r_3	r_4	r_5
C_p	29. 88	-0. 89				
$Ha(T)$	-6468	29. 880	-0. 445			
$Sa(T)$	-107. 083	29. 880	-0. 890			
$Ga(T)$	-6468	136. 963	-29. 880	0. 445		
$Ga(l)$	12540	-86. 155				

In(气)

温度范围:298 ~2500　　相:气

$\Delta H^{\ominus}_{f,298}$:246400　　$S^{\ominus}_{298}$:173. 8

函数	r_0	r_1	r_2	r_3	r_4	r_5
C_p	22. 69	2. 36	-0. 24			
$Ha(T)$	238730	22. 690	1. 180	0. 240		
$Sa(T)$	42. 468	22. 690	2. 360	0. 120		
$Ga(T)$	238730	-19. 778	-22. 690	-1. 180	0. 120	
$Ga(l)$	266720	-208. 577				

InF

温度范围:298 ~725　　相:固

$\Delta H^{\ominus}_{f,298}$: -292880　　$S^{\ominus}_{298}$:87. 864

函数	r_0	r_1	r_2	r_3	r_4	r_5
C_p	47. 698	15. 899				
$Ha(T)$	-307810	47. 698	7. 950			
$Sa(T)$	-188. 640	47. 698	15. 899			
$Ga(T)$	-307810	236. 338	-47. 698	-7. 950		
$Ga(l)$	-282610	-116. 146				

温度范围:725 ~1175　　相:液

$\Delta H^{\ominus}_{tr}$:13390　　$\Delta S^{\ominus}_{tr}$:18. 469

函数	r_0	r_1	r_2	r_3	r_4	r_5
C_p	64. 852					
$Ha(T)$	-302680	64. 852				
$Sa(T)$	-271. 624	64. 852				
$Ga(T)$	-302680	336. 476	-64. 852			
$Ga(l)$	-241990	-172. 665				

温度范围:1175 ~ 2000　　相:气

$\Delta H^{\ominus}_{tr}$:108780　　$\Delta S^{\ominus}_{tr}$:92.579

函数	r_0	r_1	r_2	r_3	r_4	r_5
C_p	37.238					
$Ha(T)$	-161450	37.238				
$Sa(T)$	16.159	37.238				
$Ga(T)$	-161450	21.079	-37.238			
$Ga(l)$	-103410	-290.345				

InF(气)

温度范围:298 ~ 2000　　相:气

$\Delta H^{\ominus}_{f,298}$:-193700　　$S^{\ominus}_{298}$:236.3

函数	r_0	r_1	r_2	r_3	r_4	r_5
C_p	36.84	0.88	-0.26			
$Ha(T)$	-205600	36.840	0.440	0.260		
$Sa(T)$	24.676	36.840	0.880	0.130		
$Ga(T)$	-205600	12.164	-36.840	-0.440	0.130	
$Ga(l)$	-169260	-283.117				

InF_2

温度范围:298 ~ 990　　相:固

$\Delta H^{\ominus}_{f,298}$:-669440　　$S^{\ominus}_{298}$:92.048

函数	r_0	r_1	r_2	r_3	r_4	r_5
C_p	66.944	27.614				
$Ha(T)$	-690630	66.944	13.807			
$Sa(T)$	-297.605	66.944	27.614			
$Ga(T)$	-690630	364.549	-66.944	-13.807		
$Ga(l)$	-645800	-151.097				

温度范围:990 ~ 1550　　相:液

$\Delta H^{\ominus}_{tr}$:19670　　$\Delta S^{\ominus}_{tr}$:19.869

函数	r_0	r_1	r_2	r_3	r_4	r_5
C_p	94.140					
$Ha(T)$	-684350	94.140				
$Sa(T)$	-437.988	94.140				
$Ga(T)$	-684350	532.128	-94.140			
$Ga(l)$	-566360	-234.343				

温度范围:1550 ~ 2000　　相:气

$\Delta H^{\ominus}_{tr}$:167360　　$\Delta S^{\ominus}_{tr}$:107.974

函数	r_0	r_1	r_2	r_3	r_4	r_5
C_p	62.760					
$Ha(T)$	-468350	62.760				
$Sa(T)$	-99.496	62.760				
$Ga(T)$	-468350	162.256	-62.760			
$Ga(l)$	-357440	-369.939				

InF_2(气)

温度范围:298 ~ 2000　　相:气

$\Delta H^{\ominus}_{f,298}$: −477500　　$S^{\ominus}_{298}$:291.8

函数	r_0	r_1	r_2	r_3	r_4	r_5
C_p	56.64	0.89	−0.67			
$Ha(T)$	−496670	56.640	0.445	0.670		
$Sa(T)$	−34.946	56.640	0.890	0.335		
$Ga(T)$	−496670	91.586	−56.640	−0.445	0.335	
$Ga(l)$	−440730	−362.025				

InF_3

温度范围:298 ~ 1443　　相:固

$\Delta H^{\ominus}_{f,298}$: −1046000　　$S^{\ominus}_{298}$:140.164

函数	r_0	r_1	r_2	r_3	r_4	r_5
C_p	86.609	35.982				
$Ha(T)$	−1073400	86.609	17.991			
$Sa(T)$	−364.027	86.609	35.982			
$Ga(T)$	−1073400	450.636	−86.609	−17.991		
$Ga(l)$	−995680	−249.405				

温度范围:1443 ~ 1650　　相:液

$\Delta H^{\ominus}_{tr}$:46020　　$\Delta S^{\ominus}_{tr}$:31.892

函数	r_0	r_1	r_2	r_3	r_4	r_5
C_p	129.704					
$Ha(T)$	−1052100	129.704				
$Sa(T)$	−593.707	129.704				
$Ga(T)$	−1052100	723.411	−129.704			
$Ga(l)$	−851820	−358.724				

温度范围:1650 ~ 2000　　相:气

$\Delta H^{\ominus}_{tr}$:163180　　$\Delta S^{\ominus}_{tr}$:98.897

函数	r_0	r_1	r_2	r_3	r_4	r_5
C_p	83.680					
$Ha(T)$	−813010	83.680				
$Sa(T)$	−153.840	83.680				
$Ga(T)$	−813010	237.520	−83.680			
$Ga(l)$	−660690	−474.453				

InF_3(气)

温度范围:298 ~ 2300　　相:气

$\Delta H^{\ominus}_{f,298}$: −857700　　$S^{\ominus}_{298}$:310

函数	r_0	r_1	r_2	r_3	r_4	r_5
C_p	81.02	1.21	−1.03			
$Ha(T)$	−885360	81.020	0.605	1.030		
$Sa(T)$	−157.773	81.020	1.210	0.515		
$Ga(T)$	−885360	238.793	−81.020	−0.605	0.515	
$Ga(l)$	−796580	−419.552				

InCl

温度范围:298 ~ 393　　相:固(α)

$\Delta H^{\ominus}_{f,298}$: −186190　　$S^{\ominus}_{298}$:94.977

函数	r_0	r_1	r_2	r_3	r_4	r_5
C_p	35.146	41.840				
$Ha(T)$	−198530	35.146	20.920			
$Sa(T)$	−117.745	35.146	41.840			
$Ga(T)$	−198530	152.891	−35.146	−20.920		
$Ga(l)$	−183960	−102.076				

温度范围:393 ~ 498　　相:固(β)

$\Delta H^{\ominus}_{tr}$:6904　　$\Delta S^{\ominus}_{tr}$:17.567

函数	r_0	r_1	r_2	r_3	r_4	r_5
C_p	58.576					
$Ha(T)$	−197600	58.576				
$Sa(T)$	−223.701	58.576				
$Ga(T)$	−197600	282.277	−58.576			
$Ga(l)$	−171600	−133.486				

温度范围:498 ~ 881　　相:液

$\Delta H^{\ominus}_{tr}$:9205　　$\Delta S^{\ominus}_{tr}$:18.484

函数	r_0	r_1	r_2	r_3	r_4	r_5
C_p	62.760					
$Ha(T)$	−190480	62.760				
$Sa(T)$	−231.202	62.760				
$Ga(T)$	−190480	293.962	−62.760			
$Ga(l)$	−148110	−178.504				

InCl(气)

温度范围:298 ~ 2000　　相:气

$\Delta H^{\ominus}_{f,298}$: −75500　　$S^{\ominus}_{298}$:248.3

函数	r_0	r_1	r_2	r_3	r_4	r_5
C_p	37.27	0.7	−0.12			
$Ha(T)$	−87050	37.270	0.350	0.120		
$Sa(T)$	35.067	37.270	0.700	0.060		
$Ga(T)$	−87050	2.203	−37.270	−0.350	0.060	
$Ga(l)$	−50570	−296.222				

$InCl_2$

温度范围:298 ~ 509　　相:固

$\Delta H^{\ominus}_{f,298}$: −362750　　$S^{\ominus}_{298}$:122.173

函数	r_0	r_1	r_2	r_3	r_4	r_5
C_p	58.576	50.208				
$Ha(T)$	−382450	58.576	25.104			
$Sa(T)$	−226.539	58.576	50.208			
$Ga(T)$	−382450	285.115	−58.576	−25.104		
$Ga(l)$	−355240	−144.792				

$InCl_3$

温度范围:298 ~ 856　　相:固

$\Delta H^{\ominus}_{f,298}$: -537230　　$S^{\ominus}_{298}$:141.001

函数	r_0	r_1	r_2	r_3	r_4	r_5
C_p	78.659	55.647				
$Ha(T)$	-563160	78.659	27.824			
$Sa(T)$	-323.757	78.659	55.647			
$Ga(T)$	-563160	402.416	-78.659	-27.824		
$Ga(l)$	-512150	-206.528				

$InCl_3$(气)

温度范围:298 ~ 2000　　相:气

$\Delta H^{\ominus}_{f,298}$: -376300　　$S^{\ominus}_{298}$:341.4

函数	r_0	r_1	r_2	r_3	r_4	r_5
C_p	82.63	0.28	-0.54			
$Ha(T)$	-402760	82.630	0.140	0.540		
$Sa(T)$	-132.513	82.630	0.280	0.270		
$Ga(T)$	-402760	215.143	-82.630	-0.140	0.270	
$Ga(l)$	-322240	-445.184				

$(InCl_3)_2$(气)

温度范围:298 ~ 2000　　相:气

$\Delta H^{\ominus}_{f,298}$: -888900　　$S^{\ominus}_{298}$:529

函数	r_0	r_1	r_2	r_3	r_4	r_5
C_p	182.16	0.44	-0.18			
$Ha(T)$	-943830	182.160	0.220	0.180		
$Sa(T)$	-510.018	182.160	0.440	0.090		
$Ga(T)$	-943830	692.178	-182.160	-0.220	0.090	
$Ga(l)$	-767660	-762.730				

InBr

温度范围:298 ~ 558.35　　相:固

$\Delta H^{\ominus}_{f,298}$: -175310　　$S^{\ominus}_{298}$:114.223

函数	r_0	r_1	r_2	r_3	r_4	r_5
C_p	43.514	25.104				
$Ha(T)$	-189400	43.514	12.552			
$Sa(T)$	-141.187	43.514	25.104			
$Ga(T)$	-189400	184.701	-43.514	-12.552		
$Ga(l)$	-169000	-132.835				

温度范围:558.35 ~ 1091.58　　相:液

$\Delta H^{\ominus}_{tr}$:24270　　$\Delta S^{\ominus}_{tr}$:43.467

函数	r_0	r_1	r_2	r_3	r_4	r_5
C_p	60.668					
$Ha(T)$	-170790	60.668				
$Sa(T)$	-192.202	60.668				
$Ga(T)$	-170790	252.870	-60.668			
$Ga(l)$	-122160	-214.557				

温度范围:1091. 58 ~ 1300　　相:气

$\Delta H^{\ominus}_{tr}$:82430　　$\Delta S^{\ominus}_{tr}$:75. 514

函数	r_0	r_1	r_2	r_3	r_4	r_5
C_p	37. 572	0. 418	-0. 073			
$Ha(T)$	-63470	37. 572	0. 209	0. 073		
$Sa(T)$	44. 391	37. 572	0. 418	0. 037		
$Ga(T)$	-63470	-6. 819	-37. 572	-0. 209	0. 037	
$Ga(l)$	-18260	-311. 146				

InBr(气)

温度范围:298 ~ 2000　　相:气

$\Delta H^{\ominus}_{f,298}$:41840　　$S^{\ominus}_{298}$:259. 408

函数	r_0	r_1	r_2	r_3	r_4	r_5
C_p	37. 405		-0. 063			
$Ha(T)$	30480	37. 405		0. 063		
$Sa(T)$	45. 935	37. 405		0. 032		
$Ga(T)$	30480	-8. 530	-37. 405		0. 032	
$Ga(l)$	66640	-307. 195				

$InBr_3$

温度范围:298 ~ 693　　相:固

$\Delta H^{\ominus}_{f,298}$: -410870　　$S^{\ominus}_{298}$:178. 657

函数	r_0	r_1	r_2	r_3	r_4	r_5
C_p	82. 006	54. 392				
$Ha(T)$	-437740	82. 006	27. 196			
$Sa(T)$	-304. 797	82. 006	54. 392			
$Ga(T)$	-437740	386. 803	-82. 006	-27. 196		
$Ga(l)$	-392530	-229. 715				

$InBr_3$(气)

温度范围:298 ~ 2000　　相:气

$\Delta H^{\ominus}_{f,298}$: -285200　　$S^{\ominus}_{298}$:369. 5

函数	r_0	r_1	r_2	r_3	r_4	r_5
C_p	82. 63	0. 28	-0. 54			
$Ha(T)$	-311660	82. 630	0. 140	0. 540		
$Sa(T)$	-104. 413	82. 630	0. 280	0. 270		
$Ga(T)$	-311660	187. 043	-82. 630	-0. 140	0. 270	
$Ga(l)$	-231140	-473. 284				

InI

温度范围:298 ~ 638　　相:固

$\Delta H^{\ominus}_{f,298}$: -116320　　$S^{\ominus}_{298}$:130. 122

函数	r_0	r_1	r_2	r_3	r_4	r_5
C_p	48. 116	12. 552				
$Ha(T)$	-131220	48. 116	6. 276			
$Sa(T)$	-147. 766	48. 116	12. 552			
$Ga(T)$	-131220	195. 882	-48. 116	-6. 276		
$Ga(l)$	-108190	-153. 303				

温度范围:638 ~ 986　　相:液

$\Delta H_{tr}^{\ominus}$:22430　　$\Delta S_{tr}^{\ominus}$:35. 157

函数	r_0	r_1	r_2	r_3	r_4	r_5
C_p	60. 668					
$Ha(T)$	-114250	60. 668				
$Sa(T)$	-185. 666	60. 668				
$Ga(T)$	-114250	246. 334	-60. 668			
$Ga(l)$	-65590	-220. 499				

温度范围:986 ~ 2000　　相:气

$\Delta H_{tr}^{\ominus}$:88190　　$\Delta S_{tr}^{\ominus}$:89. 442

函数	r_0	r_1	r_2	r_3	r_4	r_5
C_p	38. 702		-0. 167			
$Ha(T)$	-4568	38. 702		0. 167		
$Sa(T)$	55. 116	38. 702		0. 084		
$Ga(T)$	-4568	-16. 414	-38. 702		0. 084	
$Ga(l)$	51530	-337. 554				

InI(气)

温度范围:298 ~ 2000　　相:气

$\Delta H_{f,298}^{\ominus}$:83680　　$S_{298}^{\ominus}$:266. 939

函数	r_0	r_1	r_2	r_3	r_4	r_5
C_p	37. 405		-0. 042			
$Ha(T)$	72390	37. 405		0. 042		
$Sa(T)$	53. 584	37. 405		0. 021		
$Ga(T)$	72390	-16. 179	-37. 405		0. 021	
$Ga(l)$	108520	-314. 831				

InI_2(气)

温度范围:298 ~ 2000　　相:气

$\Delta H_{f,298}^{\ominus}$: -23400　　$S_{298}^{\ominus}$:351. 8

函数	r_0	r_1	r_2	r_3	r_4	r_5
C_p	58. 17	0. 03	-0. 1			
$Ha(T)$	-41080	58. 170	0. 015	0. 100		
$Sa(T)$	19. 799	58. 170	0. 030	0. 050		
$Ga(T)$	-41080	38. 371	-58. 170	-0. 015	0. 050	
$Ga(l)$	15170	-426. 130				

InI_3

温度范围:298 ~ 480　　相:固

$\Delta H_{f,298}^{\ominus}$: -234720　　$S_{298}^{\ominus}$:203. 342

函数	r_0	r_1	r_2	r_3	r_4	r_5
C_p	164. 013					
$Ha(T)$	-283620	164. 013				
$Sa(T)$	-731. 138	164. 013				
$Ga(T)$	-283620	895. 151	-164. 013			
$Ga(l)$	-220740	-246. 092				

温度范围:480 ~ 720　　相:液

$\Delta H_{tr}^{\ominus}$:20080　　$\Delta S_{tr}^{\ominus}$:41.833

函数	r_0	r_1	r_2	r_3	r_4	r_5
C_p	135.980					
$Ha(T)$	-250080	135.980				
$Sa(T)$	-516.235	135.980				
$Ga(T)$	-250080	652.215	-135.980			
$Ga(l)$	-169370	-353.069				

InI_3(气)

温度范围:298 ~ 2000　　相:气

$\Delta H_{f,298}^{\ominus}$: -120500　　$S_{298}^{\ominus}$:400

函数	r_0	r_1	r_2	r_3	r_4	r_5
C_p	83.1	0.03	-0.18			
$Ha(T)$	-145880	83.100	0.015	0.180		
$Sa(T)$	-74.492	83.100	0.030	0.090		
$Ga(T)$	-145880	157.592	-83.100	-0.015	0.090	
$Ga(l)$	-65480	-505.988				

InO

温度范围:298 ~ 1325　　相:固

$\Delta H_{f,298}^{\ominus}$: -271960　　$S_{298}^{\ominus}$:60.668

函数	r_0	r_1	r_2	r_3	r_4	r_5
C_p	41.840	13.389				
$Ha(T)$	-285030	41.840	6.695			
$Sa(T)$	-181.711	41.840	13.389			
$Ga(T)$	-285030	223.551	-41.840	-6.695		
$Ga(l)$	-251120	-107.595				

温度范围:1325 ~ 2000　　相:液

$\Delta H_{tr}^{\ominus}$:16740　　$\Delta S_{tr}^{\ominus}$:12.634

函数	r_0	r_1	r_2	r_3	r_4	r_5
C_p	58.576					
$Ha(T)$	-278710	58.576				
$Sa(T)$	-271.655	58.576				
$Ga(T)$	-278710	330.231	-58.576			
$Ga(l)$	-182410	-162.506				

温度范围:2000 ~ 2500　　相:气

$\Delta H_{tr}^{\ominus}$:251040　　$\Delta S_{tr}^{\ominus}$:125.520

函数	r_0	r_1	r_2	r_3	r_4	r_5
C_p	37.656					
$Ha(T)$	14170	37.656				
$Sa(T)$	12.876	37.656				
$Ga(T)$	14170	24.780	-37.656			
$Ga(l)$	98610	-303.481				

In_2O

温度范围:298 ~ 600　　相:固

$\Delta H^{\ominus}_{f,298}$: −167360　　$S^{\ominus}_{298}$:117.152

函数	r_0	r_1	r_2	r_3	r_4	r_5
C_p	61.505	32.635				
$Ha(T)$	−187150	61.505	16.318			
$Sa(T)$	−243.009	61.505	32.635			
$Ga(T)$	−187150	304.514	−61.505	−16.318		
$Ga(l)$	−157210	−146.557				

温度范围:600 ~ 800　　相:液

$\Delta H^{\ominus}_{tr}$:18830　　$\Delta S^{\ominus}_{tr}$:31.383

函数	r_0	r_1	r_2	r_3	r_4	r_5
C_p	92.048					
$Ha(T)$	−180770	92.048				
$Sa(T)$	−387.426	92.048				
$Ga(T)$	−180770	479.474	−92.048			
$Ga(l)$	−116690	−215.394				

温度范围:800 ~ 2000　　相:气

$\Delta H^{\ominus}_{tr}$:66940　　$\Delta S^{\ominus}_{tr}$:83.675

函数	r_0	r_1	r_2	r_3	r_4	r_5
C_p	62.760					
$Ha(T)$	−90400	62.760				
$Sa(T)$	−107.972	62.760				
$Ga(T)$	−90400	170.732	−62.760			
$Ga(l)$	−6959	−345.474				

In_2O_3(1)

温度范围:298 ~ 2183　　相:固

$\Delta H^{\ominus}_{f,298}$: −925800　　$S^{\ominus}_{298}$:104.2

函数	r_0	r_1	r_2	r_3	r_4	r_5
C_p	122.69	8.1	−2.2			
$Ha(T)$	−970120	122.690	4.050	2.200		
$Sa(T)$	−609.628	122.690	8.100	1.100		
$Ga(T)$	−970120	732.318	−122.690	−4.050	1.100	
$Ga(l)$	−836160	−267.315				

In_2O_3(2)

温度范围:298 ~ 1523　　相:固(α)

$\Delta H^{\ominus}_{f,298}$: −925920　　$S^{\ominus}_{298}$:107.947

函数	r_0	r_1	r_2	r_3	r_4	r_5
C_p	123.846	7.950	−2.305			
$Ha(T)$	−970930	123.846	3.975	2.305		
$Sa(T)$	−613.013	123.846	7.950	1.153		
$Ga(T)$	−970930	736.859	−123.846	−3.975	1.153	
$Ga(l)$	−866690	−233.817				

温度范围:1523 ~ 2183　　相:固(β)

$\Delta H^{\ominus}_{tr}$:0　　$\Delta S^{\ominus}_{tr}$:0.000

函数	r_0	r_1	r_2	r_3	r_4	r_5
C_p	123.846	7.950	-2.305			
$Ha(T)$	-970930	123.846	3.975	2.305		
$Sa(T)$	-613.013	123.846	7.950	1.153		
$Ga(T)$	-970930	736.859	-123.846	-3.975	1.153	
$Ga(l)$	-728620	-333.553				

InS

温度范围:298 ~ 965　　相:固

$\Delta H^{\ominus}_{f,298}$: -133890　　$S^{\ominus}_{298}$:69.036

函数	r_0	r_1	r_2	r_3	r_4	r_5
C_p	42.509	18.828				
$Ha(T)$	-147400	42.509	9.414			
$Sa(T)$	-178.777	42.509	18.828			
$Ga(T)$	-147400	221.286	-42.509	-9.414		
$Ga(l)$	-119230	-105.958				

温度范围:965 ~ 1800　　相:液

$\Delta H^{\ominus}_{tr}$:35980　　$\Delta S^{\ominus}_{tr}$:37.285

函数	r_0	r_1	r_2	r_3	r_4	r_5
C_p	60.668					
$Ha(T)$	-120180	60.668				
$Sa(T)$	-248.114	60.668				
$Ga(T)$	-120180	308.782	-60.668			
$Ga(l)$	-38370	-190.051				

InS(气)

温度范围:298 ~ 2000　　相:气

$\Delta H^{\ominus}_{f,298}$:233000　　$S^{\ominus}_{298}$:251.8

函数	r_0	r_1	r_2	r_3	r_4	r_5
C_p	37.27	0.08	-0.2			
$Ha(T)$	221210	37.270	0.040	0.200		
$Sa(T)$	38.302	37.270	0.080	0.100		
$Ga(T)$	221210	-1.032	-37.270	-0.040	0.100	
$Ga(l)$	257450	-298.791				

In_2S(气)

温度范围:298 ~ 2000　　相:气

$\Delta H^{\ominus}_{f,298}$:138100　　$S^{\ominus}_{298}$:318.8

函数	r_0	r_1	r_2	r_3	r_4	r_5
C_p	59.97	1.24	-0.8			
$Ha(T)$	117480	59.970	0.620	0.800		
$Sa(T)$	-27.754	59.970	1.240	0.400		
$Ga(T)$	117480	87.724	-59.970	-0.620	0.400	
$Ga(l)$	176990	-392.951				

In_2S_3

温度范围:298 ~ 660　　相:固(α)

$\Delta H^{\ominus}_{f,298}$: −355640　　$S^{\ominus}_{298}$:163.594

函数	r_0	r_1	r_2	r_3	r_4	r_5
C_p	128.951	3.264	−1.063			
$Ha(T)$	−397800	128.951	1.632	1.063		
$Sa(T)$	−578.069	128.951	3.264	0.532		
$Ga(T)$	−397800	707.020	−128.951	−1.632	0.532	
$Ga(l)$	−335680	−219.999				

温度范围:660 ~ 1100　　相:固(β)

$\Delta H^{\ominus}_{tr}$:1088　　$\Delta S^{\ominus}_{tr}$:1.648

函数	r_0	r_1	r_2	r_3	r_4	r_5
C_p	97.780	55.396				
$Ha(T)$	−385880	97.780	27.698			
$Sa(T)$	−407.238	97.780	55.396			
$Ga(T)$	−385880	505.018	−97.780	−27.698		
$Ga(l)$	−280280	−303.830				

温度范围:1100 ~ 1363　　相:固(γ)

$\Delta H^{\ominus}_{tr}$:4017　　$\Delta S^{\ominus}_{tr}$:3.652

函数	r_0	r_1	r_2	r_3	r_4	r_5
C_p	159.410					
$Ha(T)$	−416140	159.410				
$Sa(T)$	−774.249	159.410				
$Ga(T)$	−416140	933.659	−159.410			
$Ga(l)$	−220440	−359.919				

In_3S_4

温度范围:298 ~ 1113　　相:固

$\Delta H^{\ominus}_{f,298}$: −502900　　$S^{\ominus}_{298}$:234.3

函数	r_0	r_1	r_2	r_3	r_4	r_5
C_p	94.13	121.5				
$Ha(T)$	−536370	94.130	60.750			
$Sa(T)$	−338.240	94.130	121.500			
$Ga(T)$	−536370	432.370	−94.130	−60.750		
$Ga(l)$	−449290	−361.491				

In_4S_5

温度范围:298 ~ 1043　　相:固

$\Delta H^{\ominus}_{f,298}$: −154800　　$S^{\ominus}_{298}$:74.9

函数	r_0	r_1	r_2	r_3	r_4	r_5
C_p	201.59	54.29				
$Ha(T)$	−217320	201.590	27.145			
$Sa(T)$	−1089.865	201.590	54.290			
$Ga(T)$	−217320	1291.455	−201.590	−27.145		
$Ga(l)$	−82850	−251.830				

In_5S_6

温度范围:298 ~ 1043　相:固

$\Delta H^{\ominus}_{f,298}$: −774040　$S^{\ominus}_{298}$:374. 468

函数	r_0	r_1	r_2	r_3	r_4	r_5
C_p	256. 479	59. 831	−1. 067			
$Ha(T)$	−856750	256. 479	29. 916	1. 067		
$Sa(T)$	−1110. 686	256. 479	59. 831	0. 534		
$Ga(T)$	−856750	1367. 165	−256. 479	−29. 916	0. 534	
$Ga(l)$	−685650	−591. 602				

$In_2(SO_4)_3$

温度范围:298 ~ 1030　相:固

$\Delta H^{\ominus}_{f,298}$: −2725500　$S^{\ominus}_{298}$:302. 1

函数	r_0	r_1	r_2	r_3	r_4	r_5
C_p	200. 2	251. 04				
$Ha(T)$	−2796300	200. 200	125. 520			
$Sa(T)$	−913. 406	200. 200	251. 040			
$Ga(T)$	−2796300	1113. 606	−200. 200	−125. 520		
$Ga(l)$	−2624900	−547. 755				

InSe

温度范围:298 ~ 933　相:固

$\Delta H^{\ominus}_{f,298}$: −117990　$S^{\ominus}_{298}$:81. 588

函数	r_0	r_1	r_2	r_3	r_4	r_5
C_p	45. 438	16. 318				
$Ha(T)$	−132260	45. 438	8. 159			
$Sa(T)$	−182. 165	45. 438	16. 318			
$Ga(T)$	−132260	227. 603	−45. 438	−8. 159		
$Ga(l)$	−103540	−118. 424				

温度范围:933 ~ 1200　相:液

$\Delta H^{\ominus}_{tr}$:34730　$\Delta S^{\ominus}_{tr}$:37. 224

函数	r_0	r_1	r_2	r_3	r_4	r_5
C_p	61. 505					
$Ha(T)$	−105420	61. 505				
$Sa(T)$	−239. 589	61. 505				
$Ga(T)$	−105420	301. 094	−61. 505			
$Ga(l)$	−40100	−189. 136				

InSe(气)

温度范围:298 ~ 2000　相:气

$\Delta H^{\ominus}_{f,298}$:234300　$S^{\ominus}_{298}$:263. 592

函数	r_0	r_1	r_2	r_3	r_4	r_5
C_p	36. 468	0. 573				
$Ha(T)$	223400	36. 468	0. 287			
$Sa(T)$	55. 641	36. 468	0. 573			
$Ga(T)$	223400	−19. 173	−36. 468	−0. 287		
$Ga(l)$	258890	−310. 978				

In_2Se

温度范围:298 ~813 相:固

$\Delta H^{\ominus}_{f,298}$: -129700 $S^{\ominus}_{298}$:129.7

函数	r_0	r_1	r_2	r_3	r_4	r_5
C_p	75.73	12.55				
$Ha(T)$	-152840	75.730	6.275			
$Sa(T)$	-305.521	75.730	12.550			
$Ga(T)$	-152840	381.251	-75.730	-6.275		
$Ga(l)$	-111450	-178.359				

In_2Se(气)

温度范围:298 ~2000 相:气

$\Delta H^{\ominus}_{f,298}$:144300 $S^{\ominus}_{298}$:329.7

函数	r_0	r_1	r_2	r_3	r_4	r_5
C_p	59.97	1.24	-0.8			
$Ha(T)$	123680	59.970	0.620	0.800		
$Sa(T)$	-16.854	59.970	1.240	0.400		
$Ga(T)$	123680	76.824	-59.970	-0.620	0.400	
$Ga(l)$	183190	-403.851				

In_2Se_3

温度范围:298 ~470 相:固(α)

$\Delta H^{\ominus}_{f,298}$: -326350 $S^{\ominus}_{298}$:201.250

函数	r_0	r_1	r_2	r_3	r_4	r_5
C_p	59.915	270.496				
$Ha(T)$	-356240	59.915	135.248			
$Sa(T)$	-220.770	59.915	270.496			
$Ga(T)$	-356240	280.685	-59.915	-135.248		
$Ga(l)$	-313920	-239.359				

温度范围:470 ~600 相:固(β)

$\Delta H^{\ominus}_{tr}$:1406 $\Delta S^{\ominus}_{tr}$:2.991

函数	r_0	r_1	r_2	r_3	r_4	r_5
C_p	59.915	270.496				
$Ha(T)$	-354830	59.915	135.248			
$Sa(T)$	-217.778	59.915	270.496			
$Ga(T)$	-354830	277.693	-59.915	-135.248		
$Ga(l)$	-284380	-303.252				

InTe

温度范围:298 ~968 相:固

$\Delta H^{\ominus}_{f,298}$: -71970 $S^{\ominus}_{298}$:105.688

函数	r_0	r_1	r_2	r_3	r_4	r_5
C_p	41.840	19.665				
$Ha(T)$	-85320	41.840	9.833			
$Sa(T)$	-138.563	41.840	19.665			
$Ga(T)$	-85320	180.403	-41.840	-9.833		
$Ga(l)$	-57320	-142.530				

温度范围:968 ~ 1200　　相:液

$\Delta H_{tr}^{\ominus}$:35980　　$\Delta S_{tr}^{\ominus}$:37.169

函数	r_0	r_1	r_2	r_3	r_4	r_5
C_p	61.923					
$Ha(T)$	-59570	61.923				
$Sa(T)$	-220.433	61.923				
$Ga(T)$	-59570	282.356	-61.923			
$Ga(l)$	7353	-212.239				

InTe(气)

温度范围:298 ~ 2000　　相:气

$\Delta H_{f,298}^{\ominus}$:240200　　$S_{298}^{\ominus}$:271.8

函数	r_0	r_1	r_2	r_3	r_4	r_5
C_p	37.39	0.02	-0.07			
$Ha(T)$	228820	37.390	0.010	0.070		
$Sa(T)$	58.367	37.390	0.020	0.035		
$Ga(T)$	228820	-20.977	-37.390	-0.010	0.035	
$Ga(l)$	264980	-319.549				

In_2Te

温度范围:298 ~ 733　　相:固

$\Delta H_{f,298}^{\ominus}$:-79910　　$S_{298}^{\ominus}$:156.900

函数	r_0	r_1	r_2	r_3	r_4	r_5
C_p	56.484	36.819				
$Ha(T)$	-98390	56.484	18.410			
$Sa(T)$	-175.901	56.484	36.819			
$Ga(T)$	-98390	232.385	-56.484	-18.410		
$Ga(l)$	-66080	-194.795				

In_2Te(气)

温度范围:298 ~ 2000　　相:气

$\Delta H_{f,298}^{\ominus}$:230500　　$S_{298}^{\ominus}$:341.5

函数	r_0	r_1	r_2	r_3	r_4	r_5
C_p	59.97	1.24	-0.83			
$Ha(T)$	209780	59.970	0.620	0.830		
$Sa(T)$	-5.223	59.970	1.240	0.415		
$Ga(T)$	209780	65.193	-59.970	-0.620	0.415	
$Ga(l)$	269320	-415.500				

In_2Te_3

温度范围:298 ~ 883　　相:固(α)

$\Delta H_{f,298}^{\ominus}$:-191630　　$S_{298}^{\ominus}$:238.488

函数	r_0	r_1	r_2	r_3	r_4	r_5
C_p	110.876	41.840				
$Ha(T)$	-226550	110.876	20.920			
$Sa(T)$	-405.713	110.876	41.840			
$Ga(T)$	-226550	516.589	-110.876	-20.920		
$Ga(l)$	-158810	-323.630				

温度范围:883 ~ 943　　相:固(β)

$\Delta H_{tr}^{\ominus}$:0　　$\Delta S_{tr}^{\ominus}$:0.000

函数	r_0	r_1	r_2	r_3	r_4	r_5
C_p	110.876	41.840				
$Ha(T)$	-226550	110.876	20.920			
$Sa(T)$	-405.713	110.876	41.840			
$Ga(T)$	-226550	516.589	-110.876	-20.920		
$Ga(l)$	-108050	-388.142				

温度范围:943 ~ 1200　　相:液

$\Delta H_{tr}^{\ominus}$:81590　　$\Delta S_{tr}^{\ominus}$:86.522

函数	r_0	r_1	r_2	r_3	r_4	r_5
C_p	154.808					
$Ha(T)$	-167780	154.808				
$Sa(T)$	-580.630	154.808				
$Ga(T)$	-167780	735.438	-154.808			
$Ga(l)$	-2524	-499.231				

In_9Te_7

温度范围:298 ~ 735　　相:固

$\Delta H_{f,298}^{\ominus}$: -425100　　$S_{298}^{\ominus}$:859.1

函数	r_0	r_1	r_2	r_3	r_4	r_5
C_p	301.25	196.23				
$Ha(T)$	-523640	301.250	98.115			
$Sa(T)$	-915.807	301.250	196.230			
$Ga(T)$	-523640	1217.057	-301.250	-98.115		
$Ga(l)$	-351020	-1061.928				

InN

温度范围:298 ~ 1473　　相:固

$\Delta H_{f,298}^{\ominus}$: -138070　　$S_{298}^{\ominus}$:43.514

函数	r_0	r_1	r_2	r_3	r_4	r_5
C_p	38.074	12.134				
$Ha(T)$	-149960	38.074	6.067			
$Sa(T)$	-177.034	38.074	12.134			
$Ga(T)$	-149960	215.108	-38.074	-6.067		
$Ga(l)$	-116430	-90.224				

InP

温度范围:298 ~ 910　　相:固(α)

$\Delta H_{f,298}^{\ominus}$: -75310　　$S_{298}^{\ominus}$:59.748

函数	r_0	r_1	r_2	r_3	r_4	r_5
C_p	41.003	14.644				
$Ha(T)$	-88190	41.003	7.322			
$Sa(T)$	-178.237	41.003	14.644			
$Ga(T)$	-88190	219.240	-41.003	-7.322		
$Ga(l)$	-62740	-92.064				

温度范围:910 ~ 1328　　相:固(β)

$\Delta H_{tr}^{\ominus}$:377　　$\Delta S_{tr}^{\ominus}$:0. 414

函数	r_0	r_1	r_2	r_3	r_4	r_5
C_p	55. 229					
$Ha(T)$	−94690	55. 229				
$Sa(T)$	−261. 424	55. 229				
$Ga(T)$	−94690	316. 653	−55. 229			
$Ga(l)$	−33470	−126. 100				

温度范围:1328 ~ 1700　　相:液

$\Delta H_{tr}^{\ominus}$:62760　　$\Delta S_{tr}^{\ominus}$:47. 259

函数	r_0	r_1	r_2	r_3	r_4	r_5
C_p	58. 576					
$Ha(T)$	−36380	58. 576				
$Sa(T)$	−238. 235	58. 576				
$Ga(T)$	−36380	296. 811	−58. 576			
$Ga(l)$	51950	−190. 601				

InAs

温度范围:298 ~ 1215　　相:固

$\Delta H_{f,298}^{\ominus}$: −57740　　$S_{298}^{\ominus}$:74. 684

函数	r_0	r_1	r_2	r_3	r_4	r_5
C_p	45. 606	7. 531				
$Ha(T)$	−71670	45. 606	3. 766			
$Sa(T)$	−187. 406	45. 606	7. 531			
$Ga(T)$	−71670	233. 012	−45. 606	−3. 766		
$Ga(l)$	−38860	−118. 777				

温度范围:1215 ~ 1800　　相:液

$\Delta H_{tr}^{\ominus}$:76990　　$\Delta S_{tr}^{\ominus}$:63. 366

函数	r_0	r_1	r_2	r_3	r_4	r_5
C_p	59. 831					
$Ha(T)$	−6407	59. 831				
$Sa(T)$	−215. 923	59. 831				
$Ga(T)$	−6407	275. 754	−59. 831			
$Ga(l)$	82880	−221. 706				

InSb

温度范围:298 ~ 798　　相:固(α)

$\Delta H_{f,298}^{\ominus}$: −31130　　$S_{298}^{\ominus}$:87. 655

函数	r_0	r_1	r_2	r_3	r_4	r_5
C_p	44. 350	15. 062				
$Ha(T)$	−45020	44. 350	7. 531			
$Sa(T)$	−169. 524	44. 350	15. 062			
$Ga(T)$	−45020	213. 874	−44. 350	−7. 531		
$Ga(l)$	−20000	−117. 453				

温度范围:798 ~ 1200　　相:液

$\Delta H^\ominus_{tr}$:49370　　$\Delta S^\ominus_{tr}$:61.867

函数	r_0	r_1	r_2	r_3	r_4	r_5
C_p	61.923					
$Ha(T)$	-4880	61.923				
$Sa(T)$	-213.062	61.923				
$Ga(T)$	-4880	274.985	-61.923			
$Ga(l)$	56310	-214.370				

Ir(1)

温度范围:298 ~ 600　　相:固

$\Delta H^\ominus_{f,298}$:0　　$S^\ominus_{298}$:35.505

函数	r_0	r_1	r_2	r_3	r_4	r_5
C_p	23.363	5.360				
$Ha(T)$	-7204	23.363	2.680			
$Sa(T)$	-99.206	23.363	5.360			
$Ga(T)$	-7204	122.569	-23.363	-2.680		
$Ga(l)$	3487	-45.613				

温度范围:600 ~ 2716　　相:固

$\Delta H^\ominus_{tr}$:—　　$\Delta S^\ominus_{tr}$:—

函数	r_0	r_1	r_2	r_3	r_4	r_5
C_p	21.334	8.004	0.166	-0.151		
$Ha(T)$	-6175	21.334	4.002	-0.166	-0.050	
$Sa(T)$	-87.555	21.334	8.004	-0.083	-0.076	
$Ga(T)$	-6175	108.889	-21.334	-4.002	-0.083	0.025
$Ga(l)$	34270	-82.648				

温度范围:2716 ~ 4701　　相:液

$\Delta H^\ominus_{tr}$:26140　　$\Delta S^\ominus_{tr}$:9.624

函数	r_0	r_1	r_2	r_3	r_4	r_5
C_p	41.840					
$Ha(T)$	-7277	41.840				
$Sa(T)$	-218.899	41.840				
$Ga(T)$	-7277	260.739	-41.840			
$Ga(l)$	144890	-124.653				

温度范围:4701 ~ 5000　　相:气

$\Delta H^\ominus_{tr}$:604130　　$\Delta S^\ominus_{tr}$:128.511

函数	r_0	r_1	r_2	r_3	r_4	r_5
C_p	31.602					
$Ha(T)$	644980	31.602				
$Sa(T)$	-3.821	31.602				
$Ga(T)$	644980	35.423	-31.602			
$Ga(l)$	798170	-264.366				

Ir(2)

温度范围:298 ~ 2716 相:固

$\Delta H^{\ominus}_{f,298}$:0 $S^{\ominus}_{298}$:35. 5

函数	r_0	r_1	r_2	r_3	r_4	r_5
C_p	22. 88	7. 04				
$Ha(T)$	-7135	22. 880	3. 520			
$Sa(T)$	-96. 960	22. 880	7. 040			
$Ga(T)$	-7135	119. 840	-22. 880	-3. 520		
$Ga(l)$	27000	-79. 336				

IrF_2

温度范围:298 ~ 1380 相:固

$\Delta H^{\ominus}_{f,298}$: -368190 $S^{\ominus}_{298}$:98. 324

函数	r_0	r_1	r_2	r_3	r_4	r_5
C_p	64. 015	30. 125				
$Ha(T)$	-388620	64. 015	15. 063			
$Sa(T)$	-275. 389	64. 015	30. 125			
$Ga(T)$	-388620	339. 404	-64. 015	-15. 063		
$Ga(l)$	-332130	-177. 912				

温度范围:1380 ~ 2000 相:液

$\Delta H^{\ominus}_{tr}$:9623 $\Delta S^{\ominus}_{tr}$:6. 973

函数	r_0	r_1	r_2	r_3	r_4	r_5
C_p	87. 864					
$Ha(T)$	-383220	87. 864				
$Sa(T)$	-399. 268	87. 864				
$Ga(T)$	-383220	487. 132	-87. 864			
$Ga(l)$	-236070	-253. 480				

温度范围:2000 ~ 2500 相:气

$\Delta H^{\ominus}_{tr}$:184100 $\Delta S^{\ominus}_{tr}$:92. 050

函数	r_0	r_1	r_2	r_3	r_4	r_5
C_p	62. 760					
$Ha(T)$	-148910	62. 760				
$Sa(T)$	-116. 405	62. 760				
$Ga(T)$	-148910	179. 165	-62. 760			
$Ga(l)$	-8143	-367. 952				

IrF_3

温度范围:298 ~ 1225 相:固

$\Delta H^{\ominus}_{f,298}$: -585760 $S^{\ominus}_{298}$:117. 152

函数	r_0	r_1	r_2	r_3	r_4	r_5
C_p	84. 935	45. 187				
$Ha(T)$	-613090	84. 935	22. 594			
$Sa(T)$	-380. 246	84. 935	45. 187			
$Ga(T)$	-613090	465. 181	-84. 935	-22. 594		
$Ga(l)$	-543700	-214. 308				

温度范围:1225 ~ 1675　　相:液

$\Delta H_{tr}^{\ominus}$:33890　　$\Delta S_{tr}^{\ominus}$:27.665

函数	r_0	r_1	r_2	r_3	r_4	r_5
C_p	129.704					
$Ha(T)$	-600140	129.704				
$Sa(T)$	-615.565	129.704				
$Ga(T)$	-600140	745.269	-129.704			
$Ga(l)$	-413280	-328.279				

温度范围:1675 ~ 2000　　相:气

$\Delta H_{tr}^{\ominus}$:167360　　$\Delta S_{tr}^{\ominus}$:99.916

函数	r_0	r_1	r_2	r_3	r_4	r_5
C_p	83.680					
$Ha(T)$	-355690	83.680				
$Sa(T)$	-173.987	83.680				
$Ga(T)$	-355690	257.667	-83.680			
$Ga(l)$	-202260	-454.892				

IrF_4

温度范围:298 ~ 750　　相:固

$\Delta H_{f,298}^{\ominus}$: -878640　　$S_{298}^{\ominus}$:154.808

函数	r_0	r_1	r_2	r_3	r_4	r_5
C_p	102.090	38.493				
$Ha(T)$	-910790	102.090	19.247			
$Sa(T)$	-438.336	102.090	38.493			
$Ga(T)$	-910790	540.426	-102.090	-19.247		
$Ga(l)$	-855050	-219.109				

温度范围:750 ~ 1030　　相:液

$\Delta H_{tr}^{\ominus}$:29710　　$\Delta S_{tr}^{\ominus}$:39.613

函数	r_0	r_1	r_2	r_3	r_4	r_5
C_p	152.716					
$Ha(T)$	-908220	152.716				
$Sa(T)$	-705.001	152.716				
$Ga(T)$	-908220	857.717	-152.716			
$Ga(l)$	-773200	-331.754				

温度范围:1030 ~ 2000　　相:气

$\Delta H_{tr}^{\ominus}$:100420　　$\Delta S_{tr}^{\ominus}$:97.495

函数	r_0	r_1	r_2	r_3	r_4	r_5
C_p	83.680					
$Ha(T)$	-736700	83.680				
$Sa(T)$	-128.582	83.680				
$Ga(T)$	-736700	212.262	-83.680			
$Ga(l)$	-613440	-483.345				

IrF_5

温度范围:298 ~ 370　　相:固

$\Delta H^{\ominus}_{f,298}$: -836800　　$S^{\ominus}_{298}$:251.040

函数	r_0	r_1	r_2	r_3	r_4	r_5
C_p	130.959	51.045				
$Ha(T)$	-878110	130.959	25.523			
$Sa(T)$	-510.331	130.959	51.045			
$Ga(T)$	-878110	641.290	-130.959	-25.523		
$Ga(l)$	-831640	-267.611				

温度范围:370 ~ 500　　相:液

$\Delta H^{\ominus}_{tr}$:16740　　$\Delta S^{\ominus}_{tr}$:45.243

函数	r_0	r_1	r_2	r_3	r_4	r_5
C_p	171.544					
$Ha(T)$	-872900	171.544				
$Sa(T)$	-686.200	171.544				
$Ga(T)$	-872900	857.744	-171.544			
$Ga(l)$	-798720	-355.609				

温度范围:500 ~ 2000　　相:气

$\Delta H^{\ominus}_{tr}$:46020　　$\Delta S^{\ominus}_{tr}$:92.040

函数	r_0	r_1	r_2	r_3	r_4	r_5
C_p	83.680	41.840				
$Ha(T)$	-788170	83.680	20.920			
$Sa(T)$	-69.040	83.680	41.840			
$Ga(T)$	-788170	152.720	-83.680	-20.920		
$Ga(l)$	-665440	-576.692				

IrF_6

温度范围:298 ~ 317　　相:固

$\Delta H^{\ominus}_{f,298}$: -543920　　$S^{\ominus}_{298}$:286.604

函数	r_0	r_1	r_2	r_3	r_4	r_5
C_p	142.256	61.086				
$Ha(T)$	-589050	142.256	30.543			
$Sa(T)$	-542.126	142.256	61.086			
$Ga(T)$	-589050	684.382	-142.256	-30.543		
$Ga(l)$	-542230	-291.527				

温度范围:317 ~ 326　　相:液

$\Delta H^{\ominus}_{tr}$:8368　　$\Delta S^{\ominus}_{tr}$:26.397

函数	r_0	r_1	r_2	r_3	r_4	r_5
C_p	175.728					
$Ha(T)$	-588220	175.728				
$Sa(T)$	-689.126	175.728				
$Ga(T)$	-588220	864.854	-175.728			
$Ga(l)$	-531790	-325.161				

温度范围:326 ~ 2000 相:气

$\Delta H^{\ominus}_{tr}$:27200 $\Delta S^{\ominus}_{tr}$:83.436

函数	r_0	r_1	r_2	r_3	r_4	r_5
C_p	104.600	41.840				
$Ha(T)$	-540060	104.600	20.920			
$Sa(T)$	-207.720	104.600	41.840			
$Ga(T)$	-540060	312.320	-104.600	-20.920		
$Ga(l)$	-413330	-573.111				

IrF_6(气)

温度范围:298 ~ 2000 相:气

$\Delta H^{\ominus}_{f,298}$: -543900 $S^{\ominus}_{298}$:345.4

函数	r_0	r_1	r_2	r_3	r_4	r_5
C_p	149.93	5.1	-2.72			
$Ha(T)$	-597950	149.930	2.550	2.720		
$Sa(T)$	-525.660	149.930	5.100	1.360		
$Ga(T)$	-597950	675.590	-149.930	-2.550	1.360	
$Ga(l)$	-447210	-528.860				

IrCl

温度范围:298 ~ 1072 相:固

$\Delta H^{\ominus}_{f,298}$: -54390 $S^{\ominus}_{298}$:92.048

函数	r_0	r_1	r_2	r_3	r_4	r_5
C_p	47.698	11.715				
$Ha(T)$	-69130	47.698	5.858			
$Sa(T)$	-183.209	47.698	11.715			
$Ga(T)$	-69130	230.907	-47.698	-5.858		
$Ga(l)$	-36920	-134.622				

$IrCl_2$

温度范围:298 ~ 1000 相:固

$\Delta H^{\ominus}_{f,298}$: -121340 $S^{\ominus}_{298}$:129.704

函数	r_0	r_1	r_2	r_3	r_4	r_5
C_p	70.291	25.941				
$Ha(T)$	-143450	70.291	12.971			
$Sa(T)$	-278.520	70.291	25.941			
$Ga(T)$	-143450	348.811	-70.291	-12.971		
$Ga(l)$	-96620	-191.291				

温度范围:1000 ~ 1044 相:液

$\Delta H^{\ominus}_{tr}$:28030 $\Delta S^{\ominus}_{tr}$:28.030

函数	r_0	r_1	r_2	r_3	r_4	r_5
C_p	102.508					
$Ha(T)$	-134670	102.508				
$Sa(T)$	-447.096	102.508				
$Ga(T)$	-134670	549.604	-102.508			
$Ga(l)$	-30150	-262.999				

$IrCl_3$

温度范围:298 ~ 1100　　相:固

$\Delta H^{\ominus}_{f,298}$: −254390　　$S^{\ominus}_{298}$:114.851

函数	r_0	r_1	r_2	r_3	r_4	r_5
C_p	84.935	18.828	−0.418			
$Ha(T)$	−281950	84.935	9.414	0.418		
$Sa(T)$	−377.039	84.935	18.828	0.209		
$Ga(T)$	−281950	461.974	−84.935	−9.414	0.209	
$Ga(l)$	−223250	−189.947				

$IrCl_4$

温度范围:298 ~ 375　　相:固

$\Delta H^{\ominus}_{f,298}$: −230120　　$S^{\ominus}_{298}$:207.108

函数	r_0	r_1	r_2	r_3	r_4	r_5
C_p	103.763	47.698				
$Ha(T)$	−263180	103.763	23.849			
$Sa(T)$	−398.313	103.763	47.698			
$Ga(T)$	−263180	502.076	−103.763	−23.849		
$Ga(l)$	−225680	−221.375				

温度范围:375 ~ 670　　相:液

$\Delta H^{\ominus}_{tr}$:14230　　$\Delta S^{\ominus}_{tr}$:37.947

函数	r_0	r_1	r_2	r_3	r_4	r_5
C_p	146.440					
$Ha(T)$	−261600	146.440				
$Sa(T)$	−595.423	146.440				
$Ga(T)$	−261600	741.863	−146.440			
$Ga(l)$	−186730	−319.903				

温度范围:670 ~ 2500　　相:气

$\Delta H^{\ominus}_{tr}$:58580　　$\Delta S^{\ominus}_{tr}$:87.433

函数	r_0	r_1	r_2	r_3	r_4	r_5
C_p	83.680	20.920				
$Ha(T)$	−165660	83.680	10.460			
$Sa(T)$	−113.610	83.680	20.920			
$Ga(T)$	−165660	197.290	−83.680	−10.460		
$Ga(l)$	−22090	−533.114				

$IrBr_3$

温度范围:298 ~ 846　　相:固

$\Delta H^{\ominus}_{f,298}$: −177800　　$S^{\ominus}_{298}$:127.6

函数	r_0	r_1	r_2	r_3	r_4	r_5
C_p	99.38	20.35				
$Ha(T)$	−208330	99.380	10.175			
$Sa(T)$	−444.695	99.380	20.350			
$Ga(T)$	−208330	544.075	−99.380	−10.175		
$Ga(l)$	−152010	−195.537				

IrI

温度范围:298 ~ 800 相:固

$\Delta H^{\ominus}_{f,298}$: −46020 $S^{\ominus}_{298}$:108. 784

函数	r_0	r_1	r_2	r_3	r_4	r_5
C_p	48. 534	12. 552				
$Ha(T)$	−61050	48. 534	6. 276			
$Sa(T)$	−171. 486	48. 534	12. 552			
$Ga(T)$	−61050	220. 020	−48. 534	−6. 276		
$Ga(l)$	−34170	−140. 507				

IrI_2

温度范围:298 ~ 800 相:固

$\Delta H^{\ominus}_{f,298}$: −83680 $S^{\ominus}_{298}$:158. 992

函数	r_0	r_1	r_2	r_3	r_4	r_5
C_p	74. 475	16. 736				
$Ha(T)$	−106630	74. 475	8. 368			
$Sa(T)$	−270. 326	74. 475	16. 736			
$Ga(T)$	−106630	344. 801	−74. 475	−8. 368		
$Ga(l)$	−65740	−207. 038				

IrO_2

温度范围:298 ~ 1300 相:固

$\Delta H^{\ominus}_{f,298}$: −240160 $S^{\ominus}_{298}$:57. 321

函数	r_0	r_1	r_2	r_3	r_4	r_5
C_p	38. 367	63. 597				
$Ha(T)$	−254430	38. 367	31. 799			
$Sa(T)$	−180. 240	38. 367	63. 597			
$Ga(T)$	−254430	218. 607	−38. 367	−31. 799		
$Ga(l)$	−209550	−125. 345				

IrO_3(气)

温度范围:298 ~ 1800 相:气

$\Delta H^{\ominus}_{f,298}$:13390 $S^{\ominus}_{298}$:290. 370

函数	r_0	r_1	r_2	r_3	r_4	r_5
C_p	82. 174	1. 757	−0. 552			
$Ha(T)$	−13040	82. 174	0. 879	0. 552		
$Sa(T)$	−181. 453	82. 174	1. 757	0. 276		
$Ga(T)$	−13040	263. 627	−82. 174	−0. 879	0. 276	
$Ga(l)$	61860	−387. 550				

Ir_2O_3

温度范围:298 ~ 1450 相:固

$\Delta H^{\ominus}_{f,298}$: −284510 $S^{\ominus}_{298}$:110. 876

函数	r_0	r_1	r_2	r_3	r_4	r_5
C_p	91. 211	60. 250				
$Ha(T)$	−314380	91. 211	30. 125			
$Sa(T)$	−426. 771	91. 211	60. 250			
$Ga(T)$	−314380	517. 982	−91. 211	−30. 125		
$Ga(l)$	−224880	−239. 275				

温度范围:1450 ~ 2250　　相:液

$\Delta H_{tr}^{\ominus}$:41840　　$\Delta S_{tr}^{\ominus}$:28.855

函数	r_0	r_1	r_2	r_3	r_4	r_5
C_p	146.440					
$Ha(T)$	-289290	146.440				
$Sa(T)$	-712.583	146.440				
$Ga(T)$	-289290	859.023	-146.440			
$Ga(l)$	-21770	-388.387				

温度范围:2250 ~ 2500　　相:气

$\Delta H_{tr}^{\ominus}$:209200　　$\Delta S_{tr}^{\ominus}$:92.978

函数	r_0	r_1	r_2	r_3	r_4	r_5
C_p	83.680	41.840				
$Ha(T)$	-44780	83.680	20.920			
$Sa(T)$	-229.320	83.680	41.840			
$Ga(T)$	-44780	313.000	-83.680	-20.920		
$Ga(l)$	271770	-520.477				

IrS_2

温度范围:298 ~ 1400　　相:固

$\Delta H_{f,298}^{\ominus}$: -144770　　$S_{298}^{\ominus}$:61.505

函数	r_0	r_1	r_2	r_3	r_4	r_5
C_p	68.576	15.774	-0.657			
$Ha(T)$	-168120	68.576	7.887	0.657		
$Sa(T)$	-337.612	68.576	15.774	0.329		
$Ga(T)$	-168120	406.188	-68.576	-7.887	0.329	
$Ga(l)$	-111020	-135.692				

Ir_2S_3

温度范围:298 ~ 1443　　相:固

$\Delta H_{f,298}^{\ominus}$: -208800　　$S_{298}^{\ominus}$:120.5

函数	r_0	r_1	r_2	r_3	r_4	r_5
C_p	110.29	32.97	-0.96			
$Ha(T)$	-246370	110.290	16.485	0.960		
$Sa(T)$	-523.118	110.290	32.970	0.480		
$Ga(T)$	-246370	633.408	-110.290	-16.485	0.480	
$Ga(l)$	-150110	-247.730				

K

温度范围:298 ~ 336　　相:固

$\Delta H_{f,298}^{\ominus}$:0　　$S_{298}^{\ominus}$:64.685

函数	r_0	r_1	r_2	r_3	r_4	r_5
C_p	7.824	71.881				
$Ha(T)$	-5528	7.824	35.941			
$Sa(T)$	-1.324	7.824	71.881			
$Ga(T)$	-5528	9.148	-7.824	-35.941		
$Ga(l)$	562	-66.526				

温度范围:336 ~ 1037 相:液

$\Delta H_{tr}^{\ominus}$:2343 $\Delta S_{tr}^{\ominus}$:6.973

函数	r_0	r_1	r_2	r_3	r_4	r_5
C_p	37.154	-19.121		12.301		
$Ha(T)$	-8058	37.154	-9.561		4.100	
$Sa(T)$	-135.085	37.154	-19.121		6.151	
$Ga(T)$	-8058	172.239	-37.154	9.561		-2.050
$Ga(l)$	12750	-96.485				

K(气)

温度范围:298 ~ 2000 相:气

$\Delta H_{f,298}^{\ominus}$:89120 $S_{298}^{\ominus}$:160.247

函数	r_0	r_1	r_2	r_3	r_4	r_5
C_p	20.711	0.084				
$Ha(T)$	82940	20.711	0.042			
$Sa(T)$	42.219	20.711	0.084			
$Ga(T)$	82940	-21.508	-20.711	-0.042		
$Ga(l)$	102960	-186.953				

K_2(气)

温度范围:298 ~ 2000 相:气

$\Delta H_{f,298}^{\ominus}$:127070 $S_{298}^{\ominus}$:249.617

函数	r_0	r_1	r_2	r_3	r_4	r_5
C_p	37.405	2.050	-0.013			
$Ha(T)$	115780	37.405	1.025	0.013		
$Sa(T)$	35.814	37.405	2.050	0.007		
$Ga(T)$	115780	1.591	-37.405	-1.025	0.007	
$Ga(l)$	152990	-299.400				

KH

温度范围:298 ~ 690 相:固

$\Delta H_{f,298}^{\ominus}$: -57820 $S_{298}^{\ominus}$:51.463

函数	r_0	r_1	r_2	r_3	r_4	r_5
C_p	37.782	26.778	-0.699			
$Ha(T)$	-72620	37.782	13.389	0.699		
$Sa(T)$	-175.719	37.782	26.778	0.350		
$Ga(T)$	-72620	213.501	-37.782	-13.389	0.350	
$Ga(l)$	-50130	-72.830				

KH(气)

温度范围:298 ~ 2000 相:气

$\Delta H_{f,298}^{\ominus}$:123010 $S_{298}^{\ominus}$:197.903

函数	r_0	r_1	r_2	r_3	r_4	r_5
C_p	35.313	1.966	-0.460			
$Ha(T)$	110850	35.313	0.983	0.460		
$Sa(T)$	-6.470	35.313	1.966	0.230		
$Ga(T)$	110850	41.783	-35.313	-0.983	0.230	
$Ga(l)$	146540	-242.674				

KF

温度范围:298 ~ 1130　　相:固

$\Delta H^{\ominus}_{f,298}$: −567350　　$S^{\ominus}_{298}$:66.609

函数	r_0	r_1	r_2	r_3	r_4	r_5
C_p	45.982	14.393				
$Ha(T)$	−581700	45.982	7.197			
$Sa(T)$	−199.669	45.982	14.393			
$Ga(T)$	−581700	245.651	−45.982	−7.197		
$Ga(l)$	−548740	−111.065				

温度范围:1130 ~ 1783　　相:液

$\Delta H^{\ominus}_{tr}$:28240　　$\Delta S^{\ominus}_{tr}$:24.991

函数	r_0	r_1	r_2	r_3	r_4	r_5
C_p	66.944					
$Ha(T)$	−567960	66.944				
$Sa(T)$	−305.776	66.944				
$Ga(T)$	−567960	372.720	−66.944			
$Ga(l)$	−471770	−181.490				

KF(气)

温度范围:298 ~ 2000　　相:气

$\Delta H^{\ominus}_{f,298}$: −325930　　$S^{\ominus}_{298}$:226.480

函数	r_0	r_1	r_2	r_3	r_4	r_5
C_p	37.238	0.753	−0.205			
$Ha(T)$	−337750	37.238	0.377	0.205		
$Sa(T)$	12.935	37.238	0.753	0.103		
$Ga(T)$	−337750	24.303	−37.238	−0.377	0.103	
$Ga(l)$	−301170	−273.978				

$(KF)_2$(气)

温度范围:298 ~ 2000　　相:气

$\Delta H^{\ominus}_{f,298}$: −862700　　$S^{\ominus}_{298}$:320

函数	r_0	r_1	r_2	r_3	r_4	r_5
C_p	83.05	0.05	−0.41			
$Ha(T)$	−888840	83.050	0.025	0.410		
$Sa(T)$	−155.506	83.050	0.050	0.205		
$Ga(T)$	−888840	238.556	−83.050	−0.025	0.205	
$Ga(l)$	−808190	−424.783				

KF · HF

温度范围:298 ~ 470　　相:固(α)

$\Delta H^{\ominus}_{f,298}$: −931700　　$S^{\ominus}_{298}$:104.3

函数	r_0	r_1	r_2	r_3	r_4	r_5
C_p	50.21	89.54				
$Ha(T)$	−950650	50.210	44.770			
$Sa(T)$	−208.473	50.210	89.540			
$Ga(T)$	−950650	258.683	−50.210	−44.770		
$Ga(l)$	−925130	−124.452				

KCl

温度范围:298 ~ 1044 相:固

$\Delta H^{\ominus}_{f,298}$: −436680 $S^{\ominus}_{298}$:82.550

函数	r_0	r_1	r_2	r_3	r_4	r_5
C_p	39.999	25.439	0.364			
$Ha(T)$	−448520	39.999	12.720	−0.364		
$Sa(T)$	−150.885	39.999	25.439	−0.182		
$Ga(T)$	−448520	190.884	−39.999	−12.720	−0.182	
$Ga(l)$	−419500	−124.706				

温度范围:1044 ~ 1710 相:液

$\Delta H^{\ominus}_{tr}$:26280 $\Delta S^{\ominus}_{tr}$:25.172

函数	r_0	r_1	r_2	r_3	r_4	r_5
C_p	73.597					
$Ha(T)$	−443800	73.597				
$Sa(T)$	−332.855	73.597				
$Ga(T)$	−443800	406.452	−73.597			
$Ga(l)$	−344050	−198.644				

KCl(气)

温度范围:298 ~ 2500 相:气

$\Delta H^{\ominus}_{f,298}$: −214680 $S^{\ominus}_{298}$:238.990

函数	r_0	r_1	r_2	r_3	r_4	r_5
C_p	37.146	0.950	−0.084			
$Ha(T)$	−226080	37.146	0.475	0.084		
$Sa(T)$	26.591	37.146	0.950	0.042		
$Ga(T)$	−226080	10.555	−37.146	−0.475	0.042	
$Ga(l)$	−182840	−294.319				

$(KCl)_2$(气)

温度范围:298 ~ 2000 相:气

$\Delta H^{\ominus}_{f,298}$: −617600 $S^{\ominus}_{298}$:352.9

函数	r_0	r_1	r_2	r_3	r_4	r_5
C_p	83.12	0.01	−0.2			
$Ha(T)$	−643050	83.120	0.005	0.200		
$Sa(T)$	−121.812	83.120	0.010	0.100		
$Ga(T)$	−643050	204.932	−83.120	−0.005	0.100	
$Ga(l)$	−562620	−458.796				

KBr

温度范围:298 ~ 1007 相:固

$\Delta H^{\ominus}_{f,298}$: −393800 $S^{\ominus}_{298}$:95.939

函数	r_0	r_1	r_2	r_3	r_4	r_5
C_p	69.162	−45.564	−0.644	45.020		
$Ha(T)$	−414950	69.162	−22.782	0.644	15.007	
$Sa(T)$	−290.157	69.162	−45.564	0.322	22.510	
$Ga(T)$	−414950	359.319	−69.162	22.782	0.322	−7.503
$Ga(l)$	−377200	−137.236				

温度范围:1007 ~ 1671 相:液

$\Delta H_{tr}^{\ominus}$:25520 $\Delta S_{tr}^{\ominus}$:25. 343

函数	r_0	r_1	r_2	r_3	r_4	r_5
C_p	69. 873					
$Ha(T)$	−397290	69. 873				
$Sa(T)$	−292. 470	69. 873				
$Ga(T)$	−397290	362. 343	−69. 873			
$Ga(l)$	−305280	−210. 158				

KBr(气)

温度范围:298 ~ 2000 相:气

$\Delta H_{f,298}^{\ominus}$: −180080 $S_{298}^{\ominus}$:250. 412

函数	r_0	r_1	r_2	r_3	r_4	r_5
C_p	37. 405	0. 837	−0. 059			
$Ha(T)$	−191470	37. 405	0. 419	0. 059		
$Sa(T)$	36. 712	37. 405	0. 837	0. 030		
$Ga(T)$	−191470	0. 693	−37. 405	−0. 419	0. 030	
$Ga(l)$	−154860	−298. 931				

$(KBr)_2$(气)

温度范围:298 ~ 2000 相:气

$\Delta H_{f,298}^{\ominus}$: −535300 $S_{298}^{\ominus}$:376. 2

函数	r_0	r_1	r_2	r_3	r_4	r_5
C_p	83. 14	5. 41	−0. 12			
$Ha(T)$	−560730	83. 140	2. 705	0. 120		
$Sa(T)$	−99. 786	83. 140	5. 410	0. 060		
$Ga(T)$	−560730	182. 926	−83. 140	−2. 705	0. 060	
$Ga(l)$	−477470	−487. 119				

KI

温度范围:298 ~ 954 相:固

$\Delta H_{f,298}^{\ominus}$: −327900 $S_{298}^{\ominus}$:106. 399

函数	r_0	r_1	r_2	r_3	r_4	r_5
C_p	38. 828	28. 911	0. 494			
$Ha(T)$	−339100	38. 828	14. 456	−0. 494		
$Sa(T)$	−120. 668	38. 828	28. 911	−0. 247		
$Ga(T)$	−339100	159. 496	−38. 828	−14. 456	−0. 247	
$Ga(l)$	−312420	−145. 569				

温度范围:954 ~ 1618 相:液

$\Delta H_{tr}^{\ominus}$:24020 $\Delta S_{tr}^{\ominus}$:25. 178

函数	r_0	r_1	r_2	r_3	r_4	r_5
C_p	72. 383					
$Ha(T)$	−334460	72. 383				
$Sa(T)$	−298. 390	72. 383				
$Ga(T)$	−334460	370. 773	−72. 383			
$Ga(l)$	−243040	−219. 330				

KI(气)

温度范围:298～2000　　相:气

$\Delta H^{\ominus}_{f,298}$: −125520　　$S^{\ominus}_{298}$:258.153

函数	r_0	r_1	r_2	r_3	r_4	r_5
C_p	37.405	0.879	−0.042			
$Ha(T)$	−136850	37.405	0.440	0.042		
$Sa(T)$	44.536	37.405	0.879	0.021		
$Ga(T)$	−136850	−7.131	−37.405	−0.440	0.021	
$Ga(l)$	−100250	−306.793				

$(KI)_2$(气)

温度范围:298～2000　　相:气

$\Delta H^{\ominus}_{f,298}$: −422200　　$S^{\ominus}_{298}$:395.8

函数	r_0	r_1	r_2	r_3	r_4	r_5
C_p	84.13		−0.08			
$Ha(T)$	−447550	84.130		0.080		
$Sa(T)$	−83.989	84.130		0.040		
$Ga(T)$	−447550	168.119	−84.130		0.040	
$Ga(l)$	−366300	−503.591				

$KClO_3$

温度范围:298～630　　相:固

$\Delta H^{\ominus}_{f,298}$: −389100　　$S^{\ominus}_{298}$:143.1

函数	r_0	r_1	r_2	r_3	r_4	r_5
C_p	97.49	60.67	−1.34			
$Ha(T)$	−425360	97.490	30.335	1.340		
$Sa(T)$	−437.985	97.490	60.670	0.670		
$Ga(T)$	−425360	535.475	−97.490	−30.335	0.670	
$Ga(l)$	−372360	−190.854				

$KClO_4$

温度范围:298～573　　相:固(α_1)

$\Delta H^{\ominus}_{f,298}$: −430120　　$S^{\ominus}_{298}$:151.042

函数	r_0	r_1	r_2	r_3	r_4	r_5
C_p	138.449	62.718	−3.979			
$Ha(T)$	−487530	138.449	31.359	3.979		
$Sa(T)$	−678.865	138.449	62.718	1.990		
$Ga(T)$	−487530	817.314	−138.449	−31.359	1.990	
$Ga(l)$	−413510	−199.514				

温度范围:573～798　　相:固(α_2)

$\Delta H^{\ominus}_{tr}$:13770　　$\Delta S^{\ominus}_{tr}$:24.031

函数	r_0	r_1	r_2	r_3	r_4	r_5
C_p	138.449	62.718	−3.979			
$Ha(T)$	−473760	138.449	31.359	3.979		
$Sa(T)$	−654.833	138.449	62.718	1.990		
$Ga(T)$	−473760	793.282	−138.449	−31.359	1.990	
$Ga(l)$	−359060	−296.182				

KO(气)

温度范围:298 ~ 2000　　相:气

$\Delta H^{\ominus}_{f,298}$:42380　　$S^{\ominus}_{298}$:235. 434

函数	r_0	r_1	r_2	r_3	r_4	r_5
C_p	37. 196	0. 502	-0. 234			
$Ha(T)$	30480	37. 196	0. 251	0. 234		
$Sa(T)$	22. 040	37. 196	0. 502	0. 117		
$Ga(T)$	30480	15. 156	-37. 196	-0. 251	0. 117	
$Ga(l)$	66920	-282. 518				

KO_2

温度范围:298 ~ 782　　相:固

$\Delta H^{\ominus}_{f,298}$: -284500　　$S^{\ominus}_{298}$:122. 5

函数	r_0	r_1	r_2	r_3	r_4	r_5
C_p	87. 66	10. 67	-1. 12			
$Ha(T)$	-314870	87. 660	5. 335	1. 120		
$Sa(T)$	-386. 432	87. 660	10. 670	0. 560		
$Ga(T)$	-314870	474. 092	-87. 660	-5. 335	0. 560	
$Ga(l)$	-266380	-171. 211				

K_2O

温度范围:298 ~ 1154　　相:固

$\Delta H^{\ominus}_{f,298}$: -363170　　$S^{\ominus}_{298}$:94. 140

函数	r_0	r_1	r_2	r_3	r_4	r_5
C_p	72. 174	41. 840				
$Ha(T)$	-386550	72. 174	20. 920			
$Sa(T)$	-329. 553	72. 174	41. 840			
$Ga(T)$	-386550	401. 727	-72. 174	-20. 920		
$Ga(l)$	-329520	-173. 561				

$K_2O \cdot Al_2O_3 \cdot 2SiO_2$(钾霞石)

温度范围:298 ~ 1400　　相:固

$\Delta H^{\ominus}_{f,298}$: -4216600　　$S^{\ominus}_{298}$:266. 102

函数	r_0	r_1	r_2	r_3	r_4	r_5
C_p	239. 576					
$Ha(T)$	-4288000	239. 576				
$Sa(T)$	-1098. 905	239. 576				
$Ga(T)$	-4288000	1338. 481	-239. 576			
$Ga(l)$	-4109100	-505. 655				

$K_2O \cdot Al_2O_3 \cdot 4SiO_2$(白榴石)

温度范围:298 ~ 1400　　相:固

$\Delta H^{\ominus}_{f,298}$:6068500　　$S^{\ominus}_{298}$:368. 192

函数	r_0	r_1	r_2	r_3	r_4	r_5
C_p	328. 277					
$Ha(T)$	5970600	328. 277				
$Sa(T)$	-1502. 198	328. 277				
$Ga(T)$	5970600	1830. 475	-328. 277			
$Ga(l)$	6215800	-696. 437				

$K_2O \cdot Al_2O_3 \cdot 6SiO_2$(α)

温度范围:298 ~ 1400　　相:固

$\Delta H^{\ominus}_{f,298}$: −7907800　　$S^{\ominus}_{298}$:468. 608

函数	r_0	r_1	r_2	r_3	r_4	r_5
C_p	572. 120	77. 320	−19. 046			
$Ha(T)$	−8145700	572. 120	38. 660	19. 046		
$Sa(T)$	−2921. 282	572. 120	77. 320	9. 523		
$Ga(T)$	−8145700	3493. 402	−572. 120	−38. 660	9. 523	
$Ga(l)$	−7665700	−994. 201				

$K_2O \cdot Al_2O_3 \cdot 6SiO_2$(冰长石)

温度范围:298 ~ 1400　　相:固

$\Delta H^{\ominus}_{f,298}$: −7906500　　$S^{\ominus}_{298}$:468. 6

函数	r_0	r_1	r_2	r_3	r_4	r_5
C_p	286. 06	38. 66	−9. 52			
$Ha(T)$	−8025400	286. 060	19. 330	9. 520		
$Sa(T)$	−1226. 328	286. 060	38. 660	4. 760		
$Ga(T)$	−8025400	1512. 388	−286. 060	−19. 330	4. 760	
$Ga(l)$	−7785400	−731. 412				

$K_2O \cdot Al_2O_3 \cdot 6SiO_2$(微斜长石)

温度范围:298 ~ 1400　　相:固

$\Delta H^{\ominus}_{f,298}$: −7913600　　$S^{\ominus}_{298}$:439. 320

函数	r_0	r_1	r_2	r_3	r_4	r_5
C_p	572. 120	77. 320	−19. 046			
$Ha(T)$	−8151500	572. 120	38. 660	19. 046		
$Sa(T)$	−2950. 570	572. 120	77. 320	9. 523		
$Ga(T)$	−8151500	3522. 690	−572. 120	−38. 660	9. 523	
$Ga(l)$	−7671500	−964. 913				

$K_2O \cdot Al_2O_3 \cdot 6SiO_2$(透长石)

温度范围:298 ~ 1473　　相:固

$\Delta H^{\ominus}_{f,298}$: −7902700　　$S^{\ominus}_{298}$:476. 139

函数	r_0	r_1	r_2	r_3	r_4	r_5
C_p	572. 120	77. 320	−19. 046			
$Ha(T)$	−8140600	572. 120	38. 660	19. 046		
$Sa(T)$	−2913. 751	572. 120	77. 320	9. 523		
$Ga(T)$	−8140600	3485. 871	−572. 120	−38. 660	9. 523	
$Ga(l)$	−7644000	−1026. 121				

温度范围:1473 ~ 1900　　相:液

$\Delta H^{\ominus}_{tr}$:123010　　$\Delta S^{\ominus}_{tr}$:83. 510

函数	r_0	r_1	r_2	r_3	r_4	r_5
C_p	765. 672					
$Ha(T)$	−8205900	765. 672				
$Sa(T)$	−4123. 933	765. 672				
$Ga(T)$	−8205900	4889. 604	−765. 672			
$Ga(l)$	−6920000	−1564. 124				

$K_2O \cdot B_2O_3$

温度范围:298 ~ 1220　　相:固

$\Delta H^{\ominus}_{f,298}$: -1989900　　$S^{\ominus}_{298}$:160

函数	r_0	r_1	r_2	r_3	r_4	r_5
C_p	161.92	46.86	-3.73			
$Ha(T)$	-2052800	161.920	23.430	3.730		
$Sa(T)$	-797.506	161.920	46.860	1.865		
$Ga(T)$	-2052800	959.426	-161.920	-23.430	1.865	
$Ga(l)$	-1924800	-309.632				

$K_2O \cdot 2B_2O_3$

温度范围:298 ~ 1088　　相:固

$\Delta H^{\ominus}_{f,298}$: -3334200　　$S^{\ominus}_{298}$:208.363

函数	r_0	r_1	r_2	r_3	r_4	r_5
C_p	138.574	279.575	-3.548	-131.712		
$Ha(T)$	-3398700	138.574	139.788	3.548	-43.904	
$Sa(T)$	-678.633	138.574	279.575	1.774	-65.856	
$Ga(T)$	-3398700	817.207	-138.574	-139.788	1.774	21.952
$Ga(l)$	-3259100	-387.656				

温度范围:1088 ~ 2000　　相:液

$\Delta H^{\ominus}_{tr}$:104180　　$\Delta S^{\ominus}_{tr}$:95.754

函数	r_0	r_1	r_2	r_3	r_4	r_5
C_p	380.493	77.195				
$Ha(T)$	-3491200	380.493	38.598			
$Sa(T)$	-2130.669	380.493	77.195			
$Ga(T)$	-3491200	2511.162	-380.493	-38.598		
$Ga(l)$	-2828200	-778.759				

$K_2O \cdot 3B_2O_3$

温度范围:298 ~ 1098　　相:固

$\Delta H^{\ominus}_{f,298}$: -4633500　　$S^{\ominus}_{298}$:251.040

函数	r_0	r_1	r_2	r_3	r_4	r_5
C_p	204.096	205.351				
$Ha(T)$	-4703500	204.096	102.676			
$Sa(T)$	-973.042	204.096	205.351			
$Ga(T)$	-4703500	1177.138	-204.096	-102.676		
$Ga(l)$	-4529600	-499.558				

$K_2O \cdot 4B_2O_3$(1)

温度范围:298 ~ 700　　相:固

$\Delta H^{\ominus}_{f,298}$: -5945100　　$S^{\ominus}_{298}$:293.717

函数	r_0	r_1	r_2	r_3	r_4	r_5
C_p	215.999	366.100	-0.335			
$Ha(T)$	-6026900	215.999	183.050	0.335		
$Sa(T)$	-1047.995	215.999	366.100	0.168		
$Ga(T)$	-6026900	1263.994	-215.999	-183.050	0.168	
$Ga(l)$	-5880000	-473.779				

温度范围:700 ~ 1130　　相:固

$\Delta H^{\ominus}_{tr}$:—　　$\Delta S^{\ominus}_{tr}$:—

函数	r_0	r_1	r_2	r_3	r_4	r_5
C_p	498.498	90.701	-44.580			
$Ha(T)$	-6220400	498.498	45.351	44.580		
$Sa(T)$	-2751.038	498.498	90.701	22.290		
$Ga(T)$	-6220400	3249.536	-498.498	-45.351	22.290	
$Ga(l)$	-5683700	-755.938				

温度范围:1130 ~ 1300　　相:液

$\Delta H^{\ominus}_{tr}$:125100　　$\Delta S^{\ominus}_{tr}$:110.708

函数	r_0	r_1	r_2	r_3	r_4	r_5
C_p	661.490					
$Ha(T)$	-6182100	661.490				
$Sa(T)$	-3666.210	661.490				
$Ga(T)$	-6182100	4327.700	-661.490			
$Ga(l)$	-5379500	-1031.688				

$K_2O \cdot 4B_2O_3(2)$

温度范围:298 ~ 1130　　相:固

$\Delta H^{\ominus}_{f,298}$: -5945100　　$S^{\ominus}_{298}$:293.7

函数	r_0	r_1	r_2	r_3	r_4	r_5
C_p	308.36	239.53	-5.4			
$Ha(T)$	-6065800	308.360	119.765	5.400		
$Sa(T)$	-1565.000	308.360	239.530	2.700		
$Ga(T)$	-6065800	1873.360	-308.360	-119.765	2.700	
$Ga(l)$	-5803300	-627.668				

$K_2O \cdot Fe_2O_3$

温度范围:298 ~ 1300　　相:固

$\Delta H^{\ominus}_{f,298}$: -2476900　　$S^{\ominus}_{298}$:175.7

函数	r_0	r_1	r_2	r_3	r_4	r_5
C_p	200	47.7	-2.34			
$Ha(T)$	-2546500	200.000	23.850	2.340		
$Sa(T)$	-991.203	200.000	47.700	1.170		
$Ga(T)$	-2546500	1191.203	-200.000	-23.850	1.170	
$Ga(l)$	-2387600	-377.404				

$K_2O \cdot SiO_2$

温度范围:298 ~ 1249　　相:固

$\Delta H^{\ominus}_{f,298}$: -1548100　　$S^{\ominus}_{298}$:146.022

函数	r_0	r_1	r_2	r_3	r_4	r_5
C_p	135.645	24.476	-2.155			
$Ha(T)$	-1596900	135.645	12.238	2.155		
$Sa(T)$	-646.247	135.645	24.476	1.078		
$Ga(T)$	-1596900	781.892	-135.645	-12.238	1.078	
$Ga(l)$	-1493300	-271.621				

温度范围:1249 ~ 1800　　相:液

$\Delta H_{tr}^{\ominus}$:48120　　$\Delta S_{tr}^{\ominus}$:38.527

函数	r_0	r_1	r_2	r_3	r_4	r_5
C_p	167.360					
$Ha(T)$	-1567500	167.360				
$Sa(T)$	-802.590	167.360				
$Ga(T)$	-1567500	969.950	-167.360			
$Ga(l)$	-1314600	-423.506				

$K_2O \cdot 2SiO_2$

温度范围:298 ~ 510　　相:固(α)

$\Delta H_{f,298}^{\ominus}$: -2509600　　$S_{298}^{\ominus}$:190.6

函数	r_0	r_1	r_2	r_3	r_4	r_5
C_p	191.84	36.57	-3.72			
$Ha(T)$	-2580900	191.840	18.285	3.720		
$Sa(T)$	-934.254	191.840	36.570	1.860		
$Ga(T)$	-2580900	1126.094	-191.840	-18.285	1.860	
$Ga(l)$	-2492400	-242.405				

温度范围:510 ~ 867　　相:固(β)

$\Delta H_{tr}^{\ominus}$:1300　　$\Delta S_{tr}^{\ominus}$:2.549

函数	r_0	r_1	r_2	r_3	r_4	r_5
C_p	157.99	90.84	-1			
$Ha(T)$	-2564100	157.990	45.420	1.000		
$Sa(T)$	-743.119	157.990	90.840	0.500		
$Ga(T)$	-2564100	901.109	-157.990	-45.420	0.500	
$Ga(l)$	-2434700	-351.831				

温度范围:867 ~ 1318　　相:固(γ)

$\Delta H_{tr}^{\ominus}$:1600　　$\Delta S_{tr}^{\ominus}$:1.845

函数	r_0	r_1	r_2	r_3	r_4	r_5
C_p	224.22	4.44				
$Ha(T)$	-2586300	224.220	2.220			
$Sa(T)$	-1113.748	224.220	4.440			
$Ga(T)$	-2586300	1337.968	-224.220	-2.220		
$Ga(l)$	-2341500	-458.831				

$K_2O \cdot 4SiO_2$

温度范围:298 ~ 865　　相:固(α)

$\Delta H_{f,298}^{\ominus}$: -4315800　　$S_{298}^{\ominus}$:265.684

函数	r_0	r_1	r_2	r_3	r_4	r_5
C_p	253.216	159.369				
$Ha(T)$	-4398400	253.216	79.685			
$Sa(T)$	-1224.555	253.216	159.369			
$Ga(T)$	-4398400	1477.771	-253.216	-79.685		
$Ga(l)$	-4236000	-473.689				

温度范围:865 ~ 1043　　相:固(β)

$\Delta H_{tr}^{\ominus}$:3222　　$\Delta S_{tr}^{\ominus}$:3.725

函数	r_0	r_1	r_2	r_3	r_4	r_5
C_p	391. 371	16. 192				
$Ha(T)$	−4461100	391. 371	8. 096			
$Sa(T)$	−2031. 286	391. 371	16. 192			
$Ga(T)$	−4461100	2422. 657	−391. 371	−8. 096		
$Ga(l)$	−4081300	−668. 870				

温度范围:1043 ~ 1800　　相:液

$\Delta H_{tr}^{\ominus}$:48950　　$\Delta S_{tr}^{\ominus}$:46. 932

函数	r_0	r_1	r_2	r_3	r_4	r_5
C_p	410. 032					
$Ha(T)$	−4422800	410. 032				
$Sa(T)$	−2097. 157	410. 032				
$Ga(T)$	−4422800	2507. 189	−410. 032			
$Ga(l)$	−3851100	−876. 508				

$K_2O \cdot WO_3$

温度范围:298 ~ 650　　相:固(α)

$\Delta H_{f,298}^{\ominus}$: −1581600　　$S_{298}^{\ominus}$:175. 7

函数	r_0	r_1	r_2	r_3	r_4	r_5
C_p	113. 39	125. 52				
$Ha(T)$	−1621000	113. 390	62. 760			
$Sa(T)$	−507. 774	113. 390	125. 520			
$Ga(T)$	−1621000	621. 164	−113. 390	−62. 760		
$Ga(l)$	−1555800	−248. 754				

K_2O_2

温度范围:298 ~ 763　　相:固

$\Delta H_{f,298}^{\ominus}$: −495800　　$S_{298}^{\ominus}$:112. 968

函数	r_0	r_1	r_2	r_3	r_4	r_5
C_p	79. 998	68. 534				
$Ha(T)$	−522700	79. 998	34. 267			
$Sa(T)$	−363. 262	79. 998	68. 534			
$Ga(T)$	−522700	443. 260	−79. 998	−34. 267		
$Ga(l)$	−473460	−173. 402				

K_2O_3

温度范围:298 ~ 703　　相:固

$\Delta H_{f,298}^{\ominus}$: −560660　　$S_{298}^{\ominus}$:140. 164

函数	r_0	r_1	r_2	r_3	r_4	r_5
C_p	79. 914	97. 069				
$Ha(T)$	−588800	79. 914	48. 535			
$Sa(T)$	−344. 095	79. 914	97. 069			
$Ga(T)$	−588800	424. 009	−79. 914	−48. 535		
$Ga(l)$	−539090	−199. 866				

温度范围:703 ~ 973　　相:液

$\Delta H_{tr}^{\ominus}$:25520　　$\Delta S_{tr}^{\ominus}$:36.302

函数	r_0	r_1	r_2	r_3	r_4	r_5
C_p	148.532					
$Ha(T)$	−587530	148.532				
$Sa(T)$	−689.369	148.532				
$Ga(T)$	−587530	837.901	−148.532			
$Ga(l)$	−463920	−310.020				

温度范围:973 ~ 2000　　相:气

$\Delta H_{tr}^{\ominus}$:104600　　$\Delta S_{tr}^{\ominus}$:107.503

函数	r_0	r_1	r_2	r_3	r_4	r_5
C_p	83.680	20.920				
$Ha(T)$	−429730	83.680	10.460			
$Sa(T)$	−156.015	83.680	20.920			
$Ga(T)$	−429730	239.695	−83.680	−10.460		
$Ga(l)$	−287180	−485.272				

KOH

温度范围:298 ~ 522　　相:固(α)

$\Delta H_{f,298}^{\ominus}$: −424680　　$S_{298}^{\ominus}$:79.287

函数	r_0	r_1	r_2	r_3	r_4	r_5
C_p	42.635	76.944				
$Ha(T)$	−440810	42.635	38.472			
$Sa(T)$	−186.571	42.635	76.944			
$Ga(T)$	−440810	229.206	−42.635	−38.472		
$Ga(l)$	−417370	−101.164				

温度范围:522 ~ 673　　相:固(β)

$\Delta H_{tr}^{\ominus}$:6318　　$\Delta S_{tr}^{\ominus}$:12.103

函数	r_0	r_1	r_2	r_3	r_4	r_5
C_p	78.659					
$Ha(T)$	−442820	78.659				
$Sa(T)$	−359.729	78.659				
$Ga(T)$	−442820	438.388	−78.659			
$Ga(l)$	−396020	−142.987				

温度范围:673 ~ 1600　　相:液

$\Delta H_{tr}^{\ominus}$:9372　　$\Delta S_{tr}^{\ominus}$:13.926

函数	r_0	r_1	r_2	r_3	r_4	r_5
C_p	83.094					
$Ha(T)$	−436430	83.094				
$Sa(T)$	−374.683	83.094				
$Ga(T)$	−436430	457.777	−83.094			
$Ga(l)$	−346290	−208.507				

温度范围:1600 ~ 2000 相:气

$\Delta H^{\ominus}_{tr}$:133890 $\Delta S^{\ominus}_{tr}$:83.681

函数	r_0	r_1	r_2	r_3	r_4	r_5
C_p	43.221	5.690	-0.477			
$Ha(T)$	-246320	43.221	2.845	0.477		
$Sa(T)$	-6.025	43.221	5.690	0.239		
$Ga(T)$	-246320	49.246	-43.221	-2.845	0.239	
$Ga(l)$	-159330	-328.207				

KOH(气)

温度范围:298 ~ 2000 相:气

$\Delta H^{\ominus}_{f,298}$: -232600 $S^{\ominus}_{298}$:236.4

函数	r_0	r_1	r_2	r_3	r_4	r_5
C_p	51.24	3.92	-0.39			
$Ha(T)$	-249360	51.240	1.960	0.390		
$Sa(T)$	-58.907	51.240	3.920	0.195		
$Ga(T)$	-249360	110.147	-51.240	-1.960	0.195	
$Ga(l)$	-197340	-303.668				

(KOH)$_2$(气)

温度范围:298 ~ 2000 相:气

$\Delta H^{\ominus}_{f,298}$: -654800 $S^{\ominus}_{298}$:328

函数	r_0	r_1	r_2	r_3	r_4	r_5
C_p	97.61	14.28	-1.95			
$Ha(T)$	-691080	97.610	7.140	1.950		
$Sa(T)$	-243.368	97.610	14.280	0.975		
$Ga(T)$	-691080	340.978	-97.610	-7.140	0.975	
$Ga(l)$	-586800	-455.864				

K_2S

温度范围:298 ~ 1100 相:固(α)

$\Delta H^{\ominus}_{f,298}$: -414220 $S^{\ominus}_{298}$:112.968

函数	r_0	r_1	r_2	r_3	r_4	r_5
C_p	70.208	19.832				
$Ha(T)$	-436030	70.208	9.916			
$Sa(T)$	-292.962	70.208	19.832			
$Ga(T)$	-436030	363.170	-70.208	-9.916		
$Ga(l)$	-387170	-178.252				

温度范围:1100 ~ 1221 相:固(β)

$\Delta H^{\ominus}_{tr}$:0 $\Delta S^{\ominus}_{tr}$:0.000

函数	r_0	r_1	r_2	r_3	r_4	r_5
C_p	142.340					
$Ha(T)$	-503380	142.340				
$Sa(T)$	-776.292	142.340				
$Ga(T)$	-503380	918.632	-142.340			
$Ga(l)$	-338270	-228.141				

温度范围:1221 ~ 1500 相:液

$\Delta H^{\ominus}_{tr}$:16150 $\Delta S^{\ominus}_{tr}$:13.227

函数	r_0	r_1	r_2	r_3	r_4	r_5
C_p	100.960					
$Ha(T)$	-436710	100.960				
$Sa(T)$	-468.960	100.960				
$Ga(T)$	-436710	569.920	-100.960			
$Ga(l)$	-299720	-259.435				

K_2SO_3

温度范围:298 ~ 973 相:固

$\Delta H^{\ominus}_{f,298}$: -1138000 $S^{\ominus}_{298}$:160.666

函数	r_0	r_1	r_2	r_3	r_4	r_5
C_p	86.692	82.843				
$Ha(T)$	-1167500	86.692	41.422			
$Sa(T)$	-357.970	86.692	82.843			
$Ga(T)$	-1167500	444.662	-86.692	-41.422		
$Ga(l)$	-1101600	-251.630				

温度范围:973 ~ 1200 相:液

$\Delta H^{\ominus}_{tr}$:25100 $\Delta S^{\ominus}_{tr}$:25.797

函数	r_0	r_1	r_2	r_3	r_4	r_5
C_p	167.276					
$Ha(T)$	-1181600	167.276				
$Sa(T)$	-806.016	167.276				
$Ga(T)$	-1181600	973.292	-167.276			
$Ga(l)$	-1000400	-363.166				

K_2SO_4

温度范围:298 ~ 856 相:固(α)

$\Delta H^{\ominus}_{f,298}$: -1433900 $S^{\ominus}_{298}$:175.728

函数	r_0	r_1	r_2	r_3	r_4	r_5
C_p	120.374	99.579	-1.782			
$Ha(T)$	-1480200	120.374	49.790	1.782		
$Sa(T)$	-549.827	120.374	99.579	0.891		
$Ga(T)$	-1480200	670.201	-120.374	-49.790	0.891	
$Ga(l)$	-1396400	-273.133				

温度范围:856 ~ 1342 相:固(β)

$\Delta H^{\ominus}_{tr}$:8954 $\Delta S^{\ominus}_{tr}$:10.460

函数	r_0	r_1	r_2	r_3	r_4	r_5
C_p	140.582	56.066				
$Ha(T)$	-1470500	140.582	28.033			
$Sa(T)$	-637.354	140.582	56.066			
$Ga(T)$	-1470500	777.936	-140.582	-28.033		
$Ga(l)$	-1284700	-407.947				

温度范围:1342 ~ 1700　　相:液

$\Delta H^{\ominus}_{tr}$:36820　　$\Delta S^{\ominus}_{tr}$:27.437

函数	r_0	r_1	r_2	r_3	r_4	r_5
C_p	199.995					
$Ha(T)$	-1462900	199.995				
$Sa(T)$	-962.564	199.995				
$Ga(T)$	-1462900	1162.559	-199.995			
$Ga(l)$	-1159900	-502.539				

K_2SO_4(气)

温度范围:298 ~ 2000　　相:气

$\Delta H^{\ominus}_{f,298}$: -1094100　　$S^{\ominus}_{298}$:366.2

函数	r_0	r_1	r_2	r_3	r_4	r_5
C_p	145.43	6.49	-3.75			
$Ha(T)$	-1150300	145.430	3.245	3.750		
$Sa(T)$	-485.429	145.430	6.490	1.875		
$Ga(T)$	-1150300	630.859	-145.430	-3.245	1.875	
$Ga(l)$	-1001900	-539.871				

KNO_2

温度范围:298 ~ 713　　相:固

$\Delta H^{\ominus}_{f,298}$: -369800　　$S^{\ominus}_{298}$:152.1

函数	r_0	r_1	r_2	r_3	r_4	r_5
C_p	41.17	110.04	2.97			
$Ha(T)$	-377000	41.170	55.020	-2.970		
$Sa(T)$	-98.573	41.170	110.040	-1.485		
$Ga(T)$	-377000	139.743	-41.170	-55.020	-1.485	
$Ga(l)$	-350270	-206.175				

KNO_3

温度范围:298 ~ 401　　相:固(α)

$\Delta H^{\ominus}_{f,298}$: -492460　　$S^{\ominus}_{298}$:132.884

函数	r_0	r_1	r_2	r_3	r_4	r_5
C_p	60.877	118.784				
$Ha(T)$	-515890	60.877	59.392			
$Sa(T)$	-249.384	60.877	118.784			
$Ga(T)$	-515890	310.261	-60.877	-59.392		
$Ga(l)$	-487520	-148.542				

温度范围:401 ~ 607　　相:固(β)

$\Delta H^{\ominus}_{tr}$:5104　　$\Delta S^{\ominus}_{tr}$:12.728

函数	r_0	r_1	r_2	r_3	r_4	r_5
C_p	120.499					
$Ha(T)$	-525140	120.499				
$Sa(T)$	-546.395	120.499				
$Ga(T)$	-525140	666.894	-120.499			
$Ga(l)$	-465100	-202.907				

温度范围:607 ~ 700　　相:液

$\Delta H_{tr}^{\ominus}$:9623　　$\Delta S_{tr}^{\ominus}$:15. 853

函数	r_0	r_1	r_2	r_3	r_4	r_5
C_p	123. 386					
$Ha(T)$	-517270	123. 386				
$Sa(T)$	-549. 044	123. 386				
$Ga(T)$	-517270	672. 430	-123. 386			
$Ga(l)$	-436750	-250. 727				

K_3Bi

温度范围:298 ~ 948　　相:固

$\Delta H_{f,298}^{\ominus}$: -226350　　$S_{298}^{\ominus}$:197. 903

函数	r_0	r_1	r_2	r_3	r_4	r_5
C_p	82. 843	66. 944				
$Ha(T)$	-254030	82. 843	33. 472			
$Sa(T)$	-294. 062	82. 843	66. 944			
$Ga(T)$	-254030	376. 905	-82. 843	-33. 472		
$Ga(l)$	-194490	-278. 317				

KCN

温度范围:298 ~ 895　　相:固

$\Delta H_{f,298}^{\ominus}$: -113470　　$S_{298}^{\ominus}$:127. 779

函数	r_0	r_1	r_2	r_3	r_4	r_5
C_p	66. 275	0. 209				
$Ha(T)$	-133240	66. 275	0. 105			
$Sa(T)$	-249. 892	66. 275	0. 209			
$Ga(T)$	-133240	316. 167	-66. 275	-0. 105		
$Ga(l)$	-96410	-172. 053				

温度范围:895 ~ 1898　　相:液

$\Delta H_{tr}^{\ominus}$:14640　　$\Delta S_{tr}^{\ominus}$:16. 358

函数	r_0	r_1	r_2	r_3	r_4	r_5
C_p	75. 312					
$Ha(T)$	-126600	75. 312				
$Sa(T)$	-294. 770	75. 312				
$Ga(T)$	-126600	370. 082	-75. 312			
$Ga(l)$	-25120	-249. 619				

KCN(气)

温度范围:298 ~ 2000　　相:气

$\Delta H_{f,298}^{\ominus}$:79500　　$S_{298}^{\ominus}$:253. 048

函数	r_0	r_1	r_2	r_3	r_4	r_5
C_p	53. 890	3. 766	-0. 402			
$Ha(T)$	61920	53. 890	1. 883	0. 402		
$Sa(T)$	-57. 379	53. 890	3. 766	0. 201		
$Ga(T)$	61920	111. 269	-53. 890	-1. 883	0. 201	
$Ga(l)$	116430	-323. 533				

$(KCN)_2$(气)

温度范围:298 ~ 2000　　相:气

$\Delta H^{\ominus}_{f,298}$: −8400　　$S^{\ominus}_{298}$:373. 1

函数	r_0	r_1	r_2	r_3	r_4	r_5
C_p	116. 1	7. 51	−0. 8			
$Ha(T)$	−46030	116. 100	3. 755	0. 800		
$Sa(T)$	−295. 130	116. 100	7. 510	0. 400		
$Ga(T)$	−46030	411. 230	−116. 100	−3. 755	0. 400	
$Ga(l)$	71000	−524. 771				

K_2CO_3

温度范围:298 ~ 1174　　相:固

$\Delta H^{\ominus}_{f,298}$: −1150200　　$S^{\ominus}_{298}$:155. 519

函数	r_0	r_1	r_2	r_3	r_4	r_5
C_p	97. 906	92. 048	−0. 987			
$Ha(T)$	−1186800	97. 906	46. 024	0. 987		
$Sa(T)$	−435. 306	97. 906	92. 048	0. 494		
$Ga(T)$	−1186800	533. 212	−97. 906	−46. 024	0. 494	
$Ga(l)$	−1098300	−276. 161				

温度范围:1174 ~ 2000　　相:液

$\Delta H^{\ominus}_{tr}$:27610　　$\Delta S^{\ominus}_{tr}$:23. 518

函数	r_0	r_1	r_2	r_3	r_4	r_5
C_p	209. 200					
$Ha(T)$	−1225600	209. 200				
$Sa(T)$	−1090. 010	209. 200				
$Ga(T)$	−1225600	1299. 210	−209. 200			
$Ga(l)$	−899620	−450. 271				

$KHCO_3$

温度范围:298 ~ 423　　相:固

$\Delta H^{\ominus}_{f,298}$: −964800　　$S^{\ominus}_{298}$:115. 5

函数	r_0	r_1	r_2	r_3	r_4	r_5
C_p	47. 7	143. 1				
$Ha(T)$	−985380	47. 700	71. 550			
$Sa(T)$	−198. 941	47. 700	143. 100			
$Ga(T)$	−985380	246. 641	−47. 700	−71. 550		
$Ga(l)$	−959110	−133. 338				

KH_2PO_4

温度范围:298 ~ 1100　　相:固

$\Delta H^{\ominus}_{f,298}$: −1562100　　$S^{\ominus}_{298}$:134. 516

函数	r_0	r_1	r_2	r_3	r_4	r_5
C_p	144. 515	38. 953	−3. 552			
$Ha(T)$	−1618800	144. 515	19. 477	3. 552		
$Sa(T)$	−720. 465	144. 515	38. 953	1. 776		
$Ga(T)$	−1618800	864. 980	−144. 515	−19. 477	1. 776	
$Ga(l)$	−1512600	−252. 747				

K_2HPO_4

温度范围:298 ~ 1000　　相:固

$\Delta H^{\ominus}_{f,298}$: −1775800　　$S^{\ominus}_{298}$:179.1

函数	r_0	r_1	r_2	r_3	r_4	r_5
C_p	164.56	41.46	−2.97			
$Ha(T)$	−1836700	164.560	20.730	2.970		
$Sa(T)$	−787.563	164.560	41.460	1.485		
$Ga(T)$	−1836700	952.123	−164.560	−20.730	1.485	
$Ga(l)$	−1725300	−304.125				

K_3PO_4

温度范围:298 ~ 1000　　相:固

$\Delta H^{\ominus}_{f,298}$: −1988200　　$S^{\ominus}_{298}$:211.7

函数	r_0	r_1	r_2	r_3	r_4	r_5
C_p	185.69	41.46	−2.97			
$Ha(T)$	−2055400	185.690	20.730	2.970		
$Sa(T)$	−875.353	185.690	41.460	1.485		
$Ga(T)$	−2055400	1061.043	−185.690	−20.730	1.485	
$Ga(l)$	−1931400	−352.503				

KBF_4

温度范围:298 ~ 556　　相:固(α)

$\Delta H^{\ominus}_{f,298}$: −1887000　　$S^{\ominus}_{298}$:133.9

函数	r_0	r_1	r_2	r_3	r_4	r_5
C_p	65.35	162.59	0.08			
$Ha(T)$	−1913400	65.350	81.295	−0.080		
$Sa(T)$	−286.464	65.350	162.590	−0.040		
$Ga(T)$	−1913400	351.814	−65.350	−81.295	−0.040	
$Ga(l)$	−1872000	−177.954				

KBF_4(气)

温度范围:298 ~ 2000　　相:气

$\Delta H^{\ominus}_{f,298}$: −1552300　　$S^{\ominus}_{298}$:315.4

函数	r_0	r_1	r_2	r_3	r_4	r_5
C_p	115.6	9.08	−2.42			
$Ha(T)$	−1595300	115.600	4.540	2.420		
$Sa(T)$	−359.561	115.600	9.080	1.210		
$Ga(T)$	−1595300	475.161	−115.600	−4.540	1.210	
$Ga(l)$	−1475900	−459.608				

KBO_2(气)

温度范围:298 ~ 2000　　相:气

$\Delta H^{\ominus}_{f,298}$: −674000　　$S^{\ominus}_{298}$:297.4

函数	r_0	r_1	r_2	r_3	r_4	r_5
C_p	71.98	5.41	−1.46			
$Ha(T)$	−700600	71.980	2.705	1.460		
$Sa(T)$	−122.538	71.980	5.410	0.730		
$Ga(T)$	−700600	194.518	−71.980	−2.705	0.730	
$Ga(l)$	−626440	−387.222				

K_3AlF_6

温度范围:298 ~ 1293　　相:固

$\Delta H^{\ominus}_{f,298}$: −3326300　　$S^{\ominus}_{298}$:284.512

函数	r_0	r_1	r_2	r_3	r_4	r_5
C_p	238.404	66.944	−3.310			
$Ha(T)$	−3411500	238.404	33.472	3.310		
$Sa(T)$	−1112.395	238.404	66.944	1.655		
$Ga(T)$	−3411500	1350.799	−238.404	−33.472	1.655	
$Ga(l)$	−3219200	−526.415				

$KAlCl_4$

温度范围:298 ~ 529　　相:固

$\Delta H^{\ominus}_{f,298}$: −1196600　　$S^{\ominus}_{298}$:196.648

函数	r_0	r_1	r_2	r_3	r_4	r_5
C_p	130.122	88.366				
$Ha(T)$	−1239300	130.122	44.183			
$Sa(T)$	−571.081	130.122	88.366			
$Ga(T)$	−1239300	701.203	−130.122	−44.183		
$Ga(l)$	−1179300	−248.400				

K_3AlCl_6

温度范围:298 ~ 800　　相:固

$\Delta H^{\ominus}_{f,298}$: −2092000　　$S^{\ominus}_{298}$:376.560

函数	r_0	r_1	r_2	r_3	r_4	r_5
C_p	218.991	100.709				
$Ha(T)$	−2161800	218.991	50.355			
$Sa(T)$	−901.189	218.991	100.709			
$Ga(T)$	−2161800	1120.180	−218.991	−50.355		
$Ga(l)$	−2034300	−530.755				

$KAl(SO_4)_2$

温度范围:298 ~ 1100　　相:固

$\Delta H^{\ominus}_{f,298}$: −2470200　　$S^{\ominus}_{298}$:204.6

函数	r_0	r_1	r_2	r_3	r_4	r_5
C_p	234.14	82.34	−5.84			
$Ha(T)$	−2563300	234.140	41.170	5.840		
$Sa(T)$	−1186.833	234.140	82.340	2.920		
$Ga(T)$	−2563300	1420.973	−234.140	−41.170	2.920	
$Ga(l)$	−2386800	−403.495				

$KAl(SO_4)_2 \cdot 12H_2O$

温度范围:298 ~ 364　　相:固

$\Delta H^{\ominus}_{f,298}$: −6054200　　$S^{\ominus}_{298}$:687.013

函数	r_0	r_1	r_2	r_3	r_4	r_5
C_p	−640.989	4336.298				
$Ha(T)$	−6055800	−640.989	2168.149			
$Sa(T)$	3046.243	−640.989	4336.298			
$Ga(T)$	−6055800	−3687.232	640.989	−2168.149		
$Ga(l)$	−6030500	−763.283				

温度范围:364 ~ 500　　相:液

$\Delta H_{tr}^{\ominus}$:27990　　$\Delta S_{tr}^{\ominus}$:76.896

函数	r_0	r_1	r_2	r_3	r_4	r_5
C_p	979.056					
$Ha(T)$	-6330300	979.056				
$Sa(T)$	-4852.104	979.056				
$Ga(T)$	-6330300	5831.160	-979.056			
$Ga(l)$	-5910100	-1086.851				

$KAlSi_3O_8$

温度范围:298 ~ 1500　　相:固

$\Delta H_{f,298}^{\ominus}$: -3799100　　$S_{298}^{\ominus}$:217.568

函数	r_0	r_1	r_2	r_3	r_4	r_5
C_p	267.065	53.974	-7.134			
$Ha(T)$	-3905100	267.065	26.987	7.134		
$Sa(T)$	-1360.280	267.065	53.974	3.567		
$Ga(T)$	-3905100	1627.345	-267.065	-26.987	3.567	
$Ga(l)$	-3666800	-497.521				

K_2CrO_4

温度范围:298 ~ 939　　相:固(α)

$\Delta H_{f,298}^{\ominus}$: -1385700　　$S_{298}^{\ominus}$:199.995

函数	r_0	r_1	r_2	r_3	r_4	r_5
C_p	123.721	74.894				
$Ha(T)$	-1425900	123.721	37.447			
$Sa(T)$	-527.247	123.721	74.894			
$Ga(T)$	-1425900	650.968	-123.721	-37.447		
$Ga(l)$	-1342000	-310.756				

温度范围:939 ~ 1244　　相:固(β)

$\Delta H_{tr}^{\ominus}$:13720　　$\Delta S_{tr}^{\ominus}$:14.611

函数	r_0	r_1	r_2	r_3	r_4	r_5
C_p	148.532	50.208				
$Ha(T)$	-1424600	148.532	25.104			
$Sa(T)$	-659.282	148.532	50.208			
$Ga(T)$	-1424600	807.814	-148.532	-25.104		
$Ga(l)$	-1233600	-434.265				

温度范围:1244 ~ 1600　　相:液

$\Delta H_{tr}^{\ominus}$:28450　　$\Delta S_{tr}^{\ominus}$:22.870

函数	r_0	r_1	r_2	r_3	r_4	r_5
C_p	209.200					
$Ha(T)$	-1432800	209.200				
$Sa(T)$	-1006.279	209.200				
$Ga(T)$	-1432800	1215.479	-209.200			
$Ga(l)$	-1136500	-512.147				

La

温度范围:298 ~ 500　　相:固(α)

$\Delta H^{\ominus}_{f,298}$:0　　$S^{\ominus}_{298}$:56.902

函数	r_0	r_1	r_2	r_3	r_4	r_5
C_p	26.443	2.326				
$Ha(T)$	-7987	26.443	1.163			
$Sa(T)$	-94.453	26.443	2.326			
$Ga(T)$	-7987	120.896	-26.443	-1.163		
$Ga(l)$	3163	-66.274				

温度范围:550 ~ 1134　　相:固(β)

$\Delta H^{\ominus}_{tr}$:364　　$\Delta S^{\ominus}_{tr}$:0.662

函数	r_0	r_1	r_2	r_3	r_4	r_5
C_p	17.656	15.033	0.390			
$Ha(T)$	-4003	17.656	7.517	-0.390		
$Sa(T)$	-44.690	17.656	15.033	-0.195		
$Ga(T)$	-4003	62.346	-17.656	-7.517	-0.195	
$Ga(l)$	15000	-86.380				

温度范围:1134 ~ 1193　　相:固(γ)

$\Delta H^{\ominus}_{tr}$:3121　　$\Delta S^{\ominus}_{tr}$:2.752

函数	r_0	r_1	r_2	r_3	r_4	r_5
C_p	39.539					
$Ha(T)$	-16380	39.539				
$Sa(T)$	-178.956	39.539				
$Ga(T)$	-16380	218.495	-39.539			
$Ga(l)$	29670	-100.194				

温度范围:1193 ~ 3000　　相:液

$\Delta H^{\ominus}_{tr}$:6197　　$\Delta S^{\ominus}_{tr}$:5.194

函数	r_0	r_1	r_2	r_3	r_4	r_5
C_p	34.309					
$Ha(T)$	-3939	34.309				
$Sa(T)$	-136.711	34.309				
$Ga(T)$	-3939	171.020	-34.309			
$Ga(l)$	64330	-125.020				

La(气)

温度范围:298 ~ 2000　　相:气

$\Delta H^{\ominus}_{f,298}$:431000　　$S^{\ominus}_{298}$:182.4

函数	r_0	r_1	r_2	r_3	r_4	r_5
C_p	18.91	16.49				
$Ha(T)$	424630	18.910	8.245			
$Sa(T)$	69.742	18.910	16.490			
$Ga(T)$	424630	-50.832	-18.910	-8.245		
$Ga(l)$	451770	-220.750				

LaH_2

温度范围:298 ~ 1200　　相:固

$\Delta H^{\ominus}_{f,298}$: −189120　　$S^{\ominus}_{298}$:51. 672

函数	r_0	r_1	r_2	r_3	r_4	r_5
C_p	39. 246	15. 146				
$Ha(T)$	−201490	39. 246	7. 573			
$Sa(T)$	−176. 452	39. 246	15. 146			
$Ga(T)$	−201490	215. 698	−39. 246	−7. 573		
$Ga(l)$	−171370	−93. 106				

LaF_3

温度范围:298 ~ 1766　　相:固(α)

$\Delta H^{\ominus}_{f,298}$: −1782400　　$S^{\ominus}_{298}$:113. 386

函数	r_0	r_1	r_2	r_3	r_4	r_5
C_p	77. 730	19. 953				
$Ha(T)$	−1806500	77. 730	9. 977			
$Sa(T)$	−335. 437	77. 730	19. 953			
$Ga(T)$	−1806500	413. 167	−77. 730	−9. 977		
$Ga(l)$	−1729200	−220. 087				

温度范围:1766 ~ 2000　　相:液

ΔH^{θ}_{tr}:50250　　$\Delta S^{\ominus}_{tr}$:28. 454

函数	r_0	r_1	r_2	r_3	r_4	r_5
C_p	152. 716					
$Ha(T)$	−1857500	152. 716				
$Sa(T)$	−832. 377	152. 716				
$Ga(T)$	−1857500	985. 093	−152. 716			
$Ga(l)$	−1570200	−319. 154				

LaF_3(气)

温度范围:298 ~ 2000　　相:气

$\Delta H^{\ominus}_{f,298}$: −1264400　　$S^{\ominus}_{298}$:321. 9

函数	r_0	r_1	r_2	r_3	r_4	r_5
C_p	81. 82	0. 78	−0. 83			
$Ha(T)$	−1291600	81. 820	0. 390	0. 830		
$Sa(T)$	−149. 178	81. 820	0. 780	0. 415		
$Ga(T)$	−1291600	230. 998	−81. 820	−0. 390	0. 415	
$Ga(l)$	−1211200	−423. 608				

$LaCl_3$

温度范围:298 ~ 1128　　相:固

$\Delta H^{\ominus}_{f,298}$: −1070700　　$S^{\ominus}_{298}$:144. 348

函数	r_0	r_1	r_2	r_3	r_4	r_5
C_p	97. 194	21. 464				
$Ha(T)$	−1100600	97. 194	10. 732			
$Sa(T)$	−415. 824	97. 194	21. 464			
$Ga(T)$	−1100600	513. 018	−97. 194	−10. 732		
$Ga(l)$	−1033100	−234. 441				

温度范围:1128 ~ 2085　　相:液

$\Delta H_{tr}^{\ominus}$:54390　　$\Delta S_{tr}^{\ominus}$:48. 218

函数	r_0	r_1	r_2	r_3	r_4	r_5
C_p	125. 520					
$Ha(T)$	-1064500	125. 520				
$Sa(T)$	-542. 475	125. 520				
$Ga(T)$	-1064500	667. 995	-125. 520			
$Ga(l)$	-867720	-382. 956				

温度范围:2085 ~ 2200　　相:气

$\Delta H_{tr}^{\ominus}$:192050　　$\Delta S_{tr}^{\ominus}$:92. 110

函数	r_0	r_1	r_2	r_3	r_4	r_5
C_p	80. 751	0. 251	-0. 293			
$Ha(T)$	-779830	80. 751	0. 126	0. 293		
$Sa(T)$	-108. 774	80. 751	0. 251	0. 147		
$Ga(T)$	-779830	189. 525	-80. 751	-0. 126	0. 147	
$Ga(l)$	-606220	-511. 093				

$LaCl_3$(气)

温度范围:298 ~ 2045　　相:气

$\Delta H_{f,298}^{\ominus}$: -730300　　$S_{298}^{\ominus}$:364. 5

函数	r_0	r_1	r_2	r_3	r_4	r_5
C_p	82. 89	0. 16	-0. 4			
$Ha(T)$	-756360	82. 890	0. 080	0. 400		
$Sa(T)$	-110. 071	82. 890	0. 160	0. 200		
$Ga(T)$	-756360	192. 961	-82. 890	-0. 080	0. 200	
$Ga(l)$	-674500	-470. 742				

$LaBr_3$

温度范围:298 ~ 1061　　相:固

$\Delta H_{f,298}^{\ominus}$: -870270　　$S_{298}^{\ominus}$:182. 004

函数	r_0	r_1	r_2	r_3	r_4	r_5
C_p	94. 726	25. 104				
$Ha(T)$	-899630	94. 726	12. 552			
$Sa(T)$	-365. 191	94. 726	25. 104			
$Ga(T)$	-899630	459. 917	-94. 726	-12. 552		
$Ga(l)$	-835750	-266. 408				

温度范围:1061 ~ 1859　　相:液

$\Delta H_{tr}^{\ominus}$:53970　　$\Delta S_{tr}^{\ominus}$:50. 867

函数	r_0	r_1	r_2	r_3	r_4	r_5
C_p	144. 348					
$Ha(T)$	-884180	144. 348				
$Sa(T)$	-633. 404	144. 348				
$Ga(T)$	-884180	777. 752	-144. 348			
$Ga(l)$	-677670	-417. 249				

$LaBr_3$(气)

温度范围:298 ~ 2000　　相:气

$\Delta H^{\ominus}_{f,298}$: −600200　　$S^{\ominus}_{298}$:383.7

函数	r_0	r_1	r_2	r_3	r_4	r_5
C_p	83.03	0.08	−0.27			
$Ha(T)$	−625860	83.030	0.040	0.270		
$Sa(T)$	−90.914	83.030	0.080	0.135		
$Ga(T)$	−625860	173.944	−83.030	−0.040	0.135	
$Ga(l)$	−545400	−489.188				

LaI_3

温度范围:298 ~ 1051　　相:固

$\Delta H^{\ominus}_{f,298}$: −656890　　$S^{\ominus}_{298}$:214.639

函数	r_0	r_1	r_2	r_3	r_4	r_5
C_p	97.161	19.811	−0.273			
$Ha(T)$	−687650	97.161	9.906	0.273		
$Sa(T)$	−346.387	97.161	19.811	0.137		
$Ga(T)$	−687650	443.548	−97.161	−9.906	0.137	
$Ga(l)$	−623310	−297.009				

温度范围:1051 ~ 1745　　相:液

$\Delta H^{\ominus}_{tr}$:56070　　$\Delta S^{\ominus}_{tr}$:53.349

函数	r_0	r_1	r_2	r_3	r_4	r_5
C_p	151.766					
$Ha(T)$	−677770	151.766				
$Sa(T)$	−652.007	151.766				
$Ga(T)$	−677770	803.773	−151.766			
$Ga(l)$	−469120	−446.255				

LaI_3(气)

温度范围:298 ~ 2000　　相:气

$\Delta H^{\ominus}_{f,298}$: −377600　　$S^{\ominus}_{298}$:412.8

函数	r_0	r_1	r_2	r_3	r_4	r_5
C_p	83.12	0.02	−0.14			
$Ha(T)$	−402850	83.120	0.010	0.140		
$Sa(T)$	−61.578	83.120	0.020	0.070		
$Ga(T)$	−402850	144.698	−83.120	−0.010	0.070	
$Ga(l)$	−322490	−519.007				

La_2O_3

温度范围:298 ~ 2000　　相:固

$\Delta H^{\ominus}_{f,298}$: −1793700　　$S^{\ominus}_{298}$:127.3

函数	r_0	r_1	r_2	r_3	r_4	r_5
C_p	119.7	14.23	−1.35			
$Ha(T)$	−1834500	119.700	7.115	1.350		
$Sa(T)$	−566.538	119.700	14.230	0.675		
$Ga(T)$	−1834500	686.238	−119.700	−7.115	0.675	
$Ga(l)$	−1709700	−286.550				

$La_2O_3 \cdot Al_2O_3$

温度范围:298 ~ 1500　　相:固

$\Delta H^{\Theta}_{f,298}$: -3587800　　S^{Θ}_{298}:170. 7

函数	r_0	r_1	r_2	r_3	r_4	r_5
C_p	223. 59	30. 96	-4. 23			
$Ha(T)$	-3670000	223. 590	15. 480	4. 230		
$Sa(T)$	-1136. 249	223. 590	30. 960	2. 115		
$Ga(T)$	-3670000	1359. 839	-223. 590	-15. 480	2. 115	
$Ga(l)$	-3478000	-404. 822				

LaOCl

温度范围:298 ~ 1200　　相:固

$\Delta H^{\Theta}_{f,298}$: -1020500　　S^{Θ}_{298}:82. 843

函数	r_0	r_1	r_2	r_3	r_4	r_5
C_p	70. 500	12. 259	-0. 460			
$Ha(T)$	-1043600	70. 500	6. 130	0. 460		
$Sa(T)$	-325. 080	70. 500	12. 259	0. 230		
$Ga(T)$	-1043600	395. 580	-70. 500	-6. 130	0. 230	
$Ga(l)$	-992430	-148. 477				

LaS

温度范围:298 ~ 2600　　相:固

$\Delta H^{\Theta}_{f,298}$: -456060　　S^{Θ}_{298}:71. 128

函数	r_0	r_1	r_2	r_3	r_4	r_5
C_p	46. 484	5. 439				
$Ha(T)$	-470160	46. 484	2. 720			
$Sa(T)$	-195. 341	46. 484	5. 439			
$Ga(T)$	-470160	241. 825	-46. 484	-2. 720		
$Ga(l)$	-410960	-147. 417				

LaS(气)

温度范围:298 ~ 2500　　相:气

$\Delta H^{\Theta}_{f,298}$:119700　　S^{Θ}_{298}:252. 6

函数	r_0	r_1	r_2	r_3	r_4	r_5
C_p	37. 06	0. 18	-0. 24			
$Ha(T)$	107840	37. 060	0. 090	0. 240		
$Sa(T)$	40. 043	37. 060	0. 180	0. 120		
$Ga(T)$	107840	-2. 983	-37. 060	-0. 090	0. 120	
$Ga(l)$	150550	-306. 145				

La_2S_3

温度范围:298 ~ 2400　　相:固

$\Delta H^{\Theta}_{f,298}$: -1221700　　S^{Θ}_{298}:164. 975

函数	r_0	r_1	r_2	r_3	r_4	r_5
C_p	116. 524	14. 644				
$Ha(T)$	-1257100	116. 524	7. 322			
$Sa(T)$	-503. 298	116. 524	14. 644			
$Ga(T)$	-1257100	619. 822	-116. 524	-7. 322		
$Ga(l)$	-1117500	-347. 977				

LaSe

温度范围:298 ~ 2200　　相:固

$\Delta H^{\ominus}_{f,298}$: −359820　　$S^{\ominus}_{298}$:81.170

函数	r_0	r_1	r_2	r_3	r_4	r_5
C_p	47.447	5.858				
$Ha(T)$	−374230	47.447	2.929			
$Sa(T)$	−190.910	47.447	5.858			
$Ga(T)$	−374230	238.357	−47.447	−2.929		
$Ga(l)$	−321400	−151.516				

LaSe(气)

温度范围:298 ~ 2000　　相:气

$\Delta H^{\ominus}_{f,298}$:187440　　$S^{\ominus}_{298}$:262.964

函数	r_0	r_1	r_2	r_3	r_4	r_5
C_p	37.342	0.038	−0.144			
$Ha(T)$	175820	37.342	0.019	0.144		
$Sa(T)$	49.383	37.342	0.038	0.072		
$Ga(T)$	175820	−12.041	−37.342	−0.019	0.072	
$Ga(l)$	212040	−310.294				

La_2Se_3

温度范围:298 ~ 1900　　相:固

$\Delta H^{\ominus}_{f,298}$: −933030　　$S^{\ominus}_{298}$:202.213

函数	r_0	r_1	r_2	r_3	r_4	r_5
C_p	120.708	16.318				
$Ha(T)$	−969740	120.708	8.159			
$Sa(T)$	−490.398	120.708	16.318			
$Ga(T)$	−969740	611.106	−120.708	−8.159		
$Ga(l)$	−849520	−365.427				

LaTe

温度范围:298 ~ 2000　　相:固

$\Delta H^{\ominus}_{f,298}$: −301200　　$S^{\ominus}_{298}$:88.3

函数	r_0	r_1	r_2	r_3	r_4	r_5
C_p	48.12	6.15				
$Ha(T)$	−315820	48.120	3.075			
$Sa(T)$	−187.702	48.120	6.150			
$Ga(T)$	−315820	235.822	−48.120	−3.075		
$Ga(l)$	−266090	−155.417				

LaTe(气)

温度范围:298 ~ 2000　　相:气

$\Delta H^{\ominus}_{f,298}$:257700　　$S^{\ominus}_{298}$:270.8

函数	r_0	r_1	r_2	r_3	r_4	r_5
C_p	37.38	0.02	−0.11			
$Ha(T)$	246190	37.380	0.010	0.110		
$Sa(T)$	57.199	37.380	0.020	0.055		
$Ga(T)$	246190	−19.819	−37.380	−0.010	0.055	
$Ga(l)$	282390	−318.335				

La_2Te_3

温度范围:298 ~ 1760　　相:固

$\Delta H^{\ominus}_{f,298}$: -784500　　$S^{\ominus}_{298}$:231. 626

函数	r_0	r_1	r_2	r_3	r_4	r_5
C_p	128. 156	13. 389				
$Ha(T)$	-823300	128. 156	6. 695			
$Sa(T)$	-502. 547	128. 156	13. 389			
$Ga(T)$	-823300	630. 703	-128. 156	-6. 695		
$Ga(l)$	-704830	-392. 836				

LaN

温度范围:298 ~ 2500　　相:固

$\Delta H^{\ominus}_{f,298}$: -299200　　$S^{\ominus}_{298}$:60. 5

函数	r_0	r_1	r_2	r_3	r_4	r_5
C_p	45. 52	7. 28				
$Ha(T)$	-313100	45. 520	3. 640			
$Sa(T)$	-201. 025	45. 520	7. 280			
$Ga(T)$	-313100	246. 545	-45. 520	-3. 640		
$Ga(l)$	-255480	-135. 569				

$LaPO_4$

温度范围:298 ~ 800　　相:固

$\Delta H^{\ominus}_{f,298}$: -1912500　　$S^{\ominus}_{298}$:121. 3

函数	r_0	r_1	r_2	r_3	r_4	r_5
C_p	125. 52	24. 9	-2. 78			
$Ha(T)$	-1960400	125. 520	12. 450	2. 780		
$Sa(T)$	-616. 923	125. 520	24. 900	1. 390		
$Ga(T)$	-1960400	742. 443	-125. 520	-12. 450	1. 390	
$Ga(l)$	-1886300	-191. 100				

$LaAl_2$

温度范围:298 ~ 1697　　相:固

$\Delta H^{\ominus}_{f,298}$: -150620　　$S^{\ominus}_{298}$:98. 742

函数	r_0	r_1	r_2	r_3	r_4	r_5
C_p	69. 454	14. 226				
$Ha(T)$	-171960	69. 454	7. 113			
$Sa(T)$	-301. 220	69. 454	14. 226			
$Ga(T)$	-171960	370. 674	-69. 454	-7. 113		
$Ga(l)$	-106610	-188. 713				

LaMg

温度范围:298 ~ 1000　　相:固

$\Delta H^{\ominus}_{f,298}$: -17990　　$S^{\ominus}_{298}$:93. 094

函数	r_0	r_1	r_2	r_3	r_4	r_5
C_p	50. 710	19. 916				
$Ha(T)$	-33990	50. 710	9. 958			
$Sa(T)$	-201. 769	50. 710	19. 916			
$Ga(T)$	-33990	252. 479	-50. 710	-9. 958		
$Ga(l)$	22	-137. 946				

Li

温度范围:298 ~454　　相:固

$\Delta H^{\ominus}_{f,298}$:0　　$S^{\ominus}_{298}$:29.079

函数	r_0	r_1	r_2	r_3	r_4	r_5
C_p	13.933	34.351				
$Ha(T)$	-5681	13.933	17.176			
$Sa(T)$	-60.547	13.933	34.351			
$Ga(T)$	-5681	74.480	-13.933	-17.176		
$Ga(l)$	1893	-34.930				

温度范围:454 ~1200　　相:液

$\Delta H^{\ominus}_{tr}$:2971　　$\Delta S^{\ominus}_{tr}$:6.544

函数	r_0	r_1	r_2	r_3	r_4	r_5
C_p	24.476	5.481	0.862	-1.925		
$Ha(T)$	-2562	24.476	2.741	-0.862	-0.642	
$Sa(T)$	-103.110	24.476	5.481	-0.431	-0.963	
$Ga(T)$	-2562	127.586	-24.476	-2.741	-0.431	0.321
$Ga(l)$	16790	-63.921				

温度范围:1200 ~1620　　相:液

$\Delta H^{\ominus}_{tr}$:—　　$\Delta S^{\ominus}_{tr}$:—

函数	r_0	r_1	r_2	r_3	r_4	r_5
C_p	29.790	-0.837				
$Ha(T)$	-6217	29.790	-0.419			
$Sa(T)$	-134.890	29.790	-0.837			
$Ga(T)$	-6217	164.680	-29.790	0.419		
$Ga(l)$	34710	-79.881				

Li(气)

温度范围:298 ~2000　　相:气

$\Delta H^{\ominus}_{f,298}$:160710　　$S^{\ominus}_{298}$:138.658

函数	r_0	r_1	r_2	r_3	r_4	r_5
C_p	20.753					
$Ha(T)$	154520	20.753				
$Sa(T)$	20.416	20.753				
$Ga(T)$	154520	0.337	-20.753			
$Ga(l)$	174540	-165.347				

Li_2(气)

温度范围:298 ~2000　　相:气

$\Delta H^{\ominus}_{f,298}$:210870　　$S^{\ominus}_{298}$:196.857

函数	r_0	r_1	r_2	r_3	r_4	r_5
C_p	37.321	1.381	-0.151			
$Ha(T)$	199170	37.321	0.691	0.151		
$Sa(T)$	-17.044	37.321	1.381	0.076		
$Ga(T)$	199170	54.365	-37.321	-0.691	0.076	
$Ga(l)$	236110	-245.268				

LiH

温度范围:298 ~ 962　　相:固

$\Delta H^{\ominus}_{f,298}$: −90630　　$S^{\ominus}_{298}$:20.041

函数	r_0	r_1	r_2	r_3	r_4	r_5
C_p	15.481	52.802	−0.293			
$Ha(T)$	−98580	15.481	26.401	0.293		
$Sa(T)$	−85.554	15.481	52.802	0.147		
$Ga(T)$	−98580	101.035	−15.481	−26.401	0.147	
$Ga(l)$	−79520	−47.491				

温度范围:962 ~ 1223　　相:液

$\Delta H^{\ominus}_{tr}$:22590　　$\Delta S^{\ominus}_{tr}$:23.482

函数	r_0	r_1	r_2	r_3	r_4	r_5
C_p	58.576					
$Ha(T)$	−92710	58.576				
$Sa(T)$	−307.138	58.576				
$Ga(T)$	−92710	365.714	−58.576			
$Ga(l)$	−28960	−102.587				

LiH(气)

温度范围:298 ~ 2000　　相:气

$\Delta H^{\ominus}_{f,298}$:140620　　$S^{\ominus}_{298}$:170.791

函数	r_0	r_1	r_2	r_3	r_4	r_5
C_p	28.284	10.293	−0.134	−2.594		
$Ha(T)$	131300	28.284	5.147	0.134	−0.865	
$Sa(T)$	5.933	28.284	10.293	0.067	−1.297	
$Ga(T)$	131300	22.351	−28.284	−5.147	0.067	0.432
$Ga(l)$	163140	−213.464				

LiF

温度范围:298 ~ 1121　　相:固

$\Delta H^{\ominus}_{f,298}$: −616930　　$S^{\ominus}_{298}$:35.660

函数	r_0	r_1	r_2	r_3	r_4	r_5
C_p	42.689	17.418	−0.530			
$Ha(T)$	−632210	42.689	8.709	0.530		
$Sa(T)$	−215.739	42.689	17.418	0.265		
$Ga(T)$	−632210	258.428	−42.689	−8.709	0.265	
$Ga(l)$	−599990	−75.973				

温度范围:1121 ~ 1990　　相:液

$\Delta H^{\ominus}_{tr}$:27090　　$\Delta S^{\ominus}_{tr}$:24.166

函数	r_0	r_1	r_2	r_3	r_4	r_5
C_p	64.183					
$Ha(T)$	−617800	64.183				
$Sa(T)$	−322.767	64.183				
$Ga(T)$	−617800	386.950	−64.183			
$Ga(l)$	−520060	−148.440				

LiF(气)

温度范围:298 ~ 1975　　相:气

$\Delta H^{\ominus}_{f,298}$: −340800　　$S^{\ominus}_{298}$:200.3

函数	r_0	r_1	r_2	r_3	r_4	r_5
C_p	34.8	2.16	−0.37			
$Ha(T)$	−352510	34.800	1.080	0.370		
$Sa(T)$	−0.702	34.800	2.160	0.185		
$Ga(T)$	−352510	35.502	−34.800	−1.080	0.185	
$Ga(l)$	−317650	−244.645				

$(LiF)_2$(气)

温度范围:298 ~ 1975　　相:气

$\Delta H^{\ominus}_{f,298}$: −942800　　$S^{\ominus}_{298}$:258.6

函数	r_0	r_1	r_2	r_3	r_4	r_5
C_p	79.67	2.15	−1.53			
$Ha(T)$	−971780	79.670	1.075	1.530		
$Sa(T)$	−204.574	79.670	2.150	0.765		
$Ga(T)$	−971780	284.244	−79.670	−1.075	0.765	
$Ga(l)$	−892600	−354.348				

$(LiF)_3$(气)

温度范围:298 ~ 1975　　相:气

$\Delta H^{\ominus}_{f,298}$: −1517200　　$S^{\ominus}_{298}$:318.1

函数	r_0	r_1	r_2	r_3	r_4	r_5
C_p	127.14	3.65	−2.29			
$Ha(T)$	−1562900	127.140	1.825	2.290		
$Sa(T)$	−420.261	127.140	3.650	1.145		
$Ga(T)$	−1562900	547.401	−127.140	−1.825	1.145	
$Ga(l)$	−1436700	−471.842				

LiCl

温度范围:298 ~ 883　　相:固

$\Delta H^{\ominus}_{f,298}$: −408600　　$S^{\ominus}_{298}$:59.3

函数	r_0	r_1	r_2	r_3	r_4	r_5
C_p	42.15	22.76	−0.08			
$Ha(T)$	−422450	42.150	11.380	0.080		
$Sa(T)$	−188.090	42.150	22.760	0.040		
$Ga(T)$	−422450	230.240	−42.150	−11.380	0.040	
$Ga(l)$	−395440	−93.357				

温度范围:883 ~ 1633　　相:液

$\Delta H^{\ominus}_{tr}$:19500　　$\Delta S^{\ominus}_{tr}$:22.084

函数	r_0	r_1	r_2	r_3	r_4	r_5
C_p	62.59	−9.46				
$Ha(T)$	−408430	62.590	−4.730			
$Sa(T)$	−276.207	62.590	−9.460			
$Ga(T)$	−408430	338.797	−62.590	4.730		
$Ga(l)$	−338850	−158.049				

LiCl(气)

温度范围:298～2000　　相:气

$\Delta H^{\ominus}_{f,298}$: -195690　　$S^{\ominus}_{298}$:212. 798

函数	r_0	r_1	r_2	r_3	r_4	r_5
C_p	36. 777	0. 879	-0. 347			
$Ha(T)$	-207860	36. 777	0. 440	0. 347		
$Sa(T)$	1. 044	36. 777	0. 879	0. 174		
$Ga(T)$	-207860	35. 733	-36. 777	-0. 440	0. 174	
$Ga(l)$	-171480	-259. 095				

(LiCl)$_2$(气)

温度范围:298～2000　　相:气

$\Delta H^{\ominus}_{f,298}$: -593500　　$S^{\ominus}_{298}$:288. 8

函数	r_0	r_1	r_2	r_3	r_4	r_5
C_p	82. 27	0. 54	-0. 91			
$Ha(T)$	-621100	82. 270	0. 270	0. 910		
$Sa(T)$	-185. 221	82. 270	0. 540	0. 455		
$Ga(T)$	-621100	267. 491	-82. 270	-0. 270	0. 455	
$Ga(l)$	-540330	-390. 480				

LiBr

温度范围:298～823　　相:固

$\Delta H^{\ominus}_{f,298}$: -350200　　$S^{\ominus}_{298}$:74. 057

函数	r_0	r_1	r_2	r_3	r_4	r_5
C_p	30. 167	41. 338	0. 594			
$Ha(T)$	-359040	30. 167	20. 669	-0. 594		
$Sa(T)$	-106. 806	30. 167	41. 338	-0. 297		
$Ga(T)$	-359040	136. 973	-30. 167	-20. 669	-0. 297	
$Ga(l)$	-338320	-105. 505				

温度范围:823～1562　　相:液

$\Delta H^{\ominus}_{tr}$:17660　　$\Delta S^{\ominus}_{tr}$:21. 458

函数	r_0	r_1	r_2	r_3	r_4	r_5
C_p	65. 270					
$Ha(T)$	-356990	65. 270				
$Sa(T)$	-287. 410	65. 270				
$Ga(T)$	-356990	352. 680	-65. 270			
$Ga(l)$	-281180	-174. 309				

LiBr(气)

温度范围:298～2000　　相:气

$\Delta H^{\ominus}_{f,298}$: -153970　　$S^{\ominus}_{298}$:224. 221

函数	r_0	r_1	r_2	r_3	r_4	r_5
C_p	36. 987	0. 837	-0. 301			
$Ha(T)$	-166040	36. 987	0. 419	0. 301		
$Sa(T)$	11. 541	36. 987	0. 837	0. 151		
$Ga(T)$	-166040	25. 446	-36. 987	-0. 419	0. 151	
$Ga(l)$	-129540	-270. 984				

$(LiBr)_2$(气)

温度范围:298 ~ 2000　　相:气

$\Delta H^{\ominus}_{f,298}$: -500800　　$S^{\ominus}_{298}$:314. 5

函数	r_0	r_1	r_2	r_3	r_4	r_5
C_p	82. 61	0. 34	-0. 68			
$Ha(T)$	-527730	82. 610	0. 170	0. 680		
$Sa(T)$	-160. 105	82. 610	0. 340	0. 340		
$Ga(T)$	-527730	242. 715	-82. 610	-0. 170	0. 340	
$Ga(l)$	-447020	-417. 605				

LiI

温度范围:298 ~ 742　　相:固

$\Delta H^{\ominus}_{f,298}$: -270080　　$S^{\ominus}_{298}$:85. 772

函数	r_0	r_1	r_2	r_3	r_4	r_5
C_p	41. 882	28. 075				
$Ha(T)$	-283810	41. 882	14. 038			
$Sa(T)$	-161. 225	41. 882	28. 075			
$Ga(T)$	-283810	203. 107	-41. 882	-14. 038		
$Ga(l)$	-259550	-114. 510				

温度范围:742 ~ 1449　　相:液

$\Delta H^{\ominus}_{tr}$:14640　　$\Delta S^{\ominus}_{tr}$:19. 730

函数	r_0	r_1	r_2	r_3	r_4	r_5
C_p	63. 178					
$Ha(T)$	-277250	63. 178				
$Sa(T)$	-261. 416	63. 178				
$Ga(T)$	-277250	324. 594	-63. 178			
$Ga(l)$	-209990	-180. 091				

LiI(气)

温度范围:298 ~ 2000　　相:气

$\Delta H^{\ominus}_{f,298}$: -91000　　$S^{\ominus}_{298}$:232. 086

函数	r_0	r_1	r_2	r_3	r_4	r_5
C_p	37. 154	0. 837	-0. 255			
$Ha(T)$	-102970	37. 154	0. 419	0. 255		
$Sa(T)$	18. 714	37. 154	0. 837	0. 128		
$Ga(T)$	-102970	18. 440	-37. 154	-0. 419	0. 128	
$Ga(l)$	-66360	-279. 295				

$(LiI)_2$(气)

温度范围:298 ~ 2000　　相:气

$\Delta H^{\ominus}_{f,298}$: -361900　　$S^{\ominus}_{298}$:330. 6

函数	r_0	r_1	r_2	r_3	r_4	r_5
C_p	82. 7	0. 29	-0. 6			
$Ha(T)$	-388580	82. 700	0. 145	0. 600		
$Sa(T)$	-144. 053	82. 700	0. 290	0. 300		
$Ga(T)$	-388580	226. 753	-82. 700	-0. 145	0. 300	
$Ga(l)$	-307910	-434. 180				

$(LiCl)_3$(气)

温度范围:298 ~ 2000 相:气

$\Delta H^{\ominus}_{f,298}$: −962300 $S^{\ominus}_{298}$:335.7

函数	r_0	r_1	r_2	r_3	r_4	r_5
C_p	126.9	3.8	−2.31			
$Ha(T)$	−1008100	126.900	1.900	2.310		
$Sa(T)$	−401.451	126.900	3.800	1.155		
$Ga(T)$	−1008100	528.351	−126.900	−1.900	1.155	
$Ga(l)$	−880740	−490.501				

LiClO(气)

温度范围:298 ~ 2000 相:气

$\Delta H^{\ominus}_{f,298}$: −14230 $S^{\ominus}_{298}$:256.312

函数	r_0	r_1	r_2	r_3	r_4	r_5
C_p	48.953	10.042	−0.795	−2.887		
$Ha(T)$	−31910	48.953	5.021	0.795	−0.962	
$Sa(T)$	−29.940	48.953	10.042	0.398	−1.444	
$Ga(T)$	−31910	78.893	−48.953	−5.021	0.398	0.481
$Ga(l)$	20410	−321.823				

$LiClO_4$

温度范围:298 ~ 509 相:固

$\Delta H^{\ominus}_{f,298}$: −380740 $S^{\ominus}_{298}$:125.520

函数	r_0	r_1	r_2	r_3	r_4	r_5
C_p	137.193	44.643	−4.042			
$Ha(T)$	−437190	137.193	22.322	4.042		
$Sa(T)$	−692.196	137.193	44.643	2.021		
$Ga(T)$	−437190	829.389	−137.193	−22.322	2.021	
$Ga(l)$	−368930	−161.020				

温度范围:509 ~ 1500 相:液

$\Delta H^{\ominus}_{tr}$:29290 $\Delta S^{\ominus}_{tr}$:57.544

函数	r_0	r_1	r_2	r_3	r_4	r_5
C_p	161.084					
$Ha(T)$	−406330	161.084				
$Sa(T)$	−753.027	161.084				
$Ga(T)$	−406330	914.111	−161.084			
$Ga(l)$	−255420	−356.281				

LiO(气)

温度范围:298 ~ 3000 相:气

$\Delta H^{\ominus}_{f,298}$:84100 $S^{\ominus}_{298}$:210.832

函数	r_0	r_1	r_2	r_3	r_4	r_5
C_p	36.777	0.795	−0.431			
$Ha(T)$	71650	36.777	0.398	0.431		
$Sa(T)$	−1.370	36.777	0.795	0.216		
$Ga(T)$	71650	38.147	−36.777	−0.398	0.216	
$Ga(l)$	121320	−269.571				

Li_2O

温度范围:298 ~ 1843　　相:固

$\Delta H^{\ominus}_{f,298}$: −598730　　$S^{\ominus}_{298}$:37.865

函数	r_0	r_1	r_2	r_3	r_4	r_5
C_p	69.580	17.824	−1.904			
$Ha(T)$	−626650	69.580	8.912	1.904		
$Sa(T)$	−374.597	69.580	17.824	0.952		
$Ga(T)$	−626650	444.177	−69.580	−8.912	0.952	
$Ga(l)$	−552540	−126.995				

温度范围:1843 ~ 2836　　相:液

$\Delta H^{\ominus}_{tr}$:58580　　$\Delta S^{\ominus}_{tr}$:31.785

函数	r_0	r_1	r_2	r_3	r_4	r_5
C_p	100.416					
$Ha(T)$	−593600	100.416				
$Sa(T)$	−541.543	100.416				
$Ga(T)$	−593600	641.959	−100.416			
$Ga(l)$	−361510	−237.000				

Li_2O(气)

温度范围:298 ~ 3000　　相:气

$\Delta H^{\ominus}_{f,298}$: −166940　　$S^{\ominus}_{298}$:228.990

函数	r_0	r_1	r_2	r_3	r_4	r_5
C_p	60.250	0.753	−1.017			
$Ha(T)$	−188350	60.250	0.377	1.017		
$Sa(T)$	−120.235	60.250	0.753	0.509		
$Ga(T)$	−188350	180.485	−60.250	−0.377	0.509	
$Ga(l)$	−107250	−322.833				

$Li_2O \cdot Al_2O_3 \cdot 2SiO_2$(锂霞石)

温度范围:298 ~ 1300　　相:固(β)

$\Delta H^{\ominus}_{f,298}$: −4230400　　$S^{\ominus}_{298}$:207.526

函数	r_0	r_1	r_2	r_3	r_4	r_5
C_p	308.528	56.902	−8.786			
$Ha(T)$	−4354400	308.528	28.451	8.786		
$Sa(T)$	−1616.726	308.528	56.902	4.393		
$Ga(T)$	−4354400	1925.254	−308.528	−28.451	4.393	
$Ga(l)$	−4105800	−486.609				

温度范围:1300 ~ 1600　　相:固(γ)

$\Delta H^{\ominus}_{tr}$:2510　　$\Delta S^{\ominus}_{tr}$:1.931

函数	r_0	r_1	r_2	r_3	r_4	r_5
C_p	259.408	100.416				
$Ha(T)$	−4318000	259.408	50.208			
$Sa(T)$	−1316.568	259.408	100.416			
$Ga(T)$	−4318000	1575.976	−259.408	−50.208		
$Ga(l)$	−3837800	−717.047				

$Li_2O \cdot Al_2O_3 \cdot 4SiO_2$(α-锂辉石)

温度范围:298 ~ 1200　　相:固(α)

$\Delta H^{\ominus}_{f,298}$: -6093200　　$S^{\ominus}_{298}$:258.571

函数	r_0	r_1	r_2	r_3	r_4	r_5
C_p	370.953	137.570	-8.368			
$Ha(T)$	-6238000	370.953	68.785	8.368		
$Sa(T)$	-1943.054	370.953	137.570	4.184		
$Ga(T)$	-6238000	2314.007	-370.953	-68.785	4.184	
$Ga(l)$	-5940900	-610.288				

$Li_2O \cdot Al_2O_3 \cdot 4SiO_2$(β-锂辉石)

温度范围:298 ~ 1696　　相:固(β)

$\Delta H^{\ominus}_{f,298}$: -6036700　　$S^{\ominus}_{298}$:308.8

函数	r_0	r_1	r_2	r_3	r_4	r_5
C_p	414.38	91.21	-10.31			
$Ha(T)$	-6198900	414.380	45.605	10.310		
$Sa(T)$	-2137.355	414.380	91.210	5.155		
$Ga(T)$	-6198900	2551.735	-414.380	-45.605	5.155	
$Ga(l)$	-5792600	-799.386				

$Li_2O \cdot B_2O_3$

温度范围:298 ~ 1117　　相:固

$\Delta H^{\ominus}_{f,298}$: -2038400　　$S^{\ominus}_{298}$:103.5

函数	r_0	r_1	r_2	r_3	r_4	r_5
C_p	118.83	100	-2.47			
$Ha(T)$	-2086600	118.830	50.000	2.470		
$Sa(T)$	-617.253	118.830	100.000	1.235		
$Ga(T)$	-2086600	736.083	-118.830	-50.000	1.235	
$Ga(l)$	-1983900	-232.065				

$Li_2O \cdot 2B_2O_3$

温度范围:298 ~ 1190　　相:固

$\Delta H^{\ominus}_{f,298}$: -3362300　　$S^{\ominus}_{298}$:155.645

函数	r_0	r_1	r_2	r_3	r_4	r_5
C_p	83.764	302.168	1.414	-84.266		
$Ha(T)$	-3395200	83.764	151.084	-1.414	-28.089	
$Sa(T)$	-400.001	83.764	302.168	-0.707	-42.133	
$Ga(T)$	-3395200	483.765	-83.764	-151.084	-0.707	14.044
$Ga(l)$	-3278600	-348.764				

温度范围:1190 ~ 2200　　相:液

$\Delta H^{\ominus}_{tr}$:120500　　$\Delta S^{\ominus}_{tr}$:101.261

函数	r_0	r_1	r_2	r_3	r_4	r_5
C_p	436.475	26.192				
$Ha(T)$	-3547600	436.475	13.096			
$Sa(T)$	-2528.290	436.475	26.192			
$Ga(T)$	-3547600	2964.765	-436.475	-13.096		
$Ga(l)$	-2789000	-757.543				

$Li_2O \cdot 3B_2O_3$

温度范围:298 ~ 1107　　相:固

$\Delta H^{\ominus}_{f,298}$: -4661000　　$S^{\ominus}_{298}$:188.280

函数	r_0	r_1	r_2	r_3	r_4	r_5
C_p	311.792	89.621	-4.222			
$Ha(T)$	-4772100	311.792	44.811	4.222		
$Sa(T)$	-1638.653	311.792	89.621	2.111		
$Ga(T)$	-4772100	1950.445	-311.792	-44.811	2.111	
$Ga(l)$	-4546500	-462.259				

$Li_2O \cdot 4B_2O_3$

温度范围:298 ~ 908　　相:固

$\Delta H^{\ominus}_{f,298}$: -5914400　　$S^{\ominus}_{298}$:265.3

函数	r_0	r_1	r_2	r_3	r_4	r_5
C_p	425.53	98.5	-11.62			
$Ha(T)$	-6084600	425.530	49.250	11.620		
$Sa(T)$	-2253.925	425.530	98.500	5.810		
$Ga(T)$	-6084600	2679.455	-425.530	-49.250	5.810	
$Ga(l)$	-5807700	-537.190				

$Li_2O \cdot Fe_2O_3$

温度范围:298 ~ 1000　　相:固

$\Delta H^{\ominus}_{f,298}$: -1459800　　$S^{\ominus}_{298}$:150.624

函数	r_0	r_1	r_2	r_3	r_4	r_5
C_p	160.791	103.261	-2.900			
$Ha(T)$	-1522100	160.791	51.631	2.900		
$Sa(T)$	-812.597	160.791	103.261	1.450		
$Ga(T)$	-1522100	973.388	-160.791	-51.631	1.450	
$Ga(l)$	-1401300	-294.816				

$Li_2O \cdot HfO_2$

温度范围:298 ~ 1920　　相:固

$\Delta H^{\ominus}_{f,298}$: -1774000　　$S^{\ominus}_{298}$:96.2

函数	r_0	r_1	r_2	r_3	r_4	r_5
C_p	134.73	34.39	-2.94			
$Ha(T)$	-1825600	134.730	17.195	2.940		
$Sa(T)$	-698.227	134.730	34.390	1.470		
$Ga(T)$	-1825600	832.957	-134.730	-17.195	1.470	
$Ga(l)$	-1678300	-278.128				

$Li_2O \cdot Nb_2O_5$

温度范围:298 ~ 1527　　相:固

$\Delta H^{\ominus}_{f,298}$: -2730500　　$S^{\ominus}_{298}$:170.7

函数	r_0	r_1	r_2	r_3	r_4	r_5
C_p	229.87	48.7	-4.07			
$Ha(T)$	-2814900	229.870	24.350	4.070		
$Sa(T)$	-1176.419	229.870	48.700	2.035		
$Ga(T)$	-2814900	1406.289	-229.870	-24.350	2.035	
$Ga(l)$	-2609300	-426.672				

$Li_2O \cdot SiO_2$

温度范围:298 ~ 1474 相:固

$\Delta H^{\ominus}_{f,298}$: −1649500 $S^{\ominus}_{298}$:80.291

函数	r_0	r_1	r_2	r_3	r_4	r_5
C_p	126.482	28.200	−3.054			
$Ha(T)$	−1698700	126.482	14.100	3.054		
$Sa(T)$	−665.938	126.482	28.200	1.527		
$Ga(T)$	−1698700	792.420	−126.482	−14.100	1.527	
$Ga(l)$	−1586900	−213.962				

温度范围:1474 ~ 2200 相:液

$\Delta H^{\ominus}_{tr}$:28030 $\Delta S^{\ominus}_{tr}$:19.016

函数	r_0	r_1	r_2	r_3	r_4	r_5
C_p	167.360					
$Ha(T)$	−1698200	167.360				
$Sa(T)$	−902.887	167.360				
$Ga(T)$	−1698200	1070.247	−167.360			
$Ga(l)$	−1394000	−354.317				

$Li_2O \cdot 2SiO_2$

温度范围:298 ~ 1209 相:固(α)

$\Delta H^{\ominus}_{f,298}$: −2560900 $S^{\ominus}_{298}$:125.520

函数	r_0	r_1	r_2	r_3	r_4	r_5
C_p	202.045	38.702	−6.740			
$Ha(T)$	−2645500	202.045	19.351	6.740		
$Sa(T)$	−1075.100	202.045	38.702	3.370		
$Ga(T)$	−2645500	1277.146	−202.045	−19.351	3.370	
$Ga(l)$	−2488300	−292.240				

温度范围:1209 ~ 1307 相:固(β)

$\Delta H^{\ominus}_{tr}$:0 $\Delta S^{\ominus}_{tr}$:0.000

函数	r_0	r_1	r_2	r_3	r_4	r_5
C_p	202.045	38.702	−6.740			
$Ha(T)$	−2645500	202.045	19.351	6.740		
$Sa(T)$	−1075.100	202.045	38.702	3.370		
$Ga(T)$	−2645500	1277.146	−202.045	−19.351	3.370	
$Ga(l)$	−2355300	−417.854				

温度范围:1307 ~ 2200 相:液

$\Delta H^{\ominus}_{tr}$:53810 $\Delta S^{\ominus}_{tr}$:41.171

函数	r_0	r_1	r_2	r_3	r_4	r_5
C_p	251.040					
$Ha(T)$	−2617500	251.040				
$Sa(T)$	−1332.937	251.040				
$Ga(T)$	−2617500	1583.977	−251.040			
$Ga(l)$	−2185000	−540.519				

$Li_2O \cdot Ta_2O_5$

温度范围:298 ~ 1923　　相:固

$\Delta H^{\ominus}_{f,298}$: −2838400　　$S^{\ominus}_{298}$:179. 9

函数	r_0	r_1	r_2	r_3	r_4	r_5
C_p	235. 56	39. 08	−4. 18			
$Ha(T)$	−2924400	235. 560	19. 540	4. 180		
$Sa(T)$	−1197. 389	235. 560	39. 080	2. 090		
$Ga(T)$	−2924400	1432. 949	−235. 560	−19. 540	2. 090	
$Ga(l)$	−2678600	−486. 069				

$Li_2O \cdot TiO_2$

温度范围:298 ~ 1485　　相:固(α)

$\Delta H^{\ominus}_{f,298}$: −1670700　　$S^{\ominus}_{298}$:91. 755

函数	r_0	r_1	r_2	r_3	r_4	r_5
C_p	143. 344	13. 221	−3. 347			
$Ha(T)$	−1725300	143. 344	6. 611	3. 347		
$Sa(T)$	−747. 729	143. 344	13. 221	1. 674		
$Ga(T)$	−1725300	891. 073	−143. 344	−6. 611	1. 674	
$Ga(l)$	−1604300	−233. 652				

温度范围:1485 ~ 1820　　相:固(β)

$\Delta H^{\ominus}_{tr}$:11510　　$\Delta S^{\ominus}_{tr}$:7. 751

函数	r_0	r_1	r_2	r_3	r_4	r_5
C_p	126. 357	33. 472				
$Ha(T)$	−1708600	126. 357	16. 736			
$Sa(T)$	−645. 233	126. 357	33. 472			
$Ga(T)$	−1708600	771. 590	−126. 357	−16. 736		
$Ga(l)$	−1454800	−346. 262				

温度范围:1820 ~ 2200　　相:液

$\Delta H^{\ominus}_{tr}$:110040　　$\Delta S^{\ominus}_{tr}$:60. 462

函数	r_0	r_1	r_2	r_3	r_4	r_5
C_p	200. 832					
$Ha(T)$	−1678700	200. 832				
$Sa(T)$	−1082. 906	200. 832				
$Ga(T)$	−1678700	1283. 738	−200. 832			
$Ga(l)$	−1276000	−444. 389				

$Li_2O \cdot WO_3$

温度范围:298 ~ 948　　相:固(α)

$\Delta H^{\ominus}_{f,298}$: −1603700　　$S^{\ominus}_{298}$:113

函数	r_0	r_1	r_2	r_3	r_4	r_5
C_p	101. 67	106. 3				
$Ha(T)$	−1638700	101. 670	53. 150			
$Sa(T)$	−497. 968	101. 670	106. 300			
$Ga(T)$	−1638700	599. 638	−101. 670	−53. 150		
$Ga(l)$	−1561400	−219. 533				

温度范围:948 ~ 1013　　相:固(β)

$\Delta H_{tr}^{\ominus}$:2700　　$\Delta S_{tr}^{\ominus}$:2. 848

函数	r_0	r_1	r_2	r_3	r_4	r_5
C_p	199. 16					
$Ha(T)$	-1680700	199. 160				
$Sa(T)$	-1062. 579	199. 160				
$Ga(T)$	-1680700	1261. 739	-199. 160			
$Ga(l)$	-1485400	-309. 341				

$Li_2O \cdot ZrO_2$

温度范围:298 ~ 1883　　相:固

$\Delta H_{f,298}^{\ominus}$: -1762300　　$S_{298}^{\ominus}$:91. 6

函数	r_0	r_1	r_2	r_3	r_4	r_5
C_p	132. 13	32. 97	-2. 82			
$Ha(T)$	-1812600	132. 130	16. 485	2. 820		
$Sa(T)$	-686. 915	132. 130	32. 970	1. 410		
$Ga(T)$	-1812600	819. 045	-132. 130	-16. 485	1. 410	
$Ga(l)$	-1670900	-267. 051				

$2Li_2O \cdot SiO_2$

温度范围:298 ~ 1528　　相:固

$\Delta H_{f,298}^{\ominus}$: -2330100　　$S_{298}^{\ominus}$:121. 336

函数	r_0	r_1	r_2	r_3	r_4	r_5
C_p	137. 319	68. 325	-0. 983			
$Ha(T)$	-2377400	137. 319	34. 163	0. 983		
$Sa(T)$	-686. 952	137. 319	68. 325	0. 492		
$Ga(T)$	-2377400	824. 271	-137. 319	-34. 163	0. 492	
$Ga(l)$	-2242700	-305. 379				

温度范围:1528 ~ 2200　　相:液

$\Delta H_{tr}^{\ominus}$:31130　　$\Delta S_{tr}^{\ominus}$:20. 373

函数	r_0	r_1	r_2	r_3	r_4	r_5
C_p	287. 022					
$Ha(T)$	-2494600	287. 022				
$Sa(T)$	-1659. 548	287. 022				
$Ga(T)$	-2494600	1946. 570	-287. 022			
$Ga(l)$	-1964200	-500. 920				

Li_2O_2

温度范围:298 ~ 468　　相:固

$\Delta H_{f,298}^{\ominus}$: -632620　　$S_{298}^{\ominus}$:56. 484

函数	r_0	r_1	r_2	r_3	r_4	r_5
C_p	35. 522	117. 863				
$Ha(T)$	-648450	35. 522	58. 932			
$Sa(T)$	-181. 047	35. 522	117. 863			
$Ga(T)$	-648450	216. 569	-35. 522	-58. 932		
$Ga(l)$	-626510	-75. 215				

Li_2O_2(气)

温度范围:298 ~ 2000　　相:气

$\Delta H^{\ominus}_{f,298}$: -242670　　$S^{\ominus}_{298}$:273. 424

函数	r_0	r_1	r_2	r_3	r_4	r_5
C_p	82. 550	0. 293	-0. 891			
$Ha(T)$	-270280	82. 550	0. 147	0. 891		
$Sa(T)$	-202. 012	82. 550	0. 293	0. 446		
$Ga(T)$	-270280	284. 562	-82. 550	-0. 147	0. 446	
$Ga(l)$	-189390	-375. 349				

LiOF(气)

温度范围:298 ~ 2000　　相:气

$\Delta H^{\ominus}_{f,298}$: -92050　　$S^{\ominus}_{298}$:245. 936

函数	r_0	r_1	r_2	r_3	r_4	r_5
C_p	50. 292	8. 745	-0. 875	-2. 552		
$Ha(T)$	-110350	50. 292	4. 373	0. 875	-0. 851	
$Sa(T)$	-48. 023	50. 292	8. 745	0. 438	-1. 276	
$Ga(T)$	-110350	98. 315	-50. 292	-4. 373	0. 438	0. 425
$Ga(l)$	-57180	-311. 893				

LiOH

温度范围:298 ~ 744　　相:固

$\Delta H^{\ominus}_{f,298}$: -484680　　$S^{\ominus}_{298}$:42. 677

函数	r_0	r_1	r_2	r_3	r_4	r_5
C_p	50. 166	34. 476	-0. 950			
$Ha(T)$	-504360	50. 166	17. 238	0. 950		
$Sa(T)$	-258. 771	50. 166	34. 476	0. 475		
$Ga(T)$	-504360	308. 937	-50. 166	-17. 238	0. 475	
$Ga(l)$	-473130	-74. 040				

温度范围:744 ~ 1803　　相:液

$\Delta H^{\ominus}_{tr}$:20960　　$\Delta S^{\ominus}_{tr}$:28. 172

函数	r_0	r_1	r_2	r_3	r_4	r_5
C_p	86. 776					
$Ha(T)$	-499810	86. 776				
$Sa(T)$	-446. 158	86. 776				
$Ga(T)$	-499810	532. 934	-86. 776			
$Ga(l)$	-394530	-172. 690				

温度范围:1803 ~ 2200　　相:气

$\Delta H^{\ominus}_{tr}$:167780　　$\Delta S^{\ominus}_{tr}$:93. 056

函数	r_0	r_1	r_2	r_3	r_4	r_5
C_p	34. 853	16. 569	-0. 377	-3. 515		
$Ha(T)$	-258690	34. 853	8. 285	0. 377	-1. 172	
$Sa(T)$	11. 957	34. 853	16. 569	0. 189	-1. 758	
$Ga(T)$	-258690	22. 896	-34. 853	-8. 285	0. 189	0. 586
$Ga(l)$	-165220	-303. 022				

LiOH(气)

温度范围:298 ~ 2000　　相:气

$\Delta H^{\ominus}_{f,298}$: −234300　　$S^{\ominus}_{298}$:210.7

函数	r_0	r_1	r_2	r_3	r_4	r_5
C_p	52.43	3.27	−1.26			
$Ha(T)$	−254300	52.430	1.635	1.260		
$Sa(T)$	−96.087	52.430	3.270	0.630		
$Ga(T)$	−254300	148.517	−52.430	−1.635	0.630	
$Ga(l)$	−200410	−274.566				

$(LiOH)_2$(气)

温度范围:298 ~ 2000　　相:气

$\Delta H^{\ominus}_{f,298}$: −711300　　$S^{\ominus}_{298}$:269.8

函数	r_0	r_1	r_2	r_3	r_4	r_5
C_p	95.47	15.47	2.86			
$Ha(T)$	−730860	95.470	7.735	−2.860		
$Sa(T)$	−262.675	95.470	15.470	−1.430		
$Ga(T)$	−730860	358.145	−95.470	−7.735	−1.430	
$Ga(l)$	−633960	−420.138				

Li_2S

温度范围:298 ~ 1223　　相:固

$\Delta H^{\ominus}_{f,298}$: −446430　　$S^{\ominus}_{298}$:60.668

函数	r_0	r_1	r_2	r_3	r_4	r_5
C_p	66.316	20.167				
$Ha(T)$	−467100	66.316	10.084			
$Sa(T)$	−323.187	66.316	20.167			
$Ga(T)$	−467100	389.503	−66.316	−10.084		
$Ga(l)$	−416820	−129.419				

Li_2SO_4

温度范围:298 ~ 859　　相:固(α)

$\Delta H^{\ominus}_{f,298}$: −1434300　　$S^{\ominus}_{298}$:121.336

函数	r_0	r_1	r_2	r_3	r_4	r_5
C_p	79.078	135.143				
$Ha(T)$	−1463900	79.078	67.572			
$Sa(T)$	−369.511	79.078	135.143			
$Ga(T)$	−1463900	448.589	−79.078	−67.572		
$Ga(l)$	−1400300	−209.701				

温度范围:859 ~ 1132　　相:固(β)

$\Delta H^{\ominus}_{tr}$:27200　　$\Delta S^{\ominus}_{tr}$:31.665

函数	r_0	r_1	r_2	r_3	r_4	r_5
C_p	140.164	56.484				
$Ha(T)$	−1460100	140.164	28.242			
$Sa(T)$	−682.962	140.164	56.484			
$Ga(T)$	−1460100	823.126	−140.164	−28.242		
$Ga(l)$	−1293500	−340.601				

温度范围:1132 ~ 1300 相:液

$\Delta H_{tr}^{\ominus}$:13810 $\Delta S_{tr}^{\ominus}$:12. 200

函数	r_0	r_1	r_2	r_3	r_4	r_5
C_p	195. 811					
$Ha(T)$	-1473100	195. 811				
$Sa(T)$	-998. 117	195. 811				
$Ga(T)$	-1473100	1193. 928	-195. 811			
$Ga(l)$	-1235300	-392. 682				

Li_2SO_4(气)

温度范围:298 ~ 2000 相:气

$\Delta H_{f,298}^{\ominus}$: -1041800 $S_{298}^{\ominus}$:322. 8

函数	r_0	r_1	r_2	r_3	r_4	r_5
C_p	144. 18	7. 13	-4. 31			
$Ha(T)$	-1099600	144. 180	3. 565	4. 310		
$Sa(T)$	-525. 048	144. 180	7. 130	2. 155		
$Ga(T)$	-1099600	669. 228	-144. 180	-3. 565	2. 155	
$Ga(l)$	-951300	-492. 590				

Li_2Se

温度范围:298 ~ 1375 相:固

$\Delta H_{f,298}^{\ominus}$: -401660 $S_{298}^{\ominus}$:71. 128

函数	r_0	r_1	r_2	r_3	r_4	r_5
C_p	66. 107	17. 991				
$Ha(T)$	-422170	66. 107	8. 996			
$Sa(T)$	-310. 887	66. 107	17. 991			
$Ga(T)$	-422170	376. 994	-66. 107	-8. 996		
$Ga(l)$	-367970	-145. 990				

Li_2Te

温度范围:298 ~ 1100 相:固

$\Delta H_{f,298}^{\ominus}$: -355640 $S_{298}^{\ominus}$:77. 404

函数	r_0	r_1	r_2	r_3	r_4	r_5
C_p	69. 036	16. 736				
$Ha(T)$	-376970	69. 036	8. 368			
$Sa(T)$	-320. 925	69. 036	16. 736			
$Ga(T)$	-376970	389. 961	-69. 036	-8. 368		
$Ga(l)$	-329520	-140. 490				

$LiNO_3$

温度范围:298 ~ 526 相:固

$\Delta H_{f,298}^{\ominus}$: -483100 $S_{298}^{\ominus}$:90

函数	r_0	r_1	r_2	r_3	r_4	r_5
C_p	62. 68	88. 7				
$Ha(T)$	-505730	62. 680	44. 350			
$Sa(T)$	-293. 571	62. 680	88. 700			
$Ga(T)$	-505730	356. 251	-62. 680	-44. 350		
$Ga(l)$	-473090	-119. 900				

Li_3N

温度范围:298 ~ 1000 相:固

$\Delta H^{\ominus}_{f,298}$: -197490 $S^{\ominus}_{298}$:37. 656

函数	r_0	r_1	r_2	r_3	r_4	r_5
C_p	17. 154	194. 933	0. 816	-79. 329		
$Ha(T)$	-207830	17. 154	97. 467	-0. 816	-26. 443	
$Sa(T)$	-110. 084	17. 154	194. 933	-0. 408	-39. 665	
$Ga(T)$	-207830	127. 238	-17. 154	-97. 467	-0. 408	13. 222
$Ga(l)$	-168820	-108. 115				

温度范围:1000 ~ 2000 相:固

$\Delta H^{\ominus}_{tr}$:— $\Delta S^{\ominus}_{tr}$:—

函数	r_0	r_1	r_2	r_3	r_4	r_5
C_p	132. 800	4. 770				
$Ha(T)$	-255650	132. 800	2. 385			
$Sa(T)$	-758. 848	132. 800	4. 770			
$Ga(T)$	-255650	891. 648	-132. 800	-2. 385		
$Ga(l)$	-57290	-217. 990				

Li_2C_2

温度范围:298 ~ 1200 相:固

$\Delta H^{\ominus}_{f,298}$: -59400 $S^{\ominus}_{298}$:58. 6

函数	r_0	r_1	r_2	r_3	r_4	r_5
C_p	101. 84	10. 21	-2. 96			
$Ha(T)$	-100150	101. 840	5. 105	2. 960		
$Sa(T)$	-541. 336	101. 840	10. 210	1. 480		
$Ga(T)$	-100150	643. 177	-101. 840	-5. 105	1. 480	
$Ga(l)$	-24300	-139. 770				

Li_2CO_3

温度范围:298 ~ 623 相:固(α)

$\Delta H^{\ominus}_{f,298}$: -1215900 $S^{\ominus}_{298}$:90. 165

函数	r_0	r_1	r_2	r_3	r_4	r_5
C_p	42. 509	177. 318				
$Ha(T)$	-1236500	42. 509	88. 659			
$Sa(T)$	-204. 902	42. 509	177. 318			
$Ga(T)$	-1236500	247. 411	-42. 509	-88. 659		
$Ga(l)$	-1199500	-136. 906				

温度范围:623 ~ 683 相:固(β)

$\Delta H^{\ominus}_{tr}$:544 $\Delta S^{\ominus}_{tr}$:0. 873

函数	r_0	r_1	r_2	r_3	r_4	r_5
C_p	14. 351	180. 749				
$Ha(T)$	-1219000	14. 351	90. 375			
$Sa(T)$	-24. 982	14. 351	180. 749			
$Ga(T)$	-1219000	39. 333	-14. 351	-90. 375		
$Ga(l)$	-1171200	-185. 975				

温度范围:683 ~ 993　　相:固(γ)

$\Delta H_{tr}^{\ominus}$:2218　　$\Delta S_{tr}^{\ominus}$:3. 247

函数	r_0	r_1	r_2	r_3	r_4	r_5
C_p	14. 351	180. 749				
$Ha(T)$	-1216800	14. 351	90. 375			
$Sa(T)$	-21. 734	14. 351	180. 749			
$Ga(T)$	-1216800	36. 085	-14. 351	-90. 375		
$Ga(l)$	-1142200	-226. 280				

温度范围:993 ~ 2000　　相:液

$\Delta H_{tr}^{\ominus}$:44770　　$\Delta S_{tr}^{\ominus}$:45. 086

函数	r_0	r_1	r_2	r_3	r_4	r_5
C_p	185. 435					
$Ha(T)$	-1252800	185. 435				
$Sa(T)$	-977. 770	185. 435				
$Ga(T)$	-1252800	1163. 205	-185. 435			
$Ga(l)$	-983830	-375. 772				

$LiBO_2$

温度范围:298 ~ 1117　　相:固

$\Delta H_{f,298}^{\ominus}$: -1017900　　$S_{298}^{\ominus}$:51. 672

函数	r_0	r_1	r_2	r_3	r_4	r_5
C_p	58. 869	49. 915	-1. 239			
$Ha(T)$	-1041800	58. 869	24. 958	1. 239		
$Sa(T)$	-305. 591	58. 869	49. 915	0. 620		
$Ga(T)$	-1041800	364. 460	-58. 869	-24. 958	0. 620	
$Ga(l)$	-990880	-115. 450				

温度范围:1117 ~ 2264　　相:液

$\Delta H_{tr}^{\ominus}$:33850　　$\Delta S_{tr}^{\ominus}$:30. 304

函数	r_0	r_1	r_2	r_3	r_4	r_5
C_p	144. 557					
$Ha(T)$	-1071400	144. 557				
$Sa(T)$	-820. 428	144. 557				
$Ga(T)$	-1071400	964. 985	-144. 557			
$Ga(l)$	-834700	-252. 325				

温度范围:2264 ~ 2500　　相:气

$\Delta H_{tr}^{\ominus}$:212510　　$\Delta S_{tr}^{\ominus}$:93. 865

函数	r_0	r_1	r_2	r_3	r_4	r_5
C_p	41. 212	40. 459	-0. 728	-10. 795		
$Ha(T)$	-687210	41. 212	20. 230	0. 728	-3. 598	
$Sa(T)$	7. 761	41. 212	40. 459	0. 364	-5. 398	
$Ga(T)$	-687210	33. 451	-41. 212	-20. 230	0. 364	1. 799
$Ga(l)$	-522720	-394. 004				

$LiBO_2$(气)

温度范围:298 ~ 2130 相:气

$\Delta H^{\ominus}_{f,298}$: −646800 $S^{\ominus}_{298}$:274.7

函数	r_0	r_1	r_2	r_3	r_4	r_5
C_p	71.64	5.57	−1.59			
$Ha(T)$	−673740	71.640	2.785	1.590		
$Sa(T)$	−144.080	71.640	5.570	0.795		
$Ga(T)$	−673740	215.720	−71.640	−2.785	0.795	
$Ga(l)$	−596090	−367.591				

LiAl

温度范围:298 ~ 993 相:固

$\Delta H^{\ominus}_{f,298}$: −48950 $S^{\ominus}_{298}$:46.861

函数	r_0	r_1	r_2	r_3	r_4	r_5
C_p	43.932	16.736				
$Ha(T)$	−62790	43.932	8.368			
$Sa(T)$	−208.436	43.932	16.736			
$Ga(T)$	−62790	252.368	−43.932	−8.368		
$Ga(l)$	−33570	−85.254				

$LiAlF_4$(气)

温度范围:298 ~ 800 相:气

$\Delta H^{\ominus}_{f,298}$: −1853500 $S^{\ominus}_{298}$:328.277

函数	r_0	r_1	r_2	r_3	r_4	r_5
C_p	120.106	12.418	−2.055			
$Ha(T)$	−1896800	120.106	6.209	2.055		
$Sa(T)$	−371.300	120.106	12.418	1.028		
$Ga(T)$	−1896800	491.406	−120.106	−6.209	1.028	
$Ga(l)$	−1828700	−394.455				

温度范围:800 ~ 2200 相:气

$\Delta H^{\ominus}_{tr}$:— $\Delta S^{\ominus}_{tr}$:—

函数	r_0	r_1	r_2	r_3	r_4	r_5
C_p	132.587	0.163	−3.943			
$Ha(T)$	−1905200	132.587	0.082	3.943		
$Sa(T)$	−446.401	132.587	0.163	1.972		
$Ga(T)$	−1905200	578.988	−132.587	−0.082	1.972	
$Ga(l)$	−1715100	−521.458				

Li_3AlF_6

温度范围:298 ~ 748 相:固(α)

$\Delta H^{\ominus}_{f,298}$: −3383600 $S^{\ominus}_{298}$:187.891

函数	r_0	r_1	r_2	r_3	r_4	r_5
C_p	205.936	109.830	−3.230			
$Ha(T)$	−3460700	205.936	54.915	3.230		
$Sa(T)$	−1036.363	205.936	109.830	1.615		
$Ga(T)$	−3460700	1242.299	−205.936	−54.915	1.615	
$Ga(l)$	−3337600	−312.875				

温度范围:748 ~ 848　　相:固(β)

$\Delta H_{tr}^{\ominus}$:2092　　$\Delta S_{tr}^{\ominus}$:2. 797

函数	r_0	r_1	r_2	r_3	r_4	r_5
C_p	284. 512					
$Ha(T)$	-3482400	284. 512				
$Sa(T)$	-1468. 496	284. 512				
$Ga(T)$	-3482400	1753. 008	-284. 512			
$Ga(l)$	-3255600	-432. 507				

温度范围:848 ~ 978　　相:固(δ)

$\Delta H_{tr}^{\ominus}$:1255　　$\Delta S_{tr}^{\ominus}$:1. 480

函数	r_0	r_1	r_2	r_3	r_4	r_5
C_p	294. 972					
$Ha(T)$	-3490000	294. 972				
$Sa(T)$	-1537. 546	294. 972				
$Ga(T)$	-3490000	1832. 518	-294. 972			
$Ga(l)$	-3221000	-473. 073				

温度范围:978 ~ 1058　　相:固(ε)

$\Delta H_{tr}^{\ominus}$:418　　$\Delta S_{tr}^{\ominus}$:0. 427

函数	r_0	r_1	r_2	r_3	r_4	r_5
C_p	305. 432					
$Ha(T)$	-3499800	305. 432				
$Sa(T)$	-1609. 141	305. 432				
$Ga(T)$	-3499800	1914. 573	-305. 432			
$Ga(l)$	-3188900	-506. 223				

温度范围:1058 ~ 2000　　相:液

$\Delta H_{tr}^{\ominus}$:86190　　$\Delta S_{tr}^{\ominus}$:81. 465

函数	r_0	r_1	r_2	r_3	r_4	r_5
C_p	359. 824					
$Ha(T)$	-3471100	359. 824				
$Sa(T)$	-1906. 470	359. 824				
$Ga(T)$	-3471100	2266. 294	-359. 824			
$Ga(l)$	-2935100	-728. 411				

$LiAlO_2$

温度范围:298 ~ 1883　　相:固

$\Delta H_{f,298}^{\ominus}$: -1189600　　$S_{298}^{\ominus}$:53. 346

函数	r_0	r_1	r_2	r_3	r_4	r_5
C_p	92. 341	12. 134	-2. 498			
$Ha(T)$	-1226000	92. 341	6. 067	2. 498		
$Sa(T)$	-490. 444	92. 341	12. 134	1. 249		
$Ga(T)$	-1226000	582. 785	-92. 341	-6. 067	1. 249	
$Ga(l)$	-1131700	-164. 692				

温度范围:1883 ~ 2200　　相:液

$\Delta H_{tr}^{\ominus}$:25100　　$\Delta S_{tr}^{\ominus}$:13.330

函数	r_0	r_1	r_2	r_3	r_4	r_5
C_p	87.864					
$Ha(T)$	−1169700	87.864				
$Sa(T)$	−420.154	87.864				
$Ga(T)$	−1169700	508.018	−87.864			
$Ga(l)$	−990580	−249.449				

$LiBeF_3$

温度范围:298 ~ 633　　相:固

$\Delta H_{f,298}^{\ominus}$: −1650600　　$S_{298}^{\ominus}$:89.119

函数	r_0	r_1	r_2	r_3	r_4	r_5
C_p	77.111	84.893	−0.875			
$Ha(T)$	−1680300	77.111	42.447	0.875		
$Sa(T)$	−380.461	77.111	84.893	0.438		
$Ga(T)$	−1680300	457.572	−77.111	−42.447	0.438	
$Ga(l)$	−1634900	−133.940				

$LiBeF_3$(气)

温度范围:298 ~ 1000　　相:气

$\Delta H_{f,298}^{\ominus}$: −887010　　$S_{298}^{\ominus}$:267.776

函数	r_0	r_1	r_2	r_3	r_4	r_5
C_p	53.806	88.157	−1.364	−40.961		
$Ha(T)$	−911180	53.806	44.079	1.364	−13.654	
$Sa(T)$	−70.924	53.806	88.157	0.682	−20.481	
$Ga(T)$	−911180	124.730	−53.806	−44.079	0.682	6.827
$Ga(l)$	−863400	−325.883				

温度范围:1000 ~ 1800　　相:气

$\Delta H_{tr}^{\ominus}$:—　　$\Delta S_{tr}^{\ominus}$:—

函数	r_0	r_1	r_2	r_3	r_4	r_5
C_p	107.320	0.209	−7.866			
$Ha(T)$	−940880	107.320	0.105	7.866		
$Sa(T)$	−376.370	107.320	0.209	3.933		
$Ga(T)$	−940880	483.690	−107.320	−0.105	3.933	
$Ga(l)$	−787900	−402.592				

Li_2BeF_4

温度范围:298 ~ 745　　相:固

$\Delta H_{f,298}^{\ominus}$: −2276800　　$S_{298}^{\ominus}$:124.683

函数	r_0	r_1	r_2	r_3	r_4	r_5
C_p	92.006	147.946	−0.100			
$Ha(T)$	−2311100	92.006	73.973	0.100		
$Sa(T)$	−444.203	92.006	147.946	0.050		
$Ga(T)$	−2311100	536.209	−92.006	−73.973	0.050	
$Ga(l)$	−2246500	−207.076				

温度范围:745 ~ 2000　　相:液

$\Delta H_{tr}^{\ominus}$:44380　　$\Delta S_{tr}^{\ominus}$:59. 570

函数	r_0	r_1	r_2	r_3	r_4	r_5
C_p	232. 212					
$Ha(T)$	-2330000	232. 212				
$Sa(T)$	-1201. 558	232. 212				
$Ga(T)$	-2330000	1433. 771	-232. 212			
$Ga(l)$	-2029700	-470. 940				

Lu

温度范围:298 ~ 1936　　相:固

$\Delta H_{f,298}^{\ominus}$:0　　$S_{298}^{\ominus}$:50. 961

函数	r_0	r_1	r_2	r_3	r_4	r_5
C_p	27. 405	-5. 376	0. 026	8. 280		
$Ha(T)$	-7918	27. 405	-2. 688	-0. 026	2. 760	
$Sa(T)$	-103. 801	27. 405	-5. 376	-0. 013	4. 140	
$Ga(T)$	-7918	131. 206	-27. 405	2. 688	-0. 013	-1. 380
$Ga(l)$	18540	-86. 552				

温度范围:1936 ~ 3000　　相:液

$\Delta H_{tr}^{\ominus}$:20140　　$\Delta S_{tr}^{\ominus}$:10. 403

函数	r_0	r_1	r_2	r_3	r_4	r_5
C_p	47. 907					
$Ha(T)$	-17530	47. 907				
$Sa(T)$	-243. 459	47. 907				
$Ga(T)$	-17530	291. 366	-47. 907			
$Ga(l)$	99230	-130. 527				

Lu(气)

温度范围:298 ~ 2000　　相:气

$\Delta H_{f,298}^{\ominus}$:427600　　$S_{298}^{\ominus}$:184. 8

函数	r_0	r_1	r_2	r_3	r_4	r_5
C_p	16. 92	13. 4	0. 01	-4. 61		
$Ha(T)$	422030	16. 920	6. 700	-0. 010	-1. 537	
$Sa(T)$	84. 663	16. 920	13. 400	-0. 005	-2. 305	
$Ga(T)$	422030	-67. 743	-16. 920	-6. 700	-0. 005	0. 768
$Ga(l)$	443500	-214. 840				

LuF_3

温度范围:298 ~ 1230　　相:固(α)

$\Delta H_{f,298}^{\ominus}$: -1681100　　$S_{298}^{\ominus}$:94. 8

函数	r_0	r_1	r_2	r_3	r_4	r_5
C_p	89. 14	19. 21	-0. 7			
$Ha(T)$	-1710900	89. 140	9. 605	0. 700		
$Sa(T)$	-422. 749	89. 140	19. 210	0. 350		
$Ga(T)$	-1710900	511. 889	-89. 140	-9. 605	0. 350	
$Ga(l)$	-1643900	-180. 860				

LuF_3(气)

温度范围:298 ~ 2000　　相:气

$\Delta H^{\ominus}_{f,298}$: −1246400　　$S^{\ominus}_{298}$:315. 4

函数	r_0	r_1	r_2	r_3	r_4	r_5
C_p	81. 16	1. 16	−0. 97			
$Ha(T)$	−1273900	81. 160	0. 580	0. 970		
$Sa(T)$	−152. 819	81. 160	1. 160	0. 485		
$Ga(T)$	−1273900	233. 979	−81. 160	−0. 580	0. 485	
$Ga(l)$	−1193800	−415. 878				

$LuCl_3$(气)

温度范围:298 ~ 2000　　相:气

$\Delta H^{\ominus}_{f,298}$: −626300　　$S^{\ominus}_{298}$:352. 5

函数	r_0	r_1	r_2	r_3	r_4	r_5
C_p	82. 84	0. 19	−0. 43			
$Ha(T)$	−652450	82. 840	0. 095	0. 430		
$Sa(T)$	−121. 964	82. 840	0. 190	0. 215		
$Ga(T)$	−652450	204. 804	−82. 840	−0. 095	0. 215	
$Ga(l)$	−571910	−457. 031				

Lu_2O_3

温度范围:298 ~ 2000　　相:固

$\Delta H^{\ominus}_{f,298}$: −1878200　　$S^{\ominus}_{298}$:110

函数	r_0	r_1	r_2	r_3	r_4	r_5
C_p	119. 46	9. 62	−1. 83			
$Ha(T)$	−1920400	119. 460	4. 810	1. 830		
$Sa(T)$	−583. 796	119. 460	9. 620	0. 915		
$Ga(T)$	−1920400	703. 256	−119. 460	−4. 810	0. 915	
$Ga(l)$	−1797700	−262. 602				

LuS(气)*

温度范围:298 ~ 2000　　相:气

$\Delta H^{\ominus}_{f,298}$:202100　　$S^{\ominus}_{298}$:***253. 2***

函数	r_0	r_1	r_2	r_3	r_4	r_5
C_p	***37. 13***	***0. 15***	***−0. 25***			
$Ha(T)$	190180	37. 130	0. 075	0. 250		
$Sa(T)$	40. 197	37. 130	0. 150	0. 125		
$Ga(T)$	190180	−3. 067	−37. 130	−0. 075	0. 125	
$Ga(l)$	226390	−299. 819				

LuSe(气)*

温度范围:298 ~ 2000　　相:气

$\Delta H^{\ominus}_{f,298}$:245200　　$S^{\ominus}_{298}$:***263. 6***

函数	r_0	r_1	r_2	r_3	r_4	r_5
C_p	***37. 28***	***0. 07***	***−0. 18***			
$Ha(T)$	233480	37. 280	0. 035	0. 180		
$Sa(T)$	50. 160	37. 280	0. 070	0. 090		
$Ga(T)$	233480	−12. 880	−37. 280	−0. 035	0. 090	
$Ga(l)$	269700	−310. 697				

LuTe(气)*

温度范围:298 ~ 2000　　相:气

$\Delta H^{\ominus}_{f,298}$:314200　　$S^{\ominus}_{298}$:**272.3**

函数	r_0	r_1	r_2	r_3	r_4	r_5
C_p	**37.38**	**0.02**	**-0.10**			
$Ha(T)$	302720	37.380	0.010	0.100		
$Sa(T)$	58.755	37.380	0.020	0.050		
$Ga(T)$	302720	-21.375	-37.380	-0.010	0.050	
$Ga(l)$	338910	-319.885				

Mg

温度范围:298 ~ 922　　相:固

$\Delta H^{\ominus}_{f,298}$:0　　$S^{\ominus}_{298}$:32.677

函数	r_0	r_1	r_2	r_3	r_4	r_5
C_p	21.389	11.778				
$Ha(T)$	-6901	21.389	5.889			
$Sa(T)$	-92.701	21.389	11.778			
$Ga(T)$	-6901	114.090	-21.389	-5.889		
$Ga(l)$	7202	-51.071				

温度范围:922 ~ 1363　　相:液

$\Delta H^{\ominus}_{tr}$:8954　　$\Delta S^{\ominus}_{tr}$:9.711

函数	r_0	r_1	r_2	r_3	r_4	r_5
C_p	32.635					
$Ha(T)$	-3309	32.635				
$Sa(T)$	-148.901	32.635				
$Ga(T)$	-3309	181.536	-32.635			
$Ga(l)$	33600	-80.758				

温度范围:1363 ~ 2000　　相:气

$\Delta H^{\ominus}_{tr}$:127400　　$\Delta S^{\ominus}_{tr}$:93.470

函数	r_0	r_1	r_2	r_3	r_4	r_5
C_p	20.786					
$Ha(T)$	140240	20.786				
$Sa(T)$	30.089	20.786				
$Ga(T)$	140240	-9.303	-20.786			
$Ga(l)$	174860	-184.400				

MgH(气)

温度范围:298 ~ 2000　　相:气

$\Delta H^{\ominus}_{f,298}$:171540　　$S^{\ominus}_{298}$:199.200

函数	r_0	r_1	r_2	r_3	r_4	r_5
C_p	30.878	3.766	-0.222			
$Ha(T)$	161420	30.878	1.883	0.222		
$Sa(T)$	20.898	30.878	3.766	0.111		
$Ga(T)$	161420	9.980	-30.878	-1.883	0.111	
$Ga(l)$	193510	-240.997				

MgH_2

温度范围:298 ~ 560　　相:固

$\Delta H^{\ominus}_{f,298}$: −76150　　$S^{\ominus}_{298}$:31.087

函数	r_0	r_1	r_2	r_3	r_4	r_5
C_p	27.196	49.371	−0.586			
$Ha(T)$	−88420	27.196	24.686	0.586		
$Sa(T)$	−141.881	27.196	49.371	0.293		
$Ga(T)$	−88420	169.077	−27.196	−24.686	0.293	
$Ga(l)$	−71210	−45.584				

MgF(气)

温度范围:298 ~ 3000　　相:气

$\Delta H^{\ominus}_{f,298}$: −217570　　$S^{\ominus}_{298}$:220.873

函数	r_0	r_1	r_2	r_3	r_4	r_5
C_p	36.526	0.837	−0.389			
$Ha(T)$	−229800	36.526	0.419	0.389		
$Sa(T)$	10.325	36.526	0.837	0.195		
$Ga(T)$	−229800	26.201	−36.526	−0.419	0.195	
$Ga(l)$	−180460	−279.482				

MgF_2

温度范围:298 ~ 1536　　相:固

$\Delta H^{\ominus}_{f,298}$: −1123400　　$S^{\ominus}_{298}$:57.237

函数	r_0	r_1	r_2	r_3	r_4	r_5
C_p	70.835	10.544	−0.921			
$Ha(T)$	−1148100	70.835	5.272	0.921		
$Sa(T)$	−354.676	70.835	10.544	0.461		
$Ga(T)$	−1148100	425.511	−70.835	−5.272	0.461	
$Ga(l)$	−1086500	−135.336				

温度范围:1536 ~ 2605　　相:液

$\Delta H^{\ominus}_{tr}$:58160　　$\Delta S^{\ominus}_{tr}$:37.865

函数	r_0	r_1	r_2	r_3	r_4	r_5
C_p	94.433					
$Ha(T)$	−1113100	94.433				
$Sa(T)$	−473.558	94.433				
$Ga(T)$	−1113100	567.991	−94.433			
$Ga(l)$	−921110	−246.853				

温度范围:2605 ~ 3000　　相:气

$\Delta H^{\ominus}_{tr}$:273220　　$\Delta S^{\ominus}_{tr}$:104.883

函数	r_0	r_1	r_2	r_3	r_4	r_5
C_p	57.112	0.418	−0.795			
$Ha(T)$	−744410	57.112	0.209	0.795		
$Sa(T)$	−76.286	57.112	0.418	0.398		
$Ga(T)$	−744410	133.398	−57.112	−0.209	0.398	
$Ga(l)$	−582640	−378.278				

MgF_2(气)

温度范围:298 ~ 2000　　相:气

$\Delta H^{\ominus}_{f,298}$: −726800　　$S^{\ominus}_{298}$:256.5

函数	r_0	r_1	r_2	r_3	r_4	r_5
C_p	55.45	1.63	−0.68			
$Ha(T)$	−745690	55.450	0.815	0.680		
$Sa(T)$	−63.743	55.450	1.630	0.340		
$Ga(T)$	−745690	119.193	−55.450	−0.815	0.340	
$Ga(l)$	−690480	−325.774				

$(MgF_2)_2$(气)

温度范围:298 ~ 2000　　相:气

$\Delta H^{\ominus}_{f,298}$: −1718400　　$S^{\ominus}_{298}$:337

函数	r_0	r_1	r_2	r_3	r_4	r_5
C_p	129.24	2.35	−2			
$Ha(T)$	−1763700	129.240	1.175	2.000		
$Sa(T)$	−411.307	129.240	2.350	1.000		
$Ga(T)$	−1763700	540.547	−129.240	−1.175	1.000	
$Ga(l)$	−1635300	−495.138				

MgCl(气)

温度范围:298 ~ 3000　　相:气

$\Delta H^{\ominus}_{f,298}$: −112970　　$S^{\ominus}_{298}$:233.300

函数	r_0	r_1	r_2	r_3	r_4	r_5
C_p	37.279	0.502	−0.234			
$Ha(T)$	−124890	37.279	0.251	0.234		
$Sa(T)$	19.433	37.279	0.502	0.117		
$Ga(T)$	−124890	17.846	−37.279	−0.251	0.117	
$Ga(l)$	−75070	−293.503				

$MgCl_2$

温度范围:298 ~ 987　　相:固

$\Delta H^{\ominus}_{f,298}$: −641410　　$S^{\ominus}_{298}$:89.538

函数	r_0	r_1	r_2	r_3	r_4	r_5
C_p	79.078	5.941	−0.862			
$Ha(T)$	−668140	79.078	2.971	0.862		
$Sa(T)$	−367.636	79.078	5.941	0.431		
$Ga(T)$	−668140	446.714	−79.078	−2.971	0.431	
$Ga(l)$	−618720	−146.301				

温度范围:987 ~ 1691　　相:液

$\Delta H^{\ominus}_{tr}$:43100　　$\Delta S^{\ominus}_{tr}$:43.668

函数	r_0	r_1	r_2	r_3	r_4	r_5
C_p	92.466					
$Ha(T)$	−634490	92.466				
$Sa(T)$	−409.968	92.466				
$Ga(T)$	−634490	502.434	−92.466			
$Ga(l)$	−512980	−255.110				

温度范围:1691 ~2000　　相:气

$\Delta H^{\ominus}_{tr}$:156230　　$\Delta S^{\ominus}_{tr}$:92.389

函数	r_0	r_1	r_2	r_3	r_4	r_5
C_p	57.614	0.293	-0.531			
$Ha(T)$	-420060	57.614	0.147	0.531		
$Sa(T)$	-59.110	57.614	0.293	0.266		
$Ga(T)$	-420060	116.724	-57.614	-0.147	0.266	
$Ga(l)$	-313150	-374.753				

$MgCl_2$(气)

温度范围:298 ~2000　　相:气

$\Delta H^{\ominus}_{f,298}$: -392500　　$S^{\ominus}_{298}$:277

函数	r_0	r_1	r_2	r_3	r_4	r_5
C_p	61.58	0.48	-0.41			
$Ha(T)$	-412260	61.580	0.240	0.410		
$Sa(T)$	-76.307	61.580	0.480	0.205		
$Ga(T)$	-412260	137.887	-61.580	-0.240	0.205	
$Ga(l)$	-352090	-354.538				

$(MgCl_2)_2$(气)

温度范围:298 ~2000　　相:气

$\Delta H^{\ominus}_{f,298}$: -954400　　$S^{\ominus}_{298}$:418.8

函数	r_0	r_1	r_2	r_3	r_4	r_5
C_p	132.3	0.47	-0.78			
$Ha(T)$	-996480	132.300	0.235	0.780		
$Sa(T)$	-339.519	132.300	0.470	0.390		
$Ga(T)$	-996480	471.819	-132.300	-0.235	0.390	
$Ga(l)$	-867650	-585.415				

MgClF(气)

温度范围:298 ~2000　　相:气

$\Delta H^{\ominus}_{f,298}$: -569200　　$S^{\ominus}_{298}$:260.2

函数	r_0	r_1	r_2	r_3	r_4	r_5
C_p	57.14	0.56	-0.69			
$Ha(T)$	-588580	57.140	0.280	0.690		
$Sa(T)$	-69.409	57.140	0.560	0.345		
$Ga(T)$	-588580	126.549	-57.140	-0.280	0.345	
$Ga(l)$	-532300	-330.687				

MgBr(气)

温度范围:298 ~2000　　相:气

$\Delta H^{\ominus}_{f,298}$: -46020　　$S^{\ominus}_{298}$:244.680

函数	r_0	r_1	r_2	r_3	r_4	r_5
C_p	37.321	0.544	-0.163			
$Ha(T)$	-57720	37.321	0.272	0.163		
$Sa(T)$	30.961	37.321	0.544	0.082		
$Ga(T)$	-57720	6.360	-37.321	-0.272	0.082	
$Ga(l)$	-21220	-292.318				

$MgBr_2$

温度范围:298 ~ 984　相:固

$\Delta H^{\ominus}_{f,298}$: −518820　$S^{\ominus}_{298}$:119.244

函数	r_0	r_1	r_2	r_3	r_4	r_5
C_p	67.321	21.715				
$Ha(T)$	−539860	67.321	10.858			
$Sa(T)$	−270.798	67.321	21.715			
$Ga(T)$	−539860	338.119	−67.321	−10.858		
$Ga(l)$	−496100	−176.169				

温度范围:984 ~ 1503　相:液

$\Delta H^{\ominus}_{tr}$:34730　$\Delta S^{\ominus}_{tr}$:35.295

函数	r_0	r_1	r_2	r_3	r_4	r_5
C_p	97.278					
$Ha(T)$	−524090	97.278				
$Sa(T)$	−420.588	97.278				
$Ga(T)$	−524090	517.866	−97.278			
Ga(l)	−404540	−272.153				

$MgBr_2$(气)

温度范围:298 ~ 2000　相:气

$\Delta H^{\ominus}_{f,298}$: −312130　$S^{\ominus}_{298}$:282.420

函数	r_0	r_1	r_2	r_3	r_4	r_5
C_p	62.049	0.126	−0.423			
$Ha(T)$	−332050	62.049	0.063	0.423		
$Sa(T)$	−73.527	62.049	0.126	0.212		
$Ga(T)$	−332050	135.576	−62.049	−0.063	0.212	
$Ga(l)$	−271610	−360.194				

$(MgBr_2)_2$(气)

温度范围:298 ~ 2000　相:气

$\Delta H^{\ominus}_{f,298}$: −767800　$S^{\ominus}_{298}$:461.3

函数	r_0	r_1	r_2	r_3	r_4	r_5
C_p	132.97	0.03	−0.35			
$Ha(T)$	−808620	132.970	0.015	0.350		
$Sa(T)$	−298.287	132.970	0.030	0.175		
$Ga(T)$	−808620	431.257	−132.970	−0.015	0.175	
$Ga(l)$	−679910	−630.566				

MgI(气)

温度范围:298 ~ 2000　相:气

$\Delta H^{\ominus}_{f,298}$:24600　$S^{\ominus}_{298}$:252.7

函数	r_0	r_1	r_2	r_3	r_4	r_5
C_p	37.35	2.09	−0.12			
$Ha(T)$	12970	37.350	1.045	0.120		
$Sa(T)$	38.597	37.350	2.090	0.060		
$Ga(T)$	12970	−1.247	−37.350	−1.045	0.060	
$Ga(l)$	50270	−301.908				

MgI_2

温度范围:298 ~ 923　　相:固

$\Delta H^{\ominus}_{f,298}$: −366100　　$S^{\ominus}_{298}$:129.704

函数	r_0	r_1	r_2	r_3	r_4	r_5
C_p	69.873	17.991				
$Ha(T)$	−387730	69.873	8.996			
$Sa(T)$	−273.768	69.873	17.991			
$Ga(T)$	−387730	343.641	−69.873	−8.996		
$Ga(l)$	−345110	−183.466				

MgI_2(气)

温度范围:298 ~ 2000　　相:气

$\Delta H^{\ominus}_{f,298}$: −160300　　$S^{\ominus}_{298}$:317.5

函数	r_0	r_1	r_2	r_3	r_4	r_5
C_p	62.12	0.14	−0.23			
$Ha(T)$	−179600	62.120	0.070	0.230		
$Sa(T)$	−37.770	62.120	0.140	0.115		
$Ga(T)$	−179600	99.890	−62.120	−0.070	0.115	
$Ga(l)$	−119320	−396.349				

MgO

温度范围:298 ~ 3098　　相:固

$\Delta H^{\ominus}_{f,298}$: −601240　　$S^{\ominus}_{298}$:26.945

函数	r_0	r_1	r_2	r_3	r_4	r_5
C_p	48.953	3.138	−1.142			
$Ha(T)$	−619810	48.953	1.569	1.142		
$Sa(T)$	−259.328	48.953	3.138	0.571		
$Ga(T)$	−619810	308.281	−48.953	−1.569	0.571	
$Ga(l)$	−549110	−106.443				

温度范围:3098 ~ 3533　　相:液

$\Delta H^{\ominus}_{tr}$:77400　　$\Delta S^{\ominus}_{tr}$:24.984

函数	r_0	r_1	r_2	r_3	r_4	r_5
C_p	60.668					
$Ha(T)$	−563270	60.668				
$Sa(T)$	−318.735	60.668				
$Ga(T)$	−563270	379.403	−60.668			
$Ga(l)$	−362450	−173.009				

$MgO \cdot Al_2O_3$

温度范围:298 ~ 2000　　相:固

$\Delta H^{\ominus}_{f,298}$: −2299100　　$S^{\ominus}_{298}$:88.7

函数	r_0	r_1	r_2	r_3	r_4	r_5
C_p	146.78	35.56	−3.68			
$Ha(T)$	−2356800	146.780	17.780	3.680		
$Sa(T)$	−778.894	146.780	35.560	1.840		
$Ga(T)$	−2356800	925.674	−146.780	−17.780	1.840	
$Ga(l)$	−2191500	−289.196				

$MgO \cdot Cr_2O_3$

温度范围:298 ~ 2623　　相:固

$\Delta H^{\ominus}_{f,298}$: − 1771100　　$S^{\ominus}_{298}$:105. 855

函数	r_0	r_1	r_2	r_3	r_4	r_5
C_p	161. 377	19. 372	2. 510	− 2. 887		
$Ha(T)$	− 1811600	161. 377	9. 686	− 2. 510	− 0. 962	
$Sa(T)$	− 805. 135	161. 377	19. 372	− 1. 255	− 1. 444	
$Ga(T)$	− 1811600	966. 513	− 161. 377	− 9. 686	− 1. 255	0. 481
$Ga(l)$	− 1609400	− 382. 466				

$MgO \cdot Fe_2O_3$

温度范围:298 ~ 2473　　相:固

$\Delta H^{\ominus}_{f,298}$: − 1438000　　$S^{\ominus}_{298}$:123. 846

函数	r_0	r_1	r_2	r_3	r_4	r_5
C_p	128. 323	32. 719				
$Ha(T)$	− 1477700	128. 323	16. 360			
$Sa(T)$	− 617. 042	128. 323	32. 719			
$Ga(T)$	− 1477700	745. 365	− 128. 323	− 16. 360		
$Ga(l)$	− 1307500	− 347. 270				

$MgO \cdot MoO_3$

温度范围:298 ~ 1500　　相:固

$\Delta H^{\ominus}_{f,298}$: − 1400800　　$S^{\ominus}_{298}$:118. 826

函数	r_0	r_1	r_2	r_3	r_4	r_5
C_p	128. 909	34. 853	− 2. 485	− 2. 887		
$Ha(T)$	− 1449100	128. 909	17. 427	2. 485	− 0. 962	
$Sa(T)$	− 639. 886	128. 909	34. 853	1. 243	− 1. 444	
$Ga(T)$	− 1449100	768. 795	− 128. 909	− 17. 427	1. 243	0. 481
$Ga(l)$	− 1333100	− 262. 662				

$MgO \cdot SiO_2$

温度范围:298 ~ 903　　相:固(α_1)

$\Delta H^{\ominus}_{f,298}$: − 1548900　　$S^{\ominus}_{298}$:67. 781

函数	r_0	r_1	r_2	r_3	r_4	r_5
C_p	92. 257	32. 886	− 1. 787			
$Ha(T)$	− 1583900	92. 257	16. 443	1. 787		
$Sa(T)$	− 477. 719	92. 257	32. 886	0. 894		
$Ga(T)$	− 1583900	569. 976	− 92. 257	− 16. 443	0. 894	
$Ga(l)$	− 1523500	− 132. 742				

温度范围:903 ~ 1258　　相:固(α_2)

$\Delta H^{\ominus}_{tr}$:669　　$\Delta S^{\ominus}_{tr}$:0. 741

函数	r_0	r_1	r_2	r_3	r_4	r_5
C_p	120. 332					
$Ha(T)$	− 1593200	120. 332				
$Sa(T)$	− 637. 256	120. 332				
$Ga(T)$	− 1593200	757. 589	− 120. 332			
$Ga(l)$	− 1464100	− 202. 954				

温度范围:1258 ~ 1850　　相:固(α_3)

$\Delta H_{tr}^{\ominus}$:1632　　$\Delta S_{tr}^{\ominus}$:1.297

函数	r_0	r_1	r_2	r_3	r_4	r_5
C_p	122.424					
$Ha(T)$	-1594200	122.424				
$Sa(T)$	-650.890	122.424				
$Ga(T)$	-1594200	773.314	-122.424			
$Ga(l)$	-1405800	-248.309				

温度范围:1850 ~ 3000　　相:液

$\Delta H_{tr}^{\ominus}$:75310　　$\Delta S_{tr}^{\ominus}$:40.708

函数	r_0	r_1	r_2	r_3	r_4	r_5
C_p	146.440					
$Ha(T)$	-1563300	146.440				
$Sa(T)$	-790.853	146.440				
$Ga(T)$	-1563300	937.293	-146.440			
$Ga(l)$	-1213500	-349.607				

$MgO \cdot TiO_2$

温度范围:298 ~ 1903　　相:固

$\Delta H_{f,298}^{\ominus}$: -1571100　　$S_{298}^{\ominus}$:74.475

函数	r_0	r_1	r_2	r_3	r_4	r_5
C_p	118.533	13.556	-2.787			
$Ha(T)$	-1616400	118.533	6.778	2.787		
$Sa(T)$	-620.596	118.533	13.556	1.394		
$Ga(T)$	-1616400	739.129	-118.533	-6.778	1.394	
$Ga(l)$	-1495900	-219.029				

温度范围:1903 ~ 3000　　相:液

$\Delta H_{tr}^{\ominus}$:90370　　$\Delta S_{tr}^{\ominus}$:47.488

函数	r_0	r_1	r_2	r_3	r_4	r_5
C_p	163.176					
$Ha(T)$	-1585000	163.176				
$Sa(T)$	-884.034	163.176				
$Ga(T)$	-1585000	1047.210	-163.176			
$Ga(l)$	-1190300	-388.638				

$MgO \cdot 2TiO_2$

温度范围:298 ~ 1963　　相:固

$\Delta H_{f,298}^{\ominus}$: -2509400　　$S_{298}^{\ominus}$:135.603

函数	r_0	r_1	r_2	r_3	r_4	r_5
C_p	170.414	38.367	-3.130			
$Ha(T)$	-2572400	170.414	19.184	3.130		
$Sa(T)$	-864.392	170.414	38.367	1.565		
$Ga(T)$	-2572400	1034.806	-170.414	-19.184	1.565	
$Ga(l)$	-2386300	-368.366				

温度范围:1963 ~ 3000 相:液

$\Delta H^{\ominus}_{tr}$:146440 $\Delta S^{\ominus}_{tr}$:74.600

函数	r_0	r_1	r_2	r_3	r_4	r_5
C_p	261.082					
$Ha(T)$	-2528400	261.082				
$Sa(T)$	-1401.537	261.082				
$Ga(T)$	-2528400	1662.619	-261.082			
$Ga(l)$	-1888100	-638.102				

$MgO \cdot UO_3$

温度范围:298 ~ 1400 相:固

$\Delta H^{\ominus}_{f,298}$:-1856900 $S^{\ominus}_{298}$:131.9

函数	r_0	r_1	r_2	r_3	r_4	r_5
C_p	110.25	66.78	2.34			
$Ha(T)$	-1884900	110.250	33.390	-2.340		
$Sa(T)$	-503.009	110.250	66.780	-1.170		
$Ga(T)$	-1884900	613.259	-110.250	-33.390	-1.170	
$Ga(l)$	-1785400	-289.874				

$MgO \cdot V_2O_3$

温度范围:298 ~ 1500 相:固

$\Delta H^{\ominus}_{f,298}$:-2208300 $S^{\ominus}_{298}$:160.666

函数	r_0	r_1	r_2	r_3	r_4	r_5
C_p	231.292	-6.109	-6.477	-2.887		
$Ha(T)$	-2298700	231.292	-3.055	6.477	-0.962	
$Sa(T)$	-1191.624	231.292	-6.109	3.239	-1.444	
$Ga(T)$	-2298700	1422.916	-231.292	3.055	3.239	0.481
$Ga(l)$	-2110700	-368.794				

$MgO \cdot V_2O_5$

温度范围:298 ~ 1015 相:固

$\Delta H^{\ominus}_{f,298}$:-2200800 $S^{\ominus}_{298}$:160.7

函数	r_0	r_1	r_2	r_3	r_4	r_5
C_p	231.29	-6.09	-6.48	-2.93		
$Ha(T)$	-2291200	231.290	-3.045	6.480	-0.977	
$Sa(T)$	-1191.599	231.290	-6.090	3.240	-1.465	
$Ga(T)$	-2291200	1422.889	-231.290	3.045	3.240	0.488
$Ga(l)$	-2141800	-305.964				

$MgO \cdot WO_3$

温度范围:298 ~ 1631 相:固

$\Delta H^{\ominus}_{f,298}$:-1517100 $S^{\ominus}_{298}$:101.2

函数	r_0	r_1	r_2	r_3	r_4	r_5
C_p	115.02	42.3	-1.58			
$Ha(T)$	-1558600	115.020	21.150	1.580		
$Sa(T)$	-575.636	115.020	42.300	0.790		
$Ga(T)$	-1558600	690.656	-115.020	-21.150	0.790	
$Ga(l)$	-1444200	-250.591				

$2MgO \cdot 2Al_2O_3 \cdot 5SiO_2$（堇青石）

温度范围：298 ~ 1700　　相：固

$\Delta H^{\ominus}_{f,298}$：-9111900　　$S^{\ominus}_{298}$：407.103

函数	r_0	r_1	r_2	r_3	r_4	r_5
C_p	626.345	91.211	-20.083			
$Ha(T)$	-9370100	626.345	45.606	20.083		
$Sa(T)$	-3301.714	626.345	91.211	10.042		
$Ga(T)$	-9370100	3928.059	-626.345	-45.606	10.042	
$Ga(l)$	-8768200	-1095.359				

$2MgO \cdot SiO_2$

温度范围：298 ~ 2171　　相：固

$\Delta H^{\ominus}_{f,298}$：-2176900　　$S^{\ominus}_{298}$：95.186

函数	r_0	r_1	r_2	r_3	r_4	r_5
C_p	153.929	23.640	-3.849			
$Ha(T)$	-2236800	153.929	11.820	3.849		
$Sa(T)$	-810.537	153.929	23.640	1.925		
$Ga(T)$	-2236800	964.466	-153.929	-11.820	1.925	
$Ga(l)$	-2059800	-306.146				

温度范围：2171 ~ 3000　　相：液

$\Delta H^{\ominus}_{tr}$：71130　　$\Delta S^{\ominus}_{tr}$：32.764

函数	r_0	r_1	r_2	r_3	r_4	r_5
C_p	205.016					
$Ha(T)$	-2219100	205.016				
$Sa(T)$	-1118.541	205.016				
$Ga(T)$	-2219100	1323.557	-205.016			
$Ga(l)$	-1692700	-491.860				

$2MgO \cdot TiO_2$

温度范围：298 ~ 2005　　相：固

$\Delta H^{\ominus}_{f,298}$：-2164400　　$S^{\ominus}_{298}$：115.102

函数	r_0	r_1	r_2	r_3	r_4	r_5
C_p	152.339	34.016	-3.050			
$Ha(T)$	-2221600	152.339	17.008	3.050		
$Sa(T)$	-780.161	152.339	34.016	1.525		
$Ga(T)$	-2221600	932.500	-152.339	-17.008	1.525	
$Ga(l)$	-2052100	-324.998				

温度范围：2005 ~ 3000　　相：液

$\Delta H^{\ominus}_{tr}$：129700　　$\Delta S^{\ominus}_{tr}$：

函数	r_0	r_1	r_2	r_3	r_4	r_5
C_p	228.446					
$Ha(T)$	-2174600	228.446				
$Sa(T)$	-1290.252	228.446				
$Ga(T)$	-2174600	1518.698	-228.446			
$Ga(l)$	-1608900	-496.432				

$2MgO \cdot V_2O_5$

温度范围:298 ~ 1500　　相:固

$\Delta H^{\ominus}_{f,298}$: -2842200　　$S^{\ominus}_{298}$:199.995

函数	r_0	r_1	r_2	r_3	r_4	r_5
C_p	284.596	4.058	-7.422	-5.816		
$Ha(T)$	-2952100	284.596	2.029	7.422	-1.939	
$Sa(T)$	-1464.216	284.596	4.058	3.711	-2.908	
$Ga(T)$	-2952100	1748.812	-284.596	-2.029	3.711	0.969
$Ga(l)$	-2718100	-464.756				

$3MgO \cdot P_2O_5$

温度范围:298 ~ 1621　　相:固

$\Delta H^{\ominus}_{f,298}$: -3745100　　$S^{\ominus}_{298}$:188.3

函数	r_0	r_1	r_2	r_3	r_4	r_5
C_p	121.46	335.77	0.11	-108.78		
$Ha(T)$	-3794900	121.460	167.885	-0.110	-36.260	
$Sa(T)$	-598.386	121.460	335.770	-0.055	-54.390	
$Ga(T)$	-3794900	719.846	-121.460	-167.885	-0.055	18.130
$Ga(l)$	-3593400	-496.394				

$3MgO \cdot 2SiO_2 \cdot 2H_2O$(纤维蛇纹石)

温度范围:298 ~ 1000　　相:固

$\Delta H^{\ominus}_{f,298}$: -4364100　　$S^{\ominus}_{298}$:222.170

函数	r_0	r_1	r_2	r_3	r_4	r_5
C_p	317.231	132.214	-7.356			
$Ha(T)$	-4489200	317.231	66.107	7.356		
$Sa(T)$	-1666.079	317.231	132.214	3.678		
$Ga(T)$	-4489200	1983.310	-317.231	-66.107	3.678	
$Ga(l)$	-4261700	-474.734				

$3MgO \cdot 4SiO_2 \cdot H_2O$(白云母)

温度范围:298 ~ 1100　　相:固

$\Delta H^{\ominus}_{f,298}$: -5915400　　$S^{\ominus}_{298}$:260.663

函数	r_0	r_1	r_2	r_3	r_4	r_5
C_p	353.004	175.268	-7.427			
$Ha(T)$	-6053300	353.004	87.634	7.427		
$Sa(T)$	-1844.642	353.004	175.268	3.714		
$Ga(T)$	-6053300	2197.646	-353.004	-87.634	3.714	
$Ga(l)$	-5778500	-587.003				

$7MgO \cdot 8SiO_2 \cdot H_2O$(直闪石)

温度范围:298 ~ 1100　　相:固

$\Delta H^{\ominus}_{f,298}$: -12086000　　$S^{\ominus}_{298}$:558.982

函数	r_0	r_1	r_2	r_3	r_4	r_5
C_p	832.616	142.674	-21.882			
$Ha(T)$	-12414000	832.616	71.337	21.882		
$Sa(T)$	-4350.546	832.616	142.674	10.941		
$Ga(T)$	-12414000	5183.163	-832.616	-71.337	10.941	
$Ga(l)$	-11817000	-1201.234				

$Mg(OH)_2$

温度范围:298 ~ 700　　相:固

$\Delta H^{\ominus}_{f,298}$: −924700　　$S^{\ominus}_{298}$:63.2

函数	r_0	r_1	r_2	r_3	r_4	r_5
C_p	46.82	102.93				
$Ha(T)$	−943230	46.820	51.465			
$Sa(T)$	−234.250	46.820	102.930			
$Ga(T)$	−943230	281.070	−46.820	−51.465		
$Ga(l)$	−908780	−107.212				

Mg(OH)Cl

温度范围:298 ~ 800　　相:固

$\Delta H^{\ominus}_{f,298}$: −799980　　$S^{\ominus}_{298}$:82.843

函数	r_0	r_1	r_2	r_3	r_4	r_5
C_p	56.066	60.542				
$Ha(T)$	−819390	56.066	30.271			
$Sa(T)$	−254.649	56.066	60.542			
$Ga(T)$	−819390	310.715	−56.066	−30.271		
$Ga(l)$	−781880	−131.042				

MgS

温度范围:298 ~ 2000　　相:固

$\Delta H^{\ominus}_{f,298}$: −346020　　$S^{\ominus}_{298}$:50.334

函数	r_0	r_1	r_2	r_3	r_4	r_5
C_p	43.095	8.242				
$Ha(T)$	−359240	43.095	4.121			
$Sa(T)$	−197.661	43.095	8.242			
$Ga(T)$	−359240	240.756	−43.095	−4.121		
$Ga(l)$	−313220	−112.769				

MgS(气)

温度范围:298 ~ 2000　　相:气

$\Delta H^{\ominus}_{f,298}$:145200　　$S^{\ominus}_{298}$:225.5

函数	r_0	r_1	r_2	r_3	r_4	r_5
C_p	36.9	0.34	−0.26			
$Ha(T)$	133310	36.900	0.170	0.260		
$Sa(T)$	13.695	36.900	0.340	0.130		
$Ga(T)$	133310	23.205	−36.900	−0.170	0.130	
$Ga(l)$	169410	−271.935				

$MgSO_4$

温度范围:298 ~ 1400　　相:固

$\Delta H^{\ominus}_{f,298}$: −1284900　　$S^{\ominus}_{298}$:91.630

函数	r_0	r_1	r_2	r_3	r_4	r_5
C_p	106.441	46.275	−2.188			
$Ha(T)$	−1326000	106.441	23.138	2.188		
$Sa(T)$	−540.932	106.441	46.275	1.094		
$Ga(T)$	−1326000	647.373	−106.441	−23.138	1.094	
$Ga(l)$	−1228900	−213.322				

温度范围:1400 ~ 2000　　相:液

$\Delta H_{tr}^{\ominus}$:14640　　$\Delta S_{tr}^{\ominus}$:10. 457

函数	r_0	r_1	r_2	r_3	r_4	r_5
C_p	158. 992					
$Ha(T)$	-1338000	158. 992				
$Sa(T)$	-845. 823	158. 992				
$Ga(T)$	-1338000	1004. 815	-158. 992			
$Ga(l)$	-1070000	-336. 318				

MgSe

温度范围:298 ~ 1900　　相:固

$\Delta H_{f,298}^{\ominus}$: -272800　　$S_{298}^{\ominus}$:61. 505

函数	r_0	r_1	r_2	r_3	r_4	r_5
C_p	42. 886	17. 071				
$Ha(T)$	-286350	42. 886	8. 536			
$Sa(T)$	-187. 932	42. 886	17. 071			
$Ga(T)$	-286350	230. 818	-42. 886	-8. 536		
$Ga(l)$	-238030	-128. 522				

$MgSeO_3$

温度范围:298 ~ 900　　相:固

$\Delta H_{f,298}^{\ominus}$: -900190　　$S_{298}^{\ominus}$:93. 722

函数	r_0	r_1	r_2	r_3	r_4	r_5
C_p	76. 567	47. 279				
$Ha(T)$	-925120	76. 567	23. 640			
$Sa(T)$	-356. 622	76. 567	47. 279			
$Ga(T)$	-925120	433. 189	-76. 567	-23. 640		
$Ga(l)$	-874690	-159. 331				

MgTe

温度范围:298 ~ 1500　　相:固

$\Delta H_{f,298}^{\ominus}$: -209200　　$S_{298}^{\ominus}$:74. 475

函数	r_0	r_1	r_2	r_3	r_4	r_5
C_p	37. 656	10. 460				
$Ha(T)$	-220890	37. 656	5. 230			
$Sa(T)$	-143. 192	37. 656	10. 460			
$Ga(T)$	-220890	180. 848	-37. 656	-5. 230		
$Ga(l)$	-187780	-120. 447				

Mg_3N_2

温度范围:298 ~ 823　　相:固(α)

$\Delta H_{f,298}^{\ominus}$: -461500　　$S_{298}^{\ominus}$:87. 864

函数	r_0	r_1	r_2	r_3	r_4	r_5
C_p	86. 902	46. 861				
$Ha(T)$	-489490	86. 902	23. 431			
$Sa(T)$	-421. 240	86. 902	46. 861			
$Ga(T)$	-489490	508. 142	-86. 902	-23. 431		
$Ga(l)$	-436900	-153. 027				

温度范围:823 ~ 1061　　相:固(β)

$\Delta H_{tr}^{\ominus}$:460　　$\Delta S_{tr}^{\ominus}$:0. 559

函数	r_0	r_1	r_2	r_3	r_4	r_5
C_p	83. 973	44. 601				
$Ha(T)$	-485860	83. 973	22. 301			
$Sa(T)$	-399. 159	83. 973	44. 601			
$Ga(T)$	-485860	483. 132	-83. 973	-22. 301		
$Ga(l)$	-387400	-217. 772				

温度范围:1061 ~ 1300　　相:固(γ)

$\Delta H_{tr}^{\ominus}$:920　　$\Delta S_{tr}^{\ominus}$:0. 867

函数	r_0	r_1	r_2	r_3	r_4	r_5
C_p	119. 244					
$Ha(T)$	-497260	119. 244				
$Sa(T)$	-596. 702	119. 244				
$Ga(T)$	-497260	715. 946	-119. 244			
$Ga(l)$	-356870	-246. 670				

$Mg(NO_3)_2$

温度范围:298 ~ 600　　相:固

$\Delta H_{f,298}^{\ominus}$: -789940　　$S_{298}^{\ominus}$:164. 013

函数	r_0	r_1	r_2	r_3	r_4	r_5
C_p	44. 685	297. 901	0. 749			
$Ha(T)$	-813990	44. 685	148. 951	-0. 749		
$Sa(T)$	-175. 190	44. 685	297. 901	-0. 375		
$Ga(T)$	-813990	219. 875	-44. 685	-148. 951	-0. 375	
$Ga(l)$	-767390	-228. 978				

Mg_3P_2

温度范围:298 ~ 1200　　相:固

$\Delta H_{f,298}^{\ominus}$: -464420　　$S_{298}^{\ominus}$:77. 404

函数	r_0	r_1	r_2	r_3	r_4	r_5
C_p	80. 333	69. 454				
$Ha(T)$	-491460	80. 333	34. 727			
$Sa(T)$	-401. 009	80. 333	69. 454			
$Ga(T)$	-491460	481. 342	-80. 333	-34. 727		
$Ga(l)$	-420310	-179. 555				

$Mg_3(PO_4)_2$

温度范围:298 ~ 1621　　相:固

$\Delta H_{f,298}^{\ominus}$: -3780700　　$S_{298}^{\ominus}$:189. 200

函数	r_0	r_1	r_2	r_3	r_4	r_5
C_p	121. 441	335. 787	0. 109	-108. 805		
$Ha(T)$	-3830500	121. 441	167. 894	-0. 109	-36. 268	
$Sa(T)$	-597. 388	121. 441	335. 787	-0. 055	-54. 403	
$Ga(T)$	-3830500	718. 829	-121. 441	-167. 894	-0. 055	18. 134
$Ga(l)$	-3629000	-497. 267				

温度范围:1621 ~2000　　相:液

$\Delta H^{\ominus}_{tr}$:121340　　$\Delta S^{\ominus}_{tr}$:74. 855

函数	r_0	r_1	r_2	r_3	r_4	r_5
C_p	474. 654					
$Ha(T)$	-3995100	474. 654				
$Sa(T)$	-2731. 719	474. 654				
$Ga(T)$	-3995100	3206. 373	-474. 654			
$Ga(l)$	-3138100	-828. 393				

Mg_3Sb_2

温度范围:298 ~1198　　相:固(α)

$\Delta H^{\ominus}_{f,298}$: -300160　　$S^{\ominus}_{298}$:130. 332

函数	r_0	r_1	r_2	r_3	r_4	r_5
C_p	112. 968	40. 166				
$Ha(T)$	-335630	112. 968	20. 083			
$Sa(T)$	-525. 290	112. 968	40. 166			
$Ga(T)$	-335630	638. 258	-112. 968	-20. 083		
$Ga(l)$	-249870	-247. 870				

温度范围:1198 ~1518　　相:固(β)

$\Delta H^{\ominus}_{tr}$:73260　　$\Delta S^{\ominus}_{tr}$:61. 152

函数	r_0	r_1	r_2	r_3	r_4	r_5
C_p	160. 666					
$Ha(T)$	-290690	160. 666				
$Sa(T)$	-754. 122	160. 666				
$Ga(T)$	-290690	914. 788	-160. 666			
$Ga(l)$	-73290	-404. 674				

MgC_2

温度范围:298 ~2500　　相:固

$\Delta H^{\ominus}_{f,298}$:87860　　$S^{\ominus}_{298}$:54. 392

函数	r_0	r_1	r_2	r_3	r_4	r_5
C_p	71. 212	6. 443	-1. 502			
$Ha(T)$	61300	71. 212	3. 222	1. 502		
$Sa(T)$	-361. 715	71. 212	6. 443	0. 751		
$Ga(T)$	61300	432. 927	-71. 212	-3. 222	0. 751	
$Ga(l)$	149240	-158. 590				

Mg_2C_3

温度范围:298 ~2500　　相:固

$\Delta H^{\ominus}_{f,298}$:75310　　$S^{\ominus}_{298}$:100. 416

函数	r_0	r_1	r_2	r_3	r_4	r_5
C_p	118. 742	10. 711	-2. 502			
$Ha(T)$	31040	118. 742	5. 356	2. 502		
$Sa(T)$	-593. 395	118. 742	10. 711	1. 251		
$Ga(T)$	31040	712. 137	-118. 742	-5. 356	1. 251	
$Ga(l)$	177640	-274. 139				

$MgCO_3$

温度范围:298 ~ 812　　相:固

$\Delta H^{\ominus}_{f,298}$: −1095800　　$S^{\ominus}_{298}$:65.7

函数	r_0	r_1	r_2	r_3	r_4	r_5
C_p	77.91	57.74	−1.74			
$Ha(T)$	−1127400	77.910	28.870	1.740		
$Sa(T)$	−405.202	77.910	57.740	0.870		
$Ga(T)$	−1127400	483.112	−77.910	−28.870	0.870	
$Ga(l)$	−1075000	−120.673				

Mg_2Si

温度范围:298 ~ 1373　　相:固

$\Delta H^{\ominus}_{f,298}$: −79500　　$S^{\ominus}_{298}$:66.944

函数	r_0	r_1	r_2	r_3	r_4	r_5
C_p	73.304	14.979	−0.883			
$Ha(T)$	−104980	73.304	7.490	0.883		
$Sa(T)$	−360.145	73.304	14.979	0.442		
$Ga(T)$	−104980	433.449	−73.304	−7.490	0.442	
$Ga(l)$	−45100	−143.074				

温度范围:1373 ~ 2000　　相:液

$\Delta H^{\ominus}_{tr}$:85770　　$\Delta S^{\ominus}_{tr}$:62.469

函数	r_0	r_1	r_2	r_3	r_4	r_5
C_p	94.140					
$Ha(T)$	−33060	94.140				
$Sa(T)$	−427.411	94.140				
$Ga(T)$	−33060	521.551	−94.140			
$Ga(l)$	124240	−271.762				

Mg_2Ge

温度范围:298 ~ 1388　　相:固

$\Delta H^{\ominus}_{f,298}$: −115190　　$S^{\ominus}_{298}$:72.927

函数	r_0	r_1	r_2	r_3	r_4	r_5
C_p	73.429	17.991	−0.318			
$Ha(T)$	−138950	73.429	8.996	0.318		
$Sa(T)$	−352.595	73.429	17.991	0.159		
$Ga(T)$	−138950	426.023	−73.429	−8.996	0.159	
$Ga(l)$	−78440	−154.178				

温度范围:1388 ~ 1600　　相:液

$\Delta H^{\ominus}_{tr}$:85350　　$\Delta S^{\ominus}_{tr}$:61.491

函数	r_0	r_1	r_2	r_3	r_4	r_5
C_p	93.512					
$Ha(T)$	−63910	93.512				
$Sa(T)$	−411.362	93.512				
$Ga(T)$	−63910	504.874	−93.512			
$Ga(l)$	75600	−272.085				

Mg_2Pb

温度范围:298 ~ 823　相:固

$\Delta H^{\ominus}_{f,298}$: -48100　$S^{\ominus}_{298}$:119.2

函数	r_0	r_1	r_2	r_3	r_4	r_5
C_p	65.9	34.52				
$Ha(T)$	-69280	65.900	17.260			
$Sa(T)$	-266.564	65.900	34.520			
$Ga(T)$	-69280	332.464	-65.900	-17.260		
$Ga(l)$	-29540	-168.348				

MgB_2

温度范围:298 ~ 1320　相:固

$\Delta H^{\ominus}_{f,298}$: -92050　$S^{\ominus}_{298}$:35.982

函数	r_0	r_1	r_2	r_3	r_4	r_5
C_p	49.748	22.719	-0.762			
$Ha(T)$	-110450	49.748	11.360	0.762		
$Sa(T)$	-258.522	49.748	22.719	0.381		
$Ga(T)$	-110450	308.270	-49.748	-11.360	0.381	
$Ga(l)$	-67130	-91.562				

MgB_4

温度范围:298 ~ 1300　相:固

$\Delta H^{\ominus}_{f,298}$: -105000　$S^{\ominus}_{298}$:51.9

函数	r_0	r_1	r_2	r_3	r_4	r_5
C_p	68.52	47.77	-1.15			
$Ha(T)$	-131410	68.520	23.885	1.150		
$Sa(T)$	-359.210	68.520	47.770	0.575		
$Ga(T)$	-131410	427.730	-68.520	-23.885	0.575	
$Ga(l)$	-67710	-135.151				

$MgNi_2$

温度范围:298 ~ 1420　相:固

$\Delta H^{\ominus}_{f,298}$: -56500　$S^{\ominus}_{298}$:88.7

函数	r_0	r_1	r_2	r_3	r_4	r_5
C_p	79.96	19.51	-0.75			
$Ha(T)$	-83720	79.960	9.755	0.750		
$Sa(T)$	-376.915	79.960	19.510	0.375		
$Ga(T)$	-83720	456.875	-79.960	-9.755	0.375	
$Ga(l)$	-16100	-176.959				

MgCe

温度范围:298 ~ 1013　相:固

$\Delta H^{\ominus}_{f,298}$: -16110　$S^{\ominus}_{298}$:105.646

函数	r_0	r_1	r_2	r_3	r_4	r_5
C_p	44.560	25.857				
$Ha(T)$	-30540	44.560	12.929			
$Sa(T)$	-155.948	44.560	25.857			
$Ga(T)$	-30540	200.508	-44.560	-12.929		
$Ga(l)$	1248	-148.578				

Mn(1)

温度范围:298 ~ 600　　相:固(α)

$\Delta H^{\ominus}_{f,298}$:0　　$S^{\ominus}_{298}$:32. 008

函数	r_0	r_1	r_2	r_3	r_4	r_5
C_p	20. 744	18. 728				
$Ha(T)$	-7017	20. 744	9. 364			
$Sa(T)$	-91. 767	20. 744	18. 728			
$Ga(T)$	-7017	112. 511	-20. 744	-9. 364		
$Ga(l)$	3830	-43. 091				

温度范围:600 ~ 980　　相:固(α)

$\Delta H^{\ominus}_{tr}$:—　　$\Delta S^{\ominus}_{tr}$:—

函数	r_0	r_1	r_2	r_3	r_4	r_5
C_p	24. 008	13. 460				
$Ha(T)$	-8027	24. 008	6. 730			
$Sa(T)$	-109. 485	24. 008	13. 460			
$Ga(T)$	-8027	133. 493	-24. 008	-6. 730		
$Ga(l)$	14760	-61. 190				

温度范围:980 ~ 1360　　相:固(β)

$\Delta H^{\ominus}_{tr}$:2226　　$\Delta S^{\ominus}_{tr}$:2. 271

函数	r_0	r_1	r_2	r_3	r_4	r_5
C_p	33. 434	4. 247				
$Ha(T)$	-10610	33. 434	2. 124			
$Sa(T)$	-163. 107	33. 434	4. 247			
$Ga(T)$	-10610	196. 541	-33. 434	-2. 124		
$Ga(l)$	31110	-77. 976				

温度范围:1360 ~ 1410　　相:固(γ)

$\Delta H^{\ominus}_{tr}$:2121　　$\Delta S^{\ominus}_{tr}$:1. 560

函数	r_0	r_1	r_2	r_3	r_4	r_5
C_p	31. 715	8. 368				
$Ha(T)$	-9967	31. 715	4. 184			
$Sa(T)$	-154. 749	31. 715	8. 368			
$Ga(T)$	-9967	186. 464	-31. 715	-4. 184		
$Ga(l)$	41850	-86. 158				

温度范围:1410 ~ 1517　　相:固(δ)

$\Delta H^{\ominus}_{tr}$:1879　　$\Delta S^{\ominus}_{tr}$:1. 333

函数	r_0	r_1	r_2	r_3	r_4	r_5
C_p	33. 581	8. 263				
$Ha(T)$	-10610	33. 581	4. 132			
$Sa(T)$	-166. 800	33. 581	8. 263			
$Ga(T)$	-10610	200. 381	-33. 581	-4. 132		
$Ga(l)$	47350	-90. 043				

温度范围:1517 ~ 2335　　相:液

$\Delta H_{tr}^{\ominus}$:12060　　$\Delta S_{tr}^{\ominus}$:7.950

函数	r_0	r_1	r_2	r_3	r_4	r_5
C_p	46.024					
$Ha(T)$	-7923	46.024				
$Sa(T)$	-237.453	46.024				
$Ga(T)$	-7923	283.477	-46.024			
$Ga(l)$	79650	-110.425				

温度范围:2335 ~ 2600　　相:气

$\Delta H_{tr}^{\ominus}$:226070　　$\Delta S_{tr}^{\ominus}$:96.818

函数	r_0	r_1	r_2	r_3	r_4	r_5
C_p	20.953					
$Ha(T)$	276690	20.953				
$Sa(T)$	53.809	20.953				
$Ga(T)$	276690	-32.856	-20.953			
$Ga(l)$	328360	-217.471				

Mn(2)

温度范围:298 ~ 980　　相:固(α)

$\Delta H_{f,298}^{\ominus}$:0　　$S_{298}^{\ominus}$:32

函数	r_0	r_1	r_2	r_3	r_4	r_5
C_p	25.19	12.75	-0.33			
$Ha(T)$	-9184	25.190	6.375	0.330		
$Sa(T)$	-117.180	25.190	12.750	0.165		
$Ga(T)$	-9184	142.370	-25.190	-6.375	0.165	
$Ga(l)$	8596	-53.421				

MnF_2(1)

温度范围:298 ~ 1203　　相:固

$\Delta H_{f,298}^{\ominus}$:-803330　　$S_{298}^{\ominus}$:92.257

函数	r_0	r_1	r_2	r_3	r_4	r_5
C_p	61.881	23.849	-0.197			
$Ha(T)$	-823500	61.881	11.925	0.197		
$Sa(T)$	-268.535	61.881	23.849	0.099		
$Ga(T)$	-823500	330.416	-61.881	-11.925	0.099	
$Ga(l)$	-775600	-156.845				

温度范围:1203 ~ 2093　　相:液

$\Delta H_{tr}^{\ominus}$:23010　　$\Delta S_{tr}^{\ominus}$:19.127

函数	r_0	r_1	r_2	r_3	r_4	r_5
C_p	92.048					
$Ha(T)$	-819360	92.048				
$Sa(T)$	-434.611	92.048				
$Ga(T)$	-819360	526.659	-92.048			
$Ga(l)$	-670640	-246.537				

MnF_2(2)

温度范围:298 ~ 1023　　相:固(α)

$\Delta H^{\ominus}_{f,298}$: −846800　　$S^{\ominus}_{298}$:93. 3

函数	r_0	r_1	r_2	r_3	r_4	r_5
C_p	70. 33	17. 05	−0. 68			
$Ha(T)$	−870810	70. 330	8. 525	0. 680		
$Sa(T)$	−316. 320	70. 330	17. 050	0. 340		
$Ga(T)$	−870810	386. 650	−70. 330	−8. 525	0. 340	
$Ga(l)$	−823700	−150. 292				

温度范围:1023 ~ 1173　　相:固(β)

$\Delta H^{\ominus}_{tr}$:2100　　$\Delta S^{\ominus}_{tr}$:2. 053

函数	r_0	r_1	r_2	r_3	r_4	r_5
C_p	65. 51	21. 37				
$Ha(T)$	−865370	65. 510	10. 685			
$Sa(T)$	−284. 957	65. 510	21. 370			
$Ga(T)$	−865370	350. 467	−65. 510	−10. 685		
$Ga(l)$	−780690	−197. 108				

MnF_2(气)

温度范围:298 ~ 2015　　相:气

$\Delta H^{\ominus}_{f,298}$: −527900　　$S^{\ominus}_{298}$:281. 4

函数	r_0	r_1	r_2	r_3	r_4	r_5
C_p	62. 21	0. 06	−0. 44			
$Ha(T)$	−547930	62. 210	0. 030	0. 440		
$Sa(T)$	−75. 540	62. 210	0. 060	0. 220		
$Ga(T)$	−547930	137. 750	−62. 210	−0. 030	0. 220	
$Ga(l)$	−487010	−359. 621				

MnF_3

温度范围:298 ~ 1000　　相:固

$\Delta H^{\ominus}_{f,298}$: −1004200　　$S^{\ominus}_{298}$:104. 600

函数	r_0	r_1	r_2	r_3	r_4	r_5
C_p	82. 006	30. 962				
$Ha(T)$	−1030000	82. 006	15. 481			
$Sa(T)$	−371. 868	82. 006	30. 962			
$Ga(T)$	−1030000	453. 874	−82. 006	−15. 481		
$Ga(l)$	−975250	−176. 696				

MnF_4

温度范围:298 ~ 660　　相:固

$\Delta H^{\ominus}_{f,298}$: −962320　　$S^{\ominus}_{298}$:158. 992

函数	r_0	r_1	r_2	r_3	r_4	r_5
C_p	92. 048	41. 003				
$Ha(T)$	−991590	92. 048	20. 502			
$Sa(T)$	−377. 685	92. 048	41. 003			
$Ga(T)$	−991590	469. 733	−92. 048	−20. 502		
$Ga(l)$	−944720	−208. 709				

温度范围:660 ~ 685 相:液

$\Delta H_{tr}^{\ominus}$:23850 $\Delta S_{tr}^{\ominus}$:36.136

函数	r_0	r_1	r_2	r_3	r_4	r_5
C_p	154.808					
$Ha(T)$	-1000200	154.808				
$Sa(T)$	-721.940	154.808				
$Ga(T)$	-1000200	876.748	-154.808			
$Ga(l)$	-896200	-285.897				

温度范围:685 ~ 1500 相:气

$\Delta H_{tr}^{\ominus}$:66940 $\Delta S_{tr}^{\ominus}$:97.723

函数	r_0	r_1	r_2	r_3	r_4	r_5
C_p	104.600					
$Ha(T)$	-898900	104.600				
$Sa(T)$	-296.388	104.600				
$Ga(T)$	-898900	400.988	-104.600			
$Ga(l)$	-788950	-433.916				

$MnCl_2$

温度范围:298 ~ 923 相:固

$\Delta H_{f,298}^{\ominus}$:-482000 $S_{298}^{\ominus}$:118.198

函数	r_0	r_1	r_2	r_3	r_4	r_5
C_p	75.479	13.221	-0.573			
$Ha(T)$	-507010	75.479	6.611	0.573		
$Sa(T)$	-319.016	75.479	13.221	0.287		
$Ga(T)$	-507010	394.495	-75.479	-6.611	0.287	
$Ga(l)$	-460950	-172.028				

温度范围:923 ~ 1504 相:液

$\Delta H_{tr}^{\ominus}$:37660 $\Delta S_{tr}^{\ominus}$:40.802

函数	r_0	r_1	r_2	r_3	r_4	r_5
C_p	96.232					
$Ha(T)$	-482260	96.232				
$Sa(T)$	-407.368	96.232				
$Ga(T)$	-482260	503.600	-96.232			
$Ga(l)$	-367280	-275.442				

温度范围:1504 ~ 2000 相:气

$\Delta H_{tr}^{\ominus}$:148950 $\Delta S_{tr}^{\ominus}$:99.036

函数	r_0	r_1	r_2	r_3	r_4	r_5
C_p	68.157	-1.590	-0.452			
$Ha(T)$	-289580	68.157	-0.795	0.452		
$Sa(T)$	-100.648	68.157	-1.590	0.226		
$Ga(T)$	-289580	168.805	-68.157	0.795	0.226	
$Ga(l)$	-172970	-405.539				

$MnCl_2$(气)

温度范围:298 ~ 2000　　相:气

$\Delta H^{\ominus}_{f,298}$: −264100　　$S^{\ominus}_{298}$:295. 4

函数	r_0	r_1	r_2	r_3	r_4	r_5
C_p	61. 58	0. 48	−0. 41			
$Ha(T)$	−283860	61. 580	0. 240	0. 410		
$Sa(T)$	−57. 907	61. 580	0. 480	0. 205		
$Ga(T)$	−283860	119. 487	−61. 580	−0. 240	0. 205	
$Ga(l)$	−223690	−372. 938				

$MnCl_3$

温度范围:298 ~ 860　　相:固

$\Delta H^{\ominus}_{f,298}$: −460240　　$S^{\ominus}_{298}$:140. 164

函数	r_0	r_1	r_2	r_3	r_4	r_5
C_p	96. 232	23. 430				
$Ha(T)$	−489970	96. 232	11. 715			
$Sa(T)$	−415. 113	96. 232	23. 430			
$Ga(T)$	−489970	511. 345	−96. 232	−11. 715		
$Ga(l)$	−434250	−208. 239				

温度范围:860 ~ 900　　相:液

$\Delta H^{\ominus}_{tr}$:41840　　$\Delta S^{\ominus}_{tr}$:48. 651

函数	r_0	r_1	r_2	r_3	r_4	r_5
C_p	129. 704					
$Ha(T)$	−468250	129. 704				
$Sa(T)$	−572. 480	129. 704				
$Ga(T)$	−468250	702. 184	−129. 704			
$Ga(l)$	−354040	−306. 996				

温度范围:900 ~ 2500　　相:气

$\Delta H^{\ominus}_{tr}$:87860　　$\Delta S^{\ominus}_{tr}$:97. 622

函数	r_0	r_1	r_2	r_3	r_4	r_5
C_p	83. 680					
$Ha(T)$	−338970	83. 680				
$Sa(T)$	−161. 784	83. 680				
$Ga(T)$	−338970	245. 464	−83. 680			
$Ga(l)$	−205410	−458. 711				

$MnCl_4$

温度范围:298 ~ 384　　相:液

$\Delta H^{\ominus}_{f,298}$: −460240　　$S^{\ominus}_{298}$:259. 408

函数	r_0	r_1	r_2	r_3	r_4	r_5
C_p	156. 900					
$Ha(T)$	−507020	156. 900				
$Sa(T)$	−634. 545	156. 900				
$Ga(T)$	−507020	791. 445	−156. 900			
$Ga(l)$	−453720	−280. 258				

温度范围:384 ~2500　　相:气

$\Delta H_{tr}^{\ominus}$:32640　　$\Delta S_{tr}^{\ominus}$:85.000

函数	r_0	r_1	r_2	r_3	r_4	r_5
C_p	104.600					
$Ha(T)$	-454300	104.600				
$Sa(T)$	-238.326	104.600				
$Ga(T)$	-454300	342.926	-104.600			
$Ga(l)$	-327180	-516.054				

$MnBr_2$

温度范围:298 ~971　　相:固

$\Delta H_{f,298}^{\ominus}$: -384930　　$S_{298}^{\ominus}$:138.072

函数	r_0	r_1	r_2	r_3	r_4	r_5
C_p	67.906	24.811				
$Ha(T)$	-406280	67.906	12.406			
$Sa(T)$	-256.226	67.906	24.811			
$Ga(T)$	-406280	324.132	-67.906	-12.406		
$Ga(l)$	-362030	-195.676				

温度范围:971 ~1300　　相:液

$\Delta H_{tr}^{\ominus}$:33470　　$\Delta S_{tr}^{\ominus}$:34.470

函数	r_0	r_1	r_2	r_3	r_4	r_5
C_p	100.416					
$Ha(T)$	-392680	100.416				
$Sa(T)$	-421.280	100.416				
$Ga(T)$	-392680	521.696	-100.416			
$Ga(l)$	-279300	-284.915				

温度范围:1300 ~2000　　相:气

$\Delta H_{tr}^{\ominus}$:112970　　$\Delta S_{tr}^{\ominus}$:86.900

函数	r_0	r_1	r_2	r_3	r_4	r_5
C_p	59.873	3.096				
$Ha(T)$	-229620	59.873	1.548			
$Sa(T)$	-47.706	59.873	3.096			
$Ga(T)$	-229620	107.579	-59.873	-1.548		
$Ga(l)$	-127870	-400.704				

MnI_2

温度范围:298 ~911　　相:固

$\Delta H_{f,298}^{\ominus}$: -242670　　$S_{298}^{\ominus}$:150.624

函数	r_0	r_1	r_2	r_3	r_4	r_5
C_p	67.195	27.322				
$Ha(T)$	-263920	67.195	13.661			
$Sa(T)$	-240.372	67.195	27.322			
$Ga(T)$	-263920	307.567	-67.195	-13.661		
$Ga(l)$	-221620	-204.667				

温度范围:911 ~ 1290　　相:液

$\Delta H^{\ominus}_{tr}$:41840　　$\Delta S^{\ominus}_{tr}$:45. 928

函数	r_0	r_1	r_2	r_3	r_4	r_5
C_p	108. 784					
$Ha(T)$	-248630	108. 784				
$Sa(T)$	-452. 964	108. 784				
$Ga(T)$	-248630	561. 748	-108. 784			
$Ga(l)$	-129860	-308. 581				

MnO

温度范围:298 ~ 2083　　相:固

$\Delta H^{\ominus}_{f,298}$: -382500　　$S^{\ominus}_{298}$:59

函数	r_0	r_1	r_2	r_3	r_4	r_5
C_p	46. 48	8. 12	-0. 37			
$Ha(T)$	-397960	46. 480	4. 060	0. 370		
$Sa(T)$	-210. 326	46. 480	8. 120	0. 185		
$Ga(T)$	-397960	256. 806	-46. 480	-4. 060	0. 185	
$Ga(l)$	-346630	-125. 711				

MnO　($MnO_{1.0\sim1.12}$)

温度范围:298 ~ 1800　　相:固

$\Delta H^{\ominus}_{f,298}$: -384930　　$S^{\ominus}_{298}$:59. 831

函数	r_0	r_1	r_2	r_3	r_4	r_5
C_p	46. 484	8. 117	-0. 368			
$Ha(T)$	-400380	46. 484	4. 059	0. 368		
$Sa(T)$	-209. 506	46. 484	8. 117	0. 184		
$Ga(T)$	-400380	255. 990	-46. 484	-4. 059	0. 184	
$Ga(l)$	-354690	-119. 877				

$MnO \cdot Al_2O_3$

温度范围:298 ~ 2123　　相:固

$\Delta H^{\ominus}_{f,298}$: -2104600　　$S^{\ominus}_{298}$:105. 437

函数	r_0	r_1	r_2	r_3	r_4	r_5
C_p	153. 093	25. 899	-3. 222			
$Ha(T)$	-2162200	153. 093	12. 950	3. 222		
$Sa(T)$	-792. 670	153. 093	25. 899	1. 611		
$Ga(T)$	-2162200	945. 763	-153. 093	-12. 950	1. 611	
$Ga(l)$	-1988600	-317. 154				

$MnO \cdot Fe_2O_3$

温度范围:298 ~ 1600　　相:固

$\Delta H^{\ominus}_{f,298}$: -1228800　　$S^{\ominus}_{298}$:154

函数	r_0	r_1	r_2	r_3	r_4	r_5
C_p	145. 6	45. 27	-0. 88			
$Ha(T)$	-1277200	145. 600	22. 635	0. 880		
$Sa(T)$	-694. 017	145. 600	45. 270	0. 440		
$Ga(T)$	-1277200	839. 617	-145. 600	-22. 635	0. 440	
$Ga(l)$	-1139300	-340. 111				

MnO · MoO_3

温度范围:298 ~ 1100　　相:固

$\Delta H^{\ominus}_{f,298}$: −1191300　　$S^{\ominus}_{298}$:136

函数	r_0	r_1	r_2	r_3	r_4	r_5
C_p	108.78	51.3				
$Ha(T)$	−1226000	108.780	25.650			
$Sa(T)$	−499.080	108.780	51.300			
$Ga(T)$	−1226000	607.860	−108.780	−25.650		
$Ga(l)$	−1145800	−245.399				

MnO · SiO_2(蔷薇辉石)

温度范围:298 ~ 1564　　相:固

$\Delta H^{\ominus}_{f,298}$: −1320500　　$S^{\ominus}_{298}$:102.508

函数	r_0	r_1	r_2	r_3	r_4	r_5
C_p	110.541	16.234	−2.577			
$Ha(T)$	−1362800	110.541	8.117	2.577		
$Sa(T)$	−546.645	110.541	16.234	1.289		
$Ga(T)$	−1362800	657.186	−110.541	−8.117	1.289	
$Ga(l)$	−1264000	−220.554				

温度范围:1564 ~ 3000　　相:液

$\Delta H^{\ominus}_{tr}$:66940　　$\Delta S^{\ominus}_{tr}$:42.801

函数	r_0	r_1	r_2	r_3	r_4	r_5
C_p	151.670					
$Ha(T)$	−1338700	151.670				
$Sa(T)$	−780.432	151.670				
$Ga(T)$	−1338700	932.102	−151.670			
$Ga(l)$	−1001900	−390.868				

MnO · TiO_2

温度范围:298 ~ 1633　　相:固

$\Delta H^{\ominus}_{f,298}$: −1355600　　$S^{\ominus}_{298}$:105.855

函数	r_0	r_1	r_2	r_3	r_4	r_5
C_p	121.671	9.288	−2.188			
$Ha(T)$	−1399600	121.671	4.644	2.188		
$Sa(T)$	−602.453	121.671	9.288	1.094		
$Ga(T)$	−1399600	724.124	−121.671	−4.644	1.094	
$Ga(l)$	−1291700	−237.875				

MnO · WO_3

温度范围:298 ~ 1500　　相:固

$\Delta H^{\ominus}_{f,298}$: −1305400　　$S^{\ominus}_{298}$:140.582

函数	r_0	r_1	r_2	r_3	r_4	r_5
C_p	120.667	36.526	−0.368			
$Ha(T)$	−1344200	120.667	18.263	0.368		
$Sa(T)$	−559.890	120.667	36.526	0.184		
$Ga(T)$	−1344200	680.557	−120.667	−18.263	0.184	
$Ga(l)$	−1236600	−287.953				

2MnO · SiO_2（锰橄榄石）

温度范围:298 ~ 1618　　相:固

$\Delta H^{\ominus}_{f,298}$: −1730100　　$S^{\ominus}_{298}$:142. 256

函数	r_0	r_1	r_2	r_3	r_4	r_5
C_p	159. 076	19. 497	−3. 113			
$Ha(T)$	−1788800	159. 076	9. 749	3. 113		
$Sa(T)$	−787. 418	159. 076	19. 497	1. 557		
$Ga(T)$	−1788800	946. 494	−159. 076	−9. 749	1. 557	
$Ga(l)$	−1645400	−317. 258				

温度范围:1618 ~ 3000　　相:液

$\Delta H^{\ominus}_{tr}$:89620　　$\Delta S^{\ominus}_{tr}$:55. 389

函数	r_0	r_1	r_2	r_3	r_4	r_5
C_p	243. 090					
$Ha(T)$	−1807700	243. 090				
$Sa(T)$	−1320. 663	243. 090				
$Ga(T)$	−1807700	1563. 753	−243. 090			
$Ga(l)$	−1260000	−559. 748				

2MnO · TiO_2

温度范围:298 ~ 1723　　相:固

$\Delta H^{\ominus}_{f,298}$: −1753100　　$S^{\ominus}_{298}$:169. 452

函数	r_0	r_1	r_2	r_3	r_4	r_5
C_p	168. 155	17. 405	−2. 556			
$Ha(T)$	−1812600	168. 155	8. 703	2. 556		
$Sa(T)$	−808. 193	168. 155	17. 405	1. 278		
$Ga(T)$	−1812600	976. 348	−168. 155	−8. 703	1. 278	
$Ga(l)$	−1656300	−365. 117				

MnO_2

温度范围:298 ~ 803　　相:固

$\Delta H^{\ominus}_{f,298}$: −522100　　$S^{\ominus}_{298}$:53. 1

函数	r_0	r_1	r_2	r_3	r_4	r_5
C_p	70. 84	7. 6	−1. 66			
$Ha(T)$	−549130	70. 840	3. 800	1. 660		
$Sa(T)$	−362. 121	70. 840	7. 600	0. 830		
$Ga(T)$	−549130	432. 961	−70. 840	−3. 800	0. 830	
$Ga(l)$	−507950	−90. 715				

MnO_2　（$MnO_{1.96\sim2.0}$）

温度范围:298 ~ 523　　相:固(α)

$\Delta H^{\ominus}_{f,298}$: −520070　　$S^{\ominus}_{298}$:53. 137

函数	r_0	r_1	r_2	r_3	r_4	r_5
C_p	69. 454	10. 209	−1. 623			
$Ha(T)$	−546680	69. 454	5. 105	1. 623		
$Sa(T)$	−354. 757	69. 454	10. 209	0. 812		
$Ga(T)$	−546680	424. 211	−69. 454	−5. 105	0. 812	
$Ga(l)$	−513800	−71. 892				

温度范围:523 ~ 780　　相:固(β)

$\Delta H_{tr}^{\ominus}$:0　　$\Delta S_{tr}^{\ominus}$:0.000

函数	r_0	r_1	r_2	r_3	r_4	r_5
C_p	69.454	10.209	-1.623			
$Ha(T)$	-546680	69.454	5.105	1.623		
$Sa(T)$	-354.757	69.454	10.209	0.812		
$Ga(T)$	-546680	424.211	-69.454	-5.105	0.812	
$Ga(l)$	-497220	-103.595				

Mn_2O_3

温度范围:298 ~ 1361　　相:固

$\Delta H_{f,298}^{\ominus}$: -959000　　$S_{298}^{\ominus}$:110.5

函数	r_0	r_1	r_2	r_3	r_4	r_5
C_p	102.8	35.67	-1.28			
$Ha(T)$	-995530	102.800	17.835	1.280		
$Sa(T)$	-493.048	102.800	35.670	0.640		
$Ga(T)$	-995530	595.848	-102.800	-17.835	0.640	
$Ga(l)$	-907670	-224.052				

Mn_2O_3 ($MnO_{1.5\sim1.6}$)

温度范围:298 ~ 1350　　相:固

$\Delta H_{f,298}^{\ominus}$: -956880　　$S_{298}^{\ominus}$:110.458

函数	r_0	r_1	r_2	r_3	r_4	r_5
C_p	103.470	35.062	-1.351			
$Ha(T)$	-993820	103.470	17.531	1.351		
$Sa(T)$	-497.125	103.470	35.062	0.676		
$Ga(T)$	-993820	600.595	-103.470	-17.531	0.676	
$Ga(l)$	-906080	-223.184				

Mn_3O_4

温度范围:298 ~ 1445　　相:固(α)

$\Delta H_{f,298}^{\ominus}$: -1386600　　$S_{298}^{\ominus}$:153.971

函数	r_0	r_1	r_2	r_3	r_4	r_5
C_p	144.934	45.271	-0.921			
$Ha(T)$	-1434900	144.934	22.636	0.921		
$Sa(T)$	-690.482	144.934	45.271	0.461		
$Ga(T)$	-1434900	835.416	-144.934	-22.636	0.461	
$Ga(l)$	-1308200	-324.085				

温度范围:1445 ~ 1833　　相:固(β)

$\Delta H_{tr}^{\ominus}$:20920　　$\Delta S_{tr}^{\ominus}$:14.478

函数	r_0	r_1	r_2	r_3	r_4	r_5
C_p	210.037					
$Ha(T)$	-1460200	210.037				
$Sa(T)$	-1084.048	210.037				
$Ga(T)$	-1460200	1294.085	-210.037			
$Ga(l)$	-1117200	-470.306				

MnS

温度范围:298 ~ 1803　　相:固

$\Delta H^{\ominus}_{f,298}$: −213380　　$S^{\ominus}_{298}$:80. 333

函数	r_0	r_1	r_2	r_3	r_4	r_5
C_p	47. 698	7. 531				
$Ha(T)$	−227940	47. 698	3. 766			
$Sa(T)$	−193. 676	47. 698	7. 531			
$Ga(T)$	−227940	241. 374	−47. 698	−3. 766		
$Ga(l)$	−181850	−143. 290				

温度范围:1803 ~ 2200　　相:液

$\Delta H^{\ominus}_{tr}$:26110　　$\Delta S^{\ominus}_{tr}$:14. 481

函数	r_0	r_1	r_2	r_3	r_4	r_5
C_p	66. 944					
$Ha(T)$	−224290	66. 944				
$Sa(T)$	−309. 908	66. 944				
$Ga(T)$	−224290	376. 852	−66. 944			
$Ga(l)$	−90660	−198. 904				

MnS(气)

温度范围:298 ~ 2000　　相:气

$\Delta H^{\ominus}_{f,298}$:272000　　$S^{\ominus}_{298}$:240. 1

函数	r_0	r_1	r_2	r_3	r_4	r_5
C_p	37. 14	0. 14	−0. 26			
$Ha(T)$	260050	37. 140	0. 070	0. 260		
$Sa(T)$	26. 987	37. 140	0. 140	0. 130		
$Ga(T)$	260050	10. 153	−37. 140	−0. 070	0. 130	
$Ga(l)$	296270	−286. 673				

MnS_2

温度范围:298 ~ 700　　相:固

$\Delta H^{\ominus}_{f,298}$: −223840　　$S^{\ominus}_{298}$:99. 914

函数	r_0	r_1	r_2	r_3	r_4	r_5
C_p	69. 705	17. 656	−0. 435			
$Ha(T)$	−246870	69. 705	8. 828	0. 435		
$Sa(T)$	−304. 948	69. 705	17. 656	0. 218		
$Ga(T)$	−246870	374. 653	−69. 705	−8. 828	0. 218	
$Ga(l)$	−210590	−136. 721				

$MnSO_4$

温度范围:298 ~ 973　　相:固

$\Delta H^{\ominus}_{f,298}$: −1065200　　$S^{\ominus}_{298}$:112. 131

函数	r_0	r_1	r_2	r_3	r_4	r_5
C_p	122. 424	37. 321	−2. 946			
$Ha(T)$	−1113200	122. 424	18. 661	2. 946		
$Sa(T)$	−613. 089	122. 424	37. 321	1. 473		
$Ga(T)$	−1113200	735. 513	−122. 424	−18. 661	1. 473	
$Ga(l)$	−1029300	−201. 559				

MnSe

温度范围:298 ~ 1600　　相:固

$\Delta H^{\ominus}_{f,298}$: −154800　　$S^{\ominus}_{298}$:90.8

函数	r_0	r_1	r_2	r_3	r_4	r_5
C_p	49.04	6.74				
$Ha(T)$	−169720	49.040	3.370			
$Sa(T)$	−190.620	49.040	6.740			
$Ga(T)$	−169720	239.660	−49.040	−3.370		
$Ga(l)$	−126930	−149.378				

MnSe(气)

温度范围:298 ~ 1600　　相:气

$\Delta H^{\ominus}_{f,298}$:318000　　$S^{\ominus}_{298}$:252.3

函数	r_0	r_1	r_2	r_3	r_4	r_5
C_p	37.33	0.05	−0.16			
$Ha(T)$	306330	37.330	0.025	0.160		
$Sa(T)$	38.694	37.330	0.050	0.080		
$Ga(T)$	306330	−1.364	−37.330	−0.025	0.080	
$Ga(l)$	337200	−292.811				

MnTe

温度范围:298 ~ 307　　相:固(α)

$\Delta H^{\ominus}_{f,298}$: −111300　　$S^{\ominus}_{298}$:93.722

函数	r_0	r_1	r_2	r_3	r_4	r_5
C_p	−81.588	515.318				
$Ha(T)$	−109880	−81.588	257.659			
$Sa(T)$	404.935	−81.588	515.318			
$Ga(T)$	−109880	−486.523	81.588	−257.659		
$Ga(l)$	−110820	−94.627				

温度范围:307 ~ 1438　　相:固(β)

$\Delta H^{\ominus}_{tr}$:0　　$\Delta S^{\ominus}_{tr}$:0.000

函数	r_0	r_1	r_2	r_3	r_4	r_5
C_p	56.693	2.761				
$Ha(T)$	−128180	56.693	1.381			
$Sa(T)$	−229.624	56.693	2.761			
$Ga(T)$	−128180	286.317	−56.693	−1.381		
$Ga(l)$	−83740	−154.036				

$MnTe_2$

温度范围:298 ~ 700　　相:固

$\Delta H^{\ominus}_{f,298}$: −125520　　$S^{\ominus}_{298}$:145.017

函数	r_0	r_1	r_2	r_3	r_4	r_5
C_p	76.651	4.184				
$Ha(T)$	−148560	76.651	2.092			
$Sa(T)$	−292.957	76.651	4.184			
$Ga(T)$	−148560	369.608	−76.651	−2.092		
$Ga(l)$	−111510	−184.057				

Mn_3N_2

温度范围:298 ~ 800 相:固

$\Delta H^{\ominus}_{f,298}$: -191630 $S^{\ominus}_{298}$:136.817

函数	r_0	r_1	r_2	r_3	r_4	r_5
C_p	93.387	93.722				
$Ha(T)$	-223640	93.387	46.861			
$Sa(T)$	-423.208	93.387	93.722			
$Ga(T)$	-223640	516.595	-93.387	-46.861		
$Ga(l)$	-162170	-215.315				

Mn_4N

温度范围:298 ~ 800 相:固

$\Delta H^{\ominus}_{f,298}$: -128700 $S^{\ominus}_{298}$:142.9

函数	r_0	r_1	r_2	r_3	r_4	r_5
C_p	92.72	127.61				
$Ha(T)$	-162020	92.720	63.805			
$Sa(T)$	-423.428	92.720	127.610			
$Ga(T)$	-162020	516.148	-92.720	-63.805		
$Ga(l)$	-96140	-229.508				

Mn_4N ($MnN_{0.2\sim0.25}$)

温度范围:298 ~ 800 相:固

$\Delta H^{\ominus}_{f,298}$: -127610 $S^{\ominus}_{298}$:150.206

函数	r_0	r_1	r_2	r_3	r_4	r_5
C_p	92.717	127.612				
$Ha(T)$	-160930	92.717	63.806			
$Sa(T)$	-416.106	92.717	127.612			
$Ga(T)$	-160930	508.823	-92.717	-63.806		
$Ga(l)$	-95050	-236.813				

Mn_5N_2

温度范围:298 ~ 800 相:固

$\Delta H^{\ominus}_{f,298}$: -204200 $S^{\ominus}_{298}$:187.4

函数	r_0	r_1	r_2	r_3	r_4	r_5
C_p	127.82	160.67				
$Ha(T)$	-249450	127.820	80.335			
$Sa(T)$	-588.771	127.820	160.670			
$Ga(T)$	-249450	716.591	-127.820	-80.335		
$Ga(l)$	-160770	-302.969				

Mn_5N_2 ($MnN_{0.4\sim0.5}$)

温度范围:298 ~ 800 相:固

$\Delta H^{\ominus}_{f,298}$: -204180 $S^{\ominus}_{298}$:187.443

函数	r_0	r_1	r_2	r_3	r_4	r_5
C_p	127.821	160.666				
$Ha(T)$	-249430	127.821	80.333			
$Sa(T)$	-588.732	127.821	160.666			
$Ga(T)$	-249430	716.553	-127.821	-80.333		
$Ga(l)$	-160750	-303.011				

MnP

温度范围:298 ~ 1420　　相:固

$\Delta H^{\ominus}_{f,298}$: −96230　　$S^{\ominus}_{298}$:52. 300

函数	r_0	r_1	r_2	r_3	r_4	r_5
C_p	44. 978	10. 460				
$Ha(T)$	−110110	44. 978	5. 230			
$Sa(T)$	−207. 085	44. 978	10. 460			
$Ga(T)$	−110110	252. 063	−44. 978	−5. 230		
$Ga(l)$	−72860	−103. 638				

MnP_3

温度范围:298 ~ 1000　　相:固

$\Delta H^{\ominus}_{f,298}$: −174050　　$S^{\ominus}_{298}$:96. 650

函数	r_0	r_1	r_2	r_3	r_4	r_5
C_p	93. 722	30. 125				
$Ha(T)$	−203330	93. 722	15. 063			
$Sa(T)$	−446. 322	93. 722	30. 125			
$Ga(T)$	−203330	540. 044	−93. 722	−15. 063		
$Ga(l)$	−141730	−177. 200				

MnAs

温度范围:298 ~ 1208　　相:固

$\Delta H^{\ominus}_{f,298}$: −57320　　$S^{\ominus}_{298}$:66. 944

函数	r_0	r_1	r_2	r_3	r_4	r_5
C_p	48. 744	10. 042				
$Ha(T)$	−72300	48. 744	5. 021			
$Sa(T)$	−213. 774	48. 744	10. 042			
$Ga(T)$	−72300	262. 518	−48. 744	−5. 021		
$Ga(l)$	−36880	−114. 736				

MnSb

温度范围:298 ~ 1200　　相:固

$\Delta H^{\ominus}_{f,298}$: −27200　　$S^{\ominus}_{298}$:92. 466

函数	r_0	r_1	r_2	r_3	r_4	r_5
C_p	46. 024	20. 292				
$Ha(T)$	−41820	46. 024	10. 146			
$Sa(T)$	−175. 810	46. 024	20. 292			
$Ga(T)$	−41820	221. 834	−46. 024	−10. 146		
$Ga(l)$	−5872	−142. 197				

Mn_2Sb

温度范围:298 ~ 1200　　相:固

$\Delta H^{\ominus}_{f,298}$: −32640　　$S^{\ominus}_{298}$:136. 817

函数	r_0	r_1	r_2	r_3	r_4	r_5
C_p	70. 710	29. 288				
$Ha(T)$	−55020	70. 710	14. 644			
$Sa(T)$	−274. 792	70. 710	29. 288			
$Ga(T)$	−55020	345. 502	−70. 710	−14. 644		
$Ga(l)$	−254	−212. 371				

MnBi

温度范围:298 ~ 718　　相:固

$\Delta H^{\ominus}_{f,298}$: −19670　　$S^{\ominus}_{298}$:94.140

函数	r_0	r_1	r_2	r_3	r_4	r_5
C_p	43.095	30.752				
$Ha(T)$	−33890	43.095	15.376			
$Sa(T)$	−160.567	43.095	30.752			
$Ga(T)$	−33890	203.662	−43.095	−15.376		
$Ga(l)$	−9269	−122.802				

MnC_2

温度范围:298 ~ 923　　相:固

$\Delta H^{\ominus}_{f,298}$: −482420　　$S^{\ominus}_{298}$:117.152

函数	r_0	r_1	r_2	r_3	r_4	r_5
C_p	75.479	13.221	−0.573			
$Ha(T)$	−507430	75.479	6.611	0.573		
$Sa(T)$	−320.062	75.479	13.221	0.287		
$Ga(T)$	−507430	395.541	−75.479	−6.611	0.287	
$Ga(l)$	−461370	−170.982				

Mn_3C

温度范围:298 ~ 1310　　相:固(α)

$\Delta H^{\ominus}_{f,298}$: −15100　　$S^{\ominus}_{298}$:98.7

函数	r_0	r_1	r_2	r_3	r_4	r_5
C_p	105.69	23.43	−1.7			
$Ha(T)$	−53350	105.690	11.715	1.700		
$Sa(T)$	−520.027	105.690	23.430	0.850		
$Ga(T)$	−53350	625.717	−105.690	−11.715	0.850	
$Ga(l)$	31300	−202.999				

Mn_3C　($MnC_{0.35}$)

温度范围:298 ~ 1310　　相:固(α)

$\Delta H^{\ominus}_{f,298}$: −15060　　$S^{\ominus}_{298}$:98.742

函数	r_0	r_1	r_2	r_3	r_4	r_5
C_p	105.688	23.430	−1.703			
$Ha(T)$	−53320	105.688	11.715	1.703		
$Sa(T)$	−519.990	105.688	23.430	0.852		
$Ga(T)$	−53320	625.678	−105.688	−11.715	0.852	
$Ga(l)$	31330	−203.025				

温度范围:1310 ~ 1793　　相:固(β)

$\Delta H^{\ominus}_{tr}$:14940　　$\Delta S^{\ominus}_{tr}$:11.405

函数	r_0	r_1	r_2	r_3	r_4	r_5
C_p	158.992					
$Ha(T)$	−86810	158.992				
$Sa(T)$	−860.001	158.992				
$Ga(T)$	−86810	1018.993	−158.992			
$Ga(l)$	158270	−307.725				

Mn_7C_3

温度范围:298 ~ 1623　　相:固

$\Delta H^{\ominus}_{f,298}$: -110900　　$S^{\ominus}_{298}$:238.9

函数	r_0	r_1	r_2	r_3	r_4	r_5
C_p	246.65	54.81	-3.98			
$Ha(T)$	-200220	246.650	27.405	3.980		
$Sa(T)$	-1205.140	246.650	54.810	1.990		
$Ga(T)$	-200220	1451.790	-246.650	-27.405	1.990	
$Ga(l)$	31000	-531.293				

$MnCO_3$

温度范围:298 ~ 700　　相:固

$\Delta H^{\ominus}_{f,298}$: -894960　　$S^{\ominus}_{298}$:85.772

函数	r_0	r_1	r_2	r_3	r_4	r_5
C_p	92.006	38.911	-1.962			
$Ha(T)$	-930700	92.006	19.456	1.962		
$Sa(T)$	-461.078	92.006	38.911	0.981		
$Ga(T)$	-930700	553.084	-92.006	-19.456	0.981	
$Ga(l)$	-877970	-132.777				

MnSi

温度范围:298 ~ 1548　　相:固

$\Delta H^{\ominus}_{f,298}$: -60580　　$S^{\ominus}_{298}$:46.426

函数	r_0	r_1	r_2	r_3	r_4	r_5
C_p	49.321	12.778	-0.640			
$Ha(T)$	-78000	49.321	6.389	0.640		
$Sa(T)$	-241.995	49.321	12.778	0.320		
$Ga(T)$	-78000	291.316	-49.321	-6.389	0.320	
$Ga(l)$	-32950	-104.550				

温度范围:1548 ~ 2000　　相:液

$\Delta H^{\ominus}_{tr}$:59400　　$\Delta S^{\ominus}_{tr}$:38.372

函数	r_0	r_1	r_2	r_3	r_4	r_5
C_p	78.722					
$Ha(T)$	-48390	78.722				
$Sa(T)$	-399.651	78.722				
$Ga(T)$	-48390	478.373	-78.722			
$Ga(l)$	90660	-189.139				

$MnSi_{1.7}$

温度范围:298 ~ 1425　　相:固

$\Delta H^{\ominus}_{f,298}$: -75600　　$S^{\ominus}_{298}$:56.170

函数	r_0	r_1	r_2	r_3	r_4	r_5
C_p	71.927	4.615	-1.307			
$Ha(T)$	-101630	71.927	2.308	1.307		
$Sa(T)$	-362.368	71.927	4.615	0.654		
$Ga(T)$	-101630	434.296	-71.927	-2.308	0.654	
$Ga(l)$	-43820	-125.542				

$MnSi_{1.727}$

温度范围:298 ~ 1418　　相:固

$\Delta H^{\ominus}_{f,298}$: −75700　　$S^{\ominus}_{298}$:56.1

函数	r_0	r_1	r_2	r_3	r_4	r_5
C_p	71.92	4.6	−1.31			
$Ha(T)$	−101740	71.920	2.300	1.310		
$Sa(T)$	−362.411	71.920	4.600	0.655		
$Ga(T)$	−101740	434.331	−71.920	−2.300	0.655	
$Ga(l)$	−44120	−125.157				

Mn_3Si

温度范围:298 ~ 1000　　相:固

$\Delta H^{\ominus}_{f,298}$: −79580　　$S^{\ominus}_{298}$:103.642

函数	r_0	r_1	r_2	r_3	r_4	r_5
C_p	100.88	52.078	−1.472			
$Ha(T)$	−116910	100.880	26.039	1.472		
$Sa(T)$	−494.938	100.880	52.078	0.736		
$Ga(T)$	−116910	595.818	−100.880	−26.039	0.736	
$Ga(l)$	−44210	−191.097				

Mn_5Si_3

温度范围:298 ~ 1573　　相:固

$\Delta H^{\ominus}_{f,298}$: −200830　　$S^{\ominus}_{298}$:238.894

函数	r_0	r_1	r_2	r_3	r_4	r_5
C_p	201.359	54.162	−1.960			
$Ha(T)$	−269850	201.359	27.081	1.960		
$Sa(T)$	−935.541	201.359	54.162	0.980		
$Ga(T)$	−269850	1136.900	−201.359	−27.081	0.980	
$Ga(l)$	−83830	−483.771				

温度范围:1573 ~ 2000　　相:液

$\Delta H^{\ominus}_{tr}$:172800　　$\Delta S^{\ominus}_{tr}$:109.854

函数	r_0	r_1	r_2	r_3	r_4	r_5
C_p	324.641					
$Ha(T)$	−222720	324.641				
$Sa(T)$	−1647.541	324.641				
$Ga(T)$	−222720	1972.182	−324.641			
$Ga(l)$	355050	−782.912				

$MnSn_2$

温度范围:298 ~ 800　　相:固

$\Delta H^{\ominus}_{f,298}$: −27410　　$S^{\ominus}_{298}$:130.876

函数	r_0	r_1	r_2	r_3	r_4	r_5
C_p	92.383	1.255	−1.138			
$Ha(T)$	−58830	92.383	0.628	1.138		
$Sa(T)$	−402.260	92.383	1.255	0.569		
$Ga(T)$	−58830	494.643	−92.383	−0.628	0.569	
$Ga(l)$	−8533	−181.346				

MnB

温度范围:298 ~ 2000　　相:固

$\Delta H^{\ominus}_{f,298}$: −70700　　$S^{\ominus}_{298}$:36

函数	r_0	r_1	r_2	r_3	r_4	r_5
C_p	42.47	15.9	−1.01			
$Ha(T)$	−87460	42.470	7.950	1.010		
$Sa(T)$	−216.398	42.470	15.900	0.505		
$Ga(T)$	−87460	258.868	−42.470	−7.950	0.505	
$Ga(l)$	−36660	−99.063				

MnB_2

温度范围:298 ~ 2100　　相:固

$\Delta H^{\ominus}_{f,298}$: −94100　　$S^{\ominus}_{298}$:44.4

函数	r_0	r_1	r_2	r_3	r_4	r_5
C_p	64.43	16.99	−2.5			
$Ha(T)$	−122450	64.430	8.495	2.500		
$Sa(T)$	−341.824	64.430	16.990	1.250		
$Ga(T)$	−122450	406.254	−64.430	−8.495	1.250	
$Ga(l)$	−45080	−132.488				

Mn_2B

温度范围:298 ~ 1853　　相:固

$\Delta H^{\ominus}_{f,298}$: −91600　　$S^{\ominus}_{298}$:66.4

函数	r_0	r_1	r_2	r_3	r_4	r_5
C_p	69.04	22.8	−1.66			
$Ha(T)$	−118770	69.040	11.400	1.660		
$Sa(T)$	−343.097	69.040	22.800	0.830		
$Ga(T)$	−118770	412.137	−69.040	−11.400	0.830	
$Ga(l)$	−42770	−160.338				

Mn_3B_4

温度范围:298 ~ 2100　　相:固

$\Delta H^{\ominus}_{f,298}$: −236400　　$S^{\ominus}_{298}$:118

函数	r_0	r_1	r_2	r_3	r_4	r_5
C_p	122.59	44.77	−5			
$Ha(T)$	−291710	122.590	22.385	5.000		
$Sa(T)$	−621.940	122.590	44.770	2.500		
$Ga(T)$	−291710	744.530	−122.590	−22.385	2.500	
$Ga(l)$	−136940	−295.581				

Mo(1)

温度范围:298 ~ 700　　相:固

$\Delta H^{\ominus}_{f,298}$:0　　$S^{\ominus}_{298}$:28.606

函数	r_0	r_1	r_2	r_3	r_4	r_5
C_p	25.568	2.845	−0.218			
$Ha(T)$	−8481	25.568	1.423	0.218		
$Sa(T)$	−119.145	25.568	2.845	0.109		
$Ga(T)$	−8481	144.713	−25.568	−1.423	0.109	
$Ga(l)$	4524	−41.179				

温度范围:700 ~ 1500　　相:固

$\Delta H_{tr}^{\ominus}$:—　　$\Delta S_{tr}^{\ominus}$:—

函数	r_0	r_1	r_2	r_3	r_4	r_5
C_p	33. 911	-11. 912	-0. 921	6. 958		
$Ha(T)$	-12510	33. 911	-5. 956	0. 921	2. 319	
$Sa(T)$	-165. 892	33. 911	-11. 912	0. 461	3. 479	
$Ga(T)$	-12510	199. 803	-33. 911	5. 956	0. 461	-1. 160
$Ga(l)$	20470	-62. 759				

温度范围:1500 ~ 2000　　相:固

$\Delta H_{tr}^{\ominus}$:—　　$\Delta S_{tr}^{\ominus}$:—

函数	r_0	r_1	r_2	r_3	r_4	r_5
C_p	16. 669	9. 694				
$Ha(T)$	-2507	16. 669	4. 847			
$Sa(T)$	-64. 174	16. 669	9. 694			
$Ga(T)$	-2507	80. 843	-16. 669	-4. 847		
$Ga(l)$	41250	-77. 229				

温度范围:2000 ~ 2892　　相:固

$\Delta H_{tr}^{\ominus}$:—　　$\Delta S_{tr}^{\ominus}$:—

函数	r_0	r_1	r_2	r_3	r_4	r_5
C_p	206. 347	-126. 620	-105. 380	27. 338		
$Ha(T)$	-234830	206. 347	-63. 310	105. 380	9. 113	
$Sa(T)$	-1301. 119	206. 347	-126. 620	52. 690	13. 669	
$Ga(T)$	-234830	1507. 466	-206. 347	63. 310	52. 690	-4. 556
$Ga(l)$	67070	-89. 758				

温度范围:2892 ~ 3800　　相:液

$\Delta H_{tr}^{\ominus}$:27830　　$\Delta S_{tr}^{\ominus}$:9. 623

函数	r_0	r_1	r_2	r_3	r_4	r_5
C_p	41. 840					
$Ha(T)$	-3893	41. 840				
$Sa(T)$	-225. 986	41. 840				
$Ga(T)$	-3893	267. 826	-41. 840			
$Ga(l)$	135410	-113. 488				

Mo(2)

温度范围:298 ~ 2896　　相:固

$\Delta H_{f,298}^{\ominus}$:0　　$S_{298}^{\ominus}$:28. 6

函数	r_0	r_1	r_2	r_3	r_4	r_5
C_p	29. 73	-5. 7	-0. 44	4. 67		
$Ha(T)$	-10130	29. 730	-2. 850	0. 440	1. 557	
$Sa(T)$	-141. 773	29. 730	-5. 700	0. 220	2. 335	
$Ga(T)$	-10130	171. 503	-29. 730	2. 850	0. 220	-0. 778
$Ga(l)$	28200	-72. 961				

Mo(气)

温度范围:298 ~ 3000 相:气

$\Delta H^{\ominus}_{f,298}$:659000 $S^{\ominus}_{298}$:182

函数	r_0	r_1	r_2	r_3	r_4	r_5
C_p	23.48	-4.99	-0.18	1.93		
$Ha(T)$	651600	23.480	-2.495	0.180	0.643	
$Sa(T)$	48.610	23.480	-4.990	0.090	0.965	
$Ga(T)$	651600	-25.130	-23.480	2.495	0.090	-0.322
$Ga(l)$	679910	-215.469				

MoF(气)

温度范围:298 ~ 2896 相:气

$\Delta H^{\ominus}_{f,298}$:282800 $S^{\ominus}_{298}$:246.4

函数	r_0	r_1	r_2	r_3	r_4	r_5
C_p	36	1.23	-0.33			
$Ha(T)$	270910	36.000	0.615	0.330		
$Sa(T)$	39.064	36.000	1.230	0.165		
$Ga(T)$	270910	-3.064	-36.000	-0.615	0.165	
$Ga(l)$	318540	-303.834				

MoF_2(气)

温度范围:298 ~ 2896 相:气

$\Delta H^{\ominus}_{f,298}$: -162800 $S^{\ominus}_{298}$:271.9

函数	r_0	r_1	r_2	r_3	r_4	r_5
C_p	62.21	0.06	-0.44			
$Ha(T)$	-182830	62.210	0.030	0.440		
$Sa(T)$	-85.040	62.210	0.060	0.220		
$Ga(T)$	-182830	147.250	-62.210	-0.030	0.220	
$Ga(l)$	-102700	-369.153				

MoF_3

温度范围:298 ~ 1237 相:固

$\Delta H^{\ominus}_{f,298}$: -893700 $S^{\ominus}_{298}$:91.5

函数	r_0	r_1	r_2	r_3	r_4	r_5
C_p	99.41	7.45	-0.57			
$Ha(T)$	-925580	99.410	3.725	0.570		
$Sa(T)$	-480.325	99.410	7.450	0.285		
$Ga(T)$	-925580	579.735	-99.410	-3.725	0.285	
$Ga(l)$	-854520	-182.364				

MoF_3(气)

温度范围:298 ~ 2896 相:气

$\Delta H^{\ominus}_{f,298}$: -607100 $S^{\ominus}_{298}$:296

函数	r_0	r_1	r_2	r_3	r_4	r_5
C_p	77.96	5.36	-1.11			
$Ha(T)$	-634300	77.960	2.680	1.110		
$Sa(T)$	-156.026	77.960	5.360	0.555		
$Ga(T)$	-634300	233.986	-77.960	-2.680	0.555	
$Ga(l)$	-528070	-421.795				

MoF_4

温度范围:298 ~ 830　　相:固

$\Delta H^{\ominus}_{f,298}$: -1071100　　$S^{\ominus}_{298}$:146.440

函数	r_0	r_1	r_2	r_3	r_4	r_5
C_p	104.600	30.125				
$Ha(T)$	-1103600	104.600	15.063			
$Sa(T)$	-458.510	104.600	30.125			
$Ga(T)$	-1103600	563.110	-104.600	-15.063		
$Ga(l)$	-1043800	-218.698				

温度范围:830 ~ 890　　相:液

$\Delta H^{\ominus}_{tr}$:31380　　$\Delta S^{\ominus}_{tr}$:37.807

函数	r_0	r_1	r_2	r_3	r_4	r_5
C_p	150.624					
$Ha(T)$	-1100100	150.624				
$Sa(T)$	-705.046	150.624				
$Ga(T)$	-1100100	855.670	-150.624			
$Ga(l)$	-970670	-312.580				

温度范围:890 ~ 2000　　相:气

$\Delta H^{\ominus}_{tr}$:83680　　$\Delta S^{\ominus}_{tr}$:94.022

函数	r_0	r_1	r_2	r_3	r_4	r_5
C_p	83.680	20.920				
$Ha(T)$	-965090	83.680	10.460			
$Sa(T)$	-175.011	83.680	20.920			
$Ga(T)$	-965090	258.691	-83.680	-10.460		
$Ga(l)$	-828270	-462.787				

MoF_4(气)

温度范围:298 ~ 2896　　相:气

$\Delta H^{\ominus}_{f,298}$: -947700　　$S^{\ominus}_{298}$:328.9

函数	r_0	r_1	r_2	r_3	r_4	r_5
C_p	102.14	3.67	-1.6			
$Ha(T)$	-983680	102.140	1.835	1.600		
$Sa(T)$	-263.146	102.140	3.670	0.800		
$Ga(T)$	-983680	365.286	-102.140	-1.835	0.800	
$Ga(l)$	-847690	-488.588				

MoF_5

温度范围:298 ~ 350　　相:固

$\Delta H^{\ominus}_{f,298}$: -1401600　　$S^{\ominus}_{298}$:242.672

函数	r_0	r_1	r_2	r_3	r_4	r_5
C_p	131.378	53.555				
$Ha(T)$	-1443200	131.378	26.778			
$Sa(T)$	-521.834	131.378	53.555			
$Ga(T)$	-1443200	653.212	-131.378	-26.778		
$Ga(l)$	-1397800	-254.803				

温度范围:350 ~ 500 相:液

$\Delta H^{\ominus}_{tr}$:17570 $\Delta S^{\ominus}_{tr}$:50. 200

函数	r_0	r_1	r_2	r_3	r_4	r_5
C_p	179. 912					
$Ha(T)$	-1439300	179. 912				
$Sa(T)$	-737. 199	179. 912				
$Ga(T)$	-1439300	917. 111	-179. 912			
$Ga(l)$	-1363500	-351. 082				

温度范围:500 ~ 1500 相:气

$\Delta H^{\ominus}_{tr}$:46020 $\Delta S^{\ominus}_{tr}$:92. 040

函数	r_0	r_1	r_2	r_3	r_4	r_5
C_p	83. 680	41. 840				
$Ha(T)$	-1350400	83. 680	20. 920			
$Sa(T)$	-68. 035	83. 680	41. 840			
$Ga(T)$	-1350400	151. 715	-83. 680	-20. 920		
$Ga(l)$	-1253300	-549. 631				

MoF_5(气)

温度范围:298 ~ 2000 相:气

$\Delta H^{\ominus}_{f,298}$: -1241400 $S^{\ominus}_{298}$:347. 7

函数	r_0	r_1	r_2	r_3	r_4	r_5
C_p	131. 86	1. 54	-2. 63			
$Ha(T)$	-1289600	131. 860	0. 770	2. 630		
$Sa(T)$	-418. 837	131. 860	1. 540	1. 315		
$Ga(T)$	-1289600	550. 697	-131. 860	-0. 770	1. 315	
$Ga(l)$	-1158300	-505. 346				

$(MoF_5)_2$(气)

温度范围:298 ~ 2000 相:气

$\Delta H^{\ominus}_{f,298}$: -2697800 $S^{\ominus}_{298}$:531. 6

函数	r_0	r_1	r_2	r_3	r_4	r_5
C_p	272. 81	5. 22	-5. 82			
$Ha(T)$	-2798900	272. 810	2. 610	5. 820		
$Sa(T)$	-1057. 054	272. 810	5. 220	2. 910		
$Ga(T)$	-2798900	1329. 864	-272. 810	-2. 610	2. 910	
$Ga(l)$	-2525700	-857. 584				

$(MoF_5)_3$(气)

温度范围:298 ~ 2000 相:气

$\Delta H^{\ominus}_{f,298}$: -4065600 $S^{\ominus}_{298}$:706. 8

函数	r_0	r_1	r_2	r_3	r_4	r_5
C_p	417. 53	7. 82	-8. 79			
$Ha(T)$	-4219900	417. 530	3. 910	8. 790		
$Sa(T)$	-1723. 890	417. 530	7. 820	4. 395		
$Ga(T)$	-4219900	2141. 420	-417. 530	-3. 910	4. 395	
$Ga(l)$	-3802100	-1206. 160				

MoF_6

温度范围:298 ~ 309　　相:液

$\Delta H^{\ominus}_{f,298}$: − 1694500　　$S^{\ominus}_{298}$:326. 352

函数	r_0	r_1	r_2	r_3	r_4	r_5
C_p	190. 372					
$Ha(T)$	− 1751300	190. 372				
$Sa(T)$	− 758. 311	190. 372				
$Ga(T)$	− 1751300	948. 683	− 190. 372			
$Ga(l)$	− 1692200	− 329. 203				

温度范围:309 ~ 1500　　相:气

$\Delta H^{\ominus}_{tr}$:25100　　$\Delta S^{\ominus}_{tr}$:81. 230

函数	r_0	r_1	r_2	r_3	r_4	r_5
C_p	104. 600	20. 920				
$Ha(T)$	− 1700700	104. 600	10. 460			
$Sa(T)$	− 191. 785	104. 600	20. 920			
$Ga(T)$	− 1700700	296. 385	− 104. 600	− 10. 460		
$Ga(l)$	− 1610500	− 534. 148				

MoF_6(气)

温度范围:298 ~ 2000　　相:气

$\Delta H^{\ominus}_{f,298}$: − 1557700　　$S^{\ominus}_{298}$:350. 7

函数	r_0	r_1	r_2	r_3	r_4	r_5
C_p	149. 57	5. 19	− 2. 74			
$Ha(T)$	− 1611700	149. 570	2. 595	2. 740		
$Sa(T)$	− 518. 449	149. 570	5. 190	1. 370		
$Ga(T)$	− 1611700	668. 019	− 149. 570	− 2. 595	1. 370	
$Ga(l)$	− 1461200	− 533. 674				

MoCl(气)

温度范围:298 ~ 2000　　相:气

$\Delta H^{\ominus}_{f,298}$:407400　　$S^{\ominus}_{298}$:258. 4

函数	r_0	r_1	r_2	r_3	r_4	r_5
C_p	35. 04	1. 98	0. 05	0. 05		
$Ha(T)$	397030	35. 040	0. 990	− 0. 050	0. 017	
$Sa(T)$	58. 445	35. 040	1. 980	− 0. 025	0. 025	
$Ga(T)$	397030	− 23. 405	− 35. 040	− 0. 990	− 0. 025	− 0. 008
$Ga(l)$	431860	− 305. 433				

$MoCl_2$

温度范围:298 ~ 1219　　相:固

$\Delta H^{\ominus}_{f,298}$: − 279700　　$S^{\ominus}_{298}$:116. 3

函数	r_0	r_1	r_2	r_3	r_4	r_5
C_p	71. 5	25. 52	− 0. 4			
$Ha(T)$	− 303490	71. 500	12. 760	0. 400		
$Sa(T)$	− 300. 937	71. 500	25. 520	0. 200		
$Ga(T)$	− 303490	372. 437	− 71. 500	− 12. 760	0. 200	
$Ga(l)$	− 247820	− 190. 147				

$MoCl_2$(气)

温度范围:298 ~ 2000 相:气

$\Delta H^{\ominus}_{f,298}$:83100 $S^{\ominus}_{298}$:294

函数	r_0	r_1	r_2	r_3	r_4	r_5
C_p	76.86	-11.57	-0.56	2.61		
$Ha(T)$	58800	76.860	-5.785	0.560	0.870	
$Sa(T)$	-143.734	76.860	-11.570	0.280	1.305	
$Ga(T)$	58800	220.594	-76.860	5.785	0.280	-0.435
$Ga(l)$	128560	-381.976				

$MoCl_3$

温度范围:298 ~ 926 相:固

$\Delta H^{\ominus}_{f,298}$: -428100 $S^{\ominus}_{298}$:124.7

函数	r_0	r_1	r_2	r_3	r_4	r_5
C_p	-111.42	471.56	5.84			
$Ha(T)$	-396250	-111.420	235.780	-5.840		
$Sa(T)$	651.779	-111.420	471.560	-2.920		
$Ga(T)$	-396250	-763.199	111.420	-235.780	-2.920	
$Ga(l)$	-389850	-219.242				

$MoCl_3$(气)

温度范围:298 ~ 2000 相:气

$\Delta H^{\ominus}_{f,298}$: -149600 $S^{\ominus}_{298}$:332.5

函数	r_0	r_1	r_2	r_3	r_4	r_5
C_p	82.06	2.33	-0.59			
$Ha(T)$	-176150	82.060	1.165	0.590		
$Sa(T)$	-139.058	82.060	2.330	0.295		
$Ga(T)$	-176150	221.118	-82.060	-1.165	0.295	
$Ga(l)$	-95010	-437.044				

$MoCl_4$

温度范围:298 ~ 603 相:固

$\Delta H^{\ominus}_{f,298}$: -494700 $S^{\ominus}_{298}$:182.9

函数	r_0	r_1	r_2	r_3	r_4	r_5
C_p	108.08	54.77				
$Ha(T)$	-529360	108.080	27.385			
$Sa(T)$	-449.226	108.080	54.770			
$Ga(T)$	-529360	557.306	-108.080	-27.385		
$Ga(l)$	-476820	-234.609				

$MoCl_5$

温度范围:298 ~ 467 相:固

$\Delta H^{\ominus}_{f,298}$: -379910 $S^{\ominus}_{298}$:257.316

函数	r_0	r_1	r_2	r_3	r_4	r_5
C_p	137.654	59.413				
$Ha(T)$	-423590	137.654	29.707			
$Sa(T)$	-544.695	137.654	59.413			
$Ga(T)$	-423590	682.349	-137.654	-29.707		
$Ga(l)$	-367340	-295.974				

温度范围:467 ~ 541　　相:液

$\Delta H_{tr}^{\ominus}$:33470　　$\Delta S_{tr}^{\ominus}$:71.670

函数	r_0	r_1	r_2	r_3	r_4	r_5
C_p	179.912					
$Ha(T)$	-403380	179.912				
$Sa(T)$	-705.010	179.912				
$Ga(T)$	-403380	884.922	-179.912			
$Ga(l)$	-312820	-414.436				

温度范围:541 ~ 600　　相:气

$\Delta H_{tr}^{\ominus}$:50210　　$\Delta S_{tr}^{\ominus}$:92.810

函数	r_0	r_1	r_2	r_3	r_4	r_5
C_p	83.680	41.840				
$Ha(T)$	-307230	83.680	20.920			
$Sa(T)$	-29.208	83.680	41.840			
$Ga(T)$	-307230	112.888	-83.680	-20.920		
$Ga(l)$	-252680	-525.779				

$MoCl_5$(气)

温度范围:298 ~ 2000　　相:气

$\Delta H_{f,298}^{\ominus}$: -447700　　$S_{298}^{\ominus}$:397.8

函数	r_0	r_1	r_2	r_3	r_4	r_5
C_p	136.31	-0.75	-1.33	0.49		
$Ha(T)$	-492770	136.310	-0.375	1.330	0.163	
$Sa(T)$	-386.118	136.310	-0.750	0.665	0.245	
$Ga(T)$	-492770	522.428	-136.310	0.375	0.665	-0.082
$Ga(l)$	-359830	-566.101				

$MoCl_6$

温度范围:298 ~ 580　　相:固

$\Delta H_{f,298}^{\ominus}$: -376560　　$S_{298}^{\ominus}$:305.432

函数	r_0	r_1	r_2	r_3	r_4	r_5
C_p	160.247	70.291				
$Ha(T)$	-427460	160.247	35.146			
$Sa(T)$	-628.548	160.247	70.291			
$Ga(T)$	-427460	788.795	-160.247	-35.146		
$Ga(l)$	-352520	-375.675				

温度范围:580 ~ 630　　相:液

$\Delta H_{tr}^{\ominus}$:39750　　$\Delta S_{tr}^{\ominus}$:68.534

函数	r_0	r_1	r_2	r_3	r_4	r_5
C_p	209.200					
$Ha(T)$	-404280	209.200				
$Sa(T)$	-830.734	209.200				
$Ga(T)$	-404280	1039.934	-209.200			
$Ga(l)$	-277810	-509.143				

温度范围:630 ~ 2500　相:气

$\Delta H_{tr}^{\ominus}$:66940　$\Delta S_{tr}^{\ominus}$:106.254

函数	r_0	r_1	r_2	r_3	r_4	r_5
C_p	125.520	20.920				
$Ha(T)$	-288770	125.520	10.460			
$Sa(T)$	-198.282	125.520	20.920			
$Ga(T)$	-288770	323.802	-125.520	-10.460		
$Ga(l)$	-89550	-752.860				

MoBr(气)

温度范围:298 ~ 2000　相:气

$\Delta H_{f,298}^{\ominus}$:457300　$S_{298}^{\ominus}$:269.5

函数	r_0	r_1	r_2	r_3	r_4	r_5
C_p	38.86	-3.7	-0.14	1.7		
$Ha(T)$	445390	38.860	-1.850	0.140	0.567	
$Sa(T)$	48.332	38.860	-3.700	0.070	0.850	
$Ga(T)$	445390	-9.472	-38.860	1.850	0.070	-0.283
$Ga(l)$	481820	-316.791				

$MoBr_2$

温度范围:298 ~ 1342　相:固

$\Delta H_{f,298}^{\ominus}$: -202900　$S_{298}^{\ominus}$:124.7

函数	r_0	r_1	r_2	r_3	r_4	r_5
C_p	76.57	10.48				
$Ha(T)$	-226200	76.570	5.240			
$Sa(T)$	-314.690	76.570	10.480			
$Ga(T)$	-226200	391.260	-76.570	-5.240		
$Ga(l)$	-167590	-204.222				

$MoBr_2$(气)

温度范围:298 ~ 2000　相:气

$\Delta H_{f,298}^{\ominus}$:166300　$S_{298}^{\ominus}$:321

函数	r_0	r_1	r_2	r_3	r_4	r_5
C_p	77.12	-11.75	-0.39	2.6		
$Ha(T)$	142500	77.120	-5.875	0.390	0.867	
$Sa(T)$	-117.205	77.120	-11.750	0.195	1.300	
$Ga(T)$	142500	194.325	-77.120	5.875	0.195	-0.433
$Ga(l)$	212200	-410.006				

$MoBr_3$

温度范围:298 ~ 1082　相:固

$\Delta H_{f,298}^{\ominus}$: -283700　$S_{298}^{\ominus}$:174.5

函数	r_0	r_1	r_2	r_3	r_4	r_5
C_p	101.01	14.63				
$Ha(T)$	-314470	101.010	7.315			
$Sa(T)$	-405.376	101.010	14.630			
$Ga(T)$	-314470	506.386	-101.010	-7.315		
$Ga(l)$	-247960	-261.486				

$MoBr_3$(气)

温度范围:298 ~ 2000　　相:气

$\Delta H^{\ominus}_{f,298}$: -8400　　$S^{\ominus}_{298}$:375

函数	r_0	r_1	r_2	r_3	r_4	r_5
C_p	81.94	2.52	-0.22	0.03		
$Ha(T)$	-33680	81.940	1.260	0.220	0.010	
$Sa(T)$	-93.851	81.940	2.520	0.110	0.015	
$Ga(T)$	-33680	175.791	-81.940	-1.260	0.110	-0.005
$Ga(l)$	47000	-481.434				

$MoBr_4$(气)

温度范围:298 ~ 2000　　相:气

$\Delta H^{\ominus}_{f,298}$: -171100　　$S^{\ominus}_{298}$:418.9

函数	r_0	r_1	r_2	r_3	r_4	r_5
C_p	108	-0.03	-0.45	0.21		
$Ha(T)$	-204810	108.000	-0.015	0.450	0.070	
$Sa(T)$	-198.972	108.000	-0.030	0.225	0.105	
$Ga(T)$	-204810	306.972	-108.000	0.015	0.225	-0.035
$Ga(l)$	-100000	-555.644				

MoI(气)

温度范围:298 ~ 2000　　相:气

$\Delta H^{\ominus}_{f,298}$:498700　　$S^{\ominus}_{298}$:279

函数	r_0	r_1	r_2	r_3	r_4	r_5
C_p	38.24	-0.8	-0.19	0.63		
$Ha(T)$	486690	38.240	-0.400	0.190	0.210	
$Sa(T)$	60.266	38.240	-0.800	0.095	0.315	
$Ga(T)$	486690	-22.026	-38.240	0.400	0.095	-0.105
$Ga(l)$	523670	-326.974				

MoI_2

温度范围:298 ~ 1307　　相:固

$\Delta H^{\ominus}_{f,298}$: -103900　　$S^{\ominus}_{298}$:149.7

函数	r_0	r_1	r_2	r_3	r_4	r_5
C_p	78.98	12.47				
$Ha(T)$	-128000	78.980	6.235			
$Sa(T)$	-304.014	78.980	12.470			
$Ga(T)$	-128000	382.994	-78.980	-6.235		
$Ga(l)$	-68240	-230.766				

MoI_2(气)

温度范围:298 ~ 2000　　相:气

$\Delta H^{\ominus}_{f,298}$:257700　　$S^{\ominus}_{298}$:339.3

函数	r_0	r_1	r_2	r_3	r_4	r_5
C_p	74.02	-8.64	1.81			
$Ha(T)$	242090	74.020	-4.320	-1.810		
$Sa(T)$	-69.679	74.020	-8.640	-0.905		
$Ga(T)$	242090	143.699	-74.020	4.320	-0.905	
$Ga(l)$	306580	-436.251				

MoI_3

温度范围:298 ~ 622　　相:固

$\Delta H^{\ominus}_{f,298}$: −124700　　$S^{\ominus}_{298}$:195. 4

函数	r_0	r_1	r_2	r_3	r_4	r_5
C_p	103. 92	8. 31				
$Ha(T)$	−156050	103. 920	4. 155			
$Sa(T)$	−399. 172	103. 920	8. 310			
$Ga(T)$	−156050	503. 092	−103. 920	−4. 155		
$Ga(l)$	−109010	−240. 502				

MoI_3(气)

温度范围:298 ~ 2000　　相:气

$\Delta H^{\ominus}_{f,298}$:182800　　$S^{\ominus}_{298}$:403. 5

函数	r_0	r_1	r_2	r_3	r_4	r_5
C_p	81. 94	2. 57	−0. 11	0. 02		
$Ha(T)$	157890	81. 940	1. 285	0. 110	0. 007	
$Sa(T)$	−64. 747	81. 940	2. 570	0. 055	0. 010	
$Ga(T)$	157890	146. 687	−81. 940	−1. 285	0. 055	−0. 003
$Ga(l)$	238460	−510. 524				

MoI_4(气)

温度范围:298 ~ 2000　　相:气

$\Delta H^{\ominus}_{f,298}$:124700　　$S^{\ominus}_{298}$:452. 8

函数	r_0	r_1	r_2	r_3	r_4	r_5
C_p	107. 91	−0. 09	−0. 03	0. 16		
$Ha(T)$	92430	107. 910	−0. 045	0. 030	0. 053	
$Sa(T)$	−162. 177	107. 910	−0. 090	0. 015	0. 080	
$Ga(T)$	92430	270. 087	−107. 910	0. 045	0. 015	−0. 027
$Ga(l)$	196580	−591. 457				

MoO(气)

温度范围:298 ~ 3000　　相:气

$\Delta H^{\ominus}_{f,298}$:387020　　$S^{\ominus}_{298}$:238. 070

函数	r_0	r_1	r_2	r_3	r_4	r_5
C_p	35. 941	0. 795	−0. 494			
$Ha(T)$	374610	35. 941	0. 398	0. 494		
$Sa(T)$	30. 277	35. 941	0. 795	0. 247		
$Ga(T)$	374610	5. 664	−35. 941	−0. 398	0. 247	
$Ga(l)$	423240	−295. 113				

MoO_2

温度范围:298 ~ 2000　　相:固

$\Delta H^{\ominus}_{f,298}$: −587850　　$S^{\ominus}_{298}$:49. 999

函数	r_0	r_1	r_2	r_3	r_4	r_5
C_p	56. 191	26. 401	−0. 665			
$Ha(T)$	−608010	56. 191	13. 201	0. 665		
$Sa(T)$	−281. 767	56. 191	26. 401	0. 333		
$Ga(T)$	−608010	337. 958	−56. 191	−13. 201	0. 333	
$Ga(l)$	−538740	−141. 380				

MoO_2(气)

温度范围:298 ~ 2000　　相:气

$\Delta H^{\ominus}_{f,298}$: -8300　　$S^{\ominus}_{298}$:277

函数	r_0	r_1	r_2	r_3	r_4	r_5
C_p	52.67	3.37	-0.85			
$Ha(T)$	-27000	52.670	1.685	0.850		
$Sa(T)$	-28.878	52.670	3.370	0.425		
$Ga(T)$	-27000	81.548	-52.670	-1.685	0.425	
$Ga(l)$	26670	-343.324				

MoO_3

温度范围:298 ~ 1068　　相:固

$\Delta H^{\ominus}_{f,298}$: -745170　　$S^{\ominus}_{298}$:77.822

函数	r_0	r_1	r_2	r_3	r_4	r_5
C_p	75.186	32.635	-0.879			
$Ha(T)$	-771990	75.186	16.318	0.879		
$Sa(T)$	-365.232	75.186	32.635	0.440		
$Ga(T)$	-771990	440.418	-75.186	-16.318	0.440	
$Ga(l)$	-716860	-146.373				

温度范围:1068 ~ 1428　　相:液

$\Delta H^{\ominus}_{tr}$:48370　　$\Delta S^{\ominus}_{tr}$:45.290

函数	r_0	r_1	r_2	r_3	r_4	r_5
C_p	126.943					
$Ha(T)$	-759460	126.943				
$Sa(T)$	-645.632	126.943				
$Ga(T)$	-759460	772.575	-126.943			
$Ga(l)$	-601930	-259.108				

MoO_3(气)

温度范围:298 ~ 3000　　相:气

$\Delta H^{\ominus}_{f,298}$: -360660　　$S^{\ominus}_{298}$:279.910

函数	r_0	r_1	r_2	r_3	r_4	r_5
C_p	74.852	6.945	-1.544	-1.464		
$Ha(T)$	-388450	74.852	3.473	1.544	-0.488	
$Sa(T)$	-157.257	74.852	6.945	0.772	-0.732	
$Ga(T)$	-388450	232.109	-74.852	-3.473	0.772	0.244
$Ga(l)$	-282980	-400.939				

$(MoO_3)_2$(气)

温度范围:298 ~ 2000　　相:气

$\Delta H^{\ominus}_{f,298}$: -984900　　$S^{\ominus}_{298}$:407.4

函数	r_0	r_1	r_2	r_3	r_4	r_5
C_p	181.17	0.42	-2.53			
$Ha(T)$	-1047400	181.170	0.210	2.530		
$Sa(T)$	-639.189	181.170	0.420	1.265		
$Ga(T)$	-1047400	820.359	-181.170	-0.210	1.265	
$Ga(l)$	-869310	-628.010				

$(MoO_3)_3$(气)

温度范围:298 ~ 2000　　相:气

$\Delta H^{\ominus}_{f,298}$: −1878300　　$S^{\ominus}_{298}$:526.7

函数	r_0	r_1	r_2	r_3	r_4	r_5
C_p	274.48	4.23	−4.81			
$Ha(T)$	−1976500	274.480	2.115	4.810		
$Sa(T)$	−1065.492	274.480	4.230	2.405		
$Ga(T)$	−1976500	1339.972	−274.480	−2.115	2.405	
$Ga(l)$	−1703500	−859.073				

$(MoO_3)_4$(气)

温度范围:298 ~ 2000　　相:气

$\Delta H^{\ominus}_{f,298}$: −2570100　　$S^{\ominus}_{298}$:654

函数	r_0	r_1	r_2	r_3	r_4	r_5
C_p	371.36	5.73	−6.51			
$Ha(T)$	−2702900	371.360	2.865	6.510		
$Sa(T)$	−1500.185	371.360	5.730	3.255		
$Ga(T)$	−2702900	1871.545	−371.360	−2.865	3.255	
$Ga(l)$	−2333500	−1103.681				

$(MoO_3)_5$(气)

温度范围:298 ~ 2000　　相:气

$\Delta H^{\ominus}_{f,298}$: −3256000　　$S^{\ominus}_{298}$:771.5

函数	r_0	r_1	r_2	r_3	r_4	r_5
C_p	468.23	7.22	−8.21			
$Ha(T)$	−3423500	468.230	3.610	8.210		
$Sa(T)$	−1944.617	468.230	7.220	4.105		
$Ga(T)$	−3423500	2412.847	−468.230	−3.610	4.105	
$Ga(l)$	−2957700	−1338.469				

MoO_2Cl_2

温度范围:298 ~ 642　　相:固

$\Delta H^{\ominus}_{f,298}$: −717140　　$S^{\ominus}_{298}$:142.256

函数	r_0	r_1	r_2	r_3	r_4	r_5
C_p	75.438	100.709	−0.096			
$Ha(T)$	−744430	75.438	50.355	0.096		
$Sa(T)$	−318.126	75.438	100.709	0.048		
$Ga(T)$	−744430	393.564	−75.438	−50.355	0.048	
$Ga(l)$	−699410	−192.574				

MoS_2(1)

温度范围:298 ~ 2023　　相:固

$\Delta H^{\ominus}_{f,298}$: −276100　　$S^{\ominus}_{298}$:62.6

函数	r_0	r_1	r_2	r_3	r_4	r_5
C_p	71.69	7.45	−0.92			
$Ha(T)$	−300890	71.690	3.725	0.920		
$Sa(T)$	−353.257	71.690	7.450	0.460		
$Ga(T)$	−300890	424.947	−71.690	−3.725	0.460	
$Ga(l)$	−225930	−157.257				

MoS_2(2)

温度范围:298 ~ 1458　　相:固

$\Delta H^{\ominus}_{f,298}$: −275310　　$S^{\ominus}_{298}$:62. 593

函数	r_0	r_1	r_2	r_3	r_4	r_5
C_p	72. 592	7. 448	−0. 921			
$Ha(T)$	−300370	72. 592	3. 724	0. 921		
$Sa(T)$	−358. 408	72. 592	7. 448	0. 461		
$Ga(T)$	−300370	431. 000	−72. 592	−3. 724	0. 461	
$Ga(l)$	−240780	−137. 446				

温度范围:1458 ~ 2000　　相:液

$\Delta H^{\ominus}_{tr}$:45610　　$\Delta S^{\ominus}_{tr}$:31. 283

函数	r_0	r_1	r_2	r_3	r_4	r_5
C_p	96. 232					
$Ha(T)$	−280680	96. 232				
$Sa(T)$	−488. 263	96. 232				
$Ga(T)$	−280680	584. 495	−96. 232			
$Ga(l)$	−115390	−228. 941				

MoS_3

温度范围:298 ~ 1000　　相:固

$\Delta H^{\ominus}_{f,298}$: −257230　　$S^{\ominus}_{298}$:66. 526

函数	r_0	r_1	r_2	r_3	r_4	r_5
C_p	42. 760	83. 764				
$Ha(T)$	−273700	42. 760	41. 882			
$Sa(T)$	−202. 077	42. 760	83. 764			
$Ga(T)$	−273700	244. 837	−42. 760	−41. 882		
$Ga(l)$	−232290	−127. 848				

Mo_2S_3

温度范围:298 ~ 2050　　相:固

$\Delta H^{\ominus}_{f,298}$: −407100　　$S^{\ominus}_{298}$:115

函数	r_0	r_1	r_2	r_3	r_4	r_5
C_p	110. 28	32. 96	−0. 96			
$Ha(T)$	−444660	110. 280	16. 480	0. 960		
$Sa(T)$	−528. 558	110. 280	32. 960	0. 480		
$Ga(T)$	−444660	638. 838	−110. 280	−16. 480	0. 480	
$Ga(l)$	−316650	−283. 093				

$MoSe_2$

温度范围:298 ~ 1423　　相:固

$\Delta H^{\ominus}_{f,298}$: −153500　　$S^{\ominus}_{298}$:89. 7

函数	r_0	r_1	r_2	r_3	r_4	r_5
C_p	78. 15	2. 49	−0. 75			
$Ha(T)$	−179430	78. 150	1. 245	0. 750		
$Sa(T)$	−360. 528	78. 150	2. 490	0. 375		
$Ga(T)$	−179430	438. 678	−78. 150	−1. 245	0. 375	
$Ga(l)$	−118470	−166. 713				

Mo_3Se_4

温度范围:298 ~ 1778　　相:固

$\Delta H^{\ominus}_{f,298}$: −336400　　$S^{\ominus}_{298}$:217.6

函数	r_0	r_1	r_2	r_3	r_4	r_5
C_p	168.77	17.46	−0.83			
$Ha(T)$	−390280	168.770	8.730	0.830		
$Sa(T)$	−753.858	168.770	17.460	0.415		
$Ga(T)$	−390280	922.628	−168.770	−8.730	0.415	
$Ga(l)$	−232020	−427.226				

$MoTe_2$

温度范围:298 ~ 1453　　相:固

$\Delta H^{\ominus}_{f,298}$: −80100　　$S^{\ominus}_{298}$:115.4

函数	r_0	r_1	r_2	r_3	r_4	r_5
C_p	84.47	1.08	−0.71			
$Ha(T)$	−107710	84.470	0.540	0.710		
$Sa(T)$	−370.192	84.470	1.080	0.355		
$Ga(T)$	−107710	454.662	−84.470	−0.540	0.355	
$Ga(l)$	−41560	−199.583				

Mo_3Te_4

温度范围:298 ~ 1557　　相:固

$\Delta H^{\ominus}_{f,298}$: −162900　　$S^{\ominus}_{298}$:267.5

函数	r_0	r_1	r_2	r_3	r_4	r_5
C_p	186.23	5.82	−0.75			
$Ha(T)$	−221200	186.230	2.910	0.750		
$Sa(T)$	−799.517	186.230	5.820	0.375		
$Ga(T)$	−221200	985.747	−186.230	−2.910	0.375	
$Ga(l)$	−68150	−469.322				

Mo_2N

温度范围:298 ~ 800　　相:固

$\Delta H^{\ominus}_{f,298}$: −81600　　$S^{\ominus}_{298}$:63.2

函数	r_0	r_1	r_2	r_3	r_4	r_5
C_p	65.01	39.91	−1.09	−8.83		
$Ha(T)$	−106330	65.010	19.955	1.090	−2.943	
$Sa(T)$	−324.838	65.010	39.910	0.545	−4.415	
$Ga(T)$	−106330	389.848	−65.010	−19.955	0.545	1.472
$Ga(l)$	−65350	−106.438				

Mo_2N （$MoN_{0.49\sim0.53}$）

温度范围:298 ~ 800　　相:固

$\Delta H^{\ominus}_{f,298}$: −69450　　$S^{\ominus}_{298}$:87.864

函数	r_0	r_1	r_2	r_3	r_4	r_5
C_p	46.819	57.739				
$Ha(T)$	−85980	46.819	28.870			
$Sa(T)$	−196.107	46.819	57.739			
$Ga(T)$	−85980	242.926	−46.819	−28.870		
$Ga(l)$	−53650	−129.916				

MoC

温度范围:298 ~ 1437　　相:固

$\Delta H^{\ominus}_{f,298}$: -28500　　$S^{\ominus}_{298}$:36.7

函数	r_0	r_1	r_2	r_3	r_4	r_5
C_p	30.13	23.61	-0.54	-5.82		
$Ha(T)$	-40290	30.130	11.805	0.540	-1.940	
$Sa(T)$	-144.787	30.130	23.610	0.270	-2.910	
$Ga(T)$	-40290	174.917	-30.130	-11.805	0.270	0.970
$Ga(l)$	-10120	-76.221				

Mo_2C

温度范围:298 ~ 1500　　相:固(α)

$\Delta H^{\ominus}_{f,298}$: -49500　　$S^{\ominus}_{298}$:65.8

函数	r_0	r_1	r_2	r_3	r_4	r_5
C_p	64.35	23.61	-0.95	-4.49		
$Ha(T)$	-72880	64.350	11.805	0.950	-1.497	
$Sa(T)$	-313.024	64.350	23.610	0.475	-2.245	
$Ga(T)$	-72880	377.374	-64.350	-11.805	0.475	0.748
$Ga(l)$	-13930	-141.509				

温度范围:1500 ~ 2000　　相:固(β)

$\Delta H^{\ominus}_{tr}$:21900　　$\Delta S^{\ominus}_{tr}$:14.600

函数	r_0	r_1	r_2	r_3	r_4	r_5
C_p	79.48	8.36				
$Ha(T)$	-60940	79.480	4.180			
$Sa(T)$	-391.038	79.480	8.360			
$Ga(T)$	-60940	470.518	-79.480	-4.180		
$Ga(l)$	90110	-216.936				

Mo_2C ($MoC_{0.44 \sim 0.50}$)

温度范围:298 ~ 1400　　相:固

$\Delta H^{\ominus}_{f,298}$: -46020　　$S^{\ominus}_{298}$:65.689

函数	r_0	r_1	r_2	r_3	r_4	r_5
C_p	69.036	9.623	-1.146			
$Ha(T)$	-70870	69.036	4.812	1.146		
$Sa(T)$	-336.965	69.036	9.623	0.573		
$Ga(T)$	-70870	406.001	-69.036	-4.812	0.573	
$Ga(l)$	-14600	-134.660				

$Mo(CO)_6$

温度范围:298 ~ 439　　相:固

$\Delta H^{\ominus}_{f,298}$: -983200　　$S^{\ominus}_{298}$:327.2

函数	r_0	r_1	r_2	r_3	r_4	r_5
C_p	217.32	83.68				
$Ha(T)$	-1051700	217.320	41.840			
$Sa(T)$	-935.951	217.320	83.680			
$Ga(T)$	-1051700	1153.271	-217.320	-41.840		
$Ga(l)$	-966780	-378.364				

$Mo(CO)_6$(气)

温度范围:298 ~ 800　　相:气

$\Delta H^{\ominus}_{f,298}$: −915800　　$S^{\ominus}_{298}$:482.9

函数	r_0	r_1	r_2	r_3	r_4	r_5
C_p	178.87	108.78				
$Ha(T)$	−973960	178.870	54.390			
$Sa(T)$	−568.662	178.870	108.780			
$Ga(T)$	−973960	747.532	−178.870	−54.390		
$Ga(l)$	−866140	−615.502				

$MoSi_2$

温度范围:298 ~ 2303　　相:固

$\Delta H^{\ominus}_{f,298}$: −131710　　$S^{\ominus}_{298}$:65.015

函数	r_0	r_1	r_2	r_3	r_4	r_5
C_p	67.831	11.970	−0.657			
$Ha(T)$	−154670	67.831	5.985	0.657		
$Sa(T)$	−328.723	67.831	11.970	0.329		
$Ga(T)$	−154670	396.554	−67.831	−5.985	0.329	
$Ga(l)$	−73070	−168.847				

Mo_3Si

温度范围:298 ~ 2298　　相:固

$\Delta H^{\ominus}_{f,298}$: −116400　　$S^{\ominus}_{298}$:106.148

函数	r_0	r_1	r_2	r_3	r_4	r_5
C_p	85.839	22.681	0.032			
$Ha(T)$	−142890	85.839	11.341	−0.032		
$Sa(T)$	−389.510	85.839	22.681	−0.016		
$Ga(T)$	−142890	475.349	−85.839	−11.341	−0.016	
$Ga(l)$	−35720	−249.319				

Mo_5Si_3

温度范围:298 ~ 2463　　相:固

$\Delta H^{\ominus}_{f,298}$: −309620　　$S^{\ominus}_{298}$:207.342

函数	r_0	r_1	r_2	r_3	r_4	r_5
C_p	183.360	35.041	−1.200			
$Ha(T)$	−369870	183.360	17.521	1.200		
$Sa(T)$	−854.566	183.360	35.041	0.600		
$Ga(T)$	−369870	1037.927	−183.360	−17.521	0.600	
$Ga(l)$	−135070	−506.833				

MoB

温度范围:298 ~ 2073　　相:固

$\Delta H^{\ominus}_{f,298}$: −123900　　$S^{\ominus}_{298}$:25.3

函数	r_0	r_1	r_2	r_3	r_4	r_5
C_p	45.46	5.87	−1.3			
$Ha(T)$	−142080	45.460	2.935	1.300		
$Sa(T)$	−242.775	45.460	5.870	0.650		
$Ga(T)$	−142080	288.235	−45.460	−2.935	0.650	
$Ga(l)$	−92110	−83.739				

N_2

温度范围:298 ~ 3000　　相:气

$\Delta H^{\ominus}_{f,298}$:0　　$S^{\ominus}_{298}$:191.6

函数	r_0	r_1	r_2	r_3	r_4	r_5
C_p	30.42	2.54	-0.24			
$Ha(T)$	-9988	30.420	1.270	0.240		
$Sa(T)$	16.172	30.420	2.540	0.120		
$Ga(T)$	-9988	14.248	-30.420	-1.270	0.120	
$Ga(l)$	32970	-243.345				

N(气)(1)

温度范围:298 ~ 3000　　相:气

$\Delta H^{\ominus}_{f,298}$:472700　　$S^{\ominus}_{298}$:153.3

函数	r_0	r_1	r_2	r_3	r_4	r_5
C_p	20.88	-0.15	0.04	0.05		
$Ha(T)$	466620	20.880	-0.075	-0.040	0.017	
$Sa(T)$	34.602	20.880	-0.150	-0.020	0.025	
$Ga(T)$	466620	-13.722	-20.880	0.075	-0.020	-0.008
$Ga(l)$	493960	-187.417				

N(气)(2)

温度范围:298 ~ 1800　　相:气

$\Delta H^{\ominus}_{f,298}$:472670　　$S^{\ominus}_{298}$:153.176

函数	r_0	r_1	r_2	r_3	r_4	r_5
C_p	20.794					
$Ha(T)$	466470	20.794				
$Sa(T)$	34.700	20.794				
$Ga(T)$	466470	-13.906	-20.794			
$Ga(l)$	485040	-178.124				

温度范围:1800 ~ 2500　　相:气

$\Delta H^{\ominus}_{tr}$:—　　$\Delta S^{\ominus}_{tr}$:—

函数	r_0	r_1	r_2	r_3	r_4	r_5
C_p	20.669	0.042				
$Ha(T)$	466630	20.669	0.021			
$Sa(T)$	35.562	20.669	0.042			
$Ga(T)$	466630	-14.893	-20.669	-0.021		
$Ga(l)$	510850	-194.195				

NH_3(1)

温度范围:298 ~ 800　　相:气

$\Delta H^{\ominus}_{f,298}$: -45940　　$S^{\ominus}_{298}$:192.669

函数	r_0	r_1	r_2	r_3	r_4	r_5
C_p	25.794	31.623	0.035			
$Ha(T)$	-54920	25.794	15.812	-0.035		
$Sa(T)$	36.474	25.794	31.623	-0.018		
$Ga(T)$	-54920	-10.680	-25.794	-15.812	-0.018	
$Ga(l)$	-37210	-215.920				

温度范围:800 ~ 2000　相:气

$\Delta H_{tr}^{\ominus}$:—　$\Delta S_{tr}^{\ominus}$:—

函数	r_0	r_1	r_2	r_3	r_4	r_5
C_p	52.723	10.460	−6.373			
$Ha(T)$	−77700	52.723	5.230	6.373		
$Sa(T)$	−131.612	52.723	10.460	3.187		
$Ga(T)$	−77700	184.335	−52.723	−5.230	3.187	
$Ga(l)$	7018	−265.793				

NH_3(2)

温度范围:298 ~ 1500　相:气

$\Delta H_{f,298}^{\ominus}$: −45900　$S_{298}^{\ominus}$:192.8

函数	r_0	r_1	r_2	r_3	r_4	r_5
C_p	37.32	18.66	−0.65			
$Ha(T)$	−60040	37.320	9.330	0.650		
$Sa(T)$	−29.054	37.320	18.660	0.325		
$Ga(T)$	−60040	66.374	−37.320	−9.330	0.325	
$Ga(l)$	−23420	−240.252				

N_2H_4(液)

温度范围:298 ~ 387　相:液

$\Delta H_{f,298}^{\ominus}$:50600　$S_{298}^{\ominus}$:121.5

函数	r_0	r_1	r_2	r_3	r_4	r_5
C_p	73.3	84.89				
$Ha(T)$	24970	73.300	42.445			
$Sa(T)$	−321.444	73.300	84.890			
$Ga(T)$	24970	394.744	−73.300	−42.445		
$Ga(l)$	54920	−135.326				

N_2H_4(气)

温度范围:298 ~ 2000　相:气

$\Delta H_{f,298}^{\ominus}$:95400　$S_{298}^{\ominus}$:238.7

函数	r_0	r_1	r_2	r_3	r_4	r_5
C_p	56.28	42.51	−1.67			
$Ha(T)$	71130	56.280	21.255	1.670		
$Sa(T)$	−104.028	56.280	42.510	0.835		
$Ga(T)$	71130	160.308	−56.280	−21.255	0.835	
$Ga(l)$	150420	−338.843				

NH_4F

温度范围:298 ~ 478　相:固

$\Delta H_{f,298}^{\ominus}$: −463600　$S_{298}^{\ominus}$:72

函数	r_0	r_1	r_2	r_3	r_4	r_5
C_p	46.16	64.09				
$Ha(T)$	−480210	46.160	32.045			
$Sa(T)$	−210.109	46.160	64.090			
$Ga(T)$	−480210	256.270	−46.160	−32.045		
$Ga(l)$	−457820	−89.679				

NH_4Cl

温度范围:298 ~ 458　　相:固(α_1)

$\Delta H^{\ominus}_{f,298}$: -314550　　$S^{\ominus}_{298}$:94.977

函数	r_0	r_1	r_2	r_3	r_4	r_5
C_p	38.869	160.247				
$Ha(T)$	-333260	38.869	80.124			
$Sa(T)$	-174.261	38.869	160.247			
$Ga(T)$	-333260	213.130	-38.869	-80.124		
$Ga(l)$	-307460	-116.838				

温度范围:458 ~ 793　　相:固(α_2)

$\Delta H^{\ominus}_{tr}$:3933　　$\Delta S^{\ominus}_{tr}$:8.587

函数	r_0	r_1	r_2	r_3	r_4	r_5
C_p	34.644	111.713				
$Ha(T)$	-322300	34.644	55.857			
$Sa(T)$	-117.559	34.644	111.713			
$Ga(T)$	-322300	152.203	-34.644	-55.857		
$Ga(l)$	-279720	-175.122				

NH_4ClO_4

温度范围:298 ~ 513　　相:固(α_1)

$\Delta H^{\ominus}_{f,298}$: -295770　　$S^{\ominus}_{298}$:184.180

函数	r_0	r_1	r_2	r_3	r_4	r_5
C_p	67.739	202.338				
$Ha(T)$	-324960	67.739	101.169			
$Sa(T)$	-262.097	67.739	202.338			
$Ga(T)$	-324960	329.836	-67.739	-101.169		
$Ga(l)$	-281750	-226.276				

NH_4Br

温度范围:298 ~ 413　　相:固(α)

$\Delta H^{\ominus}_{f,298}$: -270600　　$S^{\ominus}_{298}$:111.3

函数	r_0	r_1	r_2	r_3	r_4	r_5
C_p	124.68	-35.15	-2.39			
$Ha(T)$	-314230	124.680	-17.575	2.390		
$Sa(T)$	-602.039	124.680	-35.150	1.195		
$Ga(T)$	-314230	726.719	-124.680	17.575	1.195	
$Ga(l)$	-265600	-127.063				

温度范围:413 ~ 664　　相:固(β)

$\Delta H^{\ominus}_{tr}$:3600　　$\Delta S^{\ominus}_{tr}$:8.717

函数	r_0	r_1	r_2	r_3	r_4	r_5
C_p	98.32		-3.39			
$Ha(T)$	-305160	98.320		3.390		
$Sa(T)$	-451.993	98.320		1.695		
$Ga(T)$	-305160	550.313	-98.320		1.695	
$Ga(l)$	-246530	-171.825				

NH_4I

温度范围:298 ~ 824　　相:固

$\Delta H^{\ominus}_{f,298}$: −202090　　$S^{\ominus}_{298}$: 112. 968

函数	r_0	r_1	r_2	r_3	r_4	r_5
C_p	60. 291	71. 756				
$Ha(T)$	−223260	60. 291	35. 878			
$Sa(T)$	−251. 940	60. 291	71. 756			
$Ga(T)$	−223260	312. 231	−60. 291	−35. 878		
$Ga(l)$	−181010	−168. 562				

$(NH_4)_2SO_4$

温度范围:298 ~ 630　　相:固

$\Delta H^{\ominus}_{f,298}$: −1180900　　$S^{\ominus}_{298}$: 220. 1

函数	r_0	r_1	r_2	r_3	r_4	r_5
C_p	103. 55	280. 75				
$Ha(T)$	−1224300	103. 550	140. 375			
$Sa(T)$	−453. 592	103. 550	280. 750			
$Ga(T)$	−1224300	557. 142	−103. 550	−140. 375		
$Ga(l)$	−1148900	−311. 134				

NH_4NO_3

温度范围:298 ~ 305　　相:固(α)

$\Delta H^{\ominus}_{f,298}$: −365400　　$S^{\ominus}_{298}$: 151

函数	r_0	r_1	r_2	r_3	r_4	r_5
C_p	71. 13	225. 94				
$Ha(T)$	−396650	71. 130	112. 970			
$Sa(T)$	−321. 634	71. 130	225. 940			
$Ga(T)$	−396650	392. 764	−71. 130	−112. 970		
$Ga(l)$	−364360	−151. 456				

温度范围:305 ~ 357　　相:固(β)

$\Delta H^{\ominus}_{tr}$: 1800　　$\Delta S^{\ominus}_{tr}$: 5. 902

函数	r_0	r_1	r_2	r_3	r_4	r_5
C_p	71. 13	225. 94				
$Ha(T)$	−394850	71. 130	112. 970			
$Sa(T)$	−315. 732	71. 130	225. 940			
$Ga(T)$	−394850	386. 862	−71. 130	−112. 970		
$Ga(l)$	−358990	−171. 720				

温度范围:357 ~ 398　　相:固(γ)

$\Delta H^{\ominus}_{tr}$: 1300　　$\Delta S^{\ominus}_{tr}$: 3. 641

函数	r_0	r_1	r_2	r_3	r_4	r_5
C_p	71. 13	225. 94				
$Ha(T)$	−393550	71. 130	112. 970			
$Sa(T)$	−312. 091	71. 130	225. 940			
$Ga(T)$	−393550	383. 221	−71. 130	−112. 970		
$Ga(l)$	−350640	−195. 228				

温度范围:398 ~ 443　　相:固(δ)

ΔH_{tr}^{Θ}:4200　　ΔS_{tr}^{Θ}:10.553

函数	r_0	r_1	r_2	r_3	r_4	r_5
C_p	71.13	225.94				
$Ha(T)$	-389350	71.130	112.970			
$Sa(T)$	-301.538	71.130	225.940			
$Ga(T)$	-389350	372.668	-71.130	-112.970		
$Ga(l)$	-339500	-223.183				

NH_4ReO_4

温度范围:298 ~ 500　　相:固

$\Delta H_{f,298}^{\Theta}$: -945600　　S_{298}^{Θ}:232.6

函数	r_0	r_1	r_2	r_3	r_4	r_5
C_p	124.12	112.45	-0.7			
$Ha(T)$	-989950	124.120	56.225	0.700		
$Sa(T)$	-512.050	124.120	112.450	0.350		
$Ga(T)$	-989950	636.170	-124.120	-56.225	0.350	
$Ga(l)$	-930700	-277.672				

NO

温度范围:298 ~ 3000　　相:气

$\Delta H_{f,298}^{\Theta}$:90290　　S_{298}^{Θ}:210.664

函数	r_0	r_1	r_2	r_3	r_4	r_5
C_p	27.656	7.448	-0.017	-1.423		
$Ha(T)$	81670	27.656	3.724	0.017	-0.474	
$Sa(T)$	50.838	27.656	7.448	0.009	-0.712	
$Ga(T)$	81670	-23.182	-27.656	-3.724	0.009	0.237
$Ga(l)$	124110	-263.582				

NO_2(1)

温度范围:298 ~ 1500　　相:气

$\Delta H_{f,298}^{\Theta}$:33100　　S_{298}^{Θ}:239.911

函数	r_0	r_1	r_2	r_3	r_4	r_5
C_p	35.690	22.886	-0.469	-6.318		
$Ha(T)$	19920	35.690	11.443	0.469	-2.106	
$Sa(T)$	27.383	35.690	22.886	0.235	-3.159	
$Ga(T)$	19920	8.307	-35.690	-11.443	0.235	1.053
$Ga(l)$	55060	-286.545				

温度范围:1500 ~ 3000　　相:气

ΔH_{tr}^{Θ}:—　　ΔS_{tr}^{Θ}:—

函数	r_0	r_1	r_2	r_3	r_4	r_5
C_p	53.764	1.255				
$Ha(T)$	10350	53.764	0.628			
$Sa(T)$	-79.353	53.764	1.255			
$Ga(T)$	10350	133.117	-53.764	-0.628		
$Ga(l)$	130740	-337.846				

NO_2(2)

温度范围:298 ~ 2000　　相:气

$\Delta H^{\ominus}_{f,298}$:33100　　$S^{\ominus}_{298}$:240

函数	r_0	r_1	r_2	r_3	r_4	r_5
C_p	34. 53	24. 67	-0. 42	-6. 87		
$Ha(T)$	20360	34. 530	12. 335	0. 420	-2. 290	
$Sa(T)$	33. 850	34. 530	24. 670	0. 210	-3. 435	
$Ga(T)$	20360	0. 680	-34. 530	-12. 335	0. 210	1. 145
$Ga(l)$	64400	-298. 557				

NO_3

温度范围:298 ~ 800　　相:气

$\Delta H^{\ominus}_{f,298}$:71100　　$S^{\ominus}_{298}$:252. 6

函数	r_0	r_1	r_2	r_3	r_4	r_5
C_p	71. 92	5. 84	-2. 46			
$Ha(T)$	41150	71. 920	2. 920	2. 460		
$Sa(T)$	-172. 749	71. 920	5. 840	1. 230		
$Ga(T)$	41150	244. 669	-71. 920	-2. 920	1. 230	
$Ga(l)$	84180	-287. 253				

N_2O

温度范围:298 ~ 2000　　相:气

$\Delta H^{\ominus}_{f,298}$:82100　　$S^{\ominus}_{298}$:220

函数	r_0	r_1	r_2	r_3	r_4	r_5
C_p	38. 1	23. 17	-0. 55	-6. 16		
$Ha(T)$	67920	38. 100	11. 585	0. 550	-2. 053	
$Sa(T)$	-6. 806	38. 100	23. 170	0. 275	-3. 080	
$Ga(T)$	67920	44. 906	-38. 100	-11. 585	0. 275	1. 027
$Ga(l)$	115080	-281. 706				

N_2O_3

温度范围:298 ~ 1000　　相:气

$\Delta H^{\ominus}_{f,298}$:82800　　$S^{\ominus}_{298}$:308. 5

函数	r_0	r_1	r_2	r_3	r_4	r_5
C_p	80. 5	13. 55	-1. 74			
$Ha(T)$	52360	80. 500	6. 775	1. 740		
$Sa(T)$	-163. 983	80. 500	13. 550	0. 870		
$Ga(T)$	52360	244. 483	-80. 500	-6. 775	0. 870	
$Ga(l)$	106060	-366. 099				

N_2O_4(液)

温度范围:298 ~ 301　　相:液

$\Delta H^{\ominus}_{f,298}$:-19580　　$S^{\ominus}_{298}$:209. 200

函数	r_0	r_1	r_2	r_3	r_4	r_5
C_p	92. 634	167. 360				
$Ha(T)$	-54640	92. 634	83. 680			
$Sa(T)$	-368. 490	92. 634	167. 360			
$Ga(T)$	-54640	461. 124	-92. 634	-83. 680		
$Ga(l)$	-17120	-213. 737				

N_2O_4(气)

温度范围:298 ~ 1000　　相:气

$\Delta H^{\ominus}_{f,298}$:9100　　$S^{\ominus}_{298}$:304. 4

函数	r_0	r_1	r_2	r_3	r_4	r_5
C_p	82. 07	52. 92	-1. 82	-14. 86		
$Ha(T)$	-23690	82. 070	26. 460	1. 820	-4. 953	
$Sa(T)$	-188. 556	82. 070	52. 920	0. 910	-7. 430	
$Ga(T)$	-23690	270. 626	-82. 070	-26. 460	0. 910	2. 477
$Ga(l)$	37300	-374. 001				

N_2O_5

温度范围:298 ~ 2000　　相:气

$\Delta H^{\ominus}_{f,298}$:11300　　$S^{\ominus}_{298}$:346. 435

函数	r_0	r_1	r_2	r_3	r_4	r_5
C_p	118. 658	35. 438	-2. 920	-10. 502		
$Ha(T)$	-35350	118. 658	17. 719	2. 920	-3. 501	
$Sa(T)$	-356. 154	118. 658	35. 438	1. 460	-5. 251	
$Ga(T)$	-35350	474. 812	-118. 658	-17. 719	1. 460	1. 750
$Ga(l)$	97110	-507. 260				

NOF(气)
(Nitrosyl fluoride)

温度范围:298 ~ 2000　　相:气

$\Delta H^{\ominus}_{f,298}$: -65700　　$S^{\ominus}_{298}$:248. 1

函数	r_0	r_1	r_2	r_3	r_4	r_5
C_p	47. 95	5. 81	-0. 76			
$Ha(T)$	-82800	47. 950	2. 905	0. 760		
$Sa(T)$	-31. 107	47. 950	5. 810	0. 380		
$Ga(T)$	-82800	79. 057	-47. 950	-2. 905	0. 380	
$Ga(l)$	-32480	-310. 883				

NO_2F(气)

温度范围:298 ~ 2000　　相:气

$\Delta H^{\ominus}_{f,298}$: -108800　　$S^{\ominus}_{298}$:260. 3

函数	r_0	r_1	r_2	r_3	r_4	r_5
C_p	68. 06	7. 54	-2. 02			
$Ha(T)$	-136200	68. 060	3. 770	2. 020		
$Sa(T)$	-141. 088	68. 060	7. 540	1. 010		
$Ga(T)$	-136200	209. 148	-68. 060	-3. 770	1. 010	
$Ga(l)$	-63980	-344. 074				

NOCl(气)

温度范围:298 ~ 2000　　相:气

$\Delta H^{\ominus}_{f,298}$:52590　　$S^{\ominus}_{298}$:263. 508

函数	r_0	r_1	r_2	r_3	r_4	r_5
C_p	44. 894	7. 699	-0. 695			
$Ha(T)$	36530	44. 894	3. 850	0. 695		
$Sa(T)$	1. 515	44. 894	7. 699	0. 348		
$Ga(T)$	36530	43. 379	-44. 894	-3. 850	0. 348	
$Ga(l)$	84850	-324. 295				

NO_2Cl(气)

温度范围:298 ~ 2000　　相:气

$\Delta H^{\ominus}_{f,298}$:12130　　$S^{\ominus}_{298}$:271. 960

函数	r_0	r_1	r_2	r_3	r_4	r_5
C_p	58. 660	25. 188	-1. 134	-6. 987		
$Ha(T)$	-10220	58. 660	12. 594	1. 134	-2. 329	
$Sa(T)$	-75. 839	58. 660	25. 188	0. 567	-3. 494	
$Ga(T)$	-10220	134. 499	-58. 660	-12. 594	0. 567	1. 164
$Ga(l)$	58210	-358. 314				

NOBr(气)

温度范围:298 ~ 2000　　相:气

$\Delta H^{\ominus}_{f,298}$:82130　　$S^{\ominus}_{298}$:273. 424

函数	r_0	r_1	r_2	r_3	r_4	r_5
C_p	51. 003	3. 389	-0. 628			
$Ha(T)$	64670	51. 003	1. 695	0. 628		
$Sa(T)$	-21. 713	51. 003	3. 389	0. 314		
$Ga(T)$	64670	72. 716	-51. 003	-1. 695	0. 314	
$Ga(l)$	116470	-338. 737				

NOI(气)

温度范围:298 ~ 1000　　相:气

$\Delta H^{\ominus}_{f,298}$:112100　　$S^{\ominus}_{298}$:283

函数	r_0	r_1	r_2	r_3	r_4	r_5
C_p	50. 78	3. 59	-0. 51			
$Ha(T)$	95090	50. 780	1. 795	0. 510		
$Sa(T)$	-10. 263	50. 780	3. 590	0. 255		
$Ga(T)$	95090	61. 043	-50. 780	-1. 795	0. 255	
$Ga(l)$	126960	-320. 047				

NS(气)

温度范围:298 ~ 2000　　相:气

$\Delta H^{\ominus}_{f,298}$:263600　　$S^{\ominus}_{298}$:222. 1

函数	r_0	r_1	r_2	r_3	r_4	r_5
C_p	32. 84	2. 93	-0. 17			
$Ha(T)$	253110	32. 840	1. 465	0. 170		
$Sa(T)$	33. 161	32. 840	2. 930	0. 085		
$Ga(T)$	253110	-0. 321	-32. 840	-1. 465	0. 085	
$Ga(l)$	286580	-265. 970				

Na

温度范围:298 ~ 371　　相:固

$\Delta H^{\ominus}_{f,298}$:0　　$S^{\ominus}_{298}$:51. 170

函数	r_0	r_1	r_2	r_3	r_4	r_5
C_p	14. 770	44. 225				
$Ha(T)$	-6369	14. 770	22. 113			
$Sa(T)$	-46. 169	14. 770	44. 225			
$Ga(T)$	-6369	60. 939	-14. 770	-22. 113		
$Ga(l)$	1022	-54. 465				

温度范围:371 ~ 1156　　相:液

$\Delta H^{\ominus}_{tr}$:2594　　$\Delta S^{\ominus}_{tr}$:6.992

函数	r_0	r_1	r_2	r_3	r_4	r_5
C_p	37.447	-19.121		10.627		
$Ha(T)$	-8010	37.447	-9.561		3.542	
$Sa(T)$	-150.569	37.447	-19.121		5.314	
$Ga(T)$	-8010	188.016	-37.447	9.561		-1.771
$Ga(l)$	14890	-85.611				

Na(气)

温度范围:298 ~ 1600　　相:气

$\Delta H^{\ominus}_{f,298}$:107740　　$S^{\ominus}_{298}$:153.595

函数	r_0	r_1	r_2	r_3	r_4	r_5
C_p	20.794					
$Ha(T)$	101540	20.794				
$Sa(T)$	35.119	20.794				
$Ga(T)$	101540	-14.325	-20.794			
$Ga(l)$	118600	-176.573				

温度范围:1600 ~ 2000　　相:气

$\Delta H^{\ominus}_{tr}$:—　　$\Delta S^{\ominus}_{tr}$:—

函数	r_0	r_1	r_2	r_3	r_4	r_5
C_p	20.710	0.042				
$Ha(T)$	101620	20.710	0.021			
$Sa(T)$	35.672	20.710	0.042			
$Ga(T)$	101620	-14.962	-20.710	-0.021		
$Ga(l)$	138840	-190.953				

Na_2(气)

温度范围:298 ~ 2000　　相:气

$\Delta H^{\ominus}_{f,298}$:137530　　$S^{\ominus}_{298}$:230.078

函数	r_0	r_1	r_2	r_3	r_4	r_5
C_p	37.363	1.381				
$Ha(T)$	126330	37.363	0.691			
$Sa(T)$	16.787	37.363	1.381			
$Ga(T)$	126330	20.576	-37.363	-0.691		
$Ga(l)$	163110	-279.303				

NaH

温度范围:298 ~ 700　　相:固

$\Delta H^{\ominus}_{f,298}$: -56440　　$S^{\ominus}_{298}$:39.999

函数	r_0	r_1	r_2	r_3	r_4	r_5
C_p	23.054	46.526				
$Ha(T)$	-65380	23.054	23.263			
$Sa(T)$	-105.225	23.054	46.526			
$Ga(T)$	-65380	128.279	-23.054	-23.263		
$Ga(l)$	-48900	-60.836				

NaH(气)

温度范围:298 ~ 2000　　相:气

$\Delta H_{f,298}^{\ominus}$:124270　　$S_{298}^{\ominus}$:188.280

函数	r_0	r_1	r_2	r_3	r_4	r_5
C_p	30.669	8.159	-0.247	-2.050		
$Ha(T)$	113950	30.669	4.080	0.247	-0.683	
$Sa(T)$	9.810	30.669	8.159	0.124	-1.025	
$Ga(T)$	113950	20.859	-30.669	-4.080	0.124	0.342
$Ga(l)$	147320	-232.010				

NaF

温度范围:298 ~ 1269　　相:固

$\Delta H_{f,298}^{\ominus}$: -573630　　$S_{298}^{\ominus}$:51.296

函数	r_0	r_1	r_2	r_3	r_4	r_5
C_p	46.568	9.874	-0.213			
$Ha(T)$	-588670	46.568	4.937	0.213		
$Sa(T)$	-218.172	46.568	9.874	0.107		
$Ga(T)$	-588670	264.740	-46.568	-4.937	0.107	
$Ga(l)$	-553170	-98.157				

温度范围:1269 ~ 1983　　相:液

$\Delta H_{tr}^{\ominus}$:33140　　$\Delta S_{tr}^{\ominus}$:26.115

函数	r_0	r_1	r_2	r_3	r_4	r_5
C_p	70.542					
$Ha(T)$	-577830	70.542				
$Sa(T)$	-350.778	70.542				
$Ga(T)$	-577830	421.320	-70.542			
$Ga(l)$	-464610	-170.459				

NaF(气)

温度范围:298 ~ 2500　　相:气

$\Delta H_{f,298}^{\ominus}$: -293300　　$S_{298}^{\ominus}$:217.484

函数	r_0	r_1	r_2	r_3	r_4	r_5
C_p	37.112	0.753	-0.289			
$Ha(T)$	-305370	37.112	0.377	0.289		
$Sa(T)$	4.185	37.112	0.753	0.145		
$Ga(T)$	-305370	32.927	-37.112	-0.377	0.145	
$Ga(l)$	-262100	-271.482				

$(NaF)_2$(气)

温度范围:298 ~ 2075　　相:气

$\Delta H_{f,298}^{\ominus}$: -846400　　$S_{298}^{\ominus}$:287.4

函数	r_0	r_1	r_2	r_3	r_4	r_5
C_p	81.92	0.76	-1.01			
$Ha(T)$	-874250	81.920	0.380	1.010		
$Sa(T)$	-185.255	81.920	0.760	0.505		
$Ga(T)$	-874250	267.175	-81.920	-0.380	0.505	
$Ga(l)$	-791380	-390.808				

$5NaF \cdot 3AlF_3$(锥冰晶石)

温度范围:298 ~ 1007　　相:固

$\Delta H^{\ominus}_{f,298}$: -7581400　　$S^{\ominus}_{298}$:483.5

函数	r_0	r_1	r_2	r_3	r_4	r_5
C_p	377	285				
$Ha(T)$	-7706500	377.000	142.500			
$Sa(T)$	-1749.467	377.000	285.000			
$Ga(T)$	-7706500	2126.467	-377.000	-142.500		
$Ga(l)$	-7426000	-867.910				

NaCl

温度范围:298 ~ 1074　　相:固

$\Delta H^{\ominus}_{f,298}$: -411120　　$S^{\ominus}_{298}$:72.132

函数	r_0	r_1	r_2	r_3	r_4	r_5
C_p	45.940	16.318				
$Ha(T)$	-425540	45.940	8.159			
$Sa(T)$	-194.481	45.940	16.318			
$Ga(T)$	-425540	240.421	-45.940	-8.159		
$Ga(l)$	-393420	-115.165				

温度范围:1074 ~ 1500　　相:液

$\Delta H^{\ominus}_{tr}$:28160　　$\Delta S^{\ominus}_{tr}$:26.220

函数	r_0	r_1	r_2	r_3	r_4	r_5
C_p	77.739	-7.531				
$Ha(T)$	-417780	77.739	-3.766			
$Sa(T)$	-364.577	77.739	-7.531			
$Ga(T)$	-417780	442.316	-77.739	3.766		
$Ga(l)$	-324650	-182.131				

温度范围:1500 ~ 1738　　相:液

$\Delta H^{\ominus}_{tr}$:—　　$\Delta S^{\ominus}_{tr}$:—

函数	r_0	r_1	r_2	r_3	r_4	r_5
C_p	66.944					
$Ha(T)$	-410060	66.944				
$Sa(T)$	-296.927	66.944				
$Ga(T)$	-410060	363.871	-66.944			
$Ga(l)$	-301830	-197.723				

NaCl(气)

温度范围:298 ~ 2000　　相:气

$\Delta H^{\ominus}_{f,298}$: -181420　　$S^{\ominus}_{298}$:229.702

函数	r_0	r_1	r_2	r_3	r_4	r_5
C_p	37.321	0.711	-0.159			
$Ha(T)$	-193110	37.321	0.356	0.159		
$Sa(T)$	15.956	37.321	0.711	0.080		
$Ga(T)$	-193110	21.365	-37.321	-0.356	0.080	
$Ga(l)$	-156530	-277.502				

$(NaCl)_2$(气)

温度范围:298 ~ 2000　　相:气

$\Delta H^{\ominus}_{f,298}$: -586700　　$S^{\ominus}_{298}$:325.4

函数	r_0	r_1	r_2	r_3	r_4	r_5
C_p	83.02	0.08	-0.38			
$Ha(T)$	-612730	83.020	0.040	0.380		
$Sa(T)$	-149.776	83.020	0.080	0.190		
$Ga(T)$	-612730	232.796	-83.020	-0.040	0.190	
$Ga(l)$	-532140	-430.321				

NaBr

温度范围:298 ~ 1020　　相:固

$\Delta H^{\ominus}_{f,298}$: -361410　　$S^{\ominus}_{298}$:86.818

函数	r_0	r_1	r_2	r_3	r_4	r_5
C_p	47.907	13.305				
$Ha(T)$	-376280	47.907	6.653			
$Sa(T)$	-190.104	47.907	13.305			
$Ga(T)$	-376280	238.011	-47.907	-6.653		
$Ga(l)$	-344760	-128.081				

温度范围:1020 ~ 1666　　相:液

$\Delta H^{\ominus}_{tr}$:26110　　$\Delta S^{\ominus}_{tr}$:25.598

函数	r_0	r_1	r_2	r_3	r_4	r_5
C_p	62.342					
$Ha(T)$	-357980	62.342				
$Sa(T)$	-250.934	62.342				
$Ga(T)$	-357980	313.276	-62.342			
$Ga(l)$	-275550	-197.729				

NaBr(气)

温度范围:298 ~ 2000　　相:气

$\Delta H^{\ominus}_{f,298}$: -143930　　$S^{\ominus}_{298}$:241.082

函数	r_0	r_1	r_2	r_3	r_4	r_5
C_p	36.610	1.172				
$Ha(T)$	-154900	36.610	0.586			
$Sa(T)$	32.144	36.610	1.172			
$Ga(T)$	-154900	4.466	-36.610	-0.586		
$Ga(l)$	-118950	-289.161				

$(NaBr)_2$(气)

温度范围:298 ~ 2000　　相:气

$\Delta H^{\ominus}_{f,298}$: -499000　　$S^{\ominus}_{298}$:349

函数	r_0	r_1	r_2	r_3	r_4	r_5
C_p	83.1	0.03	-0.26			
$Ha(T)$	-524650	83.100	0.015	0.260		
$Sa(T)$	-125.942	83.100	0.030	0.130		
$Ga(T)$	-524650	209.042	-83.100	-0.015	0.130	
$Ga(l)$	-444150	-454.586				

NaI

温度范围:298 ~ 933　　相:固

$\Delta H^{\ominus}_{f,298}$: −287860　　$S^{\ominus}_{298}$:98.324

函数	r_0	r_1	r_2	r_3	r_4	r_5
C_p	48.869	12.050				
$Ha(T)$	−302970	48.869	6.025			
$Sa(T)$	−183.705	48.869	12.050			
$Ga(T)$	−302970	232.574	−48.869	−6.025		
$Ga(l)$	−273020	−136.196				

温度范围:933 ~ 1577　　相:液

$\Delta H^{\ominus}_{tr}$:23600　　$\Delta S^{\ominus}_{tr}$:25.295

函数	r_0	r_1	r_2	r_3	r_4	r_5
C_p	64.852					
$Ha(T)$	−289030	64.852				
$Sa(T)$	−256.465	64.852				
$Ga(T)$	−289030	321.317	−64.852			
$Ga(l)$	−209090	−205.813				

NaI(气)

温度范围:298 ~ 2000　　相:气

$\Delta H^{\ominus}_{f,298}$: −84800　　$S^{\ominus}_{298}$:249

函数	r_0	r_1	r_2	r_3	r_4	r_5
C_p	37.37	0.82	−0.08			
$Ha(T)$	−96250	37.370	0.410	0.080		
$Sa(T)$	35.386	37.370	0.820	0.040		
$Ga(T)$	−96250	1.984	−37.370	−0.410	0.040	
$Ga(l)$	−59660	−297.354				

$NaClO_3$

温度范围:298 ~ 528　　相:固

$\Delta H^{\ominus}_{f,298}$: −357700　　$S^{\ominus}_{298}$:126.4

函数	r_0	r_1	r_2	r_3	r_4	r_5
C_p	54.69	154.81				
$Ha(T)$	−380890	54.690	77.405			
$Sa(T)$	−231.358	54.690	154.810			
$Ga(T)$	−380890	286.048	−54.690	−77.405		
$Ga(l)$	−345900	−161.591				

$NaClO_4$

温度范围:298 ~ 581　　相:固(α)

$\Delta H^{\ominus}_{f,298}$: −382750　　$S^{\ominus}_{298}$:142.256

函数	r_0	r_1	r_2	r_3	r_4	r_5
C_p	138.449	54.099	−3.845			
$Ha(T)$	−439330	138.449	27.050	3.845		
$Sa(T)$	−684.327	138.449	54.099	1.923		
$Ga(T)$	−439330	822.776	−138.449	−27.050	1.923	
$Ga(l)$	−365930	−191.177				

温度范围:581 ~ 755 相:固(β)

$\Delta H^{\ominus}_{tr}$:13980 $\Delta S^{\ominus}_{tr}$:24.062

函数	r_0	r_1	r_2	r_3	r_4	r_5
C_p	138.449	54.099	-3.845			
$Ha(T)$	-425350	138.449	27.050	3.845		
$Sa(T)$	-660.265	138.449	54.099	1.923		
$Ga(T)$	-425350	798.714	-138.449	-27.050	1.923	
$Ga(l)$	-315480	-280.505				

NaO(气)

温度范围:298 ~ 2200 相:气

$\Delta H^{\ominus}_{f,298}$:83680 $S^{\ominus}_{298}$:228.865

函数	r_0	r_1	r_2	r_3	r_4	r_5
C_p	37.238	0.920	-0.213			
$Ha(T)$	71820	37.238	0.460	0.213		
$Sa(T)$	15.226	37.238	0.920	0.107		
$Ga(T)$	71820	22.012	-37.238	-0.460	0.107	
$Ga(l)$	111220	-279.490				

NaO_2

温度范围:298 ~ 825 相:固

$\Delta H^{\ominus}_{f,298}$: -260660 $S^{\ominus}_{298}$:115.897

函数	r_0	r_1	r_2	r_3	r_4	r_5
C_p	59.957	40.836				
$Ha(T)$	-280350	59.957	20.418			
$Sa(T)$	-237.889	59.957	40.836			
$Ga(T)$	-280350	297.846	-59.957	-20.418		
$Ga(l)$	-242760	-163.229				

Na_2O

温度范围:298 ~ 1023 相:固(γ)

$\Delta H^{\ominus}_{f,298}$: -417980 $S^{\ominus}_{298}$:75.061

函数	r_0	r_1	r_2	r_3	r_4	r_5
C_p	66.191	43.848	-0.812	-14.058		
$Ha(T)$	-442260	66.191	21.924	0.812	-4.686	
$Sa(T)$	-319.084	66.191	43.848	0.406	-7.029	
$Ga(T)$	-442260	385.275	-66.191	-21.924	0.406	2.343
$Ga(l)$	-393430	-135.422				

温度范围:1023 ~ 1243 相:固(β)

$\Delta H^{\ominus}_{tr}$:1757 $\Delta S^{\ominus}_{tr}$:1.717

函数	r_0	r_1	r_2	r_3	r_4	r_5
C_p	66.191	43.848	-0.812	-14.058		
$Ha(T)$	-440510	66.191	21.924	0.812	-4.686	
$Sa(T)$	-317.367	66.191	43.848	0.406	-7.029	
$Ga(T)$	-440510	383.558	-66.191	-21.924	0.406	2.343
$Ga(l)$	-343730	-189.026				

温度范围:1243 ~ 1405 相:固(α)
$\Delta H^{\ominus}_{tr}$:11920 $\Delta S^{\ominus}_{tr}$:9. 590

函数	r_0	r_1	r_2	r_3	r_4	r_5
C_p	66. 191	43. 848	-0. 812	-14. 058		
$Ha(T)$	-428590	66. 191	21. 924	0. 812	-4. 686	
$Sa(T)$	-307. 777	66. 191	43. 848	0. 406	-7. 029	
$Ga(T)$	-428590	373. 968	-66. 191	-21. 924	0. 406	2. 343
$Ga(l)$	-312880	-213. 980				

温度范围:1405 ~ 2223 相:液
$\Delta H^{\ominus}_{tr}$:47700 $\Delta S^{\ominus}_{tr}$:45. 646

函数	r_0	r_1	r_2	r_3	r_4	r_5
C_p	104. 600					
$Ha(T)$	-403990	104. 600				
$Sa(T)$	-492. 575	104. 600				
$Ga(T)$	-403990	597. 175	-104. 600			
$Ga(l)$	-216840	-291. 732				

$Na_2O \cdot Al_2O_3$

温度范围:298 ~ 740 相:固(α)
$\Delta H^{\ominus}_{f,298}$: -2266100 $S^{\ominus}_{298}$:141. 4

函数	r_0	r_1	r_2	r_3	r_4	r_5
C_p	178. 32	30. 54	-3. 59			
$Ha(T)$	-2332700	178. 320	15. 270	3. 590		
$Sa(T)$	-903. 894	178. 320	30. 540	1. 795		
$Ga(T)$	-2332700	1082. 214	-178. 320	-15. 270	1. 795	
$Ga(l)$	-2233200	-230. 953				

温度范围:740 ~ 1900 相:固(β)
$\Delta H^{\ominus}_{tr}$:2500 $\Delta S^{\ominus}_{tr}$:3. 378

函数	r_0	r_1	r_2	r_3	r_4	r_5
C_p	178. 32	30. 54	-3. 59			
$Ha(T)$	-2330200	178. 320	15. 270	3. 590		
$Sa(T)$	-900. 515	178. 320	30. 540	1. 795		
$Ga(T)$	-2330200	1078. 835	-178. 320	-15. 270	1. 795	
$Ga(l)$	-2079400	-418. 669				

$Na_2O \cdot Al_2O_3 \cdot 6SiO_2$(钠长石)

温度范围:298 ~ 573 相:固(α)
$\Delta H^{\ominus}_{f,298}$: -7841200 $S^{\ominus}_{298}$:420. 1

函数	r_0	r_1	r_2	r_3	r_4	r_5
C_p	516. 31	116. 32	-12. 56			
$Ha(T)$	-8042400	516. 310	58. 160	12. 560		
$Sa(T)$	-2626. 953	516. 310	116. 320	6. 280		
$Ga(T)$	-8042400	3143. 263	-516. 310	-58. 160	6. 280	
$Ga(l)$	-7782700	-591. 096				

温度范围:573 ~ 1391　　相:固(β)

$\Delta H_{tr}^{\ominus}$:24100　　$\Delta S_{tr}^{\ominus}$:42. 059

函数	r_0	r_1	r_2	r_3	r_4	r_5
C_p	565. 68	81. 67	-17. 18			
$Ha(T)$	-8049000	565. 680	40. 835	17. 180		
$Sa(T)$	-2885. 618	565. 680	81. 670	8. 590		
$Ga(T)$	-8049000	3451. 298	-565. 680	-40. 835	8. 590	
$Ga(l)$	-7463700	-1091. 651				

$Na_2O \cdot Al_2O_3 \cdot 4SiO_2$(翡翠)

温度范围:298 ~ 1200　　相:固

$\Delta H_{f,298}^{\ominus}$: -6042100　　$S_{298}^{\ominus}$:266. 939

函数	r_0	r_1	r_2	r_3	r_4	r_5
C_p	403. 003	95. 563	-9. 933			
$Ha(T)$	-6199800	403. 003	47. 782	9. 933		
$Sa(T)$	-2113. 572	403. 003	95. 563	4. 967		
$Ga(T)$	-6199800	2516. 575	-403. 003	-47. 782	4. 967	
$Ga(l)$	-5889000	-620. 975				

$Na_2O \cdot Al_2O_3 \cdot 6SiO_2$(低钠长石)

温度范围:298 ~ 1391　　相:固

$\Delta H_{f,298}^{\ominus}$: -7843700　　$S_{298}^{\ominus}$:420. 074

函数	r_0	r_1	r_2	r_3	r_4	r_5
C_p	516. 306	116. 315	-12. 560			
$Ha(T)$	-8044900	516. 306	58. 158	12. 560		
$Sa(T)$	-2626. 955	516. 306	116. 315	6. 280		
$Ga(T)$	-8044900	3143. 261	-516. 306	-58. 158	6. 280	
$Ga(l)$	-7606300	-938. 654				

$Na_2O \cdot Al_2O_3 \cdot 6SiO_2$(高钠长石)

温度范围:298 ~ 973　　相:固(α)

$\Delta H_{f,298}^{\ominus}$: -7822000　　$S_{298}^{\ominus}$:457. 730

函数	r_0	r_1	r_2	r_3	r_4	r_5
C_p	565. 593	81. 672	-17. 18			
$Ha(T)$	-8051900	565. 593	40. 836	17. 180		
$Sa(T)$	-2885. 774	565. 593	81. 672	8. 590		
$Ga(T)$	-8051900	3451. 367	-565. 593	-40. 836	8. 590	
$Ga(l)$	-7674200	-825. 544				

温度范围:973 ~ 1391　　相:固(β)

$\Delta H_{tr}^{\ominus}$:14230　　$\Delta S_{tr}^{\ominus}$:14. 625

函数	r_0	r_1	r_2	r_3	r_4	r_5
C_p	565. 593	81. 672	-17. 180			
$Ha(T)$	-8037700	565. 593	40. 836	17. 180		
$Sa(T)$	-2871. 149	565. 593	81. 672	8. 590		
$Ga(T)$	-8037700	3436. 742	-565. 593	-40. 836	8. 590	
$Ga(l)$	-7303500	-1231. 429				

$Na_2O \cdot B_2O_3$

温度范围:298 ~ 1240　　相:固

$\Delta H^{\ominus}_{f,298}$: −1951400　　$S^{\ominus}_{298}$:147

函数	r_0	r_1	r_2	r_3	r_4	r_5
C_p	159.08	47.11	−3.68			
$Ha(T)$	−2013300	159.080	23.555	3.680		
$Sa(T)$	−794.118	159.080	47.110	1.840		
$Ga(T)$	−2013300	953.198	−159.080	−23.555	1.840	
$Ga(l)$	−1885800	−296.780				

$Na_2O \cdot 2B_2O_3$

温度范围:298 ~ 1016　　相:固

$\Delta H^{\ominus}_{f,298}$: −3276500　　$S^{\ominus}_{298}$:189.493

函数	r_0	r_1	r_2	r_3	r_4	r_5
C_p	206.104	77.069	−3.749			
$Ha(T)$	−3353900	206.104	38.535	3.749		
$Sa(T)$	−1028.870	206.104	77.069	1.875		
$Ga(T)$	−3353900	1234.974	−206.104	−38.535	1.875	
$Ga(l)$	−3208100	−357.673				

温度范围:1016 ~ 2000　　相:液

$\Delta H^{\ominus}_{tr}$:81170　　$\Delta S^{\ominus}_{tr}$:79.892

函数	r_0	r_1	r_2	r_3	r_4	r_5
C_p	444.885					
$Ha(T)$	−3471900	444.885				
$Sa(T)$	−2522.091	444.885				
$Ga(T)$	−3471900	2966.976	−444.885			
$Ga(l)$	−2820400	−728.966				

$Na_2O \cdot 3B_2O_3$

温度范围:298 ~ 1039　　相:固

$\Delta H^{\ominus}_{f,298}$: −4580500　　$S^{\ominus}_{298}$:232.212

函数	r_0	r_1	r_2	r_3	r_4	r_5
C_p	81.797	564.589	0.937	−191.669		
$Ha(T)$	−4625100	81.797	282.295	−0.937	−63.890	
$Sa(T)$	−388.377	81.797	564.589	−0.469	−95.835	
$Ga(T)$	−4625100	470.174	−81.797	−282.295	−0.469	31.945
$Ga(l)$	−4481500	−471.734				

$Na_2O \cdot 4B_2O_3$

温度范围:298 ~ 1089　　相:固

$\Delta H^{\ominus}_{f,298}$: −5902800　　$S^{\ominus}_{298}$:276.1

函数	r_0	r_1	r_2	r_3	r_4	r_5
C_p	345.18	226.35	−9.58			
$Ha(T)$	−6047900	345.180	113.175	9.580		
$Sa(T)$	−1811.967	345.180	226.350	4.790		
$Ga(T)$	−6047900	2157.147	−345.180	−113.175	4.790	
$Ga(l)$	−5765300	−603.540				

$Na_2O \cdot Cr_2O_3$

温度范围:298 ~ 1200　　相:固

$\Delta H^{\ominus}_{f,298}$: − 1758500　　$S^{\ominus}_{298}$:166. 5

函数	r_0	r_1	r_2	r_3	r_4	r_5
C_p	189. 12	30. 13	− 1. 72			
$Ha(T)$	− 1822000	189. 120	15. 065	1. 720		
$Sa(T)$	− 929. 687	189. 120	30. 130	0. 860		
$Ga(T)$	− 1822000	1118. 807	− 189. 120	− 15. 065	0. 860	
$Ga(l)$	− 1684600	− 339. 152				

$Na_2O \cdot Fe_2O_3$

温度范围:298 ~ 1618　　相:固

$\Delta H^{\ominus}_{f,298}$: − 1330500　　$S^{\ominus}_{298}$:176. 565

函数	r_0	r_1	r_2	r_3	r_4	r_5
C_p	199. 577	26. 610				
$Ha(T)$	− 1391200	199. 577	13. 305			
$Sa(T)$	− 968. 478	199. 577	26. 610			
$Ga(T)$	− 1391200	1168. 055	− 199. 577	− 13. 305		
$Ga(l)$	− 1215900	− 416. 445				

$Na_2O \cdot MoO_3$

温度范围:298 ~ 718　　相:固(α)

$\Delta H^{\ominus}_{f,298}$: − 1466100　　$S^{\ominus}_{298}$:159. 410

函数	r_0	r_1	r_2	r_3	r_4	r_5
C_p	125. 344	78. 576				
$Ha(T)$	− 1507000	125. 344	39. 288			
$Sa(T)$	− 578. 177	125. 344	78. 576			
$Ga(T)$	− 1507000	703. 521	− 125. 344	− 39. 288		
$Ga(l)$	− 1436700	− 240. 491				

温度范围:718 ~ 866　　相:固(β)

$\Delta H^{\ominus}_{tr}$:21760　　$\Delta S^{\ominus}_{tr}$:30. 306

函数	r_0	r_1	r_2	r_3	r_4	r_5
C_p	− 215. 447	506. 431				
$Ha(T)$	− 1350800	− 215. 447	253. 216			
$Sa(T)$	1386. 131	− 215. 447	506. 431			
$Ga(T)$	− 1350800	− 1601. 578	215. 447	− 253. 216		
$Ga(l)$	− 1362700	− 349. 399				

温度范围:866 ~ 915　　相:固(γ)

$\Delta H^{\ominus}_{tr}$:2092　　$\Delta S^{\ominus}_{tr}$:2. 416

函数	r_0	r_1	r_2	r_3	r_4	r_5
C_p	− 589. 818	891. 443				
$Ha(T)$	− 1168900	− 589. 818	445. 722			
$Sa(T)$	3587. 329	− 589. 818	891. 443			
$Ga(T)$	− 1168900	− 4177. 147	589. 818	− 445. 722		
$Ga(l)$	− 1340900	− 374. 966				

温度范围:915 ~ 962　　相:固(δ)

$\Delta H_{tr}^{\ominus}$:8284　　$\Delta S_{tr}^{\ominus}$:9.054

函数	r_0	r_1	r_2	r_3	r_4	r_5
C_p	1105.413	-953.952				
$Ha(T)$	-1939200	1105.413	-476.976			
$Sa(T)$	-6274.732	1105.413	-953.952			
$Ga(T)$	-1939200	7380.146	-1105.413	476.976		
$Ga(l)$	-1325200	-392.281				

温度范围:962 ~ 1600　　相:液

$\Delta H_{tr}^{\ominus}$:21420　　$\Delta S_{tr}^{\ominus}$:22.266

函数	r_0	r_1	r_2	r_3	r_4	r_5
C_p	212.966					
$Ha(T)$	-1500700	212.966				
$Sa(T)$	-1039.937	212.966				
$Ga(T)$	-1500700	1252.903	-212.966			
$Ga(l)$	-1232400	-482.576				

$Na_2O \cdot 2MoO_3$

温度范围:298 ~ 888　　相:固

$\Delta H_{f,298}^{\ominus}$: -2361000　　$S_{298}^{\ominus}$:250.6

函数	r_0	r_1	r_2	r_3	r_4	r_5
C_p	173.64	144.35				
$Ha(T)$	-2419200	173.640	72.175			
$Sa(T)$	-781.769	173.640	144.350			
$Ga(T)$	-2419200	955.409	-173.640	-72.175		
$Ga(l)$	-2300000	-408.046				

$Na_2O \cdot P_2O_5$

温度范围:298 ~ 900　　相:固

$\Delta H_{f,298}^{\ominus}$: -2440100　　$S_{298}^{\ominus}$:191

函数	r_0	r_1	r_2	r_3	r_4	r_5
C_p	105.86	230.12				
$Ha(T)$	-2481900	105.860	115.060			
$Sa(T)$	-480.758	105.860	230.120			
$Ga(T)$	-2481900	586.618	-105.860	-115.060		
$Ga(l)$	-2385100	-331.288				

$3Na_2O \cdot As_2O_5$

温度范围:298 ~ 663　　相:固(α)

$\Delta H_{f,298}^{\ominus}$: -3080300　　$S_{298}^{\ominus}$:372.4

函数	r_0	r_1	r_2	r_3	r_4	r_5
C_p	271.12	234.3				
$Ha(T)$	-3171500	271.120	117.150			
$Sa(T)$	-1242.189	271.120	234.300			
$Ga(T)$	-3171500	1513.309	-271.120	-117.150		
$Ga(l)$	-3020600	-540.525				

温度范围:663 ~ 733　　相:固(β)

$\Delta H_{tr}^{\ominus}$:3600　　$\Delta S_{tr}^{\ominus}$:5.430

函数	r_0	r_1	r_2	r_3	r_4	r_5
C_p	271.12	234.3				
$Ha(T)$	-3167900	271.120	117.150			
$Sa(T)$	-1236.759	271.120	234.300			
$Ga(T)$	-3167900	1507.879	-271.120	-117.150		
$Ga(l)$	-2921900	-702.002				

温度范围:733 ~ 1000　　相:固(γ)

$\Delta H_{tr}^{\ominus}$:20000　　$\Delta S_{tr}^{\ominus}$:27.285

函数	r_0	r_1	r_2	r_3	r_4	r_5
C_p	271.12	234.3				
$Ha(T)$	-3147900	271.120	117.150			
$Sa(T)$	-1209.474	271.120	234.300			
$Ga(T)$	-3147900	1480.594	-271.120	-117.150		
$Ga(l)$	-2827300	-826.864				

$Na_2O \cdot SiO_2$

温度范围:298 ~ 1362　　相:固

$\Delta H_{f,298}^{\ominus}$: -1561400　　$S_{298}^{\ominus}$:113.763

函数	r_0	r_1	r_2	r_3	r_4	r_5
C_p	130.290	40.166	-2.707			
$Ha(T)$	-1611100	130.290	20.083	2.707		
$Sa(T)$	-655.778	130.290	40.166	1.354		
$Ga(T)$	-1611100	786.068	-130.290	-20.083	1.354	
$Ga(l)$	-1499500	-250.057				

温度范围:1362 ~ 2000　　相:液

$\Delta H_{tr}^{\ominus}$:51800　　$\Delta S_{tr}^{\ominus}$:38.032

函数	r_0	r_1	r_2	r_3	r_4	r_5
C_p	177.318					
$Ha(T)$	-1584100	177.318				
$Sa(T)$	-901.698	177.318				
$Ga(T)$	-1584100	1079.016	-177.318			
$Ga(l)$	-1288900	-414.629				

$Na_2O \cdot 2SiO_2$

温度范围:298 ~ 951　　相:固(α)

$\Delta H_{f,298}^{\ominus}$: -2470100　　$S_{298}^{\ominus}$:164.055

函数	r_0	r_1	r_2	r_3	r_4	r_5
C_p	185.686	70.542	-4.464			
$Ha(T)$	-2543600	185.686	35.271	4.464		
$Sa(T)$	-940.050	185.686	70.542	2.232		
$Ga(T)$	-2543600	1125.736	-185.686	-35.271	2.232	
$Ga(l)$	-2415600	-300.774				

温度范围:951 ~ 980　　相:固(β)

$\Delta H_{tr}^{\ominus}$:418　　$\Delta S_{tr}^{\ominus}$:0.440

函数	r_0	r_1	r_2	r_3	r_4	r_5
C_p	292.880					
$Ha(T)$	-2608500	292.880				
$Sa(T)$	-1605.141	292.880				
$Ga(T)$	-2608500	1898.021	-292.880			
$Ga(l)$	-2324600	-408.886				

温度范围:980 ~ 1147　　相:固(γ)

$\Delta H_{tr}^{\ominus}$:628　　$\Delta S_{tr}^{\ominus}$:0.641

函数	r_0	r_1	r_2	r_3	r_4	r_5
C_p	292.880					
$Ha(T)$	-2607900	292.880				
$Sa(T)$	-1604.500	292.880				
$Ga(T)$	-2607900	1897.380	-292.880			
$Ga(l)$	-2296800	-436.556				

温度范围:1147 ~ 2000　　相:液

$\Delta H_{tr}^{\ominus}$:35560　　$\Delta S_{tr}^{\ominus}$:31.003

函数	r_0	r_1	r_2	r_3	r_4	r_5
C_p	261.207					
$Ha(T)$	-2536000	261.207				
$Sa(T)$	-1350.364	261.207				
$Ga(T)$	-2536000	1611.571	-261.207			
$Ga(l)$	-2133100	-570.448				

$Na_2O \cdot TiO_2$

温度范围:298 ~ 560　　相:固(α)

$\Delta H_{f,298}^{\ominus}$: -1576100　　$S_{298}^{\ominus}$:121.754

函数	r_0	r_1	r_2	r_3	r_4	r_5
C_p	105.353	86.730				
$Ha(T)$	-1611400	105.353	43.365			
$Sa(T)$	-504.363	105.353	86.730			
$Ga(T)$	-1611400	609.716	-105.353	-43.365		
$Ga(l)$	-1559600	-170.457				

温度范围:560 ~ 1303　　相:固(β)

$\Delta H_{tr}^{\ominus}$:1674　　$\Delta S_{tr}^{\ominus}$:2.989

函数	r_0	r_1	r_2	r_3	r_4	r_5
C_p	108.575	71.128				
$Ha(T)$	-1609000	108.575	35.564			
$Sa(T)$	-513.026	108.575	71.128			
$Ga(T)$	-1609000	621.601	-108.575	-35.564		
$Ga(l)$	-1483100	-293.745				

温度范围:1303 ~ 2000　　相:液

$\Delta H_{tr}^{\ominus}$:70290　　$\Delta S_{tr}^{\ominus}$:53.945

函数	r_0	r_1	r_2	r_3	r_4	r_5
C_p	196.230					
$Ha(T)$	-1592600	196.230				
$Sa(T)$	-995.100	196.230				
$Ga(T)$	-1592600	1191.330	-196.230			
$Ga(l)$	-1272400	-457.966				

$Na_2O \cdot 2TiO_2$

温度范围:298 ~ 1258　　相:固

$\Delta H_{f,298}^{\ominus}$: -2539700　　$S_{298}^{\ominus}$:173.636

函数	r_0	r_1	r_2	r_3	r_4	r_5
C_p	206.355	29.539	-1.925			
$Ha(T)$	-2609000	206.355	14.770	1.925		
$Sa(T)$	-1021.726	206.355	29.539	0.963		
$Ga(T)$	-2609000	1228.081	-206.355	-14.770	0.963	
$Ga(l)$	-2454900	-368.420				

温度范围:1258 ~ 2000　　相:液

$\Delta H_{tr}^{\ominus}$:109620　　$\Delta S_{tr}^{\ominus}$:87.138

函数	r_0	r_1	r_2	r_3	r_4	r_5
C_p	286.604					
$Ha(T)$	-2575400	286.604				
$Sa(T)$	-1469.579	286.604				
$Ga(T)$	-2575400	1756.183	-286.604			
$Ga(l)$	-2115000	-648.571				

$Na_2O \cdot 3TiO_2$

温度范围:298 ~ 1401　　相:固

$\Delta H_{f,298}^{\ominus}$: -3489500　　$S_{298}^{\ominus}$:233.886

函数	r_0	r_1	r_2	r_3	r_4	r_5
C_p	265.517	44.518	-2.360			
$Ha(T)$	-3578600	265.517	22.259	2.360		
$Sa(T)$	-1305.470	265.517	44.518	1.180		
$Ga(T)$	-3578600	1570.987	-265.517	-22.259	1.180	
$Ga(l)$	-3362700	-513.035				

温度范围:1401 ~ 2000　　相:液

$\Delta H_{tr}^{\ominus}$:155230　　$\Delta S_{tr}^{\ominus}$:110.799

函数	r_0	r_1	r_2	r_3	r_4	r_5
C_p	393.924					
$Ha(T)$	-3557900	393.924				
$Sa(T)$	-2062.001	393.924				
$Ga(T)$	-3557900	2455.925	-393.924			
$Ga(l)$	-2893500	-867.052				

$Na_2O \cdot UO_3$

温度范围:298 ~ 1193　　相:固(α)

$\Delta H^{\ominus}_{f,298}$: -1889500　　$S^{\ominus}_{298}$:166.1

函数	r_0	r_1	r_2	r_3	r_4	r_5
C_p	162.55	25.9	-2.1			
$Ha(T)$	-1946200	162.550	12.950	2.100		
$Sa(T)$	-779.578	162.550	25.900	1.050		
$Ga(T)$	-1946200	942.128	-162.550	-12.950	1.050	
$Ga(l)$	-1827500	-310.928				

$Na_2O \cdot V_2O_5$

温度范围:298 ~ 1000　　相:固

$\Delta H^{\ominus}_{f,298}$: -2302900　　$S^{\ominus}_{298}$:227.610

函数	r_0	r_1	r_2	r_3	r_4	r_5
C_p	260.412	6.276	-5.531			
$Ha(T)$	-2399400	260.412	3.138	5.531		
$Sa(T)$	-1289.094	260.412	6.276	2.766		
$Ga(T)$	-2399400	1549.506	-260.412	-3.138	2.766	
$Ga(l)$	-2233000	-401.170				

$Na_2O \cdot WO_3$

温度范围:298 ~ 864　　相:固(α_1)

$\Delta H^{\ominus}_{f,298}$: -1544700　　$S^{\ominus}_{298}$:160.331

函数	r_0	r_1	r_2	r_3	r_4	r_5
C_p	107.194	115.980				
$Ha(T)$	-1581800	107.194	57.990			
$Sa(T)$	-484.997	107.194	115.980			
$Ga(T)$	-1581800	592.191	-107.194	-57.990		
$Ga(l)$	-1505600	-261.991				

温度范围:864 ~ 969　　相:固(α_2)

$\Delta H^{\ominus}_{tr}$:34430　　$\Delta S^{\ominus}_{tr}$:39.850

函数	r_0	r_1	r_2	r_3	r_4	r_5
C_p	209.200					
$Ha(T)$	-1592200	209.200				
$Sa(T)$	-1034.661	209.200				
$Ga(T)$	-1592200	1243.861	-209.200			
$Ga(l)$	-1400600	-392.175				

温度范围:969 ~ 1500　　相:液

$\Delta H^{\ominus}_{tr}$:23770　　$\Delta S^{\ominus}_{tr}$:24.530

函数	r_0	r_1	r_2	r_3	r_4	r_5
C_p	209.200					
$Ha(T)$	-1568500	209.200				
$Sa(T)$	-1010.131	209.200				
$Ga(T)$	-1568500	1219.331	-209.200			
$Ga(l)$	-1313400	-478.067				

$2Na_2O \cdot P_2O_5$

温度范围:298 ~ 1268　　相:固

$\Delta H^{\ominus}_{f,298}$: −3166400　　$S^{\ominus}_{298}$:270. 3

函数	r_0	r_1	r_2	r_3	r_4	r_5
C_p	184. 51	190. 4				
$Ha(T)$	−3229900	184. 510	95. 200			
$Sa(T)$	−837. 731	184. 510	190. 400			
$Ga(T)$	−3229900	1022. 241	−184. 510	−95. 200		
$Ga(l)$	−3050200	−533. 038				

$2Na_2O \cdot SiO_2$

温度范围:298 ~ 1393　　相:固

$\Delta H^{\ominus}_{f,298}$: −2106600　　$S^{\ominus}_{298}$:195. 811

函数	r_0	r_1	r_2	r_3	r_4	r_5
C_p	162. 590	74. 224				
$Ha(T)$	−2158400	162. 590	37. 112			
$Sa(T)$	−752. 691	162. 590	74. 224			
$Ga(T)$	−2158400	915. 281	−162. 590	−37. 112		
$Ga(l)$	−2014500	−398. 384				

温度范围:1393 ~ 2000　　相:液

$\Delta H^{\ominus}_{tr}$:57740　　$\Delta S^{\ominus}_{tr}$:41. 450

函数	r_0	r_1	r_2	r_3	r_4	r_5
C_p	259. 408					
$Ha(T)$	−2163500	259. 408				
$Sa(T)$	−1308. 733	259. 408				
$Ga(T)$	−2163500	1568. 141	−259. 408			
$Ga(l)$	−1727200	−619. 478				

$2Na_2O \cdot V_2O_5$

温度范围:298 ~ 933　　相:固

$\Delta H^{\ominus}_{f,298}$: −3037200　　$S^{\ominus}_{298}$:318. 4

函数	r_0	r_1	r_2	r_3	r_4	r_5
C_p	323. 42	28. 87	−5. 53			
$Ha(T)$	−3153500	323. 420	14. 435	5. 530		
$Sa(T)$	−1564. 029	323. 420	28. 870	2. 765		
$Ga(T)$	−3153500	1887. 449	−323. 420	−14. 435	2. 765	
$Ga(l)$	−2953700	−530. 525				

$3Na_2O \cdot P_2O_5$

温度范围:298 ~ 1000　　相:固

$\Delta H^{\ominus}_{f,298}$: −3833900　　$S^{\ominus}_{298}$:347. 6

函数	r_0	r_1	r_2	r_3	r_4	r_5
C_p	236. 81	234. 3				
$Ha(T)$	−3914900	236. 810	117. 150			
$Sa(T)$	−1071. 504	236. 810	234. 300			
$Ga(T)$	−3914900	1308. 314	−236. 810	−117. 150		
$Ga(l)$	−3729200	−606. 639				

$3Na_2O \cdot 2SiO_2$

温度范围:298 ~ 800　　相:固

$\Delta H^{\ominus}_{f,298}$: −3582800　　$S^{\ominus}_{298}$:348. 527

函数	r_0	r_1	r_2	r_3	r_4	r_5
C_p	290. 955	136. 398	−2. 259			
$Ha(T)$	−3683200	290. 955	68. 199	2. 259		
$Sa(T)$	−1362. 591	290. 955	136. 398	1. 130		
$Ga(T)$	−3683200	1653. 546	−290. 955	−68. 199	1. 130	
$Ga(l)$	−3508900	−545. 638				

$3Na_2O \cdot V_2O_5$

温度范围:298 ~ 1000　　相:固

$\Delta H^{\ominus}_{f,298}$: −3682700　　$S^{\ominus}_{298}$:379. 1

函数	r_0	r_1	r_2	r_3	r_4	r_5
C_p	376. 56	51. 46	−5. 53			
$Ha(T)$	−3815800	376. 560	25. 730	5. 530		
$Sa(T)$	−1812. 834	376. 560	51. 460	2. 765		
$Ga(T)$	−3815800	2189. 395	−376. 560	−25. 730	2. 765	
$Ga(l)$	−3571600	−655. 242				

Na_2O_2

温度范围:298 ~ 785　　相:固(α)

$\Delta H^{\ominus}_{f,298}$: −513210　　$S^{\ominus}_{298}$:94. 809

函数	r_0	r_1	r_2	r_3	r_4	r_5
C_p	73. 973	56. 651				
$Ha(T)$	−537780	73. 973	28. 326			
$Sa(T)$	−343. 550	73. 973	56. 651			
$Ga(T)$	−537780	417. 523	−73. 973	−28. 326		
$Ga(l)$	−492200	−151. 187				

温度范围:785 ~ 948　　相:固(β)

$\Delta H^{\ominus}_{tr}$:5732　　$\Delta S^{\ominus}_{tr}$:7. 302

函数	r_0	r_1	r_2	r_3	r_4	r_5
C_p	113. 596					
$Ha(T)$	−545700	113. 596				
$Sa(T)$	−555. 891	113. 596				
$Ga(T)$	−545700	669. 487	−113. 596			
$Ga(l)$	−447490	−212. 432				

NaOH

温度范围:298 ~ 566　　相:固(α)

$\Delta H^{\ominus}_{f,298}$: −428020　　$S^{\ominus}_{298}$:64. 434

函数	r_0	r_1	r_2	r_3	r_4	r_5
C_p	71. 756	−110. 876		235. 768		
$Ha(T)$	−446570	71. 756	−55. 438		78. 589	
$Sa(T)$	−321. 824	71. 756	−110. 876		117. 884	
$Ga(T)$	−446570	393. 580	−71. 756	55. 438		−39. 295
$Ga(l)$	−420170	−87. 454				

温度范围:566～593　　相:固(β)

$\Delta H_{tr}^{\ominus}$:6360　　$\Delta S_{tr}^{\ominus}$:11.237

函数	r_0	r_1	r_2	r_3	r_4	r_5
C_p	85.981					
$Ha(T)$	-451770	85.981				
$Sa(T)$	-425.745	85.981				
$Ga(T)$	-451770	511.726	-85.981			
$Ga(l)$	-402040	-121.122				

温度范围:593～900　　相:液

$\Delta H_{tr}^{\ominus}$:6360　　$\Delta S_{tr}^{\ominus}$:10.725

函数	r_0	r_1	r_2	r_3	r_4	r_5
C_p	89.454	-5.858				
$Ha(T)$	-446440	89.454	-2.929			
$Sa(T)$	-433.722	89.454	-5.858			
$Ga(T)$	-446440	523.176	-89.454	2.929		
$Ga(l)$	-382030	-153.293				

温度范围:900～1663　　相:液

$\Delta H_{tr}^{\ominus}$:—　　$\Delta S_{tr}^{\ominus}$:—

函数	r_0	r_1	r_2	r_3	r_4	r_5
C_p	83.680					
$Ha(T)$	-443620	83.680				
$Sa(T)$	-399.717	83.680				
$Ga(T)$	-443620	483.397	-83.680			
$Ga(l)$	-338950	-198.323				

NaOH(气)

温度范围:298～2000　　相:气

$\Delta H_{f,298}^{\ominus}$: -197800　　$S_{298}^{\ominus}$:228.4

函数	r_0	r_1	r_2	r_3	r_4	r_5
C_p	51.21	3.9	-0.35			
$Ha(T)$	-214420	51.210	1.950	0.350		
$Sa(T)$	-66.505	51.210	3.900	0.175		
$Ga(T)$	-214420	117.715	-51.210	-1.950	0.175	
$Ga(l)$	-162480	-295.814				

$(NaOH)_2$(气)

温度范围:298～2000　　相:气

$\Delta H_{f,298}^{\ominus}$: -607500　　$S_{298}^{\ominus}$:307.4

函数	r_0	r_1	r_2	r_3	r_4	r_5
C_p	96.28	15.04	-2.18			
$Ha(T)$	-644190	96.280	7.520	2.180		
$Sa(T)$	-257.911	96.280	15.040	1.090		
$Ga(T)$	-644190	354.191	-96.280	-7.520	1.090	
$Ga(l)$	-540500	-433.042				

NaS

温度范围:298 ~ 753　　相:固

$\Delta H^{\ominus}_{f,298}$: −201250　　$S^{\ominus}_{298}$:44.769

函数	r_0	r_1	r_2	r_3	r_4	r_5
C_p	41.003	27.865				
$Ha(T)$	−214710	41.003	13.933			
$Sa(T)$	−197.158	41.003	27.865			
$Ga(T)$	−214710	238.160	−41.003	−13.933		
$Ga(l)$	−190660	−73.550				

温度范围:753 ~ 1500　　相:液

$\Delta H^{\ominus}_{tr}$:9456　　$\Delta S^{\ominus}_{tr}$:12.558

函数	r_0	r_1	r_2	r_3	r_4	r_5
C_p	62.342					
$Ha(T)$	−213430	62.342				
$Sa(T)$	−304.968	62.342				
$Ga(T)$	−213430	367.310	−62.342			
$Ga(l)$	−145290	−132.399				

NaS_2

温度范围:298 ~ 458　　相:固

$\Delta H^{\ominus}_{f,298}$: −205850　　$S^{\ominus}_{298}$:83.680

函数	r_0	r_1	r_2	r_3	r_4	r_5
C_p	68.032	26.987				
$Ha(T)$	−227330	68.032	13.494			
$Sa(T)$	−311.985	68.032	26.987			
$Ga(T)$	−227330	380.017	−68.032	−13.494		
$Ga(l)$	−200020	−101.688				

温度范围:458 ~ 1000　　相:液

$\Delta H^{\ominus}_{tr}$:8619　　$\Delta S^{\ominus}_{tr}$:18.819

函数	r_0	r_1	r_2	r_3	r_4	r_5
C_p	93.722					
$Ha(T)$	−227650	93.722				
$Sa(T)$	−438.206	93.722				
$Ga(T)$	−227650	531.927	−93.722			
$Ga(l)$	−161900	−178.243				

Na_2S

温度范围:298 ~ 1251　　相:固

$\Delta H^{\ominus}_{f,298}$: −374470　　$S^{\ominus}_{298}$:79.496

函数	r_0	r_1	r_2	r_3	r_4	r_5
C_p	82.885	6.862				
$Ha(T)$	−399490	82.885	3.431			
$Sa(T)$	−394.795	82.885	6.862			
$Ga(T)$	−399490	477.680	−82.885	−3.431		
$Ga(l)$	−340370	−158.463				

温度范围:1251 ~2200　相:液

$\Delta H_{tr}^{\ominus}$:26360　$\Delta S_{tr}^{\ominus}$:21. 071

函数	r_0	r_1	r_2	r_3	r_4	r_5
C_p	92. 048					
$Ha(T)$	-379220	92. 048				
$Sa(T)$	-430. 487	92. 048				
$Ga(T)$	-379220	522. 535	-92. 048			
$Ga(l)$	-223630	-254. 862				

Na_2S_3

温度范围:298 ~626　相:固

$\Delta H_{f,298}^{\ominus}$: -432630　$S_{298}^{\ominus}$:101. 671

函数	r_0	r_1	r_2	r_3	r_4	r_5
C_p	108. 993	54. 810				
$Ha(T)$	-467560	108. 993	27. 405			
$Sa(T)$	-535. 669	108. 993	54. 810			
$Ga(T)$	-467560	644. 662	-108. 993	-27. 405		
$Ga(l)$	-413310	-157. 000				

温度范围:626 ~1000　相:液

$\Delta H_{tr}^{\ominus}$:19670　$\Delta S_{tr}^{\ominus}$:31. 422

函数	r_0	r_1	r_2	r_3	r_4	r_5
C_p	155. 645					
$Ha(T)$	-466360	155. 645				
$Sa(T)$	-770. 345	155. 645				
$Ga(T)$	-466360	925. 990	-155. 645			
$Ga(l)$	-341620	-271. 758				

Na_2SO_3

温度范围:298 ~1000　相:固

$\Delta H_{f,298}^{\ominus}$: -1089400　$S_{298}^{\ominus}$:146. 022

函数	r_0	r_1	r_2	r_3	r_4	r_5
C_p	107. 110	43. 514				
$Ha(T)$	-1123300	107. 110	21. 757			
$Sa(T)$	-477. 221	107. 110	43. 514			
$Ga(T)$	-1123300	584. 331	-107. 110	-21. 757		
$Ga(l)$	-1051100	-241. 267				

温度范围:1000 ~2000　相:液

$\Delta H_{tr}^{\ominus}$:25100　$\Delta S_{tr}^{\ominus}$:25. 100

函数	r_0	r_1	r_2	r_3	r_4	r_5
C_p	182. 004					
$Ha(T)$	-1151300	182. 004				
$Sa(T)$	-925. 957	182. 004				
$Ga(T)$	-1151300	1107. 961	-182. 004			
$Ga(l)$	-886520	-403. 007				

Na_2SO_4(1)

温度范围:298 ~ 522　　相:固(α_5)

$\Delta H^{\ominus}_{f,298}$: -1387200　　$S^{\ominus}_{298}$:149.620

函数	r_0	r_1	r_2	r_3	r_4	r_5
C_p	82.299	154.348				
$Ha(T)$	-1418600	82.299	77.174			
$Sa(T)$	-365.305	82.299	154.348			
$Ga(T)$	-1418600	447.604	-82.299	-77.174		
$Ga(l)$	-1372900	-192.497				

温度范围:522 ~ 980　　相:固(α_1)

$\Delta H^{\ominus}_{tr}$:10800　　$\Delta S^{\ominus}_{tr}$:20.690

函数	r_0	r_1	r_2	r_3	r_4	r_5
C_p	145.017	54.601				
$Ha(T)$	-1426900	145.017	27.301			
$Sa(T)$	-685.016	145.017	54.601			
$Ga(T)$	-1426900	830.033	-145.017	-27.301		
$Ga(l)$	-1305900	-314.829				

温度范围:980 ~ 1157　　相:固(δ)

$\Delta H^{\ominus}_{tr}$:335　　$\Delta S^{\ominus}_{tr}$:0.342

函数	r_0	r_1	r_2	r_3	r_4	r_5
C_p	142.674	59.287				
$Ha(T)$	-1426600	142.674	29.644			
$Sa(T)$	-673.129	142.674	59.287			
$Ga(T)$	-1426600	815.803	-142.674	-29.644		
$Ga(l)$	-1240600	-385.169				

温度范围:1157 ~ 2000　　相:液

$\Delta H^{\ominus}_{tr}$:23010　　$\Delta S^{\ominus}_{tr}$:19.888

函数	r_0	r_1	r_2	r_3	r_4	r_5
C_p	197.401					
$Ha(T)$	-1427200	197.401				
$Sa(T)$	-970.668	197.401				
$Ga(T)$	-1427200	1168.069	-197.401			
$Ga(l)$	-1121600	-481.609				

Na_2SO_4(2)

温度范围:298 ~ 458　　相:固(α,斜方)

$\Delta H^{\ominus}_{f,298}$: -1387800　　$S^{\ominus}_{298}$:149.6

函数	r_0	r_1	r_2	r_3	r_4	r_5
C_p	82.34	154.35				
$Ha(T)$	-1419200	82.340	77.175			
$Sa(T)$	-365.560	82.340	154.350			
$Ga(T)$	-1419200	447.900	-82.340	-77.175		
$Ga(l)$	-1377600	-181.121				

温度范围:458 ~ 514　　相:固(β,斜方)

$\Delta H_{tr}^{\ominus}$:300　　$\Delta S_{tr}^{\ominus}$:0.655

函数	r_0	r_1	r_2	r_3	r_4	r_5
C_p	92.96	131.8				
$Ha(T)$	-1421400	92.960	65.900			
$Sa(T)$	-419.644	92.960	131.800			
$Ga(T)$	-1421400	512.604	-92.960	-65.900		
$Ga(l)$	-1360700	-219.462				

温度范围:514 ~ 1157　　相:固(γ,六方)

$\Delta H_{tr}^{\ominus}$:10900　　$\Delta S_{tr}^{\ominus}$:21.206

函数	r_0	r_1	r_2	r_3	r_4	r_5
C_p	131.44	67.54				
$Ha(T)$	-1421800	131.440	33.770			
$Sa(T)$	-605.609	131.440	67.540			
$Ga(T)$	-1421800	737.049	-131.440	-33.770		
$Ga(l)$	-1294000	-333.140				

Na_2SO_4(气)

温度范围:298 ~ 2000　　相:气

$\Delta H_{f,298}^{\ominus}$: -1033600　　$S_{298}^{\ominus}$:346.9

函数	r_0	r_1	r_2	r_3	r_4	r_5
C_p	145.1	6.66	-4.01			
$Ha(T)$	-1090600	145.100	3.330	4.010		
$Sa(T)$	-504.362	145.100	6.660	2.005		
$Ga(T)$	-1090600	649.462	-145.100	-3.330	2.005	
$Ga(l)$	-942090	-518.983				

NaTe

温度范围:298 ~ 650　　相:固

$\Delta H_{f,298}^{\ominus}$: -173220　　$S_{298}^{\ominus}$:83.680

函数	r_0	r_1	r_2	r_3	r_4	r_5
C_p	46.861	17.991				
$Ha(T)$	-187990	46.861	8.996			
$Sa(T)$	-188.679	46.861	17.991			
$Ga(T)$	-187990	235.540	-46.861	-8.996		
$Ga(l)$	-164680	-107.911				

温度范围:650 ~ 1500　　相:液

$\Delta H_{tr}^{\ominus}$:1674　　$\Delta S_{tr}^{\ominus}$:2.575

函数	r_0	r_1	r_2	r_3	r_4	r_5
C_p	66.944					
$Ha(T)$	-195570	66.944				
$Sa(T)$	-304.487	66.944				
$Ga(T)$	-195570	371.431	-66.944			
$Ga(l)$	-126680	-161.704				

$NaTe_3$

温度范围:298 ~ 728　　相:固

$\Delta H^{\ominus}_{f,298}$: -210460　　$S^{\ominus}_{298}$:145. 185

函数	r_0	r_1	r_2	r_3	r_4	r_5
C_p	83. 680	55. 773				
$Ha(T)$	-237890	83. 680	27. 887			
$Sa(T)$	-348. 219	83. 680	55. 773			
$Ga(T)$	-237890	431. 899	-83. 680	-27. 887		
$Ga(l)$	-190100	-201. 069				

温度范围:728 ~ 1500　　相:液

$\Delta H^{\ominus}_{tr}$:36820　　$\Delta S^{\ominus}_{tr}$:50. 577

函数	r_0	r_1	r_2	r_3	r_4	r_5
C_p	142. 256					
$Ha(T)$	-228930	142. 256				
$Sa(T)$	-643. 072	142. 256				
$Ga(T)$	-228930	785. 328	-142. 256			
$Ga(l)$	-75620	-353. 200				

Na_2Te

温度范围:298 ~ 1226　　相:固

$\Delta H^{\ominus}_{f,298}$: -347270　　$S^{\ominus}_{298}$:94. 558

函数	r_0	r_1	r_2	r_3	r_4	r_5
C_p	73. 220	13. 807				
$Ha(T)$	-369710	73. 220	6. 904			
$Sa(T)$	-326. 737	73. 220	13. 807			
$Ga(T)$	-369710	399. 957	-73. 220	-6. 904		
$Ga(l)$	-316250	-166. 711				

温度范围:1226 ~ 1500　　相:液

$\Delta H^{\ominus}_{tr}$:13810　　$\Delta S^{\ominus}_{tr}$:11. 264

函数	r_0	r_1	r_2	r_3	r_4	r_5
C_p	96. 232					
$Ha(T)$	-373740	96. 232				
$Sa(T)$	-462. 195	96. 232				
$Ga(T)$	-373740	558. 427	-96. 232			
$Ga(l)$	-242910	-232. 274				

$NaNO_2$

温度范围:298 ~ 544　　相:固

$\Delta H^{\ominus}_{f,298}$: -358700　　$S^{\ominus}_{298}$:103. 8

函数	r_0	r_1	r_2	r_3	r_4	r_5
C_p	21. 76	171. 54				
$Ha(T)$	-372810	21. 760	85. 770			
$Sa(T)$	-71. 324	21. 760	171. 540			
$Ga(T)$	-372810	93. 084	-21. 760	-85. 770		
$Ga(l)$	-349080	-132. 208				

$NaNO_3$

温度范围:298 ~ 579　　相:固

$\Delta H^{\ominus}_{f,298}$: −466520　　$S^{\ominus}_{298}$:116.315

函数	r_0	r_1	r_2	r_3	r_4	r_5
C_p	25.690	225.894				
$Ha(T)$	−484220	25.690	112.947			
$Sa(T)$	−97.407	25.690	225.894			
$Ga(T)$	−484220	123.097	−25.690	−112.947		
$Ga(l)$	−452280	−157.682				

温度范围:579 ~ 700　　相:液

$\Delta H^{\ominus}_{tr}$:14600　　$\Delta S^{\ominus}_{tr}$:25.216

函数	r_0	r_1	r_2	r_3	r_4	r_5
C_p	155.603					
$Ha(T)$	−506970	155.603				
$Sa(T)$	−767.814	155.603				
$Ga(T)$	−506970	923.417	−155.603			
$Ga(l)$	−407710	−237.343				

Na_3UO_4

温度范围:298 ~ 1200　　相:固

$\Delta H^{\ominus}_{f,298}$: −2023800　　$S^{\ominus}_{298}$:198.2

函数	r_0	r_1	r_2	r_3	r_4	r_5
C_p	188.91	25.2	−2.1			
$Ha(T)$	−2088300	188.910	12.600	2.100		
$Sa(T)$	−897.458	188.910	25.200	1.050		
$Ga(T)$	−2088300	1086.368	−188.910	−12.600	1.050	
$Ga(l)$	−1951600	−366.745				

NaAs

温度范围:298 ~ 1000　　相:固

$\Delta H^{\ominus}_{f,298}$: −217570　　$S^{\ominus}_{298}$:138.072

函数	r_0	r_1	r_2	r_3	r_4	r_5
C_p	82.425	51.463				
$Ha(T)$	−244430	82.425	25.732			
$Sa(T)$	−346.896	82.425	51.463			
$Ga(T)$	−244430	429.321	−82.425	−25.732		
$Ga(l)$	−185510	−217.675				

NaCN

温度范围:298 ~ 835　　相:固

$\Delta H^{\ominus}_{f,298}$: −90710　　$S^{\ominus}_{298}$:118.491

函数	r_0	r_1	r_2	r_3	r_4	r_5
C_p	68.367	0.753				
$Ha(T)$	−111130	68.367	0.377			
$Sa(T)$	−271.261	68.367	0.753			
$Ga(T)$	−111130	339.628	−68.367	−0.377		
$Ga(l)$	−74680	−160.970				

温度范围:835 ~ 1803　　相:液

$\Delta H^{\ominus}_{tr}$:8786　　$\Delta S^{\ominus}_{tr}$:10.522

函数	r_0	r_1	r_2	r_3	r_4	r_5
C_p	79.496					
$Ha(T)$	-111370	79.496				
$Sa(T)$	-334.980	79.496				
$Ga(T)$	-111370	414.476	-79.496			
$Ga(l)$	-10360	-235.066				

NaCN(气)

温度范围:298 ~ 2000　　相:气

$\Delta H^{\ominus}_{f,298}$:94270　　$S^{\ominus}_{298}$:243.258

函数	r_0	r_1	r_2	r_3	r_4	r_5
C_p	53.932	3.724	-0.494			
$Ha(T)$	76370	53.932	1.862	0.494		
$Sa(T)$	-67.914	53.932	3.724	0.247		
$Ga(T)$	76370	121.846	-53.932	-1.862	0.247	
$Ga(l)$	131010	-313.298				

$(NaCN)_2$(气)

温度范围:298 ~ 2000　　相:气

$\Delta H^{\ominus}_{f,298}$: -8800　　$S^{\ominus}_{298}$:347.1

函数	r_0	r_1	r_2	r_3	r_4	r_5
C_p	116.06	7.61	-1.02			
$Ha(T)$	-47160	116.060	3.805	1.020		
$Sa(T)$	-322.169	116.060	7.610	0.510		
$Ga(T)$	-47160	438.229	-116.060	-3.805	0.510	
$Ga(l)$	70160	-497.697				

$NaHCO_3$

温度范围:298 ~ 543　　相:固

$\Delta H^{\ominus}_{f,298}$: -936300　　$S^{\ominus}_{298}$:101.2

函数	r_0	r_1	r_2	r_3	r_4	r_5
C_p	45.31	143.1				
$Ha(T)$	-956170	45.310	71.550			
$Sa(T)$	-199.623	45.310	143.100			
$Ga(T)$	-956170	244.933	-45.310	-71.550		
$Ga(l)$	-925250	-133.912				

Na_2CO_3

温度范围:298 ~ 723　　相:固(α_1)

$\Delta H^{\ominus}_{f,298}$: -1130800　　$S^{\ominus}_{298}$:138.783

函数	r_0	r_1	r_2	r_3	r_4	r_5
C_p	11.004	244.011	2.448			
$Ha(T)$	-1136700	11.004	122.006	-2.448		
$Sa(T)$	17.104	11.004	244.011	-1.224		
$Ga(T)$	-1136700	-6.100	-11.004	-122.006	-1.224	
$Ga(l)$	-1106600	-204.854				

温度范围:723 ~ 1123　　相:固(α_2)

$\Delta H_{tr}^{\ominus}$:669　　$\Delta S_{tr}^{\ominus}$:0.925

函数	r_0	r_1	r_2	r_3	r_4	r_5
C_p	50.082	129.076				
$Ha(T)$	-1137600	50.082	64.538			
$Sa(T)$	-158.481	50.082	129.076			
$Ga(T)$	-1137600	208.563	-50.082	-64.538		
$Ga(l)$	-1037900	-302.357				

温度范围:1123 ~ 2000　　相:液

$\Delta H_{tr}^{\ominus}$:29670　　$\Delta S_{tr}^{\ominus}$:26.420

函数	r_0	r_1	r_2	r_3	r_4	r_5
C_p	189.535					
$Ha(T)$	-1183200	189.535				
$Sa(T)$	-966.592	189.535				
$Ga(T)$	-1183200	1156.127	-189.535			
$Ga(l)$	-893530	-425.615				

$NaBF_4$

温度范围:298 ~ 516　　相:固(α)

$\Delta H_{f,298}^{\ominus}$: -1844700　　$S_{298}^{\ominus}$:145.3

函数	r_0	r_1	r_2	r_3	r_4	r_5
C_p	50.96	217.57	0.37			
$Ha(T)$	-1868300	50.960	108.785	-0.370		
$Sa(T)$	-207.837	50.960	217.570	-0.185		
$Ga(T)$	-1868300	258.797	-50.960	-108.785	-0.185	
$Ga(l)$	-1831300	-185.405				

$NaBO_2$

温度范围:298 ~ 1239　　相:固

$\Delta H_{f,298}^{\ominus}$: -979060　　$S_{298}^{\ominus}$:73.513

函数	r_0	r_1	r_2	r_3	r_4	r_5
C_p	50.585	53.639				
$Ha(T)$	-996530	50.585	26.820			
$Sa(T)$	-230.692	50.585	53.639			
$Ga(T)$	-996530	281.277	-50.585	-26.820		
$Ga(l)$	-947910	-144.574				

温度范围:1239 ~ 2000　　相:液

$\Delta H_{tr}^{\ominus}$:36230　　$\Delta S_{tr}^{\ominus}$:29.241

函数	r_0	r_1	r_2	r_3	r_4	r_5
C_p	146.440					
$Ha(T)$	-1037900	146.440				
$Sa(T)$	-817.677	146.440				
$Ga(T)$	-1037900	964.117	-146.440			
$Ga(l)$	-804250	-263.678				

$NaBO_2$(气)

温度范围:298 ~ 2000　　相:气

$\Delta H^{\ominus}_{f,298}$: -656890　　$S^{\ominus}_{298}$:271. 667

函数	r_0	r_1	r_2	r_3	r_4	r_5
C_p	48. 325	33. 305	-0. 862	-8. 828		
$Ha(T)$	-675590	48. 325	16. 653	0. 862	-2. 943	
$Sa(T)$	-18. 055	48. 325	33. 305	0. 431	-4. 414	
$Ga(T)$	-675590	66. 380	-48. 325	-16. 653	0. 431	1. 471
$Ga(l)$	-613920	-351. 740				

$NaAlF_4$(气)

温度范围:298 ~ 2000　　相:气

$\Delta H^{\ominus}_{f,298}$: -1841000　　$S^{\ominus}_{298}$:344. 9

函数	r_0	r_1	r_2	r_3	r_4	r_5
C_p	128. 67	2. 42	-2. 39			
$Ha(T)$	-1887500	128. 670	1. 210	2. 390		
$Sa(T)$	-402. 374	128. 670	2. 420	1. 195		
$Ga(T)$	-1887500	531. 044	-128. 670	-1. 210	1. 195	
$Ga(l)$	-1759100	-500. 401				

$(NaAlF_4)_2$(气)

温度范围:298 ~ 2000　　相:气

$\Delta H^{\ominus}_{f,298}$: -3894800　　$S^{\ominus}_{298}$:525. 1

函数	r_0	r_1	r_2	r_3	r_4	r_5
C_p	273. 05	5. 1	-4. 85			
$Ha(T)$	-3992700	273. 050	2. 550	4. 850		
$Sa(T)$	-1059. 429	273. 050	5. 100	2. 425		
$Ga(T)$	-3992700	1332. 479	-273. 050	-2. 550	2. 425	
$Ga(l)$	-3720600	-856. 175				

Na_3AlF_6(冰晶石)

温度范围:298 ~ 838　　相:固(α)

$\Delta H^{\ominus}_{f,298}$: -3309500　　$S^{\ominus}_{298}$:238. 446

函数	r_0	r_1	r_2	r_3	r_4	r_5
C_p	172. 272	158. 452				
$Ha(T)$	-3367900	172. 272	79. 226			
$Sa(T)$	-790. 333	172. 272	158. 452			
$Ga(T)$	-3367900	962. 605	-172. 272	-79. 226		
$Ga(l)$	-3252500	-388. 179				

温度范围:838 ~ 1153　　相:固(β)

$\Delta H^{\ominus}_{tr}$:8242　　$\Delta S^{\ominus}_{tr}$:9. 835

函数	r_0	r_1	r_2	r_3	r_4	r_5
C_p	282. 002					
$Ha(T)$	-3396000	282. 002				
$Sa(T)$	-1386. 309	282. 002				
$Ga(T)$	-3396000	1668. 311	-282. 002			
$Ga(l)$	-3117100	-559. 700				

温度范围:1153 ~ 1285　相:固(γ)

$\Delta H_{tr}^{\ominus}$:377　$\Delta S_{tr}^{\ominus}$:0. 327

函数	r_0	r_1	r_2	r_3	r_4	r_5
C_p	355. 640					
$Ha(T)$	-3480500	355. 640				
$Sa(T)$	-1905. 139	355. 640				
$Ga(T)$	-3480500	2260. 779	-355. 640			
$Ga(l)$	-3047400	-621. 810				

温度范围:1285 ~ 2500　相:液

$\Delta H_{tr}^{\ominus}$:107280　$\Delta S_{tr}^{\ominus}$:83. 486

函数	r_0	r_1	r_2	r_3	r_4	r_5
C_p	396. 225					
$Ha(T)$	-3425400	396. 225				
$Sa(T)$	-2112. 181	396. 225				
$Ga(T)$	-3425400	2508. 406	-396. 225			
$Ga(l)$	-2696400	-873. 423				

$NaAlCl_4$

温度范围:298 ~ 424　相:固

$\Delta H_{f,298}^{\ominus}$: -1142200　$S_{298}^{\ominus}$:188. 280

函数	r_0	r_1	r_2	r_3	r_4	r_5
C_p	126. 859	94. 433				
$Ha(T)$	-1184200	126. 859	47. 217			
$Sa(T)$	-562. 667	126. 859	94. 433			
$Ga(T)$	-1184200	689. 526	-126. 859	-47. 217		
$Ga(l)$	-1132700	-218. 103				

Na_3AlCl_6

温度范围:298 ~ 780　相:固

$\Delta H_{f,298}^{\ominus}$: -1979000　$S_{298}^{\ominus}$:347. 272

函数	r_0	r_1	r_2	r_3	r_4	r_5
C_p	215. 936	95. 228				
$Ha(T)$	-2047600	215. 936	47. 614			
$Sa(T)$	-911. 436	215. 936	95. 228			
$Ga(T)$	-2047600	1127. 372	-215. 936	-47. 614		
$Ga(l)$	-1924700	-493. 590				

$NaAlO_2$

温度范围:298 ~ 740　相:固(α)

$\Delta H_{f,298}^{\ominus}$: -1133000　$S_{298}^{\ominus}$:70. 291

函数	r_0	r_1	r_2	r_3	r_4	r_5
C_p	89. 119	15. 272	-1. 791			
$Ha(T)$	-1166300	89. 119	7. 636	1. 791		
$Sa(T)$	-452. 100	89. 119	15. 272	0. 896		
$Ga(T)$	-1166300	541. 219	-89. 119	-7. 636	0. 896	
$Ga(l)$	-1116600	-115. 060				

温度范围:740 ~ 1800 相:固(β)

$\Delta H^{\ominus}_{tr}$:1297 $\Delta S^{\ominus}_{tr}$:1. 753

函数	r_0	r_1	r_2	r_3	r_4	r_5
C_p	89. 119	15. 272	-1. 791			
$Ha(T)$	-1165000	89. 119	7. 636	1. 791		
$Sa(T)$	-450. 348	89. 119	15. 272	0. 896		
$Ga(T)$	-1165000	539. 467	-89. 119	-7. 636	0. 896	
$Ga(l)$	-1044000	-204. 968				

$NaCd_2$

温度范围:298 ~ 655 相:固

$\Delta H^{\ominus}_{f,298}$: -29290 $S^{\ominus}_{298}$:137. 235

函数	r_0	r_1	r_2	r_3	r_4	r_5
C_p	71. 546	33. 89				
$Ha(T)$	-52130	71. 546	16. 945			
$Sa(T)$	-280. 510	71. 546	33. 890			
$Ga(T)$	-52130	352. 056	-71. 546	-16. 945		
$Ga(l)$	-15660	-175. 804				

温度范围:655 ~ 900 相:液

$\Delta H^{\ominus}_{tr}$:30960 $\Delta S^{\ominus}_{tr}$:47. 267

函数	r_0	r_1	r_2	r_3	r_4	r_5
C_p	89. 119					
$Ha(T)$	-25410	89. 119				
$Sa(T)$	-324. 999	89. 119				
$Ga(T)$	-25410	414. 118	-89. 119			
$Ga(l)$	43420	-267. 959				

Na_2CrO_4

温度范围:298 ~ 694 相:固(α)

$\Delta H^{\ominus}_{f,298}$: -1328800 $S^{\ominus}_{298}$:185. 770

函数	r_0	r_1	r_2	r_3	r_4	r_5
C_p	101. 044	139. 997				
$Ha(T)$	-1365100	101. 044	69. 999			
$Sa(T)$	-431. 678	101. 044	139. 997			
$Ga(T)$	-1365100	532. 722	-101. 044	-69. 999		
$Ga(l)$	-1300900	-263. 253				

温度范围:694 ~ 1070 相:固(β)

$\Delta H^{\ominus}_{tr}$:9581 $\Delta S^{\ominus}_{tr}$:13. 805

函数	r_0	r_1	r_2	r_3	r_4	r_5
C_p	149. 955	51. 589				
$Ha(T)$	-1368200	149. 955	25. 795			
$Sa(T)$	-676. 516	149. 955	51. 589			
$Ga(T)$	-1368200	826. 471	-149. 955	-25. 795		
$Ga(l)$	-1217800	-385. 321				

温度范围:1070 ~ 1600　　相:液

$\Delta H_{tr}^{\ominus}$:24230　　$\Delta S_{tr}^{\ominus}$:22.645

函数	r_0	r_1	r_2	r_3	r_4	r_5
C_p	204.598					
$Ha(T)$	-1372900	204.598				
$Sa(T)$	-979.829	204.598				
$Ga(T)$	-1372900	1184.427	-204.598			
$Ga(l)$	-1102700	-491.779				

Nb

温度范围:298 ~ 2740　　相:固

$\Delta H_{f,298}^{\ominus}$:0　　$S_{298}^{\ominus}$:36.401

函数	r_0	r_1	r_2	r_3	r_4	r_5
C_p	23.723	4.017				
$Ha(T)$	-7252	23.723	2.009			
$Sa(T)$	-99.961	23.723	4.017			
$Ga(T)$	-7252	123.684	-23.723	-2.009		
$Ga(l)$	25460	-78.112				

温度范围:2740 ~ 5007　　相:液

$\Delta H_{tr}^{\ominus}$:26360　　$\Delta S_{tr}^{\ominus}$:9.620

函数	r_0	r_1	r_2	r_3	r_4	r_5
C_p	33.472					
$Ha(T)$	7475	33.472				
$Sa(T)$	-156.504	33.472				
$Ga(T)$	7475	189.976	-33.472			
$Ga(l)$	134130	-119.747				

温度范围:5007 ~ 5500　　相:气

$\Delta H_{tr}^{\ominus}$:683250　　$\Delta S_{tr}^{\ominus}$:136.459

函数	r_0	r_1	r_2	r_3	r_4	r_5
C_p	17.782	3.598				
$Ha(T)$	724180	17.782	1.799			
$Sa(T)$	95.596	17.782	3.598			
$Ga(T)$	724180	-77.814	-17.782	-1.799		
$Ga(l)$	867140	-266.822				

Nb(气)

温度范围:298 ~ 3000　　相:气

$\Delta H_{f,298}^{\ominus}$:733000　　$S_{298}^{\ominus}$:186.3

函数	r_0	r_1	r_2	r_3	r_4	r_5
C_p	31.91	-8.45	0.08	2.48		
$Ha(T)$	724110	31.910	-4.225	-0.080	0.827	
$Sa(T)$	7.349	31.910	-8.450	-0.040	1.240	
$Ga(T)$	724110	24.561	-31.910	4.225	-0.040	-0.413
$Ga(l)$	760320	-231.034				

NbF_5

温度范围:298 ~ 352　　相:固

$\Delta H^{\ominus}_{f,298}$: -1813800　　$S^{\ominus}_{298}$:160. 247

函数	r_0	r_1	r_2	r_3	r_4	r_5
C_p	158. 992					
$Ha(T)$	-1861200	158. 992				
$Sa(T)$	-745. 625	158. 992				
$Ga(T)$	-1861200	904. 617	-158. 992			
$Ga(l)$	-1809500	-173. 889				

温度范围:352 ~ 506　　相:液

$\Delta H^{\ominus}_{tr}$:12220　　$\Delta S^{\ominus}_{tr}$:34. 716

函数	r_0	r_1	r_2	r_3	r_4	r_5
C_p	177. 820					
$Ha(T)$	-1855600	177. 820				
$Sa(T)$	-821. 310	177. 820				
$Ga(T)$	-1855600	999. 130	-177. 820			
$Ga(l)$	-1780000	-255. 955				

温度范围:506 ~ 1500　　相:气

$\Delta H^{\ominus}_{tr}$:52300　　$\Delta S^{\ominus}_{tr}$:103. 360

函数	r_0	r_1	r_2	r_3	r_4	r_5
C_p	130. 666	1. 088	-2. 469			
$Ha(T)$	-1784500	130. 666	0. 544	2. 469		
$Sa(T)$	-429. 716	130. 666	1. 088	1. 235		
$Ga(T)$	-1784500	560. 382	-130. 666	-0. 544	1. 235	
$Ga(l)$	-1659000	-472. 428				

NbF_5(气)

温度范围:298 ~ 2000　　相:气

$\Delta H^{\ominus}_{f,298}$: -1743400　　$S^{\ominus}_{298}$:313. 8

函数	r_0	r_1	r_2	r_3	r_4	r_5
C_p	124. 96	4. 82	-2. 47			
$Ha(T)$	-1789200	124. 960	2. 410	2. 470		
$Sa(T)$	-413. 502	124. 960	4. 820	1. 235		
$Ga(T)$	-1789200	538. 462	-124. 960	-2. 410	1. 235	
$Ga(l)$	-1663000	-466. 169				

$NbCl_2$

温度范围:298 ~ 1000　　相:固

$\Delta H^{\ominus}_{f,298}$: -407100　　$S^{\ominus}_{298}$:117. 152

函数	r_0	r_1	r_2	r_3	r_4	r_5
C_p	73. 220	13. 389	-0. 502			
$Ha(T)$	-431210	73. 220	6. 695	0. 502		
$Sa(T)$	-306. 842	73. 220	13. 389	0. 251		
$Ga(T)$	-431210	380. 062	-73. 220	-6. 695	0. 251	
$Ga(l)$	-384110	-174. 426				

$NbCl_{2.33}$

温度范围:298 ~ 800 相:固

$\Delta H^{\ominus}_{f,298}$: -474880 $S^{\ominus}_{298}$:130.541

函数	r_0	r_1	r_2	r_3	r_4	r_5
C_p	81.588	15.062	-0.586			
$Ha(T)$	-501840	81.588	7.531	0.586		
$Sa(T)$	-342.101	81.588	15.062	0.293		
$Ga(T)$	-501840	423.689	-81.588	-7.531	0.293	
$Ga(l)$	-456320	-180.174				

$NbCl_{2.67}$

温度范围:298 ~ 1000 相:固

$\Delta H^{\ominus}_{f,298}$: -538060 $S^{\ominus}_{298}$:137.235

函数	r_0	r_1	r_2	r_3	r_4	r_5
C_p	87.864	15.481	-0.628			
$Ha(T)$	-567050	87.864	7.741	0.628		
$Sa(T)$	-371.527	87.864	15.481	0.314		
$Ga(T)$	-567050	459.391	-87.864	-7.741	0.314	
$Ga(l)$	-510600	-205.651				

$NbCl_3$

温度范围:298 ~ 700 相:固

$\Delta H^{\ominus}_{f,298}$: -581600 $S^{\ominus}_{298}$:147.3

函数	r_0	r_1	r_2	r_3	r_4	r_5
C_p	100.42	16.74	-0.71			
$Ha(T)$	-614670	100.420	8.370	0.710		
$Sa(T)$	-433.837	100.420	16.740	0.355		
$Ga(T)$	-614670	534.257	-100.420	-8.370	0.355	
$Ga(l)$	-563250	-198.296				

$NbCl_3$ ($NbCl_{2.67\sim3.13}$)

温度范围:298 ~ 800 相:固

$\Delta H^{\ominus}_{f,298}$: -581580 $S^{\ominus}_{298}$:147.277

函数	r_0	r_1	r_2	r_3	r_4	r_5
C_p	96.232	16.318	-0.711			
$Ha(T)$	-613380	96.232	8.159	0.711		
$Sa(T)$	-409.879	96.232	16.318	0.356		
$Ga(T)$	-613380	506.111	-96.232	-8.159	0.356	
$Ga(l)$	-559850	-205.381				

$NbCl_{3.13}$

温度范围:298 ~ 1000 相:固

$\Delta H^{\ominus}_{f,298}$: -600820 $S^{\ominus}_{298}$:151.461

函数	r_0	r_1	r_2	r_3	r_4	r_5
C_p	100.416	16.736	-0.711			
$Ha(T)$	-633890	100.416	8.368	0.711		
$Sa(T)$	-429.658	100.416	16.736	0.356		
$Ga(T)$	-633890	530.074	-100.416	-8.368	0.356	
$Ga(l)$	-569560	-229.344				

$NbCl_4$

温度范围:298 ~ 728　　相:固

$\Delta H^\ominus_{f,298}$: −694540　　$S^\ominus_{298}$:184.096

函数	r_0	r_1	r_2	r_3	r_4	r_5
C_p	133.470		−1.213			
$Ha(T)$	−738400	133.470		1.213		
$Sa(T)$	−583.185	133.470		0.607		
$Ga(T)$	−738400	716.655	−133.470		0.607	
$Ga(l)$	−670630	−249.870				

温度范围:728 ~ 1000　　相:气

$\Delta H^\ominus_{tr}$:129700　　$\Delta S^\ominus_{tr}$:178.159

函数	r_0	r_1	r_2	r_3	r_4	r_5
C_p	107.947		−0.837			
$Ha(T)$	−589610	107.947		0.837		
$Sa(T)$	−236.467	107.947		0.419		
$Ga(T)$	−589610	344.414	−107.947		0.419	
$Ga(l)$	−495980	−493.726				

$NbCl_5$

温度范围:298 ~ 477　　相:固

$\Delta H^\ominus_{f,298}$: −797470　　$S^\ominus_{298}$:245.182

函数	r_0	r_1	r_2	r_3	r_4	r_5
C_p	111.755	147.277				
$Ha(T)$	−837340	111.755	73.639			
$Sa(T)$	−435.464	111.755	147.277			
$Ga(T)$	−837340	547.219	−111.755	−73.639		
$Ga(l)$	−783780	−287.058				

温度范围:477 ~ 523　　相:液

$\Delta H^\ominus_{tr}$:36820　　$\Delta S^\ominus_{tr}$:77.191

函数	r_0	r_1	r_2	r_3	r_4	r_5
C_p	184.096					
$Ha(T)$	−818270	184.096				
$Sa(T)$	−734.186	184.096				
$Ga(T)$	−818270	918.282	−184.096			
$Ga(l)$	−726240	−409.915				

温度范围:523 ~ 1000　　相:气

$\Delta H^\ominus_{tr}$:55230　　$\Delta S^\ominus_{tr}$:105.602

函数	r_0	r_1	r_2	r_3	r_4	r_5
C_p	132.214		−1.548			
$Ha(T)$	−738860	132.214		1.548		
$Sa(T)$	−306.654	132.214		0.774		
$Ga(T)$	−738860	438.868	−132.214		0.774	
$Ga(l)$	−638720	−570.717				

$NbCl_5$(气)

温度范围:298 ~ 2000　　相:气

$\Delta H^{\ominus}_{f,298}$: −703300　　$S^{\ominus}_{298}$:404. 1

函数	r_0	r_1	r_2	r_3	r_4	r_5
C_p	131. 73	0. 81	−1. 15			
$Ha(T)$	−746470	131. 730	0. 405	1. 150		
$Sa(T)$	−353. 154	131. 730	0. 810	0. 575		
$Ga(T)$	−746470	484. 884	−131. 730	−0. 405	0. 575	
$Ga(l)$	−617540	−568. 408				

$NbBr_5$

温度范围:298 ~ 500　　相:固

$\Delta H^{\ominus}_{f,298}$: −550320　　$S^{\ominus}_{298}$:305. 432

函数	r_0	r_1	r_2	r_3	r_4	r_5
C_p	116. 775	130. 541				
$Ha(T)$	−590940	116. 775	65. 271			
$Sa(T)$	−398. 826	116. 775	130. 541			
$Ga(T)$	−590940	515. 601	−116. 775	−65. 271		
$Ga(l)$	−534960	−351. 893				

温度范围:500 ~ 545　　相:液

$\Delta H^{\ominus}_{tr}$:35560　　$\Delta S^{\ominus}_{tr}$:71. 120

函数	r_0	r_1	r_2	r_3	r_4	r_5
C_p	184. 096					
$Ha(T)$	−572720	184. 096				
$Sa(T)$	−680. 809	184. 096				
$Ga(T)$	−572720	864. 905	−184. 096			
$Ga(l)$	−476520	−471. 449				

$NbBr_5$(气)

温度范围:298 ~ 2000　　相:气

$\Delta H^{\ominus}_{f,298}$: −443600　　$S^{\ominus}_{298}$:449. 3

函数	r_0	r_1	r_2	r_3	r_4	r_5
C_p	132. 67	0. 23	−0. 62			
$Ha(T)$	−485250	132. 670	0. 115	0. 620		
$Sa(T)$	−310. 156	132. 670	0. 230	0. 310		
$Ga(T)$	−485250	442. 826	−132. 670	−0. 115	0. 310	
$Ga(l)$	−356380	−616. 991				

NbI_5

温度范围:298 ~ 600　　相:固

$\Delta H^{\ominus}_{f,298}$: −270710　　$S^{\ominus}_{298}$:343. 088

函数	r_0	r_1	r_2	r_3	r_4	r_5
C_p	129. 620	87. 320				
$Ha(T)$	−313240	129. 620	43. 660			
$Sa(T)$	−421. 469	129. 620	87. 320			
$Ga(T)$	−313240	551. 089	−129. 620	−43. 660		
$Ga(l)$	−248340	−407. 857				

温度范围:600 ~ 620　　相:液

$\Delta H^{\ominus}_{tr}$:37660　　$\Delta S^{\ominus}_{tr}$:62.767

函数	r_0	r_1	r_2	r_3	r_4	r_5
C_p	184.096					
$Ha(T)$	-292550	184.096				
$Sa(T)$	-654.789	184.096				
$Ga(T)$	-292550	838.885	-184.096			
$Ga(l)$	-180150	-526.077				

NbO　($NbO_{0.98\sim1}$)

温度范围:298 ~ 2218　　相:固

$\Delta H^{\ominus}_{f,298}$: -408780　　$S^{\ominus}_{298}$:50.208

函数	r_0	r_1	r_2	r_3	r_4	r_5
C_p	42.007	9.832	-0.326			
$Ha(T)$	-422830	42.007	4.916	0.326		
$Sa(T)$	-193.896	42.007	9.832	0.163		
$Ga(T)$	-422830	235.903	-42.007	-4.916	0.163	
$Ga(l)$	-372410	-115.615				

温度范围:2218 ~ 3000　　相:液

$\Delta H^{\ominus}_{tr}$:54390　　$\Delta S^{\ominus}_{tr}$:24.522

函数	r_0	r_1	r_2	r_3	r_4	r_5
C_p	62.760					
$Ha(T)$	-390140	62.760				
$Sa(T)$	-307.422	62.760				
$Ga(T)$	-390140	370.182	-62.760			
$Ga(l)$	-227390	-186.149				

NbO

温度范围:298 ~ 2218　　相:固

$\Delta H^{\ominus}_{f,298}$: -419700　　$S^{\ominus}_{298}$:46

函数	r_0	r_1	r_2	r_3	r_4	r_5
C_p	42.97	8.87	-0.4			
$Ha(T)$	-434250	42.970	4.435	0.400		
$Sa(T)$	-203.720	42.970	8.870	0.200		
$Ga(T)$	-434250	246.690	-42.970	-4.435	0.200	
$Ga(l)$	-383340	-111.426				

NbO(气)

温度范围:298 ~ 2218　　相:气

$\Delta H^{\ominus}_{f,298}$:198700　　$S^{\ominus}_{298}$:239

函数	r_0	r_1	r_2	r_3	r_4	r_5
C_p	35.52	1.09	-0.46			
$Ha(T)$	186520	35.520	0.545	0.460		
$Sa(T)$	33.709	35.520	1.090	0.230		
$Ga(T)$	186520	1.811	-35.520	-0.545	0.230	
$Ga(l)$	224770	-286.430				

NbO_2

温度范围:298 ~ 1090 相:固(α)

$\Delta H^{\ominus}_{f,298}$: −796220 $S^{\ominus}_{298}$:54.392

函数	r_0	r_1	r_2	r_3	r_4	r_5
C_p	48.953	39.999	−0.301			
$Ha(T)$	−813600	48.953	20.000	0.301		
$Sa(T)$	−238.141	48.953	39.999	0.151		
$Ga(T)$	−813600	287.094	−48.953	−20.000	0.151	
$Ga(l)$	−773620	−108.573				

温度范围:1090 ~ 1200 相:固(β)

$\Delta H^{\ominus}_{tr}$:3012 $\Delta S^{\ominus}_{tr}$:2.763

函数	r_0	r_1	r_2	r_3	r_4	r_5
C_p	92.885					
$Ha(T)$	−834440	92.885				
$Sa(T)$	−498.910	92.885				
$Ga(T)$	−834440	591.795	−92.885			
$Ga(l)$	−728140	−155.286				

温度范围:1200 ~ 2270 相:固(γ)

$\Delta H^{\ominus}_{tr}$:0 $\Delta S^{\ominus}_{tr}$:0.000

函数	r_0	r_1	r_2	r_3	r_4	r_5
C_p	83.052					
$Ha(T)$	−822640	83.052				
$Sa(T)$	−429.193	83.052				
$Ga(T)$	−822640	512.245	−83.052			
$Ga(l)$	−682250	−189.467				

温度范围:2270 ~ 3000 相:液

$\Delta H^{\ominus}_{tr}$:62760 $\Delta S^{\ominus}_{tr}$:27.648

函数	r_0	r_1	r_2	r_3	r_4	r_5
C_p	83.680					
$Ha(T)$	−761300	83.680				
$Sa(T)$	−406.398	83.680				
$Ga(T)$	−761300	490.078	−83.680			
$Ga(l)$	−541920	−252.566				

NbO_2(气)

温度范围:298 ~ 2188 相:气

$\Delta H^{\ominus}_{f,298}$: −200000 $S^{\ominus}_{298}$:272.9

函数	r_0	r_1	r_2	r_3	r_4	r_5
C_p	54.77	1.59	−1.02			
$Ha(T)$	−219820	54.770	0.795	1.020		
$Sa(T)$	−45.369	54.770	1.590	0.510		
$Ga(T)$	−219820	100.139	−54.770	−0.795	0.510	
$Ga(l)$	−161130	−343.721				

Nb_2O_5 （$NbO_{2.43\sim2.50}$）

温度范围:298 ~ 1785　　相:固(α)

$\Delta H^\ominus_{f,298}$: −1902000　　$S^\ominus_{298}$:137.235

函数	r_0	r_1	r_2	r_3	r_4	r_5
C_p	154.390	21.422	−2.552			
$Ha(T)$	−1957500	154.390	10.711	2.552		
$Sa(T)$	−763.158	154.390	21.422	1.276		
$Ga(T)$	−1957500	917.548	−154.390	−10.711	1.276	
$Ga(l)$	−1807500	−324.747				

温度范围:1785 ~ 2500　　相:液

$\Delta H^\ominus_{tr}$:102930　　$\Delta S^\ominus_{tr}$:57.664

函数	r_0	r_1	r_2	r_3	r_4	r_5
C_p	242.254					
$Ha(T)$	−1975900	242.254				
$Sa(T)$	−1324.709	242.254				
$Ga(T)$	−1975900	1566.963	−242.254			
$Ga(l)$	−1460800	−532.627				

Nb_2O_5

温度范围:298 ~ 1783　　相:固

$\Delta H^\ominus_{f,298}$: −1899500　　$S^\ominus_{298}$:137.3

函数	r_0	r_1	r_2	r_3	r_4	r_5
C_p	162.17	14.81	−3.06			
$Ha(T)$	−1958800	162.170	7.405	3.060		
$Sa(T)$	−808.306	162.170	14.810	1.530		
$Ga(T)$	−1958800	970.476	−162.170	−7.405	1.530	
$Ga(l)$	−1804300	−326.511				

$NbOCl_2$

温度范围:298 ~ 1000　　相:固

$\Delta H^\ominus_{f,298}$: −774040　　$S^\ominus_{298}$:121.336

函数	r_0	r_1	r_2	r_3	r_4	r_5
C_p	96.232	16.736	−0.711			
$Ha(T)$	−805860	96.232	8.368	0.711		
$Sa(T)$	−435.944	96.232	16.736	0.356		
$Ga(T)$	−805860	532.176	−96.232	−8.368	0.356	
$Ga(l)$	−744030	−196.095				

$NbOCl_3$

温度范围:298 ~ 700　　相:固

$\Delta H^\ominus_{f,298}$: −879480　　$S^\ominus_{298}$:158.992

函数	r_0	r_1	r_2	r_3	r_4	r_5
C_p	133.470		−1.213			
$Ha(T)$	−923340	133.470		1.213		
$Sa(T)$	−608.289	133.470		0.607		
$Ga(T)$	−923340	741.759	−133.470		0.607	
$Ga(l)$	−857040	−221.387				

$NbOCl_3$(气)

温度范围:298 ~ 2000 相:气

$\Delta H^{\ominus}_{f,298}$: −752300 $S^{\ominus}_{298}$:358. 3

函数	r_0	r_1	r_2	r_3	r_4	r_5
C_p	107. 95		−0. 84			
$Ha(T)$	−787300	107. 950		0. 840		
$Sa(T)$	−261. 480	107. 950		0. 420		
$Ga(T)$	−787300	369. 430	−107. 950		0. 420	
$Ga(l)$	−682140	−492. 897				

NbO_2Cl

温度范围:298 ~ 1000 相:固

$\Delta H^{\ominus}_{f,298}$: −983240 $S^{\ominus}_{298}$:89. 956

函数	r_0	r_1	r_2	r_3	r_4	r_5
C_p	96. 232	16. 318	−0. 711			
$Ha(T)$	−1015000	96. 232	8. 159	0. 711		
$Sa(T)$	−467. 200	96. 232	16. 318	0. 356		
$Ga(T)$	−1015000	563. 432	−96. 232	−8. 159	0. 356	
$Ga(l)$	−953290	−164. 568				

NbS(气)*

温度范围:298 ~ 2000 相:气

$\Delta H^{\ominus}_{f,298}$:***430900*** $S^{\ominus}_{298}$:***250. 5***

函数	r_0	r_1	r_2	r_3	r_4	r_5
C_p	***36. 89***	***0. 27***	***−0. 32***			
$Ha(T)$	418820	36. 890	0. 135	0. 320		
$Sa(T)$	38. 435	36. 890	0. 270	0. 160		
$Ga(T)$	418820	−1. 545	−36. 890	−0. 135	0. 160	
$Ga(l)$	454940	−296. 560				

NbN

温度范围:298 ~ 600 相:固(α)

$\Delta H^{\ominus}_{f,298}$: −236400 $S^{\ominus}_{298}$:43. 932

函数	r_0	r_1	r_2	r_3	r_4	r_5
C_p	36. 359	22. 594				
$Ha(T)$	−248240	36. 359	11. 297			
$Sa(T)$	−169. 963	36. 359	22. 594			
$Ga(T)$	−248240	206. 322	−36. 359	−11. 297		
$Ga(l)$	−230220	−61. 813				

温度范围:600 ~ 1643 相:固(α)

$\Delta H^{\ominus}_{tr}$:— $\Delta S^{\ominus}_{tr}$:—

函数	r_0	r_1	r_2	r_3	r_4	r_5
C_p	44. 936	8. 284				
$Ha(T)$	−250820	44. 936	4. 142			
$Sa(T)$	−216. 244	44. 936	8. 284			
$Ga(T)$	−250820	261. 180	−44. 936	−4. 142		
$Ga(l)$	−198590	−107. 586				

温度范围:1643 ~ 2323　　相:固(β)

$\Delta H^{\ominus}_{tr}$:4184　　$\Delta S^{\ominus}_{tr}$:2. 547

函数	r_0	r_1	r_2	r_3	r_4	r_5
C_p	62. 760					
$Ha(T)$	-264730	62. 760				
$Sa(T)$	-332. 060	62. 760				
$Ga(T)$	-264730	394. 820	-62. 760			
$Ga(l)$	-141260	-144. 253				

温度范围:2323 ~ 3000　　相:液

$\Delta H^{\ominus}_{tr}$:46020　　$\Delta S^{\ominus}_{tr}$:19. 811

函数	r_0	r_1	r_2	r_3	r_4	r_5
C_p	62. 760					
$Ha(T)$	-218710	62. 760				
$Sa(T)$	-312. 250	62. 760				
$Ga(T)$	-218710	375. 010	-62. 760			
$Ga(l)$	-52400	-182. 616				

$Nb_2N(1)$

温度范围:298 ~ 1000　　相:固

$\Delta H^{\ominus}_{f,298}$: -253130　　$S^{\ominus}_{298}$:79. 496

函数	r_0	r_1	r_2	r_3	r_4	r_5
C_p	62. 383	17. 113				
$Ha(T)$	-272490	62. 383	8. 557			
$Sa(T)$	-281. 039	62. 383	17. 113			
$Ga(T)$	-272490	343. 422	-62. 383	-8. 557		
$Ga(l)$	-232050	-132. 080				

温度范围:1000 ~ 2673　　相:固

$\Delta H^{\ominus}_{tr}$:—　　$\Delta S^{\ominus}_{tr}$:—

函数	r_0	r_1	r_2	r_3	r_4	r_5
C_p	70. 751	8. 745				
$Ha(T)$	-276670	70. 751	4. 373			
$Sa(T)$	-330. 476	70. 751	8. 745			
$Ga(T)$	-276670	401. 227	-70. 751	-4. 373		
$Ga(l)$	-140430	-215. 783				

$Nb_2N(2)$

温度范围:298 ~ 2000　　相:固

$\Delta H^{\ominus}_{f,298}$: -246900　　$S^{\ominus}_{298}$:79. 5

函数	r_0	r_1	r_2	r_3	r_4	r_5
C_p	69. 71	9. 42	-0. 5			
$Ha(T)$	-269780	69. 710	4. 710	0. 500		
$Sa(T)$	-323. 300	69. 710	9. 420	0. 250		
$Ga(T)$	-269780	393. 010	-69. 710	-4. 710	0. 250	
$Ga(l)$	-196840	-174. 647				

$NbC_{0.749}$

温度范围:298 ~ 1800　相:固

$\Delta H^{\ominus}_{f,298}$: −126780　$S^{\ominus}_{298}$:37.070

函数	r_0	r_1	r_2	r_3	r_4	r_5
C_p	37.447	9.414	−0.523			
$Ha(T)$	−140120	37.447	4.707	0.523		
$Sa(T)$	−182.036	37.447	9.414	0.262		
$Ga(T)$	−140120	219.483	−37.447	−4.707	0.262	
$Ga(l)$	−101700	−86.481				

$NbC_{0.877}$

温度范围:298 ~ 1800　相:固

$\Delta H^{\ominus}_{f,298}$: −138490　$S^{\ominus}_{298}$:37.447

函数	r_0	r_1	r_2	r_3	r_4	r_5
C_p	40.585	8.326	−0.632			
$Ha(T)$	−153080	40.585	4.163	0.632		
$Sa(T)$	−199.827	40.585	8.326	0.316		
$Ga(T)$	−153080	240.412	−40.585	−4.163	0.316	
$Ga(l)$	−112210	−89.267				

NbC

温度范围:298 ~ 2000　相:固

$\Delta H^{\ominus}_{f,298}$: −138900　$S^{\ominus}_{298}$:35.4

函数	r_0	r_1	r_2	r_3	r_4	r_5
C_p	45.15	7.22	−0.9			
$Ha(T)$	−155700	45.150	3.610	0.900		
$Sa(T)$	−229.061	45.150	7.220	0.450		
$Ga(T)$	−155700	274.211	−45.150	−3.610	0.450	
$Ga(l)$	−107140	−95.077				

Nb_2C

温度范围:298 ~ 2000　相:固

$\Delta H^{\ominus}_{f,298}$: −185800　$S^{\ominus}_{298}$:64

函数	r_0	r_1	r_2	r_3	r_4	r_5
C_p	66.44	12.55	−0.86			
$Ha(T)$	−209050	66.440	6.275	0.860		
$Sa(T)$	−323.127	66.440	12.550	0.430		
$Ga(T)$	−209050	389.567	−66.440	−6.275	0.430	
$Ga(l)$	−137130	−155.793				

$NbSi_2$

温度范围:298 ~ 2000　相:固

$\Delta H^{\ominus}_{f,298}$: −138070　$S^{\ominus}_{298}$:69.873

函数	r_0	r_1	r_2	r_3	r_4	r_5
C_p	63.178	15.355	−0.280			
$Ha(T)$	−158530	63.178	7.678	0.280		
$Sa(T)$	−296.243	63.178	15.355	0.140		
$Ga(T)$	−158530	359.421	−63.178	−7.678	0.140	
$Ga(l)$	−88960	−162.778				

Nb_5Si_3

温度范围:298 ~ 2000　　相:固

$\Delta H^{\ominus}_{f,298}$:451870　　$S^{\ominus}_{298}$:251.040

函数	r_0	r_1	r_2	r_3	r_4	r_5
C_p	189.159	30.782	-1.508			
$Ha(T)$	389050	189.159	15.391	1.508		
$Sa(T)$	-844.371	189.159	30.782	0.754		
$Ga(T)$	389050	1033.530	-189.159	-15.391	0.754	
$Ga(l)$	589980	-512.904				

NbB_2

温度范围:298 ~ 1400　　相:固

$\Delta H^{\ominus}_{f,298}$: -251040　　$S^{\ominus}_{298}$:37.656

函数	r_0	r_1	r_2	r_3	r_4	r_5
C_p	46.986	38.535	-0.941			
$Ha(T)$	-269920	46.986	19.268	0.941		
$Sa(T)$	-246.833	46.986	38.535	0.471		
$Ga(T)$	-269920	293.819	-46.986	-19.268	0.471	
$Ga(l)$	-221460	-101.467				

$NbFe_2$ （$NbFe_{1.7\sim2.30}$）

温度范围:298 ~ 1300　　相:固

$\Delta H^{\ominus}_{f,298}$: -61510　　$S^{\ominus}_{298}$:75.312

函数	r_0	r_1	r_2	r_3	r_4	r_5
C_p	66.944	26.359				
$Ha(T)$	-82640	66.944	13.180			
$Sa(T)$	-313.967	66.944	26.359			
$Ga(T)$	-82640	380.911	-66.944	-13.180		
$Ga(l)$	-27810	-151.621				

$NbCr_2$

温度范围:298 ~ 1500　　相:固

$\Delta H^{\ominus}_{f,298}$: -20920　　$S^{\ominus}_{298}$:83.680

函数	r_0	r_1	r_2	r_3	r_4	r_5
C_p	74.266	23.765	-0.736			
$Ha(T)$	-46590	74.266	11.883	0.736		
$Sa(T)$	-350.683	74.266	23.765	0.368		
$Ga(T)$	-46590	424.949	-74.266	-11.883	0.368	
$Ga(l)$	20870	-172.729				

Nd

温度范围:298 ~ 1128　　相:固(α)

$\Delta H^{\ominus}_{f,298}$:0　　$S^{\ominus}_{298}$:71.086

函数	r_0	r_1	r_2	r_3	r_4	r_5
C_p	25.819	2.188	-0.026	13.945		
$Ha(T)$	-8006	25.819	1.094	0.026	4.648	
$Sa(T)$	-77.439	25.819	2.188	0.013	6.973	
$Ga(T)$	-8006	103.258	-25.819	-1.094	0.013	-2.324
$Ga(l)$	10760	-96.612				

温度范围:1128 ~1289 相:固(β)

$\Delta H^{\ominus}_{tr}$:3029 $\Delta S^{\ominus}_{tr}$:2.685

函数	r_0	r_1	r_2	r_3	r_4	r_5
C_p	44.560					
$Ha(T)$	-18030	44.560				
$Sa(T)$	-195.119	44.560				
$Ga(T)$	-18030	239.679	-44.560			
$Ga(l)$	35740	-121.094				

温度范围:1289 ~2800 相:液

$\Delta H^{\ominus}_{tr}$:7142 $\Delta S^{\ominus}_{tr}$:5.541

函数	r_0	r_1	r_2	r_3	r_4	r_5
C_p	48.785					
$Ha(T)$	-16330	48.785				
$Sa(T)$	-219.836	48.785				
$Ga(T)$	-16330	268.621	-48.785			
$Ga(l)$	79700	-151.361				

Nd(气)

温度范围:298 ~2000 相:气

$\Delta H^{\ominus}_{f,298}$:328300 $S^{\ominus}_{298}$:189.4

函数	r_0	r_1	r_2	r_3	r_4	r_5
C_p	26.23	2.75	-0.48			
$Ha(T)$	318750	26.230	1.375	0.480		
$Sa(T)$	36.432	26.230	2.750	0.240		
$Ga(T)$	318750	-10.202	-26.230	-1.375	0.240	
$Ga(l)$	346130	-223.056				

NdH_2

温度范围:298 ~1200 相:固

$\Delta H^{\ominus}_{f,298}$: -192460 $S^{\ominus}_{298}$:58.911

函数	r_0	r_1	r_2	r_3	r_4	r_5
C_p	38.242	16.108				
$Ha(T)$	-204580	38.242	8.054			
$Sa(T)$	-163.779	38.242	16.108			
$Ga(T)$	-204580	202.021	-38.242	-8.054		
$Ga(l)$	-174890	-99.894				

NdF_3

温度范围:298 ~1650 相:固

$\Delta H^{\ominus}_{f,298}$: -1669400 $S^{\ominus}_{298}$:115.478

函数	r_0	r_1	r_2	r_3	r_4	r_5
C_p	74.977	36.610	2.029			
$Ha(T)$	-1686600	74.977	18.305	-2.029		
$Sa(T)$	-311.213	74.977	36.610	-1.015		
$Ga(T)$	-1686600	386.190	-74.977	-18.305	-1.015	
$Ga(l)$	-1611900	-234.780				

温度范围:1650 ~ 1900 相:液

$\Delta H_{tr}^{\ominus}$:54710 $\Delta S_{tr}^{\ominus}$:33. 158

函数	r_0	r_1	r_2	r_3	r_4	r_5
C_p	184. 473	-4. 435	-11. 924			
$Ha(T)$	-1765100	184. 473	-2. 218	11. 924		
$Sa(T)$	-1024. 099	184. 473	-4. 435	5. 962		
$Ga(T)$	-1765100	1208. 572	-184. 473	2. 218	5. 962	
$Ga(l)$	-1438400	-349. 938				

NdF_3(气)

温度范围:298 ~ 2000 相:气

$\Delta H_{f,298}^{\ominus}$: -1238900 $S_{298}^{\ominus}$:340. 8

函数	r_0	r_1	r_2	r_3	r_4	r_5
C_p	82. 21	4. 66	-1. 01			
$Ha(T)$	-1267000	82. 210	2. 330	1. 010		
$Sa(T)$	-134. 670	82. 210	4. 660	0. 505		
$Ga(T)$	-1267000	216. 880	-82. 210	-2. 330	0. 505	
$Ga(l)$	-1183900	-445. 405				

$NdCl_3$

温度范围:298 ~ 1032 相:固

$\Delta H_{f,298}^{\ominus}$: -1041000 $S_{298}^{\ominus}$:143. 930

函数	r_0	r_1	r_2	r_3	r_4	r_5
C_p	78. 032	61. 086				
$Ha(T)$	-1067000	78. 032	30. 543			
$Sa(T)$	-318. 878	78. 032	61. 086			
$Ga(T)$	-1067000	396. 910	-78. 032	-30. 543		
$Ga(l)$	-1007400	-226. 400				

温度范围:1032 ~ 1947 相:液

$\Delta H_{tr}^{\ominus}$:48530 $\Delta S_{tr}^{\ominus}$:47. 025

函数	r_0	r_1	r_2	r_3	r_4	r_5
C_p	146. 440					
$Ha(T)$	-1056500	146. 440				
$Sa(T)$	-683. 512	146. 440				
$Ga(T)$	-1056500	829. 952	-146. 440			
$Ga(l)$	-843960	-384. 996				

$NdCl_3$(气)

温度范围:298 ~ 2000 相:气

$\Delta H_{f,298}^{\ominus}$: -719100 $S_{298}^{\ominus}$:374. 4

函数	r_0	r_1	r_2	r_3	r_4	r_5
C_p	83. 39	3. 99	-0. 56			
$Ha(T)$	-746020	83. 390	1. 995	0. 560		
$Sa(T)$	-105. 062	83. 390	3. 990	0. 280		
$Ga(T)$	-746020	188. 452	-83. 390	-1. 995	0. 280	
$Ga(l)$	-662730	-482. 218				

$NdBr_3$

温度范围:298 ~ 955　　相:固

$\Delta H^{\ominus}_{f,298}$: -873200　　$S^{\ominus}_{298}$:194.2

函数	r_0	r_1	r_2	r_3	r_4	r_5
C_p	94.48	27.93	-0.33			
$Ha(T)$	-903720	94.480	13.965	0.330		
$Sa(T)$	-354.292	94.480	27.930	0.165		
$Ga(T)$	-903720	448.772	-94.480	-13.965	0.165	
$Ga(l)$	-843450	-269.425				

$NdBr_3$(气)

温度范围:298 ~ 2000　　相:气

$\Delta H^{\ominus}_{f,298}$: -578200　　$S^{\ominus}_{298}$:401.9

函数	r_0	r_1	r_2	r_3	r_4	r_5
C_p	83.52	3.92	-0.4			
$Ha(T)$	-604620	83.520	1.960	0.400		
$Sa(T)$	-77.382	83.520	3.920	0.200		
$Ga(T)$	-604620	160.902	-83.520	-1.960	0.200	
$Ga(l)$	-521440	-510.631				

NdI_3

温度范围:298 ~ 847　　相:固(α)

$\Delta H^{\ominus}_{f,298}$: -628440　　$S^{\ominus}_{298}$:215.058

函数	r_0	r_1	r_2	r_3	r_4	r_5
C_p	90.856	35.815	-0.062			
$Ha(T)$	-657330	90.856	17.908	0.062		
$Sa(T)$	-313.630	90.856	35.815	0.031		
$Ga(T)$	-657330	404.486	-90.856	-17.908	0.031	
$Ga(l)$	-603060	-281.737				

温度范围:847 ~ 1060　　相:固(β)

$\Delta H^{\ominus}_{tr}$:13810　　$\Delta S^{\ominus}_{tr}$:16.305

函数	r_0	r_1	r_2	r_3	r_4	r_5
C_p	117.390					
$Ha(T)$	-653070	117.390				
$Sa(T)$	-445.831	117.390				
$Ga(T)$	-653070	563.221	-117.390			
$Ga(l)$	-541510	-359.335				

温度范围:1060 ~ 1710　　相:液

$\Delta H^{\ominus}_{tr}$:41420　　$\Delta S^{\ominus}_{tr}$:39.075

函数	r_0	r_1	r_2	r_3	r_4	r_5
C_p	155.745					
$Ha(T)$	-652310	155.745				
$Sa(T)$	-673.937	155.745				
$Ga(T)$	-652310	829.682	-155.745			
$Ga(l)$	-439790	-451.773				

NdI_3(气)

温度范围:298 ~ 2000　　相:气

$\Delta H^{\ominus}_{f,298}$: -334200　　$S^{\ominus}_{298}$:430. 6

函数	r_0	r_1	r_2	r_3	r_4	r_5
C_p	83. 6	3. 87	-0. 28			
$Ha(T)$	-360240	83. 600	1. 935	0. 280		
$Sa(T)$	-48. 448	83. 600	3. 870	0. 140		
$Ga(T)$	-360240	132. 048	-83. 600	-1. 935	0. 140	
$Ga(l)$	-277160	-539. 995				

Nd_2O_3

温度范围:298 ~ 1395　　相:固(α)

$\Delta H^{\ominus}_{f,298}$: -1807900　　$S^{\ominus}_{298}$:154. 390

函数	r_0	r_1	r_2	r_3	r_4	r_5
C_p	115. 771	29. 790	-1. 188			
$Ha(T)$	-1847700	115. 771	14. 895	1. 188		
$Sa(T)$	-520. 791	115. 771	29. 790	0. 594		
$Ga(T)$	-1847700	636. 562	-115. 771	-14. 895	0. 594	
$Ga(l)$	-1750500	-280. 615				

温度范围:1395 ~ 1795　　相:固(β)

$\Delta H^{\ominus}_{tr}$:0　　$\Delta S^{\ominus}_{tr}$:0. 000

函数	r_0	r_1	r_2	r_3	r_4	r_5
C_p	155. 645					
$Ha(T)$	-1873500	155. 645				
$Sa(T)$	-767. 642	155. 645				
$Ga(T)$	-1873500	923. 287	-155. 645			
$Ga(l)$	-1626300	-379. 956				

$Nd_2O_3 \cdot 2ZrO_2$

温度范围:298 ~ 1400　　相:固

$\Delta H^{\ominus}_{f,298}$: -4046900　　$S^{\ominus}_{298}$:259. 408

函数	r_0	r_1	r_2	r_3	r_4	r_5
C_p	255. 224	44. 769	-4. 017			
$Ha(T)$	-4138500	255. 224	22. 385	4. 017		
$Sa(T)$	-1230. 698	255. 224	44. 769	2. 009		
$Ga(T)$	-4138500	1485. 922	-255. 224	-22. 385	2. 009	
$Ga(l)$	-3927900	-520. 484				

NdOCl

温度范围:298 ~ 1100　　相:固

$\Delta H^{\ominus}_{f,298}$: -1011300　　$S^{\ominus}_{298}$:94. 558

函数	r_0	r_1	r_2	r_3	r_4	r_5
C_p	68. 618	19. 121	-0. 398			
$Ha(T)$	-1033900	68. 618	9. 561	0. 398		
$Sa(T)$	-304. 339	68. 618	19. 121	0. 199		
$Ga(T)$	-1033900	372. 957	-68. 618	-9. 561	0. 199	
$Ga(l)$	-985560	-156. 533				

NdS

温度范围:298 ~ 2000　　相:固

$\Delta H^{\ominus}_{f,298}$: -451870　　$S^{\ominus}_{298}$:77. 822

函数	r_0	r_1	r_2	r_3	r_4	r_5
C_p	46. 191	8. 368				
$Ha(T)$	-466010	46. 191	4. 184			
$Sa(T)$	-187. 851	46. 191	8. 368			
$Ga(T)$	-466010	234. 042	-46. 191	-4. 184		
$Ga(l)$	-416940	-144. 345				

NdS(气)

温度范围:298 ~ 2000　　相:气

$\Delta H^{\ominus}_{f,298}$:133900　　$S^{\ominus}_{298}$:264. 7

函数	r_0	r_1	r_2	r_3	r_4	r_5
C_p	37. 13	0. 15	-0. 26			
$Ha(T)$	121950	37. 130	0. 075	0. 260		
$Sa(T)$	51. 641	37. 130	0. 150	0. 130		
$Ga(T)$	121950	-14. 511	-37. 130	-0. 075	0. 130	
$Ga(l)$	158170	-311. 269				

Nd_2S_3

温度范围:298 ~ 2000　　相:固

$\Delta H^{\ominus}_{f,298}$: -1154800　　$S^{\ominus}_{298}$:185. 268

函数	r_0	r_1	r_2	r_3	r_4	r_5
C_p	118. 533	13. 347				
$Ha(T)$	-1190700	118. 533	6. 674			
$Sa(T)$	-494. 065	118. 533	13. 347			
$Ga(T)$	-1190700	612. 598	-118. 533	-6. 674		
$Ga(l)$	-1069200	-349. 062				

$Nd_2(SO_4)_3$

温度范围:298 ~ 1100　　相:固

$\Delta H^{\ominus}_{f,298}$: -3899500　　$S^{\ominus}_{298}$:288. 278

函数	r_0	r_1	r_2	r_3	r_4	r_5
C_p	213. 384	198. 740				
$Ha(T)$	-3972000	213. 384	99. 370			
$Sa(T)$	-986. 752	213. 384	198. 740			
$Ga(T)$	-3972000	1200. 136	-213. 384	-99. 370		
$Ga(l)$	-3793300	-542. 209				

NdSe

温度范围:298 ~ 2000　　相:固

$\Delta H^{\ominus}_{f,298}$: -359820　　$S^{\ominus}_{298}$:90. 374

函数	r_0	r_1	r_2	r_3	r_4	r_5
C_p	47. 488	6. 276				
$Ha(T)$	-374260	47. 488	3. 138			
$Sa(T)$	-182. 065	47. 488	6. 276			
$Ga(T)$	-374260	229. 553	-47. 488	-3. 138		
$Ga(l)$	-325060	-156. 785				

NdSe(气)

温度范围:298 ~ 2000　　相:气

$\Delta H^{\ominus}_{f,298}$:183700　　$S^{\ominus}_{298}$:275. 5

函数	r_0	r_1	r_2	r_3	r_4	r_5
C_p	37. 29	0. 08	-0. 18			
$Ha(T)$	171970	37. 290	0. 040	0. 180		
$Sa(T)$	62. 000	37. 290	0. 080	0. 090		
$Ga(T)$	171970	-24. 710	-37. 290	-0. 040	0. 090	
$Ga(l)$	208210	-322. 618				

Nd_2Se_3

温度范围:298 ~ 1830　　相:固

$\Delta H^{\ominus}_{f,298}$: -941400　　$S^{\ominus}_{298}$:185. 268

函数	r_0	r_1	r_2	r_3	r_4	r_5
C_p	125. 980	14. 016				
$Ha(T)$	-979580	125. 980	7. 008			
$Sa(T)$	-536. 694	125. 980	14. 016			
$Ga(T)$	-979580	662. 674	-125. 980	-7. 008		
$Ga(l)$	-859180	-348. 843				

NdTe

温度范围:298 ~ 2028　　相:固

$\Delta H^{\ominus}_{f,298}$: -301250　　$S^{\ominus}_{298}$:97. 487

函数	r_0	r_1	r_2	r_3	r_4	r_5
C_p	48. 367	6. 109				
$Ha(T)$	-315940	48. 367	3. 055			
$Sa(T)$	-179. 910	48. 367	6. 109			
$Ga(T)$	-315940	228. 277	-48. 367	-3. 055		
$Ga(l)$	-265430	-165. 527				

NdTe(气)

温度范围:298 ~ 2000　　相:气

$\Delta H^{\ominus}_{f,298}$:238100　　$S^{\ominus}_{298}$:284. 2

函数	r_0	r_1	r_2	r_3	r_4	r_5
C_p	37. 38	0. 02	-0. 1			
$Ha(T)$	226620	37. 380	0. 010	0. 100		
$Sa(T)$	70. 655	37. 380	0. 020	0. 050		
$Ga(T)$	226620	-33. 275	-37. 380	-0. 010	0. 050	
$Ga(l)$	262810	-331. 785				

Nd_2Te_3

温度范围:298 ~ 1650　　相:固

$\Delta H^{\ominus}_{f,298}$: -794960　　$S^{\ominus}_{298}$:253. 383

函数	r_0	r_1	r_2	r_3	r_4	r_5
C_p	128. 574	13. 975				
$Ha(T)$	-833920	128. 574	6. 988			
$Sa(T)$	-483. 346	128. 574	13. 975			
$Ga(T)$	-833920	611. 920	-128. 574	-6. 988		
$Ga(l)$	-720530	-408. 067				

Ni

温度范围:298 ~ 500 相:固

$\Delta H^{\ominus}_{f,298}$:0 $S^{\ominus}_{298}$:29. 874

函数	r_0	r_1	r_2	r_3	r_4	r_5
C_p	19. 083	23. 497				
$Ha(T)$	−6734	19. 083	11. 749			
$Sa(T)$	−85. 859	19. 083	23. 497			
$Ga(T)$	−6734	104. 942	−19. 083	−11. 749		
$Ga(l)$	2582	−37. 685				

温度范围:500 ~ 631 相:固

$\Delta H^{\ominus}_{tr}$:— $\Delta S^{\ominus}_{tr}$:—

函数	r_0	r_1	r_2	r_3	r_4	r_5
C_p	−251. 166	356. 439	25. 945			
$Ha(T)$	138660	−251. 166	178. 220	−25. 945		
$Sa(T)$	1479. 052	−251. 166	356. 439	−12. 973		
$Ga(T)$	138660	−1730. 218	251. 166	−178. 220	−12. 973	
$Ga(l)$	7697	−48. 228				

温度范围:631 ~ 640 相:固

$\Delta H^{\ominus}_{tr}$:— $\Delta S^{\ominus}_{tr}$:—

函数	r_0	r_1	r_2	r_3	r_4	r_5
C_p	467. 194	−678. 737				
$Ha(T)$	−149660	467. 194	−339. 369			
$Sa(T)$	−2531. 820	467. 194	−678. 737			
$Ga(T)$	−149660	2999. 014	−467. 194	339. 369		
$Ga(l)$	6725	−46. 857				

温度范围:640 ~ 700 相:固

$\Delta H^{\ominus}_{tr}$:— $\Delta S^{\ominus}_{tr}$:—

函数	r_0	r_1	r_2	r_3	r_4	r_5
C_p	−385. 698	404. 225	65. 453			
$Ha(T)$	276670	−385. 698	202. 113	−65. 453		
$Sa(T)$	2365. 917	−385. 698	404. 225	−32. 727		
$Ga(T)$	276670	−2751. 615	385. 698	−202. 113	−32. 727	
$Ga(l)$	11400	−54. 173				

温度范围:700 ~ 1400 相:固

$\Delta H^{\ominus}_{tr}$:— $\Delta S^{\ominus}_{tr}$:—

函数	r_0	r_1	r_2	r_3	r_4	r_5
C_p	−10. 874	54. 668	5. 648	−16. 489		
$Ha(T)$	16390	−10. 874	27. 334	−5. 648	−5. 496	
$Sa(T)$	98. 120	−10. 874	54. 668	−2. 824	−8. 245	
$Ga(T)$	16390	−108. 994	10. 874	−27. 334	−2. 824	2. 748
$Ga(l)$	22430	−67. 961				

温度范围:1400 ~ 1726　　相:固

$\Delta H_{tr}^{\ominus}$:—　　$\Delta S_{tr}^{\ominus}$:—

函数	r_0	r_1	r_2	r_3	r_4	r_5
C_p	36.192					
$Ha(T)$	-15050	36.192				
$Sa(T)$	-183.902	36.192				
$Ga(T)$	-15050	220.094	-36.192			
$Ga(l)$	41350	-82.223				

温度范围:1726 ~ 3187　　相:液

$\Delta H_{tr}^{\ominus}$:17470　　$\Delta S_{tr}^{\ominus}$:10.122

函数	r_0	r_1	r_2	r_3	r_4	r_5
C_p	43.095					
$Ha(T)$	-9490	43.095				
$Sa(T)$	-225.232	43.095				
$Ga(T)$	-9490	268.327	-43.095			
$Ga(l)$	93840	-110.799				

温度范围:3187 ~ 3600　　相:气

$\Delta H_{tr}^{\ominus}$:369250　　$\Delta S_{tr}^{\ominus}$:115.861

函数	r_0	r_1	r_2	r_3	r_4	r_5
C_p	22.393					
$Ha(T)$	425740	22.393				
$Sa(T)$	57.629	22.393				
$Ga(T)$	425740	-35.236	-22.393			
$Ga(l)$	501660	-239.670				

Ni(气)

温度范围:298 ~ 3169　　相:气

$\Delta H_{f,298}^{\ominus}$:430100　　$S_{298}^{\ominus}$:182.2

函数	r_0	r_1	r_2	r_3	r_4	r_5
C_p	26.77	-2.04	-0.29	0.18		
$Ha(T)$	421230	26.770	-1.020	0.290	0.060	
$Sa(T)$	28.644	26.770	-2.040	0.145	0.090	
$Ga(T)$	421230	-1.874	-26.770	1.020	0.145	-0.030
$Ga(l)$	456220	-222.944				

NiH(气)

温度范围:298 ~ 2000　　相:气

$\Delta H_{f,298}^{\ominus}$:393300　　$S_{298}^{\ominus}$:210.6

函数	r_0	r_1	r_2	r_3	r_4	r_5
C_p	31.3	3.05	-0.27			
$Ha(T)$	382930	31.300	1.525	0.270		
$Sa(T)$	29.837	31.300	3.050	0.135		
$Ga(T)$	382930	1.463	-31.300	-1.525	0.135	
$Ga(l)$	415100	-252.089				

NiF(气)

温度范围:298 ~ 2000　　相:气

$\Delta H^{\ominus}_{f,298}$:104600　　$S^{\ominus}_{298}$:239.6

函数	r_0	r_1	r_2	r_3	r_4	r_5
C_p	38.1	1.68	-0.53			
$Ha(T)$	91390	38.100	0.840	0.530		
$Sa(T)$	19.040	38.100	1.680	0.265		
$Ga(T)$	91390	19.060	-38.100	-0.840	0.265	
$Ga(l)$	129700	-287.359				

NiF_2

温度范围:298 ~ 1747　　相:固

$\Delta H^{\ominus}_{f,298}$: -657730　　$S^{\ominus}_{298}$:73.638

函数	r_0	r_1	r_2	r_3	r_4	r_5
C_p	62.760	17.991				
$Ha(T)$	-677240	62.760	8.996			
$Sa(T)$	-289.307	62.760	17.991			
$Ga(T)$	-677240	352.067	-62.760	-8.996		
$Ga(l)$	-614570	-160.449				

NiF_2(气)

温度范围:298 ~ 2000　　相:气

$\Delta H^{\ominus}_{f,298}$: -335600　　$S^{\ominus}_{298}$:273.1

函数	r_0	r_1	r_2	r_3	r_4	r_5
C_p	64.31	1.04	-1.08			
$Ha(T)$	-358440	64.310	0.520	1.080		
$Sa(T)$	-99.697	64.310	1.040	0.540		
$Ga(T)$	-358440	164.007	-64.310	-0.520	0.540	
$Ga(l)$	-294510	-351.253				

NiCl(气)

温度范围:298 ~ 2000　　相:气

$\Delta H^{\ominus}_{f,298}$:182000　　$S^{\ominus}_{298}$:251.9

函数	r_0	r_1	r_2	r_3	r_4	r_5
C_p	39.3	0.84	-0.38			
$Ha(T)$	168970	39.300	0.420	0.380		
$Sa(T)$	25.597	39.300	0.840	0.190		
$Ga(T)$	168970	13.703	-39.300	-0.420	0.190	
$Ga(l)$	207800	-301.243				

$NiCl_2$

温度范围:298 ~ 1260　　相:固

$\Delta H^{\ominus}_{f,298}$: -305430　　$S^{\ominus}_{298}$:97.696

函数	r_0	r_1	r_2	r_3	r_4	r_5
C_p	73.220	13.221	-0.498			
$Ha(T)$	-329520	73.220	6.611	0.498		
$Sa(T)$	-326.225	73.220	13.221	0.249		
$Ga(T)$	-329520	399.445	-73.220	-6.611	0.249	
$Ga(l)$	-274340	-169.065				

温度范围:1260 ~ 1800　　相:气

$\Delta H_{tr}^{\ominus}$:225100　　$\Delta S_{tr}^{\ominus}$:178.651

函数	r_0	r_1	r_2	r_3	r_4	r_5
C_p	57.404	4.435	-1.218			
$Ha(T)$	-78090	57.404	2.218	1.218		
$Sa(T)$	-23.822	57.404	4.435	0.609		
$Ga(T)$	-78090	81.226	-57.404	-2.218	0.609	
$Ga(l)$	14960	-403.996				

$NiCl_2$(气)

温度范围:298 ~ 2000　　相:气

$\Delta H_{f,298}^{\ominus}$: -70200　　$S_{298}^{\ominus}$:298.2

函数	r_0	r_1	r_2	r_3	r_4	r_5
C_p	68.29	-0.97	-0.66			
$Ha(T)$	-92730	68.290	-0.485	0.660		
$Sa(T)$	-94.312	68.290	-0.970	0.330		
$Ga(T)$	-92730	162.602	-68.290	0.485	0.330	
$Ga(l)$	-26570	-381.875				

NiBr(气)

温度范围:298 ~ 2000　　相:气

$\Delta H_{f,298}^{\ominus}$:184100　　$S_{298}^{\ominus}$:262.5

函数	r_0	r_1	r_2	r_3	r_4	r_5
C_p	39.49	0.85	-0.32			
$Ha(T)$	171210	39.490	0.425	0.320		
$Sa(T)$	35.449	39.490	0.850	0.160		
$Ga(T)$	171210	4.041	-39.490	-0.425	0.160	
$Ga(l)$	210160	-312.397				

$NiBr_2$

温度范围:298 ~ 1192　　相:固

$\Delta H_{f,298}^{\ominus}$: -212130　　$S_{298}^{\ominus}$:135.980

函数	r_0	r_1	r_2	r_3	r_4	r_5
C_p	69.036	19.665				
$Ha(T)$	-233590	69.036	9.833			
$Sa(T)$	-263.222	69.036	19.665			
$Ga(T)$	-233590	332.258	-69.036	-9.833		
$Ga(l)$	-182570	-205.292				

温度范围:1192 ~ 2000　　相:气

$\Delta H_{tr}^{\ominus}$:224680　　$\Delta S_{tr}^{\ominus}$:188.490

函数	r_0	r_1	r_2	r_3	r_4	r_5
C_p	58.576	4.435	-1.218			
$Ha(T)$	13360	58.576	2.218	1.218		
$Sa(T)$	17.085	58.576	4.435	0.609		
$Ga(T)$	13360	41.491	-58.576	-2.218	0.609	
$Ga(l)$	111550	-456.045				

$NiBr_2$(气)

温度范围:298 ~ 2000　　相:气

$\Delta H^{\ominus}_{f,298}$:11700　　$S^{\ominus}_{298}$:321. 1

函数	r_0	r_1	r_2	r_3	r_4	r_5
C_p	67. 57		-0. 39			
$Ha(T)$	-9754	67. 570		0. 390		
$Sa(T)$	-66. 080	67. 570		0. 195		
$Ga(T)$	-9754	133. 650	-67. 570		0. 195	
$Ga(l)$	55910	-406. 033				

NiI(气)

温度范围:298 ~ 2000　　相:气

$\Delta H^{\ominus}_{f,298}$:246900　　$S^{\ominus}_{298}$:270. 2

函数	r_0	r_1	r_2	r_3	r_4	r_5
C_p	39. 5	0. 85	-0. 28			
$Ha(T)$	234150	39. 500	0. 425	0. 280		
$Sa(T)$	43. 317	39. 500	0. 850	0. 140		
$Ga(T)$	234150	-3. 817	-39. 500	-0. 425	0. 140	
$Ga(l)$	273050	-320. 312				

NiI_2

温度范围:298 ~ 1070　　相:固

$\Delta H^{\ominus}_{f,298}$: -78240　　$S^{\ominus}_{298}$:153. 971

函数	r_0	r_1	r_2	r_3	r_4	r_5
C_p	65. 898	24. 267				
$Ha(T)$	-98970	65. 898	12. 134			
$Sa(T)$	-228. 724	65. 898	24. 267			
$Ga(T)$	-98970	294. 622	-65. 898	-12. 134		
$Ga(l)$	-52830	-215. 802				

NiO

温度范围:298 ~ 525　　相:固(α)

$\Delta H^{\ominus}_{f,298}$: -240580　　$S^{\ominus}_{298}$:38. 074

函数	r_0	r_1	r_2	r_3	r_4	r_5
C_p	-20. 878	157. 235	1. 628			
$Ha(T)$	-235880	-20. 878	78. 618	-1. 628		
$Sa(T)$	119. 306	-20. 878	157. 235	-0. 814		
$Ga(T)$	-235880	-140. 184	20. 878	-78. 618	-0. 814	
$Ga(l)$	-235420	-53. 457				

温度范围:525 ~ 565　　相:固(β)

$\Delta H^{\ominus}_{tr}$:0　　$\Delta S^{\ominus}_{tr}$:0. 000

函数	r_0	r_1	r_2	r_3	r_4	r_5
C_p	58. 074					
$Ha(T)$	-258770	58. 074				
$Sa(T)$	-295. 607	58. 074				
$Ga(T)$	-258770	353. 681	-58. 074			
$Ga(l)$	-227130	-70. 282				

温度范围:565 ~ 1800　　相:固(γ)
$\Delta H^{\ominus}_{tr}$:0　　$\Delta S^{\ominus}_{tr}$:0.000

函数	r_0	r_1	r_2	r_3	r_4	r_5
C_p	46.777	8.452				
$Ha(T)$	-253730	46.777	4.226			
$Sa(T)$	-228.795	46.777	8.452			
$Ga(T)$	-253730	275.572	-46.777	-4.226		
$Ga(l)$	-197240	-110.806				

NiO(气)

温度范围:298 ~ 2228　　相:气
$\Delta H^{\ominus}_{f,298}$:309600　　$S^{\ominus}_{298}$:241.4

函数	r_0	r_1	r_2	r_3	r_4	r_5
C_p	39.82	1.54	-0.57			
$Ha(T)$	295750	39.820	0.770	0.570		
$Sa(T)$	10.856	39.820	1.540	0.285		
$Ga(T)$	295750	28.964	-39.820	-0.770	0.285	
$Ga(l)$	339040	-294.755				

$NiO \cdot Al_2O_3$

温度范围:298 ~ 2000　　相:固
$\Delta H^{\ominus}_{f,298}$: -1921500　　$S^{\ominus}_{298}$:98.324

函数	r_0	r_1	r_2	r_3	r_4	r_5
C_p	159.201	23.347	-3.075			
$Ha(T)$	-1980300	159.201	11.674	3.075		
$Sa(T)$	-832.996	159.201	23.347	1.538		
$Ga(T)$	-1980300	992.197	-159.201	-11.674	1.538	
$Ga(l)$	-1810300	-307.447				

$NiO \cdot Cr_2O_3$

温度范围:298 ~ 1500　　相:固
$\Delta H^{\ominus}_{f,298}$: -1374100　　$S^{\ominus}_{298}$:129.746

函数	r_0	r_1	r_2	r_3	r_4	r_5
C_p	167.151	17.866	-2.105			
$Ha(T)$	-1431800	167.151	8.933	2.105		
$Sa(T)$	-839.780	167.151	17.866	1.053		
$Ga(T)$	-1431800	1006.931	-167.151	-8.933	1.053	
$Ga(l)$	-1291600	-306.628				

$NiO \cdot Fe_2O_3$

温度范围:298 ~ 853　　相:固(α)
$\Delta H^{\ominus}_{f,298}$: -1084500　　$S^{\ominus}_{298}$:125.938

函数	r_0	r_1	r_2	r_3	r_4	r_5
C_p	152.674	77.822	-1.485			
$Ha(T)$	-1138500	152.674	38.911	1.485		
$Sa(T)$	-775.492	152.674	77.822	0.743		
$Ga(T)$	-1138500	928.166	-152.674	-38.911	0.743	
$Ga(l)$	-1041400	-238.477				

温度范围:853 ~ 1200　　相:固(β)

$\Delta H^{\ominus}_{tr}$:3556　　$\Delta S^{\ominus}_{tr}$:4.169

函数	r_0	r_1	r_2	r_3	r_4	r_5
C_p	213.384					
$Ha(T)$	-1156600	213.384				
$Sa(T)$	-1113.638	213.384				
$Ga(T)$	-1156600	1327.022	-213.384			
$Ga(l)$	-939280	-365.326				

$NiO \cdot TiO_2$

温度范围:298 ~ 1700　　相:固

$\Delta H^{\ominus}_{f,298}$: -1202300　　$S^{\ominus}_{298}$:99.299

函数	r_0	r_1	r_2	r_3	r_4	r_5
C_p	115.102	15.983	-1.833			
$Ha(T)$	-1243500	115.102	7.992	1.833		
$Sa(T)$	-571.581	115.102	15.983	0.917		
$Ga(T)$	-1243500	686.683	-115.102	-7.992	0.917	
$Ga(l)$	-1135700	-234.316				

$NiO \cdot WO_3$

温度范围:298 ~ 1500　　相:固

$\Delta H^{\ominus}_{f,298}$: -1128400　　$S^{\ominus}_{298}$:117.989

函数	r_0	r_1	r_2	r_3	r_4	r_5
C_p	127.528	28.409				
$Ha(T)$	-1167700	127.528	14.205			
$Sa(T)$	-617.084	127.528	28.409			
$Ga(T)$	-1167700	744.612	-127.528	-14.205		
$Ga(l)$	-1058000	-269.464				

$2NiO \cdot SiO_2$

温度范围:298 ~ 1818　　相:固

$\Delta H^{\ominus}_{f,298}$: -1405200　　$S^{\ominus}_{298}$:110.039

函数	r_0	r_1	r_2	r_3	r_4	r_5
C_p	163.176	19.748	-2.431	8.828		
$Ha(T)$	-1463000	163.176	9.874	2.431	2.943	
$Sa(T)$	-839.626	163.176	19.748	1.216	4.414	
$Ga(T)$	-1463000	1002.802	-163.176	-9.874	1.216	-1.471
$Ga(l)$	-1300800	-315.158				

$Ni(OH)_2$(气)

温度范围:298 ~ 2228　　相:气

$\Delta H^{\ominus}_{f,298}$: -255200　　$S^{\ominus}_{298}$:291.3

函数	r_0	r_1	r_2	r_3	r_4	r_5
C_p	87.07	7.66	-2.65			
$Ha(T)$	-290390	87.070	3.830	2.650		
$Sa(T)$	-221.979	87.070	7.660	1.325		
$Ga(T)$	-290390	309.049	-87.070	-3.830	1.325	
$Ga(l)$	-191330	-404.928				

$NiS_{0.84}$

温度范围:298～833 相:固

$\Delta H^{\ominus}_{f,298}$: −82430 $S^{\ominus}_{298}$:48.953

函数	r_0	r_1	r_2	r_3	r_4	r_5
C_p	35.982	23.849				
$Ha(T)$	−94220	35.982	11.925			
$Sa(T)$	−163.169	35.982	23.849			
$Ga(T)$	−94220	199.150	−35.982	−11.925		
$Ga(l)$	−71590	−77.522				

NiS(1)

温度范围:298～670 相:固(α)

$\Delta H^{\ominus}_{f,298}$: −94140 $S^{\ominus}_{298}$:52.969

函数	r_0	r_1	r_2	r_3	r_4	r_5
C_p	38.911	26.778				
$Ha(T)$	−106930	38.911	13.389			
$Sa(T)$	−176.714	38.911	26.778			
$Ga(T)$	−106930	215.625	−38.911	−13.389		
$Ga(l)$	−85870	−76.212				

温度范围:670～900 相:固(β)

$\Delta H^{\ominus}_{tr}$:2636 $\Delta S^{\ominus}_{tr}$:3.934

函数	r_0	r_1	r_2	r_3	r_4	r_5
C_p	38.932	26.752				
$Ha(T)$	−104300	38.932	13.376			
$Sa(T)$	−172.899	38.932	26.752			
$Ga(T)$	−104300	211.831	−38.932	−13.376		
$Ga(l)$	−65730	−107.526				

NiS(2)(非化学计量)

温度范围:298～652 相:固(α)

$\Delta H^{\ominus}_{f,298}$: −87900 $S^{\ominus}_{298}$:53

函数	r_0	r_1	r_2	r_3	r_4	r_5
C_p	44.69	19.04	−0.29			
$Ha(T)$	−103040	44.690	9.520	0.290		
$Sa(T)$	−208.934	44.690	19.040	0.145		
$Ga(T)$	−103040	253.624	−44.690	−9.520	0.145	
$Ga(l)$	−79910	−75.620				

温度范围:652～1249 相:固(β)

$\Delta H^{\ominus}_{tr}$:6500 $\Delta S^{\ominus}_{tr}$:9.969

函数	r_0	r_1	r_2	r_3	r_4	r_5
C_p	34.39	28.66				
$Ha(T)$	−91430	34.390	14.330			
$Sa(T)$	−138.151	34.390	28.660			
$Ga(T)$	−91430	172.541	−34.390	−14.330		
$Ga(l)$	−47090	−124.555				

温度范围:1249 ~ 1700 相:液

$\Delta H_{tr}^{\ominus}$:30100 $\Delta S_{tr}^{\ominus}$:24.099

函数	r_0	r_1	r_2	r_3	r_4	r_5
C_p	34.59	28.46	0.01			
$Ha(T)$	-61410	34.590	14.230	-0.010		
$Sa(T)$	-115.225	34.590	28.460	-0.005		
$Ga(T)$	-61410	149.815	-34.590	-14.230	-0.005	
$Ga(l)$	19960	-179.027				

NiS_2

温度范围:298 ~ 1068 相:固

$\Delta H_{f,298}^{\ominus}$: -131400 $S_{298}^{\ominus}$:72

函数	r_0	r_1	r_2	r_3	r_4	r_5
C_p	74.81	5.52	-1.28			
$Ha(T)$	-158240	74.810	2.760	1.280		
$Sa(T)$	-363.083	74.810	5.520	0.640		
$Ga(T)$	-158240	437.893	-74.810	-2.760	0.640	
$Ga(l)$	-108310	-128.096				

Ni_3S_2

温度范围:298 ~ 828 相:固(α)

$\Delta H_{f,298}^{\ominus}$: -163180 $S_{298}^{\ominus}$:133.930

函数	r_0	r_1	r_2	r_3	r_4	r_5
C_p	97.479	67.655				
$Ha(T)$	-195250	97.479	33.828			
$Sa(T)$	-441.637	97.479	67.655			
$Ga(T)$	-195250	539.116	-97.479	-33.828		
$Ga(l)$	-133780	-211.563				

温度范围:828 ~ 1063 相:固(β)

$\Delta H_{tr}^{\ominus}$:0 $\Delta S_{tr}^{\ominus}$:0.000

函数	r_0	r_1	r_2	r_3	r_4	r_5
C_p	97.479	67.655				
$Ha(T)$	-195250	97.479	33.828			
$Sa(T)$	-441.637	97.479	67.655			
$Ga(T)$	-195250	539.116	-97.479	-33.828		
$Ga(l)$	-73380	-290.076				

Ni_3S_4

温度范围:298 ~ 629 相:固

$\Delta H_{f,298}^{\ominus}$: -301100 $S_{298}^{\ominus}$:186.5

函数	r_0	r_1	r_2	r_3	r_4	r_5
C_p	121.96	143.68				
$Ha(T)$	-343850	121.960	71.840			
$Sa(T)$	-551.217	121.960	143.680			
$Ga(T)$	-343850	673.177	-121.960	-71.840		
$Ga(l)$	-274480	-262.500				

$NiSO_4$

温度范围:298 ~ 1200　　相:固

$\Delta H^{\ominus}_{f,298}$: −870690　　$S^{\ominus}_{298}$:113.805

函数	r_0	r_1	r_2	r_3	r_4	r_5
C_p	125.938	41.505				
$Ha(T)$	−910080	125.938	20.753			
$Sa(T)$	−616.114	125.938	41.505			
$Ga(T)$	−910080	742.052	−125.938	−20.753		
$Ga(l)$	−815170	−243.563				

$NiSe_{1.05}$ (Ni_7Se_8)

温度范围:298 ~ 1100　　相:固

$\Delta H^{\ominus}_{f,298}$: −74890　　$S^{\ominus}_{298}$:75.186

函数	r_0	r_1	r_2	r_3	r_4	r_5
C_p	40.447	29.384	0.372			
$Ha(T)$	−87010	40.447	14.692	−0.372		
$Sa(T)$	−161.933	40.447	29.384	−0.186		
$Ga(T)$	−87010	202.380	−40.447	−14.692	−0.186	
$Ga(l)$	−55590	−121.609				

$NiSe_{1.143}$ (Ni_7Se_8)

温度范围:298 ~ 480　　相:固

$\Delta H^{\ominus}_{f,298}$: −79710　　$S^{\ominus}_{298}$:77.153

函数	r_0	r_1	r_2	r_3	r_4	r_5
C_p	39.991	50.576				
$Ha(T)$	−93880	39.991	25.288			
$Sa(T)$	−165.779	39.991	50.576			
$Ga(T)$	−93880	205.770	−39.991	−25.288		
$Ga(l)$	−74790	−92.175				

温度范围:480 ~ 503　　相:固

$\Delta H^{\ominus}_{tr}$:—　　$\Delta S^{\ominus}_{tr}$:—

函数	r_0	r_1	r_2	r_3	r_4	r_5
C_p	−650.913	1489.868				
$Ha(T)$	71950	−650.913	744.934			
$Sa(T)$	3408.854	−650.913	1489.868			
$Ga(T)$	71950	−4059.768	650.913	−744.934		
$Ga(l)$	−67630	−107.920				

温度范围:503 ~ 550　　相:固

$\Delta H^{\ominus}_{tr}$:—　　$\Delta S^{\ominus}_{tr}$:—

函数	r_0	r_1	r_2	r_3	r_4	r_5
C_p	77.856	−27.598				
$Ha(T)$	−102660	77.856	−13.799			
$Sa(T)$	−361.233	77.856	−27.598			
$Ga(T)$	−102660	439.089	−77.856	13.799		
$Ga(l)$	−65530	−112.057				

温度范围:550 ~ 1000 相:固

$\Delta H^{\ominus}_{tr}$:— $\Delta S^{\ominus}_{tr}$:—

函数	r_0	r_1	r_2	r_3	r_4	r_5
C_p	45.982	26.778				
$Ha(T)$	-93350	45.982	13.389			
$Sa(T)$	-190.018	45.982	26.778			
$Ga(T)$	-93350	236.000	-45.982	-13.389		
$Ga(l)$	-50710	-136.253				

$NiSe_{1.25}$ （Ni_4Se_5）

温度范围:298 ~ 500 相:固(α)

$\Delta H^{\ominus}_{f,298}$: -83050 $S^{\ominus}_{298}$:80.082

函数	r_0	r_1	r_2	r_3	r_4	r_5
C_p	53.405	22.121	-0.279			
$Ha(T)$	-100890	53.405	11.061	0.279		
$Sa(T)$	-232.363	53.405	22.121	0.140		
$Ga(T)$	-100890	285.768	-53.405	-11.061	0.140	
$Ga(l)$	-77500	-96.879				

温度范围:500 ~ 589 相:固(α)

$\Delta H^{\ominus}_{tr}$:— $\Delta S^{\ominus}_{tr}$:—

函数	r_0	r_1	r_2	r_3	r_4	r_5
C_p	-35.849	198.389				
$Ha(T)$	-77740	-35.849	99.195			
$Sa(T)$	234.740	-35.849	198.389			
$Ga(T)$	-77740	-270.589	35.849	-99.195		
$Ga(l)$	-67880	-116.941				

温度范围:589 ~ 995 相:固(β)

$\Delta H^{\ominus}_{tr}$:0 $\Delta S^{\ominus}_{tr}$:0.000

函数	r_0	r_1	r_2	r_3	r_4	r_5
C_p	1.657	69.906	8.691			
$Ha(T)$	-62790	1.657	34.953	-8.691		
$Sa(T)$	83.713	1.657	69.906	-4.346		
$Ga(T)$	-62790	-82.056	-1.657	-34.953	-4.346	
$Ga(l)$	-51380	-142.913				

温度范围:995 ~ 1100 相:固(γ)

$\Delta H^{\ominus}_{tr}$:0 $\Delta S^{\ominus}_{tr}$:0.000

函数	r_0	r_1	r_2	r_3	r_4	r_5
C_p	46.534	31.949				
$Ha(T)$	-97390	46.534	15.975			
$Sa(T)$	-192.684	46.534	31.949			
$Ga(T)$	-97390	239.217	-46.534	-15.975		
$Ga(l)$	-31150	-164.385				

NiSe(非化学计量)

温度范围:298 ~ 1253　　相:固

$\Delta H^{\ominus}_{f,298}$: -74900　　$S^{\ominus}_{298}$:75. 2

函数	r_0	r_1	r_2	r_3	r_4	r_5
C_p	40. 45	29. 38	0. 37			
$Ha(T)$	-87030	40. 450	14. 690	-0. 370		
$Sa(T)$	-161. 946	40. 450	29. 380	-0. 185		
$Ga(T)$	-87030	202. 396	-40. 450	-14. 690	-0. 185	
$Ga(l)$	-51890	-127. 895				

$NiSe_2$

温度范围:298 ~ 1112　　相:固

$\Delta H^{\ominus}_{f,298}$: -108800　　$S^{\ominus}_{298}$:103. 5

函数	r_0	r_1	r_2	r_3	r_4	r_5
C_p	76. 65	13. 14	-0. 46			
$Ha(T)$	-133780	76. 650	6. 570	0. 460		
$Sa(T)$	-339. 726	76. 650	13. 140	0. 230		
$Ga(T)$	-133780	416. 376	-76. 650	-6. 570	0. 230	
$Ga(l)$	-81110	-170. 056				

$NiSeO_3$

温度范围:298 ~ 953　　相:固

$\Delta H^{\ominus}_{f,298}$: -560700　　$S^{\ominus}_{298}$:125. 9

函数	r_0	r_1	r_2	r_3	r_4	r_5
C_p	79. 5	59. 83				
$Ha(T)$	-587060	79. 500	29. 915			
$Sa(T)$	-344. 897	79. 500	59. 830			
$Ga(T)$	-587060	424. 397	-79. 500	-29. 915		
$Ga(l)$	-530480	-202. 085				

NiTe

温度范围:298 ~ 1262　　相:固

$\Delta H^{\ominus}_{f,298}$: -38500　　$S^{\ominus}_{298}$:84. 1

函数	r_0	r_1	r_2	r_3	r_4	r_5
C_p	57. 18	7. 11	-0. 4			
$Ha(T)$	-57210	57. 180	3. 555	0. 400		
$Sa(T)$	-246. 058	57. 180	7. 110	0. 200		
$Ga(T)$	-57210	303. 238	-57. 180	-3. 555	0. 200	
$Ga(l)$	-14900	-138. 313				

NiP_2

温度范围:298 ~ 1100　　相:固

$\Delta H^{\ominus}_{f,298}$: -142740　　$S^{\ominus}_{298}$:73. 220

函数	r_0	r_1	r_2	r_3	r_4	r_5
C_p	64. 852	20. 920				
$Ha(T)$	-163010	64. 852	10. 460			
$Sa(T)$	-302. 518	64. 852	20. 920			
$Ga(T)$	-163010	367. 370	-64. 852	-10. 460		
$Ga(l)$	-117310	-134. 566				

NiP_3

温度范围:298 ~ 1000　　相:固

$\Delta H^{\ominus}_{f,298}$: −164510　　$S^{\ominus}_{298}$:98.324

函数	r_0	r_1	r_2	r_3	r_4	r_5
C_p	93.722	29.288				
$Ha(T)$	−193750	93.722	14.644			
$Sa(T)$	−444.398	93.722	29.288			
$Ga(T)$	−193750	538.120	−93.722	−14.644		
$Ga(l)$	−132320	−178.580				

Ni_2P

温度范围:298 ~ 1383　　相:固

$\Delta H^{\ominus}_{f,298}$: −184810　　$S^{\ominus}_{298}$:77.404

函数	r_0	r_1	r_2	r_3	r_4	r_5
C_p	57.948	23.012				
$Ha(T)$	−203110	57.948	11.506			
$Sa(T)$	−259.621	57.948	23.012			
$Ga(T)$	−203110	317.569	−57.948	−11.506		
$Ga(l)$	−153190	−147.279				

Ni_3P

温度范围:298 ~ 1243　　相:固

$\Delta H^{\ominus}_{f,298}$: −219950　　$S^{\ominus}_{298}$:106.274

函数	r_0	r_1	r_2	r_3	r_4	r_5
C_p	77.822	33.472				
$Ha(T)$	−244640	77.822	16.736			
$Sa(T)$	−347.104	77.822	33.472			
$Ga(T)$	−244640	424.926	−77.822	−16.736		
$Ga(l)$	−182360	−192.781				

Ni_5P_2

温度范围:298 ~ 1453　　相:固

$\Delta H^{\ominus}_{f,298}$: −436140　　$S^{\ominus}_{298}$:184.933

函数	r_0	r_1	r_2	r_3	r_4	r_5
C_p	135.143	56.484				
$Ha(T)$	−478940	135.143	28.242			
$Sa(T)$	−601.898	135.143	56.484			
$Ga(T)$	−478940	737.041	−135.143	−28.242		
$Ga(l)$	−356830	−356.598				

Ni_6P_5

温度范围:298 ~ 1200　　相:固

$\Delta H^{\ominus}_{f,298}$: −621430　　$S^{\ominus}_{298}$:276.144

函数	r_0	r_1	r_2	r_3	r_4	r_5
C_p	240.998	71.128				
$Ha(T)$	−696440	240.998	35.564			
$Sa(T)$	−1118.172	240.998	71.128			
$Ga(T)$	−696440	1359.170	−240.998	−35.564		
$Ga(l)$	−516850	−520.712				

NiAs

温度范围:298 ~ 1237　　相:固

$\Delta H^{\Theta}_{f,298}$: −71970　　S^{Θ}_{298}:51.882

函数	r_0	r_1	r_2	r_3	r_4	r_5
C_p	43.723	12.970				
$Ha(T)$	−85580	43.723	6.485			
$Sa(T)$	−201.101	43.723	12.970			
$Ga(T)$	−85580	244.824	−43.723	−6.485		
$Ga(l)$	−52230	−97.528				

NiSb

温度范围:298 ~ 1423　　相:固

$\Delta H^{\Theta}_{f,298}$: −83680　　S^{Θ}_{298}:78.241

函数	r_0	r_1	r_2	r_3	r_4	r_5
C_p	46.233	11.632				
$Ha(T)$	−97980	46.233	5.816			
$Sa(T)$	−188.644	46.233	11.632			
$Ga(T)$	−97980	234.877	−46.233	−5.816		
$Ga(l)$	−59360	−131.599				

NiBi

温度范围:298 ~ 928　　相:固

$\Delta H^{\Theta}_{f,298}$: −7740　　S^{Θ}_{298}:88.282

函数	r_0	r_1	r_2	r_3	r_4	r_5
C_p	46.024	19.246				
$Ha(T)$	−22320	46.024	9.623			
$Sa(T)$	−179.682	46.024	19.246			
$Ga(T)$	−22320	225.706	−46.024	−9.623		
$Ga(l)$	7130	−126.231				

Ni_3C

温度范围:298 ~ 800　　相:固

$\Delta H^{\Theta}_{f,298}$:37660　　S^{Θ}_{298}:106.274

函数	r_0	r_1	r_2	r_3	r_4	r_5
C_p	100.416	20.920				
$Ha(T)$	6791	100.416	10.460			
$Sa(T)$	−472.093	100.416	20.920			
$Ga(T)$	6791	572.509	−100.416	−10.460		
$Ga(l)$	61690	−170.642				

$NiCO_3$

温度范围:298 ~ 700　　相:固

$\Delta H^{\Theta}_{f,298}$: −679900　　S^{Θ}_{298}:85.354

函数	r_0	r_1	r_2	r_3	r_4	r_5
C_p	92.048	38.911	−1.234			
$Ha(T)$	−713210	92.048	19.456	1.234		
$Sa(T)$	−457.641	92.048	38.911	0.617		
$Ga(T)$	−713210	549.689	−92.048	−19.456	0.617	
$Ga(l)$	−662040	−134.853				

$Ni(CO)_4$(液)

温度范围:298 ~ 315　　相:液

$\Delta H^{\ominus}_{f,298}$: −631800　　$S^{\ominus}_{298}$:319.6

函数	r_0	r_1	r_2	r_3	r_4	r_5
C_p	187.28	55.23	0.51			
$Ha(T)$	−688380	187.280	27.615	−0.510		
$Sa(T)$	−761.044	187.280	55.230	−0.255		
$Ga(T)$	−688380	948.324	−187.280	−27.615	−0.255	
$Ga(l)$	−630020	−324.633				

$Ni(CO)_4$(气)

温度范围:298 ~ 800　　相:气

$\Delta H^{\ominus}_{f,298}$: −601600　　$S^{\ominus}_{298}$:415.5

函数	r_0	r_1	r_2	r_3	r_4	r_5
C_p	161.12	29.82	−2.06			
$Ha(T)$	−657870	161.120	14.910	2.060		
$Sa(T)$	−522.975	161.120	29.820	1.030		
$Ga(T)$	−657870	684.095	−161.120	−14.910	1.030	
$Ga(l)$	−566130	−510.174				

NiSi

温度范围:298 ~ 1265　　相:固

$\Delta H^{\ominus}_{f,298}$: −89580　　$S^{\ominus}_{298}$:44.493

函数	r_0	r_1	r_2	r_3	r_4	r_5
C_p	48.760	6.121	−0.652			
$Ha(T)$	−106580	48.760	3.061	0.652		
$Sa(T)$	−238.814	48.760	6.121	0.326		
$Ga(T)$	−106580	287.574	−48.760	−3.061	0.326	
$Ga(l)$	−69930	−89.435				

温度范围:1265 ~ 1800　　相:液

$\Delta H^{\ominus}_{tr}$:43000　　$\Delta S^{\ominus}_{tr}$:33.992

函数	r_0	r_1	r_2	r_3	r_4	r_5
C_p	79.496					
$Ha(T)$	−97040	79.496				
$Sa(T)$	−416.417	79.496				
$Ga(T)$	−97040	495.913	−79.496			
$Ga(l)$	23790	−166.414				

Ni_7Si_{13}

温度范围:298 ~ 1245　　相:固

$\Delta H^{\ominus}_{f,298}$: −439740　　$S^{\ominus}_{298}$:439.772

函数	r_0	r_1	r_2	r_3	r_4	r_5
C_p	500.398	73.802	−7.220			
$Ha(T)$	−616430	500.398	36.901	7.220		
$Sa(T)$	−2473.908	500.398	73.802	3.610		
$Ga(T)$	−616430	2974.306	−500.398	−36.901	3.610	
$Ga(l)$	−240700	−897.237				

Ni_2Ge

温度范围:298 ~ 1400　　相:固

$\Delta H^{\ominus}_{f,298}$: -110040　　$S^{\ominus}_{298}$:90. 793

函数	r_0	r_1	r_2	r_3	r_4	r_5
C_p	71. 128	21. 757	-0. 686			
$Ha(T)$	-134510	71. 128	10. 879	0. 686		
$Sa(T)$	-324. 811	71. 128	21. 757	0. 343		
$Ga(T)$	-134510	395. 939	-71. 128	-10. 879	0. 343	
$Ga(l)$	-73610	-170. 692				

Ni_3Sn

温度范围:298 ~ 900　　相:固

$\Delta H^{\ominus}_{f,298}$: -93700　　$S^{\ominus}_{298}$:131. 4

函数	r_0	r_1	r_2	r_3	r_4	r_5
C_p	86. 94	42. 68				
$Ha(T)$	-121520	86. 940	21. 340			
$Sa(T)$	-376. 674	86. 940	42. 680			
$Ga(T)$	-121520	463. 614	-86. 940	-21. 340		
$Ga(l)$	-66060	-202. 585				

Ni_3Sn ($NiSn_{0.325 \sim 0.345}$)

温度范围:298 ~ 900　　相:固

$\Delta H^{\ominus}_{f,298}$: -102930　　$S^{\ominus}_{298}$:131. 378

函数	r_0	r_1	r_2	r_3	r_4	r_5
C_p	86. 944	42. 677				
$Ha(T)$	-130750	86. 944	21. 339			
$Sa(T)$	-376. 718	86. 944	42. 677			
$Ga(T)$	-130750	463. 662	-86. 944	-21. 339		
$Ga(l)$	-75290	-202. 564				

Ni_3Sn_2 ($NiSn_{0.62 \sim 0.715}$)

温度范围:298 ~ 1537　　相:固

$\Delta H^{\ominus}_{f,298}$: -192460　　$S^{\ominus}_{298}$:173. 636

函数	r_0	r_1	r_2	r_3	r_4	r_5
C_p	97. 069	38. 911				
$Ha(T)$	-223130	97. 069	19. 456			
$Sa(T)$	-391. 025	97. 069	38. 911			
$Ga(T)$	-223130	488. 094	-97. 069	-19. 456		
$Ga(l)$	-131840	-301. 907				

Ni_3Sn_4

温度范围:298 ~ 1000　　相:固

$\Delta H^{\ominus}_{f,298}$: -235560　　$S^{\ominus}_{298}$:257. 734

函数	r_0	r_1	r_2	r_3	r_4	r_5
C_p	178. 448	12. 970	-1. 757			
$Ha(T)$	-295230	178. 448	6. 485	1. 757		
$Sa(T)$	-772. 740	178. 448	12. 970	0. 879		
$Ga(T)$	-295230	951. 188	-178. 448	-6. 485	0. 879	
$Ga(l)$	-183220	-388. 193				

NiB

温度范围:298 ~ 1300　　相:固

$\Delta H^{\ominus}_{f,298}$: −100420　　$S^{\ominus}_{298}$:30. 125

函数	r_0	r_1	r_2	r_3	r_4	r_5
C_p	42. 928	14. 644	−1. 126			
$Ha(T)$	−117650	42. 928	7. 322	1. 126		
$Sa(T)$	−225. 161	42. 928	14. 644	0. 563		
$Ga(T)$	−117650	268. 089	−42. 928	−7. 322	0. 563	
$Ga(l)$	−81340	−72. 768				

Ni_2B

温度范围:298 ~ 1398　　相:固

$\Delta H^{\ominus}_{f,298}$: −63800　　$S^{\ominus}_{298}$:66. 3

函数	r_0	r_1	r_2	r_3	r_4	r_5
C_p	66. 94	22. 18	−1. 21			
$Ha(T)$	−88800	66. 940	11. 090	1. 210		
$Sa(T)$	−328. 516	66. 940	22. 180	0. 605		
$Ga(T)$	−88800	395. 456	−66. 940	−11. 090	0. 605	
$Ga(l)$	−30160	−139. 700				

Ni_3B

温度范围:298 ~ 1429　　相:固

$\Delta H^{\ominus}_{f,298}$: −88900　　$S^{\ominus}_{298}$:87. 9

函数	r_0	r_1	r_2	r_3	r_4	r_5
C_p	95. 4	26. 36	−1. 56			
$Ha(T)$	−123750	95. 400	13. 180	1. 560		
$Sa(T)$	−472. 285	95. 400	26. 360	0. 780		
$Ga(T)$	−123750	567. 685	−95. 400	−13. 180	0. 780	
$Ga(l)$	−40710	−192. 385				

Ni_4B_3

温度范围:298 ~ 1400　　相:固

$\Delta H^{\ominus}_{f,298}$: −311710　　$S^{\ominus}_{298}$:114. 642

函数	r_0	r_1	r_2	r_3	r_4	r_5
C_p	155. 98	49. 120	−3. 778			
$Ha(T)$	−373070	155. 980	24. 560	3. 778		
$Sa(T)$	−809. 964	155. 980	49. 120	1. 889		
$Ga(T)$	−373070	965. 944	−155. 980	−24. 560	1. 889	
$Ga(l)$	−235640	−280. 000				

NiAl

温度范围:298 ~ 1912　　相:固

$\Delta H^{\ominus}_{f,298}$: −118410　　$S^{\ominus}_{298}$:54. 099

函数	r_0	r_1	r_2	r_3	r_4	r_5
C_p	41. 840	13. 807				
$Ha(T)$	−131500	41. 840	6. 904			
$Sa(T)$	−188. 405	41. 840	13. 807			
$Ga(T)$	−131500	230. 245	−41. 840	−6. 904		
$Ga(l)$	−85520	−117. 499				

温度范围:1912 ~ 2100　　相:液

$\Delta H_{tr}^{\ominus}$:62760　　$\Delta S_{tr}^{\ominus}$:32.824

函数	r_0	r_1	r_2	r_3	r_4	r_5
C_p	71.128					
$Ha(T)$	-99500	71.128				
$Sa(T)$	-350.479	71.128				
$Ga(T)$	-99500	421.607	-71.128			
$Ga(l)$	43180	-190.394				

$NiAl_3$

温度范围:298 ~ 1127　　相:固

$\Delta H_{f,298}^{\ominus}$: -150620　　$S_{298}^{\ominus}$:110.667

函数	r_0	r_1	r_2	r_3	r_4	r_5
C_p	84.098	35.146				
$Ha(T)$	-177260	84.098	17.573			
$Sa(T)$	-378.968	84.098	35.146			
$Ga(T)$	-177260	463.066	-84.098	-17.573		
$Ga(l)$	-115110	-195.424				

Ni_2Al_3 ($Ni_2Al_{3\sim3.52}$)

温度范围:298 ~ 1406　　相:固

$\Delta H_{f,298}^{\ominus}$: -282420　　$S_{298}^{\ominus}$:136.398

函数	r_0	r_1	r_2	r_3	r_4	r_5
C_p	106.064	34.309				
$Ha(T)$	-315570	106.064	17.155			
$Sa(T)$	-478.141	106.064	34.309			
$Ga(T)$	-315570	584.205	-106.064	-17.155		
$Ga(l)$	-225400	-261.809				

Ni_3Al ($Ni_3Al_{0.9\sim1.14}$)

温度范围:298 ~ 1668　　相:固

$\Delta H_{f,298}^{\ominus}$: -153130　　$S_{298}^{\ominus}$:113.805

函数	r_0	r_1	r_2	r_3	r_4	r_5
C_p	88.492	32.217				
$Ha(T)$	-180950	88.492	16.109			
$Sa(T)$	-399.992	88.492	32.217			
$Ga(T)$	-180950	488.484	-88.492	-16.109		
$Ga(l)$	-93110	-236.601				

$NiAl_2Cl_8$(气)

温度范围:298 ~ 2000　　相:气

$\Delta H_{f,298}^{\ominus}$: -1543900　　$S_{298}^{\ominus}$:611

函数	r_0	r_1	r_2	r_3	r_4	r_5
C_p	251.38	8.58	-2.52			
$Ha(T)$	-1627700	251.380	4.290	2.520		
$Sa(T)$	-837.994	251.380	8.580	1.260		
$Ga(T)$	-1627700	1089.374	-251.380	-4.290	1.260	
$Ga(l)$	-1377500	-928.896				

NiTi

温度范围:298 ~ 1583　　相:固

$\Delta H^{\ominus}_{f,298}$: −66500　　$S^{\ominus}_{298}$:53.1

函数	r_0	r_1	r_2	r_3	r_4	r_5
C_p	53.01	9.62	−0.81			
$Ha(T)$	−85450	53.010	4.810	0.810		
$Sa(T)$	−256.354	53.010	9.620	0.405		
$Ga(T)$	−85450	309.364	−53.010	−4.810	0.405	
$Ga(l)$	−37550	−113.505				

$NiTi_2$

温度范围:298 ~ 1288　　相:固

$\Delta H^{\ominus}_{f,298}$: −83680　　$S^{\ominus}_{298}$:83.680

函数	r_0	r_1	r_2	r_3	r_4	r_5
C_p	67.990	23.430				
$Ha(T)$	−104990	67.990	11.715			
$Sa(T)$	−310.685	67.990	23.430			
$Ga(T)$	−104990	378.675	−67.990	−11.715		
$Ga(l)$	−50620	−158.884				

Ni_3Ti

温度范围:298 ~ 1651　　相:固

$\Delta H^{\ominus}_{f,298}$: −140160　　$S^{\ominus}_{298}$:104.600

函数	r_0	r_1	r_2	r_3	r_4	r_5
C_p	108.951	16.862	−1.820			
$Ha(T)$	−179500	108.951	8.431	1.820		
$Sa(T)$	−531.423	108.951	16.862	0.910		
$Ga(T)$	−179500	640.374	−108.951	−8.431	0.910	
$Ga(l)$	−78860	−230.283				

NpF_3

温度范围:298 ~ 1000　　相:固

$\Delta H^{\ominus}_{f,298}$: −1506200　　$S^{\ominus}_{298}$:118.407

函数	r_0	r_1	r_2	r_3	r_4	r_5
C_p	100.416	27.196				
$Ha(T)$	−1537300	100.416	13.598			
$Sa(T)$	−461.831	100.416	27.196			
$Ga(T)$	−1537300	562.247	−100.416	−13.598		
$Ga(l)$	−1472300	−202.927				

NpF_6(气)

温度范围:298 ~ 500　　相:气

$\Delta H^{\ominus}_{f,298}$: −1715400　　$S^{\ominus}_{298}$:371.121

函数	r_0	r_1	r_2	r_3	r_4	r_5
C_p	157.318		−2.510			
$Ha(T)$	−1770700	157.318		2.510		
$Sa(T)$	−539.332	157.318		1.255		
$Ga(T)$	−1770700	696.650	−157.318		1.255	
$Ga(l)$	−1696300	−426.299				

$NpCl_3$

温度范围:298 ~ 1000 相:固

$\Delta H^{\ominus}_{f,298}$: -903740 $S^{\ominus}_{298}$:160. 247

函数	r_0	r_1	r_2	r_3	r_4	r_5
C_p	92. 885	29. 288				
$Ha(T)$	-932740	92. 885	14. 644			
$Sa(T)$	-377. 706	92. 885	29. 288			
$Ga(T)$	-932740	470. 591	-92. 885	-14. 644		
$Ga(l)$	-871790	-239. 879				

$NpCl_4$

温度范围:298 ~ 800 相:固

$\Delta H^{\ominus}_{f,298}$: -987420 $S^{\ominus}_{298}$:199. 577

函数	r_0	r_1	r_2	r_3	r_4	r_5
C_p	113. 805	35. 857	-0. 331			
$Ha(T)$	-1024100	113. 805	17. 929	0. 331		
$Sa(T)$	-461. 391	113. 805	35. 857	0. 166		
$Ga(T)$	-1024100	575. 196	-113. 805	-17. 929	0. 166	
$Ga(l)$	-959460	-274. 342				

NpO_2

温度范围:298 ~ 1500 相:固

$\Delta H^{\ominus}_{f,298}$: -1029300 $S^{\ominus}_{298}$:80. 333

函数	r_0	r_1	r_2	r_3	r_4	r_5
C_p	80. 333	6. 778	-1. 657			
$Ha(T)$	-1059100	80. 333	3. 389	1. 657		
$Sa(T)$	-388. 713	80. 333	6. 778	0. 829		
$Ga(T)$	-1059100	469. 046	-80. 333	-3. 389	0. 829	
$Ga(l)$	-991410	-161. 185				

$NpO_3 \cdot H_2O$

温度范围:298 ~ 800 相:固

$\Delta H^{\ominus}_{f,298}$: -1390800 $S^{\ominus}_{298}$:137. 235

函数	r_0	r_1	r_2	r_3	r_4	r_5
C_p	123. 428	65. 270	-2. 218			
$Ha(T)$	-1437900	123. 428	32. 635	2. 218		
$Sa(T)$	-597. 944	123. 428	65. 270	1. 109		
$Ga(T)$	-1437900	721. 372	-123. 428	-32. 635	1. 109	
$Ga(l)$	-1360400	-218. 025				

$NpOCl_2$

温度范围:298 ~ 800 相:固

$\Delta H^{\ominus}_{f,298}$: -1028400 $S^{\ominus}_{298}$:140. 164

函数	r_0	r_1	r_2	r_3	r_4	r_5
C_p	97. 069	21. 338	-0. 962			
$Ha(T)$	-1061500	97. 069	10. 669	0. 962		
$Sa(T)$	-424. 669	97. 069	21. 338	0. 481		
$Ga(T)$	-1061500	521. 738	-97. 069	-10. 669	0. 481	
$Ga(l)$	-1006300	-199. 085				

O_2

温度范围:298 ~ 3200　　相:气

$\Delta H^{\ominus}_{f,298}$:0　　$S^{\ominus}_{298}$:205.1

函数	r_0	r_1	r_2	r_3	r_4	r_5
C_p	29.15	6.48	-0.18	-1.02		
$Ha(T)$	-9574	29.150	3.240	0.180	-0.340	
$Sa(T)$	36.116	29.150	6.480	0.090	-0.510	
$Ga(T)$	-9574	-6.966	-29.150	-3.240	0.090	0.170
$Ga(l)$	37060	-260.970				

O(气)(1)

温度范围:298 ~ 2000　　相:气

$\Delta H^{\ominus}_{f,298}$:249160　　$S^{\ominus}_{298}$:160.917

函数	r_0	r_1	r_2	r_3	r_4	r_5
C_p	20.878	-0.042	0.096			
$Ha(T)$	243260	20.878	-0.021	-0.096		
$Sa(T)$	42.515	20.878	-0.042	-0.048		
$Ga(T)$	243260	-21.637	-20.878	0.021	-0.048	
$Ga(l)$	263260	-188.214				

温度范围:2000 ~ 3000　　相:气

$\Delta H^{\ominus}_{tr}$:—　　$\Delta S^{\ominus}_{tr}$:—

函数	r_0	r_1	r_2	r_3	r_4	r_5
C_p	20.836					
$Ha(T)$	243210	20.836				
$Sa(T)$	42.738	20.836				
$Ga(T)$	243210	-21.902	-20.836			
$Ga(l)$	294740	-205.676				

O(气)(2)

温度范围:298 ~ 3000　　相:气

$\Delta H^{\ominus}_{f,298}$:249200　　$S^{\ominus}_{298}$:161.1

函数	r_0	r_1	r_2	r_3	r_4	r_5
C_p	21.01	-0.25	0.09	0.07		
$Ha(T)$	243250	21.010	-0.125	-0.090	0.023	
$Sa(T)$	41.971	21.010	-0.250	-0.045	0.035	
$Ga(T)$	243250	-20.961	-21.010	0.125	-0.045	-0.012
$Ga(l)$	270640	-195.588				

O_3

温度范围:298 ~ 2000　　相:气

$\Delta H^{\ominus}_{f,298}$:142670　　$S^{\ominus}_{298}$:238.823

函数	r_0	r_1	r_2	r_3	r_4	r_5
C_p	44.350	15.564	-0.862	-4.351		
$Ha(T)$	125900	44.350	7.782	0.862	-1.450	
$Sa(T)$	-23.161	44.350	15.564	0.431	-2.176	
$Ga(T)$	125900	67.511	-44.350	-7.782	0.431	0.725
$Ga(l)$	176190	-301.769				

Os

温度范围:298 ~ 3300　　相:固

$\Delta H^{\ominus}_{f,298}$:0　　$S^{\ominus}_{298}$:32.6

函数	r_0	r_1	r_2	r_3	r_4	r_5
C_p	23.57	3.81				
$Ha(T)$	-7197	23.570	1.905			
$Sa(T)$	-102.828	23.570	3.810			
$Ga(T)$	-7197	126.398	-23.570	-1.905		
$Ga(l)$	31010	-78.700				

OsF_2

温度范围:298 ~ 1350　　相:固

$\Delta H^{\ominus}_{f,298}$: -418400　　$S^{\ominus}_{298}$:108.784

函数	r_0	r_1	r_2	r_3	r_4	r_5
C_p	65.270	28.451				
$Ha(T)$	-439120	65.270	14.226			
$Sa(T)$	-271.581	65.270	28.451			
$Ga(T)$	-439120	336.851	-65.270	-14.226		
$Ga(l)$	-383230	-187.171				

温度范围:1350 ~ 1900　　相:液

$\Delta H^{\ominus}_{tr}$:15900　　$\Delta S^{\ominus}_{tr}$:11.778

函数	r_0	r_1	r_2	r_3	r_4	r_5
C_p	87.864					
$Ha(T)$	-427800	87.864				
$Sa(T)$	-384.249	87.864				
$Ga(T)$	-427800	472.113	-87.864			
$Ga(l)$	-286120	-265.099				

温度范围:1900 ~ 2500　　相:气

$\Delta H^{\ominus}_{tr}$:213380　　$\Delta S^{\ominus}_{tr}$:112.305

函数	r_0	r_1	r_2	r_3	r_4	r_5
C_p	62.760					
$Ha(T)$	-166720	62.760				
$Sa(T)$	-82.418	62.760				
$Ga(T)$	-166720	145.178	-62.760			
$Ga(l)$	-29350	-400.474				

OsF_3

温度范围:298 ~ 1250　　相:固

$\Delta H^{\ominus}_{f,298}$: -627600　　$S^{\ominus}_{298}$:117.152

函数	r_0	r_1	r_2	r_3	r_4	r_5
C_p	85.354	42.677				
$Ha(T)$	-654950	85.354	21.339			
$Sa(T)$	-381.885	85.354	42.677			
$Ga(T)$	-654950	467.239	-85.354	-21.339		
$Ga(l)$	-584770	-215.365				

温度范围:1250 ~ 1475 相:液

$\Delta H_{tr}^{\ominus}$:39750 $\Delta S_{tr}^{\ominus}$:31. 800

函数	r_0	r_1	r_2	r_3	r_4	r_5
C_p	129. 704					
$Ha(T)$	−637290	129. 704				
$Sa(T)$	−612. 994	129. 704				
$Ga(T)$	−637290	742. 698	−129. 704			
$Ga(l)$	−460890	−323. 004				

温度范围:1475 ~ 2000 相:气

$\Delta H_{tr}^{\ominus}$:158990 $\Delta S_{tr}^{\ominus}$:107. 790

函数	r_0	r_1	r_2	r_3	r_4	r_5
C_p	83. 680					
$Ha(T)$	−410420	83. 680				
$Sa(T)$	−169. 394	83. 680				
$Ga(T)$	−410420	253. 074	−83. 680			
$Ga(l)$	−265910	−454. 683				

OsF_4

温度范围:298 ~ 820 相:固

$\Delta H_{f,298}^{\ominus}$: −836800 $S_{298}^{\ominus}$:156. 900

函数	r_0	r_1	r_2	r_3	r_4	r_5
C_p	105. 018	43. 514				
$Ha(T)$	−870050	105. 018	21. 757			
$Sa(T)$	−454. 424	105. 018	43. 514			
$Ga(T)$	−870050	559. 442	−105. 018	−21. 757		
$Ga(l)$	−808550	−231. 874				

温度范围:820 ~ 1050 相:液

$\Delta H_{tr}^{\ominus}$:29290 $\Delta S_{tr}^{\ominus}$:35. 720

函数	r_0	r_1	r_2	r_3	r_4	r_5
C_p	151. 042					
$Ha(T)$	−863870	151. 042				
$Sa(T)$	−691. 812	151. 042				
$Ga(T)$	−863870	842. 854	−151. 042			
$Ga(l)$	−723220	−341. 164				

温度范围:1050 ~ 2000 相:气

$\Delta H_{tr}^{\ominus}$:96230 $\Delta S_{tr}^{\ominus}$:91. 648

函数	r_0	r_1	r_2	r_3	r_4	r_5
C_p	83. 680	20. 920				
$Ha(T)$	−708440	83. 680	10. 460			
$Sa(T)$	−153. 523	83. 680	20. 920			
$Ga(T)$	−708440	237. 203	−83. 680	−10. 460		
$Ga(l)$	−560630	−490. 904				

OsF_6

温度范围:298 ~ 340　　相:固

$\Delta H^{\ominus}_{f,298}$: -941400　　$S^{\ominus}_{298}$:284. 512

函数	r_0	r_1	r_2	r_3	r_4	r_5
C_p	145. 603	67. 781				
$Ha(T)$	-987820	145. 603	33. 891			
$Sa(T)$	-565. 284	145. 603	67. 781			
$Ga(T)$	-987820	710. 887	-145. 603	-33. 891		
$Ga(l)$	-937930	-295. 673				

温度范围:340 ~ 477　　相:液

$\Delta H^{\ominus}_{tr}$:10040　　$\Delta S^{\ominus}_{tr}$:29. 529

函数	r_0	r_1	r_2	r_3	r_4	r_5
C_p	175. 728					
$Ha(T)$	-984110	175. 728				
$Sa(T)$	-688. 306	175. 728				
$Ga(T)$	-984110	864. 034	-175. 728			
$Ga(l)$	-912870	-367. 750				

温度范围:477 ~ 1000　　相:气

$\Delta H^{\ominus}_{tr}$:36400　　$\Delta S^{\ominus}_{tr}$:76. 310

函数	r_0	r_1	r_2	r_3	r_4	r_5
C_p	125. 520	20. 920				
$Ha(T)$	-926140	125. 520	10. 460			
$Sa(T)$	-312. 316	125. 520	20. 920			
$Ga(T)$	-926140	437. 836	-125. 520	-10. 460		
$Ga(l)$	-831140	-530. 526				

OsF_8

温度范围:298 ~ 308　　相:固

$\Delta H^{\ominus}_{f,298}$: -1255200　　$S^{\ominus}_{298}$:376. 560

函数	r_0	r_1	r_2	r_3	r_4	r_5
C_p	189. 117	87. 864				
$Ha(T)$	-1315500	189. 117	43. 932			
$Sa(T)$	-727. 149	189. 117	87. 864			
$Ga(T)$	-1315500	916. 266	-189. 117	-43. 932		
$Ga(l)$	-1252500	-379. 784				

温度范围:308 ~ 320　　相:液

$\Delta H^{\ominus}_{tr}$:12550　　$\Delta S^{\ominus}_{tr}$:40. 747

函数	r_0	r_1	r_2	r_3	r_4	r_5
C_p	242. 672					
$Ha(T)$	-1315300	242. 672				
$Sa(T)$	-966. 216	242. 672				
$Ga(T)$	-1315300	1208. 888	-242. 672			
$Ga(l)$	-1238600	-430. 509				

温度范围:320 ~ 700　　相:气

$\Delta H_{tr}^{\ominus}$:28620　　$\Delta S_{tr}^{\ominus}$:89.438

函数	r_0	r_1	r_2	r_3	r_4	r_5
C_p	125.520	83.680				
$Ha(T)$	-1253400	125.520	41.840			
$Sa(T)$	-227.785	125.520	83.680			
$Ga(T)$	-1253400	353.305	-125.520	-41.840		
$Ga(l)$	-1181500	-595.638				

$OsCl_2$

温度范围:298 ~ 1080　　相:固

$\Delta H_{f,298}^{\ominus}$: -133890　　$S_{298}^{\ominus}$:129.704

函数	r_0	r_1	r_2	r_3	r_4	r_5
C_p	68.618	30.962				
$Ha(T)$	-155720	68.618	15.481			
$Sa(T)$	-270.485	68.618	30.962			
$Ga(T)$	-155720	339.103	-68.618	-15.481		
$Ga(l)$	-106150	-196.911				

温度范围:1080 ~ 1200　　相:液

$\Delta H_{tr}^{\ominus}$:35560　　$\Delta S_{tr}^{\ominus}$:32.926

函数	r_0	r_1	r_2	r_3	r_4	r_5
C_p	100.416					
$Ha(T)$	-136450	100.416				
$Sa(T)$	-426.220	100.416				
$Ga(T)$	-136450	526.636	-100.416			
$Ga(l)$	-22060	-280.556				

$OsCl_3$

温度范围:298 ~ 800　　相:固

$\Delta H_{f,298}^{\ominus}$: -188280　　$S_{298}^{\ominus}$:167.360

函数	r_0	r_1	r_2	r_3	r_4	r_5
C_p	87.027	48.534				
$Ha(T)$	-216380	87.027	24.267			
$Sa(T)$	-342.955	87.027	48.534			
$Ga(T)$	-216380	429.982	-87.027	-24.267		
$Ga(l)$	-164540	-230.774				

$OsCl_4$

温度范围:298 ~ 370　　相:固

$\Delta H_{f,298}^{\ominus}$: -267780　　$S_{298}^{\ominus}$:205.016

函数	r_0	r_1	r_2	r_3	r_4	r_5
C_p	105.437	40.166				
$Ha(T)$	-301000	105.437	20.083			
$Sa(T)$	-407.697	105.437	40.166			
$Ga(T)$	-301000	513.134	-105.437	-20.083		
$Ga(l)$	-263650	-218.312				

温度范围:370 ~ 600 相:液

$\Delta H_{tr}^{\ominus}$:13810 $\Delta S_{tr}^{\ominus}$:37.324

函数	r_0	r_1	r_2	r_3	r_4	r_5
C_p	146.440					
$Ha(T)$	-299610	146.440				
$Sa(T)$	-597.983	146.440				
$Ga(T)$	-299610	744.423	-146.440			
$Ga(l)$	-229660	-306.789				

温度范围:600 ~ 2500 相:气

$\Delta H_{tr}^{\ominus}$:50210 $\Delta S_{tr}^{\ominus}$:83.683

函数	r_0	r_1	r_2	r_3	r_4	r_5
C_p	83.680	20.920				
$Ha(T)$	-215510	83.680	10.460			
$Sa(T)$	-125.380	83.680	20.920			
$Ga(T)$	-215510	209.060	-83.680	-10.460		
$Ga(l)$	-77620	-518.320				

OsO_2

温度范围:298 ~ 1200 相:固

$\Delta H_{f,298}^{\ominus}$: -294550 $S_{298}^{\ominus}$:51.882

函数	r_0	r_1	r_2	r_3	r_4	r_5
C_p	69.956	10.376	-1.418			
$Ha(T)$	-320620	69.956	5.188	1.418		
$Sa(T)$	-357.769	69.956	10.376	0.709		
$Ga(T)$	-320620	427.725	-69.956	-5.188	0.709	
$Ga(l)$	-268710	-111.905				

OsO_4

温度范围:298 ~ 314 相:固

$\Delta H_{f,298}^{\ominus}$: -393710 $S_{298}^{\ominus}$:136.817

函数	r_0	r_1	r_2	r_3	r_4	r_5
C_p	151.461					
$Ha(T)$	-438870	151.461				
$Sa(T)$	-726.147	151.461				
$Ga(T)$	-438870	877.608	-151.461			
$Ga(l)$	-392450	-140.436				

温度范围:314 ~ 404 相:液

$\Delta H_{tr}^{\ominus}$:14270 $\Delta S_{tr}^{\ominus}$:45.446

函数	r_0	r_1	r_2	r_3	r_4	r_5
C_p	157.737					
$Ha(T)$	-426570	157.737				
$Sa(T)$	-716.784	157.737				
$Ga(T)$	-426570	874.521	-157.737			
$Ga(l)$	-370180	-210.985				

温度范围:404 ~ 1000　相:气

$\Delta H_{tr}^{\ominus}$:37240　$\Delta S_{tr}^{\ominus}$:92. 178

函数	r_0	r_1	r_2	r_3	r_4	r_5
C_p	85. 981	20. 418	-1. 598			
$Ha(T)$	-365960	85. 981	10. 209	1. 598		
$Sa(T)$	-207. 112	85. 981	20. 418	0. 799		
$Ga(T)$	-365960	293. 094	-85. 981	-10. 209	0. 799	
$Ga(l)$	-301360	-370. 944				

OsO_4(气)

温度范围:298 ~ 2000　相:气

$\Delta H_{f,298}^{\ominus}$: -334100　$S_{298}^{\ominus}$:297. 8

函数	r_0	r_1	r_2	r_3	r_4	r_5
C_p	85. 98	20. 42	-1. 6			
$Ha(T)$	-366010	85. 980	10. 210	1. 600		
$Sa(T)$	-207. 167	85. 980	20. 420	0. 800		
$Ga(T)$	-366010	293. 147	-85. 980	-10. 210	0. 800	
$Ga(l)$	-270080	-417. 694				

OsS_2

温度范围:298 ~ 1400　相:固

$\Delta H_{f,298}^{\ominus}$: -147700　$S_{298}^{\ominus}$:54. 392

函数	r_0	r_1	r_2	r_3	r_4	r_5
C_p	68. 534	11. 841	-0. 879			
$Ha(T)$	-171610	68. 534	5. 921	0. 879		
$Sa(T)$	-344. 562	68. 534	11. 841	0. 440		
$Ga(T)$	-171610	413. 096	-68. 534	-5. 921	0. 440	
$Ga(l)$	-115420	-125. 332				

$OsSe_2$

温度范围:298 ~ 1374　相:固

$\Delta H_{f,298}^{\ominus}$: -120100　$S_{298}^{\ominus}$:81. 6

函数	r_0	r_1	r_2	r_3	r_4	r_5
C_p	73. 64	11. 09	-0. 42			
$Ha(T)$	-143960	73. 640	5. 545	0. 420		
$Sa(T)$	-343. 640	73. 640	11. 090	0. 210		
$Ga(T)$	-143960	417. 280	-73. 640	-5. 545	0. 210	
$Ga(l)$	-85680	-158. 172				

OsP_2

温度范围:298 ~ 1400　相:固

$\Delta H_{f,298}^{\ominus}$: -131800　$S_{298}^{\ominus}$:82. 006

函数	r_0	r_1	r_2	r_3	r_4	r_5
C_p	66. 526	15. 481				
$Ha(T)$	-152320	66. 526	7. 741			
$Sa(T)$	-301. 648	66. 526	15. 481			
$Ga(T)$	-152320	368. 174	-66. 526	-7. 741		
$Ga(l)$	-97830	-157. 054				

P(白磷)

温度范围:298 ~ 317.3　　　　相:固

$\Delta H^{\ominus}_{f,298}$:0　　　　$S^{\ominus}_{298}$:41.087

函数	r_0	r_1	r_2	r_3	r_4	r_5
C_p	19.121	15.816				
$Ha(T)$	-6404	19.121	7.908			
$Sa(T)$	-72.572	19.121	15.816			
$Ga(T)$	-6404	91.693	-19.121	-7.908		
$Ga(l)$	228	-41.859				

温度范围:317.3 ~ 550　　　　相:液

$\Delta H^{\ominus}_{tr}$:657　　　　$\Delta S^{\ominus}_{tr}$:2.071

函数	r_0	r_1	r_2	r_3	r_4	r_5
C_p	26.326					
$Ha(T)$	-7237	26.326				
$Sa(T)$	-106.983	26.326				
$Ga(T)$	-7237	133.309	-26.326			
$Ga(l)$	3958	-52.683				

温度范围:550 ~ 2000　　　　相:气(介稳)

$\Delta H^{\ominus}_{tr}$:0　　　　$\Delta S^{\ominus}_{tr}$:0.000

函数	r_0	r_1	r_2	r_3	r_4	r_5
C_p	26.326					
$Ha(T)$	-7237	26.326				
$Sa(T)$	-106.983	26.326				
$Ga(T)$	-7237	133.309	-26.326			
$Ga(l)$	23280	-80.348				

P(红磷)

温度范围:298 ~ 870　　　　相:固

$\Delta H^{\ominus}_{f,298}$: -17450　　　　$S^{\ominus}_{298}$:22.803

函数	r_0	r_1	r_2	r_3	r_4	r_5
C_p	16.949	14.891				
$Ha(T)$	-23170	16.949	7.446			
$Sa(T)$	-78.205	16.949	14.891			
$Ga(T)$	-23170	95.154	-16.949	-7.446		
$Ga(l)$	-11580	-38.029				

P(气)

温度范围:298 ~ 2000　　　　相:气

$\Delta H^{\ominus}_{f,298}$:316440　　　　$S^{\ominus}_{298}$:163.092

函数	r_0	r_1	r_2	r_3	r_4	r_5
C_p	20.669	0.172				
$Ha(T)$	310270	20.669	0.086			
$Sa(T)$	45.277	20.669	0.172			
$Ga(T)$	310270	-24.608	-20.669	-0.086		
$Ga(l)$	330300	-189.819				

P_2(气)

温度范围:298 ~ 2000　　相:气

$\Delta H^{\ominus}_{f,298}$:143680　　$S^{\ominus}_{298}$:217.986

函数	r_0	r_1	r_2	r_3	r_4	r_5
C_p	36.296	0.799	-0.416			
$Ha(T)$	131430	36.296	0.400	0.416		
$Sa(T)$	8.608	36.296	0.799	0.208		
$Ga(T)$	131430	27.688	-36.296	-0.400	0.208	
$Ga(l)$	167380	-263.249				

P_4(气)

温度范围:298 ~ 2000　　相:气

$\Delta H^{\ominus}_{f,298}$:58920　　$S^{\ominus}_{298}$:279.868

函数	r_0	r_1	r_2	r_3	r_4	r_5
C_p	81.847	0.678	-1.344			
$Ha(T)$	29980	81.847	0.339	1.344		
$Sa(T)$	-194.225	81.847	0.678	0.672		
$Ga(T)$	29980	276.072	-81.847	-0.339	0.672	
$Ga(l)$	110960	-378.936				

PH_3(气)

温度范围:298 ~ 800　　相:气

$\Delta H^{\ominus}_{f,298}$:5565　　$S^{\ominus}_{298}$:210.204

函数	r_0	r_1	r_2	r_3	r_4	r_5
C_p	26.305	40.480	-0.114			
$Ha(T)$	-4459	26.305	20.240	0.114		
$Sa(T)$	47.618	26.305	40.480	0.057		
$Ga(T)$	-4459	-21.313	-26.305	-20.240	0.057	
$Ga(l)$	15060	-235.424				

温度范围:800 ~ 2000　　相:气

$\Delta H^{\ominus}_{tr}$:—　　$\Delta S^{\ominus}_{tr}$:—

函数	r_0	r_1	r_2	r_3	r_4	r_5
C_p	68.262	5.418	-9.028			
$Ha(T)$	-37950	68.262	2.709	9.028		
$Sa(T)$	-211.762	68.262	5.418	4.514		
$Ga(T)$	-37950	280.024	-68.262	-2.709	4.514	
$Ga(l)$	64870	-291.617				

PF_3(气)(1)

温度范围:298 ~ 800　　相:气

$\Delta H^{\ominus}_{f,298}$: -958430　　$S^{\ominus}_{298}$:272.922

函数	r_0	r_1	r_2	r_3	r_4	r_5
C_p	67.429	14.991	-1.177			
$Ha(T)$	-983150	67.429	7.496	1.177		
$Sa(T)$	-122.351	67.429	14.991	0.589		
$Ga(T)$	-983150	189.780	-67.429	-7.496	0.589	
$Ga(l)$	-943760	-312.001				

温度范围:800～2000　　相:气

$\Delta H_{tr}^{\ominus}$:—　　$\Delta S_{tr}^{\ominus}$:—

函数	r_0	r_1	r_2	r_3	r_4	r_5
C_p	82.475	0.255	-3.267			
$Ha(T)$	-993080	82.475	0.128	3.267		
$Sa(T)$	-212.772	82.475	0.255	1.634		
$Ga(T)$	-993080	295.247	-82.475	-0.128	1.634	
$Ga(l)$	-880630	-384.413				

PF_3(气)(2)

温度范围:298～2000　　相:气

$\Delta H_{f,298}^{\ominus}$: -958400　　$S_{298}^{\ominus}$:273.1

函数	r_0	r_1	r_2	r_3	r_4	r_5
C_p	78.1	2.7	-1.83			
$Ha(T)$	-987940	78.100	1.350	1.830		
$Sa(T)$	-182.981	78.100	2.700	0.915		
$Ga(T)$	-987940	261.081	-78.100	-1.350	0.915	
$Ga(l)$	-908890	-366.624				

PF_5(气)(1)

温度范围:298～800　　相:气

$\Delta H_{f,298}^{\ominus}$: -1594400　　$S_{298}^{\ominus}$:300.704

函数	r_0	r_1	r_2	r_3	r_4	r_5
C_p	101.596	29.803	-2.285			
$Ha(T)$	-1633700	101.596	14.902	2.285		
$Sa(T)$	-299.887	101.596	29.803	1.143		
$Ga(T)$	-1633700	401.483	-101.596	-14.902	1.143	
$Ga(l)$	-1572300	-359.491				

温度范围:800～2000　　相:气

$\Delta H_{tr}^{\ominus}$:—　　$\Delta S_{tr}^{\ominus}$:—

函数	r_0	r_1	r_2	r_3	r_4	r_5
C_p	131.093	0.690	-6.265			
$Ha(T)$	-1652900	131.093	0.345	6.265		
$Sa(T)$	-476.882	131.093	0.690	3.133		
$Ga(T)$	-1652900	607.975	-131.093	-0.345	3.133	
$Ga(l)$	-1473100	-473.043				

PF_5(气)(2)

温度范围:298～2000　　相:气

$\Delta H_{f,298}^{\ominus}$: -1594400　　$S_{298}^{\ominus}$:300.8

函数	r_0	r_1	r_2	r_3	r_4	r_5
C_p	122.51	5.52	-3.57			
$Ha(T)$	-1643100	122.510	2.760	3.570		
$Sa(T)$	-418.939	122.510	5.520	1.785		
$Ga(T)$	-1643100	541.449	-122.510	-2.760	1.785	
$Ga(l)$	-1517600	-445.077				

PCl_3

温度范围:298 ~ 348. 5　　相:液

$\Delta H^{\ominus}_{f,298}$: −320910　　$S^{\ominus}_{298}$:218. 488

函数	r_0	r_1	r_2	r_3	r_4	r_5
C_p	131. 378					
$Ha(T)$	−360080	131. 378				
$Sa(T)$	−530. 051	131. 378				
$Ga(T)$	−360080	661. 429	−131. 378			
$Ga(l)$	−317660	−229. 032				

温度范围:348. 5 ~ 1600　　相:气

$\Delta H^{\ominus}_{tr}$:30540　　$\Delta S^{\ominus}_{tr}$:87. 633

函数	r_0	r_1	r_2	r_3	r_4	r_5
C_p	82. 366	0. 406	−0. 942			
$Ha(T)$	−315190	82. 366	0. 203	0. 942		
$Sa(T)$	−159. 539	82. 366	0. 406	0. 471		
$Ga(T)$	−315190	241. 905	−82. 366	−0. 203	0. 471	
$Ga(l)$	−242980	−404. 589				

PCl_3(气)

温度范围:298 ~ 2000　　相:气

$\Delta H^{\ominus}_{f,298}$: −287020　　$S^{\ominus}_{298}$:311. 708

函数	r_0	r_1	r_2	r_3	r_4	r_5
C_p	82. 341	0. 377	−0. 941			
$Ha(T)$	−314740	82. 341	0. 189	0. 941		
$Sa(T)$	−162. 843	82. 341	0. 377	0. 471		
$Ga(T)$	−314740	245. 184	−82. 341	−0. 189	0. 471	
$Ga(l)$	−233950	−413. 184				

PCl_5

温度范围:298 ~ 432　　相:固

$\Delta H^{\ominus}_{f,298}$: −445600　　$S^{\ominus}_{298}$:170. 707

函数	r_0	r_1	r_2	r_3	r_4	r_5
C_p	138. 072					
$Ha(T)$	−486770	138. 072				
$Sa(T)$	−615. 972	138. 072				
$Ga(T)$	−486770	754. 044	−138. 072			
$Ga(l)$	−436810	−198. 198				

PCl_5(气)

温度范围:298 ~ 2000　　相:气

$\Delta H^{\ominus}_{f,298}$: −360120　　$S^{\ominus}_{298}$:364. 008

函数	r_0	r_1	r_2	r_3	r_4	r_5
C_p	131. 457	0. 824	−1. 785			
$Ha(T)$	−405340	131. 457	0. 412	1. 785		
$Sa(T)$	−395. 267	131. 457	0. 824	0. 893		
$Ga(T)$	−405340	526. 724	−131. 457	−0. 412	0. 893	
$Ga(l)$	−275880	−524. 781				

PBr_3(气)

温度范围:298 ~ 2000　　相:气

$\Delta H^{\ominus}_{f,298}$: −145900　　$S^{\ominus}_{298}$:348. 134

函数	r_0	r_1	r_2	r_3	r_4	r_5
C_p	82. 810	0. 176	−0. 614			
$Ha(T)$	−172660	82. 810	0. 088	0. 614		
$Sa(T)$	−127. 190	82. 810	0. 176	0. 307		
$Ga(T)$	−172660	210. 000	−82. 810	−0. 088	0. 307	
$Ga(l)$	−91920	−451. 689				

PI_3(气)

温度范围:298 ~ 2000　　相:气

$\Delta H^{\ominus}_{f,298}$: −18000　　$S^{\ominus}_{298}$:374. 4

函数	r_0	r_1	r_2	r_3	r_4	r_5
C_p	82. 84		−0. 39			
$Ha(T)$	−44010	82. 840		0. 390		
$Sa(T)$	−99. 783	82. 840		0. 195		
$Ga(T)$	−44010	182. 623	−82. 840		0. 195	
$Ga(l)$	36380	−478. 971				

PO(气)

温度范围:298 ~ 800　　相:气

$\Delta H^{\ominus}_{f,298}$: −6109　　$S^{\ominus}_{298}$:222. 672

函数	r_0	r_1	r_2	r_3	r_4	r_5
C_p	29. 585	7. 113				
$Ha(T)$	−15250	29. 585	3. 557			
$Sa(T)$	51. 988	29. 585	7. 113			
$Ga(T)$	−15250	−22. 403	−29. 585	−3. 557		
$Ga(l)$	1062	−241. 875				

温度范围:800 ~ 2000　　相:气

$\Delta H^{\ominus}_{tr}$:—　　$\Delta S^{\ominus}_{tr}$:—

函数	r_0	r_1	r_2	r_3	r_4	r_5
C_p	36. 777	0. 464	−1. 248			
$Ha(T)$	−20430	36. 777	0. 232	1. 248		
$Sa(T)$	8. 256	36. 777	0. 464	0. 624		
$Ga(T)$	−20430	28. 521	−36. 777	−0. 232	0. 624	
$Ga(l)$	29870	−274. 982				

PO_2

温度范围:298 ~ 350　　相:固

$\Delta H^{\ominus}_{f,298}$: −271960　　$S^{\ominus}_{298}$:48. 116

函数	r_0	r_1	r_2	r_3	r_4	r_5
C_p	47. 279	20. 920				
$Ha(T)$	−286990	47. 279	10. 460			
$Sa(T)$	−227. 498	47. 279	20. 920			
$Ga(T)$	−286990	274. 777	−47. 279	−10. 460		
$Ga(l)$	−270580	−52. 565				

PO_2(气)(1)

温度范围:298 ~ 800　　相:气

$\Delta H^{\ominus}_{f,298}$: −314510　　$S^{\ominus}_{298}$:253.550

函数	r_0	r_1	r_2	r_3	r_4	r_5
C_p	44.003	13.276	−0.585			
$Ha(T)$	−330180	44.003	6.638	0.585		
$Sa(T)$	−4.410	44.003	13.276	0.293		
$Ga(T)$	−330180	48.413	−44.003	−6.638	0.293	
$Ga(l)$	−304360	−280.611				

温度范围:800 ~ 2000　　相:气

$\Delta H^{\ominus}_{tr}$:—　　$\Delta S^{\ominus}_{tr}$:—

函数	r_0	r_1	r_2	r_3	r_4	r_5
C_p	57.517	0.251	−2.568			
$Ha(T)$	−339300	57.517	0.126	2.568		
$Sa(T)$	−85.875	57.517	0.251	1.284		
$Ga(T)$	−339300	143.392	−57.517	−0.126	1.284	
$Ga(l)$	−260590	−330.780				

PO_2(气)(2)

温度范围:298 ~ 2000　　相:气

$\Delta H^{\ominus}_{f,298}$: −276600　　$S^{\ominus}_{298}$:252.1

函数	r_0	r_1	r_2	r_3	r_4	r_5
C_p	53.21	2.62	−1.15			
$Ha(T)$	−296440	53.210	1.310	1.150		
$Sa(T)$	−58.319	53.210	2.620	0.575		
$Ga(T)$	−296440	111.529	−53.210	−1.310	0.575	
$Ga(l)$	−242270	−316.970				

P_2O_3(液)

温度范围:298 ~ 448　　相:液

$\Delta H^{\ominus}_{f,298}$: −1096200　　$S^{\ominus}_{298}$:142.256

函数	r_0	r_1	r_2	r_3	r_4	r_5
C_p	144.348					
$Ha(T)$	−1139200	144.348				
$Sa(T)$	−680.181	144.348				
$Ga(T)$	−1139200	824.529	−144.348			
$Ga(l)$	−1086000	−174.027				

P_4O_6(气)

温度范围:298 ~ 2000　　相:气

$\Delta H^{\ominus}_{f,298}$: −2214300　　$S^{\ominus}_{298}$:345.6

函数	r_0	r_1	r_2	r_3	r_4	r_5
C_p	216.36	8.67	−6.8			
$Ha(T)$	−2302000	216.360	4.335	6.800		
$Sa(T)$	−927.965	216.360	8.670	3.400		
$Ga(T)$	−2302000	1144.325	−216.360	−4.335	3.400	
$Ga(l)$	−2080200	−596.990				

P_4O_{10}(气)

温度范围:298 ~ 2000　　相:气

$\Delta H^{\ominus}_{f,298}$: −2904100　　$S^{\ominus}_{298}$:404

函数	r_0	r_1	r_2	r_3	r_4	r_5
C_p	292.83	19.19	−10.72			
$Ha(T)$	−3028200	292.830	9.595	10.720		
$Sa(T)$	−1330.446	292.830	19.190	5.360		
$Ga(T)$	−3028200	1623.276	−292.830	−9.595	5.360	
$Ga(l)$	−2722100	−742.951				

P_4O_{10}(六方)

温度范围:298 ~ 631　　相:固

$\Delta H^{\ominus}_{f,298}$: −3009900　　$S^{\ominus}_{298}$:228.781

函数	r_0	r_1	r_2	r_3	r_4	r_5
C_p	149.754	324.762	−3.106			
$Ha(T)$	−3079400	149.754	162.381	3.106		
$Sa(T)$	−738.755	149.754	324.762	1.553		
$Ga(T)$	−3079400	888.509	−149.754	−162.381	1.553	
$Ga(l)$	−2971600	−337.599				

温度范围:631 ~ 2000　　相:气

$\Delta H^{\ominus}_{tr}$:91400　　$\Delta S^{\ominus}_{tr}$:144.849

函数	r_0	r_1	r_2	r_3	r_4	r_5
C_p	320.561	5.017	−18.35			
$Ha(T)$	−3056300	320.561	2.509	18.350		
$Sa(T)$	−1512.534	320.561	5.017	9.175		
$Ga(T)$	−3056300	1833.095	−320.561	−2.509	9.175	
$Ga(l)$	−2646300	−793.460				

P_4O_{10}(斜方)

温度范围:298 ~ 843　　相:固

$\Delta H^{\ominus}_{f,298}$: −2984000　　$S^{\ominus}_{298}$:228.865

函数	r_0	r_1	r_2	r_3	r_4	r_5
C_p	70.040	451.872				
$Ha(T)$	−3025000	70.040	225.936			
$Sa(T)$	−304.920	70.040	451.872			
$Ga(T)$	−3025000	374.960	−70.040	−225.936		
$Ga(l)$	−2919600	−395.744				

$POCl_3$

温度范围:298 ~ 383　　相:液

$\Delta H^{\ominus}_{f,298}$: −597480　　$S^{\ominus}_{298}$:222.463

函数	r_0	r_1	r_2	r_3	r_4	r_5
C_p	138.783					
$Ha(T)$	−638860	138.783				
$Sa(T)$	−568.267	138.783				
$Ga(T)$	−638860	707.050	−138.783			
$Ga(l)$	−591780	−240.695				

温度范围:383 ~2000　相:气

$\Delta H_{tr}^{\ominus}$:34480　$\Delta S_{tr}^{\ominus}$:90.026

函数	r_0	r_1	r_2	r_3	r_4	r_5
C_p	102.901	2.607	-1.726			
$Ha(T)$	-595330	102.901	1.304	1.726		
$Sa(T)$	-271.695	102.901	2.607	0.863		
$Ga(T)$	-595330	374.596	-102.901	-1.304	0.863	
$Ga(l)$	-485490	-455.810				

$POCl_3$(气)

温度范围:298 ~2000　相:气

$\Delta H_{f,298}^{\ominus}$: -542250　$S_{298}^{\ominus}$:325.390

函数	r_0	r_1	r_2	r_3	r_4	r_5
C_p	102.885	2.594	-1.724			
$Ha(T)$	-578820	102.885	1.297	1.724		
$Sa(T)$	-271.278	102.885	2.594	0.862		
$Ga(T)$	-578820	374.163	-102.885	-1.297	0.862	
$Ga(l)$	-476050	-451.231				

$POBr_3$(气)(1)

温度范围:298 ~800　相:气

$\Delta H_{f,298}^{\ominus}$: -406560　$S_{298}^{\ominus}$:359.732

函数	r_0	r_1	r_2	r_3	r_4	r_5
C_p	96.500	10.523	-0.870			
$Ha(T)$	-438720	96.500	5.262	0.870		
$Sa(T)$	-198.117	96.500	10.523	0.435		
$Ga(T)$	-438720	294.617	-96.500	-5.262	0.435	
$Ga(l)$	-385540	-415.948				

温度范围:800 ~2000　相:气

$\Delta H_{tr}^{\ominus}$:—　$\Delta S_{tr}^{\ominus}$:—

函数	r_0	r_1	r_2	r_3	r_4	r_5
C_p	107.269	0.314	-2.539			
$Ha(T)$	-446150	107.269	0.157	2.539		
$Sa(T)$	-263.240	107.269	0.314	1.270		
$Ga(T)$	-446150	370.509	-107.269	-0.157	1.270	
$Ga(l)$	-301260	-512.956				

$POBr_3$(气)(2)

温度范围:298 ~2000　相:气

$\Delta H_{f,298}^{\ominus}$: -392300　$S_{298}^{\ominus}$:363.2

函数	r_0	r_1	r_2	r_3	r_4	r_5
C_p	103.55	2.33	-1.31			
$Ha(T)$	-427670	103.550	1.165	1.310		
$Sa(T)$	-234.849	103.550	2.330	0.655		
$Ga(T)$	-427670	338.399	-103.550	-1.165	0.655	
$Ga(l)$	-324910	-491.756				

PS(气)

温度范围:298 ~ 2000　　相:气

$\Delta H^{\ominus}_{f,298}$:221750　　$S^{\ominus}_{298}$:235.392

函数	r_0	r_1	r_2	r_3	r_4	r_5
C_p	37.028	0.494	-0.180			
$Ha(T)$	210080	37.028	0.247	0.180		
$Sa(T)$	23.262	37.028	0.494	0.090		
$Ga(T)$	210080	13.766	-37.028	-0.247	0.090	
$Ga(l)$	246290	-282.525				

P_2S_3

温度范围:298 ~ 503　　相:固

$\Delta H^{\ominus}_{f,298}$: -156230　　$S^{\ominus}_{298}$:140.792

函数	r_0	r_1	r_2	r_3	r_4	r_5
C_p	79.412	108.366				
$Ha(T)$	-184720	79.412	54.183			
$Sa(T)$	-343.975	79.412	108.366			
$Ga(T)$	-184720	423.387	-79.412	-54.183		
$Ga(l)$	-144970	-174.814				

温度范围:503 ~ 700　　相:液

$\Delta H^{\ominus}_{tr}$:14750　　$\Delta S^{\ominus}_{tr}$:29.324

函数	r_0	r_1	r_2	r_3	r_4	r_5
C_p	167.360					
$Ha(T)$	-200500	167.360				
$Sa(T)$	-807.231	167.360				
$Ga(T)$	-200500	974.591	-167.360			
$Ga(l)$	-100560	-263.325				

P_2S_5

温度范围:298 ~ 560　　相:固

$\Delta H^{\ominus}_{f,298}$: -186190　　$S^{\ominus}_{298}$:190.874

函数	r_0	r_1	r_2	r_3	r_4	r_5
C_p	106.148	140.290				
$Ha(T)$	-224070	106.148	70.145			
$Sa(T)$	-455.742	106.148	140.290			
$Ga(T)$	-224070	561.890	-106.148	-70.145		
$Ga(l)$	-167160	-246.874				

温度范围:560 ~ 800　　相:液

$\Delta H^{\ominus}_{tr}$:20540　　$\Delta S^{\ominus}_{tr}$:36.679

函数	r_0	r_1	r_2	r_3	r_4	r_5
C_p	293.717					
$Ha(T)$	-286570	293.717				
$Sa(T)$	-1527.426	293.717				
$Ga(T)$	-286570	1821.143	-293.717			
$Ga(l)$	-88510	-387.306				

P_4S_3

温度范围:298 ~ 313.9　　相:固(α)

$\Delta H^{\ominus}_{f,298}$: -223840　　$S^{\ominus}_{298}$:203.342

函数	r_0	r_1	r_2	r_3	r_4	r_5
C_p	18.259	484.185				
$Ha(T)$	-250800	18.259	242.093			
$Sa(T)$	-45.050	18.259	484.185			
$Ga(T)$	-250800	63.309	-18.259	-242.093		
$Ga(l)$	-222570	-207.556				

温度范围:313.9 ~ 446　　相:固(β)

$\Delta H^{\ominus}_{tr}$:10310　　$\Delta S^{\ominus}_{tr}$:32.845

函数	r_0	r_1	r_2	r_3	r_4	r_5
C_p	162.883	56.902				
$Ha(T)$	-264840	162.883	28.451			
$Sa(T)$	-709.535	162.883	56.902			
$Ga(T)$	-264840	872.418	-162.883	-28.451		
$Ga(l)$	-199390	-279.116				

温度范围:446 ~ 677　　相:液

$\Delta H^{\ominus}_{tr}$:20170　　$\Delta S^{\ominus}_{tr}$:45.224

函数	r_0	r_1	r_2	r_3	r_4	r_5
C_p	230.120					
$Ha(T)$	-269000	230.120				
$Sa(T)$	-1049.100	230.120				
$Ga(T)$	-269000	1279.220	-230.120			
$Ga(l)$	-141260	-406.712				

P_4S_5

温度范围:298 ~ 400　　相:固

$\Delta H^{\ominus}_{f,298}$: -304930　　$S^{\ominus}_{298}$:252.714

函数	r_0	r_1	r_2	r_3	r_4	r_5
C_p	175.184	120.499				
$Ha(T)$	-362520	175.184	60.250			
$Sa(T)$	-781.341	175.184	120.499			
$Ga(T)$	-362520	956.525	-175.184	-60.250		
$Ga(l)$	-294420	-286.099				

P_4S_6

温度范围:298 ~ 503　　相:固

$\Delta H^{\ominus}_{f,298}$: -242700　　$S^{\ominus}_{298}$:281.6

函数	r_0	r_1	r_2	r_3	r_4	r_5
C_p	158.83	216.73				
$Ha(T)$	-299690	158.830	108.365			
$Sa(T)$	-687.967	158.830	216.730			
$Ga(T)$	-299690	846.797	-158.830	-108.365		
$Ga(l)$	-220170	-349.647				

P_4S_7

温度范围:298 ~ 581　　相:固

$\Delta H^{\ominus}_{f,298}$: −323340　　$S^{\ominus}_{298}$:307.524

函数	r_0	r_1	r_2	r_3	r_4	r_5
C_p	187.443	184.096				
$Ha(T)$	−387410	187.443	92.048			
$Sa(T)$	−815.339	187.443	184.096			
$Ga(T)$	−387410	1002.782	−187.443	−92.048		
$Ga(l)$	−290150	−404.343				

温度范围:581 ~ 700　　相:液

$\Delta H^{\ominus}_{tr}$:36610　　$\Delta S^{\ominus}_{tr}$:63.012

函数	r_0	r_1	r_2	r_3	r_4	r_5
C_p	368.192					
$Ha(T)$	−424740	368.192				
$Sa(T)$	−1795.789	368.192				
$Ga(T)$	−424740	2163.981	−368.192			
$Ga(l)$	−189470	−583.220				

P_4S_{10}

温度范围:298 ~ 560　　相:固

$\Delta H^{\ominus}_{f,298}$: −397500　　$S^{\ominus}_{298}$:381.7

函数	r_0	r_1	r_2	r_3	r_4	r_5
C_p	212.3	280.58				
$Ha(T)$	−473270	212.300	140.290			
$Sa(T)$	−911.555	212.300	280.580			
$Ga(T)$	−473270	1123.855	−212.300	−140.290		
$Ga(l)$	−359440	−493.699				

PN(气)(1)

温度范围:298 ~ 800　　相:气

$\Delta H^{\ominus}_{f,298}$:87150　　$S^{\ominus}_{298}$:211.028

函数	r_0	r_1	r_2	r_3	r_4	r_5
C_p	27.422	8.933	−0.036			
$Ha(T)$	78460	27.422	4.467	0.036		
$Sa(T)$	51.923	27.422	8.933	0.018		
$Ga(T)$	78460	−24.501	−27.422	−4.467	0.018	
$Ga(l)$	93970	−229.280				

温度范围:800 ~ 2000　　相:气

$\Delta H^{\ominus}_{tr}$:—　　$\Delta S^{\ominus}_{tr}$:—

函数	r_0	r_1	r_2	r_3	r_4	r_5
C_p	36.501	0.540	−1.551			
$Ha(T)$	71990	36.501	0.270	1.551		
$Sa(T)$	−3.236	36.501	0.540	0.776		
$Ga(T)$	71990	39.737	−36.501	−0.270	0.776	
$Ga(l)$	122230	−261.689				

PN(气)(2)

温度范围:298 ~ 2000　　相:气

$\Delta H^{\ominus}_{f,298}$:104800　　$S^{\ominus}_{298}$:211.1

函数	r_0	r_1	r_2	r_3	r_4	r_5
C_p	33.07	2.41	-0.39			
$Ha(T)$	93520	33.070	1.205	0.390		
$Sa(T)$	19.768	33.070	2.410	0.195		
$Ga(T)$	93520	13.302	-33.070	-1.205	0.195	
$Ga(l)$	127210	-253.716				

Pa

温度范围:298 ~ 1825　　相:固

$\Delta H^{\ominus}_{f,298}$:0　　$S^{\ominus}_{298}$:56.484

函数	r_0	r_1	r_2	r_3	r_4	r_5
C_p	21.757	16.736				
$Ha(T)$	-7231	21.757	8.368			
$Sa(T)$	-72.468	21.757	16.736			
$Ga(T)$	-7231	94.225	-21.757	-8.368		
$Ga(l)$	20200	-95.608				

温度范围:1825 ~ 2500　　相:液

$\Delta H^{\ominus}_{tr}$:16740　　$\Delta S^{\ominus}_{tr}$:9.173

函数	r_0	r_1	r_2	r_3	r_4	r_5
C_p	33.472					
$Ha(T)$	16000	33.472				
$Sa(T)$	-120.725	33.472				
$Ga(T)$	16000	154.197	-33.472			
$Ga(l)$	87910	-136.225				

PaF_3

温度范围:298 ~ 1550　　相:固

$\Delta H^{\ominus}_{f,298}$: -1631800　　$S^{\ominus}_{298}$:112.968

函数	r_0	r_1	r_2	r_3	r_4	r_5
C_p	88.701	32.635				
$Ha(T)$	-1659700	88.701	16.318			
$Sa(T)$	-402.145	88.701	32.635			
$Ga(T)$	-1659700	490.846	-88.701	-16.318		
$Ga(l)$	-1576700	-229.175				

温度范围:1550 ~ 2500　　相:液

$\Delta H^{\ominus}_{tr}$:36820　　$\Delta S^{\ominus}_{tr}$:23.755

函数	r_0	r_1	r_2	r_3	r_4	r_5
C_p	129.704					
$Ha(T)$	-1647200	129.704				
$Sa(T)$	-629.014	129.704				
$Ga(T)$	-1647200	758.718	-129.704			
$Ga(l)$	-1388500	-357.742				

PaF_4

温度范围:298 ~ 1300　　相:固

$\Delta H^{\ominus}_{f,298}$: −1966500　　$S^{\ominus}_{298}$:150. 624

函数	r_0	r_1	r_2	r_3	r_4	r_5
C_p	105. 855	30. 962				
$Ha(T)$	−1999400	105. 855	15. 481			
$Sa(T)$	−461. 726	105. 855	30. 962			
$Ga(T)$	−1999400	567. 581	−105. 855	−15. 481		
$Ga(l)$	−1915700	−265. 919				

温度范围:1300 ~ 1900　　相:液

$\Delta H^{\ominus}_{tr}$:54390　　$\Delta S^{\ominus}_{tr}$:41. 838

函数	r_0	r_1	r_2	r_3	r_4	r_5
C_p	158. 992					
$Ha(T)$	−1988000	158. 992				
$Sa(T)$	−760. 636	158. 992				
$Ga(T)$	−1988000	919. 628	−158. 992			
$Ga(l)$	−1736000	−411. 805				

温度范围:1900 ~ 2500　　相:气

$\Delta H^{\ominus}_{tr}$:196650　　$\Delta S^{\ominus}_{tr}$:103. 500

函数	r_0	r_1	r_2	r_3	r_4	r_5
C_p	117. 152					
$Ha(T)$	−1711800	117. 152				
$Sa(T)$	−341. 260	117. 152				
$Ga(T)$	−1711800	458. 412	−117. 152			
$Ga(l)$	−1455400	−560. 145				

PaF_5

温度范围:298 ~ 570　　相:固

$\Delta H^{\ominus}_{f,298}$: −2196600　　$S^{\ominus}_{298}$:230. 120

函数	r_0	r_1	r_2	r_3	r_4	r_5
C_p	130. 122	40. 166				
$Ha(T)$	−2237200	130. 122	20. 083			
$Sa(T)$	−523. 238	130. 122	40. 166			
$Ga(T)$	−2237200	653. 360	−130. 122	−20. 083		
$Ga(l)$	−2178500	−283. 147				

温度范围:570 ~ 860　　相:液

$\Delta H^{\ominus}_{tr}$:28450　　$\Delta S^{\ominus}_{tr}$:49. 912

函数	r_0	r_1	r_2	r_3	r_4	r_5
C_p	184. 096					
$Ha(T)$	−2233000	184. 096				
$Sa(T)$	−792. 931	184. 096				
$Ga(T)$	−2233000	977. 027	−184. 096			
$Ga(l)$	−2102800	−416. 237				

温度范围:860 ~2500 相:气

$\Delta H_{tr}^{\ominus}$:83680 $\Delta S_{tr}^{\ominus}$:97. 302

函数	r_0	r_1	r_2	r_3	r_4	r_5
C_p	83. 680	41. 840				
$Ha(T)$	-2078400	83. 680	20. 920			
$Sa(T)$	-53. 107	83. 680	41. 840			
$Ga(T)$	-2078400	136. 787	-83. 680	-20. 920		
$Ga(l)$	-1892700	-636. 532				

$PaCl_3$

温度范围:298 ~1075 相:固

$\Delta H_{f,298}^{\ominus}$: -1020900 $S_{298}^{\ominus}$:158. 992

函数	r_0	r_1	r_2	r_3	r_4	r_5
C_p	97. 069	21. 757				
$Ha(T)$	-1050800	97. 069	10. 879			
$Sa(T)$	-400. 555	97. 069	21. 757			
$Ga(T)$	-1050800	497. 624	-97. 069	-10. 879		
$Ga(l)$	-985560	-245. 061				

温度范围:1075 ~1800 相:液

$\Delta H_{tr}^{\ominus}$:37660 $\Delta S_{tr}^{\ominus}$:35. 033

函数	r_0	r_1	r_2	r_3	r_4	r_5
C_p	133. 888					
$Ha(T)$	-1040200	133. 888				
$Sa(T)$	-599. 133	133. 888				
$Ga(T)$	-1040200	733. 021	-133. 888			
$Ga(l)$	-850990	-373. 456				

温度范围:1800 ~2500 相:气

$\Delta H_{tr}^{\ominus}$:179910 $\Delta S_{tr}^{\ominus}$:99. 950

函数	r_0	r_1	r_2	r_3	r_4	r_5
C_p	83. 680					
$Ha(T)$	-769870	83. 680				
$Sa(T)$	-122. 847	83. 680				
$Ga(T)$	-769870	206. 527	-83. 680			
$Ga(l)$	-591240	-519. 025				

$PaCl_4$

温度范围:298 ~950 相:固

$\Delta H_{f,298}^{\ominus}$: -1087800 $S_{298}^{\ominus}$:196. 648

函数	r_0	r_1	r_2	r_3	r_4	r_5
C_p	110. 039	37. 656				
$Ha(T)$	-1122300	110. 039	18. 828			
$Sa(T)$	-441. 537	110. 039	37. 656			
$Ga(T)$	-1122300	551. 576	-110. 039	-18. 828		
$Ga(l)$	-1052200	-287. 007				

温度范围:950 ~ 1120　　相:液

$\Delta H_{tr}^{\ominus}$:46020　　$\Delta S_{tr}^{\ominus}$:48.442

函数	r_0	r_1	r_2	r_3	r_4	r_5
C_p	163.176					
$Ha(T)$	-1109700	163.176				
$Sa(T)$	-721.654	163.176				
$Ga(T)$	-1109700	884.829	-163.176			
$Ga(l)$	-941190	-411.008				

温度范围:1120 ~ 2500　　相:气

$\Delta H_{tr}^{\ominus}$:117150　　$\Delta S_{tr}^{\ominus}$:104.598

函数	r_0	r_1	r_2	r_3	r_4	r_5
C_p	83.680	20.920				
$Ha(T)$	-916690	83.680	10.460			
$Sa(T)$	-82.338	83.680	20.920			
$Ga(T)$	-916690	166.018	-83.680	-10.460		
$Ga(l)$	-738610	-581.962				

$PaCl_5$

温度范围:298 ~ 574　　相:固

$\Delta H_{f,298}^{\ominus}$: -1121300　　$S_{298}^{\ominus}$:271.960

函数	r_0	r_1	r_2	r_3	r_4	r_5
C_p	145.185	56.066				
$Ha(T)$	-1167100	145.185	28.033			
$Sa(T)$	-571.962	145.185	56.066			
$Ga(T)$	-1167100	717.147	-145.185	-28.033		
$Ga(l)$	-1100300	-333.405				

温度范围:574 ~ 650　　相:液

$\Delta H_{tr}^{\ominus}$:39330　　$\Delta S_{tr}^{\ominus}$:68.519

函数	r_0	r_1	r_2	r_3	r_4	r_5
C_p	188.280					
$Ha(T)$	-1143200	188.280				
$Sa(T)$	-745.027	188.280				
$Ga(T)$	-1143200	933.307	-188.280			
$Ga(l)$	-1028200	-463.009				

温度范围:650 ~ 2500　　相:气

$\Delta H_{tr}^{\ominus}$:62760　　$\Delta S_{tr}^{\ominus}$:96.554

函数	r_0	r_1	r_2	r_3	r_4	r_5
C_p	83.680	41.840				
$Ha(T)$	-1021300	83.680	20.920			
$Sa(T)$	1.822	83.680	41.840			
$Ga(T)$	-1021300	81.858	-83.680	-20.920		
$Ga(l)$	-856420	-680.640				

PaO_2

温度范围:298 ~ 2560　　相:固

$\Delta H^{\ominus}_{f,298}$: -1029300　　$S^{\ominus}_{298}$:74.475

函数	r_0	r_1	r_2	r_3	r_4	r_5
C_p	60.250	10.878				
$Ha(T)$	-1047700	60.250	5.439			
$Sa(T)$	-272.048	60.250	10.878			
$Ga(T)$	-1047700	332.298	-60.250	-5.439		
$Ga(l)$	-968910	-176.748				

Pa_2O_5

温度范围:298 ~ 2050　　相:固

$\Delta H^{\ominus}_{f,298}$: -2092000　　$S^{\ominus}_{298}$:156.900

函数	r_0	r_1	r_2	r_3	r_4	r_5
C_p	118.826	47.698				
$Ha(T)$	-2129500	118.826	23.849			
$Sa(T)$	-534.344	118.826	47.698			
$Ga(T)$	-2129500	653.170	-118.826	-23.849		
$Ga(l)$	-1986000	-353.919				

温度范围:2050 ~ 2500　　相:液

$\Delta H^{\ominus}_{tr}$:108780　　$\Delta S^{\ominus}_{tr}$:53.063

函数	r_0	r_1	r_2	r_3	r_4	r_5
C_p	200.832					
$Ha(T)$	-2088700	200.832				
$Sa(T)$	-1008.844	200.832				
$Ga(T)$	-2088700	1209.676	-200.832			
$Ga(l)$	-1633000	-543.329				

Pb(1)

温度范围:298 ~ 600.58　　相:固

$\Delta H^{\ominus}_{f,298}$:0　　$S^{\ominus}_{298}$:64.785

函数	r_0	r_1	r_2	r_3	r_4	r_5
C_p	24.221	8.711				
$Ha(T)$	-7609	24.221	4.356			
$Sa(T)$	-75.814	24.221	8.711			
$Ga(T)$	-7609	100.035	-24.221	-4.356		
$Ga(l)$	3788	-75.758				

温度范围:600.58 ~ 1200　　相:液

$\Delta H^{\ominus}_{tr}$:4774　　$\Delta S^{\ominus}_{tr}$:7.949

函数	r_0	r_1	r_2	r_3	r_4	r_5
C_p	32.489	-3.088				
$Ha(T)$	-5672	32.489	-1.544			
$Sa(T)$	-113.676	32.489	-3.088			
$Ga(T)$	-5672	146.165	-32.489	1.544		
$Ga(l)$	21490	-104.188				

温度范围:1200 ~ 1400　　　　相:液

$\Delta H_{tr}^{\ominus}$:—　　　　$\Delta S_{tr}^{\ominus}$:—

函数	r_0	r_1	r_2	r_3	r_4	r_5
C_p	29. 748	-0. 816				
$Ha(T)$	-4019	29. 748	-0. 408			
$Sa(T)$	-96. 969	29. 748	-0. 816			
$Ga(T)$	-4019	126. 717	-29. 748	0. 408		
$Ga(l)$	33890	-115. 241				

温度范围:1400 ~ 1700　　　　相:液

$\Delta H_{tr}^{\ominus}$:—　　　　$\Delta S_{tr}^{\ominus}$:—

函数	r_0	r_1	r_2	r_3	r_4	r_5
C_p	27. 158	1. 029				
$Ha(T)$	-2201	27. 158	0. 515			
$Sa(T)$	-80. 789	27. 158	1. 029			
$Ga(T)$	-2201	107. 947	-27. 158	-0. 515		
$Ga(l)$	41020	-120. 283				

温度范围:1700 ~ 2026　　　　相:液

$\Delta H_{tr}^{\ominus}$:—　　　　$\Delta S_{tr}^{\ominus}$:—

函数	r_0	r_1	r_2	r_3	r_4	r_5
C_p	25. 702	1. 895				
$Ha(T)$	-977	25. 702	0. 948			
$Sa(T)$	-71. 431	25. 702	1. 895			
$Ga(T)$	-977	97. 133	-25. 702	-0. 948		
$Ga(l)$	50090	-125. 614				

温度范围:2026 ~ 3000　　　　相:气

$\Delta H_{tr}^{\ominus}$:177950　　　　$\Delta S_{tr}^{\ominus}$:87. 833

函数	r_0	r_1	r_2	r_3	r_4	r_5
C_p	20. 276	-3. 540	1. 232	2. 787		
$Ha(T)$	192000	20. 276	-1. 770	-1. 232	0. 929	
$Sa(T)$	63. 156	20. 276	-3. 540	-0. 616	1. 394	
$Ga(T)$	192000	-42. 880	-20. 276	1. 770	-0. 616	-0. 464
$Ga(l)$	245540	-221. 695				

Pb(2)

温度范围:298 ~ 601　　　　相:固

$\Delta H_{f,298}^{\ominus}$:0　　　　$S_{298}^{\ominus}$:64. 8

函数	r_0	r_1	r_2	r_3	r_4	r_5
C_p	24. 22	8. 71				
$Ha(T)$	-7608	24. 220	4. 355			
$Sa(T)$	-75. 793	24. 220	8. 710			
$Ga(T)$	-7608	100. 013	-24. 220	-4. 355		
$Ga(l)$	3792	-75. 784				

温度范围:601 ~2020 相:液

$\Delta H_{tr}^{\ominus}$:4800 $\Delta S_{tr}^{\ominus}$:7.987

函数	r_0	r_1	r_2	r_3	r_4	r_5
C_p	36.11	-9.74	-0.28	3.24		
$Ha(T)$	-7322	36.110	-4.870	0.280	1.080	
$Sa(T)$	-133.770	36.110	-9.740	0.140	1.620	
$Ga(T)$	-7322	169.880	-36.110	4.870	0.140	-0.540
$Ga(l)$	31120	-114.581				

Pb(气)

温度范围:298 ~2020 相:气

$\Delta H_{f,298}^{\ominus}$:195200 $S_{298}^{\ominus}$:175.4

函数	r_0	r_1	r_2	r_3	r_4	r_5
C_p	17.97	2.8	0.22			
$Ha(T)$	190460	17.970	1.400	-0.220		
$Sa(T)$	73.417	17.970	2.800	-0.110		
$Ga(T)$	190460	-55.447	-17.970	-1.400	-0.110	
$Ga(l)$	209180	-202.177				

PbH(气)

温度范围:298 ~2000 相:气

$\Delta H_{f,298}^{\ominus}$:236400 $S_{298}^{\ominus}$:220.664

函数	r_0	r_1	r_2	r_3	r_4	r_5
C_p	27.531	9.916	-0.084	-2.134		
$Ha(T)$	227490	27.531	4.958	0.084	-0.711	
$Sa(T)$	60.469	27.531	9.916	0.042	-1.067	
$Ga(T)$	227490	-32.938	-27.531	-4.958	0.042	0.356
$Ga(l)$	258540	-262.616				

PbF(气)

温度范围:298 ~2000 相:气

$\Delta H_{f,298}^{\ominus}$: -37660 $S_{298}^{\ominus}$:249.492

函数	r_0	r_1	r_2	r_3	r_4	r_5
C_p	36.568	1.172	-0.222			
$Ha(T)$	-49360	36.568	0.586	0.222		
$Sa(T)$	39.544	36.568	1.172	0.111		
$Ga(T)$	-49360	-2.976	-36.568	-0.586	0.111	
$Ga(l)$	-13180	-296.399				

PbF_2(1)

温度范围:298 ~613 相:固(α)

$\Delta H_{f,298}^{\ominus}$: -676970 $S_{298}^{\ominus}$:112.968

函数	r_0	r_1	r_2	r_3	r_4	r_5
C_p	54.936	64.434				
$Ha(T)$	-696210	54.936	32.217			
$Sa(T)$	-219.246	54.936	64.434			
$Ga(T)$	-696210	274.182	-54.936	-32.217		
$Ga(l)$	-665580	-145.728				

温度范围:613 ~ 725　　相:固(β)

$\Delta H^{\ominus}_{tr}$:2552　　$\Delta S^{\ominus}_{tr}$:4.163

函数	r_0	r_1	r_2	r_3	r_4	r_5
C_p	54.936	64.434				
$Ha(T)$	-693660	54.936	32.217			
$Sa(T)$	-215.083	54.936	64.434			
$Ga(T)$	-693660	270.019	-54.936	-32.217		
$Ga(l)$	-642590	-185.385				

温度范围:725 ~ 1091　　相:固(γ)

$\Delta H^{\ominus}_{tr}$:2720　　$\Delta S^{\ominus}_{tr}$:3.752

函数	r_0	r_1	r_2	r_3	r_4	r_5
C_p	101.671					
$Ha(T)$	-707890	101.671				
$Sa(T)$	-472.421	101.671				
$Ga(T)$	-707890	574.092	-101.671			
$Ga(l)$	-616580	-219.669				

温度范围:1091 ~ 1576　　相:液

$\Delta H^{\ominus}_{tr}$:17410　　$\Delta S^{\ominus}_{tr}$:15.958

函数	r_0	r_1	r_2	r_3	r_4	r_5
C_p	100.416					
$Ha(T)$	-689110	100.416				
$Sa(T)$	-447.685	100.416				
$Ga(T)$	-689110	548.101	-100.416			
$Ga(l)$	-556390	-274.533				

温度范围:1576 ~ 2000　　相:气

$\Delta H^{\ominus}_{tr}$:156860　　$\Delta S^{\ominus}_{tr}$:99.530

函数	r_0	r_1	r_2	r_3	r_4	r_5
C_p	57.823	0.167	-0.464			
$Ha(T)$	-465630	57.823	0.084	0.464		
$Sa(T)$	-34.914	57.823	0.167	0.232		
$Ga(T)$	-465630	92.737	-57.823	-0.084	0.232	
$Ga(l)$	-362090	-398.409				

$PbF_2(2)$

温度范围:298 ~ 583　　相:固(α)

$\Delta H^{\ominus}_{f,298}$: -677000　　$S^{\ominus}_{298}$:113

函数	r_0	r_1	r_2	r_3	r_4	r_5
C_p	61.38	36.61				
$Ha(T)$	-696930	61.380	18.305			
$Sa(T)$	-247.634	61.380	36.610			
$Ga(T)$	-696930	309.014	-61.380	-18.305		
$Ga(l)$	-667220	-141.524				

温度范围:583 ~ 1103 相:固(β)

$\Delta H_{tr}^{\ominus}$:1500 $\Delta S_{tr}^{\ominus}$:2.573

函数	r_0	r_1	r_2	r_3	r_4	r_5
C_p	146.07	-48.97				
$Ha(T)$	-730260	146.070	-24.485			
$Sa(T)$	-734.490	146.070	-48.970			
$Ga(T)$	-730260	880.560	-146.070	24.485		
$Ga(l)$	-627140	-206.876				

PbF_2(气)

温度范围:298 ~ 2000 相:气

$\Delta H_{f,298}^{\ominus}$:-449400 $S_{298}^{\ominus}$:292.7

函数	r_0	r_1	r_2	r_3	r_4	r_5
C_p	57.4	0.54	-0.59			
$Ha(T)$	-468520	57.400	0.270	0.590		
$Sa(T)$	-37.822	57.400	0.540	0.295		
$Ga(T)$	-468520	95.222	-57.400	-0.270	0.295	
$Ga(l)$	-412130	-364.007				

PbF_4

温度范围:298 ~ 773 相:固

$\Delta H_{f,298}^{\ominus}$:-928850 $S_{298}^{\ominus}$:188.280

函数	r_0	r_1	r_2	r_3	r_4	r_5
C_p	108.784	30.125				
$Ha(T)$	-962620	108.784	15.063			
$Sa(T)$	-440.509	108.784	30.125			
$Ga(T)$	-962620	549.293	-108.784	-15.063		
$Ga(l)$	-903470	-256.916				

PbF_4(气)

温度范围:298 ~ 2000 相:气

$\Delta H_{f,298}^{\ominus}$:-778220 $S_{298}^{\ominus}$:333.465

函数	r_0	r_1	r_2	r_3	r_4	r_5
C_p	106.399	0.879	-1.423			
$Ha(T)$	-814750	106.399	0.440	1.423		
$Sa(T)$	-281.020	106.399	0.879	0.712		
$Ga(T)$	-814750	387.419	-106.399	-0.440	0.712	
$Ga(l)$	-709890	-463.882				

$PbCl$(气)

温度范围:298 ~ 2000 相:气

$\Delta H_{f,298}^{\ominus}$:15100 $S_{298}^{\ominus}$:261.4

函数	r_0	r_1	r_2	r_3	r_4	r_5
C_p	37.11	0.84	-0.1			
$Ha(T)$	3663	37.110	0.420	0.100		
$Sa(T)$	49.149	37.110	0.840	0.050		
$Ga(T)$	3663	-12.039	-37.110	-0.420	0.050	
$Ga(l)$	40040	-309.336				

$PbCl_2$

温度范围:298 ~ 768　　相:固

$\Delta H^{\ominus}_{f,298}$: −360660　　$S^{\ominus}_{298}$:135.980

函数	r_0	r_1	r_2	r_3	r_4	r_5
C_p	60.752	41.505				
$Ha(T)$	−380620	60.752	20.753			
$Sa(T)$	−222.535	60.752	41.505			
$Ga(T)$	−380620	283.287	−60.752	−20.753		
$Ga(l)$	−344440	−179.798				

温度范围:768 ~ 1226　　相:液

$\Delta H^{\ominus}_{tr}$:23850　　$\Delta S^{\ominus}_{tr}$:31.055

函数	r_0	r_1	r_2	r_3	r_4	r_5
C_p	104.182					
$Ha(T)$	−377880	104.182				
$Sa(T)$	−448.144	104.182				
$Ga(T)$	−377880	552.326	−104.182			
$Ga(l)$	−275490	−270.649				

温度范围:1226 ~ 2000　　相:气

$\Delta H^{\ominus}_{tr}$:126780　　$\Delta S^{\ominus}_{tr}$:103.409

函数	r_0	r_1	r_2	r_3	r_4	r_5
C_p	56.610	0.962				
$Ha(T)$	−193500	56.610	0.481			
$Sa(T)$	−7.605	56.610	0.962			
$Ga(T)$	−193500	64.215	−56.610	−0.481		
$Ga(l)$	−102380	−411.729				

$PbCl_2$(气)

温度范围:298 ~ 2000　　相:气

$\Delta H^{\ominus}_{f,298}$: −174100　　$S^{\ominus}_{298}$:317.2

函数	r_0	r_1	r_2	r_3	r_4	r_5
C_p	58.05	0.09	−0.26			
$Ha(T)$	−192280	58.050	0.045	0.260		
$Sa(T)$	−15.035	58.050	0.090	0.130		
$Ga(T)$	−192280	73.085	−58.050	−0.045	0.130	
$Ga(l)$	−135920	−390.622				

$PbCl_4$(液)

温度范围:298 ~ 400　　相:液

$\Delta H^{\ominus}_{f,298}$: −476980　　$S^{\ominus}_{298}$:280.328

函数	r_0	r_1	r_2	r_3	r_4	r_5
C_p	167.360					
$Ha(T)$	−526880	167.360				
$Sa(T)$	−673.222	167.360				
$Ga(T)$	−526880	840.582	−167.360			
$Ga(l)$	−468780	−306.363				

$PbCl_4$(气)

温度范围:298 ~ 2000　　相:气

$\Delta H^{\ominus}_{f,298}$: -313800　　$S^{\ominus}_{298}$:384. 510

函数	r_0	r_1	r_2	r_3	r_4	r_5
C_p	107. 822	0. 126	-0. 619			
$Ha(T)$	-348030	107. 822	0. 063	0. 619		
$Sa(T)$	-233. 336	107. 822	0. 126	0. 310		
$Ga(T)$	-348030	341. 158	-107. 822	-0. 063	0. 310	
$Ga(l)$	-243190	-520. 163				

PbBr(气)

温度范围:298 ~ 2000　　相:气

$\Delta H^{\ominus}_{f,298}$:70900　　$S^{\ominus}_{298}$:272. 5

函数	r_0	r_1	r_2	r_3	r_4	r_5
C_p	37. 17	0. 85	-0. 05			
$Ha(T)$	59610	37. 170	0. 425	0. 050		
$Sa(T)$	60. 186	37. 170	0. 850	0. 025		
$Ga(T)$	59610	-23. 016	-37. 170	-0. 425	0. 025	
$Ga(l)$	95990	-320. 773				

$PbBr_2$

温度范围:298 ~ 640　　相:固

$\Delta H^{\ominus}_{f,298}$: -276440　　$S^{\ominus}_{298}$:161. 753

函数	r_0	r_1	r_2	r_3	r_4	r_5
C_p	77. 781	9. 205				
$Ha(T)$	-300040	77. 781	4. 603			
$Sa(T)$	-284. 156	77. 781	9. 205			
$Ga(T)$	-300040	361. 937	-77. 781	-4. 603		
$Ga(l)$	-263900	-197. 511				

温度范围:640 ~ 1187　　相:液

$\Delta H^{\ominus}_{tr}$:20750　　$\Delta S^{\ominus}_{tr}$:32. 422

函数	r_0	r_1	r_2	r_3	r_4	r_5
C_p	115. 478					
$Ha(T)$	-301530	115. 478				
$Sa(T)$	-489. 421	115. 478				
$Ga(T)$	-301530	604. 899	-115. 478			
$Ga(l)$	-198600	-296. 769				

温度范围:1187 ~ 2000　　相:气

$\Delta H^{\ominus}_{tr}$:115900　　$\Delta S^{\ominus}_{tr}$:97. 641

函数	r_0	r_1	r_2	r_3	r_4	r_5
C_p	57. 530	0. 377				
$Ha(T)$	-117110	57. 530	0. 189			
$Sa(T)$	17. 997	57. 530	0. 377			
$Ga(T)$	-117110	39. 533	-57. 530	-0. 189		
$Ga(l)$	-26570	-442. 427				

$PbBr_2$(气)

温度范围:298 ~ 2000　　相:气

$\Delta H^{\ominus}_{f,298}$: -104400　　$S^{\ominus}_{298}$:339.4

函数	r_0	r_1	r_2	r_3	r_4	r_5
C_p	58.17	0.03	-0.11			
$Ha(T)$	-122110	58.170	0.015	0.110		
$Sa(T)$	7.343	58.170	0.030	0.055		
$Ga(T)$	-122110	50.827	-58.170	-0.015	0.055	
$Ga(l)$	-65850	-413.680				

$PbBr_4$(气)

温度范围:298 ~ 2000　　相:气

$\Delta H^{\ominus}_{f,298}$: -184100　　$S^{\ominus}_{298}$:425.931

函数	r_0	r_1	r_2	r_3	r_4	r_5
C_p	105.688	1.423				
$Ha(T)$	-215670	105.688	0.712			
$Sa(T)$	-176.661	105.688	1.423			
$Ga(T)$	-215670	282.349	-105.688	-0.712		
$Ga(l)$	-112960	-563.059				

PbI(气)

温度范围:298 ~ 2000　　相:气

$\Delta H^{\ominus}_{f,298}$:107530　　$S^{\ominus}_{298}$:279.742

函数	r_0	r_1	r_2	r_3	r_4	r_5
C_p	36.819	0.920				
$Ha(T)$	96510	36.819	0.460			
$Sa(T)$	69.688	36.819	0.920			
$Ga(T)$	96510	-32.869	-36.819	-0.460		
$Ga(l)$	132520	-327.875				

PbI_2

温度范围:298 ~ 680　　相:固

$\Delta H^{\ominus}_{f,298}$: -175140　　$S^{\ominus}_{298}$:175.142

函数	r_0	r_1	r_2	r_3	r_4	r_5
C_p	75.312	19.665				
$Ha(T)$	-198470	75.312	9.833			
$Sa(T)$	-259.819	75.312	19.665			
$Ga(T)$	-198470	335.130	-75.312	-9.833		
$Ga(l)$	-160930	-214.982				

温度范围:680 ~ 1135　　相:液

$\Delta H^{\ominus}_{tr}$:16190　　$\Delta S^{\ominus}_{tr}$:23.809

函数	r_0	r_1	r_2	r_3	r_4	r_5
C_p	135.562					
$Ha(T)$	-218700	135.562				
$Sa(T)$	-615.594	135.562				
$Ga(T)$	-218700	751.156	-135.562			
$Ga(l)$	-97760	-306.816				

温度范围:1135 ~2000　　相:气

$\Delta H_{tr}^{\ominus}$:112930　　$\Delta S_{tr}^{\ominus}$:99.498

函数	r_0	r_1	r_2	r_3	r_4	r_5
C_p	58.199		-0.05			
$Ha(T)$	-18010	58.199		0.050		
$Sa(T)$	28.086	58.199		0.025		
$Ga(T)$	-18010	30.113	-58.199		0.025	
$Ga(l)$	71380	-455.831				

PbI_2(气)

温度范围:298 ~2000　　相:气

$\Delta H_{f,298}^{\ominus}$: -3200　　$S_{298}^{\ominus}$:359.6

函数	r_0	r_1	r_2	r_3	r_4	r_5
C_p	58.21	-0.01	-0.54			
$Ha(T)$	-22370	58.210	-0.005	0.540		
$Sa(T)$	24.909	58.210	-0.010	0.270		
$Ga(T)$	-22370	33.301	-58.210	0.005	0.270	
$Ga(l)$	34450	-431.733				

PbI_4(气)

温度范围:298 ~2000　　相:气

$\Delta H_{f,298}^{\ominus}$: -1674　　$S_{298}^{\ominus}$:466.098

函数	r_0	r_1	r_2	r_3	r_4	r_5
C_p	106.859	0.753				
$Ha(T)$	-33570	106.859	0.377			
$Sa(T)$	-142.966	106.859	0.753			
$Ga(T)$	-33570	249.825	-106.859	-0.377		
$Ga(l)$	69920	-604.162				

PbO

温度范围:298 ~762　　相:固(红色)

$\Delta H_{f,298}^{\ominus}$: -219280　　$S_{298}^{\ominus}$:65.270

函数	r_0	r_1	r_2	r_3	r_4	r_5
C_p	41.422	15.313				
$Ha(T)$	-232310	41.422	7.657			
$Sa(T)$	-175.301	41.422	15.313			
$Ga(T)$	-232310	216.723	-41.422	-7.657		
$Ga(l)$	-209490	-91.828				

温度范围:762 ~1158　　相:固(黄色)

$\Delta H_{tr}^{\ominus}$:1632　　$\Delta S_{tr}^{\ominus}$:2.142

函数	r_0	r_1	r_2	r_3	r_4	r_5
C_p	44.811	16.485				
$Ha(T)$	-233600	44.811	8.243			
$Sa(T)$	-196.542	44.811	16.485			
$Ga(T)$	-233600	241.353	-44.811	-8.243		
$Ga(l)$	-183590	-126.805				

温度范围:1158 ~ 1400　　相:液

$\Delta H^{\ominus}_{tr}$:27490　　$\Delta S^{\ominus}_{tr}$:23. 739

函数	r_0	r_1	r_2	r_3	r_4	r_5
C_p	64. 350					
$Ha(T)$	-217680	64. 350				
$Sa(T)$	-291. 550	64. 350				
$Ga(T)$	-217680	355. 900	-64. 350			
$Ga(l)$	-135590	-168. 734				

PbO（气）

温度范围:298 ~ 2000　　相:气

$\Delta H^{\ominus}_{f,298}$:48030　　$S^{\ominus}_{298}$:239. 911

函数	r_0	r_1	r_2	r_3	r_4	r_5
C_p	36. 526	0. 753	-0. 389			
$Ha(T)$	35800	36. 526	0. 377	0. 389		
$Sa(T)$	29. 388	36. 526	0. 753	0. 195		
$Ga(T)$	35800	7. 138	-36. 526	-0. 377	0. 195	
$Ga(l)$	71920	-285. 567				

$PbO \cdot 2B_2O_3$

温度范围:298 ~ 1100　　相:固

$\Delta H^{\ominus}_{f,298}$: -2857700　　$S^{\ominus}_{298}$:166. 942

函数	r_0	r_1	r_2	r_3	r_4	r_5
C_p	61. 463	456. 056	-1. 130	-186. 565		
$Ha(T)$	-2898400	61. 463	228. 028	1. 130	-62. 188	
$Sa(T)$	-317. 286	61. 463	456. 056	0. 565	-93. 283	
$Ga(T)$	-2898400	378. 749	-61. 463	-228. 028	0. 565	31. 094
$Ga(l)$	-2778100	-354. 784				

温度范围:1100 ~ 2000　　相:固

$\Delta H^{\ominus}_{tr}$:—　　$\Delta S^{\ominus}_{tr}$:—

函数	r_0	r_1	r_2	r_3	r_4	r_5
C_p	316. 101	27. 991				
$Ha(T)$	-3001300	316. 101	13. 996			
$Sa(T)$	-1742. 066	316. 101	27. 991			
$Ga(T)$	-3001300	2058. 167	-316. 101	-13. 996		
$Ga(l)$	-2489800	-620. 681				

$PbO \cdot MoO_3$

温度范围:298 ~ 1200　　相:固

$\Delta H^{\ominus}_{f,298}$: -1006700　　$S^{\ominus}_{298}$:166. 105

函数	r_0	r_1	r_2	r_3	r_4	r_5
C_p	128. 323	41. 422	-1. 540			
$Ha(T)$	-1052000	128. 323	20. 711	1. 540		
$Sa(T)$	-586. 040	128. 323	41. 422	0. 770		
$Ga(T)$	-1052000	714. 363	-128. 323	-20. 711	0. 770	
$Ga(l)$	-952940	-291. 047				

$PbO \cdot PbCO_3$

温度范围:298 ~ 700　　相:固

$\Delta H^{\ominus}_{f,298}$: −816720　　$S^{\ominus}_{298}$:204. 179

函数	r_0	r_1	r_2	r_3	r_4	r_5
C_p	89. 705	146. 440				
$Ha(T)$	−849970	89. 705	73. 220			
$Sa(T)$	−350. 585	89. 705	146. 440			
$Ga(T)$	−849970	440. 290	−89. 705	−73. 220		
$Ga(l)$	−789930	−278. 306				

$PbO \cdot PbSO_4$

温度范围:298 ~ 1248　　相:固

$\Delta H^{\ominus}_{f,298}$: −1171500　　$S^{\ominus}_{298}$:206. 7

函数	r_0	r_1	r_2	r_3	r_4	r_5
C_p	129. 86	105. 91	−0. 11			
$Ha(T)$	−1215300	129. 860	52. 955	0. 110		
$Sa(T)$	−565. 386	129. 860	105. 910	0. 055		
$Ga(T)$	−1215300	695. 246	−129. 860	−52. 955	0. 055	
$Ga(l)$	−1097800	−374. 864				

$PbO \cdot SiO_2(1)$

温度范围:298 ~ 858　　相:固(α)

$\Delta H^{\ominus}_{f,298}$: −1147100　　$S^{\ominus}_{298}$:110. 960

函数	r_0	r_1	r_2	r_3	r_4	r_5
C_p	77. 404	60. 250				
$Ha(T)$	−1172900	77. 404	30. 125			
$Sa(T)$	−348. 020	77. 404	60. 250			
$Ga(T)$	−1172900	425. 424	−77. 404	−30. 125		
$Ga(l)$	−1121700	−177. 160				

温度范围:858 ~ 1037　　相:固(β)

$\Delta H^{\ominus}_{tr}$:0　　$\Delta S^{\ominus}_{tr}$:0. 000

函数	r_0	r_1	r_2	r_3	r_4	r_5
C_p	24. 560	113. 805				
$Ha(T)$	−1147200	24. 560	56. 903			
$Sa(T)$	−37. 030	24. 560	113. 805			
$Ga(T)$	−1147200	61. 590	−24. 560	−56. 903		
$Ga(l)$	−1073100	−239. 127				

温度范围:1037 ~ 1800　　相:液

$\Delta H^{\ominus}_{tr}$:26020　　$\Delta S^{\ominus}_{tr}$:25. 092

函数	r_0	r_1	r_2	r_3	r_4	r_5
C_p	130. 122					
$Ha(T)$	−1169500	130. 122				
$Sa(T)$	−626. 955	130. 122				
$Ga(T)$	−1169500	757. 077	−130. 122			
$Ga(l)$	−988500	−316. 433				

$PbO \cdot SiO_2$(2)

温度范围:298 ~ 1037 相:固

$\Delta H^{\ominus}_{f,298}$: -1138100 $S^{\ominus}_{298}$:109.9

函数	r_0	r_1	r_2	r_3	r_4	r_5
C_p	112.24	21.95	-2.64			
$Ha(T)$	-1181400	112.240	10.975	2.640		
$Sa(T)$	-550.992	112.240	21.950	1.320		
$Ga(T)$	-1181400	663.232	-112.240	-10.975	1.320	
$Ga(l)$	-1103800	-193.602				

$PbO \cdot TiO_2$

温度范围:298 ~ 763 相:固(α)

$\Delta H^{\ominus}_{f,298}$: -1198700 $S^{\ominus}_{298}$:111.922

函数	r_0	r_1	r_2	r_3	r_4	r_5
C_p	119.537	17.908	-1.820			
$Ha(T)$	-1241200	119.537	8.954	1.820		
$Sa(T)$	-584.728	119.537	17.908	0.910		
$Ga(T)$	-1241200	704.265	-119.537	-8.954	0.910	
$Ga(l)$	-1175000	-176.013				

温度范围:763 ~ 1443 相:固(β)

$\Delta H^{\ominus}_{tr}$:4812 $\Delta S^{\ominus}_{tr}$:6.307

函数	r_0	r_1	r_2	r_3	r_4	r_5
C_p	109.077	22.803	-1.335			
$Ha(T)$	-1229200	109.077	11.402	1.335		
$Sa(T)$	-512.314	109.077	22.803	0.668		
$Ga(T)$	-1229200	621.391	-109.077	-11.402	0.668	
$Ga(l)$	-1097300	-276.533				

$PbO \cdot WO_3$

温度范围:298 ~ 1500 相:固

$\Delta H^{\ominus}_{f,298}$: -1120500 $S^{\ominus}_{298}$:167.360

函数	r_0	r_1	r_2	r_3	r_4	r_5
C_p	114.558	45.145				
$Ha(T)$	-1156700	114.558	22.573			
$Sa(T)$	-498.805	114.558	45.145			
$Ga(T)$	-1156700	613.363	-114.558	-22.573		
$Ga(l)$	-1051300	-315.223				

$2PbO \cdot PbSO_4$

温度范围:298 ~ 1234 相:固

$\Delta H^{\ominus}_{f,298}$: -1399100 $S^{\ominus}_{298}$:274.5

函数	r_0	r_1	r_2	r_3	r_4	r_5
C_p	175.13	118.71	-0.41			
$Ha(T)$	-1458000	175.130	59.355	0.410		
$Sa(T)$	-761.020	175.130	118.710	0.205		
$Ga(T)$	-1458000	936.150	-175.130	-59.355	0.205	
$Ga(l)$	-1306800	-486.321				

$2PbO \cdot SiO_2$

温度范围:298 ~ 893 相:固(α)

$\Delta H^{\ominus}_{f,298}$: −1366200 $S^{\ominus}_{298}$:189. 954

函数	r_0	r_1	r_2	r_3	r_4	r_5
C_p	111. 420	86. 609				
$Ha(T)$	−1403300	111. 420	43. 305			
$Sa(T)$	−470. 695	111. 420	86. 609			
$Ga(T)$	−1403300	582. 115	−111. 420	−43. 305		
$Ga(l)$	−1327400	−289. 866				

温度范围:893 ~ 1016 相:固(β)

$\Delta H^{\ominus}_{tr}$:0 $\Delta S^{\ominus}_{tr}$:0. 000

函数	r_0	r_1	r_2	r_3	r_4	r_5
C_p	142. 758	45. 606				
$Ha(T)$	−1414900	142. 758	22. 803			
$Sa(T)$	−647. 008	142. 758	45. 606			
$Ga(T)$	−1414900	789. 766	−142. 758	−22. 803		
$Ga(l)$	−1258000	−375. 962				

温度范围:1016 ~ 1800 相:液

$\Delta H^{\ominus}_{tr}$:51050 $\Delta S^{\ominus}_{tr}$:50. 246

函数	r_0	r_1	r_2	r_3	r_4	r_5
C_p	189. 075					
$Ha(T)$	−1387400	189. 075				
$Sa(T)$	−871. 108	189. 075				
$Ga(T)$	−1387400	1060. 183	−189. 075			
$Ga(l)$	−1126700	−498. 181				

$3PbO \cdot PbSO_4$

温度范围:298 ~ 1168 相:固

$\Delta H^{\ominus}_{f,298}$: −1626700 $S^{\ominus}_{298}$:340. 6

函数	r_0	r_1	r_2	r_3	r_4	r_5
C_p	220. 41	131. 51	−0. 72			
$Ha(T)$	−1700700	220. 410	65. 755	0. 720		
$Sa(T)$	−958. 467	220. 410	131. 510	0. 360		
$Ga(T)$	−1700700	1178. 877	−220. 410	−65. 755	0. 360	
$Ga(l)$	−1522700	−584. 464				

$4PbO \cdot PbSO_4$

温度范围:298 ~ 1000 相:固

$\Delta H^{\ominus}_{f,298}$: −1816400 $S^{\ominus}_{298}$:435. 554

函数	r_0	r_1	r_2	r_3	r_4	r_5
C_p	197. 317	236. 814	1. 757			
$Ha(T)$	−1879900	197. 317	118. 407	−1. 757		
$Sa(T)$	−749. 402	197. 317	236. 814	−0. 879		
$Ga(T)$	−1879900	946. 719	−197. 317	−118. 407	−0. 879	
$Ga(l)$	−1720400	−673. 321				

$4PbO \cdot SiO_2$

温度范围:298 ~998　　相:固

$\Delta H^{\ominus}_{f,298}$: -1801100　　$S^{\ominus}_{298}$:331. 080

函数	r_0	r_1	r_2	r_3	r_4	r_5
C_p	222. 672	87. 446	-1. 690			
$Ha(T)$	-1877000	222. 672	43. 723	1. 690		
$Sa(T)$	-973. 193	222. 672	87. 446	0. 845		
$Ga(T)$	-1877000	1195. 865	-222. 672	-43. 723	0. 845	
$Ga(l)$	-1724800	-520. 568				

PbO_2

温度范围:298 ~1200　　相:固

$\Delta H^{\ominus}_{f,298}$: -274470　　$S^{\ominus}_{298}$:71. 797

函数	r_0	r_1	r_2	r_3	r_4	r_5
C_p	63. 216	31. 016	-0. 898	-13. 991		
$Ha(T)$	-297580	63. 216	15. 508	0. 898	-4. 664	
$Sa(T)$	-302. 059	63. 216	31. 016	0. 449	-6. 996	
$Ga(T)$	-297580	365. 275	-63. 216	-15. 508	0. 449	2. 332
$Ga(l)$	-247780	-133. 921				

Pb_3O_4

温度范围:298 ~1500　　相:固

$\Delta H^{\ominus}_{f,298}$: -718690　　$S^{\ominus}_{298}$:211. 961

函数	r_0	r_1	r_2	r_3	r_4	r_5
C_p	187. 192	14. 489	-3. 341	9. 376		
$Ha(T)$	-786430	187. 192	7. 245	3. 341	3. 125	
$Sa(T)$	-878. 112	187. 192	14. 489	1. 671	4. 688	
$Ga(T)$	-786430	1065. 304	-187. 192	-7. 245	1. 671	-1. 563
$Ga(l)$	-627800	-405. 765				

PbS

温度范围:298 ~1392　　相:固

$\Delta H^{\ominus}_{f,298}$: -98320　　$S^{\ominus}_{298}$:91. 211

函数	r_0	r_1	r_2	r_3	r_4	r_5
C_p	46. 735	9. 205				
$Ha(T)$	-112660	46. 735	4. 603			
$Sa(T)$	-177. 811	46. 735	9. 205			
$Ga(T)$	-112660	224. 546	-46. 735	-4. 603		
$Ga(l)$	-75060	-142. 768				

温度范围:1392 ~1609　　相:液

$\Delta H^{\ominus}_{tr}$:36400　　$\Delta S^{\ominus}_{tr}$:26. 149

函数	r_0	r_1	r_2	r_3	r_4	r_5
C_p	61. 923					
$Ha(T)$	-88490	61. 923				
$Sa(T)$	-248. 786	61. 923				
$Ga(T)$	-88490	310. 709	-61. 923			
$Ga(l)$	4294	-204. 056				

温度范围:1609 ~2400 相:气

$\Delta H_{tr}^{\ominus}$:167100 $\Delta S_{tr}^{\ominus}$:103.853

函数	r_0	r_1	r_2	r_3	r_4	r_5
C_p	37.321	-2.050				
$Ha(T)$	120850	37.321	-1.025			
$Sa(T)$	40.011	37.321	-2.050			
$Ga(T)$	120850	-2.690	-37.321	1.025		
$Ga(l)$	190810	-319.512				

PbS(气)

温度范围:298 ~2000 相:气

$\Delta H_{f,298}^{\ominus}$:131800 $S_{298}^{\ominus}$:251.4

函数	r_0	r_1	r_2	r_3	r_4	r_5
C_p	37.32	0.38	-0.21			
$Ha(T)$	119950	37.320	0.190	0.210		
$Sa(T)$	37.471	37.320	0.380	0.105		
$Ga(T)$	119950	-0.151	-37.320	-0.190	0.105	
$Ga(l)$	156420	-298.661				

$(PbS)_2$(气)

温度范围:298 ~2000 相:气

$\Delta H_{f,298}^{\ominus}$:77400 $S_{298}^{\ominus}$:350.3

函数	r_0	r_1	r_2	r_3	r_4	r_5
C_p	83.09	0.01	-0.21			
$Ha(T)$	51920	83.090	0.005	0.210		
$Sa(T)$	-124.297	83.090	0.010	0.105		
$Ga(T)$	51920	207.387	-83.090	-0.005	0.105	
$Ga(l)$	132340	-456.107				

$PbSO_4$

温度范围:298 ~1139 相:固(α)

$\Delta H_{f,298}^{\ominus}$: -920060 $S_{298}^{\ominus}$:148.532

函数	r_0	r_1	r_2	r_3	r_4	r_5
C_p	45.857	129.704	1.757			
$Ha(T)$	-933600	45.857	64.852	-1.757		
$Sa(T)$	-141.531	45.857	129.704	-0.879		
$Ga(T)$	-933600	187.388	-45.857	-64.852	-0.879	
$Ga(l)$	-877120	-249.414				

温度范围:1139 ~1363 相:固(β)

$\Delta H_{tr}^{\ominus}$:17150 $\Delta S_{tr}^{\ominus}$:15.057

函数	r_0	r_1	r_2	r_3	r_4	r_5
C_p	184.096					
$Ha(T)$	-991320	184.096				
$Sa(T)$	-952.332	184.096				
$Ga(T)$	-991320	1136.428	-184.096			
$Ga(l)$	-761500	-360.446				

PbSe

温度范围:298 ~ 1350　　　相:固

$\Delta H^{\ominus}_{f,298}$: −100000　　　$S^{\ominus}_{298}$:102.508

函数	r_0	r_1	r_2	r_3	r_4	r_5
C_p	47.237	10.000				
$Ha(T)$	−114530	47.237	5.000			
$Sa(T)$	−169.611	47.237	10.000			
$Ga(T)$	−114530	216.848	−47.237	−5.000		
$Ga(l)$	−77180	−153.668				

温度范围:1350 ~ 1607　　　相:液

$\Delta H^{\ominus}_{tr}$:49370　　　$\Delta S^{\ominus}_{tr}$:36.570

函数	r_0	r_1	r_2	r_3	r_4	r_5
C_p	62.760					
$Ha(T)$	−77000	62.760				
$Sa(T)$	−231.428	62.760				
$Ga(T)$	−77000	294.188	−62.760			
$Ga(l)$	15610	−226.605				

温度范围:1607 ~ 2000　　　相:气

$\Delta H^{\ominus}_{tr}$:151170　　　$\Delta S^{\ominus}_{tr}$:94.070

函数	r_0	r_1	r_2	r_3	r_4	r_5
C_p	37.405		−0.105			
$Ha(T)$	114850	37.405		0.105		
$Sa(T)$	49.795	37.405		0.053		
$Ga(T)$	114850	−12.390	−37.405		0.053	
$Ga(l)$	182160	−330.213				

PbSe(气)

温度范围:298 ~ 2000　　　相:气

$\Delta H^{\ominus}_{f,298}$:126400　　　$S^{\ominus}_{298}$:263.6

函数	r_0	r_1	r_2	r_3	r_4	r_5
C_p	37.41	−0.11				
$Ha(T)$	115250	37.410	−0.055			
$Sa(T)$	50.486	37.410	−0.110			
$Ga(T)$	115250	−13.076	−37.410	0.055		
$Ga(l)$	151280	−311.616				

$PbSeO_3$

温度范围:298 ~ 953　　　相:固

$\Delta H^{\ominus}_{f,298}$: −532620　　　$S^{\ominus}_{298}$:128.449

函数	r_0	r_1	r_2	r_3	r_4	r_5
C_p	85.772	46.024				
$Ha(T)$	−560240	85.772	23.012			
$Sa(T)$	−373.967	85.772	46.024			
$Ga(T)$	−560240	459.739	−85.772	−23.012		
$Ga(l)$	−502490	−204.578				

PbTe

温度范围:298 ~ 1197　　相:固

$\Delta H^{\ominus}_{f,298}$: −68620　　$S^{\ominus}_{298}$: 110.039

函数	r_0	r_1	r_2	r_3	r_4	r_5
C_p	47.196	11.255				
$Ha(T)$	−83190	47.196	5.628			
$Sa(T)$	−162.220	47.196	11.255			
$Ga(T)$	−83190	209.416	−47.196	−5.628		
$Ga(l)$	−48740	−156.622				

温度范围:1197 ~ 1700　　相:液

$\Delta H^{\ominus}_{tr}$: 57320　　$\Delta S^{\ominus}_{tr}$: 47.886

函数	r_0	r_1	r_2	r_3	r_4	r_5
C_p	62.760					
$Ha(T)$	−36440	62.760				
$Sa(T)$	−211.173	62.760				
$Ga(T)$	−36440	273.933	−62.760			
$Ga(l)$	53730	−245.422				

温度范围:1700 ~ 2000　　相:气

$\Delta H^{\ominus}_{tr}$: 137240　　$\Delta S^{\ominus}_{tr}$: 80.729

函数	r_0	r_1	r_2	r_3	r_4	r_5
C_p	37.405		−0.059			
$Ha(T)$	143870	37.405		0.059		
$Sa(T)$	58.147	37.405		0.030		
$Ga(T)$	143870	−20.742	−37.405		0.030	
$Ga(l)$	212980	−339.528				

PbTe(气)

温度范围:298 ~ 2000　　相:气

$\Delta H^{\ominus}_{f,298}$: 155200　　$S^{\ominus}_{298}$: 271.7

函数	r_0	r_1	r_2	r_3	r_4	r_5
C_p	37.41		−0.59			
$Ha(T)$	142070	37.410		0.590		
$Sa(T)$	55.234	37.410		0.295		
$Ga(T)$	142070	−17.824	−37.410		0.295	
$Ga(l)$	178880	−316.840				

$Pb(NO_3)_2$

温度范围:298 ~ 732　　相:固

$\Delta H^{\ominus}_{f,298}$: −456800　　$S^{\ominus}_{298}$: 224.7

函数	r_0	r_1	r_2	r_3	r_4	r_5
C_p	125.94	149.37	−1.67			
$Ha(T)$	−506590	125.940	74.685	1.670		
$Sa(T)$	−546.783	125.940	149.370	0.835		
$Ga(T)$	−506590	672.723	−125.940	−74.685	0.835	
$Ga(l)$	−422680	−317.770				

$PbCO_3$

温度范围:298 ~ 800　　相:固

$\Delta H^{\ominus}_{f,298}$: −699150　　$S^{\ominus}_{298}$:130. 959

函数	r_0	r_1	r_2	r_3	r_4	r_5
C_p	51. 840	119. 662				
$Ha(T)$	−719920	51. 840	59. 831			
$Sa(T)$	−200. 082	51. 840	119. 662			
$Ga(T)$	−719920	251. 922	−51. 840	−59. 831		
$Ga(l)$	−676310	−191. 505				

Pd(1)

温度范围:298 ~ 400　　相:固

$\Delta H^{\ominus}_{f,298}$:0　　$S^{\ominus}_{298}$:37. 823

函数	r_0	r_1	r_2	r_3	r_4	r_5
C_p	23. 778	7. 393				
$Ha(T)$	−7418	23. 778	3. 697			
$Sa(T)$	−99. 859	23. 778	7. 393			
$Ga(T)$	−7418	123. 637	−23. 778	−3. 697		
$Ga(l)$	1283	−41. 899				

温度范围:400 ~ 1400　　相:固

$\Delta H^{\ominus}_{tr}$:—　　$\Delta S^{\ominus}_{tr}$:—

函数	r_0	r_1	r_2	r_3	r_4	r_5
C_p	24. 573	5. 330				
$Ha(T)$	−7571	24. 573	2. 665			
$Sa(T)$	−103. 797	24. 573	5. 330			
$Ga(T)$	−7571	128. 370	−24. 573	−2. 665		
$Ga(l)$	14570	−67. 340				

温度范围:1400 ~ 1825　　相:固

$\Delta H^{\ominus}_{tr}$:—　　$\Delta S^{\ominus}_{tr}$:—

函数	r_0	r_1	r_2	r_3	r_4	r_5
C_p	3. 519	15. 196	14. 243			
$Ha(T)$	22410	3. 519	7. 598	−14. 243		
$Sa(T)$	38. 544	3. 519	15. 196	−7. 122		
$Ga(T)$	22410	−35. 025	−3. 519	−7. 598	−7. 122	
$Ga(l)$	38790	−86. 264				

温度范围:1825 ~ 3200　　相:液

$\Delta H^{\ominus}_{tr}$:17560　　$\Delta S^{\ominus}_{tr}$:9. 622

函数	r_0	r_1	r_2	r_3	r_4	r_5
C_p	34. 727					
$Ha(T)$	517	34. 727				
$Sa(T)$	−160. 591	34. 727				
$Ga(T)$	517	195. 318	−34. 727			
$Ga(l)$	86010	−111. 024				

Pd(2)

温度范围:298 ~ 1825 相:固

$\Delta H^{\ominus}_{f,298}$:0 $S^{\ominus}_{298}$:37.8

函数	r_0	r_1	r_2	r_3	r_4	r_5
C_p	23.71	6.18	0.06			
$Ha(T)$	−7143	23.710	3.090	−0.060		
$Sa(T)$	−98.795	23.710	6.180	−0.030		
$Ga(T)$	−7143	122.505	−23.710	−3.090	−0.030	
$Ga(l)$	17040	−71.528				

Pd(气)

温度范围:298 ~ 1825 相:气

$\Delta H^{\ominus}_{f,298}$:376800 $S^{\ominus}_{298}$:167.1

函数	r_0	r_1	r_2	r_3	r_4	r_5
C_p	28.33	−18.02	−0.29	11.23		
$Ha(T)$	368080	28.330	−9.010	0.290	3.743	
$Sa(T)$	8.929	28.330	−18.020	0.145	5.615	
$Ga(T)$	368080	19.401	−28.330	9.010	0.145	−1.872
$Ga(l)$	389620	−192.696				

PdF_2

温度范围:298 ~ 1100 相:固

$\Delta H^{\ominus}_{f,298}$: −468610 $S^{\ominus}_{298}$:88.701

函数	r_0	r_1	r_2	r_3	r_4	r_5
C_p	59.831	20.502				
$Ha(T)$	−487360	59.831	10.251			
$Sa(T)$	−258.305	59.831	20.502			
$Ga(T)$	−487360	318.136	−59.831	−10.251		
$Ga(l)$	−444940	−145.780				

PdF_3

温度范围:298 ~ 500 相:固

$\Delta H^{\ominus}_{f,298}$: −510450 $S^{\ominus}_{298}$:108.784

函数	r_0	r_1	r_2	r_3	r_4	r_5
C_p	76.986	41.840				
$Ha(T)$	−535260	76.986	20.920			
$Sa(T)$	−342.326	76.986	41.840			
$Ga(T)$	−535260	419.312	−76.986	−20.920		
$Ga(l)$	−501810	−134.951				

PdF_4

温度范围:298 ~ 320 相:液

$\Delta H^{\ominus}_{f,298}$: −1255200 $S^{\ominus}_{298}$:351.456

函数	r_0	r_1	r_2	r_3	r_4	r_5
C_p	184.096					
$Ha(T)$	−1310100	184.096				
$Sa(T)$	−697.449	184.096				
$Ga(T)$	−1310100	881.545	−184.096			
$Ga(l)$	−1253000	−357.775				

温度范围:320 ~ 1000　　相:气

ΔH_{tr}^{Θ}:25100　　ΔS_{tr}^{Θ}:78.438

函数	r_0	r_1	r_2	r_3	r_4	r_5
C_p	125.520	20.920				
$Ha(T)$	-1267300	125.520	10.460			
$Sa(T)$	-287.821	125.520	20.920			
$Ga(T)$	-1267300	413.341	-125.520	-10.460		
$Ga(l)$	-1186400	-537.350				

$PdCl_2$

温度范围:298 ~ 952　　相:固

$\Delta H_{f,298}^{\Theta}$: -173180　　S_{298}^{Θ}:103.763

函数	r_0	r_1	r_2	r_3	r_4	r_5
C_p	69.036	20.920				
$Ha(T)$	-194690	69.036	10.460			
$Sa(T)$	-295.814	69.036	20.920			
$Ga(T)$	-194690	364.850	-69.036	-10.460		
$Ga(l)$	-151110	-159.696				

温度范围:952 ~ 1608　　相:液

ΔH_{tr}^{Θ}:18410　　ΔS_{tr}^{Θ}:19.338

函数	r_0	r_1	r_2	r_3	r_4	r_5
C_p	94.140					
$Ha(T)$	-190700	94.140				
$Sa(T)$	-428.737	94.140				
$Ga(T)$	-190700	522.877	-94.140			
$Ga(l)$	-72340	-244.170				

$PdCl_2$(气)

温度范围:298 ~ 1825　　相:气

$\Delta H_{f,298}^{\Theta}$:117600　　S_{298}^{Θ}:307

函数	r_0	r_1	r_2	r_3	r_4	r_5
C_p	68.29	-0.97	-0.66			
$Ha(T)$	95070	68.290	-0.485	0.660		
$Sa(T)$	-85.512	68.290	-0.970	0.330		
$Ga(T)$	95070	153.802	-68.290	0.485	0.330	
$Ga(l)$	157070	-385.686				

PdI_2(1)

温度范围:298 ~ 833　　相:固(α)

$\Delta H_{f,298}^{\Theta}$: -63600　　S_{298}^{Θ}:150.624

函数	r_0	r_1	r_2	r_3	r_4	r_5
C_p	68.199	23.012				
$Ha(T)$	-84960	68.199	11.506			
$Sa(T)$	-244.807	68.199	23.012			
$Ga(T)$	-84960	313.006	-68.199	-11.506		
$Ga(l)$	-45360	-198.837				

温度范围:833 ~900 相:固(β)

$\Delta H^{\ominus}_{tr}$:0 $\Delta S^{\ominus}_{tr}$:0.000

函数	r_0	r_1	r_2	r_3	r_4	r_5
C_p	68.199	23.012				
$Ha(T)$	-84960	68.199	11.506			
$Sa(T)$	-244.807	68.199	23.012			
$Ga(T)$	-84960	313.006	-68.199	-11.506		
$Ga(l)$	-17260	-236.444				

PdI_2(2)

温度范围:298 ~1156 相:固

$\Delta H^{\ominus}_{f,298}$: -63200 $S^{\ominus}_{298}$:180

函数	r_0	r_1	r_2	r_3	r_4	r_5
C_p	68.2	23.01				
$Ha(T)$	-84560	68.200	11.505			
$Sa(T)$	-215.437	68.200	23.010			
$Ga(T)$	-84560	283.637	-68.200	-11.505		
$Ga(l)$	-34460	-248.087				

PdO

温度范围:298 ~1143 相:固

$\Delta H^{\ominus}_{f,298}$: -112550 $S^{\ominus}_{298}$:39.330

函数	r_0	r_1	r_2	r_3	r_4	r_5
C_p	45.304	7.033	-0.127	0.377		
$Ha(T)$	-126800	45.304	3.517	0.127	0.126	
$Sa(T)$	-221.622	45.304	7.033	0.064	0.189	
$Ga(T)$	-126800	266.926	-45.304	-3.517	0.064	-0.063
$Ga(l)$	-95440	-80.120				

PdO(气)

温度范围:298 ~2000 相:气

$\Delta H^{\ominus}_{f,298}$:348900 $S^{\ominus}_{298}$:218

函数	r_0	r_1	r_2	r_3	r_4	r_5
C_p	34.73	3.52	0.03			
$Ha(T)$	338490	34.730	1.760	-0.030		
$Sa(T)$	19.242	34.730	3.520	-0.015		
$Ga(T)$	338490	15.488	-34.730	-1.760	-0.015	
$Ga(l)$	373850	-265.810				

PdS

温度范围:298 ~1243 相:固

$\Delta H^{\ominus}_{f,298}$: -70710 $S^{\ominus}_{298}$:56.484

函数	r_0	r_1	r_2	r_3	r_4	r_5
C_p	41.714	17.196	-0.305			
$Ha(T)$	-84930	41.714	8.598	0.305		
$Sa(T)$	-188.028	41.714	17.196	0.153		
$Ga(T)$	-84930	229.742	-41.714	-8.598	0.153	
$Ga(l)$	-51260	-101.123				

PdS_2

温度范围:298 ~ 1245　　相:固

$\Delta H^{\ominus}_{f,298}$: −78240　　$S^{\ominus}_{298}$:87.864

函数	r_0	r_1	r_2	r_3	r_4	r_5
C_p	68.576	15.774	−0.657			
$Ha(T)$	−101590	68.576	7.887	0.657		
$Sa(T)$	−311.253	68.576	15.774	0.329		
$Ga(T)$	−101590	379.829	−68.576	−7.887	0.329	
$Ga(l)$	−49160	−154.740				

Pd_4S

温度范围:298 ~ 1034　　相:固

$\Delta H^{\ominus}_{f,298}$: −69040　　$S^{\ominus}_{298}$:180.665

函数	r_0	r_1	r_2	r_3	r_4	r_5
C_p	100.416	48.785				
$Ha(T)$	−101150	100.416	24.393			
$Sa(T)$	−406.010	100.416	48.785			
$Ga(T)$	−101150	506.426	−100.416	−24.393		
$Ga(l)$	−30250	−276.039				

PdTe

温度范围:298 ~ 993　　相:固

$\Delta H^{\ominus}_{f,298}$: −37660　　$S^{\ominus}_{298}$:89.621

函数	r_0	r_1	r_2	r_3	r_4	r_5
C_p	47.447	12.929				
$Ha(T)$	−52380	47.447	6.465			
$Sa(T)$	−184.568	47.447	12.929			
$Ga(T)$	−52380	232.015	−47.447	−6.465		
$Ga(l)$	−21790	−129.298				

$PdTe_2$

温度范围:298 ~ 1013　　相:固

$\Delta H^{\ominus}_{f,298}$: −63500　　$S^{\ominus}_{298}$:126.6

函数	r_0	r_1	r_2	r_3	r_4	r_5
C_p	70.63	20.08				
$Ha(T)$	−85450	70.630	10.040			
$Sa(T)$	−281.808	70.630	20.080			
$Ga(T)$	−85450	352.438	−70.630	−10.040		
$Ga(l)$	−39100	−187.177				

Pr(1)

温度范围:298 ~ 700　　相:固(α)

$\Delta H^{\ominus}_{f,298}$:0　　$S^{\ominus}_{298}$:73.931

函数	r_0	r_1	r_2	r_3	r_4	r_5
C_p	18.431	20.673	0.256			
$Ha(T)$	−5555	18.431	10.337	−0.256		
$Sa(T)$	−35.805	18.431	20.673	−0.128		
$Ga(T)$	−5555	54.236	−18.431	−10.337	−0.128	
$Ga(l)$	5115	−88.139				

温度范围:700 ~ 1068　　相:固(α)

$\Delta H^{\ominus}_{tr}$:—　　$\Delta S^{\ominus}_{tr}$:—

函数	r_0	r_1	r_2	r_3	r_4	r_5
C_p	17.180	23.100				
$Ha(T)$	-5640	17.180	11.550			
$Sa(T)$	-29.570	17.180	23.100			
$Ga(T)$	-5640	46.750	-17.180	-11.550		
$Ga(l)$	18270	-107.333				

温度范围:1068 ~ 1204　　相:固(β)

$\Delta H^{\ominus}_{tr}$:3167　　$\Delta S^{\ominus}_{tr}$:2.965

函数	r_0	r_1	r_2	r_3	r_4	r_5
C_p	38.451					
$Ha(T)$	-12020	38.451				
$Sa(T)$	-150.268	38.451				
$Ga(T)$	-12020	188.719	-38.451			
$Ga(l)$	31640	-120.246				

温度范围:1204 ~ 3000　　相:液

$\Delta H^{\ominus}_{tr}$:6887　　$\Delta S^{\ominus}_{tr}$:5.720

函数	r_0	r_1	r_2	r_3	r_4	r_5
C_p	42.970					
$Ha(T)$	-10570	42.970				
$Sa(T)$	-176.603	42.970				
$Ga(T)$	-10570	219.573	-42.970			
$Ga(l)$	75240	-151.328				

Pr(2)

温度范围:298 ~ 1068　　相:固(α)

$\Delta H^{\ominus}_{f,298}$:0　　$S^{\ominus}_{298}$:73.9

函数	r_0	r_1	r_2	r_3	r_4	r_5
C_p	15.15	24.56	0.56			
$Ha(T)$	-3730	15.150	12.280	-0.560		
$Sa(T)$	-16.591	15.150	24.560	-0.280		
$Ga(T)$	-3730	31.741	-15.150	-12.280	-0.280	
$Ga(l)$	9845	-97.796				

Pr(气)

温度范围:298 ~ 2000　　相:气

$\Delta H^{\ominus}_{f,298}$:355600　　$S^{\ominus}_{298}$:189.8

函数	r_0	r_1	r_2	r_3	r_4	r_5
C_p	19.65	12.48	-0.17	-4.33		
$Ha(T)$	348650	19.650	6.240	0.170	-1.443	
$Sa(T)$	73.358	19.650	12.480	0.085	-2.165	
$Ga(T)$	348650	-53.708	-19.650	-6.240	0.085	0.722
$Ga(l)$	372600	-221.854				

PrH_2

温度范围:298 ~ 1200　　相:固

$\Delta H^{\ominus}_{f,298}$: −198320　　$S^{\ominus}_{298}$:56. 777

函数	r_0	r_1	r_2	r_3	r_4	r_5
C_p	35. 480	18. 828				
$Ha(T)$	−209740	35. 480	9. 414			
$Sa(T)$	−150. 987	35. 480	18. 828			
$Ga(T)$	−209740	186. 467	−35. 480	−9. 414		
$Ga(l)$	−181230	−96. 551				

PrF_3

温度范围:298 ~ 1643　　相:固

$\Delta H^{\ominus}_{f,298}$: −1728000　　$S^{\ominus}_{298}$:112. 968

函数	r_0	r_1	r_2	r_3	r_4	r_5
C_p	82. 843	40. 166				
$Ha(T)$	−1754500	82. 843	20. 083			
$Sa(T)$	−371. 013	82. 843	40. 166			
$Ga(T)$	−1754500	453. 857	−82. 843	−20. 083		
$Ga(l)$	−1669300	−233. 274				

温度范围:1643 ~ 2500　　相:液

$\Delta H^{\ominus}_{tr}$:33470　　$\Delta S^{\ominus}_{tr}$:20. 371

函数	r_0	r_1	r_2	r_3	r_4	r_5
C_p	129. 704					
$Ha(T)$	−1743800	129. 704				
$Sa(T)$	−631. 621	129. 704				
$Ga(T)$	−1743800	761. 325	−129. 704			
$Ga(l)$	−1478200	−358. 241				

PrF_3(气)

温度范围:298 ~ 2000　　相:气

$\Delta H^{\ominus}_{f,298}$: −1258100　　$S^{\ominus}_{298}$:339. 4

函数	r_0	r_1	r_2	r_3	r_4	r_5
C_p	80. 72	6. 04	−0. 9			
$Ha(T)$	−1285500	80. 720	3. 020	0. 900		
$Sa(T)$	−127. 373	80. 720	6. 040	0. 450		
$Ga(T)$	−1285500	208. 093	−80. 720	−3. 020	0. 450	
$Ga(l)$	−1203200	−443. 817				

$PrCl_3$

温度范围:298 ~ 1059　　相:固

$\Delta H^{\ominus}_{f,298}$: −1056900　　$S^{\ominus}_{298}$:144. 348

函数	r_0	r_1	r_2	r_3	r_4	r_5
C_p	86. 190	47. 698				
$Ha(T)$	−1084700	86. 190	23. 849			
$Sa(T)$	−360. 949	86. 190	47. 698			
$Ga(T)$	−1084700	447. 139	−86. 190	−23. 849		
$Ga(l)$	−1021500	−230. 460				

温度范围:1059 ~ 1300　相:液

$\Delta H_{tr}^{\ominus}$:50630　$\Delta S_{tr}^{\ominus}$:47.809

函数	r_0	r_1	r_2	r_3	r_4	r_5
C_p	133.888					
$Ha(T)$	-1057900	133.888				
$Sa(T)$	-594.848	133.888				
$Ga(T)$	-1057900	728.736	-133.888			
$Ga(l)$	-900370	-351.984				

$PrCl_3$(气)

温度范围:298 ~ 2000　相:气

$\Delta H_{f,298}^{\ominus}$:-731000　$S_{298}^{\ominus}$:374

函数	r_0	r_1	r_2	r_3	r_4	r_5
C_p	81.84	5.41	-0.45			
$Ha(T)$	-757150	81.840	2.705	0.450		
$Sa(T)$	-96.435	81.840	5.410	0.225		
$Ga(T)$	-757150	178.275	-81.840	-2.705	0.225	
$Ga(l)$	-674730	-481.587				

$PrBr_3$

温度范围:298 ~ 966　相:固

$\Delta H_{f,298}^{\ominus}$:-891200　$S_{298}^{\ominus}$:192.5

函数	r_0	r_1	r_2	r_3	r_4	r_5
C_p	97.61	28.76	-0.4			
$Ha(T)$	-922920	97.610	14.380	0.400		
$Sa(T)$	-374.467	97.610	28.760	0.200		
$Ga(T)$	-922920	472.077	-97.610	-14.380	0.200	
$Ga(l)$	-860070	-270.899				

$PrBr_3$(气)

温度范围:298 ~ 2000　相:气

$\Delta H_{f,298}^{\ominus}$:-594500　$S_{298}^{\ominus}$:401.2

函数	r_0	r_1	r_2	r_3	r_4	r_5
C_p	81.97	5.34	-0.31			
$Ha(T)$	-620220	81.970	2.670	0.310		
$Sa(T)$	-69.168	81.970	5.340	0.155		
$Ga(T)$	-620220	151.138	-81.970	-2.670	0.155	
$Ga(l)$	-537880	-509.599				

PrI_3

温度范围:298 ~ 1011　相:固

$\Delta H_{f,298}^{\ominus}$:-654380　$S_{298}^{\ominus}$:214.639

函数	r_0	r_1	r_2	r_3	r_4	r_5
C_p	89.119	40.585				
$Ha(T)$	-682750	89.119	20.293			
$Sa(T)$	-305.226	89.119	40.585			
$Ga(T)$	-682750	394.345	-89.119	-20.293		
$Ga(l)$	-621410	-296.355				

温度范围:1011 ~ 1300 相:液

$\Delta H_{tr}^{\ominus}$:52300 $\Delta S_{tr}^{\ominus}$:51.731

函数	r_0	r_1	r_2	r_3	r_4	r_5
C_p	143.093					
$Ha(T)$	-664280	143.093				
$Sa(T)$	-585.893	143.093				
$Ga(T)$	-664280	728.986	-143.093			
$Ga(l)$	-499630	-423.015				

PrI_3(气)

温度范围:298 ~ 2000 相:气

$\Delta H_{f,298}^{\ominus}$: -373400 $S_{298}^{\ominus}$:430.2

函数	r_0	r_1	r_2	r_3	r_4	r_5
C_p	82.04	5.29	-0.18			
$Ha(T)$	-398700	82.040	2.645	0.180		
$Sa(T)$	-39.820	82.040	5.290	0.090		
$Ga(T)$	-398700	121.860	-82.040	-2.645	0.090	
$Ga(l)$	-316490	-539.300				

$PrO_{1.72}$

温度范围:298 ~ 1100 相:固

$\Delta H_{f,298}^{\ominus}$: -939730 $S_{298}^{\ominus}$:80.333

函数	r_0	r_1	r_2	r_3	r_4	r_5
C_p	60.877	14.853	-0.435			
$Ha(T)$	-960000	60.877	7.427	0.435		
$Sa(T)$	-273.395	60.877	14.853	0.218		
$Ga(T)$	-960000	334.272	-60.877	-7.427	0.218	
$Ga(l)$	-917400	-134.115				

$PrO_{1.83}$

温度范围:298 ~ 1100 相:固

$\Delta H_{f,298}^{\ominus}$: -953950 $S_{298}^{\ominus}$:79.914

函数	r_0	r_1	r_2	r_3	r_4	r_5
C_p	66.442	18.242	-0.649			
$Ha(T)$	-976750	66.442	9.121	0.649		
$Sa(T)$	-307.735	66.442	18.242	0.325		
$Ga(T)$	-976750	374.177	-66.442	-9.121	0.325	
$Ga(l)$	-929510	-138.672				

PrO_2

温度范围:298 ~ 1100 相:固

$\Delta H_{f,298}^{\ominus}$: -974450 $S_{298}^{\ominus}$:79.914

函数	r_0	r_1	r_2	r_3	r_4	r_5
C_p	77.571	25.020	-1.075			
$Ha(T)$	-1002300	77.571	12.510	1.075		
$Sa(T)$	-375.561	77.571	25.020	0.538		
$Ga(T)$	-1002300	453.132	-77.571	-12.510	0.538	
$Ga(l)$	-945790	-148.630				

Pr_2O_3

温度范围:298 ~ 2000 相:固

$\Delta H^\ominus_{f,298}$: −1809700 $S^\ominus_{298}$:155.6

函数	r_0	r_1	r_2	r_3	r_4	r_5
C_p	119.66	17.78	−0.74			
$Ha(T)$	−1848600	119.660	8.890	0.740		
$Sa(T)$	−535.638	119.660	17.780	0.370		
$Ga(T)$	−1848600	655.298	−119.660	−8.890	0.370	
$Ga(l)$	−1722700	−320.891				

Pr_7O_{12}

温度范围:298 ~ 1184 相:固

$\Delta H^\ominus_{f,298}$: −6629300 $S^\ominus_{298}$:562.3

函数	r_0	r_1	r_2	r_3	r_4	r_5
C_p	426.14	103.97	−30.46			
$Ha(T)$	−6863100	426.140	51.985	30.460		
$Sa(T)$	−2068.001	426.140	103.970	15.230		
$Ga(T)$	−6863100	2494.141	−426.140	−51.985	15.230	
$Ga(l)$	−6503800	−844.242				

$Pr_{12}O_{22}$

温度范围:298 ~ 760 相:固(α)

$\Delta H^\ominus_{f,298}$: −12829100 $S^\ominus_{298}$:959

函数	r_0	r_1	r_2	r_3	r_4	r_5
C_p	761.96	384.09	−10.09			
$Ha(T)$	−13107000	761.960	192.045	10.090		
$Sa(T)$	−3553.611	761.960	384.090	5.045		
$Ga(T)$	−13107000	4315.571	−761.960	−192.045	5.045	
$Ga(l)$	−12654000	−1433.197				

温度范围:760 ~ 1100 相:固(β)

$\Delta H^\ominus_{tr}$:19000 $\Delta S^\ominus_{tr}$:25.000

函数	r_0	r_1	r_2	r_3	r_4	r_5
C_p	598.43	595.16	−3.11			
$Ha(T)$	−13016000	598.430	297.580	3.110		
$Sa(T)$	−2598.235	598.430	595.160	1.555		
$Ga(T)$	−13016000	3196.665	−598.430	−297.580	1.555	
$Ga(l)$	−12206000	−2045.506				

PrS

温度范围:298 ~ 2000 相:固

$\Delta H^\ominus_{f,298}$: −451870 $S^\ominus_{298}$:77.822

函数	r_0	r_1	r_2	r_3	r_4	r_5
C_p	51.965	4.402				
$Ha(T)$	−467560	51.965	2.201			
$Sa(T)$	−219.566	51.965	4.402			
$Ga(T)$	−467560	271.531	−51.965	−2.201		
$Ga(l)$	−415060	−148.396				

PrS(气)

温度范围:298 ~ 2000　　相:气

$\Delta H^{\ominus}_{f,298}$:143500　　$S^{\ominus}_{298}$:262. 4

函数	r_0	r_1	r_2	r_3	r_4	r_5
C_p	37. 13	0. 15	-0. 26			
$Ha(T)$	131550	37. 130	0. 075	0. 260		
$Sa(T)$	49. 341	37. 130	0. 150	0. 130		
$Ga(T)$	131550	-12. 211	-37. 130	-0. 075	0. 130	
$Ga(l)$	167770	-308. 969				

Pr_3S_4

温度范围:298 ~ 2000　　相:固

$\Delta H^{\ominus}_{f,298}$: -1554400　　$S^{\ominus}_{298}$:256. 061

函数	r_0	r_1	r_2	r_3	r_4	r_5
C_p	174. 473	15. 732				
$Ha(T)$	-1607100	174. 473	7. 866			
$Sa(T)$	-742. 706	174. 473	15. 732			
$Ga(T)$	-1607100	917. 179	-174. 473	-7. 866		
$Ga(l)$	-1430300	-493. 824				

PrTe(气) *

温度范围:298 ~ 2000　　相:气

$\Delta H^{\ominus}_{f,298}$:***258200***　　$S^{\ominus}_{298}$:***281. 6***

函数	r_0	r_1	r_2	r_3	r_4	r_5
C_p	***37. 38***	***0. 02***	***-0. 10***			
$Ha(T)$	246720	37. 380	0. 010	0. 100		
$Sa(T)$	68. 055	37. 380	0. 020	0. 050		
$Ga(T)$	246720	-30. 675	-37. 380	-0. 010	0. 050	
$Ga(l)$	282910	-329. 185				

$PrAl_2$

温度范围:298 ~ 1200　　相:固

$\Delta H^{\ominus}_{f,298}$: -167360　　$S^{\ominus}_{298}$:114. 725

函数	r_0	r_1	r_2	r_3	r_4	r_5
C_p	69. 664	14. 226				
$Ha(T)$	-188760	69. 664	7. 113			
$Sa(T)$	-286. 434	69. 664	14. 226			
$Ga(T)$	-188760	356. 098	-69. 664	-7. 113		
$Ga(l)$	-138410	-182. 565				

Pt

温度范围:298 ~ 2043　　相:固

$\Delta H^{\ominus}_{f,298}$:0　　$S^{\ominus}_{298}$:41. 631

函数	r_0	r_1	r_2	r_3	r_4	r_5
C_p	24. 225	5. 356				
$Ha(T)$	-7461	24. 225	2. 678			
$Sa(T)$	-97. 990	24. 225	5. 356			
$Ga(T)$	-7461	122. 215	-24. 225	-2. 678		
$Ga(l)$	19270	-77. 884				

温度范围:2043 ~ 4097　　相:液

$\Delta H_{tr}^{\ominus}$:19670　　$\Delta S_{tr}^{\ominus}$:9. 628

函数	r_0	r_1	r_2	r_3	r_4	r_5
C_p	34. 727					
$Ha(T)$	1931	34. 727				
$Sa(T)$	-157. 468	34. 727				
$Ga(T)$	1931	192. 195	-34. 727			
$Ga(l)$	105310	-120. 972				

PtF_2

温度范围:298 ~ 1250　　相:固

$\Delta H_{f,298}^{\ominus}$: -343090　　$S_{298}^{\ominus}$:100. 416

函数	r_0	r_1	r_2	r_3	r_4	r_5
C_p	62. 760	29. 288				
$Ha(T)$	-363100	62. 760	14. 644			
$Sa(T)$	-265. 897	62. 760	29. 288			
$Ga(T)$	-363100	328. 657	-62. 760	-14. 644		
$Ga(l)$	-312060	-171. 635				

温度范围:1250 ~ 2025　　相:液

$\Delta H_{tr}^{\ominus}$:10460　　$\Delta S_{tr}^{\ominus}$:8. 368

函数	r_0	r_1	r_2	r_3	r_4	r_5
C_p	87. 864					
$Ha(T)$	-361140	87. 864				
$Sa(T)$	-399. 933	87. 864				
$Ga(T)$	-361140	487. 797	-87. 864			
$Ga(l)$	-219430	-249. 844				

温度范围:2025 ~ 2500　　相:气

$\Delta H_{tr}^{\ominus}$:167360　　$\Delta S_{tr}^{\ominus}$:82. 647

函数	r_0	r_1	r_2	r_3	r_4	r_5
C_p	62. 760					
$Ha(T)$	-142950	62. 760				
$Sa(T)$	-126. 162	62. 760				
$Ga(T)$	-142950	188. 922	-62. 760			
$Ga(l)$	-1385	-358. 535				

PtF_3

温度范围:298 ~ 1125　　相:固

$\Delta H_{f,298}^{\ominus}$: -564840　　$S_{298}^{\ominus}$:125. 520

函数	r_0	r_1	r_2	r_3	r_4	r_5
C_p	82. 843	40. 166				
$Ha(T)$	-591320	82. 843	20. 083			
$Sa(T)$	-358. 461	82. 843	40. 166			
$Ga(T)$	-591320	441. 305	-82. 843	-20. 083		
$Ga(l)$	-528950	-211. 160				

温度范围:1125 ~ 1475 相:液

$\Delta H^{\ominus}_{tr}$:37240 $\Delta S^{\ominus}_{tr}$:33. 102

函数	r_0	r_1	r_2	r_3	r_4	r_5
C_p	125. 520					
$Ha(T)$	−576680	125. 520				
$Sa(T)$	−580. 001	125. 520				
$Ga(T)$	−576680	705. 521	−125. 520			
$Ga(l)$	−414280	−319. 771				

温度范围:1475 ~ 2500 相:气

$\Delta H^{\ominus}_{tr}$:158990 $\Delta S^{\ominus}_{tr}$:107. 790

函数	r_0	r_1	r_2	r_3	r_4	r_5
C_p	83. 680					
$Ha(T)$	−355970	83. 680				
$Sa(T)$	−166. 930	83. 680				
$Ga(T)$	−355970	250. 610	−83. 680			
$Ga(l)$	−192640	−468. 025				

PtF_4

温度范围:298 ~ 875 相:固

$\Delta H^{\ominus}_{f,298}$: −794960 $S^{\ominus}_{298}$:158. 992

函数	r_0	r_1	r_2	r_3	r_4	r_5
C_p	104. 600	45. 187				
$Ha(T)$	−828150	104. 600	22. 594			
$Sa(T)$	−450. 449	104. 600	45. 187			
$Ga(T)$	−828150	555. 049	−104. 600	−22. 594		
$Ga(l)$	−763760	−240. 135				

温度范围:875 ~ 1000 相:液

$\Delta H^{\ominus}_{tr}$:29290 $\Delta S^{\ominus}_{tr}$:33. 474

函数	r_0	r_1	r_2	r_3	r_4	r_5
C_p	156. 900					
$Ha(T)$	−827330	156. 900				
$Sa(T)$	−731. 728	156. 900				
$Ga(T)$	−827330	888. 628	−156. 900			
$Ga(l)$	−680400	−341. 912				

温度范围:1000 ~ 2000 相:气

$\Delta H^{\ominus}_{tr}$:92050 $\Delta S^{\ominus}_{tr}$:92. 050

函数	r_0	r_1	r_2	r_3	r_4	r_5
C_p	83. 680	20. 920				
$Ha(T)$	−672520	83. 680	10. 460			
$Sa(T)$	−154. 812	83. 680	20. 920			
$Ga(T)$	−672520	238. 492	−83. 680	−10. 460		
$Ga(l)$	−528120	−487. 585				

PtCl

温度范围:298 ~ 856　　相:固

$\Delta H^{\ominus}_{f,298}$: −54390　　$S^{\ominus}_{298}$:92.048

函数	r_0	r_1	r_2	r_3	r_4	r_5
C_p	47.698	11.715				
$Ha(T)$	−69130	47.698	5.858			
$Sa(T)$	−183.209	47.698	11.715			
$Ga(T)$	−69130	230.907	−47.698	−5.858		
$Ga(l)$	−41580	−125.639				

$PtCl_2$

温度范围:298 ~ 854　　相:固

$\Delta H^{\ominus}_{f,298}$: −116100　　$S^{\ominus}_{298}$:121.2

函数	r_0	r_1	r_2	r_3	r_4	r_5
C_p	64.43	36.82				
$Ha(T)$	−136950	64.430	18.410			
$Sa(T)$	−256.874	64.430	36.820			
$Ga(T)$	−136950	321.304	−64.430	−18.410		
$Ga(l)$	−96580	−172.288				

$PtCl_3$

温度范围:298 ~ 500　　相:固

$\Delta H^{\ominus}_{f,298}$: −174050　　$S^{\ominus}_{298}$:148.532

函数	r_0	r_1	r_2	r_3	r_4	r_5
C_p	121.336					
$Ha(T)$	−210230	121.336				
$Sa(T)$	−542.792	121.336				
$Ga(T)$	−210230	664.128	−121.336			
$Ga(l)$	−162640	−183.121				

$PtCl_4$

温度范围:298 ~ 400　　相:固

$\Delta H^{\ominus}_{f,298}$: −236810　　$S^{\ominus}_{298}$:205.016

函数	r_0	r_1	r_2	r_3	r_4	r_5
C_p	150.624					
$Ha(T)$	−281720	150.624				
$Sa(T)$	−653.179	150.624				
$Ga(T)$	−281720	803.803	−150.624			
$Ga(l)$	−229440	−228.444				

$PtBr_2$

温度范围:298 ~ 889　　相:固

$\Delta H^{\ominus}_{f,298}$: −80330　　$S^{\ominus}_{298}$:154.808

函数	r_0	r_1	r_2	r_3	r_4	r_5
C_p	69.036	23.012				
$Ha(T)$	−101940	69.036	11.506			
$Sa(T)$	−245.392	69.036	23.012			
$Ga(T)$	−101940	314.428	−69.036	−11.506		
$Ga(l)$	−60050	−207.332				

$PtBr_3$

温度范围:298 ~ 1000　　相:固

$\Delta H^\ominus_{f,298}$: -127610　　$S^\ominus_{298}$:179.912

函数	r_0	r_1	r_2	r_3	r_4	r_5
C_p	92.885	25.104				
$Ha(T)$	-156420	92.885	12.552			
$Sa(T)$	-356.794	92.885	25.104			
$Ga(T)$	-156420	449.679	-92.885	-12.552		
$Ga(l)$	-96270	-258.075				

$PtBr_4$

温度范围:298 ~ 500　　相:固

$\Delta H^\ominus_{f,298}$: -140580　　$S^\ominus_{298}$:251.040

函数	r_0	r_1	r_2	r_3	r_4	r_5
C_p	146.440					
$Ha(T)$	-184240	146.440				
$Sa(T)$	-583.316	146.440				
$Ga(T)$	-184240	729.756	-146.440			
$Ga(l)$	-126800	-292.788				

PtI_4

温度范围:298 ~ 700　　相:固

$\Delta H^\ominus_{f,298}$: -72800　　$S^\ominus_{298}$:281.165

函数	r_0	r_1	r_2	r_3	r_4	r_5
C_p	148.532					
$Ha(T)$	-117080	148.532				
$Sa(T)$	-565.110	148.532				
$Ga(T)$	-117080	713.642	-148.532			
$Ga(l)$	-46240	-355.185				

PtO

温度范围:298 ~ 780　　相:固

$\Delta H^\ominus_{f,298}$: -71130　　$S^\ominus_{298}$:56.484

函数	r_0	r_1	r_2	r_3	r_4	r_5
C_p	37.656	26.778				
$Ha(T)$	-83550	37.656	13.389			
$Sa(T)$	-166.049	37.656	26.778			
$Ga(T)$	-83550	203.705	-37.656	-13.389		
$Ga(l)$	-60730	-84.451				

PtO_2

温度范围:298 ~ 723　　相:固

$\Delta H^\ominus_{f,298}$: -133890　　$S^\ominus_{298}$:69.036

函数	r_0	r_1	r_2	r_3	r_4	r_5
C_p	46.442	40.166				
$Ha(T)$	-149520	46.442	20.083			
$Sa(T)$	-207.547	46.442	40.166			
$Ga(T)$	-149520	253.989	-46.442	-20.083		
$Ga(l)$	-122000	-101.716				

温度范围:723 ~ 750　　相:液

$\Delta H^{\ominus}_{tr}$:19250　　$\Delta S^{\ominus}_{tr}$:26.625

函数	r_0	r_1	r_2	r_3	r_4	r_5
C_p	87.864					
$Ha(T)$	-149720	87.864				
$Sa(T)$	-424.580	87.864				
$Ga(T)$	-149720	512.444	-87.864			
$Ga(l)$	-85180	-155.268				

PtO_2(气)

温度范围:298 ~ 2000　　相:气

$\Delta H^{\ominus}_{f,298}$:168620　　$S^{\ominus}_{298}$:255.852

函数	r_0	r_1	r_2	r_3	r_4	r_5
C_p	55.438	2.092	-1.151			
$Ha(T)$	148140	55.438	1.046	1.151		
$Sa(T)$	-67.109	55.438	2.092	0.576		
$Ga(T)$	148140	122.547	-55.438	-1.046	0.576	
$Ga(l)$	204170	-323.132				

PtS

温度范围:298 ~ 1500　　相:固

$\Delta H^{\ominus}_{f,298}$: -83090　　$S^{\ominus}_{298}$:55.061

函数	r_0	r_1	r_2	r_3	r_4	r_5
C_p	41.714	17.196	-0.305			
$Ha(T)$	-97310	41.714	8.598	0.305		
$Sa(T)$	-189.451	41.714	17.196	0.153		
$Ga(T)$	-97310	231.165	-41.714	-8.598	0.153	
$Ga(l)$	-58260	-107.906				

PtS_2

温度范围:298 ~ 1500　　相:固

$\Delta H^{\ominus}_{f,298}$: -110460　　$S^{\ominus}_{298}$:74.684

函数	r_0	r_1	r_2	r_3	r_4	r_5
C_p	68.576	15.774	-0.657			
$Ha(T)$	-133810	68.576	7.887	0.657		
$Sa(T)$	-324.433	68.576	15.774	0.329		
$Ga(T)$	-133810	393.009	-68.576	-7.887	0.329	
$Ga(l)$	-73680	-153.310				

Pt_5Se_4

温度范围:298 ~ 1481　　相:固

$\Delta H^{\ominus}_{f,298}$: -241700　　$S^{\ominus}_{298}$:336.8

函数	r_0	r_1	r_2	r_3	r_4	r_5
C_p	188.28	78.45				
$Ha(T)$	-301320	188.280	39.225			
$Sa(T)$	-759.333	188.280	78.450			
$Ga(T)$	-301320	947.613	-188.280	-39.225		
$Ga(l)$	-128590	-579.739				

Pu

温度范围:298 ~ 395　　相:固(α)

$\Delta H^{\ominus}_{f,298}$:0　　$S^{\ominus}_{298}$:51.463

函数	r_0	r_1	r_2	r_3	r_4	r_5
C_p	24.753	24.192				
$Ha(T)$	-8455	24.753	12.096			
$Sa(T)$	-96.782	24.753	24.192			
$Ga(T)$	-8455	121.535	-24.753	-12.096		
$Ga(l)$	1522	-56.311				

温度范围:395 ~ 480　　相:固(β)

$\Delta H^{\ominus}_{tr}$:3347　　$\Delta S^{\ominus}_{tr}$:8.473

函数	r_0	r_1	r_2	r_3	r_4	r_5
C_p	21.748	29.656				
$Ha(T)$	-4348	21.748	14.828			
$Sa(T)$	-72.501	21.748	29.656			
$Ga(T)$	-4348	94.249	-21.748	-14.828		
$Ga(l)$	7973	-72.706				

温度范围:480 ~ 588　　相:固(γ)

$\Delta H^{\ominus}_{tr}$:586　　$\Delta S^{\ominus}_{tr}$:1.221

函数	r_0	r_1	r_2	r_3	r_4	r_5
C_p	12.481	46.375				
$Ha(T)$	-1240	12.481	23.188			
$Sa(T)$	-22.093	12.481	46.375			
$Ga(T)$	-1240	34.574	-12.481	-23.188		
$Ga(l)$	12000	-81.045				

温度范围:588 ~ 730　　相:固(δ)

$\Delta H^{\ominus}_{tr}$:544　　$\Delta S^{\ominus}_{tr}$:0.925

函数	r_0	r_1	r_2	r_3	r_4	r_5
C_p	37.656					
$Ha(T)$	-7481	37.656				
$Sa(T)$	-154.433	37.656				
$Ga(T)$	-7481	192.089	-37.656			
$Ga(l)$	17250	-89.934				

温度范围:730 ~ 753　　相:固(δ_1)

$\Delta H^{\ominus}_{tr}$:84　　$\Delta S^{\ominus}_{tr}$:0.115

函数	r_0	r_1	r_2	r_3	r_4	r_5
C_p	37.656					
$Ha(T)$	-7397	37.656				
$Sa(T)$	-154.318	37.656				
$Ga(T)$	-7397	191.974	-37.656			
$Ga(l)$	20580	-94.617				

温度范围:753 ~ 913　相:固(ε)

$\Delta H^{\ominus}_{tr}$:1841　$\Delta S^{\ominus}_{tr}$:2. 445

函数	r_0	r_1	r_2	r_3	r_4	r_5
C_p	35. 146					
$Ha(T)$	-3666	35. 146				
$Sa(T)$	-135. 247	35. 146				
$Ga(T)$	-3666	170. 393	-35. 146			
$Ga(l)$	25540	-101. 078				

温度范围:913 ~ 3503　相:液

$\Delta H^{\ominus}_{tr}$:2845　$\Delta S^{\ominus}_{tr}$:3. 116

函数	r_0	r_1	r_2	r_3	r_4	r_5
C_p	41. 840					
$Ha(T)$	-6933	41. 840				
$Sa(T)$	-177. 762	41. 840				
$Ga(T)$	-6933	219. 602	-41. 840			
$Ga(l)$	76500	-142. 838				

温度范围:3503 ~ 4000　相:气

$\Delta H^{\ominus}_{tr}$:343700　$\Delta S^{\ominus}_{tr}$:98. 116

函数	r_0	r_1	r_2	r_3	r_4	r_5
C_p	45. 263					
$Ha(T)$	324780	45. 263				
$Sa(T)$	-107. 582	45. 263				
$Ga(T)$	324780	152. 845	-45. 263			
$Ga(l)$	494350	-264. 900				

Pu(气)

温度范围:298 ~ 3500　相:气

$\Delta H^{\ominus}_{f,298}$:351900　$S^{\ominus}_{298}$:177. 2

函数	r_0	r_1	r_2	r_3	r_4	r_5
C_p	4. 1	35. 14	0. 62	-6. 77		
$Ha(T)$	351260	4. 100	17. 570	-0. 620	-2. 257	
$Sa(T)$	147. 151	4. 100	35. 140	-0. 310	-3. 385	
$Ga(T)$	351260	-143. 051	-4. 100	-17. 570	-0. 310	1. 128
$Ga(l)$	391900	-230. 371				

PuH_2

温度范围:298 ~ 1000　相:固

$\Delta H^{\ominus}_{f,298}$: -139330　$S^{\ominus}_{298}$:59. 831

函数	r_0	r_1	r_2	r_3	r_4	r_5
C_p	39. 581	16. 108	-0. 477			
$Ha(T)$	-153450	39. 581	8. 054	0. 477		
$Sa(T)$	-173. 171	39. 581	16. 108	0. 239		
$Ga(T)$	-153450	212. 752	-39. 581	-8. 054	0. 239	
$Ga(l)$	-125930	-93. 047				

PuH_3

温度范围:298 ~ 500　　相:固

$\Delta H^{\ominus}_{f,298}$: −138070　　$S^{\ominus}_{298}$:64.852

函数	r_0	r_1	r_2	r_3	r_4	r_5
C_p	33.263	33.472				
$Ha(T)$	−149480	33.263	16.736			
$Sa(T)$	−134.647	33.263	33.472			
$Ga(T)$	−149480	167.910	−33.263	−16.736		
$Ga(l)$	−133820	−77.711				

PuF_2

温度范围:298 ~ 1680　　相:固

$\Delta H^{\ominus}_{f,298}$: −1567300　　$S^{\ominus}_{298}$:115.060

函数	r_0	r_1	r_2	r_3	r_4	r_5
C_p	86.609	34.309				
$Ha(T)$	−1594600	86.609	17.155			
$Sa(T)$	−388.632	86.609	34.309			
$Ga(T)$	−1594600	475.241	−86.609	−17.155		
$Ga(l)$	−1507000	−237.850				

温度范围:1680 ~ 2500　　相:液

$\Delta H^{\ominus}_{tr}$:54390　　$\Delta S^{\ominus}_{tr}$:32.375

函数	r_0	r_1	r_2	r_3	r_4	r_5
C_p	135.980					
$Ha(T)$	−1574800	135.980				
$Sa(T)$	−665.274	135.980				
$Ga(T)$	−1574800	801.254	−135.980			
$Ga(l)$	−1293500	−373.759				

PuF_3

温度范围:298 ~ 1699　　相:固

$\Delta H^{\ominus}_{f,298}$: −1552300　　$S^{\ominus}_{298}$:112.968

函数	r_0	r_1	r_2	r_3	r_4	r_5
C_p	86.609	34.309				
$Ha(T)$	−1579600	86.609	17.155			
$Sa(T)$	−390.724	86.609	34.309			
$Ga(T)$	−1579600	477.333	−86.609	−17.155		
$Ga(l)$	−1491200	−236.867				

温度范围:1699 ~ 2493　　相:液

$\Delta H^{\ominus}_{tr}$:54390　　$\Delta S^{\ominus}_{tr}$:32.013

函数	r_0	r_1	r_2	r_3	r_4	r_5
C_p	146.440					
$Ha(T)$	−1577400	146.440				
$Sa(T)$	−745.431	146.440				
$Ga(T)$	−1577400	891.871	−146.440			
$Ga(l)$	−1273400	−373.976				

PuF_4

温度范围:298 ~ 1310 相:固

$\Delta H^{\ominus}_{f,298}$: -1733900 $S^{\ominus}_{298}$:161.921

函数	r_0	r_1	r_2	r_3	r_4	r_5
C_p	112.257	28.870				
$Ha(T)$	-1768700	112.257	14.435			
$Sa(T)$	-486.282	112.257	28.870			
$Ga(T)$	-1768700	598.539	-112.257	-14.435		
$Ga(l)$	-1680400	-283.007				

温度范围:1310 ~ 1500 相:液

$\Delta H^{\ominus}_{tr}$:42680 $\Delta S^{\ominus}_{tr}$:32.580

函数	r_0	r_1	r_2	r_3	r_4	r_5
C_p	171.544					
$Ha(T)$	-1778900	171.544				
$Sa(T)$	-841.431	171.544				
$Ga(T)$	-1778900	1012.975	-171.544			
$Ga(l)$	-1538100	-401.818				

PuF_6

温度范围:298 ~ 325 相:固

$\Delta H^{\ominus}_{f,298}$: -1776500 $S^{\ominus}_{298}$:217.811

函数	r_0	r_1	r_2	r_3	r_4	r_5
C_p	172.799					
$Ha(T)$	-1828000	172.799				
$Sa(T)$	-766.728	172.799				
$Ga(T)$	-1828000	939.527	-172.799			
$Ga(l)$	-1774100	-224.998				

温度范围:325 ~ 335 相:液

$\Delta H^{\ominus}_{tr}$:18640 $\Delta S^{\ominus}_{tr}$:57.354

函数	r_0	r_1	r_2	r_3	r_4	r_5
C_p	188.280					
$Ha(T)$	-1814400	188.280				
$Sa(T)$	-798.914	188.280				
$Ga(T)$	-1814400	987.194	-188.280			
$Ga(l)$	-1752600	-291.992				

温度范围:335 ~ 2000 相:气

$\Delta H^{\ominus}_{tr}$:30130 $\Delta S^{\ominus}_{tr}$:89.940

函数	r_0	r_1	r_2	r_3	r_4	r_5
C_p	155.561	1.213	-2.364			
$Ha(T)$	-1780400	155.561	0.607	2.364		
$Sa(T)$	-529.680	155.561	1.213	1.182		
$Ga(T)$	-1780400	685.240	-155.561	-0.607	1.182	
$Ga(l)$	-1622200	-562.710				

PuF_6(气)

温度范围:298 ~ 2000　　相:气

$\Delta H^{\ominus}_{f,298}$: -1750300　　$S^{\ominus}_{298}$:369.5

函数	r_0	r_1	r_2	r_3	r_4	r_5
C_p	153.44	2.81	-2.21			
$Ha(T)$	-1803600	153.440	1.405	2.210		
$Sa(T)$	-518.008	153.440	2.810	1.105		
$Ga(T)$	-1803600	671.448	-153.440	-1.405	1.105	
$Ga(l)$	-1651300	-558.093				

$PuCl_3$

温度范围:298 ~ 1040　　相:固

$\Delta H^{\ominus}_{f,298}$: -961480　　$S^{\ominus}_{298}$:158.992

函数	r_0	r_1	r_2	r_3	r_4	r_5
C_p	92.885	29.288				
$Ha(T)$	-990480	92.885	14.644			
$Sa(T)$	-378.961	92.885	29.288			
$Ga(T)$	-990480	471.846	-92.885	-14.644		
$Ga(l)$	-927790	-241.867				

温度范围:1040 ~ 2063　　相:液

$\Delta H^{\ominus}_{tr}$:63600　　$\Delta S^{\ominus}_{tr}$:61.154

函数	r_0	r_1	r_2	r_3	r_4	r_5
C_p	131.796					
$Ha(T)$	-951500	131.796				
$Sa(T)$	-557.662	131.796				
$Ga(T)$	-951500	689.458	-131.796			
$Ga(l)$	-753040	-409.174				

$PuCl_4$

温度范围:298 ~ 730　　相:固

$\Delta H^{\ominus}_{f,298}$: -962320　　$S^{\ominus}_{298}$:200.832

函数	r_0	r_1	r_2	r_3	r_4	r_5
C_p	112.550	29.288				
$Ha(T)$	-997180	112.550	14.644			
$Sa(T)$	-449.165	112.550	29.288			
$Ga(T)$	-997180	561.715	-112.550	-14.644		
$Ga(l)$	-938470	-266.401				

温度范围:730 ~ 1060　　相:液

$\Delta H^{\ominus}_{tr}$:39750　　$\Delta S^{\ominus}_{tr}$:54.452

函数	r_0	r_1	r_2	r_3	r_4	r_5
C_p	165.268					
$Ha(T)$	-988110	165.268				
$Sa(T)$	-720.905	165.268				
$Ga(T)$	-988110	886.173	-165.268			
$Ga(l)$	-841540	-401.827				

温度范围:1060 ~ 2500　　相:气

$\Delta H^\ominus_{tr}$:125520　　$\Delta S^\ominus_{tr}$:118.415

函数	r_0	r_1	r_2	r_3	r_4	r_5
C_p	83.680	20.920				
$Ha(T)$	-787860	83.680	10.460			
$Sa(T)$	-56.321	83.680	20.920			
$Ga(T)$	-787860	140.001	-83.680	-10.460		
$Ga(l)$	-614230	-605.789				

$PuCl_4$(气)

温度范围:298 ~ 2000　　相:气

$\Delta H^\ominus_{f,298}$:-793700　　$S^\ominus_{298}$:412.5

函数	r_0	r_1	r_2	r_3	r_4	r_5
C_p	107.94	-0.42	-0.87			
$Ha(T)$	-828780	107.940	-0.210	0.870		
$Sa(T)$	-207.267	107.940	-0.420	0.435		
$Ga(T)$	-828780	315.207	-107.940	0.210	0.435	
$Ga(l)$	-723810	-546.577				

$PuBr_3$

温度范围:298 ~ 954　　相:固

$\Delta H^\ominus_{f,298}$:-831780　　$S^\ominus_{298}$:191.209

函数	r_0	r_1	r_2	r_3	r_4	r_5
C_p	95.395	31.380				
$Ha(T)$	-861620	95.395	15.690			
$Sa(T)$	-361.669	95.395	31.380			
$Ga(T)$	-861620	457.064	-95.395	-15.690		
$Ga(l)$	-800860	-269.481				

温度范围:954 ~ 1748　　相:液

$\Delta H^\ominus_{tr}$:58580　　$\Delta S^\ominus_{tr}$:61.405

函数	r_0	r_1	r_2	r_3	r_4	r_5
C_p	133.888					
$Ha(T)$	-825480	133.888				
$Sa(T)$	-534.416	133.888				
$Ga(T)$	-825480	668.304	-133.888			
$Ga(l)$	-648810	-429.552				

PuI_3

温度范围:298 ~ 1050　　相:固

$\Delta H^\ominus_{f,298}$:-648520　　$S^\ominus_{298}$:223.844

函数	r_0	r_1	r_2	r_3	r_4	r_5
C_p	105.730	20.502				
$Ha(T)$	-680950	105.730	10.251			
$Sa(T)$	-384.676	105.730	20.502			
$Ga(T)$	-680950	490.406	-105.730	-10.251		
$Ga(l)$	-611710	-314.263				

温度范围:1050 ~ 1500　　相:液

$\Delta H^{\ominus}_{tr}$:50210　　$\Delta S^{\ominus}_{tr}$:47. 819

函数	r_0	r_1	r_2	r_3	r_4	r_5
C_p	142. 256					
$Ha(T)$	-657800	142. 256				
$Sa(T)$	-569. 424	142. 256				
$Ga(T)$	-657800	711. 680	-142. 256			
$Ga(l)$	-477940	-447. 357				

PuO(1)

温度范围:298 ~ 1290　　相:固

$\Delta H^{\ominus}_{f,298}$: -481160　　$S^{\ominus}_{298}$:83. 680

函数	r_0	r_1	r_2	r_3	r_4	r_5
C_p	50. 208	10. 042				
$Ha(T)$	-496580	50. 208	5. 021			
$Sa(T)$	-205. 379	50. 208	10. 042			
$Ga(T)$	-496580	255. 587	-50. 208	-5. 021		
$Ga(l)$	-458370	-135. 692				

温度范围:1290 ~ 2325　　相:液

$\Delta H^{\ominus}_{tr}$:30130　　$\Delta S^{\ominus}_{tr}$:23. 357

函数	r_0	r_1	r_2	r_3	r_4	r_5
C_p	60. 668					
$Ha(T)$	-471580	60. 668				
$Sa(T)$	-243. 987	60. 668				
$Ga(T)$	-471580	304. 655	-60. 668			
$Ga(l)$	-364350	-210. 500				

温度范围:2325 ~ 2500　　相:气

$\Delta H^{\ominus}_{tr}$:196650　　$\Delta S^{\ominus}_{tr}$:84. 581

函数	r_0	r_1	r_2	r_3	r_4	r_5
C_p	37. 238					
$Ha(T)$	-220460	37. 238				
$Sa(T)$	22. 211	37. 238				
$Ga(T)$	-220460	15. 027	-37. 238			
$Ga(l)$	-130650	-312. 234				

PuO(2)

温度范围:298 ~ 2173　　相:固

$\Delta H^{\ominus}_{f,298}$: -564800　　$S^{\ominus}_{298}$:70. 7

函数	r_0	r_1	r_2	r_3	r_4	r_5
C_p	53. 1	10. 21	-0. 44			
$Ha(T)$	-582560	53. 100	5. 105	0. 440		
$Sa(T)$	-237. 361	53. 100	10. 210	0. 220		
$Ga(T)$	-582560	290. 461	-53. 100	-5. 105	0. 220	
$Ga(l)$	-521250	-149. 973				

PuO_2

温度范围:298 ~ 2663　　相:固

$\Delta H^{\ominus}_{f,298}$: -1056000　　$S^{\ominus}_{298}$:68.408

函数	r_0	r_1	r_2	r_3	r_4	r_5
C_p	92.801	0.879	-2.067			
$Ha(T)$	-1090600	92.801	0.440	2.067		
$Sa(T)$	-472.223	92.801	0.879	1.034		
$Ga(T)$	-1090600	565.024	-92.801	-0.440	1.034	
$Ga(l)$	-976470	-200.354				

Pu_2O_3

温度范围:298 ~ 1880　　相:固

$\Delta H^{\ominus}_{f,298}$: -1619200　　$S^{\ominus}_{298}$:158.992

函数	r_0	r_1	r_2	r_3	r_4	r_5
C_p	88.701	76.149				
$Ha(T)$	-1649000	88.701	38.075			
$Sa(T)$	-369.094	88.701	76.149			
$Ga(T)$	-1649000	457.795	-88.701	-38.075		
$Ga(l)$	-1530100	-328.784				

温度范围:1880 ~ 2500　　相:液

$\Delta H^{\ominus}_{tr}$:66940　　$\Delta S^{\ominus}_{tr}$:35.606

函数	r_0	r_1	r_2	r_3	r_4	r_5
C_p	167.360					
$Ha(T)$	-1595400	167.360				
$Sa(T)$	-783.340	167.360				
$Ga(T)$	-1595400	950.700	-167.360			
$Ga(l)$	-1230900	-503.595				

PuOF

温度范围:298 ~ 1500　　相:固

$\Delta H^{\ominus}_{f,298}$: -1128800　　$S^{\ominus}_{298}$:91.630

函数	r_0	r_1	r_2	r_3	r_4	r_5
C_p	72.341	23.891				
$Ha(T)$	-1151400	72.341	11.946			
$Sa(T)$	-327.663	72.341	23.891			
$Ga(T)$	-1151400	400.004	-72.341	-11.946		
$Ga(l)$	-1086500	-182.228				

PuOCl

温度范围:298 ~ 1500　　相:固

$\Delta H^{\ominus}_{f,298}$: -931780　　$S^{\ominus}_{298}$:108.784

函数	r_0	r_1	r_2	r_3	r_4	r_5
C_p	76.525	23.891				
$Ha(T)$	-955660	76.525	11.946			
$Sa(T)$	-334.348	76.525	23.891			
$Ga(T)$	-955660	410.873	-76.525	-11.946		
$Ga(l)$	-887460	-203.791				

PuOBr

温度范围:298 ~ 1500 相:固

$\Delta H^{\ominus}_{f,298}$: -888680 $S^{\ominus}_{298}$:119. 244

函数	r_0	r_1	r_2	r_3	r_4	r_5
C_p	80. 668	23. 891				
$Ha(T)$	-913790	80. 668	11. 946			
$Sa(T)$	-347. 493	80. 668	23. 891			
$Ga(T)$	-913790	428. 161	-80. 668	-11. 946		
$Ga(l)$	-842340	-218. 618				

PuOI

温度范围:298 ~ 1500 相:固

$\Delta H^{\ominus}_{f,298}$: -827600 $S^{\ominus}_{298}$:126. 357

函数	r_0	r_1	r_2	r_3	r_4	r_5
C_p	84. 893	23. 891				
$Ha(T)$	-853970	84. 893	11. 946			
$Sa(T)$	-364. 452	84. 893	23. 891			
$Ga(T)$	-853970	449. 345	-84. 893	-11. 946		
$Ga(l)$	-779210	-230. 183				

PuS

温度范围:298 ~ 2000 相:固

$\Delta H^{\ominus}_{f,298}$: -436400 $S^{\ominus}_{298}$:78. 2

函数	r_0	r_1	r_2	r_3	r_4	r_5
C_p	53. 14	6. 69	-0. 38			
$Ha(T)$	-453820	53. 140	3. 345	0. 380		
$Sa(T)$	-228. 702	53. 140	6. 690	0. 190		
$Ga(T)$	-453820	281. 842	-53. 140	-3. 345	0. 190	
$Ga(l)$	-398480	-150. 319				

Pu_2S_3

温度范围:298 ~ 2000 相:固

$\Delta H^{\ominus}_{f,298}$: -983200 $S^{\ominus}_{298}$:192. 5

函数	r_0	r_1	r_2	r_3	r_4	r_5
C_p	127. 61	16. 74	-3. 77			
$Ha(T)$	-1034600	127. 610	8. 370	3. 770		
$Sa(T)$	-560. 767	127. 610	16. 740	1. 885		
$Ga(T)$	-1034600	688. 377	-127. 610	-8. 370	1. 885	
$Ga(l)$	-897850	-351. 876				

$Pu(SO_4)_2$

温度范围:298 ~ 1500 相:固

$\Delta H^{\ominus}_{f,298}$: -2200800 $S^{\ominus}_{298}$:163. 176

函数	r_0	r_1	r_2	r_3	r_4	r_5
C_p	117. 570	215. 476				
$Ha(T)$	-2245400	117. 570	107. 738			
$Sa(T)$	-570. 935	117. 570	215. 476			
$Ga(T)$	-2245400	688. 505	-117. 570	-107. 738		
$Ga(l)$	-2079200	-416. 570				

PuN

温度范围:298 ~ 2200　　相:固

$\Delta H^{\ominus}_{f,298}$: −299160　　$S^{\ominus}_{298}$:72. 383

函数	r_0	r_1	r_2	r_3	r_4	r_5
C_p	50. 626	10. 669	−0. 523			
$Ha(T)$	−316480	50. 626	5. 335	0. 523		
$Sa(T)$	−222. 186	50. 626	10. 669	0. 262		
$Ga(T)$	−316480	272. 812	−50. 626	−5. 335	0. 262	
$Ga(l)$	−256720	−148. 973				

$PuC_{0.88}$

温度范围:298 ~ 1400　　相:固

$\Delta H^{\ominus}_{f,298}$: −46440　　$S^{\ominus}_{298}$:72. 383

函数	r_0	r_1	r_2	r_3	r_4	r_5
C_p	54. 727	4. 770	−1. 351			
$Ha(T)$	−67500	54. 727	2. 385	1. 351		
$Sa(T)$	−248. 451	54. 727	4. 770	0. 676		
$Ga(T)$	−67500	303. 178	−54. 727	−2. 385	0. 676	
$Ga(l)$	−23100	−123. 414				

$PuC_{1.5}$

温度范围:298 ~ 2200　　相:固

$\Delta H^{\ominus}_{f,298}$: −55230　　$S^{\ominus}_{298}$:86. 609

函数	r_0	r_1	r_2	r_3	r_4	r_5
C_p	37. 614	38. 618	−0. 004	−6. 653		
$Ha(T)$	−68120	37. 614	19. 309	0. 004	−2. 218	
$Sa(T)$	−138. 941	37. 614	38. 618	0. 002	−3. 327	
$Ga(T)$	−68120	176. 555	−37. 614	−19. 309	0. 002	1. 109
$Ga(l)$	−8668	−169. 167				

PuC_2

温度范围:298 ~ 2623　　相:固

$\Delta H^{\ominus}_{f,298}$: −32400　　$S^{\ominus}_{298}$:102. 8

函数	r_0	r_1	r_2	r_3	r_4	r_5
C_p	60. 17	27. 03	−1. 15	−5. 61		
$Ha(T)$	−55350	60. 170	13. 515	1. 150	−1. 870	
$Sa(T)$	−254. 302	60. 170	27. 030	0. 575	−2. 805	
$Ga(T)$	−55350	314. 472	−60. 170	−13. 515	0. 575	0. 935
$Ga(l)$	34810	−212. 828				

Pu_2C_3

温度范围:298 ~ 2323　　相:固

$\Delta H^{\ominus}_{f,298}$: −168600　　$S^{\ominus}_{298}$:150

函数	r_0	r_1	r_2	r_3	r_4	r_5
C_p	97. 82	40. 79	−0. 49			
$Ha(T)$	−201220	97. 820	20. 395	0. 490		
$Sa(T)$	−422. 257	97. 820	40. 790	0. 245		
$Ga(T)$	−201220	520. 077	−97. 820	−20. 395	0. 245	
$Ga(l)$	−67030	−326. 790				

Ra

温度范围:298 ~ 1233 相:固

$\Delta H^{\ominus}_{f,298}$:0 $S^{\ominus}_{298}$:71. 128

函数	r_0	r_1	r_2	r_3	r_4	r_5
C_p	24. 267	5. 021				
$Ha(T)$	-7458	24. 267	2. 511			
$Sa(T)$	-68. 633	24. 267	5. 021			
$Ga(T)$	-7458	92. 900	-24. 267	-2. 511		
$Ga(l)$	10450	-95. 370				

温度范围:1233 ~ 1700 相:液

$\Delta H^{\ominus}_{tr}$:9623 $\Delta S^{\ominus}_{tr}$:7. 805

函数	r_0	r_1	r_2	r_3	r_4	r_5
C_p	33. 472					
$Ha(T)$	-5368	33. 472				
$Sa(T)$	-120. 151	33. 472				
$Ga(T)$	-5368	153. 623	-33. 472			
$Ga(l)$	43390	-123. 797				

温度范围:1700 ~ 2500 相:气

$\Delta H^{\ominus}_{tr}$:146440 $\Delta S^{\ominus}_{tr}$:86. 141

函数	r_0	r_1	r_2	r_3	r_4	r_5
C_p	20. 794					
$Ha(T)$	162620	20. 794				
$Sa(T)$	60. 294	20. 794				
$Ga(T)$	162620	-39. 500	-20. 794			
$Ga(l)$	205870	-219. 285				

RaF_2

温度范围:298 ~ 1600 相:固

$\Delta H^{\ominus}_{f,298}$: -1200800 $S^{\ominus}_{298}$:100. 416

函数	r_0	r_1	r_2	r_3	r_4	r_5
C_p	66. 944	30. 125				
$Ha(T)$	-1222100	66. 944	15. 063			
$Sa(T)$	-289. 986	66. 944	30. 125			
$Ga(T)$	-1222100	356. 930	-66. 944	-15. 063		
$Ga(l)$	-1155700	-194. 000				

温度范围:1600 ~ 2200 相:液

$\Delta H^{\ominus}_{tr}$:12550 $\Delta S^{\ominus}_{tr}$:7. 844

函数	r_0	r_1	r_2	r_3	r_4	r_5
C_p	98. 324					
$Ha(T)$	-1221200	98. 324				
$Sa(T)$	-465. 456	98. 324				
$Ga(T)$	-1221200	563. 780	-98. 324			
$Ga(l)$	-1035600	-276. 603				

温度范围:2200 ~ 2500　　相:气

$\Delta H_{tr}^{\ominus}$:230120　　$\Delta S_{tr}^{\ominus}$:104.600

函数	r_0	r_1	r_2	r_3	r_4	r_5
C_p	62.760					
$Ha(T)$	-912840	62.760				
$Sa(T)$	-87.148	62.760				
$Ga(T)$	-912840	149.908	-62.760			
$Ga(l)$	-765500	-399.986				

$RaCl_2$

温度范围:298 ~ 1300　　相:固

$\Delta H_{f,298}^{\ominus}$: -887010　　$S_{298}^{\ominus}$:144.348

函数	r_0	r_1	r_2	r_3	r_4	r_5
C_p	76.986	10.878				
$Ha(T)$	-910450	76.986	5.439			
$Sa(T)$	-297.530	76.986	10.878			
$Ga(T)$	-910450	374.516	-76.986	-5.439		
$Ga(l)$	-852780	-222.368				

温度范围:1300 ~ 1880　　相:液

$\Delta H_{tr}^{\ominus}$:25100　　$\Delta S_{tr}^{\ominus}$:19.308

函数	r_0	r_1	r_2	r_3	r_4	r_5
C_p	100.416					
$Ha(T)$	-906610	100.416				
$Sa(T)$	-432.077	100.416				
$Ga(T)$	-906610	532.493	-100.416			
$Ga(l)$	-748380	-307.800				

温度范围:1880 ~ 2500　　相:气

$\Delta H_{tr}^{\ominus}$:175730　　$\Delta S_{tr}^{\ominus}$:93.473

函数	r_0	r_1	r_2	r_3	r_4	r_5
C_p	62.760					
$Ha(T)$	-660090	62.760				
$Sa(T)$	-54.714	62.760				
$Ga(T)$	-660090	117.474	-62.760			
$Ga(l)$	-523380	-427.889				

Rb

温度范围:298 ~ 312.64　　相:固

$\Delta H_{f,298}^{\ominus}$:0　　$S_{298}^{\ominus}$:76.776

函数	r_0	r_1	r_2	r_3	r_4	r_5
C_p	3.515	92.399				
$Ha(T)$	-5155	3.515	46.200			
$Sa(T)$	29.200	3.515	92.399			
$Ga(T)$	-5155	-25.685	-3.515	-46.200		
$Ga(l)$	233	-77.507				

温度范围:312.64 ~961 相:液

$\Delta H^{\ominus}_{tr}$:2192 $\Delta S^{\ominus}_{tr}$:7.011

函数	r_0	r_1	r_2	r_3	r_4	r_5
C_p	40.869	-26.213	0.034	14.150		
$Ha(T)$	-8880	40.869	-13.107	-0.034	4.717	
$Sa(T)$	-141.824	40.869	-26.213	-0.017	7.075	
$Ga(T)$	-8880	182.693	-40.869	13.107	-0.017	-2.358
$Ga(l)$	11510	-107.197				

温度范围:961 ~2000 相:气

$\Delta H^{\ominus}_{tr}$:72220 $\Delta S^{\ominus}_{tr}$:75.151

函数	r_0	r_1	r_2	r_3	r_4	r_5
C_p	20.786					
$Ha(T)$	74690	20.786				
$Sa(T)$	52.581	20.786				
$Ga(T)$	74690	-31.795	-20.786			
$Ga(l)$	104430	-204.059				

Rb(气)

温度范围:298 ~2000 相:气

$\Delta H^{\ominus}_{f,298}$:80880 $S^{\ominus}_{298}$:171.013

函数	r_0	r_1	r_2	r_3	r_4	r_5
C_p	20.786					
$Ha(T)$	74680	20.786				
$Sa(T)$	52.583	20.786				
$Ga(T)$	74680	-31.797	-20.786			
$Ga(l)$	94730	-197.744				

Rb_2(气)

温度范围:298 ~2000 相:气

$\Delta H^{\ominus}_{f,298}$:57610 $S^{\ominus}_{298}$:135.352

函数	r_0	r_1	r_2	r_3	r_4	r_5
C_p	37.284	1.996				
$Ha(T)$	46410	37.284	0.998			
$Sa(T)$	-77.672	37.284	1.996			
$Ga(T)$	46410	114.956	-37.284	-0.998		
$Ga(l)$	83450	-184.999				

RbH

温度范围:298 ~598 相:固

$\Delta H^{\ominus}_{f,298}$: -52300 $S^{\ominus}_{298}$:58.6

函数	r_0	r_1	r_2	r_3	r_4	r_5
C_p	27.7	40.67				
$Ha(T)$	-62370	27.700	20.335			
$Sa(T)$	-111.349	27.700	40.670			
$Ga(T)$	-62370	139.049	-27.700	-20.335		
$Ga(l)$	-46400	-75.663				

RbF

温度范围:298 ~ 1048　　相:固

$\Delta H^{\ominus}_{f,298}$: -553130　　$S^{\ominus}_{298}$:73.638

函数	r_0	r_1	r_2	r_3	r_4	r_5
C_p	33.330	38.535	0.502			
$Ha(T)$	-563100	33.330	19.268	-0.502		
$Sa(T)$	-124.929	33.330	38.535	-0.251		
$Ga(T)$	-563100	158.259	-33.330	-19.268	-0.251	
$Ga(l)$	-535670	-116.249				

温度范围:1048 ~ 1200　　相:液

$\Delta H^{\ominus}_{tr}$:22970　　$\Delta S^{\ominus}_{tr}$:21.918

函数	r_0	r_1	r_2	r_3	r_4	r_5
C_p	-47.292	3.694	146.720			
$Ha(T)$	-296980	-47.292	1.847	-146.720		
$Sa(T)$	560.765	-47.292	3.694	-73.360		
$Ga(T)$	-296980	-608.057	47.292	-1.847	-73.360	
$Ga(l)$	-478550	-174.508				

温度范围:1200 ~ 1663　　相:液

$\Delta H^{\ominus}_{tr}$:—　　$\Delta S^{\ominus}_{tr}$:—

函数	r_0	r_1	r_2	r_3	r_4	r_5
C_p	58.994					
$Ha(T)$	-544130	58.994				
$Sa(T)$	-239.323	58.994				
$Ga(T)$	-544130	298.316	-58.994			
$Ga(l)$	-460270	-189.203				

RbF(气)

温度范围:298 ~ 2000　　相:气

$\Delta H^{\ominus}_{f,298}$: -334600　　$S^{\ominus}_{298}$:234.6

函数	r_0	r_1	r_2	r_3	r_4	r_5
C_p	37.34	0.61	-0.15			
$Ha(T)$	-346260	37.340	0.305	0.150		
$Sa(T)$	20.826	37.340	0.610	0.075		
$Ga(T)$	-346260	16.514	-37.340	-0.305	0.075	
$Ga(l)$	-309730	-282.384				

RbCl

温度范围:298 ~ 988　　相:固

$\Delta H^{\ominus}_{f,298}$: -430530　　$S^{\ominus}_{298}$:91.630

函数	r_0	r_1	r_2	r_3	r_4	r_5
C_p	48.116	10.418				
$Ha(T)$	-445340	48.116	5.209			
$Sa(T)$	-185.622	48.116	10.418			
$Ga(T)$	-445340	233.738	-48.116	-5.209		
$Ga(l)$	-414930	-130.728				

温度范围:988 ~ 2000　　相:液

$\Delta H^{\ominus}_{tr}$:18410　　$\Delta S^{\ominus}_{tr}$:18.634

函数	r_0	r_1	r_2	r_3	r_4	r_5
C_p	64.015					
$Ha(T)$	-437550	64.015				
$Sa(T)$	-266.330	64.015				
$Ga(T)$	-437550	330.345	-64.015			
$Ga(l)$	-344890	-200.817				

RbCl(气)

温度范围:298 ~ 2000　　相:气

$\Delta H^{\ominus}_{f,298}$: -233100　　$S^{\ominus}_{298}$:241.3

函数	r_0	r_1	r_2	r_3	r_4	r_5
C_p	37.15	0.96	-0.08			
$Ha(T)$	-244490	37.150	0.480	0.080		
$Sa(T)$	28.898	37.150	0.960	0.040		
$Ga(T)$	-244490	8.252	-37.150	-0.480	0.040	
$Ga(l)$	-208040	-289.490				

RbBr

温度范围:298 ~ 953　　相:固

$\Delta H^{\ominus}_{f,298}$: -389110　　$S^{\ominus}_{298}$:108.784

函数	r_0	r_1	r_2	r_3	r_4	r_5
C_p	48.534	10.669				
$Ha(T)$	-404050	48.534	5.335			
$Sa(T)$	-170.924	48.534	10.669			
$Ga(T)$	-404050	219.458	-48.534	-5.335		
$Ga(l)$	-374110	-146.828				

温度范围:953 ~ 1625　　相:液

$\Delta H^{\ominus}_{tr}$:15480　　$\Delta S^{\ominus}_{tr}$:16.243

函数	r_0	r_1	r_2	r_3	r_4	r_5
C_p	66.944					
$Ha(T)$	-401270	66.944				
$Sa(T)$	-270.799	66.944				
$Ga(T)$	-401270	337.743	-66.944			
$Ga(l)$	-316560	-208.169				

RbBr(气)

温度范围:298 ~ 2000　　相:气

$\Delta H^{\ominus}_{f,298}$: -188100　　$S^{\ominus}_{298}$:263.1

函数	r_0	r_1	r_2	r_3	r_4	r_5
C_p	37.41	0.86	-0.06			
$Ha(T)$	-199490	37.410	0.430	0.060		
$Sa(T)$	49.359	37.410	0.860	0.030		
$Ga(T)$	-199490	-11.949	-37.410	-0.430	0.030	
$Ga(l)$	-162870	-311.640				

RbI

温度范围:298 ~ 913　　相:固

$\Delta H^{\ominus}_{f,298}$: −328440　　$S^{\ominus}_{298}$:117.989

函数	r_0	r_1	r_2	r_3	r_4	r_5
C_p	48.534	11.004				
$Ha(T)$	−343400	48.534	5.502			
$Sa(T)$	−161.819	48.534	11.004			
$Ga(T)$	−343400	210.353	−48.534	−5.502		
$Ga(l)$	−314270	−154.435				

温度范围:913 ~ 1577　　相:液

$\Delta H^{\ominus}_{tr}$:12550　　$\Delta S^{\ominus}_{tr}$:13.746

函数	r_0	r_1	r_2	r_3	r_4	r_5
C_p	66.944					
$Ha(T)$	−343070	66.944				
$Sa(T)$	−263.523	66.944				
$Ga(T)$	−343070	330.467	−66.944			
$Ga(l)$	−261320	−213.096				

RbI(气)

温度范围:298 ~ 2000　　相:气

$\Delta H^{\ominus}_{f,298}$: −127900　　$S^{\ominus}_{298}$:271.9

函数	r_0	r_1	r_2	r_3	r_4	r_5
C_p	37.41	0.88	−0.04			
$Ha(T)$	−139230	37.410	0.440	0.040		
$Sa(T)$	58.266	37.410	0.880	0.020		
$Ga(T)$	−139230	−20.856	−37.410	−0.440	0.020	
$Ga(l)$	−102620	−320.558				

RbO_2

温度范围:298 ~ 685　　相:固

$\Delta H^{\ominus}_{f,298}$: −275310　　$S^{\ominus}_{298}$:89.956

函数	r_0	r_1	r_2	r_3	r_4	r_5
C_p	57.739	26.778				
$Ha(T)$	−293720	57.739	13.389			
$Sa(T)$	−247.001	57.739	26.778			
$Ga(T)$	−293720	304.740	−57.739	−13.389		
$Ga(l)$	−263460	−123.081				

Rb_2O

温度范围:298 ~ 900　　相:固

$\Delta H^{\ominus}_{f,298}$: −330120　　$S^{\ominus}_{298}$:114.642

函数	r_0	r_1	r_2	r_3	r_4	r_5
C_p	67.362	33.472				
$Ha(T)$	−351690	67.362	16.736			
$Sa(T)$	−279.139	67.362	33.472			
$Ga(T)$	−351690	346.501	−67.362	−16.736		
$Ga(l)$	−308660	−169.918				

$Rb_2O \cdot B_2O_3$

温度范围:298 ~ 1133　　相:固

$\Delta H^{\ominus}_{f,298}$: −1949700　　$S^{\ominus}_{298}$:189. 1

函数	r_0	r_1	r_2	r_3	r_4	r_5
C_p	116. 73	101. 25				
$Ha(T)$	−1989000	116. 730	50. 625			
$Sa(T)$	−506. 168	116. 730	101. 250			
$Ga(T)$	−1989000	622. 898	−116. 730	−50. 625		
$Ga(l)$	−1890500	−329. 255				

$Rb_2O \cdot SiO_2$

温度范围:298 ~ 1143　　相:固

$\Delta H^{\ominus}_{f,298}$: −1527600　　$S^{\ominus}_{298}$:161. 084

函数	r_0	r_1	r_2	r_3	r_4	r_5
C_p	123. 679	49. 204	−1. 858			
$Ha(T)$	−1572900	123. 679	24. 602	1. 858		
$Sa(T)$	−568. 710	123. 679	49. 204	0. 929		
$Ga(T)$	−1572900	692. 389	−123. 679	−24. 602	0. 929	
$Ga(l)$	−1478000	−278. 231				

温度范围:1143 ~ 1800　　相:液

$\Delta H^{\ominus}_{tr}$:41840　　$\Delta S^{\ominus}_{tr}$:36. 605

函数	r_0	r_1	r_2	r_3	r_4	r_5
C_p	177. 820					
$Ha(T)$	−1559200	177. 820				
$Sa(T)$	−856. 382	177. 820				
$Ga(T)$	−1559200	1034. 202	−177. 820			
$Ga(l)$	−1301000	−439. 744				

$Rb_2O \cdot 2SiO_2$

温度范围:298 ~ 1363　　相:固

$\Delta H^{\ominus}_{f,298}$: −2465600　　$S^{\ominus}_{298}$:194. 556

函数	r_0	r_1	r_2	r_3	r_4	r_5
C_p	193. 259	50. 375	−3. 339			
$Ha(T)$	−2536700	193. 259	25. 188	3. 339		
$Sa(T)$	−940. 356	193. 259	50. 375	1. 670		
$Ga(T)$	−2536700	1133. 615	−193. 259	−25. 188	1. 670	
$Ga(l)$	−2374800	−395. 098				

温度范围:1363 ~ 1800　　相:液

$\Delta H^{\ominus}_{tr}$:54390　　$\Delta S^{\ominus}_{tr}$:39. 905

函数	r_0	r_1	r_2	r_3	r_4	r_5
C_p	259. 408					
$Ha(T)$	−2523200	259. 408				
$Sa(T)$	−1308. 318	259. 408				
$Ga(T)$	−2523200	1567. 726	−259. 408			
$Ga(l)$	−2115000	−602. 020				

$Rb_2O \cdot 4SiO_2$

温度范围:298 ~ 1173　　相:固

$\Delta H^{\ominus}_{f,298}$: -4309500　　$S^{\ominus}_{298}$:278.236

函数	r_0	r_1	r_2	r_3	r_4	r_5
C_p	255.35	124.558	-1.921			
$Ha(T)$	-4397600	255.350	62.279	1.921		
$Sa(T)$	-1224.587	255.350	124.558	0.961		
$Ga(T)$	-4397600	1479.937	-255.350	-62.279	0.961	
$Ga(l)$	-4195600	-544.974				

温度范围:1173 ~ 1800　　相:液

$\Delta H^{\ominus}_{tr}$:46020　　$\Delta S^{\ominus}_{tr}$:39.233

函数	r_0	r_1	r_2	r_3	r_4	r_5
C_p	397.480					
$Ha(T)$	-4431000	397.480				
$Sa(T)$	-2043.028	397.480				
$Ga(T)$	-4431000	2440.508	-397.480			
$Ga(l)$	-3847200	-858.452				

Rb_2O_2

温度范围:298 ~ 843　　相:固

$\Delta H^{\ominus}_{f,298}$: -425510　　$S^{\ominus}_{298}$:115.060

函数	r_0	r_1	r_2	r_3	r_4	r_5
C_p	87.446	33.472				
$Ha(T)$	-453070	87.446	16.736			
$Sa(T)$	-393.152	87.446	33.472			
$Ga(T)$	-453070	480.598	-87.446	-16.736		
$Ga(l)$	-401280	-178.835				

Rb_2O_3

温度范围:298 ~ 762　　相:固

$\Delta H^{\ominus}_{f,298}$: -508360　　$S^{\ominus}_{298}$:135.980

函数	r_0	r_1	r_2	r_3	r_4	r_5
C_p	85.772	54.392				
$Ha(T)$	-536350	85.772	27.196			
$Sa(T)$	-368.931	85.772	54.392			
$Ga(T)$	-536350	454.703	-85.772	-27.196		
$Ga(l)$	-486120	-196.234				

RbOH

温度范围:298 ~ 508　　相:固(α)

$\Delta H^{\ominus}_{f,298}$: -418800　　$S^{\ominus}_{298}$:92

函数	r_0	r_1	r_2	r_3	r_4	r_5
C_p	64.85	71.13				
$Ha(T)$	-441300	64.850	35.565			
$Sa(T)$	-298.697	64.850	71.130			
$Ga(T)$	-441300	363.547	-64.850	-35.565		
$Ga(l)$	-409990	-118.569				

Rb_2S

温度范围:298 ~ 700　　相:固

$\Delta H^{\ominus}_{f,298}$: −361100　　$S^{\ominus}_{298}$:133.1

函数	r_0	r_1	r_2	r_3	r_4	r_5
C_p	77.4	20.92				
$Ha(T)$	−385110	77.400	10.460			
$Sa(T)$	−314.131	77.400	20.920			
$Ga(T)$	−385110	391.531	−77.400	−10.460		
$Ga(l)$	−345720	−175.875				

Rb_2SO_4

温度范围:298 ~ 928　　相:固(α)

$\Delta H^{\ominus}_{f,298}$: −1437200　　$S^{\ominus}_{298}$:197.5

函数	r_0	r_1	r_2	r_3	r_4	r_5
C_p	123.14	99.58	−1.67			
$Ha(T)$	−1483900	123.140	49.790	1.670		
$Sa(T)$	−543.185	123.140	99.580	0.835		
$Ga(T)$	−1483900	666.325	−123.140	−49.790	0.835	
$Ga(l)$	−1393800	−307.442				

Rb_2CO_3

温度范围:298 ~ 1113　　相:固

$\Delta H^{\ominus}_{f,298}$: −1128000　　$S^{\ominus}_{298}$:174.891

函数	r_0	r_1	r_2	r_3	r_4	r_5
C_p	106.692	80.751	−1.046			
$Ha(T)$	−1166900	106.692	40.376	1.046		
$Sa(T)$	−462.956	106.692	80.751	0.523		
$Ga(T)$	−1166900	569.648	−106.692	−40.376	0.523	
$Ga(l)$	−1079000	−291.293				

$RbBO_2$(气)

温度范围:298 ~ 2000　　相:气

$\Delta H^{\ominus}_{f,298}$: −672400　　$S^{\ominus}_{298}$:308.3

函数	r_0	r_1	r_2	r_3	r_4	r_5
C_p	73.95	5.41	−1.46			
$Ha(T)$	−699590	73.950	2.705	1.460		
$Sa(T)$	−122.862	73.950	5.410	0.730		
$Ga(T)$	−699590	196.812	−73.950	−2.705	0.730	
$Ga(l)$	−623530	−400.655				

Re

温度范围:298 ~ 3453　　相:固

$\Delta H^{\ominus}_{f,298}$:0　　$S^{\ominus}_{298}$:36.526

函数	r_0	r_1	r_2	r_3	r_4	r_5
C_p	23.690	5.448				
$Ha(T)$	−7305	23.690	2.724			
$Sa(T)$	−100.074	23.690	5.448			
$Ga(T)$	−7305	123.764	−23.690	−2.724		
$Ga(l)$	34910	−86.653				

温度范围:3453 ~ 4200 相:液

$\Delta H_{tr}^{\ominus}$:33230 $\Delta S_{tr}^{\ominus}$:9.624

函数	r_0	r_1	r_2	r_3	r_4	r_5
C_p	41.840					
$Ha(T)$	-4268	41.840				
$Sa(T)$	-219.507	41.840				
$Ga(T)$	-4268	261.347	-41.840			
$Ga(l)$	155440	-125.624				

ReF_3

温度范围:298 ~ 1380 相:固

$\Delta H_{f,298}^{\ominus}$: -711280 $S_{298}^{\ominus}$:108.784

函数	r_0	r_1	r_2	r_3	r_4	r_5
C_p	85.354	45.187				
$Ha(T)$	-738740	85.354	22.594			
$Sa(T)$	-391.001	85.354	45.187			
$Ga(T)$	-738740	476.355	-85.354	-22.594		
$Ga(l)$	-661900	-217.619				

温度范围:1380 ~ 1530 相:液

$\Delta H_{tr}^{\ominus}$:46020 $\Delta S_{tr}^{\ominus}$:33.348

函数	r_0	r_1	r_2	r_3	r_4	r_5
C_p	129.704					
$Ha(T)$	-710890	129.704				
$Sa(T)$	-615.939	129.704				
$Ga(T)$	-710890	745.643	-129.704			
$Ga(l)$	-522370	-328.590				

温度范围:1530 ~ 2500 相:气

$\Delta H_{tr}^{\ominus}$:154810 $\Delta S_{tr}^{\ominus}$:101.183

函数	r_0	r_1	r_2	r_3	r_4	r_5
C_p	83.680					
$Ha(T)$	-485670	83.680				
$Sa(T)$	-177.261	83.680				
$Ga(T)$	-485670	260.941	-83.680			
$Ga(l)$	-319680	-458.915				

ReF_4

温度范围:298 ~ 700 相:固

$\Delta H_{f,298}^{\ominus}$: -920480 $S_{298}^{\ominus}$:154.808

函数	r_0	r_1	r_2	r_3	r_4	r_5
C_p	102.090	41.840				
$Ha(T)$	-952780	102.090	20.920			
$Sa(T)$	-439.334	102.090	41.840			
$Ga(T)$	-952780	541.424	-102.090	-20.920		
$Ga(l)$	-899150	-214.091				

温度范围:700 ~ 960　　相:液

$\Delta H_{tr}^{\ominus}$:30130　　$\Delta S_{tr}^{\ominus}$:43.043

函数	r_0	r_1	r_2	r_3	r_4	r_5
C_p	154.808					
$Ha(T)$	-949300	154.808				
$Sa(T)$	-712.363	154.808				
$Ga(T)$	-949300	867.171	-154.808			
$Ga(l)$	-821650	-327.788				

温度范围:960 ~ 1500　　相:气

$\Delta H_{tr}^{\ominus}$:92050　　$\Delta S_{tr}^{\ominus}$:95.885

函数	r_0	r_1	r_2	r_3	r_4	r_5
C_p	83.680	20.920				
$Ha(T)$	-798610	83.680	10.460			
$Sa(T)$	-148.130	83.680	20.920			
$Ga(T)$	-798610	231.810	-83.680	-10.460		
$Ga(l)$	-681440	-472.557				

ReF_5

温度范围:298 ~ 398　　相:固

$\Delta H_{f,298}^{\ominus}$: -941400　　$S_{298}^{\ominus}$:246.856

函数	r_0	r_1	r_2	r_3	r_4	r_5
C_p	136.398	53.555				
$Ha(T)$	-984450	136.398	26.778			
$Sa(T)$	-546.252	136.398	53.555			
$Ga(T)$	-984450	682.650	-136.398	-26.778		
$Ga(l)$	-934000	-270.357				

温度范围:398 ~ 660　　相:液

$\Delta H_{tr}^{\ominus}$:18830　　$\Delta S_{tr}^{\ominus}$:47.312

函数	r_0	r_1	r_2	r_3	r_4	r_5
C_p	175.728					
$Ha(T)$	-977030	175.728				
$Sa(T)$	-713.073	175.728				
$Ga(T)$	-977030	888.801	-175.728			
$Ga(l)$	-885600	-387.821				

温度范围:660 ~ 1500　　相:气

$\Delta H_{tr}^{\ominus}$:62760　　$\Delta S_{tr}^{\ominus}$:95.091

函数	r_0	r_1	r_2	r_3	r_4	r_5
C_p	83.680	62.760				
$Ha(T)$	-867190	83.680	31.380			
$Sa(T)$	-61.806	83.680	62.760			
$Ga(T)$	-867190	145.486	-83.680	-31.380		
$Ga(l)$	-745780	-589.147				

ReF_6

温度范围:298 ~ 321　　相:液

$\Delta H^{\ominus}_{f,298}$: −1163200　　$S^{\ominus}_{298}$:359.824

函数	r_0	r_1	r_2	r_3	r_4	r_5
C_p	192.464					
$Ha(T)$	−1220600	192.464				
$Sa(T)$	−736.758	192.464				
$Ga(T)$	−1220600	929.222	−192.464			
$Ga(l)$	−1161000	−366.353				

温度范围:321 ~ 1500　　相:气

$\Delta H^{\ominus}_{tr}$:28870　　$\Delta S^{\ominus}_{tr}$:89.938

函数	r_0	r_1	r_2	r_3	r_4	r_5
C_p	146.440	8.368	−2.092			
$Ha(T)$	−1183900	146.440	4.184	2.092		
$Sa(T)$	−394.033	146.440	8.368	1.046		
$Ga(T)$	−1183900	540.473	−146.440	−4.184	1.046	
$Ga(l)$	−1060600	−606.350				

ReF_6(气)

温度范围:298 ~ 2000　　相:气

$\Delta H^{\ominus}_{f,298}$: −1134300　　$S^{\ominus}_{298}$:354.803

函数	r_0	r_1	r_2	r_3	r_4	r_5
C_p	155.226	1.297	−3.201			
$Ha(T)$	−1191400	155.226	0.649	3.201		
$Sa(T)$	−548.004	155.226	1.297	1.601		
$Ga(T)$	−1191400	703.230	−155.226	−0.649	1.601	
$Ga(l)$	−1037000	−539.417				

$ReCl_3$

温度范围:298 ~ 700　　相:固

$\Delta H^{\ominus}_{f,298}$: −263590　　$S^{\ominus}_{298}$:123.846

函数	r_0	r_1	r_2	r_3	r_4	r_5
C_p	105.479	27.614	−1.908			
$Ha(T)$	−302670	105.479	13.807	1.908		
$Sa(T)$	−496.096	105.479	27.614	0.954		
$Ga(T)$	−302670	601.575	−105.479	−13.807	0.954	
$Ga(l)$	−244950	−175.479				

$ReCl_4$

温度范围:298 ~ 450　　相:固

$\Delta H^{\ominus}_{f,298}$: −251040　　$S^{\ominus}_{298}$:209.200

函数	r_0	r_1	r_2	r_3	r_4	r_5
C_p	109.621	30.962				
$Ha(T)$	−285100	109.621	15.481			
$Sa(T)$	−424.608	109.621	30.962			
$Ga(T)$	−285100	534.229	−109.621	−15.481		
$Ga(l)$	−242410	−235.961				

温度范围:450～650　　相:液

$\Delta H_{tr}^{\ominus}$:16740　　$\Delta S_{tr}^{\ominus}$:37.200

函数	r_0	r_1	r_2	r_3	r_4	r_5
C_p	152.716					
$Ha(T)$	-284620	152.716				
$Sa(T)$	-636.753	152.716				
$Ga(T)$	-284620	789.469	-152.716			
$Ga(l)$	-201370	-326.366				

温度范围:650～2500　　相:气

$\Delta H_{tr}^{\ominus}$:58580　　$\Delta S_{tr}^{\ominus}$:90.123

函数	r_0	r_1	r_2	r_3	r_4	r_5
C_p	83.680	20.920				
$Ha(T)$	-185580	83.680	10.460			
$Sa(T)$	-113.083	83.680	20.920			
$Ga(T)$	-185580	196.763	-83.680	-10.460		
$Ga(l)$	-43630	-532.786				

$ReCl_5$

温度范围:298～530　　相:固

$\Delta H_{f,298}^{\ominus}$: -292880　　$S_{298}^{\ominus}$:276.144

函数	r_0	r_1	r_2	r_3	r_4	r_5
C_p	149.787	46.024				
$Ha(T)$	-339580	149.787	23.012			
$Sa(T)$	-591.004	149.787	46.024			
$Ga(T)$	-339580	740.791	-149.787	-23.012		
$Ga(l)$	-275030	-329.483				

温度范围:530～600　　相:液

$\Delta H_{tr}^{\ominus}$:37660　　$\Delta S_{tr}^{\ominus}$:71.057

函数	r_0	r_1	r_2	r_3	r_4	r_5
C_p	188.280					
$Ha(T)$	-315860	188.280				
$Sa(T)$	-737.016	188.280				
$Ga(T)$	-315860	925.297	-188.280			
$Ga(l)$	-209590	-456.019				

温度范围:600～2500　　相:气

$\Delta H_{tr}^{\ominus}$:58580　　$\Delta S_{tr}^{\ominus}$:97.633

函数	r_0	r_1	r_2	r_3	r_4	r_5
C_p	83.680	62.760				
$Ha(T)$	-205820	83.680	31.380			
$Sa(T)$	-7.920	83.680	62.760			
$Ga(T)$	-205820	91.600	-83.680	-31.380		
$Ga(l)$	-23960	-700.632				

$ReBr_3$

温度范围:298 ~ 773 相:固

$\Delta H^{\ominus}_{f,298}$: -164430 $S^{\ominus}_{298}$:146.440

函数	r_0	r_1	r_2	r_3	r_4	r_5
C_p	80.333	68.199				
$Ha(T)$	-191410	80.333	34.100			
$Sa(T)$	-331.599	80.333	68.199			
$Ga(T)$	-191410	411.932	-80.333	-34.100		
$Ga(l)$	-141570	-208.036				

ReO_2

温度范围:298 ~ 1370 相:固

$\Delta H^{\ominus}_{f,298}$: -442200 $S^{\ominus}_{298}$:46.4

函数	r_0	r_1	r_2	r_3	r_4	r_5
C_p	67.36	12.68	-1.29			
$Ha(T)$	-467170	67.360	6.340	1.290		
$Sa(T)$	-348.427	67.360	12.680	0.645		
$Ga(T)$	-467170	415.787	-67.360	-6.340	0.645	
$Ga(l)$	-411830	-113.418				

ReO_3

温度范围:298 ~ 950 相:固

$\Delta H^{\ominus}_{f,298}$: -594300 $S^{\ominus}_{298}$:80.8

函数	r_0	r_1	r_2	r_3	r_4	r_5
C_p	87.66	16.17	-1.75			
$Ha(T)$	-627020	87.660	8.085	1.750		
$Sa(T)$	-433.316	87.660	16.170	0.875		
$Ga(T)$	-627020	520.976	-87.660	-8.085	0.875	
$Ga(l)$	-570360	-141.138				

ReO_4

温度范围:298 ~ 420 相:固

$\Delta H^{\ominus}_{f,298}$: -645170 $S^{\ominus}_{298}$:144.348

函数	r_0	r_1	r_2	r_3	r_4	r_5
C_p	89.538	45.187	-0.837			
$Ha(T)$	-676680	89.538	22.594	0.837		
$Sa(T)$	-383.984	89.538	45.187	0.419		
$Ga(T)$	-676680	473.522	-89.538	-22.594	0.419	
$Ga(l)$	-639530	-162.070				

温度范围:420 ~ 460 相:液

$\Delta H^{\ominus}_{tr}$:17570 $\Delta S^{\ominus}_{tr}$:41.833

函数	r_0	r_1	r_2	r_3	r_4	r_5
C_p	138.072					
$Ha(T)$	-673520	138.072				
$Sa(T)$	-613.957	138.072				
$Ga(T)$	-673520	752.029	-138.072			
$Ga(l)$	-612810	-226.404				

温度范围:460 ~ 1500 相:气

$\Delta H^{\ominus}_{tr}$:38910 $\Delta S^{\ominus}_{tr}$:84.587

函数	r_0	r_1	r_2	r_3	r_4	r_5
C_p	69.036	35.982	-2.092			
$Ha(T)$	-611210	69.036	17.991	2.092		
$Sa(T)$	-127.590	69.036	35.982	1.046		
$Ga(T)$	-611210	196.626	-69.036	-17.991	1.046	
$Ga(l)$	-530720	-382.408				

Re_2O_7

温度范围:298 ~ 570 相:固

$\Delta H^{\ominus}_{f,298}$: -1248500 $S^{\ominus}_{298}$:207.275

函数	r_0	r_1	r_2	r_3	r_4	r_5
C_p	121.964	184.096	-0.941			
$Ha(T)$	-1296200	121.964	92.048	0.941		
$Sa(T)$	-547.808	121.964	184.096	0.471		
$Ga(T)$	-1296200	669.772	-121.964	-92.048	0.471	
$Ga(l)$	-1225600	-274.251				

温度范围:570 ~ 600 相:液

$\Delta H^{\ominus}_{tr}$:62760 $\Delta S^{\ominus}_{tr}$:110.105

函数	r_0	r_1	r_2	r_3	r_4	r_5
C_p	297.482					
$Ha(T)$	-1301900	297.482				
$Sa(T)$	-1445.093	297.482				
$Ga(T)$	-1301900	1742.575	-297.482			
$Ga(l)$	-1127500	-451.094				

Re_2O_7(气)

温度范围:298 ~ 2000 相:气

$\Delta H^{\ominus}_{f,298}$: -1096100 $S^{\ominus}_{298}$:451.9

函数	r_0	r_1	r_2	r_3	r_4	r_5
C_p	189.49	1.15	-2.11			
$Ha(T)$	-1159700	189.490	0.575	2.110		
$Sa(T)$	-639.949	189.490	1.150	1.055		
$Ga(T)$	-1159700	829.439	-189.490	-0.575	1.055	
$Ga(l)$	-973710	-685.946				

ReS_2

温度范围:298 ~ 1637 相:固

$\Delta H^{\ominus}_{f,298}$: -191400 $S^{\ominus}_{298}$:57.7

函数	r_0	r_1	r_2	r_3	r_4	r_5
C_p	68.58	15.77	-0.66			
$Ha(T)$	-214760	68.580	7.885	0.660		
$Sa(T)$	-341.455	68.580	15.770	0.330		
$Ga(T)$	-214760	410.035	-68.580	-7.885	0.330	
$Ga(l)$	-150460	-142.089				

Re_2S_7

温度范围:298 ~ 918　　相:固

$\Delta H^{\ominus}_{f,298}$: −451600　　$S^{\ominus}_{298}$:167.4

函数	r_0	r_1	r_2	r_3	r_4	r_5
C_p	184.1	50.21				
$Ha(T)$	−508720	184.100	25.105			
$Sa(T)$	−896.498	184.100	50.210			
$Ga(T)$	−508720	1080.598	−184.100	−25.105		
$Ga(l)$	−396370	−309.091				

Re_2Te_5

温度范围:298 ~ 1200　　相:固

$\Delta H^{\ominus}_{f,298}$: −122590　　$S^{\ominus}_{298}$:251.877

函数	r_0	r_1	r_2	r_3	r_4	r_5
C_p	156.900	62.760				
$Ha(T)$	−172160	156.900	31.380			
$Sa(T)$	−660.788	156.900	62.760			
$Ga(T)$	−172160	817.688	−156.900	−31.380		
$Ga(l)$	−51180	−418.521				

Re_3As_7

温度范围:298 ~ 1100　　相:固

$\Delta H^{\ominus}_{f,298}$: −95400　　$S^{\ominus}_{298}$:336.812

函数	r_0	r_1	r_2	r_3	r_4	r_5
C_p	234.304	54.392	−0.167			
$Ha(T)$	−168240	234.304	27.196	0.167		
$Sa(T)$	−1015.314	234.304	54.392	0.084		
$Ga(T)$	−168240	1249.618	−234.304	−27.196	0.084	
$Ga(l)$	−7448	−549.232				

ReSi

温度范围:298 ~ 2000　　相:固

$\Delta H^{\ominus}_{f,298}$: −52720　　$S^{\ominus}_{298}$:55.354

函数	r_0	r_1	r_2	r_3	r_4	r_5
C_p	52.593	9.623	−0.377			
$Ha(T)$	−70090	52.593	4.812	0.377		
$Sa(T)$	−249.289	52.593	9.623	0.189		
$Ga(T)$	−70090	301.882	−52.593	−4.812	0.189	
$Ga(l)$	−13700	−129.281				

$ReSi_2$

温度范围:298 ~ 2000　　相:固

$\Delta H^{\ominus}_{f,298}$: −90370　　$S^{\ominus}_{298}$:74.057

函数	r_0	r_1	r_2	r_3	r_4	r_5
C_p	67.781	11.046	−0.611			
$Ha(T)$	−113120	67.781	5.523	0.611		
$Sa(T)$	−318.862	67.781	11.046	0.306		
$Ga(T)$	−113120	386.643	−67.781	−5.523	0.306	
$Ga(l)$	−41020	−167.548				

Re_5Si_3

温度范围:298 ~ 1500　　相:固

$\Delta H^{\ominus}_{f,298}$: −157320　　$S^{\ominus}_{298}$:255.852

函数	r_0	r_1	r_2	r_3	r_4	r_5
C_p	190.790	45.187	−1.406			
$Ha(T)$	−220930	190.790	22.594	1.406		
$Sa(T)$	−852.573	190.790	45.187	0.703		
$Ga(T)$	−220930	1043.363	−190.790	−22.594	0.703	
$Ga(l)$	−53800	−477.391				

Rh

温度范围:298 ~ 2233　　相:固

$\Delta H^{\ominus}_{f,298}$:0　　$S^{\ominus}_{298}$:31.506

函数	r_0	r_1	r_2	r_3	r_4	r_5
C_p	20.811	13.447	0.034	−2.268		
$Ha(T)$	−6668	20.811	6.724	−0.034	−0.756	
$Sa(T)$	−90.784	20.811	13.447	−0.017	−1.134	
$Ga(T)$	−6668	111.595	−20.811	−6.724	−0.017	0.378
$Ga(l)$	22410	−71.432				

温度范围:2233 ~ 3970　　相:液

$\Delta H^{\ominus}_{tr}$:21490　　$\Delta S^{\ominus}_{tr}$:9.624

函数	r_0	r_1	r_2	r_3	r_4	r_5
C_p	41.840					
$Ha(T)$	−7044	41.840				
$Sa(T)$	−218.947	41.840				
$Ga(T)$	−7044	260.788	−41.840			
$Ga(l)$	119980	−117.097				

RhF_2

温度范围:298 ~ 1210　　相:固

$\Delta H^{\ominus}_{f,298}$: −489530　　$S^{\ominus}_{298}$:92.048

函数	r_0	r_1	r_2	r_3	r_4	r_5
C_p	61.923	38.493				
$Ha(T)$	−509700	61.923	19.247			
$Sa(T)$	−272.241	61.923	38.493			
$Ga(T)$	−509700	334.164	−61.923	−19.247		
$Ga(l)$	−458220	−164.586				

温度范围:1210 ~ 2000　　相:液

$\Delta H^{\ominus}_{tr}$:19670　　$\Delta S^{\ominus}_{tr}$:16.256

函数	r_0	r_1	r_2	r_3	r_4	r_5
C_p	96.232					
$Ha(T)$	−503370	96.232				
$Sa(T)$	−452.946	96.232				
$Ga(T)$	−503370	549.178	−96.232			
$Ga(l)$	−351430	−256.740				

温度范围:2000 ~2500　　相:气

$\Delta H^\ominus_{tr}$:188280　　$\Delta S^\ominus_{tr}$:94. 140

函数	r_0	r_1	r_2	r_3	r_4	r_5
C_p	62. 760					
$Ha(T)$	-248140	62. 760				
$Sa(T)$	-104. 389	62. 760				
$Ga(T)$	-248140	167. 149	-62. 760			
$Ga(l)$	-107380	-379. 968				

RhF_3

温度范围:298 ~1460　　相:固

$\Delta H^\ominus_{f,298}$: -732200　　$S^\ominus_{298}$:108. 784

函数	r_0	r_1	r_2	r_3	r_4	r_5
C_p	75. 312	45. 187				
$Ha(T)$	-756660	75. 312	22. 594			
$Sa(T)$	-333. 786	75. 312	45. 187			
$Ga(T)$	-756660	409. 098	-75. 312	-22. 594		
$Ga(l)$	-683820	-212. 807				

温度范围:1460 ~1700　　相:液

$\Delta H^\ominus_{tr}$:46020　　$\Delta S^\ominus_{tr}$:31. 521

函数	r_0	r_1	r_2	r_3	r_4	r_5
C_p	131. 796					
$Ha(T)$	-744950	131. 796				
$Sa(T)$	-647. 846	131. 796				
$Ga(T)$	-744950	779. 642	-131. 796			
$Ga(l)$	-537080	-322. 750				

温度范围:1700 ~2500　　相:气

$\Delta H^\ominus_{tr}$:167360　　$\Delta S^\ominus_{tr}$:98. 447

函数	r_0	r_1	r_2	r_3	r_4	r_5
C_p	83. 680					
$Ha(T)$	-495790	83. 680				
$Sa(T)$	-191. 493	83. 680				
$Ga(T)$	-495790	275. 173	-83. 680			
$Ga(l)$	-321770	-448. 326				

RhF_4

温度范围:298 ~780　　相:固

$\Delta H^\ominus_{f,298}$: -941400　　$S^\ominus_{298}$:154. 808

函数	r_0	r_1	r_2	r_3	r_4	r_5
C_p	89. 538	54. 392				
$Ha(T)$	-970510	89. 538	27. 196			
$Sa(T)$	-371. 560	89. 538	54. 392			
$Ga(T)$	-970510	461. 098	-89. 538	-27. 196		
$Ga(l)$	-917520	-219. 069				

温度范围:780 ~ 1025　　相:液

$\Delta H_{tr}^{\ominus}$:28450　　$\Delta S_{tr}^{\ominus}$:36.474

函数	r_0	r_1	r_2	r_3	r_4	r_5
C_p	152.716					
$Ha(T)$	-974800	152.716				
$Sa(T)$	-713.381	152.716				
$Ga(T)$	-974800	866.097	-152.716			
$Ga(l)$	-837660	-325.586				

温度范围:1025 ~ 2500　　相:气

$\Delta H_{tr}^{\ominus}$:104600　　$\Delta S_{tr}^{\ominus}$:102.049

函数	r_0	r_1	r_2	r_3	r_4	r_5
C_p	83.680	20.920				
$Ha(T)$	-810420	83.680	10.460			
$Sa(T)$	-154.187	83.680	20.920			
$Ga(T)$	-810420	237.867	-83.680	-10.460		
$Ga(l)$	-639410	-506.625				

RhCl

温度范围:298 ~ 1000　　相:固

$\Delta H_{f,298}^{\ominus}$: -58580　　$S_{298}^{\ominus}$:83.680

函数	r_0	r_1	r_2	r_3	r_4	r_5
C_p	48.953	12.552				
$Ha(T)$	-73730	48.953	6.276			
$Sa(T)$	-198.977	48.953	12.552			
$Ga(T)$	-73730	247.930	-48.953	-6.276		
$Ga(l)$	-42160	-124.636				

温度范围:1000 ~ 1238　　相:液

$\Delta H_{tr}^{\ominus}$:17990　　$\Delta S_{tr}^{\ominus}$:17.990

函数	r_0	r_1	r_2	r_3	r_4	r_5
C_p	64.852					
$Ha(T)$	-65370	64.852				
$Sa(T)$	-278.261	64.852				
$Ga(T)$	-65370	343.113	-64.852			
$Ga(l)$	6991	-176.945				

$RhCl_2$

温度范围:298 ~ 1050　　相:固

$\Delta H_{f,298}^{\ominus}$: -142260　　$S_{298}^{\ominus}$:121.336

函数	r_0	r_1	r_2	r_3	r_4	r_5
C_p	71.128	28.451				
$Ha(T)$	-164730	71.128	14.226			
$Sa(T)$	-292.405	71.128	28.451			
$Ga(T)$	-164730	363.533	-71.128	-14.226		
$Ga(l)$	-115170	-187.674				

温度范围:1050 ~ 1231　　相:液

$\Delta H_{tr}^{\ominus}$:26360　　$\Delta S_{tr}^{\ominus}$:25.105

函数	r_0	r_1	r_2	r_3	r_4	r_5
C_p	108.784					
$Ha(T)$	-162230	108.784				
$Sa(T)$	-499.383	108.784				
$Ga(T)$	-162230	608.167	-108.784			
$Ga(l)$	-38350	-266.315				

$RhCl_3$

温度范围:298 ~ 1200　　相:固

$\Delta H_{f,298}^{\ominus}$: -275310　　$S_{298}^{\ominus}$:126.775

函数	r_0	r_1	r_2	r_3	r_4	r_5
C_p	105.437	27.614	-1.908			
$Ha(T)$	-314370	105.437	13.807	1.908		
$Sa(T)$	-492.928	105.437	27.614	0.954		
$Ga(T)$	-314370	598.365	-105.437	-13.807	0.954	
$Ga(l)$	-233540	-223.666				

$RhBr_3$

温度范围:298 ~ 1000　　相:固

$\Delta H_{f,298}^{\ominus}$: -210870　　$S_{298}^{\ominus}$:188.280

函数	r_0	r_1	r_2	r_3	r_4	r_5
C_p	93.303	26.359				
$Ha(T)$	-239860	93.303	13.180			
$Sa(T)$	-351.182	93.303	26.359			
$Ga(T)$	-239860	444.485	-93.303	-13.180		
$Ga(l)$	-179230	-267.196				

RhO

温度范围:298 ~ 1023　　相:固

$\Delta H_{f,298}^{\ominus}$: -90790　　$S_{298}^{\ominus}$:54.015

函数	r_0	r_1	r_2	r_3	r_4	r_5
C_p	41.171	22.301				
$Ha(T)$	-104060	41.171	11.151			
$Sa(T)$	-187.210	41.171	22.301			
$Ga(T)$	-104060	228.381	-41.171	-11.151		
$Ga(l)$	-74770	-93.520				

RhO(气)

温度范围:298 ~ 2000　　相:气

$\Delta H_{f,298}^{\ominus}$:410000　　$S_{298}^{\ominus}$:229.8

函数	r_0	r_1	r_2	r_3	r_4	r_5
C_p	37.87		-0.54			
$Ha(T)$	396900	37.870		0.540		
$Sa(T)$	10.995	37.870		0.270		
$Ga(T)$	396900	26.875	-37.870		0.270	
$Ga(l)$	434100	-275.783				

RhO_2(气)

温度范围:298 ~ 1500　　相:气

$\Delta H^{\ominus}_{f,298}$: -195810　　$S^{\ominus}_{298}$:263.592

函数	r_0	r_1	r_2	r_3	r_4	r_5
C_p	58.576		-1.381			
$Ha(T)$	-217910	58.576		1.381		
$Sa(T)$	-77.918	58.576		0.691		
$Ga(T)$	-217910	136.494	-58.576		0.691	
$Ga(l)$	-169990	-318.755				

Rh_2O

温度范围:298 ~ 973　　相:固

$\Delta H^{\ominus}_{f,298}$: -94980　　$S^{\ominus}_{298}$:114.642

函数	r_0	r_1	r_2	r_3	r_4	r_5
C_p	65.229	27.070				
$Ha(T)$	-115630	65.229	13.535			
$Sa(T)$	-265.077	65.229	27.070			
$Ga(T)$	-115630	330.306	-65.229	-13.535		
$Ga(l)$	-72470	-171.187				

Rh_2O_3

温度范围:298 ~ 1412　　相:固

$\Delta H^{\ominus}_{f,298}$: -355600　　$S^{\ominus}_{298}$:106.3

函数	r_0	r_1	r_2	r_3	r_4	r_5
C_p	86.78	57.74				
$Ha(T)$	-384040	86.780	28.870			
$Sa(T)$	-405.353	86.780	57.740			
$Ga(T)$	-384040	492.133	-86.780	-28.870		
$Ga(l)$	-300710	-225.805				

Rh_2S_3

温度范围:298 ~ 1407　　相:固

$\Delta H^{\ominus}_{f,298}$: -262500　　$S^{\ominus}_{298}$:125.5

函数	r_0	r_1	r_2	r_3	r_4	r_5
C_p	110.25	32.97	-0.96			
$Ha(T)$	-300060	110.250	16.485	0.960		
$Sa(T)$	-517.890	110.250	32.970	0.480		
$Ga(T)$	-300060	628.140	-110.250	-16.485	0.480	
$Ga(l)$	-205680	-249.951				

Rh_3S_4

温度范围:298 ~ 1456　　相:固

$\Delta H^{\ominus}_{f,298}$: -357700　　$S^{\ominus}_{298}$:182

函数	r_0	r_1	r_2	r_3	r_4	r_5
C_p	145.6	60.25	-1.07			
$Ha(T)$	-407380	145.600	30.125	1.070		
$Sa(T)$	-671.552	145.600	60.250	0.535		
$Ga(T)$	-407380	817.152	-145.600	-30.125	0.535	
$Ga(l)$	-274220	-361.869				

Ru(1)

温度范围:298 ~ 1600　　相:固

$\Delta H^{\ominus}_{f,298}$:0　　$S^{\ominus}_{298}$:28. 535

函数	r_0	r_1	r_2	r_3	r_4	r_5
C_p	21. 962	4. 929	0. 046	1. 113		
$Ha(T)$	-6623	21. 962	2. 465	-0. 046	0. 371	
$Sa(T)$	-97. 856	21. 962	4. 929	-0. 023	0. 557	
$Ga(T)$	-6623	119. 818	-21. 962	-2. 465	-0. 023	-0. 186
$Ga(l)$	13490	-56. 733				

温度范围:1600 ~ 2523　　相:固

$\Delta H^{\ominus}_{tr}$:—　　$\Delta S^{\ominus}_{tr}$:—

函数	r_0	r_1	r_2	r_3	r_4	r_5
C_p	15. 560	10. 774				
$Ha(T)$	-2370	15. 560	5. 387			
$Sa(T)$	-58. 560	15. 560	10. 774			
$Ga(T)$	-2370	74. 120	-15. 560	-5. 387		
$Ga(l)$	51790	-82. 313				

温度范围:2523 ~ 3700　　相:液

$\Delta H^{\ominus}_{tr}$:24280　　$\Delta S^{\ominus}_{tr}$:9. 623

函数	r_0	r_1	r_2	r_3	r_4	r_5
C_p	41. 840					
$Ha(T)$	-10100	41. 840				
$Sa(T)$	-227. 610	41. 840				
$Ga(T)$	-10100	269. 450	-41. 840			
$Ga(l)$	118840	-108. 754				

Ru(2)

温度范围:298 ~ 2523　　相:固

$\Delta H^{\ominus}_{f,298}$:0　　$S^{\ominus}_{298}$:28. 5

函数	r_0	r_1	r_2	r_3	r_4	r_5
C_p	22. 23	4. 13	0. 04	1. 61		
$Ha(T)$	-6692	22. 230	2. 065	-0. 040	0. 537	
$Sa(T)$	-99. 236	22. 230	4. 130	-0. 020	0. 805	
$Ga(T)$	-6692	121. 465	-22. 230	-2. 065	-0. 020	-0. 268
$Ga(l)$	23400	-67. 951				

RuF_3

温度范围:298 ~ 1300　　相:固

$\Delta H^{\ominus}_{f,298}$: -753120　　$S^{\ominus}_{298}$:108. 784

函数	r_0	r_1	r_2	r_3	r_4	r_5
C_p	81. 170	47. 698				
$Ha(T)$	-779440	81. 170	23. 849			
$Sa(T)$	-367. 911	81. 170	47. 698			
$Ga(T)$	-779440	449. 081	-81. 170	-23. 849		
$Ga(l)$	-708590	-209. 192				

温度范围:1300 ~ 1675 相:液

$\Delta H_{tr}^{\ominus}$:50210 $\Delta S_{tr}^{\ominus}$:38.623

函数	r_0	r_1	r_2	r_3	r_4	r_5
C_p	133.888					
$Ha(T)$	-757460	133.888				
$Sa(T)$	-645.275	133.888				
$Ga(T)$	-757460	779.163	-133.888			
$Ga(l)$	-559160	-332.532				

温度范围:1675 ~ 2500 相:气

$\Delta H_{tr}^{\ominus}$:179910 $\Delta S_{tr}^{\ominus}$:107.409

函数	r_0	r_1	r_2	r_3	r_4	r_5
C_p	83.680					
$Ha(T)$	-493450	83.680				
$Sa(T)$	-165.143	83.680				
$Ga(T)$	-493450	248.823	-83.680			
$Ga(l)$	-320600	-474.155				

RuF_4

温度范围:298 ~ 825 相:固

$\Delta H_{f,298}^{\ominus}$: -962320 $S_{298}^{\ominus}$:154.808

函数	r_0	r_1	r_2	r_3	r_4	r_5
C_p	101.253	50.208				
$Ha(T)$	-994740	101.253	25.104			
$Sa(T)$	-437.060	101.253	50.208			
$Ga(T)$	-994740	538.313	-101.253	-25.104		
$Ga(l)$	-933990	-229.800				

温度范围:825 ~ 1050 相:液

$\Delta H_{tr}^{\ominus}$:29710 $\Delta S_{tr}^{\ominus}$:36.012

函数	r_0	r_1	r_2	r_3	r_4	r_5
C_p	152.716					
$Ha(T)$	-990400	152.716				
$Sa(T)$	-705.220	152.716				
$Ga(T)$	-990400	857.936	-152.716			
$Ga(l)$	-847780	-339.627				

温度范围:1050 ~ 2500 相:气

$\Delta H_{tr}^{\ominus}$:108780 $\Delta S_{tr}^{\ominus}$:103.600

函数	r_0	r_1	r_2	r_3	r_4	r_5
C_p	83.680	20.92				
$Ha(T)$	-820670	83.680	10.460			
$Sa(T)$	-143.334	83.680	20.920			
$Ga(T)$	-820670	227.014	-83.680	-10.460		
$Ga(l)$	-647780	-518.406				

RuF_5

温度范围:298 ~ 374 相:固

$\Delta H^{\ominus}_{f,298}$: -892910 $S^{\ominus}_{298}$:161. 084

函数	r_0	r_1	r_2	r_3	r_4	r_5
C_p	163. 176					
$Ha(T)$	-941560	163. 176				
$Sa(T)$	-768. 627	163. 176				
$Ga(T)$	-941560	931. 803	-163. 176			
$Ga(l)$	-886890	-180. 409				

温度范围:374 ~ 545 相:液

$\Delta H^{\ominus}_{tr}$:18830 $\Delta S^{\ominus}_{tr}$:50. 348

函数	r_0	r_1	r_2	r_3	r_4	r_5
C_p	182. 004					
$Ha(T)$	-929770	182. 004				
$Sa(T)$	-829. 821	182. 004				
$Ga(T)$	-929770	1011. 825	-182. 004			
$Ga(l)$	-846920	-285. 246				

RuF_5(气)

温度范围:298 ~ 1000 相:气

$\Delta H^{\ominus}_{f,298}$: -807800 $S^{\ominus}_{298}$:344. 9

函数	r_0	r_1	r_2	r_3	r_4	r_5
C_p	130. 96		-2. 97			
$Ha(T)$	-856810	130. 960		2. 970		
$Sa(T)$	-417. 963	130. 960		1. 485		
$Ga(T)$	-856810	548. 923	-130. 960		1. 485	
$Ga(l)$	-773380	-430. 287				

$RuCl_3$

温度范围:298 ~ 1000 相:固

$\Delta H^{\ominus}_{f,298}$: -253130 $S^{\ominus}_{298}$:127. 612

函数	r_0	r_1	r_2	r_3	r_4	r_5
C_p	115. 060					
$Ha(T)$	-287440	115. 060				
$Sa(T)$	-527. 953	115. 060				
$Ga(T)$	-287440	643. 013	-115. 060			
$Ga(l)$	-218840	-213. 522				

$RuCl_3$(气)

温度范围:298 ~ 1500 相:气

$\Delta H^{\ominus}_{f,298}$:56070 $S^{\ominus}_{298}$:397. 480

函数	r_0	r_1	r_2	r_3	r_4	r_5
C_p	56. 902	7. 657	-0. 301			
$Ha(T)$	37750	56. 902	3. 829	0. 301		
$Sa(T)$	69. 299	56. 902	7. 657	0. 151		
$Ga(T)$	37750	-12. 397	-56. 902	-3. 829	0. 151	
$Ga(l)$	85430	-460. 619				

$RuCl_4$(气)

温度范围:298 ~ 1500　　相:气

$\Delta H^{\ominus}_{f,298}$: -93300　　$S^{\ominus}_{298}$:374. 468

函数	r_0	r_1	r_2	r_3	r_4	r_5
C_p	95. 814		-1. 046			
$Ha(T)$	-125380	95. 814		1. 046		
$Sa(T)$	-177. 325	95. 814		0. 523		
$Ga(T)$	-125380	273. 139	-95. 814		0. 523	
$Ga(l)$	-48750	-470. 470				

RuO_2

温度范围:298 ~ 1300　　相:固

$\Delta H^{\ominus}_{f,298}$: -304600　　$S^{\ominus}_{298}$:60. 668

函数	r_0	r_1	r_2	r_3	r_4	r_5
C_p	69. 873	10. 460	-1. 485			
$Ha(T)$	-330880	69. 873	5. 230	1. 485		
$Sa(T)$	-348. 912	69. 873	10. 460	0. 743		
$Ga(T)$	-330880	418. 785	-69. 873	-5. 230	0. 743	
$Ga(l)$	-276050	-124. 970				

RuO_3(气)

温度范围:298 ~ 1900　　相:气

$\Delta H^{\ominus}_{f,298}$: -78240　　$S^{\ominus}_{298}$:276. 144

函数	r_0	r_1	r_2	r_3	r_4	r_5
C_p	78. 659	2. 510	-1. 778			
$Ha(T)$	-107770	78. 659	1. 255	1. 778		
$Sa(T)$	-182. 772	78. 659	2. 510	0. 889		
$Ga(T)$	-107770	261. 431	-78. 659	-1. 255	0. 889	
$Ga(l)$	-31190	-367. 120				

RuO_4(气)

温度范围:298 ~ 2523　　相:气

$\Delta H^{\ominus}_{f,298}$: -183100　　$S^{\ominus}_{298}$:290. 1

函数	r_0	r_1	r_2	r_3	r_4	r_5
C_p	101. 8	3. 05	-2. 4			
$Ha(T)$	-221640	101. 800	1. 525	2. 400		
$Sa(T)$	-304. 324	101. 800	3. 050	1. 200		
$Ga(T)$	-221640	406. 124	-101. 800	-1. 525	1. 200	
$Ga(l)$	-99590	-431. 776				

RuS_2

温度范围:298 ~ 1731　　相:固

$\Delta H^{\ominus}_{f,298}$: -218000　　$S^{\ominus}_{298}$:46. 1

函数	r_0	r_1	r_2	r_3	r_4	r_5
C_p	68. 53	11. 84	-0. 88			
$Ha(T)$	-241910	68. 530	5. 920	0. 880		
$Sa(T)$	-352. 836	68. 530	11. 840	0. 440		
$Ga(T)$	-241910	421. 366	-68. 530	-5. 920	0. 440	
$Ga(l)$	-176170	-130. 315				

$RuSe_2$

温度范围:298 ~ 1634　　相:固

$\Delta H^{\ominus}_{f,298}$: -170500　　$S^{\ominus}_{298}$:74. 3

函数	r_0	r_1	r_2	r_3	r_4	r_5
C_p	73. 64	11. 09	-0. 42			
$Ha(T)$	-194360	73. 640	5. 545	0. 420		
$Sa(T)$	-350. 940	73. 640	11. 090	0. 210		
$Ga(T)$	-194360	424. 580	-73. 640	-5. 545	0. 210	
$Ga(l)$	-128100	-162. 280				

S(1)

温度范围:298 ~ 368. 5　　相:固(菱形)

$\Delta H^{\ominus}_{f,298}$:0　　$S^{\ominus}_{298}$:31. 882

函数	r_0	r_1	r_2	r_3	r_4	r_5
C_p	14. 811	24. 058	0. 073			
$Ha(T)$	-5240	14. 811	12. 029	-0. 073		
$Sa(T)$	-59. 267	14. 811	24. 058	-0. 037		
$Ga(T)$	-5240	74. 078	-14. 811	-12. 029	-0. 037	
$Ga(l)$	793	-34. 443				

温度范围:368. 5 ~ 374　　相:固(单斜)

$\Delta H^{\ominus}_{tr}$:402　　$\Delta S^{\ominus}_{tr}$:1. 091

函数	r_0	r_1	r_2	r_3	r_4	r_5
C_p	68. 354	-118. 545				
$Ha(T)$	-15080	68. 354	-59. 273			
$Sa(T)$	-322. 305	68. 354	-118. 545			
$Ga(T)$	-15080	390. 659	-68. 354	59. 273		
$Ga(l)$	2557	-39. 298				

温度范围:374 ~ 388. 3　　相:固(单斜)

$\Delta H^{\ominus}_{tr}$:—　　$\Delta S^{\ominus}_{tr}$:—

函数	r_0	r_1	r_2	r_3	r_4	r_5
C_p	13. 682	29. 966				
$Ha(T)$	-5024	13. 682	14. 983			
$Sa(T)$	-53. 957	13. 682	29. 966			
$Ga(T)$	-5024	67. 639	-13. 682	-14. 983		
$Ga(l)$	2366	-38. 782				

温度范围:388. 3 ~ 440　　相:液

$\Delta H^{\ominus}_{tr}$:1715　　$\Delta S^{\ominus}_{tr}$:4. 417

函数	r_0	r_1	r_2	r_3	r_4	r_5
C_p	-2064. 356	3467. 402	113. 13			
$Ha(T)$	835800	-2064. 356	1733. 701	-113. 130		
$Sa(T)$	11379. 660	-2064. 356	3467. 402	-56. 565		
$Ga(T)$	835800	-13444. 020	2064. 356	-1733. 701	-56. 565	
$Ga(l)$	4989	-45. 504				

温度范围:440 ~718 相:液

$\Delta H_{tr}^{\ominus}$:— $\Delta S_{tr}^{\ominus}$:—

函数	r_0	r_1	r_2	r_3	r_4	r_5
C_p	-25.560	57.777	8.863			
$Ha(T)$	31810	-25.560	28.889	-8.863		
$Sa(T)$	200.921	-25.560	57.777	-4.432		
$Ga(T)$	31810	-226.481	25.560	-28.889	-4.432	
$Ga(l)$	11000	-58.233				

S(2)

温度范围:298 ~368 相:固(斜方)

$\Delta H_{f,298}^{\ominus}$:0 $S_{298}^{\ominus}$:32.1

函数	r_0	r_1	r_2	r_3	r_4	r_5
C_p	14.8	24.08	0.07			
$Ha(T)$	-5248	14.800	12.040	-0.070		
$Sa(T)$	-59.010	14.800	24.080	-0.035		
$Ga(T)$	-5248	73.810	-14.800	-12.040	-0.035	
$Ga(l)$	787	-34.640				

温度范围:368 ~388 相:固(单斜)

$\Delta H_{tr}^{\ominus}$:400 $\Delta S_{tr}^{\ominus}$:1.087

函数	r_0	r_1	r_2	r_3	r_4	r_5
C_p	17.55	19.61				
$Ha(T)$	-5748	17.550	9.805			
$Sa(T)$	-72.784	17.550	19.610			
$Ga(T)$	-5748	90.334	-17.550	-9.805		
$Ga(l)$	2289	-38.794				

温度范围:388 ~717 相:液

$\Delta H_{tr}^{\ominus}$:1800 $\Delta S_{tr}^{\ominus}$:4.639

函数	r_0	r_1	r_2	r_3	r_4	r_5
C_p	45.03	-16.64				
$Ha(T)$	-11880	45.030	-8.320			
$Sa(T)$	-217.888	45.030	-16.640			
$Ga(T)$	-11880	262.918	-45.030	8.320		
$Ga(l)$	9937	-56.851				

S(气)

温度范围:298 ~2000 相:气

$\Delta H_{f,298}^{\ominus}$:279410 $S_{298}^{\ominus}$:167.737

函数	r_0	r_1	r_2	r_3	r_4	r_5
C_p	22.008	-0.418	0.151			
$Ha(T)$	273370	22.008	-0.209	-0.151		
$Sa(T)$	43.318	22.008	-0.418	-0.076		
$Ga(T)$	273370	-21.310	-22.008	0.209	-0.076	
$Ga(l)$	294190	-196.444				

S_2(气)

温度范围:298～2000　　相:气

$\Delta H^{\ominus}_{f,298}$:128660　　$S^{\ominus}_{298}$:228.028

函数	r_0	r_1	r_2	r_3	r_4	r_5
C_p	36.484	0.669	-0.377			
$Ha(T)$	116490	36.484	0.335	0.377		
$Sa(T)$	17.837	36.484	0.669	0.189		
$Ga(T)$	116490	18.647	-36.484	-0.335	0.189	
$Ga(l)$	152510	-273.619				

S_3(气)

温度范围:298～2000　　相:气

$\Delta H^{\ominus}_{f,298}$:146440　　$S^{\ominus}_{298}$:275.952

函数	r_0	r_1	r_2	r_3	r_4	r_5
C_p	57.597	0.318	-0.633			
$Ha(T)$	127130	57.597	0.159	0.633		
$Sa(T)$	-55.868	57.597	0.318	0.317		
$Ga(T)$	127130	113.465	-57.597	-0.159	0.317	
$Ga(l)$	183640	-347.107				

S_4(气)

温度范围:298～2000　　相:气

$\Delta H^{\ominus}_{f,298}$:188280　　$S^{\ominus}_{298}$:325.934

函数	r_0	r_1	r_2	r_3	r_4	r_5
C_p	82.550	3.138	-0.711			
$Ha(T)$	161140	82.550	1.569	0.711		
$Sa(T)$	-149.337	82.550	3.138	0.356		
$Ga(T)$	161140	231.887	-82.550	-1.569	0.356	
$Ga(l)$	243340	-431.186				

S_5(气)

温度范围:298～2000　　相:气

$\Delta H^{\ominus}_{f,298}$:111000　　$S^{\ominus}_{298}$:320.913

函数	r_0	r_1	r_2	r_3	r_4	r_5
C_p	106.483	0.849	-1.645			
$Ha(T)$	73700	106.483	0.425	1.645		
$Sa(T)$	-295.290	106.483	0.849	0.823		
$Ga(T)$	73700	401.773	-106.483	-0.425	0.823	
$Ga(l)$	178900	-450.294				

S_6(气)

温度范围:298～2000　　相:气

$\Delta H^{\ominus}_{f,298}$:98740　　$S^{\ominus}_{298}$:353.883

函数	r_0	r_1	r_2	r_3	r_4	r_5
C_p	131.754	0.669	-1.720			
$Ha(T)$	53660	131.754	0.335	1.720		
$Sa(T)$	-406.672	131.754	0.669	0.860		
$Ga(T)$	53660	538.426	-131.754	-0.335	0.860	
$Ga(l)$	183240	-515.232				

S_7(气)

温度范围:298～2000　　相:气

$\Delta H^{\ominus}_{f,298}$:102930　　$S^{\ominus}_{298}$:394.099

函数	r_0	r_1	r_2	r_3	r_4	r_5
C_p	155.908	1.092	-2.334			
$Ha(T)$	48570	155.908	0.546	2.334		
$Sa(T)$	-507.656	155.908	1.092	1.167		
$Ga(T)$	48570	663.564	-155.908	-0.546	1.167	
$Ga(l)$	202440	-583.780				

S_8(气)

温度范围:298～2000　　相:气

$\Delta H^{\ominus}_{f,298}$:96840　　$S^{\ominus}_{298}$:423.128

函数	r_0	r_1	r_2	r_3	r_4	r_5
C_p	181.176	0.925	-2.279			
$Ha(T)$	35140	181.176	0.463	2.279		
$Sa(T)$	-622.234	181.176	0.925	1.140		
$Ga(T)$	35140	803.410	-181.176	-0.463	1.140	
$Ga(l)$	213220	-645.439				

SF_2(气)

温度范围:298～2000　　相:气

$\Delta H^{\ominus}_{f,298}$: -296600　　$S^{\ominus}_{298}$:257.7

函数	r_0	r_1	r_2	r_3	r_4	r_5
C_p	54.99	1.76	-1.01			
$Ha(T)$	-316460	54.990	0.880	1.010		
$Sa(T)$	-61.817	54.990	1.760	0.505		
$Ga(T)$	-316460	116.807	-54.990	-0.880	0.505	
$Ga(l)$	-261220	-324.832				

SF_4(气)

温度范围:298～2000　　相:气

$\Delta H^{\ominus}_{f,298}$: -763200　　$S^{\ominus}_{298}$:299.6

函数	r_0	r_1	r_2	r_3	r_4	r_5
C_p	102.03	3.33	-2.39			
$Ha(T)$	-801780	102.030	1.665	2.390		
$Sa(T)$	-296.162	102.030	3.330	1.195		
$Ga(T)$	-801780	398.192	-102.030	-1.665	1.195	
$Ga(l)$	-698610	-421.615				

SF_5(气)

温度范围:298～1000　　相:气

$\Delta H^{\ominus}_{f,298}$: -908500　　$S^{\ominus}_{298}$:304.8

函数	r_0	r_1	r_2	r_3	r_4	r_5
C_p	126.19	3.18	-3.35			
$Ha(T)$	-957500	126.190	1.590	3.350		
$Sa(T)$	-433.971	126.190	3.180	1.675		
$Ga(T)$	-957500	560.161	-126.190	-1.590	1.675	
$Ga(l)$	-875630	-386.157				

SF_6(气)

温度范围:298 ~ 2000　　相:气

$\Delta H^{\ominus}_{f,298}$: −1220800　　$S^{\ominus}_{298}$:291. 667

函数	r_0	r_1	r_2	r_3	r_4	r_5
C_p	133. 051	27. 865	−3. 908	−8. 201		
$Ha(T)$	−1274700	133. 051	13. 933	3. 908	−2. 734	
$Sa(T)$	−496. 329	133. 051	27. 865	1. 954	−4. 101	
$Ga(T)$	−1274700	629. 380	−133. 051	−13. 933	1. 954	1. 367
$Ga(l)$	−1130200	−461. 169				

S_2F_{10}(气)

温度范围:298 ~ 1000　　相:气

$\Delta H^{\ominus}_{f,298}$: −2064400　　$S^{\ominus}_{298}$:396. 9

函数	r_0	r_1	r_2	r_3	r_4	r_5
C_p	267. 06	7. 74	8. 62			
$Ha(T)$	−2115500	267. 060	3. 870	−8. 620		
$Sa(T)$	−1078. 523	267. 060	7. 740	−4. 310		
$Ga(T)$	−2115500	1345. 583	−267. 060	−3. 870	−4. 310	
$Ga(l)$	−1970300	−634. 992				

SCl(气)

温度范围:298 ~ 2000　　相:气

$\Delta H^{\ominus}_{f,298}$:146440　　$S^{\ominus}_{298}$:239. 534

函数	r_0	r_1	r_2	r_3	r_4	r_5
C_p	37. 070	1. 004	−0. 276			
$Ha(T)$	134420	37. 070	0. 502	0. 276		
$Sa(T)$	26. 472	37. 070	1. 004	0. 138		
$Ga(T)$	134420	10. 598	−37. 070	−0. 502	0. 138	
$Ga(l)$	171060	−286. 672				

SCl_2(气)

温度范围:298 ~ 2000　　相:气

$\Delta H^{\ominus}_{f,298}$: −22590　　$S^{\ominus}_{298}$:281. 165

函数	r_0	r_1	r_2	r_3	r_4	r_5
C_p	57. 530	0. 356	−0. 600			
$Ha(T)$	−41770	57. 530	0. 178	0. 600		
$Sa(T)$	−50. 099	57. 530	0. 356	0. 300		
$Ga(T)$	−41770	107. 629	−57. 530	−0. 178	0. 300	
$Ga(l)$	14660	−352. 433				

S_2Cl_2(气)
(ClSSCl,Sulfur Chloride)

温度范围:298 ~ 2000　　相:气

$\Delta H^{\ominus}_{f,298}$: −16700　　$S^{\ominus}_{298}$:327. 2

函数	r_0	r_1	r_2	r_3	r_4	r_5
C_p	80. 79	3. 04	−0. 78			
$Ha(T)$	−43540	80. 790	1. 520	0. 780		
$Sa(T)$	−138. 402	80. 790	3. 040	0. 390		
$Ga(T)$	−43540	219. 193	−80. 790	−1. 520	0. 390	
$Ga(l)$	37000	−429. 758				

SBr_2(气)

温度范围:298 ~ 2000　　相:气

$\Delta H^{\ominus}_{f,298}$: −12550　　$S^{\ominus}_{298}$:301. 541

函数	r_0	r_1	r_2	r_3	r_4	r_5
C_p	57. 877	0. 172	−0. 447			
$Ha(T)$	−31310	57. 877	0. 086	0. 447		
$Sa(T)$	−30. 784	57. 877	0. 172	0. 224		
$Ga(T)$	−31310	88. 661	−57. 877	−0. 086	0. 224	
$Ga(l)$	25160	−373. 868				

S_2Br_2(气)

温度范围:298 ~ 2000　　相:气

$\Delta H^{\ominus}_{f,298}$:31000　　$S^{\ominus}_{298}$:350. 5

函数	r_0	r_1	r_2	r_3	r_4	r_5
C_p	81. 36	2. 71	−0. 62			
$Ha(T)$	4543	81. 360	1. 355	0. 620		
$Sa(T)$	−117. 352	81. 360	2. 710	0. 310		
$Ga(T)$	4543	198. 712	−81. 360	−1. 355	0. 310	
$Ga(l)$	85250	−454. 316				

SO(气)

温度范围:298 ~ 2000　　相:气

$\Delta H^{\ominus}_{f,298}$:6694　　$S^{\ominus}_{298}$:221. 752

函数	r_0	r_1	r_2	r_3	r_4	r_5
C_p	34. 560	1. 339	−0. 418			
$Ha(T)$	−5072	34. 560	0. 670	0. 418		
$Sa(T)$	22. 093	34. 560	1. 339	0. 209		
$Ga(T)$	−5072	12. 467	−34. 560	−0. 670	0. 209	
$Ga(l)$	29500	−265. 232				

SO_2

温度范围:298 ~ 2000　　相:气

$\Delta H^{\ominus}_{f,298}$: −296800　　$S^{\ominus}_{298}$:248. 2

函数	r_0	r_1	r_2	r_3	r_4	r_5
C_p	49. 94	4. 77	−1. 05			
$Ha(T)$	−315420	49. 940	2. 385	1. 050		
$Sa(T)$	−43. 666	49. 940	4. 770	0. 525		
$Ga(T)$	−315420	93. 606	−49. 940	−2. 385	0. 525	
$Ga(l)$	−263380	−311. 197				

SO_3

温度范围:298 ~ 2000　　相:气

$\Delta H^{\ominus}_{f,298}$: −395770　　$S^{\ominus}_{298}$:256. 647

函数	r_0	r_1	r_2	r_3	r_4	r_5
C_p	57. 153	27. 322	−1. 289	−7. 699		
$Ha(T)$	−418280	57. 153	13. 661	1. 289	−2. 566	
$Sa(T)$	−84. 042	57. 153	27. 322	0. 645	−3. 850	
$Ga(T)$	−418280	141. 195	−57. 153	−13. 661	0. 645	1. 283
$Ga(l)$	−350280	−341. 609				

S_2O(气)

温度范围:298 ~ 2000　　相:气

$\Delta H^{\ominus}_{f,298}$: −40590　　$S^{\ominus}_{298}$:266.939

函数	r_0	r_1	r_2	r_3	r_4	r_5
C_p	53.974	2.167	−0.949			
$Ha(T)$	−59960	53.974	1.084	0.949		
$Sa(T)$	−46.567	53.974	2.167	0.475		
$Ga(T)$	−59960	100.541	−53.974	−1.084	0.475	
$Ga(l)$	−5555	−333.418				

SOF_2(气)

温度范围:298 ~ 2200　　相:气

$\Delta H^{\ominus}_{f,298}$: −564840　　$S^{\ominus}_{298}$:280.202

函数	r_0	r_1	r_2	r_3	r_4	r_5
C_p	69.956	13.347	−1.431	−3.556		
$Ha(T)$	−591060	69.956	6.674	1.431	−1.185	
$Sa(T)$	−130.249	69.956	13.347	0.716	−1.778	
$Ga(T)$	−591060	200.205	−69.956	−6.674	0.716	0.593
$Ga(l)$	−510570	−378.155				

SO_2F_2(气)

温度范围:298 ~ 2000　　相:气

$\Delta H^{\ominus}_{f,298}$: −857720　　$S^{\ominus}_{298}$:288.194

函数	r_0	r_1	r_2	r_3	r_4	r_5
C_p	80.751	28.995	−1.841	−8.242		
$Ha(T)$	−889190	80.751	14.498	1.841	−2.747	
$Sa(T)$	−190.526	80.751	28.995	0.921	−4.121	
$Ga(T)$	−889190	271.277	−80.751	−14.498	0.921	1.374
$Ga(l)$	−797080	−401.775				

$SOCl_2$(气)

温度范围:298 ~ 2000　　相:气

$\Delta H^{\ominus}_{f,298}$: −212300　　$S^{\ominus}_{298}$:308.1

函数	r_0	r_1	r_2	r_3	r_4	r_5
C_p	74.27	7.2	−0.87			
$Ha(T)$	−237680	74.270	3.600	0.870		
$Sa(T)$	−122.101	74.270	7.200	0.435		
$Ga(T)$	−237680	196.371	−74.270	−3.600	0.435	
$Ga(l)$	−161080	−405.360				

SO_2Cl_2(气)

温度范围:298 ~ 2000　　相:气

$\Delta H^{\ominus}_{f,298}$: −354800　　$S^{\ominus}_{298}$:311.1

函数	r_0	r_1	r_2	r_3	r_4	r_5
C_p	97.23	5.73	−2.1			
$Ha(T)$	−391090	97.230	2.865	2.100		
$Sa(T)$	−256.398	97.230	5.730	1.050		
$Ga(T)$	−391090	353.628	−97.230	−2.865	1.050	
$Ga(l)$	−291610	−430.444				

SSF_2(气)

(Thiothionyl Fluoride)

温度范围:298 ~ 2000　　相:气

$\Delta H^{\ominus}_{f,298}$: −297000　　$S^{\ominus}_{298}$:292. 8

函数	r_0	r_1	r_2	r_3	r_4	r_5
C_p	77. 28	5. 79	−1. 13			
$Ha(T)$	−324090	77. 280	2. 895	1. 130		
$Sa(T)$	−155. 592	77. 280	5. 790	0. 565		
$Ga(T)$	−324090	232. 872	−77. 280	−2. 895	0. 565	
$Ga(l)$	−245020	−391. 422				

SN(气)

温度范围:298 ~ 2000　　相:气

$\Delta H^{\ominus}_{f,298}$:263590　　$S^{\ominus}_{298}$:222. 003

函数	r_0	r_1	r_2	r_3	r_4	r_5
C_p	30. 460	7. 573	−0. 080	−2. 050		
$Ha(T)$	253920	30. 460	3. 787	0. 080	−0. 683	
$Sa(T)$	45. 837	30. 460	7. 573	0. 040	−1. 025	
$Ga(T)$	253920	−15. 377	−30. 460	−3. 787	0. 040	0. 342
$Ga(l)$	286560	−265. 806				

Sb

温度范围:298 ~ 904　　相:固

$\Delta H^{\ominus}_{f,298}$:0　　$S^{\ominus}_{298}$:45. 522

函数	r_0	r_1	r_2	r_3	r_4	r_5
C_p	30. 472	−15. 385	−0. 200	17. 937		
$Ha(T)$	−9231	30. 472	−7. 693	0. 200	5. 979	
$Sa(T)$	−125. 430	30. 472	−15. 385	0. 100	8. 969	
$Ga(T)$	−9231	155. 902	−30. 472	7. 693	0. 100	−2. 990
$Ga(l)$	6864	−63. 217				

温度范围:904 ~ 1860　　相:液

$\Delta H^{\ominus}_{tr}$:19870　　$\Delta S^{\ominus}_{tr}$:21. 980

函数	r_0	r_1	r_2	r_3	r_4	r_5
C_p	31. 380					
$Ha(T)$	8170	31. 380				
$Sa(T)$	−116. 087	31. 380				
$Ga(T)$	8170	147. 467	−31. 380			
$Ga(l)$	50130	−110. 445				

Sb(气)

温度范围:298 ~ 800　　相:气

$\Delta H^{\ominus}_{f,298}$:264550　　$S^{\ominus}_{298}$:180. 155

函数	r_0	r_1	r_2	r_3	r_4	r_5
C_p	20. 786					
$Ha(T)$	258350	20. 786				
$Sa(T)$	61. 725	20. 786				
$Ga(T)$	258350	−40. 939	−20. 786			
$Ga(l)$	269110	−192. 393				

温度范围:800 ~ 2000　　相:气

$\Delta H_{tr}^{\ominus}$:—　　$\Delta S_{tr}^{\ominus}$:—

函数	r_0	r_1	r_2	r_3	r_4	r_5
C_p	17.828	1.908	0.968			
$Ha(T)$	261320	17.828	0.954	-0.968		
$Sa(T)$	80.728	17.828	1.908	-0.484		
$Ga(T)$	261320	-62.900	-17.828	-0.954	-0.484	
$Ga(l)$	286020	-211.929				

Sb_2(气)(1)

温度范围:298 ~ 1300　　相:气

$\Delta H_{f,298}^{\ominus}$:231210　　$S_{298}^{\ominus}$:254.806

函数	r_0	r_1	r_2	r_3	r_4	r_5
C_p	37.359	0.038	-0.091			
$Ha(T)$	219760	37.359	0.019	0.091		
$Sa(T)$	41.426	37.359	0.038	0.046		
$Ga(T)$	219760	-4.067	-37.359	-0.019	0.046	
$Ga(l)$	246440	-289.625				

温度范围:1300 ~ 1860　　相:气

$\Delta H_{tr}^{\ominus}$:—　　$\Delta S_{tr}^{\ominus}$:—

函数	r_0	r_1	r_2	r_3	r_4	r_5
C_p	37.275	0.059				
$Ha(T)$	219930	37.275	0.030			
$Sa(T)$	42.028	37.275	0.059			
$Ga(T)$	219930	-4.753	-37.275	-0.030		
$Ga(l)$	278400	-316.541				

温度范围:1860 ~ 2000　　相:气

$\Delta H_{tr}^{\ominus}$:—　　$\Delta S_{tr}^{\ominus}$:—

函数	r_0	r_1	r_2	r_3	r_4	r_5
C_p	37.388					
$Ha(T)$	219820	37.388				
$Sa(T)$	41.287	37.388				
$Ga(T)$	219820	-3.899	-37.388			
$Ga(l)$	291870	-324.090				

Sb_2(气)(2)

温度范围:298 ~ 2000　　相:气

$\Delta H_{f,298}^{\ominus}$:231200　　$S_{298}^{\ominus}$:254.9

函数	r_0	r_1	r_2	r_3	r_4	r_5
C_p	37.41		-0.1			
$Ha(T)$	219710	37.410		0.100		
$Sa(T)$	41.190	37.410		0.050		
$Ga(T)$	219710	-3.780	-37.410		0.050	
$Ga(l)$	255920	-302.507				

Sb_4(气)(1)

温度范围:298 ~ 1300　　相:气

$\Delta H^{\ominus}_{f,298}$:206520　　$S^{\ominus}_{298}$:350.000

函数	r_0	r_1	r_2	r_3	r_4	r_5
C_p	82.914	0.167	-0.180			
$Ha(T)$	181190	82.914	0.084	0.180		
$Sa(T)$	-123.473	82.914	0.167	0.090		
$Ga(T)$	181190	206.387	-82.914	-0.084	0.090	
$Ga(l)$	240380	-427.418				

温度范围:1300 ~ 1860　　相:气

$\Delta H^{\ominus}_{tr}$:—　　$\Delta S^{\ominus}_{tr}$:—

函数	r_0	r_1	r_2	r_3	r_4	r_5
C_p	82.814	0.142				
$Ha(T)$	181480	82.814	0.071			
$Sa(T)$	-122.670	82.814	0.142			
$Ga(T)$	181480	205.484	-82.814	-0.071		
$Ga(l)$	311400	-487.236				

温度范围:1860 ~ 2000　　相:气

$\Delta H^{\ominus}_{tr}$:—　　$\Delta S^{\ominus}_{tr}$:—

函数	r_0	r_1	r_2	r_3	r_4	r_5
C_p	62.141					
$Ha(T)$	220180	62.141				
$Sa(T)$	33.227	62.141				
$Ga(T)$	220180	28.914	-62.141			
$Ga(l)$	340230	-503.418				

Sb_4(气)(2)

温度范围:298 ~ 2000　　相:气

$\Delta H^{\ominus}_{f,298}$:206500　　$S^{\ominus}_{298}$:350.1

函数	r_0	r_1	r_2	r_3	r_4	r_5
C_p	83.09	0.01	-0.21			
$Ha(T)$	181020	83.090	0.005	0.210		
$Sa(T)$	-124.497	83.090	0.010	0.105		
$Ga(T)$	181020	207.587	-83.090	-0.005	0.105	
$Ga(l)$	261440	-455.907				

SbH_3(气)

温度范围:298 ~ 1600　　相:气

$\Delta H^{\ominus}_{f,298}$:145100　　$S^{\ominus}_{298}$:232.965

函数	r_0	r_1	r_2	r_3	r_4	r_5
C_p	50.501	18.702	-1.318			
$Ha(T)$	124790	50.501	9.351	1.318		
$Sa(T)$	-67.759	50.501	18.702	0.659		
$Ga(T)$	124790	118.260	-50.501	-9.351	0.659	
$Ga(l)$	175170	-294.580				

SbF(气)

温度范围:298 ~ 2000　　相:气

$\Delta H^{\ominus}_{f,298}$: -74100　　$S^{\ominus}_{298}$:234. 8

函数	r_0	r_1	r_2	r_3	r_4	r_5
C_p	36. 61	0. 5	-0. 31			
$Ha(T)$	-86080	36. 610	0. 250	0. 310		
$Sa(T)$	24. 318	36. 610	0. 500	0. 155		
$Ga(T)$	-86080	12. 292	-36. 610	-0. 250	0. 155	
$Ga(l)$	-50110	-280. 746				

SbF_3

温度范围:298 ~ 564　　相:固

$\Delta H^{\ominus}_{f,298}$: -915460　　$S^{\ominus}_{298}$:127. 194

函数	r_0	r_1	r_2	r_3	r_4	r_5
C_p	107. 110					
$Ha(T)$	-947390	107. 110				
$Sa(T)$	-483. 076	107. 110				
$Ga(T)$	-947390	590. 186	-107. 110			
$Ga(l)$	-902410	-165. 642				

温度范围:564 ~ 592　　相:液

$\Delta H^{\ominus}_{tr}$:21340　　$\Delta S^{\ominus}_{tr}$:37. 837

函数	r_0	r_1	r_2	r_3	r_4	r_5
C_p	127. 612					
$Ha(T)$	-937620	127. 612				
$Sa(T)$	-575. 120	127. 612				
$Ga(T)$	-937620	702. 732	-127. 612			
$Ga(l)$	-863880	-236. 418				

SbF_3(气)

温度范围:298 ~ 2000　　相:气

$\Delta H^{\ominus}_{f,298}$: -812500　　$S^{\ominus}_{298}$:303

函数	r_0	r_1	r_2	r_3	r_4	r_5
C_p	79. 94	2. 82	-1. 11			
$Ha(T)$	-840180	79. 940	1. 410	1. 110		
$Sa(T)$	-159. 550	79. 940	2. 820	0. 555		
$Ga(T)$	-840180	239. 490	-79. 940	-1. 410	0. 555	
$Ga(l)$	-760180	-402. 617				

SbF_5

温度范围:298 ~ 423　　相:液

$\Delta H^{\ominus}_{f,298}$: -1276100　　$S^{\ominus}_{298}$:292. 880

函数	r_0	r_1	r_2	r_3	r_4	r_5
C_p	188. 280					
$Ha(T)$	-1332200	188. 280				
$Sa(T)$	-779. 864	188. 280				
$Ga(T)$	-1332200	968. 144	-188. 280			
$Ga(l)$	-1264900	-328. 077				

温度范围:423 ~ 1500　　相:气

$\Delta H_{tr}^{\ominus}$:32640　　$\Delta S_{tr}^{\ominus}$:77.163

函数	r_0	r_1	r_2	r_3	r_4	r_5
C_p	104.600	41.840				
$Ha(T)$	-1267900	104.600	20.920			
$Sa(T)$	-214.355	104.600	41.840			
$Ga(T)$	-1267900	318.955	-104.600	-20.920		
$Ga(l)$	-1158900	-540.788				

$SbCl_3$

温度范围:298 ~ 346　　相:固

$\Delta H_{f,298}^{\ominus}$: -382000　　$S_{298}^{\ominus}$:187.025

函数	r_0	r_1	r_2	r_3	r_4	r_5
C_p	43.095	213.802				
$Ha(T)$	-404350	43.095	106.901			
$Sa(T)$	-122.258	43.095	213.802			
$Ga(T)$	-404350	165.353	-43.095	-106.901		
$Ga(l)$	-379400	-195.434				

温度范围:346 ~ 493　　相:液

$\Delta H_{tr}^{\ominus}$:12970　　$\Delta S_{tr}^{\ominus}$:37.486

函数	r_0	r_1	r_2	r_3	r_4	r_5
C_p	123.428					
$Ha(T)$	-406380	123.428				
$Sa(T)$	-480.459	123.428				
$Ga(T)$	-406380	603.887	-123.428			
$Ga(l)$	-355030	-264.553				

温度范围:493 ~ 1000　　相:气

$\Delta H_{tr}^{\ominus}$:43510　　$\Delta S_{tr}^{\ominus}$:88.256

函数	r_0	r_1	r_2	r_3	r_4	r_5
C_p	83.011		-0.498			
$Ha(T)$	-343950	83.011		0.498		
$Sa(T)$	-142.622	83.011		0.249		
$Ga(T)$	-343950	225.633	-83.011		0.249	
$Ga(l)$	-283220	-406.026				

$SbCl_3$(气)

温度范围:298 ~ 2000　　相:气

$\Delta H_{f,298}^{\ominus}$: -313100　　$S_{298}^{\ominus}$:339.1

函数	r_0	r_1	r_2	r_3	r_4	r_5
C_p	82.38	0.7	-0.52			
$Ha(T)$	-339440	82.380	0.350	0.520		
$Sa(T)$	-133.402	82.380	0.700	0.260		
$Ga(T)$	-339440	215.782	-82.380	-0.350	0.260	
$Ga(l)$	-258950	-443.021				

$SbCl_5$

温度范围:298 ~ 445　相:液

$\Delta H^{\ominus}_{f,298}$: −438900　$S^{\ominus}_{298}$:313.800

函数	r_0	r_1	r_2	r_3	r_4	r_5
C_p	196.648					
$Ha(T)$	−497530	196.648				
$Sa(T)$	−806.621	196.648				
$Ga(T)$	−497530	1003.269	−196.648			
$Ga(l)$	−425220	−356.315				

温度范围:445 ~ 2500　相:气

$\Delta H^{\ominus}_{tr}$:48410　$\Delta S^{\ominus}_{tr}$:108.787

函数	r_0	r_1	r_2	r_3	r_4	r_5
C_p	97.906	50.208				
$Ha(T)$	−410150	97.906	25.104			
$Sa(T)$	−118.041	97.906	50.208			
$Ga(T)$	−410150	215.947	−97.906	−25.104		
$Ga(l)$	−240680	−664.704				

$SbCl_5$(气)

温度范围:298 ~ 800　相:气

$\Delta H^{\ominus}_{f,298}$: −394340　$S^{\ominus}_{298}$:401.831

函数	r_0	r_1	r_2	r_3	r_4	r_5
C_p	132.214		−0.979			
$Ha(T)$	−437040	132.214		0.979		
$Sa(T)$	−356.978	132.214		0.490		
$Ga(T)$	−437040	489.192	−132.214		0.490	
$Ga(l)$	−366630	−476.027				

$SbBr_3$

温度范围:298 ~ 368　相:固

$\Delta H^{\ominus}_{f,298}$: −259830　$S^{\ominus}_{298}$:179.912

函数	r_0	r_1	r_2	r_3	r_4	r_5
C_p	71.965	122.591				
$Ha(T)$	−286740	71.965	61.296			
$Sa(T)$	−266.666	71.965	122.591			
$Ga(T)$	−286740	338.631	−71.965	−61.296		
$Ga(l)$	−256050	−192.084				

温度范围:368 ~ 562　相:液

$\Delta H^{\ominus}_{tr}$:14640　$\Delta S^{\ominus}_{tr}$:39.783

函数	r_0	r_1	r_2	r_3	r_4	r_5
C_p	125.520					
$Ha(T)$	−283500	125.520				
$Sa(T)$	−498.177	125.520				
$Ga(T)$	−283500	623.697	−125.520			
$Ga(l)$	−225820	−272.218				

温度范围:562 ~ 1000　　相:气

$\Delta H_{tr}^{\ominus}$:69870　　$\Delta S_{tr}^{\ominus}$:124. 324

函数	r_0	r_1	r_2	r_3	r_4	r_5
C_p	83. 011		-0. 498			
$Ha(T)$	-190630	83. 011		0. 498		
$Sa(T)$	-105. 496	83. 011		0. 249		
$Ga(T)$	-190630	188. 507	-83. 011		0. 249	
$Ga(l)$	-126510	-447. 171				

$SbBr_3$(气)

温度范围:298 ~ 2000　　相:气

$\Delta H_{f,298}^{\ominus}$: -179200　　$S_{298}^{\ominus}$:372. 5

函数	r_0	r_1	r_2	r_3	r_4	r_5
C_p	82. 96	0. 18	-0. 27			
$Ha(T)$	-204850	82. 960	0. 090	0. 270		
$Sa(T)$	-101. 745	82. 960	0. 180	0. 135		
$Ga(T)$	-204850	184. 705	-82. 960	-0. 090	0. 135	
$Ga(l)$	-124390	-477. 983				

SbI_3

温度范围:298 ~ 444　　相:固

$\Delta H_{f,298}^{\ominus}$: -96230　　$S_{298}^{\ominus}$:215. 476

函数	r_0	r_1	r_2	r_3	r_4	r_5
C_p	71. 128	88. 701				
$Ha(T)$	-121380	71. 128	44. 351			
$Sa(T)$	-216. 229	71. 128	88. 701			
$Ga(T)$	-121380	287. 357	-71. 128	-44. 351		
$Ga(l)$	-89230	-237. 233				

温度范围:444 ~ 673　　相:液

$\Delta H_{tr}^{\ominus}$:22800　　$\Delta S_{tr}^{\ominus}$:51. 351

函数	r_0	r_1	r_2	r_3	r_4	r_5
C_p	143. 511					
$Ha(T)$	-121970	143. 511				
$Sa(T)$	-566. 728	143. 511				
$Ga(T)$	-121970	710. 239	-143. 511			
$Ga(l)$	-42730	-340. 407				

温度范围:673 ~ 1000　　相:气

$\Delta H_{tr}^{\ominus}$:61090　　$\Delta S_{tr}^{\ominus}$:90. 773

函数	r_0	r_1	r_2	r_3	r_4	r_5
C_p	83. 011		-0. 498			
$Ha(T)$	-20910	83. 011		0. 498		
$Sa(T)$	-82. 545	83. 011		0. 249		
$Ga(T)$	-20910	165. 556	-83. 011		0. 249	
$Ga(l)$	48430	-476. 100				

SbI_3(气)

温度范围:298 ~ 2000　相:气

$\Delta H^{\ominus}_{f,298}$:6700　$S^{\ominus}_{298}$:405

函数	r_0	r_1	r_2	r_3	r_4	r_5
C_p	83.04	0.12	-0.12			
$Ha(T)$	-18470	83.040	0.060	0.120		
$Sa(T)$	-68.839	83.040	0.120	0.060		
$Ga(T)$	-18470	151.879	-83.040	-0.060	0.060	
$Ga(l)$	61850	-511.289				

SbO(气)

温度范围:298 ~ 2000　相:气

$\Delta H^{\ominus}_{f,298}$: -103500　$S^{\ominus}_{298}$:238.3

函数	r_0	r_1	r_2	r_3	r_4	r_5
C_p	35.44	3.51	-0.41			
$Ha(T)$	-115600	35.440	1.755	0.410		
$Sa(T)$	33.025	35.440	3.510	0.205		
$Ga(T)$	-115600	2.415	-35.440	-1.755	0.205	
$Ga(l)$	-79010	-284.799				

SbO_2

温度范围:298 ~ 1200　相:固

$\Delta H^{\ominus}_{f,298}$: -453760　$S^{\ominus}_{298}$:63.597

函数	r_0	r_1	r_2	r_3	r_4	r_5
C_p	47.279	34.309				
$Ha(T)$	-469380	47.279	17.155			
$Sa(T)$	-216.009	47.279	34.309			
$Ga(T)$	-469380	263.288	-47.279	-17.155		
$Ga(l)$	-429130	-120.755				

Sb_2O_3

温度范围:298 ~ 845　相:固(α)

$\Delta H^{\ominus}_{f,298}$: -715460　$S^{\ominus}_{298}$:132.633

函数	r_0	r_1	r_2	r_3	r_4	r_5
C_p	92.048	66.107				
$Ha(T)$	-745840	92.048	33.054			
$Sa(T)$	-411.529	92.048	66.107			
$Ga(T)$	-745840	503.577	-92.048	-33.054		
$Ga(l)$	-686580	-208.394				

温度范围:845 ~ 929　相:固(β)

$\Delta H^{\ominus}_{tr}$:6694　$\Delta S^{\ominus}_{tr}$:7.922

函数	r_0	r_1	r_2	r_3	r_4	r_5
C_p	92.048	66.107				
$Ha(T)$	-739150	92.048	33.054			
$Sa(T)$	-403.607	92.048	66.107			
$Ga(T)$	-739150	495.655	-92.048	-33.054		
$Ga(l)$	-631550	-279.833				

温度范围:929 ~ 1729 相:液

$\Delta H^{\ominus}_{tr}$:55020 $\Delta S^{\ominus}_{tr}$:59.225

函数	r_0	r_1	r_2	r_3	r_4	r_5
C_p	156.900					
$Ha(T)$	-715850	156.900				
$Sa(T)$	-726.174	156.900				
$Ga(T)$	-715850	883.074	-156.900			
$Ga(l)$	-512440	-400.827				

Sb_2O_4

温度范围:298 ~ 1524 相:固

$\Delta H^{\ominus}_{f,298}$: -907500 $S^{\ominus}_{298}$:127

函数	r_0	r_1	r_2	r_3	r_4	r_5
C_p	99.81	49.82				
$Ha(T)$	-939470	99.810	24.910			
$Sa(T)$	-456.531	99.810	49.820			
$Ga(T)$	-939470	556.341	-99.810	-24.910		
$Ga(l)$	-842800	-263.976				

Sb_2O_5

温度范围:298 ~ 798 相:固

$\Delta H^{\ominus}_{f,298}$: -993700 $S^{\ominus}_{298}$:124.9

函数	r_0	r_1	r_2	r_3	r_4	r_5
C_p	141.33	-3.73	-2.01			
$Ha(T)$	-1042400	141.330	-1.865	2.010		
$Sa(T)$	-690.535	141.330	-3.730	1.005		
$Ga(T)$	-1042400	831.865	-141.330	1.865	1.005	
$Ga(l)$	-965830	-199.461				

Sb_4O_6

温度范围:298 ~ 928 相:固

$\Delta H^{\ominus}_{f,298}$: -1417500 $S^{\ominus}_{298}$:246

函数	r_0	r_1	r_2	r_3	r_4	r_5
C_p	228.03	16.64	-2.69			
$Ha(T)$	-1495200	228.030	8.320	2.690		
$Sa(T)$	-1073.315	228.030	16.640	1.345		
$Ga(T)$	-1495200	1301.345	-228.030	-8.320	1.345	
$Ga(l)$	-1357800	-398.380				

Sb_4O_6(气)

温度范围:298 ~ 2000 相:气

$\Delta H^{\ominus}_{f,298}$: -1215500 $S^{\ominus}_{298}$:444.2

函数	r_0	r_1	r_2	r_3	r_4	r_5
C_p	217.64	14.11	-3.47			
$Ha(T)$	-1292700	217.640	7.055	3.470		
$Sa(T)$	-819.550	217.640	14.110	1.735		
$Ga(T)$	-1292700	1037.190	-217.640	-7.055	1.735	
$Ga(l)$	-1070800	-718.628				

SbOCl

温度范围:298 ~ 800　相:固

$\Delta H^{\ominus}_{f,298}$: −380740　$S^{\ominus}_{298}$:107.529

函数	r_0	r_1	r_2	r_3	r_4	r_5
C_p	67.990	21.966				
$Ha(T)$	−401990	67.990	10.983			
$Sa(T)$	−286.400	67.990	21.966			
$Ga(T)$	−401990	354.390	−67.990	−10.983		
$Ga(l)$	−363720	−153.069				

Sb_2S_3(黑)

温度范围:298 ~ 823　相:固

$\Delta H^{\ominus}_{f,298}$: −205020　$S^{\ominus}_{298}$:182.004

函数	r_0	r_1	r_2	r_3	r_4	r_5
C_p	101.839	60.542				
$Ha(T)$	−238070	101.839	30.271			
$Sa(T)$	−416.284	101.839	60.542			
$Ga(T)$	−238070	518.123	−101.839	−30.271		
$Ga(l)$	−175620	−259.843				

温度范围:823 ~ 1100　相:液

$\Delta H^{\ominus}_{tr}$:47910　$\Delta S^{\ominus}_{tr}$:58.214

函数	r_0	r_1	r_2	r_3	r_4	r_5
C_p	167.360					
$Ha(T)$	−223580	167.360				
$Sa(T)$	−748.084	167.360				
$Ga(T)$	−223580	915.444	−167.360			
$Ga(l)$	−63560	−401.076				

$Sb_2(SO_4)_3$

温度范围:298 ~ 1000　相:固

$\Delta H^{\ominus}_{f,298}$: −2402500　$S^{\ominus}_{298}$:291.206

函数	r_0	r_1	r_2	r_3	r_4	r_5
C_p	220.078	185.770				
$Ha(T)$	−2476400	220.078	92.885			
$Sa(T)$	−1018.097	220.078	185.770			
$Ga(T)$	−2476400	1238.175	−220.078	−92.885		
$Ga(l)$	−2309900	−520.720				

Sb_2Se_3

温度范围:298 ~ 888　相:固

$\Delta H^{\ominus}_{f,298}$: −127610　$S^{\ominus}_{298}$:211.292

函数	r_0	r_1	r_2	r_3	r_4	r_5
C_p	118.742	20.920				
$Ha(T)$	−163940	118.742	10.460			
$Sa(T)$	−471.489	118.742	20.920			
$Ga(T)$	−163940	590.231	−118.742	−10.460		
$Ga(l)$	−94970	−296.015				

温度范围:888 ~ 1000　　相:液

$\Delta H_{tr}^{\ominus}$:53760　　$\Delta S_{tr}^{\ominus}$:60. 541

函数	r_0	r_1	r_2	r_3	r_4	r_5
C_p	171. 544					
$Ha(T)$	-148820	171. 544				
$Sa(T)$	-750. 843	171. 544				
$Ga(T)$	-148820	922. 387	-171. 544			
$Ga(l)$	12930	-424. 163				

Sb_2Te_3

温度范围:298 ~ 892　　相:固

$\Delta H_{f,298}^{\ominus}$: -56480　　$S_{298}^{\ominus}$:244. 346

函数	r_0	r_1	r_2	r_3	r_4	r_5
C_p	112. 884	53. 137				
$Ha(T)$	-92500	112. 884	26. 569			
$Sa(T)$	-414. 664	112. 884	53. 137			
$Ga(T)$	-92500	527. 548	-112. 884	-26. 569		
$Ga(l)$	-21330	-335. 161				

温度范围:892 ~ 1000　　相:液

$\Delta H_{tr}^{\ominus}$:98950　　$\Delta S_{tr}^{\ominus}$:110. 930

函数	r_0	r_1	r_2	r_3	r_4	r_5
C_p	207. 108					
$Ha(T)$	-56460	207. 108				
$Sa(T)$	-896. 443	207. 108				
$Ga(T)$	-56460	1103. 551	-207. 108			
$Ga(l)$	139260	-522. 605				

Sc(1)

温度范围:298 ~ 500　　相:固(α)

$\Delta H_{f,298}^{\ominus}$:0　　$S_{298}^{\ominus}$:34. 644

函数	r_0	r_1	r_2	r_3	r_4	r_5
C_p	23. 652	6. 431				
$Ha(T)$	-7338	23. 652	3. 216			
$Sa(T)$	-102. 033	23. 652	6. 431			
$Ga(T)$	-7338	125. 685	-23. 652	-3. 216		
$Ga(l)$	2440	-42. 035				

温度范围:500 ~ 1608　　相:固(α)

$\Delta H_{tr}^{\ominus}$:—　　$\Delta S_{tr}^{\ominus}$:—

函数	r_0	r_1	r_2	r_3	r_4	r_5
C_p	24. 723	1. 372	0. 036	5. 079		
$Ha(T)$	-7380	24. 723	0. 686	-0. 036	1. 693	
$Sa(T)$	-106. 722	24. 723	1. 372	-0. 018	2. 540	
$Ga(T)$	-7380	131. 445	-24. 723	-0. 686	-0. 018	-0. 846
$Ga(l)$	19200	-69. 034				

温度范围:1608 ~ 1812 相:固(β)

$\Delta H^{\ominus}_{tr}$:4008 $\Delta S^{\ominus}_{tr}$:2.493

函数	r_0	r_1	r_2	r_3	r_4	r_5
C_p	44.225					
$Ha(T)$	-25940	44.225				
$Sa(T)$	-239.442	44.225				
$Ga(T)$	-25940	283.667	-44.225			
$Ga(l)$	49610	-89.761				

温度范围:1812 ~ 3000 相:液

$\Delta H^{\ominus}_{tr}$:14100 $\Delta S^{\ominus}_{tr}$:7.781

函数	r_0	r_1	r_2	r_3	r_4	r_5
C_p	44.225					
$Ha(T)$	-11840	44.225				
$Sa(T)$	-231.661	44.225				
$Ga(T)$	-11840	275.886	-44.225			
$Ga(l)$	92820	-112.390				

Sc(2)

温度范围:298 ~ 1608 相:固(α)

$\Delta H^{\ominus}_{f,298}$:0 $S^{\ominus}_{298}$:34.6

函数	r_0	r_1	r_2	r_3	r_4	r_5
C_p	24.81	1.22	0.03	5.15		
$Ha(T)$	-7396	24.810	0.610	-0.030	1.717	
$Sa(T)$	-107.181	24.810	1.220	-0.015	2.575	
$Ga(T)$	-7396	131.991	-24.810	-0.610	-0.015	-0.858
$Ga(l)$	14800	-65.389				

温度范围:1608 ~ 1812 相:固(β)

$\Delta H^{\ominus}_{tr}$:4000 $\Delta S^{\ominus}_{tr}$:2.488

函数	r_0	r_1	r_2	r_3	r_4	r_5
C_p	44.22					
$Ha(T)$	-25910	44.220				
$Sa(T)$	-239.379	44.220				
$Ga(T)$	-25910	283.599	-44.220			
$Ga(l)$	49660	-89.804				

Sc(气)

温度范围:298 ~ 2000 相:气

$\Delta H^{\ominus}_{f,298}$:378000 $S^{\ominus}_{298}$:174.8

函数	r_0	r_1	r_2	r_3	r_4	r_5
C_p	21.39	-1.14	0.12	0.53		
$Ha(T)$	372070	21.390	-0.570	-0.120	0.177	
$Sa(T)$	53.920	21.390	-1.140	-0.060	0.265	
$Ga(T)$	372070	-32.530	-21.390	0.570	-0.060	-0.088
$Ga(l)$	392180	-202.307				

ScF_3

温度范围:298～1825 相:固

$\Delta H^{\ominus}_{f,298}$: -1611700 $S^{\ominus}_{298}$:97.9

函数	r_0	r_1	r_2	r_3	r_4	r_5
C_p	98.54	3.25	-1.32			
$Ha(T)$	-1645700	98.540	1.625	1.320		
$Sa(T)$	-471.935	98.540	3.250	0.660		
$Ga(T)$	-1645700	570.475	-98.540	-1.625	0.660	
$Ga(l)$	-1553500	-213.169				

ScF_3(气)

温度范围:298～2000 相:气

$\Delta H^{\ominus}_{f,298}$: -1235500 $S^{\ominus}_{298}$:304.6

函数	r_0	r_1	r_2	r_3	r_4	r_5
C_p	79.21	2.54	-1.09			
$Ha(T)$	-1262900	79.210	1.270	1.090		
$Sa(T)$	-153.595	79.210	2.540	0.545		
$Ga(T)$	-1262900	232.805	-79.210	-1.270	0.545	
$Ga(l)$	-1183800	-403.140				

$ScCl_3$

温度范围:298～1240 相:固

$\Delta H^{\ominus}_{f,298}$: -899560 $S^{\ominus}_{298}$:121.336

函数	r_0	r_1	r_2	r_3	r_4	r_5
C_p	95.663	15.397	-0.729			
$Ha(T)$	-931210	95.663	7.699	0.729		
$Sa(T)$	-432.404	95.663	15.397	0.365		
$Ga(T)$	-931210	528.067	-95.663	-7.699	0.365	
$Ga(l)$	-860290	-212.019				

温度范围:1240～1300 相:液

$\Delta H^{\ominus}_{tr}$:67360 $\Delta S^{\ominus}_{tr}$:54.323

函数	r_0	r_1	r_2	r_3	r_4	r_5
C_p	143.444					
$Ha(T)$	-910670	143.444				
$Sa(T)$	-699.090	143.444				
$Ga(T)$	-910670	842.534	-143.444			
$Ga(l)$	-728390	-326.174				

$ScCl_3$(气)

温度范围:298～2000 相:气

$\Delta H^{\ominus}_{f,298}$: -669500 $S^{\ominus}_{298}$:326.7

函数	r_0	r_1	r_2	r_3	r_4	r_5
C_p	81.97	0.63	-0.99			
$Ha(T)$	-697290	81.970	0.315	0.990		
$Sa(T)$	-146.088	81.970	0.630	0.495		
$Ga(T)$	-697290	228.058	-81.970	-0.315	0.495	
$Ga(l)$	-616650	-427.668				

$ScBr_3$

温度范围:298 ~ 1202　　相:固

$\Delta H^{\ominus}_{f,298}$: -711280　　$S^{\ominus}_{298}$:167.360

函数	r_0	r_1	r_2	r_3	r_4	r_5
C_p	87.864	25.104				
$Ha(T)$	-738590	87.864	12.552			
$Sa(T)$	-340.738	87.864	25.104			
$Ga(T)$	-738590	428.602	-87.864	-12.552		
$Ga(l)$	-673240	-256.288				

$ScBr_3$(气)

温度范围:298 ~ 2000　　相:气

$\Delta H^{\ominus}_{f,298}$: -425100　　$S^{\ominus}_{298}$:419.4

函数	r_0	r_1	r_2	r_3	r_4	r_5
C_p	80.71	2.81	-0.55			
$Ha(T)$	-451130	80.710	1.405	0.550		
$Sa(T)$	-44.384	80.710	2.810	0.275		
$Ga(T)$	-451130	125.094	-80.710	-1.405	0.275	
$Ga(l)$	-371080	-522.818				

Sc_2O_3

温度范围:298 ~ 2500　　相:固

$\Delta H^{\ominus}_{f,298}$: -1906200　　$S^{\ominus}_{298}$:76.986

函数	r_0	r_1	r_2	r_3	r_4	r_5
C_p	96.943	23.598				
$Ha(T)$	-1936200	96.943	11.799			
$Sa(T)$	-482.392	96.943	23.598			
$Ga(T)$	-1936200	579.335	-96.943	-11.799		
$Ga(l)$	-1807200	-245.770				

ScS(气)

温度范围:298 ~ 2000　　相:气

$\Delta H^{\ominus}_{f,298}$:181200　　$S^{\ominus}_{298}$:236.7

函数	r_0	r_1	r_2	r_3	r_4	r_5
C_p	36.93	0.25	-0.31			
$Ha(T)$	169140	36.930	0.125	0.310		
$Sa(T)$	24.470	36.930	0.250	0.155		
$Ga(T)$	169140	12.460	-36.930	-0.125	0.155	
$Ga(l)$	205280	-282.845				

Sc_2S_3

温度范围:298 ~ 1000　　相:固

$\Delta H^{\ominus}_{f,298}$: -1171500　　$S^{\ominus}_{298}$:123.4

函数	r_0	r_1	r_2	r_3	r_4	r_5
C_p	102.17	36.07				
$Ha(T)$	-1203600	102.170	18.035			
$Sa(T)$	-469.478	102.170	36.070			
$Ga(T)$	-1203600	571.648	-102.170	-18.035		
$Ga(l)$	-1135800	-212.344				

ScSe(气)*

温度范围:298 ~ 2000　　相:气

$\Delta H^{\ominus}_{f,298}$:236400　　$S^{\ominus}_{298}$:***248.8***

函数	r_0	r_1	r_2	r_3	r_4	r_5
C_p	***37.28***	***0.07***	***−0.19***			
$Ha(T)$	224640	37.280	0.035	0.190		
$Sa(T)$	35.304	37.280	0.070	0.095		
$Ga(T)$	224640	1.976	−37.280	−0.035	0.095	
$Ga(l)$	260880	−295.846				

ScTe(气)*

温度范围:298 ~ 2000　　相:气

$\Delta H^{\ominus}_{f,298}$:293700　　$S^{\ominus}_{298}$:***256.9***

函数	r_0	r_1	r_2	r_3	r_4	r_5
C_p	***37.34***	***0.04***	***−0.14***			
$Ha(T)$	282100	37.340	0.020	0.140		
$Sa(T)$	43.352	37.340	0.040	0.070		
$Ga(T)$	282100	−6.012	−37.340	−0.020	0.070	
$Ga(l)$	318310	−304.249				

ScN

温度范围:298 ~ 2000　　相:固

$\Delta H^{\ominus}_{f,298}$: −313800　　$S^{\ominus}_{298}$:29.706

函数	r_0	r_1	r_2	r_3	r_4	r_5
C_p	45.815	5.439	−0.921			
$Ha(T)$	−330790	45.815	2.720	0.921		
$Sa(T)$	−238.131	45.815	5.439	0.461		
$Ga(T)$	−330790	283.946	−45.815	−2.720	0.461	
$Ga(l)$	−282520	−88.617				

Se

温度范围:298 ~ 493　　相:固(灰色)

$\Delta H^{\ominus}_{f,298}$:0　　$S^{\ominus}_{298}$:42.258

函数	r_0	r_1	r_2	r_3	r_4	r_5
C_p	17.891	25.104				
$Ha(T)$	−6450	17.891	12.552			
$Sa(T)$	−67.162	17.891	25.104			
$Ga(T)$	−6450	85.053	−17.891	−12.552		
$Ga(l)$	2436	−49.652				

温度范围:493 ~ 958　　相:液

$\Delta H^{\ominus}_{tr}$:5858　　$\Delta S^{\ominus}_{tr}$:11.882

函数	r_0	r_1	r_2	r_3	r_4	r_5
C_p	35.146					
$Ha(T)$	−6048	35.146				
$Sa(T)$	−149.894	35.146				
$Ga(T)$	−6048	185.040	−35.146			
$Ga(l)$	18740	−81.239				

Se(气)

温度范围:298 ~2000　　相:气

$\Delta H^{\ominus}_{f,298}$:235350　　$S^{\ominus}_{298}$:176.607

函数	r_0	r_1	r_2	r_3	r_4	r_5
C_p	21.464	1.506	-0.092			
$Ha(T)$	228580	21.464	0.753	0.092		
$Sa(T)$	53.347	21.464	1.506	0.046		
$Ga(T)$	228580	-31.883	-21.464	-0.753	0.046	
$Ga(l)$	250210	-205.029				

Se_2(气)(1)

温度范围:298 ~958　　相:气

$\Delta H^{\ominus}_{f,298}$:138190　　$S^{\ominus}_{298}$:246.856

函数	r_0	r_1	r_2	r_3	r_4	r_5
C_p	44.601	-2.657	-0.250			
$Ha(T)$	124170	44.601	-1.329	0.250		
$Sa(T)$	-7.877	44.601	-2.657	0.125		
$Ga(T)$	124170	52.478	-44.601	1.329	0.125	
$Ga(l)$	150020	-276.874				

温度范围:958 ~2000　　相:气

$\Delta H^{\ominus}_{tr}$:—　　$\Delta S^{\ominus}_{tr}$:—

函数	r_0	r_1	r_2	r_3	r_4	r_5
C_p	44.601	-2.657	-0.248			
$Ha(T)$	124170	44.601	-1.329	0.248		
$Sa(T)$	-7.875	44.601	-2.657	0.124		
$Ga(T)$	124170	52.476	-44.601	1.329	0.124	
$Ga(l)$	185310	-313.235				

Se_2(气)(2)

温度范围:298 ~2000　　相:气

$\Delta H^{\ominus}_{f,298}$:136700　　$S^{\ominus}_{298}$:243.6

函数	r_0	r_1	r_2	r_3	r_4	r_5
C_p	44.6	-2.66	-0.25			
$Ha(T)$	122680	44.600	-1.330	0.250		
$Sa(T)$	-11.126	44.600	-2.660	0.125		
$Ga(T)$	122680	55.726	-44.600	1.330	0.125	
$Ga(l)$	164580	-297.435				

Se_3(气)

温度范围:298 ~2000　　相:气

$\Delta H^{\ominus}_{f,298}$:176150　　$S^{\ominus}_{298}$:314.930

函数	r_0	r_1	r_2	r_3	r_4	r_5
C_p	58.145	3.038	-0.221			
$Ha(T)$	157940	58.145	1.519	0.221		
$Sa(T)$	-18.506	58.145	3.038	0.111		
$Ga(T)$	157940	76.651	-58.145	-1.519	0.111	
$Ga(l)$	215940	-391.178				

Se_4(气)

温度范围:298 ~ 2000　　相:气

$\Delta H^{\ominus}_{f,298}$:183260　　$S^{\ominus}_{298}$:379. 096

函数	r_0	r_1	r_2	r_3	r_4	r_5
C_p	83. 082	0. 033	-0. 251			
$Ha(T)$	157650	83. 082	0. 017	0. 251		
$Sa(T)$	-95. 693	83. 082	0. 033	0. 126		
$Ga(T)$	157650	178. 775	-83. 082	-0. 017	0. 126	
$Ga(l)$	238120	-484. 706				

Se_5(气)

温度范围:298 ~ 2000　　相:气

$\Delta H^{\ominus}_{f,298}$:138070　　$S^{\ominus}_{298}$:385. 250

函数	r_0	r_1	r_2	r_3	r_4	r_5
C_p	107. 926	0. 088	-0. 591			
$Ha(T)$	103910	107. 926	0. 044	0. 591		
$Sa(T)$	-233. 019	107. 926	0. 088	0. 296		
$Ga(T)$	103910	340. 945	-107. 926	-0. 044	0. 296	
$Ga(l)$	208790	-521. 145				

Se_6(气)

温度范围:298 ~ 2000　　相:气

$\Delta H^{\ominus}_{f,298}$:135140　　$S^{\ominus}_{298}$:433. 504

函数	r_0	r_1	r_2	r_3	r_4	r_5
C_p	132. 905	0. 067	-0. 593			
$Ha(T)$	93520	132. 905	0. 034	0. 593		
$Sa(T)$	-327. 091	132. 905	0. 067	0. 297		
$Ga(T)$	93520	459. 996	-132. 905	-0. 034	0. 297	
$Ga(l)$	222490	-601. 495				

Se_7(气)

温度范围:298 ~ 2000　　相:气

$\Delta H^{\ominus}_{f,298}$:141300　　$S^{\ominus}_{298}$:486. 5

函数	r_0	r_1	r_2	r_3	r_4	r_5
C_p	157. 76	0. 11	-0. 83			
$Ha(T)$	91480	157. 760	0. 055	0. 830		
$Sa(T)$	-417. 054	157. 760	0. 110	0. 415		
$Ga(T)$	91480	574. 814	-157. 760	-0. 055	0. 415	
$Ga(l)$	244740	-685. 298				

Se_8(气)

温度范围:298 ~ 2000　　相:气

$\Delta H^{\ominus}_{f,298}$:152200　　$S^{\ominus}_{298}$:531. 2

函数	r_0	r_1	r_2	r_3	r_4	r_5
C_p	182. 74	0. 09	-0. 49			
$Ha(T)$	96070	182. 740	0. 045	0. 490		
$Sa(T)$	-512. 762	182. 740	0. 090	0. 245		
$Ga(T)$	96070	695. 502	-182. 740	-0. 045	0. 245	
$Ga(l)$	272990	-763. 818				

SeF(气)

温度范围:298 ~ 2000　　相:气

$\Delta H^{\ominus}_{f,298}$: -41800　　$S^{\ominus}_{298}$:233.4

函数	r_0	r_1	r_2	r_3	r_4	r_5
C_p	36.42	0.52	-0.39			
$Ha(T)$	-53990	36.420	0.260	0.390		
$Sa(T)$	23.545	36.420	0.520	0.195		
$Ga(T)$	-53990	12.875	-36.420	-0.260	0.195	
$Ga(l)$	-18100	-278.716				

SeF_2(气)

温度范围:298 ~ 2000　　相:气

$\Delta H^{\ominus}_{f,298}$: -312500　　$S^{\ominus}_{298}$:269.7

函数	r_0	r_1	r_2	r_3	r_4	r_5
C_p	56.71	0.78	-0.82			
$Ha(T)$	-332190	56.710	0.390	0.820		
$Sa(T)$	-58.256	56.710	0.780	0.410		
$Ga(T)$	-332190	114.966	-56.710	-0.390	0.410	
$Ga(l)$	-276060	-339.166				

SeF_3

温度范围:298 ~ 1500　　相:固

$\Delta H^{\ominus}_{f,298}$: -1535500　　$S^{\ominus}_{298}$:104.600

函数	r_0	r_1	r_2	r_3	r_4	r_5
C_p	72.383	44.350				
$Ha(T)$	-1559100	72.383	22.175			
$Sa(T)$	-321.032	72.383	44.350			
$Ga(T)$	-1559100	393.415	-72.383	-22.175		
$Ga(l)$	-1487100	-207.536				

温度范围:1500 ~ 1800　　相:液

$\Delta H^{\ominus}_{tr}$:50210　　$\Delta S^{\ominus}_{tr}$:33.473

函数	r_0	r_1	r_2	r_3	r_4	r_5
C_p	131.796					
$Ha(T)$	-1548100	131.796				
$Sa(T)$	-655.534	131.796				
$Ga(T)$	-1548100	787.330	-131.796			
$Ga(l)$	-1331100	-320.752				

温度范围:1800 ~ 2500　　相:气

$\Delta H^{\ominus}_{tr}$:230120　　$\Delta S^{\ominus}_{tr}$:127.844

函数	r_0	r_1	r_2	r_3	r_4	r_5
C_p	83.680					
$Ha(T)$	-1231300	83.680				
$Sa(T)$	-167.034	83.680				
$Ga(T)$	-1231300	250.714	-83.680			
$Ga(l)$	-1052700	-474.839				

SeF_4(气)

温度范围:298 ~ 2000 相:气

$\Delta H^{\ominus}_{f,298}$: -811700 $S^{\ominus}_{298}$:296. 436

函数	r_0	r_1	r_2	r_3	r_4	r_5
C_p	101. 044	3. 682	-2. 753			
$Ha(T)$	-851220	101. 044	1. 841	2. 753		
$Sa(T)$	-295. 855	101. 044	3. 682	1. 377		
$Ga(T)$	-851220	396. 899	-101. 044	-1. 841	1. 377	
$Ga(l)$	-748360	-415. 655				

SeF_5(气)

温度范围:298 ~ 2000 相:气

$\Delta H^{\ominus}_{f,298}$: -940600 $S^{\ominus}_{298}$:322. 2

函数	r_0	r_1	r_2	r_3	r_4	r_5
C_p	127. 67	2. 81	-2. 94			
$Ha(T)$	-988650	127. 670	1. 405	2. 940		
$Sa(T)$	-422. 587	127. 670	2. 810	1. 470		
$Ga(T)$	-988650	550. 257	-127. 670	-1. 405	1. 470	
$Ga(l)$	-860340	-473. 978				

SeF_6(气)

温度范围:298 ~ 2000 相:气

$\Delta H^{\ominus}_{f,298}$: -1117100 $S^{\ominus}_{298}$:313. 800

函数	r_0	r_1	r_2	r_3	r_4	r_5
C_p	145. 854	8. 201	-3. 402			
$Ha(T)$	-1172400	145. 854	4. 101	3. 402		
$Sa(T)$	-538. 798	145. 854	8. 201	1. 701		
$Ga(T)$	-1172400	684. 652	-145. 854	-4. 101	1. 701	
$Ga(l)$	-1023000	-491. 224				

SeCl

温度范围:298 ~ 403 相:液

$\Delta H^{\ominus}_{f,298}$: -46440 $S^{\ominus}_{298}$:125. 520

函数	r_0	r_1	r_2	r_3	r_4	r_5
C_p	64. 852					
$Ha(T)$	-65780	64. 852				
$Sa(T)$	-243. 981	64. 852				
$Ga(T)$	-65780	308. 833	-64. 852			
$Ga(l)$	-43180	-135. 878				

温度范围:403 ~ 2500 相:气

$\Delta H^{\ominus}_{tr}$:38070 $\Delta S^{\ominus}_{tr}$:94. 466

函数	r_0	r_1	r_2	r_3	r_4	r_5
C_p	37. 656					
$Ha(T)$	-16750	37. 656				
$Sa(T)$	13. 633	37. 656				
$Ga(T)$	-16750	24. 023	-37. 656			
$Ga(l)$	29610	-285. 540				

$SeCl_2$(气)

温度范围:298 ~2000　　相:气

$\Delta H^{\ominus}_{f,298}$: -33470　　$S^{\ominus}_{298}$:295.600

函数	r_0	r_1	r_2	r_3	r_4	r_5
C_p	57.948	0.134	-0.395			
$Ha(T)$	-52080	57.948	0.067	0.395		
$Sa(T)$	-36.826	57.948	0.134	0.198		
$Ga(T)$	-52080	94.774	-57.948	-0.067	0.198	
$Ga(l)$	4380	-368.248				

$SeCl_4$

温度范围:298 ~578　　相:固

$\Delta H^{\ominus}_{f,298}$: -188700　　$S^{\ominus}_{298}$:194.556

函数	r_0	r_1	r_2	r_3	r_4	r_5
C_p	133.888					
$Ha(T)$	-228620	133.888				
$Sa(T)$	-568.284	133.888				
$Ga(T)$	-228620	702.172	-133.888			
$Ga(l)$	-171590	-244.678				

Se_2Cl_2(气)

温度范围:298 ~2000　　相:气

$\Delta H^{\ominus}_{f,298}$: -21800　　$S^{\ominus}_{298}$:353.9

函数	r_0	r_1	r_2	r_3	r_4	r_5
C_p	82.38	1.57	-0.45			
$Ha(T)$	-47940	82.380	0.785	0.450		
$Sa(T)$	-118.467	82.380	1.570	0.225		
$Ga(T)$	-47940	200.847	-82.380	-0.785	0.225	
$Ga(l)$	32930	-458.913				

$SeBr_2$(气)

温度范围:298 ~2000　　相:气

$\Delta H^{\ominus}_{f,298}$: -20920　　$S^{\ominus}_{298}$:316.980

函数	r_0	r_1	r_2	r_3	r_4	r_5
C_p	58.116	0.046	-0.241			
$Ha(T)$	-39060	58.116	0.023	0.241		
$Sa(T)$	-15.511	58.116	0.046	0.121		
$Ga(T)$	-39060	73.627	-58.116	-0.023	0.121	
$Ga(l)$	17320	-390.545				

Se_2Br_2(气)

温度范围:298 ~2000　　相:气

$\Delta H^{\ominus}_{f,298}$:29300　　$S^{\ominus}_{298}$:378.1

函数	r_0	r_1	r_2	r_3	r_4	r_5
C_p	82.43	1.83	-0.29			
$Ha(T)$	3669	82.430	0.915	0.290		
$Sa(T)$	-93.730	82.430	1.830	0.145		
$Ga(T)$	3669	176.160	-82.430	-0.915	0.145	
$Ga(l)$	84530	-484.204				

SeO(气)

温度范围:298 ~ 2000　　相:气

$\Delta H^{\ominus}_{f,298}$:62340　　$S^{\ominus}_{298}$:233.886

函数	r_0	r_1	r_2	r_3	r_4	r_5
C_p	34.936	1.506	-0.368			
$Ha(T)$	50620	34.936	0.753	0.368		
$Sa(T)$	32.316	34.936	1.506	0.184		
$Ga(T)$	50620	2.620	-34.936	-0.753	0.184	
$Ga(l)$	85590	-278.244				

SeO_2

温度范围:298 ~ 600.761　　相:固

$\Delta H^{\ominus}_{f,298}$: -225100　　$S^{\ominus}_{298}$:66.693

函数	r_0	r_1	r_2	r_3	r_4	r_5
C_p	69.580	3.891	-1.105			
$Ha(T)$	-249720	69.580	1.946	1.105		
$Sa(T)$	-337.121	69.580	3.891	0.553		
$Ga(T)$	-249720	406.701	-69.580	-1.946	0.553	
$Ga(l)$	-216430	-91.753				

温度范围:600.761 ~ 2000　　相:气

$\Delta H^{\ominus}_{tr}$:112170　　$\Delta S^{\ominus}_{tr}$:186.713

函数	r_0	r_1	r_2	r_3	r_4	r_5
C_p	52.844	3.088	-0.990			
$Ha(T)$	-127160	52.844	1.544	0.990		
$Sa(T)$	-42.686	52.844	3.088	0.495		
$Ga(T)$	-127160	95.530	-52.844	-1.544	0.495	
$Ga(l)$	-60750	-338.964				

SeO_2(气)

温度范围:298 ~ 2000　　相:气

$\Delta H^{\ominus}_{f,298}$: -107800　　$S^{\ominus}_{298}$:265

函数	r_0	r_1	r_2	r_3	r_4	r_5
C_p	52.84	3.09	-0.99			
$Ha(T)$	-127010	52.840	1.545	0.990		
$Sa(T)$	-42.551	52.840	3.090	0.495		
$Ga(T)$	-127010	95.391	-52.840	-1.545	0.495	
$Ga(l)$	-73150	-330.599				

SeO_3

温度范围:298 ~ 394　　相:固

$\Delta H^{\ominus}_{f,298}$: -170300　　$S^{\ominus}_{298}$:96.2

函数	r_0	r_1	r_2	r_3	r_4	r_5
C_p	14.6	205.02				
$Ha(T)$	-183770	14.600	102.510			
$Sa(T)$	-48.112	14.600	205.020			
$Ga(T)$	-183770	62.712	-14.600	-102.510		
$Ga(l)$	-166540	-108.169				

Se_2O_5

温度范围:298 ~ 497　　相:固

$\Delta H^{\ominus}_{f,298}$: -413400　　$S^{\ominus}_{298}$:159

函数	r_0	r_1	r_2	r_3	r_4	r_5
C_p	141	42.68	-2.34			
$Ha(T)$	-465180	141.000	21.340	2.340		
$Sa(T)$	-670.248	141.000	42.680	1.170		
$Ga(T)$	-465180	811.248	-141.000	-21.340	1.170	
$Ga(l)$	-400700	-197.458				

Si

温度范围:298 ~ 1685　　相:固

$\Delta H^{\ominus}_{f,298}$:0　　$S^{\ominus}_{298}$:18.828

函数	r_0	r_1	r_2	r_3	r_4	r_5
C_p	22.803	3.849	-0.352			
$Ha(T)$	-8150	22.803	1.925	0.352		
$Sa(T)$	-114.222	22.803	3.849	0.176		
$Ga(T)$	-8150	137.025	-22.803	-1.925	0.176	
$Ga(l)$	13320	-45.921				

温度范围:1685 ~ 3492　　相:液

$\Delta H^{\ominus}_{tr}$:50210　　$\Delta S^{\ominus}_{tr}$:29.798

函数	r_0	r_1	r_2	r_3	r_4	r_5
C_p	27.196					
$Ha(T)$	40330	27.196				
$Sa(T)$	-110.514	27.196				
$Ga(T)$	40330	137.710	-27.196			
$Ga(l)$	108400	-102.874				

Si(气)

温度范围:298 ~ 3000　　相:气

$\Delta H^{\ominus}_{f,298}$:450620　　$S^{\ominus}_{298}$:167.862

函数	r_0	r_1	r_2	r_3	r_4	r_5
C_p	19.790	1.004	0.201			
$Ha(T)$	445350	19.790	0.502	-0.201		
$Sa(T)$	55.938	19.790	1.004	-0.101		
$Ga(T)$	445350	-36.148	-19.790	-0.502	-0.101	
$Ga(l)$	472260	-202.538				

Si_3(气)

温度范围:298 ~ 3000　　相:气

$\Delta H^{\ominus}_{f,298}$:635970　　$S^{\ominus}_{298}$:267.776

函数	r_0	r_1	r_2	r_3	r_4	r_5
C_p	60.166	1.590	-0.485			
$Ha(T)$	616330	60.166	0.795	0.485		
$Sa(T)$	-78.228	60.166	1.590	0.243		
$Ga(T)$	616330	138.394	-60.166	-0.795	0.243	
$Ga(l)$	697680	-365.426				

SiH(气)(1)

温度范围:298 ~ 700　　相:气

$\Delta H^{\ominus}_{f,298}$:376560　　$S^{\ominus}_{298}$:197. 928

函数	r_0	r_1	r_2	r_3	r_4	r_5
C_p	28. 326	4. 841				
$Ha(T)$	367900	28. 326	2. 421			
$Sa(T)$	35. 095	28. 326	4. 841			
$Ga(T)$	367900	-6. 769	-28. 326	-2. 421		
$Ga(l)$	381980	-213. 017				

温度范围:700 ~ 2000　　相:气

$\Delta H^{\ominus}_{tr}$:—　　$\Delta S^{\ominus}_{tr}$:—

函数	r_0	r_1	r_2	r_3	r_4	r_5
C_p	30. 301	3. 653				
$Ha(T)$	366810	30. 301	1. 827			
$Sa(T)$	22. 988	30. 301	3. 653			
$Ga(T)$	366810	7. 313	-30. 301	-1. 827		
$Ga(l)$	408170	-245. 584				

SiH(气)(2)

温度范围:298 ~ 2000　　相:气

$\Delta H^{\ominus}_{f,298}$:376700　　$S^{\ominus}_{298}$:198

函数	r_0	r_1	r_2	r_3	r_4	r_5
C_p	29. 51	4. 21	-0. 13			
$Ha(T)$	367280	29. 510	2. 105	0. 130		
$Sa(T)$	27. 877	29. 510	4. 210	0. 065		
$Ga(T)$	367280	1. 633	-29. 510	-2. 105	0. 065	
$Ga(l)$	398180	-238. 878				

SiH_4(气)

温度范围:298 ~ 1200　　相:气

$\Delta H^{\ominus}_{f,298}$:30540　　$S^{\ominus}_{298}$:204. 137

函数	r_0	r_1	r_2	r_3	r_4	r_5
C_p	13. 849	111. 002	-0. 046	-40. 292		
$Ha(T)$	21680	13. 849	55. 501	0. 046	-13. 431	
$Sa(T)$	93. 668	13. 849	111. 002	0. 023	-20. 146	
$Ga(T)$	21680	-79. 819	-13. 849	-55. 501	0. 023	6. 715
$Ga(l)$	53210	-255. 863				

温度范围:1200 ~ 2000　　相:气

$\Delta H^{\ominus}_{tr}$:—　　$\Delta S^{\ominus}_{tr}$:—

函数	r_0	r_1	r_2	r_3	r_4	r_5
C_p	75. 438	12. 845				
$Ha(T)$	-4725	75. 438	6. 423			
$Sa(T)$	-254. 209	75. 438	12. 845			
$Ga(T)$	-4725	329. 647	-75. 438	-6. 423		
$Ga(l)$	130050	-322. 431				

Si_2H_6

温度范围:298 ~ 1300　　相:固

$\Delta H^{\ominus}_{f,298}$:79910　　$S^{\ominus}_{298}$:274. 261

函数	r_0	r_1	r_2	r_3	r_4	r_5
C_p	53. 932	136. 398	-1. 033	-44. 769		
$Ha(T)$	54700	53. 932	68. 199	1. 033	-14. 923	
$Sa(T)$	-77. 509	53. 932	136. 398	0. 517	-22. 385	
$Ga(T)$	54700	131. 441	-53. 932	-68. 199	0. 517	7. 462
$Ga(l)$	125430	-375. 266				

Si_2H_6(气)

温度范围:298 ~ 1000　　相:气

$\Delta H^{\ominus}_{f,298}$:80300　　$S^{\ominus}_{298}$:274. 4

函数	r_0	r_1	r_2	r_3	r_4	r_5
C_p	53. 93	136. 4	-1. 03	-44. 77		
$Ha(T)$	55100	53. 930	68. 200	1. 030	-14. 923	
$Sa(T)$	-77. 343	53. 930	136. 400	0. 515	-22. 385	
$Ga(T)$	55100	131. 273	-53. 930	-68. 200	0. 515	7. 462
$Ga(l)$	111200	-350. 243				

$SiHCl_3$(气)

温度范围:298 ~ 1685　　相:气

$\Delta H^{\ominus}_{f,298}$: -496200　　$S^{\ominus}_{298}$:313. 7

函数	r_0	r_1	r_2	r_3	r_4	r_5
C_p	85. 72	21. 41	-0. 15	-5. 75		
$Ha(T)$	-523160	85. 720	10. 705	0. 150	-1. 917	
$Sa(T)$	-181. 670	85. 720	21. 410	0. 075	-2. 875	
$Ga(T)$	-523160	267. 390	-85. 720	-10. 705	0. 075	0. 958
$Ga(l)$	-442860	-423. 239				

SiH_2Cl_2(气)

温度范围:298 ~ 1685　　相:气

$\Delta H^{\ominus}_{f,298}$: -320500　　$S^{\ominus}_{298}$:286. 7

函数	r_0	r_1	r_2	r_3	r_4	r_5
C_p	77. 21	23	-1. 98	-4. 57		
$Ha(T)$	-351140	77. 210	11. 500	1. 980	-1. 523	
$Sa(T)$	-171. 003	77. 210	23. 000	0. 990	-2. 285	
$Ga(T)$	-351140	248. 213	-77. 210	-11. 500	0. 990	0. 762
$Ga(l)$	-274590	-379. 237				

SiH_3Cl(气)

温度范围:298 ~ 1685　　相:气

$\Delta H^{\ominus}_{f,298}$: -141800　　$S^{\ominus}_{298}$:250. 8

函数	r_0	r_1	r_2	r_3	r_4	r_5
C_p	63. 47	33. 23	-2. 03	-6. 6		
$Ha(T)$	-168950	63. 470	16. 615	2. 030	-2. 200	
$Sa(T)$	-131. 859	63. 470	33. 230	1. 015	-3. 300	
$Ga(T)$	-168950	195. 329	-63. 470	-16. 615	1. 015	1. 100
$Ga(l)$	-100420	-333. 429				

SiF(气)

温度范围:298 ~ 2000　　相:气

$\Delta H^{\ominus}_{f,298}$: -4184　　$S^{\ominus}_{298}$:225.685

函数	r_0	r_1	r_2	r_3	r_4	r_5
C_p	35.982	1.046	-0.343			
$Ha(T)$	-16110	35.982	0.523	0.343		
$Sa(T)$	18.433	35.982	1.046	0.172		
$Ga(T)$	-16110	17.549	-35.982	-0.523	0.172	
$Ga(l)$	19590	-271.122				

SiF_2(气)

温度范围:298 ~ 2000　　相:气

$\Delta H^{\ominus}_{f,298}$: -615050　　$S^{\ominus}_{298}$:256.479

函数	r_0	r_1	r_2	r_3	r_4	r_5
C_p	54.727	1.883	-0.996			
$Ha(T)$	-634790	54.727	0.942	0.996		
$Sa(T)$	-61.497	54.727	1.883	0.498		
$Ga(T)$	-634790	116.224	-54.727	-0.942	0.498	
$Ga(l)$	-579750	-323.448				

SiF_3(气)

温度范围:298 ~ 2000　　相:气

$\Delta H^{\ominus}_{f,298}$: -1119200　　$S^{\ominus}_{298}$:280.161

函数	r_0	r_1	r_2	r_3	r_4	r_5
C_p	78.743	2.218	-1.577			
$Ha(T)$	-1148100	78.743	1.109	1.577		
$Sa(T)$	-178.016	78.743	2.218	0.789		
$Ga(T)$	-1148100	256.759	-78.743	-1.109	0.789	
$Ga(l)$	-1069000	-375.375				

SiF_4(气)

温度范围:298 ~ 2000　　相:气

$\Delta H^{\ominus}_{f,298}$: -1614900　　$S^{\ominus}_{298}$:282.127

函数	r_0	r_1	r_2	r_3	r_4	r_5
C_p	88.366	21.589	-1.887	-6.276		
$Ha(T)$	-1648500	88.366	10.795	1.887	-2.092	
$Sa(T)$	-238.118	88.366	21.589	0.944	-3.138	
$Ga(T)$	-1648500	326.484	-88.366	-10.795	0.944	1.046
$Ga(l)$	-1552100	-400.320				

SiCl(气)

温度范围:298 ~ 2000　　相:气

$\Delta H^{\ominus}_{f,298}$:191210　　$S^{\ominus}_{298}$:237.735

函数	r_0	r_1	r_2	r_3	r_4	r_5
C_p	37.196	0.502	-0.142			
$Ha(T)$	179620	37.196	0.251	0.142		
$Sa(T)$	24.859	37.196	0.502	0.071		
$Ga(T)$	179620	12.337	-37.196	-0.251	0.071	
$Ga(l)$	215950	-285.282				

$SiCl_2$(气)

温度范围:298 ~ 2200　　相:气

$\Delta H^{\ominus}_{f,298}$: −164430　　$S^{\ominus}_{298}$:281.834

函数	r_0	r_1	r_2	r_3	r_4	r_5
C_p	57.572	0.377	−0.565			
$Ha(T)$	−183510	57.572	0.189	0.565		
$Sa(T)$	−49.478	57.572	0.377	0.283		
$Ga(T)$	−183510	107.050	−57.572	−0.189	0.283	
$Ga(l)$	−122980	−357.906				

$SiCl_3$(气)(1)

温度范围:298 ~ 700　　相:气

$\Delta H^{\ominus}_{f,298}$: −401660　　$S^{\ominus}_{298}$:318.695

函数	r_0	r_1	r_2	r_3	r_4	r_5
C_p	65.354	22.878				
$Ha(T)$	−422160	65.354	11.439			
$Sa(T)$	−60.487	65.354	22.878			
$Ga(T)$	−422160	125.841	−65.354	−11.439		
$Ga(l)$	−388290	−355.859				

温度范围:700 ~ 2000　　相:气

$\Delta H^{\ominus}_{tr}$:—　　$\Delta S^{\ominus}_{tr}$:—

函数	r_0	r_1	r_2	r_3	r_4	r_5
C_p	79.730	1.707				
$Ha(T)$	−427040	79.730	0.854			
$Sa(T)$	−139.845	79.730	1.707			
$Ga(T)$	−427040	219.575	−79.730	−0.854		
$Ga(l)$	−324860	−435.193				

$SiCl_3$(气)(2)

温度范围:298 ~ 2000　　相:气

$\Delta H^{\ominus}_{f,298}$: −390400　　$S^{\ominus}_{298}$:318.2

函数	r_0	r_1	r_2	r_3	r_4	r_5
C_p	81.39	1.05	−0.98			
$Ha(T)$	−418000	81.390	0.525	0.980		
$Sa(T)$	−151.353	81.390	1.050	0.490		
$Ga(T)$	−418000	232.743	−81.390	−0.525	0.490	
$Ga(l)$	−337710	−418.830				

$SiCl_4$

温度范围:298 ~ 334.29　　相:液

$\Delta H^{\ominus}_{f,298}$: −687640　　$S^{\ominus}_{298}$:239.743

函数	r_0	r_1	r_2	r_3	r_4	r_5
C_p	146.440					
$Ha(T)$	−731300	146.440				
$Sa(T)$	−594.613	146.440				
$Ga(T)$	−731300	741.053	−146.440			
$Ga(l)$	−685050	−248.255				

温度范围:334.29～2000 相:气

$\Delta H^{\ominus}_{tr}$:28370 $\Delta S^{\ominus}_{tr}$:84.866

函数	r_0	r_1	r_2	r_3	r_4	r_5
C_p	101.462	6.862	-1.151			
$Ha(T)$	-691720	101.462	3.431	1.151		
$Sa(T)$	-255.778	101.462	6.862	0.576		
$Ga(T)$	-691720	357.240	-101.462	-3.431	0.576	
$Ga(l)$	-585580	-463.546				

$SiBr_2$(气)

温度范围:298～2000 相:气

$\Delta H^{\ominus}_{f,298}$: -52300 $S^{\ominus}_{298}$:305.2

函数	r_0	r_1	r_2	r_3	r_4	r_5
C_p	57.85	0.21	-0.38			
$Ha(T)$	-70830	57.850	0.105	0.380		
$Sa(T)$	-26.606	57.850	0.210	0.190		
$Ga(T)$	-70830	84.456	-57.850	-0.105	0.190	
$Ga(l)$	-14450	-377.862				

$SiBr_3$(气)

温度范围:298～2000 相:气

$\Delta H^{\ominus}_{f,298}$: -201700 $S^{\ominus}_{298}$:351.8

函数	r_0	r_1	r_2	r_3	r_4	r_5
C_p	82.35	0.46	-0.7			
$Ha(T)$	-228620	82.350	0.230	0.700		
$Sa(T)$	-121.472	82.350	0.460	0.350		
$Ga(T)$	-228620	203.822	-82.350	-0.230	0.350	
$Ga(l)$	-148070	-454.572				

$SiBr_4$

温度范围:298～426 相:液

$\Delta H^{\ominus}_{f,298}$: -461500 $S^{\ominus}_{298}$:278.085

函数	r_0	r_1	r_2	r_3	r_4	r_5
C_p	148.532					
$Ha(T)$	-505780	148.532				
$Sa(T)$	-568.190	148.532				
$Ga(T)$	-505780	716.722	-148.532			
$Ga(l)$	-452450	-306.466				

温度范围:426～1200 相:气

$\Delta H^{\ominus}_{tr}$:34900 $\Delta S^{\ominus}_{tr}$:81.925

函数	r_0	r_1	r_2	r_3	r_4	r_5
C_p	122.131	2.678	-0.812			
$Ha(T)$	-461790	122.131	1.339	0.812		
$Sa(T)$	-329.800	122.131	2.678	0.406		
$Ga(T)$	-461790	451.931	-122.131	-1.339	0.406	
$Ga(l)$	-366760	-488.544				

$SiBr_4$(气)

温度范围:298 ~ 2000 相:气

$\Delta H^{\ominus}_{f,298}$: -415500 $S^{\ominus}_{298}$:379.4

函数	r_0	r_1	r_2	r_3	r_4	r_5
C_p	106.95	0.67	-0.9			
$Ha(T)$	-450440	106.950	0.335	0.900		
$Sa(T)$	-235.220	106.950	0.670	0.450		
$Ga(T)$	-450440	342.170	-106.950	-0.335	0.450	
$Ga(l)$	-345800	-512.980				

SiI_2(气)

温度范围:298 ~ 2000 相:气

$\Delta H^{\ominus}_{f,298}$:92500 $S^{\ominus}_{298}$:321

函数	r_0	r_1	r_2	r_3	r_4	r_5
C_p	57.95	0.16	-0.3			
$Ha(T)$	74210	57.950	0.080	0.300		
$Sa(T)$	-10.911	57.950	0.160	0.150		
$Ga(T)$	74210	68.861	-57.950	-0.080	0.150	
$Ga(l)$	130570	-394.151				

SiI_3(气)

温度范围:298 ~ 2000 相:气

$\Delta H^{\ominus}_{f,298}$:35300 $S^{\ominus}_{298}$:378.3

函数	r_0	r_1	r_2	r_3	r_4	r_5
C_p	82.74	0.24	-0.5			
$Ha(T)$	8943	82.740	0.120	0.500		
$Sa(T)$	-96.003	82.740	0.240	0.250		
$Ga(T)$	8943	178.743	-82.740	-0.120	0.250	
$Ga(l)$	89500	-482.393				

SiI_4

温度范围:298 ~ 395 相:固

$\Delta H^{\ominus}_{f,298}$: -199160 $S^{\ominus}_{298}$:265.433

函数	r_0	r_1	r_2	r_3	r_4	r_5
C_p	142.256					
$Ha(T)$	-241570	142.256				
$Sa(T)$	-545.084	142.256				
$Ga(T)$	-241570	687.340	-142.256			
$Ga(l)$	-192530	-286.550				

温度范围:395 ~ 574 相:液

$\Delta H^{\ominus}_{tr}$:14640 $\Delta S^{\ominus}_{tr}$:37.063

函数	r_0	r_1	r_2	r_3	r_4	r_5
C_p	150.624					
$Ha(T)$	-230240	150.624				
$Sa(T)$	-558.052	150.624				
$Ga(T)$	-230240	708.676	-150.624			
$Ga(l)$	-157930	-372.755				

温度范围:574 ~ 1000　　相:气

$\Delta H_{tr}^{\ominus}$:47330　　$\Delta S_{tr}^{\ominus}$:82.456

函数	r_0	r_1	r_2	r_3	r_4	r_5
C_p	106.985	1.004	-0.603			
$Ha(T)$	-159080	106.985	0.502	0.603		
$Sa(T)$	-199.865	106.985	1.004	0.302		
$Ga(T)$	-159080	306.850	-106.985	-0.502	0.302	
$Ga(l)$	-75450	-514.037				

SiI_4(气)

温度范围:298 ~ 2000　　相:气

$\Delta H_{f,298}^{\ominus}$: -110500　　$S_{298}^{\ominus}$:416.5

函数	r_0	r_1	r_2	r_3	r_4	r_5
C_p	107.5	0.37	-0.62			
$Ha(T)$	-144650	107.500	0.185	0.620		
$Sa(T)$	-199.589	107.500	0.370	0.310		
$Ga(T)$	-144650	307.089	-107.500	-0.185	0.310	
$Ga(l)$	-39990	-551.941				

SiO(气)

温度范围:298 ~ 2000　　相:气

$\Delta H_{f,298}^{\ominus}$: -100420　　$S_{298}^{\ominus}$:211.459

函数	r_0	r_1	r_2	r_3	r_4	r_5
C_p	29.790	8.242	-0.205	-2.259		
$Ha(T)$	-110340	29.790	4.121	0.205	-0.753	
$Sa(T)$	38.218	29.790	8.242	0.103	-1.130	
$Ga(T)$	-110340	-8.428	-29.790	-4.121	0.103	0.377
$Ga(l)$	-77920	-254.197				

SiO_2(方石英)(1)

温度范围:298 ~ 543　　相:固(α)

$\Delta H_{f,298}^{\ominus}$: -908350　　$S_{298}^{\ominus}$:43.388

函数	r_0	r_1	r_2	r_3	r_4	r_5
C_p	46.903	31.464	-1.008			
$Ha(T)$	-927110	46.903	15.732	1.008		
$Sa(T)$	-238.897	46.903	31.464	0.504		
$Ga(T)$	-927110	285.800	-46.903	-15.732	0.504	
$Ga(l)$	-902640	-60.302				

温度范围:543 ~ 1996　　相:固(β)

$\Delta H_{tr}^{\ominus}$:1339　　$\Delta S_{tr}^{\ominus}$:2.466

函数	r_0	r_1	r_2	r_3	r_4	r_5
C_p	71.630	1.883	-3.904			
$Ha(T)$	-940170	71.630	0.942	3.904		
$Sa(T)$	-380.988	71.630	1.883	1.952		
$Ga(T)$	-940170	452.618	-71.630	-0.942	1.952	
$Ga(l)$	-852560	-132.287				

温度范围:1996 ~3000　相:液

$\Delta H_{tr}^{\ominus}$:9581　$\Delta S_{tr}^{\ominus}$:4. 800

函数	r_0	r_1	r_2	r_3	r_4	r_5
C_p	85. 772					
$Ha(T)$	-953110	85. 772				
$Sa(T)$	-479. 403	85. 772				
$Ga(T)$	-953110	565. 175	-85. 772			
$Ga(l)$	-741170	-191. 264				

SiO_2(方石英)(2)

温度范围:298 ~543　相:固(α)

$\Delta H_{f,298}^{\ominus}$: -908300　$S_{298}^{\ominus}$:43. 4

函数	r_0	r_1	r_2	r_3	r_4	r_5
C_p	46. 9	31. 51	-1. 01			
$Ha(T)$	-927070	46. 900	15. 755	1. 010		
$Sa(T)$	-238. 893	46. 900	31. 510	0. 505		
$Ga(T)$	-927070	285. 793	-46. 900	-15. 755	0. 505	
$Ga(l)$	-902590	-60. 311				

温度范围:543 ~1079　相:固(β)

$\Delta H_{tr}^{\ominus}$:1300　$\Delta S_{tr}^{\ominus}$:2. 394

函数	r_0	r_1	r_2	r_3	r_4	r_5
C_p	71. 63	1. 88	-3. 91			
$Ha(T)$	-940170	71. 630	0. 940	3. 910		
$Sa(T)$	-381. 055	71. 630	1. 880	1. 955		
$Ga(T)$	-940170	452. 685	-71. 630	-0. 940	1. 955	
$Ga(l)$	-878120	-102. 649				

温度范围:1079 ~2001　相:固(γ)

$\Delta H_{tr}^{\ominus}$:2000　$\Delta S_{tr}^{\ominus}$:1. 854

函数	r_0	r_1	r_2	r_3	r_4	r_5
C_p	71. 63	1. 88	-3. 91			
$Ha(T)$	-938170	71. 630	0. 940	3. 910		
$Sa(T)$	-379. 201	71. 630	1. 880	1. 955		
$Ga(T)$	-938170	450. 831	-71. 630	-0. 940	1. 955	
$Ga(l)$	-825720	-149. 641				

SiO_2(玻璃)

温度范围:298 ~2000　相:固

$\Delta H_{f,298}^{\ominus}$: -847260　$S_{298}^{\ominus}$:46. 861

函数	r_0	r_1	r_2	r_3	r_4	r_5
C_p	55. 982	15. 397	-1. 481			
$Ha(T)$	-869600	55. 982	7. 699	1. 481		
$Sa(T)$	-285. 023	55. 982	15. 397	0. 741		
$Ga(T)$	-869600	341. 005	-55. 982	-7. 699	0. 741	
$Ga(l)$	-805460	-124. 502				

SiO_2(石英)(1)

温度范围:298 ~ 847　　相:固(α)

$\Delta H^{\ominus}_{f,298}$: -910860　　$S^{\ominus}_{298}$:41.463

函数	r_0	r_1	r_2	r_3	r_4	r_5
C_p	43.890	38.786	-0.967			
$Ha(T)$	-928910	43.890	19.393	0.967		
$Sa(T)$	-225.608	43.890	38.786	0.484		
$Ga(T)$	-928910	269.498	-43.890	-19.393	0.484	
$Ga(l)$	-897600	-75.964				

温度范围:847 ~ 1696　　相:固(β)

$\Delta H^{\ominus}_{tr}$:711　　$\Delta S^{\ominus}_{tr}$:0.839

函数	r_0	r_1	r_2	r_3	r_4	r_5
C_p	58.911	10.042				
$Ha(T)$	-929470	58.911	5.021			
$Sa(T)$	-301.015	58.911	10.042			
$Ga(T)$	-929470	359.926	-58.911	-5.021		
$Ga(l)$	-849010	-132.173				

SiO_2(石英)(2)

温度范围:298 ~ 847　　相:固(α)

$\Delta H^{\ominus}_{f,298}$: -910900　　$S^{\ominus}_{298}$:41.5

函数	r_0	r_1	r_2	r_3	r_4	r_5
C_p	40.5	44.6	-0.83			
$Ha(T)$	-927740	40.500	22.300	0.830		
$Sa(T)$	-207.219	40.500	44.600	0.415		
$Ga(T)$	-927740	247.719	-40.500	-22.300	0.415	
$Ga(l)$	-897640	-75.995				

温度范围:847 ~ 1823　　相:固(β)

$\Delta H^{\ominus}_{tr}$:700　　$\Delta S^{\ominus}_{tr}$:0.826

函数	r_0	r_1	r_2	r_3	r_4	r_5
C_p	67.59	2.58	-0.14			
$Ha(T)$	-934100	67.590	1.290	0.140		
$Sa(T)$	-352.953	67.590	2.580	0.070		
$Ga(T)$	-934100	420.543	-67.590	-1.290	0.070	
$Ga(l)$	-844840	-136.026				

SiO_2(鳞石英)

温度范围:298 ~ 390　　相:固(α)

$\Delta H^{\ominus}_{f,298}$: -876130　　$S^{\ominus}_{298}$:42.760

函数	r_0	r_1	r_2	r_3	r_4	r_5
C_p	13.682	103.763				
$Ha(T)$	-884820	13.682	51.882			
$Sa(T)$	-66.131	13.682	103.763			
$Ga(T)$	-884820	79.813	-13.682	-51.882		
$Ga(l)$	-874030	-49.439				

温度范围:390 ~ 1953　　相:固(β)

$\Delta H^{\ominus}_{tr}$:167　　$\Delta S^{\ominus}_{tr}$:0.428

函数	r_0	r_1	r_2	r_3	r_4	r_5
C_p	57.070	11.046				
$Ha(T)$	−894520	57.070	5.523			
$Sa(T)$	−288.403	57.070	11.046			
$Ga(T)$	−894520	345.473	−57.070	−5.523		
$Ga(l)$	−829740	−124.963				

$SiOF_2$(气)

温度范围:298 ~ 2000　　相:气

$\Delta H^{\ominus}_{f,298}$: −966500　　$S^{\ominus}_{298}$:271.165

函数	r_0	r_1	r_2	r_3	r_4	r_5
C_p	64.224	20.209	−1.464	−5.774		
$Ha(T)$	−991410	64.224	10.105	1.464	−1.925	
$Sa(T)$	−108.761	64.224	20.209	0.732	−2.887	
$Ga(T)$	−991410	172.985	−64.224	−10.105	0.732	0.962
$Ga(l)$	−919340	−359.612				

SiS(气)

温度范围:298 ~ 2000　　相:气

$\Delta H^{\ominus}_{f,298}$:122090　　$S^{\ominus}_{298}$:223.551

函数	r_0	r_1	r_2	r_3	r_4	r_5
C_p	36.401	0.711	−0.402			
$Ha(T)$	109860	36.401	0.356	0.402		
$Sa(T)$	13.680	36.401	0.711	0.201		
$Ca(T)$	109860	22.721	−36.401	−0.356	0.201	
$Ga(l)$	145850	−268.945				

SiS_2

温度范围:298 ~ 1363　　相:固

$\Delta H^{\ominus}_{f,298}$: −212130　　$S^{\ominus}_{298}$:66.944

函数	r_0	r_1	r_2	r_3	r_4	r_5
C_p	53.974	29.246				
$Ha(T)$	−229520	53.974	14.623			
$Sa(T)$	−249.298	53.974	29.246			
$Ga(T)$	−229520	303.272	−53.974	−14.623		
$Ga(l)$	−181240	−135.362				

温度范围:1363 ~ 1403　　相:液

$\Delta H^{\ominus}_{tr}$:20920　　$\Delta S^{\ominus}_{tr}$:15.348

函数	r_0	r_1	r_2	r_3	r_4	r_5
C_p	100.416					
$Ha(T)$	−244740	100.416				
$Sa(T)$	−529.279	100.416				
$Ga(T)$	−244740	629.695	−100.416			
$Ga(l)$	−105350	−197.303				

SiS_2(气)

温度范围:298 ~2000　　相:气

$\Delta H^{\ominus}_{f,298}$:79500　　$S^{\ominus}_{298}$:251. 5

函数	r_0	r_1	r_2	r_3	r_4	r_5
C_p	57. 3	0. 56	-0. 55			
$Ha(T)$	60550	57. 300	0. 280	0. 550		
$Sa(T)$	-78. 233	57. 300	0. 560	0. 275		
$Ga(T)$	60550	135. 533	-57. 300	-0. 280	0. 275	
$Ga(l)$	116800	-322. 897				

SiSe(气)

温度范围:298 ~2000　　相:气

$\Delta H^{\ominus}_{f,298}$:202920　　$S^{\ominus}_{298}$:235. 141

函数	r_0	r_1	r_2	r_3	r_4	r_5
C_p	36. 736	0. 418	-0. 289			
$Ha(T)$	190980	36. 736	0. 209	0. 289		
$Sa(T)$	24. 084	36. 736	0. 418	0. 145		
$Ga(T)$	190980	12. 652	-36. 736	-0. 209	0. 145	
$Ga(l)$	227000	-281. 285				

SiTe(气)

温度范围:298 ~2000　　相:气

$\Delta H^{\ominus}_{f,298}$:219700　　$S^{\ominus}_{298}$:245. 5

函数	r_0	r_1	r_2	r_3	r_4	r_5
C_p	37. 03	0. 25	-0. 23			
$Ha(T)$	207880	37. 030	0. 125	0. 230		
$Sa(T)$	33. 150	37. 030	0. 250	0. 115		
$Ga(T)$	207880	3. 880	-37. 030	-0. 125	0. 115	
$Ga(l)$	244020	-292. 176				

Si_2Te_3

温度范围:298 ~1158　　相:固

$\Delta H^{\ominus}_{f,298}$: -77400　　$S^{\ominus}_{298}$:167. 4

函数	r_0	r_1	r_2	r_3	r_4	r_5
C_p	125. 52	24. 56				
$Ha(T)$	-115920	125. 520	12. 280			
$Sa(T)$	-555. 085	125. 520	24. 560			
$Ga(T)$	-115920	680. 605	-125. 520	-12. 280		
$Ga(l)$	-27750	-285. 270				

Si_3N_4(α)

温度范围:298 ~2151　　相:固(α)

$\Delta H^{\ominus}_{f,298}$: -744750　　$S^{\ominus}_{298}$:112. 968

函数	r_0	r_1	r_2	r_3	r_4	r_5
C_p	76. 316	109. 035	-0. 653	-27. 070		
$Ha(T)$	-774300	76. 316	54. 518	0. 653	-9. 023	
$Sa(T)$	-356. 828	76. 316	109. 035	0. 327	-13. 535	
$Ga(T)$	-774300	433. 144	-76. 316	-54. 518	0. 327	4. 512
$Ga(l)$	-644320	-291. 992				

SiP

温度范围:298 ~ 1413　　相:固

$\Delta H^{\ominus}_{f,298}$: −61920　　$S^{\ominus}_{298}$:32.635

函数	r_0	r_1	r_2	r_3	r_4	r_5
C_p	42.886	10.878	−0.565			
$Ha(T)$	−77080	42.886	5.439	0.565		
$Sa(T)$	−218.133	42.886	10.878	0.283		
$Ga(T)$	−77080	261.019	−42.886	−5.439	0.283	
$Ga(l)$	−40580	−79.241				

SiC(气)

温度范围:298 ~ 2818　　相:气

$\Delta H^{\ominus}_{f,298}$:719600　　$S^{\ominus}_{298}$:213

函数	r_0	r_1	r_2	r_3	r_4	r_5
C_p	34.83	1.17	−0.59			
$Ha(T)$	707180	34.830	0.585	0.590		
$Sa(T)$	10.885	34.830	1.170	0.295		
$Ga(T)$	707180	23.945	−34.830	−0.585	0.295	
$Ga(l)$	752530	−266.255				

SiC_2(气)

温度范围:298 ~ 2818　　相:气

$\Delta H^{\ominus}_{f,298}$:615000　　$S^{\ominus}_{298}$:236.7

函数	r_0	r_1	r_2	r_3	r_4	r_5
C_p	54.64	3.59	−0.99			
$Ha(T)$	595230	54.640	1.795	0.990		
$Sa(T)$	−81.256	54.640	3.590	0.495		
$Ga(T)$	595230	135.896	−54.640	−1.795	0.495	
$Ga(l)$	668100	−322.115				

Si_2C(气)

温度范围:298 ~ 2818　　相:气

$\Delta H^{\ominus}_{f,298}$:535600　　$S^{\ominus}_{298}$:242.3

函数	r_0	r_1	r_2	r_3	r_4	r_5
C_p	55.19	3.72	−2.85			
$Ha(T)$	509420	55.190	1.860	2.850		
$Sa(T)$	−89.290	55.190	3.720	1.425		
$Ga(T)$	509420	144.480	−55.190	−1.860	1.425	
$Ga(l)$	585000	−318.967				

Sm

温度范围:298 ~ 1190　　相:固(α)

$\Delta H^{\ominus}_{f,298}$:0　　$S^{\ominus}_{298}$:69.5

函数	r_0	r_1	r_2	r_3	r_4	r_5
C_p	36.57	10.25	−0.95			
$Ha(T)$	−14550	36.570	5.125	0.950		
$Sa(T)$	−147.261	36.570	10.250	0.475		
$Ga(T)$	−14550	183.831	−36.570	−5.125	0.475	
$Ga(l)$	13970	−101.850				

温度范围:1190 ~ 1345 相:固(β)

$\Delta H^{\ominus}_{tr}$:3113 $\Delta S^{\ominus}_{tr}$:2. 616

函数	r_0	r_1	r_2	r_3	r_4	r_5
C_p	46. 944					
$Ha(T)$	-15720	46. 944				
$Sa(T)$	-205. 577	46. 944				
$Ga(T)$	-15720	252. 521	-46. 944			
$Ga(l)$	43710	-129. 800				

温度范围:1345 ~ 2064 相:液

$\Delta H^{\ominus}_{tr}$:8619 $\Delta S^{\ominus}_{tr}$:6. 408

函数	r_0	r_1	r_2	r_3	r_4	r_5
C_p	50. 208					
$Ha(T)$	-11490	50. 208				
$Sa(T)$	-222. 684	50. 208				
$Ga(T)$	-11490	272. 892	-50. 208			
$Ga(l)$	73070	-150. 690				

温度范围:2064 ~ 2300 相:气

$\Delta H^{\ominus}_{tr}$:166410 $\Delta S^{\ominus}_{tr}$:80. 625

函数	r_0	r_1	r_2	r_3	r_4	r_5
C_p	26. 280					
$Ha(T)$	204300	26. 280				
$Sa(T)$	40. 570	26. 280				
$Ga(T)$	204300	-14. 290	-26. 280			
$Ga(l)$	261600	-242. 602				

Sm(气)

温度范围:298 ~ 2100 相:气

$\Delta H^{\ominus}_{f,298}$:206300 $S^{\ominus}_{298}$:183

函数	r_0	r_1	r_2	r_3	r_4	r_5
C_p	32. 15	-0. 49	-0. 16	-1. 18		
$Ha(T)$	196210	32. 150	-0. 245	0. 160	-0. 393	
$Sa(T)$	-0. 879	32. 150	-0. 490	0. 080	-0. 590	
$Ga(T)$	196210	33. 029	-32. 150	0. 245	0. 080	0. 197
$Ga(l)$	227670	-223. 500				

SmF_2

温度范围:298 ~ 1650 相:固

$\Delta H^{\ominus}_{f,298}$: -991610 $S^{\ominus}_{298}$:100. 416

函数	r_0	r_1	r_2	r_3	r_4	r_5
C_p	65. 689	31. 798				
$Ha(T)$	-1012600	65. 689	15. 899			
$Sa(T)$	-283. 334	65. 689	31. 798			
$Ga(T)$	-1012600	349. 023	-65. 689	-15. 899		
$Ga(l)$	-944860	-196. 112				

温度范围:1650 ~ 2700 相:液

$\Delta H_{tr}^{\ominus}$:16740 $\Delta S_{tr}^{\ominus}$:10. 145

函数	r_0	r_1	r_2	r_3	r_4	r_5
C_p	98. 324					
$Ha(T)$	-1006400	98. 324				
$Sa(T)$	-462. 499	98. 324				
$Ga(T)$	-1006400	560. 823	-98. 324			
$Ga(l)$	-795930	-292. 518				

SmF_3

温度范围:298 ~ 763 相:固(α)

$\Delta H_{f,298}^{\ominus}$: -1669000 $S_{298}^{\ominus}$:113. 8

函数	r_0	r_1	r_2	r_3	r_4	r_5
C_p	106. 09	2. 21				
$Ha(T)$	-1700700	106. 090	1. 105			
$Sa(T)$	-491. 317	106. 090	2. 210			
$Ga(T)$	-1700700	597. 407	-106. 090	-1. 105		
$Ga(l)$	-1647100	-173. 333				

温度范围:763 ~ 1572 相:固(β)

$\Delta H_{tr}^{\ominus}$:1900 $\Delta S_{tr}^{\ominus}$:2. 490

函数	r_0	r_1	r_2	r_3	r_4	r_5
C_p	-200. 68	214. 39	100. 03			
$Ha(T)$	-1395400	-200. 680	107. 195	-100. 030		
$Sa(T)$	1471. 303	-200. 680	214. 390	-50. 015		
$Ga(T)$	-1395400	-1671. 983	200. 680	-107. 195	-50. 015	
$Ga(l)$	-1572700	-267. 163				

SmF_3(气)

温度范围:298 ~ 2000 相:气

$\Delta H_{f,298}^{\ominus}$: -1238500 $S_{298}^{\ominus}$:335. 1

函数	r_0	r_1	r_2	r_3	r_4	r_5
C_p	89. 32	1. 44	-1. 44			
$Ha(T)$	-1270000	89. 320	0. 720	1. 440		
$Sa(T)$	-182. 338	89. 320	1. 440	0. 720		
$Ga(T)$	-1270000	271. 658	-89. 320	-0. 720	0. 720	
$Ga(l)$	-1181300	-443. 944				

$SmCl_2$

温度范围:298 ~ 1013 相:固

$\Delta H_{f,298}^{\ominus}$: -815460 $S_{298}^{\ominus}$:127. 612

函数	r_0	r_1	r_2	r_3	r_4	r_5
C_p	77. 404	16. 736				
$Ha(T)$	-839280	77. 404	8. 368			
$Sa(T)$	-318. 395	77. 404	16. 736			
$Ga(T)$	-839280	395. 799	-77. 404	-8. 368		
$Ga(l)$	-789510	-192. 115				

$SmCl_2$(气)

温度范围:298 ~ 2000　　相:气

$\Delta H^{\ominus}_{f,298}$: −500400　　$S^{\ominus}_{298}$:315.6

函数	r_0	r_1	r_2	r_3	r_4	r_5
C_p	57.68	0.28	−0.55			
$Ha(T)$	−519450	57.680	0.140	0.550		
$Sa(T)$	−16.214	57.680	0.280	0.275		
$Ga(T)$	−519450	73.894	−57.680	−0.140	0.275	
$Ga(l)$	−462980	−387.248				

$SmCl_3$

温度范围:298 ~ 951　　相:固

$\Delta H^{\ominus}_{f,298}$: −1025900　　$S^{\ominus}_{298}$:145.603

函数	r_0	r_1	r_2	r_3	r_4	r_5
C_p	82.257	47.698	0.075			
$Ha(T)$	−1052300	82.257	23.849	−0.075		
$Sa(T)$	−336.864	82.257	47.698	−0.038		
$Ga(T)$	−1052300	419.121	−82.257	−23.849	−0.038	
$Ga(l)$	−996500	−219.913				

温度范围:951 ~ 1200　　相:液

$\Delta H^{\ominus}_{tr}$:44350　　$\Delta S^{\ominus}_{tr}$:46.635

函数	r_0	r_1	r_2	r_3	r_4	r_5
C_p	143.511					
$Ha(T)$	−1044700	143.511				
$Sa(T)$	−664.959	143.511				
$Ga(T)$	−1044700	808.470	−143.511			
$Ga(l)$	−890900	−336.644				

Sm_2O_3

温度范围:298 ~ 1195　　相:固(α)

$\Delta H^{\ominus}_{f,298}$: −1832200　　$S^{\ominus}_{298}$:151.042

函数	r_0	r_1	r_2	r_3	r_4	r_5
C_p	128.658	19.414	−1.799			
$Ha(T)$	−1877500	128.658	9.707	1.799		
$Sa(T)$	−597.907	128.658	19.414	0.900		
$Ga(T)$	−1877500	726.565	−128.658	−9.707	0.900	
$Ga(l)$	−1783500	−264.754				

温度范围:1195 ~ 2000　　相:固(β)

$\Delta H^{\ominus}_{tr}$:1046　　$\Delta S^{\ominus}_{tr}$:0.875

函数	r_0	r_1	r_2	r_3	r_4	r_5
C_p	154.390					
$Ha(T)$	−1891800	154.390				
$Sa(T)$	−755.536	154.390				
$Ga(T)$	−1891800	909.926	−154.390			
$Ga(l)$	−1649400	−382.281				

$Sm_2O_3 \cdot 2ZrO_2$

温度范围:298 ~ 1200　　相:固

$\Delta H^{\ominus}_{f,298}$: -4071000　　$S^{\ominus}_{298}$:251. 877

函数	r_0	r_1	r_2	r_3	r_4	r_5
C_p	267. 776	34. 309	-4. 602			
$Ha(T)$	-4167800	267. 776	17. 155	4. 602		
$Sa(T)$	-1309. 917	267. 776	34. 309	2. 301		
$Ga(T)$	-4167800	1577. 693	-267. 776	-17. 155	2. 301	
$Ga(l)$	-3971700	-482. 884				

SmS

温度范围:298 ~ 2000　　相:固

$\Delta H^{\ominus}_{f,298}$: -430900　　$S^{\ominus}_{298}$:81. 2

函数	r_0	r_1	r_2	r_3	r_4	r_5
C_p	59. 33	3. 18	-0. 19			
$Ha(T)$	-449370	59. 330	1. 590	0. 190		
$Sa(T)$	-258. 855	59. 330	3. 180	0. 095		
$Ga(T)$	-449370	318. 185	-59. 330	-1. 590	0. 095	
$Ga(l)$	-390190	-159. 249				

SmS(气)

温度范围:298 ~ 2000　　相:气

$\Delta H^{\ominus}_{f,298}$:92500　　$S^{\ominus}_{298}$:267. 8

函数	r_0	r_1	r_2	r_3	r_4	r_5
C_p	37. 13	0. 15	-0. 26			
$Ha(T)$	80550	37. 130	0. 075	0. 260		
$Sa(T)$	54. 741	37. 130	0. 150	0. 130		
$Ga(T)$	80550	-17. 611	-37. 130	-0. 075	0. 130	
$Ga(l)$	116770	-314. 369				

SmSe

温度范围:298 ~ 2000　　相:固

$\Delta H^{\ominus}_{f,298}$: -443500　　$S^{\ominus}_{298}$:94. 1

函数	r_0	r_1	r_2	r_3	r_4	r_5
C_p	59. 83	3. 22	-0. 18			
$Ha(T)$	-462090	59. 830	1. 610	0. 180		
$Sa(T)$	-248. 760	59. 830	3. 220	0. 090		
$Ga(T)$	-462090	308. 590	-59. 830	-1. 610	0. 090	
$Ga(l)$	-402410	-172. 876				

SmSe(气)

温度范围:298 ~ 2000　　相:气

$\Delta H^{\ominus}_{f,298}$:128900　　$S^{\ominus}_{298}$:278. 4

函数	r_0	r_1	r_2	r_3	r_4	r_5
C_p	37. 29	0. 07	-0. 18			
$Ha(T)$	117180	37. 290	0. 035	0. 180		
$Sa(T)$	64. 903	37. 290	0. 070	0. 090		
$Ga(T)$	117180	-27. 613	-37. 290	-0. 035	0. 090	
$Ga(l)$	153410	-325. 509				

SmTe(气)*

温度范围:298 ~ 2000　　相:气

$\Delta H^{\ominus}_{f,298}$:**184900**　　$S^{\ominus}_{298}$:**287**

函数	r_0	r_1	r_2	r_3	r_4	r_5
C_p	***37.37***	***0.02***	***-0.10***			
$Ha(T)$	173420	37.370	0.010	0.100		
$Sa(T)$	73.512	37.370	0.020	0.050		
$Ga(T)$	173420	-36.142	-37.370	-0.010	0.050	
$Ga(l)$	209600	-334.572				

SmOF

温度范围:298 ~ 797　　相:固(α)

$\Delta H^{\ominus}_{f,298}$: -1148900　　$S^{\ominus}_{298}$:94.140

函数	r_0	r_1	r_2	r_3	r_4	r_5
C_p	76.797	9.707	-0.900			
$Ha(T)$	-1175200	76.797	4.854	0.900		
$Sa(T)$	-351.375	76.797	9.707	0.450		
$Ga(T)$	-1175200	428.172	-76.797	-4.854	0.450	
$Ga(l)$	-1132400	-138.232				

温度范围:797 ~ 1195　　相:固(β)

$\Delta H^{\ominus}_{tr}$:5230　　$\Delta S^{\ominus}_{tr}$:6.562

函数	r_0	r_1	r_2	r_3	r_4	r_5
C_p	76.797	9.707	-0.900			
$Ha(T)$	-1170000	76.797	4.854	0.900		
$Sa(T)$	-344.813	76.797	9.707	0.450		
$Ga(T)$	-1170000	421.610	-76.797	-4.854	0.450	
$Ga(l)$	-1088700	-195.198				

温度范围:1195 ~ 2000　　相:固(γ)

$\Delta H^{\ominus}_{tr}$:0　　$\Delta S^{\ominus}_{tr}$:0.000

函数	r_0	r_1	r_2	r_3	r_4	r_5
C_p	89.663					
$Ha(T)$	-1177700	89.663				
$Sa(T)$	-424.065	89.663				
$Ga(T)$	-1177700	513.728	-89.663			
$Ga(l)$	-1036900	-236.730				

SmOCl

温度范围:298 ~ 1000　　相:固

$\Delta H^{\ominus}_{f,298}$: -1000400　　$S^{\ominus}_{298}$:100.4

函数	r_0	r_1	r_2	r_3	r_4	r_5
C_p	70.71	22.38	-0.57			
$Ha(T)$	-1024400	70.710	11.190	0.570		
$Sa(T)$	-312.356	70.710	22.380	0.285		
$Ga(T)$	-1024400	383.066	-70.710	-11.190	0.285	
$Ga(l)$	-976950	-158.671				

SmC_2

温度范围:298 ~ 1443　　相:固

$\Delta H^{\ominus}_{f,298}$: −71100　　$S^{\ominus}_{298}$:96

函数	r_0	r_1	r_2	r_3	r_4	r_5
C_p	68.62	11.3	−0.8			
$Ha(T)$	−94740	68.620	5.650	0.800		
$Sa(T)$	−302.838	68.620	11.300	0.400		
$Ga(T)$	−94740	371.458	−68.620	−5.650	0.400	
$Ga(l)$	−37540	−168.930				

Sn(白锡)

温度范围:298 ~ 505.06　　相:固(β)

$\Delta H^{\ominus}_{f,298}$:0　　$S^{\ominus}_{298}$:51.195

函数	r_0	r_1	r_2	r_3	r_4	r_5
C_p	21.594	18.096				
$Ha(T)$	−7243	21.594	9.048			
$Sa(T)$	−77.234	21.594	18.096			
$Ga(T)$	−7243	98.828	−21.594	−9.048		
$Ga(l)$	2702	−59.354				

温度范围:505.06 ~ 800　　相:液

$\Delta H^{\ominus}_{tr}$:7029　　$\Delta S^{\ominus}_{tr}$:13.917

函数	r_0	r_1	r_2	r_3	r_4	r_5
C_p	21.539	6.146	1.288			
$Ha(T)$	3889	21.539	3.073	−1.288		
$Sa(T)$	−54.415	21.539	6.146	−0.644		
$Ga(T)$	3889	75.954	−21.539	−3.073	−0.644	
$Ga(l)$	17010	−87.515				

温度范围:800 ~ 2876　　相:液

$\Delta H^{\ominus}_{tr}$:—　　$\Delta S^{\ominus}_{tr}$:—

函数	r_0	r_1	r_2	r_3	r_4	r_5
C_p	28.451					
$Ha(T)$	−1284	28.451				
$Sa(T)$	−96.708	28.451				
$Ga(T)$	−1284	125.159	−28.451			
$Ga(l)$	46330	−116.164				

温度范围:2876 ~ 2900　　相:气

$\Delta H^{\ominus}_{tr}$:295760　　$\Delta S^{\ominus}_{tr}$:102.837

函数	r_0	r_1	r_2	r_3	r_4	r_5
C_p	26.418					
$Ha(T)$	300320	26.418				
$Sa(T)$	22.320	26.418				
$Ga(T)$	300320	4.098	−26.418			
$Ga(l)$	382320	−234.802				

Sn(气)

温度范围:298 ~ 3000　　相:气

$\Delta H^{\ominus}_{f,298}$:301500　　$S^{\ominus}_{298}$:168.5

函数	r_0	r_1	r_2	r_3	r_4	r_5
C_p	31.59	2.03	-1.13	-1.37		
$Ha(T)$	288210	31.590	1.015	1.130	-0.457	
$Sa(T)$	-18.387	31.590	2.030	0.565	-0.685	
$Ga(T)$	288210	49.977	-31.590	-1.015	0.565	0.228
$Ga(l)$	331270	-214.704				

SnH_4(气)

温度范围:298 ~ 800　　相:气

$\Delta H^{\ominus}_{f,298}$:162760　　$S^{\ominus}_{298}$:228.656

函数	r_0	r_1	r_2	r_3	r_4	r_5
C_p	51.798	37.656	-1.130			
$Ha(T)$	141850	51.798	18.828	1.130		
$Sa(T)$	-84.051	51.798	37.656	0.565		
$Ga(T)$	141850	135.849	-51.798	-18.828	0.565	
$Ga(l)$	176230	-264.395				

SnF(气)

温度范围:298 ~ 2000　　相:气

$\Delta H^{\ominus}_{f,298}$: -95000　　$S^{\ominus}_{298}$:241.6

函数	r_0	r_1	r_2	r_3	r_4	r_5
C_p	36.73	3.26	-0.36			
$Ha(T)$	-107300	36.730	1.630	0.360		
$Sa(T)$	29.330	36.730	3.260	0.180		
$Ga(T)$	-107300	7.400	-36.730	-1.630	0.180	
$Ga(l)$	-69670	-289.797				

SnF_2

温度范围:298 ~ 1140　　相:固

$\Delta H^{\ominus}_{f,298}$: -661070　　$S^{\ominus}_{298}$:96.232

函数	r_0	r_1	r_2	r_3	r_4	r_5
C_p	63.597	29.288				
$Ha(T)$	-681330	63.597	14.644			
$Sa(T)$	-274.850	63.597	29.288			
$Ga(T)$	-681330	338.447	-63.597	-14.644		
$Ga(l)$	-633310	-162.185				

温度范围:1140 ~ 1700　　相:液

$\Delta H^{\ominus}_{tr}$:13810　　$\Delta S^{\ominus}_{tr}$:12.114

函数	r_0	r_1	r_2	r_3	r_4	r_5
C_p	92.048					
$Ha(T)$	-680930	92.048				
$Sa(T)$	-429.608	92.048				
$Ga(T)$	-680930	521.656	-92.048			
$Ga(l)$	-551580	-238.151				

温度范围:1700 ~ 2500　　相:气

$\Delta H^{\ominus}_{tr}$:171540　　$\Delta S^{\ominus}_{tr}$:100.906

函数	r_0	r_1	r_2	r_3	r_4	r_5
C_p	62.760					
$Ha(T)$	-459600	62.760				
$Sa(T)$	-110.847	62.760				
$Ga(T)$	-459600	173.607	-62.760			
$Ga(l)$	-329090	-369.016				

SnF_2(气)

温度范围:298 ~ 2000　　相:气

$\Delta H^{\ominus}_{f,298}$: -484000　　$S^{\ominus}_{298}$:282.1

函数	r_0	r_1	r_2	r_3	r_4	r_5
C_p	56.84	0.8	-0.66			
$Ha(T)$	-503200	56.840	0.400	0.660		
$Sa(T)$	-45.702	56.840	0.800	0.330		
$Ga(T)$	-503200	102.542	-56.840	-0.400	0.330	
$Ga(l)$	-447120	-352.556				

SnF_4

温度范围:298 ~ 720　　相:固

$\Delta H^{\ominus}_{f,298}$: -1083700　　$S^{\ominus}_{298}$:150.624

函数	r_0	r_1	r_2	r_3	r_4	r_5
C_p	102.090	30.962				
$Ha(T)$	-1115500	102.090	15.481			
$Sa(T)$	-440.275	102.090	30.962			
$Ga(T)$	-1115500	542.365	-102.090	-15.481		
$Ga(l)$	-1062200	-209.950				

温度范围:720 ~ 978　　相:液

$\Delta H^{\ominus}_{tr}$:27610　　$\Delta S^{\ominus}_{tr}$:38.347

函数	r_0	r_1	r_2	r_3	r_4	r_5
C_p	150.624					
$Ha(T)$	-1114800	150.624				
$Sa(T)$	-698.953	150.624				
$Ga(T)$	-1114800	849.577	-150.624			
$Ga(l)$	-987730	-316.517				

温度范围:978 ~ 1500　　相:气

$\Delta H^{\ominus}_{tr}$:92050　　$\Delta S^{\ominus}_{tr}$:94.121

函数	r_0	r_1	r_2	r_3	r_4	r_5
C_p	83.680	20.920				
$Ha(T)$	-967310	83.680	10.460			
$Sa(T)$	-164.348	83.680	20.920			
$Ga(T)$	-967310	248.028	-83.680	-10.460		
$Ga(l)$	-849040	-457.171				

$SnCl_2$

温度范围:298 ~ 520　　相:固

$\Delta H^{\ominus}_{f,298}$: −330950　　$S^{\ominus}_{298}$:131.796

函数	r_0	r_1	r_2	r_3	r_4	r_5
C_p	50.626	83.680				
$Ha(T)$	−349760	50.626	41.840			
$Sa(T)$	−181.600	50.626	83.680			
$Ga(T)$	−349760	232.226	−50.626	−41.840		
$Ga(l)$	−322630	−156.709				

温度范围:520 ~ 925　　相:液

$\Delta H^{\ominus}_{tr}$:14520　　$\Delta S^{\ominus}_{tr}$:27.923

函数	r_0	r_1	r_2	r_3	r_4	r_5
C_p	96.232					
$Ha(T)$	−347650	96.232				
$Sa(T)$	−395.375	96.232				
$Ga(T)$	−347650	491.607	−96.232			
$Ga(l)$	−279590	−237.324				

温度范围:925 ~ 1500　　相:气

$\Delta H^{\ominus}_{tr}$:81590　　$\Delta S^{\ominus}_{tr}$:88.205

函数	r_0	r_1	r_2	r_3	r_4	r_5
C_p	56.693	0.962				
$Ha(T)$	−229890	56.693	0.481			
$Sa(T)$	−38.016	56.693	0.962			
$Ga(T)$	−229890	94.709	−56.693	−0.481		
$Ga(l)$	−161500	−365.373				

$SnCl_2$(气)

温度范围:298 ~ 2000　　相:气

$\Delta H^{\ominus}_{f,298}$: −197900　　$S^{\ominus}_{298}$:305.9

函数	r_0	r_1	r_2	r_3	r_4	r_5
C_p	57.99	0.13	−0.3			
$Ha(T)$	−216200	57.990	0.065	0.300		
$Sa(T)$	−26.230	57.990	0.130	0.150		
$Ga(T)$	−216200	84.220	−57.990	−0.065	0.150	
$Ga(l)$	−159820	−379.077				

$SnCl_4$

温度范围:298 ~ 385　　相:液

$\Delta H^{\ominus}_{f,298}$: −528860　　$S^{\ominus}_{298}$:258.990

函数	r_0	r_1	r_2	r_3	r_4	r_5
C_p	165.268					
$Ha(T)$	−578130	165.268				
$Sa(T)$	−682.640	165.268				
$Ga(T)$	−578130	847.908	−165.268			
$Ga(l)$	−521920	−281.178				

温度范围:385 ~ 1000　　相:气

$\Delta H_{tr}^{\ominus}$:35980　　$\Delta S_{tr}^{\ominus}$:93. 455

函数	r_0	r_1	r_2	r_3	r_4	r_5
C_p	106. 985	0. 837	-0. 782			
$Ha(T)$	-521810	106. 985	0. 419	0. 782		
$Sa(T)$	-245. 173	106. 985	0. 837	0. 391		
$Ga(T)$	-521810	352. 158	-106. 985	-0. 419	0. 391	
$Ga(l)$	-450300	-453. 843				

$SnCl_4$(气)

温度范围:298 ~ 2000　　相:气

$\Delta H_{f,298}^{\ominus}$: -471500　　$S_{298}^{\ominus}$:365

函数	r_0	r_1	r_2	r_3	r_4	r_5
C_p	106. 63	1. 41	-0. 77			
$Ha(T)$	-505940	106. 630	0. 705	0. 770		
$Sa(T)$	-247. 286	106. 630	1. 410	0. 385		
$Ga(T)$	-505940	353. 916	-106. 630	-0. 705	0. 385	
$Ga(l)$	-401370	-499. 452				

$SnBr_2$

温度范围:298 ~ 505　　相:固

$\Delta H_{f,298}^{\ominus}$: -259990　　$S_{298}^{\ominus}$:149. 787

函数	r_0	r_1	r_2	r_3	r_4	r_5
C_p	114. 642	33. 054				
$Ha(T)$	-295640	114. 642	16. 527			
$Sa(T)$	-513. 252	114. 642	33. 054			
$Ga(T)$	-295640	627. 894	-114. 642	-16. 527		
$Ga(l)$	-247820	-186. 574				

温度范围:505 ~ 914　　相:液

$\Delta H_{tr}^{\ominus}$:17990　　$\Delta S_{tr}^{\ominus}$:35. 624

函数	r_0	r_1	r_2	r_3	r_4	r_5
C_p	99. 579					
$Ha(T)$	-265830	99. 579				
$Sa(T)$	-367. 175	99. 579				
$Ga(T)$	-265830	466. 754	-99. 579			
$Ga(l)$	-196760	-285. 675				

温度范围:914 ~ 1500　　相:气

$\Delta H_{tr}^{\ominus}$:97490　　$\Delta S_{tr}^{\ominus}$:106. 663

函数	r_0	r_1	r_2	r_3	r_4	r_5
C_p	58. 576	0. 920				
$Ha(T)$	-131250	58. 576	0. 460			
$Sa(T)$	18. 198	58. 576	0. 920			
$Ga(T)$	-131250	40. 378	-58. 576	-0. 460		
$Ga(l)$	-61010	-434. 608				

$SnBr_2$(气)

温度范围:298 ~ 2000　　相:气

$\Delta H^{\ominus}_{f,298}$: -103900　　$S^{\ominus}_{298}$:335.8

函数	r_0	r_1	r_2	r_3	r_4	r_5
C_p	58.14	1.34	-0.3			
$Ha(T)$	-122300	58.140	0.670	0.300		
$Sa(T)$	2.455	58.140	1.340	0.150		
$Ga(T)$	-122300	55.685	-58.140	-0.670	0.150	
$Ga(l)$	-65120	-410.199				

$SnBr_4$

温度范围:298 ~ 303　　相:固

$\Delta H^{\ominus}_{f,298}$: -377400　　$S^{\ominus}_{298}$:264.429

函数	r_0	r_1	r_2	r_3	r_4	r_5
C_p	-799.144	3138				
$Ha(T)$	-278610	-799.144	1569.000			
$Sa(T)$	3882.034	-799.144	3138.000			
$Ga(T)$	-278610	-4681.178	799.144	-1569.000		
$Ga(l)$	-377970	-254.684				

温度范围:303 ~ 480　　相:液

$\Delta H^{\ominus}_{tr}$:11920　　$\Delta S^{\ominus}_{tr}$:39.340

函数	r_0	r_1	r_2	r_3	r_4	r_5
C_p	157.946					
$Ha(T)$	-412640	157.946				
$Sa(T)$	-596.368	157.946				
$Ga(T)$	-412640	754.314	-157.946			
$Ga(l)$	-351650	-345.757				

$SnBr_4$(气)

温度范围:298 ~ 2000　　相:气

$\Delta H^{\ominus}_{f,298}$: -347600　　$S^{\ominus}_{298}$:412.4

函数	r_0	r_1	r_2	r_3	r_4	r_5
C_p	107.52	0.64	-0.39			
$Ha(T)$	-380990	107.520	0.320	0.390		
$Sa(T)$	-202.590	107.520	0.640	0.195		
$Ga(T)$	-380990	310.110	-107.520	-0.320	0.195	
$Ga(l)$	-276450	-549.255				

SnI_2

温度范围:298 ~ 593　　相:固

$\Delta H^{\ominus}_{f,298}$: -145190　　$S^{\ominus}_{298}$:167.778

函数	r_0	r_1	r_2	r_3	r_4	r_5
C_p	70.291	29.288				
$Ha(T)$	-167450	70.291	14.644			
$Sa(T)$	-241.444	70.291	29.288			
$Ga(T)$	-167450	311.735	-70.291	-14.644		
$Ga(l)$	-134260	-199.547				

温度范围:593 ~991 相:液

$\Delta H_{tr}^{\ominus}$:18830 $\Delta S_{tr}^{\ominus}$:31.754

函数	r_0	r_1	r_2	r_3	r_4	r_5
C_p	94.558					
$Ha(T)$	-157860	94.558				
$Sa(T)$	-347.272	94.558				
$Ga(T)$	-157860	441.830	-94.558			
$Ga(l)$	-84240	-283.254				

温度范围:991 ~1500 相:气

$\Delta H_{tr}^{\ominus}$:100420 $\Delta S_{tr}^{\ominus}$:101.332

函数	r_0	r_1	r_2	r_3	r_4	r_5
C_p	60.668	0.879				
$Ha(T)$	-24290	60.668	0.440			
$Sa(T)$	-13.014	60.668	0.879			
$Ga(T)$	-24290	73.682	-60.668	-0.440		
$Ga(l)$	51100	-420.225				

SnI_2(气)

温度范围:298 ~2000 相:气

$\Delta H_{f,298}^{\ominus}$: -900 $S_{298}^{\ominus}$:343.2

函数	r_0	r_1	r_2	r_3	r_4	r_5
C_p	61.92		-0.46			
$Ha(T)$	-20900	61.920		0.460		
$Sa(T)$	-12.183	61.920		0.230		
$Ga(T)$	-20900	74.103	-61.920		0.230	
$Ga(l)$	39390	-420.515				

SnI_4

温度范围:298 ~418 相:固

$\Delta H_{f,298}^{\ominus}$: -210900 $S_{298}^{\ominus}$:274.1

函数	r_0	r_1	r_2	r_3	r_4	r_5
C_p	140.93	3.91	-0.9			
$Ha(T)$	-256110	140.930	1.955	0.900		
$Sa(T)$	-535.090	140.930	3.910	0.450		
$Ga(T)$	-256110	676.020	-140.930	-1.955	0.450	
$Ga(l)$	-203230	-298.254				

SnI_4(气)

温度范围:298 ~2000 相:气

$\Delta H_{f,298}^{\ominus}$: -118000 $S_{298}^{\ominus}$:446.4

函数	r_0	r_1	r_2	r_3	r_4	r_5
C_p	108.19	-0.16	-0.25	-2.64		
$Ha(T)$	-151060	108.190	-0.080	0.250	-0.880	
$Sa(T)$	-171.264	108.190	-0.160	0.125	-1.320	
$Ga(T)$	-151060	279.454	-108.190	0.080	0.125	0.440
$Ga(l)$	-47670	-582.324				

SnO

温度范围:298 ~ 1273　　相:固

$\Delta H^{\ominus}_{f,298}$: −285770　　$S^{\ominus}_{298}$:56.484

函数	r_0	r_1	r_2	r_3	r_4	r_5
C_p	39.957	14.644				
$Ha(T)$	−298330	39.957	7.322			
$Sa(T)$	−175.541	39.957	14.644			
$Ga(T)$	−298330	215.498	−39.957	−7.322		
$Ga(l)$	−266430	−100.646				

SnO(气)

温度范围:298 ~ 2100　　相:气

$\Delta H^{\ominus}_{f,298}$:20900　　$S^{\ominus}_{298}$:232.1

函数	r_0	r_1	r_2	r_3	r_4	r_5
C_p	35.23	1.34	−0.35			
$Ha(T)$	9163	35.230	0.670	0.350		
$Sa(T)$	29.005	35.230	1.340	0.175		
$Ga(T)$	9163	6.225	−35.230	−0.670	0.175	
$Ga(l)$	45600	−278.262				

SnO_2(1)

温度范围:298 ~ 683　　相:固(α_1)

$\Delta H^{\ominus}_{f,298}$: −580740　　$S^{\ominus}_{298}$:52.300

函数	r_0	r_1	r_2	r_3	r_4	r_5
C_p	73.889	10.042	−2.159			
$Ha(T)$	−610460	73.889	5.021	2.159		
$Sa(T)$	−383.828	73.889	10.042	1.080		
$Ga(T)$	−610460	457.717	−73.889	−5.021	1.080	
$Ga(l)$	−569830	−82.658				

温度范围:683 ~ 813　　相:固(α_2)

$\Delta H^{\ominus}_{tr}$:1883　　$\Delta S^{\ominus}_{tr}$:2.757

函数	r_0	r_1	r_2	r_3	r_4	r_5
C_p	73.889	10.042	−2.159			
$Ha(T)$	−608570	73.889	5.021	2.159		
$Sa(T)$	−381.071	73.889	10.042	1.080		
$Ga(T)$	−608570	454.960	−73.889	−5.021	1.080	
$Ga(l)$	−547740	−117.250				

温度范围:813 ~ 1500　　相:固(α_3)

$\Delta H^{\ominus}_{tr}$:1255　　$\Delta S^{\ominus}_{tr}$:1.544

函数	r_0	r_1	r_2	r_3	r_4	r_5
C_p	73.889	10.042	−2.159			
$Ha(T)$	−607320	73.889	5.021	2.159		
$Sa(T)$	−379.527	73.889	10.042	1.080		
$Ga(T)$	−607320	453.416	−73.889	−5.021	1.080	
$Ga(l)$	−515440	−153.424				

$SnO_2(2)$

温度范围:298 ~ 1893　　相:固

$\Delta H^{\ominus}_{f,298}$: −580800　　$S^{\ominus}_{298}$:52.3

函数	r_0	r_1	r_2	r_3	r_4	r_5
C_p	66.47	16.64	−1.67			
$Ha(T)$	−606960	66.470	8.320	1.670		
$Sa(T)$	−340.774	66.470	16.640	0.835		
$Ga(T)$	−606960	407.244	−66.470	−8.320	0.835	
$Ga(l)$	−535030	−139.717				

SnS

温度范围:298 ~ 875　　相:固(α)

$\Delta H^{\ominus}_{f,298}$: −108370　　$S^{\ominus}_{298}$:76.986

函数	r_0	r_1	r_2	r_3	r_4	r_5
C_p	35.690	31.296	0.377			
$Ha(T)$	−119140	35.690	15.648	−0.377		
$Sa(T)$	−133.572	35.690	31.296	−0.189		
$Ga(T)$	−119140	169.262	−35.690	−15.648	−0.189	
$Ga(l)$	−95380	−110.728				

温度范围:875 ~ 1154　　相:固(β)

$\Delta H^{\ominus}_{tr}$:669　　$\Delta S^{\ominus}_{tr}$:0.765

函数	r_0	r_1	r_2	r_3	r_4	r_5
C_p	40.920	15.648				
$Ha(T)$	−117490	40.920	7.824			
$Sa(T)$	−154.790	40.920	15.648			
$Ga(T)$	−117490	195.710	−40.920	−7.824		
$Ga(l)$	−68180	−144.260				

温度范围:1154 ~ 1250　　相:液

$\Delta H^{\ominus}_{tr}$:31590　　$\Delta S^{\ominus}_{tr}$:27.374

函数	r_0	r_1	r_2	r_3	r_4	r_5
C_p	74.894					
$Ha(T)$	−114680	74.894				
$Sa(T)$	−348.909	74.894				
$Ga(T)$	−114680	423.803	−74.894			
$Ga(l)$	−24660	−182.236				

SnS(气)

温度范围:298 ~ 2000　　相:气

$\Delta H^{\ominus}_{f,298}$:105070　　$S^{\ominus}_{298}$:242.153

函数	r_0	r_1	r_2	r_3	r_4	r_5
C_p	36.945	0.335	−0.230			
$Ha(T)$	93270	36.945	0.168	0.230		
$Sa(T)$	30.262	36.945	0.335	0.115		
$Ga(T)$	93270	6.683	−36.945	−0.168	0.115	
$Ga(l)$	129370	−288.792				

SnS_2

温度范围:298 ~ 1038　　相:固

$\Delta H^{\ominus}_{f,298}$: -153550　　$S^{\ominus}_{298}$:87.446

函数	r_0	r_1	r_2	r_3	r_4	r_5
C_p	64.894	17.573				
$Ha(T)$	-173680	64.894	8.787			
$Sa(T)$	-287.533	64.894	17.573			
$Ga(T)$	-173680	352.427	-64.894	-8.787		
$Ga(l)$	-130520	-144.166				

Sn_2S_3

温度范围:298 ~ 1000　　相:固

$\Delta H^{\ominus}_{f,298}$: -263590　　$S^{\ominus}_{298}$:164.431

函数	r_0	r_1	r_2	r_3	r_4	r_5
C_p	107.027	43.932				
$Ha(T)$	-297450	107.027	21.966			
$Sa(T)$	-458.464	107.027	43.932			
$Ga(T)$	-297450	565.491	-107.027	-21.966		
$Ga(l)$	-225300	-259.761				

Sn_3S_4

温度范围:298 ~ 983　　相:固

$\Delta H^{\ominus}_{f,298}$: -370280　　$S^{\ominus}_{298}$:243.509

函数	r_0	r_1	r_2	r_3	r_4	r_5
C_p	150.959	62.342				
$Ha(T)$	-418060	150.959	31.171			
$Sa(T)$	-635.182	150.959	62.342			
$Ga(T)$	-418060	786.141	-150.959	-31.171		
$Ga(l)$	-317490	-375.696				

$SnSO_4$

温度范围:298 ~ 900　　相:固

$\Delta H^{\ominus}_{f,298}$: -1014600　　$S^{\ominus}_{298}$:138.574

函数	r_0	r_1	r_2	r_3	r_4	r_5
C_p	118.198	108.784				
$Ha(T)$	-1054700	118.198	54.392			
$Sa(T)$	-567.305	118.198	108.784			
$Ga(T)$	-1054700	685.503	-118.198	-54.392		
$Ga(l)$	-970940	-250.627				

$Sn(SO_4)_2$

温度范围:298 ~ 700　　相:固

$\Delta H^{\ominus}_{f,298}$: -1629300　　$S^{\ominus}_{298}$:149.787

函数	r_0	r_1	r_2	r_3	r_4	r_5
C_p	284.512					
$Ha(T)$	-1714100	284.512				
$Sa(T)$	-1471.248	284.512				
$Ga(T)$	-1714100	1755.760	-284.512			
$Ga(l)$	-1578400	-291.575				

SnSe(1)

温度范围:298 ~ 813　　相:固(β)

$\Delta H^{\ominus}_{f,298}$: −94560　　$S^{\ominus}_{298}$:98.115

函数	r_0	r_1	r_2	r_3	r_4	r_5
C_p	46.652	19.958				
$Ha(T)$	−109360	46.652	9.979			
$Sa(T)$	−173.640	46.652	19.958			
$Ga(T)$	−109360	220.292	−46.652	−9.979		
$Ga(l)$	−82110	−131.237				

SnSe(2)

温度范围:298 ~ 813　　相:固(α)

$\Delta H^{\ominus}_{f,298}$: −88700　　$S^{\ominus}_{298}$:89.5

函数	r_0	r_1	r_2	r_3	r_4	r_5
C_p	46.65	19.96				
$Ha(T)$	−103500	46.650	9.980			
$Sa(T)$	−182.244	46.650	19.960			
$Ga(T)$	−103500	228.894	−46.650	−9.980		
$Ga(l)$	−76250	−122.622				

温度范围:813 ~ 1153　　相:固(β)

$\Delta H^{\ominus}_{tr}$:4200　　$\Delta S^{\ominus}_{tr}$:5.166

函数	r_0	r_1	r_2	r_3	r_4	r_5
C_p	47.11	11.72				
$Ha(T)$	−96950	47.110	5.860			
$Sa(T)$	−173.461	47.110	11.720			
$Ga(T)$	−96950	220.571	−47.110	−5.860		
$Ga(l)$	−45400	−162.536				

SnSe(气)

温度范围:298 ~ 2000　　相:气

$\Delta H^{\ominus}_{f,298}$:120920　　$S^{\ominus}_{298}$:262.964

函数	r_0	r_1	r_2	r_3	r_4	r_5
C_p	37.363		−0.130			
$Ha(T)$	109340	37.363		0.130		
$Sa(T)$	49.353	37.363		0.065		
$Ga(T)$	109340	−11.990	−37.363		0.065	
$Ga(l)$	145550	−310.359				

$SnSe_2$

温度范围:298 ~ 948　　相:固

$\Delta H^{\ominus}_{f,298}$: −124680　　$S^{\ominus}_{298}$:117.989

函数	r_0	r_1	r_2	r_3	r_4	r_5
C_p	62.049	31.631				
$Ha(T)$	−144590	62.049	15.816			
$Sa(T)$	−244.972	62.049	31.631			
$Ga(T)$	−144590	307.021	−62.049	−15.816		
$Ga(l)$	−103270	−172.204				

SnTe

温度范围:298 ~ 1079　　相:固

$\Delta H^{\ominus}_{f,298}$: -60670　　$S^{\ominus}_{298}$:98.742

函数	r_0	r_1	r_2	r_3	r_4	r_5
C_p	48.953	10.125				
$Ha(T)$	-75720	48.953	5.063			
$Sa(T)$	-183.191	48.953	10.125			
$Ga(T)$	-75720	232.144	-48.953	-5.063		
$Ga(l)$	-42900	-141.973				

温度范围:1079 ~ 1645　　相:液

$\Delta H^{\ominus}_{tr}$:45190　　$\Delta S^{\ominus}_{tr}$:41.881

函数	r_0	r_1	r_2	r_3	r_4	r_5
C_p	63.597					
$Ha(T)$	-40430	63.597				
$Sa(T)$	-232.656	63.597				
$Ga(T)$	-40430	296.253	-63.597			
$Ga(l)$	45180	-226.027				

温度范围:1645 ~ 2000　　相:气

$\Delta H^{\ominus}_{tr}$:141730　　$\Delta S^{\ominus}_{tr}$:86.158

函数	r_0	r_1	r_2	r_3	r_4	r_5
C_p	37.405		-0.092			
$Ha(T)$	144330	37.405		0.092		
$Sa(T)$	47.450	37.405		0.046		
$Ga(T)$	144330	-10.045	-37.405		0.046	
$Ga(l)$	212380	-328.263				

SnTe(气)

温度范围:298 ~ 2000　　相:气

$\Delta H^{\ominus}_{f,298}$:155800　　$S^{\ominus}_{298}$:262.4

函数	r_0	r_1	r_2	r_3	r_4	r_5
C_p	37.41		-0.09			
$Ha(T)$	144340	37.410		0.090		
$Sa(T)$	48.747	37.410		0.045		
$Ga(T)$	144340	-11.337	-37.410		0.045	
$Ga(l)$	180540	-310.057				

Sr

温度范围:298 ~ 830　　相:固(α)

$\Delta H^{\ominus}_{f,298}$:0　　$S^{\ominus}_{298}$:52.300

函数	r_0	r_1	r_2	r_3	r_4	r_5
C_p	22.217	13.891				
$Ha(T)$	-7241	22.217	6.946			
$Sa(T)$	-78.425	22.217	13.891			
$Ga(T)$	-7241	100.642	-22.217	-6.946		
$Ga(l)$	6569	-69.640				

温度范围:830 ~ 1041 相:固(γ)

$\Delta H_{tr}^{\ominus}$:799 $\Delta S_{tr}^{\ominus}$:0.963

函数	r_0	r_1	r_2	r_3	r_4	r_5
C_p	12.678	26.778				
$Ha(T)$	-2964	12.678	13.389			
$Sa(T)$	-24.043	12.678	26.778			
$Ga(T)$	-2964	36.721	-12.678	-13.389		
$Ga(l)$	20520	-87.724				

温度范围:1041 ~ 1650 相:液

$\Delta H_{tr}^{\ominus}$:8276 $\Delta S_{tr}^{\ominus}$:7.950

函数	r_0	r_1	r_2	r_3	r_4	r_5
C_p	30.962					
$Ha(T)$	788	30.962				
$Sa(T)$	-115.253	30.962				
$Ga(T)$	788	146.215	-30.962			
$Ga(l)$	41870	-107.652				

温度范围:1650 ~ 2000 相:气

$\Delta H_{tr}^{\ominus}$:144350 $\Delta S_{tr}^{\ominus}$:87.485

函数	r_0	r_1	r_2	r_3	r_4	r_5
C_p	20.811					
$Ha(T)$	161890	20.811				
$Sa(T)$	47.436	20.811				
$Ga(T)$	161890	-26.625	-20.811			
$Ga(l)$	199770	-203.693				

SrH_2

温度范围:298 ~ 1228 相:固

$\Delta H_{f,298}^{\ominus}$: -180000 $S_{298}^{\ominus}$:49.8

函数	r_0	r_1	r_2	r_3	r_4	r_5
C_p	33.47	22.59				
$Ha(T)$	-190980	33.470	11.295			
$Sa(T)$	-147.634	33.470	22.590			
$Ga(T)$	-190980	181.104	-33.470	-11.295		
$Ga(l)$	-162360	-90.399				

SrF(气)

温度范围:298 ~ 2000 相:气

$\Delta H_{f,298}^{\ominus}$: -294600 $S_{298}^{\ominus}$:239.9

函数	r_0	r_1	r_2	r_3	r_4	r_5
C_p	36.99	0.7	-0.24			
$Ha(T)$	-306460	36.990	0.350	0.240		
$Sa(T)$	27.587	36.990	0.700	0.120		
$Ga(T)$	-306460	9.403	-36.990	-0.350	0.120	
$Ga(l)$	-270110	-286.858				

SrF_2

温度范围:298 ~ 1673　　相:固

$\Delta H^{\ominus}_{f,298}$: -1217500　　$S^{\ominus}_{298}$:89.538

函数	r_0	r_1	r_2	r_3	r_4	r_5
C_p	75.019	9.540				
$Ha(T)$	-1240300	75.019	4.770			
$Sa(T)$	-340.734	75.019	9.540			
$Ga(T)$	-1240300	415.753	-75.019	-4.770		
$Ga(l)$	-1172900	-181.670				

温度范围:1673 ~ 2753　　相:液

$\Delta H^{\ominus}_{tr}$:17990　　$\Delta S^{\ominus}_{tr}$:10.753

函数	r_0	r_1	r_2	r_3	r_4	r_5
C_p	100.416					
$Ha(T)$	-1251400	100.416				
$Sa(T)$	-502.527	100.416				
$Ga(T)$	-1251400	602.943	-100.416			
$Ga(l)$	-1032800	-270.283				

SrF_2(气)

温度范围:298 ~ 2000　　相:气

$\Delta H^{\ominus}_{f,298}$: -766100　　$S^{\ominus}_{298}$:291.7

函数	r_0	r_1	r_2	r_3	r_4	r_5
C_p	57.64	0.35	-0.42			
$Ha(T)$	-784710	57.640	0.175	0.420		
$Sa(T)$	-39.176	57.640	0.350	0.210		
$Ga(T)$	-784710	96.816	-57.640	-0.175	0.210	
$Ga(l)$	-728400	-364.010				

SrCl(气)

温度范围:298 ~ 2000　　相:气

$\Delta H^{\ominus}_{f,298}$: -123900　　$S^{\ominus}_{298}$:252.3

函数	r_0	r_1	r_2	r_3	r_4	r_5
C_p	37.34	0.57	-0.11			
$Ha(T)$	-135430	37.340	0.285	0.110		
$Sa(T)$	38.763	37.340	0.570	0.055		
$Ga(T)$	-135430	-1.423	-37.340	-0.285	0.055	
$Ga(l)$	-98970	-300.251				

$SrCl_2$

温度范围:298 ~ 1003　　相:固(α_1)

$\Delta H^{\ominus}_{f,298}$: -829270　　$S^{\ominus}_{298}$:117.152

函数	r_0	r_1	r_2	r_3	r_4	r_5
C_p	76.149	10.209				
$Ha(T)$	-852430	76.149	5.105			
$Sa(T)$	-319.758	76.149	10.209			
$Ga(T)$	-852430	395.907	-76.149	-5.105		
$Ga(l)$	-804990	-177.774				

温度范围:1003 ~ 1146　　相:固(α_2)

$\Delta H_{tr}^{\ominus}$:6276　　$\Delta S_{tr}^{\ominus}$:6.257

函数	r_0	r_1	r_2	r_3	r_4	r_5
C_p	76.149	10.209				
$Ha(T)$	-846150	76.149	5.105			
$Sa(T)$	-313.501	76.149	10.209			
$Ga(T)$	-846150	389.650	-76.149	-5.105		
$Ga(l)$	-758500	-228.961				

温度范围:1146 ~ 2273　　相:液

$\Delta H_{tr}^{\ominus}$:15900　　$\Delta S_{tr}^{\ominus}$:13.874

函数	r_0	r_1	r_2	r_3	r_4	r_5
C_p	104.600					
$Ha(T)$	-856150	104.600				
$Sa(T)$	-488.337	104.600				
$Ga(T)$	-856150	592.937	-104.600			
$Ga(l)$	-682600	-289.136				

$SrCl_2$(气)

温度范围:298 ~ 2000　　相:气

$\Delta H_{f,298}^{\ominus}$: -473200　　$S_{298}^{\ominus}$:316.3

函数	r_0	r_1	r_2	r_3	r_4	r_5
C_p	58.1	0.06	-0.21	-0.21		
$Ha(T)$	-491230	58.100	0.030	0.210	-0.070	
$Sa(T)$	-15.920	58.100	0.060	0.105	-0.105	
$Ga(T)$	-491230	74.020	-58.100	-0.030	0.105	0.035
$Ga(l)$	-434990	-389.868				

SrBr(气)

温度范围:298 ~ 2000　　相:气

$\Delta H_{f,298}^{\ominus}$: -89100　　$S_{298}^{\ominus}$:263.8

函数	r_0	r_1	r_2	r_3	r_4	r_5
C_p	37.38	0.56	-0.63			
$Ha(T)$	-102380	37.380	0.280	0.630		
$Sa(T)$	47.113	37.380	0.560	0.315		
$Ga(T)$	-102380	-9.733	-37.380	-0.280	0.315	
$Ga(l)$	-65240	-309.177				

$SrBr_2$

温度范围:298 ~ 916　　相:固

$\Delta H_{f,298}^{\ominus}$: -716300　　$S_{298}^{\ominus}$:141.419

函数	r_0	r_1	r_2	r_3	r_4	r_5
C_p	75.730	13.180				
$Ha(T)$	-739460	75.730	6.590			
$Sa(T)$	-293.990	75.730	13.180			
$Ga(T)$	-739460	369.720	-75.730	-6.590		
$Ga(l)$	-694570	-197.257				

温度范围:916 ~ 2150　　相:液

$\Delta H_{tr}^{\ominus}$:18830　　$\Delta S_{tr}^{\ominus}$:20. 557

函数	r_0	r_1	r_2	r_3	r_4	r_5
C_p	108. 784					
$Ha(T)$	-745380	108. 784				
$Sa(T)$	-486. 789	108. 784				
$Ga(T)$	-745380	595. 573	-108. 784			
$Ga(l)$	-586000	-309. 312				

$SrBr_2$(气)

温度范围:298 ~ 2000　　相:气

$\Delta H_{f,298}^{\ominus}$: -407100　　$S_{298}^{\ominus}$:323. 4

函数	r_0	r_1	r_2	r_3	r_4	r_5
C_p	62. 32	0. 03	-0. 13			
$Ha(T)$	-426120	62. 320	0. 015	0. 130		
$Sa(T)$	-32. 414	62. 320	0. 030	0. 065		
$Ga(T)$	-426120	94. 734	-62. 320	-0. 015	0. 065	
$Ga(l)$	-365830	-402. 916				

SrI(气)

温度范围:298 ~ 2000　　相:气

$\Delta H_{f,298}^{\ominus}$: -30500　　$S_{298}^{\ominus}$:272. 2

函数	r_0	r_1	r_2	r_3	r_4	r_5
C_p	37. 4	0. 66	-0. 04			
$Ha(T)$	-41810	37. 400	0. 330	0. 040		
$Sa(T)$	58. 688	37. 400	0. 660	0. 020		
$Ga(T)$	-41810	-21. 288	-37. 400	-0. 330	0. 020	
$Ga(l)$	-5333	-320. 657				

SrI_2

温度范围:298 ~ 811　　相:固

$\Delta H_{f,298}^{\ominus}$: -560660　　$S_{298}^{\ominus}$:164. 013

函数	r_0	r_1	r_2	r_3	r_4	r_5
C_p	77. 822	12. 761				
$Ha(T)$	-584430	77. 822	6. 381			
$Sa(T)$	-283. 190	77. 822	12. 761			
$Ga(T)$	-584430	361. 012	-77. 822	-6. 381		
$Ga(l)$	-541990	-213. 837				

温度范围:811 ~ 1850　　相:液

$\Delta H_{tr}^{\ominus}$:19670　　$\Delta S_{tr}^{\ominus}$:24. 254

函数	r_0	r_1	r_2	r_3	r_4	r_5
C_p	112. 968					
$Ha(T)$	-589070	112. 968				
$Sa(T)$	-484. 004	112. 968				
$Ga(T)$	-589070	596. 972	-112. 968			
$Ga(l)$	-445010	-326. 829				

SrI_2(气)

温度范围:298 ~2000 相:气

$\Delta H^{\ominus}_{f,298}$: -274900 $S^{\ominus}_{298}$:339. 6

函数	r_0	r_1	r_2	r_3	r_4	r_5
C_p	62. 33	0. 02	-0. 08			
$Ha(T)$	-293750	62. 330	0. 010	0. 080		
$Sa(T)$	-15. 987	62. 330	0. 020	0. 040		
$Ga(T)$	-293750	78. 317	-62. 330	-0. 010	0. 040	
$Ga(l)$	-233520	-419. 372				

SrO

温度范围:298 ~2000 相:固

$\Delta H^{\ominus}_{f,298}$: -592000 $S^{\ominus}_{298}$:55. 5

函数	r_0	r_1	r_2	r_3	r_4	r_5
C_p	50. 75	6. 07	-0. 63			
$Ha(T)$	-609510	50. 750	3. 035	0. 630		
$Sa(T)$	-239. 006	50. 750	6. 070	0. 315		
$Ga(T)$	-609510	289. 756	-50. 750	-3. 035	0. 315	
$Ga(l)$	-556510	-122. 760				

SrO(气)

温度范围:298 ~2000 相:气

$\Delta H^{\ominus}_{f,298}$: -13400 $S^{\ominus}_{298}$:230. 1

函数	r_0	r_1	r_2	r_3	r_4	r_5
C_p	43. 07	-13. 07	-0. 64	7. 59		
$Ha(T)$	-27870	43. 070	-6. 535	0. 640	2. 530	
$Sa(T)$	-15. 336	43. 070	-13. 070	0. 320	3. 795	
$Ga(T)$	-27870	58. 406	-43. 070	6. 535	0. 320	-1. 265
$Ga(l)$	10830	-276. 369				

$SrO \cdot Al_2O_3$

温度范围:298 ~932 相:固(α)

$\Delta H^{\ominus}_{f,298}$: -2338900 $S^{\ominus}_{298}$:108. 8

函数	r_0	r_1	r_2	r_3	r_4	r_5
C_p	177. 19	4. 94	-5. 3			
$Ha(T)$	-2409700	177. 190	2. 470	5. 300		
$Sa(T)$	-932. 041	177. 190	4. 940	2. 650		
$Ga(T)$	-2409700	1109. 231	-177. 190	-2. 470	2. 650	
$Ga(l)$	-2298000	-212. 253				

温度范围:932 ~2063 相:固(β)

$\Delta H^{\ominus}_{tr}$:1900 $\Delta S^{\ominus}_{tr}$:2. 039

函数	r_0	r_1	r_2	r_3	r_4	r_5
C_p	146. 11	29. 29				
$Ha(T)$	-2383700	146. 110	14. 645			
$Sa(T)$	-737. 141	146. 110	29. 290			
$Ga(T)$	-2383700	883. 251	-146. 110	-14. 645		
$Ga(l)$	-2142200	-372. 860				

$SrO \cdot HfO_2$

温度范围:298 ~ 2000　　相:固

$\Delta H^{\ominus}_{f,298}$: −1787800　　$S^{\ominus}_{298}$:113

函数	r_0	r_1	r_2	r_3	r_4	r_5
C_p	122.17	13.81	−1.99			
$Ha(T)$	−1831500	122.170	6.905	1.990		
$Sa(T)$	−598.386	122.170	13.810	0.995		
$Ga(T)$	−1831500	720.556	−122.170	−6.905	0.995	
$Ga(l)$	−1703800	−271.847				

$SrO \cdot MoO_3$

温度范围:298 ~ 1730　　相:固

$\Delta H^{\ominus}_{f,298}$: −1549300　　$S^{\ominus}_{298}$:128.9

函数	r_0	r_1	r_2	r_3	r_4	r_5
C_p	134.14	29.37	−2.3			
$Ha(T)$	−1598300	134.140	14.685	2.300		
$Sa(T)$	−657.069	134.140	29.370	1.150		
$Ga(T)$	−1598300	791.209	−134.140	−14.685	1.150	
$Ga(l)$	−1466300	−295.271				

$SrO \cdot SiO_2$

温度范围:298 ~ 1853　　相:固

$\Delta H^{\ominus}_{f,298}$: −1633900　　$S^{\ominus}_{298}$:96.7

函数	r_0	r_1	r_2	r_3	r_4	r_5
C_p	116.73	11.09	−2.93			
$Ha(T)$	−1679000	116.730	5.545	2.930		
$Sa(T)$	−588.167	116.730	11.090	1.465		
$Ga(T)$	−1679000	704.897	−116.730	−5.545	1.465	
$Ga(l)$	−1563500	−233.565				

$SrO \cdot TiO_2$

温度范围:298 ~ 2000　　相:固

$\Delta H^{\ominus}_{f,298}$: −1670700　　$S^{\ominus}_{298}$:108.4

函数	r_0	r_1	r_2	r_3	r_4	r_5
C_p	118.11	8.54	−1.92			
$Ha(T)$	−1712700	118.110	4.270	1.920		
$Sa(T)$	−577.889	118.110	8.540	0.960		
$Ga(T)$	−1712700	695.999	−118.110	−4.270	0.960	
$Ga(l)$	−1591800	−257.893				

$SrO \cdot WO_3$

温度范围:298 ~ 1808　　相:固

$\Delta H^{\ominus}_{f,298}$: −1621100　　$S^{\ominus}_{298}$:133.9

函数	r_0	r_1	r_2	r_3	r_4	r_5
C_p	120.67	36.11				
$Ha(T)$	−1658700	120.670	18.055			
$Sa(T)$	−564.395	120.670	36.110			
$Ga(T)$	−1658700	685.065	−120.670	−18.055		
$Ga(l)$	−1534000	−306.372				

$SrO \cdot ZrO_2$

温度范围:298 ~ 2000　　相:固

$\Delta H^{\ominus}_{f,298}$: −1778200　　$S^{\ominus}_{298}$:108. 784

函数	r_0	r_1	r_2	r_3	r_4	r_5
C_p	121. 252	12. 217	−2. 159			
$Ha(T)$	−1822100	121. 252	6. 109	2. 159		
$Sa(T)$	−597. 847	121. 252	12. 217	1. 080		
$Ga(T)$	−1822100	719. 099	−121. 252	−6. 109	1. 080	
$Ga(l)$	−1695900	−264. 244				

$2SrO \cdot SiO_2$

温度范围:298 ~ 2000　　相:固

$\Delta H^{\ominus}_{f,298}$: −2304500　　$S^{\ominus}_{298}$:149. 8

函数	r_0	r_1	r_2	r_3	r_4	r_5
C_p	154. 39	31. 38	−2. 93			
$Ha(T)$	−2361800	154. 390	15. 690	2. 930		
$Sa(T)$	−755. 688	154. 390	31. 380	1. 465		
$Ga(T)$	−2361800	910. 078	−154. 390	−15. 690	1. 465	
$Ga(l)$	−2192300	−360. 302				

$2SrO \cdot TiO_2$

温度范围:298 ~ 1798　　相:固

$\Delta H^{\ominus}_{f,298}$: −2287400　　$S^{\ominus}_{298}$:159

函数	r_0	r_1	r_2	r_3	r_4	r_5
C_p	160. 87	16. 07	−1. 95			
$Ha(T)$	−2342600	160. 870	8. 035	1. 950		
$Sa(T)$	−773. 332	160. 870	16. 070	0. 975		
$Ga(T)$	−2342600	934. 202	−160. 870	−8. 035	0. 975	
$Ga(l)$	−2189200	−354. 275				

$4SrO \cdot 3TiO_2$

温度范围:298 ~ 2000　　相:固

$\Delta H^{\ominus}_{f,298}$: −5690200　　$S^{\ominus}_{298}$:376. 560

函数	r_0	r_1	r_2	r_3	r_4	r_5
C_p	432. 082	22. 259	−8. 481			
$Ha(T)$	−5848500	432. 082	11. 130	8. 481		
$Sa(T)$	−2139. 609	432. 082	22. 259	4. 241		
$Ga(T)$	−5848500	2571. 691	−432. 082	−11. 130	4. 241	
$Ga(l)$	−5409200	−908. 476				

SrO_2

温度范围:298 ~ 600　　相:固

$\Delta H^{\ominus}_{f,298}$: −633460　　$S^{\ominus}_{298}$:58. 994

函数	r_0	r_1	r_2	r_3	r_4	r_5
C_p	73. 973	18. 410				
$Ha(T)$	−656330	73. 973	9. 205			
$Sa(T)$	−367. 963	73. 973	18. 410			
$Ga(T)$	−656330	441. 936	−73. 973	−9. 205		
$Ga(l)$	−622340	−91. 214				

$Sr(OH)_2$

温度范围:298 ~ 808　　相:固

$\Delta H^{\ominus}_{f,298}$: -959390　　$S^{\ominus}_{298}$:93. 303

函数	r_0	r_1	r_2	r_3	r_4	r_5
C_p	31. 966	139. 746				
$Ha(T)$	-975130	31. 966	69. 873			
$Sa(T)$	-130. 492	31. 966	139. 746			
$Ga(T)$	-975130	162. 458	-31. 966	-69. 873		
$Ga(l)$	-938630	-147. 965				

SrS

温度范围:298 ~ 2275　　相:固

$\Delta H^{\ominus}_{f,298}$: -452710　　$S^{\ominus}_{298}$:68. 199

函数	r_0	r_1	r_2	r_3	r_4	r_5
C_p	54. 308	5. 272	-0. 649			
$Ha(T)$	-471310	54. 308	2. 636	0. 649		
$Sa(T)$	-246. 448	54. 308	5. 272	0. 325		
$Ga(T)$	-471310	300. 756	-54. 308	-2. 636	0. 325	
$Ga(l)$	-409370	-145. 749				

SrS(气)

温度范围:298 ~ 2000　　相:气

$\Delta H^{\ominus}_{f,298}$:108200　　$S^{\ominus}_{298}$:243. 1

函数	r_0	r_1	r_2	r_3	r_4	r_5
C_p	24. 59	13. 18	0. 82			
$Ha(T)$	103030	24. 590	6. 590	-0. 820		
$Sa(T)$	103. 679	24. 590	13. 180	-0. 410		
$Ga(T)$	103030	-79. 089	-24. 590	-6. 590	-0. 410	
$Ga(l)$	132850	-290. 066				

$SrSO_4$

温度范围:298 ~ 1873　　相:固

$\Delta H^{\ominus}_{f,298}$: -1453100　　$S^{\ominus}_{298}$:117. 2

函数	r_0	r_1	r_2	r_3	r_4	r_5
C_p	91. 21	55. 65				
$Ha(T)$	-1482800	91. 210	27. 825			
$Sa(T)$	-419. 070	91. 210	55. 650			
$Ga(T)$	-1482800	510. 280	-91. 210	-27. 825		
$Ga(l)$	-1371900	-273. 405				

SrSe(气)*

温度范围:298 ~ 2000　　相:气

$\Delta H^{\ominus}_{f,298}$:120500　　$S^{\ominus}_{298}$:***254. 3***

函数	r_0	r_1	r_2	r_3	r_4	r_5
C_p	***37. 38***	***0. 02***	***-0. 10***			
$Ha(T)$	109020	37. 380	0. 010	0. 100		
$Sa(T)$	40. 755	37. 380	0. 020	0. 050		
$Ga(T)$	109020	-3. 375	-37. 380	-0. 010	0. 050	
$Ga(l)$	145210	-301. 885				

Sr_3N_2

温度范围:298 ~ 1303　　相:固

$\Delta H^{\ominus}_{f,298}$: -391200　　$S^{\ominus}_{298}$:134.725

函数	r_0	r_1	r_2	r_3	r_4	r_5
C_p	121.545	27.196				
$Ha(T)$	-428650	121.545	13.598			
$Sa(T)$	-565.898	121.545	27.196			
$Ga(T)$	-428650	687.443	-121.545	-13.598		
$Ga(l)$	-334660	-263.179				

SrC_2

温度范围:298 ~ 1500　　相:固

$\Delta H^{\ominus}_{f,298}$: -84500　　$S^{\ominus}_{298}$:71.1

函数	r_0	r_1	r_2	r_3	r_4	r_5
C_p	68.62	11.3	-0.8			
$Ha(T)$	-108140	68.620	5.650	0.800		
$Sa(T)$	-327.738	68.620	11.300	0.400		
$Ga(T)$	-108140	396.358	-68.620	-5.650	0.400	
$Ga(l)$	-49310	-146.403				

$SrCO_3$

温度范围:298 ~ 1197　　相:固(α)

$\Delta H^{\ominus}_{f,298}$: -1219800　　$S^{\ominus}_{298}$:97.069

函数	r_0	r_1	r_2	r_3	r_4	r_5
C_p	89.621	35.815	-1.421			
$Ha(T)$	-1252900	89.621	17.908	1.421		
$Sa(T)$	-432.226	89.621	35.815	0.711		
$Ga(T)$	-1252900	521.847	-89.621	-17.908	0.711	
$Ga(l)$	-1181600	-185.671				

温度范围:1197 ~ 1445　　相:固(β)

$\Delta H^{\ominus}_{tr}$:19670　　$\Delta S^{\ominus}_{tr}$:16.433

函数	r_0	r_1	r_2	r_3	r_4	r_5
C_p	142.256					
$Ha(T)$	-1269400	142.256				
$Sa(T)$	-745.482	142.256				
$Ga(T)$	-1269400	887.738	-142.256			
$Ga(l)$	-1081900	-276.664				

Ta

温度范围:298 ~ 500　　相:固

$\Delta H^{\ominus}_{f,298}$:0　　$S^{\ominus}_{298}$:41.505

函数	r_0	r_1	r_2	r_3	r_4	r_5
C_p	27.351	-0.929	-0.153			
$Ha(T)$	-8627	27.351	-0.465	0.153		
$Sa(T)$	-114.914	27.351	-0.929	0.077		
$Ga(T)$	-8627	142.265	-27.351	0.465	0.077	
$Ga(l)$	2424	-48.847				

温度范围:500 ~ 1200　　相:固

$\Delta H_{tr}^{\ominus}$:—　　$\Delta S_{tr}^{\ominus}$:—

函数	r_0	r_1	r_2	r_3	r_4	r_5
C_p	25.020	2.469				
$Ha(T)$	-7580	25.020	1.235			
$Sa(T)$	-101.820	25.020	2.469			
$Ga(T)$	-7580	126.840	-25.020	-1.235		
$Ga(l)$	13540	-68.604				

温度范围:1200 ~ 1700　　相:固

$\Delta H_{tr}^{\ominus}$:—　　$\Delta S_{tr}^{\ominus}$:—

函数	r_0	r_1	r_2	r_3	r_4	r_5
C_p	22.786	3.979	0.676			
$Ha(T)$	-5423	22.786	1.990	-0.676		
$Sa(T)$	-87.558	22.786	3.979	-0.338		
$Ga(T)$	-5423	110.344	-22.786	-1.990	-0.338	
$Ga(l)$	31020	-83.846				

温度范围:1700 ~ 2600　　相:固

$\Delta H_{tr}^{\ominus}$:—　　$\Delta S_{tr}^{\ominus}$:—

函数	r_0	r_1	r_2	r_3	r_4	r_5
C_p	10.648	8.581	13.296			
$Ha(T)$	15990	10.648	4.291	-13.296		
$Sa(T)$	-2.911	10.648	8.581	-6.648		
$Ga(T)$	15990	13.559	-10.648	-4.291	-6.648	
$Ga(l)$	51840	-95.718				

温度范围:2600 ~ 3000　　相:固

$\Delta H_{tr}^{\ominus}$:—　　$\Delta S_{tr}^{\ominus}$:—

函数	r_0	r_1	r_2	r_3	r_4	r_5
C_p	-65.153	28.234	180.617			
$Ha(T)$	211000	-65.153	14.117	-180.617		
$Sa(T)$	554.410	-65.153	28.234	-90.309		
$Ga(T)$	211000	-619.563	65.153	-14.117	-90.309	
$Ga(l)$	74620	-104.793				

温度范围:3000 ~ 3287　　相:固

$\Delta H_{tr}^{\ominus}$:—　　$\Delta S_{tr}^{\ominus}$:—

函数	r_0	r_1	r_2	r_3	r_4	r_5
C_p	-655.683	158.243	1985.238			
$Ha(T)$	1999100	-655.683	79.122	-1985.238		
$Sa(T)$	4992.640	-655.683	158.243	-992.619		
$Ga(T)$	1999100	-5648.323	655.683	-79.122	-992.619	
$Ga(l)$	87800	-109.220				

温度范围:3287 ~ 4400 相:液

$\Delta H^{\ominus}_{tr}$:31630 $\Delta S^{\ominus}_{tr}$:9. 623

函数	r_0	r_1	r_2	r_3	r_4	r_5
C_p	41. 840					
$Ha(T)$	-11150	41. 840				
$Sa(T)$	-217. 818	41. 840				
$Ga(T)$	-11150	259. 658	-41. 840			
$Ga(l)$	148760	-127. 448				

Ta(气)

温度范围:298 ~ 2000 相:气

$\Delta H^{\ominus}_{f,298}$:782000 $S^{\ominus}_{298}$:186. 6

函数	r_0	r_1	r_2	r_3	r_4	r_5
C_p	22. 38	5. 86	-0. 44	-0. 41		
$Ha(T)$	773590	22. 380	2. 930	0. 440	-0. 137	
$Sa(T)$	54. 884	22. 380	5. 860	0. 220	-0. 205	
$Ga(T)$	773590	-32. 504	-22. 380	-2. 930	0. 220	0. 068
$Ga(l)$	798700	-217. 870				

TaF_2

温度范围:298 ~ 1510 相:固

$\Delta H^{\ominus}_{f,298}$: -753120 $S^{\ominus}_{298}$:100. 416

函数	r_0	r_1	r_2	r_3	r_4	r_5
C_p	63. 597	28. 451				
$Ha(T)$	-773350	63. 597	14. 226			
$Sa(T)$	-270. 417	63. 597	28. 451			
$Ga(T)$	-773350	334. 014	-63. 597	-14. 226		
$Ga(l)$	-713380	-185. 014				

温度范围:1510 ~ 2250 相:液

$\Delta H^{\ominus}_{tr}$:19250 $\Delta S^{\ominus}_{tr}$:12. 748

函数	r_0	r_1	r_2	r_3	r_4	r_5
C_p	94. 140					
$Ha(T)$	-767780	94. 140				
$Sa(T)$	-438. 278	94. 140				
$Ga(T)$	-767780	532. 418	-94. 140			
$Ga(l)$	-592640	-271. 077				

温度范围:2250 ~ 2500 相:气

$\Delta H^{\ominus}_{tr}$:242670 $\Delta S^{\ominus}_{tr}$:107. 853

函数	r_0	r_1	r_2	r_3	r_4	r_5
C_p	62. 760					
$Ha(T)$	-454510	62. 760				
$Sa(T)$	-88. 212	62. 760				
$Ga(T)$	-454510	150. 972	-62. 760			
$Ga(l)$	-305660	-399. 547				

TaF_3

温度范围:298 ~ 1750　　相:固

$\Delta H^{\ominus}_{f,298}$: -1087800　　$S^{\ominus}_{298}$:108.784

函数	r_0	r_1	r_2	r_3	r_4	r_5
C_p	84.517	46.024				
$Ha(T)$	-1115000	84.517	23.012			
$Sa(T)$	-386.482	84.517	46.024			
$Ga(T)$	-1115000	470.999	-84.517	-23.012		
$Ga(l)$	-1021000	-241.666				

温度范围:1750 ~ 2350　　相:液

$\Delta H^{\ominus}_{tr}$:54390　　$\Delta S^{\ominus}_{tr}$:31.080

函数	r_0	r_1	r_2	r_3	r_4	r_5
C_p	133.888					
$Ha(T)$	-1076600	133.888				
$Sa(T)$	-643.531	133.888				
$Ga(T)$	-1076600	777.419	-133.888			
$Ga(l)$	-803690	-377.151				

温度范围:2350 ~ 2500　　相:气

$\Delta H^{\ominus}_{tr}$:238490　　$\Delta S^{\ominus}_{tr}$:101.485

函数	r_0	r_1	r_2	r_3	r_4	r_5
C_p	83.680					
$Ha(T)$	-720100	83.680				
$Sa(T)$	-152.323	83.680				
$Ga(T)$	-720100	236.003	-83.680			
$Ga(l)$	-517420	-499.755				

TaF_5

温度范围:298 ~ 368　　相:固

$\Delta H^{\ominus}_{f,298}$: -1903300　　$S^{\ominus}_{298}$:171.544

函数	r_0	r_1	r_2	r_3	r_4	r_5
C_p	161.084					
$Ha(T)$	-1951300	161.084				
$Sa(T)$	-746.248	161.084				
$Ga(T)$	-1951300	907.332	-161.084			
$Ga(l)$	-1897800	-189.104				

温度范围:368 ~ 502　　相:液

$\Delta H^{\ominus}_{tr}$:18830　　$\Delta S^{\ominus}_{tr}$:51.168

函数	r_0	r_1	r_2	r_3	r_4	r_5
C_p	177.820					
$Ha(T)$	-1938700	177.820				
$Sa(T)$	-793.957	177.820				
$Ga(T)$	-1938700	971.777	-177.820			
$Ga(l)$	-1861800	-285.939				

温度范围:502 ~ 2000　　相:气

$\Delta H_{tr}^{\ominus}$:50630　　$\Delta S_{tr}^{\ominus}$:100. 857

函数	r_0	r_1	r_2	r_3	r_4	r_5
C_p	130. 666	1. 088	-2. 469			
$Ha(T)$	-1869400	130. 666	0. 544	2. 469		
$Sa(T)$	-405. 313	130. 666	1. 088	1. 235		
$Ga(T)$	-1869400	535. 979	-130. 666	-0. 544	1. 235	
$Ga(l)$	-1719300	-523. 836				

TaF_5(气)

温度范围:298 ~ 2000　　相:气

$\Delta H_{f,298}^{\ominus}$: -1828800　　$S_{298}^{\ominus}$:333. 7

函数	r_0	r_1	r_2	r_3	r_4	r_5
C_p	130. 67	1. 09	-2. 47			
$Ha(T)$	-1876100	130. 670	0. 545	2. 470		
$Sa(T)$	-425. 023	130. 670	1. 090	1. 235		
$Ga(T)$	-1876100	555. 693	-130. 670	-0. 545	1. 235	
$Ga(l)$	-1746400	-490. 238				

TaCl(气)

温度范围:298 ~ 2000　　相:气

$\Delta H_{f,298}^{\ominus}$:359800　　$S_{298}^{\ominus}$:384. 8

函数	r_0	r_1	r_2	r_3	r_4	r_5
C_p	36. 98	0. 64	-0. 2			
$Ha(T)$	348080	36. 980	0. 320	0. 200		
$Sa(T)$	172. 787	36. 980	0. 640	0. 100		
$Ga(T)$	348080	-135. 807	-36. 980	-0. 320	0. 100	
$Ga(l)$	384340	-431. 895				

$TaCl_2$

温度范围:298 ~ 1210　　相:固

$\Delta H_{f,298}^{\ominus}$: -355640　　$S_{298}^{\ominus}$:129. 704

函数	r_0	r_1	r_2	r_3	r_4	r_5
C_p	68. 618	23. 430				
$Ha(T)$	-377140	68. 618	11. 715			
$Sa(T)$	-268. 239	68. 618	23. 430			
$Ga(T)$	-377140	336. 857	-68. 618	-11. 715		
$Ga(l)$	-324890	-201. 319				

温度范围:1210 ~ 1650　　相:液

$\Delta H_{tr}^{\ominus}$:28450　　$\Delta S_{tr}^{\ominus}$:23. 512

函数	r_0	r_1	r_2	r_3	r_4	r_5
C_p	106. 692					
$Ha(T)$	-377610	106. 692				
$Sa(T)$	-486. 640	106. 692				
$Ga(T)$	-377610	593. 332	-106. 692			
$Ga(l)$	-226010	-288. 263				

温度范围:1650 ~ 2500　　相:气

$\Delta H_{tr}^{\ominus}$:167360　　$\Delta S_{tr}^{\ominus}$:101.430

函数	r_0	r_1	r_2	r_3	r_4	r_5
C_p	62.760					
$Ha(T)$	-137760	62.760				
$Sa(T)$	-59.738	62.760				
$Ga(T)$	-137760	122.498	-62.760			
$Ga(l)$	-8999	-419.339				

$TaCl_2$(气)

温度范围:298 ~ 2000　　相:气

$\Delta H_{f,298}^{\ominus}$: -66900　　$S_{298}^{\ominus}$:298.4

函数	r_0	r_1	r_2	r_3	r_4	r_5
C_p	62.06	0.13	-0.42			
$Ha(T)$	-86820	62.060	0.065	0.420		
$Sa(T)$	-57.594	62.060	0.130	0.210		
$Ga(T)$	-86820	119.654	-62.060	-0.065	0.210	
$Ga(l)$	-26360	-376.207				

$TaCl_{2.5}$

温度范围:298 ~ 1000　　相:固

$\Delta H_{f,298}^{\ominus}$: -474470　　$S_{298}^{\ominus}$:140.582

函数	r_0	r_1	r_2	r_3	r_4	r_5
C_p	86.149	3.556	-0.356			
$Ha(T)$	-501510	86.149	1.778	0.356		
$Sa(T)$	-353.323	86.149	3.556	0.178		
$Ga(T)$	-501510	439.472	-86.149	-1.778	0.178	
$Ga(l)$	-448830	-204.668				

$TaCl_3$

温度范围:298 ~ 1000　　相:固

$\Delta H_{f,298}^{\ominus}$: -553130　　$S_{298}^{\ominus}$:154.808

函数	r_0	r_1	r_2	r_3	r_4	r_5
C_p	96.232	16.318	-0.711			
$Ha(T)$	-584930	96.232	8.159	0.711		
$Sa(T)$	-402.348	96.232	16.318	0.356		
$Ga(T)$	-584930	498.579	-96.232	-8.159	0.356	
$Ga(l)$	-523180	-229.420				

$TaCl_3$(气)

温度范围:298 ~ 2000　　相:气

$\Delta H_{f,298}^{\ominus}$: -322200　　$S_{298}^{\ominus}$:346

函数	r_0	r_1	r_2	r_3	r_4	r_5
C_p	82.27	0.64	-0.62			
$Ha(T)$	-348840	82.270	0.320	0.620		
$Sa(T)$	-126.419	82.270	0.640	0.310		
$Ga(T)$	-348840	208.689	-82.270	-0.320	0.310	
$Ga(l)$	-268370	-449.225				

$TaCl_4$

温度范围:298 ~ 700　　相:固

$\Delta H^{\ominus}_{f,298}$: −707510　　$S^{\ominus}_{298}$:192.464

函数	r_0	r_1	r_2	r_3	r_4	r_5
C_p	133.470		−1.213			
$Ha(T)$	−751370	133.470		1.213		
$Sa(T)$	−574.817	133.470		0.607		
$Ga(T)$	−751370	708.287	−133.470		0.607	
$Ga(l)$	−685070	−254.859				

$TaCl_4$(气)

温度范围:298 ~ 2000　　相:气

$\Delta H^{\ominus}_{f,298}$: −570280　　$S^{\ominus}_{298}$:384.928

函数	r_0	r_1	r_2	r_3	r_4	r_5
C_p	107.947		−0.837			
$Ha(T)$	−605270	107.947		0.837		
$Sa(T)$	−234.818	107.947		0.419		
$Ga(T)$	−605270	342.765	−107.947		0.419	
$Ga(l)$	−500110	−519.537				

$TaCl_5$

温度范围:298 ~ 490　　相:固

$\Delta H^{\ominus}_{f,298}$: −858980　　$S^{\ominus}_{298}$:233.923

函数	r_0	r_1	r_2	r_3	r_4	r_5
C_p	138.072		−1.255			
$Ha(T)$	−904360	138.072		1.255		
$Sa(T)$	−559.815	138.072		0.628		
$Ga(T)$	−904360	697.887	−138.072		0.628	
$Ga(l)$	−847530	−268.739				

温度范围:490 ~ 506　　相:液

$\Delta H^{\ominus}_{tr}$:37260　　$\Delta S^{\ominus}_{tr}$:76.041

函数	r_0	r_1	r_2	r_3	r_4	r_5
C_p	184.096					
$Ha(T)$	−887090	184.096				
$Sa(T)$	−766.252	184.096				
$Ga(T)$	−887090	950.348	−184.096			
$Ga(l)$	−795440	−377.042				

温度范围:506 ~ 2000　　相:气

$\Delta H^{\ominus}_{tr}$:54840　　$\Delta S^{\ominus}_{tr}$:108.379

函数	r_0	r_1	r_2	r_3	r_4	r_5
C_p	132.214		−1.548			
$Ha(T)$	−809050	132.214		1.548		
$Sa(T)$	−337.850	132.214		0.774		
$Ga(T)$	−809050	470.064	−132.214		0.774	
$Ga(l)$	−658490	−600.793				

$TaCl_5$(气)

温度范围:298 ~ 2000 相:气

$\Delta H^{\ominus}_{f,298}$: −764800 $S^{\ominus}_{298}$:413

函数	r_0	r_1	r_2	r_3	r_4	r_5
C_p	131.93	0.69	−1.07			
$Ha(T)$	−807750	131.930	0.345	1.070		
$Sa(T)$	−344.908	131.930	0.690	0.535		
$Ga(T)$	−807750	476.838	−131.930	−0.345	0.535	
$Ga(l)$	−678800	−577.866				

$TaBr_5$

温度范围:298 ~ 513 相:固

$\Delta H^{\ominus}_{f,298}$: −598310 $S^{\ominus}_{298}$:305.432

函数	r_0	r_1	r_2	r_3	r_4	r_5
C_p	119.160	122.591				
$Ha(T)$	−639290	119.160	61.296			
$Sa(T)$	−410.044	119.160	122.591			
$Ga(T)$	−639290	529.204	−119.160	−61.296		
$Ga(l)$	−582020	−354.416				

温度范围:513 ~ 595 相:液

$\Delta H^{\ominus}_{tr}$:37660 $\Delta S^{\ominus}_{tr}$:73.411

函数	r_0	r_1	r_2	r_3	r_4	r_5
C_p	184.096					
$Ha(T)$	−618810	184.096				
$Sa(T)$	−678.962	184.096				
$Ga(T)$	−618810	863.058	−184.096			
$Ga(l)$	−516960	−483.912				

$TaBr_5$(气)

温度范围:298 ~ 2000 相:气

$\Delta H^{\ominus}_{f,298}$: −483700 $S^{\ominus}_{298}$:456.3

函数	r_0	r_1	r_2	r_3	r_4	r_5
C_p	133.05	−0.15	−0.55			
$Ha(T)$	−525210	133.050	−0.075	0.550		
$Sa(T)$	−304.814	133.050	−0.150	0.275		
$Ga(T)$	−525210	437.864	−133.050	0.075	0.275	
$Ga(l)$	−396270	−624.509				

TaI_5

温度范围:298 ~ 640 相:固

$\Delta H^{\ominus}_{f,298}$: −333470 $S^{\ominus}_{298}$:343.088

函数	r_0	r_1	r_2	r_3	r_4	r_5
C_p	129.620	87.320				
$Ha(T)$	−376000	129.620	43.660			
$Sa(T)$	−421.469	129.620	87.320			
$Ga(T)$	−376000	551.089	−129.620	−43.660		
$Ga(l)$	−308210	−414.980				

温度范围:640 ~ 670 相:液

$\Delta H_{tr}^{\ominus}$:41840 $\Delta S_{tr}^{\ominus}$:65.375

函数	r_0	r_1	r_2	r_3	r_4	r_5
C_p	184.096					
$Ha(T)$	-351140	184.096				
$Sa(T)$	-652.204	184.096				
$Ga(T)$	-351140	836.300	-184.096			
$Ga(l)$	-230720	-541.350				

温度范围:670 ~ 2000 相:气

$\Delta H_{tr}^{\ominus}$:64850 $\Delta S_{tr}^{\ominus}$:96.791

函数	r_0	r_1	r_2	r_3	r_4	r_5
C_p	117.361	3.264				
$Ha(T)$	-242310	117.361	1.632			
$Sa(T)$	-123.337	117.361	3.264			
$Ga(T)$	-242310	240.698	-117.361	-1.632		
$Ga(l)$	-93730	-722.548				

TaI_5(气)

温度范围:298 ~ 2000 相:气

$\Delta H_{f,298}^{\ominus}$: -192700 $S_{298}^{\ominus}$:532.9

函数	r_0	r_1	r_2	r_3	r_4	r_5
C_p	133.05	-0.15	-0.55			
$Ha(T)$	-234210	133.050	-0.075	0.550		
$Sa(T)$	-228.214	133.050	-0.150	0.275		
$Ga(T)$	-234210	361.264	-133.050	0.075	0.275	
$Ga(l)$	-105270	-701.109				

TaO(气)

温度范围:298 ~ 3500 相:气

$\Delta H_{f,298}^{\ominus}$:217440 $S_{298}^{\ominus}$:245.057

函数	r_0	r_1	r_2	r_3	r_4	r_5
C_p	36.401	0.502	-0.331			
$Ha(T)$	205450	36.401	0.251	0.331		
$Sa(T)$	35.647	36.401	0.502	0.166		
$Ga(T)$	205450	0.754	-36.401	-0.251	0.166	
$Ga(l)$	260650	-308.340				

TaO_2(气)

温度范围:298 ~ 3000 相:气

$\Delta H_{f,298}^{\ominus}$: -195390 $S_{298}^{\ominus}$:261.584

函数	r_0	r_1	r_2	r_3	r_4	r_5
C_p	53.472	7.866	-0.866	-1.088		
$Ha(T)$	-214580	53.472	3.933	0.866	-0.363	
$Sa(T)$	-50.246	53.472	7.866	0.433	-0.544	
$Ga(T)$	-214580	103.718	-53.472	-3.933	0.433	0.181
$Ga(l)$	-136450	-353.157				

Ta_2O_5

温度范围:298 ~ 2150　　　　相:固

$\Delta H^{\ominus}_{f,298}$: −2045980　　　　$S^{\ominus}_{298}$:143.093

函数	r_0	r_1	r_2	r_3	r_4	r_5
C_p	154.808	27.447	−2.477			
$Ha(T)$	−2101700	154.808	13.724	2.477		
$Sa(T)$	−761.056	154.808	27.447	1.239		
$Ga(T)$	−2101700	915.864	−154.808	−13.724	1.239	
$Ga(l)$	−1924500	−364.275				

温度范围:2150 ~ 3500　　　　相:液

$\Delta H^{\ominus}_{tr}$:151130　　　　$\Delta S^{\ominus}_{tr}$:70.293

函数	r_0	r_1	r_2	r_3	r_4	r_5
C_p	234.304					
$Ha(T)$	−2056900	234.304				
$Sa(T)$	−1241.475	234.304				
$Ga(T)$	−2056900	1475.779	−234.304			
$Ga(l)$	−1405100	−619.015				

$TaOCl_3$

温度范围:298 ~ 600　　　　相:固

$\Delta H^{\ominus}_{f,298}$: −892450　　　　$S^{\ominus}_{298}$:177.402

函数	r_0	r_1	r_2	r_3	r_4	r_5
C_p	133.470		−1.213			
$Ha(T)$	−936310	133.470		1.213		
$Sa(T)$	−589.879	133.470		0.607		
$Ga(T)$	−936310	723.349	−133.470		0.607	
$Ga(l)$	−875350	−226.931				

$TaOCl_3$(气)

温度范围:298 ~ 2000　　　　相:气

$\Delta H^{\ominus}_{f,298}$: −783250　　　　$S^{\ominus}_{298}$:361.498

函数	r_0	r_1	r_2	r_3	r_4	r_5
C_p	107.947		−0.837			
$Ha(T)$	−818240	107.947		0.837		
$Sa(T)$	−258.248	107.947		0.419		
$Ga(T)$	−818240	366.195	−107.947		0.419	
$Ga(l)$	−713080	−496.107				

TaO_2Cl

温度范围:298 ~ 811　　　　相:固

$\Delta H^{\ominus}_{f,298}$: −1004200　　　　$S^{\ominus}_{298}$:94.5

函数	r_0	r_1	r_2	r_3	r_4	r_5
C_p	96.23	16.32	−0.71			
$Ha(T)$	−1036000	96.230	8.160	0.710		
$Sa(T)$	−462.639	96.230	16.320	0.355		
$Ga(T)$	−1036000	558.869	−96.230	−8.160	0.355	
$Ga(l)$	−982010	−153.582				

TaS_2

温度范围:298 ~600 相:固

$\Delta H^{\ominus}_{f,298}$: -353970 $S^{\ominus}_{298}$:75. 312

函数	r_0	r_1	r_2	r_3	r_4	r_5
C_p	69. 873					
$Ha(T)$	-374800	69. 873				
$Sa(T)$	-322. 796	69. 873				
$Ga(T)$	-374800	392. 669	-69. 873			
$Ga(l)$	-344380	-103. 122				

TaN

温度范围:298 ~3363 相:固

$\Delta H^{\ominus}_{f,298}$: -252300 $S^{\ominus}_{298}$:42. 677

函数	r_0	r_1	r_2	r_3	r_4	r_5
C_p	55. 271	2. 720	-1. 264			
$Ha(T)$	-273140	55. 271	1. 360	1. 264		
$Sa(T)$	-280. 155	55. 271	2. 720	0. 632		
$Ga(T)$	-273140	335. 426	-55. 271	-1. 360	0. 632	
$Ga(l)$	-188790	-135. 710				

温度范围:3363 ~3500 相:液

$\Delta H^{\ominus}_{tr}$:66940 $\Delta S^{\ominus}_{tr}$:19. 905

函数	r_0	r_1	r_2	r_3	r_4	r_5
C_p	62. 760					
$Ha(T)$	-215630	62. 760				
$Sa(T)$	-311. 862	62. 760				
$Ga(T)$	-215630	374. 622	-62. 760			
$Ga(l)$	-555	-198. 971				

Ta_2N

温度范围:298 ~3000 相:固

$\Delta H^{\ominus}_{f,298}$: -272800 $S^{\ominus}_{298}$:74. 475

函数	r_0	r_1	r_2	r_3	r_4	r_5
C_p	70. 479	17. 656	-0. 707			
$Ha(T)$	-296970	70. 479	8. 828	0. 707		
$Sa(T)$	-336. 327	70. 479	17. 656	0. 354		
$Ga(T)$	-296970	406. 806	-70. 479	-8. 828	0. 354	
$Ga(l)$	-184870	-209. 465				

温度范围:3000 ~4000 相:液

$\Delta H^{\ominus}_{tr}$:92050 $\Delta S^{\ominus}_{tr}$:30. 683

函数	r_0	r_1	r_2	r_3	r_4	r_5
C_p	94. 140					
$Ha(T)$	-196210	94. 140				
$Sa(T)$	-442. 075	94. 140				
$Ga(T)$	-196210	536. 215	-94. 140			
$Ga(l)$	131460	-325. 959				

TaC （$TaC_{0.85\sim1}$）

温度范围:298 ~4000　　　相:固

$\Delta H^{\ominus}_{f,298}$: -143090　　　$S^{\ominus}_{298}$:42.258

函数	r_0	r_1	r_2	r_3	r_4	r_5
C_p	43.292	11.351	-0.880			
$Ha(T)$	-159450	43.292	5.676	0.880		
$Sa(T)$	-212.736	43.292	11.351	0.440		
$Ga(T)$	-159450	256.028	-43.292	-5.676	0.440	
$Ga(l)$	-67080	-140.073				

TaC

温度范围:298 ~2000　　　相:固

$\Delta H^{\ominus}_{f,298}$: -144100　　　$S^{\ominus}_{298}$:42.4

函数	r_0	r_1	r_2	r_3	r_4	r_5
C_p	43.3	8.16	-0.8			
$Ha(T)$	-160060	43.300	4.080	0.800		
$Sa(T)$	-211.239	43.300	8.160	0.400		
$Ga(T)$	-160060	254.539	-43.300	-4.080	0.400	
$Ga(l)$	-112900	-101.001				

Ta_2C

温度范围:298 ~3773　　　相:固

$\Delta H^{\ominus}_{f,298}$: -202920　　　$S^{\ominus}_{298}$:83.680

函数	r_0	r_1	r_2	r_3	r_4	r_5
C_p	66.442	13.933	-0.858			
$Ha(T)$	-226230	66.442	6.967	0.858		
$Sa(T)$	-303.860	66.442	13.933	0.429		
$Ga(T)$	-226230	370.302	-66.442	-6.967	0.429	
$Ga(l)$	-98440	-224.975				

$TaSi_2$

温度范围:298 ~2200　　　相:固

$\Delta H^{\ominus}_{f,298}$: -119100　　　$S^{\ominus}_{298}$:56.358

函数	r_0	r_1	r_2	r_3	r_4	r_5
C_p	73.262	7.711	-0.906			
$Ha(T)$	-144320	73.262	3.856	0.906		
$Sa(T)$	-368.454	73.262	7.711	0.453		
$Ga(T)$	-144320	441.716	-73.262	-3.856	0.453	
$Ga(l)$	-62530	-159.083				

Ta_2Si

温度范围:298 ~2000　　　相:固

$\Delta H^{\ominus}_{f,298}$: -125520　　　$S^{\ominus}_{298}$:105.437

函数	r_0	r_1	r_2	r_3	r_4	r_5
C_p	72.383	10.878	-0.586			
$Ha(T)$	-149550	72.383	5.439	0.586		
$Sa(T)$	-313.512	72.383	10.878	0.293		
$Ga(T)$	-149550	385.895	-72.383	-5.439	0.293	
$Ga(l)$	-73140	-204.830				

Ta_5Si_3

温度范围:298 ~ 2000　　相:固

$\Delta H^{\ominus}_{f,298}$: -334720　　$S^{\ominus}_{298}$:280.746

函数	r_0	r_1	r_2	r_3	r_4	r_5
C_p	179.703	39.120	-0.891			
$Ha(T)$	-393030	179.703	19.560	0.891		
$Sa(T)$	-759.804	179.703	39.120	0.446		
$Ga(T)$	-393030	939.507	-179.703	-19.560	0.446	
$Ga(l)$	-197480	-540.652				

TaB_2

温度范围:298 ~ 3373　　相:固

$\Delta H^{\ominus}_{f,298}$: -209200　　$S^{\ominus}_{298}$:44.350

函数	r_0	r_1	r_2	r_3	r_4	r_5
C_p	59.455	18.786	-1.506			
$Ha(T)$	-232810	59.455	9.393	1.506		
$Sa(T)$	-308.472	59.455	18.786	0.753		
$Ga(T)$	-232810	367.927	-59.455	-9.393	0.753	
$Ga(l)$	-121250	-168.196				

温度范围:3373 ~ 3500　　相:液

$\Delta H^{\ominus}_{tr}$:83680　　$\Delta S^{\ominus}_{tr}$:24.809

函数	r_0	r_1	r_2	r_3	r_4	r_5
C_p	125.520					
$Ha(T)$	-264660	125.520				
$Sa(T)$	-756.915	125.520				
$Ga(T)$	-264660	882.435	-125.520			
$Ga(l)$	167640	-265.377				

$TaFe_2$

温度范围:298 ~ 1300　　相:固

$\Delta H^{\ominus}_{f,298}$: -57740　　$S^{\ominus}_{298}$:106.692

函数	r_0	r_1	r_2	r_3	r_4	r_5
C_p	66.944	26.359				
$Ha(T)$	-78870	66.944	13.180			
$Sa(T)$	-282.587	66.944	26.359			
$Ga(T)$	-78870	349.531	-66.944	-13.180		
$Ga(l)$	-24040	-183.001				

$TaCr_2$

温度范围:298 ~ 1968　　相:固

$\Delta H^{\ominus}_{f,298}$: -27000　　$S^{\ominus}_{298}$:88.1

函数	r_0	r_1	r_2	r_3	r_4	r_5
C_p	73.85	22.8	-0.72			
$Ha(T)$	-52450	73.850	11.400	0.720		
$Sa(T)$	-343.515	73.850	22.800	0.360		
$Ga(T)$	-52450	417.365	-73.850	-11.400	0.360	
$Ga(l)$	30830	-197.513				

Tb(l)

温度范围:298 ~ 500　　相:固(α)

$\Delta H^{\ominus}_{f,298}$:0　　$S^{\ominus}_{298}$:73.304

函数	r_0	r_1	r_2	r_3	r_4	r_5
C_p	29.819	-3.113				
$Ha(T)$	-8752	29.819	-1.557			
$Sa(T)$	-95.664	29.819	-3.113			
$Ga(T)$	-8752	125.483	-29.819	1.557		
$Ga(l)$	2700	-81.490				

温度范围:500 ~ 1300　　相:固(α)

$\Delta H^{\ominus}_{tr}$:—　　$\Delta S^{\ominus}_{tr}$:—

函数	r_0	r_1	r_2	r_3	r_4	r_5
C_p	28.752	0.933	-0.659	6.824		
$Ha(T)$	-10330	28.752	0.467	0.659	2.275	
$Sa(T)$	-93.228	28.752	0.933	0.330	3.412	
$Ga(T)$	-10330	121.980	-28.752	-0.467	0.330	-1.137
$Ga(l)$	16900	-105.936				

温度范围:1300 ~ 1560　　相:固(α)

$\Delta H^{\ominus}_{tr}$:—　　$\Delta S^{\ominus}_{tr}$:—

函数	r_0	r_1	r_2	r_3	r_4	r_5
C_p	12.899	21.690				
$Ha(T)$	-1753	12.899	10.845			
$Sa(T)$	-0.582	12.899	21.690			
$Ga(T)$	-1753	13.481	-12.899	-10.845		
$Ga(l)$	38770	-124.139				

温度范围:1560 ~ 1630　　相:固(β)

$\Delta H^{\ominus}_{tr}$:5021　　$\Delta S^{\ominus}_{tr}$:3.219

函数	r_0	r_1	r_2	r_3	r_4	r_5
C_p	27.740					
$Ha(T)$	6508	27.740				
$Sa(T)$	-72.645	27.740				
$Ga(T)$	6508	100.385	-27.740			
$Ga(l)$	50780	-131.948				

温度范围:1630 ~ 2500　　相:液

$\Delta H^{\ominus}_{tr}$:10800　　$\Delta S^{\ominus}_{tr}$:6.626

函数	r_0	r_1	r_2	r_3	r_4	r_5
C_p	46.484					
$Ha(T)$	-13240	46.484				
$Sa(T)$	-204.656	46.484				
$Ga(T)$	-13240	251.140	-46.484			
$Ga(l)$	81600	-149.944				

Tb(2)

温度范围:298 ~ 1560　　相:固(α)

$\Delta H^{\ominus}_{f,298}$:0　　$S^{\ominus}_{298}$:73. 3

函数	r_0	r_1	r_2	r_3	r_4	r_5
C_p	20. 82	11. 39	0. 39	3. 23		
$Ha(T)$	-5434	20. 820	5. 695	-0. 390	1. 077	
$Sa(T)$	-46. 670	20. 820	11. 390	-0. 195	1. 615	
$Ga(T)$	-5434	67. 490	-20. 820	-5. 695	-0. 195	-0. 538
$Ga(l)$	15730	-106. 326				

Tb(气)

温度范围:298 ~ 2000　　相:气

$\Delta H^{\ominus}_{f,298}$:388700　　$S^{\ominus}_{298}$:203. 3

函数	r_0	r_1	r_2	r_3	r_4	r_5
C_p	21. 08	4. 54	0. 2			
$Ha(T)$	382880	21. 080	2. 270	-0. 200		
$Sa(T)$	82. 966	21. 080	4. 540	-0. 100		
$Ga(T)$	382880	-61. 886	-21. 080	-2. 270	-0. 100	
$Ga(l)$	405420	-235. 279				

TbF_3

温度范围:298 ~ 1450　　相:固

$\Delta H^{\ominus}_{f,298}$: -1707100　　$S^{\ominus}_{298}$:118

函数	r_0	r_1	r_2	r_3	r_4	r_5
C_p	96. 61	20. 64	-1. 03			
$Ha(T)$	-1740300	96. 610	10. 320	1. 030		
$Sa(T)$	-444. 392	96. 610	20. 640	0. 515		
$Ga(T)$	-1740300	541. 002	-96. 610	-10. 320	0. 515	
$Ga(l)$	-1658100	-224. 272				

TbF_3(气)

温度范围:298 ~ 2000　　相:气

$\Delta H^{\ominus}_{f,298}$: -1261500　　$S^{\ominus}_{298}$:339. 8

函数	r_0	r_1	r_2	r_3	r_4	r_5
C_p	80. 53	5. 54	-0. 95			
$Ha(T)$	-1288900	80. 530	2. 770	0. 950		
$Sa(T)$	-126. 023	80. 530	5. 540	0. 475		
$Ga(T)$	-1288900	206. 553	-80. 530	-2. 770	0. 475	
$Ga(l)$	-1207100	-443. 296				

$TbCl_3$

温度范围:298 ~ 783　　相:固(α)

$\Delta H^{\ominus}_{f,298}$: -997050　　$S^{\ominus}_{298}$:147. 695

函数	r_0	r_1	r_2	r_3	r_4	r_5
C_p	94. 115	25. 753	-0. 308			
$Ha(T)$	-1027300	94. 115	12. 877	0. 308		
$Sa(T)$	-397. 945	94. 115	25. 753	0. 154		
$Ga(T)$	-1027300	492. 060	-94. 115	-12. 877	0. 154	
$Ga(l)$	-975080	-206. 828				

温度范围:783 ~ 855　　相:固(β)

$\Delta H_{tr}^{\ominus}$:14230　　$\Delta S_{tr}^{\ominus}$:18.174

函数	r_0	r_1	r_2	r_3	r_4	r_5
C_p	123.930					
$Ha(T)$	-1028100	123.930				
$Sa(T)$	-558.017	123.930				
$Ga(T)$	-1028100	681.947	-123.930			
$Ga(l)$	-926770	-273.171				

温度范围:855 ~ 1000　　相:液

$\Delta H_{tr}^{\ominus}$:19460　　$\Delta S_{tr}^{\ominus}$:22.760

函数	r_0	r_1	r_2	r_3	r_4	r_5
C_p	144.474					
$Ha(T)$	-1026200	144.474				
$Sa(T)$	-673.951	144.474				
$Ga(T)$	-1026200	818.425	-144.474			
$Ga(l)$	-892430	-313.084				

$TbCl_3$(气)

温度范围:298 ~ 2000　　相:气

$\Delta H_{f,298}^{\ominus}$: -691200　　$S_{298}^{\ominus}$:375.3

函数	r_0	r_1	r_2	r_3	r_4	r_5
C_p	81.87	4.77	-0.45			
$Ha(T)$	-717330	81.870	2.385	0.450		
$Sa(T)$	-95.116	81.870	4.770	0.225		
$Ga(T)$	-717330	176.986	-81.870	-2.385	0.225	
$Ga(l)$	-635230	-482.380				

$TbBr_3$(气)

温度范围:298 ~ 2000　　相:气

$\Delta H_{f,298}^{\ominus}$: -540600　　$S_{298}^{\ominus}$:402.4

函数	r_0	r_1	r_2	r_3	r_4	r_5
C_p	82.01	4.69	-0.31			
$Ha(T)$	-566300	82.010	2.345	0.310		
$Sa(T)$	-68.002	82.010	4.690	0.155		
$Ga(T)$	-566300	150.012	-82.010	-2.345	0.155	
$Ga(l)$	-484280	-510.297				

TbI_3

温度范围:298 ~ 1080　　相:固(α)

$\Delta H_{f,298}^{\ominus}$: -606700　　$S_{298}^{\ominus}$:229.7

函数	r_0	r_1	r_2	r_3	r_4	r_5
C_p	93.61	25.46	-0.29			
$Ha(T)$	-636710	93.610	12.730	0.290		
$Sa(T)$	-312.874	93.610	25.460	0.145		
$Ga(T)$	-636710	406.484	-93.610	-12.730	0.145	
$Ga(l)$	-572130	-313.577				

TbI_3(气)

温度范围:298 ~ 2000 相:气

$\Delta H^{\ominus}_{f,298}$: -333000 $S^{\ominus}_{298}$:431

函数	r_0	r_1	r_2	r_3	r_4	r_5
C_p	82.09	4.64	-0.18			
$Ha(T)$	-358290	82.090	2.320	0.180		
$Sa(T)$	-39.112	82.090	4.640	0.090		
$Ga(T)$	-358290	121.202	-82.090	-2.320	0.090	
$Ga(l)$	-276370	-539.612				

$TbO_{1.72}$

温度范围:298 ~ 1200 相:固

$\Delta H^{\ominus}_{f,298}$: -953120 $S^{\ominus}_{298}$:80.751

函数	r_0	r_1	r_2	r_3	r_4	r_5
C_p	58.367	19.874	-0.753			
$Ha(T)$	-973930	58.367	9.937	0.753		
$Sa(T)$	-261.961	58.367	19.874	0.377		
$Ga(T)$	-973930	320.328	-58.367	-9.937	0.377	
$Ga(l)$	-928550	-137.811				

$TbO_{1.83}$

温度范围:298 ~ 1200 相:固

$\Delta H^{\ominus}_{f,298}$: -963160 $S^{\ominus}_{298}$:81.170

函数	r_0	r_1	r_2	r_3	r_4	r_5
C_p	60.752	18.912	-0.636			
$Ha(T)$	-984250	60.752	9.456	0.636		
$Sa(T)$	-274.186	60.752	18.912	0.318		
$Ga(T)$	-984250	334.938	-60.752	-9.456	0.318	
$Ga(l)$	-937690	-140.423				

TbO_2

温度范围:298 ~ 1300 相:固

$\Delta H^{\ominus}_{f,298}$: -971530 $S^{\ominus}_{298}$:82.843

函数	r_0	r_1	r_2	r_3	r_4	r_5
C_p	64.810	17.698	-0.759			
$Ha(T)$	-994190	64.810	8.849	0.759		
$Sa(T)$	-295.964	64.810	17.698	0.380		
$Ga(T)$	-994190	360.774	-64.810	-8.849	0.380	
$Ga(l)$	-942080	-149.324				

Tb_2O_3

温度范围:298 ~ 1800 相:固

$\Delta H^{\ominus}_{f,298}$: -1865200 $S^{\ominus}_{298}$:156.9

函数	r_0	r_1	r_2	r_3	r_4	r_5
C_p	122.62	20.72	-1.22			
$Ha(T)$	-1906800	122.620	10.360	1.220		
$Sa(T)$	-554.779	122.620	20.720	0.610		
$Ga(T)$	-1906800	677.399	-122.620	-10.360	0.610	
$Ga(l)$	-1786200	-313.544				

Tb_7O_{12}

温度范围:298 ~ 1385　　相:固

$\Delta H^{\ominus}_{f,298}$: -6653500　　$S^{\ominus}_{298}$:611.9

函数	r_0	r_1	r_2	r_3	r_4	r_5
C_p	415.86	137.28	-4			
$Ha(T)$	-6797000	415.860	68.640	4.000		
$Sa(T)$	-1820.931	415.860	137.280	2.000		
$Ga(T)$	-6797000	2236.792	-415.860	-68.640	2.000	
$Ga(l)$	-6440700	-1080.188				

$Tb_{11}O_{20}$

温度范围:298 ~ 811　　相:固

$\Delta H^{\ominus}_{f,298}$: -10617000　　$S^{\ominus}_{298}$:880.1

函数	r_0	r_1	r_2	r_3	r_4	r_5
C_p	740.42	140.57	-12.48			
$Ha(T)$	-10886000	740.420	70.285	12.480		
$Sa(T)$	-3450.622	740.420	140.570	6.240		
$Ga(T)$	-10886000	4191.042	-740.420	-70.285	6.240	
$Ga(l)$	-10454000	-1312.211				

Tc

温度范围:298 ~ 2473　　相:固

$\Delta H^{\ominus}_{f,298}$:0　　$S^{\ominus}_{298}$:33.472

函数	r_0	r_1	r_2	r_3	r_4	r_5
C_p	21.757	8.368				
$Ha(T)$	-6859	21.757	4.184			
$Sa(T)$	-92.986	21.757	8.368			
$Ga(T)$	-6859	114.743	-21.757	-4.184		
$Ga(l)$	24160	-74.420				

温度范围:2473 ~ 4840　　相:液

$\Delta H^{\ominus}_{tr}$:23770　　$\Delta S^{\ominus}_{tr}$:9.612

函数	r_0	r_1	r_2	r_3	r_4	r_5
C_p	41.840					
$Ha(T)$	-7166	41.840				
$Sa(T)$	-219.592	41.840				
$Ga(T)$	-7166	261.432	-41.840			
$Ga(l)$	141480	-123.226				

Tc(气)

温度范围:298 ~ 2473　　相:气

$\Delta H^{\ominus}_{f,298}$:681100　　$S^{\ominus}_{298}$:181

函数	r_0	r_1	r_2	r_3	r_4	r_5
C_p	8.39	26.9	0.44	-7.64		
$Ha(T)$	678950	8.390	13.450	-0.440	-2.547	
$Sa(T)$	127.991	8.390	26.900	-0.220	-3.820	
$Ga(T)$	678950	-119.601	-8.390	-13.450	-0.220	1.273
$Ga(l)$	702540	-216.917				

TcF_3

温度范围:298 ~ 1540　相:固

$\Delta H^{\ominus}_{f,298}$: −794960　$S^{\ominus}_{298}$:119. 244

函数	r_0	r_1	r_2	r_3	r_4	r_5
C_p	81. 170	51. 882				
$Ha(T)$	−821470	81. 170	25. 941			
$Sa(T)$	−358. 699	81. 170	51. 882			
$Ga(T)$	−821470	439. 869	−81. 170	−25. 941		
$Ga(l)$	−738070	−238. 691				

温度范围:1540 ~ 1800　相:液

$\Delta H^{\ominus}_{tr}$:41840　$\Delta S^{\ominus}_{tr}$:27. 169

函数	r_0	r_1	r_2	r_3	r_4	r_5
C_p	138. 072					
$Ha(T)$	−805730	138. 072				
$Sa(T)$	−669. 266	138. 072				
$Ga(T)$	−805730	807. 338	−138. 072			
$Ga(l)$	−575510	−355. 234				

温度范围:1800 ~ 2500　相:气

$\Delta H^{\ominus}_{tr}$:188280　$\Delta S^{\ominus}_{tr}$:104. 600

函数	r_0	r_1	r_2	r_3	r_4	r_5
C_p	83. 680					
$Ha(T)$	−519550	83. 680				
$Sa(T)$	−156. 968	83. 680				
$Ga(T)$	−519550	240. 648	−83. 680			
$Ga(l)$	−340910	−484. 906				

TcF_4

温度范围:298 ~ 830　相:固

$\Delta H^{\ominus}_{f,298}$: −1046000　$S^{\ominus}_{298}$:142. 256

函数	r_0	r_1	r_2	r_3	r_4	r_5
C_p	98. 324	58. 576				
$Ha(T)$	−1077900	98. 324	29. 288			
$Sa(T)$	−435. 419	98. 324	58. 576			
$Ga(T)$	−1077900	533. 743	−98. 324	−29. 288		
$Ga(l)$	−1017200	−218. 224				

温度范围:830 ~ 1000　相:液

$\Delta H^{\ominus}_{tr}$:33470　$\Delta S^{\ominus}_{tr}$:40. 325

函数	r_0	r_1	r_2	r_3	r_4	r_5
C_p	158. 992					
$Ha(T)$	−1074600	158. 992				
$Sa(T)$	−754. 251	158. 992				
$Ga(T)$	−1074600	913. 243	−158. 992			
$Ga(l)$	−929520	−329. 729				

温度范围:1000 ~ 1500 相:气

$\Delta H_{tr}^{\ominus}$:100420 $\Delta S_{tr}^{\ominus}$:100. 420

函数	r_0	r_1	r_2	r_3	r_4	r_5
C_p	83. 680	20. 920				
$Ha(T)$	−909350	83. 680	10. 460			
$Sa(T)$	−154. 514	83. 680	20. 920			
$Ga(T)$	−909350	238. 194	−83. 680	−10. 460		
$Ga(l)$	−789750	−468. 013				

TcF_5

温度范围:298 ~ 322 相:固

$\Delta H_{f,298}^{\ominus}$: −1129700 $S_{298}^{\ominus}$:242. 672

函数	r_0	r_1	r_2	r_3	r_4	r_5
C_p	128. 030	65. 270				
$Ha(T)$	−1170800	128. 030	32. 635			
$Sa(T)$	−506. 252	128. 030	65. 270			
$Ga(T)$	−1170800	634. 282	−128. 030	−32. 635		
$Ga(l)$	−1127800	−248. 168				

温度范围:322 ~ 480 相:液

$\Delta H_{tr}^{\ominus}$:15060 $\Delta S_{tr}^{\ominus}$:46. 770

函数	r_0	r_1	r_2	r_3	r_4	r_5
C_p	184. 096					
$Ha(T)$	−1170400	184. 096				
$Sa(T)$	−762. 220	184. 096				
$Ga(T)$	−1170400	946. 316	−184. 096			
$Ga(l)$	−1097300	−340. 529				

温度范围:480 ~ 1500 相:气

$\Delta H_{tr}^{\ominus}$:46020 $\Delta S_{tr}^{\ominus}$:95. 875

函数	r_0	r_1	r_2	r_3	r_4	r_5
C_p	83. 680	41. 840				
$Ha(T)$	−1081000	83. 680	20. 920			
$Sa(T)$	−66. 482	83. 680	41. 840			
$Ga(T)$	−1081000	150. 162	−83. 680	−20. 920		
$Ga(l)$	−985560	−549. 779				

TcF_6

温度范围:298 ~ 309 相:固

$\Delta H_{f,298}^{\ominus}$: −1255200 $S_{298}^{\ominus}$:284. 512

函数	r_0	r_1	r_2	r_3	r_4	r_5
C_p	167. 360					
$Ha(T)$	−1305100	167. 360				
$Sa(T)$	−669. 038	167. 360				
$Ga(T)$	−1305100	836. 398	−167. 360			
$Ga(l)$	−1253400	−286. 829				

温度范围:309 ~ 330 相:液

$\Delta H_{tr}^{\ominus}$:9623 $\Delta S_{tr}^{\ominus}$:31. 142

函数	r_0	r_1	r_2	r_3	r_4	r_5
C_p	192. 464					
$Ha(T)$	-1303200	192. 464				
$Sa(T)$	-781. 825	192. 464				
$Ga(T)$	-1303200	974. 289	-192. 464			
$Ga(l)$	-1241700	-328. 248				

温度范围:330 ~ 1500 相:气

$\Delta H_{tr}^{\ominus}$:27610 $\Delta S_{tr}^{\ominus}$:83. 667

函数	r_0	r_1	r_2	r_3	r_4	r_5
C_p	125. 52	20. 920	-3. 347			
$Ha(T)$	-1264800	125. 520	10. 460	3. 347		
$Sa(T)$	-332. 215	125. 520	20. 920	1. 674		
$Ga(T)$	-1264800	457. 735	-125. 520	-10. 460	1. 674	
$Ga(l)$	-1151100	-539. 873				

$TcCl_3$

温度范围:298 ~ 1220 相:固

$\Delta H_{f,298}^{\ominus}$: -292880 $S_{298}^{\ominus}$:150. 624

函数	r_0	r_1	r_2	r_3	r_4	r_5
C_p	84. 517	59. 413				
$Ha(T)$	-320720	84. 517	29. 707			
$Sa(T)$	-348. 634	84. 517	59. 413			
$Ga(T)$	-320720	433. 151	-84. 517	-29. 707		
$Ga(l)$	-248240	-253. 587				

温度范围:1220 ~ 1475 相:液

$\Delta H_{tr}^{\ominus}$:54390 $\Delta S_{tr}^{\ominus}$:44. 582

函数	r_0	r_1	r_2	r_3	r_4	r_5
C_p	133. 888					
$Ha(T)$	-282350	133. 888				
$Sa(T)$	-582. 428	133. 888				
$Ga(T)$	-282350	716. 316	-133. 888			
$Ga(l)$	-102360	-382. 252				

温度范围:1475 ~ 2500 相:气

$\Delta H_{tr}^{\ominus}$:150620 $\Delta S_{tr}^{\ominus}$:102. 115

函数	r_0	r_1	r_2	r_3	r_4	r_5
C_p	83. 680					
$Ha(T)$	-57670	83. 680				
$Sa(T)$	-113. 975	83. 680				
$Ga(T)$	-57670	197. 655	-83. 680			
$Ga(l)$	105670	-520. 979				

$TcCl_5$

温度范围:298 ~425 相:固

$\Delta H^{\ominus}_{f,298}$: -334720 $S^{\ominus}_{298}$:265.684

函数	r_0	r_1	r_2	r_3	r_4	r_5
C_p	138.072	63.597				
$Ha(T)$	-378710	138.072	31.799			
$Sa(T)$	-539.956	138.072	63.597			
$Ga(T)$	-378710	678.028	-138.072	-31.799		
$Ga(l)$	-325090	-295.913				

温度范围:425 ~505 相:液

$\Delta H^{\ominus}_{tr}$:32640 $\Delta S^{\ominus}_{tr}$:76.800

函数	r_0	r_1	r_2	r_3	r_4	r_5
C_p	186.188					
$Ha(T)$	-360780	186.188				
$Sa(T)$	-727.330	186.188				
$Ga(T)$	-360780	913.518	-186.188			
$Ga(l)$	-274370	-416.112				

温度范围:505 ~2500 相:气

$\Delta H^{\ominus}_{tr}$:50210 $\Delta S^{\ominus}_{tr}$:99.426

函数	r_0	r_1	r_2	r_3	r_4	r_5
C_p	83.680	41.840				
$Ha(T)$	-264140	83.680	20.920			
$Sa(T)$	-10.966	83.680	41.840			
$Ga(T)$	-264140	94.646	-83.680	-20.920		
$Ga(l)$	-114000	-659.899				

TcO_2

温度范围:298 ~1200 相:固

$\Delta H^{\ominus}_{f,298}$: -433040 $S^{\ominus}_{298}$:58.576

函数	r_0	r_1	r_2	r_3	r_4	r_5
C_p	68.618	11.506	-1.456			
$Ha(T)$	-458890	68.618	5.753	1.456		
$Sa(T)$	-344.002	68.618	11.506	0.728		
$Ga(T)$	-458890	412.620	-68.618	-5.753	0.728	
$Ga(l)$	-407530	-117.760				

TcO_3

温度范围:298 ~400 相:固

$\Delta H^{\ominus}_{f,298}$: -539740 $S^{\ominus}_{298}$:71.128

函数	r_0	r_1	r_2	r_3	r_4	r_5
C_p	107.947					
$Ha(T)$	-571920	107.947				
$Sa(T)$	-543.910	107.947				
$Ga(T)$	-571920	651.857	-107.947			
$Ga(l)$	-534450	-87.917				

Tc_2O_7

温度范围:298 ~ 392　　相:固

$\Delta H^{\ominus}_{f,298}$: −1112900　　$S^{\ominus}_{298}$:184. 096

函数	r_0	r_1	r_2	r_3	r_4	r_5
C_p	238. 488					
$Ha(T)$	−1184000	238. 488				
$Sa(T)$	−1174. 712	238. 488				
$Ga(T)$	−1184000	1413. 200	−238. 488			
$Ga(l)$	−1102100	−218. 515				

温度范围:392 ~ 585　　相:液

$\Delta H^{\ominus}_{tr}$:48120　　$\Delta S^{\ominus}_{tr}$:122. 755

函数	r_0	r_1	r_2	r_3	r_4	r_5
C_p	251. 040					
$Ha(T)$	−1140800	251. 040				
$Sa(T)$	−1126. 909	251. 040				
$Ga(T)$	−1140800	1377. 949	−251. 040			
$Ga(l)$	−1019500	−426. 376				

Te

温度范围:298 ~ 723　　相:固

$\Delta H^{\ominus}_{f,298}$:0　　$S^{\ominus}_{298}$:49. 497

函数	r_0	r_1	r_2	r_3	r_4	r_5
C_p	19. 121	22. 092				
$Ha(T)$	−6683	19. 121	11. 046			
$Sa(T)$	−66. 033	19. 121	22. 092			
$Ga(T)$	−6683	85. 154	−19. 121	−11. 046		
$Ga(l)$	5331	−64. 132				

温度范围:723 ~ 1282　　相:液

$\Delta H^{\ominus}_{tr}$:17490　　$\Delta S^{\ominus}_{tr}$:24. 191

函数	r_0	r_1	r_2	r_3	r_4	r_5
C_p	37. 656					
$Ha(T)$	3180	37. 656				
$Sa(T)$	−147. 894	37. 656				
$Ga(T)$	3180	185. 550	−37. 656			
$Ga(l)$	40140	−112. 021				

Te(气)

温度范围:298 ~ 2000　　相:气

$\Delta H^{\ominus}_{f,298}$:211710　　$S^{\ominus}_{298}$:182. 590

函数	r_0	r_1	r_2	r_3	r_4	r_5
C_p	19. 414	1. 841	0. 075			
$Ha(T)$	206090	19. 414	0. 921	−0. 075		
$Sa(T)$	71. 850	19. 414	1. 841	−0. 038		
$Ga(T)$	206090	−52. 436	−19. 414	−0. 921	−0. 038	
$Ga(l)$	225720	−209. 501				

Te_2(气)

温度范围:298 ~ 2000　　相:气

$\Delta H^\ominus_{f,298}$:160400　　$S^\ominus_{298}$:262.2

函数	r_0	r_1	r_2	r_3	r_4	r_5
C_p	34.64	6.62	-0.03			
$Ha(T)$	149680	34.640	3.310	0.030		
$Sa(T)$	62.693	34.640	6.620	0.015		
$Ga(T)$	149680	-28.053	-34.640	-3.310	0.015	
$Ga(l)$	186700	-312.230				

TeF(气)

温度范围:298 ~ 2000　　相:气

$\Delta H^\ominus_{f,298}$: -87030　　$S^\ominus_{298}$:241.249

函数	r_0	r_1	r_2	r_3	r_4	r_5
C_p	36.723	0.377	-3.246			
$Ha(T)$	-108880	36.723	0.189	3.246		
$Sa(T)$	13.646	36.723	0.377	1.623		
$Ga(T)$	-108880	23.077	-36.723	-0.189	1.623	
$Ga(l)$	-69240	-272.456				

TeF_2(气)

温度范围:298 ~ 2000　　相:气

$\Delta H^\ominus_{f,298}$: -384930　　$S^\ominus_{298}$:275.098

函数	r_0	r_1	r_2	r_3	r_4	r_5
C_p	56.166	1.067	-0.940			
$Ha(T)$	-404880	56.166	0.534	0.940		
$Sa(T)$	-50.519	56.166	1.067	0.470		
$Ga(T)$	-404880	106.685	-56.166	-0.534	0.470	
$Ga(l)$	-348960	-343.505				

TeF_4

温度范围:298 ~ 402　　相:固

$\Delta H^\ominus_{f,298}$: -857720　　$S^\ominus_{298}$:175.728

函数	r_0	r_1	r_2	r_3	r_4	r_5
C_p	107.110	38.493				
$Ha(T)$	-891370	107.110	19.247			
$Sa(T)$	-446.018	107.110	38.493			
$Ga(T)$	-891370	553.128	-107.110	-19.247		
$Ga(l)$	-851740	-194.679				

温度范围:402 ~ 647　　相:液

$\Delta H^\ominus_{tr}$:26570　　$\Delta S^\ominus_{tr}$:66.095

函数	r_0	r_1	r_2	r_3	r_4	r_5
C_p	150.624					
$Ha(T)$	-879180	150.624				
$Sa(T)$	-625.379	150.624				
$Ga(T)$	-879180	776.003	-150.624			
$Ga(l)$	-801330	-317.064				

温度范围:647 ~ 1500 相:气

$\Delta H_{tr}^{\ominus}$:34180 $\Delta S_{tr}^{\ominus}$:52. 828

函数	r_0	r_1	r_2	r_3	r_4	r_5
C_p	83. 680	20. 920				
$Ha(T)$	-806060	83. 680	10. 460			
$Sa(T)$	-152. 801	83. 680	20. 920			
$Ga(T)$	-806060	236. 481	-83. 680	-10. 460		
$Ga(l)$	-708680	-452. 265				

TeF_4(气)

温度范围:298 ~ 2000 相:气

$\Delta H_{f,298}^{\ominus}$: -948090 $S_{298}^{\ominus}$:324. 093

函数	r_0	r_1	r_2	r_3	r_4	r_5
C_p	104. 140	2. 075	-1. 751			
$Ha(T)$	-985100	104. 140	1. 038	1. 751		
$Sa(T)$	-279. 722	104. 140	2. 075	0. 876		
$Ga(T)$	-985100	383. 862	-104. 140	-1. 038	0. 876	
$Ga(l)$	-881360	-450. 971				

TeF_5(气)

温度范围:298 ~ 2000 相:气

$\Delta H_{f,298}^{\ominus}$: -1159800 $S_{298}^{\ominus}$:340. 787

函数	r_0	r_1	r_2	r_3	r_4	r_5
C_p	128. 323	2. 473	-2. 531			
$Ha(T)$	-1206700	128. 323	1. 237	2. 531		
$Sa(T)$	-405. 319	128. 323	2. 473	1. 266		
$Ga(T)$	-1206700	533. 642	-128. 323	-1. 237	1. 266	
$Ga(l)$	-1078400	-495. 176				

TeF_6(气)

温度范围:298 ~ 2000 相:气

$\Delta H_{f,298}^{\ominus}$: -1369000 $S_{298}^{\ominus}$:335. 892

函数	r_0	r_1	r_2	r_3	r_4	r_5
C_p	152. 076	3. 100	-3. 172			
$Ha(T)$	-1425100	152. 076	1. 550	3. 172		
$Sa(T)$	-549. 342	152. 076	3. 100	1. 586		
$Ga(T)$	-1425100	701. 418	-152. 076	-1. 550	1. 586	
$Ga(l)$	-1272800	-518. 135				

Te_2F_{10}(气)

温度范围:298 ~ 1000 相:气

$\Delta H_{f,298}^{\ominus}$: -2460100 $S_{298}^{\ominus}$:443. 9

函数	r_0	r_1	r_2	r_3	r_4	r_5
C_p	272. 44	5. 35	-6. 89			
$Ha(T)$	-2564700	272. 440	2. 675	6. 890		
$Sa(T)$	-1148. 703	272. 440	5. 350	3. 445		
$Ga(T)$	-2564700	1421. 143	-272. 440	-2. 675	3. 445	
$Ga(l)$	-2388800	-620. 447				

$TeCl_2$

温度范围:298 ~ 448　　相:固

$\Delta H^{\ominus}_{f,298}$: −230120　　$S^{\ominus}_{298}$:121.336

函数	r_0	r_1	r_2	r_3	r_4	r_5
C_p	65.689	28.451				
$Ha(T)$	−250970	65.689	14.226			
$Sa(T)$	−261.416	65.689	28.451			
$Ga(T)$	−250970	327.105	−65.689	−14.226		
$Ga(l)$	−224770	−137.926				

温度范围:448 ~ 595　　相:液

$\Delta H^{\ominus}_{tr}$:14640　　$\Delta S^{\ominus}_{tr}$:32.679

函数	r_0	r_1	r_2	r_3	r_4	r_5
C_p	108.784					
$Ha(T)$	−252780	108.784				
$Sa(T)$	−479.078	108.784				
$Ga(T)$	−252780	587.862	−108.784			
$Ga(l)$	−196350	−201.333				

温度范围:595 ~ 2500　　相:气

$\Delta H^{\ominus}_{tr}$:64020　　$\Delta S^{\ominus}_{tr}$:107.597

函数	r_0	r_1	r_2	r_3	r_4	r_5
C_p	62.760					
$Ha(T)$	−161380	62.760				
$Sa(T)$	−77.454	62.760				
$Ga(T)$	−161380	140.214	−62.760			
$Ga(l)$	−74680	−380.876				

$TeCl_2$(气)

温度范围:298 ~ 2000　　相:气

$\Delta H^{\ominus}_{f,298}$: −112970　　$S^{\ominus}_{298}$:305.553

函数	r_0	r_1	r_2	r_3	r_4	r_5
C_p	58.028	0.092	−0.330			
$Ha(T)$	−131380	58.028	0.046	0.330		
$Sa(T)$	−26.951	58.028	0.092	0.165		
$Ga(T)$	−131380	84.979	−58.028	−0.046	0.165	
$Ga(l)$	−74950	−378.595				

$TeCl_4$

温度范围:298 ~ 497　　相:固

$\Delta H^{\ominus}_{f,298}$: −323840　　$S^{\ominus}_{298}$:200.832

函数	r_0	r_1	r_2	r_3	r_4	r_5
C_p	138.490					
$Ha(T)$	−365130	138.490				
$Sa(T)$	−588.228	138.490				
$Ga(T)$	−365130	726.718	−138.490			
$Ga(l)$	−311000	−239.806				

温度范围:497 ~ 700　相:液

$\Delta H^{\ominus}_{tr}$:18870　$\Delta S^{\ominus}_{tr}$:37. 968

函数	r_0	r_1	r_2	r_3	r_4	r_5
C_p	230. 120					
$Ha(T)$	-391800	230. 120				
$Sa(T)$	-1119. 153	230. 120				
$Ga(T)$	-391800	1349. 273	-230. 120			
$Ga(l)$	-255140	-351. 657				

温度范围:700 ~ 2000　相:气

$\Delta H^{\ominus}_{tr}$:61510　$\Delta S^{\ominus}_{tr}$:87. 871

函数	r_0	r_1	r_2	r_3	r_4	r_5
C_p	96. 713	0. 155	-0. 549			
$Ha(T)$	-237730	96. 713	0. 078	0. 549		
$Sa(T)$	-157. 991	96. 713	0. 155	0. 275		
$Ga(T)$	-237730	254. 704	-96. 713	-0. 078	0. 275	
$Ga(l)$	-114940	-537. 124				

$TeCl_4$(气)

温度范围:298 ~ 2000　相:气

$\Delta H^{\ominus}_{f,298}$: -205800　$S^{\ominus}_{298}$:401. 8

函数	r_0	r_1	r_2	r_3	r_4	r_5
C_p	96. 73	0. 16	-0. 55			
$Ha(T)$	-236490	96. 730	0. 080	0. 550		
$Sa(T)$	-152. 470	96. 730	0. 160	0. 275		
$Ga(T)$	-236490	249. 200	-96. 730	-0. 080	0. 275	
$Ga(l)$	-142420	-523. 564				

$TeBr_4$

温度范围:298 ~ 388　相:固

$\Delta H^{\ominus}_{f,298}$: -190370　$S^{\ominus}_{298}$:243. 509

函数	r_0	r_1	r_2	r_3	r_4	r_5
C_p	111. 713	59. 831				
$Ha(T)$	-226340	111. 713	29. 916			
$Sa(T)$	-410. 825	111. 713	59. 831			
$Ga(T)$	-226340	522. 538	-111. 713	-29. 916		
$Ga(l)$	-184680	-261. 677				

温度范围:388 ~ 700　相:液

$\Delta H^{\ominus}_{tr}$:24690　$\Delta S^{\ominus}_{tr}$:63. 634

函数	r_0	r_1	r_2	r_3	r_4	r_5
C_p	169. 452					
$Ha(T)$	-219550	169. 452				
$Sa(T)$	-668. 159	169. 452				
$Ga(T)$	-219550	837. 611	-169. 452			
$Ga(l)$	-129410	-397. 791				

TeO

温度范围:298 ~ 1020　　相:固

$\Delta H^{\ominus}_{f,298}$: −234300　　$S^{\ominus}_{298}$:54. 392

函数	r_0	r_1	r_2	r_3	r_4	r_5
C_p	35. 982	25. 941				
$Ha(T)$	−246180	35. 982	12. 971			
$Sa(T)$	−158. 353	35. 982	25. 941			
$Ga(T)$	−246180	194. 335	−35. 982	−12. 971		
$Ga(l)$	−219380	−91. 140				

温度范围:1020 ~ 1775　　相:液

$\Delta H^{\ominus}_{tr}$:29710　　$\Delta S^{\ominus}_{tr}$:29. 127

函数	r_0	r_1	r_2	r_3	r_4	r_5
C_p	64. 852					
$Ha(T)$	−232420	64. 852				
$Sa(T)$	−302. 765	64. 852				
$Ga(T)$	−232420	367. 617	−64. 852			
$Ga(l)$	−143580	−166. 442				

温度范围:1775 ~ 2500　　相:气

$\Delta H^{\ominus}_{tr}$:209200　　$\Delta S^{\ominus}_{tr}$:117. 859

函数	r_0	r_1	r_2	r_3	r_4	r_5
C_p	37. 238					
$Ha(T)$	25790	37. 238				
$Sa(T)$	21. 690	37. 238				
$Ga(T)$	25790	15. 548	−37. 238			
$Ga(l)$	104780	−307. 102				

TeO(气)

温度范围:298 ~ 2000　　相:气

$\Delta H^{\ominus}_{f,298}$:74480　　$S^{\ominus}_{298}$:240. 580

函数	r_0	r_1	r_2	r_3	r_4	r_5
C_p	35. 313	1. 339	−0. 347			
$Ha(T)$	62730	35. 313	0. 670	0. 347		
$Sa(T)$	37. 030	35. 313	1. 339	0. 174		
$Ga(T)$	62730	−1. 717	−35. 313	−0. 670	0. 174	
$Ga(l)$	97940	−285. 386				

TeO_2

温度范围:298 ~ 1006　　相:固

$\Delta H^{\ominus}_{f,298}$: −323400　　$S^{\ominus}_{298}$:74. 3

函数	r_0	r_1	r_2	r_3	r_4	r_5
C_p	65. 19	14. 56	−0. 5			
$Ha(T)$	−345160	65. 190	7. 280	0. 500		
$Sa(T)$	−304. 280	65. 190	14. 560	0. 250		
$Ga(T)$	−345160	369. 470	−65. 190	−7. 280	0. 250	
$Ga(l)$	−302460	−126. 320				

温度范围:1006 ~ 1533　相:液

$\Delta H_{tr}^{\ominus}$:29000　$\Delta S_{tr}^{\ominus}$:28. 827

函数	r_0	r_1	r_2	r_3	r_4	r_5
C_p	112. 63	2. 18				
$Ha(T)$	−430570	112. 630	1. 090			
$Sa(T)$	−1056. 340	112. 630	2. 180			
$Ga(T)$	−430570	1168. 970	−112. 630	−1. 090		
$Ga(l)$	−287510	249. 168				

TeO_2(气)

温度范围:298 ~ 2000　相:气

$\Delta H_{f,298}^{\ominus}$: −61300　$S_{298}^{\ominus}$:275

函数	r_0	r_1	r_2	r_3	r_4	r_5
C_p	54. 77	2. 42	−1. 18			
$Ha(T)$	−81690	54. 770	1. 210	1. 180		
$Sa(T)$	−44. 416	54. 770	2. 420	0. 590		
$Ga(T)$	−81690	99. 186	−54. 770	−1. 210	0. 590	
$Ga(l)$	−26100	−341. 554				

$(TeO_2)_2$(气)

温度范围:298 ~ 2000　相:气

$\Delta H_{f,298}^{\ominus}$: −347300　$S_{298}^{\ominus}$:376. 7

函数	r_0	r_1	r_2	r_3	r_4	r_5
C_p	131. 75	0. 67	−1. 72			
$Ha(T)$	−392380	131. 750	0. 335	1. 720		
$Sa(T)$	−383. 833	131. 750	0. 670	0. 860		
$Ga(T)$	−392380	515. 583	−131. 750	−0. 335	0. 860	
$Ga(l)$	−262800	−538. 045				

Te_2O_2(气)

温度范围:298 ~ 2000　相:气

$\Delta H_{f,298}^{\ominus}$: −108800　$S_{298}^{\ominus}$:327. 3

函数	r_0	r_1	r_2	r_3	r_4	r_5
C_p	82. 11	0. 56	−1. 18			
$Ha(T)$	−137260	82. 110	0. 280	1. 180		
$Sa(T)$	−147. 334	82. 110	0. 560	0. 590		
$Ga(T)$	−137260	229. 444	−82. 110	−0. 280	0. 590	
$Ga(l)$	−56300	−427. 432				

Th

温度范围:298 ~ 1636　相:固(α)

$\Delta H_{f,298}^{\ominus}$:0　$S_{298}^{\ominus}$:53. 388

函数	r_0	r_1	r_2	r_3	r_4	r_5
C_p	23. 556	12. 719				
$Ha(T)$	−7589	23. 556	6. 360			
$Sa(T)$	−84. 617	23. 556	12. 719			
$Ga(T)$	−7589	108. 173	−23. 556	−6. 360		
$Ga(l)$	17040	−88. 344				

温度范围:1636 ~ 2028　　　　相:固(β)

$\Delta H_{tr}^{\ominus}$:2736　　　　$\Delta S_{tr}^{\ominus}$:1.672

函数	r_0	r_1	r_2	r_3	r_4	r_5
C_p	46.024					
$Ha(T)$	-24590	46.024				
$Sa(T)$	-228.400	46.024				
$Ga(T)$	-24590	274.424	-46.024			
$Ga(l)$	59470	-117.331				

温度范围:2028 ~ 3500　　　　相:液

$\Delta H_{tr}^{\ominus}$:16120　　　　$\Delta S_{tr}^{\ominus}$:7.949

函数	r_0	r_1	r_2	r_3	r_4	r_5
C_p	46.024					
$Ha(T)$	-8469	46.024				
$Sa(T)$	-220.451	46.024				
$Ga(T)$	-8469	266.475	-46.024			
$Ga(l)$	116310	-143.932				

Th(气)

温度范围:298 ~ 2500　　　　相:气

$\Delta H_{f,298}^{\ominus}$:577400　　　　$S_{298}^{\ominus}$:190.2

函数	r_0	r_1	r_2	r_3	r_4	r_5
C_p	13.64	12.76	0.3			
$Ha(T)$	573770	13.640	6.380	-0.300		
$Sa(T)$	110.368	13.640	12.760	-0.150		
$Ga(T)$	573770	-96.728	-13.640	-6.380	-0.150	
$Ga(l)$	598930	-225.898				

ThH_2

温度范围:298 ~ 1000　　　　相:固

$\Delta H_{f,298}^{\ominus}$: -143510　　　　$S_{298}^{\ominus}$:59.413

函数	r_0	r_1	r_2	r_3	r_4	r_5
C_p	52.760	11.088				
$Ha(T)$	-159730	52.760	5.544			
$Sa(T)$	-244.498	52.760	11.088			
$Ga(T)$	-159730	297.258	-52.760	-5.544		
$Ga(l)$	-126170	-102.698				

Th_4H_{15}

温度范围:298 ~ 565　　　　相:固

$\Delta H_{f,298}^{\ominus}$: -843800　　　　$S_{298}^{\ominus}$:217.7

函数	r_0	r_1	r_2	r_3	r_4	r_5
C_p	304	57.99	0.39			
$Ha(T)$	-935710	304.000	28.995	-0.390		
$Sa(T)$	-1529.465	304.000	57.990	-0.195		
$Ga(T)$	-935710	1833.465	-304.000	-28.995	-0.195	
$Ga(l)$	-803620	-335.983				

ThF_2(气)

温度范围:298 ~ 1943　　相:气

$\Delta H^{\ominus}_{f,298}$: −654300　　$S^{\ominus}_{298}$:295. 2

函数	r_0	r_1	r_2	r_3	r_4	r_5
C_p	57. 53	0. 42	−0. 46			
$Ha(T)$	−673010	57. 530	0. 210	0. 460		
$Sa(T)$	−35. 295	57. 530	0. 420	0. 230		
$Ga(T)$	−673010	92. 825	−57. 530	−0. 210	0. 230	
$Ga(l)$	−617900	−365. 856				

ThF_3

温度范围:298 ~ 1500　　相:固

$\Delta H^{\ominus}_{f,298}$: −1485300　　$S^{\ominus}_{298}$:112. 968

函数	r_0	r_1	r_2	r_3	r_4	r_5
C_p	87. 027	30. 125				
$Ha(T)$	−1512600	87. 027	15. 063			
$Sa(T)$	−391. 859	87. 027	30. 125			
$Ga(T)$	−1512600	478. 886	−87. 027	−15. 063		
$Ga(l)$	−1434000	−222. 790				

温度范围:1500 ~ 2500　　相:液

$\Delta H^{\ominus}_{tr}$:33470　　$\Delta S^{\ominus}_{tr}$:22. 313

函数	r_0	r_1	r_2	r_3	r_4	r_5
C_p	131. 796					
$Ha(T)$	−1512400	131. 796				
$Sa(T)$	−651. 763	131. 796				
$Ga(T)$	−1512400	783. 559	−131. 796			
$Ga(l)$	−1253200	−349. 170				

ThF_3(气)

温度范围:298 ~ 1943　　相:气

$\Delta H^{\ominus}_{f,298}$: −1184700　　$S^{\ominus}_{298}$:339. 3

函数	r_0	r_1	r_2	r_3	r_4	r_5
C_p	82	0. 72	−0. 79			
$Ha(T)$	−1211800	82. 000	0. 360	0. 790		
$Sa(T)$	−132. 561	82. 000	0. 720	0. 395		
$Ga(T)$	−1211800	214. 561	−82. 000	−0. 360	0. 395	
$Ga(l)$	−1133000	−439. 436				

ThF_4

温度范围:298 ~ 1383　　相:固

$\Delta H^{\ominus}_{f,298}$: −2111200　　$S^{\ominus}_{298}$:142. 047

函数	r_0	r_1	r_2	r_3	r_4	r_5
C_p	111. 922	24. 493	−0. 755			
$Ha(T)$	−2148200	111. 922	12. 247	0. 755		
$Sa(T)$	−507. 189	111. 922	24. 493	0. 378		
$Ga(T)$	−2148200	619. 111	−111. 922	−12. 247	0. 378	
$Ga(l)$	−2056700	−262. 661				

温度范围:1383 ~ 2055　　相:液

$\Delta H^{\ominus}_{tr}$:43970　　$\Delta S^{\ominus}_{tr}$:31.793

函数	r_0	r_1	r_2	r_3	r_4	r_5
C_p	152.716					
$Ha(T)$	-2136700	152.716				
$Sa(T)$	-736.347	152.716				
$Ga(T)$	-2136700	889.063	-152.716			
$Ga(l)$	-1876800	-400.718				

温度范围:2055 ~ 2200　　相:气

$\Delta H^{\ominus}_{tr}$:233050　　$\Delta S^{\ominus}_{tr}$:113.406

函数	r_0	r_1	r_2	r_3	r_4	r_5
C_p	106.692	0.837	-1.381			
$Ha(T)$	-1811500	106.692	0.419	1.381		
$Sa(T)$	-273.752	106.692	0.837	0.691		
$Ga(T)$	-1811500	380.444	-106.692	-0.419	0.691	
$Ga(l)$	-1581800	-545.834				

ThF_4(气)

温度范围:298 ~ 1943　　相:气

$\Delta H^{\ominus}_{f,298}$: -1768000　　$S^{\ominus}_{298}$:341.8

函数	r_0	r_1	r_2	r_3	r_4	r_5
C_p	106.06	1.26	-1.19			
$Ha(T)$	-1803700	106.060	0.630	1.190		
$Sa(T)$	-269.556	106.060	1.260	0.595		
$Ga(T)$	-1803700	375.616	-106.060	-0.630	0.595	
$Ga(l)$	-1701400	-470.745				

$ThCl_2$

温度范围:298 ~ 1000　　相:固

$\Delta H^{\ominus}_{f,298}$: -718390　　$S^{\ominus}_{298}$:125.353

函数	r_0	r_1	r_2	r_3	r_4	r_5
C_p	77.195	12.970	-0.285			
$Ha(T)$	-742940	77.195	6.485	0.285		
$Sa(T)$	-319.943	77.195	12.970	0.143		
$Ga(T)$	-742940	397.138	-77.195	-6.485	0.143	
$Ga(l)$	-693940	-186.353				

$ThCl_3$

温度范围:298 ~ 1000　　相:固

$\Delta H^{\ominus}_{f,298}$: -962320　　$S^{\ominus}_{298}$:150.624

函数	r_0	r_1	r_2	r_3	r_4	r_5
C_p	104.014	13.096	-0.427			
$Ha(T)$	-995350	104.014	6.548	0.427		
$Sa(T)$	-448.312	104.014	13.096	0.214		
$Ga(T)$	-995350	552.326	-104.014	-6.548	0.214	
$Ga(l)$	-930080	-231.102				

$ThCl_4$

温度范围:298 ~ 679　　相:固(α_1)

$\Delta H^{\ominus}_{f,298}$: −1190300　　$S^{\ominus}_{298}$:184.305

函数	r_0	r_1	r_2	r_3	r_4	r_5
C_p	126.984	13.556	−0.912			
$Ha(T)$	−1231800	126.984	6.778	0.912		
$Sa(T)$	−548.370	126.984	13.556	0.456		
$Ga(T)$	−1231800	675.354	−126.984	−6.778	0.456	
$Ga(l)$	−1168800	−244.584				

温度范围:679 ~ 1043　　相:固(α_2)

$\Delta H^{\ominus}_{tr}$:5021　　$\Delta S^{\ominus}_{tr}$:7.395

函数	r_0	r_1	r_2	r_3	r_4	r_5
C_p	126.984	13.556	−0.912			
$Ha(T)$	−1226800	126.984	6.778	0.912		
$Sa(T)$	−540.975	126.984	13.556	0.456		
$Ga(T)$	−1226800	667.959	−126.984	−6.778	0.456	
$Ga(l)$	−1112700	−328.925				

温度范围:1043 ~ 1195　　相:液

$\Delta H^{\ominus}_{tr}$:43930　　$\Delta S^{\ominus}_{tr}$:42.119

函数	r_0	r_1	r_2	r_3	r_4	r_5
C_p	158.992					
$Ha(T)$	−1208000	158.992				
$Sa(T)$	−706.749	158.992				
$Ga(T)$	−1208000	865.741	−158.992			
$Ga(l)$	−1030300	−409.343				

温度范围:1195 ~ 2000　　相:气

$\Delta H^{\ominus}_{tr}$:152720　　$\Delta S^{\ominus}_{tr}$:127.799

函数	r_0	r_1	r_2	r_3	r_4	r_5
C_p	106.023	1.339				
$Ha(T)$	−992950	106.023	0.670			
$Sa(T)$	−205.217	106.023	1.339			
$Ga(T)$	−992950	311.240	−106.023	−0.670		
$Ga(l)$	−824790	−578.286				

$ThCl_4$(气)

温度范围:298 ~ 2000　　相:气

$\Delta H^{\ominus}_{f,298}$: −967900　　$S^{\ominus}_{298}$:397.6

函数	r_0	r_1	r_2	r_3	r_4	r_5
C_p	107.75	0.21	−0.56			
$Ha(T)$	−1001900	107.750	0.105	0.560		
$Sa(T)$	−219.529	107.750	0.210	0.280		
$Ga(T)$	−1001900	327.279	−107.750	−0.105	0.280	
$Ga(l)$	−897170	−533.529				

$ThBr_4$

温度范围:298 ~ 693　　相:固(α)

$\Delta H^{\ominus}_{f,298}$: −965670　　$S^{\ominus}_{298}$:228.028

函数	r_0	r_1	r_2	r_3	r_4	r_5
C_p	127.612	15.062	−0.615			
$Ha(T)$	−1006400	127.612	7.531	0.615		
$Sa(T)$	−507.004	127.612	15.062	0.308		
$Ga(T)$	−1006400	634.616	−127.612	−7.531	0.308	
$Ga(l)$	−942850	−291.672				

温度范围:693 ~ 952　　相:固(β)

$\Delta H^{\ominus}_{tr}$:4184　　$\Delta S^{\ominus}_{tr}$:6.038

函数	r_0	r_1	r_2	r_3	r_4	r_5
C_p	127.612	15.062	−0.615			
$Ha(T)$	−1002300	127.612	7.531	0.615		
$Sa(T)$	−500.966	127.612	15.062	0.308		
$Ga(T)$	−1002300	628.578	−127.612	−7.531	0.308	
$Ga(l)$	−892190	−368.140				

温度范围:952 ~ 1178　　相:液

$\Delta H^{\ominus}_{tr}$:54390　　$\Delta S^{\ominus}_{tr}$:57.132

函数	r_0	r_1	r_2	r_3	r_4	r_5
C_p	171.544					
$Ha(T)$	−982230	171.544				
$Sa(T)$	−730.466	171.544				
$Ga(T)$	−982230	902.010	−171.544			
$Ga(l)$	−800070	−465.137				

ThI_4

温度范围:298 ~ 843　　相:固

$\Delta H^{\ominus}_{f,298}$: −664420　　$S^{\ominus}_{298}$:265.684

函数	r_0	r_1	r_2	r_3	r_4	r_5
C_p	129.704	12.970	−0.615			
$Ha(T)$	−705730	129.704	6.485	0.615		
$Sa(T)$	−480.643	129.704	12.970	0.308		
$Ga(T)$	−705730	610.347	−129.704	−6.485	0.308	
$Ga(l)$	−633220	−347.927				

温度范围:843 ~ 1200　　相:液

$\Delta H^{\ominus}_{tr}$:48120　　$\Delta S^{\ominus}_{tr}$:57.082

函数	r_0	r_1	r_2	r_3	r_4	r_5
C_p	175.728					
$Ha(T)$	−691070	175.728				
$Sa(T)$	−722.257	175.728				
$Ga(T)$	−691070	897.985	−175.728			
$Ga(l)$	−513040	−494.820				

ThI_4(气)

温度范围:298 ~ 2023 相:气

$\Delta H^{\ominus}_{f,298}$: −466900 $S^{\ominus}_{298}$:476.1

函数	r_0	r_1	r_2	r_3	r_4	r_5
C_p	109.67	0.07	−0.3			
$Ha(T)$	−500610	109.670	0.035	0.300		
$Sa(T)$	−150.464	109.670	0.070	0.150		
$Ga(T)$	−500610	260.134	−109.670	−0.035	0.150	
$Ga(l)$	−393510	−616.722				

ThO

温度范围:298 ~ 2150 相:固

$\Delta H^{\ominus}_{f,298}$: −606680 $S^{\ominus}_{298}$:66.944

函数	r_0	r_1	r_2	r_3	r_4	r_5
C_p	46.024	10.042				
$Ha(T)$	−620850	46.024	5.021			
$Sa(T)$	−198.276	46.024	10.042			
$Ga(T)$	−620850	244.300	−46.024	−5.021		
$Ga(l)$	−567910	−138.191				

温度范围:2150 ~ 2500 相:液

$\Delta H^{\ominus}_{tr}$:54390 $\Delta S^{\ominus}_{tr}$:25.298

函数	r_0	r_1	r_2	r_3	r_4	r_5
C_p	62.760					
$Ha(T)$	−579230	62.760				
$Sa(T)$	−279.807	62.760				
$Ga(T)$	−579230	342.567	−62.760			
$Ga(l)$	−433530	−206.640				

ThO(气)

温度范围:298 ~ 2700 相:气

$\Delta H^{\ominus}_{f,298}$: −28450 $S^{\ominus}_{298}$:240.036

函数	r_0	r_1	r_2	r_3	r_4	r_5
C_p	27.782	10.460				
$Ha(T)$	−37200	27.782	5.230			
$Sa(T)$	78.627	27.782	10.460			
$Ga(T)$	−37200	−50.845	−27.782	−5.230		
$Ga(l)$	5703	−295.351				

ThO_2

温度范围:298 ~ 3493 相:固

$\Delta H^{\ominus}_{f,298}$: −1226400 $S^{\ominus}_{298}$:65.229

函数	r_0	r_1	r_2	r_3	r_4	r_5
C_p	69.287	9.339	−0.918			
$Ha(T)$	−1250600	69.287	4.670	0.918		
$Sa(T)$	−337.488	69.287	9.339	0.459		
$Ga(T)$	−1250600	406.775	−69.287	−4.670	0.459	
$Ga(l)$	−1133900	−197.409				

温度范围:3493 ~ 4000　　相:液

$\Delta H_{tr}^{\ominus}$:105230　　$\Delta S_{tr}^{\ominus}$:30. 126

函数	r_0	r_1	r_2	r_3	r_4	r_5
C_p	96. 232					
$Ha(T)$	-1182200	96. 232				
$Sa(T)$	-494. 535	96. 232				
$Ga(T)$	-1182200	590. 767	-96. 232			
$Ga(l)$	-822050	-297. 290				

ThO_2(气)

温度范围:298 ~ 2500　　相:气

$\Delta H_{f,298}^{\ominus}$: -496500　　$S_{298}^{\ominus}$:287. 6

函数	r_0	r_1	r_2	r_3	r_4	r_5
C_p	55. 72	1. 26	-0. 78			
$Ha(T)$	-515790	55. 720	0. 630	0. 780		
$Sa(T)$	-34. 633	55. 720	1. 260	0. 390		
$Ga(T)$	-515790	90. 353	-55. 720	-0. 630	0. 390	
$Ga(l)$	-450350	-367. 019				

$ThOF_2$

温度范围:298 ~ 1926　　相:固

$\Delta H_{f,298}^{\ominus}$: -1665200　　$S_{298}^{\ominus}$:104. 6

函数	r_0	r_1	r_2	r_3	r_4	r_5
C_p	90. 63	16. 9	-0. 84			
$Ha(T)$	-1695800	90. 630	8. 450	0. 840		
$Sa(T)$	-421. 537	90. 630	16. 900	0. 420		
$Ga(T)$	-1695800	512. 167	-90. 630	-8. 450	0. 420	
$Ga(l)$	-1601100	-227. 894				

$ThOCl_2$

温度范围:298 ~ 1309　　相:固

$\Delta H_{f,298}^{\ominus}$: -1232200　　$S_{298}^{\ominus}$:119. 6

函数	r_0	r_1	r_2	r_3	r_4	r_5
C_p	94. 77	16. 31	-0. 77			
$Ha(T)$	-1263800	94. 770	8. 155	0. 770		
$Sa(T)$	-429. 555	94. 770	16. 310	0. 385		
$Ga(T)$	-1263800	524. 325	-94. 770	-8. 155	0. 385	
$Ga(l)$	-1190400	-214. 146				

$ThOBr_2$

温度范围:298 ~ 1500　　相:固

$\Delta H_{f,298}^{\ominus}$: -1129700　　$S_{298}^{\ominus}$:130. 959

函数	r_0	r_1	r_2	r_3	r_4	r_5
C_p	98. 450	12. 201	-0. 767			
$Ha(T)$	-1162200	98. 450	6. 101	0. 767		
$Sa(T)$	-437. 921	98. 450	12. 201	0. 384		
$Ga(T)$	-1162200	536. 371	-98. 450	-6. 101	0. 384	
$Ga(l)$	-1079700	-238. 399				

$ThOI_2$

温度范围:298 ~ 1500 相:固

$\Delta H^{\ominus}_{f,298}$: -992450 $S^{\ominus}_{298}$:144.766

函数	r_0	r_1	r_2	r_3	r_4	r_5
C_p	99.496	11.155	-0.767			
$Ha(T)$	-1025200	99.496	5.578	0.767		
$Sa(T)$	-429.762	99.496	11.155	0.384		
$Ga(T)$	-1025200	529.258	-99.496	-5.578	0.384	
$Ga(l)$	-942240	-252.680				

ThS

温度范围:298 ~ 2500 相:固

$\Delta H^{\ominus}_{f,298}$: -395400 $S^{\ominus}_{298}$:69.8

函数	r_0	r_1	r_2	r_3	r_4	r_5
C_p	50.12	5.46	-0.36			
$Ha(T)$	-411790	50.120	2.730	0.360		
$Sa(T)$	-219.416	50.120	5.460	0.180		
$Ga(T)$	-411790	269.536	-50.120	-2.730	0.180	
$Ga(l)$	-349940	-147.773				

ThS_2

温度范围:298 ~ 2188 相:固

$\Delta H^{\ominus}_{f,298}$: -627600 $S^{\ominus}_{298}$:96.232

函数	r_0	r_1	r_2	r_3	r_4	r_5
C_p	71.797	9.623				
$Ha(T)$	-649430	71.797	4.812			
$Sa(T)$	-315.707	71.797	9.623			
$Ga(T)$	-649430	387.504	-71.797	-4.812		
$Ga(l)$	-569370	-203.015				

Th_2S_3

温度范围:298 ~ 2270 相:固

$\Delta H^{\ominus}_{f,298}$: -1083200 $S^{\ominus}_{298}$:175.728

函数	r_0	r_1	r_2	r_3	r_4	r_5
C_p	121.964	15.062	-0.377			
$Ha(T)$	-1121500	121.964	7.531	0.377		
$Sa(T)$	-525.785	121.964	15.062	0.189		
$Ga(T)$	-1121500	647.749	-121.964	-7.531	0.189	
$Ga(l)$	-981740	-358.355				

$Th(SO_4)_2$

温度范围:298 ~ 1162 相:固

$\Delta H^{\ominus}_{f,298}$: -2542600 $S^{\ominus}_{298}$:148.5

函数	r_0	r_1	r_2	r_3	r_4	r_5
C_p	104.6	230.96				
$Ha(T)$	-2584100	104.600	115.480			
$Sa(T)$	-516.329	104.600	230.960			
$Ga(T)$	-2584100	620.929	-104.600	-115.480		
$Ga(l)$	-2460800	-337.954				

ThN

温度范围:298 ~ 2500　　相:固

$\Delta H^{\ominus}_{f,298}$: −378600　　$S^{\ominus}_{298}$:57.3

函数	r_0	r_1	r_2	r_3	r_4	r_5
C_p	47.45	9.53	−0.48			
$Ha(T)$	−394780	47.450	4.765	0.480		
$Sa(T)$	−218.592	47.450	9.530	0.240		
$Ga(T)$	−394780	266.042	−47.450	−4.765	0.240	
$Ga(l)$	−332690	−135.198				

Th_2N_2O

温度范围:298 ~ 2000　　相:固

$\Delta H^{\ominus}_{f,298}$: −1288700　　$S^{\ominus}_{298}$:124.265

函数	r_0	r_1	r_2	r_3	r_4	r_5
C_p	116.901	18.744	−1.573			
$Ha(T)$	−1329700	116.901	9.372	1.573		
$Sa(T)$	−556.226	116.901	18.744	0.787		
$Ga(T)$	−1329700	673.127	−116.901	−9.372	0.787	
$Ga(l)$	−1204800	−282.634				

Th_3N_4

温度范围:298 ~ 2042　　相:固

$\Delta H^{\ominus}_{f,298}$: −1305400　　$S^{\ominus}_{298}$:182.8

函数	r_0	r_1	r_2	r_3	r_4	r_5
C_p	164.56	26.11	−2.23			
$Ha(T)$	−1363100	164.560	13.055	2.230		
$Sa(T)$	−775.124	164.560	26.110	1.115		
$Ga(T)$	−1363100	939.684	−164.560	−13.055	1.115	
$Ga(l)$	−1184600	−408.758				

ThP

温度范围:298 ~ 3223　　相:固

$\Delta H^{\ominus}_{f,298}$: −347270　　$S^{\ominus}_{298}$:70.291

函数	r_0	r_1	r_2	r_3	r_4	r_5
C_p	54.099	5.439	−0.862			
$Ha(T)$	−366530	54.099	2.720	0.862		
$Sa(T)$	−244.413	54.099	5.439	0.431		
$Ga(T)$	−366530	298.512	−54.099	−2.720	0.431	
$Ga(l)$	−283840	−165.223				

ThP(气)

温度范围:298 ~ 2023　　相:气

$\Delta H^{\ominus}_{f,298}$:536000　　$S^{\ominus}_{298}$:267.5

函数	r_0	r_1	r_2	r_3	r_4	r_5
C_p	37.37	0.05	−0.16			
$Ha(T)$	524320	37.370	0.025	0.160		
$Sa(T)$	53.666	37.370	0.050	0.080		
$Ga(T)$	524320	−16.296	−37.370	−0.025	0.080	
$Ga(l)$	560900	−315.148				

Th_3P_4

温度范围:298 ~ 3500 相:固

$\Delta H^\ominus_{f,298}$: −1146400 $S^\ominus_{298}$:246.856

函数	r_0	r_1	r_2	r_3	r_4	r_5
C_p	191.209	14.811	−2.887			
$Ha(T)$	−1213800	191.209	7.406	2.887		
$Sa(T)$	−863.230	191.209	14.811	1.444		
$Ga(T)$	−1213800	1054.439	−191.209	−7.406	1.444	
$Ga(l)$	−906020	−592.614				

ThC

温度范围:298 ~ 2200 相:固

$\Delta H^\ominus_{f,298}$: −126400 $S^\ominus_{298}$:58

函数	r_0	r_1	r_2	r_3	r_4	r_5
C_p	42.89	7.36				
$Ha(T)$	−139510	42.890	3.680			
$Sa(T)$	−188.564	42.890	7.360			
$Ga(T)$	−139510	231.454	−42.890	−3.680		
$Ga(l)$	−90460	−123.553				

ThC_2

温度范围:298 ~ 1400 相:固(α)

$\Delta H^\ominus_{f,298}$: −125100 $S^\ominus_{298}$:68.618

函数	r_0	r_1	r_2	r_3	r_4	r_5
C_p	63.471	12.092	−0.925			
$Ha(T)$	−147660	63.471	6.046	0.925		
$Sa(T)$	−301.822	63.471	12.092	0.463		
$Ga(T)$	−147660	365.293	−63.471	−6.046	0.463	
$Ga(l)$	−95110	−134.419				

温度范围:1400 ~ 1688 相:固(α)

$\Delta H^\ominus_{tr}$:— $\Delta S^\ominus_{tr}$:—

函数	r_0	r_1	r_2	r_3	r_4	r_5
C_p	83.680					
$Ha(T)$	−163450	83.680				
$Sa(T)$	−431.056	83.680				
$Ga(T)$	−163450	514.736	−83.680			
$Ga(l)$	−34520	−183.277				

温度范围:1688 ~ 1773 相:固(β)

$\Delta H^\ominus_{tr}$:6276 $\Delta S^\ominus_{tr}$:3.718

函数	r_0	r_1	r_2	r_3	r_4	r_5
C_p	83.680					
$Ha(T)$	−157170	83.680				
$Sa(T)$	−427.338	83.680				
$Ga(T)$	−157170	511.018	−83.680			
$Ga(l)$	−12400	−196.579				

温度范围:1773 ~ 2500　　相:固(γ)

$\Delta H_{tr}^{\ominus}$:6276　　$\Delta S_{tr}^{\ominus}$:3.540

函数	r_0	r_1	r_2	r_3	r_4	r_5
C_p	83.680					
$Ha(T)$	-150890	83.680				
$Sa(T)$	-423.798	83.680				
$Ga(T)$	-150890	507.478	-83.680			
$Ga(l)$	26510	-217.528				

ThC_2(气)

温度范围:298 ~ 2883　　相:气

$\Delta H_{f,298}^{\ominus}$:724000　　$S_{298}^{\ominus}$:256.9

函数	r_0	r_1	r_2	r_3	r_4	r_5
C_p	54.27	2.69	-0.24			
$Ha(T)$	706890	54.270	1.345	0.240		
$Sa(T)$	-54.461	54.270	2.690	0.120		
$Ga(T)$	706890	108.731	-54.270	-1.345	0.120	
$Ga(l)$	779010	-345.696				

ThSi

温度范围:298 ~ 2053　　相:固

$\Delta H_{f,298}^{\ominus}$: -128000　　$S_{298}^{\ominus}$:58.2

函数	r_0	r_1	r_2	r_3	r_4	r_5
C_p	49.41	10.29	-0.46			
$Ha(T)$	-144730	49.410	5.145	0.460		
$Sa(T)$	-228.974	49.410	10.290	0.230		
$Ga(T)$	-144730	278.384	-49.410	-5.145	0.230	
$Ga(l)$	-89790	-129.514				

$ThSi_2$

温度范围:298 ~ 2000　　相:固

$\Delta H_{f,298}^{\ominus}$: -174100　　$S_{298}^{\ominus}$:82

函数	r_0	r_1	r_2	r_3	r_4	r_5
C_p	73.35	12.76	-0.88			
$Ha(T)$	-199490	73.350	6.380	0.880		
$Sa(T)$	-344.673	73.350	12.760	0.440		
$Ga(T)$	-199490	418.023	-73.350	-6.380	0.440	
$Ga(l)$	-120760	-182.758				

Th_2Si_2

温度范围:298 ~ 2173　　相:固

$\Delta H_{f,298}^{\ominus}$: -284900　　$S_{298}^{\ominus}$:163.2

函数	r_0	r_1	r_2	r_3	r_4	r_5
C_p	124.27	28.45	-0.98			
$Ha(T)$	-326500	124.270	14.225	0.980		
$Sa(T)$	-558.835	124.270	28.450	0.490		
$Ga(T)$	-326500	683.105	-124.270	-14.225	0.490	
$Ga(l)$	-180270	-353.247				

Th_3Si_2

温度范围:298 ~2173　　相:固

$\Delta H^{\ominus}_{f,298}$: -284900　　$S^{\ominus}_{298}$:163.2

函数	r_0	r_1	r_2	r_3	r_4	r_5
C_p	124.27	28.45	-0.98			
$Ha(T)$	-326500	124.270	14.225	0.980		
$Sa(T)$	-558.835	124.270	28.450	0.490		
$Ga(T)$	-326500	683.105	-124.270	-14.225	0.490	
$Ga(l)$	-180270	-353.247				

Th_3Si_5

温度范围:298 ~1993　　相:固

$\Delta H^{\ominus}_{f,298}$: -486200　　$S^{\ominus}_{298}$:213.4

函数	r_0	r_1	r_2	r_3	r_4	r_5
C_p	196.1	35.82	-2.23			
$Ha(T)$	-553740	196.100	17.910	2.230		
$Sa(T)$	-927.122	196.100	35.820	1.115		
$Ga(T)$	-553740	1123.222	-196.100	-17.910	1.115	
$Ga(l)$	-343090	-484.156				

$ThAl_3$

温度范围:298 ~1400　　相:固

$\Delta H^{\ominus}_{f,298}$: -111710　　$S^{\ominus}_{298}$:138.909

函数	r_0	r_1	r_2	r_3	r_4	r_5
C_p	100.416	13.389				
$Ha(T)$	-142240	100.416	6.695			
$Sa(T)$	-437.213	100.416	13.389			
$Ga(T)$	-142240	537.629	-100.416	-6.695		
$Ga(l)$	-63080	-246.692				

$ThMg_2$

温度范围:298 ~1100　　相:固

$\Delta H^{\ominus}_{f,298}$: -31380　　$S^{\ominus}_{298}$:92.466

函数	r_0	r_1	r_2	r_3	r_4	r_5
C_p	70.082	28.326	-0.138			
$Ha(T)$	-54000	70.082	14.163	0.138		
$Sa(T)$	-316.055	70.082	28.326	0.069		
$Ga(T)$	-54000	386.137	-70.082	-14.163	0.069	
$Ga(l)$	-3130	-160.454				

$ThRe_2$

温度范围:298 ~1500　　相:固

$\Delta H^{\ominus}_{f,298}$: -174050　　$S^{\ominus}_{298}$:123.637

函数	r_0	r_1	r_2	r_3	r_4	r_5
C_p	70.961	23.556				
$Ha(T)$	-196250	70.961	11.778			
$Sa(T)$	-287.693	70.961	23.556			
$Ga(T)$	-196250	358.654	-70.961	-11.778		
$Ga(l)$	-132530	-212.579				

Ti

温度范围:298 ~ 1155　　相:固(α)

$\Delta H^{\ominus}_{f,298}$:0　　$S^{\ominus}_{298}$:30. 627

函数	r_0	r_1	r_2	r_3	r_4	r_5
C_p	22. 133	10. 251				
$Ha(T)$	-7055	22. 133	5. 126			
$Sa(T)$	-98. 534	22. 133	10. 251			
$Ga(T)$	-7055	120. 667	-22. 133	-5. 126		
$Ga(l)$	9844	-53. 898				

温度范围:1155 ~ 1933　　相:固(β)

$\Delta H^{\ominus}_{tr}$:4142　　$\Delta S^{\ominus}_{tr}$:3. 586

函数	r_0	r_1	r_2	r_3	r_4	r_5
C_p	19. 832	7. 908				
$Ha(T)$	1308	19. 832	3. 954			
$Sa(T)$	-76. 016	19. 832	7. 908			
$Ga(T)$	1308	95. 848	-19. 832	-3. 954		
$Ga(l)$	40630	-81. 675				

温度范围:1933 ~ 3575　　相:液

$\Delta H^{\ominus}_{tr}$:18620　　$\Delta S^{\ominus}_{tr}$:9. 633

函数	r_0	r_1	r_2	r_3	r_4	r_5
C_p	35. 564					
$Ha(T)$	4292	35. 564				
$Sa(T)$	-170. 138	35. 564				
$Ga(T)$	4292	205. 702	-35. 564			
$Ga(l)$	99880	-111. 235				

Ti(气)

温度范围:298 ~ 2500　　相:气

$\Delta H^{\ominus}_{f,298}$:473600　　$S^{\ominus}_{298}$:180. 3

函数	r_0	r_1	r_2	r_3	r_4	r_5
C_p	23. 33	-5. 03	0. 21	2. 81		
$Ha(T)$	467550	23. 330	-2. 515	-0. 210	0. 937	
$Sa(T)$	49. 931	23. 330	-5. 030	-0. 105	1. 405	
$Ga(T)$	467550	-26. 601	-23. 330	2. 515	-0. 105	-0. 468
$Ga(l)$	492290	-213. 185				

TiH_2

温度范围:298 ~ 900　　相:固

$\Delta H^{\ominus}_{f,298}$: -144400　　$S^{\ominus}_{298}$:29. 7

函数	r_0	r_1	r_2	r_3	r_4	r_5
C_p	37. 52	33. 92	-1. 64			
$Ha(T)$	-162590	37. 520	16. 960	1. 640		
$Sa(T)$	-203. 412	37. 520	33. 920	0. 820		
$Ga(T)$	-162590	240. 932	-37. 520	-16. 960	0. 820	
$Ga(l)$	-132990	-58. 569				

TiF(气)

温度范围:298 ~ 2000 相:气

$\Delta H^{\ominus}_{f,298}$:66940 $S^{\ominus}_{298}$:237. 233

函数	r_0	r_1	r_2	r_3	r_4	r_5
C_p	43. 472	0. 335	-0. 757			
$Ha(T)$	51420	43. 472	0. 168	0. 757		
$Sa(T)$	-14. 811	43. 472	0. 335	0. 379		
$Ga(T)$	51420	58. 283	-43. 472	-0. 168	0. 379	
$Ga(l)$	94480	-289. 613				

TiF_2(气)

温度范围:298 ~ 2000 相:气

$\Delta H^{\ominus}_{f,298}$: -688270 $S^{\ominus}_{298}$:255. 642

函数	r_0	r_1	r_2	r_3	r_4	r_5
C_p	59. 467	2. 561	-0. 649			
$Ha(T)$	-708290	59. 467	1. 281	0. 649		
$Sa(T)$	-87. 591	59. 467	2. 561	0. 325		
$Ga(T)$	-708290	147. 058	-59. 467	-1. 281	0. 325	
$Ga(l)$	-648740	-331. 030				

TiF_3

温度范围:298 ~ 1310 相:固

$\Delta H^{\ominus}_{f,298}$: -1435500 $S^{\ominus}_{298}$:87. 864

函数	r_0	r_1	r_2	r_3	r_4	r_5
C_p	79. 370	29. 623	0. 339			
$Ha(T)$	-1459300	79. 370	14. 812	-0. 339		
$Sa(T)$	-371. 280	79. 370	29. 623	-0. 170		
$Ga(T)$	-1459300	450. 650	-79. 370	-14. 812	-0. 170	
$Ga(l)$	-1394900	-179. 693				

TiF_3(气)

温度范围:298 ~ 2000 相:气

$\Delta H^{\ominus}_{f,298}$: -1188700 $S^{\ominus}_{298}$:291. 206

函数	r_0	r_1	r_2	r_3	r_4	r_5
C_p	85. 521		-1. 816			
$Ha(T)$	-1220300	85. 521		1. 816		
$Sa(T)$	-206. 273	85. 521		0. 908		
$Ga(T)$	-1220300	291. 794	-85. 521		0. 908	
$Ga(l)$	-1135500	-392. 046				

TiF_4

温度范围:298 ~ 559 相:固

$\Delta H^{\ominus}_{f,298}$: -1649300 $S^{\ominus}_{298}$:133. 972

函数	r_0	r_1	r_2	r_3	r_4	r_5
C_p	123. 302	36. 233	-1. 762			
$Ha(T)$	-1693600	123. 302	18. 117	1. 762		
$Sa(T)$	-589. 267	123. 302	36. 233	0. 881		
$Ga(T)$	-1693600	712. 569	-123. 302	-18. 117	0. 881	
$Ga(l)$	-1634500	-177. 441				

TiF_4(气)

温度范围:298 ~ 2000　　相:气

$\Delta H^{\ominus}_{f,298}$: −1551400　　$S^{\ominus}_{298}$:314.804

函数	r_0	r_1	r_2	r_3	r_4	r_5
C_p	104.223	1.966	−1.803			
$Ha(T)$	−1588600	104.223	0.983	1.803		
$Sa(T)$	−289.744	104.223	1.966	0.902		
$Ga(T)$	−1588600	393.967	−104.223	−0.983	0.902	
$Ga(l)$	−1484800	−441.434				

TiCl(气)

温度范围:298 ~ 2000　　相:气

$\Delta H^{\ominus}_{f,298}$:154390　　$S^{\ominus}_{298}$:248.781

函数	r_0	r_1	r_2	r_3	r_4	r_5
C_p	44.058	0.126	−0.640			
$Ha(T)$	139100	44.058	0.063	0.640		
$Sa(T)$	−5.881	44.058	0.126	0.320		
$Ga(T)$	139100	49.939	−44.058	−0.063	0.320	
$Ga(l)$	182460	−302.326				

$TiCl_2$

温度范围:298 ~ 1581.5　　相:固

$\Delta H^{\ominus}_{f,298}$: −515470　　$S^{\ominus}_{298}$:87.362

函数	r_0	r_1	r_2	r_3	r_4	r_5
C_p	68.362	18.025	−0.346			
$Ha(T)$	−537810	68.362	9.013	0.346		
$Sa(T)$	−309.457	68.362	18.025	0.173		
$Ga(T)$	−537810	377.819	−68.362	−9.013	0.173	
$Ga(l)$	−474980	−172.171				

温度范围:1581.5 ~ 2000　　相:气

$\Delta H^{\ominus}_{tr}$:248530　　$\Delta S^{\ominus}_{tr}$:157.148

函数	r_0	r_1	r_2	r_3	r_4	r_5
C_p	60.128	2.218	−0.277			
$Ha(T)$	−256450	60.128	1.109	0.277		
$Sa(T)$	−66.644	60.128	2.218	0.139		
$Ga(T)$	−256450	126.772	−60.128	−1.109	0.139	
$Ga(l)$	−145480	−387.670				

$TiCl_2$(气)

温度范围:298 ~ 2000　　相:气

$\Delta H^{\ominus}_{f,298}$: −282420　　$S^{\ominus}_{298}$:278.236

函数	r_0	r_1	r_2	r_3	r_4	r_5
C_p	60.124	2.218	−0.276			
$Ha(T)$	−301370	60.124	1.109	0.276		
$Sa(T)$	−66.540	60.124	2.218	0.138		
$Ga(T)$	−301370	126.664	−60.124	−1.109	0.138	
$Ga(l)$	−241840	−356.055				

$TiCl_3$

温度范围:298 ~ 1104　　相:固

$\Delta H^{\ominus}_{f,298}$: −721740　　$S^{\ominus}_{298}$:139.746

函数	r_0	r_1	r_2	r_3	r_4	r_5
C_p	95.814	11.046	−0.176			
$Ha(T)$	−751390	95.814	5.523	0.176		
$Sa(T)$	−410.447	95.814	11.046	0.088		
$Ga(T)$	−751390	506.261	−95.814	−5.523	0.088	
$Ga(l)$	−687730	−221.934				

$TiCl_3$(气)

温度范围:298 ~ 2000　　相:气

$\Delta H^{\ominus}_{f,298}$: −539320　　$S^{\ominus}_{298}$:316.729

函数	r_0	r_1	r_2	r_3	r_4	r_5
C_p	87.236	−0.711	−1.293			
$Ha(T)$	−569630	87.236	−0.356	1.293		
$Sa(T)$	−187.367	87.236	−0.711	0.647		
$Ga(T)$	−569630	274.603	−87.236	0.356	0.647	
$Ga(l)$	−484270	−421.802				

$(TiCl_3)_2$(气)

温度范围:298 ~ 2000　　相:气

$\Delta H^{\ominus}_{f,298}$: −1247500　　$S^{\ominus}_{298}$:482.1

函数	r_0	r_1	r_2	r_3	r_4	r_5
C_p	182.59	0.21	−1.16			
$Ha(T)$	−1305800	182.590	0.105	1.160		
$Sa(T)$	−564.811	182.590	0.210	0.580		
$Ga(T)$	−1305800	747.401	−182.590	−0.105	0.580	
$Ga(l)$	−1128200	−711.255				

$TiCl_4$(液)

温度范围:298 ~ 409　　相:液

$\Delta H^{\ominus}_{f,298}$: −804170　　$S^{\ominus}_{298}$:252.379

函数	r_0	r_1	r_2	r_3	r_4	r_5
C_p	142.758	8.703	−0.017			
$Ha(T)$	−847180	142.758	4.352	0.017		
$Sa(T)$	−563.689	142.758	8.703	0.009		
$Ga(T)$	−847180	706.447	−142.758	−4.352	0.009	
$Ga(l)$	−796440	−276.806				

$TiCl_4$(气)

温度范围:298 ~ 2000　　相:气

$\Delta H^{\ominus}_{f,298}$: −763160　　$S^{\ominus}_{298}$:354.803

函数	r_0	r_1	r_2	r_3	r_4	r_5
C_p	107.152	0.460	−1.054			
$Ha(T)$	−798660	107.152	0.230	1.054		
$Sa(T)$	−261.771	107.152	0.460	0.527		
$Ga(T)$	−798660	368.923	−107.152	−0.230	0.527	
$Ga(l)$	−693750	−487.689				

TiBr(气)

温度范围:298 ~ 2000　　相:气

$\Delta H^{\ominus}_{f,298}$:212550　　$S^{\ominus}_{298}$:260.161

函数	r_0	r_1	r_2	r_3	r_4	r_5
C_p	43.890	0.335	-0.548			
$Ha(T)$	197610	43.890	0.168	0.548		
$Sa(T)$	6.911	43.890	0.335	0.274		
$Ga(T)$	197610	36.979	-43.890	-0.168	0.274	
$Ga(l)$	240810	-314.131				

$TiBr_2$

温度范围:298 ~ 1209　　相:固

$\Delta H^{\ominus}_{f,298}$: -405430　　$S^{\ominus}_{298}$:108.366

函数	r_0	r_1	r_2	r_3	r_4	r_5
C_p	76.065	10.753	-0.050			
$Ha(T)$	-428750	76.065	5.377	0.050		
$Sa(T)$	-328.509	76.065	10.753	0.025		
$Ga(T)$	-428750	404.574	-76.065	-5.377	0.025	
$Ga(l)$	-374590	-180.537				

$TiBr_2$(气)

温度范围:298 ~ 2000　　相:气

$\Delta H^{\ominus}_{f,298}$: -179080　　$S^{\ominus}_{298}$:308.779

函数	r_0	r_1	r_2	r_3	r_4	r_5
C_p	60.250	2.134	-0.059			
$Ha(T)$	-197340	60.250	1.067	0.059		
$Sa(T)$	-35.469	60.250	2.134	0.030		
$Ga(T)$	-197340	95.719	-60.250	-1.067	0.030	
$Ga(l)$	-137990	-387.781				

$TiBr_3$

温度范围:298 ~ 1067　　相:固

$\Delta H^{\ominus}_{f,298}$: -550200　　$S^{\ominus}_{298}$:176.565

函数	r_0	r_1	r_2	r_3	r_4	r_5
C_p	-10.795	284.345	3.418	-119.286		
$Ha(T)$	-547100	-10.795	142.173	-3.418	-39.762	
$Sa(T)$	177.820	-10.795	284.345	-1.709	-59.643	
$Ga(T)$	-547100	-188.615	10.795	-142.173	-1.709	19.881
$Ga(l)$	-512380	-267.701				

$TiBr_3$(气)

温度范围:298 ~ 2000　　相:气

$\Delta H^{\ominus}_{f,298}$: -374890　　$S^{\ominus}_{298}$:358.987

函数	r_0	r_1	r_2	r_3	r_4	r_5
C_p	88.157	-1.172	-0.745			
$Ha(T)$	-403620	88.157	-0.586	0.745		
$Sa(T)$	-147.137	88.157	-1.172	0.373		
$Ga(T)$	-403620	235.294	-88.157	0.586	0.373	
$Ga(l)$	-318290	-467.611				

$TiBr_4$

温度范围:298 ~ 311　　相:固

$\Delta H^{\ominus}_{f,298}$: -617980　　$S^{\ominus}_{298}$:243.509

函数	r_0	r_1	r_2	r_3	r_4	r_5
C_p	80.919	169.619				
$Ha(T)$	-649640	80.919	84.810			
$Sa(T)$	-268.107	80.919	169.619			
$Ga(T)$	-649640	349.026	-80.919	-84.810		
$Ga(l)$	-616830	-245.800				

温度范围:311 ~ 504　　相:液

$\Delta H^{\ominus}_{tr}$:12890　　$\Delta S^{\ominus}_{tr}$:41.447

函数	r_0	r_1	r_2	r_3	r_4	r_5
C_p	151.879					
$Ha(T)$	-650620	151.879				
$Sa(T)$	-581.204	151.879				
$Ga(T)$	-650620	733.083	-151.879			
$Ga(l)$	-589660	-330.734				

$TiBr_4$(气)

温度范围:298 ~ 2000　　相:气

$\Delta H^{\ominus}_{f,298}$: -550200　　$S^{\ominus}_{298}$:398.526

函数	r_0	r_1	r_2	r_3	r_4	r_5
C_p	107.738	0.167	-0.636			
$Ha(T)$	-584460	107.738	0.084	0.636		
$Sa(T)$	-218.949	107.738	0.167	0.318		
$Ga(T)$	-584460	326.687	-107.738	-0.084	0.318	
$Ga(l)$	-479660	-534.020				

TiI(气)

温度范围:298 ~ 2000　　相:气

$\Delta H^{\ominus}_{f,298}$:274050　　$S^{\ominus}_{298}$:268.696

函数	r_0	r_1	r_2	r_3	r_4	r_5
C_p	43.932	0.460	-0.515			
$Ha(T)$	259200	43.932	0.230	0.515		
$Sa(T)$	15.355	43.932	0.460	0.258		
$Ga(T)$	259200	28.577	-43.932	-0.230	0.258	
$Ga(l)$	302470	-322.992				

TiI_2

温度范围:298 ~ 1358.2　　相:固

$\Delta H^{\ominus}_{f,298}$: -266100　　$S^{\ominus}_{298}$:122.591

函数	r_0	r_1	r_2	r_3	r_4	r_5
C_p	84.057	7.280	0.000			
$Ha(T)$	-291490	84.057	3.640	0.000		
$Sa(T)$	-358.502	84.057	7.280	0.000		
$Ga(T)$	-291490	442.559	-84.057	-3.640	0.000	
$Ga(l)$	-227840	-208.522				

温度范围:1358.2 ~ 2000　　相:气

$\Delta H_{tr}^{\ominus}$:216730　　$\Delta S_{tr}^{\ominus}$:159.571

函数	r_0	r_1	r_2	r_3	r_4	r_5
C_p	60.191	2.197				
$Ha(T)$	-37650	60.191	1.099			
$Sa(T)$	-19.860	60.191	2.197			
$Ga(T)$	-37650	80.051	-60.191	-1.099		
$Ga(l)$	65480	-430.587				

TiI_2(气)

温度范围:298 ~ 2000　　相:气

$\Delta H_{f,298}^{\ominus}$: -57740　　$S_{298}^{\ominus}$:329.323

函数	r_0	r_1	r_2	r_3	r_4	r_5
C_p	62.300		-0.155			
$Ha(T)$	-76830	62.300		0.155		
$Sa(T)$	-26.509	62.300		0.078		
$Ga(T)$	-76830	88.809	-62.300		0.078	
$Ga(l)$	-16550	-408.662				

TiI_3

温度范围:298 ~ 1000　　相:固

$\Delta H_{f,298}^{\ominus}$: -322170　　$S_{298}^{\ominus}$:192.464

函数	r_0	r_1	r_2	r_3	r_4	r_5
C_p	114.600	7.280				
$Ha(T)$	-356660	114.600	3.640			
$Sa(T)$	-462.651	114.600	7.280			
$Ga(T)$	-356660	577.251	-114.600	-3.640		
$Ga(l)$	-286960	-280.586				

温度范围:1000 ~ 2000　　相:气

$\Delta H_{tr}^{\ominus}$:148660　　$\Delta S_{tr}^{\ominus}$:148.660

函数	r_0	r_1	r_2	r_3	r_4	r_5
C_p	86.768	-0.481				
$Ha(T)$	-176290	86.768	-0.241			
$Sa(T)$	-113.973	86.768	-0.481			
$Ga(T)$	-176290	200.741	-86.768	0.241		
$Ga(l)$	-50580	-518.870				

TiI_3(气)(1)

温度范围:298 ~ 800　　相:气

$\Delta H_{f,298}^{\ominus}$: -149760　　$S_{298}^{\ominus}$:381.999

函数	r_0	r_1	r_2	r_3	r_4	r_5
C_p	89.521	-2.540	-0.709			
$Ha(T)$	-178720	89.521	-1.270	0.709		
$Sa(T)$	-131.286	89.521	-2.540	0.355		
$Ga(T)$	-178720	220.807	-89.521	1.270	0.355	
$Ga(l)$	-131310	-431.428				

温度范围:800 ~ 2000　　相:气

$\Delta H_{tr}^{\ominus}$:—　　$\Delta S_{tr}^{\ominus}$:—

函数	r_0	r_1	r_2	r_3	r_4	r_5
C_p	86.768	-0.481				
$Ha(T)$	-176290	86.768	-0.241			
$Sa(T)$	-113.977	86.768	-0.481			
$Ga(T)$	-176290	200.745	-86.768	0.241		
$Ga(l)$	-61370	-512.256				

TiI_3(气)(2)

温度范围:298 ~ 2000　　相:气

$\Delta H_{f,298}^{\ominus}$: -150200　　$S_{298}^{\ominus}$:382.2

函数	r_0	r_1	r_2	r_3	r_4	r_5
C_p	88.93	-1.77	-0.68			
$Ha(T)$	-178920	88.930	-0.885	0.680		
$Sa(T)$	-127.784	88.930	-1.770	0.340		
$Ga(T)$	-178920	216.714	-88.930	0.885	0.340	
$Ga(l)$	-93250	-491.637				

TiI_4

温度范围:298 ~ 379　　相:固(α)

$\Delta H_{f,298}^{\ominus}$: -375720　　$S_{298}^{\ominus}$:246.019

函数	r_0	r_1	r_2	r_3	r_4	r_5
C_p	78.249	158.992				
$Ha(T)$	-406120	78.249	79.496			
$Sa(T)$	-247.216	78.249	158.992			
$Ga(T)$	-406120	325.465	-78.249	-79.496		
$Ga(l)$	-370650	-262.277				

温度范围:379 ~ 428　　相:固(β)

$\Delta H_{tr}^{\ominus}$:9916　　$\Delta S_{tr}^{\ominus}$:26.164

函数	r_0	r_1	r_2	r_3	r_4	r_5
C_p	148.114					
$Ha(T)$	-411260	148.114				
$Sa(T)$	-575.620	148.114				
$Ga(T)$	-411260	723.734	-148.114			
$Ga(l)$	-351540	-313.065				

温度范围:428 ~ 652.6　　相:液

$\Delta H_{tr}^{\ominus}$:19830　　$\Delta S_{tr}^{\ominus}$:46.332

函数	r_0	r_1	r_2	r_3	r_4	r_5
C_p	156.482					
$Ha(T)$	-395010	156.482				
$Sa(T)$	-579.991	156.482				
$Ga(T)$	-395010	736.473	-156.482			
$Ga(l)$	-311440	-403.940				

温度范围:652.6 ~ 2000　　相:气

$\Delta H^{\ominus}_{tr}$:56480　　$\Delta S^{\ominus}_{tr}$:86.546

函数	r_0	r_1	r_2	r_3	r_4	r_5
C_p	108.014	0.042	-0.336			
$Ha(T)$	-307430	108.014	0.021	0.336		
$Sa(T)$	-179.747	108.014	0.042	0.168		
$Ga(T)$	-307430	287.761	-108.014	-0.021	0.168	
$Ga(l)$	-174100	-594.100				

TiI_4(气)

温度范围:298 ~ 2000　　相:气

$\Delta H^{\ominus}_{f,298}$: -287020　　$S^{\ominus}_{298}$:432.960

函数	r_0	r_1	r_2	r_3	r_4	r_5
C_p	107.989	0.042	-0.335			
$Ha(T)$	-320340	107.989	0.021	0.335		
$Sa(T)$	-184.215	107.989	0.042	0.168		
$Ga(T)$	-320340	292.204	-107.989	-0.021	0.168	
$Ga(l)$	-215740	-570.186				

TiO　($TiO_{0.91 \sim 1.23}$)

温度范围:298 ~ 1264　　相:固(α)

$\Delta H^{\ominus}_{f,298}$: -519610　　$S^{\ominus}_{298}$:51.045

函数	r_0	r_1	r_2	r_3	r_4	r_5
C_p	44.225	15.062	-0.778			
$Ha(T)$	-536070	44.225	7.531	0.778		
$Sa(T)$	-209.798	44.225	15.062	0.389		
$Ga(T)$	-536070	254.023	-44.225	-7.531	0.389	
$Ga(l)$	-500030	-95.523				

温度范围:1264 ~ 2023　　相:固(β)

$\Delta H^{\ominus}_{tr}$:3473　　$\Delta S^{\ominus}_{tr}$:2.748

函数	r_0	r_1	r_2	r_3	r_4	r_5
C_p	56.484	8.326				
$Ha(T)$	-542100	56.484	4.163			
$Sa(T)$	-285.847	56.484	8.326			
$Ga(T)$	-542100	342.331	-56.484	-4.163		
$Ga(l)$	-439550	-145.774				

温度范围:2023 ~ 3934　　相:液

$\Delta H^{\ominus}_{tr}$:54390　　$\Delta S^{\ominus}_{tr}$:26.886

函数	r_0	r_1	r_2	r_3	r_4	r_5
C_p	54.392					
$Ha(T)$	-466440	54.392				
$Sa(T)$	-226.192	54.392				
$Ga(T)$	-466440	280.584	-54.392			
$Ga(l)$	-308950	-208.326				

TiO

温度范围:298 ~ 1213　　相:固(α)

$\Delta H^{\ominus}_{f,298}$: −542700　　$S^{\ominus}_{298}$:34. 8

函数	r_0	r_1	r_2	r_3	r_4	r_5
C_p	44. 22	15. 06	−0. 78			
$Ha(T)$	−559170	44. 220	7. 530	0. 780		
$Sa(T)$	−226. 025	44. 220	15. 060	0. 390		
$Ga(T)$	−559170	270. 245	−44. 220	−7. 530	0. 390	
$Ga(l)$	−524180	−77. 541				

温度范围:1213 ~ 2023　　相:固(β)

$\Delta H^{\ominus}_{tr}$:4200　　$\Delta S^{\ominus}_{tr}$:3. 462

函数	r_0	r_1	r_2	r_3	r_4	r_5
C_p	42. 18	17. 56	−0. 65			
$Ha(T)$	−554230	42. 180	8. 780	0. 650		
$Sa(T)$	−211. 065	42. 180	17. 560	0. 325		
$Ga(T)$	−554230	253. 245	−42. 180	−8. 780	0. 325	
$Ga(l)$	−464210	−128. 873				

TiO(气)

温度范围:298 ~ 3200　　相:气

$\Delta H^{\ominus}_{f,298}$:15690　　$S^{\ominus}_{298}$:234. 304

函数	r_0	r_1	r_2	r_3	r_4	r_5
C_p	36. 652	0. 837	−0. 393			
$Ha(T)$	3407	36. 652	0. 419	0. 393		
$Sa(T)$	23. 016	36. 652	0. 837	0. 197		
$Ga(T)$	3407	13. 636	−36. 652	−0. 419	0. 197	
$Ga(l)$	55550	−295. 234				

TiO_2(锐钛矿)

温度范围:298 ~ 2000　　相:固

$\Delta H^{\ominus}_{f,298}$: −933030　　$S^{\ominus}_{298}$:49. 915

函数	r_0	r_1	r_2	r_3	r_4	r_5
C_p	75. 019		−1. 762			
$Ha(T)$	−961310	75. 019		1. 762		
$Sa(T)$	−387. 424	75. 019		0. 881		
$Ga(T)$	−961310	462. 443	−75. 019		0. 881	
$Ga(l)$	−886760	−137. 521				

TiO_2(金红石)

温度范围:298 ~ 2143　　相:固

$\Delta H^{\ominus}_{f,298}$: −944750　　$S^{\ominus}_{298}$:50. 334

函数	r_0	r_1	r_2	r_3	r_4	r_5
C_p	62. 844	11. 339	−0. 996			
$Ha(T)$	−967330	62. 844	5. 670	0. 996		
$Sa(T)$	−316. 709	62. 844	11. 339	0. 498		
$Ga(T)$	−967330	379. 553	−62. 844	−5. 670	0. 498	
$Ga(l)$	−895490	−140. 145				

温度范围:2143 ~ 3000　　相:液

$\Delta H_{tr}^{\ominus}$:66940　　$\Delta S_{tr}^{\ominus}$:31.237

函数	r_0	r_1	r_2	r_3	r_4	r_5
C_p	87.864					
$Ha(T)$	-927510	87.864				
$Sa(T)$	-452.967	87.864				
$Ga(T)$	-927510	540.831	-87.864			
$Ga(l)$	-703250	-236.716				

TiO_2(气)

温度范围:298 ~ 2130　　相:气

$\Delta H_{f,298}^{\ominus}$: -305400　　$S_{298}^{\ominus}$:260.1

函数	r_0	r_1	r_2	r_3	r_4	r_5
C_p	54.32	2.02	-1.06			
$Ha(T)$	-325240	54.320	1.010	1.060		
$Sa(T)$	-55.958	54.320	2.020	0.530		
$Ga(T)$	-325240	110.278	-54.320	-1.010	0.530	
$Ga(l)$	-267860	-329.255				

Ti_2O_3

温度范围:298 ~ 473　　相:固(α)

$\Delta H_{f,298}^{\ominus}$: -1520800　　$S_{298}^{\ominus}$:78.785

函数	r_0	r_1	r_2	r_3	r_4	r_5
C_p	152.423		-5.004			
$Ha(T)$	-1583000	152.423		5.004		
$Sa(T)$	-817.806	152.423		2.502		
$Ga(T)$	-1583000	970.229	-152.423		2.502	
$Ga(l)$	-1511800	-106.409				

温度范围:473 ~ 2112　　相:固(β)

$\Delta H_{tr}^{\ominus}$:879　　$\Delta S_{tr}^{\ominus}$:1.858

函数	r_0	r_1	r_2	r_3	r_4	r_5
C_p	145.101	5.439	-4.268			
$Ha(T)$	-1577700	145.101	2.720	4.268		
$Sa(T)$	-771.778	145.101	5.439	2.134		
$Ga(T)$	-1577700	916.879	-145.101	-2.720	2.134	
$Ga(l)$	-1403500	-270.090				

温度范围:2112 ~ 3000　　相:液

$\Delta H_{tr}^{\ominus}$:110460　　$\Delta S_{tr}^{\ominus}$:52.301

函数	r_0	r_1	r_2	r_3	r_4	r_5
C_p	156.900					
$Ha(T)$	-1478000	156.900				
$Sa(T)$	-797.838	156.900				
$Ga(T)$	-1478000	954.738	-156.900			
$Ga(l)$	-1080300	-432.751				

Ti_3O_5

温度范围:298 ~ 450 相:固(α)

$\Delta H^{\ominus}_{f,298}$: -2459100 $S^{\ominus}_{298}$:129.411

函数	r_0	r_1	r_2	r_3	r_4	r_5
C_p	230.999	-24.769	-6.125			
$Ha(T)$	-2547400	230.999	-12.385	6.125		
$Sa(T)$	-1213.795	230.999	-24.769	3.063		
$Ga(T)$	-2547400	1444.794	-230.999	12.385	3.063	
$Ga(l)$	-2447000	-166.922				

温度范围:450 ~ 2047 相:固(β)

$\Delta H^{\ominus}_{tr}$:11760 $\Delta S^{\ominus}_{tr}$:26.133

函数	r_0	r_1	r_2	r_3	r_4	r_5
C_p	174.682	33.723				
$Ha(T)$	-2502600	174.682	16.862			
$Sa(T)$	-854.805	174.682	33.723			
$Ga(T)$	-2502600	1029.487	-174.682	-16.862		
$Ga(l)$	-2287200	-424.838				

温度范围:2047 ~ 3000 相:液

$\Delta H^{\ominus}_{tr}$:138070 $\Delta S^{\ominus}_{tr}$:67.450

函数	r_0	r_1	r_2	r_3	r_4	r_5
C_p	234.304					
$Ha(T)$	-2415900	234.304				
$Sa(T)$	-1172.890	234.304				
$Ga(T)$	-2415900	1407.194	-234.304			
$Ga(l)$	-1830300	-661.677				

Ti_4O_7

温度范围:298 ~ 1950 相:固

$\Delta H^{\ominus}_{f,298}$: -3404500 $S^{\ominus}_{298}$:198.7

函数	r_0	r_1	r_2	r_3	r_4	r_5
C_p	281.58	19.25	-7.04			
$Ha(T)$	-3512900	281.580	9.625	7.040		
$Sa(T)$	-1450.967	281.580	19.250	3.520		
$Ga(T)$	-3512900	1732.547	-281.580	-9.625	3.520	
$Ga(l)$	-3227500	-535.551				

TiOF(气)

温度范围:298 ~ 2000 相:气

$\Delta H^{\ominus}_{f,298}$: -433040 $S^{\ominus}_{298}$:250.538

函数	r_0	r_1	r_2	r_3	r_4	r_5
C_p	59.706	1.339	-1.071			
$Ha(T)$	-454490	59.706	0.670	1.071		
$Sa(T)$	-96.066	59.706	1.339	0.536		
$Ga(T)$	-454490	155.772	-59.706	-0.670	0.536	
$Ga(l)$	-394850	-323.069				

$TiOF_2$(气)

温度范围:298 ~2000　　相:气

$\Delta H^{\ominus}_{f,298}$: -924660　　$S^{\ominus}_{298}$:284. 554

函数	r_0	r_1	r_2	r_3	r_4	r_5
C_p	79. 956	1. 632	-1. 615			
$Ha(T)$	-953990	79. 956	0. 816	1. 615		
$Sa(T)$	-180. 574	79. 956	1. 632	0. 808		
$Ga(T)$	-953990	260. 530	-79. 956	-0. 816	0. 808	
$Ga(l)$	-873980	-380. 638				

TiOCl(气)

温度范围:298 ~2000　　相:气

$\Delta H^{\ominus}_{f,298}$: -244350　　$S^{\ominus}_{298}$:263. 550

函数	r_0	r_1	r_2	r_3	r_4	r_5
C_p	60. 501	0. 962	-0. 837			
$Ha(T)$	-265240	60. 501	0. 481	0. 837		
$Sa(T)$	-86. 155	60. 501	0. 962	0. 419		
$Ga(T)$	-265240	146. 656	-60. 501	-0. 481	0. 419	
$Ga(l)$	-205320	-337. 961				

$TiOCl_2$(气)

温度范围:298 ~2000　　相:气

$\Delta H^{\ominus}_{f,298}$: -545590　　$S^{\ominus}_{298}$:320. 871

函数	r_0	r_1	r_2	r_3	r_4	r_5
C_p	81. 462	0. 837	-0. 891			
$Ha(T)$	-572900	81. 462	0. 419	0. 891		
$Sa(T)$	-148. 528	81. 462	0. 837	0. 446		
$Ga(T)$	-572900	229. 990	-81. 462	-0. 419	0. 446	
$Ga(l)$	-492770	-421. 860				

TiS

温度范围:298 ~2200　　相:固

$\Delta H^{\ominus}_{f,298}$: -271960　　$S^{\ominus}_{298}$:56. 484

函数	r_0	r_1	r_2	r_3	r_4	r_5
C_p	45. 898	7. 364				
$Ha(T)$	-285970	45. 898	3. 682			
$Sa(T)$	-207. 220	45. 898	7. 364			
$Ga(T)$	-285970	253. 118	-45. 898	-3. 682		
$Ga(l)$	-233800	-126. 147				

TiS(气)

温度范围:298 ~2200　　相:气

$\Delta H^{\ominus}_{f,298}$:330540　　$S^{\ominus}_{298}$:246. 396

函数	r_0	r_1	r_2	r_3	r_4	r_5
C_p	36. 995	0. 222	-0. 295			
$Ha(T)$	318510	36. 995	0. 111	0. 295		
$Sa(T)$	33. 888	36. 995	0. 222	0. 148		
$Ga(T)$	318510	3. 107	-36. 995	-0. 111	0. 148	
$Ga(l)$	357310	-295. 607				

TiS_2

温度范围:298 ~ 420　　相:固(α)

$\Delta H^{\ominus}_{f,298}$: -407100　　$S^{\ominus}_{298}$:78.366

函数	r_0	r_1	r_2	r_3	r_4	r_5
C_p	33.807	114.391				
$Ha(T)$	-422260	33.807	57.196			
$Sa(T)$	-148.358	33.807	114.391			
$Ga(T)$	-422260	182.165	-33.807	-57.196		
$Ga(l)$	-402910	-91.518				

温度范围:420 ~ 1000　　相:固(β)

$\Delta H^{\ominus}_{tr}$:0　　$\Delta S^{\ominus}_{tr}$:0.000

函数	r_0	r_1	r_2	r_3	r_4	r_5
C_p	62.718	21.506				
$Ha(T)$	-426210	62.718	10.753			
$Sa(T)$	-283.976	62.718	21.506			
$Ga(T)$	-426210	346.694	-62.718	-10.753		
$Ga(l)$	-378600	-141.967				

TiN ($TiN_{0.42\sim1.0}$)

温度范围:298 ~ 3223　　相:固

$\Delta H^{\ominus}_{f,298}$: -337860　　$S^{\ominus}_{298}$:30.292

函数	r_0	r_1	r_2	r_3	r_4	r_5
C_p	49.831	3.933	-1.239			
$Ha(T)$	-357050	49.831	1.967	1.239		
$Sa(T)$	-261.767	49.831	3.933	0.620		
$Ga(T)$	-357050	311.598	-49.831	-1.967	0.620	
$Ga(l)$	-281750	-113.792				

温度范围:3223 ~ 3500　　相:液

$\Delta H^{\ominus}_{tr}$:62760　　$\Delta S^{\ominus}_{tr}$:19.473

函数	r_0	r_1	r_2	r_3	r_4	r_5
C_p	66.944					
$Ha(T)$	-328630	66.944				
$Sa(T)$	-367.798	66.944				
$Ga(T)$	-328630	434.742	-66.944			
$Ga(l)$	-103570	-175.823				

TiN

温度范围:298 ~ 2000　　相:固

$\Delta H^{\ominus}_{f,298}$: -337700　　$S^{\ominus}_{298}$:30.2

函数	r_0	r_1	r_2	r_3	r_4	r_5
C_p	49.83	3.93	-1.24			
$Ha(T)$	-356890	49.830	1.965	1.240		
$Sa(T)$	-261.858	49.830	3.930	0.620		
$Ga(T)$	-356890	311.688	-49.830	-1.965	0.620	
$Ga(l)$	-305170	-91.385				

TiC

温度范围:298 ~ 3290　　相:固

$\Delta H^{\ominus}_{f,298}$: -184100　　$S^{\ominus}_{298}$:24.225

函数	r_0	r_1	r_2	r_3	r_4	r_5
C_p	49.957	0.962	-1.477	1.883		
$Ha(T)$	-204010	49.957	0.481	1.477	0.628	
$Sa(T)$	-269.088	49.957	0.962	0.739	0.942	
$Ga(T)$	-204010	319.045	-49.957	-0.481	0.739	-0.314
$Ga(l)$	-127550	-106.616				

温度范围:3290 ~ 3500　　相:液

$\Delta H^{\ominus}_{tr}$:71130　　$\Delta S^{\ominus}_{tr}$:21.620

函数	r_0	r_1	r_2	r_3	r_4	r_5
C_p	62.760					
$Ha(T)$	-146990	62.760				
$Sa(T)$	-337.731	62.760				
$Ga(T)$	-146990	400.491	-62.760			
$Ga(l)$	66030	-172.508				

TiSi

温度范围:298 ~ 2000　　相:固

$\Delta H^{\ominus}_{f,298}$: -129700　　$S^{\ominus}_{298}$:48.953

函数	r_0	r_1	r_2	r_3	r_4	r_5
C_p	48.116	11.422	-0.544			
$Ha(T)$	-146380	48.116	5.711	0.544		
$Sa(T)$	-231.658	48.116	11.422	0.272		
$Ga(T)$	-146380	279.774	-48.116	-5.711	0.272	
$Ga(l)$	-93130	-117.812				

$TiSi_2$

温度范围:298 ~ 1800　　相:固

$\Delta H^{\ominus}_{f,298}$: -134310　　$S^{\ominus}_{298}$:61.086

函数	r_0	r_1	r_2	r_3	r_4	r_5
C_p	70.417	17.573	-0.904			
$Ha(T)$	-159120	70.417	8.787	0.904		
$Sa(T)$	-350.446	70.417	17.573	0.452		
$Ga(T)$	-159120	420.863	-70.417	-8.787	0.452	
$Ga(l)$	-87040	-154.297				

Ti_5Si_3

温度范围:298 ~ 2300　　相:固

$\Delta H^{\ominus}_{f,298}$: -579070　　$S^{\ominus}_{298}$:217.986

函数	r_0	r_1	r_2	r_3	r_4	r_5
C_p	196.439	44.769	-2.008			
$Ha(T)$	-646360	196.439	22.385	2.008		
$Sa(T)$	-925.886	196.439	44.769	1.004		
$Ga(T)$	-646360	1122.325	-196.439	-22.385	1.004	
$Ga(l)$	-403350	-527.991				

TiB

温度范围:298 ~2500 相:固

$\Delta H^{\ominus}_{f,298}$: −160250 $S^{\ominus}_{298}$:34.727

函数	r_0	r_1	r_2	r_3	r_4	r_5
C_p	54.057		−2.163			
$Ha(T)$	−183620	54.057		2.163		
$Sa(T)$	−285.434	54.057		1.082		
$Ga(T)$	−183620	339.491	−54.057		1.082	
$Ga(l)$	−119550	−103.131				

TiB_2

温度范围:298 ~3193 相:固

$\Delta H^{\ominus}_{f,298}$: −323840 $S^{\ominus}_{298}$:28.493

函数	r_0	r_1	r_2	r_3	r_4	r_5
C_p	56.379	25.857	−1.746	−3.347		
$Ha(T)$	−347630	56.379	12.929	1.746	−1.116	
$Sa(T)$	−310.113	56.379	25.857	0.873	−1.674	
$Ga(T)$	−347630	366.492	−56.379	−12.929	0.873	0.558
$Ga(l)$	−242740	−145.946				

温度范围:3193 ~3500 相:液

$\Delta H^{\ominus}_{tr}$:100420 $\Delta S^{\ominus}_{tr}$:31.450

函数	r_0	r_1	r_2	r_3	r_4	r_5
C_p	108.784					
$Ha(T)$	−318500	108.784				
$Sa(T)$	−635.919	108.784				
$Ga(T)$	−318500	744.703	−108.784			
$Ga(l)$	45540	−246.971				

TiAl

温度范围:298 ~1733 相:固

$\Delta H^{\ominus}_{f,298}$: −72800 $S^{\ominus}_{298}$:52.300

函数	r_0	r_1	r_2	r_3	r_4	r_5
C_p	55.940	5.941	−0.753			
$Ha(T)$	−92270	55.940	2.971	0.753		
$Sa(T)$	−272.430	55.940	5.941	0.377		
$Ga(T)$	−92270	328.370	−55.940	−2.971	0.377	
$Ga(l)$	−40110	−118.263				

$TiAl_3$

温度范围:298 ~1613 相:固

$\Delta H^{\ominus}_{f,298}$: −142260 $S^{\ominus}_{298}$:94.558

函数	r_0	r_1	r_2	r_3	r_4	r_5
C_p	103.512	16.736	−0.900			
$Ha(T)$	−176880	103.512	8.368	0.900		
$Sa(T)$	−505.264	103.512	16.736	0.450		
$Ga(T)$	−176880	608.776	−103.512	−8.368	0.450	
$Ga(l)$	−83780	−216.259				

Tl

温度范围:298 ~507　　相:固(α)

$\Delta H^{\ominus}_{f,298}$:0　　$S^{\ominus}_{298}$:64. 183

函数	r_0	r_1	r_2	r_3	r_4	r_5
C_p	14. 108	27. 949	0. 344			
$Ha(T)$	-4295	14. 108	13. 975	-0. 344		
$Sa(T)$	-22. 597	14. 108	27. 949	-0. 172		
$Ga(T)$	-4295	36. 705	-14. 108	-13. 975	-0. 172	
$Ga(l)$	2613	-72. 070				

温度范围:507 ~577　　相:固(β)

$\Delta H^{\ominus}_{tr}$:377　　$\Delta S^{\ominus}_{tr}$:0. 744

函数	r_0	r_1	r_2	r_3	r_4	r_5
C_p	27. 154	9. 577				
$Ha(T)$	-8849	27. 154	4. 789			
$Sa(T)$	-94. 465	27. 154	9. 577			
$Ga(T)$	-8849	121. 619	-27. 154	-4. 789		
$Ga(l)$	7259	-81. 662				

温度范围:577 ~1746　　相:液

$\Delta H^{\ominus}_{tr}$:4142　　$\Delta S^{\ominus}_{tr}$:7. 179

函数	r_0	r_1	r_2	r_3	r_4	r_5
C_p	29. 706					
$Ha(T)$	-4586	29. 706				
$Sa(T)$	-97. 986	29. 706				
$Ga(T)$	-4586	127. 692	-29. 706			
$Ga(l)$	27500	-110. 866				

温度范围:1746 ~2000　　相:气

$\Delta H^{\ominus}_{tr}$:164080　　$\Delta S^{\ominus}_{tr}$:93. 975

函数	r_0	r_1	r_2	r_3	r_4	r_5
C_p	21. 899					
$Ha(T)$	173130	21. 899				
$Sa(T)$	54. 269	21. 899				
$Ga(T)$	173130	-32. 370	-21. 899			
$Ga(l)$	214080	-219. 269				

Tl(气)

温度范围:298 ~2000　　相:气

$\Delta H^{\ominus}_{f,298}$:181000　　$S^{\ominus}_{298}$:181

函数	r_0	r_1	r_2	r_3	r_4	r_5
C_p	19. 73	1. 12	0. 08			
$Ha(T)$	175340	19. 730	0. 560	-0. 080		
$Sa(T)$	68. 702	19. 730	1. 120	-0. 040		
$Ga(T)$	175340	-48. 972	-19. 730	-0. 560	-0. 040	
$Ga(l)$	194870	-207. 729				

TlF

温度范围:298 ~ 356　　相:固(α)

$\Delta H^{\ominus}_{f,298}$: −325520　　$S^{\ominus}_{298}$:95.688

函数	r_0	r_1	r_2	r_3	r_4	r_5
C_p	54.392					
$Ha(T)$	−341740	54.392				
$Sa(T)$	−214.216	54.392				
$Ga(T)$	−341740	268.608	−54.392			
$Ga(l)$	−323980	−100.652				

温度范围:356 ~ 595　　相:固(β)

$\Delta H^{\ominus}_{tr}$:335　　$\Delta S^{\ominus}_{tr}$:0.941

函数	r_0	r_1	r_2	r_3	r_4	r_5
C_p	55.438					
$Ha(T)$	−341770	55.438				
$Sa(T)$	−219.420	55.438				
$Ga(T)$	−341770	274.858	−55.438			
$Ga(l)$	−315860	−121.965				

温度范围:595 ~ 973　　相:液

$\Delta H^{\ominus}_{tr}$:13890　　$\Delta S^{\ominus}_{tr}$:23.345

函数	r_0	r_1	r_2	r_3	r_4	r_5
C_p	67.279					
$Ha(T)$	−334930	67.279				
$Sa(T)$	−271.722	67.279				
$Ga(T)$	−334930	339.001	−67.279			
$Ga(l)$	−283010	−176.255				

TlF(气)

温度范围:298 ~ 2000　　相:气

$\Delta H^{\ominus}_{f,298}$: −185900　　$S^{\ominus}_{298}$:244.6

函数	r_0	r_1	r_2	r_3	r_4	r_5
C_p	37.02	0.8	−0.23			
$Ha(T)$	−197740	37.020	0.400	0.230		
$Sa(T)$	32.143	37.020	0.800	0.115		
$Ga(T)$	−197740	4.877	−37.020	−0.400	0.115	
$Ga(l)$	−161320	−291.732				

$(TlF)_2$(气)

温度范围:298 ~ 2000　　相:气

$\Delta H^{\ominus}_{f,298}$: −513800　　$S^{\ominus}_{298}$:358

函数	r_0	r_1	r_2	r_3	r_4	r_5
C_p	82.95	0.12	−0.41			
$Ha(T)$	−539910	82.950	0.060	0.410		
$Sa(T)$	−116.958	82.950	0.120	0.205		
$Ga(T)$	−539910	199.908	−82.950	−0.060	0.205	
$Ga(l)$	−459330	−462.714				

TlF_3

温度范围:298 ~ 823　　相:固

$\Delta H^{\ominus}_{f,298}$: −732200　　$S^{\ominus}_{298}$:142. 256

函数	r_0	r_1	r_2	r_3	r_4	r_5
C_p	89. 538	36. 819				
$Ha(T)$	−760530	89. 538	18. 410			
$Sa(T)$	−378. 873	89. 538	36. 819			
$Ga(T)$	−760530	468. 411	−89. 538	−18. 410		
$Ga(l)$	−708010	−206. 387				

温度范围:823 ~ 1200　　相:液

$\Delta H^{\ominus}_{tr}$:35560　　$\Delta S^{\ominus}_{tr}$:43. 208

函数	r_0	r_1	r_2	r_3	r_4	r_5
C_p	129. 704					
$Ha(T)$	−745560	129. 704				
$Sa(T)$	−574. 996	129. 704				
$Ga(T)$	−745560	704. 700	−129. 704			
$Ga(l)$	−615580	−321. 998				

温度范围:1200 ~ 2500　　相:气

$\Delta H^{\ominus}_{tr}$:138070　　$\Delta S^{\ominus}_{tr}$:115. 058

函数	r_0	r_1	r_2	r_3	r_4	r_5
C_p	83. 680					
$Ha(T)$	−552260	83. 680				
$Sa(T)$	−133. 624	83. 680				
$Ga(T)$	−552260	217. 304	−83. 680			
$Ga(l)$	−402640	−494. 835				

TlCl

温度范围:298 ~ 702　　相:固

$\Delta H^{\ominus}_{f,298}$: −204180　　$S^{\ominus}_{298}$:111. 294

函数	r_0	r_1	r_2	r_3	r_4	r_5
C_p	50. 208	8. 368				
$Ha(T)$	−219520	50. 208	4. 184			
$Sa(T)$	−177. 266	50. 208	8. 368			
$Ga(T)$	−219520	227. 474	−50. 208	−4. 184		
$Ga(l)$	−194540	−138. 100				

温度范围:702 ~ 1089　　相:液

$\Delta H^{\ominus}_{tr}$:15900　　$\Delta S^{\ominus}_{tr}$:22. 650

函数	r_0	r_1	r_2	r_3	r_4	r_5
C_p	59. 413					
$Ha(T)$	−208020	59. 413				
$Sa(T)$	−209. 071	59. 413				
$Ga(T)$	−208020	268. 484	−59. 413			
$Ga(l)$	−155480	−194. 501				

TlCl(气)

温度范围:298 ~ 2000　　相:气

$\Delta H^{\ominus}_{f,298}$: -67400　　$S^{\ominus}_{298}$:256.3

函数	r_0	r_1	r_2	r_3	r_4	r_5
C_p	37.4		-0.11			
$Ha(T)$	-78920	37.400		0.110		
$Sa(T)$	42.591	37.400		0.055		
$Ga(T)$	-78920	-5.191	-37.400		0.055	
$Ga(l)$	-42710	-303.844				

(TlCl)$_2$(气)

温度范围:298 ~ 2000　　相:气

$\Delta H^{\ominus}_{f,298}$: -238900　　$S^{\ominus}_{298}$:386.9

函数	r_0	r_1	r_2	r_3	r_4	r_5
C_p	83.11	0.03	-0.18			
$Ha(T)$	-264280	83.110	0.015	0.180		
$Sa(T)$	-87.649	83.110	0.030	0.090		
$Ga(T)$	-264280	170.759	-83.110	-0.015	0.090	
$Ga(l)$	-183880	-492.901				

$TlCl_3$

温度范围:298 ~ 500　　相:固

$\Delta H^{\ominus}_{f,298}$: -315060　　$S^{\ominus}_{298}$:152.298

函数	r_0	r_1	r_2	r_3	r_4	r_5
C_p	68.827	133.888				
$Ha(T)$	-341530	68.827	66.944			
$Sa(T)$	-279.769	68.827	133.888			
$Ga(T)$	-341530	348.596	-68.827	-66.944		
$Ga(l)$	-304100	-185.428				

TlBr

温度范围:298 ~ 733　　相:固

$\Delta H^{\ominus}_{f,298}$: -172700　　$S^{\ominus}_{298}$:122.6

函数	r_0	r_1	r_2	r_3	r_4	r_5
C_p	41.63	29.68				
$Ha(T)$	-186430	41.630	14.840			
$Sa(T)$	-123.440	41.630	29.680			
$Ga(T)$	-186430	165.070	-41.630	-14.840		
$Ga(l)$	-162300	-151.082				

温度范围:733 ~ 1115　　相:液

$\Delta H^{\ominus}_{tr}$:16400　　$\Delta S^{\ominus}_{tr}$:22.374

函数	r_0	r_1	r_2	r_3	r_4	r_5
C_p	105.65	-37.82				
$Ha(T)$	-198820	105.650	-18.910			
$Sa(T)$	-473.938	105.650	-37.820			
$Ga(T)$	-198820	579.588	-105.650	18.910		
$Ga(l)$	-118240	-212.114				

TlBr(气)

温度范围:298 ~2000　　相:气

$\Delta H^{\ominus}_{f,298}$: −36200　　$S^{\ominus}_{298}$:264.8

函数	r_0	r_1	r_2	r_3	r_4	r_5
C_p	37.4		−0.11			
$Ha(T)$	−47720	37.400		0.110		
$Sa(T)$	51.091	37.400		0.055		
$Ga(T)$	−47720	−13.691	−37.400		0.055	
$Ga(l)$	−11510	−312.344				

TlI

温度范围:298 ~451　　相:固(α)

$\Delta H^{\ominus}_{f,298}$: −123680　　$S^{\ominus}_{298}$:127.696

函数	r_0	r_1	r_2	r_3	r_4	r_5
C_p	48.493	13.556				
$Ha(T)$	−138740	48.493	6.778			
$Sa(T)$	−152.639	48.493	13.556			
$Ga(T)$	−138740	201.132	−48.493	−6.778		
$Ga(l)$	−119840	−139.592				

温度范围:451 ~715　　相:固(β)

$\Delta H^{\ominus}_{tr}$:912　　$\Delta S^{\ominus}_{tr}$:2.022

函数	r_0	r_1	r_2	r_3	r_4	r_5
C_p	32.300	47.112				
$Ha(T)$	−133940	32.300	23.556			
$Sa(T)$	−66.788	32.300	47.112			
$Ga(T)$	−133940	99.088	−32.300	−23.556		
$Ga(l)$	−107500	−166.204				

温度范围:715 ~1082　　相:液

$\Delta H^{\ominus}_{tr}$:14730　　$\Delta S^{\ominus}_{tr}$:20.601

函数	r_0	r_1	r_2	r_3	r_4	r_5
C_p	71.965					
$Ha(T)$	−135530	71.965				
$Sa(T)$	−273.191	71.965				
$Ga(T)$	−135530	345.156	−71.965			
$Ga(l)$	−71590	−215.921				

温度范围:1082 ~1600　　相:气

$\Delta H^{\ominus}_{tr}$:103760　　$\Delta S^{\ominus}_{tr}$:95.896

函数	r_0	r_1	r_2	r_3	r_4	r_5
C_p	38.618		−0.126			
$Ha(T)$	4199	38.618		0.126		
$Sa(T)$	55.633	38.618		0.063		
$Ga(T)$	4199	−17.015	−38.618		0.063	
$Ga(l)$	55560	−333.617				

TlI(气)

温度范围:298 ~ 2000　　　相:气

$\Delta H^{\ominus}_{f,298}$:16000　　　$S^{\ominus}_{298}$:274.9

函数	r_0	r_1	r_2	r_3	r_4	r_5
C_p	37.4		−0.11			
$Ha(T)$	4480	37.400		0.110		
$Sa(T)$	61.191	37.400		0.055		
$Ga(T)$	4480	−23.791	−37.400		0.055	
$Ga(l)$	40690	−322.444				

Tl_2O

温度范围:298 ~ 852　　　相:固

$\Delta H^{\ominus}_{f,298}$: −167360　　　$S^{\ominus}_{298}$:134.306

函数	r_0	r_1	r_2	r_3	r_4	r_5
C_p	56.066	41.840				
$Ha(T)$	−185940	56.066	20.920			
$Sa(T)$	−197.610	56.066	41.840			
$Ga(T)$	−185940	253.676	−56.066	−20.920		
$Ga(l)$	−149380	−181.352				

温度范围:852 ~ 1000　　　相:液

$\Delta H^{\ominus}_{tr}$:30290　　　$\Delta S^{\ominus}_{tr}$:35.552

函数	r_0	r_1	r_2	r_3	r_4	r_5
C_p	94.977					
$Ha(T)$	−173610	94.977				
$Sa(T)$	−388.966	94.977				
$Ga(T)$	−173610	483.943	−94.977			
$Ga(l)$	−85800	−259.765				

Tl_2O(气)

温度范围:298 ~ 2000　　　相:气

$\Delta H^{\ominus}_{f,298}$:6300　　　$S^{\ominus}_{298}$:317.5

函数	r_0	r_1	r_2	r_3	r_4	r_5
C_p	55.61	2.71	−0.38			
$Ha(T)$	−11680	55.610	1.355	0.380		
$Sa(T)$	−2.289	55.610	2.710	0.190		
$Ga(T)$	−11680	57.899	−55.610	−1.355	0.190	
$Ga(l)$	43900	−389.409				

Tl_2O_3

温度范围:298 ~ 1107　　　相:固

$\Delta H^{\ominus}_{f,298}$: −390370　　　$S^{\ominus}_{298}$:137.235

函数	r_0	r_1	r_2	r_3	r_4	r_5
C_p	131.880	3.556	−2.226			
$Ha(T)$	−437310	131.880	1.778	2.226		
$Sa(T)$	−627.745	131.880	3.556	1.113		
$Ga(T)$	−437310	759.625	−131.880	−1.778	1.113	
$Ga(l)$	−348700	−237.316				

Tl_2S

温度范围:298 ~ 730　　相:固

$\Delta H^{\ominus}_{f,298}$: −94980　　$S^{\ominus}_{298}$:158.992

函数	r_0	r_1	r_2	r_3	r_4	r_5
C_p	71.546	29.288				
$Ha(T)$	−117610	71.546	14.644			
$Sa(T)$	−257.380	71.546	29.288			
$Ga(T)$	−117610	328.926	−71.546	−14.644		
$Ga(l)$	−78970	−202.978				

温度范围:730 ~ 1400　　相:液

$\Delta H^{\ominus}_{tr}$:23010　　$\Delta S^{\ominus}_{tr}$:31.521

函数	r_0	r_1	r_2	r_3	r_4	r_5
C_p	99.579					
$Ha(T)$	−107260	99.579				
$Sa(T)$	−389.302	99.579				
$Ga(T)$	−107260	488.882	−99.579			
$Ga(l)$	−4050	−303.830				

Tl_2SO_4(1)

温度范围:298 ~ 773　　相:固

$\Delta H^{\ominus}_{f,298}$: −933660　　$S^{\ominus}_{298}$:200.832

函数	r_0	r_1	r_2	r_3	r_4	r_5
C_p	100.416	125.520				
$Ha(T)$	−969180	100.416	62.760			
$Sa(T)$	−408.722	100.416	125.520			
$Ga(T)$	−969180	509.138	−100.416	−62.760		
$Ga(l)$	−901480	−287.388				

温度范围:773 ~ 905　　相:固(β)

$\Delta H^{\ominus}_{tr}$:0　　$\Delta S^{\ominus}_{tr}$:0.000

函数	r_0	r_1	r_2	r_3	r_4	r_5
C_p	100.416	125.520				
$Ha(T)$	−969180	100.416	62.760			
$Sa(T)$	−408.722	100.416	125.520			
$Ga(T)$	−969180	509.138	−100.416	−62.760		
$Ga(l)$	−840980	−372.552				

温度范围:905 ~ 1200　　相:液

$\Delta H^{\ominus}_{tr}$:23850　　$\Delta S^{\ominus}_{tr}$:26.354

函数	r_0	r_1	r_2	r_3	r_4	r_5
C_p	205.016					
$Ha(T)$	−988590	205.016				
$Sa(T)$	−980.882	205.016				
$Ga(T)$	−988590	1185.898	−205.016			
$Ga(l)$	−773950	−445.401				

Tl_2SO_4(2)

温度范围:298 ~ 905　　相:固

$\Delta H^{\ominus}_{f,298}$: −933700　　$S^{\ominus}_{298}$:200. 8

函数	r_0	r_1	r_2	r_3	r_4	r_5
C_p	100. 42	125. 52				
$Ha(T)$	−969220	100. 420	62. 760			
$Sa(T)$	−408. 776	100. 420	125. 520			
$Ga(T)$	−969220	509. 196	−100. 420	−62. 760		
$Ga(l)$	−892280	−306. 668				

TlSe

温度范围:298 ~ 607　　相:固

$\Delta H^{\ominus}_{f,298}$: −60960　　$S^{\ominus}_{298}$:102. 926

函数	r_0	r_1	r_2	r_3	r_4	r_5
C_p	39. 330	35. 146				
$Ha(T)$	−74250	39. 330	17. 573			
$Sa(T)$	−131. 639	39. 330	35. 146			
$Ga(T)$	−74250	170. 969	−39. 330	−17. 573		
$Ga(l)$	−53550	−124. 298				

Tl_2Se

温度范围:298 ~ 663　　相:固

$\Delta H^{\ominus}_{f,298}$: −92550　　$S^{\ominus}_{298}$:180. 121

函数	r_0	r_1	r_2	r_3	r_4	r_5
C_p	69. 747	32. 635				
$Ha(T)$	−114800	69. 747	16. 318			
$Sa(T)$	−226. 999	69. 747	32. 635			
$Ga(T)$	−114800	296. 746	−69. 747	−16. 318		
$Ga(l)$	−79010	−218. 332				

Tl_2Te

温度范围:298 ~ 726　　相:固(γ)

$\Delta H^{\ominus}_{f,298}$: −80330　　$S^{\ominus}_{298}$:174. 054

函数	r_0	r_1	r_2	r_3	r_4	r_5
C_p	67. 990	27. 196				
$Ha(T)$	−101810	67. 990	13. 598			
$Sa(T)$	−221. 434	67. 990	27. 196			
$Ga(T)$	−101810	289. 424	−67. 990	−13. 598		
$Ga(l)$	−65300	−215. 412				

Tm(1)

温度范围:298 ~ 800　　相:固

$\Delta H^{\ominus}_{f,298}$:0　　$S^{\ominus}_{298}$:74. 015

函数	r_0	r_1	r_2	r_3	r_4	r_5
C_p	36. 648	−30. 966	−0. 259	28. 334		
$Ha(T)$	−10670	36. 648	−15. 483	0. 259	9. 445	
$Sa(T)$	−128. 274	36. 648	−30. 966	0. 130	14. 167	
$Ga(T)$	−10670	164. 922	−36. 648	15. 483	0. 130	−4. 722
$Ga(l)$	5977	−90. 047				

温度范围:800～1818 相:固

$\Delta H_{tr}^{\ominus}$:— $\Delta S_{tr}^{\ominus}$:—

函数	r_0	r_1	r_2	r_3	r_4	r_5
C_p	25.640	6.657	-0.834			
$Ha(T)$	-9785	25.640	3.329	0.834		
$Sa(T)$	-76.171	25.640	6.657	0.417		
$Ga(T)$	-9785	101.811	-25.640	-3.329	0.417	
$Ga(l)$	28500	-116.429				

温度范围:1818～2220 相:液

$\Delta H_{tr}^{\ominus}$:16840 $\Delta S_{tr}^{\ominus}$:9.263

函数	r_0	r_1	r_2	r_3	r_4	r_5
C_p	41.380					
$Ha(T)$	-10100	41.380				
$Sa(T)$	-172.816	41.380				
$Ga(T)$	-10100	214.196	-41.380			
$Ga(l)$	73230	-142.063				

温度范围:2220～2400 相:气

$\Delta H_{tr}^{\ominus}$:190690 $\Delta S_{tr}^{\ominus}$:85.896

函数	r_0	r_1	r_2	r_3	r_4	r_5
C_p	21.560					
$Ha(T)$	224590	21.560				
$Sa(T)$	65.799	21.560				
$Ga(T)$	224590	-44.239	-21.560			
$Ga(l)$	274360	-232.771				

Tm(2)

温度范围:298～1818 相:固

$\Delta H_{f,298}^{\ominus}$:0 $S_{298}^{\ominus}$:74

函数	r_0	r_1	r_2	r_3	r_4	r_5
C_p	22.87	8.18	0.13			
$Ha(T)$	-6746	22.870	4.090	-0.130		
$Sa(T)$	-58.012	22.870	8.180	-0.065		
$Ga(T)$	-6746	80.882	-22.870	-4.090	-0.065	
$Ga(l)$	17440	-108.484				

Tm(气)

温度范围:298～2217 相:气

$\Delta H_{f,298}^{\ominus}$:232200 $S_{298}^{\ominus}$:190.1

函数	r_0	r_1	r_2	r_3	r_4	r_5
C_p	22.52	-2.24	-0.32	0.83		
$Ha(T)$	224500	22.520	-1.120	0.320	0.277	
$Sa(T)$	60.621	22.520	-2.240	0.160	0.415	
$Ga(T)$	224500	-38.101	-22.520	1.120	0.160	-0.138
$Ga(l)$	247400	-217.901				

TmF_3

温度范围:298 ~ 1326　　相:固(α)

$\Delta H^{\ominus}_{f,298}$: −1656000　　$S^{\ominus}_{298}$:115.5

函数	r_0	r_1	r_2	r_3	r_4	r_5
C_p	98.95	11.48	−0.66			
$Ha(T)$	−1688200	98.950	5.740	0.660		
$Sa(T)$	−455.412	98.950	11.480	0.330		
$Ga(T)$	−1688200	554.362	−98.950	−5.740	0.330	
$Ga(l)$	−1612700	−213.140				

TmF_3(气)

温度范围:298 ~ 2000　　相:气

$\Delta H^{\ominus}_{f,298}$: −1224700　　$S^{\ominus}_{298}$:339.4

函数	r_0	r_1	r_2	r_3	r_4	r_5
C_p	81.25	1.11	−0.95			
$Ha(T)$	−1252200	81.250	0.555	0.950		
$Sa(T)$	−129.204	81.250	1.110	0.475		
$Ga(T)$	−1252200	210.454	−81.250	−0.555	0.475	
$Ga(l)$	−1172000	−440.052				

$TmCl_3$

温度范围:298 ~ 1118　　相:固

$\Delta H^{\ominus}_{f,298}$: −986590　　$S^{\ominus}_{298}$:146.858

函数	r_0	r_1	r_2	r_3	r_4	r_5
C_p	95.604	11.715	−0.126			
$Ha(T)$	−1016000	95.604	5.858	0.126		
$Sa(T)$	−402.057	95.604	11.715	0.063		
$Ga(T)$	−1016000	497.661	−95.604	−5.858	0.063	
$Ga(l)$	−951900	−230.336				

温度范围:1118 ~ 1300　　相:液

$\Delta H^{\ominus}_{tr}$:34940　　$\Delta S^{\ominus}_{tr}$:31.252

函数	r_0	r_1	r_2	r_3	r_4	r_5
C_p	148.532					
$Ha(T)$	−1032800	148.532				
$Sa(T)$	−729.174	148.532				
$Ga(T)$	−1032800	877.706	−148.532			
$Ga(l)$	−853510	−324.978				

$TmCl_3$(气)

温度范围:298 ~ 2000　　相:气

$\Delta H^{\ominus}_{f,298}$: −691100　　$S^{\ominus}_{298}$:364.6

函数	r_0	r_1	r_2	r_3	r_4	r_5
C_p	82.88	0.16	−0.43			
$Ha(T)$	−717260	82.880	0.080	0.430		
$Sa(T)$	−110.083	82.880	0.160	0.215		
$Ga(T)$	−717260	192.963	−82.880	−0.080	0.215	
$Ga(l)$	−636700	−469.157				

$TmBr_3$(气)

温度范围:298 ~ 2000　　相:气

$\Delta H^{\Theta}_{f,298}$: −545600　　S^{Θ}_{298}:401. 2

函数	r_0	r_1	r_2	r_3	r_4	r_5
C_p	83. 01	0. 08	−0. 29			
$Ha(T)$	−571330	83. 010	0. 040	0. 290		
$Sa(T)$	−73. 413	83. 010	0. 080	0. 145		
$Ga(T)$	−571330	156. 423	−83. 010	−0. 040	0. 145	
$Ga(l)$	−490850	−506. 561				

TmI_3(气)

温度范围:298 ~ 2000　　相:气

$\Delta H^{\Theta}_{f,298}$: −329700　　S^{Θ}_{298}:429. 8

函数	r_0	r_1	r_2	r_3	r_4	r_5
C_p	83. 11	0. 03	−0. 15			
$Ha(T)$	−354980	83. 110	0. 015	0. 150		
$Sa(T)$	−44. 580	83. 110	0. 030	0. 075		
$Ga(T)$	−354980	127. 690	−83. 110	−0. 015	0. 075	
$Ga(l)$	−274610	−535. 952				

Tm_2O_3

温度范围:298 ~ 1800　　相:固

$\Delta H^{\Theta}_{f,298}$: −1888700　　S^{Θ}_{298}:139. 746

函数	r_0	r_1	r_2	r_3	r_4	r_5
C_p	128. 658	19. 456	−1. 590			
$Ha(T)$	−1933300	128. 658	9. 728	1. 590		
$Sa(T)$	−608. 039	128. 658	19. 456	0. 795		
$Ga(T)$	−1933300	736. 698	−128. 658	−9. 728	0. 795	
$Ga(l)$	−1807400	−300. 856				

TmSe(气)*

温度范围:298 ~ 2000　　相:气

$\Delta H^{\Theta}_{f,298}$:***208800***　　S^{Θ}_{298}:***269. 2***

函数	r_0	r_1	r_2	r_3	r_4	r_5
C_p	***37. 29***	***0. 07***	***−0. 18***			
$Ha(T)$	197080	37. 290	0. 035	0. 180		
$Sa(T)$	55. 703	37. 290	0. 070	0. 090		
$Ga(T)$	197080	−18. 413	−37. 290	−0. 035	0. 090	
$Ga(l)$	233310	−316. 309				

TmTe(气)*

温度范围:298 ~ 2000　　相:气

$\Delta H^{\Theta}_{f,298}$:***272800***　　S^{Θ}_{298}:***277. 8***

函数	r_0	r_1	r_2	r_3	r_4	r_5
C_p	***37. 38***	***0. 02***	***−0. 10***			
$Ha(T)$	261320	37. 380	0. 010	0. 100		
$Sa(T)$	64. 255	37. 380	0. 020	0. 050		
$Ga(T)$	261320	−26. 875	−37. 380	−0. 010	0. 050	
$Ga(l)$	297510	−325. 385				

U

温度范围:298 ~ 941　　相:固(α)

$\Delta H^{\ominus}_{f,298}$:0　　$S^{\ominus}_{298}$:50. 292

函数	r_0	r_1	r_2	r_3	r_4	r_5
C_p	27. 393	-3. 640	-0. 096	27. 271		
$Ha(T)$	-8568	27. 393	-1. 820	0. 096	9. 090	
$Sa(T)$	-106. 449	27. 393	-3. 640	0. 048	13. 636	
$Ga(T)$	-8568	133. 842	-27. 393	1. 820	0. 048	-4. 545
$Ga(l)$	8722	-72. 288				

温度范围:941 ~ 1048　　相:固(β)

$\Delta H^{\ominus}_{tr}$:2791　　$\Delta S^{\ominus}_{tr}$:2. 966

函数	r_0	r_1	r_2	r_3	r_4	r_5
C_p	42. 928					
$Ha(T)$	-14330	42. 928				
$Sa(T)$	-201. 147	42. 928				
$Ga(T)$	-14330	244. 075	-42. 928			
$Ga(l)$	28320	-95. 134				

温度范围:1048 ~ 1405　　相:固(γ)

$\Delta H^{\ominus}_{tr}$:4757　　$\Delta S^{\ominus}_{tr}$:4. 539

函数	r_0	r_1	r_2	r_3	r_4	r_5
C_p	38. 284					
$Ha(T)$	-4707	38. 284				
$Sa(T)$	-164. 311	38. 284				
$Ga(T)$	-4707	202. 595	-38. 284			
$Ga(l)$	41980	-107. 881				

温度范围:1405 ~ 4407　　相:液

$\Delta H^{\ominus}_{tr}$:8519　　$\Delta S^{\ominus}_{tr}$:6. 063

函数	r_0	r_1	r_2	r_3	r_4	r_5
C_p	47. 907					
$Ha(T)$	-9708	47. 907				
$Sa(T)$	-227. 993	47. 907				
$Ga(T)$	-9708	275. 900	-47. 907			
$Ga(l)$	119190	-152. 683				

温度范围:4407 ~ 5000　　相:气

$\Delta H^{\ominus}_{tr}$:464110　　$\Delta S^{\ominus}_{tr}$:105. 312

函数	r_0	r_1	r_2	r_3	r_4	r_5
C_p	44. 233					
$Ha(T)$	470590	44. 233				
$Sa(T)$	-91. 853	44. 233				
$Ga(T)$	470590	136. 086	-44. 233			
$Ga(l)$	678510	-282. 186				

U(气)

温度范围:298 ~ 3000　　相:气

$\Delta H^{\ominus}_{f,298}$:521200　　$S^{\ominus}_{298}$:199.7

函数	r_0	r_1	r_2	r_3	r_4	r_5
C_p	13.6	11.88	0.71	-1.11		
$Ha(T)$	519010	13.600	5.940	-0.710	-0.370	
$Sa(T)$	122.714	13.600	11.880	-0.355	-0.555	
$Ga(T)$	519010	-109.114	-13.600	-5.940	-0.355	0.185
$Ga(l)$	547320	-240.009				

UH_3(β)

温度范围:298 ~ 900　　相:固(β)

$\Delta H^{\ominus}_{f,298}$: -127190　　$S^{\ominus}_{298}$:63.597

函数	r_0	r_1	r_2	r_3	r_4	r_5
C_p	30.376	42.342	0.565			
$Ha(T)$	-136230	30.376	21.171	-0.565		
$Sa(T)$	-118.920	30.376	42.342	-0.283		
$Ga(T)$	-136230	149.296	-30.376	-21.171	-0.283	
$Ga(l)$	-113430	-98.967				

UF_3

温度范围:298 ~ 1165　　相:固

$\Delta H^{\ominus}_{f,298}$: -1502100　　$S^{\ominus}_{298}$:123.4

函数	r_0	r_1	r_2	r_3	r_4	r_5
C_p	85.98	30.54				
$Ha(T)$	-1529100	85.980	15.270			
$Sa(T)$	-375.585	85.980	30.540			
$Ga(T)$	-1529100	461.565	-85.980	-15.270		
$Ga(l)$	-1465200	-210.533				

UF_3(气)

温度范围:298 ~ 2000　　相:气

$\Delta H^{\ominus}_{f,298}$: -1059000　　$S^{\ominus}_{298}$:331.9

函数	r_0	r_1	r_2	r_3	r_4	r_5
C_p	83.68		-0.87			
$Ha(T)$	-1086900	83.680		0.870		
$Sa(T)$	-149.768	83.680		0.435		
$Ga(T)$	-1086900	233.448	-83.680		0.435	
$Ga(l)$	-1005100	-435.135				

UF_4

温度范围:298 ~ 1309　　相:固

$\Delta H^{\ominus}_{f,298}$: -1898300　　$S^{\ominus}_{298}$:151.879

函数	r_0	r_1	r_2	r_3	r_4	r_5
C_p	107.529	29.288	-0.025			
$Ha(T)$	-1931700	107.529	14.644	0.025		
$Sa(T)$	-469.651	107.529	29.288	0.013		
$Ga(T)$	-1931700	577.180	-107.529	-14.644	0.013	
$Ga(l)$	-1846800	-268.499				

温度范围:1309 ~ 1500　　相:液

$\Delta H^{\ominus}_{tr}$:42680　　$\Delta S^{\ominus}_{tr}$:32.605

函数	r_0	r_1	r_2	r_3	r_4	r_5
C_p	165.268					
$Ha(T)$	-1939500	165.268				
$Sa(T)$	-813.094	165.268				
$Ga(T)$	-1939500	978.362	-165.268			
$Ga(l)$	-1707700	-384.597				

UF_4(气)

温度范围:298 ~ 2000　　相:气

$\Delta H^{\ominus}_{f,298}$:-1598700　　$S^{\ominus}_{298}$:369.9

函数	r_0	r_1	r_2	r_3	r_4	r_5
C_p	104.53	2.71	-1.25			
$Ha(T)$	-1634200	104.530	1.355	1.250		
$Sa(T)$	-233.509	104.530	2.710	0.625		
$Ga(T)$	-1634200	338.039	-104.530	-1.355	0.625	
$Ga(l)$	-1530300	-500.342				

$UF_{4.25}$

温度范围:298 ~ 703　　相:固

$\Delta H^{\ominus}_{f,298}$:-1962600　　$S^{\ominus}_{298}$:157.7

函数	r_0	r_1	r_2	r_3	r_4	r_5
C_p	113.39	29.62	-0.07			
$Ha(T)$	-1998000	113.390	14.810	0.070		
$Sa(T)$	-497.575	113.390	29.620	0.035		
$Ga(T)$	-1998000	610.965	-113.390	-14.810	0.035	
$Ga(l)$	-1940100	-220.283				

$UF_{4.5}$

温度范围:298 ~ 663　　相:固

$\Delta H^{\ominus}_{f,298}$:-2079000　　$S^{\ominus}_{298}$:164.8

函数	r_0	r_1	r_2	r_3	r_4	r_5
C_p	117.99	29.96	-0.11			
$Ha(T)$	-2115900	117.990	14.980	0.110		
$Sa(T)$	-517.011	117.990	29.960	0.055		
$Ga(T)$	-2115900	635.001	-117.990	-14.980	0.055	
$Ga(l)$	-2057900	-224.476				

UF_5

温度范围:298 ~ 621　　相:固

$\Delta H^{\ominus}_{f,298}$:-2061700　　$S^{\ominus}_{298}$:197.903

函数	r_0	r_1	r_2	r_3	r_4	r_5
C_p	125.478	30.208	-0.193			
$Ha(T)$	-2101100	125.478	15.104	0.193		
$Sa(T)$	-527.112	125.478	30.208	0.097		
$Ga(T)$	-2101100	652.590	-125.478	-15.104	0.097	
$Ga(l)$	-2041900	-254.888				

温度范围:621 ~ 900　　相:液

$\Delta H^{\ominus}_{tr}$:33470　　$\Delta S^{\ominus}_{tr}$:53.897

函数	r_0	r_1	r_2	r_3	r_4	r_5
C_p	162.423					
$Ha(T)$	-2084400	162.423				
$Sa(T)$	-691.811	162.423				
$Ga(T)$	-2084400	854.234	-162.423			
$Ga(l)$	-1962000	-385.136				

UF_5(气)

温度范围:298 ~ 2000　　相:气

$\Delta H^{\ominus}_{f,298}$: -1933500　　$S^{\ominus}_{298}$:384.8

函数	r_0	r_1	r_2	r_3	r_4	r_5
C_p	127.87	3.77	-1.72			
$Ha(T)$	-1977600	127.870	1.885	1.720		
$Sa(T)$	-354.550	127.870	3.770	0.860		
$Ga(T)$	-1977600	482.420	-127.870	-1.885	0.860	
$Ga(l)$	-1850100	-543.794				

UF_6

温度范围:298 ~ 337　　相:固

$\Delta H^{\ominus}_{f,298}$: -2188200　　$S^{\ominus}_{298}$:227.610

函数	r_0	r_1	r_2	r_3	r_4	r_5
C_p	52.718	384.928				
$Ha(T)$	-2221000	52.718	192.464			
$Sa(T)$	-187.522	52.718	384.928			
$Ga(T)$	-2221000	240.240	-52.718	-192.464		
$Ga(l)$	-2184900	-238.027				

温度范围:337 ~ 450　　相:液

$\Delta H^{\ominus}_{tr}$:19210　　$\Delta S^{\ominus}_{tr}$:57.003

函数	r_0	r_1	r_2	r_3	r_4	r_5
C_p	198.322					
$Ha(T)$	-2229000	198.322				
$Sa(T)$	-848.226	198.322				
$Ga(T)$	-2229000	1046.548	-198.322			
$Ga(l)$	-2151400	-336.360				

UF_6(气)

温度范围:298 ~ 2000　　相:气

$\Delta H^{\ominus}_{f,298}$: -2147400　　$S^{\ominus}_{298}$:377.9

函数	r_0	r_1	r_2	r_3	r_4	r_5
C_p	153.11	3.01	-2.17			
$Ha(T)$	-2200500	153.110	1.505	2.170		
$Sa(T)$	-507.562	153.110	3.010	1.085		
$Ga(T)$	-2200500	660.672	-153.110	-1.505	1.085	
$Ga(l)$	-2048500	-566.441				

UCl_3

温度范围:298 ~ 1110　　　　相:固

$\Delta H^{\ominus}_{f,298}$: -893280　　　　$S^{\ominus}_{298}$:158.992

函数	r_0	r_1	r_2	r_3	r_4	r_5
C_p	87.027	32.426	0.439			
$Ha(T)$	-919200	87.027	16.213	-0.439		
$Sa(T)$	-344.051	87.027	32.426	-0.220		
$Ga(T)$	-919200	431.078	-87.027	-16.213	-0.220	
$Ga(l)$	-857250	-245.717				

温度范围:1110 ~ 1930　　　　相:液

$\Delta H^{\ominus}_{tr}$:46440　　　　$\Delta S^{\ominus}_{tr}$:41.838

函数	r_0	r_1	r_2	r_3	r_4	r_5
C_p	129.704					
$Ha(T)$	-900550	129.704				
$Sa(T)$	-565.655	129.704				
$Ga(T)$	-900550	695.359	-129.704			
$Ga(l)$	-707260	-383.658				

温度范围:1930 ~ 2000　　　　相:气

$\Delta H^{\ominus}_{tr}$:193010　　　　$\Delta S^{\ominus}_{tr}$:100.005

函数	r_0	r_1	r_2	r_3	r_4	r_5
C_p	64.643	30.627				
$Ha(T)$	-639010	64.643	15.314			
$Sa(T)$	-32.555	64.643	30.627			
$Ga(T)$	-639010	97.198	-64.643	-15.314		
$Ga(l)$	-453380	-517.572				

UCl_3(气)

温度范围:298 ~ 2000　　　　相:气

$\Delta H^{\ominus}_{f,298}$: -580700　　　　$S^{\ominus}_{298}$:357

函数	r_0	r_1	r_2	r_3	r_4	r_5
C_p	82.06	2.33	-0.59			
$Ha(T)$	-607250	82.060	1.165	0.590		
$Sa(T)$	-114.558	82.060	2.330	0.295		
$Ga(T)$	-607250	196.618	-82.060	-1.165	0.295	
$Ga(l)$	-526110	-461.544				

UCl_4

温度范围:298 ~ 863　　　　相:固

$\Delta H^{\ominus}_{f,298}$: -1018800　　　　$S^{\ominus}_{298}$:197.2

函数	r_0	r_1	r_2	r_3	r_4	r_5
C_p	113.81	35.86	-0.33			
$Ha(T)$	-1055400	113.810	17.930	0.330		
$Sa(T)$	-463.791	113.810	35.860	0.165		
$Ga(T)$	-1055400	577.601	-113.810	-17.930	0.165	
$Ga(l)$	-987470	-279.049				

温度范围:863 ~ 1062 相:液

ΔH_{tr}^{Θ}:44770 ΔS_{tr}^{Θ}:51.877

函数	r_0	r_1	r_2	r_3	r_4	r_5
C_p	162.465					
$Ha(T)$	-1038900	162.465				
$Sa(T)$	-709.673	162.465				
$Ga(T)$	-1038900	872.138	-162.465			
$Ga(l)$	-882990	-406.209				

温度范围:1062 ~ 2200 相:气

ΔH_{tr}^{Θ}:141420 ΔS_{tr}^{Θ}:133.164

函数	r_0	r_1	r_2	r_3	r_4	r_5
C_p	91.964	28.075				
$Ha(T)$	-838460	91.964	14.038			
$Sa(T)$	-115.081	91.964	28.075			
$Ga(T)$	-838460	207.045	-91.964	-14.038		
$Ga(l)$	-657590	-609.812				

UCl_4(气)

温度范围:298 ~ 2000 相:气

$\Delta H_{f,298}^{\Theta}$: -809900 S_{298}^{Θ}:420.1

函数	r_0	r_1	r_2	r_3	r_4	r_5
C_p	107.94	-0.42	-0.87	0.28		
$Ha(T)$	-844980	107.940	-0.210	0.870	0.093	
$Sa(T)$	-199.679	107.940	-0.420	0.435	0.140	
$Ga(T)$	-844980	307.619	-107.940	0.210	0.435	-0.047
$Ga(l)$	-739890	-554.369				

$(UCl_4)_2$(气)

温度范围:298 ~ 2000 相:气

$\Delta H_{f,298}^{\Theta}$: -1819600 S_{298}^{Θ}:581.3

函数	r_0	r_1	r_2	r_3	r_4	r_5
C_p	223.51	5.31	-5.34			
$Ha(T)$	-1904400	223.510	2.655	5.340		
$Sa(T)$	-723.789	223.510	5.310	2.670		
$Ga(T)$	-1904400	947.299	-223.510	-2.655	2.670	
$Ga(l)$	-1679300	-846.376				

UCl_5

温度范围:298 ~ 600 相:固

$\Delta H_{f,298}^{\Theta}$: -1094100 S_{298}^{Θ}:242.672

函数	r_0	r_1	r_2	r_3	r_4	r_5
C_p	140.038	35.438	-0.536			
$Ha(T)$	-1139200	140.038	17.719	0.536		
$Sa(T)$	-568.789	140.038	35.438	0.268		
$Ga(T)$	-1139200	708.827	-140.038	-17.719	0.268	
$Ga(l)$	-1073600	-302.169				

温度范围:600 ~ 800　　相:液

$\Delta H_{tr}^{\ominus}$:35560　　$\Delta S_{tr}^{\ominus}$:59. 267

函数	r_0	r_1	r_2	r_3	r_4	r_5
C_p	186. 690					
$Ha(T)$	-1124400	186. 690				
$Sa(T)$	-785. 944	186. 690				
$Ga(T)$	-1124400	972. 634	-186. 690			
$Ga(l)$	-994420	-436. 682				

温度范围:800 ~ 2000　　相:气

$\Delta H_{tr}^{\ominus}$:75310　　$\Delta S_{tr}^{\ominus}$:94. 137

函数	r_0	r_1	r_2	r_3	r_4	r_5
C_p	100. 290	42. 802				
$Ha(T)$	-993650	100. 290	21. 401			
$Sa(T)$	-148. 498	100. 290	42. 802			
$Ga(T)$	-993650	248. 788	-100. 290	-21. 401		
$Ga(l)$	-820940	-636. 028				

$(UCl_5)_2$(气)

温度范围:298 ~ 2000　　相:气

$\Delta H_{f,298}^{\ominus}$: -1960200　　$S_{298}^{\ominus}$:707. 2

函数	r_0	r_1	r_2	r_3	r_4	r_5
C_p	281. 7	0. 53	-1. 64			
$Ha(T)$	-2049700	281. 700	0. 265	1. 640		
$Sa(T)$	-907. 196	281. 700	0. 530	0. 820		
$Ga(T)$	-2049700	1188. 896	-281. 700	-0. 265	0. 820	
$Ga(l)$	-1775700	-1061. 668				

UCl_6

温度范围:298 ~ 452　　相:固

$\Delta H_{f,298}^{\ominus}$: -1132600　　$S_{298}^{\ominus}$:285. 767

函数	r_0	r_1	r_2	r_3	r_4	r_5
C_p	173. 427	35. 062	-0. 741			
$Ha(T)$	-1188400	173. 427	17. 531	0. 741		
$Sa(T)$	-716. 972	173. 427	35. 062	0. 371		
$Ga(T)$	-1188400	890. 399	-173. 427	-17. 531	0. 371	
$Ga(l)$	-1119600	-326. 063				

温度范围:452 ~ 665　　相:液

$\Delta H_{tr}^{\ominus}$:20920　　$\Delta S_{tr}^{\ominus}$:46. 283

函数	r_0	r_1	r_2	r_3	r_4	r_5
C_p	213. 970					
$Ha(T)$	-1180500	213. 970				
$Sa(T)$	-900. 894	213. 970				
$Ga(T)$	-1180500	1114. 864	-213. 970			
$Ga(l)$	-1062200	-451. 745				

温度范围:665 ~ 2000　　相:气

$\Delta H_{tr}^{\ominus}$:50210　　$\Delta S_{tr}^{\ominus}$:75. 504

函数	r_0	r_1	r_2	r_3	r_4	r_5
C_p	122. 005	46. 024				
$Ha(T)$	-1079300	122. 005	23. 012			
$Sa(T)$	-258. 243	122. 005	46. 024			
$Ga(T)$	-1079300	380. 248	-122. 005	-23. 012		
$Ga(l)$	-890640	-677. 643				

UCl_6(气)

温度范围:298 ~ 2000　　相:气

$\Delta H_{f,298}^{\ominus}$: -987800　　$S_{298}^{\ominus}$:432. 7

函数	r_0	r_1	r_2	r_3	r_4	r_5
C_p	157. 63	0. 13	-1. 33			
$Ha(T)$	-1039300	157. 630	0. 065	1. 330		
$Sa(T)$	-472. 932	157. 630	0. 130	0. 665		
$Ga(T)$	-1039300	630. 562	-157. 630	-0. 065	0. 665	
$Ga(l)$	-885500	-628. 832				

UBr_3

温度范围:298 ~ 1000　　相:固

$\Delta H_{f,298}^{\ominus}$: -720900　　$S_{298}^{\ominus}$:188. 280

函数	r_0	r_1	r_2	r_3	r_4	r_5
C_p	95. 814	29. 288				
$Ha(T)$	-750770	95. 814	14. 644			
$Sa(T)$	-366. 362	95. 814	29. 288			
$Ga(T)$	-750770	462. 176	-95. 814	-14. 644		
$Ga(l)$	-688080	-270. 099				

温度范围:1000 ~ 1800　　相:液

$\Delta H_{tr}^{\ominus}$:43930　　$\Delta S_{tr}^{\ominus}$:43. 930

函数	r_0	r_1	r_2	r_3	r_4	r_5
C_p	132. 633					
$Ha(T)$	-729010	132. 633				
$Sa(T)$	-547. 480	132. 633				
$Ga(T)$	-729010	680. 113	-132. 633			
$Ga(l)$	-547420	-412. 240				

UBr_3(气)

温度范围:298 ~ 2000　　相:气

$\Delta H_{f,298}^{\ominus}$: -394400　　$S_{298}^{\ominus}$:410

函数	r_0	r_1	r_2	r_3	r_4	r_5
C_p	81. 94	2. 52	-0. 22	0. 03		
$Ha(T)$	-419680	81. 940	1. 260	0. 220	0. 010	
$Sa(T)$	-58. 851	81. 940	2. 520	0. 110	0. 015	
$Ga(T)$	-419680	140. 791	-81. 940	-1. 260	0. 110	-0. 005
$Ga(l)$	-339000	-516. 434				

UBr_4

温度范围:298 ~ 792　　相:固

$\Delta H^\ominus_{f,298}$: -802500　　$S^\ominus_{298}$:238. 5

函数	r_0	r_1	r_2	r_3	r_4	r_5
C_p	134. 73	20. 5	-1. 13			
$Ha(T)$	-847370	134. 730	10. 250	1. 130		
$Sa(T)$	-541. 605	134. 730	20. 500	0. 565		
$Ga(T)$	-847370	676. 335	-134. 730	-10. 250	0. 565	
$Ga(l)$	-772940	-317. 772				

温度范围:792 ~ 1050　　相:液

$\Delta H^\ominus_{tr}$:55230　　$\Delta S^\ominus_{tr}$:69. 735

函数	r_0	r_1	r_2	r_3	r_4	r_5
C_p	163. 176					
$Ha(T)$	-806810	163. 176				
$Sa(T)$	-644. 598	163. 176				
$Ga(T)$	-806810	807. 774	-163. 176			
$Ga(l)$	-657310	-468. 836				

UBr_4(气)

温度范围:298 ~ 2000　　相:气

$\Delta H^\ominus_{f,298}$: -604300　　$S^\ominus_{298}$:460

函数	r_0	r_1	r_2	r_3	r_4	r_5
C_p	107. 99	-0. 03	-0. 45	0. 21		
$Ha(T)$	-638010	107. 990	-0. 015	0. 450	0. 070	
$Sa(T)$	-157. 815	107. 990	-0. 030	0. 225	0. 105	
$Ga(T)$	-638010	265. 805	-107. 990	0. 015	0. 225	-0. 035
$Ga(l)$	-533200	-596. 732				

UI_3

温度范围:298 ~ 1200　　相:固

$\Delta H^\ominus_{f,298}$: -460700　　$S^\ominus_{298}$:222

函数	r_0	r_1	r_2	r_3	r_4	r_5
C_p	102. 97	30. 54				
$Ha(T)$	-492760	102. 970	15. 270			
$Sa(T)$	-373. 787	102. 970	30. 540			
$Ga(T)$	-492760	476. 757	-102. 970	-15. 270		
$Ga(l)$	-415990	-326. 563				

UI_4

温度范围:298 ~ 779　　相:固

$\Delta H^\ominus_{f,298}$: -427610　　$S^\ominus_{298}$:265. 684

函数	r_0	r_1	r_2	r_3	r_4	r_5
C_p	145. 603	9. 958	-1. 975			
$Ha(T)$	-478090	145. 603	4. 979	1. 975		
$Sa(T)$	-577. 981	145. 603	9. 958	0. 988		
$Ga(T)$	-478090	723. 584	-145. 603	-4. 979	0. 988	
$Ga(l)$	-398550	-343. 912				

温度范围:779 ~ 1030　　相:液

$\Delta H_{tr}^{\ominus}$:70710　　$\Delta S_{tr}^{\ominus}$:90.770

函数	r_0	r_1	r_2	r_3	r_4	r_5
C_p	165.686					
$Ha(T)$	-417470	165.686				
$Sa(T)$	-611.539	165.686				
$Ga(T)$	-417470	777.225	-165.686			
$Ga(l)$	-268380	-516.025				

UI_4(气)

温度范围:298 ~ 2000　　相:气

$\Delta H_{f,298}^{\ominus}$: -308500　　$S_{298}^{\ominus}$:494

函数	r_0	r_1	r_2	r_3	r_4	r_5
C_p	107.91	-0.09	-0.03	0.16		
$Ha(T)$	-340770	107.910	-0.045	0.030	0.053	
$Sa(T)$	-120.977	107.910	-0.090	0.015	0.080	
$Ga(T)$	-340770	228.887	-107.910	0.045	0.015	-0.027
$Ga(l)$	-236620	-632.657				

UO_2　($UO_{2\sim2.4}$)

温度范围:298 ~ 1500　　相:固

$\Delta H_{f,298}^{\ominus}$: -1084900　　$S_{298}^{\ominus}$:77.822

函数	r_0	r_1	r_2	r_3	r_4	r_5
C_p	80.333	6.778	-1.657			
$Ha(T)$	-1114700	80.333	3.389	1.657		
$Sa(T)$	-391.224	80.333	6.778	0.829		
$Ga(T)$	-1114700	471.557	-80.333	-3.389	0.829	
$Ga(l)$	-1047000	-158.675				

UO_2

温度范围:298 ~ 2000　　相:固

$\Delta H_{f,298}^{\ominus}$: -1085000　　$S_{298}^{\ominus}$:77

函数	r_0	r_1	r_2	r_3	r_4	r_5
C_p	77.9	8.98	-1.51			
$Ha(T)$	-1113700	77.900	4.490	1.510		
$Sa(T)$	-378.013	77.900	8.980	0.755		
$Ga(T)$	-1113700	455.913	-77.900	-4.490	0.755	
$Ga(l)$	-1031800	-177.221				

UO_2(气)

温度范围:298 ~ 3115　　相:气

$\Delta H_{f,298}^{\ominus}$: -476700　　$S_{298}^{\ominus}$:274.6

函数	r_0	r_1	r_2	r_3	r_4	r_5
C_p	51.12	4.16	-0.09			
$Ha(T)$	-492430	51.120	2.080	0.090		
$Sa(T)$	-18.408	51.120	4.160	0.045		
$Ga(T)$	-492430	69.528	-51.120	-2.080	0.045	
$Ga(l)$	-418330	-364.980				

UO_3

温度范围:298 ~ 1050　　相:固

$\Delta H^{\ominus}_{f,298}$: −1226500　　$S^{\ominus}_{298}$:98.8

函数	r_0	r_1	r_2	r_3	r_4	r_5
C_p	90.37	11.05	−1.11			
$Ha(T)$	−1257700	90.370	5.525	1.110		
$Sa(T)$	−425.630	90.370	11.050	0.555		
$Ga(T)$	−1257700	516.000	−90.370	−5.525	0.555	
$Ga(l)$	−1197800	−168.923				

$UO_3 \cdot H_2O$

温度范围:298 ~ 800　　相:固

$\Delta H^{\ominus}_{f,298}$: −1537600　　$S^{\ominus}_{298}$:134.306

函数	r_0	r_1	r_2	r_3	r_4	r_5
C_p	123.428	64.852	−2.259			
$Ha(T)$	−1584900	123.428	32.426	2.259		
$Sa(T)$	−600.979	123.428	64.852	1.130		
$Ga(T)$	−1584900	724.407	−123.428	−32.426	1.130	
$Ga(l)$	−1507300	−214.840				

U_3O_8

温度范围:298 ~ 1600　　相:固

$\Delta H^{\ominus}_{f,298}$: −3574800　　$S^{\ominus}_{298}$:282.6

函数	r_0	r_1	r_2	r_3	r_4	r_5
C_p	282.42	36.94	−5			
$Ha(T)$	−3677400	282.420	18.470	5.000		
$Sa(T)$	−1365.652	282.420	36.940	2.500		
$Ga(T)$	−3677400	1648.073	−282.420	−18.470	2.500	
$Ga(l)$	−3424700	−594.585				

U_4O_9

温度范围:298 ~ 1396　　相:固

$\Delta H^{\ominus}_{f,298}$: −4510400　　$S^{\ominus}_{298}$:334.1

函数	r_0	r_1	r_2	r_3	r_4	r_5
C_p	356.27	35.44	−6.64			
$Ha(T)$	−4640500	356.270	17.720	6.640		
$Sa(T)$	−1743.697	356.270	35.440	3.320		
$Ga(T)$	−4640500	2099.967	−356.270	−17.720	3.320	
$Ga(l)$	−4353900	−677.967				

UOF_2

温度范围:298 ~ 1000　　相:固

$\Delta H^{\ominus}_{f,298}$: −1499100　　$S^{\ominus}_{298}$:119.2

函数	r_0	r_1	r_2	r_3	r_4	r_5
C_p	88.49	14.64	−0.74			
$Ha(T)$	−1528600	88.490	7.320	0.740		
$Sa(T)$	−393.508	88.490	14.640	0.370		
$Ga(T)$	−1528600	481.998	−88.490	−7.320	0.370	
$Ga(l)$	−1471700	−187.323				

UO_2F_2

温度范围:298 ~ 1500 相:固

$\Delta H^{\ominus}_{f,298}$: −1637200 $S^{\ominus}_{298}$:135.562

函数	r_0	r_1	r_2	r_3	r_4	r_5
C_p	122.884	8.619	−1.992			
$Ha(T)$	−1680900	122.884	4.310	1.992		
$Sa(T)$	−578.356	122.884	8.619	0.996		
$Ga(T)$	−1680900	701.240	−122.884	−4.310	0.996	
$Ga(l)$	−1578700	−260.772				

UOCl

温度范围:298 ~ 900 相:固

$\Delta H^{\ominus}_{f,298}$: −947260 $S^{\ominus}_{298}$:102.926

函数	r_0	r_1	r_2	r_3	r_4	r_5
C_p	58.199	39.664	0.264			
$Ha(T)$	−965490	58.199	19.832	−0.264		
$Sa(T)$	−239.009	58.199	39.664	−0.132		
$Ga(T)$	−965490	297.208	−58.199	−19.832	−0.132	
$Ga(l)$	−927050	−154.966				

$UOCl_2$

温度范围:298 ~ 1000 相:固

$\Delta H^{\ominus}_{f,298}$: −1067500 $S^{\ominus}_{298}$:138.3

函数	r_0	r_1	r_2	r_3	r_4	r_5
C_p	98.95	14.64	−0.74			
$Ha(T)$	−1100100	98.950	7.320	0.740		
$Sa(T)$	−434.004	98.950	14.640	0.370		
$Ga(T)$	−1100100	532.954	−98.950	−7.320	0.370	
$Ga(l)$	−1037000	−214.231				

$UOCl_3$

温度范围:298 ~ 900 相:固

$\Delta H^{\ominus}_{f,298}$: −1189100 $S^{\ominus}_{298}$:175.728

函数	r_0	r_1	r_2	r_3	r_4	r_5
C_p	105.269	39.915	−0.021			
$Ha(T)$	−1222300	105.269	19.958	0.021		
$Sa(T)$	−436.071	105.269	39.915	0.011		
$Ga(T)$	−1222300	541.340	−105.269	−19.958	0.011	
$Ga(l)$	−1157100	−258.297				

UO_2Cl

温度范围:298 ~ 1000 相:固

$\Delta H^{\ominus}_{f,298}$: −1169400 $S^{\ominus}_{298}$:112.6

函数	r_0	r_1	r_2	r_3	r_4	r_5
C_p	90.12	22.26	−0.77			
$Ha(T)$	−1199800	90.120	11.130	0.770		
$Sa(T)$	−411.835	90.120	22.260	0.385		
$Ga(T)$	−1199800	501.955	−90.120	−11.130	0.385	
$Ga(l)$	−1140500	−184.488				

UO_2Cl_2

温度范围:298 ~800　　相:固

$\Delta H^{\ominus}_{f,298}$: −1267300　　$S^{\ominus}_{298}$:150. 624

函数	r_0	r_1	r_2	r_3	r_4	r_5
C_p	127. 403	7. 029	−1. 941			
$Ha(T)$	−1312100	127. 403	3. 515	1. 941		
$Sa(T)$	−588. 280	127. 403	7. 029	0. 971		
$Ga(T)$	−1312100	715. 683	−127. 403	−3. 515	0. 971	
$Ga(l)$	−1241300	−220. 171				

UO_2Cl_2(气)

温度范围:298 ~2000　　相:气

$\Delta H^{\ominus}_{f,298}$: −973900　　$S^{\ominus}_{298}$:372. 5

函数	r_0	r_1	r_2	r_3	r_4	r_5
C_p	102. 42	3. 59	−1. 32			
$Ha(T)$	−1009000	102. 420	1. 795	1. 320		
$Sa(T)$	−219. 543	102. 420	3. 590	0. 660		
$Ga(T)$	−1009000	321. 963	−102. 420	−1. 795	0. 660	
$Ga(l)$	−906660	−500. 625				

$U_2O_2Cl_5$

温度范围:298 ~700　　相:固

$\Delta H^{\ominus}_{f,298}$: −2197400　　$S^{\ominus}_{298}$:326. 4

函数	r_0	r_1	r_2	r_3	r_4	r_5
C_p	234. 3	35. 56	−2. 27			
$Ha(T)$	−2276500	234. 300	17. 780	2. 270		
$Sa(T)$	−1031. 917	234. 300	35. 560	1. 135		
$Ga(T)$	−2276500	1266. 217	−234. 300	−17. 780	1. 135	
$Ga(l)$	−2155600	−442. 597				

$U_2O_4Cl_3$

温度范围:298 ~900　　相:固

$\Delta H^{\ominus}_{f,298}$: −2404500　　$S^{\ominus}_{298}$:276. 1

函数	r_0	r_1	r_2	r_3	r_4	r_5
C_p	225. 94	35. 56	−2. 93			
$Ha(T)$	−2483300	225. 940	17. 780	2. 930		
$Sa(T)$	−1038. 298	225. 940	35. 560	1. 465		
$Ga(T)$	−2483300	1264. 238	−225. 940	−17. 780	1. 465	
$Ga(l)$	−2346000	−426. 776				

$UOBr_2$

温度范围:298 ~1000　　相:固

$\Delta H^{\ominus}_{f,298}$: −973600　　$S^{\ominus}_{298}$:157. 6

函数	r_0	r_1	r_2	r_3	r_4	r_5
C_p	110. 58	13. 68	−1. 49			
$Ha(T)$	−1012200	110. 580	6. 840	1. 490		
$Sa(T)$	−484. 900	110. 580	13. 680	0. 745		
$Ga(T)$	−1012200	595. 480	−110. 580	−6. 840	0. 745	
$Ga(l)$	−940970	−238. 748				

$UOBr_3$

温度范围:298 ~ 1100　　相:固

$\Delta H^{\ominus}_{f,298}$: −987420　　$S^{\ominus}_{298}$:205. 016

函数	r_0	r_1	r_2	r_3	r_4	r_5
C_p	130. 541	20. 502	−1. 381			
$Ha(T)$	−1031900	130. 541	10. 251	1. 381		
$Sa(T)$	−552. 634	130. 541	20. 502	0. 691		
$Ga(T)$	−1031900	683. 175	−130. 541	−10. 251	0. 691	
$Ga(l)$	−942230	−313. 850				

UO_2Br_2

温度范围:298 ~ 1000　　相:固

$\Delta H^{\ominus}_{f,298}$: −1157300　　$S^{\ominus}_{298}$:169. 452

函数	r_0	r_1	r_2	r_3	r_4	r_5
C_p	117. 947	17. 531	−1. 071			
$Ha(T)$	−1196800	117. 947	8. 766	1. 071		
$Sa(T)$	−513. 813	117. 947	17. 531	0. 536		
$Ga(T)$	−1196800	631. 760	−117. 947	−8. 766	0. 536	
$Ga(l)$	−1121300	−259. 201				

US

温度范围:298 ~ 2500　　相:固

$\Delta H^{\ominus}_{f,298}$: −318000　　$S^{\ominus}_{298}$:78

函数	r_0	r_1	r_2	r_3	r_4	r_5
C_p	52. 84	6. 5	−0. 38			
$Ha(T)$	−335320	52. 840	3. 250	0. 380		
$Sa(T)$	−227. 136	52. 840	6. 500	0. 190		
$Ga(T)$	−335320	279. 976	−52. 840	−3. 250	0. 190	
$Ga(l)$	−269530	−161. 021				

US_2

温度范围:298 ~ 2000　　相:固(β)

$\Delta H^{\ominus}_{f,298}$: −460240　　$S^{\ominus}_{298}$:110. 458

函数	r_0	r_1	r_2	r_3	r_4	r_5
C_p	71. 797	9. 623				
$Ha(T)$	−482070	71. 797	4. 812			
$Sa(T)$	−301. 481	71. 797	9. 623			
$Ga(T)$	−482070	373. 278	−71. 797	−4. 812		
$Ga(l)$	−407630	−210. 979				

US_3

温度范围:298 ~ 999　　相:固

$\Delta H^{\ominus}_{f,298}$: −544200　　$S^{\ominus}_{298}$:138. 5

函数	r_0	r_1	r_2	r_3	r_4	r_5
C_p	87. 03	29. 29				
$Ha(T)$	−571450	87. 030	14. 645			
$Sa(T)$	−366. 095	87. 030	29. 290			
$Ga(T)$	−571450	453. 125	−87. 030	−14. 645		
$Ga(l)$	−514040	−213. 683				

U_2S_3

温度范围:298 ~ 2000 相:固

$\Delta H^{\ominus}_{f,298}$: −820060 $S^{\ominus}_{298}$:188. 280

函数	r_0	r_1	r_2	r_3	r_4	r_5
C_p	124. 683	16. 108	−0. 377			
$Ha(T)$	−859210	124. 683	8. 054	0. 377		
$Sa(T)$	−529. 037	124. 683	16. 108	0. 189		
$Ga(T)$	−859210	653. 720	−124. 683	−8. 054	0. 189	
$Ga(l)$	−729790	−360. 435				

$U(SO_4)_2$

温度范围:298 ~ 1000 相:固

$\Delta H^{\ominus}_{f,298}$: −2267700 $S^{\ominus}_{298}$:161. 084

函数	r_0	r_1	r_2	r_3	r_4	r_5
C_p	104. 600	230. 957				
$Ha(T)$	−2309200	104. 600	115. 479			
$Sa(T)$	−503. 744	104. 600	230. 957			
$Ga(T)$	−2309200	608. 344	−104. 600	−115. 479		
$Ga(l)$	−2202900	−320. 233				

UO_2SO_4

温度范围:298 ~ 1084 相:固

$\Delta H^{\ominus}_{f,298}$: −1845100 $S^{\ominus}_{298}$:154. 8

函数	r_0	r_1	r_2	r_3	r_4	r_5
C_p	112. 47	108. 78				
$Ha(T)$	−1883500	112. 470	54. 390			
$Sa(T)$	−518. 441	112. 470	108. 780			
$Ga(T)$	−1883500	630. 911	−112. 470	−54. 390		
$Ga(l)$	−1789600	−288. 169				

USe

温度范围:298 ~ 2192 相:固

$\Delta H^{\ominus}_{f,298}$: −276000 $S^{\ominus}_{298}$:96. 5

函数	r_0	r_1	r_2	r_3	r_4	r_5
C_p	52. 89	6. 4				
$Ha(T)$	−292050	52. 890	3. 200			
$Sa(T)$	−206. 754	52. 890	6. 400			
$Ga(T)$	−292050	259. 644	−52. 890	−3. 200		
$Ga(l)$	−233420	−174. 606				

USe(气)

温度范围:298 ~ 2192 相:气

$\Delta H^{\ominus}_{f,298}$:373600 $S^{\ominus}_{298}$:275

函数	r_0	r_1	r_2	r_3	r_4	r_5
C_p	37. 3	0. 06	−0. 18			
$Ha(T)$	361870	37. 300	0. 030	0. 180		
$Sa(T)$	61. 449	37. 300	0. 060	0. 090		
$Ga(T)$	361870	−24. 149	−37. 300	−0. 030	0. 090	
$Ga(l)$	400650	−324. 947				

UTe(气)*

温度范围:298 ~ 2000　　相:气

$\Delta H^{\ominus}_{f,298}$:***437600***　　$S^{\ominus}_{298}$:***282.1***

函数	r_0	r_1	r_2	r_3	r_4	r_5
C_p	***37.35***	***0.03***	***-0.13***			
$Ha(T)$	426030	37.350	0.015	0.130		
$Sa(T)$	68.555	37.350	0.030	0.065		
$Ga(T)$	426030	-31.205	-37.350	-0.015	0.065	
$Ga(l)$	462230	-329.504				

UN

温度范围:298 ~ 2000　　相:固

$\Delta H^{\ominus}_{f,298}$: -290800　　$S^{\ominus}_{298}$:62.4

函数	r_0	r_1	r_2	r_3	r_4	r_5
C_p	55.73	4.98	-0.88			
$Ha(T)$	-310590	55.730	2.490	0.880		
$Sa(T)$	-261.562	55.730	4.980	0.440		
$Ga(T)$	-310590	317.292	-55.730	-2.490	0.440	
$Ga(l)$	-253060	-133.878				

U_2N_3

温度范围:298 ~ 1200　　相:固

$\Delta H^{\ominus}_{f,298}$: -760600　　$S^{\ominus}_{298}$:129.3

函数	r_0	r_1	r_2	r_3	r_4	r_5
C_p	96.23	40.59				
$Ha(T)$	-791100	96.230	20.295			
$Sa(T)$	-431.082	96.230	40.590			
$Ga(T)$	-791100	527.312	-96.230	-20.295		
$Ga(l)$	-716380	-232.452				

UP

温度范围:298 ~ 1000　　相:固

$\Delta H^{\ominus}_{f,298}$: -268000　　$S^{\ominus}_{298}$:78.2

函数	r_0	r_1	r_2	r_3	r_4	r_5
C_p	57.38	-5.77	-0.54	8.77		
$Ha(T)$	-286740	57.380	-2.885	0.540	2.923	
$Sa(T)$	-250.435	57.380	-5.770	0.270	4.385	
$Ga(T)$	-286740	307.815	-57.380	2.885	0.270	-1.462
$Ga(l)$	-251900	-118.331				

UP_2

温度范围:298 ~ 1000　　相:固

$\Delta H^{\ominus}_{f,298}$: -305000　　$S^{\ominus}_{298}$:101.7

函数	r_0	r_1	r_2	r_3	r_4	r_5
C_p	70.92	30.29				
$Ha(T)$	-327490	70.920	15.145			
$Sa(T)$	-311.405	70.920	30.290			
$Ga(T)$	-327490	382.325	-70.920	-15.145		
$Ga(l)$	-279450	-165.282				

U_3P_4

温度范围:298 ~ 1000 相:固

$\Delta H^{\ominus}_{f,298}$: −837000 $S^{\ominus}_{298}$:258. 6

函数	r_0	r_1	r_2	r_3	r_4	r_5
C_p	155. 27	65. 86				
$Ha(T)$	−886220	155. 270	32. 930			
$Sa(T)$	−645. 702	155. 270	65. 860			
$Ga(T)$	−886220	800. 972	−155. 270	−32. 930		
$Ga(l)$	−781140	−397. 647				

U_3As_4

温度范围:298 ~ 1000 相:固

$\Delta H^{\ominus}_{f,298}$: −720000 $S^{\ominus}_{298}$:309. 1

函数	r_0	r_1	r_2	r_3	r_4	r_5
C_p	167. 61	66. 82				
$Ha(T)$	−772940	167. 610	33. 410			
$Sa(T)$	−665. 797	167. 610	66. 820			
$Ga(T)$	−772940	833. 407	−167. 610	−33. 410		
$Ga(l)$	−660320	−457. 697				

USb_2

温度范围:298 ~ 1000 相:固

$\Delta H^{\ominus}_{f,298}$: −176000 $S^{\ominus}_{298}$:141. 5

函数	r_0	r_1	r_2	r_3	r_4	r_5
C_p	69. 96	34. 23				
$Ha(T)$	−198380	69. 960	17. 115			
$Sa(T)$	−267. 310	69. 960	34. 230			
$Ga(T)$	−198380	337. 270	−69. 960	−17. 115		
$Ga(l)$	−150170	−205. 748				

U_3Sb_4

温度范围:298 ~ 1000 相:固

$\Delta H^{\ominus}_{f,298}$: −452000 $S^{\ominus}_{298}$:349. 8

函数	r_0	r_1	r_2	r_3	r_4	r_5
C_p	163. 39	83. 14				
$Ha(T)$	−504410	163. 390	41. 570			
$Sa(T)$	−605. 919	163. 390	83. 140			
$Ga(T)$	−504410	769. 309	−163. 390	−41. 570		
$Ga(l)$	−391200	−500. 972				

UBi

温度范围:298 ~ 1723 相:固

$\Delta H^{\ominus}_{f,298}$: −73640 $S^{\ominus}_{298}$:97. 069

函数	r_0	r_1	r_2	r_3	r_4	r_5
C_p	48. 116	14. 644				
$Ha(T)$	−88640	48. 116	7. 322			
$Sa(T)$	−181. 443	48. 116	14. 644			
$Ga(T)$	−88640	229. 559	−48. 116	−7. 322		
$Ga(l)$	−40770	−163. 528				

UBi_2

温度范围:298 ~ 1283　　相:固

$\Delta H^{\ominus}_{f,298}$: −102510　　$S^{\ominus}_{298}$:151.879

函数	r_0	r_1	r_2	r_3	r_4	r_5
C_p	70.710	29.288				
$Ha(T)$	−124890	70.710	14.644			
$Sa(T)$	−259.730	70.710	29.288			
$Ga(T)$	−124890	330.440	−70.710	−14.644		
$Ga(l)$	−67180	−232.243				

U_3Bi_4

温度范围:298 ~ 1423　　相:固

$\Delta H^{\ominus}_{f,298}$: −266520　　$S^{\ominus}_{298}$:342.670

函数	r_0	r_1	r_2	r_3	r_4	r_5
C_p	167.360	55.647				
$Ha(T)$	−318890	167.360	27.824			
$Sa(T)$	−627.471	167.360	55.647			
$Ga(T)$	−318890	794.831	−167.360	−27.824		
$Ga(l)$	−174780	−543.435				

UC

温度范围:298 ~ 2823　　相:固

$\Delta H^{\ominus}_{f,298}$: −97070　　$S^{\ominus}_{298}$:59.204

函数	r_0	r_1	r_2	r_3	r_4	r_5
C_p	59.873	−1.255	−0.870	4.393		
$Ha(T)$	−117820	59.873	−0.628	0.870	1.464	
$Sa(T)$	−286.643	59.873	−1.255	0.435	2.197	
$Ga(T)$	−117820	346.516	−59.873	0.628	0.435	−0.732
$Ga(l)$	−38180	−153.334				

$UC_{1.9}$

温度范围:298 ~ 2098　　相:固(α)

$\Delta H^{\ominus}_{f,298}$: −96230　　$S^{\ominus}_{298}$:68.199

函数	r_0	r_1	r_2	r_3	r_4	r_5
C_p	118.867	12.803	−1.552			
$Ha(T)$	−137440	118.867	6.402	1.552		
$Sa(T)$	−621.604	118.867	12.803	0.776		
$Ga(T)$	−137440	740.471	−118.867	−6.402	0.776	
$Ga(l)$	−9304	−229.424				

$UC_{1.93}$

温度范围:298 ~ 2038　　相:固(α)

$\Delta H^{\ominus}_{f,298}$: −85770　　$S^{\ominus}_{298}$:68.325

函数	r_0	r_1	r_2	r_3	r_4	r_5
C_p	93.521	−37.430	−2.150	28.941		
$Ha(T)$	−119460	93.521	−18.715	2.150	9.647	
$Sa(T)$	−466.740	93.521	−37.430	1.075	14.471	
$Ga(T)$	−119460	560.261	−93.521	18.715	1.075	−4.823
$Ga(l)$	−32490	−167.280				

温度范围:2038 ~ 2800　　相:固(β)

$\Delta H_{tr}^{\ominus}$:10750　　$\Delta S_{tr}^{\ominus}$:5.275

函数	r_0	r_1	r_2	r_3	r_4	r_5
C_p	123.177					
$Ha(T)$	-164160	123.177				
$Sa(T)$	-703.357	123.177				
$Ga(T)$	-164160	826.534	-123.177			
$Ga(l)$	131810	-256.017				

UC_2

温度范围:298 ~ 2041　　相:固

$\Delta H_{f,298}^{\ominus}$: -91800　　$S_{298}^{\ominus}$:71

函数	r_0	r_1	r_2	r_3	r_4	r_5
C_p	69.04	8.54	-0.94			
$Ha(T)$	-115920	69.040	4.270	0.940		
$Sa(T)$	-330.195	69.040	8.540	0.470		
$Ga(T)$	-115920	399.236	-69.040	-4.270	0.470	
$Ga(l)$	-42400	-163.640				

U_2C_3

温度范围:298 ~ 2096　　相:固

$\Delta H_{f,298}^{\ominus}$: -185300　　$S_{298}^{\ominus}$:137.8

函数	r_0	r_1	r_2	r_3	r_4	r_5
C_p	121	12.8	-1.55			
$Ha(T)$	-227140	121.000	6.400	1.550		
$Sa(T)$	-564.144	121.000	12.800	0.775		
$Ga(T)$	-227140	685.144	-121.000	-6.400	0.775	
$Ga(l)$	-96970	-301.753				

UO_2CO_3

温度范围:298 ~ 409　　相:固

$\Delta H_{f,298}^{\ominus}$: -1691200　　$S_{298}^{\ominus}$:138.1

函数	r_0	r_1	r_2	r_3	r_4	r_5
C_p	110.75	54.18				
$Ha(T)$	-1726600	110.750	27.090			
$Sa(T)$	-509.063	110.750	54.180			
$Ga(T)$	-1726600	619.813	-110.750	-27.090		
$Ga(l)$	-1684400	-159.687				

USi

温度范围:298 ~ 1800　　相:固

$\Delta H_{f,298}^{\ominus}$: -84520　　$S_{298}^{\ominus}$:66.526

函数	r_0	r_1	r_2	r_3	r_4	r_5
C_p	64.559	1.632	-1.301			
$Ha(T)$	-108200	64.559	0.816	1.301		
$Sa(T)$	-309.109	64.559	1.632	0.651		
$Ga(T)$	-108200	373.668	-64.559	-0.816	0.651	
$Ga(l)$	-48110	-138.775				

USi_2

温度范围:298 ~ 1973　　相:固

$\Delta H^{\ominus}_{f,298}$: −130500　　$S^{\ominus}_{298}$:82

函数	r_0	r_1	r_2	r_3	r_4	r_5
C_p	89.62	4.06	−1.68			
$Ha(T)$	−163040	89.620	2.030	1.680		
$Sa(T)$	−439.279	89.620	4.060	0.840		
$Ga(T)$	−163040	528.899	−89.620	−2.030	0.840	
$Ga(l)$	−73210	−191.210				

USi_3

温度范围:298 ~ 1800　　相:固

$\Delta H^{\ominus}_{f,298}$: −130540　　$S^{\ominus}_{298}$:106.274

函数	r_0	r_1	r_2	r_3	r_4	r_5
C_p	113.177	6.443	−2.067			
$Ha(T)$	−171500	113.177	3.222	2.067		
$Sa(T)$	−552.110	113.177	6.443	1.034		
$Ga(T)$	−171500	665.287	−113.177	−3.222	1.034	
$Ga(l)$	−64800	−236.679				

U_3Si

温度范围:298 ~ 1200　　相:固

$\Delta H^{\ominus}_{f,298}$: −92050　　$S^{\ominus}_{298}$:167.360

函数	r_0	r_1	r_2	r_3	r_4	r_5
C_p	145.059		−3.138			
$Ha(T)$	−145820	145.059		3.138		
$Sa(T)$	−676.778	145.059		1.569		
$Ga(T)$	−145820	821.837	−145.059		1.569	
$Ga(l)$	−43150	−281.238				

U_3Si_2

温度范围:298 ~ 1938　　相:固

$\Delta H^{\ominus}_{f,298}$: −169500　　$S^{\ominus}_{298}$:197.5

函数	r_0	r_1	r_2	r_3	r_4	r_5
C_p	169.37	2.43	−3.52			
$Ha(T)$	−231910	169.370	1.215	3.520		
$Sa(T)$	−788.025	169.370	2.430	1.760		
$Ga(T)$	−231910	957.395	−169.370	−1.215	1.760	
$Ga(l)$	−66610	−395.285				

U_3Si_5

温度范围:298 ~ 1800　　相:固

$\Delta H^{\ominus}_{f,298}$: −354390　　$S^{\ominus}_{298}$:231.375

函数	r_0	r_1	r_2	r_3	r_4	r_5
C_p	242.295	9.707	−4.669			
$Ha(T)$	−442720	242.295	4.854	4.669		
$Sa(T)$	−1178.280	242.295	9.707	2.335		
$Ga(T)$	−442720	1420.575	−242.295	−4.854	2.335	
$Ga(l)$	−215830	−506.279				

UGe

温度范围:298 ~ 1400　　　　相:固

$\Delta H^{\ominus}_{f,298}$: −61510　　　　$S^{\ominus}_{298}$:90. 374

函数	r_0	r_1	r_2	r_3	r_4	r_5
C_p	51. 296	15. 230	−0. 393			
$Ha(T)$	−78800	51. 296	7. 615	0. 393		
$Sa(T)$	−208. 641	51. 296	15. 230	0. 197		
$Ga(T)$	−78800	259. 937	−51. 296	−7. 615	0. 197	
$Ga(l)$	−35170	−148. 218				

UGe_2

温度范围:298 ~ 1400　　　　相:固

$\Delta H^{\ominus}_{f,298}$: −87450　　　　$S^{\ominus}_{298}$:130. 541

函数	r_0	r_1	r_2	r_3	r_4	r_5
C_p	74. 475	19. 121	−0. 385			
$Ha(T)$	−111800	74. 475	9. 561	0. 385		
$Sa(T)$	−301. 654	74. 475	19. 121	0. 193		
$Ga(T)$	−111800	376. 129	−74. 475	−9. 561	0. 193	
$Ga(l)$	−49660	−213. 743				

UGe_3

温度范围:298 ~ 1400　　　　相:固

$\Delta H^{\ominus}_{f,298}$: −106690　　　　$S^{\ominus}_{298}$:170. 707

函数	r_0	r_1	r_2	r_3	r_4	r_5
C_p	97. 696	23. 012	−0. 377			
$Ha(T)$	−138110	97. 696	11. 506	0. 377		
$Sa(T)$	−394. 907	97. 696	23. 012	0. 189		
$Ga(T)$	−138110	492. 603	−97. 696	−11. 506	0. 189	
$Ga(l)$	−57430	−279. 309				

U_3Ge_5

温度范围:298 ~ 1400　　　　相:固

$\Delta H^{\ominus}_{f,298}$: −239740　　　　$S^{\ominus}_{298}$:351. 874

函数	r_0	r_1	r_2	r_3	r_4	r_5
C_p	200. 288	53. 472	−1. 163			
$Ha(T)$	−305730	200. 288	26. 736	1. 163		
$Sa(T)$	−811. 770	200. 288	53. 472	0. 582		
$Ga(T)$	−305730	1012. 058	−200. 288	−26. 736	0. 582	
$Ga(l)$	−137790	−576. 162				

U_5Ge_3

温度范围:298 ~ 1400　　　　相:固

$\Delta H^{\ominus}_{f,298}$: −235140　　　　$S^{\ominus}_{298}$:374. 886

函数	r_0	r_1	r_2	r_3	r_4	r_5
C_p	210. 079	68. 534	−1. 983			
$Ha(T)$	−307470	210. 079	34. 267	1. 983		
$Sa(T)$	−853. 647	210. 079	68. 534	0. 992		
$Ga(T)$	−307470	1063. 726	−210. 079	−34. 267	0. 992	
$Ga(l)$	−126320	−613. 427				

UB_2

温度范围:298 ~2300　　相:固

$\Delta H^{\ominus}_{f,298}$: −164430　　$S^{\ominus}_{298}$:55. 103

函数	r_0	r_1	r_2	r_3	r_4	r_5
C_p	107. 027	−40. 250	−3. 548	24. 518		
$Ha(T)$	−206670	107. 027	−20. 125	3. 548	8. 173	
$Sa(T)$	−563. 739	107. 027	−40. 250	1. 774	12. 259	
$Ga(T)$	−206670	670. 766	−107. 027	20. 125	1. 774	−4. 086
$Ga(l)$	−99420	−168. 752				

UB_4

温度范围:298 ~1200　　相:固

$\Delta H^{\ominus}_{f,298}$: −245600　　$S^{\ominus}_{298}$:71. 128

函数	r_0	r_1	r_2	r_3	r_4	r_5
C_p	112. 131	29. 079	−3. 724			
$Ha(T)$	−292810	112. 131	14. 540	3. 724		
$Sa(T)$	−597. 366	112. 131	29. 079	1. 862		
$Ga(T)$	−292810	709. 497	−112. 131	−14. 540	1. 862	
$Ga(l)$	−204150	−166. 466				

UB_{12}

温度范围:298 ~1200　　相:固

$\Delta H^{\ominus}_{f,298}$: −433040　　$S^{\ominus}_{298}$:139. 746

函数	r_0	r_1	r_2	r_3	r_4	r_5
C_p	308. 570	15. 313	−12. 761			
$Ha(T)$	−568520	308. 570	7. 657	12. 761		
$Sa(T)$	−1694. 704	308. 570	15. 313	6. 381		
$Ga(T)$	−568520	2003. 274	−308. 570	−7. 657	6. 381	
$Ga(l)$	−336370	−361. 691				

UAl_2

温度范围:298 ~1863　　相:固

$\Delta H^{\ominus}_{f,298}$: −98740　　$S^{\ominus}_{298}$:106. 692

函数	r_0	r_1	r_2	r_3	r_4	r_5
C_p	75. 312	10. 460				
$Ha(T)$	−121660	75. 312	5. 230			
$Sa(T)$	−325. 524	75. 312	10. 460			
$Ga(T)$	−121660	400. 836	−75. 312	−5. 230		
$Ga(l)$	−47670	−207. 343				

UAl_3

温度范围:298 ~1623　　相:固

$\Delta H^{\ominus}_{f,298}$: −114220　　$S^{\ominus}_{298}$:135. 980

函数	r_0	r_1	r_2	r_3	r_4	r_5
C_p	100. 416	13. 389				
$Ha(T)$	−144750	100. 416	6. 695			
$Sa(T)$	−440. 142	100. 416	13. 389			
$Ga(T)$	−144750	540. 558	−100. 416	−6. 695		
$Ga(l)$	−56330	−256. 955				

UAl_4

温度范围:298 ~ 1003　　相:固

$\Delta H^{\ominus}_{f,298}$: -129700　　$S^{\ominus}_{298}$:163. 176

函数	r_0	r_1	r_2	r_3	r_4	r_5
C_p	119. 244	33. 472				
$Ha(T)$	-166740	119. 244	16. 736			
$Sa(T)$	-526. 208	119. 244	33. 472			
$Ga(T)$	-166740	645. 452	-119. 244	-16. 736		
$Ga(l)$	-89130	-264. 266				

UCd_{11}

温度范围:298 ~ 900　　相:固

$\Delta H^{\ominus}_{f,298}$: -45610　　$S^{\ominus}_{298}$:583. 250

函数	r_0	r_1	r_2	r_3	r_4	r_5
C_p	327. 816	53. 764	-2. 657			
$Ha(T)$	-154650	327. 816	26. 882	2. 657		
$Sa(T)$	-1315. 488	327. 816	53. 764	1. 329		
$Ga(T)$	-154650	1643. 304	-327. 816	-26. 882	1. 329	
$Ga(l)$	41900	-808. 852				

UFe_2

温度范围:298 ~ 1473　　相:固

$\Delta H^{\ominus}_{f,298}$: -32220　　$S^{\ominus}_{298}$:104. 600

函数	r_0	r_1	r_2	r_3	r_4	r_5
C_p	69. 873	29. 288				
$Ha(T)$	-54350	69. 873	14. 644			
$Sa(T)$	-302. 240	69. 873	29. 288			
$Ga(T)$	-54350	372. 113	-69. 873	-14. 644		
$Ga(l)$	9522	-194. 446				

温度范围:1473 ~ 1600　　相:液

$\Delta H^{\ominus}_{tr}$:67700　　$\Delta S^{\ominus}_{tr}$:45. 961

函数	r_0	r_1	r_2	r_3	r_4	r_5
C_p	138. 072					
$Ha(T)$	-55340	138. 072				
$Sa(T)$	-710. 654	138. 072				
$Ga(T)$	-55340	848. 726	-138. 072			
$Ga(l)$	156810	-302. 459				

URu_3

温度范围:298 ~ 1850　　相:固

$\Delta H^{\ominus}_{f,298}$: -217570　　$S^{\ominus}_{298}$:108. 366

函数	r_0	r_1	r_2	r_3	r_4	r_5
C_p	97. 069	24. 937	-0. 418			
$Ha(T)$	-249020	97. 069	12. 469	0. 418		
$Sa(T)$	-454. 480	97. 069	24. 937	0. 209		
$Ga(T)$	-249020	551. 549	-97. 069	-12. 469	0. 209	
$Ga(l)$	-148180	-244. 263				

URh_3

温度范围:298 ~ 1200 相:固

$\Delta H^{\ominus}_{f,298}$: -259410 $S^{\ominus}_{298}$:148.114

函数	r_0	r_1	r_2	r_3	r_4	r_5
C_p	103.345	30.543	-0.875			
$Ha(T)$	-294510	103.345	15.272	0.875		
$Sa(T)$	-454.732	103.345	30.543	0.438		
$Ga(T)$	-294510	558.077	-103.345	-15.272	0.438	
$Ga(l)$	-216060	-249.099				

V(1)

温度范围:298 ~ 600 相:固

$\Delta H^{\ominus}_{f,298}$:0 $S^{\ominus}_{298}$:28.911

函数	r_0	r_1	r_2	r_3	r_4	r_5
C_p	26.489	2.632	-0.211			
$Ha(T)$	-8722	26.489	1.316	0.211		
$Sa(T)$	-123.984	26.489	2.632	0.106		
$Ga(T)$	-8722	150.473	-26.489	-1.316	0.106	
$Ga(l)$	3561	-39.226				

温度范围:600 ~ 1400 相:固

$\Delta H^{\ominus}_{tr}$:— $\Delta S^{\ominus}_{tr}$:—

函数	r_0	r_1	r_2	r_3	r_4	r_5
C_p	16.711	12.669	1.143			
$Ha(T)$	-2406	16.711	6.335	-1.143		
$Sa(T)$	-65.577	16.711	12.669	-0.572		
$Ga(T)$	-2406	82.288	-16.711	-6.335	-0.572	
$Ga(l)$	18330	-61.617				

温度范围:1400 ~ 2175 相:固

$\Delta H^{\ominus}_{tr}$:— $\Delta S^{\ominus}_{tr}$:—

函数	r_0	r_1	r_2	r_3	r_4	r_5
C_p	95.320	-50.459	-36.289	14.690		
$Ha(T)$	-90770	95.320	-25.230	36.289	4.897	
$Sa(T)$	-570.604	95.320	-50.459	18.145	7.345	
$Ga(T)$	-90770	665.924	-95.320	25.230	18.145	-2.448
$Ga(l)$	46580	-82.092				

温度范围:2175 ~ 3200 相:液

$\Delta H^{\ominus}_{tr}$:20930 $\Delta S^{\ominus}_{tr}$:9.623

函数	r_0	r_1	r_2	r_3	r_4	r_5
C_p	41.840					
$Ha(T)$	-5802	41.840				
$Sa(T)$	-221.165	41.840				
$Ga(T)$	-5802	263.005	-41.840			
$Ga(l)$	105550	-109.066				

V(2)

温度范围:298 ~2190　　相:固

$\Delta H^{\ominus}_{f,298}$:0　　$S^{\ominus}_{298}$:28.9

函数	r_0	r_1	r_2	r_3	r_4	r_5
C_p	26.81	-0.13	-0.19	3.64		
$Ha(T)$	-8657	26.810	-0.065	0.190	1.213	
$Sa(T)$	-125.044	26.810	-0.130	0.095	1.820	
$Ga(T)$	-8657	151.854	-26.810	0.065	0.095	-0.607
$Ga(l)$	21220	-67.288				

V(气)

温度范围:298 ~2000　　相:气

$\Delta H^{\ominus}_{f,298}$:515500　　$S^{\ominus}_{298}$:182.3

函数	r_0	r_1	r_2	r_3	r_4	r_5
C_p	20.36	6.7	0.34	-2.44		
$Ha(T)$	510290	20.360	3.350	-0.340	-0.813	
$Sa(T)$	66.320	20.360	6.700	-0.170	-1.220	
$Ga(T)$	510290	-45.960	-20.360	-3.350	-0.170	0.407
$Ga(l)$	532030	-214.217				

VF_2

温度范围:298 ~1600　　相:固

$\Delta H^{\ominus}_{f,298}$:-836800　　$S^{\ominus}_{298}$:77.404

函数	r_0	r_1	r_2	r_3	r_4	r_5
C_p	71.965	46.024				
$Ha(T)$	-860300	71.965	23.012			
$Sa(T)$	-346.346	71.965	46.024			
$Ga(T)$	-860300	418.311	-71.965	-23.012		
$Ga(l)$	-783780	-186.886				

温度范围:1600 ~2500　　相:液

$\Delta H^{\ominus}_{tr}$:27200　　$\Delta S^{\ominus}_{tr}$:17.000

函数	r_0	r_1	r_2	r_3	r_4	r_5
C_p	125.520					
$Ha(T)$	-859880	125.520				
$Sa(T)$	-650.823	125.520				
$Ga(T)$	-859880	776.343	-125.520			
$Ga(l)$	-605900	-305.729				

VF_3

温度范围:298 ~1000　　相:固

$\Delta H^{\ominus}_{f,298}$:-1150600　　$S^{\ominus}_{298}$:96.985

函数	r_0	r_1	r_2	r_3	r_4	r_5
C_p	82.425	26.861				
$Ha(T)$	-1176400	82.425	13.431			
$Sa(T)$	-380.648	82.425	26.861			
$Ga(T)$	-1176400	463.073	-82.425	-13.431		
$Ga(l)$	-1122100	-167.954				

VF_4

温度范围:298 ~ 1000　　相:固

$\Delta H^{\ominus}_{f,298}$: -1403300　　$S^{\ominus}_{298}$:121.336

函数	r_0	r_1	r_2	r_3	r_4	r_5
C_p	95.186	39.748				
$Ha(T)$	-1433400	95.186	19.874			
$Sa(T)$	-432.846	95.186	39.748			
$Ga(T)$	-1433400	528.032	-95.186	-19.874		
$Ga(l)$	-1369100	-206.357				

VF_5

温度范围:298 ~ 375　　相:固

$\Delta H^{\ominus}_{f,298}$: -1401600　　$S^{\ominus}_{298}$:209.200

函数	r_0	r_1	r_2	r_3	r_4	r_5
C_p	104.600	41.840				
$Ha(T)$	-1434600	104.600	20.920			
$Sa(T)$	-399.243	104.600	41.840			
$Ga(T)$	-1434600	503.843	-104.600	-20.920		
$Ga(l)$	-1397200	-223.335				

温度范围:375 ~ 384　　相:液

$\Delta H^{\ominus}_{tr}$:26780　　$\Delta S^{\ominus}_{tr}$:71.413

函数	r_0	r_1	r_2	r_3	r_4	r_5
C_p	105.437	33.472				
$Ha(T)$	-1407600	105.437	16.736			
$Sa(T)$	-329.653	105.437	33.472			
$Ga(T)$	-1407600	435.090	-105.437	-16.736		
$Ga(l)$	-1366300	-306.196				

温度范围:384 ~ 1500　　相:气

$\Delta H^{\ominus}_{tr}$:35560　　$\Delta S^{\ominus}_{tr}$:92.604

函数	r_0	r_1	r_2	r_3	r_4	r_5
C_p	154.808					
$Ha(T)$	-1388500	154.808				
$Sa(T)$	-517.984	154.808				
$Ga(T)$	-1388500	672.792	-154.808			
$Ga(l)$	-1257100	-536.238				

VF_5(气)

温度范围:298 ~ 2000　　相:气

$\Delta H^{\ominus}_{f,298}$: -1433900　　$S^{\ominus}_{298}$:320.787

函数	r_0	r_1	r_2	r_3	r_4	r_5
C_p	130.457	0.628	-2.874			
$Ha(T)$	-1482500	130.457	0.314	2.874		
$Sa(T)$	-438.857	130.457	0.628	1.437		
$Ga(T)$	-1482500	569.314	-130.457	-0.314	1.437	
$Ga(l)$	-1352700	-474.625				

VCl_2

温度范围:298 ~ 1620　　相:固

$\Delta H^{\ominus}_{f,298}$: -461500　　$S^{\ominus}_{298}$:97.1

函数	r_0	r_1	r_2	r_3	r_4	r_5
C_p	71.91	11.93	-0.32			
$Ha(T)$	-484540	71.910	5.965	0.320		
$Sa(T)$	-317.971	71.910	11.930	0.160		
$Ga(T)$	-484540	389.881	-71.910	-5.965	0.160	
$Ga(l)$	-419960	-183.610				

VCl_3

温度范围:298 ~ 900　　相:固

$\Delta H^{\ominus}_{f,298}$: -560660　　$S^{\ominus}_{298}$:130.959

函数	r_0	r_1	r_2	r_3	r_4	r_5
C_p	96.190	16.401	-0.703			
$Ha(T)$	-592430	96.190	8.201	0.703		
$Sa(T)$	-425.937	96.190	16.401	0.352		
$Ga(T)$	-592430	522.127	-96.190	-8.201	0.352	
$Ga(l)$	-534790	-197.650				

VCl_4

温度范围:298 ~ 425　　相:液

$\Delta H^{\ominus}_{f,298}$: -569860　　$S^{\ominus}_{298}$:221.752

函数	r_0	r_1	r_2	r_3	r_4	r_5
C_p	161.712					
$Ha(T)$	-618070	161.712				
$Sa(T)$	-699.618	161.712				
$Ga(T)$	-618070	861.330	-161.712			
$Ga(l)$	-560080	-252.441				

温度范围:425 ~ 2000　　相:气

$\Delta H^{\ominus}_{tr}$:38070　　$\Delta S^{\ominus}_{tr}$:89.576

函数	r_0	r_1	r_2	r_3	r_4	r_5
C_p	96.399	8.870	-0.569			
$Ha(T)$	-554390	96.399	4.435	0.569		
$Sa(T)$	-220.106	96.399	8.870	0.285		
$Ga(T)$	-554390	316.505	-96.399	-4.435	0.285	
$Ga(l)$	-445380	-470.882				

VCl_4(气)

温度范围:298 ~ 2000　　相:气

$\Delta H^{\ominus}_{f,298}$: -525500　　$S^{\ominus}_{298}$:366.5

函数	r_0	r_1	r_2	r_3	r_4	r_5
C_p	111.07	-2.64	-1.52			
$Ha(T)$	-563600	111.070	-1.320	1.520		
$Sa(T)$	-274.095	111.070	-2.640	0.760		
$Ga(T)$	-563600	385.165	-111.070	1.320	0.760	
$Ga(l)$	-456000	-499.441				

VBr_2

温度范围:298 ~ 1000　　相:固

$\Delta H^{\ominus}_{f,298}$: −364400　　$S^{\ominus}_{298}$:125. 5

函数	r_0	r_1	r_2	r_3	r_4	r_5
C_p	73. 64	12. 55				
$Ha(T)$	−386910	73. 640	6. 275			
$Sa(T)$	−297. 813	73. 640	12. 550			
$Ga(T)$	−386910	371. 453	−73. 640	−6. 275		
$Ga(l)$	−340630	−184. 888				

VBr_3

温度范围:298 ~ 1000　　相:固

$\Delta H^{\ominus}_{f,298}$: −447690　　$S^{\ominus}_{298}$:142. 256

函数	r_0	r_1	r_2	r_3	r_4	r_5
C_p	92. 048	32. 217				
$Ha(T)$	−476570	92. 048	16. 109			
$Sa(T)$	−391. 802	92. 048	32. 217			
$Ga(T)$	−476570	483. 850	−92. 048	−16. 109		
$Ga(l)$	−415570	−222. 290				

VBr_4(气)

温度范围:298 ~ 2000　　相:气

$\Delta H^{\ominus}_{f,298}$: −393300　　$S^{\ominus}_{298}$:334. 7

函数	r_0	r_1	r_2	r_3	r_4	r_5
C_p	107. 74	0. 84	−0. 73			
$Ha(T)$	−427910	107. 740	0. 420	0. 730		
$Sa(T)$	−283. 516	107. 740	0. 840	0. 365		
$Ga(T)$	−427910	391. 256	−107. 740	−0. 420	0. 365	
$Ga(l)$	−322630	−470. 296				

VI_2

温度范围:298 ~ 1100　　相:固

$\Delta H^{\ominus}_{f,298}$: −263590　　$S^{\ominus}_{298}$:146. 440

函数	r_0	r_1	r_2	r_3	r_4	r_5
C_p	72. 341	8. 368				
$Ha(T)$	−285530	72. 341	4. 184			
$Sa(T)$	−268. 225	72. 341	8. 368			
$Ga(T)$	−285530	340. 566	−72. 341	−4. 184		
$Ga(l)$	−237810	−208. 870				

VI_3

温度范围:298 ~ 600　　相:固

$\Delta H^{\ominus}_{f,298}$: −280330　　$S^{\ominus}_{298}$:202. 924

函数	r_0	r_1	r_2	r_3	r_4	r_5
C_p	97. 236	8. 368				
$Ha(T)$	−309690	97. 236	4. 184			
$Sa(T)$	−353. 582	97. 236	8. 368			
$Ga(T)$	−309690	450. 818	−97. 236	−4. 184		
$Ga(l)$	−266550	−242. 888				

VO　($VO_{0.89\sim1.2}$)

温度范围:298 ~ 1700　相:固

$\Delta H^{\ominus}_{f,298}$: -430950　$S^{\ominus}_{298}$:38.911

函数	r_0	r_1	r_2	r_3	r_4	r_5
C_p	47.363	13.472	-0.527			
$Ha(T)$	-447440	47.363	6.736	0.527		
$Sa(T)$	-237.925	47.363	13.472	0.264		
$Ga(T)$	-447440	285.288	-47.363	-6.736	0.264	
$Ga(l)$	-400530	-100.413				

VO

温度范围:298 ~ 1973　相:固

$\Delta H^{\ominus}_{f,298}$: -431800　$S^{\ominus}_{298}$:39

函数	r_0	r_1	r_2	r_3	r_4	r_5
C_p	50.21	11.84	-1.35			
$Ha(T)$	-451820	50.210	5.920	1.350		
$Sa(T)$	-258.200	50.210	11.840	0.675		
$Ga(T)$	-451820	308.410	-50.210	-5.920	0.675	
$Ga(l)$	-395940	-106.143				

VO_2

温度范围:298 ~ 345　相:固(α)

$\Delta H^{\ominus}_{f,298}$: -717560　$S^{\ominus}_{298}$:51.463

函数	r_0	r_1	r_2	r_3	r_4	r_5
C_p	62.593					
$Ha(T)$	-736220	62.593				
$Sa(T)$	-305.167	62.593				
$Ga(T)$	-736220	367.760	-62.593			
$Ga(l)$	-716110	-56.080				

温度范围:345 ~ 1633　相:固(β)

$\Delta H^{\ominus}_{tr}$:4310　$\Delta S^{\ominus}_{tr}$:12.493

函数	r_0	r_1	r_2	r_3	r_4	r_5
C_p	74.684	7.113	-1.653			
$Ha(T)$	-741300	74.684	3.557	1.653		
$Sa(T)$	-372.726	74.684	7.113	0.827		
$Ga(T)$	-741300	447.410	-74.684	-3.557	0.827	
$Ga(l)$	-671250	-147.028				

温度范围:1633 ~ 1900　相:液

$\Delta H^{\ominus}_{tr}$:56900　$\Delta S^{\ominus}_{tr}$:34.844

函数	r_0	r_1	r_2	r_3	r_4	r_5
C_p	106.692					
$Ha(T)$	-726170	106.692				
$Sa(T)$	-562.758	106.692				
$Ga(T)$	-726170	669.450	-106.692			
$Ga(l)$	-537980	-234.898				

V_2O_3

温度范围:298 ~ 2000　　相:固

$\Delta H^{\ominus}_{f,298}$: −1218800　　$S^{\ominus}_{298}$:98. 1

函数	r_0	r_1	r_2	r_3	r_4	r_5
C_p	112. 97	19. 29	−1. 5			
$Ha(T)$	−1258400	112. 970	9. 645	1. 500		
$Sa(T)$	−559. 746	112. 970	19. 290	0. 750		
$Ga(T)$	−1258400	672. 716	−112. 970	−9. 645	0. 750	
$Ga(l)$	−1137100	−252. 246				

V_2O_5 ($VO_{2.45\sim2.5}$)

温度范围:298 ~ 943　　相:固

$\Delta H^{\ominus}_{f,298}$: −1557700　　$S^{\ominus}_{298}$:130. 959

函数	r_0	r_1	r_2	r_3	r_4	r_5
C_p	194. 723	−16. 318	−5. 531			
$Ha(T)$	−1633600	194. 723	−8. 159	5. 531		
$Sa(T)$	−1004. 739	194. 723	−16. 318	2. 766		
$Ga(T)$	−1633600	1199. 462	−194. 723	8. 159	2. 766	
$Ga(l)$	−1514400	−240. 364				

温度范围:943 ~ 1500　　相:液

$\Delta H^{\ominus}_{tr}$:65270　　$\Delta S^{\ominus}_{tr}$:69. 215

函数	r_0	r_1	r_2	r_3	r_4	r_5
C_p	190. 790					
$Ha(T)$	−1566000	190. 790				
$Sa(T)$	−920. 865	190. 790				
$Ga(T)$	−1566000	1111. 655	−190. 790			
$Ga(l)$	−1336200	−434. 235				

V_2O_5

温度范围:298 ~ 952　　相:固

$\Delta H^{\ominus}_{f,298}$: −1550200　　$S^{\ominus}_{298}$:130. 5

函数	r_0	r_1	r_2	r_3	r_4	r_5
C_p	141	42. 68	−2. 34			
$Ha(T)$	−1602000	141. 000	21. 340	2. 340		
$Sa(T)$	−698. 748	141. 000	42. 680	1. 170		
$Ga(T)$	−1602000	839. 748	−141. 000	−21. 340	1. 170	
$Ga(l)$	−1508600	−235. 169				

V_3O_5

温度范围:298 ~ 2100　　相:固

$\Delta H^{\ominus}_{f,298}$: −2112900　　$S^{\ominus}_{298}$:133. 888

函数	r_0	r_1	r_2	r_3	r_4	r_5
C_p	150. 624	125. 520				
$Ha(T)$	−2163400	150. 624	62. 760			
$Sa(T)$	−761. 731	150. 624	125. 520			
$Ga(T)$	−2163400	912. 355	−150. 624	−62. 760		
$Ga(l)$	−1939500	−446. 764				

V_4O_7

温度范围:298 ~ 1000 相:固

$\Delta H^{\ominus}_{f,298}$: -2640000 $S^{\ominus}_{298}$:218

函数	r_0	r_1	r_2	r_3	r_4	r_5
C_p	239.95	50.27	-3.42			
$Ha(T)$	-2725200	239.950	25.135	3.420		
$Sa(T)$	-1183.363	239.950	50.270	1.710		
$Ga(T)$	-2725200	1423.313	-239.950	-25.135	1.710	
$Ga(l)$	-2566500	-400.530				

VS(气)*

温度范围:298 ~ 2000 相:气

$\Delta H^{\ominus}_{f,298}$:345200 $S^{\ominus}_{298}$:***248.7***

函数	r_0	r_1	r_2	r_3	r_4	r_5
C_p	***36.86***	***0.29***	***-0.33***			
$Ha(T)$	333090	36.860	0.145	0.330		
$Sa(T)$	36.744	36.860	0.290	0.165		
$Ga(T)$	333090	0.116	-36.860	-0.145	0.165	
$Ga(l)$	369210	-294.688				

VSe(气)*

温度范围:298 ~ 2000 相:气

$\Delta H^{\ominus}_{f,298}$:404600 $S^{\ominus}_{298}$:***260.8***

函数	r_0	r_1	r_2	r_3	r_4	r_5
C_p	***37.25***	***0.09***	***-0.21***			
$Ha(T)$	392790	37.250	0.045	0.210		
$Sa(T)$	47.356	37.250	0.090	0.105		
$Ga(T)$	392790	-10.106	-37.250	-0.045	0.105	
$Ga(l)$	429030	-307.724				

VTe(气)*

温度范围:298 ~ 2000 相:气

$\Delta H^{\ominus}_{f,298}$:***434300*** $S^{\ominus}_{298}$:***268.9***

函数	r_0	r_1	r_2	r_3	r_4	r_5
C_p	***37.33***	***0.05***	***-0.16***			
$Ha(T)$	422630	37.330	0.025	0.160		
$Sa(T)$	55.294	37.330	0.050	0.080		
$Ga(T)$	422630	-17.964	-37.330	-0.025	0.080	
$Ga(l)$	458860	-316.144				

$VOCl_3$

温度范围:298 ~ 400 相:液

$\Delta H^{\ominus}_{f,298}$: -719600 $S^{\ominus}_{298}$:205.016

函数	r_0	r_1	r_2	r_3	r_4	r_5
C_p	150.624					
$Ha(T)$	-764510	150.624				
$Sa(T)$	-653.179	150.624				
$Ga(T)$	-764510	803.803	-150.624			
$Ga(l)$	-712220	-228.442				

温度范围:400 ~ 1000　　相:气

$\Delta H_{tr}^{\ominus}$:33470　　$\Delta S_{tr}^{\ominus}$:83.675

函数	r_0	r_1	r_2	r_3	r_4	r_5
C_p	107.947		-0.837			
$Ha(T)$	-716060	107.947		0.837		
$Sa(T)$	-316.422	107.947		0.419		
$Ga(T)$	-716060	424.369	-107.947		0.419	
$Ga(l)$	-642990	-389.643				

$VOCl_3$(气)

温度范围:298 ~ 2000　　相:气

$\Delta H_{f,298}^{\ominus}$: -696200　　$S_{298}^{\ominus}$:342.8

函数	r_0	r_1	r_2	r_3	r_4	r_5
C_p	108.99		-1.72			
$Ha(T)$	-734460	108.990		1.720		
$Sa(T)$	-287.856	108.990		0.860		
$Ga(T)$	-734460	396.846	-108.990		0.860	
$Ga(l)$	-627200	-474.305				

$VOSO_4$

温度范围:298 ~ 952　　相:固

$\Delta H_{f,298}^{\ominus}$: -1309200　　$S_{298}^{\ominus}$:108.8

函数	r_0	r_1	r_2	r_3	r_4	r_5
C_p	96.65	116.73				
$Ha(T)$	-1343200	96.650	58.365			
$Sa(T)$	-476.676	96.650	116.730			
$Ga(T)$	-1343200	573.326	-96.650	-58.365		
$Ga(l)$	-1266700	-215.693				

$VN_{0.465}$

温度范围:298 ~ 2000　　相:固

$\Delta H_{f,298}^{\ominus}$: -132210　　$S_{298}^{\ominus}$:26.711

函数	r_0	r_1	r_2	r_3	r_4	r_5
C_p	31.526	11.397	-0.540			
$Ha(T)$	-143930	31.526	5.699	0.540		
$Sa(T)$	-159.347	31.526	11.397	0.270		
$Ga(T)$	-143930	190.873	-31.526	-5.699	0.270	
$Ga(l)$	-106700	-74.234				

VN　($VN_{0.7-1.0}$)

温度范围:298 ~ 1600　　相:固

$\Delta H_{f,298}^{\ominus}$: -217150　　$S_{298}^{\ominus}$:37.238

函数	r_0	r_1	r_2	r_3	r_4	r_5
C_p	45.773	8.786	-0.925			
$Ha(T)$	-234290	45.773	4.393	0.925		
$Sa(T)$	-231.380	45.773	8.786	0.463		
$Ga(T)$	-234290	277.154	-45.773	-4.393	0.463	
$Ga(l)$	-192110	-89.071				

VN

温度范围:298 ~ 2000　　相:固

$\Delta H^{\ominus}_{f,298}$: −217200　　$S^{\ominus}_{298}$:37. 3

函数	r_0	r_1	r_2	r_3	r_4	r_5
C_p	45. 77	8. 79	−0. 93			
$Ha(T)$	−234360	45. 770	4. 395	0. 930		
$Sa(T)$	−231. 331	45. 770	8. 790	0. 465		
$Ga(T)$	−234360	277. 101	−45. 770	−4. 395	0. 465	
$Ga(l)$	−184310	−98. 959				

$VC_{0.8}$

温度范围:298 ~ 1700　　相:固

$\Delta H^{\ominus}_{f,298}$: −102510　　$S^{\ominus}_{298}$:28. 451

函数	r_0	r_1	r_2	r_3	r_4	r_5
C_p	34. 518	12. 426	−0. 732			
$Ha(T)$	−115810	34. 518	6. 213	0. 732		
$Sa(T)$	−176. 041	34. 518	12. 426	0. 366		
$Ga(T)$	−115810	210. 559	−34. 518	−6. 213	0. 366	
$Ga(l)$	−80060	−73. 400				

$VC_{0.88}$

温度范围:298 ~ 2000　　相:固

$\Delta H^{\ominus}_{f,298}$: −101700　　$S^{\ominus}_{298}$:25. 9

函数	r_0	r_1	r_2	r_3	r_4	r_5
C_p	36. 36	13. 31	−0. 71			
$Ha(T)$	−115510	36. 360	6. 655	0. 710		
$Sa(T)$	−189. 227	36. 360	13. 310	0. 355		
$Ga(T)$	−115510	225. 587	−36. 360	−6. 655	0. 355	
$Ga(l)$	−72380	−80. 412				

VC

温度范围:298 ~ 2000　　相:固

$\Delta H^{\ominus}_{f,298}$: −100830　　$S^{\ominus}_{298}$:27. 614

函数	r_0	r_1	r_2	r_3	r_4	r_5
C_p	36. 401	13. 389	−0. 711			
$Ha(T)$	−114660	36. 401	6. 695	0. 711		
$Sa(T)$	−187. 775	36. 401	13. 389	0. 356		
$Ga(T)$	−114660	224. 176	−36. 401	−6. 695	0. 356	
$Ga(l)$	−71450	−82. 240				

V_2C

温度范围:298 ~ 2000　　相:固

$\Delta H^{\ominus}_{f,298}$: −147280　　$S^{\ominus}_{298}$:59. 831

函数	r_0	r_1	r_2	r_3	r_4	r_5
C_p	62. 342	21. 004	−0. 879			
$Ha(T)$	−169750	62. 342	10. 502	0. 879		
$Sa(T)$	−306. 575	62. 342	21. 004	0. 440		
$Ga(T)$	−169750	368. 917	−62. 342	−10. 502	0. 440	
$Ga(l)$	−97190	−153. 452				

VSi_2

温度范围:298 ~ 1950　　相:固

$\Delta H^{\ominus}_{f,298}$: −125520　　$S^{\ominus}_{298}$:80. 262

函数	r_0	r_1	r_2	r_3	r_4	r_5
C_p	71. 459	11. 657	−0. 941			
$Ha(T)$	−150500	71. 459	5. 829	0. 941		
$Sa(T)$	−335. 651	71. 459	11. 657	0. 471		
$Ga(T)$	−150500	407. 110	−71. 459	−5. 829	0. 471	
$Ga(l)$	−75630	−175. 580				

温度范围:1950 ~ 2100　　相:液

$\Delta H^{\ominus}_{tr}$:158280　　$\Delta S^{\ominus}_{tr}$:81. 169

函数	r_0	r_1	r_2	r_3	r_4	r_5
C_p	119. 244					
$Ha(T)$	−62760	119. 244				
$Sa(T)$	−593. 626	119. 244				
$Ga(T)$	−62760	712. 870	−119. 244			
$Ga(l)$	178730	−314. 254				

V_3Si

温度范围:298 ~ 2000　　相:固

$\Delta H^{\ominus}_{f,298}$: −150600　　$S^{\ominus}_{298}$:101. 5

函数	r_0	r_1	r_2	r_3	r_4	r_5
C_p	93. 76	18. 28	−0. 7			
$Ha(T)$	−181710	93. 760	9. 140	0. 700		
$Sa(T)$	−442. 094	93. 760	18. 280	0. 350		
$Ga(T)$	−181710	535. 854	−93. 760	−9. 140	0. 350	
$Ga(l)$	−80550	−234. 108				

V_5Si_3

温度范围:298 ~ 2000　　相:固

$\Delta H^{\ominus}_{f,298}$: −462300　　$S^{\ominus}_{298}$:208. 8

函数	r_0	r_1	r_2	r_3	r_4	r_5
C_p	188. 45	118. 83	−1. 73			
$Ha(T)$	−529570	188. 450	59. 415	1. 730		
$Sa(T)$	−910. 072	188. 450	118. 830	0. 865		
$Ga(T)$	−529570	1098. 522	−188. 450	−59. 415	0. 865	
$Ga(l)$	−281540	−543. 558				

VB

温度范围:298 ~ 1200　　相:固

$\Delta H^{\ominus}_{f,298}$: −138490　　$S^{\ominus}_{298}$:29. 288

函数	r_0	r_1	r_2	r_3	r_4	r_5
C_p	37. 886	22. 615	−0. 734	−4. 033		
$Ha(T)$	−153220	37. 886	11. 308	0. 734	−1. 344	
$Sa(T)$	−197. 263	37. 886	22. 615	0. 367	−2. 017	
$Ga(T)$	−153220	235. 149	−37. 886	−11. 308	0. 367	0. 672
$Ga(l)$	−121490	−68. 576				

温度范围:1200 ~ 2500 相:固

ΔH_{tr}^{Θ}:— ΔS_{tr}^{Θ}:—

函数	r_0	r_1	r_2	r_3	r_4	r_5
C_p	44.589	6.799	-0.112	4.280		
$Ha(T)$	-154140	44.589	3.400	0.112	1.427	
$Sa(T)$	-231.578	44.589	6.799	0.056	2.140	
$Ga(T)$	-154140	276.167	-44.589	-3.400	0.056	-0.713
$Ga(l)$	-54390	-123.397				

VB_2

温度范围:298 ~ 1200 相:固

$\Delta H_{f,298}^{\Theta}$:-203760 S_{298}^{Θ}:30.125

函数	r_0	r_1	r_2	r_3	r_4	r_5
C_p	50.053	44.497	-1.355	-12.347		
$Ha(T)$	-225100	50.053	22.249	1.355	-4.116	
$Sa(T)$	-275.396	50.053	44.497	0.678	-6.174	
$Ga(T)$	-225100	325.449	-50.053	-22.249	0.678	2.058
$Ga(l)$	-179850	-85.101				

温度范围:1200 ~ 2500 相:固

ΔH_{tr}^{Θ}:— ΔS_{tr}^{Θ}:—

函数	r_0	r_1	r_2	r_3	r_4	r_5
C_p	63.459	12.866	-0.112	4.280		
$Ha(T)$	-226950	63.459	6.433	0.112	1.427	
$Sa(T)$	-344.029	63.459	12.866	0.056	2.140	
$Ga(T)$	-226950	407.487	-63.459	-6.433	0.056	-0.713
$Ga(l)$	-83500	-163.890				

V_2B_3

温度范围:298 ~ 1200 相:固

$\Delta H_{f,298}^{\Theta}$:-345180 S_{298}^{Θ}:59.413

函数	r_0	r_1	r_2	r_3	r_4	r_5
C_p	87.939	67.116	-2.089	-16.380		
$Ha(T)$	-381240	87.939	33.558	2.089	-5.460	
$Sa(T)$	-472.661	87.939	67.116	1.045	-8.190	
$Ga(T)$	-381240	560.600	-87.939	-33.558	1.045	2.730
$Ga(l)$	-304270	-153.679				

温度范围:1200 ~ 2500 相:固

ΔH_{tr}^{Θ}:— ΔS_{tr}^{Θ}:—

函数	r_0	r_1	r_2	r_3	r_4	r_5
C_p	108.048	19.669	-0.224	8.560		
$Ha(T)$	-384020	108.048	9.835	0.224	2.853	
$Sa(T)$	-575.608	108.048	19.669	0.112	4.280	
$Ga(T)$	-384020	683.656	-108.048	-9.835	0.112	-1.427
$Ga(l)$	-140820	-287.291				

V_3B_2

温度范围:298 ~ 1200　　相:固

$\Delta H^{\ominus}_{f,298}$: -303760　　$S^{\ominus}_{298}$:86.944

函数	r_0	r_1	r_2	r_3	r_4	r_5
C_p	101.491	45.965	-1.579	-3.787		
$Ha(T)$	-341330	101.491	22.983	1.579	-1.262	
$Sa(T)$	-513.728	101.491	45.965	0.790	-1.894	
$Ga(T)$	-341330	615.219	-101.491	-22.983	0.790	0.631
$Ga(l)$	-259650	-189.130				

温度范围:1200 ~ 2500　　相:固

$\Delta H^{\ominus}_{tr}$:—　　$\Delta S^{\ominus}_{tr}$:—

函数	r_0	r_1	r_2	r_3	r_4	r_5
C_p	114.897	14.334	-0.336	12.841		
$Ha(T)$	-343180	114.897	7.167	0.336	4.280	
$Sa(T)$	-582.361	114.897	14.334	0.168	6.421	
$Ga(T)$	-343180	697.258	-114.897	-7.167	0.168	-2.140
$Ga(l)$	-87600	-329.634				

V_3B_4

温度范围:298 ~ 1200　　相:固

$\Delta H^{\ominus}_{f,298}$: -486600　　$S^{\ominus}_{298}$:88.659

函数	r_0	r_1	r_2	r_3	r_4	r_5
C_p	125.825	89.734	-2.823	-20.414		
$Ha(T)$	-537390	125.825	44.867	2.823	-6.805	
$Sa(T)$	-669.967	125.825	89.734	1.412	-10.207	
$Ga(T)$	-537390	795.792	-125.825	-44.867	1.412	3.402
$Ga(l)$	-428680	-222.213				

温度范围:1200 ~ 2500　　相:固

$\Delta H^{\ominus}_{tr}$:—　　$\Delta S^{\ominus}_{tr}$:—

函数	r_0	r_1	r_2	r_3	r_4	r_5
C_p	152.637	26.468	-0.336	12.841		
$Ha(T)$	-541100	152.637	13.234	0.336	4.280	
$Sa(T)$	-807.227	152.637	26.468	0.168	6.421	
$Ga(T)$	-541100	959.864	-152.637	-13.234	0.168	-2.140
$Ga(l)$	-198130	-410.652				

V_5B_6

温度范围:298 ~ 1200　　相:固

$\Delta H^{\ominus}_{f,298}$: -763580　　$S^{\ominus}_{298}$:76.149

函数	r_0	r_1	r_2	r_3	r_4	r_5
C_p	201.598	134.967	-4.289	-28.480		
$Ha(T)$	-843820	201.598	67.484	4.289	-9.493	
$Sa(T)$	-1135.574	201.598	134.967	2.145	-14.240	
$Ga(T)$	-843820	1337.172	-201.598	-67.484	2.145	4.747
$Ga(l)$	-671650	-288.291				

温度范围:1200 ~ 2500　　相:固

$\Delta H_{tr}^{\ominus}$:—　　$\Delta S_{tr}^{\ominus}$:—

函数	r_0	r_1	r_2	r_3	r_4	r_5
C_p	241. 814	40. 074	-0. 560	21. 401		
$Ha(T)$	-849380	241. 814	20. 037	0. 560	7. 134	
$Sa(T)$	-1341. 457	241. 814	40. 074	0. 280	10. 701	
$Ga(T)$	-849380	1583. 271	-241. 814	-20. 037	0. 280	-3. 567
$Ga(l)$	-306890	-586. 382				

W(1)

温度范围:298 ~ 2500　　相:固

$\Delta H_{f,298}^{\ominus}$:0　　$S_{298}^{\ominus}$:32. 635

函数	r_0	r_1	r_2	r_3	r_4	r_5
C_p	22. 886	4. 686				
$Ha(T)$	-7032	22. 886	2. 343			
$Sa(T)$	-99. 157	22. 886	4. 686			
$Ga(T)$	-7032	122. 043	-22. 886	-2. 343		
$Ga(l)$	22730	-71. 507				

温度范围:2500 ~ 3680　　相:固

$\Delta H_{tr}^{\ominus}$:—　　$\Delta S_{tr}^{\ominus}$:—

函数	r_0	r_1	r_2	r_3	r_4	r_5
C_p	-211. 961	64. 224	540. 912			
$Ha(T)$	610390	-211. 961	32. 112	-540. 912		
$Sa(T)$	1632. 724	-211. 961	64. 224	-270. 456		
$Ga(T)$	610390	-1844. 685	211. 961	-32. 112	-270. 456	
$Ga(l)$	86580	-99. 679				

温度范围:3680 ~ 5936　　相:液

$\Delta H_{tr}^{\ominus}$:35400　　$\Delta S_{tr}^{\ominus}$:9. 620

函数	r_0	r_1	r_2	r_3	r_4	r_5
C_p	35. 564					
$Ha(T)$	22790	35. 564				
$Sa(T)$	-173. 628	35. 564				
$Ga(T)$	22790	209. 192	-35. 564			
$Ga(l)$	191250	-127. 687				

温度范围:5936 ~ 6000　　相:气

$\Delta H_{tr}^{\ominus}$:806780　　$\Delta S_{tr}^{\ominus}$:135. 913

函数	r_0	r_1	r_2	r_3	r_4	r_5
C_p	18. 326	3. 766				
$Ha(T)$	865540	18. 326	1. 883			
$Sa(T)$	89. 707	18. 326	3. 766			
$Ga(T)$	865540	-71. 381	-18. 326	-1. 883		
$Ga(l)$	1040100	-271. 191				

W(2)

温度范围:298 ~ 3680　　相:固

$\Delta H^{\ominus}_{f,298}$:0　　$S^{\ominus}_{298}$:32.7

函数	r_0	r_1	r_2	r_3	r_4	r_5
C_p	24.49	2.74	-0.08	0.17		
$Ha(T)$	-7693	24.490	1.370	0.080	0.057	
$Sa(T)$	-108.109	24.490	2.740	0.040	0.085	
$Ga(T)$	-7693	132.599	-24.490	-1.370	0.040	-0.028
$Ga(l)$	34860	-81.597				

W(气)

温度范围:298 ~ 3680　　相:气

$\Delta H^{\ominus}_{f,298}$:829000　　$S^{\ominus}_{298}$:174

函数	r_0	r_1	r_2	r_3	r_4	r_5
C_p	27.65	1.43	-0.55	0.64		
$Ha(T)$	818840	27.650	0.715	0.550	0.213	
$Sa(T)$	12.913	27.650	1.430	0.275	0.320	
$Ga(T)$	818840	14.737	-27.650	-0.715	0.275	-0.107
$Ga(l)$	865800	-224.917				

WF(气)

温度范围:298 ~ 2000　　相:气

$\Delta H^{\ominus}_{f,298}$:386180　　$S^{\ominus}_{298}$:250.622

函数	r_0	r_1	r_2	r_3	r_4	r_5
C_p	35.438	1.966	-0.326			
$Ha(T)$	374430	35.438	0.983	0.326		
$Sa(T)$	46.291	35.438	1.966	0.163		
$Ga(T)$	374430	-10.853	-35.438	-0.983	0.163	
$Ga(l)$	410080	-296.228				

WF_4

温度范围:298 ~ 800　　相:固

$\Delta H^{\ominus}_{f,298}$: -1046000　　$S^{\ominus}_{298}$:152.716

函数	r_0	r_1	r_2	r_3	r_4	r_5
C_p	83.680	20.920				
$Ha(T)$	-1071900	83.680	10.460			
$Sa(T)$	-330.296	83.680	20.920			
$Ga(T)$	-1071900	413.976	-83.680	-10.460		
$Ga(l)$	-1025600	-207.229				

温度范围:800 ~ 895　　相:液

$\Delta H^{\ominus}_{tr}$:29290　　$\Delta S^{\ominus}_{tr}$:36.612

函数	r_0	r_1	r_2	r_3	r_4	r_5
C_p	133.051	58.576				
$Ha(T)$	-1094100	133.051	29.288			
$Sa(T)$	-653.834	133.051	58.576			
$Ga(T)$	-1094100	786.885	-133.051	-29.288		
$Ga(l)$	-960420	-292.880				

温度范围:895 ~ 1500　相:气

$\Delta H_{tr}^{\ominus}$:87860　$\Delta S_{tr}^{\ominus}$:98.168

函数	r_0	r_1	r_2	r_3	r_4	r_5
C_p	175.728					
$Ha(T)$	-1021000	175.728				
$Sa(T)$	-793.309	175.728				
$Ga(T)$	-1021000	969.037	-175.728			
$Ga(l)$	-814190	-451.110				

WF_5

温度范围:298 ~ 380　相:固

$\Delta H_{f,298}^{\ominus}$: -1171500　$S_{298}^{\ominus}$:246.856

函数	r_0	r_1	r_2	r_3	r_4	r_5
C_p	83.680	41.840				
$Ha(T)$	-1198300	83.680	20.920			
$Sa(T)$	-242.393	83.680	41.840			
$Ga(T)$	-1198300	326.073	-83.680	-20.920		
$Ga(l)$	-1167600	-259.160				

温度范围:380 ~ 520　相:液

$\Delta H_{tr}^{\ominus}$:18830　$\Delta S_{tr}^{\ominus}$:49.553

函数	r_0	r_1	r_2	r_3	r_4	r_5
C_p	142.256	8.368	-3.347			
$Ha(T)$	-1208100	142.256	4.184	3.347		
$Sa(T)$	-539.662	142.256	8.368	1.674		
$Ga(T)$	-1208100	681.918	-142.256	-4.184	1.674	
$Ga(l)$	-1136200	-341.217				

温度范围:520 ~ 1500　相:气

$\Delta H_{tr}^{\ominus}$:48120　$\Delta S_{tr}^{\ominus}$:92.538

函数	r_0	r_1	r_2	r_3	r_4	r_5
C_p	81.170	46.861				
$Ha(T)$	-1127000	81.170	23.431			
$Sa(T)$	-78.930	81.170	46.861			
$Ga(T)$	-1127000	160.100	-81.170	-23.431		
$Ga(l)$	-1028300	-527.893				

WF_6(气)

温度范围:298 ~ 2000　相:气

$\Delta H_{f,298}^{\ominus}$: -1721700　$S_{298}^{\ominus}$:340.996

函数	r_0	r_1	r_2	r_3	r_4	r_5
C_p	152.632	2.761	-3.142			
$Ha(T)$	-1777900	152.632	1.381	3.142		
$Sa(T)$	-547.136	152.632	2.761	1.571		
$Ga(T)$	-1777900	699.768	-152.632	-1.381	1.571	
$Ga(l)$	-1625300	-523.817				

WCl(气)

温度范围:298 ~ 2000　　相:气

$\Delta H^{\ominus}_{f,298}$:553130　　$S^{\ominus}_{298}$:261.918

函数	r_0	r_1	r_2	r_3	r_4	r_5
C_p	36.233	1.590	-0.163			
$Ha(T)$	541710	36.233	0.795	0.163		
$Sa(T)$	54.086	36.233	1.590	0.082		
$Ga(T)$	541710	-17.853	-36.233	-0.795	0.082	
$Ga(l)$	577720	-309.047				

WCl_2

温度范围:298 ~ 862　　相:固

$\Delta H^{\ominus}_{f,298}$: -257320　　$S^{\ominus}_{298}$:130.541

函数	r_0	r_1	r_2	r_3	r_4	r_5
C_p	71.295	21.924				
$Ha(T)$	-279550	71.295	10.962			
$Sa(T)$	-282.206	71.295	21.924			
$Ga(T)$	-279550	353.501	-71.295	-10.962		
$Ga(l)$	-237500	-182.395				

WCl_2(气)

温度范围:298 ~ 2000　　相:气

$\Delta H^{\ominus}_{f,298}$: -12550　　$S^{\ominus}_{298}$:309.616

函数	r_0	r_1	r_2	r_3	r_4	r_5
C_p	58.158	4.519	-0.100			
$Ha(T)$	-30430	58.158	2.260	0.100		
$Sa(T)$	-23.655	58.158	4.519	0.050		
$Ga(T)$	-30430	81.813	-58.158	-2.260	0.050	
$Ga(l)$	28230	-387.750				

WCl_4

温度范围:298 ~ 771　　相:固

$\Delta H^{\ominus}_{f,298}$: -443090　　$S^{\ominus}_{298}$:198.322

函数	r_0	r_1	r_2	r_3	r_4	r_5
C_p	106.483	77.864	0.130	-18.619		
$Ha(T)$	-477700	106.483	38.932	-0.130	-6.206	
$Sa(T)$	-430.032	106.483	77.864	-0.065	-9.310	
$Ga(T)$	-477700	536.515	-106.483	-38.932	-0.065	3.103
$Ga(l)$	-414610	-275.262				

WCl_4(气)

温度范围:298 ~ 2000　　相:气

$\Delta H^{\ominus}_{f,298}$: -335980　　$S^{\ominus}_{298}$:379.070

函数	r_0	r_1	r_2	r_3	r_4	r_5
C_p	107.403	0.460	-0.778			
$Ha(T)$	-370630	107.403	0.230	0.778		
$Sa(T)$	-237.382	107.403	0.460	0.389		
$Ga(T)$	-370630	344.785	-107.403	-0.230	0.389	
$Ga(l)$	-265820	-513.668				

WCl_5

温度范围:298 ~526 相:固

$\Delta H^{\ominus}_{f,298}$: -512960 $S^{\ominus}_{298}$:217. 568

函数	r_0	r_1	r_2	r_3	r_4	r_5
C_p	124. 432	109. 914	-0. 142			
$Ha(T)$	-555420	124. 432	54. 957	0. 142		
$Sa(T)$	-524. 965	124. 432	109. 914	0. 071		
$Ga(T)$	-555420	649. 397	-124. 432	-54. 957	0. 071	
$Ga(l)$	-495750	-269. 027				

温度范围:526 ~561 相:液

$\Delta H^{\ominus}_{tr}$:20590 $\Delta S^{\ominus}_{tr}$:39. 144

函数	r_0	r_1	r_2	r_3	r_4	r_5
C_p	182. 004					
$Ha(T)$	-549640	182. 004				
$Sa(T)$	-788. 455	182. 004				
$Ga(T)$	-549640	970. 459	-182. 004			
$Ga(l)$	-450750	-357. 783				

WCl_5(气)

温度范围:298 ~2000 相:气

$\Delta H^{\ominus}_{f,298}$: -412540 $S^{\ominus}_{298}$:405. 430

函数	r_0	r_1	r_2	r_3	r_4	r_5
C_p	131. 378	1. 423	-1. 029			
$Ha(T)$	-455220	131. 378	0. 712	1. 029		
$Sa(T)$	-349. 321	131. 378	1. 423	0. 515		
$Ga(T)$	-455220	480. 699	-131. 378	-0. 712	0. 515	
$Ga(l)$	-326460	-570. 416				

$(WCl_5)_2$(气)

温度范围:298 ~2000 相:气

$\Delta H^{\ominus}_{f,298}$: -868600 $S^{\ominus}_{298}$:713. 6

函数	r_0	r_1	r_2	r_3	r_4	r_5
C_p	281. 71	0. 52	-1. 65			
$Ha(T)$	-958150	281. 710	0. 260	1. 650		
$Sa(T)$	-900. 906	281. 710	0. 520	0. 825		
$Ga(T)$	-958150	1182. 616	-281. 710	-0. 260	0. 825	
$Ga(l)$	-684090	-1068. 022				

WCl_6

温度范围:298 ~450 相:固(α_1)

$\Delta H^{\ominus}_{f,298}$: -593710 $S^{\ominus}_{298}$:238. 488

函数	r_0	r_1	r_2	r_3	r_4	r_5
C_p	125. 562	167. 234				
$Ha(T)$	-638580	125. 562	83. 617			
$Sa(T)$	-526. 774	125. 562	167. 234			
$Ga(T)$	-638580	652. 336	-125. 562	-83. 617		
$Ga(l)$	-580590	-279. 145				

温度范围:450 ~ 503　　相:固(α_2)
$\Delta H_{tr}^{\ominus}$:4184　　$\Delta S_{tr}^{\ominus}$:9.298

函数	r_0	r_1	r_2	r_3	r_4	r_5
C_p	209.200					
$Ha(T)$	-655100	209.200				
$Sa(T)$	-953.187	209.200				
$Ga(T)$	-655100	1162.387	-209.200			
$Ga(l)$	-555530	-336.702				

温度范围:503 ~ 555　　相:固(β)
$\Delta H_{tr}^{\ominus}$:15770　　$\Delta S_{tr}^{\ominus}$:31.352

函数	r_0	r_1	r_2	r_3	r_4	r_5
C_p	188.280					
$Ha(T)$	-628810	188.280				
$Sa(T)$	-791.700	188.280				
$Ga(T)$	-628810	979.980	-188.280			
$Ga(l)$	-529220	-389.050				

温度范围:555 ~ 614　　相:液
$\Delta H_{tr}^{\ominus}$:6694　　$\Delta S_{tr}^{\ominus}$:12.061

函数	r_0	r_1	r_2	r_3	r_4	r_5
C_p	200.832					
$Ha(T)$	-629080	200.832				
$Sa(T)$	-858.954	200.832				
$Ga(T)$	-629080	1059.786	-200.832			
$Ga(l)$	-511680	-420.599				

WCl_6(气)

温度范围:298 ~ 2000　　相:气
$\Delta H_{f,298}^{\ominus}$: -493710　　$S_{298}^{\ominus}$:419.237

函数	r_0	r_1	r_2	r_3	r_4	r_5
C_p	157.528	0.167	-1.222			
$Ha(T)$	-544780	157.528	0.084	1.222		
$Sa(T)$	-485.217	157.528	0.167	0.611		
$Ga(T)$	-544780	642.745	-157.528	-0.084	0.611	
$Ga(l)$	-391230	-615.812				

WBr(气)

温度范围:298 ~ 2500　　相:气
$\Delta H_{f,298}^{\ominus}$:586200　　$S_{298}^{\ominus}$:272.6

函数	r_0	r_1	r_2	r_3	r_4	r_5
C_p	36.66	1.31	-0.09			
$Ha(T)$	574910	36.660	0.655	0.090		
$Sa(T)$	62.829	36.660	1.310	0.045		
$Ga(T)$	574910	-26.169	-36.660	-0.655	0.045	
$Ga(l)$	617880	-327.578				

WBr_5

温度范围:298 ~559　　相:固

$\Delta H^{\ominus}_{f,298}$: -311710　　$S^{\ominus}_{298}$:271. 960

函数	r_0	r_1	r_2	r_3	r_4	r_5
C_p	125. 478	100. 458				
$Ha(T)$	-353590	125. 478	50. 229			
$Sa(T)$	-472. 915	125. 478	100. 458			
$Ga(T)$	-353590	598. 393	-125. 478	-50. 229		
$Ga(l)$	-292210	-329. 405				

温度范围:559 ~634　　相:液

$\Delta H^{\ominus}_{tr}$:17150　　$\Delta S^{\ominus}_{tr}$:30. 680

函数	r_0	r_1	r_2	r_3	r_4	r_5
C_p	182. 004					
$Ha(T)$	-352340	182. 004				
$Sa(T)$	-743. 671	182. 004				
$Ga(T)$	-352340	925. 675	-182. 004			
$Ga(l)$	-243880	-419. 465				

WBr_5(气)

温度范围:298 ~2000　　相:气

$\Delta H^{\ominus}_{f,298}$: -199160　　$S^{\ominus}_{298}$:461. 495

函数	r_0	r_1	r_2	r_3	r_4	r_5
C_p	133. 344		-0. 561			
$Ha(T)$	-240800	133. 344		0. 561		
$Sa(T)$	-301. 401	133. 344		0. 281		
$Ga(T)$	-240800	434. 745	-133. 344		0. 281	
$Ga(l)$	-111480	-630. 154				

WBr_6

温度范围:298 ~582　　相:固

$\Delta H^{\ominus}_{f,298}$: -343090　　$S^{\ominus}_{298}$:313. 800

函数	r_0	r_1	r_2	r_3	r_4	r_5
C_p	148. 909	108. 826				
$Ha(T)$	-392320	148. 909	54. 413			
$Sa(T)$	-567. 070	148. 909	108. 826			
$Ga(T)$	-392320	715. 979	-148. 909	-54. 413		
$Ga(l)$	-318470	-385. 637				

WBr_6(气)

温度范围:298 ~2000　　相:气

$\Delta H^{\ominus}_{f,298}$: -243090　　$S^{\ominus}_{298}$:482. 415

函数	r_0	r_1	r_2	r_3	r_4	r_5
C_p	157. 946		-0. 586			
$Ha(T)$	-292150	157. 946		0. 586		
$Sa(T)$	-420. 794	157. 946		0. 293		
$Ga(T)$	-292150	578. 740	-157. 946		0. 293	
$Ga(l)$	-139070	-682. 587				

WO(气)

温度范围:298 ~ 2000　　相:气

$\Delta H^{\ominus}_{f,298}$:425090　　$S^{\ominus}_{298}$:245.601

函数	r_0	r_1	r_2	r_3	r_4	r_5
C_p	34.895	1.423	-0.456			
$Ha(T)$	413090	34.895	0.712	0.456		
$Sa(T)$	43.794	34.895	1.423	0.228		
$Ga(T)$	413090	-8.899	-34.895	-0.712	0.228	
$Ga(l)$	448090	-289.392				

WO_2

温度范围:298 ~ 2000　　相:固

$\Delta H^{\ominus}_{f,298}$: -589690　　$S^{\ominus}_{298}$:50.543

函数	r_0	r_1	r_2	r_3	r_4	r_5
C_p	77.404	-6.987	-1.849	8.870		
$Ha(T)$	-618740	77.404	-3.494	1.849	2.957	
$Sa(T)$	-399.185	77.404	-6.987	0.925	4.435	
$Ga(T)$	-618740	476.589	-77.404	3.494	0.925	-1.478
$Ga(l)$	-541560	-140.937				

WO_2(气)

温度范围:298 ~ 2000　　相:气

$\Delta H^{\ominus}_{f,298}$:76570　　$S^{\ominus}_{298}$:285.349

函数	r_0	r_1	r_2	r_3	r_4	r_5
C_p	49.078	10.000	-0.728	-2.887		
$Ha(T)$	59080	49.078	5.000	0.728	-0.962	
$Sa(T)$	-1.226	49.078	10.000	0.364	-1.444	
$Ga(T)$	59080	50.304	-49.078	-5.000	0.364	0.481
$Ga(l)$	111410	-351.322				

$WO_{2.72}$

温度范围:298 ~ 2000　　相:固

$\Delta H^{\ominus}_{f,298}$: -781150　　$S^{\ominus}_{298}$:68.408

函数	r_0	r_1	r_2	r_3	r_4	r_5
C_p	84.475	12.175	-1.808			
$Ha(T)$	-812940	84.475	6.088	1.808		
$Sa(T)$	-426.696	84.475	12.175	0.904		
$Ga(T)$	-812940	511.171	-84.475	-6.088	0.904	
$Ga(l)$	-722650	-178.303				

$WO_{2.90}$

温度范围:298 ~ 2000　　相:固

$\Delta H^{\ominus}_{f,298}$: -820060　　$S^{\ominus}_{298}$:73.387

函数	r_0	r_1	r_2	r_3	r_4	r_5
C_p	89.287	11.506	-1.954			
$Ha(T)$	-853750	89.287	5.753	1.954		
$Sa(T)$	-449.756	89.287	11.506	0.977		
$Ga(T)$	-853750	539.043	-89.287	-5.753	0.977	
$Ga(l)$	-758990	-188.167				

$WO_{2.96}$

温度范围:298 ~ 2000　　相:固

$\Delta H^{\ominus}_{f,298}$: -834960　　$S^{\ominus}_{298}$:74.894

函数	r_0	r_1	r_2	r_3	r_4	r_5
C_p	90.835	11.506	-2.004			
$Ha(T)$	-869280	90.835	5.753	2.004		
$Sa(T)$	-457.350	90.835	11.506	1.002		
$Ga(T)$	-869280	548.185	-90.835	-5.753	1.002	
$Ga(l)$	-772970	-191.413				

WO_3

温度范围:298 ~ 1050　　相:固(α_1)

$\Delta H^{\ominus}_{f,298}$: -842910　　$S^{\ominus}_{298}$:75.898

函数	r_0	r_1	r_2	r_3	r_4	r_5
C_p	87.655	16.150	-1.749			
$Ha(T)$	-875630	87.655	8.075	1.749		
$Sa(T)$	-438.178	87.655	16.150	0.875		
$Ga(T)$	-875630	525.833	-87.655	-8.075	0.875	
$Ga(l)$	-815320	-143.093				

温度范围:1050 ~ 1745　　相:固(α_2)

$\Delta H^{\ominus}_{tr}$:1464　　$\Delta S^{\ominus}_{tr}$:1.394

函数	r_0	r_1	r_2	r_3	r_4	r_5
C_p	80.919	16.359				
$Ha(T)$	-865540	80.919	8.180			
$Sa(T)$	-389.350	80.919	16.359			
$Ga(T)$	-865540	470.269	-80.919	-8.180		
$Ga(l)$	-738690	-219.058				

温度范围:1745 ~ 2110　　相:液

$\Delta H^{\ominus}_{tr}$:73430　　$\Delta S^{\ominus}_{tr}$:42.080

函数	r_0	r_1	r_2	r_3	r_4	r_5
C_p	131.796					
$Ha(T)$	-855980	131.796				
$Sa(T)$	-698.495	131.796				
$Ga(T)$	-855980	830.291	-131.796			
$Ga(l)$	-602570	-298.281				

WO_3(气)

温度范围:298 ~ 2115　　相:气

$\Delta H^{\ominus}_{f,298}$: -292900　　$S^{\ominus}_{298}$:286.4

函数	r_0	r_1	r_2	r_3	r_4	r_5
C_p	77.51	2.94	-1.59			
$Ha(T)$	-321470	77.510	1.470	1.590		
$Sa(T)$	-165.041	77.510	2.940	0.795		
$Ga(T)$	-321470	242.551	-77.510	-1.470	0.795	
$Ga(l)$	-239890	-384.268				

$(WO_3)_2$(气)

温度范围:298 ~ 3000　　相:气

$\Delta H^{\ominus}_{f,298}$: −1164000　　$S^{\ominus}_{298}$:415. 471

函数	r_0	r_1	r_2	r_3	r_4	r_5
C_p	181. 376	0. 586	−2. 527			
$Ha(T)$	−1226600	181. 376	0. 293	2. 527		
$Sa(T)$	−632. 325	181. 376	0. 586	1. 264		
$Ga(T)$	−1226600	813. 701	−181. 376	−0. 293	1. 264	
$Ga(l)$	−984750	−698. 532				

$(WO_3)_3$(气)

温度范围:298 ~ 2115　　相:气

$\Delta H^{\ominus}_{f,298}$: −2023400　　$S^{\ominus}_{298}$:504. 7

函数	r_0	r_1	r_2	r_3	r_4	r_5
C_p	274. 48	4. 23	−4. 81			
$Ha(T)$	−2121600	274. 480	2. 115	4. 810		
$Sa(T)$	−1087. 492	274. 480	4. 230	2. 405		
$Ga(T)$	−2121600	1361. 972	−274. 480	−2. 115	2. 405	
$Ga(l)$	−1837300	−849. 823				

$(WO_3)_4$(气)

温度范围:298 ~ 2115　　相:气

$\Delta H^{\ominus}_{f,298}$: −2804100　　$S^{\ominus}_{298}$:605. 3

函数	r_0	r_1	r_2	r_3	r_4	r_5
C_p	371. 96	5. 02	−5. 89			
$Ha(T)$	−2935000	371. 960	2. 510	5. 890		
$Sa(T)$	−1548. 604	371. 960	5. 020	2. 945		
$Ga(T)$	−2935000	1920. 564	−371. 960	−2. 510	2. 945	
$Ga(l)$	−2550900	−1075. 536				

W_3O_8(气)

温度范围:298 ~ 2115　　相:气

$\Delta H^{\ominus}_{f,298}$: −1710000　　$S^{\ominus}_{298}$:494

函数	r_0	r_1	r_2	r_3	r_4	r_5
C_p	250	3. 99	−4. 11			
$Ha(T)$	−1798500	250. 000	1. 995	4. 110		
$Sa(T)$	−954. 706	250. 000	3. 990	2. 055		
$Ga(T)$	−1798500	1204. 706	−250. 000	−1. 995	2. 055	
$Ga(l)$	−1539800	−809. 844				

WOF_4

温度范围:298 ~ 379　　相:固

$\Delta H^{\ominus}_{f,298}$: −1486900　　$S^{\ominus}_{298}$:175. 728

函数	r_0	r_1	r_2	r_3	r_4	r_5
C_p	71. 379	190. 623	0. 477			
$Ha(T)$	−1515100	71. 379	95. 312	−0. 477		
$Sa(T)$	−285. 112	71. 379	190. 623	−0. 239		
$Ga(T)$	−1515100	356. 491	−71. 379	−95. 312	−0. 239	
$Ga(l)$	−1481500	−192. 970				

温度范围:379 ~ 460 相:液

$\Delta H_{tr}^{\ominus}$:5104 $\Delta S_{tr}^{\ominus}$:13.467

函数	r_0	r_1	r_2	r_3	r_4	r_5
C_p	182.004					
$Ha(T)$	-1539400	182.004				
$Sa(T)$	-857.899	182.004				
$Ga(T)$	-1539400	1039.903	-182.004			
$Ga(l)$	-1463300	-241.060				

WOF_4(气)

温度范围:298 ~ 2000 相:气

$\Delta H_{f,298}^{\ominus}$: -1415900 $S_{298}^{\ominus}$:336.394

函数	r_0	r_1	r_2	r_3	r_4	r_5
C_p	111.169	24.142	-2.368	-7.029		
$Ha(T)$	-1458000	111.169	12.071	2.368	-2.343	
$Sa(T)$	-317.207	111.169	24.142	1.184	-3.515	
$Ga(T)$	-1458000	428.376	-111.169	-12.071	1.184	1.171
$Ga(l)$	-1338000	-483.145				

WO_2Cl_2

温度范围:298 ~ 642 相:固

$\Delta H_{f,298}^{\ominus}$: -780320 $S_{298}^{\ominus}$:200.832

函数	r_0	r_1	r_2	r_3	r_4	r_5
C_p	79.496	94.098	-0.285			
$Ha(T)$	-809160	79.496	47.049	0.285		
$Sa(T)$	-281.763	79.496	94.098	0.143		
$Ga(T)$	-809160	361.259	-79.496	-47.049	0.143	
$Ga(l)$	-762570	-251.208				

WO_2Cl_2(气)

温度范围:298 ~ 2000 相:气

$\Delta H_{f,298}^{\ominus}$: -671530 $S_{298}^{\ominus}$:353.966

函数	r_0	r_1	r_2	r_3	r_4	r_5
C_p	103.554	2.301	-1.573			
$Ha(T)$	-707780	103.554	1.151	1.573		
$Sa(T)$	-245.577	103.554	2.301	0.787		
$Ga(T)$	-707780	349.131	-103.554	-1.151	0.787	
$Ga(l)$	-604710	-481.179				

$WOCl_4$

温度范围:298 ~ 484 相:固

$\Delta H_{f,298}^{\ominus}$: -671110 $S_{298}^{\ominus}$:172.799

函数	r_0	r_1	r_2	r_3	r_4	r_5
C_p	114.976	104.684				
$Ha(T)$	-710040	114.976	52.342			
$Sa(T)$	-513.499	114.976	104.684			
$Ga(T)$	-710040	628.475	-114.976	-52.342		
$Ga(l)$	-657910	-213.057				

温度范围:484 ~493　　相:液

$\Delta H^{\ominus}_{tr}$:45400　　$\Delta S^{\ominus}_{tr}$:93.802

函数	r_0	r_1	r_2	r_3	r_4	r_5
C_p	182.004					
$Ha(T)$	-684820	182.004				
$Sa(T)$	-783.403	182.004				
$Ga(T)$	-684820	965.407	-182.004			
$Ga(l)$	-596190	-342.880				

$WOCl_4$(气)

温度范围:298 ~2000　　相:气

$\Delta H^{\ominus}_{f,298}$:573210　　$S^{\ominus}_{298}$:376.978

函数	r_0	r_1	r_2	r_3	r_4	r_5
C_p	127.863	2.594	-2.067			
$Ha(T)$	528040	127.863	1.297	2.067		
$Sa(T)$	-363.934	127.863	2.594	1.034		
$Ga(T)$	528040	491.797	-127.863	-1.297	1.034	
$Ga(l)$	655330	-533.214				

WO_2I_2(气)

温度范围:298 ~1000　　相:气

$\Delta H^{\ominus}_{f,298}$: -430120　　$S^{\ominus}_{298}$:376.978

函数	r_0	r_1	r_2	r_3	r_4	r_5
C_p	102.550	4.602	-1.059			
$Ha(T)$	-464450	102.550	2.301	1.059		
$Sa(T)$	-214.639	102.550	4.602	0.530		
$Ga(T)$	-464450	317.189	-102.550	-2.301	0.530	
$Ga(l)$	-400530	-450.744				

WS_2

温度范围:298 ~2073　　相:固

$\Delta H^{\ominus}_{f,298}$: -259400　　$S^{\ominus}_{298}$:64.9

函数	r_0	r_1	r_2	r_3	r_4	r_5
C_p	68.63	15.61	-0.87			
$Ha(T)$	-283470	68.630	7.805	0.870		
$Sa(T)$	-335.674	68.630	15.610	0.435		
$Ga(T)$	-283470	404.304	-68.630	-7.805	0.435	
$Ga(l)$	-205510	-164.644				

WC

温度范围:298 ~2500　　相:固

$\Delta H^{\ominus}_{f,298}$: -40040　　$S^{\ominus}_{298}$:32.384

函数	r_0	r_1	r_2	r_3	r_4	r_5
C_p	43.346	8.619	-0.929	-1.004		
$Ha(T)$	-56450	43.346	4.310	0.929	-0.335	
$Sa(T)$	-222.335	43.346	8.619	0.465	-0.502	
$Ga(T)$	-56450	265.681	-43.346	-4.310	0.465	0.167
$Ga(l)$	-66	-99.843				

W_2C

温度范围:298 ~ 3068　　相:固

$\Delta H^{\ominus}_{f,298}$: −26360　　$S^{\ominus}_{298}$:79.969

函数	r_0	r_1	r_2	r_3	r_4	r_5
C_p	89.747	10.878	−1.456			
$Ha(T)$	−58490	89.747	5.439	1.456		
$Sa(T)$	−442.806	89.747	10.878	0.728		
$Ga(T)$	−58490	532.553	−89.747	−5.439	0.728	
$Ga(l)$	75100	−235.353				

$W(CO)_6$

温度范围:298 ~ 451　　相:固

$\Delta H^{\ominus}_{f,298}$: −951900　　$S^{\ominus}_{298}$:332.2

函数	r_0	r_1	r_2	r_3	r_4	r_5
C_p	164.6	261.92				
$Ha(T)$	−1012600	164.600	130.960			
$Sa(T)$	−683.716	164.600	261.920			
$Ga(T)$	−1012600	848.316	−164.600	−130.960		
$Ga(l)$	−933530	−389.076				

$W(CO)_6$(气)

温度范围:298 ~ 800　　相:气

$\Delta H^{\ominus}_{f,298}$: −876400　　$S^{\ominus}_{298}$:501.4

函数	r_0	r_1	r_2	r_3	r_4	r_5
C_p	294.32	21.46	−8.16			
$Ha(T)$	−992470	294.320	10.730	8.160		
$Sa(T)$	−1227.813	294.320	21.460	4.080		
$Ga(T)$	−992470	1522.133	−294.320	−10.730	4.080	
$Ga(l)$	−820600	−649.693				

WSi_2

温度范围:298 ~ 2200　　相:固

$\Delta H^{\ominus}_{f,298}$: −92750　　$S^{\ominus}_{298}$:64.015

函数	r_0	r_1	r_2	r_3	r_4	r_5
C_p	67.831	11.042	−0.609			
$Ha(T)$	−115510	67.831	5.521	0.609		
$Sa(T)$	−329.176	67.831	11.042	0.305		
$Ga(T)$	−115510	397.007	−67.831	−5.521	0.305	
$Ga(l)$	−37590	−164.009				

W_5Si_3

温度范围:298 ~ 2200　　相:固

$\Delta H^{\ominus}_{f,298}$: −134560　　$S^{\ominus}_{298}$:247.274

函数	r_0	r_1	r_2	r_3	r_4	r_5
C_p	179.678	39.200	−0.888			
$Ha(T)$	−192850	179.678	19.600	0.888		
$Sa(T)$	−793.141	179.678	39.200	0.444		
$Ga(T)$	−192850	972.819	−179.678	−19.600	0.444	
$Ga(l)$	18960	−525.315				

WB

温度范围:298 ~ 1500　　相:固

$\Delta H^{\ominus}_{f,298}$: −66100　　$S^{\ominus}_{298}$:33.1

函数	r_0	r_1	r_2	r_3	r_4	r_5
C_p	50.42	3.1	−1.57			
$Ha(T)$	−86540	50.420	1.550	1.570		
$Sa(T)$	−263.928	50.420	3.100	0.785		
$Ga(T)$	−86540	314.348	−50.420	−1.550	0.785	
$Ga(l)$	−43670	−80.631				

W_2B

温度范围:298 ~ 1500　　相:固

$\Delta H^{\ominus}_{f,298}$: −66900　　$S^{\ominus}_{298}$:66.9

函数	r_0	r_1	r_2	r_3	r_4	r_5
C_p	77.11	6.15	−1.31			
$Ha(T)$	−94560	77.110	3.075	1.310		
$Sa(T)$	−381.644	77.110	6.150	0.655		
$Ga(T)$	−94560	458.754	−77.110	−3.075	0.655	
$Ga(l)$	−30100	−145.629				

Y(1)

温度范围:298 ~ 500　　相:固(α)

$\Delta H^{\ominus}_{f,298}$:0　　$S^{\ominus}_{298}$:44.434

函数	r_0	r_1	r_2	r_3	r_4	r_5
C_p	24.602	6.422				
$Ha(T)$	−7621	24.602	3.211			
$Sa(T)$	−97.653	24.602	6.422			
$Ga(T)$	−7621	122.255	−24.602	−3.211		
$Ga(l)$	2529	−52.095				

温度范围:500 ~ 1752　　相:固(α)

$\Delta H^{\ominus}_{tr}$:—　　$\Delta S^{\ominus}_{tr}$:—

函数	r_0	r_1	r_2	r_3	r_4	r_5
C_p	23.962	7.598				
$Ha(T)$	−7448	23.962	3.799			
$Sa(T)$	−94.264	23.962	7.598			
$Ga(T)$	−7448	118.226	−23.962	−3.799		
$Ga(l)$	21520	−81.863				

温度范围:1752 ~ 1799　　相:固(β)

$\Delta H^{\ominus}_{tr}$:4992　　$\Delta S^{\ominus}_{tr}$:2.849

函数	r_0	r_1	r_2	r_3	r_4	r_5
C_p	35.020					
$Ha(T)$	−10170	35.020				
$Sa(T)$	−160.689	35.020				
$Ga(T)$	−10170	195.709	−35.020			
$Ga(l)$	51770	−101.190				

温度范围:1799 ~ 3000　　相:液

$\Delta H^\ominus_{tr}$:11400　　$\Delta S^\ominus_{tr}$:6. 337

函数	r_0	r_1	r_2	r_3	r_4	r_5
C_p	39. 790					
$Ha(T)$	-7349	39. 790				
$Sa(T)$	-190. 104	39. 790				
$Ga(T)$	-7349	229. 894	-39. 790			
$Ga(l)$	86520	-119. 329				

Y(2)

温度范围:298 ~ 1752　　相:固(α)

$\Delta H^\ominus_{f,298}$:0　　$S^\ominus_{298}$:44. 4

函数	r_0	r_1	r_2	r_3	r_4	r_5
C_p	23. 39	7. 95	0. 12			
$Ha(T)$	-6925	23. 390	3. 975	-0. 120		
$Sa(T)$	-90. 562	23. 390	7. 950	-0. 060		
$Ga(T)$	-6925	113. 952	-23. 390	-3. 975	-0. 060	
$Ga(l)$	16870	-78. 320				

Y(气)

温度范围:298 ~ 2000　　相:气

$\Delta H^\ominus_{f,298}$:424700　　$S^\ominus_{298}$:179. 5

函数	r_0	r_1	r_2	r_3	r_4	r_5
C_p	27. 18	-7. 87	0. 08	2. 63		
$Ha(T)$	417190	27. 180	-3. 935	-0. 080	0. 877	
$Sa(T)$	27. 319	27. 180	-7. 870	-0. 040	1. 315	
$Ga(T)$	417190	-0. 139	-27. 180	3. 935	-0. 040	-0. 438
$Ga(l)$	440250	-209. 970				

YH_2

温度范围:298 ~ 900　　相:固

$\Delta H^\ominus_{f,298}$: -221800　　$S^\ominus_{298}$:38. 4

函数	r_0	r_1	r_2	r_3	r_4	r_5
C_p	32. 8	21. 26	-0. 42			
$Ha(T)$	-233930	32. 800	10. 630	0. 420		
$Sa(T)$	-157. 182	32. 800	21. 260	0. 210		
$Ga(T)$	-233930	189. 982	-32. 800	-10. 630	0. 210	
$Ga(l)$	-211360	-65. 140				

YH_3

温度范围:298 ~ 686　　相:固

$\Delta H^\ominus_{f,298}$: -265700　　$S^\ominus_{298}$:41. 9

函数	r_0	r_1	r_2	r_3	r_4	r_5
C_p	38. 74	15. 48				
$Ha(T)$	-277940	38. 740	7. 740			
$Sa(T)$	-183. 440	38. 740	15. 480			
$Ga(T)$	-277940	222. 180	-38. 740	-7. 740		
$Ga(l)$	-257910	-63. 689				

YF(气)

温度范围:298 ~ 2000　　相:气

$\Delta H^{\ominus}_{f,298}$: −138000　　$S^{\ominus}_{298}$:231.8

函数	r_0	r_1	r_2	r_3	r_4	r_5
C_p	37.28	0.44	−0.77			
$Ha(T)$	−151720	37.280	0.220	0.770		
$Sa(T)$	14.931	37.280	0.440	0.385		
$Ga(T)$	−151720	22.349	−37.280	−0.220	0.385	
$Ga(l)$	−114570	−276.241				

YF_3

温度范围:298 ~ 1350　　相:固(α)

$\Delta H^{\ominus}_{f,298}$: −1718400　　$S^{\ominus}_{298}$:109.621

函数	r_0	r_1	r_2	r_3	r_4	r_5
C_p	99.412	7.427	−0.569			
$Ha(T)$	−1750300	99.412	3.714	0.569		
$Sa(T)$	−462.203	99.412	7.427	0.285		
$Ga(T)$	−1750300	561.615	−99.412	−3.714	0.285	
$Ga(l)$	−1674800	−207.491				

温度范围:1350 ~ 1428　　相:固(β)

$\Delta H^{\ominus}_{tr}$:32430　　$\Delta S^{\ominus}_{tr}$:24.022

函数	r_0	r_1	r_2	r_3	r_4	r_5
C_p	−319.448	212.798	281.792			
$Ha(T)$	−1130400	−319.448	106.399	−281.792		
$Sa(T)$	2381.117	−319.448	212.798	−140.896		
$Ga(T)$	−1130400	−2700.565	319.448	−106.399	−140.896	
$Ga(l)$	−1572400	−291.561				

温度范围:1428 ~ 1900　　相:液

$\Delta H^{\ominus}_{tr}$:27970　　$\Delta S^{\ominus}_{tr}$:19.587

函数	r_0	r_1	r_2	r_3	r_4	r_5
C_p	133.721	−0.025	−0.048			
$Ha(T)$	−1729900	133.721	−0.013	0.048		
$Sa(T)$	−656.324	133.721	−0.025	0.024		
$Ga(T)$	−1729900	790.045	−133.721	0.013	0.024	
$Ga(l)$	−1508600	−335.182				

YF_3(气)

温度范围:298 ~ 2000　　相:气

$\Delta H^{\ominus}_{f,298}$: −1288700　　$S^{\ominus}_{298}$:311.8

函数	r_0	r_1	r_2	r_3	r_4	r_5
C_p	85.52		−1.34			
$Ha(T)$	−1318700	85.520		1.340		
$Sa(T)$	−182.996	85.520		0.670		
$Ga(T)$	−1318700	268.516	−85.520		0.670	
$Ga(l)$	−1234500	−415.036				

YCl(气)

温度范围:298 ~ 2000　　相:气

$\Delta H^{\ominus}_{f,298}$:200000　　$S^{\ominus}_{298}$:244.2

函数	r_0	r_1	r_2	r_3	r_4	r_5
C_p	37.38	0.46	-0.31			
$Ha(T)$	187790	37.380	0.230	0.310		
$Sa(T)$	29.343	37.380	0.460	0.155		
$Ga(T)$	187790	8.037	-37.380	-0.230	0.155	
$Ga(l)$	224480	-291.102				

YCl_3

温度范围:298 ~ 994　　相:固

$\Delta H^{\ominus}_{f,298}$: -973620　　$S^{\ominus}_{298}$:137.654

函数	r_0	r_1	r_2	r_3	r_4	r_5
C_p	104.713	3.222	-1.211			
$Ha(T)$	-1009000	104.713	1.611	1.211		
$Sa(T)$	-466.731	104.713	3.222	0.606		
$Ga(T)$	-1009000	571.444	-104.713	-1.611	0.606	
$Ga(l)$	-944070	-211.463				

温度范围:994 ~ 1783　　相:液

$\Delta H^{\ominus}_{tr}$:31380　　$\Delta S^{\ominus}_{tr}$:31.569

函数	r_0	r_1	r_2	r_3	r_4	r_5
C_p	135.712					
$Ha(T)$	-1005700	135.712				
$Sa(T)$	-645.293	135.712				
$Ga(T)$	-1005700	781.005	-135.712			
$Ga(l)$	-821340	-335.600				

YCl_3(气)

温度范围:298 ~ 2000　　相:气

$\Delta H^{\ominus}_{f,298}$: -698200　　$S^{\ominus}_{298}$:351.5

函数	r_0	r_1	r_2	r_3	r_4	r_5
C_p	83.68		-0.52			
$Ha(T)$	-724890	83.680		0.520		
$Sa(T)$	-128.200	83.680		0.260		
$Ga(T)$	-724890	211.880	-83.680		0.260	
$Ga(l)$	-643530	-456.497				

YI_3

温度范围:298 ~ 1273　　相:固

$\Delta H^{\ominus}_{f,298}$: -616720　　$S^{\ominus}_{298}$:207.108

函数	r_0	r_1	r_2	r_3	r_4	r_5
C_p	100.918	11.506	-0.741			
$Ha(T)$	-649810	100.918	5.753	0.741		
$Sa(T)$	-375.480	100.918	11.506	0.371		
$Ga(T)$	-649810	476.398	-100.918	-5.753	0.371	
$Ga(l)$	-574910	-302.852				

YI_3(气)

温度范围:298 ~ 2000　　相:气

$\Delta H^{\ominus}_{f,298}$: −335300　　$S^{\ominus}_{298}$:413.9

函数	r_0	r_1	r_2	r_3	r_4	r_5
C_p	83.68		−0.52			
$Ha(T)$	−361990	83.680		0.520		
$Sa(T)$	−65.800	83.680		0.260		
$Ga(T)$	−361990	149.480	−83.680		0.260	
$Ga(l)$	−280630	−518.897				

Y_2O_3

温度范围:298 ~ 1330　　相:固(α)

$\Delta H^{\ominus}_{f,298}$: −1905400　　$S^{\ominus}_{298}$:99.161

函数	r_0	r_1	r_2	r_3	r_4	r_5
C_p	123.846	5.021	−2.000			
$Ha(T)$	−1949300	123.846	2.511	2.000		
$Sa(T)$	−619.210	123.846	5.021	1.000		
$Ga(T)$	−1949300	743.056	−123.846	−2.511	1.000	
$Ga(l)$	−1855400	−211.444				

温度范围:1330 ~ 1800　　相:固(β)

$\Delta H^{\ominus}_{tr}$:1297　　$\Delta S^{\ominus}_{tr}$:0.975

函数	r_0	r_1	r_2	r_3	r_4	r_5
C_p	131.796					
$Ha(T)$	−1952600	131.796				
$Sa(T)$	−668.175	131.796				
$Ga(T)$	−1952600	799.971	−131.796			
$Ga(l)$	−1747600	−300.973				

$Y_2O_3 \cdot 2ZrO_2$

温度范围:298 ~ 1500　　相:固

$\Delta H^{\ominus}_{f,298}$: −4122000　　$S^{\ominus}_{298}$:199.995

函数	r_0	r_1	r_2	r_3	r_4	r_5
C_p	263.174	20.083	−4.812			
$Ha(T)$	−4217500	263.174	10.042	4.812		
$Sa(T)$	−1332.518	263.174	20.083	2.406		
$Ga(T)$	−4217500	1595.692	−263.174	−10.042	2.406	
$Ga(l)$	−3997300	−466.528				

YS(气)*

温度范围:298 ~ 2000　　相:气

$\Delta H^{\ominus}_{f,298}$:172400　　$S^{\ominus}_{298}$:***244.9***

函数	r_0	r_1	r_2	r_3	r_4	r_5
C_p	***37.09***	***0.17***	***−0.27***			
$Ha(T)$	160430	37.090	0.085	0.270		
$Sa(T)$	32.007	37.090	0.170	0.135		
$Ga(T)$	160430	5.083	−37.090	−0.085	0.135	
$Ga(l)$	196630	−291.384				

YTe(气)*

温度范围:298 ~ 2000　　相:气

$\Delta H^{\ominus}_{f,298}$:***292900***　　$S^{\ominus}_{298}$:***264.6***

函数	r_0	r_1	r_2	r_3	r_4	r_5
C_p	***37.37***	***0.02***	***-0.12***			
$Ha(T)$	281350	37.370	0.010	0.120		
$Sa(T)$	51.000	37.370	0.020	0.060		
$Ga(T)$	281350	-13.630	-37.370	-0.010	0.060	
$Ga(l)$	317560	-312.072				

YN

温度范围:298 ~ 2200　　相:固

$\Delta H^{\ominus}_{f,298}$:-299160　　$S^{\ominus}_{298}$:37.656

函数	r_0	r_1	r_2	r_3	r_4	r_5
C_p	45.606	6.485	-0.732			
$Ha(T)$	-315500	45.606	3.243	0.732		
$Sa(T)$	-228.239	45.606	6.485	0.366		
$Ga(T)$	-315500	273.845	-45.606	-3.243	0.366	
$Ga(l)$	-263320	-102.347				

YRe_2

温度范围:298 ~ 1500　　相:固

$\Delta H^{\ominus}_{f,298}$:-135770　　$S^{\ominus}_{298}$:110.039

函数	r_0	r_1	r_2	r_3	r_4	r_5
C_p	71.128	18.577	-0.042			
$Ha(T)$	-157940	71.128	9.289	0.042		
$Sa(T)$	-300.995	71.128	18.577	0.021		
$Ga(T)$	-157940	372.123	-71.128	-9.289	0.021	
$Ga(l)$	-95740	-195.965				

Yb(1)

温度范围:298 ~ 553　　相:固(α)

$\Delta H^{\ominus}_{f,298}$:0　　$S^{\ominus}_{298}$:59.831

函数	r_0	r_1	r_2	r_3	r_4	r_5
C_p	-0.435	55.271	0.950			
$Ha(T)$	859	-0.435	27.636	-0.950		
$Sa(T)$	51.174	-0.435	55.271	-0.475		
$Ga(T)$	859	-51.609	0.435	-27.636	-0.475	
$Ga(l)$	3203	-69.293				

温度范围:553 ~ 1033　　相:固(α)

$\Delta H^{\ominus}_{tr}$:—　　$\Delta S^{\ominus}_{tr}$:—

函数	r_0	r_1	r_2	r_3	r_4	r_5
C_p	26.673	5.234				
$Ha(T)$	-8198	26.673	2.617			
$Sa(T)$	-93.906	26.673	5.234			
$Ga(T)$	-8198	120.579	-26.673	-2.617		
$Ga(l)$	14030	-88.060				

温度范围:1033 ~ 1097　　相:固(β)

$\Delta H_{tr}^{\ominus}$:1749　　$\Delta S_{tr}^{\ominus}$:1.693

函数	r_0	r_1	r_2	r_3	r_4	r_5
C_p	36.108					
$Ha(T)$	-13400	36.108				
$Sa(T)$	-152.287	36.108				
$Ga(T)$	-13400	188.395	-36.108			
$Ga(l)$	25030	-99.401				

温度范围:1097 ~ 1467　　相:液

$\Delta H_{tr}^{\ominus}$:7657　　$\Delta S_{tr}^{\ominus}$:6.980

函数	r_0	r_1	r_2	r_3	r_4	r_5
C_p	36.777					
$Ha(T)$	-6480	36.777				
$Sa(T)$	-149.990	36.777				
$Ga(T)$	-6480	186.767	-36.777			
$Ga(l)$	40410	-113.116				

温度范围:1467 ~ 2000　　相:气

$\Delta H_{tr}^{\ominus}$:128830　　$\Delta S_{tr}^{\ominus}$:87.819

函数	r_0	r_1	r_2	r_3	r_4	r_5
C_p	20.786					
$Ha(T)$	145810	20.786				
$Sa(T)$	54.419	20.786				
$Ga(T)$	145810	-33.633	-20.786			
$Ga(l)$	181610	-209.390				

Yb(2)

温度范围:298 ~ 1033　　相:固(α)

$\Delta H_{f,298}^{\ominus}$:0　　$S_{298}^{\ominus}$:59.8

函数	r_0	r_1	r_2	r_3	r_4	r_5
C_p	25.65	6.84				
$Ha(T)$	-7952	25.650	3.420			
$Sa(T)$	-88.383	25.650	6.840			
$Ga(T)$	-7952	114.033	-25.650	-3.420		
$Ga(l)$	9027	-82.072				

Yb(气)

温度范围:298 ~ 2000　　相:气

$\Delta H_{f,298}^{\ominus}$:364010　　$S_{298}^{\ominus}$:173.008

函数	r_0	r_1	r_2	r_3	r_4	r_5
C_p	20.794					
$Ha(T)$	357810	20.794				
$Sa(T)$	54.532	20.794				
$Ga(T)$	357810	-33.738	-20.794			
$Ga(l)$	377870	-199.749				

YbF_3

温度范围:298 ~ 1259　　相:固(α)

$\Delta H^{\ominus}_{f,298}$: -1569800　　$S^{\ominus}_{298}$:117.2

函数	r_0	r_1	r_2	r_3	r_4	r_5
C_p	95.2	16.38	-0.49			
$Ha(T)$	-1600600	95.200	8.190	0.490		
$Sa(T)$	-432.851	95.200	16.380	0.245		
$Ga(T)$	-1600600	528.051	-95.200	-8.190	0.245	
$Ga(l)$	-1529300	-210.253				

YbF_3(气)

温度范围:298 ~ 2000　　相:气

$\Delta H^{\ominus}_{f,298}$: -1173100　　$S^{\ominus}_{298}$:326.8

函数	r_0	r_1	r_2	r_3	r_4	r_5
C_p	81.2	1.14	-0.96			
$Ha(T)$	-1200600	81.200	0.570	0.960		
$Sa(T)$	-141.584	81.200	1.140	0.480		
$Ga(T)$	-1200600	222.784	-81.200	-0.570	0.480	
$Ga(l)$	-1120500	-427.363				

$YbCl_2$

温度范围:298 ~ 1000　　相:固

$\Delta H^{\ominus}_{f,298}$: -799560　　$S^{\ominus}_{298}$:130.541

函数	r_0	r_1	r_2	r_3	r_4	r_5
C_p	77.822	17.154				
$Ha(T)$	-823530	77.822	8.577			
$Sa(T)$	-317.972	77.822	17.154			
$Ga(T)$	-823530	395.794	-77.822	-8.577		
$Ga(l)$	-773870	-194.668				

$YbCl_3$

温度范围:298 ~ 1127　　相:固

$\Delta H^{\ominus}_{f,298}$: -959810　　$S^{\ominus}_{298}$:147.695

函数	r_0	r_1	r_2	r_3	r_4	r_5
C_p	94.684	9.330	-0.188			
$Ha(T)$	-989090	94.684	4.665	0.188		
$Sa(T)$	-395.615	94.684	9.330	0.094		
$Ga(T)$	-989090	490.299	-94.684	-4.665	0.094	
$Ga(l)$	-925610	-229.767				

温度范围:1127 ~ 1500　　相:液

$\Delta H^{\ominus}_{tr}$:35360　　$\Delta S^{\ominus}_{tr}$:31.375

函数	r_0	r_1	r_2	r_3	r_4	r_5
C_p	121.336					
$Ha(T)$	-977670	121.336				
$Sa(T)$	-540.943	121.336				
$Ga(T)$	-977670	662.279	-121.336			
$Ga(l)$	-819150	-330.062				

$YbCl_3$(气)

温度范围:298 ~ 2000　　相:气

$\Delta H^{\ominus}_{f,298}$: -638900　　$S^{\ominus}_{298}$:370

函数	r_0	r_1	r_2	r_3	r_4	r_5
C_p	82.89	0.15	-0.43			
$Ha(T)$	-665060	82.890	0.075	0.430		
$Sa(T)$	-104.737	82.890	0.150	0.215		
$Ga(T)$	-665060	187.627	-82.890	-0.075	0.215	
$Ga(l)$	-584490	-474.562				

Yb_2O_3

温度范围:298 ~ 1800　　相:固

$\Delta H^{\ominus}_{f,298}$: -1814600　　$S^{\ominus}_{298}$:133.051

函数	r_0	r_1	r_2	r_3	r_4	r_5
C_p	128.658	19.456	-1.715			
$Ha(T)$	-1859600	128.658	9.728	1.715		
$Sa(T)$	-615.438	128.658	19.456	0.858		
$Ga(T)$	-1859600	744.096	-128.658	-9.728	0.858	
$Ga(l)$	-1733600	-293.542				

YbS(气)*

温度范围:298 ~ 2000　　相:气

$\Delta H^{\ominus}_{f,298}$:***263600***　　$S^{\ominus}_{298}$:***257.3***

函数	r_0	r_1	r_2	r_3	r_4	r_5
C_p	***37.28***	***0.07***	***-0.19***			
$Ha(T)$	251840	37.280	0.035	0.190		
$Sa(T)$	43.804	37.280	0.070	0.095		
$Ga(T)$	251840	-6.524	-37.280	-0.035	0.095	
$Ga(l)$	288080	-304.346				

YbSe(气)*

温度范围:298 ~ 2000　　相:气

$\Delta H^{\ominus}_{f,298}$:***200800***　　$S^{\ominus}_{298}$:***267.4***

函数	r_0	r_1	r_2	r_3	r_4	r_5
C_p	***37.33***	***0.04***	***-0.15***			
$Ha(T)$	189170	37.330	0.020	0.150		
$Sa(T)$	53.853	37.330	0.040	0.075		
$Ga(T)$	189170	-16.523	-37.330	-0.020	0.075	
$Ga(l)$	225380	-314.686				

YbTe(气)*

温度范围:298 ~ 2000　　相:气

$\Delta H^{\ominus}_{f,298}$:***263600***　　$S^{\ominus}_{298}$:***275.7***

函数	r_0	r_1	r_2	r_3	r_4	r_5
C_p	***37.39***	***0.01***	***-0.08***			
$Ha(T)$	252180	37.390	0.005	0.080		
$Sa(T)$	62.214	37.390	0.010	0.040		
$Ga(T)$	252180	-24.824	-37.390	-0.005	0.040	
$Ga(l)$	288350	-323.390				

YbN

温度范围:298 ~ 1500　相:固

$\Delta H^{\ominus}_{f,298}$: -359800　$S^{\ominus}_{298}$:62.8

函数	r_0	r_1	r_2	r_3	r_4	r_5
C_p	46.44	8.37				
$Ha(T)$	-374020	46.440	4.185			
$Sa(T)$	-204.292	46.440	8.370			
$Ga(T)$	-374020	250.732	-46.440	-4.185		
$Ga(l)$	-334740	-116.773				

Zn

温度范围:298 ~ 693　相:固

$\Delta H^{\ominus}_{f,298}$:0　$S^{\ominus}_{298}$:41.631

函数	r_0	r_1	r_2	r_3	r_4	r_5
C_p	20.736	12.510	0.083			
$Ha(T)$	-6460	20.736	6.255	-0.083		
$Sa(T)$	-79.777	20.736	12.510	-0.042		
$Ga(T)$	-6460	100.513	-20.736	-6.255	-0.042	
$Ga(l)$	4644	-54.576				

温度范围:693 ~ 1180　相:液

$\Delta H^{\ominus}_{tr}$:7322　$\Delta S^{\ominus}_{tr}$:10.566

函数	r_0	r_1	r_2	r_3	r_4	r_5
C_p	31.380					
$Ha(T)$	-3630	31.380				
$Sa(T)$	-130.251	31.380				
$Ga(T)$	-3630	161.631	-31.380			
$Ga(l)$	25220	-84.240				

温度范围:1180 ~ 2000　相:气

$\Delta H^{\ominus}_{tr}$:115330　$\Delta S^{\ominus}_{tr}$:97.737

函数	r_0	r_1	r_2	r_3	r_4	r_5
C_p	20.786					
$Ha(T)$	124200	20.786				
$Sa(T)$	42.420	20.786				
$Ga(T)$	124200	-21.634	-20.786			
$Ga(l)$	156660	-195.504				

ZnF_2(1)

温度范围:298 ~ 1148　相:固(α)

$\Delta H^{\ominus}_{f,298}$: -764420　$S^{\ominus}_{298}$:73.680

函数	r_0	r_1	r_2	r_3	r_4	r_5
C_p	62.300	11.360				
$Ha(T)$	-783500	62.300	5.680			
$Sa(T)$	-284.667	62.300	11.360			
$Ga(T)$	-783500	346.967	-62.300	-5.680		
$Ga(l)$	-740210	-131.364				

温度范围:1148 ~ 1778　　相:液

$\Delta H_{tr}^{\ominus}$:41840　　$\Delta S_{tr}^{\ominus}$:36.446

函数	r_0	r_1	r_2	r_3	r_4	r_5
C_p	94.140					
$Ha(T)$	−770730	94.140				
$Sa(T)$	−459.518	94.140				
$Ga(T)$	−770730	553.658	−94.140			
$Ga(l)$	−634710	−226.157				

ZnF_2(2)

温度范围:298 ~ 1080　　相:固(α)

$\Delta H_{f,298}^{\ominus}$: −764400　　$S_{298}^{\ominus}$:73.7

函数	r_0	r_1	r_2	r_3	r_4	r_5
C_p	65.52	23.41	−0.61			
$Ha(T)$	−787020	65.520	11.705	0.610		
$Sa(T)$	−310.017	65.520	23.410	0.305		
$Ga(T)$	−787020	375.537	−65.520	−11.705	0.305	
$Ga(l)$	−739930	−132.840				

温度范围:1080 ~ 1223　　相:固(β)

$\Delta H_{tr}^{\ominus}$:3200　　$\Delta S_{tr}^{\ominus}$:2.963

函数	r_0	r_1	r_2	r_3	r_4	r_5
C_p	61.63	26.75				
$Ha(T)$	−781000	61.630	13.375			
$Sa(T)$	−283.229	61.630	26.750			
$Ga(T)$	−781000	344.859	−61.630	−13.375		
$Ga(l)$	−692410	−181.959				

$ZnCl_2$

温度范围:298 ~ 591　　相:固

$\Delta H_{f,298}^{\ominus}$: −416310　　$S_{298}^{\ominus}$:108.366

函数	r_0	r_1	r_2	r_3	r_4	r_5
C_p	60.668	23.012				
$Ha(T)$	−435420	60.668	11.506			
$Sa(T)$	−244.157	60.668	23.012			
$Ga(T)$	−435420	304.825	−60.668	−11.506		
$Ga(l)$	−407050	−135.298				

温度范围:591 ~ 1005　　相:液

$\Delta H_{tr}^{\ominus}$:10250　　$\Delta S_{tr}^{\ominus}$:17.343

函数	r_0	r_1	r_2	r_3	r_4	r_5
C_p	100.834					
$Ha(T)$	−444890	100.834				
$Sa(T)$	−469.545	100.834				
$Ga(T)$	−444890	570.379	−100.834			
$Ga(l)$	−365880	−203.552				

温度范围:1005 ~2000　相:气

$\Delta H^{\ominus}_{tr}$:119240　$\Delta S^{\ominus}_{tr}$:118.647

函数	r_0	r_1	r_2	r_3	r_4	r_5
C_p	60.250	0.837				
$Ha(T)$	-285290	60.250	0.419			
$Sa(T)$	-71.193	60.250	0.837			
$Ga(T)$	-285290	131.443	-60.250	-0.419		
$Ga(l)$	-196540	-370.109				

$ZnCl_2$(气)

温度范围:298 ~2000　相:气

$\Delta H^{\ominus}_{f,298}$: -267300　$S^{\ominus}_{298}$:277.1

函数	r_0	r_1	r_2	r_3	r_4	r_5
C_p	61.71		-0.43			
$Ha(T)$	-287140	61.710		0.430		
$Sa(T)$	-76.917	61.710		0.215		
$Ga(T)$	-287140	138.627	-61.710		0.215	
$Ga(l)$	-227080	-354.296				

$ZnBr_2$

温度范围:298 ~675　相:固

$\Delta H^{\ominus}_{f,298}$: -327610　$S^{\ominus}_{298}$:136.817

函数	r_0	r_1	r_2	r_3	r_4	r_5
C_p	52.718	43.514				
$Ha(T)$	-345260	52.718	21.757			
$Sa(T)$	-176.523	52.718	43.514			
$Ga(T)$	-345260	229.241	-52.718	-21.757		
$Ga(l)$	-315770	-170.020				

温度范围:675 ~923　相:液

$\Delta H^{\ominus}_{tr}$:15650　$\Delta S^{\ominus}_{tr}$:23.185

函数	r_0	r_1	r_2	r_3	r_4	r_5
C_p	113.805					
$Ha(T)$	-360930	113.805				
$Sa(T)$	-521.930	113.805				
$Ga(T)$	-360930	635.735	-113.805			
$Ga(l)$	-270590	-238.392				

温度范围:923 ~2000　相:气

$\Delta H^{\ominus}_{tr}$:98320　$\Delta S^{\ominus}_{tr}$:106.522

函数	r_0	r_1	r_2	r_3	r_4	r_5
C_p	61.086	0.418				
$Ha(T)$	-214130	61.086	0.209			
$Sa(T)$	-55.848	61.086	0.418			
$Ga(T)$	-214130	116.934	-61.086	-0.209		
$Ga(l)$	-127720	-389.056				

ZnI_2

温度范围:298 ~ 719　　相:固

$\Delta H^{\ominus}_{f,298}$: −209200　　$S^{\ominus}_{298}$:161.084

函数	r_0	r_1	r_2	r_3	r_4	r_5
C_p	52.718	43.514				
$Ha(T)$	−226850	52.718	21.757			
$Sa(T)$	−152.256	52.718	43.514			
$Ga(T)$	−226850	204.974	−52.718	−21.757		
$Ga(l)$	−195990	−197.455				

ZnO

温度范围:298 ~ 2242　　相:固

$\Delta H^{\ominus}_{f,298}$: −350500　　$S^{\ominus}_{298}$:43.6

函数	r_0	r_1	r_2	r_3	r_4	r_5
C_p	45.34	7.29	−0.57			
$Ha(T)$	−366250	45.340	3.645	0.570		
$Sa(T)$	−220.109	45.340	7.290	0.285		
$Ga(T)$	−366250	265.449	−45.340	−3.645	0.285	
$Ga(l)$	−313230	−110.384				

$ZnO \cdot Al_2O_3$

温度范围:298 ~ 1300　　相:固

$\Delta H^{\ominus}_{f,298}$: −2071300　　$S^{\ominus}_{298}$:87

函数	r_0	r_1	r_2	r_3	r_4	r_5
C_p	166.52	15.48	−4.6			
$Ha(T)$	−2137100	166.520	7.740	4.600		
$Sa(T)$	−892.253	166.520	15.480	2.300		
$Ga(T)$	−2137100	1058.773	−166.520	−7.740	2.300	
$Ga(l)$	−2007300	−230.649				

$ZnO \cdot Cr_2O_3$

温度范围:298 ~ 1500　　相:固

$\Delta H^{\ominus}_{f,298}$: −1553900　　$S^{\ominus}_{298}$:116.3

函数	r_0	r_1	r_2	r_3	r_4	r_5
C_p	167.36	14.23	−2.51			
$Ha(T)$	−1612800	167.360	7.115	2.510		
$Sa(T)$	−855.610	167.360	14.230	1.255		
$Ga(T)$	−1612800	1022.970	−167.360	−7.115	1.255	
$Ga(l)$	−1473100	−289.291				

$ZnO \cdot Fe_2O_3$

温度范围:298 ~ 1863　　相:固

$\Delta H^{\ominus}_{f,298}$: −1179100　　$S^{\ominus}_{298}$:153.3

函数	r_0	r_1	r_2	r_3	r_4	r_5
C_p	189.74	7.32	−4.85			
$Ha(T)$	−1252300	189.740	3.660	4.850		
$Sa(T)$	−957.224	189.740	7.320	2.425		
$Ga(T)$	−1252300	1146.964	−189.740	−3.660	2.425	
$Ga(l)$	−1068800	−367.859				

ZnO · SiO$_2$

温度范围:298 ~ 1702　　相:固

$\Delta H^{\ominus}_{f,298}$: −1232600　　$S^{\ominus}_{298}$:89. 538

函数	r_0	r_1	r_2	r_3	r_4	r_5
C_p	70. 291	48. 534				
$Ha(T)$	−1255700	70. 291	24. 267			
$Sa(T)$	−325. 422	70. 291	48. 534			
$Ga(T)$	−1255700	395. 713	−70. 291	−24. 267		
$Ga(l)$	−1175200	−204. 757				

ZnO · WO$_3$

温度范围:298 ~ 1600　　相:固

$\Delta H^{\ominus}_{f,298}$: −1232600　　$S^{\ominus}_{298}$:144. 348

函数	r_0	r_1	r_2	r_3	r_4	r_5
C_p	121. 713	33. 514	−0. 912			
$Ha(T)$	−1273400	121. 713	16. 757	0. 912		
$Sa(T)$	−564. 246	121. 713	33. 514	0. 456		
$Ga(T)$	−1273400	685. 959	−121. 713	−16. 757	0. 456	
$Ga(l)$	−1159600	−296. 256				

ZnO · ZnSO$_4$

温度范围:298 ~ 800　　相:固

$\Delta H^{\ominus}_{f,298}$: −2320400　　$S^{\ominus}_{298}$:264. 429

函数	r_0	r_1	r_2	r_3	r_4	r_5
C_p	201. 711	157. 402	−0. 912			
$Ha(T)$	−2390600	201. 711	78. 701	0. 912		
$Sa(T)$	−936. 898	201. 711	157. 402	0. 456		
$Ga(T)$	−2390600	1138. 609	−201. 711	−78. 701	0. 456	
$Ga(l)$	−2262300	−419. 288				

ZnO · 2ZnSO$_4$

温度范围:298 ~ 778　　相:固

$\Delta H^{\ominus}_{f,298}$: −2320400　　$S^{\ominus}_{298}$:264. 4

函数	r_0	r_1	r_2	r_3	r_4	r_5
C_p	201. 71	157. 4	−0. 91			
$Ha(T)$	−2390600	201. 710	78. 700	0. 910		
$Sa(T)$	−936. 910	201. 710	157. 400	0. 455		
$Ga(T)$	−2390600	1138. 620	−201. 710	−78. 700	0. 455	
$Ga(l)$	−2264800	−413. 726				

2ZnO · SiO$_2$

温度范围:298 ~ 1785　　相:固

$\Delta H^{\ominus}_{f,298}$: −1639700　　$S^{\ominus}_{298}$:131. 378

函数	r_0	r_1	r_2	r_3	r_4	r_5
C_p	144. 892	36. 945	−3. 029			
$Ha(T)$	−1694700	144. 892	18. 473	3. 029		
$Sa(T)$	−722. 211	144. 892	36. 945	1. 515		
$Ga(T)$	−1694700	867. 103	−144. 892	−18. 473	1. 515	
$Ga(l)$	−1545500	−316. 746				

$2ZnO \cdot TiO_2$

温度范围:298 ~ 2000　　相:固

$\Delta H^{\ominus}_{f,298}$: −1644700　　$S^{\ominus}_{298}$:144.766

函数	r_0	r_1	r_2	r_3	r_4	r_5
C_p	166.607	23.179	−3.218			
$Ha(T)$	−1706200	166.607	11.590	3.218		
$Sa(T)$	−829.505	166.607	23.179	1.609		
$Ga(T)$	−1706200	996.112	−166.607	−11.590	1.609	
$Ga(l)$	−1529000	−362.551				

ZnS

温度范围:298 ~ 1293　　相:固(闪锌矿)

$\Delta H^{\ominus}_{f,298}$: −201670　　$S^{\ominus}_{298}$:57.739

函数	r_0	r_1	r_2	r_3	r_4	r_5
C_p	50.877	5.188	−0.569			
$Ha(T)$	−218980	50.877	2.594	0.569		
$Sa(T)$	−236.885	50.877	5.188	0.285		
$Ga(T)$	−218980	287.762	−50.877	−2.594	0.285	
$Ga(l)$	−180670	−105.465				

温度范围:1293 ~ 2103　　相:固(纤维锌矿)

$\Delta H^{\ominus}_{tr}$:13390　　$\Delta S^{\ominus}_{tr}$:10.356

函数	r_0	r_1	r_2	r_3	r_4	r_5
C_p	58.576					
$Ha(T)$	−210770	58.576				
$Sa(T)$	−274.812	58.576				
$Ga(T)$	−210770	333.388	−58.576			
$Ga(l)$	−112820	−160.493				

ZnS(闪锌矿)

温度范围:298 ~ 1293　　相:固(闪锌矿)

$\Delta H^{\ominus}_{f,298}$: −205180　　$S^{\ominus}_{298}$:57.656

函数	r_0	r_1	r_2	r_3	r_4	r_5
C_p	49.246	5.272	−0.485			
$Ha(T)$	−221720	49.246	2.636	0.485		
$Sa(T)$	−227.228	49.246	5.272	0.243		
$Ga(T)$	−221720	276.474	−49.246	−2.636	0.243	
$Ga(l)$	−184680	−104.278				

ZnS(气)

温度范围:298 ~ 2000　　相:气

$\Delta H^{\ominus}_{f,298}$:202090　　$S^{\ominus}_{298}$:247.693

函数	r_0	r_1	r_2	r_3	r_4	r_5
C_p	37.279	0.071	−0.191			
$Ha(T)$	190330	37.279	0.036	0.191		
$Sa(T)$	34.197	37.279	0.071	0.096		
$Ga(T)$	190330	3.082	−37.279	−0.036	0.096	
$Ga(l)$	226570	−294.734				

$ZnSO_4$(1)

温度范围:298 ~ 1027　　相:固(α_2)

$\Delta H^{\ominus}_{f,298}$: −981360　　$S^{\ominus}_{298}$:110.541

函数	r_0	r_1	r_2	r_3	r_4	r_5
C_p	76.358	76.149				
$Ha(T)$	−1007500	76.358	38.075			
$Sa(T)$	−347.220	76.358	76.149			
$Ga(T)$	−1007500	423.578	−76.358	−38.075		
$Ga(l)$	−946170	−196.786				

温度范围:1027 ~ 1500　　相:固(α_1)

$\Delta H^{\ominus}_{tr}$:19670　　$\Delta S^{\ominus}_{tr}$:19.153

函数	r_0	r_1	r_2	r_3	r_4	r_5
C_p	76.358	76.149				
$Ha(T)$	−987840	76.358	38.075			
$Sa(T)$	−328.067	76.358	76.149			
$Ga(T)$	−987840	404.425	−76.358	−38.075		
$Ga(l)$	−832190	−313.199				

$ZnSO_4$(2)

温度范围:298 ~ 540　　相:固(α)

$\Delta H^{\ominus}_{f,298}$: −980100　　$S^{\ominus}_{298}$:110.5

函数	r_0	r_1	r_2	r_3	r_4	r_5
C_p	65.82	135.71	−0.64			
$Ha(T)$	−1007900	65.820	67.855	0.640		
$Sa(T)$	−308.578	65.820	135.710	0.320		
$Ga(T)$	−1007900	374.398	−65.820	−67.855	0.320	
$Ga(l)$	−967760	−147.080				

温度范围:540 ~ 1013　　相:固(β)

$\Delta H^{\ominus}_{tr}$:5000　　$\Delta S^{\ominus}_{tr}$:9.259

函数	r_0	r_1	r_2	r_3	r_4	r_5
C_p	130.31	11.62	0.06			
$Ha(T)$	−1018300	130.310	5.810	−0.060		
$Sa(T)$	−636.853	130.310	11.620	−0.030		
$Ga(T)$	−1018300	767.163	−130.310	−5.810	−0.030	
$Ga(l)$	−916380	−238.070				

$ZnSO_4 \cdot H_2O$

温度范围:298 ~ 800　　相:固

$\Delta H^{\ominus}_{f,298}$: −1301500　　$S^{\ominus}_{298}$:145.515

函数	r_0	r_1	r_2	r_3	r_4	r_5
C_p	127.612	87.027				
$Ha(T)$	−1343400	127.612	43.514			
$Sa(T)$	−607.514	127.612	87.027			
$Ga(T)$	−1343400	735.126	−127.612	−43.514		
$Ga(l)$	−1265200	−242.481				

$ZnSO_4 \cdot 2H_2O$

温度范围:298 ~ 365　　相:固

$\Delta H^{\ominus}_{f,298}$: -1596000　　$S^{\ominus}_{298}$:192.464

函数	r_0	r_1	r_2	r_3	r_4	r_5
C_p	168.113	102.717				
$Ha(T)$	-1650700	168.113	51.359			
$Sa(T)$	-796.001	168.113	102.717			
$Ga(T)$	-1650700	964.114	-168.113	-51.359		
$Ga(l)$	-1589500	-213.521				

$ZnSO_4 \cdot 6H_2O$

温度范围:298 ~ 800　　相:固

$\Delta H^{\ominus}_{f,298}$: -2779000　　$S^{\ominus}_{298}$:355.891

函数	r_0	r_1	r_2	r_3	r_4	r_5
C_p	316.101	140.415				
$Ha(T)$	-2879500	316.101	70.208			
$Sa(T)$	-1486.990	316.101	140.415			
$Ga(T)$	-2879500	1803.091	-316.101	-70.208		
$Ga(l)$	-2696200	-577.224				

$ZnSO_4 \cdot 7H_2O$

温度范围:298 ~ 800　　相:固

$\Delta H^{\ominus}_{f,298}$: -3078500　　$S^{\ominus}_{298}$:388.694

函数	r_0	r_1	r_2	r_3	r_4	r_5
C_p	334.092	151.126				
$Ha(T)$	-3184800	334.092	75.563			
$Sa(T)$	-1559.886	334.092	151.126			
$Ga(T)$	-3184800	1893.978	-334.092	-75.563		
$Ga(l)$	-2990700	-623.308				

ZnSe

温度范围:298 ~ 1799　　相:固

$\Delta H^{\ominus}_{f,298}$: -170300　　$S^{\ominus}_{298}$:77.7

函数	r_0	r_1	r_2	r_3	r_4	r_5
C_p	50.17	5.77				
$Ha(T)$	-185510	50.170	2.885			
$Sa(T)$	-209.869	50.170	5.770			
$Ga(T)$	-185510	260.039	-50.170	-2.885		
$Ga(l)$	-138110	-142.200				

ZnSe(气)

温度范围:298 ~ 2000　　相:气

$\Delta H^{\ominus}_{f,298}$:237230　　$S^{\ominus}_{298}$:249.827

函数	r_0	r_1	r_2	r_3	r_4	r_5
C_p	37.380	0.017	-0.108			
$Ha(T)$	225720	37.380	0.009	0.108		
$Sa(T)$	36.238	37.380	0.017	0.054		
$Ga(T)$	225720	1.142	-37.380	-0.009	0.054	
$Ga(l)$	261920	-297.369				

$ZnSeO_3$

温度范围:298 ~ 894　　　　相:固

$\Delta H^\ominus_{f,298}$: −652290　　　　$S^\ominus_{298}$:98. 324

函数	r_0	r_1	r_2	r_3	r_4	r_5
C_p	77. 195	55. 229				
$Ha(T)$	−677760	77. 195	27. 615			
$Sa(T)$	−357. 969	77. 195	55. 229			
$Ga(T)$	−677760	435. 164	−77. 195	−27. 615		
$Ga(l)$	−625940	−166. 214				

温度范围:894 ~ 1000　　　　相:液

$\Delta H^\ominus_{tr}$:46440　　　　$\Delta S^\ominus_{tr}$:51. 946

函数	r_0	r_1	r_2	r_3	r_4	r_5
C_p	140. 164					
$Ha(T)$	−665540	140. 164				
$Sa(T)$	−684. 566	140. 164				
$Ga(T)$	−665540	824. 730	−140. 164			
$Ga(l)$	−532860	−276. 043				

ZnTe

温度范围:298 ~ 1570　　　　相:固

$\Delta H^\ominus_{f,298}$: −119200　　　　$S^\ominus_{298}$:77. 8

函数	r_0	r_1	r_2	r_3	r_4	r_5
C_p	44. 1	18. 74				
$Ha(T)$	−133180	44. 100	9. 370			
$Sa(T)$	−179. 051	44. 100	18. 740			
$Ga(T)$	−133180	223. 151	−44. 100	−9. 370		
$Ga(l)$	−90570	−137. 785				

ZnTe(气)

温度范围:298 ~ 2000　　　　相:气

$\Delta H^\ominus_{f,298}$:255220　　　　$S^\ominus_{298}$:257. 734

函数	r_0	r_1	r_2	r_3	r_4	r_5
C_p	37. 392	0. 013	−0. 079			
$Ha(T)$	243810	37. 392	0. 007	0. 079		
$Sa(T)$	44. 241	37. 392	0. 013	0. 040		
$Ga(T)$	243810	−6. 849	−37. 392	−0. 007	0. 040	
$Ga(l)$	279980	−305. 434				

Zn_3N_2

温度范围:298 ~ 700　　　　相:固

$\Delta H^\ominus_{f,298}$: −22180　　　　$S^\ominus_{298}$:140. 164

函数	r_0	r_1	r_2	r_3	r_4	r_5
C_p	79. 496	94. 140				
$Ha(T)$	−50070	79. 496	47. 070			
$Sa(T)$	−340. 840	79. 496	94. 140			
$Ga(T)$	−50070	420. 336	−79. 496	−47. 070		
$Ga(l)$	−1057	−198. 696				

ZnP_2

温度范围:298 ~ 1253　　相:固

$\Delta H^{\ominus}_{f,298}$: -1016170　　$S^{\ominus}_{298}$:60.250

函数	r_0	r_1	r_2	r_3	r_4	r_5
C_p	71.254	16.736	-0.272			
$Ha(T)$	-124570	71.254	8.368	0.272		
$Sa(T)$	-352.246	71.254	16.736	0.136		
$Ga(T)$	-124570	423.500	-71.254	-8.368	0.136	
$Ga(l)$	-70410	-132.170				

温度范围:1253 ~ 1400　　相:液

$\Delta H^{\ominus}_{tr}$:92890　　$\Delta S^{\ominus}_{tr}$:74.134

函数	r_0	r_1	r_2	r_3	r_4	r_5
C_p	91.211					
$Ha(T)$	-43330	91.211				
$Sa(T)$	-399.415	91.211				
$Ga(T)$	-43330	490.626	-91.211			
$Ga(l)$	77560	-256.390				

Zn_3P_2

温度范围:298 ~ 1513　　相:固

$\Delta H^{\ominus}_{f,298}$: -158990　　$S^{\ominus}_{298}$:150.624

函数	r_0	r_1	r_2	r_3	r_4	r_5
C_p	126.231	26.066	-1.523			
$Ha(T)$	-202890	126.231	13.033	1.523		
$Sa(T)$	-584.927	126.231	26.066	0.762		
$Ga(T)$	-202890	711.158	-126.231	-13.033	0.762	
$Ga(l)$	-92060	-293.090				

温度范围:1513 ~ 1600　　相:液

$\Delta H^{\ominus}_{tr}$:167360　　$\Delta S^{\ominus}_{tr}$:110.615

函数	r_0	r_1	r_2	r_3	r_4	r_5
C_p	155.645					
$Ha(T)$	-49190	155.645				
$Sa(T)$	-649.907	155.645				
$Ga(T)$	-49190	805.552	-155.645			
$Ga(l)$	192590	-493.827				

Zn_3As_2(1)

温度范围:298 ~ 463　　相:固(α_3)

$\Delta H^{\ominus}_{f,298}$: -133890　　$S^{\ominus}_{298}$:168.038

函数	r_0	r_1	r_2	r_3	r_4	r_5
C_p	112.759	41.840				
$Ha(T)$	-169370	112.759	20.920			
$Sa(T)$	-486.892	112.759	41.840			
$Ga(T)$	-169370	599.651	-112.759	-20.920		
$Ga(l)$	-124010	-198.477				

温度范围:463 ~ 965 相:固(α_2)

$\Delta H_{tr}^{\ominus}$:0 $\Delta S_{tr}^{\ominus}$:0.000

函数	r_0	r_1	r_2	r_3	r_4	r_5
C_p	112.759	41.840				
$Ha(T)$	-169370	112.759	20.920			
$Sa(T)$	-486.892	112.759	41.840			
$Ga(T)$	-169370	599.651	-112.759	-20.920		
$Ga(l)$	-81340	-282.475				

温度范围:965 ~ 1288 相:固(α_1)

$\Delta H_{tr}^{\ominus}$:0 $\Delta S_{tr}^{\ominus}$:0.000

函数	r_0	r_1	r_2	r_3	r_4	r_5
C_p	112.759	41.840				
$Ha(T)$	-169370	112.759	20.920			
$Sa(T)$	-486.892	112.759	41.840			
$Ga(T)$	-169370	599.651	-112.759	-20.920		
$Ga(l)$	-16670	-352.354				

温度范围:1288 ~ 1500 相:液

$\Delta H_{tr}^{\ominus}$:154810 $\Delta S_{tr}^{\ominus}$:120.194

函数	r_0	r_1	r_2	r_3	r_4	r_5
C_p	154.808					
$Ha(T)$	-34010	154.808				
$Sa(T)$	-613.914	154.808				
$Ga(T)$	-34010	768.722	-154.808			
$Ga(l)$	181460	-506.797				

Zn_3As_2(2)

温度范围:298 ~ 1288 相:固

$\Delta H_{f,298}^{\ominus}$: -143400 $S_{298}^{\ominus}$:178.1

函数	r_0	r_1	r_2	r_3	r_4	r_5
C_p	112.76	41.84				
$Ha(T)$	-178880	112.760	20.920			
$Sa(T)$	-476.836	112.760	41.840			
$Ga(T)$	-178880	589.596	-112.760	-20.920		
$Ga(l)$	-87890	-304.299				

ZnSb

温度范围:298 ~ 822 相:固

$\Delta H_{f,298}^{\ominus}$: -19050 $S_{298}^{\ominus}$:82.659

函数	r_0	r_1	r_2	r_3	r_4	r_5
C_p	44.685	17.322				
$Ha(T)$	-33140	44.685	8.661			
$Sa(T)$	-177.103	44.685	17.322			
$Ga(T)$	-33140	221.788	-44.685	-8.661		
$Ga(l)$	-7106	-114.342				

温度范围:822 ~ 1100　　相:液

$\Delta H_{tr}^{\ominus}$:30750　　$\Delta S_{tr}^{\ominus}$:37.409

函数	r_0	r_1	r_2	r_3	r_4	r_5
C_p	62.760					
$Ha(T)$	-11400	62.760				
$Sa(T)$	-246.770	62.760				
$Ga(T)$	-11400	309.530	-62.760			
$Ga(l)$	48580	-184.133				

$ZnCO_3$

温度范围:298 ~ 500　　相:固

$\Delta H_{f,298}^{\ominus}$: -812530　　$S_{298}^{\ominus}$:82.425

函数	r_0	r_1	r_2	r_3	r_4	r_5
C_p	38.911	138.072				
$Ha(T)$	-830270	38.911	69.036			
$Sa(T)$	-180.440	38.911	138.072			
$Ga(T)$	-830270	219.351	-38.911	-69.036		
$Ga(l)$	-804240	-107.452				

Zr

温度范围:298 ~ 1135　　相:固(α)

$\Delta H_{f,298}^{\ominus}$:0　　$S_{298}^{\ominus}$:38.911

函数	r_0	r_1	r_2	r_3	r_4	r_5
C_p	21.966	11.632				
$Ha(T)$	-7066	21.966	5.816			
$Sa(T)$	-89.710	21.966	11.632			
$Ga(T)$	-7066	111.676	-21.966	-5.816		
$Ga(l)$	9811	-62.228				

温度范围:1135 ~ 2125　　相:固(β)

$\Delta H_{tr}^{\ominus}$:4017　　$\Delta S_{tr}^{\ominus}$:3.539

函数	r_0	r_1	r_2	r_3	r_4	r_5
C_p	23.221	4.644				
$Ha(T)$	27	23.221	2.322			
$Sa(T)$	-87.068	23.221	4.644			
$Ga(T)$	27	110.289	-23.221	-2.322		
$Ga(l)$	42910	-92.034				

温度范围:2125 ~ 4777　　相:液

$\Delta H_{tr}^{\ominus}$:20920　　$\Delta S_{tr}^{\ominus}$:9.845

函数	r_0	r_1	r_2	r_3	r_4	r_5
C_p	33.472					
$Ha(T)$	9649	33.472				
$Sa(T)$	-145.893	33.472				
$Ga(T)$	9649	179.365	-33.472			
$Ga(l)$	120510	-126.273				

Zr(气)

温度范围:298 ~2500 相:气

$\Delta H^{\ominus}_{f,298}$:610000 $S^{\ominus}_{298}$:181.3

函数	r_0	r_1	r_2	r_3	r_4	r_5
C_p	23	3.05	0.36			
$Ha(T)$	604210	23.000	1.525	-0.360		
$Sa(T)$	51.371	23.000	3.050	-0.180		
$Ga(T)$	604210	-28.371	-23.000	-1.525	-0.180	
$Ga(l)$	632450	-220.407				

ZrH(气)

温度范围:298 ~2000 相:气

$\Delta H^{\ominus}_{f,298}$:516310 $S^{\ominus}_{298}$:216.020

函数	r_0	r_1	r_2	r_3	r_4	r_5
C_p	28.326	10.000	-0.134	-2.594		
$Ha(T)$	506990	28.326	5.000	0.134	-0.865	
$Sa(T)$	51.010	28.326	10.000	0.067	-1.297	
$Ga(T)$	506990	-22.684	-28.326	-5.000	0.067	0.432
$Ga(l)$	538710	-258.497				

ZrH_2

温度范围:298 ~960 相:固

$\Delta H^{\ominus}_{f,298}$:-169500 $S^{\ominus}_{298}$:39.2

函数	r_0	r_1	r_2	r_3	r_4	r_5
C_p	37.52	33.92	-1.64			
$Ha(T)$	-187690	37.520	16.960	1.640		
$Sa(T)$	-193.912	37.520	33.920	0.820		
$Ga(T)$	-187690	231.432	-37.520	-16.960	0.820	
$Ga(l)$	-156790	-70.611				

ZrF(气)(1)

温度范围:298 ~800 相:气

$\Delta H^{\ominus}_{f,298}$:82840 $S^{\ominus}_{298}$:242.672

函数	r_0	r_1	r_2	r_3	r_4	r_5
C_p	30.878	9.615				
$Ha(T)$	73210	30.878	4.808			
$Sa(T)$	63.875	30.878	9.615			
$Ga(T)$	73210	-32.997	-30.878	-4.808		
$Ga(l)$	90530	-263.264				

温度范围:800 ~2000 相:气

$\Delta H^{\ominus}_{tr}$:— $\Delta S^{\ominus}_{tr}$:—

函数	r_0	r_1	r_2	r_3	r_4	r_5
C_p	34.966	4.916				
$Ha(T)$	71440	34.966	2.458			
$Sa(T)$	40.307	34.966	4.916			
$Ga(T)$	71440	-5.341	-34.966	-2.458		
$Ga(l)$	122450	-299.822				

ZrF(气)(2)

温度范围:298 ~ 2000　　相:气

$\Delta H^{\ominus}_{f,298}$:82800　　$S^{\ominus}_{298}$:243.7

函数	r_0	r_1	r_2	r_3	r_4	r_5
C_p	33.83	6.02	-0.2			
$Ha(T)$	71780	33.830	3.010	0.200		
$Sa(T)$	48.030	33.830	6.020	0.100		
$Ga(T)$	71780	-14.200	-33.830	-3.010	0.100	
$Ga(l)$	107900	-291.322				

ZrF_2

温度范围:298 ~ 1175　　相:固

$\Delta H^{\ominus}_{f,298}$: -962320　　$S^{\ominus}_{298}$:75.312

函数	r_0	r_1	r_2	r_3	r_4	r_5
C_p	69.237	14.698	-0.686			
$Ha(T)$	-985920	69.237	7.349	0.686		
$Sa(T)$	-327.413	69.237	14.698	0.343		
$Ga(T)$	-985920	396.650	-69.237	-7.349	0.343	
$Ga(l)$	-935360	-138.662				

温度范围:1175 ~ 2529　　相:液

$\Delta H^{\ominus}_{tr}$:37660　　$\Delta S^{\ominus}_{tr}$:32.051

函数	r_0	r_1	r_2	r_3	r_4	r_5
C_p	100.416					
$Ha(T)$	-974160	100.416				
$Sa(T)$	-498.249	100.416				
$Ga(T)$	-974160	598.665	-100.416			
$Ga(l)$	-794950	-255.901				

温度范围:2529 ~ 3000　　相:气

$\Delta H^{\ominus}_{tr}$:288700　　$\Delta S^{\ominus}_{tr}$:114.156

函数	r_0	r_1	r_2	r_3	r_4	r_5
C_p	50.534	4.770	2.000			
$Ha(T)$	-573770	50.534	2.385	-2.000		
$Sa(T)$	-5.146	50.534	4.770	-1.000		
$Ga(T)$	-573770	55.680	-50.534	-2.385	-1.000	
$Ga(l)$	-416900	-408.332				

ZrF_2(气)

温度范围:298 ~ 2500　　相:气

$\Delta H^{\ominus}_{f,298}$: -613790　　$S^{\ominus}_{298}$:256.479

函数	r_0	r_1	r_2	r_3	r_4	r_5
C_p	56.693	0.753	-0.858			
$Ha(T)$	-633600	56.693	0.377	0.858		
$Sa(T)$	-71.585	56.693	0.753	0.429		
$Ga(T)$	-633600	128.278	-56.693	-0.377	0.429	
$Ga(l)$	-567360	-336.368				

ZrF_3(1)

温度范围:298 ~ 800　　相:固

$\Delta H^{\ominus}_{f,298}$: −1401600　　$S^{\ominus}_{298}$:87.864

函数	r_0	r_1	r_2	r_3	r_4	r_5
C_p	95.726	14.380	−1.416			
$Ha(T)$	−1435500	95.726	7.190	1.416		
$Sa(T)$	−469.796	95.726	14.380	0.708		
$Ga(T)$	−1435500	565.522	−95.726	−7.190	0.708	
$Ga(l)$	−1381100	−142.560				

温度范围:800 ~ 1468.35　　相:固

$\Delta H^{\ominus}_{tr}$:—　　$\Delta S^{\ominus}_{tr}$:—

函数	r_0	r_1	r_2	r_3	r_4	r_5
C_p	116.867	−3.067	−6.021			
$Ha(T)$	−1452600	116.867	−1.534	6.021		
$Sa(T)$	−600.756	116.867	−3.067	3.011		
$Ga(T)$	−1452600	717.623	−116.867	1.534	3.011	
$Ga(l)$	−1319600	−219.202				

温度范围:1468.35 ~ 2000　　相:气

$\Delta H^{\ominus}_{tr}$:271210　　$\Delta S^{\ominus}_{tr}$:184.704

函数	r_0	r_1	r_2	r_3	r_4	r_5
C_p	83.977	1.916				
$Ha(T)$	−1134400	83.977	0.958			
$Sa(T)$	−182.142	83.977	1.916			
$Ga(T)$	−1134400	266.119	−83.977	−0.958		
$Ga(l)$	−986790	−447.307				

ZrF_3(2)

温度范围:298 ~ 1463　　相:固

$\Delta H^{\ominus}_{f,298}$: −1441600　　$S^{\ominus}_{298}$:87.9

函数	r_0	r_1	r_2	r_3	r_4	r_5
C_p	98.76	9.72	−1.6			
$Ha(T)$	−1476800	98.760	4.860	1.600		
$Sa(T)$	−486.692	98.760	9.720	0.800		
$Ga(T)$	−1476800	585.452	−98.760	−4.860	0.800	
$Ga(l)$	−1395200	−188.139				

ZrF_3(气)

温度范围:298 ~ 2000　　相:气

$\Delta H^{\ominus}_{f,298}$: −1188300　　$S^{\ominus}_{298}$:302.922

函数	r_0	r_1	r_2	r_3	r_4	r_5
C_p	81.588	0.795	−1.213			
$Ha(T)$	−1216700	81.588	0.398	1.213		
$Sa(T)$	−168.993	81.588	0.795	0.607		
$Ga(T)$	−1216700	250.581	−81.588	−0.398	0.607	
$Ga(l)$	−1136100	−402.417				

ZrF_4

温度范围:298 ~ 723　　相:固(α)

$\Delta H^{\ominus}_{f,298}$: -1911300　　$S^{\ominus}_{298}$:104.700

函数	r_0	r_1	r_2	r_3	r_4	r_5
C_p	117.269	18.548	-1.722			
$Ha(T)$	-1952900	117.269	9.274	1.722		
$Sa(T)$	-578.667	117.269	18.548	0.861		
$Ga(T)$	-1952900	695.936	-117.269	-9.274	0.861	
$Ga(l)$	-1889900	-163.619				

温度范围:723 ~ 1179　　相:固(β)

$\Delta H^{\ominus}_{tr}$:0　　$\Delta S^{\ominus}_{tr}$:0.000

函数	r_0	r_1	r_2	r_3	r_4	r_5
C_p	117.269	18.548	-1.722			
$Ha(T)$	-1952900	117.269	9.274	1.722		
$Sa(T)$	-578.667	117.269	18.548	0.861		
$Ga(T)$	-1952900	695.936	-117.269	-9.274	0.861	
$Ga(l)$	-1833000	-243.449				

温度范围:1179 ~ 2000　　相:气

$\Delta H^{\ominus}_{tr}$:216060　　$\Delta S^{\ominus}_{tr}$:183.257

函数	r_0	r_1	r_2	r_3	r_4	r_5
C_p	105.621	1.192	-1.613			
$Ha(T)$	-1710900	105.621	0.596	1.613		
$Sa(T)$	-292.529	105.621	1.192	0.807		
$Ga(T)$	-1710900	398.150	-105.621	-0.596	0.807	
$Ga(l)$	-1543500	-487.535				

ZrF_4(气)

温度范围:298 ~ 2200　　相:气

$\Delta H^{\ominus}_{f,298}$: -1661900　　$S^{\ominus}_{298}$:329.490

函数	r_0	r_1	r_2	r_3	r_4	r_5
C_p	105.604	1.172	-1.611			
$Ha(T)$	-1698800	105.604	0.586	1.611		
$Sa(T)$	-281.610	105.604	1.172	0.806		
$Ga(T)$	-1698800	387.214	-105.604	-0.586	0.806	
$Ga(l)$	-1586800	-466.551				

ZrCl(气)

温度范围:298 ~ 2000　　相:气

$\Delta H^{\ominus}_{f,298}$:205430　　$S^{\ominus}_{298}$:254.387

函数	r_0	r_1	r_2	r_3	r_4	r_5
C_p	36.271	3.485	-0.206			
$Ha(T)$	193770	36.271	1.743	0.206		
$Sa(T)$	45.532	36.271	3.485	0.103		
$Ga(T)$	193770	-9.261	-36.271	-1.743	0.103	
$Ga(l)$	230890	-302.961				

$ZrCl_2$

温度范围:298 ~ 1000　　相:固

$\Delta H^{\ominus}_{f,298}$: −430950　　$S^{\ominus}_{298}$:110.039

函数	r_0	r_1	r_2	r_3	r_4	r_5
C_p	68.178	18.359				
$Ha(T)$	−452090	68.178	9.180			
$Sa(T)$	−283.885	68.178	18.359			
$Ga(T)$	−452090	352.064	−68.178	−9.180		
$Ga(l)$	−407960	−167.387				

温度范围:1000 ~ 1565　　相:液

$\Delta H^{\ominus}_{tr}$:26780　　$\Delta S^{\ominus}_{tr}$:26.780

函数	r_0	r_1	r_2	r_3	r_4	r_5
C_p	91.002					
$Ha(T)$	−438960	91.002				
$Sa(T)$	−396.409	91.002				
$Ga(T)$	−438960	487.411	−91.002			
$Ga(l)$	−323770	−254.408				

温度范围:1565 ~ 2000　　相:气

$\Delta H^{\ominus}_{tr}$:188280　　$\Delta S^{\ominus}_{tr}$:120.307

函数	r_0	r_1	r_2	r_3	r_4	r_5
C_p	60.639	1.695	−0.308			
$Ha(T)$	−205430	60.639	0.848	0.308		
$Sa(T)$	−55.479	60.639	1.695	0.154		
$Ga(T)$	−205430	116.118	−60.639	−0.848	0.154	
$Ga(l)$	−94920	−401.431				

$ZrCl_2$(气)

温度范围:298 ~ 2000　　相:气

$\Delta H^{\ominus}_{f,298}$: −326350　　$S^{\ominus}_{298}$:307.524

函数	r_0	r_1	r_2	r_3	r_4	r_5
C_p	58.116	0.042	−0.218			
$Ha(T)$	−344410	58.116	0.021	0.218		
$Sa(T)$	−24.836	58.116	0.042	0.109		
$Ga(T)$	−344410	82.952	−58.116	−0.021	0.109	
$Ga(l)$	−288060	−381.201				

$ZrCl_3$

温度范围:298 ~ 1046　　相:固

$\Delta H^{\ominus}_{f,298}$: −714210　　$S^{\ominus}_{298}$:145.603

函数	r_0	r_1	r_2	r_3	r_4	r_5
C_p	99.843	12.619	−0.659			
$Ha(T)$	−746750	99.843	6.310	0.659		
$Sa(T)$	−430.731	99.843	12.619	0.330		
$Ga(T)$	−746750	530.574	−99.843	−6.310	0.330	
$Ga(l)$	−681740	−225.346				

温度范围:1046 ~ 2000　　相:气

$\Delta H_{tr}^{\ominus}$:170880　　$\Delta S_{tr}^{\ominus}$:163.365

函数	r_0	r_1	r_2	r_3	r_4	r_5
C_p	82.605	4.142	-0.697			
$Ha(T)$	-553240	82.605	2.071	0.697		
$Sa(T)$	-138.665	82.605	4.142	0.349		
$Ga(T)$	-553240	221.270	-82.605	-2.071	0.349	
$Ga(l)$	-425640	-472.341				

$ZrCl_3$(气)

温度范围:298 ~ 2000　　相:气

$\Delta H_{f,298}^{\ominus}$: -602500　　$S_{298}^{\ominus}$:336.812

函数	r_0	r_1	r_2	r_3	r_4	r_5
C_p	82.885	0.126	-0.577			
$Ha(T)$	-629150	82.885	0.063	0.577		
$Sa(T)$	-138.716	82.885	0.126	0.289		
$Ga(T)$	-629150	221.601	-82.885	-0.063	0.289	
$Ga(l)$	-548420	-440.607				

$ZrCl_4$

温度范围:298 ~ 607　　相:固

$\Delta H_{f,298}^{\ominus}$: -979770　　$S_{298}^{\ominus}$:181.418

函数	r_0	r_1	r_2	r_3	r_4	r_5
C_p	124.968	14.142	-0.837			
$Ha(T)$	-1020500	124.968	7.071	0.837		
$Sa(T)$	-539.524	124.968	14.142	0.419		
$Ga(T)$	-1020500	664.492	-124.968	-7.071	0.419	
$Ga(l)$	-962340	-231.752				

温度范围:607 ~ 2000　　相:气

$\Delta H_{tr}^{\ominus}$:103190　　$\Delta S_{tr}^{\ominus}$:170.000

函数	r_0	r_1	r_2	r_3	r_4	r_5
C_p	107.458	0.289	-0.826			
$Ha(T)$	-904080	107.458	0.145	0.826		
$Sa(T)$	-248.887	107.458	0.289	0.413		
$Ga(T)$	-904080	356.345	-107.458	-0.145	0.413	
$Ga(l)$	-774190	-519.283				

$ZrCl_4$(气)

温度范围:298 ~ 2000　　相:气

$\Delta H_{f,298}^{\ominus}$: -866090　　$S_{298}^{\ominus}$:369.322

函数	r_0	r_1	r_2	r_3	r_4	r_5
C_p	107.571	0.251	-0.803			
$Ha(T)$	-900870	107.571	0.126	0.803		
$Sa(T)$	-248.166	107.571	0.251	0.402		
$Ga(T)$	-900870	355.737	-107.571	-0.126	0.402	
$Ga(l)$	-795980	-503.832				

ZrBr(气)

温度范围:298 ~ 2000　　相:气

$\Delta H^{\ominus}_{f,298}$:301250　　$S^{\ominus}_{298}$:265.266

函数	r_0	r_1	r_2	r_3	r_4	r_5
C_p	35.033	4.452				
$Ha(T)$	290610	35.033	2.226			
$Sa(T)$	64.335	35.033	4.452			
$Ga(T)$	290610	−29.302	−35.033	−2.226		
$Ga(l)$	326800	−314.108				

$ZrBr_2$

温度范围:298 ~ 900　　相:固

$\Delta H^{\ominus}_{f,298}$: −404590　　$S^{\ominus}_{298}$:115.897

函数	r_0	r_1	r_2	r_3	r_4	r_5
C_p	83.103	11.703	−0.067			
$Ha(T)$	−430110	83.103	5.852	0.067		
$Sa(T)$	−361.456	83.103	11.703	0.034		
$Ga(T)$	−430110	444.559	−83.103	−5.852	0.034	
$Ga(l)$	−381760	−174.919				

温度范围:900 ~ 1555　　相:液

$\Delta H^{\ominus}_{tr}$:62760　　$\Delta S^{\ominus}_{tr}$:69.733

函数	r_0	r_1	r_2	r_3	r_4	r_5
C_p	91.002					
$Ha(T)$	−369650	91.002				
$Sa(T)$	−334.881	91.002				
$Ga(T)$	−369650	425.883	−91.002			
$Ga(l)$	−260090	−311.732				

温度范围:1555 ~ 2000　　相:气

$\Delta H^{\ominus}_{tr}$:131800　　$\Delta S^{\ominus}_{tr}$:84.759

函数	r_0	r_1	r_2	r_3	r_4	r_5
C_p	60.258	2.125	0.024			
$Ha(T)$	−192590	60.258	1.063	−0.024		
$Sa(T)$	−27.477	60.258	2.125	−0.012		
$Ga(T)$	−192590	87.735	−60.258	−1.063	−0.012	
$Ga(l)$	−82600	−427.114				

$ZrBr_2$(气)

温度范围:298 ~ 2000　　相:气

$\Delta H^{\ominus}_{f,298}$: −184100　　$S^{\ominus}_{298}$:330.536

函数	r_0	r_1	r_2	r_3	r_4	r_5
C_p	58.158		−0.126			
$Ha(T)$	−201860	58.158		0.126		
$Sa(T)$	−1.534	58.158		0.063		
$Ga(T)$	−201860	59.692	−58.158		0.063	
$Ga(l)$	−145610	−404.694				

$ZrBr_3$

温度范围:298 ~ 1100 相:固

$\Delta H^{\ominus}_{f,298}$: −635970 $S^{\ominus}_{298}$:172.046

函数	r_0	r_1	r_2	r_3	r_4	r_5
C_p	105.52	1.004	−0.561			
$Ha(T)$	−669360	105.520	0.502	0.561		
$Sa(T)$	−432.619	105.520	1.004	0.281		
$Ga(T)$	−669360	538.139	−105.520	−0.502	0.281	
$Ga(l)$	−601220	−256.185				

$ZrBr_3$(气)

温度范围:298 ~ 2000 相:气

$\Delta H^{\ominus}_{f,298}$: −430950 $S^{\ominus}_{298}$:371.497

函数	r_0	r_1	r_2	r_3	r_4	r_5
C_p	83.052	0.042	−0.322			
$Ha(T)$	−456790	83.052	0.021	0.322		
$Sa(T)$	−103.523	83.052	0.042	0.161		
$Ga(T)$	−456790	186.575	−83.052	−0.021	0.161	
$Ga(l)$	−376260	−476.719				

$ZrBr_4$

温度范围:298 ~ 720 相:固

$\Delta H^{\ominus}_{f,298}$: −759810 $S^{\ominus}_{298}$:224.681

函数	r_0	r_1	r_2	r_3	r_4	r_5
C_p	133.009	4.728	−0.858			
$Ha(T)$	−802550	133.009	2.364	0.858		
$Sa(T)$	−539.386	133.009	4.728	0.429		
$Ga(T)$	−802550	672.395	−133.009	−2.364	0.429	
$Ga(l)$	−735610	−291.488				

$ZrBr_4$(气)

温度范围:298 ~ 2000 相:气

$\Delta H^{\ominus}_{f,298}$: −642660 $S^{\ominus}_{298}$:414.927

函数	r_0	r_1	r_2	r_3	r_4	r_5
C_p	107.905	0.084	−0.481			
$Ha(T)$	−676450	107.905	0.042	0.481		
$Sa(T)$	−202.603	107.905	0.084	0.241		
$Ga(T)$	−676450	310.508	−107.905	−0.042	0.241	
$Ga(l)$	−571720	−551.346				

ZrI(气)

温度范围:298 ~ 2000 相:气

$\Delta H^{\ominus}_{f,298}$:591200 $S^{\ominus}_{298}$:275.600

函数	r_0	r_1	r_2	r_3	r_4	r_5
C_p	37.405	0.879	−0.067			
$Ha(T)$	579780	37.405	0.440	0.067		
$Sa(T)$	61.842	37.405	0.879	0.034		
$Ga(T)$	579780	−24.437	−37.405	−0.440	0.034	
$Ga(l)$	616420	−324.114				

ZrI_2

温度范围:298 ~ 700　　相:固

$\Delta H^{\ominus}_{f,298}$: −259410　　$S^{\ominus}_{298}$:150. 206

函数	r_0	r_1	r_2	r_3	r_4	r_5
C_p	91. 964	7. 782	−0. 004			
$Ha(T)$	−287190	91. 964	3. 891	0. 004		
$Sa(T)$	−376. 110	91. 964	7. 782	0. 002		
$Ga(T)$	−287190	468. 074	−91. 964	−3. 891	0. 002	
$Ga(l)$	−242400	−197. 587				

温度范围:700 ~ 1300　　相:液

$\Delta H^{\ominus}_{tr}$:25100　　$\Delta S^{\ominus}_{tr}$:35. 857

函数	r_0	r_1	r_2	r_3	r_4	r_5
C_p	36. 694	86. 944	−0. 063			
$Ha(T)$	−242880	36. 694	43. 472	0. 063		
$Sa(T)$	−33. 649	36. 694	86. 944	0. 032		
$Ga(T)$	−242880	70. 343	−36. 694	−43. 472	0. 032	
$Ga(l)$	−164840	−306. 464				

ZrI_2(气)

温度范围:298 ~ 2000　　相:气

$\Delta H^{\ominus}_{f,298}$: −66940　　$S^{\ominus}_{298}$:344. 762

函数	r_0	r_1	r_2	r_3	r_4	r_5
C_p	58. 199		−0. 084			
$Ha(T)$	−84570	58. 199		0. 084		
$Sa(T)$	12. 695	58. 199		0. 042		
$Ga(T)$	−84570	45. 504	−58. 199		0. 042	
$Ga(l)$	−28330	−419. 185				

ZrI_3

温度范围:298 ~ 1000　　相:固

$\Delta H^{\ominus}_{f,298}$: −397480　　$S^{\ominus}_{298}$:204. 598

函数	r_0	r_1	r_2	r_3	r_4	r_5
C_p	107. 654		−0. 335			
$Ha(T)$	−430700	107. 654		0. 335		
$Sa(T)$	−410. 655	107. 654		0. 168		
$Ga(T)$	−430700	518. 309	−107. 654		0. 168	
$Ga(l)$	−365920	−283. 581				

ZrI_3(气)

温度范围:298 ~ 2000　　相:气

$\Delta H^{\ominus}_{f,298}$: −221750　　$S^{\ominus}_{298}$:397. 689

函数	r_0	r_1	r_2	r_3	r_4	r_5
C_p	83. 094		−0. 201			
$Ha(T)$	−247200	83. 094		0. 201		
$Sa(T)$	−76. 878	83. 094		0. 101		
$Ga(T)$	−247200	159. 972	−83. 094		0. 101	
$Ga(l)$	−166800	−503. 538				

ZrI_4

温度范围:298 ~ 704　　相:固

$\Delta H^\ominus_{f,298}$: −484930　　$S^\ominus_{298}$:256.939

函数	r_0	r_1	r_2	r_3	r_4	r_5
C_p	127.612	4.184	−0.469			
$Ha(T)$	−524740	127.612	2.092	0.469		
$Sa(T)$	−474.028	127.612	4.184	0.235		
$Ga(T)$	−524740	601.640	−127.612	−2.092	0.235	
$Ga(l)$	−462150	−320.268				

ZrI_4(气)

温度范围:298 ~ 2000　　相:气

$\Delta H^\ominus_{f,298}$: −355220　　$S^\ominus_{298}$:446.768

函数	r_0	r_1	r_2	r_3	r_4	r_5
C_p	108.031		−0.272			
$Ha(T)$	−388340	108.031		0.272		
$Sa(T)$	−170.279	108.031		0.136		
$Ga(T)$	−388340	278.310	−108.031		0.136	
$Ga(l)$	−283800	−584.329				

ZrO(气)

温度范围:298 ~ 2000　　相:气

$\Delta H^\ominus_{f,298}$:58580　　$S^\ominus_{298}$:227.317

函数	r_0	r_1	r_2	r_3	r_4	r_5
C_p	26.276	14.895				
$Ha(T)$	50080	26.276	7.448			
$Sa(T)$	73.166	26.276	14.895			
$Ga(T)$	50080	−46.890	−26.276	−7.448		
$Ga(l)$	83470	−273.783				

温度范围:2000 ~ 2500　　相:气

$\Delta H^\ominus_{tr}$:—　　$\Delta S^\ominus_{tr}$:—

函数	r_0	r_1	r_2	r_3	r_4	r_5
C_p	59.078	−3.515				
$Ha(T)$	21300	59.078	−1.758			
$Sa(T)$	−139.339	59.078	−3.515			
$Ga(T)$	21300	198.417	−59.078	1.758		
$Ga(l)$	144940	−308.688				

ZrO_2

温度范围:298 ~ 1478　　相:固(α)

$\Delta H^\ominus_{f,298}$: −1097500　　$S^\ominus_{298}$:50.334

函数	r_0	r_1	r_2	r_3	r_4	r_5
C_p	69.622	7.531	−1.406			
$Ha(T)$	−1123300	69.622	3.766	1.406		
$Sa(T)$	−356.498	69.622	7.531	0.703		
$Ga(T)$	−1123300	426.120	−69.622	−3.766	0.703	
$Ga(l)$	−1064700	−120.677				

温度范围:1478 ~ 2950　　相:固(β)

$\Delta H_{tr}^{\ominus}$:5941　　$\Delta S_{tr}^{\ominus}$:4. 020

函数	r_0	r_1	r_2	r_3	r_4	r_5
C_p	74. 475					
$Ha(T)$	-1115400	74. 475				
$Sa(T)$	-376. 445	74. 475				
$Ga(T)$	-1115400	450. 920	-74. 475			
$Ga(l)$	-955410	-196. 359				

温度范围:2950 ~ 4548　　相:液

$\Delta H_{tr}^{\ominus}$:87030　　$\Delta S_{tr}^{\ominus}$:29. 502

函数	r_0	r_1	r_2	r_3	r_4	r_5
C_p	87. 864					
$Ha(T)$	-1067800	87. 864				
$Sa(T)$	-453. 915	87. 864				
$Ga(T)$	-1067800	541. 779	-87. 864			
$Ga(l)$	-742450	-268. 735				

ZrO_2(气)

温度范围:298 ~ 2500　　相:气

$\Delta H_{f,298}^{\ominus}$: -286200　　$S_{298}^{\ominus}$:273. 7

函数	r_0	r_1	r_2	r_3	r_4	r_5
C_p	55. 89	1. 02	-0. 95			
$Ha(T)$	-306100	55. 890	0. 510	0. 950		
$Sa(T)$	-50. 386	55. 890	1. 020	0. 475		
$Ga(T)$	-306100	106. 276	-55. 890	-0. 510	0. 475	
$Ga(l)$	-240460	-352. 223				

$ZrO_2 \cdot SiO_2$(1)

温度范围:298 ~ 1400　　相:固

$\Delta H_{f,298}^{\ominus}$: -2031200　　$S_{298}^{\ominus}$:84. 098

函数	r_0	r_1	r_2	r_3	r_4	r_5
C_p	118. 629	47. 907	-2. 977	-16. 728		
$Ha(T)$	-2078500	118. 629	23. 954	2. 977	-5. 576	
$Sa(T)$	-622. 087	118. 629	47. 907	1. 489	-8. 364	
$Ga(T)$	-2078500	740. 716	-118. 629	-23. 954	1. 489	2. 788
$Ga(l)$	-1973700	-209. 392				

温度范围:1400 ~ 1980　　相:固

$\Delta H_{tr}^{\ominus}$:—　　$\Delta S_{tr}^{\ominus}$:—

函数	r_0	r_1	r_2	r_3	r_4	r_5
C_p	150. 624					
$Ha(T)$	-2089600	150. 624				
$Sa(T)$	-802. 430	150. 624				
$Ga(T)$	-2089600	953. 054	-150. 624			
$Ga(l)$	-1837000	-316. 629				

$ZrO_2 \cdot SiO_2$(2)

温度范围:298 ~ 1949 相:固

$\Delta H^{\ominus}_{f,298}$: -2035700 $S^{\ominus}_{298}$:84

函数	r_0	r_1	r_2	r_3	r_4	r_5
C_p	131.71	16.4	-3.38			
$Ha(T)$	-2087000	131.710	8.200	3.380		
$Sa(T)$	-690.332	131.710	16.400	1.690		
$Ga(T)$	-2087000	822.042	-131.710	-8.200	1.690	
$Ga(l)$	-1949700	-247.173				

ZrS(气)

温度范围:298 ~ 800 相:气

$\Delta H^{\ominus}_{f,298}$:309620 $S^{\ominus}_{298}$:246.856

函数	r_0	r_1	r_2	r_3	r_4	r_5
C_p	32.221	5.954				
$Ha(T)$	299750	32.221	2.977			
$Sa(T)$	61.499	32.221	5.954			
$Ga(T)$	299750	-29.278	-32.221	-2.977		
$Ga(l)$	317260	-267.320				

温度范围:800 ~ 2000 相:气

$\Delta H^{\ominus}_{tr}$:— $\Delta S^{\ominus}_{tr}$:—

函数	r_0	r_1	r_2	r_3	r_4	r_5
C_p	36.271	0.569				
$Ha(T)$	298230	36.271	0.285			
$Sa(T)$	38.734	36.271	0.569			
$Ga(T)$	298230	-2.463	-36.271	-0.285		
$Ga(l)$	346980	-301.592				

ZrS_2

温度范围:298 ~ 1823 相:固

$\Delta H^{\ominus}_{f,298}$: -577390 $S^{\ominus}_{298}$:78.241

函数	r_0	r_1	r_2	r_3	r_4	r_5
C_p	64.266	15.062				
$Ha(T)$	-597220	64.266	7.531			
$Sa(T)$	-292.411	64.266	15.062			
$Ga(T)$	-597220	356.677	-64.266	-7.531		
$Ga(l)$	-532300	-167.492				

ZrN

温度范围:298 ~ 3225 相:固

$\Delta H^{\ominus}_{f,298}$: -365260 $S^{\ominus}_{298}$:38.869

函数	r_0	r_1	r_2	r_3	r_4	r_5
C_p	46.442	7.029	-0.720			
$Ha(T)$	-381830	46.442	3.515	0.720		
$Sa(T)$	-231.884	46.442	7.029	0.360		
$Ga(T)$	-381830	278.326	-46.442	-3.515	0.360	
$Ga(l)$	-308010	-123.954				

温度范围:3225 ~ 3500 相:液

$\Delta H_{tr}^{\ominus}$:67360 $\Delta S_{tr}^{\ominus}$:20.887

函数	r_0	r_1	r_2	r_3	r_4	r_5
C_p	58.576					
$Ha(T)$	-316830	58.576				
$Sa(T)$	-286.321	58.576				
$Ga(T)$	-316830	344.897	-58.576			
$Ga(l)$	-119750	-189.392				

ZrC

温度范围:298 ~ 3500 相:固

$\Delta H_{f,298}^{\ominus}$:-196650 $S_{298}^{\ominus}$:33.305

函数	r_0	r_1	r_2	r_3	r_4	r_5
C_p	51.087	3.389	-1.297			
$Ha(T)$	-216380	51.087	1.695	1.297		
$Sa(T)$	-266.074	51.087	3.389	0.649		
$Ga(T)$	-216380	317.161	-51.087	-1.695	0.649	
$Ga(l)$	-134470	-121.960				

ZrC_4

温度范围:298 ~ 550 相:固

$\Delta H_{f,298}^{\ominus}$:-962320 $S_{298}^{\ominus}$:186.188

函数	r_0	r_1	r_2	r_3	r_4	r_5
C_p	137.444	-15.983				
$Ha(T)$	-1002600	137.444	-7.992			
$Sa(T)$	-592.147	137.444	-15.983			
$Ga(T)$	-1002600	729.591	-137.444	7.992		
$Ga(l)$	-947080	-231.360				

ZrSi

温度范围:298 ~ 2000 相:固

$\Delta H_{f,298}^{\ominus}$:-154810 $S_{298}^{\ominus}$:58.158

函数	r_0	r_1	r_2	r_3	r_4	r_5
C_p	45.187	8.786	-0.297			
$Ha(T)$	-169670	45.187	4.393	0.297		
$Sa(T)$	-203.589	45.187	8.786	0.149		
$Ga(T)$	-169670	248.776	-45.187	-4.393	0.149	
$Ga(l)$	-120970	-122.251				

$ZrSi_2$

温度范围:298 ~ 1790 相:固

$\Delta H_{f,298}^{\ominus}$:-159410 $S_{298}^{\ominus}$:71.546

函数	r_0	r_1	r_2	r_3	r_4	r_5
C_p	63.178	15.355	-0.280			
$Ha(T)$	-179870	63.178	7.678	0.280		
$Sa(T)$	-294.570	63.178	15.355	0.140		
$Ga(T)$	-179870	357.748	-63.178	-7.678	0.140	
$Ga(l)$	-116370	-157.130				

Zr_2Si

温度范围:298 ~ 2000　　相:固

$\Delta H^{\ominus}_{f,298}$: -208360　　$S^{\ominus}_{298}$:100. 416

函数	r_0	r_1	r_2	r_3	r_4	r_5
C_p	72. 383	11. 004	-0. 611			
$Ha(T)$	-232480	72. 383	5. 502	0. 611		
$Sa(T)$	-318. 711	72. 383	11. 004	0. 306		
$Ga(T)$	-232480	391. 094	-72. 383	-5. 502	0. 306	
$Ga(l)$	-155970	-199. 790				

Zr_5Si_3

温度范围:298 ~ 2000　　相:固

$\Delta H^{\ominus}_{f,298}$: -575720　　$S^{\ominus}_{298}$:263. 174

函数	r_0	r_1	r_2	r_3	r_4	r_5
C_p	189. 117	30. 752	-1. 506			
$Ha(T)$	-638520	189. 117	15. 376	1. 506		
$Sa(T)$	-831. 978	189. 117	30. 752	0. 753		
$Ga(T)$	-638520	1021. 095	-189. 117	-15. 376	0. 753	
$Ga(l)$	-437650	-524. 969				

ZrB_2

温度范围:298 ~ 3323　　相:固

$\Delta H^{\ominus}_{f,298}$: -322590　　$S^{\ominus}_{298}$:35. 941

函数	r_0	r_1	r_2	r_3	r_4	r_5
C_p	64. 183	9. 414	-1. 657			
$Ha(T)$	-347700	64. 183	4. 707	1. 657		
$Sa(T)$	-341. 875	64. 183	9. 414	0. 829		
$Ga(T)$	-347700	406. 058	-64. 183	-4. 707	0. 829	
$Ga(l)$	-242670	-151. 695				

温度范围:3323 ~ 4466　　相:液

$\Delta H^{\ominus}_{tr}$:104600　　$\Delta S^{\ominus}_{tr}$:31. 478

函数	r_0	r_1	r_2	r_3	r_4	r_5
C_p	96. 232					
$Ha(T)$	-297130	96. 232				
$Sa(T)$	-538. 913	96. 232				
$Ga(T)$	-297130	635. 145	-96. 232			
$Ga(l)$	75500	-256. 462				

附录 1 物质的应用热力学函数

第 1 章 引 言

1.1 热力学计算的梦想

计算一个过程(一个化学反应或纯物质只经历温度变化而不伴随化学反应的过程)的标准焓变化、标准熵变化和标准吉布斯自由能变化是进行热力学计算的基础和关键。

就其本性而言,物质的焓(H)、熵(S)和吉布斯自由能(G)都是状态函数。对一般化学反应

$$mM + nN + \cdots = uU + vV + \cdots \tag{1-1}$$

式中 M,N,U,V 等——参加反应的物质;

m,n,u,v 等——参加反应的物质的化学计量系数。

则根据状态函数的性质,其标准焓变化、标准熵变化和标准吉布斯自由能变化分别应当是

$$\begin{aligned}\Delta H^{\ominus}_{反应} &= (uH^{\ominus}_{U} + vH^{\ominus}_{V} + \cdots) - (mH^{\ominus}_{M} + nH^{\ominus}_{N} + \cdots)\\ &= \sum H^{\ominus}_{生成物} - \sum H^{\ominus}_{反应物}\end{aligned} \tag{1-2}$$

$$\begin{aligned}\Delta S^{\ominus}_{反应} &= (uS^{\ominus}_{U} + vS^{\ominus}_{V} + \cdots) - (mS^{\ominus}_{M} + nS^{\ominus}_{N} + \cdots)\\ &= \sum S^{\ominus}_{生成物} - \sum S^{\ominus}_{反应物}\end{aligned} \tag{1-3}$$

$$\begin{aligned}\Delta G^{\ominus}_{反应} &= (uG^{\ominus}_{U} + vG^{\ominus}_{V} + \cdots) - (mG^{\ominus}_{M} + nG^{\ominus}_{N} + \cdots)\\ &= \sum G^{\ominus}_{生成物} - \sum G^{\ominus}_{反应物}\end{aligned} \tag{1-4}$$

当 1 mol 纯净物质 M(纯净的单质或纯净的化合物)从温度 T_0 变化到 T_1 而不伴随化学反应时,过程中的标准焓变化、标准熵变化和标准吉布斯自由能变化分别应当是

$$\Delta H^{\ominus}_{M} = H^{\ominus}_{M}(T_1) - H^{\ominus}_{M}(T_0) \tag{1-5}$$

$$\Delta S^{\ominus}_{M} = S^{\ominus}_{M}(T_1) - S^{\ominus}_{M}(T_0) \tag{1-6}$$

$$\Delta G^{\ominus}_{M} = G^{\ominus}_{M}(T_1) - G^{\ominus}_{M}(T_0) \tag{1-7}$$

对计算化学反应或纯物质温度变化过程中的标准焓变化、标准熵变化和标准吉布斯自由能变化,式(1-2)~式(1-7)被公认为是最便捷的方法。然而,由于物质的焓和吉布斯自由能的绝对值无法知道,因此式(1-2)、式(1-4)、式(1-5)和式(1-7)至今无法应用,也影响了式(1-3)和式(1-6)的应用。

为了进行热力学计算,人们进行了大量的实验,并把物质的恒压热容归结为温度的幂指数函数以便于积分运算。当然,不同的文献所采用的物质的恒压热容形式略有不同。在本书推导过程中采用如下形式。

$$C_p = a + b \times 10^{-3}T + c \times 10^{6}T^{-2} + d \times 10^{-6}T^{2} \tag{1-8}$$

式中 C_p——物质的恒压热容,J/(mol · K);

T——热力学温度,K;

a——常数项(在数据表中则用 r_0 代替);

b,c,d——其余各项系数(在数据表中则分别用 r_1、r_2 和 r_3 代替)。

传统的热力学计算需要应用基尔霍夫定律,分别采用不定积分法或定积分法求得一个过程(一个化学反应或纯净物的温度变化过程)的标准焓变化温度关系和标准熵变化温度关系,最后计算其标准吉布斯自由能变化温度关系。这里以不定积分法为例,计算至少必须完成以下步骤。

第一步,从热力学数据表中查出参加反应各物质的恒压热容温度关系,然后求出化学反应的恒压热容变化为

$$\Delta C_p = (uC_{p,\mathrm{U}} + vC_{p,\mathrm{V}} + \cdots) - (mC_{p,\mathrm{M}} + C_{p,\mathrm{N}} + \cdots) \tag{1-9}$$

第二步,根据基尔霍夫定律,对化学反应的恒压热容变化进行积分,得到带有未定积分常数的标准焓变化温度关系为

$$\Delta H^{\ominus}(T)_{\text{反应}} = \int \Delta C_p \mathrm{d}T \tag{1-10}$$

第三步,从热力学数据表中查出参加反应各物质在 298 K 温度时的标准摩尔生成焓,并计算化学反应在 298 K 时的标准生成焓变化为

$$\Delta H^{\ominus}_{\mathrm{f},298,\text{反应}} = (u\Delta H^{\ominus}_{\mathrm{f},298,\mathrm{U}} + v\Delta H^{\ominus}_{\mathrm{f},298,\mathrm{V}} + \cdots) - (m\Delta H^{\ominus}_{\mathrm{f},298,\mathrm{M}} + n\Delta H^{\ominus}_{\mathrm{f},298,\mathrm{N}} + \cdots) \tag{1-11}$$

第四步,利用化学反应在 298 K 时的标准焓变化等于其在该温度时的标准生成焓变化,即

$$\Delta H^{\ominus}(298)_{\text{反应}} = \Delta H^{\ominus}_{\mathrm{f},298,\text{反应}} \tag{1-12}$$

从而确定积分常数,得到化学反应标准焓变化温度关系 $\Delta H^{\ominus}(T)_{\text{反应}}$。

第五步,对化学反应的恒压热容变化与温度 T 的商进行不定积分,得到带有未定积分常数的标准熵变化温度关系为

$$\Delta S^{\ominus}(T)_{\text{反应}} = \int \frac{\Delta C_p}{T} \mathrm{d}T \tag{1-13}$$

第六步,从热力学数据表中查出参加反应各物质在 298 K 温度时的标准摩尔熵,并计算化学反应在 298 K 时的标准熵变化为

$$\Delta S^{\ominus}_{298,\text{反应}} = (uS^{\ominus}_{298,\mathrm{U}} + vS^{\ominus}_{298,\mathrm{V}} + \cdots) - (mS^{\ominus}_{298,\mathrm{M}} + nS^{\ominus}_{298,\mathrm{N}} + \cdots) \tag{1-14}$$

第七步,利用化学反应在 298 K 时的标准熵变化

$$\Delta S^{\ominus}(298)_{\text{反应}} = \Delta S^{\ominus}_{298,\text{反应}} \tag{1-15}$$

求出积分常数,得到化学反应标准熵变化温度关系 $\Delta S^{\ominus}(T)_{\text{反应}}$。

第八步,利用下列公式求出化学反应的标准吉布斯自由能变化温度关系

$$\Delta G^{\ominus}(T)_{\text{反应}} = \Delta H^{\ominus}(T)_{\text{反应}} - T\Delta S^{\ominus}(T)_{\text{反应}} \tag{1-16}$$

由于物质的恒压热容是温度的幂指数多项式,而且计算中所用的温度数值较大(等于或大于 298.15 K),整个计算过程的麻烦程度可想而知。而且,正如我们所知,只要有一种参加化学反应的物质发生相变(phase transition),就必须进行一次新的热力学计算。这样,在参加化学反应的某些物质经历多次相变或一个系统中有多个化学反应发生的情况下,人们不得不花费大量的时间和精力。随着计算烦琐而来的问题是很容易发生计算错误。一旦出现错误,很难发现和纠正。为了简化计算过程,人们进行了不懈的努力,但效果并不明显。因此,热力学计算至今难以作为得心应手的科学工具来解决科研和生产的实际问题,制约了它的普及和广泛应用。这样,计算式(1-2) ~ 式(1-7)的应用,也就成了不能实现的梦想。

本书通过对一般化学反应(1-1)的传统热力学计算方法的回顾、分析和归纳,定义了物质的应用热

力学函数,建立起了一个创新的应用热力学数据及其计算方法新体系,作为一种替代形式,在不知道物质的焓和吉布斯自由能的绝对值情况下,实现与式(1-2)~式(1-7)相同的计算。该体系冲破了物质的焓和自由能的绝对值的束缚,从根本上解决了热力学计算中一直存在的难题。

1.2　本文中一些表达方式的说明

求化学反应的标准焓变化温度关系、标准熵变化温度关系需要进行积分运算。积分结果一般均为温度的幂函数和对数函数多项式,书写很麻烦。为书写方便,以下将积分常数与不含任何常数项的原函数分开表示。

假定$\mu(x)=\frac{\mathrm{d}F(x)}{\mathrm{d}x}$是函数$F(x)$的导数,且是连续函数,则$\mu(x)$的不定积分可以写成

$$\begin{aligned} F(x) &= \int \mu(x)\,\mathrm{d}x \\ &= F_0 + f(x) \end{aligned} \tag{1-17}$$

式中　F_0——积分常数;

$f(x)$——$\mu(x)$的原函数中不包含积分常数的部分。

例如,若物质的恒压热容C_p为式(1-8),则C_p的不定积分可写为

$$\begin{aligned} \int C_p \mathrm{d}T &= \int (a + b\times10^{-3}T + c\times10^{6}T^{-2} + d\times10^{-6}T^2)\,\mathrm{d}T \\ &= H_0 + aT + \frac{1}{2}b\times10^{-3}T^2 - c\times10^{6}T^{-1} + \frac{1}{3}d\times10^{-6}T^3 \\ &= H_0 + h(T) \end{aligned} \tag{1-18}$$

$$h(T) = aT + \frac{1}{2}b\times10^{-3}T^2 - c\times10^{6}T^{-1} + \frac{1}{3}d\times10^{-6}T^3 \tag{1-19}$$

式中　H_0——积分常数。

又如,对$\frac{C_p}{T}$的不定积分可表达为

$$\begin{aligned} \int \frac{C_p}{T}\mathrm{d}T &= \int (aT^{-1} + b\times10^{-3} + c\times10^{6}T^{-3} + d\times10^{-6}T)\,\mathrm{d}T \\ &= S_0 + a\ln T + b\times10^{-3}T - \frac{1}{2}c\times10^{6}T^{-2} + \frac{1}{2}d\times10^{-6}T^2 \\ &= S_0 + s(T) \end{aligned} \tag{1-20}$$

$$s(T) = a\ln T + b\times10^{-3}T - \frac{1}{2}c\times10^{6}T^{-2} + \frac{1}{2}d\times10^{-6}T^2 \tag{1-21}$$

式中　S_0——积分常数。

1.3　本文的设定

我们对参加化学反应(1-1)各物质设定一套热力学基本数据,见表1-1。其中考虑的温度$T \geqslant 298.15$ K。参加反应各物质中,仅反应物M和生成物U分别经历过相变,其余的物质均未经历相变。

表1-1　参加化学反应(1-1)各物质的热力学基本数据

物质	温度范围(K)	相态	恒压热容 [J/(mol·K)]	相变温度 (K)	标准相变焓 (J/mol)	298 K时的标准生成焓(J/mol)	298 K时的标准熵 [J/(mol·K)]
M	$298 \sim T_{tr,M1}$	M_1	$C_{p,M1}$			$\Delta H^{\ominus}_{f,298,M}$	$S^{\ominus}_{298,M}$
	$T_{tr,M1} \sim T_{tr,M2}$	M_2	$C_{p,M2}$	$T_{tr,M1}$	$\Delta H^{\ominus}_{tr,M1}$		
	$T_{tr,M2} \sim T_{tr,M3}$	M_3	$C_{p,M3}$	$T_{tr,M2}$	$\Delta H^{\ominus}_{tr,M2}$		
	⋮						
	$T_{tr,M(n-1)} \sim T_{tr,Mn}$	M_n	$C_{p,Mn}$	$T_{tr,M(n-1)}$	$\Delta H^{\ominus}_{tr,M(n-1)}$		
N	$298 \sim T$	N	$C_{p,N}$			$\Delta H^{\ominus}_{f,298,N}$	$S^{\ominus}_{298,N}$
U	$298 \sim T_{tr,U1}$	U_1	$C_{p,U1}$			$\Delta H^{\ominus}_{f,298,U}$	$S^{\ominus}_{298,U}$
	$T_{tr,U1} \sim T_{tr,U2}$	U_2	$C_{p,U2}$	$T_{tr,U1}$	$\Delta H^{\ominus}_{tr,U1}$		
V	$298 \sim T$	V	$C_{p,V}$			$\Delta H^{\ominus}_{f,298,V}$	$S^{\ominus}_{298,V}$

由于难以比较表1-1中温度的高低顺序,因此为了以下推导方便,这里把它们表示在图1-1中,温度从左向右依次升高。

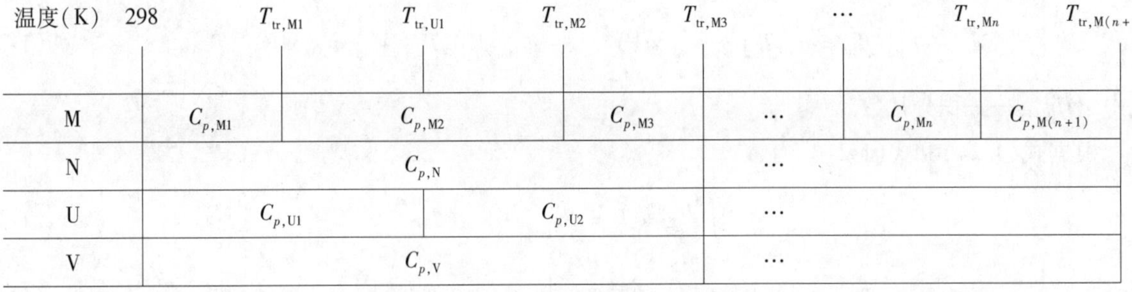

图1-1　表1-1中有关温度之间的关系

其中

$$C_{p,M1} = a_{M1} + b_{M1} \times 10^{-3} T + c_{M1} \times 10^{6} T^{-2} + d_{M1} \times 10^{-6} T^{2} \tag{1-22}$$

$$C_{p,M2} = a_{M2} + b_{M2} \times 10^{-3} T + c_{M2} \times 10^{6} T^{-2} + d_{M2} \times 10^{-6} T^{2} \tag{1-23}$$

$$C_{p,M3} = a_{M3} + b_{M3} \times 10^{-3} T + c_{M3} \times 10^{6} T^{-2} + d_{M3} \times 10^{-6} T^{2} \tag{1-24}$$

$$C_{p,N} = a_{N} + b_{N} \times 10^{-3} T + c_{N} \times 10^{6} T^{-2} + d_{N} \times 10^{-6} T^{2} \tag{1-25}$$

$$C_{p,U1} = a_{U1} + b_{U1} \times 10^{-3} T + c_{U1} \times 10^{6} T^{-2} + d_{U1} \times 10^{-6} T^{2} \tag{1-26}$$

$$C_{p,U2} = a_{U2} + b_{U2} \times 10^{-3} T + c_{U2} \times 10^{6} T^{-2} + d_{U2} \times 10^{-6} T^{2} \tag{1-27}$$

$$C_{p,V} = a_{V} + b_{V} \times 10^{-3} T + c_{V} \times 10^{6} T^{-2} + d_{V} \times 10^{-6} T^{2} \tag{1-28}$$

在温度范围$[298, T_{tr,M1}]$内,对于物质M,根据式(1-22)和式(1-19),有

$$\int C_{p,M1} \mathrm{d}T = H_{0,M1} + h_{M1}(T) \tag{1-29}$$

$$h_{M1}(T) = a_{M1} T + \frac{1}{2} b_{M1} \times 10^{-3} T^{2} - c_{M1} \times 10^{6} T^{-1} + \frac{1}{3} d_{M1} \times 10^{-6} T^{3} \tag{1-30}$$

式中　$H_{0,M1}$——积分常数。

根据式(1-22)和式(1-21),有

$$\int \frac{C_{p,M1}}{T} \mathrm{d}T = S_{0,M1} + s_{M1}(T) \tag{1-31}$$

$$s_{M1}(T) = a_{M1} \ln T + b_{M1} \times 10^{-3} T - \frac{1}{2} c_{M1} \times 10^{6} T^{-2} + \frac{1}{2} d_{M1} \times 10^{-6} T^{2} \tag{1-32}$$

式中 $S_{0,M1}$——积分常数。

在温度范围[$T_{tr,M1}$,$T_{tr,M2}$]内,对于物质 M,根据式(1-23)和式(1-19),有

$$\int C_{p,M2}dT = H_{0,M2} + h_{M2}(T) \tag{1-33}$$

$$h_{M2}(T) = a_{M2}T + \frac{1}{2}b_{M2} \times 10^{-3}T^2 - c_{M2} \times 10^6 T^{-1} + \frac{1}{3}d_{M2} \times 10^{-6}T^3 \tag{1-34}$$

式中 $H_{0,M2}$——积分常数。

根据式(1-23)和式(1-21),有

$$\int \frac{C_{p,M2}}{T}dT = S_{0,M2} + s_{M2}(T) \tag{1-35}$$

$$s_{M2}(T) = a_{M2}\ln T + b_{M2} \times 10^{-3}T - \frac{1}{2}c_{M2} \times 10^6 T^{-2} + \frac{1}{2}d_{M2} \times 10^{-6}T^2 \tag{1-36}$$

式中 $S_{0,M2}$——积分常数。

在温度范围[T_{tr,M_2},$T_{tr,M3}$]内,对于物质 M,根据式(1-24)和式(1-19),有

$$\int C_{p,M3}dT = H_{0,M3} + h_{M3}(T) \tag{1-37}$$

$$h_{M3}(T) = a_{M3}T + \frac{1}{2}b_{M3} \times 10^{-3}T^2 - c_{M3} \times 10^6 T^{-1} + \frac{1}{3}d_{M3} \times 10^{-6}T^3 \tag{1-38}$$

式中 $H_{0,M3}$——积分常数。

根据式(1-24)和式(1-21),有

$$\int \frac{C_{p,M3}}{T}dT = S_{0,M3} + s_{M3}(T) \tag{1-39}$$

$$s_{M3}(T) = a_{M3}\ln T + b_{M3} \times 10^{-3}T - \frac{1}{2}c_{M3} \times 10^6 T^{-2} + \frac{1}{2}d_{M3} \times 10^{-6}T^2 \tag{1-40}$$

式中 $S_{0,M3}$——积分常数。

在温度范围[298,$T_{tr,U2}$]内,包括在温度范围[298,$T_{tr,M1}$]、[$T_{tr,M1}$,$T_{tr,U1}$]和[$T_{tr,U1}$,$T_{tr,U2}$]内,对于物质 N,根据式(1-25)和式(1-19),有

$$\int C_{p,N}dT = H_{0,N} + h_N(T) \tag{1-41}$$

$$h_N(T) = a_N T + \frac{1}{2}b_N \times 10^{-3}T^2 - c_N \times 10^6 T^{-1} + \frac{1}{3}d_N \times 10^{-6}T^3 \tag{1-42}$$

式中 $H_{0,N}$——积分常数。

根据式(1-25)和式(1-21),有

$$\int \frac{C_{p,N}}{T}dT = S_{0,N} + s_N(T) \tag{1-43}$$

$$s_N(T) = a_N\ln T + b_N \times 10^{-3}T - \frac{1}{2}c_N \times 10^6 T^{-2} + \frac{1}{2}d_N \times 10^{-6}T^2 \tag{1-44}$$

式中 $S_{0,N}$——积分常数。

在温度范围[298,$T_{tr,U1}$]内,包括在温度范围[298,$T_{tr,M1}$]和[$T_{tr,M1}$,$T_{tr,U1}$]内,对于物质 U,根据式(1-26)和式(1-19),有

$$\int C_{p,U1}dT = H_{0,U1} + h_{U1}(T) \tag{1-45}$$

$$h_{U1}(T) = a_{U1}T + \frac{1}{2}b_{U1} \times 10^{-3}T^2 - c_{U1} \times 10^6 T^{-1} + \frac{1}{3}d_{U1} \times 10^{-6}T^3 \tag{1-46}$$

式中　$H_{0,U1}$——积分常数。

根据式(1-26)和式(1-21),有

$$\int \frac{C_{p,U1}}{T} dT = S_{0,U1} + s_{U1}(T) \quad (1\text{-}47)$$

$$s_{U1}(T) = a_{U1} \ln T + b_{U1} \times 10^{-3} T - \frac{1}{2} c_{U1} \times 10^{6} T^{-2} + \frac{1}{2} d_{U1} \times 10^{-6} T^{2} \quad (1\text{-}48)$$

式中　$S_{0,U1}$——积分常数。

在温度范围$[T_{tr,U1}, T_{tr,U2}]$内,对于物质U,根据式(1-27)和式(1-19),有

$$\int C_{p,U2} dT = H_{0,U2} + h_{U2}(T) \quad (1\text{-}49)$$

$$h_{U2}(T) = a_{U2} T + \frac{1}{2} b_{U2} \times 10^{-3} T^{2} - c_{U2} \times 10^{6} T^{-1} + \frac{1}{3} d_{U2} \times 10^{-6} T^{3} \quad (1\text{-}50)$$

式中　$H_{0,U2}$——积分常数。

根据式(1-27)和式(1-21),有

$$\int \frac{C_{p,U2}}{T} dT = S_{0,U2} + s_{U2}(T) \quad (1\text{-}51)$$

$$s_{U2}(T) = a_{U2} \ln T + b_{U2} \times 10^{-3} T - \frac{1}{2} c_{U2} \times 10^{6} T^{-2} + \frac{1}{2} d_{U2} \times 10^{-6} T^{2} \quad (1\text{-}52)$$

式中　$S_{0,U2}$——积分常数。

在温度范围$[298, T_{tr,U2}]$内,包括在温度范围$[298, T_{tr,M1}]$、$[T_{tr,M1}, T_{tr,U1}]$和$[T_{tr,U1}, T_{tr,U2}]$内,对物质V,根据式(1-29)和式(1-19),有

$$\int C_{p,V} dT = H_{0,V} + h_{V}(T) \quad (1\text{-}53)$$

$$h_{V}(T) = a_{V} T + \frac{1}{2} b_{V} \times 10^{-3} T^{2} - c_{V} \times 10^{6} T^{-1} + \frac{1}{3} d_{V} \times 10^{-6} T^{3} \quad (1\text{-}54)$$

式中　$H_{0,V}$——积分常数。

根据式(1-29)和式(1-21),有

$$\int \frac{C_{p,V}}{T} dT = S_{0,V} + s_{V}(T) \quad (1\text{-}55)$$

$$s_{V}(T) = a_{V} \ln T + b_{V} \times 10^{-3} T - \frac{1}{2} c_{V} \times 10^{6} T^{-2} + \frac{1}{2} d_{V} \times 10^{-6} T^{2} \quad (1\text{-}56)$$

式中　$S_{0,V}$——积分常数。

第2章　对化学反应传统热力学计算的回顾与再分析

长期以来,基尔霍夫定律提供了可行的热力学计算方法。由式(1-9)、式(1-11)和式(1-14)可知,按照传统的热力学方法,在计算化学反应的恒压热容变化、在温度298 K时的标准生成焓变化和标准熵变化时,均将参加反应各物质的相应数据“捆绑”在一起。当通过积分方法计算化学反应的标准焓变化温度关系和标准熵变化温度关系时,不同的化学反应当然总是得到不同的积分常数。这样,我们不能看清楚积分常数的组成规律,使积分常数蒙上了神秘的色彩,以致它似乎成了不可预知的数值。其实,只要我们根据基尔霍夫定律重新分析传统的热力学计算方法,就会发现情况并非如此。

本章将对化学反应(1-1)在4个连续的恒压热容适用温度范围内回顾和分析传统热力学计算过程。它分别包括了下列4种情况:参加反应各物质均未经历过相变、某个反应物经历过一次相变、某个生成物经历过1次相变、某个反应物经历过2次相变。为了清楚地表明化学反应的标准焓变化温度关系、标准熵变化温度关系和标准吉布斯自由能变化温度关系计算中积分常数的构成,这里采用不定积分法。

2.1　参加反应各物质均未经历过相变的情况

这里以一般化学反应(1-1)在温度范围$[298, T_{tr,M1}]$内为例,根据表1-1和图1-1,在该温度范围内化学反应(1-1)可写为

$$mM_1 + nN + \cdots = uU_1 + vV + \cdots \tag{2-1}$$

本节针对化学反应(2-1)进行热力学计算的回顾与分析。

2.1.1　求化学反应的标准焓变化温度关系

从热力学手册中查出参加反应有关物质的恒压热容 $C_{p,M1}$, $C_{p,N}$, $C_{p,U1}$, $C_{p,V}$, …如式(1-22)、式(1-25)、式(1-26)、式(1-28)、…所示,则根据式(1-9),反应(2-1)的恒压热容变化为

$$\Delta C_{p1} = (uC_{p,U1} + vC_{p,V} + \cdots) - (mC_{p,M1} + nC_{p,N} + \cdots) \tag{2-2}$$

传统上,将式(2-2)整理成

$$\Delta C_{p1} = \Delta a_1 + \Delta b_1 \times 10^{-3}T + \Delta c_1 \times 10^{6}T^{-2} + \Delta d_1 \times 10^{-6}T^2 \tag{2-3}$$

其中

$$\Delta a_1 = (ua_{U1} + va_V + \cdots) - (ma_{M1} + na_N + \cdots)$$

$$\Delta b_1 = (ub_{U1} + vb_V + \cdots) - (mb_{M1} + nb_N + \cdots)$$

$$\Delta c_1 = (uc_{U1} + vc_V + \cdots) - (mc_{M1} + nc_N + \cdots)$$

$$\Delta d_1 = (ud_{U1} + vd_V + \cdots) - (md_{M1} + nd_N + \cdots)$$

可见,式(2-2)与式(2-3)是完全等价的。

根据式(1-10),在该温度范围内有

$$\Delta H^{\ominus}(T)_{反应1} = \int \Delta C_{p1} \mathrm{d}T \tag{2-4}$$

式中　$\Delta H^{\ominus}(T)_{反应1}$——化学反应(2-1)在该温度范围内的标准焓变化温度关系。

传统的方法是将式(2-3)代入式(2-4)积分。然而,在这里将式(2-2)代入式(2-4)进行积分。根据积分的性质,得

$$\Delta H^{\ominus}(T)_{反应1} = \left(u\int C_{p,U1}\mathrm{d}T + v\int C_{p,V}\mathrm{d}T + \cdots\right) - \left(m\int C_{p,M1}\mathrm{d}T + n\int C_{p,N}\mathrm{d}T + \cdots\right) \tag{2-5}$$

采用式(1-18)和式(1-19)的形式可将式(2-5)的积分结果表示为

$$\Delta H^{\ominus}(T)_{反应1} = \Delta H_{0,1} + [uh_{U1}(T) + vh_V(T) + \cdots] - [mh_{M1}(T) + nh_N(T) + \cdots] \quad \mathrm{J} \tag{2-6}$$

式中　$\Delta H_{0,1}$——未定的积分常数。

在热力学手册中查出参加反应有关物质在298 K时的标准摩尔生成焓分别为$\Delta H^{\ominus}_{f,298,M}$, $\Delta H^{\ominus}_{f,298,N}$, $\Delta H^{\ominus}_{f,298,U}$, $\Delta H^{\ominus}_{f,298,V}$, …(见表1-1),则反应在温度298 K时的标准生成焓变化为式(1-11)。

根据式(2-6)得

$$\Delta H_{0,1} + [uh_{U1}(298) + vh_V(298) + \cdots] - [mh_{M1}(298) + nh_N(298) + \cdots] = \Delta H^{\ominus}_{f,298,反应}$$

将式(1-11)代入上式并整理得

$$\Delta H_{0,1}=\{u[\Delta H^{\ominus}_{f,298,U}-h_{U1}(298)]+v[\Delta H^{\ominus}_{f,298,V}-h_{V}(298)]+\cdots\}-\{m[\Delta H^{\ominus}_{f,298,M}-h_{M1}(298)]+n[\Delta H^{\ominus}_{f,298,N}-h_{N}(298)]+\cdots\} \quad (2\text{-}7)$$

式(2-7)表明了积分常数的构成。将式(2-7)代入式(2-6)并整理得

$$\Delta H^{\ominus}(T)_{反应1}=\{u[\Delta H^{\ominus}_{f,298,U}-h_{U1}(298)+h_{U1}(T)]+v[\Delta H^{\ominus}_{f,298,V}-h_{V}(298)+h_{V}(T)]+\cdots\}-\{m[\Delta H^{\ominus}_{f,298,M}-h_{M1}(298)+h_{M1}(T)]+n[\Delta H^{\ominus}_{f,298,N}-h_{N}(298)+h_{N}(T)]+\cdots\}\quad \mathrm{J} \quad (2\text{-}8)$$

很明显,式(2-8)可写为

$$\Delta H^{\ominus}(T)_{反应1}=\{u[\Delta H^{\ominus}_{f,298,U}+\int_{298}^{T}C_{p,U1}\mathrm{d}T]+v[\Delta H^{\ominus}_{f,298,V}+\int_{298}^{T}C_{p,V}\mathrm{d}T]+\cdots\}-\{m[\Delta H^{\ominus}_{f,298,M}+\int_{298}^{T}C_{p,M1}\mathrm{d}T]+n[\Delta H^{\ominus}_{f,298,N}+\int_{298}^{T}C_{p,N}\mathrm{d}T]+\cdots\}\quad \mathrm{J} \quad (2\text{-}9)$$

式(2-8)或式(2-9)为化学反应(1-1)在温度范围[298,$T_{tr,M1}$]内的、即化学反应(2-1)的标准焓变化温度关系,同时也表明了它们与参加反应各物质间的联系。由于式(2-2)与式(2-3)是完全等价的,故式(2-8)和式(2-9)与将式(2-3)代入式(2-4)进行积分的传统计算方法所得到的结果必然完全相同。

2.1.2　求化学反应的标准熵变化温度关系

根据式(1-13),进行下列积分来求得化学反应(2-1)的标准熵变化温度关系。

$$\Delta S^{\ominus}(T)_{反应1}=\int\frac{\Delta C_{p1}}{T}\mathrm{d}T \quad (2\text{-}10)$$

式中　$\Delta S^{\ominus}(T)_{反应1}$——化学反应(2-1)在该温度范围内的标准熵变化温度关系。

传统的方法是将式(2-3)代入式(2-10)积分。然而,在这里仍是将式(2-2)代入式(2-10)进行积分。根据积分的性质,得

$$\Delta S^{\ominus}(T)_{反应1}=(u\int\frac{C_{p,U1}}{T}\mathrm{d}T+v\int\frac{C_{p,V}}{T}\mathrm{d}T+\cdots)-(m\int\frac{C_{p,M1}}{T}\mathrm{d}T+n\int\frac{C_{p,N}}{T}\mathrm{d}T+\cdots) \quad (2\text{-}11)$$

积分并采用式(1-20)和式(1-21)的形式可将式(2-11)的积分结果表示为

$$\Delta S^{\ominus}(T)_{反应1}=\Delta S_{0,1}+[us_{U1}(T)+vs_{V}(T)+\cdots]-[ms_{M1}(T)+ns_{N}(T)+\cdots] \quad (2\text{-}12)$$

式中　$\Delta S_{0,1}$——未定的积分常数。

在热力学手册中查出参加反应各物质在温度298 K时的标准摩尔熵分别为$\Delta S^{\ominus}_{298,M}$,$\Delta S^{\ominus}_{298,N}$,$\Delta S^{\ominus}_{298,U}$,$\Delta S^{\ominus}_{298,V}$…(见表1-1),则反应在温度298 K时的标准熵变化为式(1-14)。

根据式(1-15)和式(1-14)、式(2-12),有

$$\Delta S_{0,1}+[us_{U1}(298)+vs_{V}(298)+\cdots]-[ms_{M1}(298)+ns_{N}(298)+\cdots]=(uS^{\ominus}_{298,U}+vS^{\ominus}_{298,V}+\cdots)-(mS^{\ominus}_{298,M}+nS^{\ominus}_{298,N}+\cdots)$$

整理得

$$\Delta S_{0,1}=\{u[S^{\ominus}_{298,U}-s_{U1}(298)]+v[S^{\ominus}_{298,V}-s_{V}(298)]+\cdots\}-\{m[S^{\ominus}_{298,M}-s_{M1}(298)]+n[S^{\ominus}_{298,N}-s_{N}(298)]+\cdots\} \quad (2\text{-}13)$$

式(2-13)表明了积分常数的构成。将式(2-13)代入式(2-12)并整理得

$$\Delta S^{\ominus}(T)_{反应1}=\{u[S^{\ominus}_{298,U}-s_{U1}(298)+s_{U1}(T)]+v[S^{\ominus}_{298,V}-s_{V}(298)+s_{V}(T)]+\cdots\}-\{m[S^{\ominus}_{298,M}-s_{M1}(298)+s_{M1}(T)]+n[S^{\ominus}_{298,N}-s_{N}(298)+s_{N}(T)]+\cdots\}\quad \mathrm{J/K} \quad (2\text{-}14)$$

显然,式(2-14)可表示为

$$\Delta S^{\ominus}(T)_{\text{反应1}} = \{u[S^{\ominus}_{298,\mathrm{U}} + \int_{298}^{T} \frac{C_{p,\mathrm{U1}}}{T}\mathrm{d}T] + v[S^{\ominus}_{298,\mathrm{V}} + \int_{298}^{T} \frac{C_{p,\mathrm{V}}}{T}\mathrm{d}T] + \cdots\} - \{m[S^{\ominus}_{298,\mathrm{M}} + \int_{298}^{T} \frac{C_{p,\mathrm{M1}}}{T}\mathrm{d}T] + n[S^{\ominus}_{298,\mathrm{N}} + \int_{298}^{T} \frac{C_{p,\mathrm{N}}}{T}\mathrm{d}T] + \cdots\} \quad \mathrm{J/K} \tag{2-15}$$

式(2-14)或式(2-15)为化学反应(1-1)在温度范围[298, $T_{\mathrm{tr,M1}}$]内的、即化学反应(2-1)的标准熵变化温度关系，同时也表明了它们与参加反应各物质间的联系。由于式(2-2)与式(2-3)是完全等价的，故式(2-14)和式(2-15)与将式(2-3)代入式(2-10)进行积分的传统计算方法所得到的结果必然完全相同。

2.1.3　求化学反应的标准吉布斯自由能变化温度关系

根据式(1-16)，在该温度范围内化学反应(2-1)的标准吉布斯自由能变化可写为

$$\Delta G^{\ominus}(T)_{\text{反应1}} = \Delta H^{\ominus}(T)_{\text{反应1}} - T\Delta S^{\ominus}(T)_{\text{反应1}} \tag{2-16}$$

将式(2-8)和式(2-14)代入式(2-16)并整理得

$$\Delta G^{\ominus}(T)_{\text{反应1}} = u\{[\Delta H^{\ominus}_{\mathrm{f},298,\mathrm{U}} - h_{\mathrm{U1}}(298) + h_{\mathrm{U1}}(T)] - T[S^{\ominus}_{298,\mathrm{U}} - s_{\mathrm{U1}}(298) + s_{\mathrm{U1}}(T)]\} + v\{[\Delta H^{\ominus}_{\mathrm{f},298,\mathrm{V}} - h_{\mathrm{V}}(298) + h_{\mathrm{V}}(T)] - T[S^{\ominus}_{298,\mathrm{V}} - s_{\mathrm{V}}(298) + s_{\mathrm{V}}(T)]\} + \cdots - m\{[\Delta H^{\ominus}_{\mathrm{f},298,\mathrm{M}} - h_{\mathrm{M1}}(298) + h_{\mathrm{M1}}(T)] - T[S^{\ominus}_{298,\mathrm{M}} - s_{\mathrm{M1}}(298) + s_{\mathrm{M1}}(T)]\} - n\{[\Delta H^{\ominus}_{\mathrm{f},298,\mathrm{N}} - h_{\mathrm{N}}(298) + h_{\mathrm{N}}(T)] - T[S^{\ominus}_{298,\mathrm{N}} - s_{\mathrm{N}}(298) + s_{\mathrm{N}}(T)]\} - \cdots \quad \mathrm{J} \tag{2-17}$$

另外，将式(2-9)和式(2-15)代入式(2-16)，或直接从式(2-17)写出，得

$$\Delta G^{\ominus}(T)_{\text{反应1}} = u\{[\Delta H^{\ominus}_{\mathrm{f},298,\mathrm{U}} + \int_{298}^{T} C_{p,\mathrm{U1}}\mathrm{d}T] - T[S^{\ominus}_{298,\mathrm{U}} + \int_{298}^{T} \frac{C_{p,\mathrm{U1}}}{T}\mathrm{d}T]\} + v\{[\Delta H^{\ominus}_{\mathrm{f},298,\mathrm{V}} + \int_{298}^{T} C_{p,\mathrm{V}}\mathrm{d}T] - T[S^{\ominus}_{298,\mathrm{V}} + \int_{298}^{T} \frac{C_{p,\mathrm{V}}}{T}\mathrm{d}T]\} + \cdots - m\{[\Delta H^{\ominus}_{\mathrm{f},298,\mathrm{M}} + \int_{298}^{T} C_{p,\mathrm{M1}}\mathrm{d}T] - T[S^{\ominus}_{298,\mathrm{M}} + \int_{298}^{T} \frac{C_{p,\mathrm{M1}}}{T}\mathrm{d}T]\} - n\{[\Delta H^{\ominus}_{\mathrm{f},298,\mathrm{N}} + \int_{298}^{T} C_{p,\mathrm{N}}\mathrm{d}T] - T[S^{\ominus}_{298,\mathrm{N}} + \int_{298}^{T} \frac{C_{p,\mathrm{N}}}{T}\mathrm{d}T]\} - \cdots \quad \mathrm{J} \tag{2-18}$$

式(2-17)或式(2-18)为化学反应(1-1)在温度范围[298, $T_{\mathrm{tr,M1}}$]内的、即化学反应(2-1)的标准吉布斯自由能变化温度关系，同时也表明了它们与参加反应各物质间的联系。由于式(2-8)、式(2-14)、式(2-9)和式(2-15)与采用传统积分方法所得结果完全相同，故式(2-17)或式(2-18)与采用传统积分方法得到的结果必然完全相同。

2.2　某个反应物经历过1次相变的情况

以化学反应(1-1)在温度范围[$T_{\mathrm{tr,M1}}$, $T_{\mathrm{tr,U1}}$]内发生为例。在该温度范围内，反应物 M_1 已在温度 $T_{\mathrm{tr,M1}}$ 时转化为 M_2 相。因此，在该温度范围内化学反应(1-1)的形式为

$$m\mathrm{M}_2 + n\mathrm{N}_1 + \cdots = u\mathrm{U}_1 + v\mathrm{V}_1 + \cdots \quad [T_{\mathrm{tr,M1}}, T_{\mathrm{tr,U1}}] \tag{2-19}$$

2.2.1　求化学反应的标准焓变化温度关系

从数据手册中查出参加反应各物质在温度范围[$T_{\mathrm{tr,M1}}$, $T_{\mathrm{tr,U1}}$]内的恒压热容分别为式(1-23)、式(1-25)、式(1-26)、式(1-28)、…。根据式(1-9)，化学反应(2-19)的恒压热容变化为

$$\Delta C_{p2} = (uC_{p,\mathrm{U1}} + vC_{p,\mathrm{V}} + \cdots) - (mC_{p,\mathrm{M2}} + nC_{p,\mathrm{N}} + \cdots) \tag{2-20}$$

按照传统方法,将式(2-20)整理成

$$\Delta C_{p2}=\Delta a_2+\Delta b_2\times10^{-3}T+\Delta c_2\times10^{6}T^{-2}+\Delta d_2\times10^{-6}T^{2} \tag{2-21}$$

其中

$$\Delta a_2=(ua_{U1}+va_{V}+\cdots)-(ma_{M2}+na_{N}+\cdots)$$
$$\Delta b_2=(ub_{U1}+vb_{V}+\cdots)-(mb_{M2}+nb_{N}+\cdots)$$
$$\Delta c_2=(uc_{U1}+vc_{V}+\cdots)-(mc_{M2}+nc_{N}+\cdots)$$
$$\Delta d_2=(ud_{U1}+vd_{V}+\cdots)-(md_{M2}+nd_{N}+\cdots)$$

可见,式(2-20)与式(2-21)完全等价。

根据式(1-10),在该温度范围内,有

$$\Delta H^{\ominus}(T)_{反应2}=\int\Delta C_{p2}\mathrm{d}T \tag{2-22}$$

式中　$\Delta H^{\ominus}(T)_{反应2}$——化学反应(2-19)在该温度范围内的标准焓变化。

传统的方法是将式(2-21)代入式(2-22)积分。然而,在这里将式(2-20)代入式(2-22)积分。根据积分的性质,得

$$\Delta H^{\ominus}(T)_{反应2}=\left(u\int C_{p,U1}\mathrm{d}T+v\int C_{p,V}\mathrm{d}T+\cdots\right)-\left(m\int C_{p,M2}\mathrm{d}T+n\int C_{p,N}\mathrm{d}T+\cdots\right) \tag{2-23}$$

采用式(1-18)和式(1-19)的表达方式可将式(2-23)表示为

$$\Delta H^{\ominus}(T)_{反应2}=\Delta H_{0,2}+[uh_{U1}(T)+vh_{V}(T)+\cdots]-[mh_{M2}(T)+nh_{N}(T)+\cdots] \tag{2-24}$$

式中　$\Delta H_{0,2}$——未定的积分常数。

在标准状态和温度 $T=T_{tr,M1}$ 时,1 mol 反应物 M_1 发生了如下相变。

$$T=T_{tr,M1}\qquad M_1=M_2\qquad 标准摩尔相变焓为\ \Delta H^{\ominus}_{tr,M1}$$

则对 m mol M_1 有

$$T=T_{tr,M1}\qquad mM_1=mM_2\qquad 标准相变焓为\ m\Delta H^{\ominus}_{tr,M1} \tag{2-25}$$

同时,在温度 $T=T_{tr,M1}$ 并且反应物 M_1 尚未发生相变时,反应(2-1)的标准焓变化为 $\Delta H^{\ominus}(T_{tr,M1})_{反应1}$,即

$$T=T_{tr,M1}\quad mM_1+nN+\cdots=uU_1+vV+\cdots\quad 标准焓变化为\ \Delta H^{\ominus}(T_{tr,M1})_{反应1} \tag{2-26}$$

式(2-26)减去式(2-25)得到

$$T=T_{tr,M1}\quad mM_2+nN+\cdots=uU_1+vV+\cdots\quad 标准焓变化为\ \Delta H^{\ominus}(T_{tr,M1})_{反应1}-m\Delta H^{\ominus}_{tr,M1} \tag{2-27}$$

将式(2-27)与式(2-19)对比知,式(2-27)是反应(2-19)在温度 $T=T_{tr,M1}$ 并且反应物 M_1 已经转化为 M_2 相的情况。同时,根据式(2-24)知,反应(2-19)在温度 $T=T_{tr,M1}$ 时的标准焓变化为 $\Delta H^{\ominus}(T_{tr,M1})_{反应2}$。因此,有

$$\Delta H^{\ominus}(T_{tr,M1})_{反应2}=\Delta H^{\ominus}(T_{tr,M1})_{反应1}-m\Delta H^{\ominus}_{tr,M1} \tag{2-28}$$

由此可得

$$\begin{aligned}\Delta H_{0,2}=&\{u[\Delta H^{\ominus}_{f,298,U}-h_{U1}(298)]+v[\Delta H^{\ominus}_{f,298,V}-h_{V}(298)]+\cdots\}-\\&\{m[\Delta H^{\ominus}_{f,298,M}-h_{M1}(298)+h_{M1}(T_{tr,M1})+\Delta H^{\ominus}_{tr,M1}-h_{M2}(T_{tr,M1})]+\\&n[\Delta H^{\ominus}_{f,298,N}-h_{N}(298)]+\cdots\}\end{aligned} \tag{2-29}$$

将式(2-29)代入式(2-24)并重新整理得

$$\Delta H^{\ominus}(T)_{反应2} = \{u[\Delta H^{\ominus}_{f,298,U} - h_{U1}(298) + h_{U1}(T)] + v[\Delta H^{\ominus}_{f,298,V} - h_{V}(298) + h_{V}(T)] + \cdots\} - \{m[\Delta H^{\ominus}_{f,298,M} - h_{M1}(298) + h_{M1}(T_{tr,M1}) + \Delta H^{\ominus}_{tr,M1} - h_{M2}(T_{tr,M1}) + h_{M2}(T)] + n[\Delta H^{\ominus}_{f,298,N} - h_{N}(298) + h_{N}(T) + \cdots\} \quad J \tag{2-30}$$

很明显，式(2-30)可以写为

$$\Delta H^{\ominus}(T)_{反应2} = \{u[\Delta H^{\ominus}_{f,298,U} + \int_{298}^{T} C_{p,U1}dT] + v[\Delta H^{\ominus}_{f,298,V} + \int_{298}^{T} C_{p,V}dT] + \cdots\} - \{m[\Delta H^{\ominus}_{f,298,M} + \int_{298}^{T_{tr,M1}} C_{p,M1}dT + \Delta H^{\ominus}_{tr,M1} + \int_{T_{tr,M1}}^{T} C_{p,M2}dT] + n[\Delta H^{\ominus}_{f,298,N} + \int_{298}^{T} C_{p,N}dT] + \cdots\} \quad J \tag{2-31}$$

式(2-30)和式(2-31)明确表明了化学反应(1-1)在温度范围$[T_{tr,M1}, T_{tr,U1}]$内的、即化学反应(2-19)的标准焓变化与参加反应各物质之间的联系。由于式(2-20)与式(2-21)完全等价，所以式(2-30)和式(2-31)与将式(2-21)代入式(2-22)进行积分的传统计算方法所得结果完全相同。

2.2.2　求化学反应的标准熵变化温度关系

根据式(1-13)，在该温度范围内，化学反应(2-19)的标准熵变化与其恒压热容变化的关系为

$$\Delta S^{\ominus}(T)_{反应2} = \int \frac{\Delta C_{p2}}{T}dT \tag{2-32}$$

式中　$\Delta S^{\ominus}(T)_{反应2}$——化学反应(2-19)在该温度范围内的标准熵变化。

同样，将式(2-20)代入式(2-32)与将式(2-21)代入式(2-32)积分所得结果必定完全相同。但为了便于说明问题，在这里将式(2-20)代入式(2-32)积分，得

$$\Delta S^{\ominus}(T)_{反应2} = (u\int \frac{C_{p,U1}}{T}dT + v\int \frac{C_{p,V}}{T}dT + \cdots) - (m\int \frac{C_{p,M2}}{T}dT + n\int \frac{C_{p,N}}{T}dT + \cdots)$$

采用式(1-20)和式(1-21)的形式，将上式表达为

$$\Delta S^{\ominus}(T)_{反应2} = \Delta S_{0,2} + [us_{U1}(T) + vs_{V}(T) + \cdots] - [ms_{M2}(T) + ns_{N}(T) + \cdots] \tag{2-33}$$

式中　$\Delta S_{0,2}$——未定的积分常数。

采用类似于求化学反应(2-19)在温度$T_{tr,M1}$时的标准焓变化的方法，可以得到在温度$T = T_{tr,M1}$时反应(2-19)的标准熵变化(参看式(2-32))为

$$\Delta S^{\ominus}(T_{tr,M1})_{反应2} = \Delta S^{\ominus}(T_{tr,M1})_{反应1} - m\Delta S^{\ominus}_{tr,M1} \tag{2-34}$$

式中　$\Delta S^{\ominus}_{tr,M1}$——反应物 M 在温度$T_{tr,M1}$时的标准摩尔相变熵。

如果$\Delta S^{\ominus}_{tr,M1}$在数据表中没有给出，则可以按照下式计算：

$$\Delta S^{\ominus}_{tr,M1} = \frac{\Delta H^{\ominus}_{tr,M1}}{T_{tr,M1}}$$

仿照式(2-29)，由式(2-34)和式(2-33)可得

$$\Delta S_{0,2} = \{u[S^{\ominus}_{298,U} - s_{U1}(298)] + v[S^{\ominus}_{298,V} - s_{V}(298)] + \cdots\} - \{m[S^{\ominus}_{298,M} - s_{M1}(298) + s_{M1}(T_{tr,M1}) + \Delta S^{\ominus}_{tr,M1} - s_{M2}(T_{tr,M1})] + n[S^{\ominus}_{298,N} - s_{N}(298)] + \cdots\} \tag{2-35}$$

将式(2-35)代入式(2-33)并重新整理得

$$\Delta S^{\ominus}(T)_{反应2} = \{u[S^{\ominus}_{298,U} - s_{U1}(298) + s_{U1}(T)] + v[S^{\ominus}_{298,V} - s_{V}(298) + s_{V}(T)] + \cdots\} - \{m[S^{\ominus}_{298,M} - s_{M1}(298) + s_{M1}(T_{tr,M1}) + \Delta S^{\ominus}_{tr,M1} - s_{M2}(T_{tr,M1}) + s_{M2}(T)] +$$

$$n[S^{\ominus}_{298,\mathrm{N}} - s_{\mathrm{N}}(298) + s_{\mathrm{N}}(T)] + \cdots\} \quad \mathrm{J/K} \tag{2-36}$$

当然,式(2-36)也可以表示为

$$\Delta S^{\ominus}(T)_{反应2} = \{u[S^{\ominus}_{298,\mathrm{U}} + \int_{298}^{T}\frac{C_{p,\mathrm{U1}}}{T}\mathrm{d}T] + v[S^{\ominus}_{298,\mathrm{V}} + \int_{298}^{T}\frac{C_{p,\mathrm{V}}}{T}\mathrm{d}T] + \cdots\} - \{m[S^{\ominus}_{298,\mathrm{M}} + \int_{298}^{T_{\mathrm{tr,M1}}}\frac{C_{p,\mathrm{M1}}}{T}\mathrm{d}T + \Delta S^{\ominus}_{\mathrm{tr,M1}} + \int_{T_{\mathrm{tr,M1}}}^{T}\frac{C_{p,\mathrm{M2}}}{T}\mathrm{d}T] + n[S^{\ominus}_{298,\mathrm{N}} + \int_{298}^{T}\frac{C_{p,\mathrm{N}}}{T}\mathrm{d}T] + \cdots\} \quad \mathrm{J/K} \tag{2-37}$$

式(2-36)或式(2-37)明确地表明了化学反应(1-1)在温度范围[$T_{\mathrm{tr,M1}}$,$T_{\mathrm{tr,U1}}$]内的、即化学反应(2-19)的标准熵变化与参加反应各物质之间的联系。同样,由于式(2-20)与式(2-21)完全等价,所以式(2-36)和式(2-37)与将式(2-21)代入式(2-32)进行积分的传统计算方法所得结果完全相同。

2.2.3　求化学反应的标准吉布斯自由能变化温度关系

在温度范围[$T_{\mathrm{tr,M1}}$,$T_{\mathrm{tr,U1}}$]内,式(1-16)可以写为

$$\Delta G^{\ominus}(T)_{反应2} = \Delta H^{\ominus}(T)_{反应2} - T\Delta S^{\ominus}(T)_{反应2} \tag{2-38}$$

将式(2-30)和式(2-36)代入式(2-38)并整理得

$$\Delta G^{\ominus}(T)_{反应2} = u\{[\Delta H^{\ominus}_{\mathrm{f},298,\mathrm{U}} - h_{\mathrm{U1}}(298) + h_{\mathrm{U1}}(T)] - T[S^{\ominus}_{298,\mathrm{U}} - s_{\mathrm{U1}}(298) + s_{\mathrm{U1}}(T)]\} + v\{[\Delta H^{\ominus}_{\mathrm{f},298,\mathrm{V}} - h_{\mathrm{V}}(298) + h_{\mathrm{V}}(T)] - T[S^{\ominus}_{298,\mathrm{V}} - s_{\mathrm{V}}(298) + s_{\mathrm{V}}(T)]\} + \cdots - m\{[\Delta H^{\ominus}_{\mathrm{f},298,\mathrm{M}} - h_{\mathrm{M1}}(298) + h_{\mathrm{M1}}(T_{\mathrm{tr,M1}}) + \Delta H^{\ominus}_{\mathrm{tr,M1}} - h_{\mathrm{M2}}(T_{\mathrm{tr,M1}}) + h_{\mathrm{M2}}(T)] - T[S^{\ominus}_{298,\mathrm{M}} - s_{\mathrm{M1}}(298) + s_{\mathrm{M1}}(T_{\mathrm{tr,M1}}) + \Delta S^{\ominus}_{\mathrm{tr,M1}} - s_{\mathrm{M2}}(T_{\mathrm{tr,M1}}) + s_{\mathrm{M2}}(T)]\} + n\{[\Delta H^{\ominus}_{\mathrm{f},298,\mathrm{N}} - h_{\mathrm{N}}(298) + h_{\mathrm{N}}(T)] - T[S^{\ominus}_{298,\mathrm{N}} - s_{\mathrm{N}}(298) + s_{\mathrm{N}}(T)]\} - \cdots \quad \mathrm{J} \tag{2-39}$$

将式(2-31)和式(2-37)代入式(2-38),或直接从式(2-39)写出,有

$$\Delta G^{\ominus}(T)_{反应2} = u\{[\Delta H^{\ominus}_{\mathrm{f},298,\mathrm{U}} + \int_{298}^{T}C_{p,\mathrm{U1}}\mathrm{d}T] - T[S^{\ominus}_{298,\mathrm{U}} + \int_{298}^{T}\frac{C_{p,\mathrm{U1}}}{T}\mathrm{d}T]\} + v\{[\Delta H^{\ominus}_{\mathrm{f},298,\mathrm{V}} + \int_{298}^{T}C_{p,\mathrm{V}}\mathrm{d}T] - T[S^{\ominus}_{298,\mathrm{V}} + \int_{298}^{T}\frac{C_{p,\mathrm{V}}}{T}\mathrm{d}T]\} + \cdots - m\{[\Delta H^{\ominus}_{\mathrm{f},298,\mathrm{M}} + \int_{298}^{T_{\mathrm{tr,M1}}}C_{p,\mathrm{M1}}\mathrm{d}T + \Delta H^{\ominus}_{\mathrm{tr,M1}} + \int_{T_{\mathrm{tr,M1}}}^{T}C_{p,\mathrm{M2}}\mathrm{d}T] - T[S^{\ominus}_{298,\mathrm{M}} + \int_{298}^{T_{\mathrm{tr,M1}}}\frac{C_{p,\mathrm{M1}}}{T}\mathrm{d}T + \Delta S^{\ominus}_{\mathrm{tr,M1}} + \int_{\mathrm{tr,M1}}^{T}\frac{C_{p,\mathrm{M2}}}{T}\mathrm{d}T]\} + n\{[\Delta H^{\ominus}_{\mathrm{f},298,\mathrm{N}} + \int_{298}^{T}C_{p,\mathrm{N}}\mathrm{d}T] - T[S^{\ominus}_{298,\mathrm{N}} + \int_{298}^{T}\frac{C_{p,\mathrm{N}}}{T}\mathrm{d}T]\} - \cdots \quad \mathrm{J} \tag{2-40}$$

式(2-39)或式(2-40)是化学反应(1-1)在温度范围[$T_{\mathrm{tr,M1}}$,$T_{\mathrm{tr,U1}}$]内的、即化学反应(2-19)的标准吉布斯自由能变化温度关系。由于式(2-30)、式(2-36)、式(2-31)和式(2-37)与采用传统积分方法所得结果完全相同,所以式(2-39)和式(2-40)与采用传统积分方法所得到的结果完全相同。

2.3　某个生成物经历过1次相变的情况

以化学反应(1-1)在温度范围[$T_{\mathrm{tr,U1}}$,$T_{\mathrm{tr,M2}}$]内发生为例。在该温度范围内,生成物 U_1 已在温度 $T_{\mathrm{tr,U1}}$时转化为 U_2 相,即在该温度范围内化学反应(1-1)的形式为

$$mM_2 + nN + \cdots = uU_2 + vV + \cdots \quad [T_{tr,U1}, T_{tr,M2}] \tag{2-41}$$

2.3.1 求化学反应的标准焓变化温度关系

从数据手册中查出参加反应(2-41)各物质在温度范围$[T_{tr,U1}, T_{tr,M2}]$内的恒压热容如式(1-23)、式(1-25)、式(1-27)和式(1-28)。根据式(1-9),化学反应(2-41)的恒压热容变化为

$$\Delta C_{p3} = (uC_{p,U2} + vC_{p,V} + \cdots) - (mC_{p,M2} + nC_{p,N} + \cdots) \tag{2-42}$$

按照传统方法,式(2-42)被整理成

$$\Delta C_{p3} = \Delta a_3 + \Delta b_3 \times 10^{-3} T + \Delta c_3 \times 10^6 T^{-2} + \Delta d_3 \times 10^{-6} T^2 \tag{2-43}$$

其中

$$\Delta a_3 = (ua_{U2} + va_V + \cdots) - (ma_{M2} + na_N + \cdots)$$
$$\Delta b_3 = (ub_{U2} + vb_V + \cdots) - (mb_{M2} + nb_N + \cdots)$$
$$\Delta c_3 = (uc_{U2} + vc_V + \cdots) - (mc_{M2} + nc_N + \cdots)$$
$$\Delta d_3 = (ud_{U2} + vd_V + \cdots) - (md_{M2} + nd_N + \cdots)$$

可见,式(2-42)与式(2-43)完全等价。

根据式(1-10),反应(2-41)在该温度范围内的标准焓变化应当为

$$\Delta H^{\ominus}(T)_{\text{反应}3} = \int \Delta C_{p3} \mathrm{d}T \tag{2-44}$$

式中　$\Delta H^{\ominus}(T)_{\text{反应}3}$——化学反应(2-41)在温度范围$[T_{tr,U1}, T_{tr,M2}]$内的标准焓变化。

传统的方法是将式(2-43)代入式(2-44)积分。然而,为了便于说明问题,在这里将式(2-42)代入式(2-44)积分,得

$$\begin{aligned}\Delta H^{\ominus}(T)_{\text{反应}3} &= \int [(uC_{p,U2} + vC_{p,V} + \cdots) - (mC_{p,M2} + nC_{p,N} + \cdots)] \mathrm{d}T \\ &= (u\int C_{p,U2}\mathrm{d}T + v\int C_{p,V}\mathrm{d}T + \cdots) - (m\int C_{p,M2}\mathrm{d}T + n\int C_{p,N}\mathrm{d}T + \cdots)\end{aligned} \tag{2-45}$$

采用式(1-18)和式(1-19)的形式可将式(2-45)的积分结果表示为

$$\Delta H^{\ominus}(T)_{\text{反应}3} = \Delta H_{0,3} + [uh_{U2}(T) + vh_V(T) + \cdots] - [mh_{M2}(T) + nh_N(T) + \cdots] \tag{2-46}$$

式中　$\Delta H_{0,3}$——未定的积分常数。

在标准状态和温度$T = T_{tr,U1}$时,生成物U_1发生了相变。对1 mol U_1,有

$$T = T_{tr,U1} \qquad U_1 = U_2 \qquad \text{标准摩尔相变焓为 } \Delta H^{\ominus}_{tr,U1}$$

则对u mol U_1有

$$T = T_{tr,U1} \qquad uU_1 = uU_2 \qquad \text{标准相变焓为 } u\Delta H^{\ominus}_{tr,U1} \tag{2-47}$$

另外,在温度$T = T_{tr,U1}$且生成物U_1尚未发生相变时,对反应(2-19)有

$$T = T_{tr,U1} \qquad mM_2 + nN + \cdots = uU_1 + vV + \cdots \qquad \text{标准焓变化为 } \Delta H^{\ominus}(T_{tr,U1})_{\text{反应}2} \tag{2-48}$$

反应(2-47)与反应(2-48)相加得到

$$T = T_{tr,U1} \qquad mM_2 + nN + \cdots = uU_2 + vV + \cdots \qquad \text{标准焓变化为 } \Delta H^{\ominus}(T_{tr,U1})_{\text{反应}2} + u\Delta H^{\ominus}_{tr,U1} \tag{2-49}$$

将式(2-49)与式(2-41)对比知,式(2-49)是反应(2-41)在温度$T = T_{tr,U1}$且生成物U_1已转化为U_2相时的情况。因此,在温度$T = T_{tr,U1}$时有

$$\Delta H^{\ominus}(T_{tr,U1})_{\text{反应}3} = \Delta H^{\ominus}(T_{tr,U1})_{\text{反应}2} + u\Delta H^{\ominus}_{tr,U1} \tag{2-50}$$

解式(2-50)可得

$$\Delta H_{0,3} = \{u[\Delta H^{\ominus}_{f,298,U} - h_{U1}(298) + h_{U1}(T_{tr,U1}) + \Delta H^{\ominus}_{tr,U1} -$$

$$h_{U2}(T_{tr,U1})]+v[\Delta H^{\ominus}_{f,298,V}-h_V(298)]+\cdots\}-$$
$$\{m[\Delta H^{\ominus}_{f,298,M}-h_{M1}(298)+h_{M1}(T_{tr,M1})+\Delta H^{\ominus}_{tr,M1}-$$
$$h_{M2}(T_{tr,M1})]+n[\Delta H^{\ominus}_{f,298,N}-h_N(298)]+\cdots\} \tag{2-51}$$

将式(2-51)代入式(2-46)并重新整理得

$$\Delta H^{\ominus}(T)_{反应3}=\{u[\Delta H^{\ominus}_{f,298,U}-h_{U1}(298)+h_{U1}(T_{tr,U1})+\Delta H^{\ominus}_{tr,U1}-h_{U2}(T_{tr,U1})+$$
$$h_{U2}(T)]+v[\Delta H^{\ominus}_{f,298,V}-h_V(298)+h_V(T)]+\cdots\}-$$
$$\{m[\Delta H^{\ominus}_{f,298,M}-h_{M1}(298)+h_{M1}(T_{tr,M1})+\Delta H^{\ominus}_{tr,M1}-h_{M2}(T_{tr,M1})+$$
$$h_{M2}(T)]+n[\Delta H^{\ominus}_{f,298,N}-h_N(298)+h_N(T)]+\cdots\}\quad \text{J} \tag{2-52}$$

显然,式(2-52)可以写作

$$\Delta H^{\ominus}(T)_{反应3}=\{u[\Delta H^{\ominus}_{f,298,U}+\int_{298}^{T_{tr,U1}}C_{p,U1}dT+\Delta H^{\ominus}_{tr,U1}+\int_{T_{tr,U1}}^{T}C_{p,U2}dT]+$$
$$v[\Delta H^{\ominus}_{f,298,V}+\int_{298}^{T}C_{p,V}dT]+\cdots\}-$$
$$\{m[\Delta H^{\ominus}_{f,298,M}+\int_{298}^{T_{tr,M1}}C_{p,M1}dT+\Delta H^{\ominus}_{tr,M1}+\int_{T_{tr,M1}}^{T}C_{p,M2}dT]+$$
$$n[\Delta H^{\ominus}_{f,298,N}+\int_{298}^{T}C_{p,N}dT]+\cdots\}\quad \text{J} \tag{2-53}$$

式(2-52)和式(2-53)清楚地显示了化学反应(1-1)在温度范围$[T_{tr,U1},T_{tr,M2}]$内的、即化学反应(2-41)的标准焓变化与参加反应各物质之间的联系。由于式(2-42)与式(2-43)完全等价,所以式(2-52)和式(2-53)与将式(2-43)代入式(2-44)进行积分的传统计算方法所得结果必定完全相同。

2.3.2　求化学反应的标准熵变化温度关系

根据式(1-13),在该温度范围内,化学反应(2-41)的标准熵变化与其恒压热容变化的关系为

$$\Delta S^{\ominus}(T)_{反应3}=\int\frac{\Delta C_{p3}}{T}dT \tag{2-54}$$

式中　$\Delta S^{\ominus}(T)_{反应3}$——化学反应在该温度范围内的标准熵变化。

同样,将式(2-42)代入式(2-54)与将式(2-43)代入式(2-54)积分所得结果必定完全相同。但为了便于说明问题,在这里,将式(2-42)而不是式(2-43)代入式(2-54)进行积分,得

$$\Delta S^{\ominus}(T)_{反应3}=(u\int\frac{C_{p,U2}}{T}dT+v\int\frac{C_{p,V}}{T}dT+\cdots)-(m\int\frac{C_{p,M2}}{T}dT+n\int\frac{C_{p,N}}{T}dT+\cdots)$$

采用式(1-20)和式(1-21)的形式,上式可以写为

$$\Delta S^{\ominus}(T)_{反应3}=\Delta S_{0,3}+[us_{U2}(T)+vs_V(T)+\cdots]-[ms_{M2}(T)+ns_N(T)+\cdots] \tag{2-55}$$

当生成物 U_1 在标准状态和温度 $T=T_{tr,U1}$ 转化为 U_2 相时,比照上述式(2-47)~式(2-50)的方法,能够得到反应(2-41)在此过程中的标准熵变化为

$$\Delta S^{\ominus}(T_{tr,U1})_{反应3}=\Delta S^{\ominus}(T_{tr,U1})_{反应2}+u\Delta S^{\ominus}_{tr,U1} \tag{2-56}$$

式中　$\Delta S^{\ominus}_{tr,U1}$——生成物 U_1 在温度 $T=T_{tr,U1}$ 时的标准摩尔相变熵。

解式(2-56)可得

$$\Delta S_{0,3}=\{u[S^{\ominus}_{298,U}-s_{U1}(298)+s_{U1}(T_{tr,U1})+\Delta S^{\ominus}_{tr,U1}-$$
$$s_{U2}(T_{tr,U1})]+v[S^{\ominus}_{298,V}-s_V(298)]+\cdots\}-$$
$$\{m[S^{\ominus}_{298,M}-s_{M1}(298)+s_{M1}(T_{tr,M1})+\Delta S^{\ominus}_{tr,M1}-$$
$$s_{M2}(T_{tr,M1})]+n[S^{\ominus}_{298,N}-s_N(298)]+\cdots\} \tag{2-57}$$

将式(2-57)代入式(2-55)并重新整理得

$$\Delta S^{\ominus}(T)_{\text{反应3}} = \{u[S^{\ominus}_{298,\text{U}} - s_{\text{U1}}(298) + s_{\text{U1}}(T_{\text{tr,U1}}) + \Delta S^{\ominus}_{\text{tr,U1}} - s_{\text{U2}}(T_{\text{tr,U1}}) + s_{\text{U2}}(T)] + v[S^{\ominus}_{298,\text{V}} - s_{\text{V}}(298) + s_{\text{V}}(T)] + \cdots\} - \{m[S^{\ominus}_{298,\text{M}} - s_{\text{M1}}(298) + s_{\text{M1}}(T_{\text{tr,M1}}) + \Delta S^{\ominus}_{\text{tr,M1}} - s_{\text{M2}}(T_{\text{tr,M1}}) + s_{\text{M2}}(T)] + n[S^{\ominus}_{298,\text{N}} - s_{\text{N}}(298) + s_{\text{N}}(T)] + \cdots\} \quad \text{J/K} \tag{2-58}$$

当然,式(2-58)可以写作

$$\Delta S^{\ominus}(T)_{\text{反应3}} = \{u[S^{\ominus}_{298,\text{U}} + \int_{298}^{T_{\text{tr,U1}}} \frac{C_{p,\text{U1}}}{T}\text{d}T + \Delta S^{\ominus}_{\text{tr,U1}} + \int_{T_{\text{tr,U1}}}^{T} \frac{C_{p,\text{U2}}}{T}\text{d}T] + v[S^{\ominus}_{298,\text{V}} + \int_{298}^{T} \frac{C_{p,\text{V}}}{T}\text{d}T] + \cdots\} - \{m[S^{\ominus}_{298,\text{M}} + \int_{298}^{T_{\text{tr,M1}}} \frac{C_{p,\text{M1}}}{T}\text{d}T + \Delta S^{\ominus}_{\text{tr,M1}} + \int_{T_{\text{tr,M1}}}^{T} \frac{C_{p,\text{M2}}}{T}\text{d}T] + n[S^{\ominus}_{298,\text{N}} + \int_{298}^{T} \frac{C_{p,\text{N}}}{T}\text{d}T] + \cdots\} \quad \text{J/K} \tag{2-59}$$

式(2-58)和式(2-59)清楚地显示了化学反应(1-1)在温度范围$[T_{\text{tr,U1}}, T_{\text{tr,M2}}]$内的、即化学反应(2-41)的标准熵变化与参加反应各物质之间的联系。由于式(2-42)与式(2-43)完全等价,所以式(2-58)和式(2-59)与将式(2-43)代入式(2-54)进行积分的传统计算方法所得结果完全相同。

2.3.3 求化学反应在温度范围$[T_{\text{tr,U1}}, T_{\text{tr,M2}}]$内的标准吉布斯自由能变化温度关系

对化学反应(2-41),式(1-16)可写为

$$\Delta G^{\ominus}(T)_{\text{反应3}} = \Delta H^{\ominus}(T)_{\text{反应3}} - T\Delta S^{\ominus}(T)_{\text{反应3}} \tag{2-60}$$

将式(2-52)和式(2-58)代入式(2-60)并整理得

$$\Delta G^{\ominus}(T)_{\text{反应3}} = u\{[\Delta H^{\ominus}_{\text{f},298,\text{U}} - h_{\text{U1}}(298) + h_{\text{U1}}(T_{\text{tr,U1}}) + \Delta H^{\ominus}_{\text{tr,U1}} - h_{\text{U2}}(T_{\text{tr,U1}}) + h_{\text{U2}}(T)] - T[S^{\ominus}_{298,\text{U}} - s_{\text{U1}}(298) + s_{\text{U1}}(T_{\text{tr,U1}}) + \Delta S^{\ominus}_{\text{tr,U1}} - s_{\text{U2}}(T_{\text{tr,U1}}) - s_{\text{U2}}(T)]\} + v\{[\Delta H^{\ominus}_{\text{f},298,\text{V}} - h_{\text{V}}(298) + h_{\text{V}}(T)] - T[S^{\ominus}_{298,\text{V}} - s_{\text{V}}(298) + s_{\text{V}}(T)]\} + \cdots - m\{[\Delta H^{\ominus}_{\text{f},298,\text{M}} - h_{\text{M1}}(298) + h_{\text{M1}}(T_{\text{tr,M1}}) + \Delta H^{\ominus}_{\text{tr,M1}} - h_{\text{M2}}(T_{\text{tr,M1}}) + h_{\text{M2}}(T)] - T[S^{\ominus}_{298,\text{M}} - s_{\text{M1}}(298) + s_{\text{M1}}(T_{\text{tr,M1}}) + \Delta S^{\ominus}_{\text{tr,M1}} - s_{\text{M2}}(T_{\text{tr,M1}}) + s_{\text{M2}}(T)]\} - n\{[\Delta H^{\ominus}_{\text{f},298,\text{N}} - h_{\text{N}}(298) + h_{\text{N}}(T)] - T[S^{\ominus}_{298,\text{N}} - s_{\text{N}}(298) + s_{\text{N}}(T)]\} - \cdots \quad \text{J} \tag{2-61}$$

将式(2-53)和式(2-59)代入式(2-60)中,或直接由式(2-61)写出,得

$$\Delta G^{\ominus}(T)_{\text{反应3}} = u\{[\Delta H^{\ominus}_{\text{f},298,\text{U}} + \int_{298}^{T_{\text{tr,U1}}} C_{p,\text{U1}}\text{d}T + \Delta H^{\ominus}_{\text{tr,U1}} + \int_{T_{\text{tr,U1}}}^{T} C_{p,\text{U2}}\text{d}T] - T[S^{\ominus}_{298,\text{U}} + \int_{298}^{T_{\text{tr,U1}}} \frac{C_{p,\text{U1}}}{T}\text{d}T + \Delta S^{\ominus}_{\text{tr,U1}} + \int_{T_{\text{tr,U1}}}^{T} \frac{C_{p,\text{U2}}}{T}\text{d}T]\} + v\{[\Delta H^{\ominus}_{\text{f},298,\text{V}} + \int_{298}^{T} C_{p,\text{V}}\text{d}T] - T[S^{\ominus}_{298,\text{V}} + \int_{298}^{T} \frac{C_{p,\text{V}}}{T}\text{d}T]\} + \cdots - m\{[\Delta H^{\ominus}_{\text{f},298,\text{M}} + \int_{298}^{T_{\text{tr,M1}}} C_{p,\text{M1}}\text{d}T + \Delta H^{\ominus}_{\text{tr,M1}} + \int_{T_{\text{tr,M1}}}^{T} C_{p,\text{M2}}\text{d}T] - T[S^{\ominus}_{298,\text{M}} + \int_{298}^{T_{\text{tr,M1}}} \frac{C_{p,\text{M1}}}{T}\text{d}T + \Delta S^{\ominus}_{\text{tr,M1}} + \int_{T_{\text{tr,M1}}}^{T} \frac{C_{p,\text{M2}}}{T}\text{d}T]\} -$$

$$n\{[\Delta H^{\ominus}_{f,298,N} + \int_{298}^{T} C_{p,N}\mathrm{d}T] - T[S^{\ominus}_{298,N} + \int_{298}^{T} \frac{C_{p,N}}{T}\mathrm{d}T]\} - \cdots \quad \mathrm{J} \tag{2-62}$$

式(2-61)和(2-62)清晰地表明了化学反应(1-1)在温度范围$[T_{tr,U1},T_{tr,M2}]$内的、即化学反应(2-41)的标准吉布斯自由能变化温度关系。由于式(2-52)、式(2-58)、式(2-53)和式(2-59)与采用传统积分方法所得结果完全相同,所以式(2-61)和式(2-62)与采用传统积分方法所得到的结果完全相同。

2.4　某个反应物经历过 2 次相变的情况

以反应(1-1)在温度范围$[T_{tr,M2},T_{tr,M3}]$内发生为例。在该温度范围内,反应物 M_2 已在温度 $T_{tr,M2}$时转化为 M_3 相,因此在该温度范围内化学反应(1-1)的形式为

$$m\mathrm{M}_3 + n\mathrm{N}_1 + \cdots = u\mathrm{U}_2 + v\mathrm{V}_1 + \cdots \quad [T_{tr,M2},T_{tr,M3}] \tag{2-63}$$

2.4.1　求化学反应的标准焓变化温度关系

从数据手册中查出参加反应各物质在温度范围$[T_{tr,M2},T_{tr,M3}]$内的恒压热容分别为式(1-24)、式(1-25)、式(1-27)、式(1-28)、…。根据式(1-9),化学反应(2-63)的恒压热容变化为

$$\Delta C_{p4} = (uC_{p,U2} + vC_{p,V} + \cdots) - (mC_{p,M3} + nC_{p,N} + \cdots) \tag{2-64}$$

按照传统方法,将式(2-64)整理成

$$\Delta C_{p4} = \Delta a_4 + \Delta b_4 \times 10^{-3}T + \Delta c_4 \times 10^{6}T^{-2} + \Delta d_4 \times 10^{-6}T^2 \tag{2-65}$$

其中

$$\Delta a_4 = (ua_{U2} + va_V + \cdots) - (ma_{M3} + na_N + \cdots)$$
$$\Delta b_4 = (ub_{U2} + vb_V + \cdots) - (mb_{M3} + nb_N + \cdots)$$
$$\Delta c_4 = (uc_{U2} + vc_V + \cdots) - (mc_{M3} + nc_N + \cdots)$$
$$\Delta d_4 = (ud_{U2} + vd_V + \cdots) - (md_{M3} + nd_N + \cdots)$$

可见,式(2-64)与式(2-65)完全等价。

根据式(1-10),在该温度范围内,有

$$\Delta H^{\ominus}(T)_{反应4} = \int \Delta C_{p4}\mathrm{d}T \tag{2-66}$$

式中　$\Delta H^{\ominus}(T)_{反应4}$——反应(2-63)的标准焓变化。

传统的方法是将式(2-65)代入式(2-66)进行积分。然而,在这里将式(2-64)代入式(2-66)进行积分,得

$$\Delta H^{\ominus}(T)_{反应4} = (u\int C_{p,U2}\mathrm{d}T + v\int C_{p,V}\mathrm{d}T + \cdots) - (m\int C_{p,M3}\mathrm{d}T + n\int C_{p,N}\mathrm{d}T + \cdots)$$

采用式(1-18)和式(1-19)的表达方法,上式可表示为

$$\Delta H^{\ominus}(T)_{反应4} = \Delta H_{0,4} + [uh_{U2}(T) + vh_V(T) + \cdots] - [mh_{M3}(T) + nh_N(T) + \cdots] \tag{2-67}$$

式中　$\Delta H_{0,4}$——未定的积分常数。

在标准状态和温度 $T = T_{tr,M2}$时,反应物 M_2 发生了如下相变。

$$T = T_{tr,M2} \qquad \mathrm{M}_2 = \mathrm{M}_3 \qquad 标准摩尔相变焓为\ \Delta H^{\ominus}_{tr,M2}$$

对 m mol M_2 有

$$T = T_{tr,M2} \qquad m\mathrm{M}_2 = m\mathrm{M}_3 \qquad 标准相变焓为\ m\Delta H^{\ominus}_{tr,M2} \tag{2-68}$$

同时,在温度 $T = T_{tr,M2}$且反应物 M_2 尚未发生相变时,反应(2-41)的标准焓变化为$\Delta H^{\ominus}(T_{tr,M2})_{反应3}$,

即

$$T=T_{\mathrm{tr,M2}}\quad m\mathrm{M}_2+n\mathrm{N}+\cdots=u\mathrm{U}_2+v\mathrm{V}+\cdots\quad \text{标准焓变化为}\ \Delta H^{\ominus}(T_{\mathrm{tr,M2}})_{\text{反应3}} \tag{2-69}$$

式(2-69)减去式(2-68)得到

$$T=T_{\mathrm{tr,M2}}\quad m\mathrm{M}_3+n\mathrm{N}+\cdots=u\mathrm{U}_2+v\mathrm{V}+\cdots\quad \text{标准焓变化为}\ \Delta H^{\ominus}(T_{\mathrm{tr,M2}})_{\text{反应3}}-m\Delta H^{\ominus}_{\mathrm{tr,M2}} \tag{2-70}$$

对比式(2-70)和式(2-63)知,式(2-70)是反应(2-63)在温度 $T=T_{\mathrm{tr,M2}}$ 且反应物 M_2 已经转化为 M_3 相时的情况。同时,根据式(2-67)知,反应(2-63)在温度 $T=T_{\mathrm{tr,M2}}$ 时的标准焓变化为 $\Delta H^{\ominus}(T_{\mathrm{tr,M2}})_{\text{反应4}}$。因此,有

$$\Delta H^{\ominus}(T_{\mathrm{tr,M2}})_{\text{反应4}}=\Delta H^{\ominus}(T_{\mathrm{tr,M2}})_{\text{反应3}}-m\Delta H^{\ominus}_{\mathrm{tr,M2}} \tag{2-71}$$

解方程(2-71)可得

$$\begin{aligned}\Delta H_{0,4}=\{&u[\Delta H^{\ominus}_{\mathrm{f,298,U}}-h_{\mathrm{U1}}(298)+h_{\mathrm{U1}}(T_{\mathrm{tr,U1}})+\Delta H^{\ominus}_{\mathrm{tr,U1}}-h_{\mathrm{U2}}(T_{\mathrm{tr,U1}})]+\\&v[\Delta H^{\ominus}_{\mathrm{f,298,V}}-h_{\mathrm{V}}(298)]+\cdots\}-\{m[\Delta H^{\ominus}_{\mathrm{f,298,M}}-h_{\mathrm{M1}}(298)+\\&h_{\mathrm{M1}}(T_{\mathrm{tr,M1}})+\Delta H^{\ominus}_{\mathrm{tr,M1}}-h_{\mathrm{M2}}(T_{\mathrm{tr,M1}})+h_{\mathrm{M2}}(T_{\mathrm{tr,M2}})+\\&\Delta H^{\ominus}_{\mathrm{tr,M2}}-h_{\mathrm{M3}}(T_{\mathrm{tr,M2}})]+n[\Delta H^{\ominus}_{\mathrm{f,298,N}}-h_{\mathrm{N}}(298)]+\cdots\}\end{aligned} \tag{2-72}$$

或写为

$$\begin{aligned}\Delta H_{0,4}=\{&u[\Delta H^{\ominus}_{\mathrm{f,298,U}}-h_{\mathrm{U1}}(298)+h_{\mathrm{U1}}(T_{\mathrm{tr,U1}})+\Delta H^{\ominus}_{\mathrm{tr,U1}}-h_{\mathrm{U2}}(T_{\mathrm{tr,U1}})]+\\&v[\Delta H^{\ominus}_{\mathrm{f,298,V}}-h_{\mathrm{V}}(298)]+\cdots\}-\{m[\Delta H^{\ominus}_{\mathrm{f,298,M}}-h_{\mathrm{M1}}(298)+\\&\sum_{i=1}^{2}h_{\mathrm{M}i}(T_{\mathrm{tr,M}i})+\Delta H^{\ominus}_{\mathrm{tr,M}i}-h_{i+1}(T_{\mathrm{tr,M}i})]+\\&n[\Delta H^{\ominus}_{\mathrm{f,298,N}}-h_{\mathrm{N}}(298)]+\cdots\}\quad(i=1,2)\end{aligned} \tag{2-73}$$

式中　i——物质经历过的相变次数。

将式(2-72)代入式(2-67)并重新整理得

$$\begin{aligned}\Delta H^{\ominus}(T)_{\text{反应4}}=\{&u[\Delta H^{\ominus}_{\mathrm{f,298,U}}-h_{\mathrm{U1}}(298)+h_{\mathrm{U1}}(T_{\mathrm{tr,U1}})+\Delta H^{\ominus}_{\mathrm{tr,U1}}-h_{\mathrm{U2}}(T_{\mathrm{tr,U1}})+\\&h_{\mathrm{U2}}(T)]+v[\Delta H^{\ominus}_{\mathrm{f,298,V}}-h_{\mathrm{V}}(298)+h_{\mathrm{V}}(T)]+\cdots\}-\\&\{m[\Delta H^{\ominus}_{\mathrm{f,298,M}}-h_{\mathrm{M1}}(298)+h_{\mathrm{M1}}(T_{\mathrm{tr,M1}})+\Delta H^{\ominus}_{\mathrm{tr,M1}}-h_{\mathrm{M2}}(T_{\mathrm{tr,M1}})+\\&h_{\mathrm{M2}}(T_{\mathrm{tr,M2}})+\Delta H^{\ominus}_{\mathrm{tr,M2}}-h_{\mathrm{M3}}(T_{\mathrm{tr,M3}})+h_{\mathrm{M3}}(T)]+\\&n[\Delta H^{\ominus}_{\mathrm{f,298,N}}-h_{\mathrm{N}}(298)+h_{\mathrm{N}}(T)]+\cdots\}\quad \mathrm{J}\end{aligned} \tag{2-74}$$

式(2-74)可以写为

$$\begin{aligned}\Delta H^{\ominus}(T)_{\text{反应4}}=\{&u[\Delta H^{\ominus}_{\mathrm{f,298,U}}+\int_{298}^{T_{\mathrm{tr,U1}}}C_{p,\mathrm{U1}}\mathrm{d}T+\Delta H^{\ominus}_{\mathrm{tr,U1}}+\int_{T_{\mathrm{tr,U1}}}^{T}C_{p,\mathrm{U2}}\mathrm{d}T]+\\&v[\Delta H^{\ominus}_{\mathrm{f,298,V}}+\int_{298}^{T}C_{p,\mathrm{V}}\mathrm{d}T]+\cdots\}-\{m[\Delta H^{\ominus}_{\mathrm{f,298,M}}+\\&\int_{298}^{T_{\mathrm{tr,M1}}}C_{p,\mathrm{M1}}\mathrm{d}T+\Delta H^{\ominus}_{\mathrm{tr,M1}}+\int_{T_{\mathrm{tr,M1}}}^{T_{\mathrm{tr,M2}}}C_{p,\mathrm{M2}}\mathrm{d}T+\Delta H^{\ominus}_{\mathrm{tr,M2}}+\\&\int_{T_{\mathrm{tr,M2}}}^{T}C_{p,\mathrm{M3}}\mathrm{d}T]+n[\Delta H^{\ominus}_{\mathrm{f,298,N}}+\int_{298}^{T}C_{p,\mathrm{N}}\mathrm{d}T]+\cdots\}\quad \mathrm{J}\end{aligned} \tag{2-75}$$

式(2-74)或式(2-75)明确表明了化学反应(1-1)在温度范围[$T_{\mathrm{tr,M2}}$, $T_{\mathrm{tr,M3}}$]内的、即化学反应(2-63)的标准焓变化与参加反应各物质之间的联系。由于式(2-64)与式(2-65)等价,所以式(2-74)和式(2-75)与将式(2-65)代入式(2-66)进行积分的传统计算方法所得结果完全相同。

2.4.2　求化学反应的标准熵变化温度关系

根据式(1-13),在该温度范围内,化学反应(2-63)的标准熵变化与其恒压热容变化的关系为

$$\Delta S^{\ominus}(T)_{反应4} = \int \frac{\Delta C_{p4}}{T} dT \tag{2-76}$$

式中　$\Delta S^{\ominus}(T)_{反应4}$——化学反应(2-63)在该温度范围内的标准熵变化。

在这里将式(2-64)代入式(2-76)进行积分,得

$$\Delta S^{\ominus}(T)_{反应4} = \left(u\int \frac{C_{p,\mathrm{U2}}}{T}dT + v\int \frac{C_{p,\mathrm{V}}}{T}dT + \cdots\right) - \left(m\int \frac{C_{p,\mathrm{M3}}}{T}dT + n\int \frac{C_{p,\mathrm{N}}}{T}dT + \cdots\right)$$

采用式(1-20)和式(1-21)的形式,将上式表达为

$$\Delta S^{\ominus}(T)_{反应4} = \Delta S_{0,4} + [us_{\mathrm{U2}}(T) + vs_{\mathrm{V}}(T) + \cdots] - [ms_{\mathrm{M3}}(T) + ns_{\mathrm{N}}(T) + \cdots] \tag{2-77}$$

式中　$\Delta S_{0,4}$——未定的积分常数。

采用类似于式(2-68)~式(2-70)的方法,可以得到在温度 $T_{\mathrm{tr,M2}}$ 时反应(2-63)的标准熵变化[参看式(2-71)]为

$$\Delta S^{\ominus}(T_{\mathrm{tr,M2}})_{反应4} = \Delta S^{\ominus}(T_{\mathrm{tr,M2}})_{反应3} - m\Delta S^{\ominus}_{\mathrm{tr,M2}} \tag{2-78}$$

式中　$\Delta S^{\ominus}_{\mathrm{tr,M2}}$——反应物 M_2 在温度 $T_{\mathrm{tr,M2}}$ 时转化为 M_3 的标准摩尔相变熵。

如果该数值在数据表中没有给出,则可以按照下式计算出来。

$$\Delta S^{\ominus}_{\mathrm{tr,M2}} = \frac{\Delta H^{\ominus}_{\mathrm{tr,M2}}}{T_{\mathrm{tr,M2}}}$$

解式(2-78)得

$$\begin{aligned}\Delta S_{0,4} = \{&u[S^{\ominus}_{298,\mathrm{U}} - s_{\mathrm{U1}}(298) + s_{\mathrm{U1}}(T_{\mathrm{tr,U1}}) + \Delta S^{\ominus}_{\mathrm{tr,U1}} - s_{\mathrm{U2}}(T_{\mathrm{tr,M1}}) + \\ &s_{\mathrm{U2}}(T_{\mathrm{tr,M2}}) - s_{\mathrm{U2}}(T_{\mathrm{tr,M2}})] + \\ &v[S^{\ominus}_{298,\mathrm{V}} - s_{\mathrm{V}}(298) + s_{\mathrm{V}}(T_{\mathrm{tr,M2}}) - s_{\mathrm{V}}(T_{\mathrm{tr,M2}})] + \cdots\} - \\ \{&m[S^{\ominus}_{298,\mathrm{M}} - s_{\mathrm{M1}}(298) + s_{\mathrm{M1}}(T_{\mathrm{tr,M1}}) + \Delta S^{\ominus}_{\mathrm{tr,M1}} - s_{\mathrm{M2}}(T_{\mathrm{tr,M1}}) + \\ &s_{\mathrm{M2}}(T_{\mathrm{tr,M2}}) - s_{\mathrm{M3}}(T_{\mathrm{tr,M2}}) + \Delta S^{\ominus}_{\mathrm{tr,M2}}] + \\ &n[S^{\ominus}_{298,\mathrm{N}} - s_{\mathrm{N}}(298) + s_{\mathrm{N}}(T_{\mathrm{tr,M2}}) - s_{\mathrm{N}}(T_{\mathrm{tr,M2}})] + \cdots\}\end{aligned} \tag{2-79}$$

或写为

$$\begin{aligned}\Delta S_{0,4} = \{&u[S^{\ominus}_{298,\mathrm{U}} - s_{\mathrm{U1}}(298) + s_{\mathrm{U1}}(T_{\mathrm{tr,U1}}) + \Delta S^{\ominus}_{\mathrm{tr,U1}} - s_{\mathrm{U2}}(T_{\mathrm{tr,M1}})] + \\ &v[S^{\ominus}_{298,\mathrm{V}} - s_{\mathrm{V}}(298)] + \cdots\} - \{m[S^{\ominus}_{298,\mathrm{M}} - s_{\mathrm{M1}}(298)] + \\ &n[S^{\ominus}_{298,\mathrm{N}} - s_{\mathrm{N}}(298)] + \cdots\} \quad (i = 1, 2)\end{aligned} \tag{2-80}$$

式中　i——物质经历过的相变次数。

将式(2-79)代入式(2-77)并重新整理得

$$\begin{aligned}\Delta S^{\ominus}(T)_{反应4} = \{&u[S^{\ominus}_{298,\mathrm{U}} - s_{\mathrm{U1}}(298) + s_{\mathrm{U1}}(T_{\mathrm{tr,U1}}) + \Delta S^{\ominus}_{\mathrm{tr,U1}} - s_{\mathrm{U2}}(T_{\mathrm{tr,M1}}) + s_{\mathrm{U2}}(T)] + \\ &v[S^{\ominus}_{298,\mathrm{V}} - s_{\mathrm{V}}(298) + s_{\mathrm{V}}(T)] + \cdots\} - \\ \{&m[S^{\ominus}_{298,\mathrm{M}} - s_{\mathrm{M1}}(298) + s_{\mathrm{M1}}(T_{\mathrm{tr,M1}}) + \Delta S^{\ominus}_{\mathrm{tr,M1}} - s_{\mathrm{M2}}(T_{\mathrm{tr,M1}}) + \\ &s_{\mathrm{M2}}(T_{\mathrm{tr,M2}}) + \Delta S^{\ominus}_{\mathrm{tr,M2}} - s_{\mathrm{M3}}(T_{\mathrm{tr,M2}}) + s_{\mathrm{M3}}(T)] + \\ &n[S^{\ominus}_{298,\mathrm{N}} - s_{\mathrm{N}}(298) + s_{\mathrm{N}}(T)] + \cdots\} \quad \mathrm{J/K}\end{aligned} \tag{2-81}$$

当然,式(2-81)也可以表示为

$$\begin{aligned}\Delta S^{\ominus}(T)_{反应4} = \{&u[S^{\ominus}_{298,\mathrm{U}} + \int_{298}^{T_{\mathrm{tr,U1}}} \frac{C_{p,\mathrm{U1}}}{T}dT + \Delta S^{\ominus}_{\mathrm{tr,U1}} + \\ &\int_{T_{\mathrm{tr,U1}}}^{T} \frac{C_{p,\mathrm{U2}}}{T}dT] + v[S^{\ominus}_{298,\mathrm{V}} + \int_{298}^{T} \frac{C_{p,\mathrm{V}}}{T}dT] + \cdots\} -\end{aligned}$$

$$\{m[S^{\ominus}_{298,\mathrm{M}} + \int_{298}^{T_{\mathrm{tr,M1}}} \frac{C_{p,\mathrm{M1}}}{T}\mathrm{d}T + \Delta S^{\ominus}_{\mathrm{tr,M1}} + \int_{T_{\mathrm{tr,M1}}}^{T_{\mathrm{tr,M2}}} \frac{C_{p,\mathrm{M2}}}{T}\mathrm{d}T + \Delta S^{\ominus}_{\mathrm{tr,M2}} + \int_{T_{\mathrm{tr,M2}}}^{T} \frac{C_{p,\mathrm{M3}}}{T}\mathrm{d}T] + n[S^{\ominus}_{298,\mathrm{N}} + \int_{298}^{T} \frac{C_{p,\mathrm{N}}}{T}\mathrm{d}T] + \cdots\} \quad \mathrm{J/K} \tag{2-82}$$

式(2-81)和式(2-82)明确地表明了化学反应(1-1)在温度范围[$T_{\mathrm{tr,M2}}$, $T_{\mathrm{tr,M3}}$]内的、即化学反应(2-63)的标准熵变化与参加反应各物质之间的联系。同样,由于式(2-64)与式(2-65)完全等价,所以式(2-81)和式(2-82)与将式(2-65)代入式(2-76)进行积分的传统计算方法所得结果完全相同。

2.4.3　求化学反应的标准吉布斯自由能变化温度关系

在温度范围[$T_{\mathrm{tr,M2}}$, $T_{\mathrm{tr,M3}}$]内,式(1-16)可以写为

$$\Delta G^{\ominus}(T)_{\text{反应4}} = \Delta H^{\ominus}(T)_{\text{反应4}} - T\Delta S^{\ominus}(T)_{\text{反应4}} \tag{2-83}$$

将式(2-74)和式(2-81)代入式(2-83)并整理得

$$\begin{aligned}\Delta G^{\ominus}(T)_{\text{反应4}} = {} & u\{[\Delta H^{\ominus}_{\mathrm{f},298,\mathrm{U}} - h_{\mathrm{U1}}(298) + h_{\mathrm{U1}}(T_{\mathrm{tr,U1}}) + \Delta H^{\ominus}_{\mathrm{tr,U1}} - h_{\mathrm{U2}}(T_{\mathrm{tr,U1}}) + \\ & h_{\mathrm{U2}}(T)] - T[S^{\ominus}_{298,\mathrm{U}} - s_{\mathrm{U1}}(298) + s_{\mathrm{U1}}(T_{\mathrm{tr,U1}}) + \Delta S^{\ominus}_{\mathrm{tr,U1}} - \\ & s_{\mathrm{U2}}(T_{\mathrm{tr,M1}}) + s_{\mathrm{U2}}(T)]\} + v\{[\Delta H^{\ominus}_{\mathrm{f},298,\mathrm{V}} - h_{\mathrm{V}}(298) + h_{\mathrm{V}}(T)] - \\ & T[S^{\ominus}_{298,\mathrm{V}} - s_{\mathrm{V}}(298) + s_{\mathrm{V}}(T)]\} + \cdots - m\{[\Delta H^{\ominus}_{\mathrm{f},298,\mathrm{M}} - \\ & h_{\mathrm{M1}}(298) + h_{\mathrm{M1}}(T_{\mathrm{tr,M1}}) + \Delta H^{\ominus}_{\mathrm{tr,M1}} - h_{\mathrm{M2}}(T_{\mathrm{tr,M1}}) + h_{\mathrm{M2}}(T_{\mathrm{tr,M2}}) + \\ & \Delta H^{\ominus}_{\mathrm{tr,M2}} - h_{\mathrm{M3}}(T_{\mathrm{tr,M3}}) + h_{\mathrm{M3}}(T)] - T[S^{\ominus}_{298,\mathrm{M}} - s_{\mathrm{M1}}(298) + \\ & s_{\mathrm{M1}}(T_{\mathrm{tr,M1}}) + \Delta S^{\ominus}_{\mathrm{tr,M1}} - s_{\mathrm{M2}}(T_{\mathrm{tr,M1}}) + s_{\mathrm{M2}}(T_{\mathrm{tr,M2}}) + \Delta S^{\ominus}_{\mathrm{tr,M2}} - \\ & s_{\mathrm{M3}}(T_{\mathrm{tr,M2}}) + s_{\mathrm{M3}}(T)]\} - n\{[\Delta H^{\ominus}_{\mathrm{f},298,\mathrm{N}} - h_{\mathrm{N}}(298) + h_{\mathrm{N}}(T)] - \\ & T[S^{\ominus}_{298,\mathrm{N}} - s_{\mathrm{N}}(298) + s_{\mathrm{N}}(T)]\} - \cdots \quad \mathrm{J}\end{aligned} \tag{2-84}$$

将式(2-75)和式(2-82)代入式(2-83),或直接从式(2-84)写出,得

$$\begin{aligned}\Delta G^{\ominus}(T)_{\text{反应4}} = {} & u\{[\Delta H^{\ominus}_{\mathrm{f},298,\mathrm{U}} + \int_{298}^{T_{\mathrm{tr,U1}}} C_{p,\mathrm{U1}}\mathrm{d}T + \Delta H^{\ominus}_{\mathrm{tr,U1}} + \int_{T_{\mathrm{tr,U1}}}^{T} C_{p,\mathrm{U2}}\mathrm{d}T] - \\ & T[S^{\ominus}_{298,\mathrm{U}} + \int_{298}^{T_{\mathrm{tr,U1}}} \frac{C_{p,\mathrm{U1}}}{T}\mathrm{d}T + \Delta S^{\ominus}_{\mathrm{tr,U1}} + \int_{T_{\mathrm{tr,U1}}}^{T} \frac{C_{\mathrm{tr,U2}}}{T}\mathrm{d}T]\} + \\ & v\{[\Delta H^{\ominus}_{\mathrm{f},298,\mathrm{V}} + \int_{298}^{T} C_{p,\mathrm{V}}\mathrm{d}T] - T[S^{\ominus}_{298,\mathrm{V}} + \int_{298}^{T} \frac{C_{p,\mathrm{V}}}{T}\mathrm{d}T]\} + \cdots - \\ & m\{[\Delta H^{\ominus}_{\mathrm{f},298,\mathrm{M}} + \int_{298}^{T_{\mathrm{tr,M1}}} C_{p,\mathrm{M1}}\mathrm{d}T + \Delta H^{\ominus}_{\mathrm{tr,M1}} + \int_{T_{\mathrm{tr,M1}}}^{T_{\mathrm{tr,M2}}} C_{p,\mathrm{M2}}\mathrm{d}T + \\ & \Delta H^{\ominus}_{\mathrm{tr,M2}} + \int_{T_{\mathrm{tr,M2}}}^{T} C_{p,\mathrm{M3}}\mathrm{d}T] - T[S^{\ominus}_{298,\mathrm{M}} + \int_{298}^{T_{\mathrm{tr,M1}}} \frac{C_{p,\mathrm{M1}}}{T}\mathrm{d}T + \\ & \Delta S^{\ominus}_{\mathrm{tr,M1}} + \int_{T_{\mathrm{tr,M1}}}^{T_{\mathrm{tr,M2}}} \frac{C_{p,\mathrm{M2}}}{T}\mathrm{d}T + \Delta S^{\ominus}_{\mathrm{tr,M2}}] + \int_{T_{\mathrm{tr,M2}}}^{T} \frac{C_{p,\mathrm{M3}}}{T}\mathrm{d}T\} + \\ & n\{[\Delta H^{\ominus}_{\mathrm{f},298,\mathrm{N}} + \int_{298}^{T} C_{p,\mathrm{N}}\mathrm{d}T] - T[S^{\ominus}_{298,\mathrm{N}} + \int_{298}^{T} \frac{C_{p,\mathrm{N}}}{T}\mathrm{d}T]\} - \cdots \quad \mathrm{J}\end{aligned} \tag{2-85}$$

式(2-84)和式(2-85)是化学反应(1-1)在温度范围[$T_{\mathrm{tr,M1}}$, $T_{\mathrm{tr,U1}}$]内的、即化学反应(2-63)的标准吉布斯自由能变化温度关系。由于式(2-74)、式(2-81)、式(2-75)和式(2-82)与传统积分计算方法所得结果完全相同,所以式(2-84)和式(2-85)与采用传统积分方法所得到的结果完全相同。

第3章　物质的应用热力学函数

3.1　对化学反应传统热力学计算方法再分析得到的启发

以上作者详尽地回顾和再分析了一般化学反应(1-1)在连续四个适用温度范围内的传统热力学计算方法。它包括：

(1)参加反应各物质均未经历相变(在温度范围$[T_{298},T_{tr,M1}]$内)；

(2)某反应物经历过1次相变(在温度范围$[T_{tr,M1},T_{tr,U1}]$内)；

(3)某生成物经历过1次相变(在温度范围$[T_{tr,U1},T_{tr,M2}]$内)；

(4)某反应物经历过2次相变(在温度范围$[T_{tr,M2},T_{tr,M3}]$内)。

由这些热力学计算的典型情况,可以得到以下重要启发。

第一,式(2-8)或式(2-9)、式(2-30)或式(2-31)、式(2-52)或式(2-53)以及式(2-74)或式(2-75)表达了化学反应(1-1)在不同温度范围内的标准焓变化温度关系,其各方括号"[ ]"中的部分均独立地与参加反应(1-1)的各物质一一对应。式(2-14)或式(2-15)、式(2-36)或式(2-37)、式(2-58)或式(2-59)以及式(2-81)或式(2-82)表达了化学反应(1-1)在不同温度范围内的标准熵变化温度关系,其各方括号"[ ]"中的部分也独立地与参加反应(1-1)的各物质一一对应。而式(2-17)或式(2-18)、式(2-39)或式(2-40)、式(2-61)或式(2-62)以及式(2-84)或式(2-85)表达了化学反应(1-1)标准吉布斯自由能变化温度关系,其各大括号"{}"中的部分,同样独立地与参加反应(1-1)的各物质一一对应。因此,可以得出如下结论：

在标准状态下,参加反应各物质对化学反应标准焓变化、标准熵变化和标准吉布斯自由能变化的贡献相互独立、互不影响。

第二,对化学反应标准焓变化温度关系来说,由式(2-8)或式(2-9)、式(2-30)或式(2-31)、式(2-52)或式(2-53)以及式(2-74)或式(2-75)可以看出,各方括号"[ ]"中的表达式分别是对参加反应各物质恒压热容C_p的连续积分。这是物质本身的性质,与物质是反应物还是生成物无关。并且,

(1)各物质在温度298 K时的标准摩尔生成焓(如$\Delta H^{\ominus}_{f,298,M}$、$\Delta H^{\ominus}_{f,298,N}$、$\Delta H^{\ominus}_{f,298,U}$、$\Delta H^{\ominus}_{f,298,V}$、…)可以认为是参加反应各物质恒压热容$C_p$的原函数的初始值。

(2)在相变温度时,C_p的原函数的变化值就是它的标准摩尔相变焓$\Delta H^{\ominus}_{tr}$。

(3)各式中$h(T)$是恒压热容C_p的不包含积分常数的原函数,它们的系数可以预先计算出来,而剩余部分则是恒压热容C_p的积分常数。

第三,对化学反应标准熵变化温度关系来说,由式(2-14)或式(2-15)、式(2-36)或式(2-37)、式(2-58)或式(2-59)以及式(2-81)或式(2-82)可以看出,各方括号"[ ]"中的表达式分别是对参加反应各物质$\frac{C_p}{T}$的连续积分。这是物质本身的性质,与物质是反应物还是生成物无关。并且,

(1)参加反应各物质在温度298 K时的标准摩尔熵(如$S^{\ominus}_{298,M}$、$S^{\ominus}_{298,N}$、$S^{\ominus}_{298,U}$、$S^{\ominus}_{298,V}$、…)可以认为是$\frac{C_p}{T}$的原函数的初始值。

(2)在相变温度时,$\frac{C_p}{T}$的原函数的变化值就是它的标准摩尔相变熵$\Delta S^{\ominus}_{tr}$。

(3)各式中$s(T)$是$\frac{C_p}{T}$的不包含积分常数的原函数,它们的系数可以预先计算出来,而剩余部分则是

$\frac{C_p}{T}$的积分常数。

第四,式(2-7)、式(2-29)、式(2-51)以及式(2-72)或式(2-73)为化学反应标准焓变化温度关系的积分常数。显然,它们可以预先计算出来。而且,由式(2-73)可以看出,物质M的相变次数增加时,计算过程只需要对恒压热容适用温度范围进行扩展,而不需要更多的推导。

第五,式(2-13)、式(2-35)、式(2-57)以及式(2-79)或式(2-80)为化学反应标准熵变化温度关系的积分常数。显然,它们也可以预先计算出来。而且,由式(2-80)可以看出,物质M的相变次数增加时,计算过程只需要对恒压热容适用温度范围进行扩展,而不需要进行更多的推导。

第六,根据以上结论,

(1)如果将式(2-8)或式(2-9)、式(2-30)或式(2-31)、式(2-52)或式(2-53)以及式(2-74)或式(2-75)的方括号中的表达式定义为一个新的热力学函数,则它只是温度的函数,因而是状态函数;而且,它还是物质的广度性质。借助于它,就能做到只用多项式的加法和减法求出化学反应标准焓变化温度关系,而无须知道参加反应各物质的焓的绝对值。

(2)类似地,如果将式(2-14)或式(2-15)、式(2-36)或式(2-37)、式(2-58)或式(2-59)以及式(2-81)或式(2-82)的方括号中的表达式定义为一个新的热力学函数,则它同样只是温度的函数,因而是状态函数;而且,它还是物质的广度性质。借助于它,就能做到只用多项式的加法和减法求出化学反应标准熵变化温度关系。

第七,由式(2-17)或式(2-18)、式(2-39)或式(2-40)、式(2-61)或式(2-62)以及式(2-84)或式(2-85)可见,在以上两个新的热力学函数定义后,就能做到只用多项式的加法和减法求出化学反应标准吉布斯自由能变化温度关系,而无须知道参加反应各物质的标准吉布斯自由能的绝对值。

第八,按照上述方法计算的结果与通过积分方法或吉布斯—亥姆霍兹方程的计算结果完全相同,不存在系统误差。

3.2 物质的应用热力学函数的概念

3.2.1 物质的应用焓的概念

由以上的详细推导、分析,可以得出物质的应用焓的概念。

物质的应用焓的定义 在标准状态下,设1 mol纯净物质(纯净的单质或纯净的化合物)的恒压热容C_p在温度$T \geqslant 298$ K范围内(或温度闭区间[298, T]内)只是温度T的连续函数[单位为J/(mol·K)],其在温度$T=298$ K时的标准摩尔生成焓为$\Delta H^{\ominus}_{f,298}$(J/mol),其在相变温度$T_{tr}$时的标准摩尔相变焓为$\Delta H^{\ominus}_{tr}$(J/mol)。那么,若有一个温度$T$的连续函数$Ha(T)$,使

$$\frac{dHa(T)}{dT} = C_p$$

并且,

(1)在温度$T=298$ K时,$Ha(T)$的值等于它在该温度时的标准摩尔生成焓,即

$$Ha(298) = \Delta H^{\ominus}_{f,298} \quad \text{J/mol}$$

(2)若该物质在任何相变温度T_{tr}时经历了相变,则$Ha(T)$在相变过程中的变化值等于该物质的标准摩尔相变焓$\Delta H^{\ominus}_{tr}$[J/(mol·K)],即

$$\Delta Ha(T_{tr}) = \Delta H^{\ominus}_{tr} \quad \text{J/mol}$$

则称函数$Ha(T)$为该物质的应用焓(Applied Enthalpy of the Substance),可简写为Ha,其单位为J/mol。其中的小写字母a代表applied(下同)。

显然,物质在温度298 K时的标准摩尔生成焓就是它的应用焓的初始值。

3.2.2 物质的应用熵的概念

类似地,根据以上的详细推导、分析,可以得出物质的应用熵的概念。

物质的应用熵的定义 在标准状态下,设1 mol纯净物质(纯净的单质或纯净的化合物)的恒压热容 C_p 在温度 $T \geqslant 298$ K范围内(或温度闭区间[298, T]内)只是温度 T 的连续函数[单位为J/(mol·K)],其在温度 $T=298$ K时的标准摩尔熵为 $S_{298}^{\ominus}$[J/(mol·K)],其在相变温度 T_{tr} 时的标准摩尔相变焓为 $\Delta H_{tr}^{\ominus}$(J/mol),其标准摩尔相变熵为 $\Delta S_{tr}^{\ominus}$[J/(mol·K)]。若有一个温度 T 的连续函数 $Sa(T)$,使

$$\frac{\mathrm{d}Sa(T)}{\mathrm{d}T}=\frac{C_p}{T}$$

并且,

(1)在温度 $T=298$ K时,$Sa(T)$ 的值等于它在该温度时的标准摩尔熵,即

$$Sa(298)=S_{298}^{\ominus} \quad \mathrm{J/(mol\cdot K)}$$

(2)若该物质在任何相变温度 T_{tr} 时经历了相变,则 $Sa(T)$ 在相变过程中的变化值等于它在该温度时的标准摩尔相变熵 $\Delta S_{tr}^{\ominus}$[J/(mol·K)],即

$$\Delta Sa(T_{tr})=\Delta S_{tr}^{\ominus} \quad \mathrm{J/(mol\cdot K)}$$

或

$$\Delta Sa(T_{tr})=\frac{\Delta H_{tr}^{\ominus}}{T_{tr}} \quad \mathrm{J/(mol\cdot K)}$$

则称函数 $Sa(T)$ 为该物质的应用熵(Applied Entropy of the Substance),可简写为 Sa,其单位为J/(mol·K)。

显然,物质在温度298 K时的标准摩尔熵就是它的应用熵的初始值。并且,物质的应用熵实际上与它的标准摩尔熵等价。使用"物质的应用熵"这个术语是为了与"物质的应用焓"和"物质的应用吉布斯自由能"的名称保持一致。

3.2.3 物质的应用吉布斯自由能的概念

根据物质的吉布斯自由能的定义,可以得到物质的应用吉布斯自由能的概念。

物质的应用吉布斯自由能的定义 在标准状态下,设一种纯净物质(纯净的单质或纯净的化合物)的应用焓为 $Ha(T)$、应用熵为 $Sa(T)$,若有一个温度 T 的连续函数 $Ga(T)$,使

$$Ga(T)=Ha(T)-TSa(T)$$

则称函数 $Ga(T)$ 为该物质的应用吉布斯自由能(Applied Gibbs Free Energy of the Substance),可简写为 Ga,其单位为J/mol。

物质的应用焓、应用熵和应用吉布斯自由能统称为物质的应用热力学函数。从以上定义可知,物质的应用热力学函数只与温度有关,因此它们都是状态函数。

有了以上定义,就可以求出它的应用焓和应用熵。然后,求出物质的应用吉布斯自由能(在下文求物质的应用焓、应用熵和应用吉布斯自由能时,只将计算的结果写出来,不再写详细推导过程了)。

3.3 物质未经历过相变时应用焓、应用熵和应用吉布斯自由能的求得

以物质M在温度范围[298, $T_{tr,M1}$]内为例,设它在不同温度范围内的热力学数据如图3-1所示。

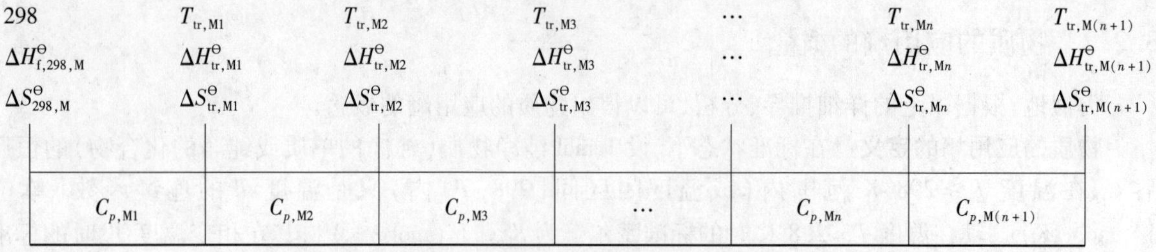

图 3-1　物质 M 在不同温度范围内的热力学数据

3.3.1　物质未经历过相变时应用焓的求得

物质 M 未经历过相变即处于温度范围[298,$T_{tr,M1}$]内。在该温度范围内,有

$$Ha_{M1}(T) = H_{0,M1} + h_{M1}(T) \tag{3-1}$$

式中　$Ha_{M1}(T)$——物质 M 在温度范围[298,$T_{tr,M1}$]内的应用焓;

$H_{0,M1}$——积分常数,并且

$$H_{0,M1} = \Delta H^{\ominus}_{f,298,M} - h_{M1}(298) \tag{3-2}$$

$h_{M1}(T)$——如式(1-30)所示。

将式(3-2)代入式(3-1)得

$$Ha_{M1}(T) = \Delta H^{\ominus}_{f,298,M} - h_{M1}(298) + h_{M1}(T)\quad \text{J/mol} \tag{3-3}$$

显然,式(3-3)可以写为

$$Ha_{M1}(T) = \Delta H^{\ominus}_{f,298,M} + \int_{298}^{T} C_{p,M1}\mathrm{d}T\quad \text{J/mol} \tag{3-4}$$

式(3-3)和式(3-4)均为物质 M 在温度范围[298,$T_{tr,M1}$]内的应用焓表达式。为了表明式(3-2)和式(3-3)与式(1-8)所示恒压热容的常数项和各项系数的关系,将式(1-30)代入式(3-2)得

$$H_{0,M1} = \Delta H^{\ominus}_{f,298,M} - a_{M1}\times 298 - \frac{1}{2}b_{M1}\times 10^{-3}\times 298^{2} + c_{M1}\times 10^{6}\times 298^{-1} - \frac{1}{3}d_{M1}\times 10^{-6}\times 298^{3} \tag{3-5}$$

将式(1-30)代入式(3-1)得

$$Ha_{M1}(T) = H_{0,M1} + a_{M1}T + \frac{1}{2}b_{M1}\times 10^{-3}T^{2} - c_{M1}\times 10^{6}T^{-1} + \frac{1}{3}d_{M1}\times 10^{-6}T^{3}\quad \text{J/mol} \tag{3-6}$$

式(3-6)结合式(3-5)是在温度范围[298,$T_{tr,M1}$]内物质应用焓的计算公式。

类似地,在温度范围[298,$T_{tr,U1}$]内,包括在温度范围[298,$T_{tr,M1}$]和[$T_{tr,M1}$,$T_{tr,U1}$]内,物质 U 的应用焓为

$$Ha_{U1}(T) = \Delta H^{\ominus}_{f,298,U} - h_{U1}(298) + h_{U1}(T)\quad \text{J/mol} \tag{3-7}$$

或者

$$Ha_{U1}(T) = \Delta H^{\ominus}_{f,298,U} + \int_{298}^{T} C_{p,U1}\mathrm{d}T\quad \text{J/mol} \tag{3-8}$$

在温度范围[298,$T_{tr,U2}$]内,包括在温度范围[298,$T_{tr,M1}$]、[$T_{tr,M1}$,$T_{tr,U1}$]和[$T_{tr,U1}$,$T_{tr,U2}$]内,物质 V 的应用焓为

$$Ha_{V}(T) = \Delta H^{\ominus}_{f,298,V} - h_{V}(298) + h_{V}(T)\quad \text{J/mol} \tag{3-9}$$

或者

$$Ha_{V}(T) = \Delta H^{\ominus}_{f,298,V} + \int_{298}^{T} C_{p,V}\mathrm{d}T\quad \text{J/mol} \tag{3-10}$$

在温度范围[298,$T_{tr,U2}$]内,包括在温度范围[298,$T_{tr,M1}$]、[$T_{tr,M1}$,$T_{tr,U1}$]和[$T_{tr,U1}$,$T_{tr,U2}$]内,物质 N 的应用焓为

$$Ha_{N}(T) = \Delta H^{\ominus}_{f,298,N} - h_{N}(298) + h_{N}(T)\quad \text{J/mol} \tag{3-11}$$

或者

$$Ha_{\mathrm{N}}(T) = \Delta H^{\ominus}_{\mathrm{f},298,\mathrm{N}} + \int_{298}^{T} C_{p,\mathrm{N}} \mathrm{d}T \quad \mathrm{J/mol} \tag{3-12}$$

3.3.2　物质未经历过相变时应用熵的求得

对物质M，在该温度范围内有

$$Sa_{\mathrm{M1}}(T) = S_{0,\mathrm{M1}} + s_{\mathrm{M1}}(T) \tag{3-13}$$

式中　$Sa_{\mathrm{M1}}(T)$——物质M在温度范围$[298, T_{\mathrm{tr,M1}}]$内的应用熵；

$S_{0,\mathrm{M1}}$——积分常数，并且

$$S_{0,\mathrm{M1}} = S^{\ominus}_{298,\mathrm{M}} - s_{\mathrm{M1}}(298) \tag{3-14}$$

$s_{\mathrm{M1}}(T)$——如式(1-32)所示。

将式(3-14)代入式(3-13)得

$$Sa_{\mathrm{M1}}(T) = S^{\ominus}_{298,\mathrm{M}} - s_{\mathrm{M1}}(298) + s_{\mathrm{M1}}(T) \quad \mathrm{J/(mol \cdot K)} \tag{3-15}$$

显然，式(3-15)可以写为

$$Sa_{\mathrm{M1}}(T) = S^{\ominus}_{298,\mathrm{M}} + \int_{298}^{T} \frac{C_{p,\mathrm{M1}}}{T} \mathrm{d}T \quad \mathrm{J/(mol \cdot K)} \tag{3-16}$$

式(3-15)和式(3-16)均为物质M在温度范围$[298, T_{\mathrm{tr,M1}}]$内(未经过相变)的应用熵表达式。为了表明式(3-14)和式(3-15)与式(1-8)所示恒压热容的常数项和各项系数的关系，将式(1-32)代入式(3-14)得

$$S_{0,\mathrm{M1}} = S^{\ominus}_{298,\mathrm{M}} - a_{\mathrm{M1}}\ln 298 - b_{\mathrm{M1}} \times 10^{-3} \times 298 + \frac{1}{2}c_{\mathrm{M1}} \times 10^{6} \times 298^{-2} - \frac{1}{2}d_{\mathrm{M1}} \times 10^{-6} \times 298^{2} \tag{3-17}$$

将式(1-32)代入式(3-13)得

$$Sa_{\mathrm{M1}}(T) = S_{0,\mathrm{M1}} + a_{\mathrm{M1}}\ln T + b_{\mathrm{M1}} \times 10^{-3} T - \frac{1}{2}c_{\mathrm{M1}} \times 10^{6} T^{-2} + \frac{1}{2}d_{\mathrm{M1}} \times 10^{-6} T^{2} \quad \mathrm{J/(mol \cdot K)} \tag{3-18}$$

式(3-18)结合式(3-17)是本书数据表中所列的在温度范围$[298, T_{\mathrm{tr,M1}}]$内物质应用熵的计算公式。

类似地，根据式(3-18)，在温度范围$[298, T_{\mathrm{tr,U1}}]$内，包括在温度范围$[298, T_{\mathrm{tr,M1}}]$和$[T_{\mathrm{tr,M1}}, T_{\mathrm{tr,U1}}]$内，物质U的应用熵为

$$Sa_{\mathrm{U1}}(T) = S^{\ominus}_{298,\mathrm{U}} - s_{\mathrm{U1}}(298) + s_{\mathrm{U1}}(T) \quad \mathrm{J/(mol \cdot K)} \tag{3-19}$$

或者

$$Sa_{\mathrm{U1}}(T) = S^{\ominus}_{298,\mathrm{U}} + \int_{298}^{T} \frac{C_{p,\mathrm{U1}}}{T} \mathrm{d}T \quad \mathrm{J/(mol \cdot K)} \tag{3-20}$$

在温度范围$[298, T_{\mathrm{tr,U1}}]$内，包括在温度范围$[298, T_{\mathrm{tr,M1}}]$、$[T_{\mathrm{tr,M1}}, T_{\mathrm{tr,U1}}]$和$[T_{\mathrm{tr,U1}}, T_{\mathrm{tr,U2}}]$内，物质V的应用熵为

$$Sa_{\mathrm{V}}(T) = S^{\ominus}_{298,\mathrm{V}} - s_{\mathrm{V}}(298) + s_{\mathrm{V}}(T) \quad \mathrm{J/(mol \cdot K)} \tag{3-21}$$

或者

$$Sa_{\mathrm{V}}(T) = S^{\ominus}_{298,\mathrm{V}} + \int_{298}^{T} \frac{C_{p,\mathrm{V}}}{T} \mathrm{d}T \quad \mathrm{J/(mol \cdot K)} \tag{3-22}$$

在温度范围$[298, T_{\mathrm{tr,M1}}]$内，包括在温度范围$[298, T_{\mathrm{tr,M1}}]$、$[T_{\mathrm{tr,M1}}, T_{\mathrm{tr,U1}}]$和$[T_{\mathrm{tr,U1}}, T_{\mathrm{tr,U2}}]$内，物质N的应用熵为

$$Sa_{\mathrm{N}}(T) = S^{\ominus}_{298,\mathrm{N}} - s_{\mathrm{N}}(298) + s_{\mathrm{N}}(T) \quad \mathrm{J/(mol \cdot K)} \tag{3-23}$$

或者

$$Sa_{\mathrm{N}}(T) = S^{\ominus}_{298,\mathrm{N}} + \int_{298}^{T} \frac{C_{p,\mathrm{N}}}{T} \mathrm{d}T \quad \mathrm{J/(mol \cdot K)} \tag{3-24}$$

3.3.3 物质未经历过相变时应用吉布斯自由能的求得

对物质 M，根据物质的应用吉布斯自由能的定义，在温度范围[298，$T_{tr,M1}$]内有

$$Ga_{M1}(T)=[\Delta H^{\ominus}_{f,298,M}-h_{M1}(298)+h_{M1}(T)]-T[S^{\ominus}_{298,M}-s_{M1}(298)+s_{M1}(T)]\quad J/mol \tag{3-25}$$

或者，将式(3-25)写为

$$Ga_{M1}(T)=(\Delta H^{\ominus}_{f,298,M}+\int_{298}^{T}C_{p,M1}dT)-T(S^{\ominus}_{298,M}+\int_{298}^{T}\frac{C_{p,M1}}{T}dT)\quad J/mol \tag{3-26}$$

式中 $Ga_{M1}(T)$——物质 M 在温度范围[298，$T_{tr,M1}$]内的应用吉布斯自由能。

式(3-25)和式(3-26)均为物质 M 在温度范围[298，$T_{tr,M1}$]内的应用吉布斯自由能表达式。根据物质的应用吉布斯自由能的定义和式(3-6)、式(3-18)得

$$Ga_{M1}(T)=H_{0,M1}-(S_{0,M1}-a_{M1})T-a_{M1}T\ln T-\frac{1}{2}b_{M1}\times10^{-3}T^2-\frac{1}{2}c_{M1}\times10^{6}T^{-1}-\frac{1}{6}d_{M1}\times10^{-6}T^3\quad J/mol \tag{3-27}$$

其中，$H_{0,M1}$见式(3-5)，$S_{0,M1}$见式(3-17)。

式(3-27)结合式(3-5)和式(3-17)是本书数据表中在温度范围[298，$T_{tr,M1}$]内物质应用吉布斯自由能的计算公式。

类似地，在温度范围[298，$T_{tr,U1}$]内，包括在温度范围[298，$T_{tr,M1}$]和[$T_{tr,M1}$，$T_{tr,U1}$]内，生成物 U 的应用吉布斯自由能为

$$Ga_{U1}(T)=[\Delta H^{\ominus}_{f,298,U}-h_{U1}(298)+h_{U1}(T)]-T[S^{\ominus}_{298,U}-s_{U1}(298)+s_{U1}(T)]\quad J/mol \tag{3-28}$$

或者

$$Ga_{U1}(T)=(\Delta H^{\ominus}_{f,298,U}+\int_{298}^{T}C_{p,U1}dT)-T(S^{\ominus}_{298,U}+\int_{298}^{T}\frac{C_{p,U1}}{T}dT)\quad J/mol \tag{3-29}$$

在温度范围[298，$T_{tr,U2}$]内，包括在温度范围[298，$T_{tr,M1}$]、[$T_{tr,M1}$，$T_{tr,U1}$]和[$T_{tr,U1}$，$T_{tr,U2}$]内，生成物 V 的应用吉布斯自由能为

$$Ga_{V}(T)=[\Delta H^{\ominus}_{f,298,V}-h_{V}(298)-h_{V}(T)]-T[S^{\ominus}_{298,V}-s_{V}(298)+s_{V}(T)]\quad J/mol \tag{3-30}$$

或者

$$Ga_{V}(T)=(\Delta H^{\ominus}_{f,298,V}+\int_{298}^{T}C_{p,V}dT)-T(S^{\ominus}_{298,V}+\int_{298}^{T}\frac{C_{p,V}}{T}dT)\quad J/mol \tag{3-31}$$

在温度范围[298，$T_{tr,U2}$]内，包括在温度范围[298，$T_{tr,M1}$]、[$T_{tr,M1}$，$T_{tr,U1}$]和[$T_{tr,U1}$，$T_{tr,U2}$]内，反应物 N 的应用吉布斯自由能为

$$Ga_{N}(T)=[\Delta H^{\ominus}_{f,298,N}-h_{N}(298)-h_{N}(T)]-T[S^{\ominus}_{298,N}-s_{N}(298)+s_{N}(T)]\quad J/mol \tag{3-32}$$

或者

$$Ga_{N}(T)=(\Delta H^{\ominus}_{f,298,N}+\int_{298}^{T}C_{p,N}dT)-T(S^{\ominus}_{298,N}+\int_{298}^{T}\frac{C_{p,N}}{T}dT)\quad J/mol \tag{3-33}$$

3.4 物质经历过 1 次相变后应用焓、应用熵和应用吉布斯自由能的求得

物质 M 在温度 $T_{tr,M1}$时经历了相变，由 M_1 相变为 M_2 相，其相变焓为 $\Delta H^{\ominus}_{tr,M1}$。

3.4.1 物质经历过 1 次相变后应用焓的求得

对物质 M，在温度[$T_{tr,M1}$，$T_{tr,M2}$]内有

$$Ha_{M2}(T)=H_{0,M2}+h_{M2}(T) \tag{3-34}$$

式中　$Ha_{M2}(T)$——物质 M 在温度$[T_{tr,M1},T_{tr,M2}]$内的应用焓；

$H_{0,M2}$——积分常数，并且

$$H_{0,M2}=\Delta H^{\ominus}_{f,298,M}-h_{M1}(298)+h_{M1}(T_{tr,M1})+\Delta H^{\ominus}_{tr,M1}-h_{M2}(T_{tr,M1}) \tag{3-35}$$

$h_{M2}(T)$——如式(1-34)所示。

将式(3-35)代入式(3-34)得

$$Ha_{M2}(T)=\Delta H^{\ominus}_{f,298,M}-h_{M1}(298)+h_{M1}(T_{tr,M1})+\Delta H^{\ominus}_{tr,M1}-h_{M2}(T_{tr,M1})+h_{M2}(T)\quad \text{J/mol} \tag{3-36}$$

式(3-36)可以写为

$$Ha_{M2}(T)=\Delta H^{\ominus}_{f,298,M}+\int_{298}^{T_{tr,M1}}C_{p,M1}\mathrm{d}T+\Delta H^{\ominus}_{tr,M1}+\int_{T_{tr,M1}}^{T}C_{p,M2}\mathrm{d}T\quad \text{J/mol} \tag{3-37}$$

式(3-36)和式(3-37)均为物质 M 在温度范围$[T_{tr,M1},T_{tr,M2}]$内的应用焓表达式。

将式(1-30)和式(1-34)代入式(3-35)得

$$\begin{aligned}H_{0,M2}=&[\Delta H^{\ominus}_{f,298,M}-a_{M1}\times298-\frac{1}{2}b_{M1}\times10^{-3}\times298^2+c_{M1}\times10^6\times298^{-1}-\\&\frac{1}{3}d_{M1}\times10^{-6}\times298^3]+[a_{M1}T_{tr,M1}+\frac{1}{2}b_{M1}\times10^{-3}T^2_{tr,M1}-c_{M1}\times10^6T^{-1}_{tr,M1}+\\&\frac{1}{3}d_{M1}\times10^{-6}T^3_{tr,M1}+\Delta H^{\ominus}_{tr,M1}-a_{M2}T_{tr,M1}-\frac{1}{2}b_{M2}\times10^{-3}T^2_{tr,M1}+\\&c_{M2}\times10^6T^{-1}_{tr,M1}-\frac{1}{3}d_{M2}\times10^{-6}T^3_{tr,M1}]\end{aligned} \tag{3-38}$$

将式(1-34)代入式(3-34)得

$$\begin{aligned}Ha_{M2}(T)=&H_{0,M2}+a_{M2}T+\frac{1}{2}b_{M2}\times10^{-3}T^2-c_{M2}\times10^6T^{-1}+\\&\frac{1}{3}d_{M2}\times10^{-6}T^3\quad \text{J/mol}\end{aligned} \tag{3-39}$$

式(3-39)结合式(3-38)是本书数据表中物质在温度范围$[T_{tr,M1},T_{tr,M2}]$内的应用焓计算公式。

类似地，物质 U 在温度 $T=T_{tr,U1}$ 时经历过 1 次相变，其相变焓为 $\Delta H^{\ominus}_{tr,U1}$。因此，它在温度范围$[T_{tr,U1},T_{tr,U2}]$内的应用焓为

$$Ha_{U2}(T)=\Delta H^{\ominus}_{f,298,U}-h_{U1}(298)+h_{U1}(T_{tr,U1})+\Delta H^{\ominus}_{tr,U1}-h_{U2}(T_{tr,U1})+h_{U2}(T)\quad \text{J/mol} \tag{3-40}$$

或者

$$Ha_{U2}(T)=\Delta H^{\ominus}_{f,298,U}+\int_{298}^{T_{tr,U1}}C_{p,U1}\mathrm{d}T+\Delta H^{\ominus}_{tr,U1}+\int_{T_{tr,U1}}^{T}C_{p,U2}\mathrm{d}T\quad \text{J/mol} \tag{3-41}$$

3.4.2　物质经历过 1 次相变后应用熵的求得

对物质 M，在温度范围$[T_{tr,M1},T_{tr,M2}]$内有

$$Sa_{M2}(T)=S_{0,M2}+s_{M2}(T) \tag{3-42}$$

式中　$Sa_{M2}(T)$——物质 M 在温度范围$[T_{tr,M1},T_{tr,M2}]$内的应用熵；

$S_{0,M2}$——积分常数，并且

$$S_{0,M2}=[S^{\ominus}_{298,M}-s_{M1}(298)]+[s_{M1}(T_{tr,M1})+\Delta S^{\ominus}_{tr,M1}-s_{M2}(T_{tr,M1})] \tag{3-43}$$

$s_{M2}(T)$——如式(1-36)所示。

将式(3-43)代入式(3-42)得

$$Sa_{M2}(T)=S^{\ominus}_{298,M}-s_{M1}(298)+s_{M1}(T_{tr,M1})+\Delta S^{\ominus}_{tr,M1}-s_{M2}(T_{tr,M1})+s_{M2}(T)\quad \text{J/(mol·K)} \tag{3-44}$$

式(3-44)可以写为

$$Sa_{M2}(T)=S^{\ominus}_{298,M}+\int_{298}^{T_{tr,M1}}\frac{C_{p,M1}}{T}\mathrm{d}T+\Delta S^{\ominus}_{tr,M1}+\int_{T_{tr,M1}}^{T}\frac{C_{p,M2}}{T}\mathrm{d}T\quad \text{J/(mol·K)} \tag{3-45}$$

式(3-44)和式(3-45)均为物质 M 在温度范围[$T_{tr,M1}$,$T_{tr,M2}$],包括温度范围[$T_{tr,M1}$,$T_{tr,U1}$]、[$T_{tr,U1}$,$T_{tr,U2}$]和[$T_{tr,U2}$,$T_{tr,M2}$]内的应用熵表达式。为了说明式(3-43)和式(3-44)与式(1-8)所表示的恒压热容的常数项和各项系数的关系,将式(1-32)和式(1-36)代入式(3-43)得

$$S_{0,M2}=[S^{\ominus}_{298,M}-a_{M1}\ln 298-b_{M1}\times10^{-3}\times298+\frac{1}{2}c_{M1}\times10^{6}\times298^{-2}-\frac{1}{2}d_{M1}\times10^{-6}\times298^{2}]+[a_{M1}\ln T_{tr,M1}+b_{M1}\times10^{-3}T_{tr,M1}-\frac{1}{2}c_{M1}\times10^{6}T_{tr,M1}^{-2}+\frac{1}{2}d_{M1}\times10^{-6}T_{tr,M1}^{2}+\Delta S^{\ominus}_{tr,M1}-a_{M2}\ln T_{tr,M1}-b_{M2}\times10^{-3}T_{tr,M1}+\frac{1}{2}c_{M2}\times10^{6}T_{tr,M1}^{-2}-\frac{1}{2}d_{M2}\times10^{-6}T_{tr,M1}^{2}] \tag{3-46}$$

将式(1-36)代入式(3-42)得

$$Sa_{M2}(T)=S_{0,M2}+a_{M2}\ln T+b_{M2}\times10^{-3}T-\frac{1}{2}c_{M2}\times10^{6}T^{-2}+\frac{1}{2}d_{M2}\times10^{-6}T^{2}\quad \text{J/(mol·K)} \tag{3-47}$$

式(3-47)结合式(3-46)为本书数据表中所列物质在 1 次相变后应用熵的计算公式。

类似地,物质 U 在温度 $T=T_{tr,U1}$时经历了 1 次相变。因此,它在温度范围[$T_{tr,U1}$,$T_{tr,U2}$]内的应用熵为

$$Sa_{U2}(T)=S^{\ominus}_{298,U}-s_{U1}(298)+s_{U1}(T_{tr,U1})+\Delta S^{\ominus}_{tr,U1}-s_{U2}(T_{tr,U1})+s_{U2}(T)\quad \text{J/(mol·K)} \tag{3-48}$$

或者

$$Sa_{U2}(T)=S^{\ominus}_{298,U}+\int_{298}^{T_{tr,U1}}\frac{C_{p,M1}}{T}dT+\Delta S^{\ominus}_{tr,U1}+\int_{T_{tr,U1}}^{T}\frac{C_{p,M2}}{T}dT\quad \text{J(/mol·K)} \tag{3-49}$$

3.4.3 物质经历过 1 次相变后应用吉布斯自由能的求得

对物质 M,根据物质的应用吉布斯自由能的定义以及式(3-36)和式(3-44),在该温度范围内有

$$Ga_{M2}(T)=[\Delta H^{\ominus}_{f,298,M}-h_{M1}(298)+h_{M1}(T_{tr,M1})+\Delta H^{\ominus}_{tr,M1}-h_{M2}(T_{tr,M1})+h_{M2}(T)]-T[S^{\ominus}_{298,M}-s_{M1}(298)+s_{M1}(T_{tr,M1})+\Delta S^{\ominus}_{tr,M1}-s_{M2}(T_{tr,M1})+s_{M2}(T)]\quad \text{J/mol} \tag{3-50}$$

或者,式(3-50)可以写为

$$Ga_{M2}(T)=(\Delta H^{\ominus}_{f,298,M}+\int_{298}^{T_{tr,M1}}C_{p,M1}dT+\Delta H^{\ominus}_{tr,M1}+\int_{T_{tr,M1}}^{T}C_{p,M2}dT)-T(S^{\ominus}_{298,M}+\int_{298}^{T_{tr,M1}}\frac{C_{p,M1}}{T}dT+\Delta S^{\ominus}_{tr,M1}+\int_{T_{tr,M1}}^{T}\frac{C_{p,M2}}{T}dT)\quad \text{J/mol} \tag{3-51}$$

式中 $Ga_{M2}(T)$——物质 M 在该温度范围内的应用吉布斯自由能。

式(3-50)和式(3-51)均为物质 M 在温度范围[$T_{tr,M1}$,$T_{tr,M2}$]内的应用吉布斯自由能表达式。根据物质的应用吉布斯自由能定义以及式(3-39)和式(3-47)得

$$Ga_{M2}(T)=H_{0,M2}-(S_{0,M2}-a_{M2})T-a_{M2}T\ln T-\frac{1}{2}b_{M2}\times10^{-3}T^{2}-\frac{1}{2}c_{M2}\times10^{6}T^{-1}-\frac{1}{6}d_{M2}\times10^{-6}T^{3}\quad \text{J/mol} \tag{3-52}$$

其中,$H_{0,M2}$见式(3-38);$S_{0,M2}$见式(3-46)。

式(3-52)结合式(3-38)和式(3-46)是本书数据表中所列物质经历过 1 次相变后的应用吉布斯自由能的计算公式。

类似地,物质 U 在经历过 1 次相变后,在温度范围[$T_{tr,U1}$,$T_{tr,U2}$]内的应用吉布斯自由能为

$$Ga_{U2}(T)=[\Delta H^{\ominus}_{f,298,U}-h_{U1}(298)+h_{U1}(T_{tr,U1})+\Delta H^{\ominus}_{tr,U1}-h_{U2}(T_{tr,U1})+h_{U2}(T)]-T[S^{\ominus}_{298,U}-s_{U1}(298)+$$

$$s_{U1}(T_{tr,U1}) + \Delta S^{\ominus}_{tr,U1} - s_{U2}(T_{tr,U1}) + s_{U2}(T)] \quad \text{J/mol} \tag{3-53}$$

式(3-53)可以写为

$$Ga_{U2}(T) = (\Delta H^{\ominus}_{f,298,U} + \int_{298}^{T_{tr,U1}} C_{p,U1}\mathrm{d}T + \Delta H^{\ominus}_{tr,U1} + \int_{T_{tr,U1}}^{T} C_{p,U2}\mathrm{d}T) - T(S^{\ominus}_{298,U} + \int_{298}^{T_{tr,U1}} \frac{C_{p,U1}}{T}\mathrm{d}T + \Delta S^{\ominus}_{tr,U1} + \int_{T_{tr,U1}}^{T} \frac{C_{p,U2}}{T}\mathrm{d}T) \quad \text{J/mol} \tag{3-54}$$

3.5 物质经历过2次相变后应用焓、应用熵和应用吉布斯自由能的求得

物质M又在温度$T_{tr,M2}$时由M_2相变为M_3相,其标准相变焓为$\Delta H^{\ominus}_{tr,M2}$。

3.5.1 物质经历过2次相变后应用焓的求得

对物质M,在温度$[T_{tr,M2}, T_{tr,M3}]$内有

$$Ha_{M3}(T) = H_{0,M3} + h_{M3}(T) \tag{3-55}$$

式中 $Ha_{M3}(T)$——物质M在温度$[T_{tr,M2}, T_{tr,M3}]$内的应用焓;

$H_{0,M3}$——积分常数,并且

$$H_{0,M3} = [\Delta H^{\ominus}_{f,298,M} - h_{M1}(298)] + [h_{M1}(T_{tr,M1}) + \Delta H^{\ominus}_{tr,M1} - h_{M2}(T_{tr,M1})] + [h_{M2}(T_{tr,M2}) + \Delta H^{\ominus}_{tr,M2} - h_{M3}(T_{tr,M2})] \tag{3-56}$$

$h_{M3}(T)$——如式(1-38)所示。

当然,式(3-56)可以写为

$$H_{0,M3} = [\Delta H^{\ominus}_{f,298,M} - h_{M1}(298)] + \sum_{i=1}^{2}[h_{Mi}(T_{tr,Mi}) + \Delta H^{\ominus}_{tr,Mi} - h_{M(i+1)}(T_{tr,Mi})] \quad (i = 1,2) \tag{3-57}$$

式中 i——物质M经历过的相变次数。

将式(3-56)代入式(3-55)得

$$Ha_{M3}(T) = \Delta H^{\ominus}_{f,298,M} - h_{M1}(298) + h_{M1}(T_{tr,M1}) + \Delta H^{\ominus}_{tr,M1} - h_{M2}(T_{tr,M1}) + h_{M2}(T_{tr,M2}) + \Delta H^{\ominus}_{tr,M2} - h_{M3}(T_{tr,M2}) + h_{M3}(T) \quad \text{J/mol} \tag{3-58}$$

式(3-58)可以写为

$$Ha_{M3}(T) = [\Delta H^{\ominus}_{f,298,M} - h_{M1}(298)] + \sum_{i=1}^{2}[h_i(T_{tr,Mi}) + \Delta H^{\ominus}_{tr,Mi} - h_{i+1}(T_{tr,Mi})] + h_{M3}(T) \quad \text{J/mol} \quad (i = 1,2) \tag{3-59}$$

式中 i——物质M经历过的相变次数。

式(3-58)也可以写为

$$Ha_{M3}(T) = \Delta H^{\ominus}_{f,298,M} + \int_{298}^{T_{tr,M1}} C_{p,M1}\mathrm{d}T + \Delta H^{\ominus}_{tr,M1} + \int_{T_{tr,M1}}^{T_{tr,M2}} C_{p,M2}\mathrm{d}T + \Delta H^{\ominus}_{tr,M2} + \int_{T_{tr,M2}}^{T} C_{p,M3}\mathrm{d}T \quad \text{J/mol} \tag{3-60}$$

式(3-58)或式(3-59)结合式(3-56)或式(3-57)和式(3-60)均为物质M在温度范围$[T_{tr,M2}, T_{tr,M3}]$内的应用焓表达式。将式(1-30)、式(1-34)和式(1-38)代入式(3-56)得

$$H_{0,M3} = [\Delta H^{\ominus}_{f,298,M} - a_{M1}\times 298 - \frac{1}{2}b_{M1}\times 10^{-3}\times 298^2 + c_{M1}\times 10^6\times 298^{-1} - \frac{1}{3}d_{M1}\times 10^{-6}\times 298^3] + [a_{M1}T_{tr,M1} + \frac{1}{2}b_{M1}\times 10^{-3}T^2_{tr,M1} - c_{M1}\times 10^6 T^{-1}_{tr,M1} + \frac{1}{3}d_{M1}\times 10^{-6}T^3_{tr,M1} + \Delta H^{\ominus}_{tr,M1} - a_{M2}T_{tr,M1} - \frac{1}{2}b_{M2}\times 10^{-3}T^2_{tr,M1} +$$

$$c_{M2}\times10^{6}T_{tr,M1}^{-1}-\frac{1}{3}d_{M2}\times10^{-6}T_{tr,M1}^{3}]+[a_{M2}T_{tr,M2}+\frac{1}{2}b_{M2}\times10^{-3}T_{tr,M2}-$$

$$c_{M2}\times10^{6}T_{tr,M2}^{-1}+\frac{1}{3}d_{M2}\times10^{-6}T_{tr,M2}^{3}+\Delta H_{tr,M2}^{\ominus}-a_{M3}T_{tr,M2}-\frac{1}{2}b_{M3}\times10^{-2}T_{tr,M2}^{2}+$$

$$c_{M3}\times10^{6}T_{tr,M2}^{-1}-\frac{1}{3}d_{M3}\times10^{-6}T_{tr,M2}^{3}]\quad(3\text{-}61)$$

或写为

$$H_{0,M3}=[\Delta H_{f,298,M}^{\ominus}-a_{M1}\times298-\frac{1}{2}b_{M1}\times10^{-3}\times298^{2}+c_{M1}\times10^{6}\times298^{-1}-\frac{1}{3}d_{M1}\times10^{-6}\times298^{3}]+\sum_{i=1}^{2}[a_{Mi}T_{tr,Mi}+\frac{1}{2}b_{Mi}\times10^{-3}T_{tr,Mi}^{2}-c_{Mi}\times10^{6}T_{tr,Mi}^{-1}+\frac{1}{3}d_{Mi}\times10^{-6}T_{tr,Mi}^{3}+\Delta H_{tr,Mi}^{\ominus}-a_{M(i+1)}T_{tr,Mi}-\frac{1}{2}b_{M(i+1)}\times10^{-3}T_{tr,Mi}^{2}+c_{M(i+1)}\times10^{6}T_{tr,Mi}^{-1}-\frac{1}{3}d_{M(i+1)}\times10^{-6}T_{tr,Mi}^{3}]\quad(i=1,2)\quad(3\text{-}62)$$

式中　i——物质 M 经历过的相变次数。

将式(1-38)代入式(3-55)得

$$Ha_{M3}(T)=H_{0,M3}+a_{M3}T+\frac{1}{2}b_{M3}\times10^{-3}T^{2}-c_{M3}\times10^{6}T^{-1}+\frac{1}{3}d_{M3}\times10^{-6}T^{3}\quad\text{J/mol}\quad(3\text{-}63)$$

式(3-63)结合式(3-61)或式(3-62)是本书数据表中在温度范围$[T_{tr,M2},T_{tr,M3}]$内物质应用焓的计算公式。

3.5.2 物质经历过 2 次相变后应用熵的求得

对物质 M,在温度范围$[T_{tr,M2},T_{tr,M3}]$内有

$$Sa_{M3}(T)=S_{0,M3}+s_{M3}(T)\quad(3\text{-}64)$$

式中　$Sa_{M3}(T)$——物质 M 在温度范围$[T_{tr,M2},T_{tr,M3}]$内的应用熵；

$S_{0,M3}$——积分常数,并且

$$S_{0,M3}=[S_{298,M}^{\ominus}-s_{M1}(298)]+[s_{M1}(T_{tr,M1})+\Delta S_{tr,M1}^{\ominus}-s_{M2}(T_{tr,M1})]+[s_{M2}(T_{tr,M2})+\Delta S_{tr,M2}^{\ominus}-s_{M3}(T_{tr,M2})]\quad(3\text{-}65)$$

$s_{M3}(T)$——如式(1-40)所示。

当然,式(3-65)也可以写为

$$S_{0,M3}=[S_{298,M}^{\ominus}-s_{M1}(298)]+\sum_{i=1}^{2}[s_{Mi}(T_{tr,Mi})+\Delta S_{tr,Mi}^{\ominus}-s_{M(i+1)}(T_{tr,Mi})]\quad(i=1,2)\quad(3\text{-}66)$$

式中　i——物质 M 经历过的相变次数。

将式(3-65)代入式(3-64)得

$$Sa_{M3}(T)=S_{298,M}^{\ominus}-s_{M1}(298)+s_{M1}(T_{tr,M1})+\Delta S_{tr,M1}^{\ominus}-s_{M2}(T_{tr,M1})+s_{M2}(T_{tr,M2})+\Delta S_{tr,M2}^{\ominus}-s_{M3}(T_{tr,M2})+s_{M3}(T)\quad\text{J/(mol·K)}\quad(3\text{-}67)$$

或写为

$$Sa_{M3}(T)=\{[S_{298,M}^{\ominus}-s_{M1}(298)]+\sum_{i=1}^{2}[s_{Mi}(T_{tr,Mi})+\Delta S_{tr,Mi}^{\ominus}-s_{M(i+1)}(T_{tr,Mi})]\}+s_{M3}(T)\quad\text{J/(mol·K)}\quad(i=1,2)\quad(3\text{-}68)$$

式中　i——物质 M 经历过的相变次数。

式(3-67)也可以写为

$$Sa_{M3}(T) = S^{\ominus}_{298,M} + \int_{298}^{T_{tr,M1}} \frac{C_{p,M1}}{T}dT + \Delta S^{\ominus}_{tr,M1} + \int_{T_{tr,M1}}^{T_{tr,M2}} \frac{C_{p,M2}}{T}dT + \Delta S^{\ominus}_{tr,M2} + \int_{T_{tr,M2}}^{T} \frac{C_{p,M3}}{T}dT \quad J/(mol \cdot K) \tag{3-69}$$

式(3-67)或式(3-68)和式(3-69)均为物质 M 在温度范围[$T_{tr,M2}$,$T_{tr,M3}$],包括温度范围[$T_{tr,M1}$,$T_{tr,U1}$]、[$T_{tr,U1}$,$T_{tr,U2}$]和[$T_{tr,U2}$,$T_{tr,M2}$]内的应用熵表达式。将式(1-32)、式(1-36)和式(1-40)代入式(3-65)得

$$\begin{aligned} S_{0,M3} = {} & [S^{\ominus}_{298,M} - a_{M1}\ln 298 - b_{M1} \times 10^{-3} \times 298 + \frac{1}{2}c_{M1} \times 10^{6} \times 298^{-2} - \\ & \frac{1}{2}d_{M1} \times 10^{-6} \times 298^{2}] + [a_{M1}\ln T_{tr,M1} + b_{M1} \times 10^{-3}T_{tr,M1} - \frac{1}{2}c_{M1} \times 10^{6}T^{-2}_{tr,M1} + \\ & \frac{1}{2}d_{M1} \times 10^{-6}T^{2}_{tr,M1} + \Delta S^{\ominus}_{tr,M1} - a_{M2}\ln T_{tr,M1} - b_{M2} \times 10^{-3}T_{tr,M1} + \\ & \frac{1}{2}c_{M2} \times 10^{6}T^{-2}_{tr,M1} - \frac{1}{2}d_{M2} \times 10^{-6}T^{2}_{tr,M1}] + [a_{M2}\ln T_{tr,M2} + b_{M2} \times 10^{-3}T_{tr,M2} - \\ & \frac{1}{2}c_{M2} \times 10^{6}T^{-2}_{tr,M2} + \frac{1}{2}d_{M2} \times 10^{-6}T^{2}_{tr,M2} + \Delta S^{\ominus}_{tr,M2} - a_{M3}\ln T_{tr,M2} - \\ & b_{M3} \times 10^{-3}T_{tr,M2} + \frac{1}{2}c_{M3} \times 10^{6}T^{-2}_{tr,M2} - \frac{1}{2}d_{M3} \times 10^{-6}T^{2}_{tr,M2}] \end{aligned} \tag{3-70}$$

或将式(3-70)写为

$$\begin{aligned} S_{0,M3} = {} & [S^{\ominus}_{298,M} - a_{M1}\ln 298 - b_{M1} \times 10^{-3} \times 298 + \frac{1}{2}c_{M1} \times 10^{6} \times 298^{-2} - \\ & \frac{1}{2}d_{M1} \times 10^{-6} \times 298^{2}] + \sum_{i=1}^{2}[a_{Mi}\ln T_{tr,Mi} + b_{Mi} \times 10^{-3}T_{tr,Mi} - \\ & \frac{1}{2}c_{Mi} \times 10^{6}T^{-2}_{tr,Mi} + \frac{1}{2}d_{Mi} \times 10^{-6}T^{2}_{tr,Mi} + \Delta S^{\ominus}_{tr,Mi} - a_{M(i+1)}\ln T_{tr,Mi} - \\ & b_{M(i+1)} \times 10^{-3}T_{tr,Mi} + \frac{1}{2}c_{M(i+1)} \times 10^{6}T^{-2}_{tr,Mi} - \\ & \frac{1}{2}d_{M(i+1)} \times 10^{-6}T^{2}_{tr,Mi}] \quad (i=1,2) \end{aligned} \tag{3-71}$$

式中　i——物质 M 经历过的相变次数。

将式(1-40)代入式(3-64)得

$$Sa_{M3}(T) = S_{0,M3} + a_{M3}\ln T + b_{M3} \times 10^{-3}T - \frac{1}{2}c_{M3} \times 10^{6}T^{-2} + \frac{1}{2}d_{M3} \times 10^{-6}T^{2} \quad J/(mol \cdot K) \tag{3-72}$$

式(3-72)结合式(3-70)或式(3-71)为本书数据表中所列物质在2次相变后的应用熵的计算公式。

3.5.3　物质经历过2次相变后应用吉布斯自由能的求得

对物质 M,根据物质的应用吉布斯自由能定义以及式(3-58)和式(3-67),得到

$$\begin{aligned} Ga_{M3}(T) = {} & [\Delta H^{\ominus}_{f,298,M} - h_{M1}(298) + h_{M1}(T_{tr,M1}) + \Delta H^{\ominus}_{tr,M1} - h_{M2}(T_{tr,M1}) + \\ & h_{M2}(T_{tr,M2}) + \Delta H^{\ominus}_{tr,M2} - h_{M3}(T_{tr,M2}) + h_{M3}(T)] - \\ & T[S^{\ominus}_{298,M} - s_{M1}(298) + s_{M1}(T_{tr,M1}) + \Delta S^{\ominus}_{tr,M1} - s_{M2}(T_{tr,M1}) + \\ & s_{M2}(T_{tr,M2}) + \Delta S^{\ominus}_{tr,M2} - s_{M3}(T_{tr,M2}) + s_{M3}(T)] \quad J/mol \end{aligned} \tag{3-73}$$

式(3-73)可写为

$$Ga_{M3}(T) = \{[\Delta H^{\ominus}_{f,298,M} - h_{M1}(298)] + \sum_{i=1}^{2}[h_{Mi}(T_{tr,Mi}) + \Delta H^{\ominus}_{tr,Mi} -$$

$$h_{M(i+1)}(T_{tr,Mi})] + h_{M3}(T)\} - T\{[S^{\ominus}_{298,M} - s_{M1}(298)] + \sum_{i=1}^{2}[s_{Mi}(T_{tr,Mi}) + \Delta S^{\ominus}_{tr,Mi} - s_{M(i+1)}(T_{tr,Mi})] + s_{M3}(T)\} \quad \text{J/mol} \quad (i = 1,2) \tag{3-74}$$

式中 $Ga_{M3}(T)$——物质 M 在该温度范围内的应用吉布斯自由能；

i——物质 M 经历过的相变次数。

根据物质的应用吉布斯自由能定义和式(3-60)、式(3-69)，或由式(3-74)直接写出，得

$$Ga_{M3}(T) = (\Delta H^{\ominus}_{f,298,M} + \int_{298}^{T_{tr,M1}} C_{p,M1}\mathrm{d}T + \Delta H^{\ominus}_{tr,M1} + \int_{T_{tr,M1}}^{T_{tr,M2}} C_{p,M2}\mathrm{d}T + \Delta H^{\ominus}_{tr,M2} + \int_{T_{tr,M2}}^{T} C_{p,M3}\mathrm{d}T) - T(S^{\ominus}_{298,M} + \int_{298}^{T_{tr,M1}} \frac{C_{p,M1}}{T}\mathrm{d}T + \Delta S^{\ominus}_{tr,M1} + \int_{T_{tr,M1}}^{T_{tr,M2}} \frac{C_{p,M2}}{T}\mathrm{d}T + \Delta S^{\ominus}_{tr,M2} + \int_{T_{tr,M2}}^{T} \frac{C_{p,M3}}{T}\mathrm{d}T) \quad \text{J/mol} \tag{3-75}$$

式(3-74)和式 (3-75)均为物质 M 在温度范围$[T_{tr,M2}, T_{tr,M3}]$内的应用吉布斯自由能表达式。根据物质的应用吉布斯自由能定义以及式(3-63)和式(3-72)得

$$Ga_{M3}(T) = H_{0,M3} - (S_{0,M3} - a_{M3})T - a_{M3}T\ln T - \frac{1}{2}b_{M3} \times 10^{-3}T^2 - \frac{1}{2}c_{M3} \times 10^{6}T^{-1} - \frac{1}{6}d_{M3} \times 10^{-6}T^3 \quad \text{J/mol} \tag{3-76}$$

其中，$H_{0,M3}$见式(3-61)或式(3-62)，$S_{0,M3}$见式(3-70)或式(3-71)。

式(3-76)结合式(3-61)或式(3-62)和式(3-70)或式(3-71)是本书数据表中所列物质经历第 2 次相变后的应用吉布斯自由能的计算公式。

3.6 物质经历过多次相变后应用焓、应用熵和应用吉布斯自由能的求得

3.6.1 物质经历过多次相变后应用焓的求得

假如物质 M 在温度范围$[T_{tr,Mn}, T_{tr,M(n+1)}]$内经历了 n 次相变。

按照式(3-1)、式(3-34)和式(3-55)类推，可以得到

$$Ha_{M(n+1)}(T) = H_{0,M(n+1)} + h_{M(n+1)}(T) \tag{3-77}$$

式中 $Ha_{M(n+1)}(T)$——物质 M 在温度$[T_{tr,Mn}, T_{tr,M(n+1)}]$K 内的应用焓。

按照式(3-2)、式(3-35)和式(3-57)类推，可以得到

$$H_{0,M(n+1)} = [\Delta H^{\ominus}_{f,298,M} - h_{M1}(298)] + \sum_{i=1}^{n}[h_{Mi}(T_{tr,Mi}) + \Delta H^{\ominus}_{tr,Mi} - h_{M(i+1)}(T_{tr,Mi})] \quad (i=1,2,\cdots,n) \tag{3-78}$$

式中 $H_{0,M(n+1)}$——积分常数；

i——物质 M 经历过的相变次数。

式(3-77)结合式(3-78)为物质 M 经历 n 次相变后的应用焓表达式。

按照式(3-5)、式(3-38)和式(3-62)类推得

$$H_{0,M(n+1)} = [\Delta H^{\ominus}_{f,298,M} - a_{M1} \times 298 - \frac{1}{2}b_{M1} \times 10^{-3} \times 298^2 + c_{M1} \times 10^{6} \times 298^{-1} - \frac{1}{3}d_{M1} \times 10^{-6} \times 298^3] + \sum_{i=1}^{n}[a_{Mi}T_{tr,Mi} + \frac{1}{2}b_{Mi} \times 10^{-3}T^2_{tr,Mi} - c_{Mi} \times 10^{6}T^{-1}_{tr,Mi} +$$

$$\frac{1}{3}d_{Mi}\times10^{-6}T_{tr,Mi}^{3}+\Delta H_{tr,Mi}^{\ominus}-a_{M(i+1)}T_{tr,Mi}-\frac{1}{2}b_{M(i+1)}\times10^{-3}T_{tr,Mi}^{2}+$$
$$c_{M(i+1)}\times10^{6}T_{tr,Mi}^{-1}-\frac{1}{3}d_{M(i+1)}\times10^{-6}T_{tr,Mi}^{3}]\qquad(3\text{-}79)$$

式中　n——物质 M 经历的相变次数。

按照式(3-6)、式(3-39)和式(3-63)类推，有

$$Ha_{M(n+1)}(T)=H_{0,M(n+1)}+a_{M(n+1)}T+\frac{1}{2}b_{M(n+1)}\times10^{-3}T^{2}-$$
$$c_{M(n+1)}\times10^{6}T^{-1}+\frac{1}{3}d_{M(n+1)}\times10^{-6}T^{3}\quad \text{J/mol}\qquad(3\text{-}80)$$

式中　n——物质 M 经历的相变次数。

式(3-80)结合式(3-79)为物质 M 经历 n 次相变后的应用焓计算公式。

本书中物质的应用焓统一格式为

$$Ha(T)=r_0+r_1T+r_2\times10^{-3}T^{2}+r_3\times10^{6}T^{-1}+r_4\times10^{-6}T^{3}\quad \text{J/mol}\qquad(3\text{-}81)$$

其中，r_0,r_1,r_2,r_3,r_4 为常数。

3.6.2　物质经历过多次相变后应用熵的求得

假如物质 M 在温度范围[$T_{tr,Mn},T_{tr,M(n+1)}$]内经历了 n 次相变。

按照式(3-13)、式(3-42)和式(3-64)类推，可以得到

$$Sa_{M(n+1)}(T)=S_{0,(n+1)}+s_{M(n+1)}(T)\qquad(3\text{-}82)$$

式中　$Sa_{M(n+1)}(T)$——物质 M 经历 n 次相变后的应用熵；

$S_{0,M(n+1)}$——积分常数。

按照式(3-14)、式(3-43)和式(3-66)类推得

$$S_{0,M(n+1)}=[S_{298,M}^{\ominus}-s_{M1}(298)]+$$
$$\sum_{i=1}^{n}[s_{Mi}(T_{tr,Mi})+\Delta S_{tr,Mi}^{\ominus}-s_{M(i+1)}(T_{tr,Mi})]\quad(i=1,2,\cdots,n)\qquad(3\text{-}83)$$

式中　$S_{0,M(n+1)}$——积分常数；

i——物质 M 经历过的相变次数。

式(3-83)结合式(3-82)为物质 M 经历 n 次相变后的应用熵表达式。

由式(3-17)、式(3-46)和式(3-71)类推得

$$S_{0,M(n+1)}=[S_{298,M}^{\ominus}-a_{M1}\ln298-b_{M1}\times10^{-3}\times298+$$
$$\frac{1}{2}c_{M1}\times10^{6}\times298^{-2}-\frac{1}{2}d_{M1}\times10^{-6}\times298^{2}]+$$
$$\sum_{i=1}^{n}[a_{Mi}\ln T_{tr,Mi}+b_{Mi}\times10^{-3}T_{tr,Mi}-\frac{1}{2}c_{Mi}\times10^{6}T_{tr,Mi}^{-2}+$$
$$\frac{1}{2}d_{Mi}\times10^{-6}T_{tr,Mi}^{2}+\Delta S_{tr,Mi}^{\ominus}-a_{M(i+1)}\ln T_{tr,Mi}-b_{M(i+1)}\times10^{-3}T_{tr,Mi}+$$
$$\frac{1}{2}c_{M(i+1)}\times10^{6}T_{tr,Mi}^{-2}-\frac{1}{2}d_{M(i+1)}\times10^{-6}T_{tr,Mi}^{2}]\quad(i=1,2,\cdots,n)\qquad(3\text{-}84)$$

式中　i——物质 M 经历过的相变次数。

由式(3-18)、式(3-47)和式(3-72)类推得

$$Sa_{M(n+1)}(T)=S_{0,M(n+1)}+a_{M(n+1)}\ln T+b_{M(n+1)}\times10^{-3}T-$$
$$\frac{1}{2}c_{M(n+1)}\times10^{6}T^{-2}+\frac{1}{2}d_{M(n+1)}\times10^{-6}T^{2}\quad \text{J/(mol·K)}\qquad(3\text{-}85)$$

式中　n——物质 M 经历过的相变次数。

式(3-85)结合式(3-84)为物质 M 经历 n 次相变后的应用熵计算公式。

本书数据表中物质应用熵的统一格式为

$$Sa(T) = r_0 + r_1 \ln T + r_2 \times 10^{-3} T + r_3 \times 10^6 T^{-2} + r_4 \times 10^{-6} T^2 \quad \text{J/(mol·K)} \tag{3-86}$$

其中，r_0，r_1，r_2，r_3，r_4 为常数。

3.6.3 物质经历过多次相变后应用吉布斯自由能的求得

假如物质 M 在温度范围$[T_{\mathrm{tr,M}n}, T_{\mathrm{tr,M}(n+1)}]$内经历了 n 次相变。

由式(3-25)、式(3-50)和式(3-74)类推得

$$\begin{aligned} Ga_{\mathrm{M}(n+1)}(T) = & \{[\Delta H^{\ominus}_{\mathrm{f,298,M}} - h_{\mathrm{M1}}(298)] + \sum_{i=1}^{n} [h_{\mathrm{M}i}(T_{\mathrm{tr,M}i}) + \\ & \Delta H^{\ominus}_{\mathrm{tr,M}i} - h_{\mathrm{M}(i+1)}(T_{\mathrm{tr,M}i})] + h_{\mathrm{M}(n+1)}(T)\} - \\ & T\{[S^{\ominus}_{298,\mathrm{M}} - s_{\mathrm{M1}}(298)] + \sum_{i=1}^{n} [s_{\mathrm{M}i}(T_{\mathrm{tr,M}i}) + \\ & \Delta S^{\ominus}_{\mathrm{tr,M}i} - s_{\mathrm{M}(i+1)}(T_{\mathrm{tr,M}i})] + s_{\mathrm{M}(n+1)}(T)\} \quad \text{J/mol} \end{aligned} \tag{3-87}$$

式(3-87)为物质 M 在温度范围$[T_{\mathrm{tr,M}n}, T_{\mathrm{tr,M}(n+1)}]$内的应用吉布斯自由能表达式。

由式(3-27)、式(3-52)和式(3-76)类推得

$$\begin{aligned} Ga_{\mathrm{M}(n+1)}(T) = & H_{0,\mathrm{M}(n+1)} - (S_{0,\mathrm{M}(n+1)} - a_{\mathrm{M}(n+1)})T - a_{\mathrm{M}(n+1)} T\ln T - \\ & \frac{1}{2} b_{\mathrm{M}(n+1)} \times 10^{-3} T^2 - \frac{1}{2} c_{\mathrm{M}(n+1)} \times 10^6 T^{-1} - \\ & \frac{1}{6} d_{\mathrm{M}(n+1)} \times 10^{-6} T^3 \quad \text{J/mol} \end{aligned} \tag{3-88}$$

式中 n——物质 M 的相变次数；

$H_{0,\mathrm{M}(n+1)}$——见式(3-79)；

$S_{0,\mathrm{M}(n+1)}$——见式(3-84)。

式(3-88)结合式(3-79)和式(3-84)为物质 M 在温度范围$[T_{\mathrm{tr,M}n}, T_{\mathrm{tr,M}(n+1)}]$内的应用吉布斯自由能计算公式。

本书数据表中物质的应用吉布斯自由能统一格式为

$$Ga(T) = r_0 + r_1 T + r_2 T\ln T + r_3 \times 10^{-3} T^2 + r_4 \times 10^6 T^{-1} + r_5 \times 10^{-6} T^3 \quad \text{J/mol} \tag{3-89}$$

其中，r_0，r_1，r_2，r_3，r_4，r_5 为常数。

本章小结

(1)物质的应用焓、应用熵和应用吉布斯自由能可以利用现有热力学函数基本数据预先计算出来，而不需要新的额外测定。

(2)在本书数据表中，物质的应用焓、应用熵和应用吉布斯自由能以更一般的形式与表头对应。

物质的应用焓的一般形式为

$$Ha(T) = r_0 + r_1 T + r_2 \times 10^{-3} T^2 + r_3 \times 10^6 T^{-1} + r_4 \times 10^{-6} T^3 \quad \text{J/mol} \tag{3-81}$$

物质的应用熵的一般形式为

$$Sa(T) = r_0 + r_1 \ln T + r_2 \times 10^{-3} T + r_3 \times 10^6 T^{-2} + r_4 \times 10^{-6} T^2 \quad \text{J/(mol·K)} \tag{3-86}$$

物质的应用吉布斯自由能的一般形式为

$$Ga(T) = r_0 + r_1 T + r_2 T\ln T + r_3 \times 10^{-3} T^2 + r_4 \times 10^6 T^{-1} + r_5 \times 10^{-6} T^3 \quad \text{J/mol} \tag{3-89}$$

(3)物质的应用焓、应用熵和应用吉布斯自由能均只是温度的函数，因而均为状态函数。

(4)物质的应用熵与其标准熵的真值等价。而物质的应用焓和应用吉布斯自由能在任何温度时的值不是物质的标准焓和标准吉布斯自由能的绝对值，而是一个相对值，其相对的标准是：稳定的单质在温度 298. 15 K 时的标准生成焓为 0。

第4章　物质的应用热力学函数在化学反应中的应用

4.1　化学反应的标准焓变化温度关系的计算

4.1.1　参加反应各物质均未经历过相变的情况

这里仍旧以一般化学反应(1-1)为例,这即意味着化学反应在温度范围$[298, T_{tr,M1}]$内发生,并且反应表现为化学反应(2-1)。

将式(3-7)、式(3-9)、式(3-3)和式(3-11)代入式(2-8),可以得到化学反应(2-1)在温度范围$[298, T_{tr,M1}]$的标准焓变化为

$$\Delta H^{\ominus}(T)_{反应1} = [uHa_{U1}(T) + vHa_{V}(T) + \cdots] - [mHa_{M1}(T) + nHa_{N}(T) + \cdots]$$
$$= \sum Ha(T)_{生成物} - \sum Ha(T)_{反应物} \qquad (4\text{-}1)$$

当然,将式(3-8)、式(3-10)、式(3-4)和式(3-12)代入式(2-9),也可以得到与式(4-1)相同的结果。

由此可见,化学反应(1-1)在温度范围$[298, T_{tr,M1}]$内的、即化学反应(2-1)的标准焓变化温度关系等于其生成物应用焓之和与反应物应用焓之和的差。

4.1.2　某个反应物经历了1次相变的情况

以化学反应(1-1)在温度范围$[T_{tr,M1}, T_{tr,U1}]$内发生为例,反应物M在温度$T_{tr,M1}$时由M_1相变为M_2相,其余物质没有发生相变,化学反应(1-1)表现为反应(2-19)。

将式(3-7)、式(3-9)、式(3-36)和式(3-11)代入式(2-30),可以得到化学反应(1-1)在该温度范围内的、即化学反应(2-19)的标准焓变化为

$$\Delta H^{\ominus}(T)_{反应2} = [uHa_{U1}(T) + vHa_{V}(T) + \cdots] - [mHa_{M2}(T) + nHa_{N}(T) + \cdots]$$
$$= \sum Ha(T)_{生成物} - \sum Ha(T)_{反应物} \qquad (4\text{-}2)$$

将式(3-8)、式(3-10)、式(3-37)和式(3-12)代入式(2-31),也可以得到与式(4-2)相同的结果。

由此可见,在温度范围$[T_{tr,M1}, T_{tr,U1}]$内化学反应(1-1)的、即化学反应(2-19)的标准焓变化温度关系等于其生成物应用焓之和与反应物应用焓之和的差。

4.1.3　某个生成物经历了1次相变的情况

以化学反应(1-1)在温度范围$[T_{tr,U1}, T_{tr,U2}]$内发生为例,反应物U已在温度$T_{tr,U1}$时由U_1相变为U_2相,因此反应(1-1)的形式为式(2-41)。

将式(3-40)、式(3-9)、式(3-36)和式(3-11)代入式(2-52),可以得到化学反应(1-1)在温度范围$[T_{tr,U1}, T_{tr,U2}]$内的标准焓变化为

$$\Delta H^{\ominus}(T)_{反应3} = [uHa_{U2}(T) + vHa_{V}(T) + \cdots] - [mHa_{M2}(T) + nHa_{N}(T) + \cdots]$$
$$= \sum Ha(T)_{生成物} - \sum Ha(T)_{反应物} \qquad (4\text{-}3)$$

此外,将式(3-41)、式(3-10)、式(3-37)和式(3-12)代入式(2-53),也可以得到与式(4-3)相同的结

果。

由此可得到类似的结论，即化学反应(1-1)在温度范围[$T_{tr,U1}$，$T_{tr,U2}$]内的、即化学反应(2-41)的标准焓变化温度关系等于其生成物应用焓之和与反应物应用焓之和的差。

4.1.4 某个反应物经历过 2 次相变的情况

以化学反应(1-1)在温度范围[$T_{tr,M2}$，$T_{tr,M3}$]内发生为例，在该温度范围内，反应物 M_2 在温度 $T_{tr,M2}$ 时转化为 M_3 相，已经历了 2 次相变，因此在该温度范围内化学反应(1-1)的形式为(2-63)。

将式(3-40)、式(3-9)、式(3-58)和式(3-11)代入式(2-74)得

$$\begin{aligned}\Delta H^{\ominus}(T)_{\text{反应4}} &= [uHa_{U2}(T)+vHa_{V}(T)+\cdots]-[mHa_{M3}(T)+nHa_{N}(T)+\cdots]\\ &= \sum Ha(T)_{\text{生成物}}-\sum Ha(T)_{\text{反应物}}\end{aligned}\tag{4-4}$$

很明显，将式(3-41)、式(3-10)、式(3-60)和式(3-12)代入式(2-75)，可以得到与式(4-4)相同的结果。

4.1.5 化学反应标准焓变化温度关系计算小结

上述推导包含了不同温度范围的情况，也包含了参加反应各物质均未发生相变、一种反应物发生过 1 次和 2 次相变，以及一种生成物发生过 1 次相变等典型过程。由此可以得出如下普遍的结论：

化学反应标准焓变化温度关系等于其生成物应用焓之和与反应物应用焓之和的差。对一般化学反应(1-1)，即

$$\begin{aligned}\Delta H^{\ominus}(T)_{\text{反应}} &= [uHa_{U}(T)+vHa_{V}(T)+\cdots]-[mHa_{M}(T)+nHa_{N}(T)+\cdots]\\ &= \sum Ha(T)_{\text{生成物}}-\sum Ha(T)_{\text{反应物}}\end{aligned}\tag{4-5}$$

由此可见，物质的应用焓不仅是状态函数，而且是物质的广度性质。这样，我们就可以像计算化学反应恒压热容变化那样，采用“末态减去始态的方法”计算化学反应的标准焓变化。

根据式(3-81)，式(4-5)可以表示为

$$\Delta H^{\ominus}(T)_{\text{反应}} = \Delta r_0+\Delta r_1 T+\Delta r_2\times10^{-3}T^2+\Delta r_3\times10^{6}T^{-1}+\Delta r_4\times10^{-6}T^3 \quad \text{J} \tag{4-6}$$

显然，式(4-6)中的 Δr_0 就是传统计算方法的积分常数 ΔH_0。

4.2 化学反应的标准熵变化温度关系计算

4.2.1 参加反应各物质均未经历过相变的情况

这里仍旧以一般化学反应(1-1)在温度范围[298，$T_{tr,M1}$]内，即化学反应(2-1)为例。

将式(3-19)、式(3-21)、式(3-15)和式(3-23)代入式(2-14)得

$$\begin{aligned}\Delta S^{\ominus}(T)_{\text{反应1}} &= [uSa_{U1}(T)+vSa_{V}(T)+\cdots]-[mSa_{M1}(T)+nSa_{N}(T)+\cdots]\\ &= \sum Sa(T)_{\text{生成物}}-\sum Sa(T)_{\text{反应物}}\end{aligned}\tag{4-7}$$

显然，将式(3-20)、式(3-22)、式(3-16)和式(3-24)代入式(2-15)，也可以得到与式(4-7)相同的结果。

由此可见，化学反应 (1-1)在温度范围[298，$T_{tr,M1}$]内的、即化学反应(2-1)的标准熵变化温度关系等于生成物应用熵之和与反应物应用熵之和的差。

4.2.2 某个反应物经历了 1 次相变的情况

以化学反应(1-1)在温度范围[$T_{tr,M1}$，$T_{tr,U1}$]内，即化学反应(2-19)为例。反应物 M 在温度$T_{tr,M1}$时由

M_1 相变为 M_2 相。

将式(3-19)、式(3-21)、式(3-44)和式(3-23)代入式(2-36),可以得到

$$\Delta S^{\ominus}(T)_{反应2} = [uSa_{U1}(T) + vSa_{V}(T) + \cdots] - [mSa_{M2}(T) + nSa_{N}(T) + \cdots]$$
$$= \sum Sa(T)_{生成物} - \sum Sa(T)_{反应物} \tag{4-8}$$

显然,将式(3-20)、式(3-22)、式(3-45)和式(3-24)代入式(2-37),也可以得到与式(4-8)相同的结果。

由此可见,化学反应(1-1)在温度范围$[T_{tr,M1}, T_{tr,U1}]$内的、即反应(2-19)的标准熵变化温度关系等于生成物应用熵之和与反应物应用熵之和的差。

4.2.3　某个生成物经历了1次相变的情况

以化学反应(1-1)在温度范围$[T_{tr,U1}, T_{tr,U2}]$内、即化学反应(2-41)为例。化学反应(2-41)中,反应物U已在温度$T_{tr,U1}$时由U_1相变为U_2相。

将式(3-48)、式(3-21)、式(3-44)和式(3-23)代入式(2-58),可以得到化学反应(1-1)在温度范围$[T_{tr,U1}, T_{tr,U2}]$内,即化学反应(2-41)的标准熵变化温度关系为

$$\Delta S^{\ominus}(T)_{反应3} = [uSa_{U2}(T) + vSa_{V}(T) + \cdots] - [mSa_{M2}(T) + nSa_{N}(T) + \cdots]$$
$$= \sum Sa(T)_{生成物} - \sum Sa(T)_{反应物} \tag{4-9}$$

显然,将式(3-49)、式(3-22)、式(3-45)和式(3-24)代入式(2-59),也可以得到与式(4-9)相同的结果。

由此可见,化学反应(1-1)在温度范围$[T_{tr,U1}, T_{tr,U2}]$内、即化学反应(2-41)的标准熵变化温度关系等于生成物应用熵之和与反应物应用熵之和的差。

4.2.4　某个反应物经历过2次相变的情况

以化学反应(1-1)在温度范围$[T_{tr,M2}, T_{tr,M3}]$内发生为例,在该温度范围内,反应物M_2在温度$T_{tr,M2}$时转化为M_3相,已经历了2次相变,因此在该温度范围内化学反应(1-1)的形式为(2-63)。

将式(3-48)、式(3-21)、式(3-67)和式(3-23)代入式(2-81),得

$$\Delta S^{\ominus}(T)_{反应4} = [uSa_{U2}(T) + vSa_{V}(T) + \cdots] - [mSa_{M3}(T) + nSa_{N}(T) + \cdots]$$
$$= \sum Sa(T)_{生成物} - \sum Sa(T)_{反应物} \tag{4-10}$$

将式(3-49)、式(3-22)、式(3-69)和式(3-24)代入式(2-82)得到与式(4-10)相同的结果。

由此可见,化学反应(1-1)在温度范围$[T_{tr,M2}, T_{tr,M3}]$内、即化学反应(2-63)的标准熵变化温度关系等于生成物应用熵之和与反应物应用熵之和的差。

4.2.5　化学反应标准熵变化温度关系计算小结

由于以上推导覆盖了不同的恒压热容适用温度范围,也包含了参加反应各物质均未发生相变、一种反应物发生过1次和2次相变,以及一种生成物发生过1次相变等典型过程,都得出了相同的结论,因此对于化学反应标准熵的计算,可以得出如下普遍的结论:

化学反应标准熵变化温度关系等于其生成物应用熵之和与反应物应用熵之和的差。对一般化学反应(1-1),即

$$\Delta S^{\ominus}(T)_{反应} = [uSa_{U}(T) + vSa_{V}(T) + \cdots] - [mSa_{M}(T) + nSa_{N}(T) + \cdots]$$
$$= \sum Sa(T)_{生成物} - \sum Sa(T)_{反应物} \tag{4-11}$$

由此可见,物质的应用熵不仅是状态函数,而且是物质的广度性质。这样,我们就可以像计算化学

反应恒压热容变化那样,采用“末态减去始态的方法”计算化学反应的标准熵变化。

根据式(3-86),式(4-11)可以表示为

$$\Delta S^{\ominus}(T)_{反应} = \Delta r_0 + \Delta r_1 \ln T + \Delta r_2 \times 10^{-3} T + \Delta r_3 \times 10^{6} T^{-2} + \Delta r_4 \times 10^{-6} T^{2} \quad \mathrm{J/K} \tag{4-12}$$

显然,式(4-12)中的 Δr_0 就是传统计算方法的积分常数 ΔS_0。

4.3　化学反应的标准吉布斯自由能变化温度关系的计算

4.3.1　参加反应各物质均未经历过相变的情况

这里仍旧以一般化学反应(1-1)在温度范围[298, $T_{tr,M1}$]内,即化学反应(2-1)为例。

将式(3-28)、式(3-30)、式(3-25)和式(3-32)代入式(2-17)得

$$\begin{aligned}\Delta G^{\ominus}(T)_{反应1} &= [uGa_{U1}(T) + vGa_{V}(T) + \cdots] - [mGa_{M1}(T) + nGa_{N}(T) + \cdots] \\ &= \sum Ga(T)_{生成物} - \sum Ga(T)_{反应物}\end{aligned} \tag{4-13}$$

显然,将式(3-29)、式(3-31)、式(3-26)和式(3-33)代入式(2-18),也可以得到与式(4-13)相同的结果。

由此可见,化学反应 (1-1)在温度范围[298, $T_{tr,M1}$]内的、即化学反应(2-1)的标准吉布斯自由能变化温度关系等于生成物应用吉布斯自由能之和与反应物应用吉布斯自由能之和的差。

4.3.2　某个反应物经历了1次相变的情况

以化学反应(1-1)在温度范围[$T_{tr,M1}$, $T_{tr,U1}$]内,即化学反应(2-19)为例,反应物 M 在温度 $T_{tr,M1}$时由 M_1 相变为 M_2 相。

将式(3-28)、式(3-30)、式(3-50)和式(3-32)代入式(2-39),可以得到

$$\begin{aligned}\Delta G^{\ominus}(T)_{反应2} &= [uGa_{U1}(T) + vGa_{V}(T) + \cdots] - [mGa_{M2}(T) + nGa_{N}(T) + \cdots] \\ &= \sum Ga(T)_{生成物} - \sum Ga(T)_{反应物}\end{aligned} \tag{4-14}$$

显然,将式(3-29)、式(3-31)、式(3-51)和式(3-33)代入式(2-40),也可以得到与式(4-14)相同的结果。

由此可见,化学反应(1-1)在温度范围[$T_{tr,M1}$, $T_{tr,U1}$]内的、即化学反应(2-1)的标准吉布斯自由能变化温度关系等于生成物应用吉布斯自由能之和与反应物应用吉布斯自由能之和的差。

4.3.3　某个生成物经历了1次相变的情况

以化学反应(1-1)在温度范围[$T_{tr,U1}$, $T_{tr,U2}$]内,即化学反应(2-41)为例。在化学反应(2-41)中,反应物 U 已在温度 $T_{tr,U1}$时由 U_1 相变为 U_2 相。

将式(3-53)、式(3-30)、式(3-50)和式(3-32)代入式(2-61)得

$$\begin{aligned}\Delta G^{\ominus}(T)_{反应3} &= [uGa_{U2}(T) + vGa_{V}(T) + \cdots] - [mGa_{M2}(T) + nGa_{N}(T) + \cdots] \\ &= \sum Ga(T)_{生成物} - \sum Ga(T)_{反应物}\end{aligned} \tag{4-15}$$

显然,将式(3-54)、式(3-31)、式(3-51)和式(3-33)代入式(2-62),也可以得到与式(4-15)相同的结果。

由此可见,化学反应 (1-1)在温度范围[$T_{tr,U1}$, $T_{tr,U2}$]内、即化学反应(2-41)的标准吉布斯自由能变化温度关系等于生成物应用吉布斯自由能之和与反应物应用吉布斯自由能之和的差。

4.3.4　某个反应物经历了 2 次相变的情况

以化学反应(1-1)在温度范围$[T_{tr,M2},T_{tr,M3}]$内发生为例,在该温度范围内,反应物 M_2 在温度 $T_{tr,M2}$ 时转化为 M_3 相,已经历了 2 次相变,因此在该温度范围内化学反应(1-1)的形式为(2-63)。

将式(3-53)、式(3-30)、式(3-73)和式(3-32)代入式(2-84)得

$$\begin{aligned}\Delta G^{\ominus}(T)_{\text{反应4}} &= [uGa_{U2}(T)+vGa_{V}(T)+\cdots]-[mGa_{M3}(T)+nGa_{N}(T)+\cdots]\\ &= \sum Ga(T)_{\text{生成物}}-\sum Ga(T)_{\text{反应物}}\end{aligned} \tag{4-16}$$

显然,将式(3-54)、式(3-31)、式(3-75)和式(3-33)代入式(2-85)也可以得到与式(4-16)相同的结果。

由此可见,化学反应(1-1)在温度范围$[T_{tr,M2},T_{tr,M3}]$K 内、即化学反应(2-63)的标准吉布斯自由能变化温度关系等于生成物应用吉布斯自由能之和与反应物应用吉布斯自由能之和的差。

4.3.5　化学反应标准吉布斯自由能变化温度关系计算小结

上述推导包含了不同的温度范围,也包含了参加反应各物质均未经历过相变、一种反应物经历过 1 次相变和 2 次相变以及一种生成物经历过 1 次相变等典型过程,所得出的结论是相同的。因此,对于化学反应标准吉布斯自由能变化的计算,可以得出如下普遍的结论:

化学反应的标准吉布斯自由能变化温度关系等于其生成物应用吉布斯自由能之和与反应物应用吉布斯自由能之和的差。

对一般化学反应(1-1),即

$$\begin{aligned}\Delta G^{\ominus}(T)_{\text{反应}} &= [uGa_{U}(T)+vGa_{V}(T)+\cdots]-[mGa_{M}(T)+nGa_{N}(T)+\cdots]\\ &= \sum Ga(T)_{\text{生成物}}-\sum Ga(T)_{\text{反应物}}\end{aligned} \tag{4-17}$$

由此可见,物质的应用吉布斯自由能不仅是状态函数,而且是物质的广度性质。这样,我们就可以像计算化学反应恒压热容变化那样,采用“末态减去始态的方法”计算化学反应的标准吉布斯自由能变化。

根据式(3-89),式(4-17)可以表示为

$$\begin{aligned}\Delta G^{\ominus}(T)_{\text{反应}} = {}&\Delta r_0+\Delta r_1 T+\Delta r_2 T\ln T+\Delta r_3\times10^{-3}T^2+\\ &\Delta r_4\times10^{6}T^{-1}+\Delta r_5\times10^{-6}T^3\quad \text{J}\end{aligned} \tag{4-18}$$

本章小结

1. 虽然物质的应用焓和应用吉布斯自由能的值不是物质的焓和自由能的绝对值,但它们完全可以用来计算化学反应的标准焓变化、标准熵变化和标准吉布斯自由能变化,其计算结果与采用不定积分、定积分和吉布斯—亥姆霍兹公式所得计算结果完全相同。

2. 物质的应用焓、应用熵和应用吉布斯自由能均为状态函数和物质的广度性质。

3. 对一般化学反应,无论其反应物或生成物是否发生过相变,也无论反应在哪个温度范围内发生,其标准焓变化、标准熵变化和标准吉布斯自由能变化温度关系分别等于其反应物的应用焓、应用熵和应用吉布斯自由能之和与生成物的应用焓、应用熵和应用吉布斯自由能之和的差。对一般化学反应(1-1),即

化学反应标准焓变化温度关系为

$$\begin{aligned}\Delta H^{\ominus}(T)_{\text{反应}} &= [uHa_{U}(T)+vHa_{V}(T)+\cdots]-[mHa_{M}(T)+nHa_{N}(T)+\cdots]\\ &= \sum Ha(T)_{\text{生成物}}-\sum Ha(T)_{\text{反应物}}\end{aligned} \tag{4-5}$$

或者

$$\Delta H^{\ominus}(T)_{反应} = \Delta r_0 + \Delta r_1 T + \Delta r_2 \times 10^{-3} T^2 + \Delta r_3 \times 10^6 T^{-1} + \Delta r_4 \times 10^{-6} T^3 \quad \text{J} \tag{4-6}$$

化学反应标准熵变化温度关系为

$$\begin{aligned}\Delta S^{\ominus}(T)_{反应} &= [uSa_{\mathrm{U}}(T) + vSa_{\mathrm{V}}(T) + \cdots] - [mSa_{\mathrm{M}}(T) + nSa_{\mathrm{N}}(T) + \cdots] \\ &= \sum Sa(T)_{生成物} - \sum Sa(T)_{反应物}\end{aligned} \tag{4-11}$$

或者

$$\Delta S^{\ominus}(T)_{反应} = \Delta r_0 + \Delta r_1 \ln T + \Delta r_2 \times 10^{-3} T + \Delta r_3 \times 10^6 T^{-2} + \Delta r_4 \times 10^{-6} T^2 \quad \text{J/K} \tag{4-12}$$

化学反应标准吉布斯自由能变化温度关系为

$$\begin{aligned}\Delta G^{\ominus}(T)_{反应} &= [uGa_{\mathrm{U}}(T) + vGa_{\mathrm{V}}(T) + \cdots] - [mGa_{\mathrm{M}}(T) + nGa_{\mathrm{N}}(T) + \cdots] \\ &= \sum Ga(T)_{生成物} - \sum Ga(T)_{反应物}\end{aligned} \tag{4-17}$$

或者

$$\Delta G^{\ominus}(T)_{反应} = \Delta r_0 + \Delta r_1 T + \Delta r_2 T\ln T + \Delta r_3 \times 10^{-3} T^2 + \Delta r_4 \times 10^6 T^{-1} + \Delta r_5 \times 10^{-6} T^3 \quad \text{J} \tag{4-18}$$

第 5 章　物质的应用热力学函数对物质温度变化过程的应用

物质的应用焓、应用熵和应用吉布斯自由能是根据一般化学反应推导和定义出来的，需要检验它们是否适用于物质在恒压下只经历温度变化而不伴随化学变化的过程的热力学计算。

由于物质的应用焓、应用熵和应用吉布斯自由能均为物质的广度性质，因此这里以表 1-1 中 1 mol 物质 M 在恒压下只发生温度变化而不伴随化学变化的过程为代表，通过几种典型的例证说明应用热力学函数在这种情况下的应用。这些例子包括物质的初始温度和终了温度处于同一个恒压热容适用温度范围内的情况、物质的初始温度和终了温度处于不同恒压热容适用温度范围内的情况。

5.1　初始温度和终了温度处于同一个恒压热容适用温度范围内的情况

5.1.1　初始温度和终了温度时物质均未经历过相变

此时，物质 M 处于温度范围 $[298, T_{\mathrm{tr,M1}}]$ 内。设初始温度为 T_{11}，终了温度为 T_{12}，且 $298 \leqslant T_{11} \leqslant T_{\mathrm{tr,M1}}$，$298 \leqslant T_{12} \leqslant T_{\mathrm{tr,M1}}$。

5.1.1.1　标准焓变化的计算

在该温度范围内，根据物质焓的定义

$$H^{\ominus}_{\mathrm{M},T_{12}} = H^{\ominus}_{298,\mathrm{M}} + \int_{298}^{T_{12}} C_{p,\mathrm{M1}} \mathrm{d}T \quad \text{J/mol} \tag{5-1}$$

式中　$H^{\ominus}_{\mathrm{M},T_{12}}$——物质 M 在温度 T_{12} 时的标准焓绝对值；

$H^{\ominus}_{298,\mathrm{M}}$——物质 M 在温度 298.15 K 时的标准焓绝对值。

同理，有

$$H^{\ominus}_{\mathrm{M},T_{11}} = H^{\ominus}_{298,\mathrm{M}} + \int_{298}^{T_{11}} C_{p,\mathrm{M1}} \mathrm{d}T \quad \text{J/mol} \tag{5-2}$$

式中　$H^{\ominus}_{\mathrm{M},T_{11}}$——物质 M 在温度 T_{11} 时的标准焓绝对值。

因此,物质 M 的温度从 T_{11} 变化到 T_{12},其标准焓变化应为 $H^{\ominus}_{M,T_{12}}$ 与 $H^{\ominus}_{M,T_{11}}$ 的差。即

$$\Delta H^{\ominus}_{M,1-1} = H^{\ominus}_{M,T_{12}} - H^{\ominus}_{M,T_{11}}$$

式中　$\Delta H^{\ominus}_{M,1-1}$——物质 M 的温度从 T_{11} 变化到 T_{12} 时的标准焓变化。

将式(5-1)和式(5-2)代入上式得

$$\Delta H^{\ominus}_{M,1-1} = \int_{298}^{T_{12}} C_{p,M1}\mathrm{d}T - \int_{298}^{T_{11}} C_{p,M1}\mathrm{d}T$$

然后,上式的右边加上和减去 $\Delta H^{\ominus}_{f,298,M}$,并整理得

$$\Delta H^{\ominus}_{M,1-1} = [\Delta H^{\ominus}_{f,298,M} + \int_{298}^{T_{12}} C_{p,M1}\mathrm{d}T] - [\Delta H^{\ominus}_{f,298,M} + \int_{298}^{T_{11}} C_{p,M1}\mathrm{d}T] \quad \mathrm{J/mol} \tag{5-3}$$

根据式(3-4),式(5-3)可写为

$$\Delta H^{\ominus}_{M,1-1} = Ha_{M1}(T_{12}) - Ha_{M1}(T_{11}) \tag{5-4}$$

式(5-4)说明,当物质未经历过相变时,因其温度变化而发生的标准焓变化等于终了温度时应用焓的值与初始温度时应用焓的值之差。

5.1.1.2　标准熵变化的计算

按照传统的物质标准熵(绝对值)的计算方法,有

$$S^{\ominus}_{M,T_{12}} = S^{\ominus}_{298,M} + \int_{298}^{T_{12}} \frac{C_{p,M1}}{T}\mathrm{d}T \quad \mathrm{J/(mol \cdot K)} \tag{5-5}$$

式中　$S^{\ominus}_{M,T_{12}}$——物质 M 在温度 T_{12} 时的标准熵。

同理,有

$$S^{\ominus}_{M,T_{11}} = S^{\ominus}_{298,M} + \int_{298}^{T_{11}} \frac{C_{p,M1}}{T}\mathrm{d}T \quad \mathrm{J/(mol \cdot K)} \tag{5-6}$$

式中　$S^{\ominus}_{M,T_{11}}$——物质 M 在温度 T_{11} 时的标准熵。

因此,物质 M 在温度范围[298,$T_{tr1,M}$]内从温度 T_{11} 变化到温度 T_{12},其标准熵变化应为 $S^{\ominus}_{M,T_{12}}$ 与 $S^{\ominus}_{M,T_{11}}$ 的差,即

$$\Delta S^{\ominus}_{M,1-1} = S^{\ominus}_{M,T_{12}} - S^{\ominus}_{M,T_{11}}$$

式中　$\Delta S^{\ominus}_{M,1-1}$——物质 M 在温度范围[298,$T_{tr,M1}$]内从温度 T_{11} 变化到温度 T_{12} 时的标准熵变化。

将式(5-5)和式(5-6)代入上式得

$$\Delta S^{\ominus}_{M,1-1} = (S^{\ominus}_{298,M} + \int_{298}^{T_{12}} \frac{C_{p,M1}}{T}\mathrm{d}T) - (S^{\ominus}_{298,M} + \int_{298}^{T_{11}} \frac{C_{p,M1}}{T}\mathrm{d}T) \quad \mathrm{J/(mol \cdot K)} \tag{5-7}$$

根据式(3-16),式(5-7)可写为

$$\Delta S^{\ominus}_{M,1-1} = Sa_{M1}(T_{12}) - Sa_{M1}(T_{11}) \tag{5-8}$$

式(5-8)说明,当物质未经历过相变时,因其温度变化而发生的标准熵变化等于终了温度时应用熵的值与初始温度时应用熵的值之差。

5.1.1.3　标准吉布斯自由能变化的计算

根据物质的吉布斯自由能的定义,有

$$G^{\ominus}_{M,T_{12}} = H^{\ominus}_{M,T_{12}} - T_{12}S^{\ominus}_{M,T_{12}} \quad \mathrm{J/mol} \tag{5-9}$$

式中　$G^{\ominus}_{M,T_{12}}$——物质 M 在温度 T_{12} 时的标准吉布斯自由能绝对值。

同理,有

$$G^{\ominus}_{M,T_{11}} = H^{\ominus}_{M,T_{11}} - T_{11}S^{\ominus}_{M,T_{11}} \quad \mathrm{J/mol} \tag{5-10}$$

式中　$G^{\ominus}_{M,T_{11}}$——物质 M 在温度 T_{11} 时的标准吉布斯自由能绝对值。

这样,物质 M 从温度 T_{11} 变化到温度 T_{12} 时,其标准吉布斯自由能变化应为 $G^{\ominus}_{M,T_{12}}$ 与 $G^{\ominus}_{M,T_{11}}$ 的差,即

$$\Delta G^{\ominus}_{M,1-1} = G^{\ominus}_{M,T_{12}} - G^{\ominus}_{M,T_{11}}$$

式中 $\Delta G^{\ominus}_{M,1-1}$——物质 M 从温度 T_{11} 变化到温度 T_{12} 时的标准吉布斯自由能变化。

将式(5-9)和式(5-10)代入上式并整理得

$$\begin{aligned}\Delta G^{\ominus}_{M,1-1} &= (H^{\ominus}_{M,T_{12}} - H^{\ominus}_{M,T_{11}}) - (T_{12}S^{\ominus}_{M,T_{12}} - T_{11}S^{\ominus}_{M,T_{11}}) \\ &= \Delta H^{\ominus}_{M,11} - (T_{12}S^{\ominus}_{M,T_{12}} - T_{11}S^{\ominus}_{M,T_{11}})\end{aligned} \tag{5-11}$$

将式(5-1)、式(5-2)、式(5-5)和式(5-6)代入式(5-11)并整理得

$$\begin{aligned}\Delta G^{\ominus}_{M,1-1} = &\left[\int_{298}^{T_{12}} C_{p,M1}\mathrm{d}T - T_{12}(S^{\ominus}_{298,M} + \int_{298}^{T_{12}} \frac{C_{p,M1}}{T}\mathrm{d}T)\right] - \\ &\left[\int_{298}^{T_{11}} C_{p,M1}\mathrm{d}T - T_{11}(S^{\ominus}_{298} + \int_{298}^{T_{11}} \frac{C_{p,M1}}{T}\mathrm{d}T)\right]\end{aligned}$$

上式右端加上和减去 $\Delta H^{\ominus}_{f,298,M}$ 并整理得

$$\begin{aligned}\Delta G^{\ominus}_{M,1-1} = &\left[(\Delta H^{\ominus}_{f,298,M} + \int_{298}^{T_{12}} C_{p,M1}\mathrm{d}T) - T_{12}(S^{\ominus}_{298,M} + \int_{298}^{T_{12}} \frac{C_{p,M1}}{T}\mathrm{d}T)\right] - \\ &\left[(\Delta H^{\ominus}_{f,298,M} + \int_{298}^{T_{11}} C_{p,M1}\mathrm{d}T) - T_{11}(S^{\ominus}_{298} + \int_{298}^{T_{11}} \frac{C_{p,M1}}{T}\mathrm{d}T)\right] \quad \mathrm{J/mol}\end{aligned} \tag{5-12}$$

将式(5-12)与式(3-26)对比,式(5-12)可以写为

$$\Delta G^{\ominus}_{M,1-1} = Ga_{M1}(T_{12}) - Ga_{M1}(T_{11}) \tag{5-13}$$

式(5-13)说明,当物质在恒压下未经历过相变时,因其温度变化而发生的标准吉布斯自由能变化等于终了温度时应用吉布斯自由能的值与初始温度时应用吉布斯自由能的值之差。

5.1.2 初始温度和终了温度均处于物质经历过 2 次相变的温度范围内

1 mol 物质 M 的初始温度为 T_{31},终了温度为 T_{32},并且二者均处于温度范围 $[T_{tr,M2}, T_{tr,M3}]$ 内,即 $T_{tr,M2} \leqslant T_{31} \leqslant T_{tr,M3}$,$T_{tr,M2} \leqslant T_{32} \leqslant T_{tr,M3}$。此时物质 M 已经经历了 2 次相变。

5.1.2.1 标准焓变化的计算

在该温度范围内,根据物质焓的定义

$$\begin{aligned}H^{\ominus}_{M,T_{32}} = &H^{\ominus}_{298,M} + \int_{298}^{T_{tr,M1}} C_{p,M1}\mathrm{d}T + \Delta H^{\ominus}_{tr,M1} + \\ &\int_{T_{tr,M1}}^{T_{tr,M2}} C_{p,M2}\mathrm{d}T + \Delta H^{\ominus}_{tr,M2} + \int_{T_{tr,M2}}^{T_{32}} C_{p,M3}\mathrm{d}T \quad \mathrm{J/mol}\end{aligned} \tag{5-14}$$

式中 $H^{\ominus}_{M,T_{32}}$——物质 M 在温度 T_{32} 时的标准焓绝对值。

同理,有

$$\begin{aligned}H^{\ominus}_{M,T_{31}} = &H^{\ominus}_{298,M} + \int_{298}^{T_{tr,M1}} C_{p,M1}\mathrm{d}T + \Delta H^{\ominus}_{tr,M1} + \\ &\int_{T_{tr,M1}}^{T_{tr,M2}} C_{p,M2}\mathrm{d}T + \Delta H^{\ominus}_{tr,M2} + \int_{T_{tr,M2}}^{T_{31}} C_{p,M3}\mathrm{d}T \quad \mathrm{J/mol}\end{aligned} \tag{5-15}$$

式中 $H^{\ominus}_{M,T_{31}}$——物质 M 在温度 T_{31} 时的标准焓绝对值。

因此,物质 M 在温度范围 $[T_{tr,M2}, T_{tr,M3}]$ 内从温度 T_{31} 变化到温度 T_{32},其标准焓变化应为 $H^{\ominus}_{M,T_{32}}$ 与 $H^{\ominus}_{M,T_{31}}$ 的差,即

$$\Delta H^{\ominus}_{M,3-3} = H^{\ominus}_{M,T_{32}} - H^{\ominus}_{M,T_{31}}$$

式中 $\Delta H^{\ominus}_{M,3-3}$——物质 M 在温度范围 $[T_{tr,M2}, T_{tr,M3}]$ 内从温度 T_{31} 变化到温度 T_{32} 时的标准焓变化。

将式(5-14)和式(5-15)代入上式得

$$\Delta H^{\ominus}_{M,3-3} = \left[\int_{298}^{T_{tr,M1}} C_{p,M1}\mathrm{d}T + \Delta H^{\ominus}_{tr,M1} + \int_{T_{tr,M1}}^{T_{tr,M2}} C_{p,M2}\mathrm{d}T + \Delta H^{\ominus}_{tr,M2} + \int_{T_{tr,M2}}^{T_{32}} C_{p,M3}\mathrm{d}T\right] -$$

$$[\int_{298}^{T_{tr,M1}} C_{p,M1}dT + \Delta H_{tr,M1}^{\ominus} + \int_{T_{tr,M1}}^{T_{tr,M2}} C_{p,M2}dT + \Delta H_{tr,M2}^{\ominus} + \int_{T_{tr,M2}}^{T_{31}} C_{p,M3}dT]$$

上式的右端加上和减去 $\Delta H_{f,298,M}^{\ominus}$，并整理得

$$\begin{aligned}\Delta H_{M,3-3}^{\ominus} = & [\Delta H_{f,298,M}^{\ominus} + \int_{298}^{T_{tr,M1}} C_{p,M1}dT + \Delta H_{tr,M1}^{\ominus} + \\ & \int_{T_{tr,M1}}^{T_{tr,M2}} C_{p,M2}dT + \Delta H_{tr,M2}^{\ominus} + \int_{T_{tr,M2}}^{T_{32}} C_{p,M3}dT] - \\ & [\Delta H_{f,298,M}^{\ominus} + \int_{298}^{T_{tr,M1}} C_{p,M1}dT + \Delta H_{tr,M1}^{\ominus} + \\ & \int_{T_{tr,M1}}^{T_{tr,M2}} C_{p,M2}dT + \Delta H_{tr,M2}^{\ominus} + \int_{T_{tr,M2}}^{T_{31}} C_{p,M3}dT] \quad \text{J/mol}\end{aligned} \tag{5-16}$$

对比式(3-60)，式(5-16)可写为

$$\Delta H_{M,3-3}^{\ominus} = Ha_{M3}(T_{32}) - Ha_{M3}(T_{31}) \tag{5-17}$$

式(5-17)说明，在物质发生过相变的情况下，只要该物质的初始温度和终了温度均处于同一温度范围内，其标准焓变化就等于在这两个温度时该物质应用焓的值之差。

5.1.2.2　标准熵变化的计算

类似地，在温度范围$[T_{tr,M2}, T_{tr,M3}]$内，根据物质熵的定义

$$\begin{aligned}S_{M,T_{32}}^{\ominus} = & S_{298,M}^{\ominus} + \int_{298}^{T_{tr,M1}} \frac{C_{p,M1}}{T}dT + \Delta S_{tr,M1}^{\ominus} + \int_{T_{tr,M1}}^{T_{tr,M2}} \frac{C_{p,M2}}{T}dT + \\ & \Delta S_{tr,M2}^{\ominus} + \int_{T_{tr,M2}}^{T_{32}} \frac{C_{p,M3}}{T}dT \quad \text{J/(mol·K)}\end{aligned} \tag{5-18}$$

式中　$S_{M,T_{32}}^{\ominus}$——物质 M 在温度 T_{32}时的标准熵绝对值。

同理，有

$$\begin{aligned}S_{M,T_{31}}^{\ominus} = & S_{298,M}^{\ominus} + \int_{298}^{T_{tr,M1}} \frac{C_{p,M1}}{T}dT + \Delta S_{tr,M1}^{\ominus} + \int_{T_{tr,M1}}^{T_{tr,M2}} \frac{C_{p,M2}}{T}dT + \\ & \Delta S_{tr,M2}^{\ominus} + \int_{T_{tr,M2}}^{T_{31}} \frac{C_{p,M3}}{T}dT \quad \text{J/(mol·K)}\end{aligned} \tag{5-19}$$

式中　$S_{M,T_{31}}^{\ominus}$——物质 M 在温度 T_{31}时的标准熵绝对值。

因此，物质 M 在温度范围$[T_{tr,M2}, T_{tr,M3}]$内从温度 T_{31} 变化到温度 T_{32}，其标准熵变化应为 $S_{M,T_{32}}^{\ominus}$ 与 $S_{M,T_{31}}^{\ominus}$ 的差，即

$$\Delta S_{M,3-3}^{\ominus} = S_{M,T_{32}}^{\ominus} - S_{M,T_{31}}^{\ominus}$$

式中　$\Delta S_{M,3-3}^{\ominus}$——物质 M 在温度范围$[T_{tr,M2}, T_{tr,M3}]$内从温度 T_{31}变化到温度 T_{32}时的标准熵变化。

将式(5-18)和式(5-19)代入上式得

$$\begin{aligned}\Delta S_{M,3-3}^{\ominus} = & [S_{298,M}^{\ominus} + \int_{298}^{T_{tr,M1}} \frac{C_{p,M1}}{T}dT + \Delta S_{tr,M1}^{\ominus} + \int_{T_{tr,M1}}^{T_{tr,M2}} \frac{C_{p,M2}}{T}dT + \Delta S_{tr,M2}^{\ominus} + \\ & \int_{T_{tr,M2}}^{T_{32}} \frac{C_{p,M3}}{T}dT] - [S_{298,M}^{\ominus} + \int_{298}^{T_{tr,M1}} \frac{C_{p,M1}}{T}dT + \Delta S_{tr,M1}^{\ominus} + \\ & \int_{T_{tr,M1}}^{T_{tr,M2}} \frac{C_{p,M2}}{T}dT + \Delta S_{tr,M2}^{\ominus} + \int_{T_{tr,M2}}^{T_{31}} \frac{C_{p,M3}}{T}dT] \quad \text{J/(mol·K)}\end{aligned} \tag{5-20}$$

对比式(3-69)，式(5-20)可写为

$$\Delta S_{M,3-3}^{\ominus} = Sa_{M3}(T_{32}) - Sa_{M3}(T_{31}) \tag{5-21}$$

式(5-21)说明，对发生过相变的物质，如果它在恒压下只经历了温度变化而没有伴随化学变化，只要其初始温度和终了温度在同一恒压热容适用温度范围内，其标准熵变化就等于其在终了温度时应用

熵的值与初始温度时应用熵的值之差。

5.1.2.3 标准吉布斯自由能变化的计算

根据物质的自由能的定义，在温度 T_{32} 时有

$$G^{\ominus}_{M,T_{32}} = H^{\ominus}_{M,T_{32}} - T_{32}S^{\ominus}_{M,T_{32}} \quad \text{J/mol} \tag{5-22}$$

式中 $G^{\ominus}_{M,T_{32}}$——物质 M 在温度 T_{32} 时的标准吉布斯自由能绝对值。

同理，在温度 T_{31} 时有

$$G^{\ominus}_{M,T_{31}} = H^{\ominus}_{M,T_{31}} - T_{31}S^{\ominus}_{M,T_{31}} \quad \text{J/mol} \tag{5-23}$$

式中 $G^{\ominus}_{M,T_{31}}$——物质 M 在温度 T_{31} 时的标准吉布斯自由能绝对值。

这样，物质 M 从温度 T_{31} 变化到温度 T_{32} 时，其标准吉布斯自由能变化应为 $G^{\ominus}_{M,T_{32}}$ 与 $G^{\ominus}_{M,T_{31}}$ 的差，即

$$\Delta G^{\ominus}_{M,3-3} = G^{\ominus}_{M,T_{32}} - G^{\ominus}_{M,T_{31}}$$

式中 $\Delta G^{\ominus}_{M,3-3}$——物质 M 从温度 T_{31} 变化到温度 T_{32} 时的标准吉布斯自由能变化。

将式(5-22)和式(5-23)代入上式得

$$\Delta G^{\ominus}_{M,3-3} = (H^{\ominus}_{M,T_{32}} - T_{32}S^{\ominus}_{M,T_{32}}) - (H^{\ominus}_{M,T_{31}} - T_{31}S^{\ominus}_{M,T_{31}}) \tag{5-24}$$

将式(5-14)、式(5-15)、式(5-18)和式(5-19)代入式(5-24)得

$$\begin{aligned}\Delta G^{\ominus}_{M,3-3} = {} & [(\int_{298}^{T_{tr,M1}} C_{p,M1}dT + \Delta H^{\ominus}_{tr,M1} + \int_{T_{tr,M1}}^{T_{tr,M2}} C_{p,M2}dT + \Delta H^{\ominus}_{tr,M2} + \\ & \int_{T_{tr,M2}}^{T_{32}} C_{p,M3}dT) - T_{32}(S^{\ominus}_{298,M} + \int_{298}^{T_{tr,M1}} \frac{C_{p,M1}}{T}dT + \Delta S^{\ominus}_{tr,M1} + \\ & \int_{T_{tr,M1}}^{T_{tr,M2}} \frac{C_{p,M2}}{T}dT + \Delta S^{\ominus}_{tr,M2} + \int_{T_{tr,M2}}^{T_{32}} \frac{C_{p,M3}}{T}dT)] - \\ & [(\int_{298}^{T_{tr,M1}} C_{p,M1}dT + \Delta H^{\ominus}_{tr,M1} + \int_{T_{tr,M1}}^{T_{tr,M2}} C_{p,M2}dT + \Delta H^{\ominus}_{tr,M2} + \\ & \int_{T_{tr,M2}}^{T_{31}} C_{p,M3}dT) - T_{31}(S^{\ominus}_{298,M} + \int_{298}^{T_{tr,M1}} \frac{C_{p,M1}}{T}dT + \Delta S^{\ominus}_{tr,M1} + \\ & \int_{T_{tr,M1}}^{T_{tr,M2}} \frac{C_{p,M2}}{T}dT + \Delta S^{\ominus}_{tr,M2} + \int_{T_{tr,M2}}^{T_{31}} \frac{C_{p,M3}}{T}dT)]\end{aligned}$$

右端加上和减去 $\Delta H^{\ominus}_{f,298,M}$ 并整理得

$$\begin{aligned}\Delta G^{\ominus}_{M,3-3} = {} & [(\Delta H^{\ominus}_{f,298,M} + \int_{298}^{T_{tr,M1}} C_{p,M1}dT + \Delta H^{\ominus}_{tr,M1} + \int_{T_{tr,M1}}^{T_{tr,M2}} C_{p,M2}dT + \Delta H^{\ominus}_{tr,M2} + \\ & \int_{T_{tr,M2}}^{T_{32}} C_{p,M3}dT) - T_{32}(S^{\ominus}_{298,M} + \int_{298}^{T_{tr,M1}} \frac{C_{p,M1}}{T}dT + \Delta S^{\ominus}_{tr,M1} + \int_{T_{tr,M1}}^{T_{tr,M2}} \frac{C_{p,M2}}{T}dT + \\ & \Delta S^{\ominus}_{tr,M2} + \int_{T_{tr,M2}}^{T_{32}} \frac{C_{p,M3}}{T}dT)] - [(\Delta H^{\ominus}_{f,298,M} + \int_{298}^{T_{tr,M1}} C_{p,M1}dT + \Delta H^{\ominus}_{tr,M1} + \\ & \int_{T_{tr,M1}}^{T_{tr,M2}} C_{p,M2}dT + \Delta H^{\ominus}_{tr,M2} + \int_{T_{tr,M2}}^{T_{31}} C_{p,M3}dT) - T_{31}(S^{\ominus}_{298,M} + \int_{298}^{T_{tr,M1}} \frac{C_{p,M1}}{T}dT + \\ & \Delta S^{\ominus}_{tr,M1} + \int_{T_{tr,M1}}^{T_{tr,M2}} \frac{C_{p,M2}}{T}dT + \Delta S^{\ominus}_{tr,M2} + \int_{T_{tr,M2}}^{T_{31}} \frac{C_{p,M3}}{T}dT)] \quad \text{J/mol}\end{aligned} \tag{5-25}$$

将式(5-25)与式(3-75)对比，式(5-25)可以写为

$$\Delta G^{\ominus}_{M,3-3} = Ga_{M3}(T_{32}) - Ga_{M3}(T_{31}) \tag{5-26}$$

式(5-26)说明，对发生过相变的物质，如果它在恒压下只经历了温度变化而没有伴随化学变化，只要其初始温度和终了温度在同一恒压热容适用温度范围内，其标准吉布斯自由能变化就等于其在终了温度时应用吉布斯自由能的值与初始温度时应用吉布斯自由能的值之差。

以上两种情况,包括初始温度和终了温度时物质均未经历过相变、初始温度和终了温度时物质均已经历过2次相变,可以代表初始温度和终了温度处于同一恒压热容适用温度范围内。总之,对于在恒压下只经历了温度变化而没有伴随化学变化的物质,无论其是否发生过相变,只要其初始温度和终了温度在同一恒压热容适用温度范围内,其标准焓变化、标准熵变化和标准吉布斯自由能变化分别等于其在终了温度时应用焓的值、应用熵的值和应用吉布斯自由能的值与初始温度时应用焓的值、应用熵的值和应用吉布斯自由能的值之差。

5.2　初始温度和终了温度处于不同恒压热容适用温度范围内的情况

5.2.1　初始温度在温度范围[298, $T_{tr,M1}$]内,而终了温度在温度范围[$T_{tr,M2}$, $T_{tr,M3}$]内的情况

这里,初始温度以T_{11}为例,终了温度以T_{31}为例。即$298 \leqslant T_{11} \leqslant T_{tr,M1}$, $T_{tr,M2} \leqslant T_{31} \leqslant T_{tr,M3}$。物质M在此过程中经历了2次相变。

5.2.1.1　标准焓变化的计算

物质M从温度T_{11}变化到温度T_{31}时,其标准焓变化应为$H^{\ominus}_{M,T_{31}}$与$H^{\ominus}_{M,T_{11}}$的差,即

$$\Delta H^{\ominus}_{M,1-3} = H^{\ominus}_{M,T_{31}} - H^{\ominus}_{M,T_{11}}$$

式中　$\Delta H^{\ominus}_{M,1-3}$——物质M的温度从$T_{11}$变化到$T_{31}$时的标准焓变化。

将式(5-2)和式(5-15)代入上式得

$$\Delta H^{\ominus}_{M,1-3} = [\int_{298}^{T_{tr,M1}} C_{p,M1}dT + \Delta H^{\ominus}_{tr,M1} + \int_{T_{tr,M1}}^{T_{tr,M2}} C_{p,M2}dT + \Delta H^{\ominus}_{tr,M2} + \int_{T_{tr,M2}}^{T_{31}} C_{p,M3}dT] - \int_{298}^{T_{11}} C_{p,M1}dT$$

上式的右端加上和减去$\Delta H^{\ominus}_{f,298,M}$并整理得

$$\Delta H^{\ominus}_{M,1-3} = [\Delta H^{\ominus}_{f,298,M} + \int_{298}^{T_{tr,M1}} C_{p,M1}dT + \Delta H^{\ominus}_{tr,M1} + \int_{T_{tr,M1}}^{T_{tr,M2}} C_{p,M2}dT + \Delta H^{\ominus}_{tr,M2} + \int_{T_{tr,M2}}^{T_{31}} C_{p,M3}dT] - [\Delta H^{\ominus}_{f,298,M} + \int_{298}^{T_{11}} C_{p,M1}dT] \quad \text{J/mol} \tag{5-27}$$

根据式(3-4)和式(3-60),式(5-27)可以写为

$$\Delta H^{\ominus}_{M,1-3} = Ha_{M3}(T_{31}) - Ha_{M1}(T_{11}) \tag{5-28}$$

式(5-28)说明,初始温度时物质未经历过相变而终了温度时物质已经历过2次相变,其标准焓变化等于其终了温度时应用焓的值与初始温度时应用焓的值之差。

5.2.1.2　标准熵变化的计算

物质M从温度T_{11}变化到温度T_{31}时,其标准熵变化应为$S^{\ominus}_{M,T_{31}}$与$S^{\ominus}_{M,T_{11}}$的差,即

$$\Delta S^{\ominus}_{M,1-3} = S^{\ominus}_{M,T_{31}} - S^{\ominus}_{M,T_{11}}$$

式中　$\Delta S^{\ominus}_{M,1-3}$——物质M的温度从$T_{11}$变化到$T_{31}$时的标准焓变化。

将式(5-6)和式(5-19)代入上式得

$$\Delta S^{\ominus}_{M,1-3} = [S^{\ominus}_{298,M} + \int_{298}^{T_{tr,M1}} \frac{C_{p,M1}}{T}dT + \Delta S^{\ominus}_{tr,M1} + \int_{T_{tr,M1}}^{T_{tr,M2}} \frac{C_{p,M2}}{T}dT + \Delta S^{\ominus}_{tr,M2} + \int_{T_{tr,M2}}^{T_{31}} \frac{C_{p,M3}}{T}dT] - [S^{\ominus}_{298,M} + \int_{298}^{T_{11}} \frac{C_{p,M1}}{T}] \quad \text{J/(mol·K)} \tag{5-29}$$

将式(3-16)和式(3-69)与式(5-29)比较,式(5-29)可以写为

$$\Delta S^{\ominus}_{M,1-3} = Sa_{M3}(T_{31}) - Sa_{M1}(T_{11}) \tag{5-30}$$

式(5-30)说明,初始温度时物质未经历过相变而终了温度时物质已经历过 2 次相变,其标准熵变化等于其终了温度时应用熵的值与初始温度时应用熵的值之差。

5.2.1.3　标准吉布斯自由能变化的计算

物质 M 从温度 T_{11} 变化到温度 T_{31} 时,其标准吉布斯自由能变化应为 $G^{\ominus}_{M,T_{31}}$ 与 $G^{\ominus}_{M,T_{11}}$ 的差,即

$$\Delta G^{\ominus}_{M,1-3} = G^{\ominus}_{M,T_{31}} - G^{\ominus}_{M,T_{11}}$$

式中　$\Delta G^{\ominus}_{M,1-3}$——物质 M 的温度从 T_{11} 变化到 T_{31} 时的标准吉布斯自由能变化。

将式(5-10)和式(5-23)代入上式得

$$\Delta G^{\ominus}_{M,1-3} = (H^{\ominus}_{M,T_{31}} - T_{31}S^{\ominus}_{M,T_{31}}) - (H^{\ominus}_{M,T_{11}} - T_{11}S^{\ominus}_{M,T_{11}}) \tag{5-31}$$

将式(5-15)、式(5-19)、式(5-2)和式(5-6)代入上式得

$$\begin{aligned}\Delta G^{\ominus}_{M,1-3} = {} & [(\int_{298}^{T_{tr,M1}} C_{p,M1}dT + \Delta H^{\ominus}_{tr,M1} + \int_{T_{tr,M1}}^{T_{tr,M2}} C_{p,M2}dT + \Delta H^{\ominus}_{tr,M2} + \\ & \int_{T_{tr,M2}}^{T_{31}} C_{p,M3}dT) - T_{31}(S^{\ominus}_{298,M} + \int_{298}^{T_{tr,M1}} \frac{C_{p,M1}}{T}dT + \\ & \Delta S^{\ominus}_{tr,M1} + \int_{T_{tr,M1}}^{T_{tr,M2}} \frac{C_{p,M2}}{T}dT + \Delta S^{\ominus}_{tr,M2} + \int_{T_{tr,M2}}^{T_{31}} \frac{C_{p,M3}}{T}dT)] - \\ & [\int_{298}^{T_{11}} C_{p,M1}dT - T_{11}(S^{\ominus}_{298,M} + \int_{298}^{T_{11}} \frac{C_{p,M1}}{T}dT)]\end{aligned}$$

上式右端加上和减去 $\Delta H^{\ominus}_{f,298,M}$ 并整理得

$$\begin{aligned}\Delta G^{\ominus}_{M,1-3} = {} & [(\Delta H^{\ominus}_{f,298,M} + \int_{298}^{T_{tr,M1}} C_{p,M1}dT + \Delta H^{\ominus}_{tr,M1} + \int_{T_{tr,M1}}^{T_{tr,M2}} C_{p,M2}dT + \Delta H^{\ominus}_{tr,M2} + \\ & \int_{T_{tr,M2}}^{T_{31}} C_{p,M3}dT) - T_{31}(S^{\ominus}_{298,M} + \int_{298}^{T_{tr,M1}} \frac{C_{p,M1}}{T}dT + \Delta S^{\ominus}_{tr,M1} + \\ & \int_{T_{tr,M1}}^{T_{tr,M2}} \frac{C_{p,M2}}{T}dT + \Delta S^{\ominus}_{tr,M2} + \int_{T_{tr,M2}}^{T_{31}} \frac{C_{p,M3}}{T}dT)] - [(\Delta H^{\ominus}_{f,298,M} + \\ & \int_{298}^{T_{11}} C_{p,M1}dT) - T_{11}(S^{\ominus}_{298,M} + \int_{298}^{T_{11}} \frac{C_{p,M1}}{T}dT)] \quad \text{J/mol}\end{aligned} \tag{5-32}$$

将式(3-75)和式(3-26)与式(5-32)比较,式(5-32)可以写为

$$\Delta G^{\ominus}_{M,1-3} = Ga_{M3}(T_{31}) - Ga_{M1}(T_{11}) \tag{5-33}$$

式(5-33)说明,初始温度时物质未经历过相变而终了温度时物质已经历过 2 次相变,其标准吉布斯自由能变化等于其终了温度时应用吉布斯自由能的值与初始温度时应用吉布斯自由能的值之差。

5.2.2　初始温度在温度范围[$T_{tr,M1}$,$T_{tr,M2}$]内,而终了温度在温度范围[$T_{tr,M2}$,$T_{tr,M3}$]内的情况

1 mol 物质 M 的初始温度为 T_{21},终了温度为 T_{31},其中温度 T_{21} 处于温度范围[$T_{tr,M1}$, $T_{tr,M2}$],即 $T_{tr,M1} \leqslant T_{21} \leqslant T_{tr,M2}$,$T_{tr,M2} \leqslant T_{31} \leqslant T_{tr,M3}$。此时物质 M 在 T_{21} 时已经经历过 1 次相变,而在 T_{31} 时已经历了 2 次相变。

5.2.2.1　标准焓变化的计算

在该温度范围内,根据物质焓的定义

$$H^{\ominus}_{M,T_{21}} = H^{\ominus}_{298,M} + \int_{298}^{T_{tr,M1}} C_{p,M1}dT + \Delta H^{\ominus}_{tr,M1} + \int_{T_{tr,M1}}^{T_{21}} C_{p,M2}dT \quad \text{J/mol} \tag{5-34}$$

式中　$H^{\ominus}_{M,T_{21}}$——物质 M 在温度 T_{21} 时的标准焓绝对值。

那么,物质 M 的温度从 T_{21} 变化到 T_{31} 时的标准焓变化应为 $H^{\ominus}_{M,T_{31}}$ 与 $H^{\ominus}_{M,T_{21}}$ 的差,即

$$\Delta H^{\ominus}_{M,2-3} = H^{\ominus}_{M,T_{31}} - H^{\ominus}_{M,T_{21}}$$

式中　$\Delta H^{\ominus}_{M,2-3}$——物质 M 的温度从 T_{21} 变化到温度 T_{31} 时的标准焓变化。

将式(5-15)和式(5-34)代入上式得

$$\Delta H^{\ominus}_{M,2-3} = \left[\int_{298}^{T_{tr,M1}} C_{p,M1}dT + \Delta H^{\ominus}_{tr,M1} + \int_{T_{tr,M1}}^{T_{tr,M2}} C_{p,M2}dT + \Delta H^{\ominus}_{tr,M2} + \int_{T_{tr,M2}}^{T_{31}} C_{p,M3}dT\right] - \left[\int_{298}^{T_{tr,M1}} C_{p,M1}dT + \Delta H^{\ominus}_{tr,M1} + \int_{T_{tr,M1}}^{T_{21}} C_{p,M2}dT\right]$$

上式右端加上和减去 $\Delta H^{\ominus}_{f,298,M}$ 并整理得

$$\Delta H^{\ominus}_{M,2-3} = \left[\Delta H^{\ominus}_{f,298,M} + \int_{298}^{T_{tr,M1}} C_{p,M1}dT + \Delta H^{\ominus}_{tr,M1} + \int_{T_{tr,M1}}^{T_{tr,M2}} C_{p,M2}dT + \Delta H^{\ominus}_{tr,M2} + \int_{T_{tr,M2}}^{T_{31}} C_{p,M3}dT\right] - \left[\Delta H^{\ominus}_{f,298,M} + \int_{298}^{T_{tr,M1}} C_{p,M1}dT + \Delta H^{\ominus}_{tr,M1} + \int_{T_{tr,M1}}^{T_{21}} C_{p,M2}dT\right] \quad \text{J/mol} \tag{5-35}$$

对照式(3-60)和式(3-37),式(5-35)可写为

$$\Delta H^{\ominus}_{M,2-3} = Ha_{M3}(T_{31}) - Ha_{M2}(T_{21}) \tag{5-36}$$

式(5-36)说明,初始温度时物质经历过1次相变而终了温度时物质已经历过2次相变,其标准焓变化仍等于其终了温度时应用焓的值与初始温度时应用焓的值之差。

5.2.2.2　标准熵变化的计算

按照传统的计算方法,物质 M 在温度 T_{21} 时的标准熵为

$$S^{\ominus}_{M,T_{21}} = S^{\ominus}_{298,M} + \int_{298}^{T_{tr,M1}} \frac{C_{p,M1}}{T}dT + \Delta S^{\ominus}_{tr,M1} + \int_{T_{tr,M1}}^{T_{21}} \frac{C_{p,M2}}{T}dT \quad \text{J/(mol·K)} \tag{5-37}$$

物质 M 的温度从 T_{21} 变化到温度 T_{31} 时的标准熵变化应为 $S^{\ominus}_{M,T_{31}}$ 与 $S^{\ominus}_{M,T_{21}}$ 的差,即

$$\Delta S^{\ominus}_{M,2-3} = S^{\ominus}_{M,T_{31}} - S^{\ominus}_{M,T_{21}}$$

式中　$\Delta S^{\ominus}_{M,2-3}$——物质 M 的温度从 T_{21} 变化到 T_{31} 时的标准熵变化。

将式(5-19)和式(5-37)代入上式得

$$\Delta S^{\ominus}_{M,2-3} = \left[S^{\ominus}_{298,M} + \int_{298}^{T_{tr,M1}} \frac{C_{p,M1}}{T}dT + \Delta S^{\ominus}_{tr,M1} + \int_{T_{tr,M1}}^{T_{tr,M2}} \frac{C_{p,M2}}{T}dT + \Delta S^{\ominus}_{tr,M2} + \int_{T_{tr,M2}}^{T_{31}} \frac{C_{p,M3}}{T}dT\right] - \left[S^{\ominus}_{298,M} + \int_{298}^{T_{tr,M1}} \frac{C_{p,M1}}{T}dT + \Delta S^{\ominus}_{tr,M1} + \int_{T_{tr,M1}}^{T_{21}} \frac{C_{p,M2}}{T}dT\right] \quad \text{J/(mol·K)} \tag{5-38}$$

将式(3-69)和式(3-45)与式(5-38)对比得

$$\Delta S^{\ominus}_{M,2-3} = Sa_{M3}(T_{31}) - Sa_{M2}(T_{21}) \tag{5-39}$$

式(5-39)说明,初始温度时物质经历过1次相变而终了温度时物质已经历过2次相变,其标准熵变化等于其终了温度时应用熵的值与初始温度时应用熵的值之差。

5.2.2.3　标准吉布斯自由能变化的计算

根据物质的自由能的定义,在温度 T_{21} 时,有

$$G^{\ominus}_{M,T_{21}} = H^{\ominus}_{M,T_{21}} - T_{21}S^{\ominus}_{M,T_{21}} \tag{5-40}$$

式中　$G^{\ominus}_{M,T_{21}}$——物质 M 在温度 T_{21} 时的标准吉布斯自由能绝对值。

这样,物质 M 从温度 T_{21} 变化到温度 T_{31} 时,其标准吉布斯自由能变化应为 $G^{\ominus}_{M,T_{31}}$ 与 $G^{\ominus}_{M,T_{21}}$ 的差,即

$$\Delta G^{\ominus}_{M,2-3} = G^{\ominus}_{M,T_{31}} - G^{\ominus}_{M,T_{21}}$$

将式(5-23)和式(5-40)代入上式得

$$\Delta G^{\ominus}_{M,2-3} = (H^{\ominus}_{M,T_{31}} - T_{31}S^{\ominus}_{M,T_{31}}) - (H^{\ominus}_{M,T_{21}} - T_{21}S^{\ominus}_{M,T_{21}})$$

将式(5-15)、式(5-19)、式(5-34)和式(5-37)代入上式得

$$\Delta G^{\ominus}_{M,2-3} = [(\int_{298}^{T_{tr,M1}} C_{p,M1}dT + \Delta H^{\ominus}_{tr,M1} + \int_{T_{tr,M1}}^{T_{tr,M2}} C_{p,M2} + \Delta H^{\ominus}_{tr,M2} + \int_{T_{tr,M2}}^{T_{31}} C_{p,M3}dT) - T_{31}(S^{\ominus}_{298,M} + \int_{298}^{T_{tr,M1}} \frac{C_{p,M1}}{T}dT + \Delta S^{\ominus}_{tr,M1} + \int_{T_{tr,M1}}^{T_{tr,M2}} \frac{C_{p,M2}}{T}dT + \Delta S^{\ominus}_{tr,M2} + \int_{T_{tr,M2}}^{T_{31}} \frac{C_{p,M3}}{T}dT)] - [(\int_{298}^{T_{tr,M1}} C_{p,M1}dT + \Delta H^{\ominus}_{tr,M1} + \int_{T_{tr,M1}}^{T_{21}} C_{p,M2}) - T_{21}(S^{\ominus}_{298,M} + \int_{298}^{T_{tr,M1}} \frac{C_{p,M1}}{T}dT + \Delta S^{\ominus}_{tr,M1} + \int_{T_{tr,M1}}^{T_{21}} \frac{C_{p,M2}}{T}dT)]$$

上式右边加上和减去 $\Delta H^{\ominus}_{f,298,M}$ 并整理得

$$\Delta G^{\ominus}_{M,2-3} = [(\Delta H^{\ominus}_{f,298,M} + \int_{298}^{T_{tr,M1}} C_{p,M1}dT + \Delta H^{\ominus}_{tr,M1} + \int_{T_{tr,M1}}^{T_{tr,M2}} C_{p,M2} + \Delta H^{\ominus}_{tr,M2} + \int_{T_{tr,M2}}^{T_{31}} C_{p,M3}dT) - T_{31}(S^{\ominus}_{298,M} + \int_{298}^{T_{tr,M1}} \frac{C_{p,M1}}{T}dT + \Delta S^{\ominus}_{tr,M1} + \int_{T_{tr,M1}}^{T_{tr,M2}} \frac{C_{p,M2}}{T}dT + \Delta S^{\ominus}_{tr,M2} + \int_{T_{tr,M2}}^{T_{31}} \frac{C_{p,M3}}{T}dT)] - [(\Delta H^{\ominus}_{f,298,M} + \int_{298}^{T_{tr,M1}} C_{p,M1}dT + \Delta H^{\ominus}_{tr,M1} + \int_{T_{tr,M1}}^{T_{21}} C_{p,M2}) - T_{21}(S^{\ominus}_{298,M} + \int_{298}^{T_{tr,M1}} \frac{C_{p,M1}}{T}dT + \Delta S^{\ominus}_{tr,M1} + \int_{T_{tr,M1}}^{T_{21}} \frac{C_{p,M2}}{T}dT)] \quad \text{J/mol} \tag{5-41}$$

将式(3-75)和式(3-51)与式(5-41)对比得

$$\Delta G^{\ominus}_{M,2-3} = Ga_{M3}(T_{31}) - Ga_{M2}(T_{21}) \tag{5-42}$$

式(5-42)说明,初始温度时物质经历过1次相变而终了温度时物质已经历过2次相变,其标准吉布斯自由能变化等于其终了温度时应用吉布斯自由能的值与初始温度时应用吉布斯自由能的值之差。

5.2.1部分和5.2.2部分的情况包括了两种典型情况:

(1)初始温度时物质未经历过相变而终了温度时物质已经历过2次相变;

(2)初始温度时物质经历过1次相变而终了温度时物质已经历过2次相变。

以上两种典型情况应该具有足够的代表性,并且充分说明,当物质M只发生温度变化而不伴随化学变化时,尽管其初始温度和终了温度不处于同一恒压热容适用温度范围内,但其标准焓变化、标准熵变化和标准吉布斯自由能变化仍分别等于其终了温度时应用焓的值、应用熵的值和应用吉布斯自由能的值与初始温度时应用焓的值、应用熵的值和应用吉布斯自由能的值之差。

本章小结

1. 虽然物质的应用焓和应用吉布斯自由能不是物质的焓和自由能的绝对值,但它们完全可以用来计算物质只发生温度变化而不伴随化学反应过程的标准焓变化和标准吉布斯自由能变化。

2. 对在恒压下只发生温度变化而不伴随化学变化的纯净物质M,若它的初始温度为 T_0,终了温度为 T_1,那么,无论 T_0 和 T_1 处于哪个恒压热容适用温度范围内,其标准焓变化、标准熵变化和标准吉布斯自由能变化均分别等于其终了温度(T_1)与初始温度(T_0)时的应用焓的值、应用熵的值和应用吉布斯自由能的值之差。即

$$\Delta H_{\mathrm{M}}^{\ominus}=Ha_{\mathrm{M}}(T_1)-Ha_{\mathrm{M}}(T_0) \tag{5-43}$$

$$\Delta S_{\mathrm{M}}^{\ominus}=Sa_{\mathrm{M}}(T_1)-Sa_{\mathrm{M}}(T_0) \tag{5-44}$$

$$\Delta G_{\mathrm{M}}^{\ominus}=Ga_{\mathrm{M}}(T_1)-Ga_{\mathrm{M}}(T_0) \tag{5-45}$$

需要说明的是，上述公式并非只适用于物质温度升高的过程，其对于物质温度降低的过程同样适用。

第6章　结　论

1. 本书回顾和重新分析了传统热力学计算方法，证明了如下重要结论：

在标准状态下，参加反应各物质对化学反应标准焓变化、标准熵变化和标准吉布斯自由能变化的贡献相互独立、互不影响。

2. 本书定义了物质的应用焓 $Ha(T)$、应用熵 $Sa(T)$ 和应用吉布斯自由能 $Ga(T)$，并且由此推导了求物质的应用焓、应用熵和应用吉布斯自由能的方法。物质的应用焓、应用熵和应用吉布斯自由能可以利用现有的热力学数据预先计算出来，而不需要新的测定。由这些定义得到的物质的应用焓的一般形式为

$$Ha(T)=r_0+r_1T+r_2\times10^{-3}T^2+r_3\times10^{6}T^{-1}+r_4\times10^{-6}T^3\quad \mathrm{J/mol} \tag{3-81}$$

物质的应用熵的一般形式为

$$Sa(T)=r_0+r_1\ln T+r_2\times10^{-3}T+r_3\times10^{6}T^{-2}+r_4\times10^{-6}T^2\quad \mathrm{J/(mol\cdot K)} \tag{3-86}$$

物质的应用吉布斯自由能的一般形式为

$$Ga(T)=r_0+r_1T+r_2T\ln T+r_3\times10^{-3}T^2+r_4\times10^{6}T^{-1}+r_5\times10^{-6}T^3\quad \mathrm{J/mol} \tag{3-89}$$

式中　r_0——常数项；

r_1、r_2、r_3、r_4 和 r_5——相应各项的系数。

3. 物质的应用焓 $Ha(T)$、应用熵 $Sa(T)$ 和应用吉布斯自由能 $Ga(T)$ 只是温度的函数，因此是状态函数。同时，本书还证明了这些应用热力学函数具有加和性，是物质的广度性质。物质的应用熵 $Sa(T)$ 的值则与物质的标准熵的绝对值等价。物质的应用焓 $Ha(T)$ 和应用吉布斯自由能 $Ga(T)$ 的值不是物质的焓 H 和吉布斯自由能 G 的绝对值，而是相对值，其相对的标准为：稳定的纯净单质在1标准大气压和温度298.15 K时的标准生成焓为0。

4. 本书对化学反应过程证明了如下重要结论：

对一般化学反应，无论其反应物或生成物是否发生过相变，也无论反应在哪个温度范围内发生，其标准焓变化、标准熵变化和标准吉布斯自由能变化温度关系分别等于其反应物的应用焓、应用熵和应用吉布斯自由能之和与生成物的应用焓、应用熵和应用吉布斯自由能之和的差。对一般化学反应(1-1)，

化学反应标准焓变化温度关系为

$$\begin{aligned}\Delta H^{\ominus}(T)_{\text{反应}}&=[uHa_{\mathrm{U}}(T)+vHa_{\mathrm{V}}(T)+\cdots]-[mHa_{\mathrm{M}}(T)+nHa_{\mathrm{N}}(T)+\cdots]\\&=\sum Ha(T)_{\text{生成物}}-\sum Ha(T)_{\text{反应物}}\end{aligned} \tag{4-5}$$

或者

$$\Delta H^{\ominus}(T)_{\text{反应}}=\Delta r_0+\Delta r_1T+\Delta r_2\times10^{-3}T^2+\Delta r_3\times10^{6}T^{-1}+\Delta r_4\times10^{-6}T^3\quad \mathrm{J} \tag{4-6}$$

化学反应标准熵变化温度关系为

$$\begin{aligned}\Delta S^{\ominus}(T)_{\text{反应}}&=[uSa_{\mathrm{U}}(T)+vSa_{\mathrm{V}}(T)+\cdots]-[mSa_{\mathrm{M}}(T)+nSa_{\mathrm{N}}(T)+\cdots]\\&=\sum Sa(T)_{\text{生成物}}-\sum Sa(T)_{\text{反应物}}\end{aligned} \tag{4-11}$$

或者

$$\Delta S^{\ominus}(T)_{反应} = \Delta r_0 + \Delta r_1 \ln T + \Delta r_2 \times 10^{-3} T + \Delta r_3 \times 10^{6} T^{-2} + \Delta r_4 \times 10^{-6} T^2 \quad \text{J/K} \tag{4-12}$$

化学反应标准吉布斯自由能变化温度关系为

$$\begin{aligned}\Delta G^{\ominus}(T)_{反应} &= [uGa_{\mathrm{U}}(T) + vGa_{\mathrm{V}}(T) + \cdots] - [mGa_{\mathrm{M}}(T) + nGa_{\mathrm{N}}(T) + \cdots] \\ &= \sum Ga(T)_{生成物} - \sum Ga(T)_{反应物}\end{aligned} \tag{4-17}$$

或者

$$\begin{aligned}\Delta G^{\ominus}(T)_{反应} = {} & \Delta r_0 + \Delta r_1 T + \Delta r_2 T\ln T + \Delta r_3 \times 10^{-3} T^2 + \\ & \Delta r_4 \times 10^{6} T^{-1} + \Delta r_5 \times 10^{-6} T^3 \quad \mathrm{J}\end{aligned} \tag{4-18}$$

这意味着，人们可以只使用多项式的加法和减法来计算化学反应的标准焓变化、标准熵变化和标准吉布斯自由能变化，就像计算化学反应恒压热容变化那样，而无须知道物质的焓和吉布斯自由能的绝对值。

5. 本书对纯净物质只发生温度变化而不伴随化学变化过程得出了如下重要结论：

若物质 M 在恒压下只发生温度变化而不伴随化学变化，其标准焓变化、标准熵变化和标准吉布斯自由能变化分别等于其终了温度（T_1）时应用焓的值、应用熵的值和应用吉布斯自由能的值与初始温度（T_0）时的应用焓的值、应用熵的值和应用吉布斯自由能的值之差。即

$$\Delta H_{\mathrm{M}}^{\ominus} = Ha_{\mathrm{M}}(T_1) - Ha_{\mathrm{M}}(T_0) \tag{5-43}$$

$$\Delta S_{\mathrm{M}}^{\ominus} = Sa_{\mathrm{M}}(T_1) - Sa_{\mathrm{M}}(T_0) \tag{5-44}$$

$$\Delta G_{\mathrm{M}}^{\ominus} = Ga_{\mathrm{M}}(T_1) - Ga_{\mathrm{M}}(T_0) \tag{5-45}$$

6. 以上计算没有任何近似假设。因此，采用上述方法求得的化学反应的标准焓变化温度关系、标准熵变化温度关系和标准吉布斯自由能变化温度关系以及纯净物质温度变化过程的标准焓变化值、标准熵变化值和标准吉布斯自由能变化值，与采用不定积分、定积分和吉布斯—亥姆霍兹公式所得结果完全相同，它们之间不存在系统误差。

7. 从以上计算公式可见，虽然物质的应用焓 $Ha(T)$ 和应用吉布斯自由能 $Ga(T)$ 的值不是物质的焓 H 和吉布斯自由能 G 的绝对值，但它们的定义冲破了物质的焓和吉布斯自由能的绝对值的束缚，使它们完全能够代表物质的焓 H 和吉布斯自由能 G 进行过程标准焓变化和标准吉布斯自由能变化的计算。

8. 根据上述定义求得的物质的应用焓、应用熵和应用吉布斯自由能与式(4-5)、式(4-6)、式(4-11)、式(4-12)、式(4-17)、式(4-18)、式(5-43)～式(5-45)等计算公式一起，形成了一个创新的热力学计算方法体系。它解决了一直存在于热力学计算中的难题，使人们长期渴望的梦想得以实现。可以说，迄今为止，这个创新的热力学计算方法体系最为简便、准确，而且不易出错。

附录 2　非线性函数的逼近线性函数及其在热力学计算中的应用

第 7 章　非线性函数的逼近线性函数计算公式数学推导

一般意义上，最小二乘法就是对数据点拟合一条曲线，使这些数据点与拟合曲线的距离的平方和为最小的方法。然而，以下将根据最小二乘法的基本原理，寻找一个非线性函数的逼近线性函数。

设非线性函数 $f(x)$ 在区间 $[x_1,x_2]$ $(x_2>x_1)$ 上连续且可积，而 $p(x)$ 为它在该区间内的逼近线性函数。

$$p(x)=\alpha+\beta x \tag{7-1}$$

式中　α——截距；

β——斜率。

这样，就可构成以 α 和 β 为自变量的函数

$$\begin{aligned}Q(\alpha,\beta) &= \int_{x_1}^{x_2}[f(x)-(\alpha+\beta x)]^2\mathrm{d}x\\ &= \int_{x_1}^{x_2}f(x)\mathrm{d}x-2\alpha\int_{x_1}^{x_2}f(x)\mathrm{d}x-2\beta\int_{x_1}^{x_2}xf(x)\mathrm{d}x+\alpha^2(x_2-x_1)+\\ &\quad \alpha\beta(x_2^2-x_1^2)+\frac{1}{3}\beta^2(x_2^3-x_1^3)\end{aligned} \tag{7-2}$$

则

$$\begin{cases}\dfrac{\partial Q(\alpha,\beta)}{\partial\alpha}=2\alpha(x_2-x_1)-2\displaystyle\int_{x_1}^{x_2}f(x)\mathrm{d}x+\beta(x_2^2-x_1^2)\\ \dfrac{\partial Q(\alpha,\beta)}{\partial\beta}=\dfrac{2}{3}(x_2^3-x_1^3)\beta-2\displaystyle\int_{x_1}^{x_2}xf(x)\mathrm{d}x+\alpha(x_2^2-x_1^2)\end{cases}$$

根据最小二乘法的原理，令

$$\begin{cases}\dfrac{\partial Q(\alpha,\beta)}{\partial\alpha}=2\alpha(x_2-x_1)-2\displaystyle\int_{x_1}^{x_2}f(x)\mathrm{d}x+\beta(x_2^2-x_1^2)=0\\ \dfrac{\partial Q(\alpha,\beta)}{\partial\beta}=\dfrac{2}{3}(x_2^3-x_1^3)\beta-2\displaystyle\int_{x_1}^{x_2}xf(x)\mathrm{d}x+\alpha(x_2^2-x_1^2)=0\end{cases} \tag{7-3}$$

解方程组(7-3)得

$$\begin{cases}\alpha=\dfrac{4(x_2^2+x_2x_1+x_1^2)}{(x_2-x_1)^3}\displaystyle\int_{x_1}^{x_2}f(x)\mathrm{d}x-\dfrac{6(x_2+x_1)}{(x_2-x_1)^3}\displaystyle\int_{x_1}^{x_2}xf(x)\mathrm{d}x\\ \beta=\dfrac{12}{(x_2-x_1)^3}\displaystyle\int_{x_1}^{x_2}xf(x)\mathrm{d}x-\dfrac{6(x_2+x_1)}{(x_2-x_1)^3}\displaystyle\int_{x_1}^{x_2}f(x)\mathrm{d}x\end{cases} \tag{7-4}$$

式(7-4)有意义的唯一条件是 $x_2\neq x_1$。这个条件因 $x_2>x_1$ 而始终被满足。显然，满足式(7-4)的点(α,β)是函数 $Q(\alpha,\beta)$ 在区间 $[x_1,x_2]$ 上的唯一驻点。

令

$$A=\frac{\partial^2Q(\alpha,\beta)}{\partial\alpha^2}=2(x_2-x_1)$$

$$B = \frac{\partial^2 Q(\alpha,\beta)}{\partial\alpha\partial\beta} = x_2^2 - x_1^2$$

$$C = \frac{\partial^2 Q(\alpha,\beta)}{\partial\beta^2} = \frac{2}{3}(x_2^3 - x_1^3)$$

有

$$B^2 - AC = -\frac{1}{3}(x_2 - x_1)^4 \tag{7-5}$$

由式(7-5)可知，$B^2 - AC < 0$。由于 $x_2 > x_1$，因此 $A > 0$。根据二元函数极值的充分条件，函数 $Q(\alpha,\beta)$ 在满足式(7-4)的点(α,β)处取极小值。然而，就其几何意义来说，$Q(\alpha,\beta)$ 是一个非负函数 $[f(x) - (\alpha + \beta x)]^2$ 在区间$[x_1, x_2]$上的定积分，并且等于曲线$[f(x) - (\alpha + \beta x)]^2$、$x$ 轴以及垂线 $x = x_1$ 和 $x = x_2$ 所围区域的面积。因此，函数 $Q(\alpha,\beta)$ 在满足式(7-4)的点(α,β)处的值，就是它的最小值。这说明，在区间$[x_1, x_2]$内，根据式(7-4)可求出点(α,β)。这样，在所有直线中，由(α,β)所确定的线性函数式(7-1)与非线性函数 $f(x)$ 之间的误差最小。即

$$f(x) \approx p(x) = \alpha + \beta x \tag{7-6}$$

式(7-6)始终存在，而且是唯一的。以下称函数 $p(x)$ 为非线性函数 $f(x)$ 的逼近线性函数。

由式(7-4)中的 α 表达式得

$$\int_{x_1}^{x_2} x f(x)\,dx = \frac{2(x_2^2 + x_2 x_1 + x_1^2)}{3(x_2 + x_1)}\int_{x_1}^{x_2} f(x)\,dx - \frac{(x_2 - x_1)^3}{6(x_2 - x_1)}\alpha \tag{7-7}$$

将式(7-7)代入式(7-4)的 β 表达式，可得式(7-4)的一个可替代形式为

$$\begin{cases} \alpha = \dfrac{4(x_2^2 + x_2 x_1 + x_1^2)}{(x_2 - x_1)^3}\displaystyle\int_{x_1}^{x_2} f(x)\,dx - \dfrac{6(x_2 + x_1)}{(x_2 - x_1)^3}\int_{x_1}^{x_2} x f(x)\,dx \\ \beta = \dfrac{2}{x_2^2 - x_1^2}\displaystyle\int_{x_1}^{x_2} f(x)\,dx - \dfrac{2}{x_2 + x_1}\alpha \end{cases} \tag{7-8}$$

为书写方便起见，设

$$\begin{cases} \Phi = \displaystyle\int_{x_1}^{x_2} f(x)\,dx \\ \Psi = \displaystyle\int_{x_1}^{x_2} x f(x)\,dx \end{cases} \tag{7-9}$$

这样，式(7-4)可以写为

$$\begin{cases} \alpha = \dfrac{4(x_2^2 + x_2 x_1 + x_1^2)\Phi - 6(x_2 + x_1)\Psi}{(x_2 - x_1)^3} \\ \beta = \dfrac{12\Psi - 6(x_2 + x_1)\Phi}{(x_2 - x_1)^3} \end{cases} \tag{7-10}$$

式(7-8)可以写为

$$\begin{cases} \alpha = \dfrac{4(x_2^2 + x_2 x_1 + x_1^2)\Phi - 6(x_2 + x_1)\Psi}{(x_2 - x_1)^3} \\ \beta = \dfrac{2}{x_2 + x_1}\left(\dfrac{\Phi}{x_2 - x_1} - \alpha\right) \end{cases} \tag{7-11}$$

式(7-8)、式(7-10)和式(7-11)均为非线性函数的逼近线性函数系数计算公式。

第8章　非线性函数的逼近线性函数的性质

8.1　逼近线性函数的加和性

设区间$[x_1,x_2]$内有连续、可积分的非线性函数$f_1(x)$和$f_2(x)$，其逼近线性函数分别为$p_1(x)=\alpha_1+\beta_1 x$和$p_2(x)=\alpha_2+\beta_2 x$；另一个非线性函数$f(x)=f_1(x)\pm f_2(x)$，其逼近线性函数为$P(x)=\alpha+\beta x$。则根据式(7-4)有

$$\begin{cases}\alpha_1=\dfrac{4(x_2^2+x_2x_1+x_1^2)}{(x_2-x_1)^3}\displaystyle\int_{x_1}^{x_2}f_1(x)\mathrm{d}x-\dfrac{6(x_2+x_1)}{(x_2-x_1)^3}\int_{x_1}^{x_2}xf_1(x)\mathrm{d}x\\ \beta_1=\dfrac{12}{(x_2-x_1)^3}\displaystyle\int_{x_1}^{x_2}xf_1(x)\mathrm{d}x-\dfrac{6(x_2+x_1)}{(x_2-x_1)^3}\int_{x_1}^{x_2}f_1(x)\mathrm{d}x\end{cases}\tag{8-1}$$

和

$$\begin{cases}\alpha_2=\dfrac{4(x_2^2+x_2x_1+x_1^2)}{(x_2-x_1)^3}\displaystyle\int_{x_1}^{x_2}f_2(x)\mathrm{d}x-\dfrac{6(x_2+x_1)}{(x_2-x_1)^3}\int_{x_1}^{x_2}xf_2(x)\mathrm{d}x\\ \beta_2=\dfrac{12}{(x_2-x_1)^3}\displaystyle\int_{x_1}^{x_2}xf_2(x)\mathrm{d}x-\dfrac{6(x_2+x_1)}{(x_2-x_1)^3}\int_{x_1}^{x_2}f_2(x)\mathrm{d}x\end{cases}\tag{8-2}$$

根据题意可构成以α和β为自变量的函数

$$Q(\alpha,\beta)=\int_{x_1}^{x_2}[f(x)-(\alpha+\beta x)]^2\mathrm{d}x=\int_{x_1}^{x_2}\{[f_1(x)\pm f_2(x)]-(\alpha+\beta x)\}^2\mathrm{d}x\tag{8-3}$$

令

$$\begin{cases}\dfrac{\partial Q(\alpha,\beta)}{\partial\alpha}=2(x_2-x_1)\alpha-2\displaystyle\int_{x_1}^{x_2}f_1(x)\mathrm{d}x\mp2\int_{x_1}^{x_2}f_2(x)\mathrm{d}x+(x_2^2-x_1^2)\beta=0\\ \dfrac{\partial Q(\alpha,\beta)}{\partial\beta}=\dfrac{2}{3}(x_2^3-x_1^3)\beta-2\displaystyle\int_{x_1}^{x_2}xf_1(x)\mathrm{d}x\mp2\int_{x_1}^{x_2}xf_2(x)\mathrm{d}x+(x_2^2-x_1^2)\alpha=0\end{cases}\tag{8-4}$$

解方程组(8-4)得

$$\begin{cases}\alpha=\left[\dfrac{4(x_2^2+x_2x_1+x_1^2)}{(x_2-x_1)^3}\displaystyle\int_{x_1}^{x_2}f_1(x)\mathrm{d}x-\dfrac{6(x_2+x_1)}{(x_2-x_1)^3}\int_{x_1}^{x_2}xf_1(x)\mathrm{d}x\right]\pm\\ \qquad\left[\dfrac{4(x_2^2+x_2x_1+x_1^2)}{(x_2-x_1)^3}\displaystyle\int_{x_1}^{x_2}f_2(x)\mathrm{d}x-\dfrac{6(x_2+x_1)}{(x_2-x_1)^3}\int_{x_1}^{x_2}xf_2(x)\mathrm{d}x\right]=\alpha_1\pm\alpha_2\\ \beta=\left[\dfrac{12}{(x_2-x_1)^3}\displaystyle\int_{x_1}^{x_2}xf_1(x)\mathrm{d}x-\dfrac{6(x_2+x_1)}{(x_2-x_1)^3}\int_{x_1}^{x_2}f_1(x)\mathrm{d}x\right]\pm\\ \qquad\left[\dfrac{12}{(x_2-x_1)^3}\displaystyle\int_{x_1}^{x_2}xf_2(x)\mathrm{d}x-\dfrac{6(x_2+x_1)}{(x_2-x_1)^3}\int_{x_1}^{x_2}f_2(x)\mathrm{d}x\right]=\beta_1\pm\beta_2\end{cases}\tag{8-5}$$

将式(8-1)和式(8-2)代入式(8-5)可得

$$f(x)\approx P(x)=(\alpha_1\pm\alpha_2)+(\beta_1\pm\beta_2)x$$

或

$$\begin{aligned}f(x)\approx P(x)&=(\alpha_1+\beta_1x)\pm(\alpha_2+\beta_2x)\\&=p_1(x)\pm p_2(x)\end{aligned}\tag{8-6}$$

由式(8-6)可知，逼近线性函数具有以下性质。

性质 1(逼近线性函数的可加和性)　在自变量区间内的两个非线性函数代数和的逼近线性函数,等于这两个非线性函数的逼近线性函数的代数和。

显然,以上结论至少可以适用于有限个非线性函数的代数和。

为了在下文更方便地叙述求算线性化的过程,我们可以把“*Linearizing*”(线性化)作为求逼近线性函数的运算符号。例如 $Linearizing[f(x)]$ 表示求函数 $f(x)$ 的逼近线性函数,其求算的结果为 $P(x)$,即 $Linearizing[f(x)]=P(x)$。再如,$Linearizing[f_1(x)+f_2(x)]$ 表示求算函数 $f_1(x)$ 和 $f_2(x)$ 之和的逼近线性函数。根据这样的记号,对于有限个函数的代数和,性质 1 的另一个表述方法为

$$Linearizing[f_1(x)\pm f_2(x)\pm\cdots\pm f_n(x)]=Linearizing f_1(x)\pm Linearizing f_2(x)\pm\cdots\pm Linearizing f_n(x) \tag{8-7}$$

由于 $Linearizing[f_1(x)]=p_1(x)$,$Linearizing[f_2(x)]=p_2(x)$,则前述计算过程可以记为

$$\begin{aligned}Linearizing[f(x)]&=Linearizing[f_1(x)+f_2(x)]\\&=Linearizing f_1(x)+Linearizing f_2(x)\\&=p_1(x)+p_2(x)\end{aligned}$$

8.2　逼近线性函数的可倍乘性

设有一个非线性函数 $F(x)=kf(x)$ (k 为实数),其逼近线性函数为 $P(x)=\alpha+\beta x$。非线性函数 $f(x)$ 的逼近线性函数为 $p(x)=\alpha_1+\beta_1 x$,其中 α_1 和 β_1 含义同式(8-1)。

现构成函数

$$\begin{aligned}Q(\alpha,\beta)&=\int_{x_1}^{x_2}[F(x)-(\alpha+\beta x)]^2\mathrm{d}x\\&=\int_{x_1}^{x_2}[kf(x)-(\alpha+\beta x)]^2\mathrm{d}x\\&=\int_{x_1}^{x_2}\{k^2[f(x)]^2-2k(\alpha+\beta x)f(x)+\alpha^2+2\alpha\beta x+\beta^2x^2\}\mathrm{d}x\\&=k^2\int_{x_1}^{x_2}[f(x)]^2\mathrm{d}x-2k\alpha\int_{x_1}^{x_2}f(x)\mathrm{d}x-2k\beta\int_{x_1}^{x_2}xf(x)\mathrm{d}x+\alpha^2(x_2-x_1)+\\&\quad\alpha\beta(x_2^2-x_1^2)+\frac{1}{3}\beta^2(x_2^3-x_1^3)\end{aligned} \tag{8-8}$$

令

$$\begin{cases}\dfrac{\partial Q(\alpha,\beta)}{\partial\alpha}=-2k\displaystyle\int_{x_1}^{x_2}f(x)\mathrm{d}x+2\alpha(x_2-x_1)+\beta(x_2^2-x_1^2)=0\\[2ex]\dfrac{\partial Q(\alpha,\beta)}{\partial\beta}=-2k\displaystyle\int_{x_1}^{x_2}xf(x)\mathrm{d}x+\alpha(x_2^2-x_1^2)+\dfrac{2}{3}\beta(x_2^3-x_1^3)=0\end{cases} \tag{8-9}$$

解式(8-9)得

$$\begin{cases}\alpha=k\left[\dfrac{4(x_2^2+x_2x_1+x_1^2)}{(x_2-x_1)^3}\displaystyle\int_{x_1}^{x_2}f_1(x)\mathrm{d}x-\dfrac{6(x_2+x_1)}{(x_2-x_1)^3}\displaystyle\int_{x_1}^{x_2}xf_1(x)\mathrm{d}x\right]\\[2ex]\beta=k\left[\dfrac{12}{(x_2-x_1)^3}\displaystyle\int_{x_1}^{x_2}xf_1(x)\mathrm{d}x-\dfrac{6(x_2+x_1)}{(x_2-x_1)^3}\displaystyle\int_{x_1}^{x_2}f_1(x)\mathrm{d}x\right]\end{cases} \tag{8-10}$$

将式(8-1)代入式(8-10)得

$$\begin{cases}\alpha=k\alpha_1\\\beta=k\beta_1\end{cases}$$

所以,$F(x)$ 的逼近线性函数为

$$
\begin{aligned}
F(x) \approx P(x) &= \alpha + \beta x \\
&= k\alpha_1 + k\beta_1 x \\
&= kp(x)
\end{aligned}
\tag{8-11}
$$

由式(8-11)可见,逼近线性函数具有如下性质。

性质2(逼近线性函数的可倍乘性)　如果一个非线性函数是另一个非线性函数的 k 倍,则该非线性函数的逼近线性函数也一定是另一个非线性函数的逼近线性函数的 k 倍。

按照前述的符号,性质2的另一个表述方法为

$$
Linearizing[kf(x)] = k \cdot Linearizing[f(x)] \tag{8-12}
$$

前述计算过程也可以记为

$$
Linearizing[F(x)] = Linearizing[kf(x)] = k \cdot Linearizing[f(x)] = kp(x)
$$

第9章　非线性函数的逼近线性函数在热力学计算中的应用

9.1　求物质的应用吉布斯自由能的逼近线性函数

由于物质的应用吉布斯自由能 $Ga(T)$ 是唯一的、确定的、温度 T 的函数,而且可以预先获得,那么,在它的适用温度范围 $[T_1, T_2]$ 内,如果其逼近线性函数为 $Ga(l) = \alpha + \beta T$,则根据式(7-4)或式(7-8)有

$$
\begin{cases}
\alpha = \dfrac{4(T_2^2 + T_2T_1 + T_1^2)}{(T_2 - T_1)^3}\displaystyle\int_{T_1}^{T_2} Ga(T)\,\mathrm{d}T - \dfrac{6(T_2 + T_1)}{(T_2 - T_1)^3}\displaystyle\int_{T_1}^{T_2} TGa(T)\,\mathrm{d}T \\
\beta = \dfrac{12}{(T_2 - T_1)^3}\displaystyle\int_{T_1}^{T_2} TGa(T)\,\mathrm{d}T - \dfrac{6(T_2 + T_1)}{(T_2 - T_1)^3}\displaystyle\int_{T_1}^{T_2} Ga(T)\,\mathrm{d}T
\end{cases}
\tag{9-1}
$$

或

$$
\begin{cases}
\alpha = \dfrac{4(T_2^2 + T_2T_1 + T_1^2)}{(T_2 - T_1)^3}\displaystyle\int_{T_1}^{T_2} Ga(T)\,\mathrm{d}T - \dfrac{6(T_2 + T_1)}{(T_2 - T_1)^3}\displaystyle\int_{T_1}^{T_2} TGa(T)\,\mathrm{d}T \\
\beta = \dfrac{2}{T_2^2 - T_1^2}\displaystyle\int_{T_1}^{T_2} Ga(T)\,\mathrm{d}T - \dfrac{2}{T_2 + T_1}\alpha
\end{cases}
\tag{9-2}
$$

式(7-9)也可写为

$$
\begin{cases}
\Phi = \displaystyle\int_{T_1}^{T_2} Ga(T)\,\mathrm{d}T \\
\Psi = \displaystyle\int_{T_1}^{T_2} TGa(T)\,\mathrm{d}T
\end{cases}
\tag{9-3}
$$

这样,式(9-1)可以写为

$$
\begin{cases}
\alpha = \dfrac{4(T_2^2 + T_2T_1 + T_1^2)\Phi - 6(T_2 + T_1)\Psi}{(T_2 - T_1)^3} \\
\beta = \dfrac{12\Psi - 6(T_2 + T_1)\Phi}{(T_2 - T_1)^3}
\end{cases}
\tag{9-4}
$$

式(9-2)可以写为

$$\begin{cases}\alpha = \dfrac{4(T_2^2 + T_2T_1 + T_1^2)\Phi - 6(T_2 + T_1)\Psi}{(T_2 - T_1)^3} \\ \beta = \dfrac{2}{T_2 + T_1}\left(\dfrac{\Phi}{T_2 - T_1} - \alpha\right)\end{cases} \tag{9-5}$$

对于式(3-91)所示物质的应用吉布斯自由能表达式，有

$$\int Ga(T)\,\mathrm{d}T = H_0T - \frac{1}{2}(S_0 - a)T^2 - \frac{1}{2}aT^2\ln T - \frac{1}{6}b \times 10^{-3}T^3 - \frac{1}{2}c \times 10^6\ln T - \frac{1}{24}d \times 10^{-6}T^4 + k$$

$$\int TGa(T)\,\mathrm{d}T = \frac{1}{2}H_0T^2 - \frac{1}{3}\left(S_0 - \frac{4}{3}a\right)T^3 - \frac{1}{3}aT^3\ln T - \frac{1}{8}b \times 10^{-3}T^4 - \frac{1}{2}c \times 10^6 T - \frac{1}{30}d \times 10^{-6}T^5 + k$$

式中　k——积分常数。

因此，在温度范围$[T_1, T_2]$内得

$$\begin{aligned}\Phi &= \int_{T_1}^{T_2}\left[H_0 - (S_0 - a)T^2 - aT\ln T - \frac{1}{2}b \times 10^{-3}T^2 - \frac{1}{2}c \times 10^6T^{-1} - \frac{1}{6}d \times 10^{-6}T^3\right]\mathrm{d}T \\ &= H_0(T_2 - T_1) - \frac{1}{2}(S_0 - a)(T_2^2 - T_1^2) - \frac{1}{2}a(T_2^2\ln T_2 - T_1^2\ln T_1) - \\ &\quad \frac{1}{6}b \times 10^{-3}(T_2^3 - T_1^3) - \frac{1}{2}c \times 10^6(\ln T_2 - \ln T_1) - \frac{1}{24}d \times 10^{-6}(T_2^4 - T_1^4)\end{aligned} \tag{9-6}$$

$$\begin{aligned}\Psi &= \int_{T_1}^{T_2}\left[H_0T - (S_0 - a)T^2 - aT^2\ln T - \frac{1}{2}b \times 10^{-3}T^3 - \frac{1}{2}c \times 10^6 - \frac{1}{6}d \times 10^{-6}T^4\right]\mathrm{d}T \\ &= \frac{1}{2}H_0(T_2^2 - T_1^2) - \frac{1}{3}\left(S_0 - \frac{4}{3}a\right)(T_2^3 - T_1^3) - \frac{1}{3}a(T_2^3\ln T_2 - T_1^3\ln T_1) - \\ &\quad \frac{1}{8}b \times 10^{-3}(T_2^4 - T_1^4) - \frac{1}{2}c \times 10^6(T_2 - T_1) - \frac{1}{30}d \times 10^{-6}(T_2^5 - T_1^5)\end{aligned} \tag{9-7}$$

本书按不同的恒压热容适用温度范围，将式(9-6)和式(9-7)的计算结果代入式(9-4)分别求出了各种物质的应用吉布斯自由能的逼近线性函数的系数α和β的值，并列入相应的数据表中。为了列表方便，本书对上述两个系数的符号做了调整：用r_0代替α，用r_1代替β。即，本书采用的物质的应用吉布斯自由能的逼近线性函数的形式为

$$Ga(l) = r_0 + r_1T \tag{9-8}$$

其中，常数项(截距)$r_0 = \alpha$，斜率$r_1 = \beta$。

9.2　求化学反应标准吉布斯自由能变化温度关系的逼近线性函数

这里仍以化学反应(1-1)为例。

在已经求出化学反应的标准吉布斯自由能变化非线性温度关系$\Delta G^{\ominus}(T)_{反应}$的情况下，当然可以直接利用式(9-1)或式(9-2)、式(9-4)或式(9-5)求出其逼近线性温度关系，但这样做十分麻烦。我们的目的是采用最简单的方法。要知道，在我们按不同的相计算了各种物质的应用吉布斯自由能的逼近线性函数以后，这个问题就变成了轻而易举的事情。下面就一些具体情况说明物质的应用吉布斯自由能温度关系的逼近线性函数在化学反应中的应用。

9.2.1　参加反应各物质均未经历过相变的情况

这里指的就是化学反应(1-1)在温度范围$[298, T_{tr,M1}]$内的情况。此时，由于我们在附录1 §4.3.1中推导的化学反应(1-1)标准吉布斯自由能变化温度关系为$\Delta G^{\ominus}(T)_{反应1}$，则

$$Linearizing[\Delta G^{\ominus}(T)_{反应1}] = \Delta G^{\ominus}(l)_{反应1} \tag{9-9}$$

式中　$\Delta G^{\ominus}(l)_{反应1}$——化学反应(1-1)在该温度范围内的标准吉布斯自由能变化温度关系的逼近线性函数。

在该温度范围内,对物质 M

$$Linearizing[Ga(T)_{M1}] = Ga(l)_{M1} \tag{9-10}$$

式中　$Ga(T)_{M1}$——物质 M 在该温度范围内的应用吉布斯自由能;

$Ga(l)_{M1}$——物质 M 在该温度范围内的应用吉布斯自由能的逼近线性函数。

对物质 U

$$Linearizing[Ga(T)_{U1}] = Ga(l)_{U1} \tag{9-11}$$

式中　$Ga(T)_{U1}$——物质 U 在温度范围$[298, T_{tr,M1}]$和$[T_{tr,M1}, T_{tr,U1}]$内的应用吉布斯自由能;

$Ga(l)_{U1}$——物质 U 在温度范围$[298, T_{tr,M1}]$和$[T_{tr,M1}, T_{tr,U1}]$内的应用吉布斯自由能的逼近线性函数。

对物质 V

$$Linearizing[Ga(T)_{V}] = Ga(l)_{V} \tag{9-12}$$

式中　$Ga(T)_{V}$——物质 V 在温度范围$[298, T_{tr,M1}]$、$[T_{tr,M1}, T_{tr,U1}]$和$[T_{tr,U1}, T_{tr,U2}]$内的应用吉布斯自由能;

$Ga(l)_{V}$——物质 V 在温度范围$[298, T_{tr,M1}]$、$[T_{tr,M1}, T_{tr,U1}]$和$[T_{tr,U1}, T_{tr,U2}]$内的应用吉布斯自由能的逼近线性函数。

对物质 N

$$Linearizing[Ga(T)_{N}] = Ga(l)_{N} \tag{9-13}$$

式中　$Ga(T)_{N}$——物质 N 在温度范围$[298, T_{tr,M1}]$、$[T_{tr,M1}, T_{tr,U1}]$和$[T_{tr,U1}, T_{tr,U2}]$内的应用吉布斯自由能;

$Ga(l)_{N}$——物质 N 在温度范围$[298, T_{tr,M1}]$、$[T_{tr,M1}, T_{tr,U1}]$和$[T_{tr,U1}, T_{tr,U2}]$内的应用吉布斯自由能的逼近线性函数。

……

根据式(4-13)和逼近线性函数的性质1(式(8-7)),有

$$\begin{aligned}Linearizing[\Delta G^{\ominus}(T)_{反应1}] = &\{Linearizing[uGa(T)_{U1}] + Linearizing[vGa(T)_{V}] + \cdots\} - \\ &\{Linearizing[mGa(T)_{M1}] + Linearizing[nGa(T)_{N}] + \cdots\}\end{aligned}$$

根据逼近线性函数的性质2(式(8-12)),上式可写为

$$\begin{aligned}Linearizing[\Delta G^{\ominus}(T)_{反应1}] = &\{u \cdot Linearizing[Ga(T)_{U1}] + v \cdot Linearizing[Ga(T)_{V}] + \cdots\} - \\ &\{m \cdot Linearizing[Ga(T)_{M1}] + n \cdot Linearizing[Ga(T)_{N}] + \cdots\}\end{aligned} \tag{9-14}$$

将式(9-9)~式(9-13)代入式(9-14)得

$$\begin{aligned}\Delta G^{\ominus}(l)_{反应1} &= [uGa(l)_{U1} + vGa(l)_{V} + \cdots] - [mGa(l)_{M1} + nGa(l)_{N} + \cdots] \\ &= \sum Ga(l)_{生成物} - \sum Ga(l)_{反应物}\end{aligned} \tag{9-15}$$

式(9-15)说明,在参加反应各物质均未经历过相变的情况下,化学反应标准吉布斯自由能变化温度关系的逼近线性函数等于生成物应用吉布斯自由能逼近线性函数之和与反应物应用吉布斯自由能逼近线性函数之和的差。

9.2.2　某个反应物经历了一次相变的情况

以化学反应(1-1)在温度范围$[T_{tr,M1}, T_{tr,U1}]$内的即化学反应(2-19)为例,反应物 M 在温度 $T_{tr,M1}$时由 M_1 相转化为 M_2 相,其余物质没有经历相变。此时,根据附录1 §4.3.2,化学反应(1-1)标准吉布斯自由能变化温度关系为 $\Delta G^{\ominus}(T)_{反应2}$,则

$$Linearizing[\Delta G^{\ominus}(T)_{反应2}] = \Delta G^{\ominus}(l)_{反应2} \tag{9-16}$$

式中 $\Delta G^{\ominus}(l)_{反应2}$——化学反应(1-1)在该温度范围内的标准吉布斯自由能变化与温度关系的逼近线性函数。

在温度范围$[T_{tr,M1}, T_{tr,U1}]$内,对物质 M

$$Linearizing[Ga(T)_{M2}] = Ga(l)_{M2} \quad (9\text{-}17)$$

式中 $Ga(T)_{M2}$——物质 M 在该温度范围内的应用吉布斯自由能;

$Ga(l)_{M2}$——物质 M 在该温度范围内的应用吉布斯自由能的逼近线性函数。

根据式(4-14)和逼近线性函数的性质 1(式(8-7)),可以得到

$$Linearizing[\Delta G^{\ominus}(T)_{反应2}] = \{Linearizing[uGa(T)_{U1}] + Linearizing[vGa(T)_{V}] + \cdots\} - \{Linearizing[mGa(T)_{M2}] + Linearizing[nGa(T)_{N}] + \cdots\}$$

根据逼近线性函数的性质 2(式(8-12)),上式可写为

$$Linearizing[\Delta G^{\ominus}(T)_{反应2}] = \{u \cdot Linearizing[Ga(T)_{U1}] + v \cdot Linearizing[Ga(T)_{V}] + \cdots\} - \{m \cdot Linearizing[Ga(T)_{M2}] + n \cdot Linearizing[Ga(T)_{N}] + \cdots\} \quad (9\text{-}18)$$

将式(9-16)、式(9-17)、式(9-11)～式(9-13)代入式(9-18)得

$$\begin{aligned}\Delta G^{\ominus}(l)_{反应2} &= [uGa(l)_{U1} + vGa(l)_{V} + \cdots] - [mGa(l)_{M2} + nGa(l)_{N} + \cdots] \\ &= \sum Ga(l)_{生成物} - \sum Ga(l)_{反应物}\end{aligned} \quad (9\text{-}19)$$

式(9-19)说明,在某一反应物经历过 1 次相变的情况下,化学反应标准吉布斯自由能变化温度关系的逼近线性函数等于生成物应用吉布斯自由能逼近线性函数之和与反应物应用吉布斯自由能逼近线性函数之和的差。

9.2.3 某个生成物经历了 1 次相变的情况

以化学反应(1-1)在温度范围$[T_{tr,U1}, T_{tr,U2}]$内的、即化学反应(2-41)为例。在此情况下,反应物 U 已在温度 $T_{tr,U1}$时由 U_1 相转化为 U_2 相。此时,正如在附录 1 §4.3.3 中所推导的那样,化学反应(1-1)标准吉布斯自由能变化温度关系为 $\Delta G^{\ominus}_{反应3}(T)$,则

$$Linearizing[\Delta G^{\ominus}(T)_{反应3}] = \Delta G^{\ominus}(l)_{反应3} \quad (9\text{-}20)$$

式中 $\Delta G^{\ominus}(l)_{反应3}$——化学反应(1-1)在该温度范围内的标准吉布斯自由能变化温度关系的逼近线性函数。

在该温度范围内,对物质 U

$$Linearizing[Ga(T)_{U2}] = Ga(l)_{U2} \quad (9\text{-}21)$$

式中 $Ga(T)_{U2}$——物质 U 在该温度范围内的应用吉布斯自由能;

$Ga(l)_{U2}$——物质 U 在该温度范围内的应用吉布斯自由能的逼近线性函数。

根据式(4-15)和逼近线性函数的性质 1(式(8-7)),可以得到

$$Linearizing[\Delta G^{\ominus}(T)_{反应3}] = \{Linearizing[uGa(T)_{U2}] + Linearizing[vGa(T)_{V}] + \cdots\} - \{linearizing[mGa(T)_{M2}] + Linearizing[nGa(T)_{N}] + \cdots\}$$

根据逼近线性函数的性质 2(式(8-12)),上式可写为

$$Linearizing[\Delta G^{\ominus}(T)_{反应3}] = \{u \cdot Linearizing[Ga(T)_{U2}] + v \cdot Linearizing[Ga(T)_{V}] + \cdots\} - \{m \cdot linearizing[Ga(T)_{M2}] + n \cdot Linearizing[Ga(T)_{N}] + \cdots\} \quad (9\text{-}22)$$

将式(9-20)、式(9-21)、式(9-12)、式(9-17)和式(9-13)代入式(9-22)得

$$\begin{aligned}\Delta G^{\ominus}(l)_{反应3} &= [uGa(l)_{U2} + vGa(l)_{V} + \cdots] - [mGa(l)_{M2} + nGa(l)_{N} + \cdots] \\ &= \sum Ga(l)_{生成物} - \sum Ga(l)_{反应物}\end{aligned} \quad (9\text{-}23)$$

式(9-23)说明,在某一生成物经历过 1 次相变的情况下,化学反应标准吉布斯自由能变化温度关系的逼近线性函数等于生成物应用吉布斯自由能逼近线性函数之和与反应物应用吉布斯自由能逼近线性函数之和的差。

9.2.4　某个反应物经历了2次相变的情况

以化学反应(1-1)在温度范围$[T_{tr,M2}, T_{tr,M3}]$内发生为例。在该温度范围内,反应物M_2在温度$T_{tr,M2}$时转化为M_3相,已经历了2次相变。根据附录1§4.3.4,在该温度范围内化学反应(1-1)的形式为式(2-63)。此时,化学反应(1-1)标准吉布斯自由能变化温度关系为$\Delta G^{\ominus}(T)_{反应4}$,则

$$Linearizing[\Delta G^{\ominus}(T)_{反应4}] = \Delta G^{\ominus}(l)_{反应4} \tag{9-24}$$

式中　$\Delta G^{\ominus}(l)_{反应4}$——化学反应(1-1)在该温度范围内的标准吉布斯自由能变化温度关系的逼近线性函数。

在该温度范围内,对物质M

$$Linearizing[Ga(T)_{M3}] = Ga(l)_{M3} \tag{9-25}$$

式中　$Ga(T)_{M3}$——物质M在该温度范围内的应用吉布斯自由能;

$Ga(l)_{M3}$——物质M在该温度范围内的应用吉布斯自由能的逼近线性函数。

根据式(4-16)和逼近线性函数的性质1(式(8-7)),可以得到

$$\begin{aligned} Linearizing[\Delta G^{\ominus}(T)_{反应4}] = &\{Linearizing[uGa(T)_{U2}] + Linearizing[vGa(T)_V] + \cdots\} - \\ &\{Linearizing[mGa(T)_{M3}] + Linearizing[nGa(T)_N] + \cdots\} \end{aligned}$$

根据逼近线性函数的性质2(式(8-12)),上式可写为

$$\begin{aligned} Linearizing[\Delta G^{\ominus}(T)_{反应4}] = &\{u \cdot Linearizing[Ga(T)_{U2}] + v \cdot Linearizing[Ga(T)_V] + \cdots\} - \\ &\{m \cdot Linearizing[Ga(T)_{M3}] + n \cdot Linearizing[Ga(T)_N] + \cdots\} \end{aligned} \tag{9-26}$$

将式(9-24)、式(9-21)、式(9-12)、式(9-25)和式(9-13)代入式(9-26)得

$$\begin{aligned} \Delta G^{\ominus}(l)_{反应4} &= [uGa(l)_{U2} + vGa(l)_V + \cdots] - [mGa(l)_{M3} + nGa(l)_N + \cdots] \\ &= \sum Ga(l)_{生成物} - \sum Ga(l)_{反应物} \end{aligned} \tag{9-27}$$

式(9-27)说明,在某个反应物经历了2次相变的情况下,化学反应标准吉布斯自由能变化温度关系的逼近线性函数等于生成物应用吉布斯自由能逼近线性函数之和与反应物应用吉布斯自由能逼近线性函数之和的差。

本章小结

式(9-15)、式(9-19)、式(9-23)和式(9-27)分别表示参加反应各物质均未经历过相变的情况、某个反应物经历了1次相变的情况、某个生成物经历了1次相变的情况和某个反应物经历了2次相变的情况,具有代表性。因此,可以得出如下结论:

化学反应的标准吉布斯自由能变化温度关系的逼近线性函数等于其生成物应用吉布斯自由能的逼近线性函数之和与反应物应用吉布斯自由能的逼近线性函数之和的差。即

$$\begin{aligned} \Delta G^{\ominus}(l)_{反应} &= [uGa(l)_U + vGa(l)_V + \cdots] - [mGa(l)_M + nGa(l)_N + \cdots] \\ &= \sum Ga(l)_{生成物} - \sum Ga(l)_{反应物} \end{aligned} \tag{9-28}$$

或者,根据式(9-8),式(9-28)可写为

$$\Delta G^{\ominus}(l)_{反应} = \Delta r_0 + \Delta r_1 T \tag{9-29}$$

所以,只要预先求出每种物质的应用吉布斯自由能的逼近线性函数并列成表格,就可以根据式(9-28)或式(9-29),采用非常简单的线性函数的加法和减法,求出各种化学反应的标准吉布斯自由能变化温度关系的逼近线性函数。该计算方法的采用,使绘制复杂化学反应系统的Ellingham图成为一件十分容易的事情。

由于物质的应用吉布斯自由能的逼近线性函数来源于物质的应用吉布斯自由能,并且应用于热力学计算,所以也把它归入物质的应用热力学函数。

索　引

续表

续表

续表

续表

续表

续表

续表

续表

续表

续表

续表

续表

续表

续表

续表

续表

续表

化学式	页码	化学式	页码
LuS（气）*	363	$3MgO \cdot P_2O_5$	374
LuSe（气）*	363	$3MgO \cdot 2SiO_2 \cdot 2H_2O$（纤维蛇纹石）	374
LuTe（气）*	364	$3MgO \cdot 4SiO_2 \cdot H_2O$（白云母）	374
		$7MgO \cdot 8SiO_2 \cdot H_2O$（直闪石）	374
Mg	364	$Mg(OH)_2$	375
MgH（气）	364	Mg(OH)Cl	375
MgH_2	365	MgS	375
MgF（气）	365	MgS（气）	375
MgF_2	365	$MgSO_4$	375
MgF_2（气）	366	MgSe	376
$(MgF_2)_2$（气）	366	$MgSeO_3$	376
MgCl（气）	366	MgTe	376
$MgCl_2$	366	Mg_3N_2	376
$MgCl_2$（气）	367	$Mg(NO_3)_2$	377
$(MgCl_2)_2$（气）	367	Mg_3P_2	377
MgClF（气）	367	$Mg_3(PO_4)_2$	377
MgBr（气）	367	Mg_3Sb_2	378
$MgBr_2$	368	MgC_2	378
$MgBr_2$（气）	368	Mg_2C_3	378
$(MgBr_2)_2$（气）	368	$MgCO_3$	379
MgI（气）	368	Mg_2Si	379
MgI_2	369	Mg_2Ge	379
MgI_2（气）	369	Mg_2Pb	380
MgO	369	MgB_2	380
$MgO \cdot Al_2O_3$	369	MgB_4	380
$MgO \cdot Cr_2O_3$	370	$MgNi_2$	380
$MgO \cdot Fe_2O_3$	370	MgCe	380
$MgO \cdot MoO_3$	370		
$MgO \cdot SiO_2$	370	Mn（1）	381
$MgO \cdot TiO_2$	371	Mn（2）	382
$MgO \cdot 2TiO_2$	371	MnF_2（1）	382
$MgO \cdot UO_3$	372	MnF_2（2）	383
$MgO \cdot V_2O_3$	372	MnF_2（气）	383
$MgO \cdot V_2O_5$	372	MnF_3	383
$MgO \cdot WO_3$	372	MnF_4	383
$2MgO \cdot 2Al_2O_3 \cdot 5SiO_2$（堇青石）	373	$MnCl_2$	384
$2MgO \cdot SiO_2$	373	$MnCl_2$（气）	385
$2MgO \cdot TiO_2$	373	$MnCl_3$	385
$2MgO \cdot V_2O_5$	374	$MnCl_4$	385

续表

续表

续表

续表

续表

续表

续表

续表

续表

续表

续表

续表

续表

续表

续表

续表

续表

续表

续表

参 考 文 献

[1] Binnewies M, Mike E. Thermochemical Data of Elements and Compounds. Second, Revised and Extended Edition. Weinheim: WILEY - VCH, 2002.
[2] 叶大伦,胡建华. 实用无机物热力学数据手册[M]. 2 版. 北京:冶金工业出版社,2002.
[3] Chase M W. Nist-JANAF Thermochemical Tables. 4rd ed. (by American Chemical Society, American Institute of Physics, National Bureau of Standards), New York,1998.
[4] Barin I, Knacke O. Thermochemical Properties of Inorganic Substances. Berlin: Springer, 1973; Supplement, 1997.
[5] Верятин У Д идр. Термодинамические Свойства Неорганические Веществ. Москва: Атомиздат, 1965.
[6] Barin I. Thermochemical Data of Pure Substances. 2nd. Weinheim: VCH, 1992.
[7] Kubaschewski O, Alcock C B. Metallurgical Thermochemistry. Oxford: Pergamon Press, 1983.
[8] Уикс К Е, Блок Ф Е. Термодинамические Свойства 65 Элементов. Нх Окислов, Галогенидов, Карбидов, и Нитридов, Металлургия,1965.
[9] Knacke O, Kubaschewski O, Hesselmann K. Thermochemical Properties of Inorganic Substances. Berlin: Springer, 1991.
[10] Mills K C. Thermodynamic Data for Inorganic Sulphides, Selenides and Tellurides. London, Butterworths, Redwood Press Limited, Trowbridge, Wiltshire, 1974.
[11] Kelley K K. Contributions to the Data on Theoretical Metallurgy. Bull, 584, Bureau of Mines, Washington, 1960.
[12] Oppermann H, Göbel H, Schadow H, et al. Z. Naturforsch. 1999, 54b, 239.
[13] Schmidt M, Oppermann H, Binnewies M. Z. Anorg. Allg. Chem. 1999, 625, 1001.
[14] Krabbes G, Oppermann H. Z. Anorg. Allg. Chem. 1978, 444, 125.
[15] Oppermann H. Z. Anorg. Allg. Chem. 1996, 622, 262.
[16] Lösking O, Willner H. Z. Anorg. Allg. Chem. 1985, 530, 169.
[17] Bernard C, Chatillon C, Ait - Hou A, et al. J. Chem. Thermodyn. 1988, 20,129.
[18] Schiefenhövel N, Binnewies M, Janetzko F, et al. Z. Anorg. Allg. Chem. 2001, 627, 1513.
[19] 叶大伦. 实用无机物热力学数据手册[M]. 北京:冶金工业出版社,1981.

参考文献

1 Binnewies M, Milke E. Thermochemical Data of Elements and Compounds. second, Revised and Extended Edition. Weinheim: Wiley-VCH, 2002.

2 叶大伦, 胡建华. 实用无机物热力学数据手册. 第2版. 北京: 冶金工业出版社, 2002.

3 Chase M W. NIST-JANAF Thermochemical Tables. 4th ed. Washington: American Chemical Society, American Institute of Physics (National Bureau of Standards), New York, 1998.

4 Barin I, Knacke O. Thermochemical Properties of Inorganic Substances. Berlin: Springer, 1973; Supplement 1977.

5 Карапетьянц М. Х., Карапетьянц М. Л. Основные термодинамические константы неорганических и органических веществ. Москва: Химия, 1968.

6 Barin I. Thermochemical Data of Pure Substances. 2nd. Weinheim: VCH, 1995.

7 Kubaschewski O, Alcock C B. Metallurgical Thermochemistry. 5th ed. Oxford: Pergamon Press, 1983.

8 Глушко В. П. Термические константы веществ. Справочник. [illegible] Академия наук СССР. [illegible] Москва: ВИНИТИ, 1965.

9 Knacke O, Kubaschewski O, Hesselmann K. Thermochemical Properties of Inorganic Substances. Berlin: Springer, 1991.

10 Mills K C. Thermodynamic Data for Inorganic Sulphides, Selenides and Tellurides. London: Butterworth. Redwood Press Limited, Trowbridge, Wiltshire, 1974.

11 Kelley K K. Contributions to the Data on Theoretical Metallurgy. Bull. 584. Bureau of Mines, Washington, 1960.

12 Oppermann H, Huber B, Schadow H, et al. Z. Naturforsch. 1999, 54b, 239.

13 Schmidt P, Oppermann H, [illegible] M. Z. Anorg. Allg. Chem. 1999, 625, 1001.

14 [illegible] Oppermann H. Z. Anorg. Allg. Chem. 1978, 441, 125.

15 Oppermann H. Z. Anorg. Allg. Chem. 1990, 582, 202.

16 [illegible] Z. Anorg. Allg. Chem. 1985, 530, 109.

17 [illegible] J. Chem. Thermodyn. 1988, 20, 129.

18 [illegible] Binnewies M, [illegible] P. Z. Anorg. Allg. Chem. 2001, 627, 1414.

19 [illegible] 北京: [illegible] 出版社, 1981.